2006년 문화부선정 우수학술도서

제2판

수문학

Hydrology

이재수 저

도서출판
구미서관

머리말

물의 과학으로서 수문학이 차지하는 비중이 날로 증가하고 있다. 과거에는 수자원개발 및 관리측면에서 물의 공급과 치수측면에 비중을 두었으나 최근 들어 자연환경보호, 식수의 안전한 공급, 여가 및 위락활동으로서의 하천 및 수자원으로 확장하여 많은 관심을 두고 있다. 또한 대규모화하는 자연재해의 피해도 물과 관련하여 발생하는 경우가 증가하고 있어 재해 예방으로서의 수문학의 비중도 더욱 증가하고 있다.

이러한 관점에서 물을 다루는 과학자 및 기술자들은 수문자료의 획득, 분석 및 예측, 수자원의 개발, 자연에서 필요로 하는 물의 산정, 재해 예방으로서의 치수, 기후변화가 수자원에 미치는 영향, 각 분야에서 필요로 하는 물의 예측 및 효율적인 공급시스템, 기술적, 경제적, 사회적 및 환경적 요소를 고려한 물의 이용 및 관리에 대한 지식이 더욱 필요하게 되었다. 따라서 본서는 물의 과학인 수문학을 공부하는 후학 및 현재 실무에서 근무하고 있는 기술자들에게 조금이나마 수문학을 이해하고 실무적용에 도움이 되도록 준비하였으며, 초판이 출판되지 10여년이 경과하여 본서에 포함된 수문자료들을 최신 자료로 보완하고, 최근에 실무에서 적용하고 있는 방법들을 수록하여 개정판을 출판하게 되었다.

1장 서론은 수문학의 정의 및 물의 순환 그리고 지구 및 우리나라의 수자원현황과 수문학의 역사에 대해 간략하게 소개하였고, 2장 수문기상론에서는 물의 순환과정 중 대기 중에서의 물의 분포 및 순환 그리고 강수의 형성과 관련있는 기상학적인 인자들에 대해 설명을 하였다. 3장 하천유역분석에서는 지표면에서의 물의 이동을 결정하고 유출에 영향을 미치는 유역 및 하천의 특성을 분석하는 방법을 소개하고 있다. 4장 강수에서는 강수의 형성과정 및 측정방법, 강수자료의 분석방법 등 수문시스템에서 입력부분이라 할 수 있는 강수에 대한 전반적인 내용을 설명하였다.

5장 증발산에서는 물의 이용측면에서 손실로 볼 수 있는 증발 및 증산 그리고 증발산량의 산정 및 측정방법에 대해 소개를 하였다. 6장 침투에서는 강수 중 토양속으로 물이 이동하여 지하수를 형성하는 원리 및 측정방법 그리고 이론적인 침투량 산정방법 등을 소개하였다. 7장 지하수에서는 지하수의 분포 및 흐름양상 그리고 지하수로 인해 발생할 수 있는 문제점 등에 대해 설명하였다.

8장 하천유량은 수문시스템에서 출력부분이라 할 수 있는 유출량의 측정방법들과 수위-유량곡선의 해석을 소개하였으며, 9장 유출수문곡선에서는 유출곡선의 해석방법 및 NRCS의 유효우량산정방법 그리고 첨두유출량 산정방법들에 대해 설명을 하였다. 10장 단위유량도에서는 유출해석 및 홍수량산정에서 가장 기본적인 단위유량도의 유도 및 적용방법 그리고 합성단위도의 유도방법 등에 대해 소개를 하였다. 11장 홍수추적에서는 홍수추적의 기본개념과 저수지, 하도 및 유역에서의 홍수추적기법에 대해 설명을 하였다. 12장 가뭄분석에서는 가뭄의 정의 및 가뭄분석방법 그리고 저수지용량산정방법에 대해 설명을 하였다.

13장 수문통계분석에서는 수공설계를 위한 자료의 기본적인 통계분석방법, 자료계열처리 및 회귀분석에 대해 소개를 하였고, 14장 수문빈도해석에서는 수문자료를 이용하여 설계수문량을 산정하기 위한 자료의 분석, 각종 확률분포, 검정 및 빈도해석 등 현재 실무에서 적용하고 있는 전반적인 방법에 대해 설명을 하였다. 15장 수문학적 설계에서는 각종 규모의 수공구조물 설계를 위한 설계 강우량으로부터 설계 홍수량을 산정하는 방법에 대해 소개를 하였으며, 16장 홍수조절계획에서는 홍수피해를 방지하기 위한 설계개념 등에 대해 소개하였다.

본서는 토목공학분야의 학부수준에서 물과 관련된 과목인 수문학, 수자원공학, 수공설계, 하천공학, 등의 강의교재로 전부 또는 부분적으로 사용할 수 있도록 구성하였다. 수문학인 경우 한 학기 과정이면 3장 및 7장을 제외한 1~10장, 두 학기 과정이면 1~12장 전체와 14장 및 15장에서 부분적으로 선택하여 강의하면 적절하다. 수공설계인 경우 9~16장과 설계와 관련된 컴퓨터 모형에 대해 강의하면 적절하리라 본다. 또한 13~16장은 대학원 설계기초과목에 부분적으로 포함시켜 강의할 수도 있다.

본서의 개정판 출간으로 수문학 분야를 공부하는 후학 및 실무자들에게 조금이나마 도움이 된다며 무한한 영광이며, 앞으로도 지속적으로 수정보완 할 계획이다.

본서의 초판 및 개정판 출판되기까지 많은 협조와 배려를 해주신 구미서관의 임해진 사장님과 편집 및 그림 작성에 수고를 많이 한 직원들의 노고에 감사를 드린다.

2015년 2월

이 재 수

차 례

제 4 장 강수 / 89

제 5 장 증발산 / 139

제 6 장 침투 / 185

제 10 장 단위유량도 / 337

제 11 장 홍수추적 / 375

제 12 장 가뭄분석 / 413

제 13 장 수문통계분석 / 455

제 14 장 수문빈도해석 / 491

제 15 장 수문학적 설계 / 573

제 16 장 홍수조절계획 / 621

부록 / 657

CHAPTER 01

서론

21세기에 접어들어 전 지구적인 기상이변으로 피해가 속출하고 있으며 과거에 비해 그 규모도 더욱 커지고 있다. 지구의 한쪽에서는 유례없는 폭우로 홍수가 발생하여 많은 피해를 입고 있는 반면, 지구의 다른 쪽에서는 극심한 가뭄이 발생하여 식수부족 및 식량부족으로 인한 피해를 겪고 있다. 이와 같이 지구상의 각 지역마다 전형적인 기후형태가 변하고 있으며 따라서 물의 순환과정도 변하게 되어 이로 인한 피해가 속출하고 있다. 따라서 세계 각국에서는 홍수방지 및 수자원개발에 관심을 가지고 많은 노력을 기울이고 있으며 이러한 노력에는 지구상의 물의 순환에 대해 연구하는 수문학의 이해가 수반되어야 한다. 본 장에서는 수문학의 정의, 지구 및 우리나라의 수자원 그리고 수문학의 역사에 대해 알아보기로 한다.

1.1 수문학의 정의

수문학(Hydrology)이란 지구상에서의 대기수, 지표수 및 지하수의 발생, 순환, 저장 및 분포를 다루는 학문이라고 할 수 있으며, 수문학의 영역은 자연적 및 인위적인 환경에서의 물의 물리적, 화학적 및 생물학적 관련성을 포함하는 등 그 범위가 매우 광범위하다.

수문학의 정의를 보면 웹스터 사전에서는 '지표면 및 지하 그리고 대기에서의 물의 특성, 분포 및 순환을 다루는 학문(a science dealing with the properties, distribution, and circulation of water on and below the earth's surface and in the atmosphere)'이라고 정의하고 있으며, 브리태니커 사전에서는 수문학을 '물의 생성, 분포, 수문학적 순환, 생물계와의 상호작용 등을 포함한 지구상의 물과 관련된 학문'으로 정의하고 있다.

다시 말하면 수문학은 물의 과학으로 대기, 지표 그리고 지하에서의 물의 생성, 분포 그리고 순환에 대한 연구를 하여 인간 및 자연에 유익한 방향으로 물을 관리하는 학문이라 할 수 있다. 물의 관리는 홍수통제, 물의 공급, 하수처리, 운송, 관개, 레크리에이션 및 수력발전과 같이 치수 및 이수목적으로 이루어지며 성공적인 물의 관리는 수문학에 대한 이해를 필요로 한다.

자연환경에서 물의 역할은 인간이 필요로 하는 것 이상으로 중요하다. 물은 지구표면의 71%를 덮고 있는 자연환경에서 가장 중요한 단일 요소라 할 수 있으며, 물의 가용성은 지구 생물시스템의 공간적인 패턴을 결정하며, 해수 및 담수 생태계의 서식지를 변화시킬 수가 있다. 또한 물은 지구의 기후를 조절하는 중요한 인자이며, 물에 의한 침식 및 퇴적을 통해 지구표면을 복잡하게 조각하는 주체가 된다. 물은 지구상의 생명을 가능하게 하며 더 크게 보면 물은 지구 자체를 만들고 끊임없이 변화시킨다고 볼 수 있다.

수문학 분야는 광범위하고 다양하여 여러 세부 학문으로 나눌 수가 있다. 수문기상학(hydrometeorology)은 지표와 대기권 하부 경계층 사이에서의 기상현상 및 이로 인한 물의 순환을 연구하는 반면 지표수 수문학(surface hydrology)은 지표수, 특히 강수량과 하천유출의 시간 및 공간적 변화를 다룬다. 지하수 수문학(groundwater hydrology)은 지하로의 물의 이동, 저장 그리고 지하로부터의 유출 등에 관해 연구한다. 또한 수문학에는 전통적인 유체역학, 유체동력학 그리고 수자원공학과 관련된 내용을 포함하고 있다. 그 뿐만 아니라 대부분의 현대 수문학 문제는 수질 및 오염물이송과 관련된 내용을 포함하고 있다.

수문순환의 복잡한 특성과 기상 및 기후 패턴, 토양의 종류, 지형 및 지질 그리고 다른 인자들과의 관련성 때문에 수문학은 다른 지구과학 즉, 기상학, 지형학, 지질학, 해양학 및 생태학 등과의 경계가 분명하지 않으며 서로 긴밀하게 연계되어 연구가 이루어지고 있다.

1.2 물의 순환

물의 순환(hydrologic cycle)은 물이 지표면으로부터 증발하거나 바다로부터 증발하여 습한 공기기단을 형성한 후 육지로 이동하고, 적합한 조건이 형성되면 강수를 초래하는 연속적인 과정이라 할 수 있다. 구름으로부터 지표면으로 떨어지는 강수는 여러 경로를 통해 물의 순환과정을 따라 이동하게 된다. 강수(precipitation) 또는 강우(rainfall)의 일부는 떨어진 곳의 토양에 저류되어 증발(evaporation)을 통해 수증기로 변하거나, 식물조직을 통해 증산(transpiration)되어 대기 중으로 되돌아간다. 이와 같이 물의 손실이라고 할 수 있는 증발과 증산을 합하여 증발산(evapotranspiration)이라 한다.

강수의 일부는 지표면흐름(overland flow)이나 유출을 통해 하천과 강으로 이동하게 된다. 지표면에 떨어진 강우의 일부는 침투(infiltration)를 통해 토양 속으로 이동하게 되고, 토양을 통해 침투된 강우는 침루(percolation)를 통해 지하수위까지 내려가게 되며 이러한 지하수의 일부는 지하공간을 채우게 된다. 침투된 물의 일부는 증발하거나 지표면으로 다시 유출되어 흐르게 된다.

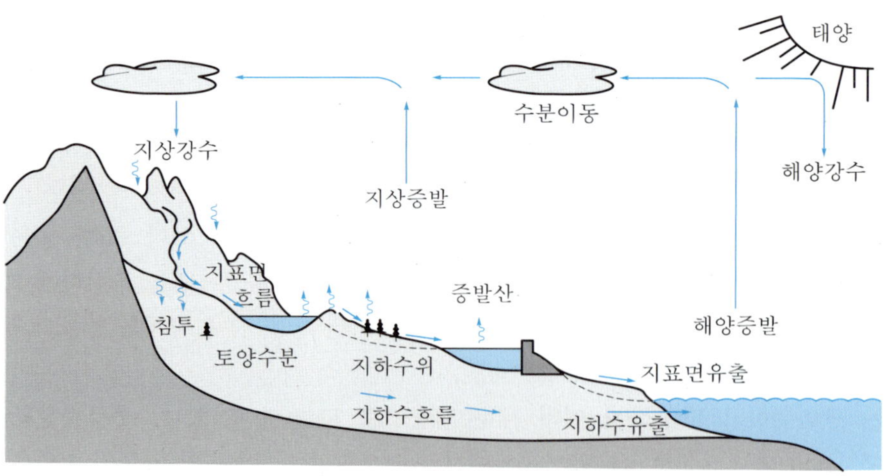

그림 1.1 물의 순환

지표수 및 지하수는 높은 곳에

서 낮은 곳으로 이동하여 결국 바다로 유출되게 된다. 하지만 많은 양의 지표수 및 지하수는 증발 또는 증발산을 통해 대기로 되돌아가 자연적인 수문순환의 과정을 마무리 한다. 강수는 수문순환의 주요 원동력이자 중요한 기후 인자가 된다. 그림 1.1은 이러한 물의 순환과정을 보여주고 있다.

1.3 물 수지

유역 내에서의 정상적인 물의 순환에 이상이 생기면 결국 홍수나 가뭄으로 이어지게 된다. 홍수나 가뭄은 유역내로 들어오는 물과 나가는 물의 양의 차이에 따라 발생하게 되며, 이러한 분석에는 물수지(water budget) 개념을 기본으로 하게 된다. 물수지는 모든 가능한 방향에서 물이 이동되는 정도를 비교분석하는 것이라 할 수 있다. 특정지역에서 물의 양이 어떻게 변하는지를 산정할 경우 물이 이동하고 저류되는 지역적인 경계인 유역의 결정과 함께 시간도 고려되어야 한다.

물수지에 대한 간단한 예로 그림 1.2와 같은 불투수층의 소유역을 들 수 있다. 먼저 출구지점의 유출에 기여하는 유역경계를 결정하여야 한다. 유역경계는 강우가 모여 출구지점으로 흘러가는 지표면의 가상적인 경계로 정의 할 수 있으며, 출구지점에서의 유출량과 유출율을 결정하게 된다. 출구지점은 유역의 가장 낮은 지점이라 할 수 있다.

유역이 불투수층으로 이루어져 있으므로 침투가 발생하지 않고 유역 표면에 내린 강우 P의 전부가 출구지점으로 흐른다고 가정하자. 이와 같이 출구지점으로 흐르는 강우를 초과강우량(rainfall excess) P_e라 하고 초과강우량이 출구지점에서 시간에 따라 모이는 율을 유출(runoff) R이라 한다. 이러한 경우 물수지는 다음과 같이 나타낼 수 있다.

$$P - P_e - S = 0 \tag{1.3.1}$$

여기서 S는 유역저류량으로 만일 유역 표면에 물이 저류되지 않는 다면 유역저류항목은 0이 되어 강우량과 초과 강우량이 같아지게 되며, 강우량이 유역 표면에서 저류에 의해 일부 빼앗긴다면 물수지는 다음과 같이 표현할 수 있다.

$$P_e = P - S \tag{1.3.2}$$

물수지 분석에서 유역의 구성성분과 사용목적에 따라 그 복잡성은 변하게 되며 넓은 지역에서의 물수지는 많은 인자들을 고려해야 하므로 매우 복잡하다. 유역 내 저류공간은 시간이 지남에 따라 물의 손실이 발생하지 않도록 지

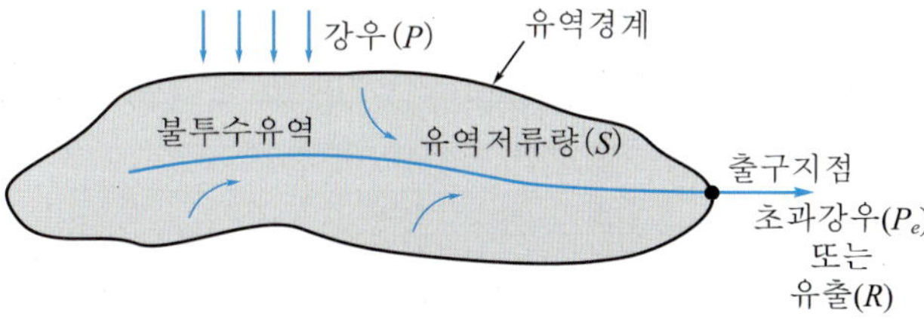

그림 1.2 소유역 물수지

속적으로 관찰하여야 한다. 저류공간에 대한 입력 또는 출력의 일부가 변한다면 물수지에서 변화가 발생하게 되고 이러한 변화는 비용손실을 초래하게 되며 생활습관을 변화시킬 수도 있다. 생활습관의 변화는 사용 가능한 물이 부족한 지역에서 이미 나타나고 있으며, 물의 소비를 최소화 하는 방향으로 생활 습관이 변하고 있다.

지구전체로 볼 때 물의 양은 한정되어 있는 반면 사용 가능한 양은 변하고 있다. 지구상의 물수지는 수질 및 수량을 기준으로 나타낼 수 있으며, 물의 가용성은 정책결정의 방향에 따라 어떤 자료를 사용하는가에 따라 달라질 수가 있고, 정책결정에 따라 대규모 및 소규모 지역에서의 물 및 지표이용에 영향을 줄 수가 있다.

수문학적 문제의 본질은 물 공급의 다양성 즉, 시간과 공간에 따른 물의 분포에 대한 신중한 고려사항의 하나가 되고 있다. 이와 같이 자연적으로 발생하는 수문학적 변화를 분석하기 위해서는 기본적이고 심도 있는 연구가 필요하고 매우 신중하게 다뤄져야 한다. 또한 완전한 수문학적 연구를 위해서는 관련 분야와의 긴밀한 협력이 필요하다.

1.4 지구 및 우리나라의 수자원

1.4.1 지구상의 수자원

지구상에 존재하고 있는 물은 일부가 영구 동토층의 얼음형태와 습지로 이루어져 있어 정확히 산정할 수는 없지만 물의 총 양은 13억8,600만km^3 정도로 추정되고 있으며 이는 지구 전체를 2.7km 깊이로 덮을 수 있는 양이다. 이중 바닷물이 97.5%인 13억5,100만km^3이고 나머지 2.5%인 3,500만km^3가 담수로 존재하고 있다. 담수는 지구 전체를 약 70m 깊이로 덮을 수 있는 양인데 담수 중 69% 정도인 2,400만km^3는 빙산, 빙하형태로 존재하고 있고 지하수는 30%인 1,100만km^3 정도이며 나머지 1%인 100만km^3가 담수호수나 강, 하천, 늪, 등의 지표수와 대기층에 존재하고 있다. 빙설을 제외한 담수의 대륙별 분포비율을 보면 아시아 21%, 북미 26%, 아프리카 28% 그리고 기타 지역이 25%를 나타내고 있다.

지구상의 물은 수증기나 물, 얼음과 같이 그 모습을 달리하면서 대기와 지구표면 그리고 지하 및 바다를 끊임없이 순환하고 있다. 담수의 근원은 바다 표면에서 일어나는 증발이 주를 이루고 있으며

표 1.1 지구상의 수자원 분포

구분	부피 (백만km^3)	비율 (%)	비고	
총량	1,386	100		
염수	1,351	97.5	지하염수, 염수호수 포함	
담수	35	2.5	담수 중 상대적인 비율 (%)	100
빙설 (빙하, 빙산, 영구동토)	24	1.76		69.59
지하수	11	0.76		30.07
호수, 하천 등	0.1	0.0086		0.34

이것이 비나 눈이 되어 지상에 내리는데 전체 강수량 중 약 80%는 바다에 내리고 20%가 육지에 내린다. 바다에서 증발된 물이 육지로 이동하고 이는 다시 강물이나 지하수의 형태로 바다로 흘러가 전체적인 물의 균형을 이루고 있다. 지구상에서 물이 순환하는 기간은 해양에서 약 2,500년, 빙하로 1,600~ 9,700년, 지하수로 1,400년, 담수호로 17년, 하천에서 16일 그리고 대기에서는 8일 정도 머무는 것으로 산정되고 있다.

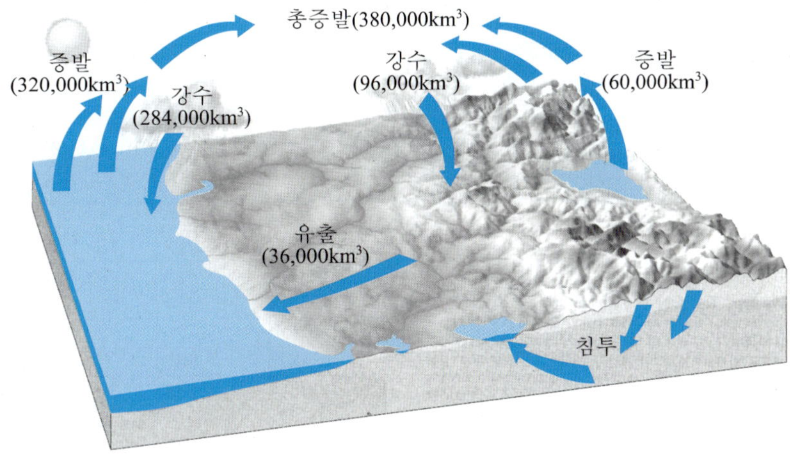

그림 1.3 지구상의 물수지

표 1.2는 평균유출량으로 본 세계의 10대 강을 보여주고 있다. 남미의 여러 나라를 거쳐 흐르는 아마존강이 평균유출량 212,400m^3/sec로 가장 크며 유역면적 또한 5,778,000km^{2}로 가장 넓게 나타나고 있다. 우리나라의 대표적인 강인 한강의 평균유출량 약 600m^3/sec, 유역면적 25,954km^{2}임을 비교하면 그 규모를 짐작할 수 있다. 표 1.3은 세계 주요 국가별 수자원현황을 보여주고 있으며, 각 국가별 연평균 강우량, 연간 수자원량 그리고 취수율 등이 나타나 있다.

표 1.2 평균유출량으로 본 세계의 10대 강

순위	강 이름	국가	유역면적 (km^2)	평균유출량 (m^3/s)
1	아마존	브라질	5,778,000	212,400
2	콩고	자이레	4,014,500	39,650
3	양쯔	중국	1,942,500	21,800
4	브라마푸트라	방글라데시	935,000	19,800
5	갠지스	인도	1,059,300	18,700
6	예니세이	러시아	2,590,000	17,400
7	미시시피	미국	3,222,000	17,300
8	오리노코	베네수엘라	880,600	17,000
9	레나	러시아	2,424,000	15,500
10	파라나	아르헨티나	2.305,000	14,900

1.4.2 우리나라의 수자원

우리나라의 연평균 강수량은 1,277.4mm(1978~2007)로 세계 평균 807mm의 1.6배이나 높은 인구밀도로 인해 1인당 수자원 부존량은 매우 적어 1인당 강수량이 2,629m^3/년으로 세계 16,427m^3/년의 약 17%에 불과한 형편이다. 우리나라의 1인당 이용 가능한 수자원량은 2007년을 기준으

표 1.3 세계 주요 국가별 수자원현황

국 명	①면적 (천km^2)	②인구 (천명)	③연평균 강수량 (mm/년)	④연강수 총량 (=①×③) (km^3/년)	⑤1인당 연강수총량 (=④÷②) (m^3/인, 년)	⑥이용가능 수자원량 (km^3/년)	⑦1인당 이용가능 수자원량 (=⑥÷②) (m^3/인, 년)	⑧취수량 (km^3/년)	⑨취수율 (=⑧÷⑥)
세계평균	134,087	6,587,232	807	108,208	16,427	55,150	8,372	3,752.0	7%
캐나다	9,985	32,577	537	5,362	164,595	2,902	89,081	46.0	2%
노르웨이	324	4,669	1,414	458	98,094	382	81,816	2.2	1%
뉴질랜드	268	4,140	1,732	464	112,077	327	78,986	2.1	1%
브라질	8,515	189,323	1,782	15,174	80,149	8,233	43,487	59.3	1%
러시아	17,098	143,221	460	7,865	54,915	4,507	31,469	76.7	2%
호주	7,741	20,530	534	4,134	201,364	492	23,965	23.9	5%
말레이시아	330	26,114	2,875	949	36,302	580	22,210	9.0	2%
아르헨티나	2,780	39,134	591	1,643	41,984	814	20,800	29.2	4%
스웨덴	450	9,078	624	281	30,954	174	19,167	3.0	2%
인도네시아	1,905	228,864	2,702	5,147	22,485	2,838	12,400	82.8	3%
아일랜드	70	4,221	1,118	78	18,716	52	12,319	1.1	2%
헝가리	93	10,058	589	55	5,468	104	10,340	7.6	7%
베트남	329	86,206	1,821	599	6,960	891	10,336	71.4	8%
미국	9,632	302,841	715	6,887	22,741	3,051	10,075	479.3	16%
루마니아	238	21,532	637	152	7,059	212	9,846	23.2	11%
오스트리아	84	8,327	1,110	93	11,168	78	9,367	2.1	3%
스위스	41	7,455	1,537	63	8,451	54	7,243	2.6	5%
카자흐스탄	2,725	15,314	250	681	44,469	110	7,183	35.0	32%
태국	513	63,444	1,622	832	13,114	410	6,462	87.1	21%
네덜란드	42	16,379	778	33	1,954	91	5,556	7.9	9%
필리핀	300	86,264	2,348	704	8,161	479	5,553	28.5	6%
멕시코	1,964	105,342	752	1,477	14,021	457	4,338	78.2	17%
프랑스	552	61,330	867	479	7,794	204	3,326	40.0	20%
일본	378	127,768	1,690	639	4,993	413	3,232	83.4	20%
이탈리아	301	58,779	832	250	4,270	191	3,249	44.4	23%
터키	784	73,922	593	465	6,290	214	2,895	40.1	19%
이라크	438	28,506	216	95	3,333	76	2,666	66.0	87%
스페인	505	43,887	636	321	7,314	112	2,552	35.6	32%
영국	244	60,521	1,220	298	4,907	147	2,429	9.5	6%
중국	9,598	1,328,474	627	6,018	4,530	2,830	2,130	630.3	22%
나이지리아	924	144,720	1,150	1,063	7,338	286	1,976	8.0	3%
이란	1,745	70,270	228	398	5,664	138	1,964	93.3	68%
우즈베키스탄	447	26,981	206	92	3,410	50	1,853	58.3	116%
인도	3,287	1,151,751	1,083	3,560	3,091	1,897	1,647	645.8	34%
폴란드	313	38,140	600	188	4,929	62	1,626	16.2	26%
한국	100	48,456	1,277	128	2,629	75	1,553	26	34%
덴마크	43	5,430	703	30	5,525	6	1,105	1.3	21%
남아프리카공화국	1,219	48,282	495	603	12,489	50	1,036	12.5	25%
이집트	1,001	74,166	51	51	688	57	769	68.3	119%
싱가폴	1	4,382	2,497	2	456	1	228	0.2	32%
사우디아라비아	2,150	24,175	59	127	5,253	2	83	23.7	986%
쿠웨이트	18	2,779	121	2	720	0	0	0.9	4566%

· 자료 : 제4차 수자원장기종합계획(2011년)

로 약 1,553m³로 PAI(Population Action International) 기준에 의하면 물 스트레스 국가로 분류되고 있으며, 그림 1.4는 세계 주요 국가별 수자원 현황을 보여주고 있다.

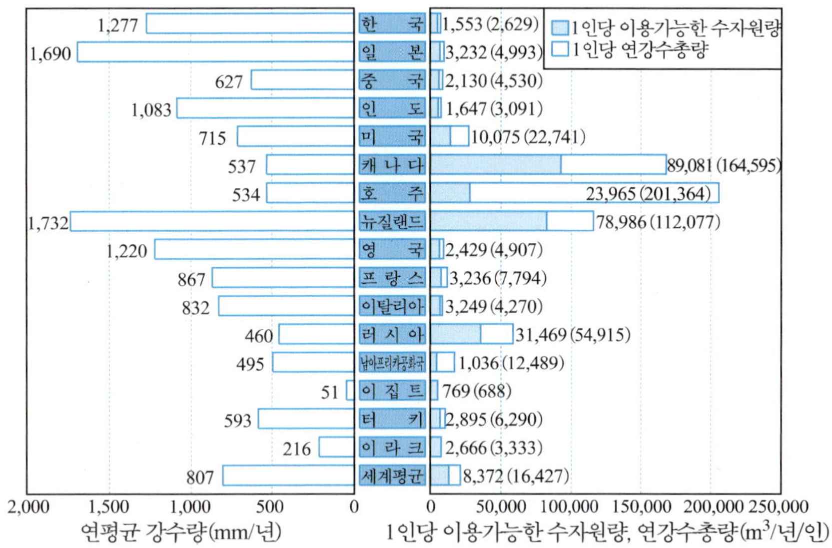

그림 1.4 세계 주요 국가별 수자원 현황(수자원장기종합계획, 2011년)

우리나라의 수자원 총량은 1,297억톤(100%)으로 이 중 손실량에 해당되는 증발산량은 544억톤으로 전체 수자원량의 42%를 차지하고 있다. 나머지 58%가 하천을 통해 유출되고 있는데 이중 홍수시 유출량이 560억톤(43%), 평상시 유출이 193억톤(15%)이다. 하천유출량 중 422억톤(32%)이 그대로 바다로 흘러가고 있으며 우리가 사용하는 수자원량은 하천수 108억톤(8%), 댐용수 188억톤(15%), 지하수 37억톤(3%)으로 총 333억톤(26%)이다.

우리나라의 1인당 이용가능 한 수자원량은 1,553m³로 과거(1968~2007년)에 발생한 최대 가뭄시에는 821m³로 낮아진 바가 있으며, 1인당 이용가능 한 수자원량이 적은 지역은 인구가 밀집한 한강, 안성천 등의 유역으로 강수량과 동일하게 지역별 및 유역별로 편차가 심해 홍수기에 편중되어 치수관리가 어렵고 여름철에 물을 댐 등에 저장하지 못할 경우 갈수기인 겨울과 봄철에 물 공급이 곤란한 실정이다.

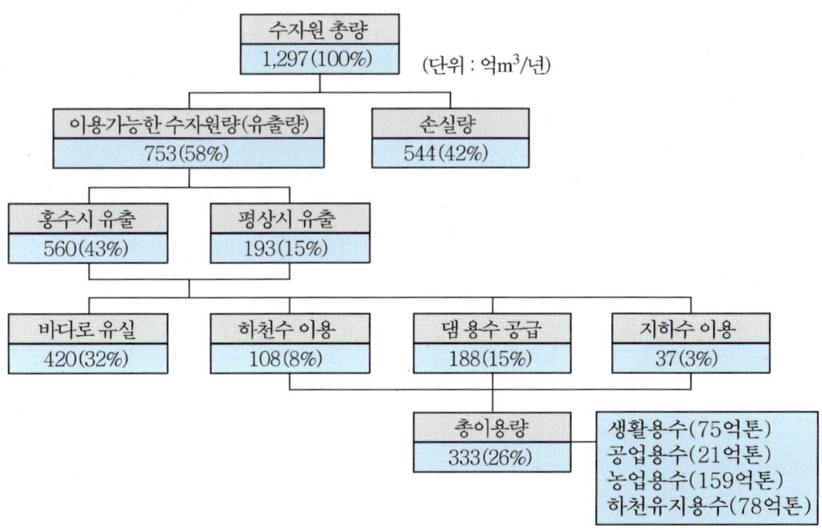

그림 1.5 우리나라의 수자원량(수자원 장기종합계획, 2011~2020년)

우리나라에서의 이용가능한 수자원량과 생활, 공업 및 농업용수로 공급한 양의 비인 취수율은 34%로 OECD 국가 중에서 높은 물 스트레스를 가지고 있으며, 취수율이 높다는

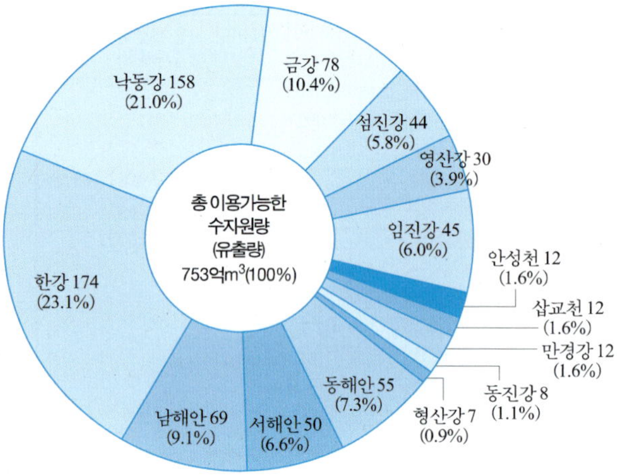

그림 1.6 유역별 연평균 이용가능한 수자원량(유출량)

표 1.4 취수율에 따른 물스트레스 국가 구분

취수율	물스트레스 구분	국가
10% 이하	저	뉴질랜드, 캐나다, 러시아 등
10~20%	중	일본, 미국, 영국, 프랑스, 터키 등
20~40%	중 ~ 고	한국, 중국, 인도, 이탈리아, 남아공 등
40% 이상	고	이라크, 이집트 등

표 1.5 수자원 부존량 및 이용현황 변화 (단위 : 억m^3/년)

구분 \ 연도	1980년	1990년	1994년	1998년	2003년	2007년
수자원 총량	1,140	1,267	1,267	1,276	1,240	1,297
하천 유출량	662	697	697	731	723	753
총이용량	128	213	237	260	262	255
-생활용수	19	42	62	73	76	75
-공업용수	7	24	26	29	26	21
-농업용수	102	147	149	158	160	159

것은 가뭄의 정도에 따라 물이용에 큰 취약성과 함께 과다한 하천수 사용에 따른 수질관리 및 하천생태계 보전이 곤란해 질 수가 있다. 또한 재생가능한 수자원량, 수자원 개발정도, 수자원관리능력, 물이용의 효율성과 수질·생태환경 등의 현황을 통합하여 산정한 지표인 물빈곤지수(WPI, Water Poverty Index)는 0~100의 범위에서 높을수록 건전한 수자원 환경을 나타내는데 우리나라의 WPI는 62.4로 전체 147개국에서 43위 수준이며, OECD국가 평균 67보다 적게 나타나고 있다.

최근 30여년간(1980~2007)의 생활, 공업 및 농업용수의 총 이용량 변화를 보면 1980년 128억m^{3}에서 2007년 255억m^{3}으로 2배가 증가하고 있는데, 생활용수는 인구증가, 생활수준 향상, 물 이용패턴의 변화 및 상수도 보급 확대에 따라 약 4배로 증가하였으나, 최근 인구증가율 감소 및 누수량 감소 등으로 정체 경향을 보이고 있다. 공업용수는 산업화와 경제발전에 따라 약 3배로 증가하고 있는데, 1998년까지 증가이후 감소하는 것은 조사방법 개선 등의 신뢰도 제고의 결과인 것으로 나타나고 있다. 농업용수는 약 1.6배로 증가하였으나, 최근 경지면적 감소에 따라 다소 감소 추세를 보이고 있다.

2007년 현재 기준 이용량은 255억m^{3}으로 행정구역 기준으로는 농업용수가 많은 전라남도를 비롯한 경기도, 경상북도가 높게 나타나고 있으며, 권역별로는 한강, 낙동강, 금강순으로 높은 것으로 나타나고 있다.

표 1.6 권역별 용수이용 현황 (단위 : 백만m^3/년, 2007년 기준)

권역	계	생활용수	공업용수	농업용수	비고(비율)
전국	25,476	7,482	2,085	15,909	100.0%
한강	7,439	3,707	566	3,166	29.2%
낙동강	7,199	1,936	832	4,431	28.3%
금강	6,050	1,132	410	4,508	23.7%
영산강	2,652	352	49	2,251	10.4%
섬진강	1,814	221	213	1,380	7.1%
제주·울릉	321	134	15	172	1.3%

· 자료 : 수자원 장기종합계획(2011년)

표 1.7 행정구역별 용수이용 현황 (단위 : 백만m^3/년, 2007년 기준)

시군	계	생활용수	공업용수	농업용수	비고(비율)
전국	25,476	7,482	2,085	15,909	100.0%
서울	1,408	1,244	153	11	5.5%
부산	546	424	33	89	2.1%
대구	504	315	82	108	2.0%
인천	597	388	6	202	2.3%
광주	230	175	16	39	0.9%
대전	346	200	25	120	1.4%
울산	602	158	316	127	2.4%
경기	3,533	1,612	291	1,630	13.9%
강원	1,160	327	65	768	4.6%
충북	1,429	334	110	984	5.6%
충남	3,170	450	233	2,488	12.4%
전북	2,470	354	98	2,018	9.7%
전남	3,563	337	237	2,990	14.0%
경북	3,358	510	272	2,576	13.2%
경남	2,239	520	132	1,587	8.8%
제주	320	133	15	172	1.3%

1.4.3 우리나라의 하천

우리나라 대부분의 하천은 유역면적이 작고 유로연장이 짧으며 또한 산지가 많기 때문에 하천의 경사도 급한 곳이 많다. 우리나라를 남북으로 관통하는 태백산맥이 수원지대의 역할을 하여 각 하천에 물을 공급하고 있으며 남북한을 합한 면적의 70%가 산지이다. 지질학적으로 보면 우리나라는 대지각운동이 있은 후 제3기의 단층작용을 지나 제4기를 이루는 사이에 조산운동이 있었을 뿐 근대에 와서는 별다른 지각운동이 없었으므로 지표면은 풍화작용과 침식작용을 받아 고저기복이 적은 노년기말의 지형을 이루고 있다.

우리나라의 산지는 동쪽이 급하고 서쪽이 완만한 형태로 동해안 쪽은 유로가 짧고 경사가 급하며 서쪽의 하천은 비교적 유로가 길고 경사가 완만하다. 표 1.8은 우리나라 10대 하천의 발원지 및 하구, 유역면적, 유로연장, 연평균유출량, 연평균강수량을 보여주고 있다. 북한을 제외한 우리나라에서 유역면적과 연평균유출량을 기준으로 보면 한강이, 유로연장을 기준으로 보면 낙동강이 규모가 가장 큼을 알 수 있다. 그리고 10대 하천 중 유역 내 강수량이 가장 많은 곳은 섬진강유역으로 1,457mm이며, 형산강 및 낙동강유역은 연평균 강우량이 적은 반면, 영산강유역은 평균 이상을 보이고 있어 지역 및 유역별로 강수량의 편차가 심하고, 홍수기에 강수량이 편중되어 물이용 및 치수측면에서 모두 취약함을 보이고 있다.

우리나라 하천의 평수량 및 갈수량의 크기는 대단히 작은 반면 홍수량은 대단히 커서 연간 하천유량의 변동이 극심하여 수자원개발 및 관리라는 측면에서 불리한 형편이다. 표 1.9를 보면 주요

표 1.8 우리나라 10대 하천

이 름	발원지	하구	유역 면적 (km^2)	유로 연장 (km)	연평균 유출량 (억m^3)	연평균 강수량 (mm)	하천 개수 (개)
한 강	강원 태백시 창죽동 금태봉(1,418.1m) 북서쪽 계곡(골지천 상류)	경기 김포시 월곶면	25,954	494	174	1,260	699
낙동강	강원 태백시 화전동 삼각점(1,442.3m) 동쪽 계곡(황지천 상류)	경남 김해시 명지면 부산시 서구	23,384	510	158	1,203	781
금 강	전북 장수군 장수읍 수분리 신무산 (896.8m) 동쪽 계곡(수분천 상류)	전북 군산시 미면	9,912	398	78	1,271	468
섬진강	전북 진안군 백운면 신암리 팔공산 (1,151.0m) 서쪽 계곡(섬진강 상류)	경남 하동군 남면 전남 광양시 진월면	4,912	224	44	1,457	283
영산강	전남 담양군 월산면 병풍산(822m) 북쪽 계곡(황룡강~북하천 상류)	전남 나주시 동강면	3,468	130	30	1,340	169
안성천	경기 용인시 이동면 시궁산(471m) 동쪽 계곡(진위천~용덕사천 상류)	경기 평택시 현덕면 충남 아산시 인주면	1,656	60	12	1,215	103
삽교천	충남 청양군 화성면 장계리 백월산 북쪽 계곡(무한천~산정천 상류)	충남 아산시 인주면 충남 당진군 신평면	1,649	59	12	1,227	98
만경강	전북 완주군 동상면 사봉리 삼각점 (675.4m) 남서쪽 계곡(만경강 상류)	전북 군산시 구읍면 전북 김제시 진봉면	1,527	77	12	1,282	70
형산강	경북 경주시 서면도리 인내산 삼각점 (388.6m) 동쪽 계곡(심곡천 상류)	경북 영일군 포항읍 포항리	1,140	62	7	1,157	30
동진강	전북 정읍시 내장동 내장산 까치봉 (717m) 북쪽 계곡(정읍천 상류)	전북 김제시 진봉면	1,136	51	8	1,242	87

하천의 최대유량과 최소유량의 비로 표시되는 유량변동계수(하상계수)가 나타나 있다. 우리나라 하천은 외국의 주요 하천에 비해 최대유량과 최소유량의 격차가 매우 커 연중 강수량의 변동이 심한 기상조건을 그대로 나타내고 있다. 다목적댐이 건설되기 전에는 4대강 평균치가 400 정도였던 점을 고려하면, 이러한 유출특성은 하천의 물이용 여건이 유럽이나 다른 외국에 비해 상대적으로 열악하다고 할 수 있다. 또한 우리나라 하천유역은 산지가 많아 홍수기에는 홍수 직후 1~3일 이내에 상류의 물이 하구에 도달하므로, 이수측면에서 보면 강수 특성상 홍수기에 집중되는 강우를 모아 갈수기 동안 사용할 수 있는 합리적인 방안을 강구할 필요가 있다.

표 1.9 국내외 주요하천의 유량변동계수

하천명(지점)	유량변동계수	하천명(국가)	유량변동계수
한강(한강대교)	90(390)	테임즈강(프랑스)	8
낙동강(진동)	260(372)	세느강(프랑스)	34
금강(공주)	190(300)	라인강(독일)	18
섬진강(송정)	270(390)	나일강(이집트)	30
영산강(나주)	130(320)	미시시피강(미국)	3

( )는 댐에 의한 홍수조절을 하기 전의 유량변동계수

하천유지유량은 생활, 공업, 농업, 환경개선, 발전, 주운 등의 하천수 사용을 고려하여 하천의 정상적인 기능 및 상태를 유지하기 위하여 필요한 최소한의 유량으로 관광, 문화행사, 물놀이 및 친수공간 등과 같은 사회 환경개선을 위해 하천의 일부 구간 또는 일부 지역에 필요한 환경개선용수와 하천에서 흘러야 하는 하천유지유량의 연간 총 수량인 하천유지용수로 구분할 수 있다. 2006년에는 하천유지유량을 법적으로 고시한 지점이 없어 13대 주요하천 하류지점 위주로 13개 지점에 대해 하천유지유량을 고시하였으며 2010년 현재 표 1.10과 같이 전국 주요하천의 60개 지점에 대해 하천유지유량을 고시하고 있다.

표 1.10 하천유지유량 현황 (단위 : m^3/sec)

하천명	지점	하천 유지유량	산정기준	하천명	지점	하천 유지유량	산정기준
한강본류	목계	23.1	평균갈수량	금강본류	공주	15.1	평균갈수량
	여주	30.0	평균갈수량		규암	17.5	평균갈수량
	양평	32.5	평균갈수량		강경	19.9	평균갈수량
	팔당댐	61.2	평균갈수량	갑천	회덕	2.5	하천생태계
	잠실수중보	62.2	평균갈수량	미호천	석화	2.5	하천생태계
	한강대교	63.5	평균갈수량	논산천	논산	0.2	기준갈수량
북한강	의암댐	24.0	평균갈수량	금강 수계		11개 지점	
	강촌	24.0	평균갈수량	섬진강	덕치	0.76	평균갈수량
	청평	28.3	평균갈수량		제2 섬진	0.91	평균갈수량
한강 수계		9개지점			적성	1.31	평균갈수량
낙동강본류	지보	20.8	평균갈수량		대강	1.75	평균갈수량
	사벌	29.3	평균갈수량		오곡	2.47	평균갈수량
	낙동	34.9	평균갈수량		압록	2.51	평균갈수량
	구미	38.8	평균갈수량		구례	4.07	평균갈수량
	왜관	39.3	평균갈수량		송정	4.62	평균갈수량
	고령교	46.3	평균갈수량	오수천	오수	0.37	하천생태계
	적포교	52.0	평균갈수량	요천	남원	0.25	하천생태계
	진동	61.0	평균갈수량	보성강	죽곡	1.28	평균갈수량
내성천	월포	8.5	하천생태계	섬진강 수계		11개 지점	
위천	용곡	3.4	기준갈수량	영산강	광주	0.57	평균갈수량
감천	선산	8.0	하천생태계		마륵	0.88	평균갈수량
금호강	동촌	9.1	평균갈수량		본동	1.57	평균갈수량
	성서	11.7	평균갈수량		나주	2.41	평균갈수량
황강	죽고	8.6	평균갈수량		영산포	2.49	평균갈수량
남강	정암	16.5	평균갈수량		사포	2.83	평균갈수량
밀양강	밀양2	8.7	평균갈수량	황룡강	장성	0.56	평균갈수량
양산천	양산	0.6	기준갈수량		선암	0.69	평균갈수량
낙동강 수계		17개지점		지석천	능주	0.65	하천생태계
금강본류	수릉	3.0	평균갈수량		남평	0.75	평균갈수량
	호탄	3.7	평균갈수량	고막원천	학교	0.10	기준갈수량
	옥천	5.9	평균갈수량	함평천	함평	0.08	평균갈수량
	현도	8.5	평균갈수량	영산강 수계		12개 지점	
	부강	10.5	평균갈수량	전국		60개 지점	

・자료 : 수자원장기종합계획(2011년)

1.4.4 우리나라의 댐

우리나라의 유출특성이 물을 효율적으로 이용하기에 매우 불리하므로 홍수기에 물을 저장하여 갈수기에 공급할 수 있도록 댐을 건설하여 사용하고 있다. 다목적댐은 홍수기에 홍수조절을 통해 물로 인한 피해를 방지하고, 가뭄기에는 물을 안정적으로 방류하여 생활용수와 농업용수, 공업용수로 공급하며, 수력발전을 통한 에너지 공급을 하고 있다. 이처럼 다목적댐은 주요한 사회간접자본 시설이지만 댐적지의 감소, 환경에 대한 관심 증가, 수몰지역발생과 재산권행사 지장으로 인한 반발 등 여러 가지 이유로 지속적인 댐 건설이 점차 어려워지고 있다.

2010년 현재 소양강댐, 충주댐 등 15개 다목적댐의 총 저수용량은 약 126억m^3 규모이며, 발전시설용량 약 105만kW, 홍수조절 능력 약 22억m^3을 갖추고 있으며 이들 다목적댐의 연간 용수공급능력은 약 109억m^3이다. 저수용량으로 보면 소양강댐이 29억m^3으로 가장 많고, 연간 용수공급능력으로 보면 충주댐이 34억m^3으로 가장 크고, 발전시설용량은 충주댐이 41만kW로 가장 크다.

발전전용댐은 12개로 홍수조절용량은 연간 2.7억m^3이며, 다목적댐과 연계운영을 통하여 연간 13억m^3의 물 공급 능력을 확보하고 있다. 그 외에 광동댐, 운문댐 등 54개 용수전용댐에서 연간 8.8억m^3, 낙동강, 금강 등 12개 하구둑 및 담수호에서 연간 29억m^3, 장성댐, 담양댐 등 전국 17,649개소의 농업용 저수지에서 27억m^3의 물 공급 능력을 확보하는 등 연간 전국 물 공급 능력은 188억m^3을 확보하고 있으며, 2020년까지 건설 중인 댐 등의 시설물이 건설되면 201억m^3으로 물 공급 능력이 13억m^3이 증가할 것으로 예상되고 있다.

표 1.11 우리나라의 댐 현황(2010년 현재)

구분	권역명	댐명	유역면적 (km^2)	제원		총저수량 (백만m^3)	유효저수용량 (백만m^3)	발전시설용량 (천kW)	사업효과		공사기간
				높이(m)	길이(m)				홍수조절 (백만m^3)	물공급 (백만m^3/년)	
총계						21,681.8	13,896.4	3,850.6	5,136.1	18,770.6	
소계						12,588.9	8,825.2	1,049.5	2,197.6	10,883.1	
다목적댐	한강	소양강	2,703.0	123.0	530.0	2,900.0	1,900.0	200.0	500.0	1,213.0	'67~'73
		충주	6,648.0	97.5	447.0	2,750.0	1,789.0	412.0	616.0	3,380.0	'78~'86
		횡성	209.0	48.5	205.0	86.9	73.4	1.0	9.5	119.5	'90~'02
	낙동강	안동	1,584.0	83.0	612.0	1,248.0	1,000.0	91.5	110.0	926.0	'71~'77
		임하	1,361.0	73.0	515.0	595.0	424.0	51.1	80.0	591.6	'84~'93
		합천	925.0	96.0	472.0	790.0	560.0	101.2	80.0	599.0	'82~'89
		남강	2,285.0	34.0	1,126.0	309.2	299.7	14.0	269.8	573.3	'87~'03
		밀양	95.4	89.0	535.0	73.6	69.8	1.3	6.0	73.0	'90~'02
	금강	대청	4,134.0	72.0	495.0	1,490.0	790.0	90.8	250.0	1,649.0	'75~'81
		용담	930.0	70.0	498.0	815.0	672.0	26.2	137.0	650.4	'90~'06
		보령	163.6	50.0	291.0	116.9	108.7	0.7	10.0	106.6	'90~'00
		부안	59.0	50.0	282.0	50.3	35.6	0.2	9.3	35.1	'90~'96
	섬진강	섬진강	763.0	64.0	344.2	466.0	370.0	34.8	32.0	350.0	'61~'65
		주암	1,010.0	58.0	330.0	457.0	352.0	1.4	60.0	270.1	'84~'92
		주암조절지	134.6	99.9	562.6	250.0	210.0	22.5	20.0	218.7	'84~'92
	영산강	장흥	193.0	53.0	403.0	191.0	171.0	0.8	8.0	127.8	'96~'07

· 자료 : 수자원장기종합계획(2011년)

표 1.11 (계속)

구분	권역명	댐명	유역면적 (km^2)	제원		총저수량 (백만m^3)	유효저수용량 (백만m^3)	발전시설용량 (천kW)	사업효과		공사기간
				높이(m)	길이(m)				홍수조절 (백만m^3)	물공급 (백만m^3/년)	
소계						1,793.8	957.8	2,799.3	266.0	1,335.0	
발전전용댐	한강	화천	3,901.0	81.5	435.0	1,018.4	658.0	108.0	213.0	1,315.0	'39~'44
		춘천	4,736.0	40.0	453.0	150.0	61.0	57.6	14.0	–	'61~'65
		의암	7,706.0	23.0	273.0	80.0	57.5	45.0	126.0	–	'62~'67
		청평	9,921.0	31.0	407.0	185.5	82.6	79.6	19.0	–	'39~'43
		괴산	671.0	28.0	171.0	15.3	5.7	2.6	3.0	–	'52~'57
		팔당	23,800.0	29.0	575.0	244.0	18.0	120.0	–	–	'66~'77
		청평양수	0.2	62.0	290.0	2.7	2.4	400.0	–	–	'75~'79
		도암	145.0	72.0	300.0	51.4	39.7	82.0	–	–	'85~'90
	낙동강	삼랑진양수	10.5	78.0	529.0	16.6	9.6	600.0	–	–	'79~'85
		산청양수	36.3	72.0	286.0	13.8	11.4	700.0	–	–	'94~'01
	금강	무주양수	39.7	42.6	234.0	10.4	7.2	600.0	–	–	'88~'95
	섬진강	보성강	275.0	11.9	274.0	5.7	4.7	4.5	1.0	20.0	'31~'37
소계						609.0	536.3	1.8	23.5	880.5	
생공용수전용댐	한강	광동	125.0	39.5	292.0	11.0	8.0	–	–	26.4	'85~'89
		달방	29.4	53.5	326.0	7.7	7.5	0.2	–	14.6	'86~'90
	낙동강	운문	301.3	55.0	407.0	135.3	126.2	0.3	23.5	162.4	'85~'94
		영천	235.0	42.0	300.0	96.4	81.4	1.0	–	107.3	'74~'80
		가창	43.0	45.0	260.0	9.1	8.9	–	–	17.5	'84~'86
		공산	60.0	36.8	239.0	5.5	5.0	–	–	18.3	'79~'81
		회야	127.0	31.5	424.0	21.5	17.7	–	–	90.0	'62~'64
		대곡	57.5	52.0	192.0	28.5	27.8	0.3	–	32.1	'99~'05
		사연	67.0	46.0	300.0	25.0	20.0	–	–	65.8	'62~'65
		대암	77.0	27.0	318.0	9.5	5.0	–	–	18.3	'68~'69
		안계	6.7	32.5	223.5	17.7	13.0	–	–	–	'68~'71
		감포	3.7	35.0	108.0	2.4	2.2	–	–	1.6	'02~'06
		연초	11.7	24.5	120.0	5.0	4.6	–	–	6.3	'77~'79
		구천	12.7	50.0	234.0	9.7	9.3	–	–	7.5	'84~'87
		선암	1.2	22.0	331.0	2.0	1.5	–	–	–	'62~'64
		회동	93.0	33.2	174.0	18.5	15.2	–	–	30.0	'40~'66
	섬진강	동복	189.0	44.7	188.0	99.5	92.0	–	–	116.8	'83~'85
		수어	49.0	67.0	437.0	27.5	22.2	–	–	29.7	'74~'78
	영산강	평림	19.9	37.3	390.5	8.5	8.1	–	–	11.8	'01~'07
	기타(35개 지자체 관할 생공용수전용댐)					68.7	60.7	–	–	124.1	–
소계						1,258.3	807.1	–	–	2,930.0	–
하구둑 및 담수호	한강	아산호	1,634.0	17.0	2,564.0	99.0	82.9	–	–	276.0	'70~'73
		남양호	209.0	8.5	2,060.0	31.5	20.4	–	–	364.0	'71~'73
	낙동강	낙동강하구둑	23,560.0	18.7	2,230.0	–	–	–	–	750.0	'83~'90
	금강	금강하구둑	9,828.0	16.6	1,814.0	138.0	122.0	–	–	365.0	'83~'89
		삽교호	1,639.5	18.0	3,360.0	84.1	62.8	–	–	156.0	'77~'79
		간월호	488.0	18.2	6,458.0	124.3	50.7	–	–	165.0	'79~'95
		대호호	312.0	14.7	7,807.0	122.0	46.5	–	–	96.0	'81~'85
		홍성호	79.0	16.1	1,856.0	9.4	9.3	–	–	21.0	'91~'01
		보령호	142.0	20.7	1,082.0	19.3	17.3	–	–	35.0	'91~'00
	영산강	영산강하구둑	3,471.0	19.5	2,904.0	253.0	180.9	–	–	324.0	'78~'82
		영암호	355.0	25.9	2,220.0	244.6	138.8	–	–	245.0	'88~'93
		금호호	184.0	18.3	2,120.0	133.1	75.5	–	–	133.0	'89~'96
소계						2,801.8	2,770.0	–	19.0	2,742.0	
농업용 저수지	낙동강	성주	149.0	62.6	430.0	47.5	28.2	–	6.0	43.0	'87~'96
	섬진강	동화	74.0	70.5	474.0	32.3	32.2	–	1.0	32.0	'87~'97
	영산강	장성	123.0	36.0	603.0	89.7	84.8	–	5.0	74.0	'71~'76
		담양	66.0	46.0	305.5	66.7	64.8	–	2.0	43.0	'73~'76
		광주	41.0	25.0	505.0	17.4	15.2	–	2.0	33.0	'74~'76
		나주	105.0	31.0	496.0	91.2	87.8	–	3.0	60.0	'73~'76
	기타(전국 17,643개 농업용 저수지)					2,457.0	2,457.0	–	–	2,457.0	–
소계						2,630.0	–	–	2,630.0	–	
홍수전용댐	한강	평화의댐	3,227.0	125.0	601.0	2,630.0	–	–	2,630.0	–	'02~'06

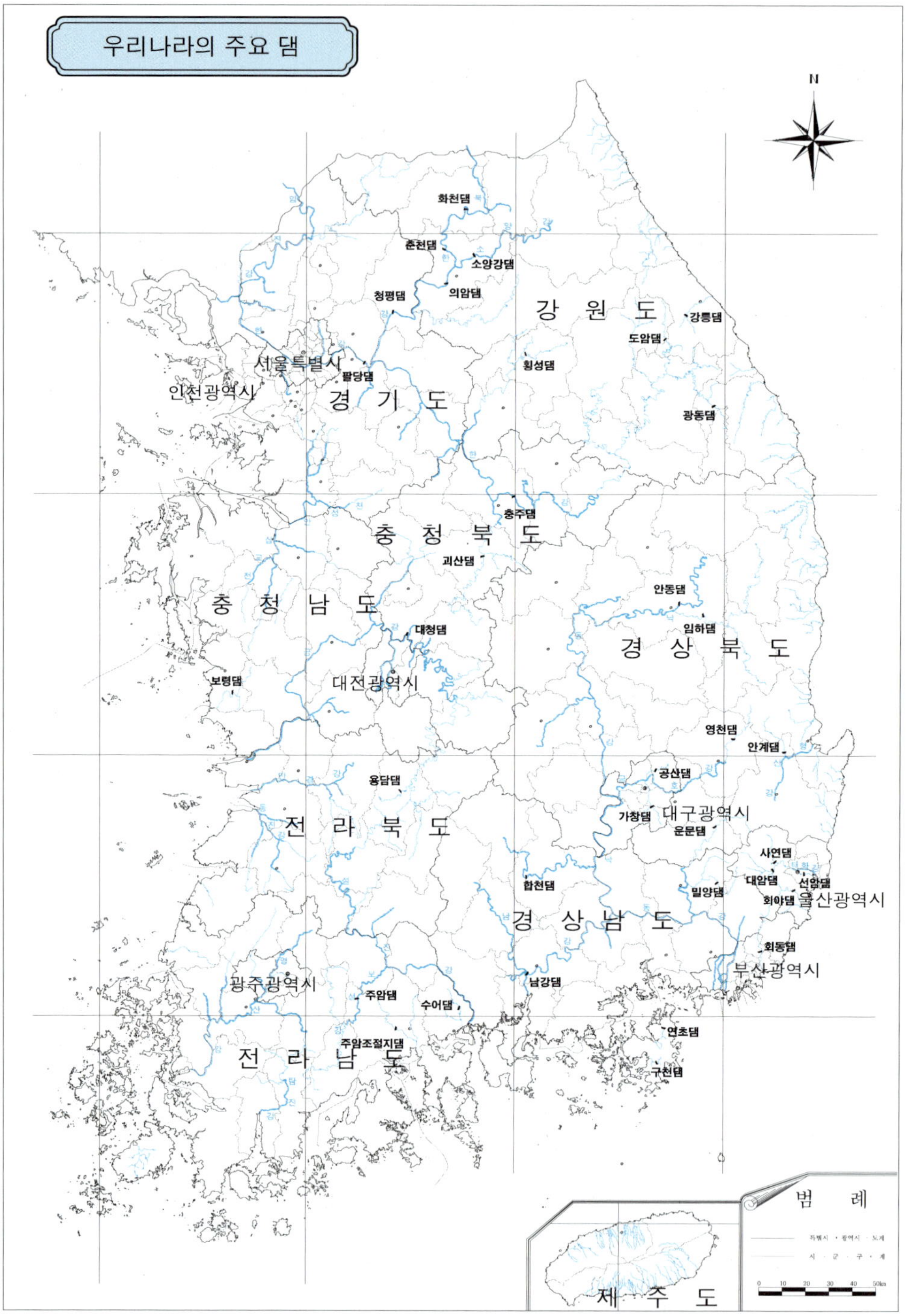

그림 1.7 우리나라의 주요 댐

1.5 수문학의 역사

1.5.1 수문학의 초기역사

수문과학은 수문순환의 개념으로부터 시작하고 있다. 고대로부터 그리스의 시인 Homer(약 1000B.C.) 철학자 Thales, Plato, Aristotle[①], 로마의 Lucretius, Seneca, Pliny와 같은 철학자를 비롯하여 중세의 많은 학자들이 물의 순환에 대해 깊은 관심을 가졌다. 따라서 그리스의 철학자들이 수문학에 대한 최초의 열성적인 학생들이라 할 수 있다.

아리스토텔레스(Aristotle)는 깊은 산속에서 습한 공기가 물로 변하여 샘물 및 하천의 근원이 된다고 제안하였으며, 호머(Hormer)[②]는 지표수의 수원으로 바다에서 육지로 통하는 지하바다에 대한 의견을 제시하였다. 비록 이들의 수문순환에 대한 분석은 과학적인 근거가 약했지만 그리스의 철학자 Anaxagoras(500~428B.C.)[③]는 초기의 수문순환에 대한 개념을 수립하였다. 그는 태양에 의해 바다로부터 물이 대기 중으로 이동하고, 대기 중에서 강우가 형성되어 떨어지며, 지하저수지에 물이 모여 하천으로 물을 공급한다고 주장하였다.

이러한 개념은 그리스의 철학자 Theophratus(372~287 B.C.)에 의해 개선되었는데, 그는 대기 중에서의 강수형성이 응축 및 결빙에 의해 이루어진다고 정확히 주장하였다. 로마의 건축가이자 공학자인 Marcus Vitruvius는 Theophratus의 개념을 지표면에 내린 강우와 강설이 침투하여 지하수를 형성한다고 개선하여 현대와 같은 수문순환의 개념을 정립하였다.

A.D. 97년에 흐름의 횡단면을 바탕으로 한 하천유량 측정기술을 로마의 수로시스템에서 처음으로 적용하였는데 이 방법은 Leonardo da Vinci[④]가 이탈리아 르네상스시기에 흐름 횡단면적, 유속 그리고 유량과의 적절한 관계를 수립할 때까지 사용되었다. 르네상스기간에는 수문학과 관련하여 순수한 철학적인 개념으로부터 관측적인 과학으로 바뀌게 되었다.

Leonardo da Vinci(1452~1519)는 막대의 밑에 추를 달고 위에는 공기를 불어넣은 동물의 방광을 부착한 부자를 고안하여 하천에서의 유속분포에 대한 체계적인 연구를 처음으로 시도하였다. 그는 하천 임의지점에 부자를 띄우고 제방을 따라 주행계를 이용하여 부자가 떠내려가는 것을 관찰하고 부자의 기울어진 각도에 의해 수표면과 하상근처의 유속차를 판단하였다. 하천의 횡단면을 따라 여러 지점에서 이러한 시도를 함으로서 하천횡단면의 유속분포를 관찰하였다. 하천의 깊이, 폭 그리고 경사가 동일할 때 수표면 근처에서의 유속이 빠르고 하상근처의 유속이 작은데 이는 수표면에서는 물보다 가벼운 공기와 접촉하고 있어 저항이 작고 하상근처는 물보다 무겁고 고정되어 있는 땅과 접촉하고 있어 저항이 크기 때문이라는 결론을 얻었다. 그 당시만 하더라도 우물에서 서로 다른 깊이로 두 곳에 구멍을 뚫을 때 위보다는 아래의 물이 빠르게 흐르기 때문에 하천의 표면보다는 하상쪽의 유속이 빠르다는 생각이 지배적이었다.

그림 1.8 Leonardo da Vinci의 유속측정 장면묘사 및 부자

프랑스 과학자 Benard Palissy(1510~1589)는 하천 및 샘의 근원은 강수라는 것을 보여 하천의 근원이 바다라는 고대의 개념을 수정하였다. 강우 및 지표유출에 대한 첫 번째 측정은 17세기 프랑스 박물학자인 Pierre Perrault(1608~1680)에 의해 이루어진 것으로 기록되고 있다. 그는 측정된 강우량을 Seine강에서 산정된 유량과 비교하였는데, 유량은 강우량의 약 1/6 정도이며 나머지는 증발 및 증산으로 손실된다고 하였다. 영국의 천문학자 Halley(1656~1742)는 지중해에서의 증발량을 산정하기 위해 작은 접시를 사용하였으며, 지류흐름을 산정하는데 충분하다고 결론을 얻었다. Mariotte는 Seine강에서 흐름의 유속을 측정하였다. 이러한 초기 수문과학의 시작은 수리 및 유체 관측에서 기본이 되는 Bernoulli[5]이론, Pitot[6]관 그리고 Chezy공식 등을 포함한 18세기의 다양한 진보를 하는데 기초가 되었다.

19세기는 지하수 수문학이 상당히 발전한 기간이었다. 다공성 매질에서의 흐름의 Darcy 법칙, Dupit-Theim의 우물공식 그리고 Hagen[7]-Poiseuille[8]의 모관수 흐름방정식이 이때 수립되었다. 지표수 수문학에 있어서도 많은 흐름 공식 및 계측기가 개발되어 하천에서의 체계적인 계측이 시작되었으며, 1867년에 라인강의 Basel에서 조직적인 유량측정이 이루어 졌다. 1888년에는 미국지질조사국(USGS)이 미시시피강에서 유량측정을 위한 체계적인 프로그램을 처음으로 구축하였다. 같은 기간 동안 미국에서는 미육군공병단(USACE, 1802), 미국지질조사국(USGS, 1879), 지금의 국립기상청(National Weather Service, NWS)인 기상국(Weather Bureau, 1891) 그리고 미시시

피강 위원회(1893) 등과 같은 많은 수문관련 기관들이 설립되었다. 1889년에 Manning의 공식이 소개되었으며, 잘 알려진 유속계인 Price meter가 1885년에 개발되었다.

1900년에서 1930년 동안은 많은 경험공식들이 개발되었기 때문에 이 시기를 '경험의 시기'라고 부르기도 한다. 정부기관들은 수문학 연구에 많은 노력을 기울였고, 수문과학의 발전을 위해 많은 수의 전문 기술학회가 결성되었다. 예를 들어 이 기간 동안에 미개척국(Bureau of Reclamation, 1902), 산림청(Forest Service, 1906) 그리고 미육군공병단의 수리실험소(Waterway Experiment Station, 1928)가 설립되었다. 1930년 이전부터 과학적 수문학의 국제학회와 미국 지구물리학회(AGU)의 수문분과가 시작되었다.

1.5.2 근대의 역사

'합리화의 시대'라 불리는 1930년에서 1950년 동안은 수문학 분야에서 상당한 진보가 이루어졌으며, 미정부기관에서 수문연구에 대한 그들 자신의 프로그램을 개발하기 시작하였다. Sherman(1932)의 단위도(unit hydrograph), Horton(1933)의 침투이론 그리고 Theis(1935)의 관정수리학에서의 비평형방정식 등이 제안되어 다양한 분야에서 수문학의 위상이 향상되었다. Gumbel(1958)은 수문자료의 빈도해석을 위한 극치분포의 사용을 제안하여 현대 통계수문학의 기본을 마련하였다. 이 기간동안 미육군공병단, 미기상청, 미국농림부(USDA) 그리고 미지질조사국은 수문이론의 발전에 상당한 기여를 하였고, 강우, 증발 그리고 유량관측을 위한 국가적인 계측망을 개발하였다.

미기상청은 지금도 강우관측, 폭우의 예측 그리고 그 외의 수문관련 조사에 많은 기여를 하고 있다. 미육군공병단, 미국농림부의 토양보전국(SCS, 지금의 자연자원보존국, NRCS)은 이 기간 동안 홍수통제, 저수지개발, 관개 및 토양보전과 관련하여 수문분야에 상당한 기여를 하였다. 최근에 미지질조사국은 수질 및 수량자료를 획득하기 위한 전국적인 강우 및 유량계측망을 구축하여 상당한 발전이 있었다. 그들의 물 관련 보고서 및 특별연구는 수문과정을 설명하고 이들간의 관계를 발전시키기 위한 복잡한 수문자료의 분석을 제공함으로서 수문학 분야에 많은 진보를 가져왔다.

1930년대 및 1940년대의 많은 수자원연구, 대댐, 저수지, 홍수통제 관련 프로젝트는 유체역학, 수문시스템, 통계수문학, 증발분석, 홍수추적, 그리고 운영분석 분야의 직접적인 발전에 의해 이루어졌다. 이 시대의 많은 발전이 지금까지도 이어지고 있으며 침투 및 증발을 예측하는 방법들은 80여 년이 지난 아직까지도 변하지 않고 있다. 수문학적 물의 손실과 관련한 Horton(1933, 1940) 및 Penman(1948)의 주된 기여는 1930년대의 건조한 기후를 겪은 미국 농업분야에서 필요한 물 및 관개와 관련이 있다.

1950년대 및 1960년대는 미국 및 유럽에서 상당한 도시화가 이루어져 홍수로부터의 첨두홍수예측, 도시팽창에 대한 영향, 물공급 댐에서의 저류량의 변화 등에 대한 보다 나은 방법들을 개발하게 되었다. 1970년대 및 1980년대에는 미연방재난관리청(FEMA)과 지역홍수통제국 등에 의해 요청되는 홍수터의 평가 및 설계가 많이 수행되었다. FEMA에 의해 관리되는 홍수보험을 적용하기 위해서는 수문학적 분석 및 홍수터 경계의 설정 등을 필요로 한다.

1.5.3 컴퓨터 도입에 따른 수문학의 발전

1960년대 및 1970년대에 수문학에 컴퓨터가 도입됨으로서 처음으로 복잡한 물 문제를 종합적인 시스템으로 모의하게 되었다. 이제는 대형 컴퓨터 모형들이 과거의 방대한 양의 수문자료를 처리하여 복잡한 수문문제에 대한 답을 얻는데 사용되어지고 있다. 첫 번째의 종합적인 수문모형이 Stanford 대학팀에 의해 개발된 Stanford Watershed Model (Crawford and Linsley, 1966)로 이 모형은 강우, 증발, 증발산, 침투, 지표면유출, 지하수유출 그리고 하천유출을 포함하는 수문순환에 있어서의 주요 과정들을 모의할 수가 있다.

현대 수문학에 현저한 기여를 한 모형이 HEC-1으로 미육군공병단의 Hydrologic Engineering Center(HEC, 1973)에서 개발되었으며 이 모형은 강우량 자료로부터 단순 손실함수와 단위도를 이용하여 유출량을 모의한다. 이에 대응하는 모형으로 미 육군공병단에서 개발된 HEC-2(1976)모형은 주어진 하천단면자료와 HEC-1으로 모의된 첨두유출량을 이용하여 하천의 수면곡선을 계산하게 된다. 미국환경보호청(EPA)에 의해 개발된 Storm Water Management Model(SWMM)은 도시우수관거 계통의 유출과 손실을 다루는 가장 조합적인 모형이다. 이러한 모형들은 최근 Windows 환경에서 편리성과 계산 기능을 향상시키기 위해 컴퓨터의 그림 인쇄를 활용한 사용자 사이틀인 Graphical User Interface(GUI)로 개선되었다. 최근의 HEC 수문모형인 HEC-GeoHMS, HEC-GeoRAS같이 입력자료로서 레이더 강우를 사용하고 지형정보시스템(GIS)을 접목하여 유역단위의 자료를 다룰 수 있는 향상된 컴퓨터 프로그램들이 개발되어 사용되고 있다.

이상과 같이 수문학은 현대의 다른 공학에 비해 그 역사가 매우 깊으며 앞으로도 더욱 중요한 역할을 하리라 본다. 수문학과 관련된 내용들은 지구상의 수많은 사람들의 생명과 활동에 직접적으로 영향을 미치고 있다. 물과 관련된 위험성은 항상 존재하며 과거에 경험하지 못했던 극한 상황이 언제라도 발생할 수가 있다. 따라서 수문학과 관련된 연구 및 설계에서는 사용할 수 있는 모든 자료를 고려하여 신중하며 최선을 다한 분석을 할 필요가 있다.

CHAPTER 02

수문기상론

2.1 서 론

지구상의 물의 순환을 이해하기 위해서는 지구상의 에너지 및 대기의 순환에 대한 이해가 필수적이며, 대기 중의 물 및 에너지의 이동에 관한 이해는 대기 중의 기상학적 현상에 대한 이해를 필요로 한다. 대기 중 수분의 이동, 강수의 형성, 지표에서의 물의 증발 등과 같이 지상과 대기사이의 물의 이동은 태양복사에너지, 대기의 순환, 기온, 압력, 습도, 바람 등과 같은 기상학적인 인자들에 의해 지배를 받게 된다.

최근 들어 집중호우 및 돌발홍수 등으로 피해가 증가하자 대기 중의 수분으로부터 강우를 미리 예측하기 위한 다양한 강우예측모형들이 개발되고 있으며, 또한 기상레이더 및 인공위성을 이용하여 대기 중의 수분으로부터 강우량과 강우의 이동방향 등을 예측하고 있다. 이러한 모든 과정은 대기 중의 복잡한 기상인자들을 고려하여 이루어지고 있으며, 물의 순환에 대해 다루는 수문학을 연구하는 입장에서 기본적인 기상인자들에 대한 지식이 필요하다. 따라서 본 장에서는 대기 중의 기상현상에 영향을 주고 이로 인하여 물의 순환에 영향을 주는 인자들로서 태양에너지, 대기의 순환, 증기압, 대기압, 기온, 습도, 바람 등에 대해 알아보기로 한다.

2.2 태양복사 및 지구 에너지 균형

수문순환은 태양으로부터 오는 복사에너지에 의해 추진되는 엔진과도 같다고 할 수 있다. 지구상의 모든 물의 순환 과정은 지구 내부에너지와 함께 주로 태양복사에너지(solar radiation)에 의해 영향을 받게 된다. 수문기상학에서는 지구표면으로부터 대기의 하부층에서 발생하는 기상현상에 관심이 있으며 이 공간에서 태양복사에너지의 역할은 매우 중요하다. 그림 2.1은 지표와 대기사이의 에너지 흐름관계를 보여주고 있다.

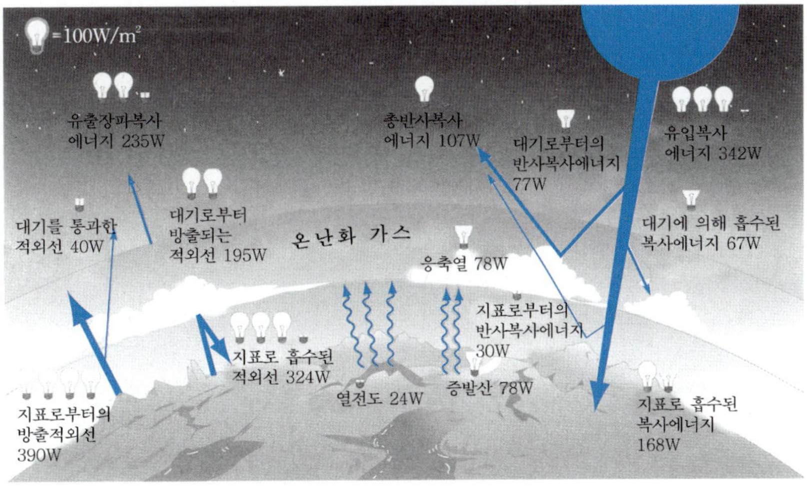

그림 2.1 지구상의 에너지흐름

표 2.1 Kelvin, 섭씨 및 화씨온도간의 관계

구 분	섭씨 (℃)	화씨 (°F)	켈빈 (°K)
절대영도	−273.15	−459.67	0
물이 어는 온도	0	32	273.15
물이 끓는 온도	100	212	373.15

* 해수면 기준

지구 및 지구주위 대기에서의 복사에너지 분포는 에너지의 불균형을 초래하여 대부분의 수문학적 및 기상학적 현상들을 발생시키게 된다. 6,000°K(Kelvin)의 온도를 가진 태양이 지구의 주된 복사에너지원이며, 다른 별들은 비록 높은 온도를 가지고 있지만 너무 멀리 떨어져 있기 때문에 지구의 복사에너지 균형에는 영향을 미치지 못한다. 지구 및 대기 또한 일정한 온도(287°K)를 가지고 있으므로 복사에너지를 방출한다. 유입되는 태양복사에너지와 방출되는 지구복사에너지와의 차이는 수문기상학에서 매우 중요한 역할을 한다.

복사에너지를 다루기 위해서 온도를 사용하며 단위는 주로 Kelvin(°K)온도를 사용한다. Kelvin 온도는 섭씨(℃)온도에 273.15를 합한 값으로 Kelvin, 섭씨 및 화씨온도간의 관계는 표 2.1에 나타나 있으며 이들 간의 변환 관계는 다음과 같다.

$$°C = (°F - 32) \times 5/9 \tag{2.2.1}$$

$$°F = (9/5 \times °C) + 32 \tag{2.2.2}$$

복사율은 단위 면적 또는 시간당 에너지단위로 측정 된다. 국제단위제(System International, SI)에서는 에너지로 Joule(J), 면적으로 m^2 그리고 시간으로는 초(sec)를 사용하고 있다. 1J은 1Newton(N)의 힘으로 1m를 움직일 때에 해당하는 에너지이며, 1N은 1kg의 질량에 단위가속도(1m/sec^2)가 작용하는 힘이다. 동력(Power)은 Watt(W)로 나타내며 J/sec를 의미한다. 에너지의 단위로 칼로리(cal)도 사용하며 1cal는 4.186J(1J은 0.239cal)이다. 단위면적당 복사에너지는 일반적으로 제곱센티미터 당 칼로리(cal/cm^2)로 표현하고 1cal/cm^{2}를 langley(ly)라고 부른다. 따라서 복사율은 시간 당 langley 즉, ly/sec, ly/min 및 ly/day로 표현된다.

2.2.1 지구의 운동 및 복사에너지 분포

지구-대기시스템은 태양으로부터의 총 방출에너지 중 극히 일부 즉, 단위면적 당 방출되는 태양에너지의 약 0.002% 정도만 받고 있다. 근본적으로 지구는 태양에 의해 영향을 받는 우주의 한 점에 불과하다. 우리가 받는 태양복사에너지는 일반적으로 일정한 강도(intensity)를 가지고 있다. 태양으로부터 방출되는 복사에너지와 직각인 상부 대기에서의 강도는 약 1,353J/m^2/s 또는 1.94cal/cm^2/min으로 이를 태양상수(solar constant)라 부르며 보통 2.0cal/cm^2/min(2.0ly/min)

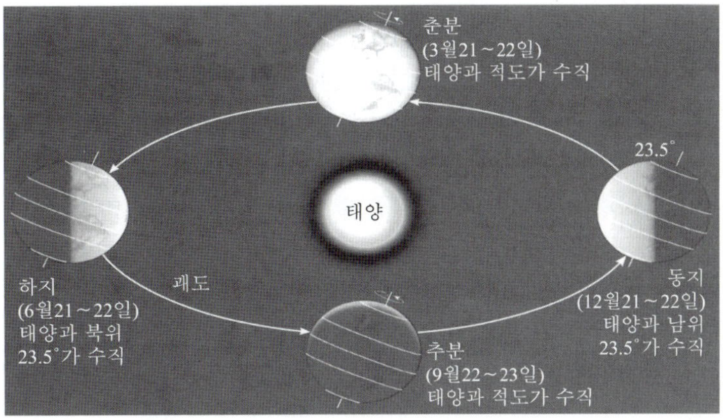

그림 2.2 지구의 회전 및 계절

으로 나타낸다. 하지만 지구는 구의 형태를 이루고 있고, 태양 주위를 기울어진 각도로 회전하고 있으므로 지구표면에 도달되는 복사에너지의 강도는 시간 및 장소에 따라 변하게 된다.

만일 지구의 회전축이 태양 주위의 회전 평면과 수직이라면 일 년 내내 태양으로부터 비추는 빛이 일정하기 때문에 지구상의 모든 지점에서 계절이 나타나지 않는다. 이러한 경우 극지방으로 갈수록 복사에너지 강도가 작아지므로 점점 추워지게 되고 다른 인자들을 무시한다면 일년 내내 일정한 온도를 유지하게 될 것이다. 하지만 지구의 회전축은 그림 2.2와 같이 태양 주위의 회전 평면과 23° 27' 기울어져 있다.

북반구에서의 동지(winter solstice, 12월 22일경)동안 지구의 회전축과 태양과의 기울어진 각도는 적도와 비교할 때 남쪽으로 23°27'이며, 반대로 6월 22일경에는 북쪽으로 23° 27' 기울어져 북반구에서는 복사에너지를 가장 많이 받게 되고, 이때를 하지(summer solstice)라 한다. 춘분(vernal equinox, 3월 22일경)과 추분(autumnal equinox, 9월 22일경)에는 태양은 적도 상공에 있게 된다.

시간에 따라 태양과의 기울기가 변함에 따라 태양복사에너지의 지구에 대한 입사각에 변화가 생겨 계절이 나타나게 되고, 하루 중 낮 시간의 길이도 변하여 지역마다 다른 복사에너지를 받게 되어 계절적인 기후양상이 나타나게 된다. 춘분 및 추분에는 태양이 적도 상공에 위치하고 있으므로 낮과 밤의 시간이 정확히 12시간이 된다. 하지만 동지에 북극지역에서는 태양이 비추지 않아 밤이 계속되며 반대로 남극지역에서는 지속적으로 태양이 비추어 낮이 계속된다.

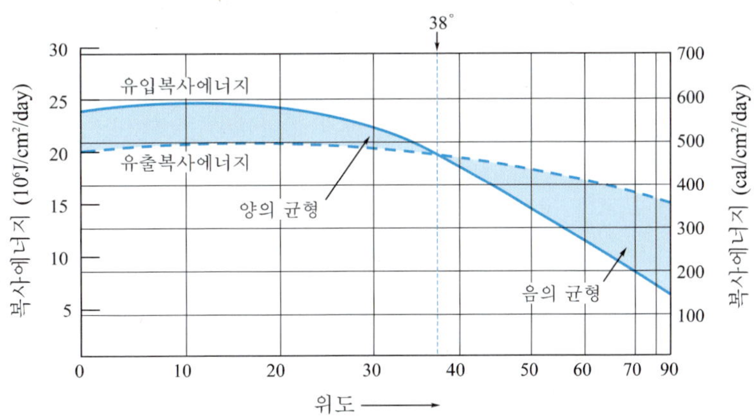

그림 2.3 위도에 따른 유입 및 유출 복사에너지의 분포

대기의 상부 층에 도달한 태양 복사에너지는 지표면으로 오는 동안에 대기 중의 물질들에 의해 반사(reflection), 굴절(refraction) 그리고 흡수(absorption)됨으로서 상당히 변하게 된다. 구름과 같은 대기 중의 수분은 태양

복사에너지의 주된 흡수원이 된다. 지구표면의 비균등 복사와 함께 지구로 유입되는 태양에너지의 비 균일성은 복사에너지수지 문제를 발생시키게 된다. 그림 2.3과 같이 적도에 가까운 위도에서는 복사에너지의 유입이 유출보다 많고 북쪽으로 갈수록 유입보다 유출되는 복사에너지가 많다. 따라서 지구의 에너지균형을 이루기 위해서는 저위도지역에서 고위도지역으로 에너지가 이동하게 되며, 바람, 해류 그리고 수증기 등이 이러한 에너지의 운반자 역할을 하게 된다.

2.2.2 단파 및 장파복사에너지

태양으로부터 방출되는 에너지는 약 100,000 ly/min이며 지구에 도달하는 에너지인 태양상수는 2.0 ly/min으로 태양에서 방출되는 에너지의 극히 일부분이다. 복사에너지는 단파(shortwave) 및 장파(longwave)복사로 구분할 수 있으며 온도가 높아질수록 파장이 짧아지게 된다. 그림 2.4는 복사에너지의 파장별 분포를 보여주고 있으며, 태양은 단파 복사에너지를 방출하는 반면에 지구는 장파 복사에너지를 방출하게 된다.

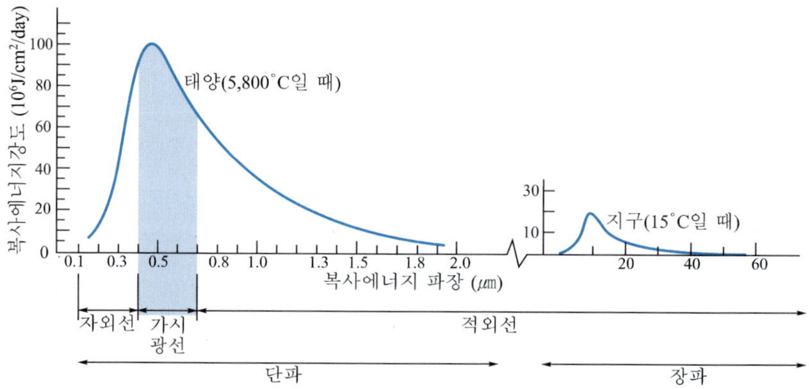

그림 2.4 태양 및 지구에 의해 방출되는 복사에너지의 파장분포

2.3 지구-대기시스템

시간 및 공간적으로 불균등한 복사에너지 분포는 지구-대기시스템을 통한 온도의 불균형을 초래하고 결과적으로 지구 에너지의 불균형을 가져온다. 지구-대기시스템에서는 에너지의 재분포를 위해 다양한 기상 및 수문과정들이 발생하게 된다. 지구 및 대기는 통상적으로 발생하는 대규모의 질량 이동을 포함한 에너지 이동의 매체가 되며, 이러한 에너지의 이동에 의해 기후 및 기상현상이 나타나고 결국 물의 순환에 영향을 미치게 된다.

지구 및 대기가 기후의 변화를 좌우하는 정도는 아직 불분명하다. 육지는 주로 수분을 받는 입장으로 수동적인 역할을 하지만 지형, 온도, 지표면 반사 등을 통해 기후에 중요한 역할을 한다. 지표면의 식생 또한 증발산을 통해 수분을 순환시키는 역할을 한다. 해양 및 대기는 질량 및 에너지의 재 분포에 능동적인 역할을 하고 있다.

2.3.1 대기의 구성 및 일반 특성

지구를 둘러싸고 있는 공기는 일반적으로 50km를 기준으로 하여 상부 및 하부 대기로 구분한다. 상부대기층은 기후의 결정에서 부차적인 역할을 하며 대부분의 중요한 질량 및 에너지 이동이 발생하는 곳은 하부대기층으로 성층권(stratosphere)과 대류권(troposphere)으로 나뉜다. 대기의 각 층은 온도분포로 정의가 되며 그림 2.5는 고도에 따른 전형적인 온도변화 곡선을 보여주고 있다.

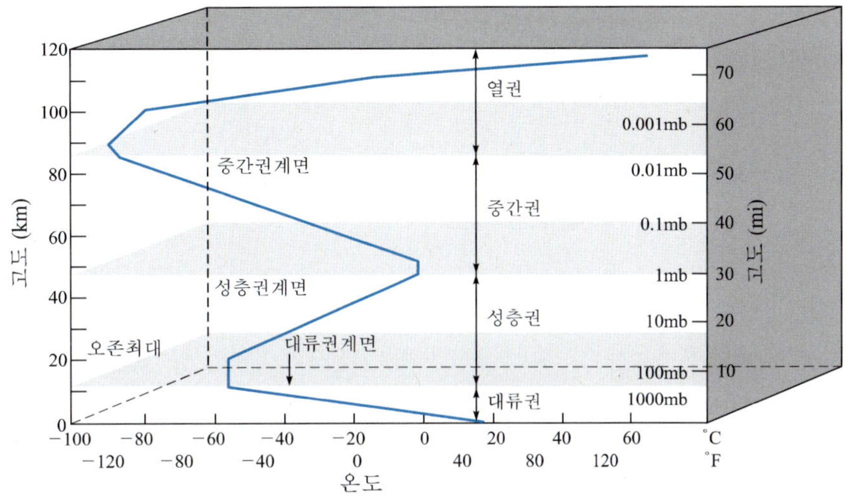

그림 2.5 고도에 따른 온도변화 곡선

대류권은 지구 표면과 직접적으로 접하고 있는 공기층으로 대부분의 에너지, 운동량 그리고 질량의 이동이 발생하는 층이다. 대류권은 또한 지구 표면에서 관측되는 바람 및 강수가 발생하는 곳으로 다음과 같은 특징을 가지고 있다. 즉, ① 극지방에서는 8km, 적도지방에서는 16km 정도로 두께가 변하고, ② 고도에 따라 온도가 감소하며, ③ 압력변화가 뚜렷이 나타나고, ④ 수분 및 부유입자의 분포가 잘 구분된다.

대기를 이루고 있는 대부분의 가스는 질소와 산소로 대기 전체 부피의 99%를 차지하고 있으며, 표 2.2는 대기를 구성하고 있는 가스의 종류를 보여주고 있다. 영구적으로 존재하는 가스들은 시간 및 공간에 따라 변동성이 별로 없지만, 그 외의 가스들은 일반적으로 고도가 증가함에 따라 감소하며 시간 및 공간에 따라 다양하게 변한다.

표 2.2 대기의 구성가스

구 성 가 스	대류권에서의 부피 (%)
질소 (N_2)	78.084
산소 (O_2)	20.946
아르곤 (A)	0.934
이산화탄소 (CO_2)	0.033
네온 (Ne)	0.00182
헬륨 (He)	0.000524
메탄 (CH_4)	0.00016
크립톤 (Kr)	0.00014
수소 (H_2)	0.00005
일산화질소 (N_2O)	0.000035
수증기 (H_2O)	0~4
오존 (O_3)	0~0.000007(지상) 0.00001~0.00002(성층권 및 중간권)

에너지균형에서의 불균등은 지구 및 대기 시스템 간에 질량 및 운동량뿐만 아니라 일련의 에너지 이동을 발생시키게 된다. 에너

그림 2.6 에너지의 이송과정

지의 교환 및 이동은 해양, 육지 및 대기 사이에서 발생하게 되며 이러한 에너지의 주된 이송과정에는 전도(conduction), 대류 및 수평대류(convection 및 advection) 그리고 복사(radiation)가 있다. 비록 이와 같은 과정들을 편의를 위해 서로 분리해서 설명하지만 지구 및 대기시스템에서는 동시에 발생하게 된다.

전도는 우리가 주위에서 쉽게 접할 수 있는 현상으로 뜨거운 냄비에 금속 숟가락을 넣었다가 빼면 숟가락이 따듯해진 것을 느낄 것이다. 이것이 바로 열의 전도인데 분자의 운동에 의해 인접한 물질 간에 분자가 충돌할 때 높은 온도로부터 낮은 온도로 에너지의 교환이 이루어지는 것이다. 금속은 좋은 전도체이지만 공기는 그렇지가 않다. 그러므로 전도는 지구표면과 이에 직접 접촉하고 있는 대기 간에 중요한 역할을 하지만 대기 자체적으로는 전도에 의한 에너지의 이동이 그리 중요하지는 않다.

대기에서 대부분의 에너지 이동은 대류에 의해서 발생한다. 대류는 물질 내에서 질량의 이동 및 순환에 의해 에너지가 이동되는 것으로 분자의 움직임이 비교적 쉬운 해수나 대기의 공기와 같은 유체를 통해 발생하게 된다. 고체에서는 유체와 같이 분자의 움직임이 활발하지 않기 때문에 전도를 통해 에너지가 이동되는 것이다. 그림 2.6은 에너지의 이동 및 대류순환과정을 보여주고 있다. 불로부터의 복사에너지는 냄비의 바닥을 따듯하게 하고 냄비 바닥과 접하고 있는 물로 전도에 의해 에너지가 전달된다. 물이 뜨거워짐에 따라 팽창하여 위에 있는 물보다 밀도가 낮아지게 되고 가벼워진 물은 위로 올라가게 된다. 이와 동시에 냄비 윗부분의 차갑고 밀도가 큰물은 바닥으로 가라앉게 된다. 물이 계속적으로 데워지게 되면 대류순환이 발생하게 되고, 이와 같은 방법으로 대기의 가장 낮은 층에서 태양복사 및 전도에 의해 얻은 에너지를 대류에 의해 이동시키는 것이다. 지구규모로 볼 때 대기에서의 대류는 전 세계적인 공기의 순환을 발생시키게 된다. 이것이 바로 뜨거운 적도지역으로부터 차가운 극지역간에 에너지를 재 분포시키는 과정이다.

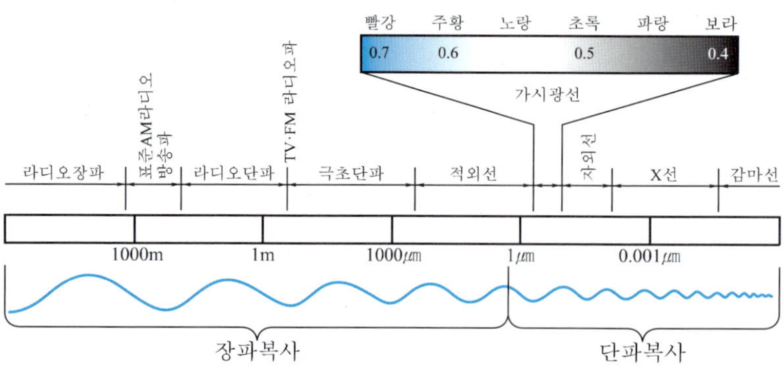

그림 2.7 전자기 스펙트럼

세 번째로 에너지의 이송과정에서 중요한 과정이 복사에너지이다. 복사에너지는 에너지원으로부터 모든 방향으로 이동한다. 전도와 대류가 에너지를 이동시키기 위한 매체가 필요한 것과는 달리 복사에너지는 진공상태에서도 전달될 수 있다. 따라서 복사는 태양에너지가 지구로 전달되는 역할을 하고 있는 것이다.

태양은 빛과 열뿐만 아니라 자외선(ultraviolet rays)을 방출한다. 비록 이와 같은 형태의 에너지가 태양으로부터 방출되는 에너지의 중요한 부분을 차지하고 있지만 복사 또는 전자기복사(electromagnetic radiation)라 불리는 에너지의 전체범위로 볼 때 극히 일부분을 차지한다. 전자기 에너지의 범위 또는 스펙트럼이 그림 2.7에 나타나 있다. X선, 라디오파 또는 열에너지 등 모든 복사에너지는 진공 속에서 초당 30만km로 이동하고 대기 중에서는 이동속도가 약간 느려진다.

2.3.2 대기의 순환

북반구 및 남반구 모두 고위도지역으로 갈수록 유입되는 복사에너지보다 유출되는 복사에너지가 많아 복사에너지의 부족이 나타나는 반면에 저위도에서는 에너지의 초과가 나타난다. 지구상의 현재와 같은 온도분포는 에너지의 재분포를 통해서만 가능하다. 즉, 에너지의 균형을 이루기 위해 열대지역에서 고위도 지역으로 에너지를 공급해야 한다. 앞에서 살펴본 여러 가지의 에너지 이동과정 중에서 바람 및 해류에 의한 수평대류(advection)를 통해서만 지구규모의 에너지 이송이 가능하다.

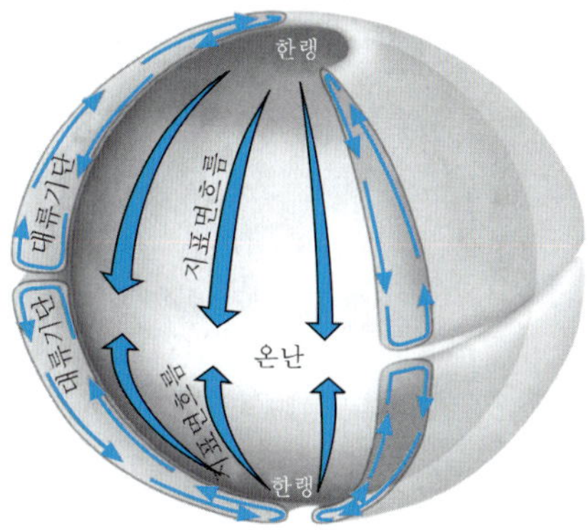

그림 2.8 지구가 회전하지 않을 때의 대기의 순환

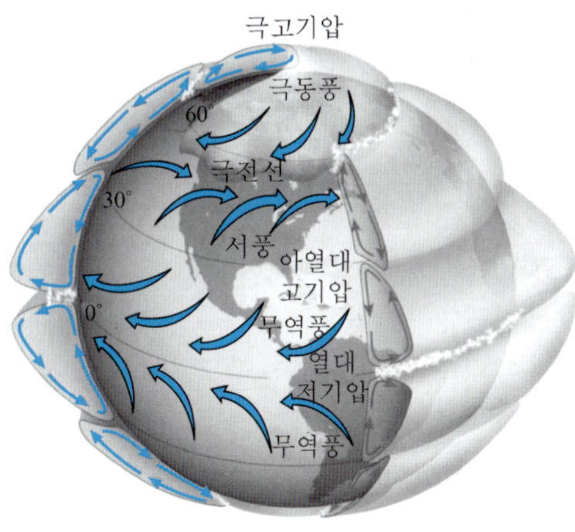

그림 2.9 지구의 회전을 고려한 대기의 순환

대기의 순환은 일반적으로 열적인 원인에 의해 발생하지만 지구의 회전과도 관계가 있으며 지구의 압력분포와도 밀접한 관계가 있다. 그림 2.8과 같이 회전하지 않는 지구는 단순하게 남과 북의 에너지 순환만 발생시키게 된다. 따뜻한 적도지역에서는 공기기단이 상승하고 압력이 낮아지게 되며, 따뜻해진 기단은 상부대기층을 따라 극지방으로 이동하고 찬 기단으로 대체되어 압력이 낮은 적도지역을 채우기 위해 다시 돌아온다. 무거운 찬 기단은 지표면 가까이로 이동하게 되고, 따라서 회전하지 않는 지구에서는 극지방이 고기압의 중심점이 된다.

이와 같은 이상적인 열의 순환은 지구의 회전 즉, 편향력(Corliolis force) 및 낮은 공기기단과 지표면과의 마찰에 의해 상당히 변하게 된다. 편향효과(Corliolis effect)는 외견상의 힘으로 지구와 함께 움직이는 관찰자가 지구와는 분리된 움직이는 기단을 볼 때 생기는 현상이다. 편향효과로 인해 북반구에서는 기단이 우측으로 움직이는 것처럼 나타나고, 남반구에서는 좌측으로 움직이는 것처럼 나타난다.

지구가 회전하여 편향력이 작용할 때의 대기 순환이 그림 2.9에 나타나 있으며, 지구가 구처럼 둥글고 표면이 매끈한 경우로 가정하여 나타낸 것이다. 적도에서 바람이 수렴하는 곳은 동쪽에서 부는 바람에 기인하는데 이것을 무역풍(trade winds, doldrums)이라 부른다. 저기압대에서 이러한 기단의 수렴을 열대수렴지역(equatorial convergence zone)이라 하며, 중위도 지역에서는 고기압 중심과 관련하여 서풍이 주로 발생한다. 서풍과 대조적인 것이 극동풍(polar easterly winds)으로 변화가 무쌍하며 잘 알려져 있지 않다. 적도지역으로부터 극지방으로 대기의 이동은 몇 개의 회전 방향으로 분리되어 지구 주위의 난류흐름 구조를 유지하며 이동하고 있다.

실제로 지표와 해상에서 지형학적인 영향과 열 영향에 의해 대기의 순환은 더욱 복잡하게 전개 된다. 저기압지역 주위로 회전하는 바람을 선풍(cyclones)이라 하며 북반구에서는 반시계방향 그리고 남반구에서는 시계방향으로 회전한다. 북반구 고기압지역에서 시계방향으로 부는 바람을 역선풍(anticyclones)이라 하고 남반구에서는 반시계방향으로 분다.

2.4 기온

태양 복사에너지와 지구에너지수지의 불균등으로 인해 지구 및 대기에서 온도가 다양하게 나타나게 되며, 이러한 온도의 분포로 인해 기후에 영향을 주게 되고 따라서 일상생활에 영향을 주고 있는 것이다. 공기의 온도를 기온이라 하며 본 절에서는 기온의 시간 및 공간적인 변화에 대해 알아보기로 한다.

2.4.1 기온의 시간적 변화

기온(air temperature)은 낮 동안에는 올라가고 밤에는 내려가게 되며 태양복사에너지가 최대로 유입될 때와 온도가 가장 높을 때와는 몇 시간의 차이가 나게 된다. 이러한 차이는 그림 2.10과 같이 최대 태양복사에너지 유입과 지구로부터 방출되는 최대 복사에너지 간의 차이 때문에 발생하게 된다. 육지에서 하루 동안의 온도변화는 바다에서의 온도변화보다 크게 나타나는데 바다는 물속에 에너지를 보다 효과적으로 분포시켜 빠르게 온도가 변하는 것을 방지하기 때문이다.

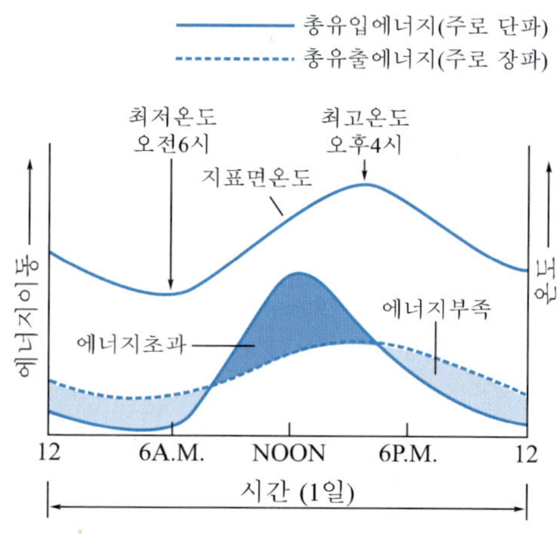

그림 2.10 에너지 수지에 따른 일간 온도변화

계절적인 온도변화 또한 유입되는 태양복사에너지의 연간 주기와 매우 밀접하다. 그림 2.11은 전형적인 태양복사에너지와 기온의 연간 분포를 보여주고 있으며 지구로 유입되는 태양복사에너지와 지구로부터 지체되어 방출되는 태양복사에너지간의 차이로 최고치 간에 차이가 나타나고 있다. 이러한 완충효과는 해양이나 해양에 의해 영향을 받는 지역에서 더욱 뚜렷하게 나타나며, 북반구인 경우 최대 및 최저 기온은 8월과 2월에 나타난다. 반면에 대륙지역에서는 최대 및 최저 기온이 7월과 1월에 발생하고 있다.

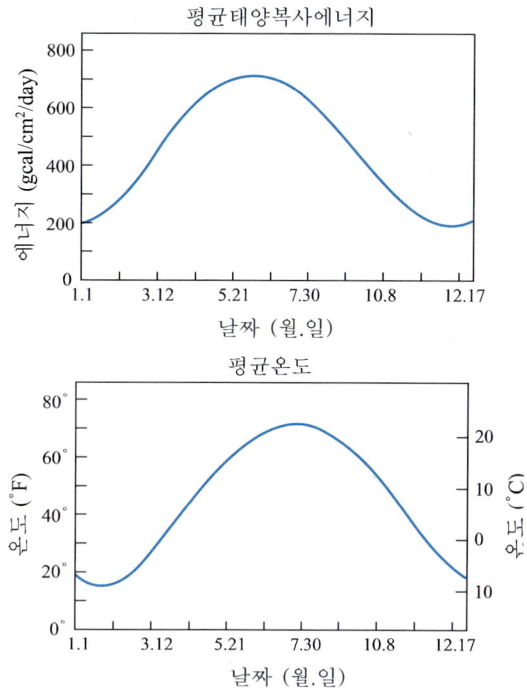

그림 2.11 년간 태양복사에너지 유입에 따른 기온의 변화(미국 Wisconsin주 Madison)

2.4.2 기온의 수평적 변화

그림 2.12 및 2.13은 평균적으로 지구에서 가장 온도가 가장 낮은 1월과 높은 7월에 대한 평균기온분포를 보여주고 있다. 대규모의 대륙에 의한 편차를 제외하면 등온선은 같은 정도의 복사에너지를 받는 정도에 따라 평행하게 분포되고 있고, 북반구에서는 온도분포가 대륙에 의해 영향을 많이 받고 있으며, 여름철과 겨울철간의 등온선의 이동은 지구의 태양주위 회전에 따른 같은 크기의 복사에너지의 유입과 일치하고 있다.

두 그림으로부터 기온의 수평적 변화에 대한 몇 가지 특징을 알 수 있다. 첫째로 남반구 및 북반구 모두 극지방으로 갈수록 기온이 낮아지고

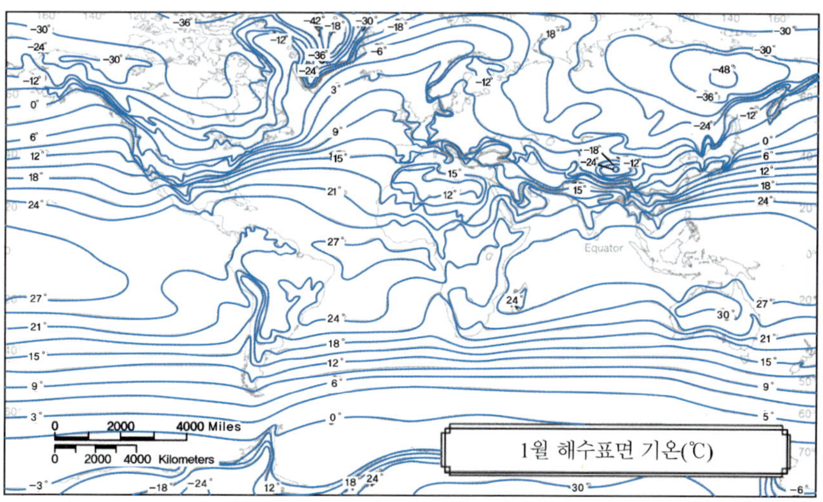

그림 2.12 겨울철(1월)의 평균 기온분포

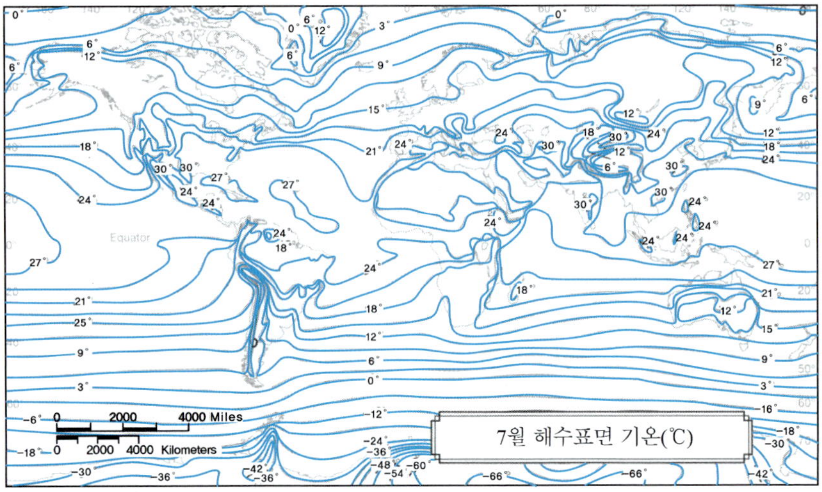

그림 2.13 여름철(7월)의 평균 기온분포

있다. 둘째로 겨울철에 위도에 따른 온도변화가 심하게 나타나고 있음을 알 수 있다(북반구에서는 1월, 남반구에서는 7월). 겨울철에 온도변화가 심하게 나타나고 있는 것은 위도에 따라 낮 동안 태양의 각도와 낮의 길이가 감소하기 때문이다. 여름에는 높은 위도에서 낮 동안의 태양각도가 낮지만 낮의 길이가 증가하는 것과 상쇄되어 위도에 따른 온도변화가 비교적 작다. 세 번째의 특징은 대륙쪽에서의 등온선이 여름에는 극지역쪽으로 이동하고 겨울에는 적도쪽으로 이동하고 있는데, 여름에 대륙쪽에서의 온도는 인접한 해양보다 따뜻하고 겨울에는 춥다고 할 수 있다. 마지막으로 겨울철에 북반구에서는 남반구보다 온도변화가 큰데, 남반구에서는 대륙보다는 해양이 더 많은 부분을 차지하고 있기 때문이다.

2.4.3 기온의 수직적 변화

대기에서 임의의 지점은 특정한 고도(altitude) 즉, 평균해수위로부터의 높이를 가지고 있다. 고도는 높이(elevation)와 구분을 할 필요가 있다. 예를 들어 해수위로부터 높이가 1,000m에 위치한 도시가 있을 때 도시위 1,000m 높이의 공기는 2,000m의 고도를 가지게 된다. 이러한 구분은 온도에 대한 서로 다른 고도의 영향을 설명할 수 있게 해준다.

그림 2.5에서 본 바와 같이 대류권에서의 온도는 해수면으로부터 고도가 높아짐에 따라 감소한다. 그 이유는 지표면이 대류권에 대한 직접적인 에너지의 주된 공급원이고 고도가 높아짐에 따라 에너지원으로부터의 거리가 멀어지기 때문이다.

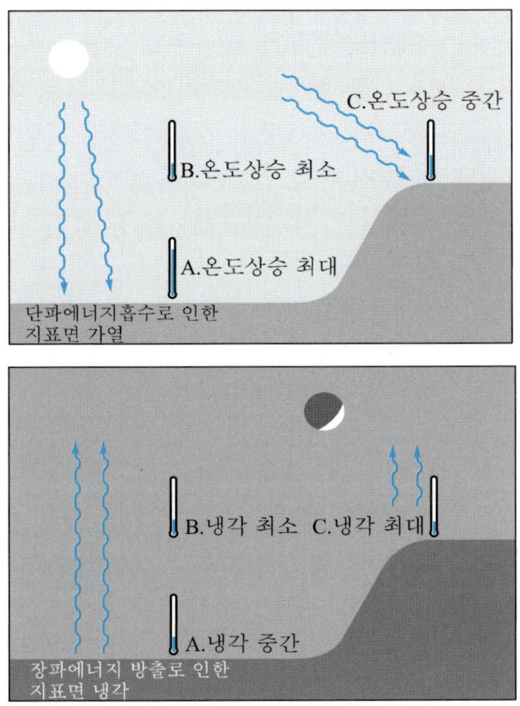

그림 2.14 위치에 따른 온도의 변화

그림 2.14는 세 군데의 서로 다른 지점에서 낮과 밤의 온도를 대조적으로 보여주고 있다. A지점은 해수위 높이의 지표면에서 수 m위에 위치하고 있고, B지점은 A지점으로부터 3,000m 상공에 위치하고 있으며, C지점은 해수위로부터 3,000m 위에 있지만 지표면으로부터는 수 m위에 위치하고 있다.

낮 동안에 A지점에서는 지표면이 태양복사에너지를 흡수하고 대류 및 장파복사에너지에 의해 에너지를 재 방출함에 따라 따뜻해진다. 지표면으로부터 상당히 떨어져 있는 B지점에서는 실질적으로 따뜻해지지는 않는다. C지점은 비록 B지점과 같은 고도에 있지만 에너지의 주된 공급원에 가까이 있으므로 낮 동안의 온도는 상당히 증가하게 된다. 밤에는 A지점 아래의 지표면은 장파복사에너지의 방출로 인해 차가와지고 지표면 위의 수 m지점도 지표면이 차가와짐에 따라 온도가 낮아지게 된다. B지점에서는 지표면과 멀리 떨어져 있으므로 온도가 조금밖에는 떨어지지 않는다. C지점에서는 희박한 공기로 인해 지표면으로 방출되는 복사에너지를 효과적으로 흡수하지 못해 급격히 온도가 떨어지게 된다. 따라서 해수면 위에서의 고도와 지표면위에서의 높이의 영향을 종합하면 지표면위의 높은 곳에서는 온도변화가 작고 같은 높이지만 지표면과 가까운 곳의 온도변화는 심하게 된다.

앞에서 설명한 바와 같이 대류권은 지표면에서의 높은 온도와 함께 고도에 따라 낮아지는 온도 변화가 뚜렷하다. 대류권에서의 온도변화는 선형적이며 다음과 같다.

$$T = T_o - \alpha z \tag{2.4.1}$$

여기서 T는 고도 z에서의 기온(℃), T_o는 지표면 온도(℃), α는 기온체감률(lapse rate)로 km당 5~8℃ 정도이다.

건조한 공기가 주위와 에너지의 교환 없이 상승하며 기온이 낮아지는 것을 건조단열 기온체감률(dry adiabatic lapse rate)이라하며 100m 당 약 1℃ 정도가 된다. 만일 공기가 수증기로 포화되어 있으면 상승하면서 응축현상이 발생하고, 이에 따라 수증기가 가지고 있는 에너지를 방출하여 건조한 공기보다 체감률이 작아지게 되는데, 이것을 포화단열 기온체감률(saturated adiabatic lapse rate)이라 하고 100m 당 약 0.6℃ 정도가 된다.

기온체감률은 강우의 형성을 좌우하는 공기기단의 안정성 또는 불안정성에 중요한 역할을 한다. 안정성은 대기에서 열적대류로 인한 기단의 상승 능력을 나타내며 주위의 공기보다 온도가 따뜻할 때 기단은 상승하게 된다. 따라서 주위의 공기와 비교한 기단의 냉각률은 중요한 열적 안정인자가 된다.

안정한 기후는 고도가 증가함에 따라 기온도 같이 증가할 때 나타나게 되며 이러한 조건을 열역전(thermal inversion)이라 한다. 이와 같은 대기에서는 상승하는 기단은 주위의 기단보다 항상 무거워 가라앉아 낮은 고도에 머물게 되어 수증기의 응축(condensation)이 발생하기 어렵다. 역전(inversion)현상은 일반적으로 지표로부터의 장파복사에너지가 대기로 방출되는 청명한 날 밤에 지표면 근처에서 발생한다. 청명한 날 밤에 지표면은 상부의 대기층보다 빨리 차가와져 주위의 공기가 차가와지고 따라서 고도가 증가함에 따라 온도가 높아진다. 비교적 높은 고도에서는 정상적인 기온체감률을 유지하게 되며, 역전현상은 해양보다는 육지에서 더 잘 발생한다.

예제 2.1

기온체감률이 6.5℃/km라고 가정하자. 4℃의 기온을 가진 공기기단이 고도 4000m에서 유입될 때 이 공기기단이 상승할지 또는 하강할지 판단하라. 지표면의 온도는 24℃이다.

풀이

유입되는 공기가 상승할지 하강할지를 판단하기 위해서는 유입되는 공기의 온도와 주위의 온도를 비교해야 한다. 지상에서의 기온이 24℃이고 기온체감률이 6.5℃/km이므로 4000m에서는 6.5×4000/1000=26℃가 낮아지게 된다. 따라서 유입되는 공기의 온도는 4℃이고 주위의 공기는 24−26=−2℃이므로 유입되는 공기가 온도가 높아 계속 상승하게 된다.

2.4.4 기온의 측정

기온은 온도계(thermometer)로 측정하여 섭씨(℃) 또는 화씨(°F)로 나타나게 되고 물은 0℃(32°F)에서 얼고 100℃(212°F)에서 끓는다. 정확한 기온을 측정하기 위해서는 온도계를 직사광선을 받지 않는 곳과 습기 및 심한 바람을 피할 수 있는 곳에 설치하여야 한다. 이러한 목적으로 그림 2.15와 같이 공기의 유통이 원활한 백엽상(shelter)이 사용되며 지면으로부터의 높이에 따라 온도변화가 심하므로 1.4m 높이로 설치하여 운영한다.

일평균기온(mean daily temperature) T_{avg}는 하루 중의 기온변화가 대칭을 이룬다고 가정하여 최고온도(T_{max})와 최저온도(T_{min})를 측정하여 다음과 같이 평균하여 구한다.

$$T_{avg} = \frac{T_{max} + T_{min}}{2} \qquad (2.4.2)$$

월, 계절 및 년 평균기온은 같은 기간에 대한 일평균기온을 평균하여 구하게 된다. 즉, 일온도변화(daily temperature range)는 일 최대 및 최저온도의 차이로 얻어지게 되며, 월평균기온(monthly mean temperature)는 한 달간의 일평균기온을 평균하여 구하고, 연평균기온(annual mean temperature)는 12개월 동안 매월의 월평균기온을 평균하여 구한다. 연온도변화(annual temperature range)는 가장 높은 달의 월평균기온과 가장 낮은 달의 월평균기온의 차이로 구하게 된다.

그림 2.15 백엽상 및 자기온도계

최고치 온도계(maximum temperature)는 일반온도계와 비슷하지만 두 가지

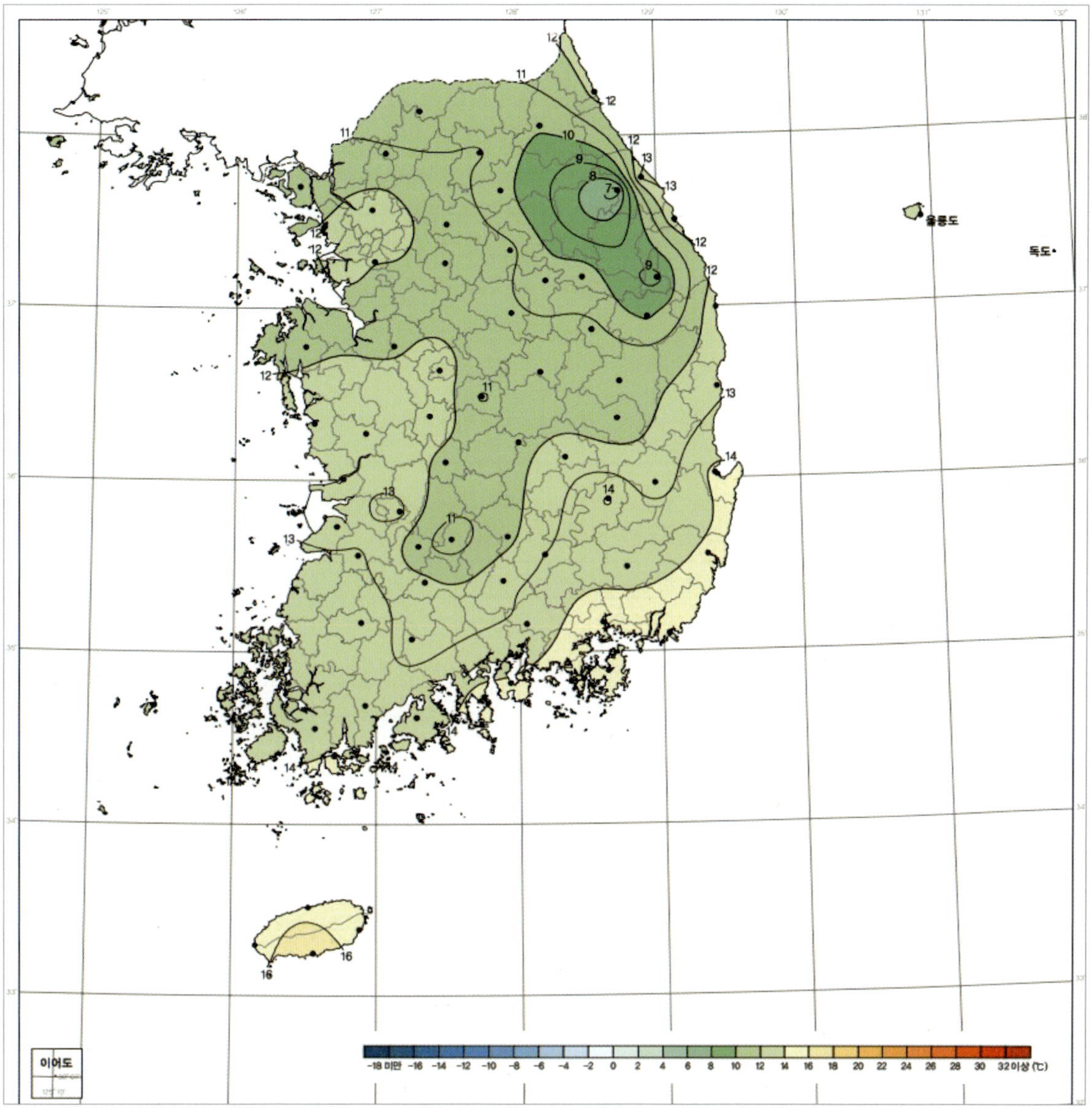

그림 2.16 우리나라의 연평균기온 분포도(한국기후도, 기상청 2010년)

차이가 있다. 일반온도계와는 달리 최고치온도계는 색소를 넣은 알콜을 사용하지 않고 수은을 사용하며, 구 상단부의 관이 좁게 만들어져 있어 온도가 상승할 때 수은이 팽창하여 관위로 올라가지만 온도가 낮아질 때에는 구안으로 수축되어 들어가지 못하도록 되어 있어 최고의 온도를 측정할 수 있다. 최저치 온도계(minimum temperature)는 색소를 넣은 알콜을 사용하며, 일반온도계와 다른 점은 그 안에 아령형태의 작은 물체를 넣어 온도가 낮아지면 알콜이 수축될 때 표면장력에 의해 같이 움직이다가 온도가 상승하면 알콜은 팽창하여 올라가지만 물체는 그 자리에 남아 최저 온도를 측정할 수 있다. 하루 중의 기온변화를 연속적으로 측정하기 위해서는 자기온도계를 사용한다.

표 2.3 우리나라의 주요도시의 기온 극값 (관측원년~2010년)

지명	기온 (℃)								지명	기온 (℃)							
	최고				최저					최고				최저			
	값	년	월	일	값	년	월	일		값	년	월	일	값	년	월	일
서 울	38.4	1994	7	24	−23.1	1927	12	31	충 주	37.9	1994	7	25	−28.5	1981	1	5
인 천	38.9	1949	8	16	−21.0	1931	1	11	전 주	38.6	1930	7	11	−17.1	1933	1	27
수 원	37.4	2012	8	5	−25.8	1969	2	6	광 주	38.5	1994	7	19	−19.4	1943	1	5
철 원	36.9	1988	8	10	−29.2	2001	1	16	여 수	37.1	1994	7	20	−12.6	1977	2	16
춘 천	36.8	2012	8	5	−27.9	1969	2	6	포 항	38.6	1994	7	14	−14.4	1970	1	5
대관령	32.7	1973	8	12	−28.9	1974	1	24	대 구	40.0	1942	8	1	−20.2	1923	1	19
강 릉	39.4	1942	7	25	−20.2	1915	1	13	부 산	36.7	1983	8	4	−14.0	1915	1	13
울릉도	35.4	2013	8	8	−13.6	1981	2	26	제 주	37.5	1942	7	25	− 6.0	1977	2	16
대 전	37.7	1994	7	24	−19.0	1969	2	6									

표 2.4 우리나라 주요도시의 월평균기온 (℃) (1981~2010년)

지역	1월	2월	3월	4월	5월	6월	7월	8월	9월	10월	11월	12월	평 균
서 울	−2.4	0.4	5.7	12.5	17.8	22.2	24.9	25.7	21.2	14.8	7.2	0.4	12.5
인 천	−2.1	0.3	5.1	11.3	16.4	20.9	24.0	25.2	21.1	15.0	7.6	0.9	12.1
수 원	−2.9	−0.3	5.0	11.6	17.2	21.7	24.8	25.6	20.8	14.0	6.6	0.0	12.0
철 원	−5.5	−2.3	3.5	10.4	16.3	20.8	23.5	23.8	18.7	11.5	4.1	−2.8	10.2
춘 천	−4.6	−1.3	4.5	11.6	17.1	21.7	24.5	24.6	19.4	12.5	5.0	−1.7	11.1
대관령	−7.7	−5.5	−0.5	7.0	11.9	15.7	19.1	19.1	14.1	8.3	1.9	−4.4	6.6
강 릉	0.4	2.2	6.3	12.9	17.6	20.8	24.2	24.6	20.3	15.5	9.2	3.4	13.1
울릉도	1.4	2.2	5.4	11.1	15.5	18.8	22.3	23.6	19.8	15.3	9.7	4.4	12.4
대 전	−1.0	1.5	6.5	13.0	18.2	22.4	25.0	25.6	21.3	14.7	7.5	1.2	13.0
전 주	−0.5	1.5	6.3	12.8	18.2	22.5	25.8	26.2	21.5	15.0	8.3	2.2	13.3
광 주	0.6	2.5	7.0	13.2	18.3	22.4	25.6	26.2	21.9	15.8	9.1	3.1	13.8
목 포	1.7	2.9	6.7	12.3	17.3	21.4	24.8	26.1	22.2	16.6	10.2	4.4	13.9
여 수	2.4	4.0	7.9	13.2	17.5	20.9	24.2	25.8	22.3	17.3	10.9	5.1	14.3
포 항	1.8	3.8	7.9	13.8	18.2	21.4	24.9	25.7	21.6	16.6	10.3	4.4	14.2
대 구	0.6	2.9	7.8	14.3	19.1	22.8	25.8	26.4	21.7	15.9	9.0	2.9	14.1
부 산	3.2	4.9	8.6	13.6	17.5	20.7	24.1	25.9	22.3	17.6	11.6	5.8	14.7
제 주	5.7	6.4	9.4	13.8	17.8	21.5	25.8	26.8	23.0	18.2	12.8	8.1	15.8

2.5 기압의 분포

해수위에서 매일의 기압분포는 수시로 변하며 매우 불안정하다. 하지만 평균하면 거의 일정한 양상을 보여주고 있다. 그림 2.17은 1월 및 7월에 대한 평균해수위에서의 기압분포를 보여주고 있다. 그림에서 압력의 단위는 millibar(표준대기압은 1013.2mb)이며 1mb는 $100N/m^2$($1N/m^2$은 1 Pascal)이다. 그림에서 알 수 있는 바와 같이 북반구 및 남반구 모두 중위도(25°~35°)지역에서 고기압을 나타내고 있으며, 이 두 고기압 중심 사이로 열대 저기압이 형성되어 있고, 극지방에 가까운 지역에 저기압대가 형성되어 있다. 북반구에서는 셀(구)형태로 나타나는 반면 남반구의 극지방 근처

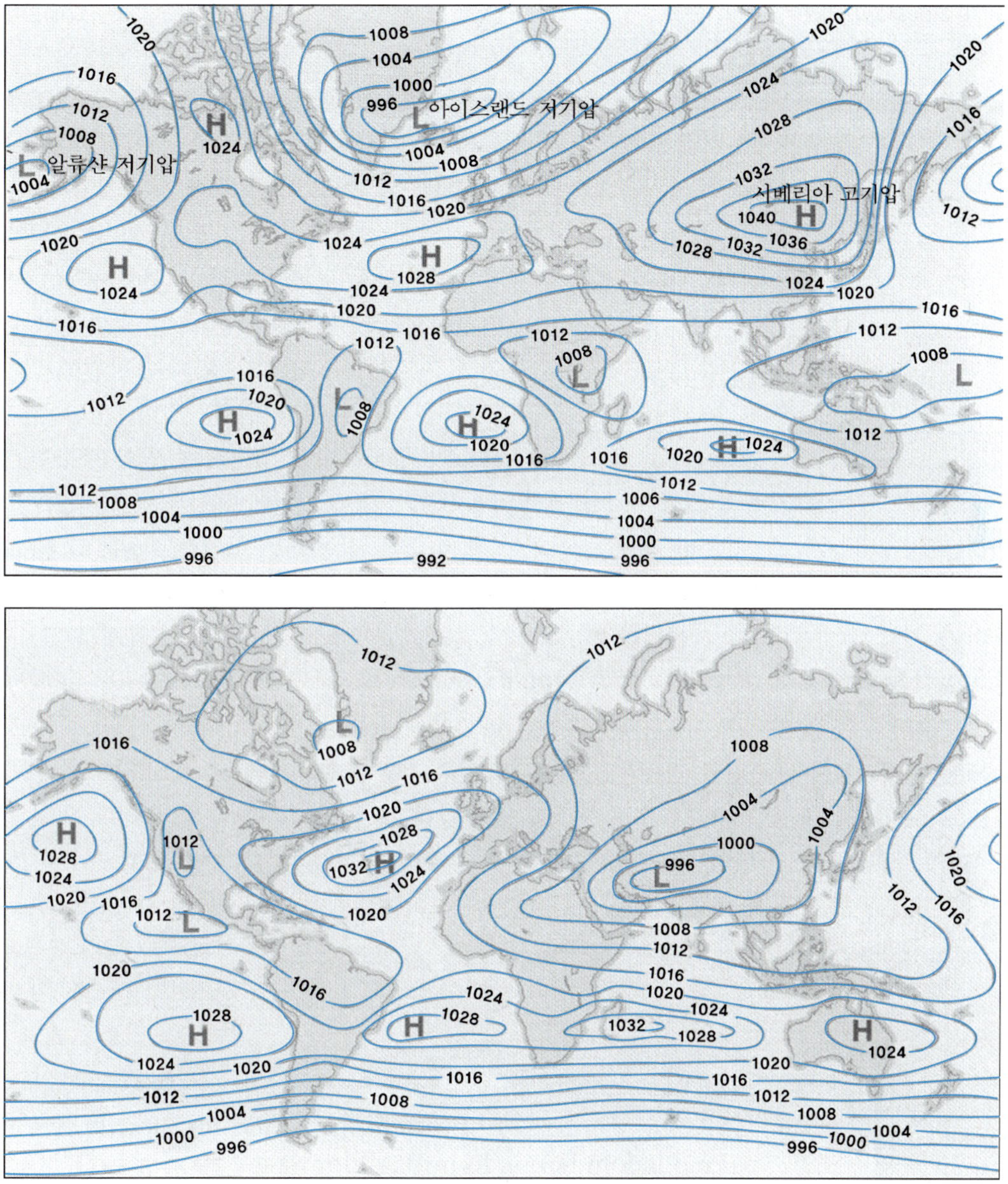

그림 2.17 기압분포 (위 : 1월, 아래 7월)

에서는 연속적인 띠 형태로 나타나고 있다.

관측된 기압의 형태는 단지 열과 관련한 특성 때문만은 아니며, 이들이 영향을 받는 원인은 대륙질량, 해양 그리고 다른 인자들이며 아직 잘 알려져 있지는 않다. 7월에는 저기압 및 고기압이 태양복사에너지의 분포에 따라 북쪽으로 이동하고 있다. 높은 고도에서의 기압상태는 해수위에서 관찰한 기압분포와 일치하지는 않으며, 압력의 연직분포는 상당히 다양하게 변하고 기상과 밀접한 관계가 있다.

표 2.5 고도에 따른 압력의 변화

고도 (km)	고도 (mile)	압력 (mb)
0.0	0.0	1013
1.0	0.6	899
2.0	1.2	795
3.0	1.9	701
4.0	2.5	617
5.0	3.1	540
10.0	6.2	265
20.0	12.4	55
30.0	18.6	12
40.0	24.8	3

연직압력분포곡선은 대기가 정수압(hydrostatic) 즉, 압력이 고도에 따라 비례한다는 가정에 따라 얻을 수 있으며, 고도에 따른 압력의 변화는 표 2.5와 같다.

기상 및 기후의 여러 요소 중에서 수분상태(습도 및 강수), 온도 그리고 바람 등에는 관심을 많이 가지고 있으나 기압에 관해 관심을 가지는 경우는 드물다. 비록 매시간 또는 매일의 기압변화를 인식하지는 못하지만 이는 기상변화를 초래하는데 중요한 역할을 한다. 예를 들어 어떤 지역에서의 압력의 변화는 바람을 발생시키고 이는 다시 온도와 습도를 변화시킨다. 기압은 기본적인 기상요소의 하나이며 기상예측에 있어 중요한 인자이다.

공기는 무게를 가지고 있고 해수면에서 제곱센티미터 당 1kg에 해당하는 압력을 가하고 있다. 특정 지역에서 기압은 그 위에 있는 공기의 무게에 의해 작용하는 힘이라 할 수 있다. 고도가 증가함에 따라 공기는 희박해져 공기의 무게가 감소하고 따라서 압력도 감소하게 된다. 고도가 높아짐에 따라 기압은 처음에는 급격히 감소하다가 더 높은 곳에서는 천천히 감소하게 된다.

압력을 측정할 때 가장 잘 알려진 단위가 mb단위이다. 하지만 대기의 압력을 표현하기 위한 수단으로 사용하는 '수은의 높이(height of mercury)'를 사용하는 것이 이해하기가 더 쉬울 것이다. 압력의 표현은 이탈리아의 유명한 과학자인 갈릴레오의 제자였던 토리첼리(Torricelli)가 수은기압계(mecury barometer)를 발명한 1643년으로 거슬러 올라간다. 토리첼리는 대기를 우리 주위의 물체에 압력을 미치는 광대한 공기의 바다로 정확하게 묘사를 하였다. 이 공기의 힘을 측정하기 위해 그는 한쪽이 막힌 유리관에 수은을 채우고 뒤집어서 수은이 들어있는 그릇에 올려놓았다(그림 2.18a). 그는 유리관내의 수은의 무게와 그릇의 수은 표면에 작용하는 대기의 압력이 같을 때까지 유리관내의 수은이 내려오는 것을 발견하였다. 다시 말하면 유리관내의 수은의 무게와 관과 동일한 단면적에 지상에서 대기의 상부까지의 공기가 작용하는 무게가 같다는 것이다.

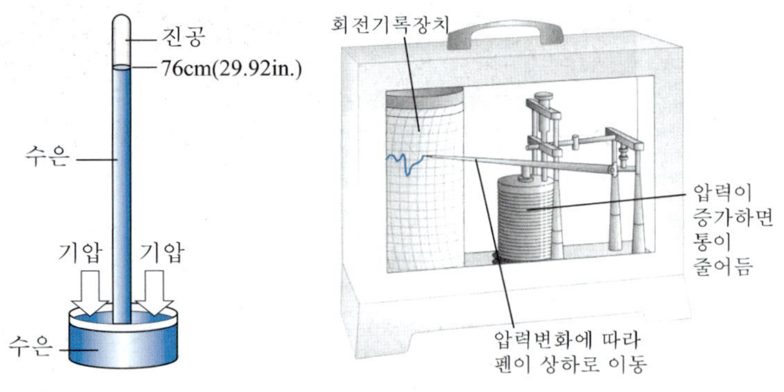

(a) (b)

그림 2.18 기압계(a : 수은기압계, b : 아네로이드기압계)

기압이 높아지면 유리관내의 수은도 상승하게 되며 반대로 기압이 낮아지면 관내의 수은도 낮아지게 된다. 토리첼리에 의해 고안된 수은기압계가 정밀도를 높이기 위해 일부 개선되어 아직까지도 표준대기압을 측정하는 도구로 사용되고 있다. 해수 위에서의 표준대기압은 수은의 높이가 760mm와 같으므로 1기압을 760mmHg로 나타내고, 압력을 나타내는 단위인 bar, mb, hPa, kPa과는 다음과 같은 관계를 가지고 있다.

$$\begin{aligned} 1\text{기압} &= 760\text{mmHg} = 10.33\text{mH}_2\text{O} \\ &= 1.013\times10^5\text{N/m}^2 = 1.033\text{kg/cm}^2 \\ &= 1.013\text{bar} = 1013\text{mb} = 1013\text{hPa} = 101.3\text{kPa} \end{aligned} \tag{2.5.1}$$

기압을 측정하기 위한 더욱 작고 휴대하기 편한 장비의 필요성에 의해 아네로이드(액체가 필요 없는) 기압계(aneroid barometer)가 개발되었다. 기압에 의해 유지되는 수은기둥 대신 아네로이드기압계는 공기를 뺀 금속 통을 사용한다. 금속 통은 기압의 변화에 매우 민감하여 압력이 증가하면 압축되고 압력이 감소하면 팽창하여 모양이 변한다. 아네로이드기압계의 장점은 기록장치에 쉽게 연결시킬 수 있다는 것이다. 이와 같이 아네로이드기압계에 연결되어 시간에 따른 연속적인 압력을 측정하는 자기기압계(barograph)가 그림 2.18b와 같다.

예제 2.2

국지대기압이 768mmHg일 때 이를 kg/cm², bar, mb, hPa, kPa 단위로 나타내라. 단 수은의 비중은 13.6이다.

풀이

국지대기압 $= 0.768 \times 1000 \times 13.6 = 10,444.8\text{kg/m}^2 = 1.045\text{kg/cm}^2$

또한 760mmHg가 1.013bar이므로

$768\text{mmHg} = 1.024\text{bar} = 1024\text{mb} = 1024\text{hPa} = 102.4\text{kPa}$이다.

2.6 습도

습도(humidity)는 공기에 포함되어 있는 수증기의 양을 나타내는 용어이다. 습도는 여러 가지 방법 즉, 수증기의 밀도, 수증기에 의해 작용하는 압력, 실제로 존재하는 수증기량의 백분율 및 다른 방법 등에 의해 표현할 수 있으며, 어느 한 가지만 좋은 표현방법이라고 할 수는 없고 어떤 목적으로 사용하는가에 따라 장단점이 있다. 하지만 모든 표현방법에는 한가지의 공통점이 있는데 오직 수증기(water vapor)만 포함시키고 공기 중에 떠있거나 떨어지는 물방울이나 얼음결정 등은 포함시키지 않는다는 것이다.

2.6.1 물의 상태변화

수증기는 대기에 다른 가스들과 함께 자유롭게 혼합되어 있는 무색, 무취의 가스이다. 대기의 99%를 구성하고 있는 산소 및 질소는 고체에서 액체 및 기체로의 상태변화가 -200℃ 정도의 극저온에서 이루어지게 된다. 하지만 수증기는 일상적으로 경험할 수 있는 온도 및 압력에서 상태의 변화가 이루어지게 된다.

물이 수증기로 변해 바다를 떠나 액체로 다시 돌아오는 것은 이러한 일상적인 온도에서 상태변화가 발생하기 때문이다. 물의 상태변화 과정에는 그림 2.19와 같이 열의 흡수 및 방출이 필요하다. 이러한 열에너지는 칼로리로 나타내며 1칼로리는 1g의 물을 1℃ 높이는데 필요한 열이다. 따라서 1g의 물에 10칼로리의 열을 가하게 되면 온도가 10℃ 올라간다.

어떤 조건하에서는 물질에 온도의 변화 없이 열을 가할 수가 있다. 불가능하게 생각될지 모르겠지만 상태의 변화시 어떠한 일이 발생하는지 생각해 보자. 예를 들어 온도가 0℃인 얼음물이 담겨있는 통에 열을 가해보자. 열을 계속 가하더라도 모든 얼음이 녹을 때 까지는 온도는 일정하게 유지되고 그 후 온도가 올라가게 된다.

얼음이 녹을 동안 가해진 열은 어디로 간 것인가? 이 경우 에너지는 얼음 결정의 내부구조를 교란시켜 물분자가 주위로 자유롭게 움직이게 하는 즉, 얼음을 녹이는데 사용된 것이다. 이 열에너지는 온도의 변화와 관련이 없기 때문에 잠재열(latent heat)이라 부르며, 액체가 고체로 변하여 열을 방출하기 전까지는 쓸 수가 없는 열이다. 이와 같은 잠재열은 대기 과정에서 매우 중요한 역할을 한다. 특히, 잠재열의 방출은 따뜻한 여름날에 자주 볼 수 있는 높은 구름의 형성을 도와주며, 격렬한 폭풍우, 열대폭우, 태풍에 대한 중요한 에너지원이 된다.

액체가 기체로 변하는 과정을 증발(evaporation)이라하며 1g의 물을 수증기로 변화시키는데 약 600cal의 에너지가 필요하다. 증발하는 동안에 물분자에 의해 흡수된 에너지는 물분자가 액체표면을 이탈하여 수증기로 변하는데 사용된다. 이러한 에너지를 잠재기화열(latent heat of vaporization)이라 한다. 잠재기화열은 40℃까지는 다음 식으로부터 산정할 수 있다.

$$H_v = 597.3 - 0.564T \tag{2.6.1}$$

여기서 H_v는 잠재기화열(cal/g), T는 온도(℃)이다.

증발과정 동안에 표면을 이탈하는 것은 가장 높은 온도(가장 빨리 움직이는)의 물 분자이다. 그 결과 남아 있는 물의 평균 분자운동(온도)은 감소하고

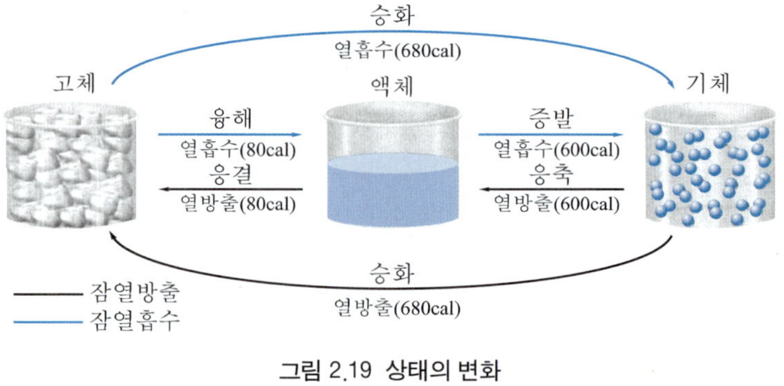

그림 2.19 상태의 변화

냉각효과를 나타내게 된다. 이러한 이유로 증발을 냉각과정이라 표현하기도 하며 이러한 냉각 효과를 수영장이나 목욕탕에서 젖은 채 나올 경우 경험할 수 있다.

응축(condensation)은 수증기가 액체상태로 변하는 과정이다. 응축이 일어나기 위해서 물분자는 증발할 때 흡수한 것과 같은 크기의 저장된 에너지를 방출해야 한다. 이와 같이 응축이 일어날 때 방출하는 에너지를 잠재응축열(latent heat of condensation)이라 한다. 방출된 에너지는 격렬한 기상을 초래하고 적도해양에서 극지방으로 거대한 양의 열을 이동시키는데 중요한 역할을 한다. 대기에서 응축이 발생할 때 안개와 구름이 형성된다. 융해(melting)는 고체가 액체로 변하는 과정이다. 1g의 얼음을 물로 변화시키는데 약 80cal의 에너지를 흡수하는데 이를 잠재융해열(latent heat of melting)이라 한다. 이와 반대의 과정을 응결(freezing)이라하고 1g의 물이 얼음으로 변하는데 80cal의 에너지를 방출한다.

그림 2.19에 나타낸 마지막 과정은 승화(sublimation과 deposition)로 승화(sublimation)는 고체로부터 액체상태를 거치지 않고 직접 기체상태로 변하는 것이다. 이러한 현상은 무대에서 안개나 연기를 만들기 위해 드라이아이스를 이용하는 경우 볼 수 있다. 이와 반대로 기체에서 직접 고체로 변하는 과정도 승화(deposition)라 한다. 이러한 경우는 겨울철에 잔디나 창문과 같이 차가운 곳에 수증기가 달라붙어 서리가 되는 경우라 할 수 있다.

그림 2.20a처럼 밀폐된 용기에 절반은 물로 그리고 나머지 절반은 건조한 공기를 채워 놓자. 처음에는 물 표면으로부터 증발이 일어나 물분자가 수증기로 변하여 공기 중에 존재하게 된다. 증발 초기 단계에서는 수증기량이 작기 때문에 응축이 별로 발생하지 않아 증발율이 응축율보다는 크다(그림 2.20b). 따라서 수증기의 양이 점차 증가하게 된다. 하지만 수증기의 양이 증가함에 따라 응축율도 증가하게 되고 결국 물 표면에는 응축율과 증발율이 같을 정도로 수증기의 양이 충분해지게 된다. 이제 증발과 응축이 서로 상쇄되어 물 표면 위의 수증기의 양은 일정하게 되며 이러한 평형상태를 포화(saturation)라 한다.

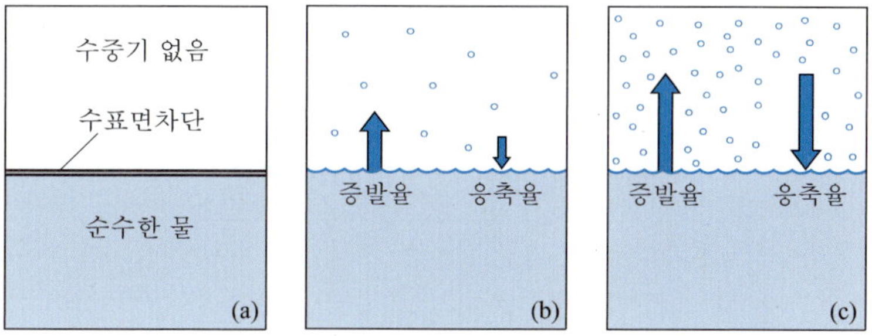

그림 2.20 증발, 응축 및 포화관계

예제 2.3

온도 32℃에서 물 50L가 증발하는데 필요한 열량을 계산하라.

풀이

32℃에서의 물 1g을 증발시키는데 필요한 열인 잠재기화열은

$$H_v=597.3-0.564T=597.3-0.564\times32=579.25\ \text{cal/g}$$

물 1L는 1,000g이므로 50L는 50,000g이다. 따라서, $579.25\times50{,}000=2.896\times10^7$ cal

2.6.2 증기압과 습도

다른 기체와 마찬가지로 수증기도 대기에 작용하는 총 압력에 기여를 하고 있다. 증기압(vapor pressure)은 대기의 총 압력 중에서 수증기에 의한 압력을 말하며 온도와 수증기분자의 밀도에 따라 변한다. 사실 밀도의 변화에 비해 온도는 영향을 그리 많이 주지 않으므로 증기압은 수증기의 밀도나 양에 의해 직접적으로 변하게 된다.

증기압은 공기 중에 포함되어 있는 수증기의 양에 대한 좋은 지표지만 우리에게 익숙하지 않고 기상예보에도 잘 사용하지 않고 있다. 하지만 과학적인 적용의미에서 증기압은 매우 유용한 측정단위이다. 과학적 의미로 국제단위제(SI)에서는 압력의 표준단위로 Pascal(Pa)을 사용하지만 기상분야에서는 millibar(mb)를 사용하며, 1mb는 100Pa이고 1kPa은 1,000Pa이다.

공기 중에 최대로 포함될 수 있는 수증기의 양이 있는데 이러한 최대의 증기압을 포화증기압(saturation vapor pressure)이라고 한다. 포화증기압은 공기 중의 현재의 수증기량을 나타내는 것이 아니라 최대로 함유할 수 있는 양을 의미한다. 포화증기압은 오직 온도의 변화에 따라서만 변하게 된다. 그림 2.21 및 표 2.6은 온도에 따른 포화증기압의 변화를 보여주고 있으며, 온도가 증가할수록 포화수증기압이 증가함을 알 수 있다. 예를 들어 40℃에서 포화증기압은 73.8mb이며, 0℃에서는 6.1mb로 10배 이상 작다.

또 한 가지 중요한 것은 온도에 따른 포화증기압의 증가가 비선형이라는 것이다. 낮은 온도에서는 포화증기압이 조금씩 변하지만 높은 온도에서는 급격히 증가한다. 예를 들어 0℃에서 2℃로 2℃ 증가시켰을 때 포화증기압은 6.1mb에서 7.1mb로 1mb가 증가하는 반면, 40℃에서 42℃로 2℃ 증가시킬 때는 73.8mb에서 81.5mb로 7.7mb가 증가하게 된다.

포화증기압은 다음 식을 이용하여 −50∼55℃ 사이에서 1% 오차 이내로 계산할 수 있다.

$$e_s \approx 33.8639[(0.00738t + 0.8072)^8 - 0.000019\,|\,1.8t + 48\,|\, + 0.001316] \qquad (2.6.2)$$

또는 간략히

$$e_s = 6.11\exp\left(\frac{17.27t}{237.3 + t}\right) \qquad (2.6.3)$$

여기서 e_s는 포화증기압(mb), t는 대기의 온도(℃)이다. 얼음 및 물 위에서의 포화증기압은 같지가 않고 영하에서 얼음보다는 물 위에서의 포화증기압이 크다. 다음 식을 이용해서 0°에서 −50℃ 사이의 범위에서 0.1% 오차이내로 물 및 얼음위에서의 포화증기압의 비를 계산할 수 있다.

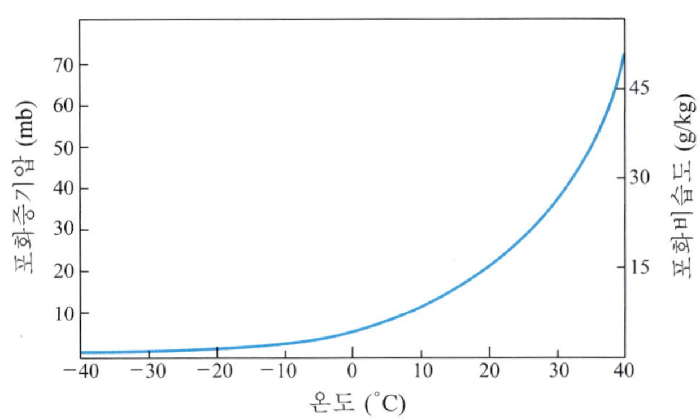

그림 2.21 온도에 따른 포화증기압곡선

표 2.6 온도에 따른 포화증기압 e_s (mmHg), 1mmHg = 1.33milibar

t (℃)	0.0	0.1	0.2	0.3	0.4	0.5	0.6	0.7	0.8	0.9
−10	2.15									
−9	2.32	2.30	2.29	2.27	2.26	2.24	2.22	2.21	2.19	2.17
−8	2.51	2.49	2.47	2.45	2.43	2.41	2.40	2.38	2.36	2.34
−7	2.71	2.69	2.67	2.65	2.63	2.61	2.59	2.57	2.55	2.53
−6	2.93	2.91	2.89	2.86	2.84	2.81	2.80	2.77	2.75	2.73
−5	3.16	3.14	3.11	3.09	3.06	3.04	3.01	2.99	2.97	2.95
−4	3.41	3.39	3.37	3.34	3.32	3.29	3.27	3.24	3.22	3.18
−3	3.67	3.64	3.62	3.59	3.57	3.54	3.52	3.49	3.46	3.44
−2	3.97	3.94	3.91	3.88	3.85	3.82	3.79	3.76	3.73	3.70
−1	4.26	4.23	4.20	4.17	4.14	4.11	4.08	4.05	4.03	4.00
0	4.58	4.55	4.52	4.49	4.46	4.43	4.40	4.36	4.33	4.29
0	4.58	4.62	4.65	4.69	4.71	4.75	4.78	4.82	4.86	4.89
1	4.92	4.96	5.00	5.03	5.07	5.11	5.14	5.18	5.21	5.25
2	5.29	5.33	5.37	5.40	5.44	5.48	5.33	5.57	5.60	5.64
3	5.68	5.72	5.76	5.30	5.84	5.89	5.93	5.97	6.01	6.06
4	6.10	6.14	6.18	6.23	6.27	6.31	6.36	6.40	6.45	6.49
5	6.54	6.58	6.54	6.68	6.77	6.77	6.82	6.86	6.91	6.96
6	7.01	7.06	7.11	7.16	7.20	7.25	7.31	7.36	7.41	7.46
7	7.51	7.56	7.61	7.67	7.72	7.77	7.82	7.88	7.93	7.98
8	8.04	8.10	8.15	8.21	8.26	8.32	8.37	8.43	8.48	8.54
9	8.61	8.67	8.73	8.78	8.84	8.90	8.96	9.02	9.08	9.14
10	9.20	9.26	9.33	9.39	9.46	9.52	9.58	9.65	9.71	9.77
11	9.84	9.90	9.97	10.03	10.10	10.17	10.24	10.31	10.38	10.45
12	10.52	10.58	10.66	10.72	10.79	10.86	10.93	11.00	11.08	11.15
13	11.23	11.30	11.38	11.75	11.53	11.60	11.68	11.76	11.83	11.91
14	11.98	12.06	12.14	12.22	12.96	12.38	12.46	12.54	12.62	12.70
15	12.78	12.86	12.95	13.03	13.11	13.20	13.28	13.37	13.45	13.54
16	13.63	13.71	13.80	13.90	13.99	14.08	14.17	14.26	14.35	14.44
17	14.53	14.62	14.71	14.80	14.90	14.99	15.09	15.17	15.27	15.38
18	15.46	15.56	15.56	15.76	15.96	15.96	16.06	16.16	16.26	16.36
19	16.46	16.37	16.68	16.79	16.90	17.00	17.10	17.21	17.32	17.43
20	17.53	17.64	17.75	17.86	17.97	18.08	18.20	18.31	18.43	18.54
21	18.65	18.77	18.88	19.00	19.11	19.23	19.35	19.46	19.58	19.70
22	19.82	19.94	20.06	20.19	20.31	20.43	20.58	20.69	20.80	20.93
23	21.05	21.19	21.31	21.45	21.58	21.71	21.84	21.97	22.10	22.23
24	22.27	22.50	22.63	22.76	22.91	23.05	23.19	23.31	23.45	23.60
25	23.75	23.90	24.03	24.20	24.35	24.49	24.64	24.79	24.94	25.08
26	25.31	25.45	25.60	25.74	25.89	26.03	26.18	26.32	26.46	26.60
27	26.74	26.90	27.05	27.21	27.37	27.53	27.69	27.85	28.00	28.16
28	28.32	28.49	28.66	28.83	29.00	29.17	29.34	29.51	29.68	29.85
29	30.03	30.20	30.38	30.56	30.74	30.92	31.10	31.28	31.46	31.64
30	31.82	32.00	32.19	32.38	32.57	32.76	32.95	33.14	33.33	33.52

$$\frac{e_{s,\text{얼음}}}{e_{s,\text{물}}} \simeq 1 + 0.00972t + 0.000042t^2 \tag{2.6.4}$$

수증기에 이상기체법칙(ideal gas law)을 적용하면 증기압은 다음과 같이 나타낼 수 있다.

$$e = \rho_v R_v T \tag{2.6.5}$$

여기서 e는 증기압(mb), ρ_v는 절대습도 또는 수증기의 밀도(g/cm^3), R_v는 수증기 기체상수, T는 대기의 절대온도(°K)이다. 수증기 기체상수 R_v는 가스상수(universal gas constant) R_o와 다음과 같은 관계를 가지고 있다.

$$R_v = \frac{R_o}{M_v} = \frac{M}{M_v}R \tag{2.6.6}$$

여기서M_v는 수증기의 분자량, M은 건조공기의 분자량, R_o는 가스상수(1.9857cal/°K/mol), R은 건조공기 기체상수($2.876 \times 10^6 cm^2/sec^2/°K$)이다. 따라서 식 (2.6.5)는 다음과 같이 나타낼 수 있다.

$$e = \frac{M}{M_v}\rho_v RT = 1.61\rho_v RT \tag{2.6.7}$$

또는

$$\rho_v = 0.622\frac{e}{RT} \tag{2.6.8}$$

식 (2.6.8)로부터 수증기의 밀도는 같은 온도 및 증기압에서 건조공기 밀도의 0.622배가 됨을 알 수 있다. 만일 P를 건조한 공기와 수증기를 포함하고 있는 총 대기압이라고 하면 다음과 같다.

$$P = P_d + e \tag{2.6.9}$$

건조공기 및 수증기의 혼합밀도는 다음과 같다.

$$\rho_m = \rho_d + \rho_v = \frac{P-e}{RT} + \frac{0.622e}{RT} = \frac{P}{RT}\left(1 - 0.378\frac{e}{P}\right) \tag{2.6.10}$$

식 (2.6.10)은 동일한 온도 및 압력에서 습한 공기의 밀도가 건조한 공기의 밀도보다 작음을 보여주고 있다.

예제 2.4

대기의 온도가 14℃일 때 식 (2.6.2), (2.6.3) 그리고 표 2.6을 이용하여 포화증기압을 구하고 서로 비교하라.

풀이

식 (2.6.2)에 의하면

$$e_s \approx 33.8639[(0.00738t + 0.8072)^8 - 0.000019\,|\,1.8t + 48\,|\, + 0.001316]$$
$$= 33.8639[(0.00738 \times 14 + 0.8072)^8 - 0.000019|1.8 \times 14 + 48| + 0.001316]$$
$$= 15.99mb$$

간략식 (2.6.3)에 의하면

$$e_s = 6.11\exp\left(\frac{17.27t}{237.3+t}\right) = 6.11\exp\left(\frac{17.27 \times 14}{237.3+14}\right) = 15.99mb$$

표 2.6에 의하면

14℃일 때 11.98mmHg이므로 11.98 × 1.33 = 15.93mb

세 가지 경우 거의 같은 값을 산정함을 알 수 있다.

1) 절대습도

수증기량의 또 다른 측정단위로 절대습도(absolute humidity)가 있으며 수증기의 밀도라고도 하며 $1cm^3$ 부피의 공기에 포함되어 있는 수증기의 양을 그램(g)으로 나타낸 것이다. 하지만 절대습도가 공기의 일정 부피 안에 포함된 수증기의 양이기 때문에 공기가 수축하거나 팽창하여 부피가 변하면 절대습도도 변하게 된다. 따라서 공기의 부피가 팽창하면 그 부피안의 수증기가 없어지지는 않지만 절대습도는 떨어지게 된다.

$$\rho_v = 0.622\frac{e}{RT} \tag{2.6.8}$$

여기서 ρ_v는 절대습도 또는 수증기의 밀도(g/cm^3), e는 수증기압(mb), R은 건조공기 기체상수 ($2.876 \times 10^6\ cm^2/sec^2/°K$), T는 대기의 절대온도(°K)이다.

예제 2.5

공기의 온도가 14℃이고 상대습도가 60%일 때 절대습도 또는 수증기의 밀도를 산정하라.

풀이

공기의 온도가 14℃이므로 예제 2.4에서 포화증기압 $e_s = 15.93mb$이다.
그러므로 실제증기압은 $e = 15.93 \times 0.6 = 9.558mb$이다.
따라서 절대습도는

$$\begin{aligned}\rho_v &= 0.622\frac{e}{RT} \\ &= \frac{0.622 \times 9.558mb}{2.876 \times 10^6 cm^2 sec^{-2} K^{-1} \times 287.15K} \times \frac{100N/m^2}{mb} \times \frac{100^2 cm^2}{m^2} \times \frac{kgm/s^2}{N} \\ &= 7.199 \times 10^{-3} kg/m^3 = 7.199 \times 10^{-6} g/cm^3\end{aligned}$$

이 된다.

2) 비습도

비록 자주 사용하지는 않지만 비습도(specific humidity)는 대기의 수분의 양을 표현하는 중요한 지수이다. 정확히 1kg의 공기를 포함하는 체적을 생각해 보자. 이 공기 1kg에는 수증기 몇 g이 포함되어 있다. 이와 같이 습윤공기 단위질량당 수증기의 질량(g/kg)을 비습도라 한다.

일반적으로 공기에는 1~2% 정도의 수증기만이 포함되어 있다. 적도 이외의 지역에서의 수증기는 보통 공기질량의 2% 이내이므로 비습도는 1kg의 공기당 20g 이하를 보이고 있다. 비습도(q)는 다음과 같이 구할 수 있다.

$$q = \frac{m_v}{m} = \frac{m_v}{m_v + m_d} \tag{2.6.11}$$

또는

$$q = \frac{622e}{P - 0.378e} \simeq \frac{622e}{P} \tag{2.6.12}$$

여기서 q는 비습도(g/kg), m_v는 수증기의 질량(g), m은 습윤공기의 질량(kg), m_d는 건조공기의 질량(kg), e는 증기압(mb) 그리고 P는 대기압(mb)이다.

절대습도와는 달리 비습도는 공기가 팽창하거나 수축되어도 변하지가 않는다. 즉, 1kg의 공기가 팽창하더라도 질량은 변하지 않고 수증기의 질량도 변하지 않으므로 비습도는 영향을 받지 않는다. 비습도의 또 다른 장점은 온도에 따라 변하지 않는다는 것이다. 만일 1kg의 공기에 1g의 수증기가 포함되어 있다면 가열을 하더라도 1g의 수증기를 그대로 포함하게 된다. 이러한 이유로 비습도는 온도가 서로 다른 지역에서 공기내의 수증기를 비교할 경우 좋은 지표가 된다.

공기가 포화되어 있을 때 주어진 온도와 기압하에서 비습도는 최대의 값을 가지게 된다. 이러한 비습도의 최대값을 포화비습도(saturation specific humidity)라 하며 이는 포화증기압과 같은 형태를 보이며 그림 2.21과 같이 비선형적으로 증가한다.

예제 2.6

공기의 온도가 14℃이고 상대습도가 60% 그리고 대기의 압력이 101kPa일 때 비습도를 산정하라.

풀이

공기의 온도가 14℃이므로 예제 2.4에서 포화증기압 $e_s = 15.93$mb,

실제증기압 e=15.93×0.6=9.558mb이다. 또한 101kPa=1010mb이므로 비습도는

$$q = \frac{622e}{P - 0.378e} \simeq \frac{622e}{P} = \frac{622 \times 9.558}{1010} = 5.886\text{g/kg}$$

3) 혼합률

혼합률(mixing ratio)은 건조공기의 질량 m_d(kg) 당 수증기의 질량 m_v(g)으로 비습도와 비슷하다. 비습도의 경우에서는 습한 공기에 대한 수증기의 질량으로 나타낸 반면 혼합률(r)은 대기의 다른 기체들의 질량에 대한 수증기의 질량을 나타내는 것이다.

$$r = \frac{m_v}{m_d} \tag{2.6.13}$$

수치적으로 혼합률과 비습도는 거의 일치하게 되는데 공기중의 수증기의 양이 작아 두 값을 계산할 때 별로 영향을 미치지 않기 때문이다.

간단한 예를 들어보자. 만일 1kg의 공기에 10g의 수증기가 포함되어 있으면 비습도는 10g/1kg =10이 되고, 1kg에 건조한 공기는 990g이므로 혼합률은 10g/0.99kg=10.101이 되어 혼합률은 비습

도보다 1.01% 정도만 크게 나타난다. 포화 상태일 때 혼합률도 최대가 되는데 이를 포화혼합률(saturation mixing ratio)이라 한다.

4) 상대습도

공기 중 수증기의 양을 나타내는 가장 잘 알려진 방법이 상대습도(relative humidity) RH이며 현재 온도의 공기 중에서 최대로 포함시킬 수 있는 수증기의 양에 대한 실제로 포함되어 있는 수증기 양의 비율을 의미한다.

$$RH = \frac{e}{e_s} \times 100\% \tag{2.6.14}$$

여기서 e는 온도 t℃에서의 실제증기압, e_s는 온도 t℃에서의 포화증기압이다.

상대습도는 기온 및 이슬점을 이용하여 −25℃~45℃ 사이에서 다음과 같이 산정할 수도 있다.

$$RH = \left(\frac{112 - 0.1t + t_d}{112 + 0.9t}\right)^8 \times 100\% \tag{2.6.15}$$

여기서 t는 대기의 온도(℃), t_d는 이슬점(℃)이다.

상대습도를 사용할 때 중요한 단점은 상대습도가 존재하는 수증기의 양에 의해서만 유일하게 결정되는 것이 아니라는 것이다. 차가운 공기보다 따뜻한 공기에 더 많은 수증기가 존재할 수가 있으므로 상대습도는 실제의 수증기량과 온도에 따라 결정된다는 것이다. 만일 공기의 온도가 상승하게 되면 더 많은 수증기가 포함될 수 있으므로 포화 상태에 대한 실제 수증기량의 비는 감소하게 된다. 따라서 수증기의 양이 변하지 않더라도 상대습도는 감소한다.

온도에 대한 상대습도의 변화는 여러 가지 이유로 약점이 될 수 있는데, 예를 들어 하루 동안 공기 중의 수증기의 양이 변하지 않더라도 상대습도는 변하게 된다. 그러므로 상대습도는 수증기의 양 때문이 아니라 낮은 온도 때문에 이른 아침에 최대의 값을 가지게 된다. 태양이 뜨고 온도가 올라감에 따라 포화비습도가 증가하기 때문에 상대습도는 감소하게 된다.

상대습도에 대한 또 다른 오해는 뜨겁고 습한 날에 얼마나 상대습도가 높이 올라가는가에 대한 것이다. 많은 사람들이 이러한 날에 상대습도가 약 99% 정도가 될 것이라고 생각한다. 하지만 실제로는 매우 더운 날 상대습도는 그러한 값에 도달할 수가 없다. 예를 들어 만일 온도가 35℃라면 포화비습도는 1kg의 공기당 36.8g의 수증기를 가지고 있다. 하지만 앞에서도 언급한 바와 같이 적도 이외의 지역에서는 공기가 매우 습하더라도 비습도가 1kg 공기 당 20g을 초과하는 경우가 극히 드물기 때문에 그 온도에서 99%의 상대습도가 나타나기는 불가능하다. 사실 더운 날에는 상대습도가 단지 50%만 되어도 상당히 불쾌하게 느껴진다.

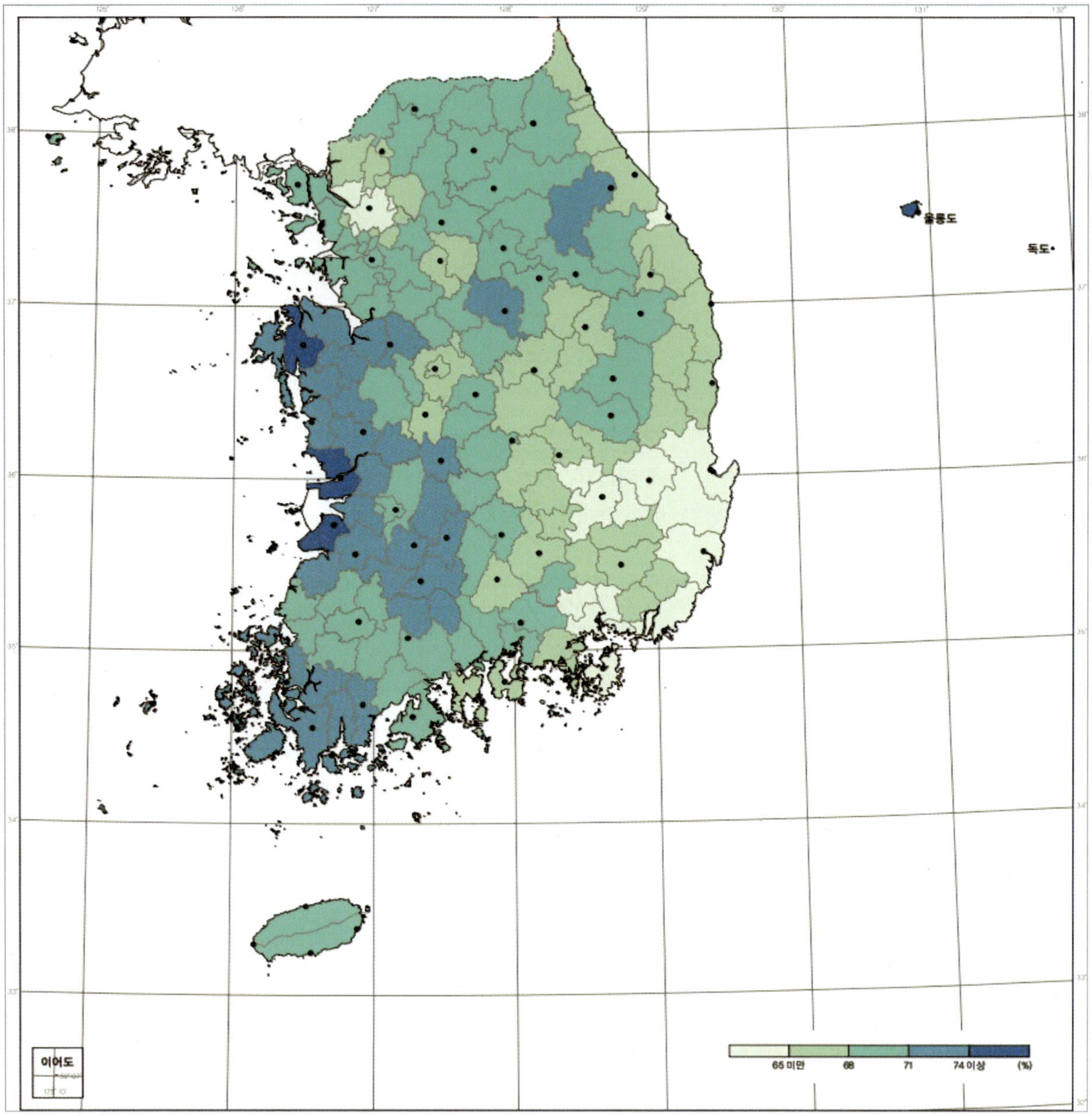

그림 2.22 우리나라의 연평균 상대습도 분포도(한국기후도, 기상청 2010년)

예제 2.7

대기의 온도가 14℃이고 이슬점이 8℃일 때 식 (2.6.14)와 (2.6.15)를 이용하여 상대습도를 산정하라.

풀이

대기의 온도가 14℃이므로 예제 2.4로부터 포화증기압 e_s=15.93mb이다. 14℃일 때의 실제증기압 e는 이슬점 8℃에서의 포화증기압과 같으므로 표 2.6으로부터 8℃에서의 포화증기압은 8.04mmHg×1.33=10.68mb가 된다.

식 (2.6.14)에 의한 상대습도

$$RH = \frac{e}{e_s} \times 100\% = \frac{10.68}{15.93} \times 100\% = 67\%$$

이슬점을 이용한 식 (2.6.15)에 의한 상대습도

$$RH = \left(\frac{112 - 0.1t + t_d}{112 + 0.9t}\right)^8 \times 100\% = \left(\frac{112 - 0.1 \times 14 + 8}{112 + 0.9 \times 14}\right)^8 \times 100\% = 67.38\%$$

두 식이 비슷한 결과를 주고 있다.

5) 이슬점

온도와의 관계로부터 자유로운 유용한 습도 측정방법으로 이슬점(dew point)이 있다. 이슬점은 포화되지 않은 공기가 온도가 내려감에 따라 포화상태에 도달할 때의 온도를 말한다. 공기가 차가워짐에 따라 상대습도는 증가한다. 만일 공기가 충분히 차가워진다면 포화되기 시작하고 더 차가워짐에 따라 응축현상에 의해 수증기가 제거된다. 이와 같이 응축이 발생하여 이슬이 생기기 때문에 포화상태가 되는 온도를 이슬점온도라 한다. 이슬점은 −40~50℃ 범위에서 0.3℃ 오차 이내로 다음과 같이 구할 수 있다.

$$t - t_d \simeq (14.55 + 0.114t)x + [(2.5 + 0.007t)x]^3 + (15.9 + 0.117t)x^{14}$$
$$x = 1.0 - \frac{RH}{100} \qquad (2.6.16)$$

여기서 t는 대기의 온도(℃), RH는 상대습도(%)이다.

이슬점은 수증기의 양을 나타내는 유용한 지표로 이슬점이 높을 때 공기 중에 수증기의 양이 많다는 것을 의미한다. 또한 공기의 온도와 같이 사용할 때 상대습도를 나타내는 지표가 되기도 한다. 공기의 온도보다 이슬점이 상당히 낮을 때 상대습도도 매우 낮게 되며 이슬점이 공기의 온도와 비슷하면 상대습도는 매우 높다. 따라서 공기의 온도와 이슬점이 같으면 공기는 포화되어 있음을 뜻하고 상대습도는 100%가 된다.

상대습도와는 달리 이슬점은 온도가 변함에 따라 쉽게 변하지가 않으며 기압이 같은 조건에서 한 지역의 이슬점이 다른 지역보다 높으면 공기 중에 더 많은 수증기가 포함되어 있다는 것을 의미한다. 이슬점은 항상 기온보다는 같거나 낮게 된다. 만일 기온이 이슬점까지 낮아지고 더 차가워진다면 어떻게 될까? 이러한 경우 공기 중에 포함할 수 있는 수증기의 양을 초과하게 되고, 초과된 수증기는 공기로부터 제거되어야 한다. 이것은 응축에 의해 액체나 얼음결정이 형성되는 것으로 나타난다. 0℃ 이하에서 포화가 발생하는 온도를 이슬점 대신 서리점(frost point)이라 한다.

예제 2.8

대기의 온도가 14℃이고 상대습도가 60%일 때 식(2.6.16)과 (2.6.15)를 이용하여 이슬점을 산정하라.

풀이

식 (2.6.16)에 의한 이슬점은

$$x = 1.0 - \frac{RH}{100} = 1.0 - \frac{60}{100} = 0.4$$

$$14 - t_d \simeq (14.55 + 0.114 \times 14)0.4 + [(2.5 + 0.007 \times 14)0.4]^3 + (15.9 + 0.117 \times 14)0.4^{14}$$

$$= 6.4584 + 1.1223 + 17.538 \times 0.4^{14} = 7.5807$$

따라서 이슬점 $t_d = 14 - 7.5807 = 6.42°C$

식 (2.6.15)에 의한 이슬점은

$$RH = \left(\frac{112 - 0.1t + t_d}{112 + 0.9t}\right)^8 \text{ 에서}$$

$$t_d = RH^{1/8}(112 + 0.9t) - 112 + 0.1t$$

$$= 0.6^{1/8}(112 + 0.9 \times 14) - 112 + 0.1 \times 14 = 6.29°C$$

2.6.3 습도의 측정

수증기가 대기 중의 여러 다른 기체와 혼합된 보이지 않는 기체라는 사실이 습도를 측정하기 위해서 매우 정교한 장치가 필요할 것이라고 생각할지 모르지만 사실은 그렇지 않다. 습도를 측정하기 위해서는 그림 2.23과 같은 회전식습도계(sling psychrometer)라는 아주 간단한 측정 장치를 이용한다.

회전식습도계는 한 쌍의 온도계로 이루어져 있으며 한 온도계의 구 주위에 물을 적신 솜으로 둘러싸고 다른 온도계는 일반적으로 사용하는 온도계처럼 되어 있다. 이 두 온도계를 건구 및 습구온도계(dry and wet bulb thermometer)라 하며 함께 연결하여 회전시키도록 되어 있다. 만일 공기가 포화되어 있지 않다면 습구로부터 물이 증발하며 잠재열을 사용함으로서 온도가 내려가게 된다. 몇 분 후에 증발에 의한 열의 손실은 주위의 따뜻한 공기로부터 잠재열의 유입으로 상쇄되어 더 이상 온도가 내려가지 않고 습도계를 계속 회전시키더라도 일정한 온도를 유지하게 된다.

습구온도강하(wet bulb depression)라 부르는 건구와 습구의 온도차는 공기 중의 수분의 양에 따라 변하게 된다. 만일

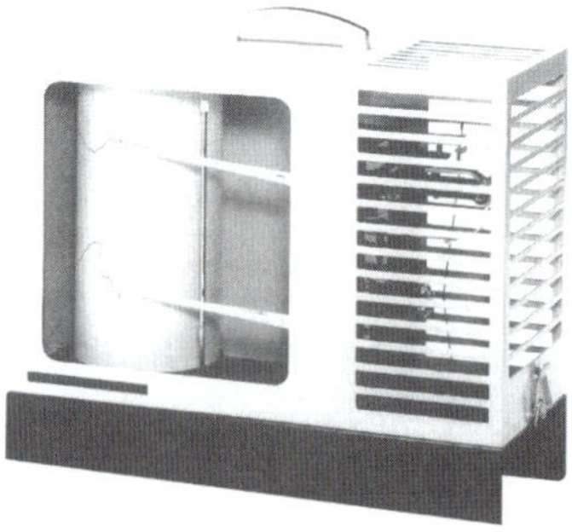

그림 2.23 회전식 습도계 및 자기습도계

표 2.7 습구온도강하를 이용한 상대습도 측정

(압력 = 990mb = 99.0kPa)

공기 온도℃	습구온도강하 (℃) 0	1	2	3	4	5	6	7	8	9	10	11	12	13	14	15
−10	91	60	31	2												
−8	93	65	39	13												
−6	94	70	46	23	0											
−4	96	74	53	32	11											
−2	98	78	58	39	21	3										
0	100	81	63	46	29	13										
2	100	84	68	52	37	22	7									
4	100	85	71	57	43	29	16									
6	100	86	73	60	48	35	24	11								
8	100	87	75	63	51	40	29	19	8							
10	100	88	77	66	55	44	34	24	15	6						
12	100	89	78	68	58	48	39	29	21	12	4					
14	100	90	79	70	60	51	42	34	26	18	10	3				
16	100	90	81	71	63	54	46	38	30	23	15	8				
18	100	91	82	73	65	57	49	41	34	27	20	14	7			
20	100	91	83	74	66	59	51	44	37	31	24	18	12	6		
22	100	92	83	76	68	61	54	47	40	34	28	22	17	11	6	
24	100	92	84	77	69	62	56	49	43	37	31	26	20	15	10	5
26	100	92	85	78	71	64	58	51	46	40	34	29	24	19	14	10
28	100	93	85	78	72	65	59	53	48	42	37	32	27	22	18	13
30	100	93	86	79	73	67	61	55	50	44	39	35	30	25	21	17
32	100	93	86	80	74	68	62	57	51	46	41	37	32	28	24	20
34	100	93	87	81	75	69	63	58	53	48	43	39	35	30	26	23
36	100	94	87	81	75	70	64	59	54	50	45	41	37	33	29	25
38	100	94	88	82	76	71	66	61	56	51	47	43	39	35	31	27
40	100	94	88	82	77	72	67	62	57	53	48	44	40	36	33	29

표 2.8 습구온도강하를 이용한 이슬점 측정

(압력 = 1013.2mb = 101.32kPa)

공기	포화증기압		습구온도강하 (℃)															
온도℃	mb	Hg	0	1	2	3	4	5	6	7	8	9	10	11	12	13	14	15
−10	2.86	0.085	−11	−16	−24													
−8	3.35	0.099	−9	−13	−20	−33												
−6	3.91	0.115	−7	−11	−16	−24												
−4	4.55	0.134	−5	−8	−12	−19	−32											
−2	5.28	0.156	−2	−5	−9	−14	−22											
0	6.11	0.180	0	−3	−6	−11	−16	−27										
2	7.05	0.208	2	−1	−3	−7	−12	−19	−33									
4	8.13	0.240	4	2	−1	−4	−8	−13	−21	−47								
6	9.35	0.276	6	4	2	−1	−5	−9	−14	−23								
8	10.72	0.317	8	6	4	1	−2	−5	−9	−15	−26							
10	12.27	0.362	10	8	6	4	1	−2	−5	−10	−17	−29						
12	14.02	0.414	12	10	8	6	4	1	−2	−6	−11	−18	−34					
14	15.98	0.472	14	12	11	9	6	4	1	−2	−6	−11	−19					
16	18.17	0.532	16	14	13	11	9	7	4	1	−2	−6	−11					
18	20.63	0.609	18	16	15	13	11	9	7	4	2	−2	−6	−10				
20	23.37	0.690	20	19	17	15	14	12	10	7	5	2	−1	−4				
22	26.43	0.780	22	21	19	17	18	14	12	10	8	5	2	−1	−5			
24	29.83	0.881	24	23	21	20	18	16	15	13	11	8	6	3	−1	−5	−10	
26	33.61	0.992	26	25	23	22	20	19	18	15	13	11	9	6	4	0	−4	−9
28	37.80	1.116	28	27	25	24	22	21	19	18	16	14	12	10	7	4	1	−3
30	42.43	1.253	30	29	27	26	25	23	22	20	18	17	15	13	10	8	5	2
32	47.55	1.404	32	31	29	28	27	25	24	22	21	19	17	15	13	11	9	6
34	53.20	1.571	34	33	32	30	29	28	26	25	23	21	20	17	16	14	12	10
36	59.42	1.755	36	35	34	32	31	30	28	27	25	24	22	21	19	17	15	13
38	66.26	1.957	38	37	36	34	33	32	30	29	28	26	25	23	21	20	18	16
40	73.78	2.179	40	39	38	36	35	34	33	31	30	28	27	25	24	22	20	19

공기가 완전히 포화되어 있다면 습구온도계로부터의 순증발은 발생하지 않고 따라서 잠재열의 손실은 없으며 습구 및 건구온도가 같아지게 된다. 만일 습도가 낮다면 습구로부터 많은 증발이 일어나게 되고 평형온도에 도달할 때까지 온도는 상당히 떨어지게 된다. 수분의 양을 결정하기 위해 건구와 습구온도계의 온도 차이를 측정하며 실제증기압 e를 다음과 같이 산정할 수 있다.

$$e = e_w - \gamma(t - t_w) \tag{2.6.17}$$

여기서 e는 온도 t(℃)에서의 실제증기압(mb), t_w는 습구온도계의 온도(℃), e_w는 t_w에서의 포화증기압(mb), γ는 습도계상수(mb 단위일 때 0.660, mmHg 단위일 때 0.485)이다.

표 2.7 및 2.8을 이용하여 건구온도 및 습구온도강하에 해당하는 상대습도 및 이슬점 또는 다른 습도측정값을 찾을 수 있다. 표 2.7에서 건구의 온도 14℃, 습구온도강하 14−8 = 6℃를 이용하여 상대습도를 찾으면 42%가 된다.

습도계에 선풍기를 달아 온도계 주위의 공기를 순환시키는 방법이 있는데 이를 추출(aspirated) 습도계라하며 습도계를 회전시키는 수고를 덜어준다. 모발습도계(hair hygrometer)는 사람 및 동물의 털이 상대습도에 따라 팽창하고 수축하는 것을 이용한 습도계이다. 또한 온도 및 습도를 연속적으로 기록하는 자기습도온도계(hygrothermometer)가 있다.

예제 2.9

습도계로부터 건구의 온도가 14℃이고 습구의 온도가 8℃일 때 실제증기압과 상대습도를 식 (2.6.17) 및 표 2.7을 이용하여 산정하라.

풀이

온도 8℃에서의 포화증기압은 8.04mmHg×1.33=10.68mb이고,
14℃에서의 포화증기압 e_s=15.93mb이다
그러므로 식 (2.6.17)에 의해 14℃에서의 실제증기압은

$$e = e_w - \gamma(t - t_w) = 10.68 - 0.66(14 - 8) = 6.72\text{mb}$$

따라서 상대습도는

$$RH = \frac{e}{e_s} \times 100\% = \frac{6.72}{15.93} \times 100\% = 42.18\%$$

2.6.4 습도의 시간적 및 공간적 분포

습도는 상당히 변화가 심한 기상요소로 부피로 볼 때 수증기는 고도가 증가 할수록 감소한다. 시간적으로 보면 비습도는 계절적으로 온도에 따라 증가하고 감소한다. 절대 수증기의 양을 측정하는 비습도는 열대 및 저위도에서 가장 높으며 극지방으로 갈수록 급격히 감소한다(그림 2.24).

상대습도는 온도에 따라 변하는 특성 때문에 높은 수증기량과 온도를 나타내는 열대지방과 낮은 수증기량과 온도를 나타내는 극지방에서 최대를 나타내고 있다(그림 2.25). 중위도 지역에서는 최소치를 나타내며 고기압의 역선풍(anticyclone) 지역과 일치하고 있다. 대규모 사막지역 즉, 아프리카 사헬지역, 멕시코 북서부, 미국 남서부, 호주 중부, 중남미 서부는 평균적인 비습도는 비교적 높지만 낮은 상대습도를 보여주고 있다. 상대습도는 수증기뿐만 아니라 공기가 수증기를 함유할 수 있는 능력으로 측정되므로 응축 현상이 중요한 역할을 한다.

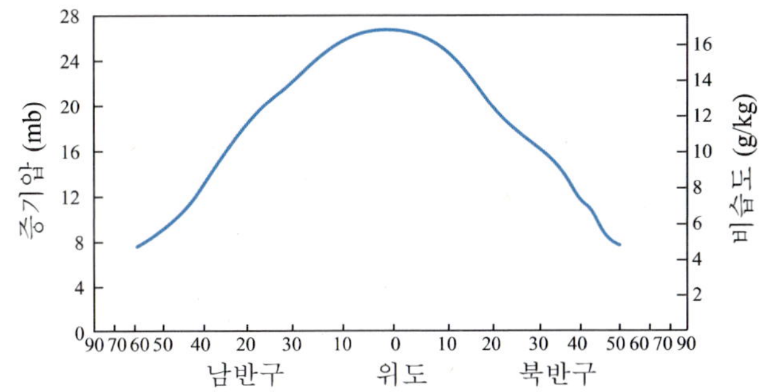

그림 2.24 위도에 따른 수증기량의 변화

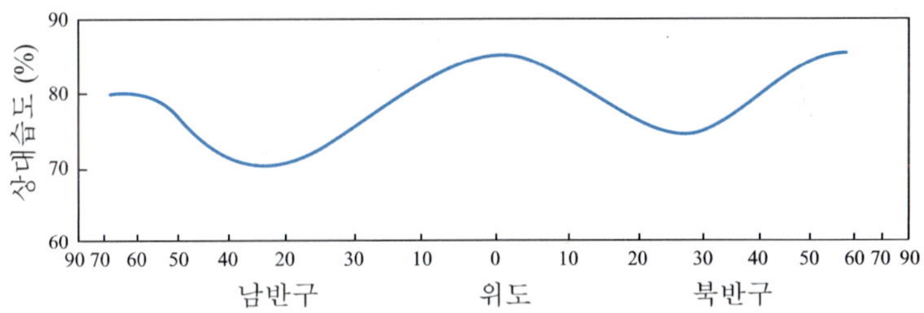

그림 2.25 위도에 따른 상대습도의 변화

표 2.9 고도에 따른 수증기의 변화

고도 (km)	0.0	0.5	1.0	1.5	2.0	2.5	3.0	3.5	4.0	5.0	6.0	7.0	8.0
수증기 (부피,%)	1.3	1.16	1.01	0.81	0.69	0.61	0.49	0.41	0.37	0.27	0.15	0.09	0.05

표 2.10 우리나라 주요도시의 월평균습도 (%) (1981~2010년)

지역	1월	2월	3월	4월	5월	6월	7월	8월	9월	10월	11월	12월	평균
서울	59.8	57.9	57.8	56.2	62.7	68.1	78.3	75.6	69.2	64.0	62.0	60.6	64.4
인천	61.5	61.8	63.4	64.1	70.3	74.8	82.2	79.1	73.1	67.3	63.9	62.0	68.6
수원	65.1	64.3	64.2	62.5	67.6	72.3	80.1	78.3	74.5	71.0	68.6	66.4	69.6
철원	68.9	64.9	62.6	58.9	65.5	72.1	80.7	79.9	76.8	72.9	71.1	70.6	70.4
춘천	69.3	65.4	63.1	59.2	66.2	71.8	79.6	79.8	78.0	75.3	73.1	71.7	71.0
대관령	67.3	67.0	67.5	61.0	68.4	79.2	85.7	87.0	84.6	75.2	6.69	67.3	73.3
강릉	49.0	52.1	56.6	54.1	61.1	71.4	76.6	78.1	74.4	62.2	53.8	47.8	61.4
울릉도	70.1	69.6	69.8	69.2	72.1	80.4	85.9	85.0	80.3	72.5	68.6	68.5	74.3
대전	64.8	59.5	56.5	55.3	62.1	68.7	77.7	77.5	74.4	70.4	66.9	66.4	66.7
전주	68.6	66.5	63.7	60.6	65.3	71.3	77.5	76.7	74.1	70.4	69.1	68.9	69.4
광주	68.7	66.0	62.9	61.9	66.4	72.8	80.0	78.1	74.3	68.4	68.1	68.8	69.5
목포	68.7	69.0	67.8	68.0	72.5	77.8	83.7	80.3	75.8	69.2	67.6	68.7	72.4
여수	54.6	55.7	59.2	63.0	69.5	77.5	84.6	79.3	72.4	63.5	60.0	56.8	66.4
포항	49.1	51.8	57.0	57.9	64.6	73.9	78.7	78.8	75.9	65.5	57.6	51.0	63.5
대구	54.4	53.6	54.1	53.2	58.7	65.5	73.8	72.9	71.3	64.5	60.3	56.8	61.6
부산	48.3	51.4	57.7	62.7	69.8	77.4	84.3	79.9	73.9	64.0	57.0	50.1	64.7
제주	65.3	64.9	64.9	66.5	70.4	76.8	78.3	76.5	73.7	66.9	65.1	65.1	69.6

2.6.5 가능강수수분

수분의 연직 및 공간적인 분포로부터 특정 지역에서의 발생 가능강수수분량(potential precipitable water) W_p를 산정할 수 있다. 가능강수수분량을 산정하기 위해 표고 0부터 z까지의 공기 기둥에 포함되어 있는 수분의 양은 다음과 같이 산정할 수 있다.

$$W_p = \int_0^Z \rho_v dz \tag{2.6.18}$$

여기서 ρ_v=수증기 밀도(함수량, 절대습도)이다. 정수압분포를 가정하면

$$dP = -\rho_m\ g\ dz \tag{2.6.19}$$

또는

$$dz = -\frac{dP}{\rho_m\ g} \tag{2.6.20}$$

여기서 dP는 압력의 변화, ρ_m은 건조한 공기(ρ_d)와 습한공기(ρ_v)의 혼합밀도($\rho_v + \rho_d$), g는 중력가속도이다. 식 (2.6.20)을 식 (2.6.18)에 적용하여 다시 나타내면

$$W_p = -\int_{P_0}^{P} \frac{\rho_v}{\rho_m\ g} dP = \frac{1}{g}\int_P^{P_0} \frac{\rho_v}{\rho_v + \rho_d} dP = \frac{1}{g}\int_P^{P_0} q\, dP \tag{2.6.21}$$

여기서 P_0는 고도 0에서의 압력, P는 고도 z에서의 압력, q는 비습도이다. 식 (2.6.21)에 비습도 관계식 (2.6.12)를 적용하면

$$W_p = \frac{622}{g}\int_P^{P_0} e \frac{dP}{P} \tag{2.6.22}$$

식 (2.6.22)는 증기압 e와 압력 P와의 관계를 안다면 해석적인 적분이 가능하다. 만일 공기 기둥을 몇 개의 층으로 나누어 고려한다면 다음과 같이 수치적분이 가능하다. 다음 식으로부터 산정되는 가능강수가 발생하려면 모든 수분이 응축되어 지상으로 떨어져야 하지만 실제적으로는 그러한 경우가 매우 드물다.

$$W_p = 0.01\sum \bar{q} \Delta P \tag{2.6.23}$$

여기서 W_p는 가능강수수분량(mm), $\bar{q}$는 각 층에서의 평균 비습도(g/kg), ΔP는 층간의 대기압 변화(mb)이다.

예제 2.10

다음 표 2.11의 1, 2, 3란과 같이 고도에 따른 대기압과 증기압이 주어질 때 가능강수수분량을 산정하라.

풀이

가능강수수분량을 산정하기 위해서는 각 층별 비습도를 산정해야 한다. 비습도는 식 (2.6.12)를 이용하여 산정하게 된다. 예를 들어 고도 1km에서의 비습도는 다음과 같고 표 4란에 각 고도별 비습도가 계산되어 있다.

$$q = \frac{622e}{P} = \frac{622 \times 18.0}{970} = 11.5\text{g/kg}$$

각 고도에 의해 층을 나누게 될 때 고도 0.5km와 1km 층에서의 평균비습도는 (12.6+11.5)/2 = 12.1g/kg이 되고 5란에 평균비습도가 계산되어 있다. 따라서 각 층별 대기압의 변화(6란)을 각 층별 평균비습도에 곱하면 각 층별 $\bar{q}\Delta P$를 구할 수 있고(7란) 이를 층별로 모두 합하면 1833.9가 된다. 따라서 가능강수수분량은 0.01×1833.9=18.339mm가 된다.

표 2.11 가능강수수분량 산정계산표

고도 (km)	대기압 P (mb)	증기압 e (mb)	비습도 q (g/kg)	평균비습도 $\bar{q}$ (g/kg)	대기압변화 △P (mb)	$\bar{q} \times \Delta P$ (mm)
0.0	1000	22.5	14.0			
0.5	985	20.0	12.6	13.3	15	199.7
1.0	970	18.0	11.5	12.1	15	181.3
1.5	955	16.0	10.4	11.0	15	164.7
2.0	940	14.5	9.6	10.0	15	150.1
2.5	920	13.0	8.8	9.2	20	183.8
3.0	905	11.5	7.9	8.3	15	125.2
3.5	890	10.3	7.2	7.6	15	113.3
4.0	875	9.3	6.6	6.9	15	103.6
5.0	835	7.4	5.5	6.1	40	242.5
6.0	800	5.9	4.6	5.0	35	176.7
7.0	775	4.8	3.9	4.2	25	105.5
8.0	750	3.8	3.2	3.5	25	87.5
계						1833.9

2.7 바람

바람은 기압의 수평적인 변화 때문에 발생하는데 공기는 고기압 지역에서 저기압지역으로 이동한다. 음료수 캔을 열 때 소리가 나는 것을 경험했을 것이다. 그 소리는 캔 안의 낮은 압력으로 캔 바깥의 높은 압력의 공기가 급격히 들어가기 때문에 나는 소리이다. 바람은 기압을 불균형에서 균형을 이루기 위한 자연적인 현상이라 볼 수 있으며 지표면의 불균등 가열이 압력의 불균형을 가져오므로 결국 태양에너지가 바람의 궁극적인 원동력이라 할 수 있다.

2.7.1 바람에 영향을 미치는 인자

만일 지구가 회전하지 않고 움직이는 공기와 지표면간에 마찰이 없다면 공기는 고기압에서 저기압 쪽으로 직선적으로 흐르게 된다. 하지만 이 두 가지 인자가 존재하기 때문에 바람은 압력경사력(pressure gradient force)과 편향력(Coriolis force) 그리고 마찰력(friction)의 조합에 의해 영향을 받게 된다.

압력 차이는 바람을 발생시키게 되고 이 차이가 크면 클수록 바람의 속도도 증가하게 된다. 지표면에서 기압의 변화는 수많은 기상관측소의 압력계로부터 결정하게 된다. 이러한 압력자료로부터 압력이 같은 선으로 연결된 등압선(isobars)을 사용하여 기상도에 나타낸다. 등압선의 간격은 두 지점간의 압력의 변화를 나타내며 이를 압력경사(pressure gradient)라 한다.

압력경사는 언덕의 경사와 비슷하다고 상상하면 쉽게 이해를 할 수 있다. 급경사의 언덕처럼 급한 압력경사는 약한 압력경사보다 공기의 더 큰 가속도를 유발시킬 수가 있다. 따라서 바람의 속도와 압력경사 간에는 직접적인 관계가 있다. 즉, 간격이 촘촘한 등압선은 급한 압력경사 및 강한 바람을 나타내는 반면에 넓게 분포된 등압선은 약한 압력경사 및 약한 바람을 나타낸다.

압력경사는 바람의 원동력이고 크기와 방향을 가지고 있다. 크기는 등압선의 간격으로 결정하고 방향은 항상 고기압에서 저기압쪽을 향하고 등압선과 오른쪽으로 편향된 각을 이루고 있다. 일단 공기가 움직이기 시작하면 편향력과 마찰력이 영향을 미치지만 움직임을 조정할 뿐 움직임의 원동력이 되지는 못한다.

바람을 포함하여 모든 자유롭게 움직이는 물체 또는 유체는 북반구에서는 진행방향의 오른쪽으로, 남반구에서는 왼쪽으로 편향된다. 이러한 편향의 이유는 그림 2.26과 같이 북극에서 적도 쪽으로 로켓을 발사하는 것을 상상함으로서 설명할 수 있다. 만일 로켓이 목표물까지 도달하는데 한 시간이 걸린다면 지구는 그동안 동쪽으로 15°회전하게 된다. 지구에 서있는 사람이 본다면 로켓이 목표물로부터 15°서쪽으로 휘어져 가는 것처럼 보일 것이다. 로켓의 실제 경로는 직선이며 지구 밖에서 지구를 내려다보며 관찰하면 실제로 그렇게 보일 것이다.

북반구에서의 반시계반향의 회전으로 인해 로켓은 이동 경로보다 오른쪽으로 편향되고 남반구에서는 반대가 된다. 만일 시계방향으로 회전한다면 편향되는 정도는 같지만 이동경로의 왼쪽으로 편향된다. 이와 같은 편향이 움직

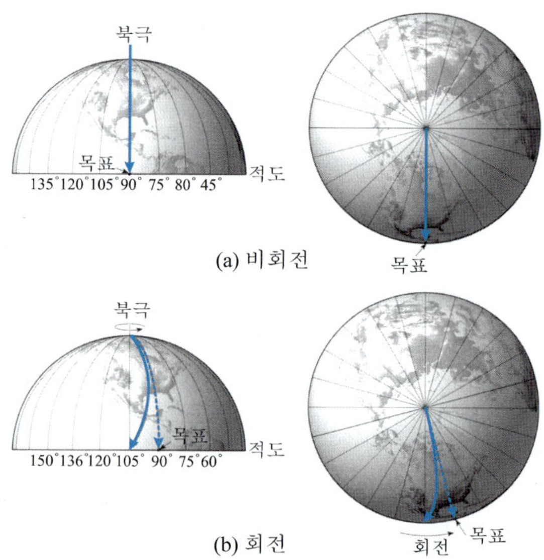

그림 2.26 편향효과의 예

이는 방향과 상관없이 바람에도 적용이 된다. 바람 방향의 외견상 편향은 편향효과 때문이다. 이러한 편향은 공기 흐름방향과 항상 오른쪽으로 편향된 각을 이루고, 바람의 세기에는 영향을 미치지 않고 방향에만 영향을 미치며, 바람의 세기에 영향을 받고(바람의 세기가 강할수록 편향도 커짐), 극지방에서 가장 크며 적도지역으로 갈수록 약해지다 적도에서는 존재하지 않는다.

바람에 대한 마찰의 영향은 지표면으로부터 수 km의 높이까지는 중요하다. 마찰은 공기의 이동을 느리게 하며 결과적으로 바람의 방향을 바꾸게 한다. 바람의 방향에 대한 마찰의 영향을 설명하기 위해 마찰의 역할이 없다고 생각해 보자. 마찰층 위에서 압력경사력과 편향효과가 함께 공기의 흐름에 영향을 미치고 있다. 이러한 상황에서 압력경사력은 등압선을 따라 공기를 움직이기 시작하도록 한다. 공기가 움직이기 시작하자 편향효과가 작용하여 오른쪽으로 움직이게 한다. 바람의 속도가 클수록 편향은 더욱 크다. 결국 편향효과는 압력경사력과 균형을 이루게 되고 바람은 등압선과 평행하게 불게 된다

고도 600m 아래 지역(마찰층, friction layer)에서는 마찰이 공기의 흐름을 복잡하게 만든다. 편향효과가 바람의 세기와 비례한다는 것을 기억하면 마찰이 바람의 속도를 줄임에 따라 편향효과도 감소하게 됨을 알 수 있다. 기압경사력은 바람의 세기에 영향을 받지 않으므로 등압선과 같은 방향으로 움직이던 공기는 저기압 쪽으로 향하게 된다.

지형의 거칠기는 등압선에 대한 공기의 흐름 각도를 결정하게 된다. 매끄러운 해양표면에서는 마찰력은 작고 등압선과 이루는 각도는 작다. 마찰력이 큰 거친 지형에서는 바람의 방향과 등압선이 이루는 각도가 45°까지 커지게 된다.

2.7.2 국지성 바람

대기의 순환은 전 지구적으로 볼 때 대규모의 바람이라 할 수 있다. 이제는 좀더 작은 지역에 영향을 미치는 바람에 대해서 알아보기로 하자. 지표면에서의 불균등 가열로 인해 온도의 차이가 발생하게 되고 이는 압력의 변화를 야기한다. 국지성 바람(local winds)은 지역적으로 발생하는 압력경사로 인해 야기된 단순한 소규모의 바람이라 할 수 있다. 이러한 국지성 바람은 지형적인 영향이나 지구 표면의 구성성분이 다양하기 때문에 발생한다고 볼 수 있다.

1) 육풍 및 해풍

따뜻한 여름에 해안지역에서는 낮 동안 지표면이 인접한 바다보다 더욱 강하게 가열받게 된다. 따라

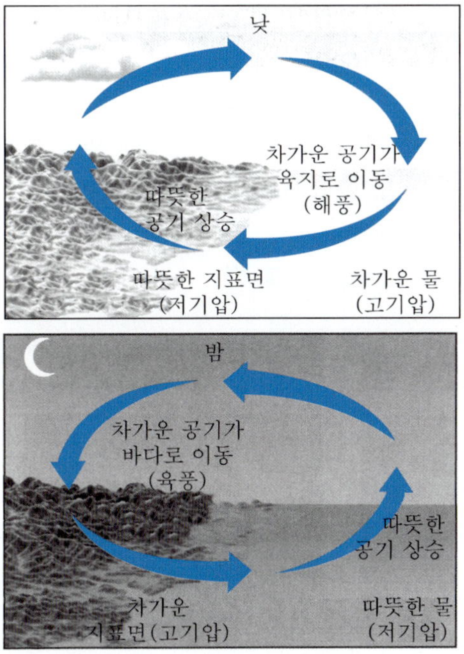

그림 2.27 해풍(위) 및 육풍(아래)

서 지표면위의 공기가 가열되어 팽창하고 상승하면서 저기압을 형성하게 된다. 바다 위(고기압)의 차가운 공기가 따뜻한 육지(저기압)를 향해 이동하기 때문에 해풍(sea breezes)이 불게 된다(그림 2.27). 해풍은 정오 바로 전에 발달하여 중간 및 늦은 오후에 가장 강하게 분다. 이러한 비교적 찬바람은 해안 지역에서의 오후 온도에 영향을 주게 된다. 밤에는 반대현상이 일어나게 되어 육지가 바다보다 더 빨리 냉각되고 육풍(land breezes)이 발생한다.

2) 계곡풍 및 산악풍

산악지역에서는 육풍 및 해풍이 발생하는 것과 비슷하게 하루 동안에 변하는 바람이 분다. 낮 동안에는 산 사면에 있는 공기가 같은 높이의 계곡 바닥 쪽에 있는 공기보다 더 강하게 가열된다. 이 따뜻한 공기는 밀도가 작아져 사면을 따라 올라가기 때문에 계곡풍(valley breezes)이 발생하게 된다(그림 2.28). 낮 동안의 이러한 사면을 따라 올라가는 바람은 인접한 산 정상에서 생기는 적운(cumulus clouds)으로 확인할 수 있다.

해가 진 뒤 반대의 현상이 일어난다. 산사면을 따른 급격한 냉각은 사면위의 공기가 아래 지표면의 공기보다 더 차가워져 밀도가 더 커지게 되고 계곡 아래로 흐르게 된다. 이러한 공기의 이동을 산악풍(mountain breezes)이라 한다. 다른 바람과 마찬가지로 산악풍 및 계곡풍은 계절적인 변동이 있다. 태양에 의한 가열이 강한 여름철에는 계곡풍이 지배적인 반면 겨울철에는 산악풍이 지배적이다.

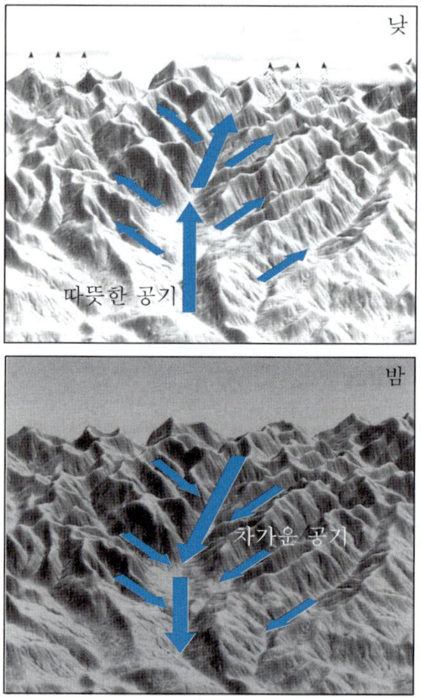

그림 2.28 계곡풍(위) 및 산악풍(아래)

2.7.3 바람의 측정

두 가지 기본적인 바람 측정치로 방향과 속도가 있으며, 바람은 불어오는 방향에 의해 명칭을 붙이게 된다. 북풍은 북쪽에서 불어와 남쪽으로 불어가는 바람이고 동풍은 동쪽에서 불어와 서쪽으로 부는 바람을 말한다. 바람의 방향을 결정하는데 가장 일반

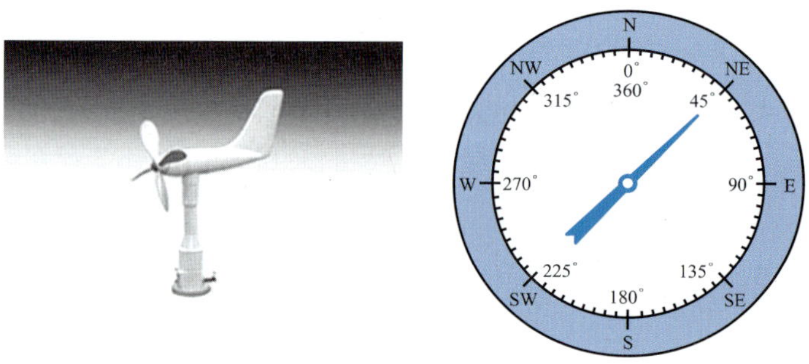

그림 2.29 풍향계 및 나침반

적으로 사용하는 기구는 그림 2.29과 같은 풍향계(wind vane)이다. 건물에 많이 설치되어져 있는 이러한 풍향계는 항상 바람이 불어오는 쪽을 향하고 있다.

풍향은 풍향계에 연결되어 있는 나침판을 이용하여 확인할 수도 있다. 바늘은 바람의 방향을 나타내는데 방위(N, NE, E, SE 등)나 0°~360°의 각도로 표현된다. 각도로 표시되는 경우 0° 및 360°는 북쪽을 의미하고, 90°는 동쪽, 180°는 남쪽, 270°는 서쪽을 의미한다. 바람이 다른 방향보다는 한 방향으로 지속적으로 자주 불 때 이 바람을 탁월풍 또는 항풍(prevailing wind)이라 한다. 풍속은 보통 컵 풍속계(cup anemometer)를 이용하여 측정하는데 자동차의 속도계와 같은 형태의 계기로부터 읽는다. 바람이 항상 일정하고 풍속이 비교적 센 지점은 바람 에너지를 측정하기 좋은 지점이다.

풍속은 km/hr, mi/hr, m/sec 또는 노트(knot)로 표시하며 다음과 같은 관계가 있다.

$$1\text{km/hr} = 0.621\text{mi/hr} = 0.278\text{m/sec} = 0.54\,\text{knots} \tag{2.7.1}$$

$$1\text{knots} = 1.852\text{km/hr} = 1.151\text{mi/hr} = 0.514\,\text{m/sec} \tag{2.7.2}$$

표 2.12 우리나라의 주요도시의 풍속 극값 (관측원년~2010년)

지명	풍속 (m/s)								지명	풍속 (m/s)							
	최고				최대순간					최고				최대순간			
	값	년	월	일	값	년	월	일		값	년	월	일	값	년	월	일
서 울	25.0	1954	4	19	31.5	1995	9	26	충 주	14.4	2000	7	4	22.5	2005	9	6
인 천	35.0	1954	8	26	40.0	1972	11	20	전 주	19.0	1945	8	3	31.1	1999	8	3
수 원	16.0	1996	6	29	30.5	2010	9	2	광 주	26.3	1945	8	3	39.6	1999	8	3
철 원	16.3	1995	5	4	32.5	1997	6	1	여 수	35.9	2003	9	12	49.2	2003	9	12
춘 천	22.8	1976	1	22	32.8	1973	11	17	포 항	39.8	1951	10	14	38.0	1987	8	31
대관령	28.3	1990	4	8	45.7	1987	4	21	대 구	25.3	1959	9	17	33.3	2003	9	12
강 릉	36.7	1958	1	15	41.6	1983	4	27	부 산	35.0	2004	8	20	43.0	1987	8	31
울릉도	45.0	1954	9	14	52.4	2007	9	17	제 주	39.5	2003	9	12	60.0	2003	9	12
대 전	20.0	1970	8	30	29.3	2000	9	16									

표 2.13 우리나라 주요도시의 월평균풍속 (m/sec) (2014년 현재)

지역	1월	2월	3월	4월	5월	6월	7월	8월	9월	10월	11월	12월	평균
서 울	2.4	2.6	2.8	2.8	2.5	2.2	2.3	2.1	1.9	2.0	2.2	2.3	2.3
인 천	3.2	3.5	3.7	3.5	3.0	2.5	2.6	2.4	2.1	2.3	3.0	3.3	2.9
수 원	1.5	1.8	2.0	2.0	1.8	1.7	1.8	1.7	1.5	1.3	1.5	1.5	1.7
철 원	1.4	1.6	2.1	2.3	2.2	1.9	2.0	1.8	1.6	1.4	1.6	1.4	1.8
춘 천	1.1	1.4	1.6	1.7	1.5	1.3	1.2	1.2	1.1	1.0	1.1	1.1	1.3
대관령	5.6	5.0	4.5	4.8	4.3	3.2	3.7	3.0	2.7	3.8	5.1	5.8	4.3
강 릉	3.5	3.1	2.8	2.8	2.4	1.8	1.8	1.7	2.0	2.5	3.0	3.4	2.6
울릉도	3.6	3.8	4.1	4.4	4.1	3.2	3.6	3.4	3.3	3.5	3.7	3.6	3.7
대 전	1.7	1.8	2.2	2.3	2.2	1.9	2.1	1.9	1.8	1.4	1.5	1.5	1.9
전 주	1.4	1.6	1.8	1.9	1.8	1.6	1.7	1.6	1.4	1.3	1.4	1.4	1.6
광 주	2.1	2.2	2.3	2.3	2.3	2.1	2.5	2.2	1.9	1.7	1.8	1.9	2.1
목 포	4.6	4.8	4.5	4.0	3.7	3.2	3.6	3.3	3.2	3.7	4.1	4.2	3.9
여 수	4.9	4.8	4.6	4.0	3.4	3.1	3.3	3.6	4.2	4.0	4.1	4.5	4.1
포 항	3.0	2.9	3.0	3.0	2.8	2.5	2.6	2.7	2.7	2.6	2.6	2.8	2.8
대 구	2.9	2.9	3.0	2.9	2.8	2.7	2.6	2.6	2.3	2.2	2.4	2.6	2.7
부 산	3.7	3.8	4.0	4.0	3.6	3.3	3.8	3.7	3.6	3.3	3.4	3.6	3.7
제 주	4.5	4.2	3.9	3.4	3.0	3.0	3.0	3.0	3.1	3.2	3.7	4.3	3.5

지표면 위 마찰층(약 600m까지)에서는 높이에 따라 풍속이 증가하고 지표면으로 갈수록 건물 및 산악에 의해 풍속이 감소된다. 이와 같은 마찰층에서의 높이에 따른 풍속곡선은 멱함수곡선식(power-law profile) 또는 대수분포곡선식(logarithmic profile)을 사용하여 구할 수 있으며 이 중 멱함수곡선식은 다음과 같다.

$$\frac{\overline{v}}{\overline{v_1}} = \left(\frac{z}{z_1}\right)^k \qquad (2.7.3)$$

여기서 $\overline{v}$는 높이 z 위치에서의 평균풍속, $\overline{v_1}$는 기준높이 z1에서 측정한 평균풍속, k는 지표면의 조도와 대기의 안정 상태에 따라 변하는 지수로 표 2.14와 같이 약 0.1~0.8의 범위를 갖는다.

표 2.14 지표면의 조도와 대기의 안정상태에 따르는 지수 k값

지표면 유형	지표면상 높이 (m)	과단열	중립	안정	불안정
초원	10~ 70	0.25	0.27	–	0.61
평지	11~ 49	0.16	0.20	0.25	0.36
잔디	8~120	0.14	0.17	0.27	0.32~0.77
비행장	9~ 27	0.09	0.08	0.18	–
사막	6~ 61	0.15	0.18	0.22	–
산림근처	11~124	0.19	0.29	0.35	–

예제 2.11

지상 50m에 설치된 풍속계로부터 관측된 풍속이 54km/hr일 때 지상 10m에서의 풍속을 k=1/5와 k=1/10에 대해 멱함수곡선식을 사용하여 산정하라.

풀이

지상 50m에서 관측된 풍속이 54km/hr이므로 이는 15m/sec와 같다. 따라서 멱함수곡선식에 값을 대입하면

k=1/5인 경우

$$\frac{15}{\overline{v_{10}}} = \left(\frac{50}{10}\right)^{1/5} \quad \text{따라서} \quad \overline{v_{10}} = 10.87\text{m/sec}$$

k=1/10인 경우

$$\frac{15}{\overline{v_{10}}} = \left(\frac{50}{10}\right)^{1/10} \quad \text{따라서} \quad \overline{v_{10}} = 12.77\text{m/sec}$$

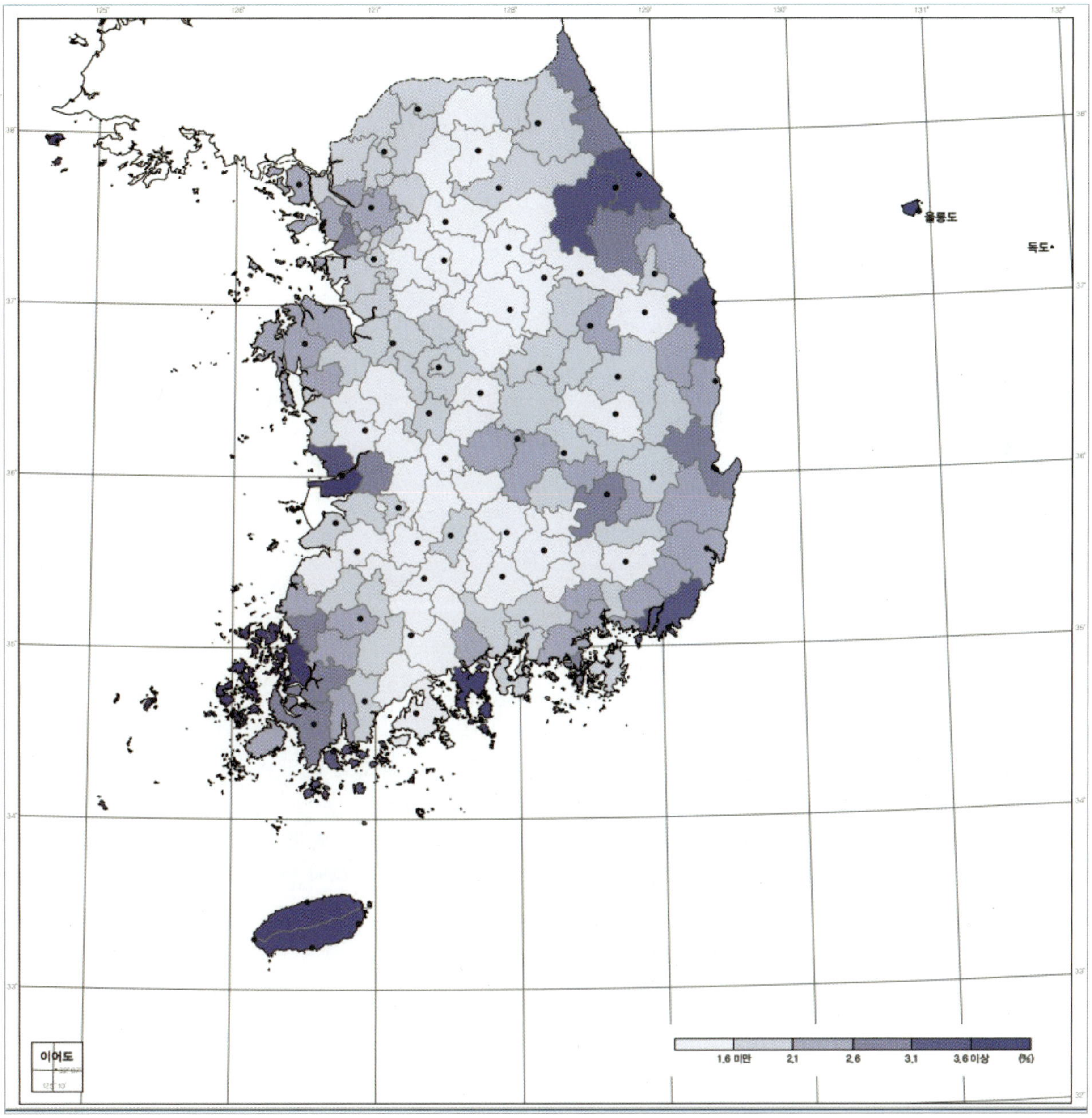

그림 2.30 우리나라 연평균풍속 분포도(한국기후도, 기상청 2010년)

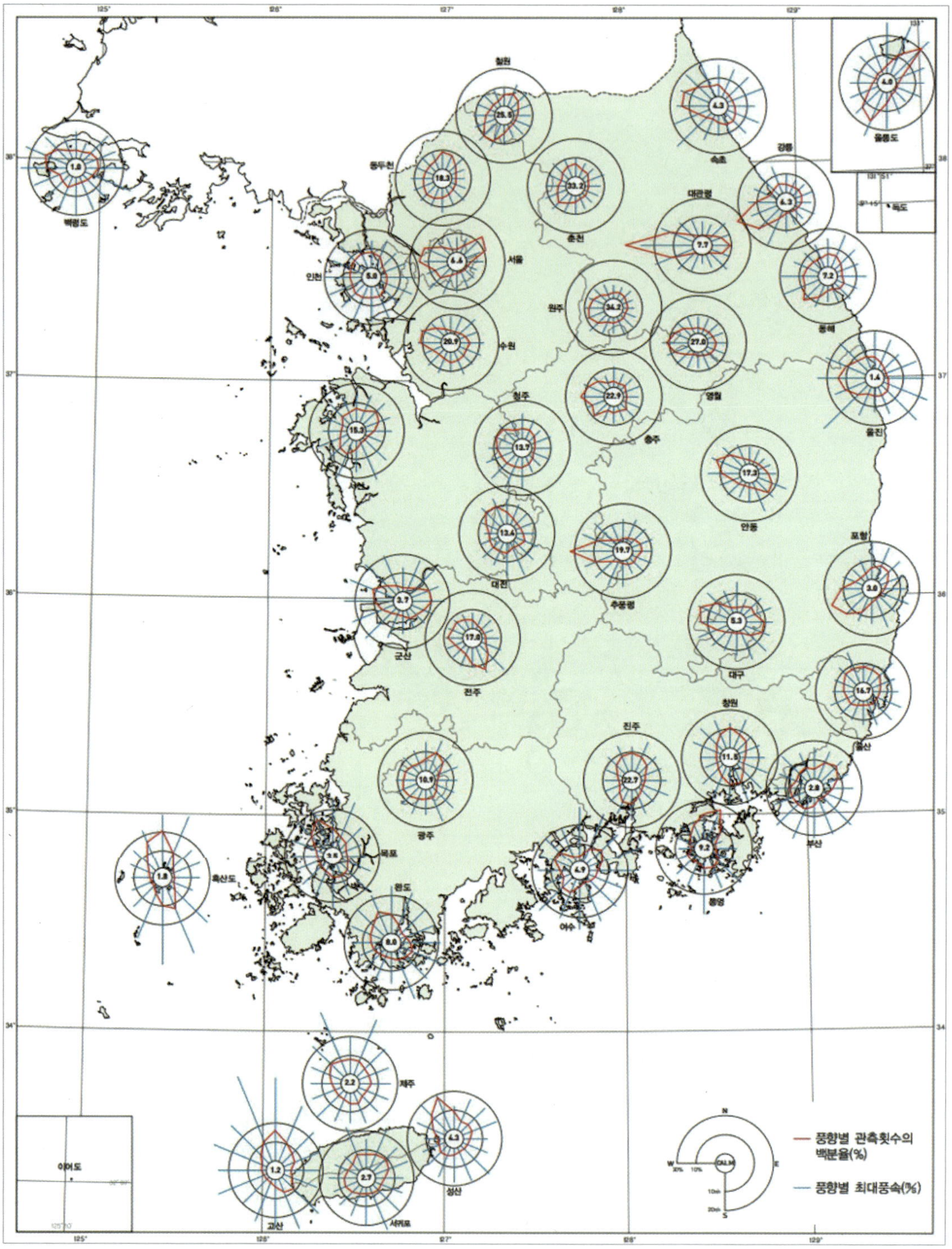

그림 2.31 우리나라 풍향별 연간횟수의 백분율 및 연최대풍속 분포도(한국기후도, 기상청 2010년)

연습문제

2.1 기온체감률이 7.2℃/km라고 가정하자. 2℃의 기온을 가진 공기기단이 고도 3,000m에서 유입될 때 이 공기기단이 상승할지 또는 하강할지 판단하라. 지표면의 온도는 24℃이다.

2.2 해발 500m에 위치하던 20℃의 습한 기단이 상승하기 시작하여 1,500m 위치에서 포화상태가 되어 강우가 발생하였고 2,000m의 산맥을 넘어서 반대편 지역의 처음 높이로 하강하였을 때 이 기단의 온도는 얼마가 되겠는가. 단, 건조단열기온체감율은 1℃/100m, 포화단열기온체감율은 0.6℃/100m를 적용하라.

2.3 국지대기압이 755mmHg일 때 이를 kg/cm^2, bar, mb, hPa, kPa 단위로 나타내라. 단 수은의 비중은 13.6이다.

2.4 온도 15℃에서 물 1g을 증발시키는데 필요한 열량을 계산하라.

2.5 온도 23℃에서 물 40L가 증발하는데 필요한 열량을 계산하라.

2.6 대기의 온도가 20℃일 때 식 (2.6.2), (2.6.3) 그리고 표 2.6을 이용하여 포화증기압을 구하고 서로 비교하라.

2.7 공기의 온도가 20℃이고 상대습도가 60%일 때 절대습도 또는 수증기의 밀도를 산정하라.

2.8 대기압이 900mb이고 공기의 온도가 30℃일 때 건조공기의 밀도를 구하라.

2.9 대기압이 900mb이고 공기의 온도가 30℃이고 상대습도가 70%일 때 습한 공기의 밀도를 구하라.

2.10 공기의 온도가 20℃이고 상대습도가 60% 그리고 대기의 압력이 101.5kPa일 때 비습도를 산정하라.

2.11 대기의 온도가 20℃이고 이슬점이 12℃일 때 상대습도를 산정하라.

2.12 대기의 온도가 20℃이고 상대습도가 70%일 때 이슬점을 산정하라.

2.13 습도계로부터 건구의 온도가 20℃이고 습구의 온도가 12℃일 때 실제증기압과 상대습도를 산정하라.

2.14 건구온도 25℃, 습구온도 18℃일 때 1) 포화증기압, 2) 실제증기압, 3) 상대습도, 4) 이슬점을 산정하라.

2.15 대기의 압력이 1,000mb와 900mb인 포화된 공기층에서 각각의 기온이 12℃ 및 9℃일 때 이 공기층에서의 가능강수량을 산정하라.

2.16 다음과 같이 고도별 대기압과 증기압이 주어질 때 가능강수수분량을 산정하라.

고도 (km)	대기압 P(mb)	증기압 e(mb)	고도 (km)	대기압 P(mb)	증기압 e(mb)
0.0	1000	20.0	6.0	900	8.5
1.0	985	17.5	7.0	880	8.0
2.0	970	15.5	8.0	860	7.0
3.0	955	13.5	9.0	840	5.5
4.0	940	12.0	10.0	800	4.0
5.0	920	10.5			

2.17 지상 40m에 설치된 풍속계로부터 관측된 풍속이 20m/sec일 때 지상 5m에서의 풍속을 k=1/5와 k=1/10에 대해 멱함수곡선식을 사용하여 산정하라.

2.18 지상 5m와 50m 위치에 설치한 풍속계로 측정한 풍속이 각각 5m/sec 및 10m/sec일 때 지상 30m에서의 풍속을 계산하라.

2.19 지상 5m에서의 풍속이 5m/sec일 때 지상 100m까지 10m 간격으로 k=1/5과 k=1/7에 대해 멱함수곡선식을 이용하여 풍속을 산정하고 고도별 풍속곡선을 그려라.

2.20 여러분이 살고 있는 지역에서 가장 가까이 위치하고 있는 기상대의 자료를 이용하여 기온, 습도, 풍속에 대한 월평균 및 년평균값을 산정하라.

CHAPTER 03 하천유역분석

3.1 서 론

하천유역의 두 가지 중요한 구성요소는 하도망(channel network)과 이를 둘러싸고 있는 경사면으로 서로 연결된 지형(landscape)이라 할 수 있다. 경사면 및 하도의 역할은 강수로 인해 발생하는 물 및 유사를 유역출구지점으로 운반하는 것으로 이 두 요소들은 매우 밀접하게 관련되어 있으며 이들 간의 상호관계는 아직 완전히 이해되고 있지는 않지만 유역의 형상을 만들고 유지하는데 서로 영향을 미치고 있다.

경사면은 강우가 발생하면 지표면 유출을 통해 하도로 물을 공급하고 하도는 이러한 유출을 가장 효과적인 방법으로 흘려보내기 위해 변해간다. 효율적인 하도망의 형성을 초래하는 원리는 아직 잘 알려져 있지가 않지만 변화하는 하도는 지형을 나누고 경사면의 형태를 결정하고 있다. 한편, 하천이 유지되기 위해서는 충분한 물이 유입되어야 하고 주위의 경사면으로부터 유사 또한 공급되어야 한다.

유역 내에서 하도는 일반적으로 나무구조형태와 비슷한 형태를 보이게 되며 하천의 하류는 나무의 기둥과 같고, 상류는 나무의 줄기처럼 점점 작아지며 나누어지게 된다. 하도망은 다양한 규칙성과 구조를 보이고 규칙성은 기하학적인 모양뿐만 아니라 크기 및 서로간의 관계로 표현되며 이러한 하도망의 구조를 설명하는 방법들이 다양하다.

유역형태론(basin morphometry)은 하천유역의 기하학적인 특징을 측정하고 분석하는 것으로 쉽게 측정할 수 있는 특징들에는 하천길이, 유역면적 및 경사가 있다. 본 장에서는 강우로 인한 유역에서의 유출 및 하천흐름을 이해하는데 밀접한 관계가 있는 유역과 관련된 형태적 특성에 대해 알아보기로 한다.

3.2 유역분석

수문학에서 가장 중요한 부분 중의 하나인 유출수문곡선(runoff hydrograph)은 시간에 따른 유출을 나타내는 것으로 강우와 그 결과로 나타나는 유출수문곡선 간에는 유역특성이 지배적인 역할을 한다. 유역특성에는 유역면적, 경사, 지표면이용, 지표 및 하도특성, 하천경사, 토양의 침투능 등 여러 가지가 있으며, 이러한 특성치들의 정확한 산정 및 분석은 유역의 유출량 산정에 있어 필수적이라 할 수 있다.

3.2.1 유역면적

그림 3.1 구적기

유역(watershed, basin, catchment)이란 하천의 임의 지점을 통과하는 유량에 직접적으로 기여하는 지역의 범위를 말한다. 유역의 경계는 일반적으로 지형적인 분수계에 의해 구분되며, 이러한 경계로 둘러싸인 면적을 유역면적(drainage area)이라 한다. 따라서 하천의 어떤 지점에서도 그 지점 고유의 유역이 존재하며 유역의 크기는 하류로 내려갈수록 점점 증가하고 바다에 이르면 최대가 된다. 유역면적은 수치지도를 이용하거나 지형도상에서 그림 3.1과 같은 구적기(plannimeter)를 이용하여 산정하게 된다.

유역면적은 유출량과 직접적인 관계가 있기 때문에 오랫동안 강우-유출관계식의 중요한 인자로 사용되어져 왔다. 유역면적을 이용하여 유출량을 산정하기 위한 일반적인 형태는 다음과 같다.

$$Q = kA^{n} \tag{3.2.1}$$

여기서 Q는 유량(m^3/sec), A는 유역면적(km^2), k와 n은 유역면적과 유량자료로부터 회귀분석을 하여 얻는 변수이다.

유역면적과 하천길이 또한 밀접한 관계를 가지고 있으며, 하천이 길이(L)의 차원을 가지고 있고 유역면적은 면적(L^2)의 차원을 가지고 있으므로 일반적으로 멱함수(power function)의 형태를 가지며 $L=A^{0.5}$로 나타낼 수 있다. Hack(1957)은 미국 버지니아주와 메릴랜드주에 있는 유역으로부터 유역면적과 하천길이간의 분석을 통해 다음과 같은 식을 제시하였다.

$$L = 1.4A^{0.6} \tag{3.2.2}$$

여기서 L은 주하천의 길이(mi), A는 유역면적(mi^2)이다.

식 (3.2.2)로부터 유역면적과 하천길이 간에 멱함수로 표현되는 것을 알 수 있으나 지수가 0.5가 아닌 0.6으로 나타나고 있는 것은 유역의 폭이 좁고 긴 것을 반영하기 때문이다.

3.2.2 유역길이

유역의 길이는 결국 하천의 길이와 비례관계가 있으므로 유역 내 하천을 통해서 물이 이동하는 시간을 계산하는데 이용된다. 유역크기의 척도로 유역면적 외에 여러 형태의 길이가 사용되며 대부분의 경우 길이 측정은 유역이나 하천의 길이가 된다.

1) 유역길이 : 유역길이(basin length)는 유역의 출구지점에서 본류를 따라 유역의 경계까지의 거리(L)를 나타낸다.

2) 하천연장 : 하천연장(main stream length) 또는 본류길이는 유역의 출구지점에서 본류를 따라 하천이 시작하는 지점까지의 거리(L_c)를 나타낸다.
3) 유역중심거리 : 유역중심거리(length to center of area)는 유역의 출구지점에서 본류를 따라 유역의 중심에 가장 가까운 본류상의 지점까지의 거리(L_{ca})를 나타낸다.
4) 조정거리 : 조정거리는 유역출구지점에서부터 본류를 따라 하천길이의 10%부터 85%되는 지점까지의 거리(L_{10-85})를 나타낸다.

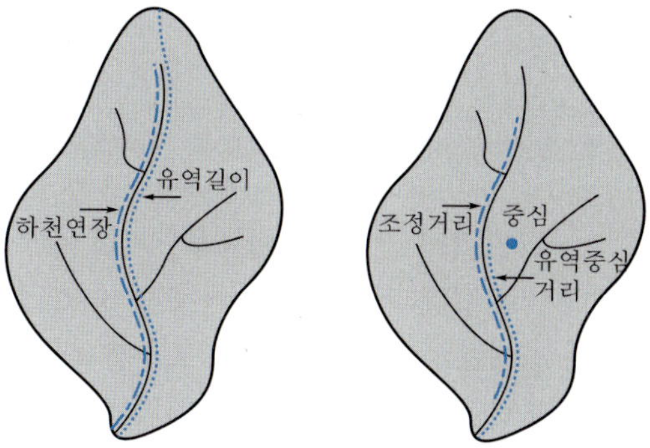

그림 3.2 유역길이 정의

3.2.3 유역형상

유역의 형상은 지도의 평면상에 투시된 형태로 유출특성에 상당한 영향을 미친다. 그림 3.3은 유역형상 및 분기율에 따른 유출변화를 보여주고 있다. A처럼 폭이 좁고 분기율(R_B=17)이 높은 유역은 첨두홍수량이 지체되어 발생하는 반면에 둥글고 분기율(R_B=2.3)이 작은 유역은 첨두홍수량이 크고 발생시간도 짧다. 분기율에 대해서는 3.3.1절에서 소개하기로 한다.

Horton은 유역의 형상을 양적으로 표현하기 위해 유역면적과 본류길이의 비인 무차원 값의 형상계수(shape factor)를 다음과 같이 제시하였다.

$$R_f = \frac{A}{L_c^2} \tag{3.2.3}$$

여기서 R_f는 형상계수로 1보다 작은 값, A는 유역면적(km^2), L_c는 본류의 길이(km)이다. 따라서 정사각형유역인 경우 R_f=1, 원형유역인 경우 R_f=0.79의 값을 나타낸다. 유역면적 A를 본류길이 L_c로 나눈 값을 유역평균폭이라 한다. 밀집도(compactness ratio)는 유역과 동일한 면적을 갖는 등가원의 원주길이와

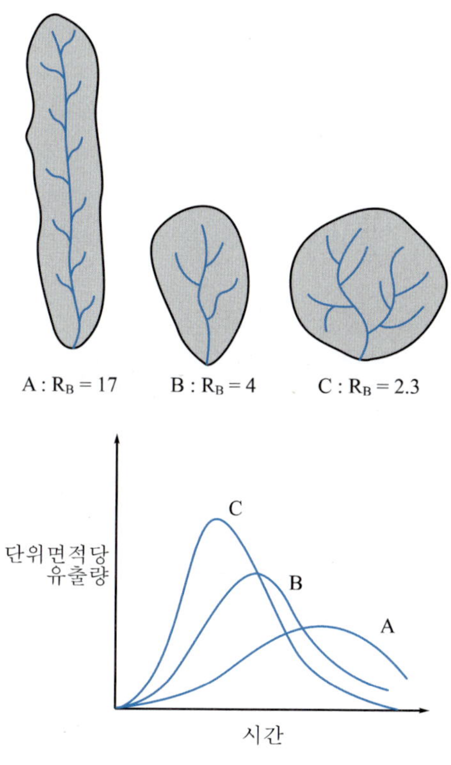

그림 3.3 유역형상과 분기율에 따른 유출변화

유역 경계길이의 비로 나타낸다.

$$R_c = \frac{0.282P}{A^{1/2}} \qquad (3.2.4)$$

여기서 R_c는 밀집도로 1보다 큰 값, P는 유역의 경계길이(km), A는 유역면적(km^2)이다.

형상계수와 밀집도에 따른 유역의 강우-유출반응을 보면 다른 조건이 동일할 때 형상계수가 크고 밀집도가 1에 가까우면 첨두홍수량도 크고 발생시간도 짧다. 반대로 형상계수가 작거나 밀집도가 1보다 훨씬 크게 되면 첨두홍수량의 크기도 줄고 발생시간도 지체된다.

유역고저 또는 기복(relief)은 유역 내에서의 높이차를 의미하는 것으로 유역에서 유출되는 물의 잠재적인 에너지를 나타내는 지표라 할 수 있다. 최대유역고저(maximum basin relief)는 유역출구지점과 유역경계의 최고 높은 지점간의 높이 차를 의미한다. 국지적인 또는 대표성이 없는 봉우리 등의 영향을 피하기 위해 유역의 평균높이를 사용하기도 한다. 고저비(relief ratio)는 유역고저를 두 지점간의 수평거리로 나눈 것이다.

유역의 형상과 수계의 배치는 유역전반에 걸쳐 첨두 홍수량의 발생시간 및 크기에 영향을 미치게 된다. 일반적인 유역의 형상분류는 다음과 같다.

1) 수지형 유역

수지형 유역(dendritic form basin)은 일반적으로 가늘고 긴 직사각형유역으로, 수계가 나뭇가지 형상을 보이고 있고, 지류의 유역이 작고 본류의 유역이 중앙을 관통하고 있다. 지류가 본류의 양쪽 기슭으로부터 유입하여 수지상으로 된 것으로, 첨두 홍수량이 작고 홍수의 지속시간이 길다. 예성강이나 압록강과 같이 침식에 대한 저항력이 균등한 지질의 경우에 형성되는 유역이다.

2) 평행형 유역

평행형 유역(parallel form basin)은 좁고 깊은 독립된 두 유역을 가진 하천이 거의 평행하게 흐르다가 마지막에 합류하든가 혹은 좌우에서 합류하는 형태의 유역이다. 이러한 형태의 유역은 빙하퇴적, 평행단층 지질의 경우에 잘 형성되며 하류부근에서 지류가 합류되므로 하류에서 큰 홍수가 자주 발생하게 된다. 우리나라에서는 대동강, 삽교천, 청천강유역 등이 이러한 하천유역이라 할 수 있다.

3) 부채형 유역

부채형 유역(pinnate 또는 fan shape basin)은 선형 유역이라고도 하는데 유역이 원형 또는 선형으로 되어 있으며, 상류에서 여러 개의 지천이 흘러오다 한 군데서 합류되는 형태의 유역이다. 일반적으로 분지를 형성하는 유역으로, 합류점에서 큰 홍수가 발생할 가능성이 크다. 우리나라에서는 압록강, 예성강유역 등이 부채형 유역에 속한다.

4) 격자형 유역

격자형 유역(trellis form basin)은 산맥을 횡단하는 지천을 가지는 유역형태로, 경암층과 연암층이 반복해서 지표에 노출된 퇴적암 유역에서 제 1지류는 서로 평행하고 제 2지류는 이에 직각으로 합류하는 형식의 하도를 가지는 유역이다.

5) 직사각형 유역

직사각형 유역(rectangular form basin)은 하천이 직교하는 단층과 같은 지질 구조선의 지배를 받다가 지류가 본류에 직각으로 합류하고 본류도 직각으로 변화하는 형태의 유역으로, 격자형 유역에 비해 공간적인 배열과 규칙성이 뚜렷하지 않다.

6) 방사형 유역

방사형 유역(radial form basin)은 하나의 중심고지에서 하천들이 방사상으로 유하하는 형상의 유역으로, 고립화산과 퇴적암층의 돔에서 나타난다. 하천 유로장에 비해 유역면적이 작아서 홍수 지속시간이 짧다. 이러한 유역에는 영산강, 안성천, 두만강유역 등이 있다.

7) 환상형 유역

환상형 유역(annular form basin)은 경암, 연암이 교대로 지표에 노출될 때 나타나며, 화산의 외륜산에 연하여 하천을 형성하고 있는 유역이다.

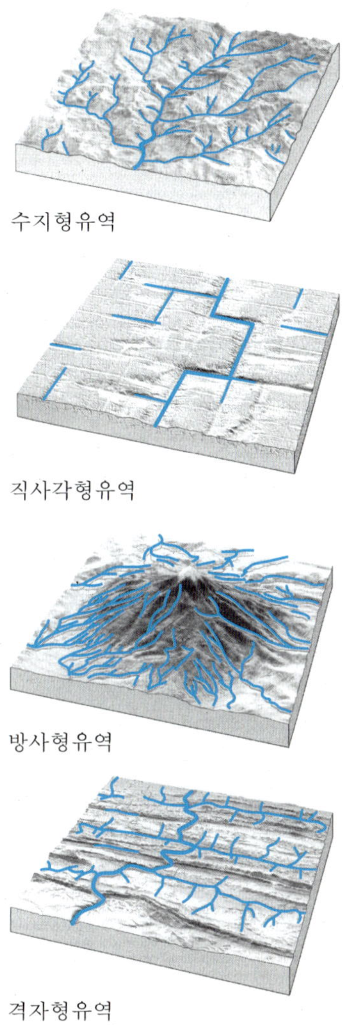

그림 3.4 유역의 형태

8) 복합형 유역

복합형 유역(compound form basin)은 위의 형태 중 두 가지 이상 복합되어 이루어진 유역으로 실제로 대다수의 하천 유역이 복합형 유역이라고 할 수 있으며 방사형 유역과 부채형 유역이 혼합된 유역이 많다. 금강과 낙동강 유역이 복합형 유역에 속한다.

3.2.4 유역의 평균경사

유역의 경사는 강우의 침투량과 유출량 결정 및 지표면 유출속도에 영향을 주는 유역의 기울기로 지표류의 유속, 유역의 침식능 및 지역적인 바람 등에 의해 영향을 받는다. 유역의 경사를 산정하는 방법이 여러 가지 제시되어 있는데 대표적인 교점법, 등고선연장법, 등고선면적법에 대해 알아보기로 한다.

1) 교점법

교점법(intersection method)은 Horton에 의해 제시된 방법으로 유역을 격자망으로 구분한 후 등고선간의 일정한 표고차를 격자선과 등고선 또는 유역경계가 만나는 교점간의 평균 수평거리로 나누어 산정하는 방법으로 다음과 같은 절차에 의해 이루어진다.

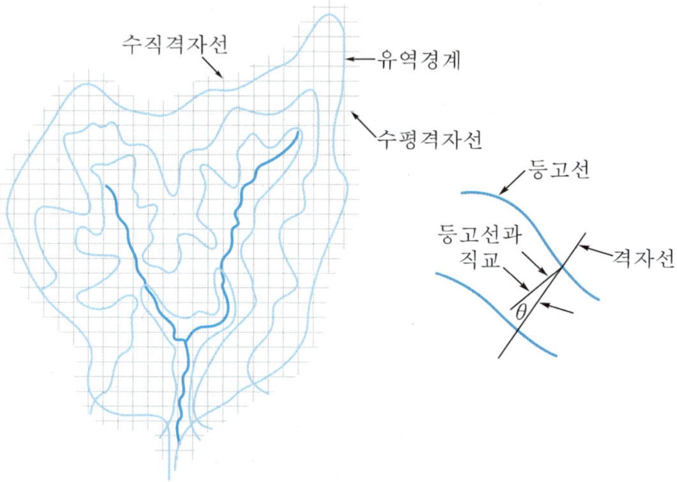

그림 3.5 교점법에 의한 유역평균경사 산정

① 유역의 평면도상에 적당한 등간격의 격자망을 만들고, 고도차 H의 등고선을 그려 방안선과의 교점의 총수 N을 구한다.

② 교점의 총수를 구할 때 등고선상의 격자선의 교점이 접할 때는 2개로 계산하고, 분수계와 격자선의 교점을 0.5개로 간주하여 구한 교점의 총수 N은 이웃하는 등고선 사이에 끼인 격자선의 선분의 수와 일치하게 된다.

③ 선분의 길이를 l로 하고 이 선분과 등고선이 이루는 각을 θ라 하면 등고선 간격은 $l \cdot \sin\theta$가 된다. 따라서 등고선의 평균 수평거리는 다음과 같이 구할 수 있다.

$$d = \frac{1}{N}\Sigma l \cdot \sin\theta \tag{3.2.5}$$

④ 교점의 수 N이 충분히 많아지면 각 θ는 0~90°의 사이에서 균일하게 분포한다고 간주하여 $\sin\theta$를 평균하여 평균 수평거리를 다음과 같이 구한다.

$$d = \frac{\Sigma l}{N}\frac{2}{\pi}\int_0^{\pi/2}\sin\theta \cdot d\theta = \frac{2}{\pi}\frac{\Sigma l}{N} \tag{3.2.6}$$

⑤ 유역의 평균경사 S_g는 다음과 같이 구한다.

$$S_g = \frac{H}{d} = \frac{\pi}{2}\frac{H \cdot N}{\Sigma l} = \frac{\text{고도차}}{\text{수평거리}} \tag{3.2.7}$$

2) 등고선면적법

등고선면적법(contour-area method)은 지형도상에서 인접한 두 등고선간의 주어진 표고차 ΔH_i를 측정한 등고선간의 평균거리 d_i로 나누어 두 등고선 사이의 면적a_i에 해당하는 평균경사를 구하고, 이 평균경사에 두 등고선 사이의 면적을 곱하여 합한 후 이를 전체면적 A로 나누어 산정하는 방법이다.

$$S_a = \frac{1}{A}\left(\frac{\Delta H_1}{d_1}a_1 + \frac{\Delta H_2}{d_2}a_2 + \ldots + \frac{\Delta H_n}{d_n}a_n\right) = \frac{1}{A}\sum\frac{\Delta H_i}{d_i}a_i \qquad (3.2.8)$$

3) 등고선연장법

등고선연장법(contour-length method)은 지형도상에서 인접한 각 등고선의 길이 l과 표고차 ΔH_i의 곱을 누가하여 두 등고선 사이의 면적 a_i로 나눈 값으로, 등고선간의 평균거리 d_i를 구해 등고선의 표고차를 나눈 유역의 평균경사가 된다.

$$S_e = \frac{\Delta H_1 l_1}{a_1} + \frac{\Delta H_2 l_2}{a_2} + \ldots + \frac{\Delta H_n l_n}{a_n} = \sum_{i=1}^{n}\Delta H_i l_i \Big/ \sum_{i=1}^{n} a_i \qquad (3.2.9)$$

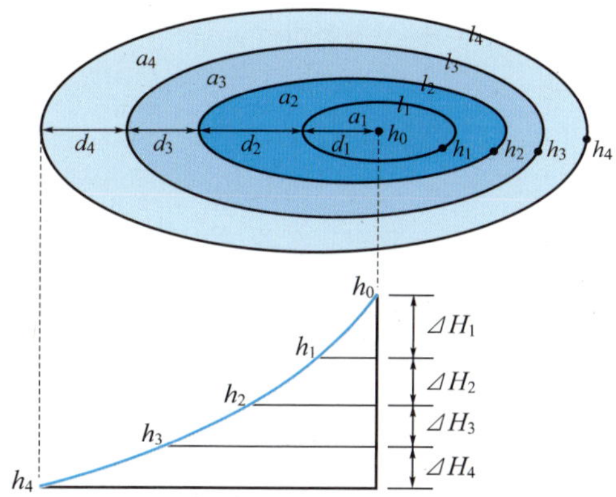

그림 3.6 등고선면적법 및 등고선연장법

3.2.5 유역의 평균고도

유역의 평균고도는 유역의 강수량 및 증발산량에 영향을 미치는 유역 특성인자로 다음과 같은 방법에 의해 산정한다.

1) 교점법

교점법은 유역의 평면도 상에 격자망을 그리고, 유역경계와 격자선과 만나는 점을 제외한 유역 내부의 각 격자점의 고도 h_i를 합한 후, 격자점의 총수 N으로 나누어 산정한다.

$$E = \frac{\sum h_i}{N} \qquad (3.2.10)$$

2) 등고선면적법

등고선면적법은 서로 인접한 등고선 h_i 사이의 평균표고에 두 등고선 사이의 면적 a_i를 곱하여 이를 합산한 후 전체면적 A로 나누어 산정한다.

$$E = \frac{\sum a_i \frac{h_i + h_{i+1}}{2}}{A} \tag{3.2.11}$$

3) 등고선연장법

등고선연장법은 각 등고선 길이 l_i에 등고선 표고 h_i를 곱하고 이를 전체 등고선 길이의 합으로 나누어 산정한다.

$$E = \frac{\sum h_i l_i}{\sum l_i} \tag{3.2.12}$$

4) 면적-고도곡선방법

면적-고도곡선(hypsometric curve)방법은 Langbein 등(1947)이 제시한 무차원 곡선으로 각 고도별로 면적을 구한 후 횡축에는 상대면적(a/A), 종축에는 상대고도(h/H)로 작성한다. 상대면적은 임의의 면적을 총 유역면적으로 나눈 것이고, 상대고도는 주어진 고도를 최대유역고저(H)로 나눈 것이다. 그림 3.7은 면적-고도곡선의 작성과정을 보여주고 있다.

그림 3.7의 (c)는 서로 다른 면적-고도곡선의 형태를 보여주고 있다. A곡선은 유년기유역(young basin)으로 원래 지표면이 침식면에 비해 많이 남아 있는 시기로 하천은 V자형을 보여준다. B곡선은 장년기유역(mature basin)으로 원래 지표면을 거의 상실한 단계로 하천은 U자형을 보여주며, C곡선은 노년기유역(old basin)으로 침식이 더욱 진행되어 준평원에 가까운 시기를 나타내고 있다.

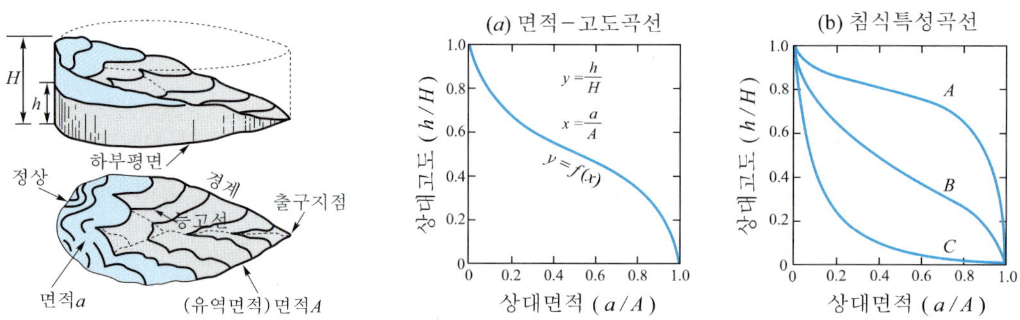

그림 3.7 면적-고도곡선 및 침식특성곡선

면적-고도곡선의 또 다른 해석은 곡선의 형태가 지각의 상승 및 침식활동에 있어서 유역의 상대적인 평형을 나타낸다는 것이다. 이러한 해석은 유역의 연령과 연결시켜 나타낼 수도 있다. A곡선은 서로 상반되는 상승 및 저하과정 사이에 불균형을 나타내고, 장년기에 해당하는 B곡선은 상승 및 저하 사이에 동적인 평형을 유지하고 있다. 평형상태에서 침식은 계속적으로 이루어져 일반적으로 유역고저(relief)가 감소되지만 상대적으로 같은 면적-고도분포를 유지하게 된다. 잔구(monadnock) 상태인 C곡선은 침식에 저항하여 바위가 노출되어 유역의 침식 및 비침식 부분의 고도 간에 분명한 대조를 초래할 때 나타난다.

3.3 하천분석

3.3.1 하천차수

하천망은 주하도를 통해 물을 흘려보내 유역출구지점에서 유출되도록 하는 본류 및 지류의 계층적인 시스템이라 할 수 있다. 하천망은 지질학적으로 오랜 시간에 걸쳐 형성되었으며 유역을 통해 물과 유사를 효율적으로 이동시키도록 변화가 이루어진다. 하천차수(stream order)는 Horton(1945)에 의해 처음 제시된 개념으로 하천망에서 상대적인 위치에 의해 하천의 등급을 매기고 번호를 부여하는 체계적인 분류방법이다. 하천에서 차수를 부여하는 방법에는 여러 가지가 있지만 모두 가장 작은 하천에 낮은 차수를 부여하고 큰 하천에는 높은 차수를 부여하는 방법으로 시작한다. Strahler(1952)의 하천차수 결정방법에서는 가장 작은 초기 지류에 차수 u=1을 부여하고, 같은 차수의 하천이 만나면 합류지점 하류의 하천은 차수를 하나 높인다. 예를 들어 두개의 1차 지류하천이 만나면 2차하천이 되고, 두 개의 2차하천이 만나면 3차하천이 된다. 그림 3.8은 Strahler 방법에 의해 차수가 결정된 하천망을 보여주고 있다. Strahler 방법에 의하면 낮은 차수와 만나게 되면 차수가 증가하지 않는다. 분기율(bifurcation ratio) R_B는 u차하천의 총수 N_u를 그 다음으로 높은 u+1차 하천의 총수 N_{u+1}로 나눈 값으로 일반적으로 3.0에서 5.0 사이의 값을 가진다.

$$R_B = \frac{N_u}{N_{u+1}} \qquad (3.3.1)$$

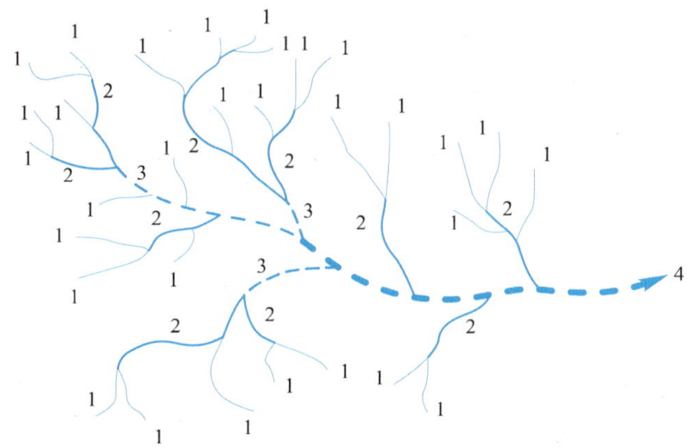

그림 3.8 Strahler방법에 의한 하천차수의 결정

하천차수와 하천의 평균길이, 평균

경사 그리고 특정차수를 가진 하천의 수와 같은 물리적인 특성치 간에는 일정한 관계가 있다. 이러한 관계가 비록 실질적인 물리 법칙은 아니지만 편의상 법칙(law)이라 부르며 통계학적으로 높은 상관관계를 가지고 있다. Horton의 하천수법칙(law of stream number)은 특정차수의 하천의 수를 분기율을 이용하여 구할 수 있는 방법이다.

$$N_u = R_B^{\,k-u} \tag{3.3.2}$$

여기서 k는 유역의 주하천의 차수(가장 높은 차수)이다. 표 3.1 및 그림 3.9는 그림 3.8에서 나타난 특정 차수에 대한 하천의 수와 하천차수의 관계를 보여주고 있다. 전체 유역에 대한 평균 분기율은 3.13으로 나타나고 있다.

표 3.1 하천차수 및 분기율

차수 u	하천의 수	분기율
1	31	3.1
2	10	3.3
3	3	3
4	1	
평균		3.13

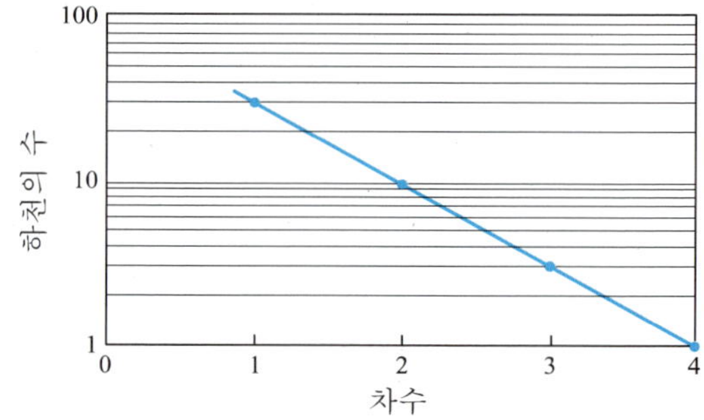

그림 3.9 하천차수와 하천의 수와의 관계

예제 3.1

그림 3.8과 표 3.1을 이용하여 분기율 R_B를 회귀분석을 이용하여 구해 하천수 법칙을 나타내라.

풀이

그림과 표로부터 차수가 u=1일 때 하천수 N_1=31, u=2일 때 N_2=10, u=3일 때 N_3=3, u=4일 때 N_4=1이므로 다음과 같은 관계가 있다.

$31=R_B^3$, $10=R_B^2$, $3=R_B^1$

하천수의 법칙 $N_u = R_B^{\,k-u}$의 양변에 대수를 취하면

$\ln N_u = (k-u)\ln R_B$

$\ln N_u = Y$, $(k-u) = X$, $A = \ln R_B$라 하면 최소자승법에 의한 회귀식은 다음과 같다.

$$A = \sum XY / \sum X^2 = \frac{16.0058}{14} = 1.1433$$

따라서 R_B는 exp(1.1433)=3.137이 되고 앞에서 산술평균으로 구한 분기율 3.13과 거의 같다.

그러므로 하천수 법칙은 $N_u = 3.137^{4-u}$과 같이 나타낼 수 있다.

표 3.2 회귀식계산표

X=(k−u)	N_u	$Y=\ln N_u$	XY	X^2
3	31	3.4340	10.3020	9
2	10	2.3026	4.6052	4
1	3	1.0986	1.0986	1
계		6.8352	16.0058	14

3.3.2 하천길이

하천길이는 구적기를 사용하여 지형도로부터 산정할 수 있으며 보통 여러 번 측정하여 평균 길이로 결정한다. Horton은 평균 하천길이가 하천의 차수에 따라 직접적으로 증가하는 기하학적인 관계 즉, 차수가 증가할수록 하천의 길이도 기하학적으로 증가하는 것을 발견하고 이를 하천길이법칙(law of stream lengths)이라 하였으며, 각 차수의 평균 하천길이는 1차 하천의 평균길이로부터 기하학적으로 얻을 수 있다.

$$\overline{L}_u = \overline{L}_1 R_L^{u-1} \tag{3.3.3}$$

여기서 $\overline{L}_u$는 u차 하천의 평균길이, $\overline{L}_1$는 1차 하천의 평균길이, R_L은 하천길이비이다.

하천유출 분석을 위해서는 하천의 길이 및 유역의 길이에 대한 측정이 필요하다. 유역의 길이 L은 유역의 출구지점(관측지점)으로부터 유역경계 부근 최상류까지의 주하천의 길이를 말한다. 지형도상에서 유역의 길이를 측정할 때 출구지점에서는 주 하천을 정확히 결정할 수 있지만 상류하천을 정하는 것은 어떤 하천이 주 하천을 가장 길게 나타낼 수 있는가를 생각해야 한다. 유출분석을 위해 하천의 길이를 측정하는 또 다른 방법은 주하천의 출구지점으로부터 유역의 중심에 가장 가까운 주하천 지점까지의 거리 L_{ca}가 있다. 유역의 중심은 유역을 수평면에 투영하였을 때 무게 중심에 해당하는 지점이다.

하천이 형성되지 않은 지표면으로의 물의 흐름은 판 형태를 나타내며 이를 지표면유출(overland flow 또는 sheet flow)이라 한다. 지표면유출의 깊이는 1mm~10mm 정도로 유속은 시간 당 수십에서 수백 미터가 된다. 지표면유출 경로의 길이는 유역의 유출시간을 결정하는 중요한 요소이다. 지표면유출은 보통 1차 하천의 주된 물 공급원이며 유역사이에서는 보다 높은 차수의 하천으로 흘러들어 간다. 그림 3.10은 4개의 1차 하천과 해당 유역을 보여주고 있으며, 1차 하천 유역사이의 중간유역에서는 1차 하천으로 물이 흘러가지 못하고 2차 하천으로 흘러간다.

Horton(1964)은 지표면유출의 길이 L_g를 유역경계지점으로부터 인접한 하천까지 지표면을 따라 흐르는 경로의 수평 투영 길이로 정의하였다. 이러한 경로가 무수히 많으므로 몇 개를 선택하여 평균 지표면유출 길이 $\overline{L}_g$를 결정하는 것이 바람직하다. 하지만 유역내에서 하천간의 거리의 절반에 해당하므로 다음과 같이 구할 수 있다.

$$\overline{L}_g \approx \frac{1}{2D} \tag{3.3.4}$$

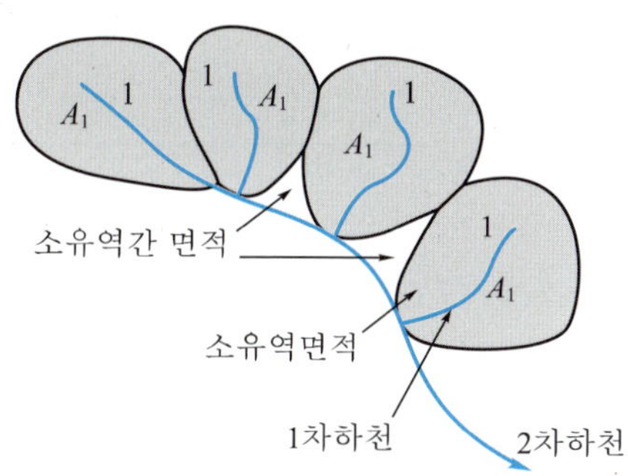

그림 3.10 1차 하천유역 사이의 중간유역

여기서 D는 수계밀도이다.

예제 3.2

예제 3.1과 같은 하천에서 각 하천차수별로 하천의 평균길이를 구한 결과가 표 3.3과 같을 때 하천길이 법칙을 나타내라.

표 3.3 하천차수 및 평균하천길이

하천차수 (u)	1	2	3	4
하천길이 (km)	1.23	2.37	4.85	9.66

풀이

하천길이의 법칙이 다음과 같으므로 표 3.3의 값을 적용하면

$$\overline{L}_u = \overline{L}_1 R_L^{u-1}$$

양변에 대수를 취하면

$$\ln\overline{L}_u - \ln\overline{L}_1 = (u-1)\ln R_L$$

$$\ln 2.37 - \ln 1.23 = \ln R_L$$

$$\ln 4.85 - \ln 1.23 = 2\ln R_L$$

$$\ln 9.66 - \ln 1.23 = 3\ln R_L$$

$\ln\overline{L}_u - \ln\overline{L}_1 = Y$, $(u-1) = X$, $A = \ln R_L$이라면 최소자승법에 의한 회귀식은 다음과 같다.

$$A = \sum XY / \sum X^2 = \frac{9.5827}{14} = 0.6845$$

따라서 R_L은 exp(0.6845)=1.9827이 된다. 그러므로 하천길이 법칙은 다음과 같다.

$$\overline{L}_u = \overline{L}_1 (1.9827)^{u-1}$$

표 3.4 회귀식계산을 위한 표

차수 u	X=(u−1)	하천길이 L_u	$\ln L_u$	$Y=\ln L_u-\ln L_1$	X^2	XY
1		1.23	0.2070			
2	1	2.37	0.8629	0.6559	1	0.6559
3	2	4.85	1.5790	1.3720	4	2.7439
4	3	9.66	2.2680	2.0610	9	6.1829
계				4.0889	14	9.5827

3.3.3 하천면적

하천과 마찬가지로 서로 다른 차수의 하도에 유출을 발생시키는 하천면적에 대한 분류가 있다. A_u차 하천면적은 u차 하천의 유출에 기여하는 유역면적을 말한다. 1차 하천면적인 A_1은 그림 3.10과 같이 1차 하천의 유출에 기여하는 하천유역의 면적을 의미한다. 유역내의 모든 1차 하천면적 A_1에 중간유역면적을 더하면 2차 하천면적 A_2가 되며 같은 방법으로 A_3, A_4를 구할 수 있다. 이와 같

이 각 차수의 하천면적을 더하면 유역의 총면적 A가 된다. 하천수 및 하천의 길이와 마찬가지로 Schumm(1956)은 하천면적법칙(law of stream area)을 제시하였는데 이 법칙은 각 차수의 평균 하천유역면적은 1차 하천의 평균 유역면적으로부터 대략적으로 구할 수 있다는 것으로 다음과 같이 나타낼 수 있다.

$$\overline{A}_u = \overline{A}_1 R_A^{u-1} \tag{3.3.5}$$

여기서 $\overline{A}_u$는 u차 하천유역의 평균면적, $\overline{A}_1$는 1차 하천유역의 평균면적, R_A는 임의 차수의 하천의 평균유역면적과 그 다음으로 낮은 차수 하천의 유역면적과의 비를 나타낸다.

예제 3.3

예제 3.1과 같은 하천에서 각 하천차수별로 하천의 평균면적을 구한 결과가 표 3.5와 같을 때 하천면적 법칙을 나타내라.

표 3.5 하천차수 및 평균하천면적

하천차수(u)	1	2	3	4
하천면적(km^2)	5.31	8.61	13.94	22.58

풀이

하천면적 법칙이 다음과 같으므로 표 3.5의 값을 적용하면

$$\overline{A}_u = \overline{A}_1 R_A{}^{u-1}$$

양변에 대수를 취하면

$$\ln\overline{A}_u - \ln\overline{A}_1 = (u-1)\ln R_A$$

$$\ln 8.61 - \ln 5.31 = \ln R_A \qquad \ln 13.94 - \ln 5.31 = 2\ln R_A$$

$$\ln 22.58 - \ln 5.31 = 3\ln R_A$$

$\ln\overline{A}_u - \ln\overline{A}_1 = Y$, $(u-1) = X$, $A = \ln R_A$라면 최소자승법에 의한 회귀식은 다음과 같다.

$$A = \sum XY / \sum X^2 = \frac{6.7560}{14} = 0.4826$$

표 3.6 회귀식 계산을 위한 표

차수 u	X=(u−1)	하천면적 A_u	$\ln A_u$	$Y=\ln A_u-\ln A_1$	X^2	XY
1		5.31	1.6696			
2	1	8.61	2.1529	0.4833	1	0.4833
3	2	13.94	2.6348	0.9652	4	1.9303
4	3	22.58	3.1171	1.4475	9	4.3424
계				2.8960	14	6.7560

따라서 R_A는 $\exp(0.4826) = 1.6202$가 된다. 그러므로 하천면적 법칙은 다음과 같다.

$$\overline{A}_u = \overline{A}_1 (1.6202)^{u-1}$$

3.3.4 하천경사

하천종단도(longitudinal profile of stream)는 유역경계의 분수령에서부터 하천출구점까지 하천의 수평거리에 대한 하상의 표고(높이)를 나타낸 것으로 하천경사는 하천종단도상에서 임의의 두 지점의 표고차이와 수평거리의 비를 나타낸다. 하천경사는 상류부에서는 경사가 급하고 하류로 갈수록 경사가 완만해지며 유속 및 유출과 같은 흐름특성에 미치는 영향이 크다. 일반적인 하천종단도의 모습을 보면 위로 오목한 형상을 보이고 있다. 하천경사는 다음과 같은 방법에 의해 결정할 수 있다.

1) 단순경사방법

하천종단도에서 단순하게 상하류의 표고차인 $\Delta H(H_{max}-H_{min})$를 상하류의 수평거리 L로 나누어 산정한다.

$$S=\frac{\Delta H}{L} \tag{3.3.6}$$

2) 등면적경사방법

하천종단도에서 그림 3.11과 같이 상류부의 종단도 아래의 면적 A_1과 하류부의 종단도 위의 면적 A_2가 동일하도록 직선을 그어 단순경사방법으로 경사를 산정한다.

$$S=\frac{H-H_{min}}{L} \tag{3.3.7}$$

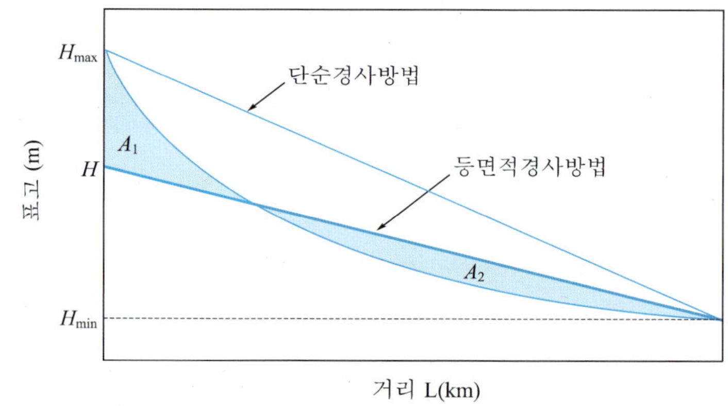

그림 3.11 하천의 평균경사 산정

3) 부분경사방법

이 방법은 Benson(1962)에 의해 제시된 방법으로 유역출구부로부터 하천 총길이의 10%되는 지점부터 85%되는 지점까지의 단순경사를 나타낸다. 즉, 하천 전체길이에서 상류지점의 15%, 하류지점의 10%를 제외한 중간 75%의 구간에 대한 경사를 의미하며 S_{10-85}라 표시한다.

$$S_{10-85}=\frac{\Delta H_{10-85}}{L_{10-85}} \tag{3.3.8}$$

4) 등가경사방법

이 방법은 Laurenson(1962)이 제시한 방법으로 하천을 경사가 유사한 몇 개의 소구간으로 나눈 후 Manning의 공식에 따라 각 소구간의 유하시간은 경사의 제곱근에 반비례하는 것으로 가정하고, 같은 방법으로 전 하천구간을 유하하는 시간은 등가경사(S_e)에 반비례한다고 가정하여 다음과 같이 산정한다.

$$S_e = \left(\sum_{i=1}^{n} L_i / \sum_{i=1}^{n} L_i S_i^{1/2}\right)^2 \tag{3.3.9}$$

여기서 L_i는 i구간 하천의 길이, S_i는 i구간 하천의 경사이다.

Horton(1945)은 하천경사법칙(law of stream slopes)을 제시하였는데 이 법칙은 각 차수의 하천의 평균경사는 1차하천의 평균경사로부터 대략적으로 구할 수 있다는 것으로 다음과 같다.

$$\bar{S}_u = \bar{S}_1 R_s^{u-1} \tag{3.3.10}$$

여기서 $\bar{S}_u$는 u차 하천의 평균경사, $\bar{S}_1$는 1차 하천의 평균경사, R_s는 하천경사의 비로 임의 차수의 하천의 평균경사와 그 다음으로 낮은 차수 하천의 평균경사의 비를 말한다.

$$R_s = \frac{\bar{S}_u}{\bar{S}_{u+1}} \tag{3.3.11}$$

예제 3.4

어떤 유역에서 하천종단측량을 한 결과 유역출구지점부터 거리와 표고가 표 3.7의 1란 및 2란과 같을 때 단순경사방법, 등면적경사방법, 부분경사방법, 등가경사방법을 이용하여 하천경사를 산정하라.

풀이

1) 단순경사방법

표고차 H=857.26−667.09=190.17m, 거리 L=6km

따라서 S=H/L=190.17/6000=0.0317이다.

2) 등면적경사방법

기점의 표고 667.09m를 기준으로 한 표고아래의 면적을 구하면 323747.5m^{2}가 된다. 따라서 등면적경사방법에 의한 경사면 아래의 면적이 323747.5m^{2}이 되는 높이 Δh는 다음과 같이 구할 수 있다. 0.5×Δh×6000=323747.5로부터 Δh=107.92m가 되므로 기점 표고 667.09m를 더하면 h=775.01m가 된다.

따라서 등면적경사법에 의한 경사는 S=Δh/6000=0.01799이다.

표 3.7 하천경사산정을 위한 계산표

하천길이 (km)	표고 (m)	기점기준표고 (m)	표고밑면적 (m^2)	구간길이 L_i (m)	구간경사 S_i	$L_i/S_i^{1/2}$
0.00	667.09					
0.50	670.15	3.06	765.0	500	0.0061	6391.37
1.00	674.52	7.43	2622.5	500	0.0087	5348.28
1.50	681.67	14.58	5502.5	500	0.0143	4181.21
2.00	689.43	22.34	9230.0	500	0.0155	4013.51
2.50	697.84	30.75	13272.5	500	0.0168	3855.29
3.00	708.21	41.12	17967.5	500	0.0207	3471.89
3.50	719.26	52.17	23322.5	500	0.0221	3363.36
4.00	731.52	64.43	29150.0	500	0.0245	3193.08
4.50	746.45	79.36	35947.5	500	0.0299	2893.51
5.00	766.53	99.44	44700.0	500	0.0402	2495.01
5.50	804.82	137.73	59292.5	500	0.0766	1806.81
6.00	857.26	190.17	81975.0	500	0.1049	1543.92
계			323747.5			42557.25

3) 부분경사방법

기점으로부터 하천길이의 10% 및 85%되는 지점은 L10=600m, L85=5,100m이고 이에 상응하는 표고는 보간방법을 통해 구해보면 H10=671.02m, H85=774.19m이다. 따라서

$$S_{10-85} = \frac{\Delta H_{10-85}}{L_{10-85}} = \frac{H_{85}-H_{10}}{L_{85}-L_{10}} = \frac{774.19-671.02}{5100-600} = 0.02293$$

그러므로 최상단 표고는 0.02293×6000+667.09=804.67m가 된다.

4) 등가경사방법

하천의 길이 L=6,000m이고 하천은 관측지점으로 구간을 분할하였으며 각 관측구간별 하상경사가 6란과 같다. 따라서 다음 식에 의해 등가경사방법을 이용한 경사를 구하면 S=0.01988이 된다.

$$S_e = \left(\sum_{i=1}^{n} L_i / \sum_{i=1}^{n} L_i/S_i^{1/2}\right)^2 = \left(\frac{6000}{42557.25}\right)^2 = 0.01988$$

그러므로 최상단 표고는 0.01988×6000+667.09=786.37m가 된다.

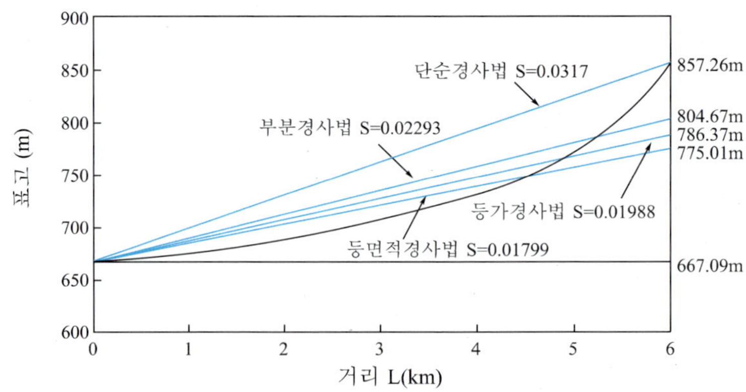

그림 3.12 각 방법별 하천경사 계산

3.3.5 하천밀도

하천밀도 또는 수계밀도(river density 또는 drainage density) D는 유역내의 총 하천길이 L_T를 총 유역면적 A로 나눈 값으로 단위면적에 대한 하천의 길이를 나타낸다.

$$D = \frac{L_T}{A} \tag{3.3.12}$$

식 (3.3.12)에서 모든 값은 같은 단위를 사용한다. 즉 mi/mi^2나 km/km^2를 사용한다. 따라서 하천밀도 D의 차원은 $[L^{-1}]$이 된다. 하천밀도는 물이 하천으로 도달하기까지 이동하는 대략적인 거리인 하천의 간격을 알아볼 수 있는 좋은 지표이다. 하천밀도는 하천수계의 조밀상태, 유역 내 지류하천의 많고 적음의 척도를 나타내는 값으로 유역의 지형 및 피복상태와 강수량과 관련이 있다. 토양이 침식성이거나 불투수성, 경사가 급하고 식생피복이 빈약한 지역에서는 하천밀도가 크게 나타나고, 반면에 토양이 비침식성이거나, 투수성이 높고 기복이 심한 지역에서는 하천밀도가 작게 나타난다.

3.3.6 수계빈도, 하상계수, 유황계수

수계빈도(stream frequency)는 Horton에 의해 제시된 개념으로 유역내의 총 하천수를 유역면적으로 나누어 구한다.

$$F_s = \frac{\sum N_i}{A} \tag{3.3.13}$$

여기서 N_i는 차수 u인 유역내의 하천의 수, $\sum N_i$는 모든 차수를 포함하는 유역내의 하천의 총수, A는 유역의 총면적이다. 하상계수는 하천의 임의 지점의 특정년도에서의 최대유량과 최소유량의 비를 의미한다.

$$\text{하상계수} = \frac{Q_{max}}{Q_{min}} \tag{3.3.14}$$

하상계수는 하천유량의 안정도, 용수의 취수, 주운, 홍수처리의 난이도를 나타내는 지표로서 하상계수가 크면 최대유량과 최소유량의 값이 차이가 많아 하천이 불안정함을 의미하는 것으로 이수 및 치수 모두 곤란하다. 우리나라의 경우 주로 산지하천이고, 6~9월에 연 강우량의 2/3가 내리기 때문에 외국의 하천에 비해 하상계수가 크다. 표 1.9에 국내의 주요 하천의 하상계수값이 나타나 있다.

유황계수는 연중 10일 이상 지속되는 유량을 연중 355일 이상 지속되는 유량으로 나눈 값으로 하천의 이수 및 치수목적으로의 안정성을 알아볼 수 있는 지표가 된다.

$$유황계수 = \frac{Q_{10}}{Q_{355}} \tag{3.3.15}$$

여기서 Q_{10}은 연중 10일 이상 지속되는 유량으로 홍수유량에 속하며, Q_{355}는 연중 355일 이상 지속되는 유량으로 갈수 유량에 해당된다. 유황계수도 하상계수와 마찬가지로 값이 크게 나타나면 하천으로의 기능을 제대로 유지하지 못한다 할 수 있다.

3.3.7 하천 형태 및 분류

하천은 지도나 항공사진을 바탕으로 하도의 형태에 따라 다양하게 분류할 수가 있다. 이러한 하도의 형태에는 직선(straight)하도, 사행(meandering)하도, 망상(braided)하도 및 이들이 조합된 형태가 있다.

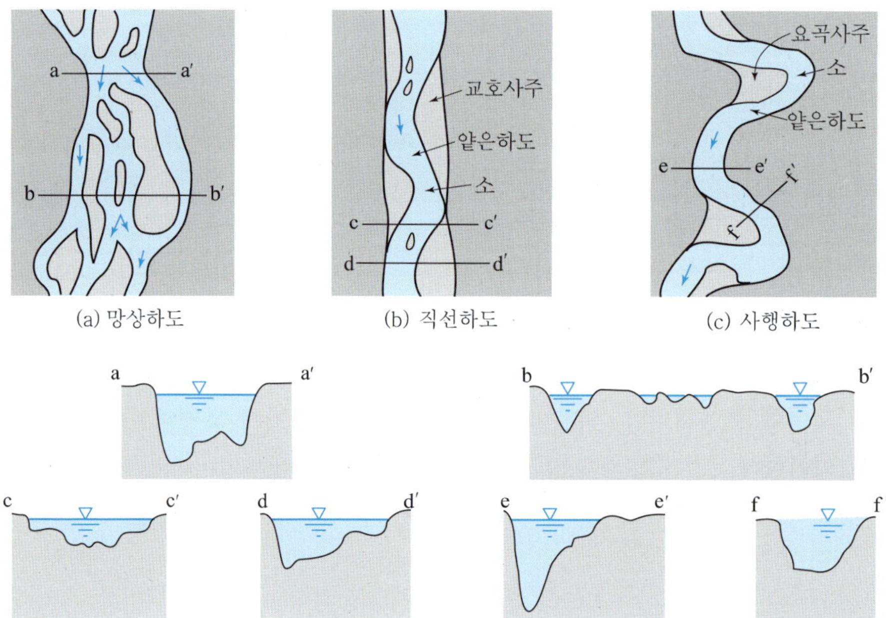

그림 3.13 하도의 형태

가) 직선하도

직선하도는 하도가 만곡(sinuous)된 경로를 따르지 않는 하도로 정의할 수가 있다. 만곡도(sinuosity)는 그림 3.14와 같이 하도의 상 하류 두 지점 간에 최심하상을 따른 거리와 직선거리의 비로 나타내며, 직선하도 및 사행하도를 구분하는데 사용할 수가 있다. 만곡도는 완전직선하도인 경우의 1로부터 3 또는 그 이상의 값으로 변하게 되며, 사행하도와 직선하도의 구분은 보통 만곡도 1.5를 기준으로 하게 된다.

직선하도는 비교적 완만한 경사를 가진 만곡 사행하천의 긴 구간이 급한 경사를 가진 짧은 단축구간으로 변경되는 사행 고리(loop)의 자연적인 또는 인위적인 절취에 의해 형성된다. 직선하도는 또한 사행정도를 감소시키거나 통제하기 위한 제방이나 호안과 같은 시설물에 의해 인위적으로 형성될 수도 있다. 수심이 가장 깊은 지점의 반대쪽에는 제방을 따라 사주(bar) 또는 유사의 퇴적이 발생하게 되며, 이를 하도의 양쪽으로 번갈아가며 나타나기 때문에 교호사주(alternate bar)라 한다.

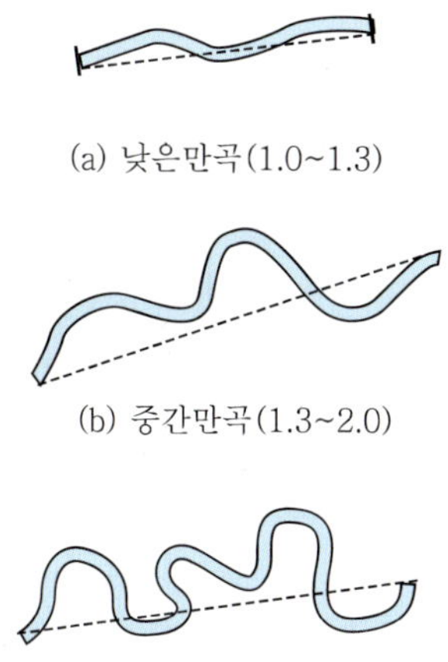

그림 3.14 전형적인 만곡도

나) 사행하도

사행하도는 교대로 반복되는 만곡부로 구성되어 있으며 위에서 내려다보면 S자 모양을 하고 있다. 사행하도는 만곡부에 일련의 깊은 소(pool) 즉, 웅덩이가 형성되고 만곡부 사이의 비교적 짧은 직선구간에는 얕은 하도(crossing)로 이루어져 있다. 웅덩이 부분은 삼각형 단면으로 이루어져 있으며 만곡부 안쪽에 요곡사주(point bar)가 형성된다. 직선구간의 얕은 하도는 일반적으로 폭이 넓고 수심이 비교적 얕은 사각형 단면으로 이루어져 있다. 사행하천 형성의 주된 원인은 만곡부에서 발생하는 2차 흐름 때문이다.

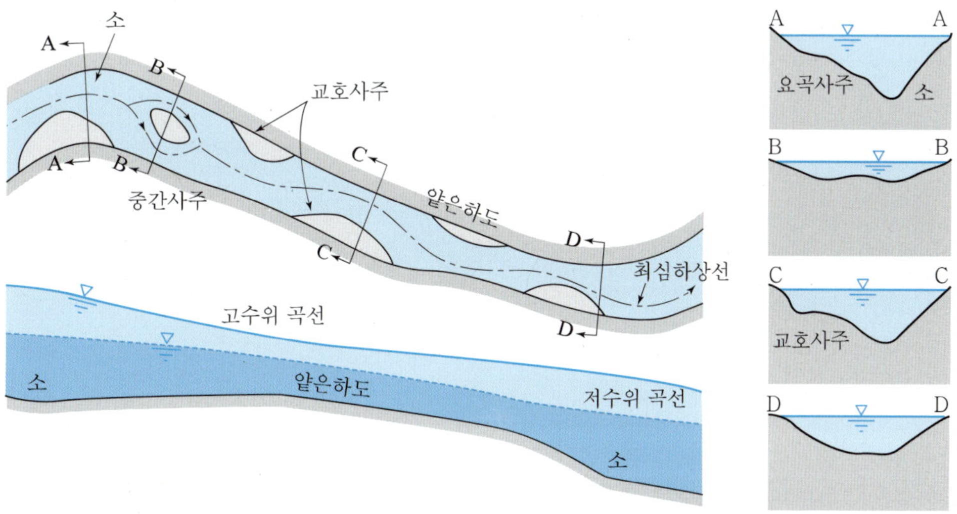

그림 3.15 사행하도

다) 망상하도

망상하도는 일반적으로 하도 폭이 넓으며 형태가 제대로 이루어지지 않은 불안정한 제방을 가지고 있고, 퇴적된 모래 섬 주위로 여러 갈래로 갈라진 경사가 급하고 얕은 흐름을 형성하고 있다. 이러한 망상하도 형성의 주 원인은 하도가 운반할 수 있는 유사량보다 더 많은 유사가 유입될 경우 유사의 일부가 퇴적되어 발생하거나, 경사가 급하여 사주 및 섬이 형성되는 넓고 얕은 흐름이 발생하는 경우이다.

만일 유사가 많이 유입되면 퇴적이 발생하고 하상이 상승하며, 이러한 상태를 유지하기 위해 하도의 경사가 증가하게 된다. 하도의 경사가 증가함에 따라 유속도 증가하여 다중 하도가 형성되고 하도시스템 전체가 넓어지게 된다. 망상하도는 불안정하며, 하도의 배치가 급격하게 변하고, 많은 양의 유사를 운반하여 관리하기가 어렵다. 또한 홍수 흐름에서도 넓고 얕은 흐름이 형성되기 때문에 일반적으로 예측하기가 힘들다.

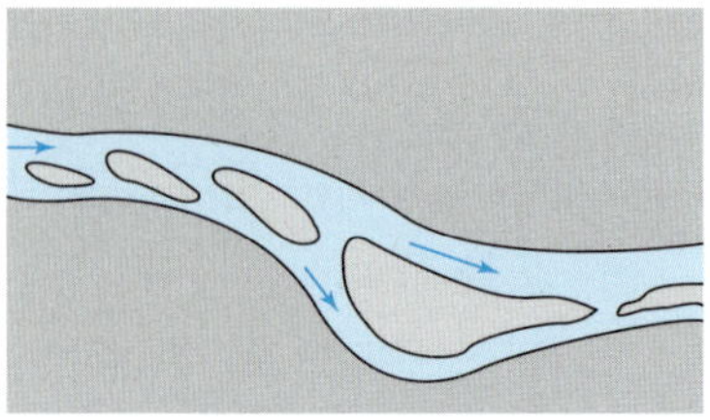

(a) 단일사주 및 섬

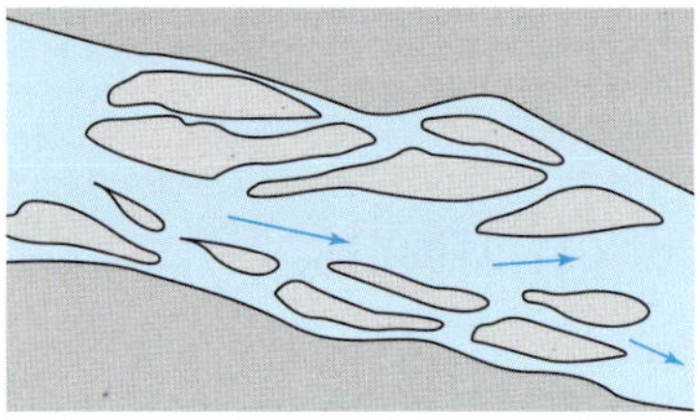

(b) 다중사주 및 섬

그림 3.16 망상하도

연습문제

3.1 차수가 u=1일 때 하천수 N_1=50, u=2일 때 N_2=15, u=3일 때 N_3=4, u=4일 때 N_4=1일 때 분기율 R_B를 회귀분석을 이용하여 구해 하천수 법칙을 나타내라.

3.2 연습문제 3.1과 같은 하천에서 각 하천차수별로 하천의 길이를 구한 결과가 다음 표와 같을 때 하천길이 법칙을 나타내라.

하천차수 (u)	1	2	3	4
하천길이 (km)	1.57	2.75	4.81	8.42

3.3 연습문제 3.1과 같은 하천에서 각 하천차수별로 하천의 면적을 구한 결과가 다음 표와 같을 때 하천면적 법칙을 나타내라.

하천차수 (u)	1	2	3	4
하천면적 (km^2)	4.68	7.39	11.59	16.76

3.4 어떤 하천에서 하천 차수에 따른 하천의 수와 평균길이가 아래 표와 같이 주어질 때 다음을 구하라.

1) 반대수지에 하천차수대 하천의 수, 하천차수대 평균 하천길이를 도시하라.
2) 분기율 R_B를 산정하라.
3) 하천길이비 R_L을 산정하라.
4) 산정된 분기율 및 하천길이비를 이용하여 차수별 하천의 수 및 평균 하천길이를 산정하라.

차수	하천의 수	평균 하천길이 (m)
1	107	404
2	25	758
3	7	1134
4	2	807
5	1	5989

3.5 어떤 유역에서 하천종단측량을 한 결과 유역출구지점부터 거리와 표고가 다음과 같을 때 단순경사방법, 등면적경사방법, 부분경사방법, 등가경사방법을 이용하여 하천경사를 산정하라.

하천길이 (m)	표고 (m)	하천길이 (m)	표고 (m)	하천길이 (m)	표고 (m)
0.00	677.80	3.50	715.30	7.00	777.30
0.50	678.80	4.00	724.10	7.50	789.20
1.00	682.80	4.50	732.00	8.00	804.90
1.50	686.70	5.00	740.90	8.50	825.60
2.00	691.60	5.50	747.80	9.00	857.30
2.50	698.50	6.00	757.60	9.50	888.70
3.00	706.40	6.50	767.50	10.00	950.10

3.6 다음과 같이 차수별 하천의 수 및 평균 하천길이가 주어질 때 하천밀도 및 수계빈도를 산정하라. 단, 유역의 총 면적은 1,500km^{2}이다.

차수	하천의 수	평균 하천길이 (km)
1	177	1.352
2	40	2.362
3	12	4.845
4	4	7.638
5	1	35.645

CHAPTER 04

강수

4.1 서 론

하천유출은 수문학적 입력인 강수와 유역의 물리학적, 식물학적 그리고 기후학적인 특성들의 영향을 받게 된다. 강수로부터 유래한 물이 모두 하천유출을 형성하지는 않으며 강수의 많은 부분이 유역의 하천시스템을 통해 빠져나가지 못하고 다른 경로를 통해 이동한다. 유역내의 지질, 지형, 식생 그리고 인위적인 특성들은 유역의 하천유출 특성을 변화시키는 중요한 인자이다. 일단 강수가 지표면에 떨어지면 지표면 저류지로 이동하거나 토양 및 지하저류공간으로 들어간다. 토질 및 암반의 특성에 따라 강수가 어떠한 경로로 이동할지 결정되고, 증발 및 증산도 지질 및 지형특성에 영향을 받는다.

강수(precipitation)는 수문순환과정에서 가장 중요한 입력 자료이며, 강우(rain), 눈(snow), 우박(hail), 이슬비(drizzle) 등 구름이 응축되어 지상으로 떨어지는 모든 형태의 수분을 말한다. 강수는 대기 중의 수분이 기원이 되며 강수의 형태나 양은 바람, 온도, 대기압과 같은 기후인자의 영향을 받는다. 대륙내부의 공기기단은 일반적으로 매우 건조하므로 대부분의 강수는 해양에서 증발한 습한 해양 대기로부터 유래한다. 본 장에서는 강수의 형성과정, 강수의 종류 및 강수의 관측방법에 대해 알아보고 수문분석에서 가장 기본이 되는 강우의 분석 및 해석방법에 대해 소개하기로 한다.

4.2 응축 및 구름의 형성

공기 중의 수증기가 물로 변할 때 응축현상이 일어나게 되며 이러한 응축현상의 결과로 이슬, 안개 및 구름이 형성되게 된다. 응축이 발생하기 위해서는 대기 중의 공기가 포화(saturation)되어 있어야 한다. 공기의 포화는 수증기가 공기로 유입되어 이루어지기도 하지만 주로 공기의 온도가 이슬점(dew point)까지 내려갈 때 발생하게 된다.

일반적으로 수증기가 응축하기 위해서는 응축이 발생하기 위한 접촉 표면이 필요하며 온도가 이슬점으로 내려갈 때 풀이나 자동차의 창문같이 지표면이나 지표면근처의 물체가 이러한 표면을 제공하게 된다. 하지만 공기 중에서 응축이 발생할 때는 응결핵(condensation nuclei)이라는 작은 입자가 수증기의 응축 표면을 제공하게 된다. 만일 응결핵이 존재하지 않는다면 구름이 형성되기 위해서 상대습도가 100%를 훨씬 초과해야 한다.

미세한 먼지, 연기, 바다로부터의 소금입자 등이 응결핵의 역할을 하며 주로 하부대기층에서 풍부하게 존재한다. 이와 같이 풍부한 응결핵 입자로 인해 상대습도가 보통 101%를 거의 넘지 않는다. 해양 소금과 같은 일부 입자들은 물을 흡수하므로 응결핵으로서의 역할을 잘하기 때문에 흡습성 응결핵(hygroscopic nuclei)이라 부른다. 응축이 발생할 때 초기에는 구름입자의 증가율이 매우 크지만 많은 물방울 입자에 의해 초과된 수증기가 빠르게 흡수되므로 증가율은 급격히 감소하게 된다. 이러한 결과로 수많은 작은 물방울 입자로 구성된 구름이 형성되고, 크기가 작기 때문에 공기 중에 떠 있을 수 있게 된다. 빙점온도 이하에서 구름이 형성될 때는 작은 얼음 결정이 형성되고 따라서 구름은 물방울, 얼음결정 또는 두 가지를 모두 포함하게 된다.

응축에 의한 구름 입자의 성장은 비교적 느리고, 구름입자와 빗방울간의 입자 크기 차이가 크며 응축현상 자체만으로는 강수로 떨어지기에 충분한 크기의 물방울을 형성하지는 못한다. 본 절에서는 대기의 상승으로 온도가 이슬점까지 내려가 수증기가 포화되어 응축되고 이로 인하여 발생하는 구름의 종류에 대해 알아보기로 한다.

4.2.1 대기의 상승

지표의 일부분이 태양복사에너지를 받아 가열되어 그 위에 있는 수증기를 많이 함유하여 습한 공기가 주위의 다른 공기보다 따뜻해져 가벼워지고 따라서 불안정한 공기가 상승하여 구름이 형성되고 비가 내리게 된다. 안정한 공기는 자체적으로 상승하지 못하고 공기의 연직적인 이동을 발생시키기 위한 상승 작용이 필요하며, 이러한 작용에는 산악형 상승(orographic lifting), 전선형 상승(frontal lifting), 수렴형 상승(convergence lifting) 그리고 대류형 상승(convective lifting) 등이 있다.

1) 산악형 상승

산악형 상승은 산지와 같이 지형이 높아 공기의 흐름을 방해 할 때 발생한다. 산사면을 통해 공기가 올라갈 때 단열냉각(adiabatic cooling)으로 인해 응축이 발생하여 구름이 형성되고 많은 비가 내린다. 세계에서 비가 많이 내리는 지역은 주로 바람이 불어오는 산 사면에 위치하고 있다.

대기의 상승에 의해 강수가 형성되어 대기 중의 수분을 감소시킬 뿐만 아니라 공기의 수평이동을 늦어지게 하여 강우시스템의 변화를 초래한다. 또한 산지의 불규칙한 지형은 지표면에 대한 불균등 가열과 이에 따른 공기의 불안정을 초래한다. 이러한 복합적인 영향으로 주위의 저지대에 비해 산악지역은 많은 비를 내리게 한다. 공기가 산지의 정상을 넘어가게 될 때면 강수로 인해 이미 많은 양의 수분이 줄어든 상태가 된다. 또한 공기가 산을 넘어 아래로 내려감에 따라 단열가열(adiabatic warming)이 발생하여 응축이나 강우가 발생할 가능성이 없어져 산지 반대쪽은 건조한 지역이 형성된다.

2) 전선형 상승

만일 산악형 상승이 공기를 상승시키는 유일한 방법이라면, 편평하고 넓은 지역은 사막으로 변할 것이다. 하지만 다행히도 그렇지는 않다. 전선형 상승은 차가운 공기가 장벽역할을 하여 밀도가 낮은 따뜻한 공기를 상승시키는 것이다. 구름의 형성에서 상승력은 중요한 역할을 하며 공기의 안정성은 형성되는 구름의 종류 및 강수의 양에 많은 영향을 미치게 된다.

3) 수렴형 상승

지구 표면의 공기 기단은 균일하게 분포되어 있지 않기 때문에 국지적으로 고기압 및 저기압이 존재하게 된다. 기압의 차이는 공기를 이동하게 만들고 따라서 바람이 불게 되며 바람의 형태는 압력의 분포와 밀접한 관계가 있다.

지표면 근처에 낮은 압력의 공기가 존재할 때 모든 방향으로부터 저기압 중심지역으로 바람이 모여들게 되며 이와 같이 일정한 지점을 향한 수평적인 공기의 이동을 수평수렴(horizontal convergence) 또는 단순히 수렴이라 한다. 불어오는 공기의 질량만큼 수직방향 이동을 통해 외부로 내보내어 저기압 수렴지역에서 공기의 상승이 발생하기 때문에 저기압지역으로 불어오는 공기로 인해 밀도가 증가하지는 않는다.

4) 대류형 상승

자연적인 대류는 지표면 근처 공기의 불균등 가열로 인해 공기가 상승하는 것이며 이러한 대류는 가끔 강한 상승기류를 동반하여 구름과 강수를 형성시킨다. 여름동안 지표면의 불균등 가열은 일부 지역에서 대류를 발생시켜 오후에 폭우를 내리게 한다. 대류는 가벼운 공기를 밀도가 큰 공기 위로 상승하게 하는 부양력(buoyance)에 의해 발생한다. 부양력 자체적으로 초기의 상승력을 발생시키지만 지형학적인 영향, 전선형 상승 그리고 수렴형 상승 등에 의해 상승력이 증가하거나 감소하게 된다.

4.2.2 구름의 종류

구름은 대기 및 기상에서 가장 뚜렷하게 관찰할 수 있는 현상으로 작은 물방울 및 작은 얼음결정이 모여서 이루어진다. 대부분의 구름은 대류권(troposphere)에서 발생하지만 일부 구름들은 성층권(stratosphere) 또는 중간권(mesosphere)에서도 나타난다. 구름은 다양한 두께로 형성될 수 있으며 대부분 물이나 얼음을 포함하고 있다.

구름은 형태 및 고도에 따라 분류가 되며 기본적인 형태로는 권운(cirrus), 적운(cumulus) 그리고 층운(stratus)이 있다. 이 기본 형태의 구름이 서로 조합되어 권적운, 권층운, 고적운, 고층운, 난층운, 층적운, 적란운 등의 구름이 생기게 된다. 고도에 따라서는 상층운(6,000m 이상), 중층운(2,000m~6,000m) 그리고 하층운(2,000m 이하)으로 분류한다.

1) 권운

권운은 흰색의 가느다란 선이나 흰색의 반점 또는 좁은 띠 모양의 흩어져 있는 구름이다. 권운은 주로 얼음입자로 구성 되어 있으며 권운 중에는 가느다란 실 모양을 하고 있는 것이 있다. 그 선은 거의 직선인 경우도 있고 불규칙하게 굽어져 있는 경우도 있다. 낮 동안에는 지평선과 가까이 붙어있는 것을 제외하면 권운은 거의 흰색이며 같은 방향에 있는 다른 구름에 비하여 더 흰색을 띤다. 권적운, 고적운이 꼬리를 늘여서 되거나 적란운의 정상부에서 생기는 수가 많으며 권층운의 엷은 부분이 증발하여 없어지고 짙은 부분만이 남아서 되는 수도 있다.

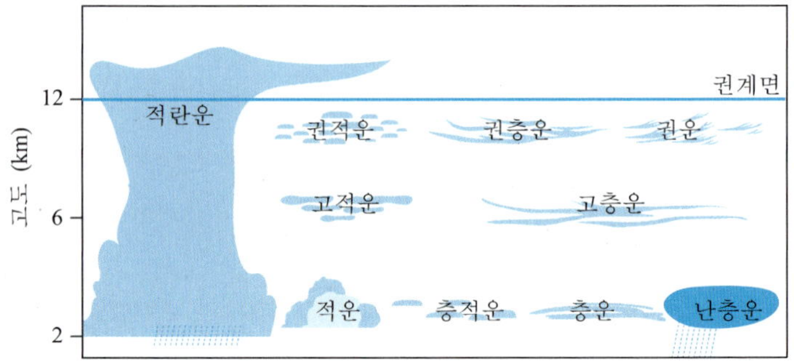

그림 4.1 구름의 종류

2) 적운

적운은 윤곽이 뚜렷한 구름이며 수직으로 솟아올라서 둥근 산봉우리나 탑 또는 지붕 모양을 하고 있다. 이 구름의 상부는 솟아올라 양배추와 같은 모양으로 되는 수가 있다. 해에 비치는 부분은 매우 희고 밝게 빛나 보이나 구름의 하부는 비교적 검은 색이고 거의 수평을 이루고 있다. 적운은 주로 물방울로 이루어져 있고 기온이 현저하게 낮은 부분에서는 얼음조각이 섞여 있는 때도 있다. 얼음조각이 성장하게 되면 적운은 적란운으로 변한다. 적운은 대기 하층의 기온감소율이 심할 때 공기의 대류 현상으로 발생하며 이와 같이 큰 기온감소율을 발생하게 하는 원인은 여러 가지가 있으나 가장 일반적인 원인은 지면이 태양복사를 받아 가열되는 것과 비교적 온난한 지면이나 수면상을 찬 공기가 통과할 때 그 밑의 접촉면이 가열되는 것 등이다.

3) 층운

층운은 비교적 일정한 하부층을 가진 회색의 구름층으로 이슬비, 세빙, 가루눈이 내리는 수가 있다. 층운은 불안정한 형태의 조각구름으로 나타나는 수가 많으며, 특히 악천후 때에 난층운이나 적란운 밑에 이 구름이 나타나는 수가 많다. 층운은 보통 물방울로 되어 있으며 아주 저온인 때는 얼음조각으로 되어 있는 수도 있다. 층운은 보통 지면이 가열되거나 풍속이 증가하여 안개 층이 서서히 상승하여 형성된다. 또한 해상에서 발생한 안개가 해안으로 흘러와서 육지에 상륙하여 층운으로 되는 수도 있다.

표 4.1 구름의 분류

<table>
<tr><th colspan="2">분류</th><th>이름</th><th>기호</th><th>별명</th><th>구성입자</th><th>구름 높이</th><th>특징</th></tr>
<tr><td rowspan="8">층상 구름</td><td rowspan="3">상층운</td><td>권운
(cirrus)</td><td>Ci</td><td>새털구름, 털구름</td><td rowspan="3">얼음결정
(빙정)</td><td rowspan="3">극지방 : 3~8 km
온대지방 : 5~13 km
열대지방 : 6~18 km</td><td>맑은 하늘에 나타남</td></tr>
<tr><td>권적운
(cirrocumulus)</td><td>Cc</td><td>조개구름, 비늘구름, 털쌘구름</td><td></td></tr>
<tr><td>권층운
(cirrostratus)</td><td>Cs</td><td>털층구름, 햇무리구름</td><td>일기악화의 전조, 햇무리, 달무리</td></tr>
<tr><td rowspan="3">중층운</td><td>고적운
(altocumulus)</td><td>Ac</td><td>높쌘구름, 양떼구름</td><td rowspan="2">얼음결정
+
과냉각물방울</td><td>극지방 : 2~4 km
온대지방 : 2~7 km
열대지방 : 2~8 km</td><td>무지개, 광관 및 채운</td></tr>
<tr><td>고층운
(altostratus)</td><td>As</td><td>높층구름,
회색차일구름</td><td>일반적으로 중간층에 나타나는데, 상층까지 올라가는 경우도 있다.</td><td>강수의 징조</td></tr>
<tr><td>난층운
(nimbostratus)</td><td>Ns</td><td>비구름, 비층구름</td><td>얼음결정+
과냉각물방울+
물방울</td><td>하층에서 상층까지 퍼져있다.</td><td>비나 눈을 가져옴</td></tr>
<tr><td rowspan="2">하층운</td><td>층적운
(stratocumulus)</td><td>Sc</td><td>층쌘구름</td><td>물방울</td><td>지표부근에서 2km정도</td><td>층상구름과 적운상</td></tr>
<tr><td>층운
(stratus)</td><td>St</td><td>층구름, 안개구름, 두루마리구름</td><td>물방울</td><td>300~600m</td><td>맑은 날씨의 전조</td></tr>
<tr><td rowspan="2">적운계 구름</td><td colspan="2">적운
(cumulus)</td><td>Cu</td><td>뭉게구름, 쌘구름</td><td></td><td>구름 아래는 일반적으로 하층에 있으며 구름 윗 부분은 중층까지 올라가는 경우가 있다. (600m~6km)</td><td>흰백색의 뭉게구름</td></tr>
<tr><td colspan="2">적란운
(cumulonimbus)</td><td>Cb</td><td>쌘비구름, 소나기구름</td><td></td><td>구름 아래는 일반적으로 하층에 있으며 구름 윗 부분은 상층까지 올라가는 경우가 있다.</td><td></td></tr>
</table>

4.3 강수의 형성

4.3.1 강수의 형성조건

모든 구름은 물을 포함하고 있는데 왜 어떤 구름은 강한 강수를 발생시키고 어떤 구름은 이슬비 같은 잔잔한 강수를 발생시키는가? 이러한 질문은 오랫동안 많은 사람들을 궁금하게 하였다. 구름방울(cloud droplet)은 10μm보다 작다. 사람의 머리카락 직경이 약 75μm인 것과 비교하면 얼마나 작은지 상상이 갈 것이다. 이와 같이 작은 크기 때문에 구름방울은 아주 천천히 낙하하게 된다. 이론적으로 1,000m 위치의 구름 하부층으로부터 낙하하는 구름방울의 평균 낙하속도는 지상에 도달하는데 24시간 정도 걸린다. 물론 구름방울은 그들의 여행을 완전히 끝마치지 못하는 경우가 많다. 습한 공기속으로 낙하하더라도 구름 하부층으로부터 몇 m 벗어나기 전에 증발한다.

일반적으로 강수를 형성하기 위해서는 다음과 같은 다섯 가지의 조건이 구비되어야 한다. 즉, ①

대기가 이슬점 이하로 충분히 냉각되어야 하고, ② 대기 중에 응결핵이 존재해야 하며, ③ 응결핵으로 응축이 발생하여야 하고, ④ 물방울 입자들의 크기가 충분히 증가해야 하며 그리고 ⑤ 빗방울로 내리기 위한 충분한 양의 수분이 모여야 한다. 이러한 조건들은 비교적 짧은 순간에 발생하고 동시에 나타나게 된다.

보통 지표면의 물이 햇빛을 받아 증발하거나 식물로부터 증산작용에 의해 수증기 상태로 공기 중으로 이동한 후 상승기류에 의해 혹은 산사면을 타고 상승하게 된다. 이와 같이 수증기를 포함한 공기가 상승할 때 주위와의 열 교환 없이 단열(adiabatic)팽창을 하게 되고 이때 기온감소율은 100m마다 0.7~1.0℃가 된다. 수증기를 포함한 공기가 상승하여 온도가 낮아지게 되면 포화상태에 이르게 되고 대기 중의 작은 불순물 입자인 응결핵(condensation nuclei)을 중심으로 응축되어 작은 구름입자가 형성된다. 이러한 구름입자의 크기는 평균 10~20㎛ 정도이며 작은 물방울 입자가 되어 지상으로 떨어지려면 약 100배인 2mm 정도가 되어야 한다.

증발되지 않고 지표면에 도달하기에 충분히 큰 빗방울(raindrop)은 구름방울보다 수백만 배나 많은 물을 포함하게 된다. 따라서 강수가 형성되기 위해서는 수백만의 구름방울들이 낙하하는 동안 충분한 크기의 물방울로 응집(coalesce)되어야 한다. 이와 같이 대기 중의 구름입자가 빗방울크기로 변하여 강우가 형성되기 위해서는 버거론 또는 빙정과정(Bergeron 또는 ice crystal process)과 충돌-응집과정(collision-coalescence process)을 거치게 된다.

1) 빙정과정

빙정(버거론)과정은 스웨덴의 기상학자 Tor Bergeron이 이 현상을 발견하여 그의 이름을 사용하게 되었는데 이 과정은 과냉각(supercooling)과 과포화(supersaturation)와 같은 물의 재미있는 두 가지 특성에 의하여 발생한다. 구름방울은 우리가 생각하는 것처럼 0℃에서 얼지 않는다. 사실 공기 중에 떠있는 순수한 물은 −40℃에 도달하기 전에는 얼지 않는데 이와 같이 0℃ 이하에서도 액체상태로 존재하는 물방울을 과냉각물방울(supercooled droplet)이라 한다. 대기 중에서는 −20℃에서도 과냉각물방울로 존재할 수 있으며 극단적인 경우 −40℃까지도 물방울로 존재하고 그 이하에서는 얼어서 얼음입자가 된다.

또한 과냉각물방울들은 얼음과 비슷한 결정형태를 가지고 있는 고체 입자와 접촉하여 얼게 되는데 이러한 고체입자를 빙정핵(freezing nuclei)이라 한다. 빙정핵이 결빙과정을 시작하는 조건은 응결핵이 응결과정에 필요한 조건과 유사하다. 하지만 응결핵과는 대조적으로 빙정핵은 대기 중에 그리 많지가 않으며 온도가 −10℃ 이하에 도달하기 전에는 활성화되지 않는다. 영하보다 상당히 낮은 온도의 구름에서 얼음 결정이 형성되기 시작하며 일단 얼음 결정이 형성되면 가용한 수분을 획득하기 위해 과냉각된 물방울과 경쟁을 하게 된다.

얼음 결정은 낙하하기에 충분한 크기의 결정으로 빠르게 성장하게 된다. 낙하하는 동안 얼음 결정은 구름방울과 충돌하여 표면에서 얼기 때문에 크기가 더욱 커진다. 공기의 움직임에 의해 때때로 약한 결정이 쪼개지고 작은 결정은 빙정핵으로 작용하게 된다. 많은 얼음 결정이 고리처럼 연결되어 큰 결정으로 변한 것을 눈(snowflakes)이라 한다. 지표면 온도가 4℃ 이상이 되면 눈은 지표면에 도달하기 전에 녹게 되며 강우로써 낙하하게 된다. 여름철의 강우도 구름 상부층에서는 눈으로부터 시작하는 경우가 많이 있다.

2) 충돌-응집과정

과거에는 빙정과정이 대부분의 강수를 형성하는 과정이라고 믿고 있었다. 하지만 강우 특히 열대지역에서의 강우들이 결빙선 아래에 위치하고 있는 구름(warm cloud)과 관련하여 형성된다는 것이 발견되었으며, 이러한 발견이 강우 형성의 또 다른 과정인 충돌-응집과정으로 나타나게 되었다.

전적으로 액체 물방울로 구성되어 있는 구름은 강우가 형성되기 위해서는 2mm보다 큰 물방울들을 포함하고 있어야 한다. 이러한 큰 물방울 들은 큰 응결핵이 있거나, 소금과 같은 수증기를 흡수하는(흡습성) 입자가 존재할 때 형성된다. 흡습성 입자들은 상대습도 100% 이하의 공기에서 수증기를 흡수하고 상당히 커지게 된다. 물방울이 낙하하는 율이 크기와 관련 있으므로 큰 물방울들은 빠르게 낙하한다. 연직방향으로 낙하함에 따라 느리게 낙하하는 작은 물방울들과 충돌하여 합쳐지게 된다. 이러한 과정에서 크기가 점점 커지고 따라서 더 빨리 낙하하게 되며 충돌 기회와 성장률이 증가하게 된다(그림 4.2). 이와 같은 많은 충돌 후에 물방울은 완전히 증발하지 않고 지표면에 떨어질 수 있도록 커지게 된다.

빗방울은 최대 5mm의 크기로 커질 수가 있으며 이때 33km/hr의 속도로 낙하하게 된다. 이러한 크기와 속도에서 물의 표면장력은 공기에 의한 항력(drag force)에 의해 분리되어 새로운 물방울로 구름 방울을 흡수하며 낙하하게 된다. 지표면에 도착하는 0.5mm보다 작은 물방울을 이슬비(drizzle)라 하며 1,000m 높이의 구름으로부터 지표면으로 낙하하는데 약 10분 정도가 걸린다.

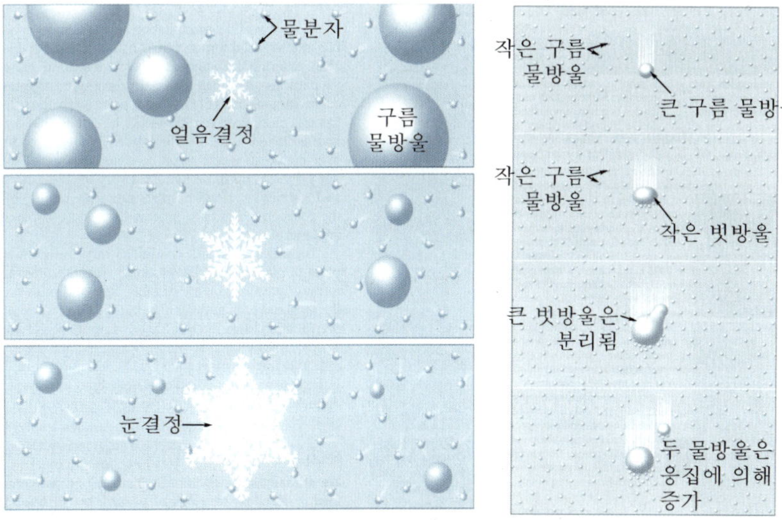

그림 4.2 빙정과정 및 충돌-응집과정

4.3.2 인공강우

앞에서 설명한 바와 같이 대기 중에서는 −20℃에서도 과냉각물방울로 존재할 수 있으며 극단적인 경우 −40℃까지도 물방울로 존재하고 그 이하에서는 얼어서 얼음입자가 된다. 그러나 대기 중에 빙정핵이 존재하면 0℃보다 약간 낮은 온도에서도 빙정핵을 중심으로 수분이 응결하여 얼음입자를 형성하게 된다. 이와 같이 대기 중 영하의 온도에서 빙정핵이 충분히 존재해야 구름입자가 얼음입자로 변하게 되는데 빙정핵으로 작용하는 물질이 적어 대부분 과냉각물방울로 공기 중에 떠 있게 된다. 이때 빙정핵을 투입하면 얼음 표면에 대한 포화수증기압이 물 표면에 대한 것보다 커서 과냉각물방울은 증발하고 빙정은 더 커지게 된다. 성장한 입자는 자연 낙하하면서 다른 과냉각입자들과 충돌하여 합쳐져 더욱 크게 성장하여 눈송이가 되어 지상에 떨어지거나 녹아서 빗방울이 되어 떨어진다. 이 과정은 주로 한랭구름에서 인공강우를 유도하는 방법으로 과냉각 구름입자 중에 인공 빙정핵을 투입하거나 드라이아이스 또는 요오드화은(AgI)을 뿌려 주위의 과냉각 구름입자로부터 빙정으로 수분을 이동시켜 강우를 형성하게 하는 것이다.

또한 대기 중에 0℃ 이상의 기온에서 수증기가 과포화 되어 있을 때 응결핵이 존재하게 되면 응결핵 주위의 수증기가 응집되어 물방울이 커지게 된다. 응결핵은 대부분 바다에서 발생하는 미세한 소금입자로 바람에 의해 움직이는 해수면의 상태에 따라 결정되기 때문에 바람이 심한 경우 많이 발생하게 된다. 이 과정은 온난구름에서 인공강우를 유도하는 방법으로 구름 속에 응결핵이나 소금가루 등의 친수성 물질을 뿌려 큰 물방울로 변하게 하거나 처음부터 빗방울과 비슷한 물방울을 뿌려 줌으로서 많은 강수가 발생하도록 하는 것이다.

인공강우가 처음 시도된 것은 미국으로 1946년 11월 13일 GE(General Electric) 연구소의 Schaefer가 뉴욕 교외의 한 비행장에서 이륙하여 동쪽으로 50km 정도 비행한 후 드라이아이스를 살포하자 눈이 형성이 되고 낙하하면서 비가 내리게 되었다. 1947년에 Benard Vonnegut가 요오드화은(AgI)이 얼음결정과 비슷한 결정구조를 가지고 있는데 착안하여 인공강우용 구름씨 물질로서 사용하여 인공강우에 성공하였다. 미국에서는 국가적인 차원에서 기상조절에 대한 연구를 종합적으로 기획, 조정하기 위해 국립해양대기국(NOAA) 산하에 1978년 대기조절프로그램(Atmospheric Modification Program, AMP)을 추진하여 각 주정부의 기상조절 프로그램에 대한 지원을 하고 있다. 또한 인공강우를 전문적으로 수행하는 용역회사도 다수 설립되어 인공강우 기술을 효율적으로 이용하고 있다.

우리나라에서는 1963년 지상연소실험과 드라이아이스를 이용한 항공실험을 최초로 실시하였으나 강우 유도에는 실패하였다. 그 후 1994, 1995년의 가뭄으로 인해 지역적 가뭄해소와 장기적 대체수자원확보 방안으로 1995년 3월 경북 문경과 강원도 인제에서 요오드화은과 드라이아이스를 사용하여 인공강우 실험이 실시되었다. 2001년 6월 14일 경상남도 남지-거창-합천지역과 경상북도 군위-의성-구미지역에서 공군의 CN-235M 항공기 2대를 이용하여 요오드화은과 드라이아이스를 살포하여, 드라이아이스를 살포한 지역에서는 약간의 강우가 발생하였으나 요오드화은을 살포한 지역에서는 효과가 없었다. 2002년 3월 29일에도 경남 합천-의령지역에서 CN-235M 항공기를 이용한 인공 강우 실험이 있었다. 드라이아이스 살포 후의 검증비행에서 살포전보다 많은 양의 빙정과 우적이 발생한 것으로 나타났으며 요오드화은을 살포할 경우 드라이아이스보다는 약하지만 강수입자의 증가가 있는 것으로 나타났다.

4.4 강수의 종류 및 유형

4.4.1 강수의 종류

열대지역에서 강수는 주로 충돌-응집과정에 의해서 발생하고 따라서 강우(rain)로만 내리게 된다. 중위도 지역에서는 빙정과정이 주를 이루며 낙하하는 동안의 공기 온도분포에 따라 고체 또는 액체의 강수가 내리게 된다. 만일 강수가 녹지 않고 지표면에 도달하게 되면 눈이 되고 중간에 녹으면 강우로 내리게 된다. 강우가 지표면에 도달하기 전에 또는 도달한 후에 얼게 되면 여러 가지 형태의 강수가 된다.

대기의 상태가 계절뿐만 아니라 지역적으로 다양하게 변하기 때문에 여러 가지 형태의 강수가 발생하게 된다. 강우 및 눈이 가장 일반적이지만 표 4.2에 나타난 형태의 강수들 또한 매우 중요하다. 진눈깨비, 우빙 또는 우박은 기상현상과 밀접한 관계가 있으며, 특히 우빙이나 우박 등은 장소와 시간상으로 볼 때 비록 드물게 발생하지만 상당한 피해를 줄 수 있다.

표 4.2 강수의 종류

종류	크기	상태	설명
안개 (mist)	0.005~ 0.05mm	액체	공기가 1m/s로 이동할 때 얼굴로 느낄 수 있을 정도로 큰 물방울, 층운과 관련이 있음
이슬비 (drizzle)	0.5mm 이하	액체	층운으로부터 떨어지는 작고 균일한 물방울, 일반적으로 수 시간 동안 지속
강우 (rain)	0.5~5mm	액체	일반적으로 난층운 및 적란운에 의해 발생, 강하게 내릴 경우 지역마다 높은 다양성을 보임
진눈깨비 (sleet)	0.5~5mm	고체	강우가 낙하하며 얼 때 형성되는 작고, 둥근 얼음 입자, 크기가 작기 때문에 피해는 일반적으로 작다.
우빙 (glaze)	1mm~2cm 두께	고체	과냉각된 빗방울이 고체면과 접촉하여 얼 때 생김, 우빙은 두껍게 누적되어 무게로 인해 나무나 전선에 피해 줌
서리 (rime)	쌓이는 정도에 따라 변함	고체	바람이 부는 방향으로 쌓인 얼음깃털로 서리같은 형태로 과냉각된 구름이나 차가운 물체에 안개 접촉시 발생
눈 (snow)	1mm~2cm	고체	눈의 결정체로 6면 결정, 판, 바늘형태 등 여러 가지 형태로 구성, 과냉각된 구름에서 형성
우박 (hail)	5mm~10cm 또는 그 이상	고체	단단하고 둥근 돌모양 또는 불규칙적으로 생긴 얼음 형태, 대류형 적란운에서 발생
싸라기눈 (graupel)	2mm~5mm	고체	부드러운 우박이라고도 불리는데 우박과는 달리 일반적으로 충돌하면 납작하게 됨.

4.4.2 강수의 유형

공기기단은 물리적인 특성(온도, 수증기, 바람, 압력)이 수평면에서 대략적으로 일정한 대규모의 공기집단이라 할 수 있다. 공기기단은 북극 및 남극지역, 아열대 해양지역 그리고 건조한 아열대 육지에서 분포하며 이들 지역을 이동하고 있으며 움직이는 과정 중에 주위의 공기보다 차가워지면 강수가 형성된다.

공기기단간의 경계를 전선(front)이라 하며 전선은 공기의 이동에 의해 분류할 수 있다. 찬 공기가 더운 공기를 대체하면 한랭전선(cold front)이 형성되고, 따뜻한 공기가 찬 공기로 밀고 오면 온난전선(warm front)이 형성된다. 두 경우 따뜻한 공기가 상승하며 냉각되어 강수가 발생하게 된다. 강수의 유형은 공기기단의 상승과 관련하여 다음과 같이 분류할 수 있다.

1) 대류형 강수

대류형 강수(convective precipitation)는 맑은 여름날에 대기 하부층의 공기가 가열되어 높이 상승할 때 내리는 강수를 말한다. 대기 하부층의 공기는 주로 지표면의 복사열로 가열되는데, 가열 속도는 지점마다 다르며 따라서 주위의 공기보다 빨리 가열되어 불안정해진 공기는 상승하기 시작하고, 이슬점 온도 이하로 냉각되어 응결이 시작되며 그 결과 적운으로 나타난다. 가열된 공기는 주위의 공기와 온도가 같아질 때까지 상승한다.

규모가 작은 적운은 바람이 부는 방향으로 이동하면서 비를 내리지 않고 사라지는 것이 보통이지만 공기의 대류가 활발한 경우에는 잠재기화열이 대량으로 방출되고 상승하는 공기가 계속 가열되어 적란운으로 성장한다. 9,000~12,000m의 고도에 도달하여 수증기의 응축량이 줄어들면, 적란운은 성장을 멈추고 대류권 상층의 기류를 따라 상단부는 옆으로 퍼져나가기 시작하고, 소나기(스콜)나 뇌우를 수반하는 폭우를 일으킨 다음에는 소멸한다. 대류형 강수는 열대 습윤 지역에서는 연중 내내, 중위도 지역에서는 주로 여름철에 내리며 국지적으로 내리는 것이 특색이다.

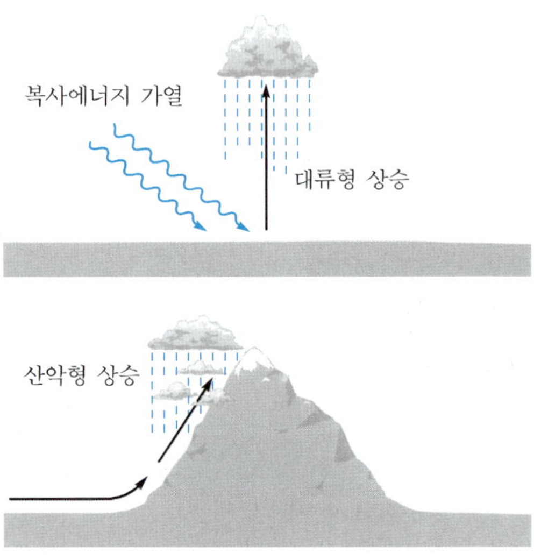

그림 4.3 대류형 강수 및 산악형 강수

2) 산악형 강수

산악형 강수(orographic precipitation)는 습윤한 공기가 산지를 넘을 때 내리는 비나 눈을 가리킨다. 바다에서 불어오는 습윤한 공기가 산지로 상승할 때 이슬점 온도에 빨리 도달하며, 그 이후에도 계속 상승하면 산 사면에 비가 내린다. 산악형 강수는 집중호우와 뇌우를 동반할 때가 많으며, 특히 바다에서 불어오는 고온 다습한 바람이 해안지방의 높은 산지로 불어 올라가는 경우에 자주 나타나는데 대량의 수증기 응축으로 잠열이 많이 방출되면 조건부로 불안정하던 공기에서도 대류현상이 활발하게 일어날 수 있기 때문이다. 일반적으로 산지에 비가 많이 내리는 것은 산악형 강수 때문이며, 산지가 많은 우리나라에서도 강수량의 지역적인 분포는 주로 지형적인 요인에 의하여 영향을 많이 받고 있다.

3) 선풍형 강수

선풍형 강수(cyclonic precipitation)는 저기압을 중심으로 성질이 서로 다른 대규모의 두 공기기단이 모여들어 상승함으로서 발생한다. 공기기단의 이동은 고기압에서 저기압으로 이루어지며 이 때 서로 다른 기압의 기단이 만나 전선이 형성되며 차가운 공기 위로 따뜻한 공기가 상승하여 전선형 강수(frontal precipitation)가 형성된다.

한랭전선형 강수는 찬 공기가 따뜻한 공기 아래로 밀고 들어 올 때 형성되며 좁은 지역에 강한 비를 내리게 된다. 온난전선형 강수는 찬 공기 위로 따뜻한 공기가 밀고 올 때 형성되며 넓은 지역에 내리고 강우 강도도 한랭전선형보다는 작다. 토네이도와 같은 격렬한 기상 현상은 한랭전선과 관련이 있다. 한랭전선은 온난전선보다 빨리 이동하며 따라서 따뜻한 공기가 상승하는 속도도 커서 강한 강도의 비를 내리는 것이 보통이다.

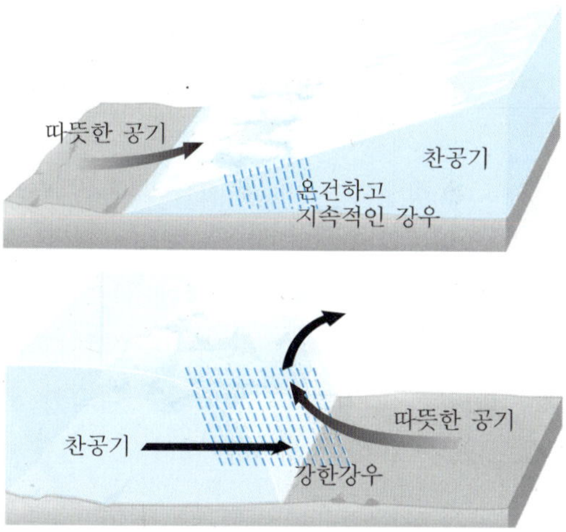

그림 4.4 온난전선 및 한랭전선형 강수

4) 열대성저기압

열대성저기압(tropical cyclones)은 열대지역에서 수표면 온도가 일반적으로 26℃보다 높을 때 발생하는 강한 회오리바람이며 바람의 속도는 33m/sec보다 크다. 열대성저기압을 멕시코만 지역에서는 허리케인(hurricane), 서태평양 지역에서는 태풍(typhoon), 인도양 지역에서는 사이클론

그림 4.5 열대성 저기압(태풍)

(cyclone)이라 부르며 그림 4.5와 같이 눈(eye)이라는 중심이 있고 이를 주위로 북반구에서는 반시계방향으로 회전을 한다. 지속적인 바람과 강우를 발생시키기 위해서 열대성저기압은 따뜻한 물위에 위치하여 에너지를 지속적으로 공급받아야 한다. 대부분의 지역에서 열대성저기압은 많은 양의 비를 내리게 된다.

5) 장마전선

우리나라에 주로 영향을 주는 기단에는 시베리아기단, 오호츠크해기단, 북태평양기단 등이 있다. 시베리아기단은 북서계절풍으로 겨울철에 한랭하고 건조한 일기를 나타내며 한파로 인한 혹한을 동반하고 있다. 오호츠크해기단은 늦은 봄에서 이른 여름철에 걸쳐 발생하고 한랭하고 수증기를 많이 포함하고 있으며 이 기단이 우리나라에 장시간 머물고 있으면 장마가 늦어진다. 북태평양기단은 온난 다습한 기단으로 한여름에 소나기와 번개를 동반한다.

하지를 전후하여 7월 하순까지 장마가 형성이 되는데 차고 습한 해양성기단인 오호츠크해고기압이 형성되면서 불어오는 북동기류와 태평양에서 불어오는 따뜻하고 습한 남서기류인 북태평양고기압이 충돌하여 생기는 정체전선인 장마전선은 오랜 장마의 원인이 된다. 이러한 우기를 가리켜 우리나라에서는 장마, 중국에서는 메이유, 일본에서는 바이우라고 한다.

장마에서 빼놓을 수 없는 것이 집중호우이다. 장마전선이 우리나라에 완전히 상륙하게 되면 북태평양고기압으로부터 고온·다습한 열대기류가 전선상으로 흘러 들어오기 때문에 자연적으로 집중호우가 내리는 경우가 많다.

4.5 강수의 측정

일상생활에서 강수가 매우 중요한 영향을 주고 있으므로 많은 지역에서 다양한 방법을 통해 강수를 측정하고 있다. 강수가 형태가 다양하기 때문에 강수의 양을 측정하기 위한 여러 가지 형태의 관측기구들이 개발되어 왔으며 각각의 관측기구는 장단점을 가지고 있다. 강수는 관측기구가 설치된 지점에 떨어진 물의 깊이(눈인 경우 녹인 물)로 측정하게 되며, 단위는 보통 mm 또는 in로 나타낸다. 본 절에서는 여러 가지 강수측정방법에 대해 알아보기로 한다.

4.5.1 측우기

자랑스럽게도 세계최초의 우량관측기기는 우리나라에서 세종23년(1441년) 8월에 발명된 측우기이다. 이탈리아의 Benedetto Castelli가 만든 우량계(1639년)보다 198년이나 앞서 만들어졌으며, 프랑스는 1658년, 영국은 1677년부터 우량관측을 시작하였다. 측우기는 서울과 각 도의 군·현에 설치하였으며 주철 또는 청동으로 만든 원통형의 측우기 본체와 이를 설치하기 위해 돌로 만든 측우대, 그리고 고인 빗물의 깊이를 재기 위한 자 등으로 이루어져 있다.

그림 4.6 금영측우기와 선화당측우대 및 관상감측우대

초기의 측우기는 깊이가 42cm(2자), 지름이 16.8cm(8치)로서 규모가 커 측정할 때 불편하여 다음해부터는 크기를 약간 줄여 깊이가 약 31.5cm(1자5치), 지름이 14.7cm(7치)로 제작하였다. 비가 내리면 측우기 속에 고인 빗물의 깊이를 약 2mm(푼)단위까지 측정하였으며, 비가 내리고 갠 일시 등 강수상황을 기록하였다. 헌종 3년(1837년)에 청동으로 만들어진 공주감영의 금영측우기가 기상청에 보관 중이며 이는 세계에서 유일한 진품 측우기이다.

측우기를 올려놓기 위한 받침돌로 화강석, 대리석 또는 일반 석재로 만들어진 측우대를 사용하였는데 모양이 다양하며 윗면에 원형으로 오목하게 파서 측우기를 설치할 수 있도록 되어 있다. 현재 국내에서 보존되고 있는 측우대는 5개가 있고, 기상청에 높이 61cm, 넓이 92cm×58cm인 관상감측우대(보물 제843호)와 높이 46cm, 넓이 37cm×37cm인 선화당측우대가 소장되어 있다.

4.5.2 우량계

강우는 일반적으로 보통우량계(raingage)를 사용하여 측정한다. 보통우량계는 직경이 20cm, 높이가 60cm의 윗부분이 열린 원통형으로 구리 또는 아연도금판으로 되어 있다. 우량은 우량계 표면에 떨어진 강우를 깔대기를 통해 집수기로 모은 후 유리 플라스크에 부어 측정한다. 측정은 매일 1회 오전 10부터 다음날 오전 10시까지의 우량을 측정하여 일우량으로 한다.

표준우량계(standard raingages)는 직경 8in(20.3cm)의 집수 표면을 가지고 있으며 떨어진 강우는 깔대기를 통해 표면직경의 1/10인 플라스크로 된 측정관으로 모이게 되므로 깊이가 10배로 확대된다. 이와 같이 확대함으로서 집수기 안으로 자를 넣거나 눈금을 읽어 깊이를 쉽고 정밀하게 측정할 수 있다.

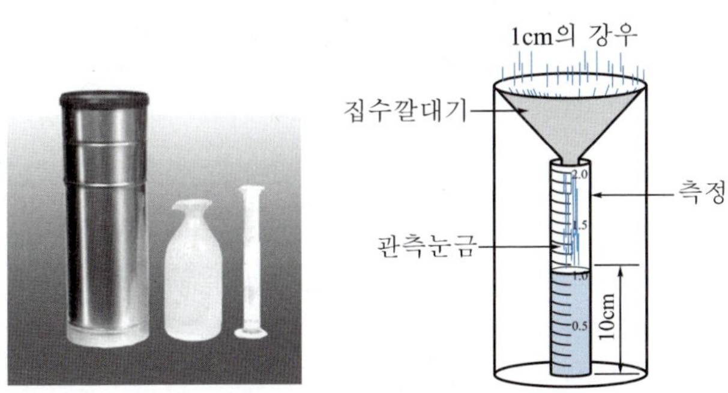

그림 4.7 보통우량계 및 표준우량계의 모습

여러 가지 수문현상을 올바르게 해석하기 위해서는 일강우량 뿐만 아니라 시간에 따른 연속적인 강우량을 관

그림 4.8 Tipping-bucket형 및 중량측정형 자기우량계

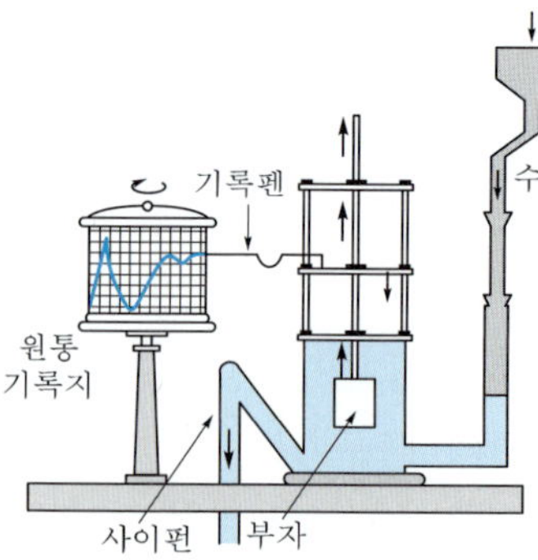

그림 4.9 부자형 자기우량계

측할 필요가 있다. 이러한 목적으로 자기우량계를 이용하게 되며 기록지에 시간에 따른 누가강우량을 기록한 누가우량곡선(rainfall mass curve)을 얻어 시간에 따른 강우 변화분석을 할 수 있다. 자기우량계에는 Tipping-bucket형 자기우량계 및 중량측정형(weighing-bucket), 부자형(float type) 자기우량계가 있다. Tipping-bucket형 자기우량계는(그림 4.8) 우량계 내에 2개의 회전하는 컵이 있으며, 우량계 표면에 내린 비가 깔대기를 통해 컵으로 모이게 되어 일정한 높이가 되면 회전하여 즉시 다른 빈 컵이 대체되고 기존의 컵 속의 물은 비워지게 된다. 이와 같이 컵의 회전수를 전기회로를 통해 기록함으로서 연속적인 강우량을 측정하게 된다.

중량측정용 자기우량계는 누적된 강우량을 계속적으로 기록하는 점에서는 Tippin-bucket형 자기우량계와 비슷하며 우량계 내에 누적된 물의 무게를 강우 깊이로 환산하여 기록하게 된다. 최근에는 테잎에 기록하거나 원격으로 자료를 전송하는 중량측정용 자기우량계가 개발되어 사용되고 있다.

부자형 자기우량계는 우량계 내에 모아진 강우량이 증가하여 수면이 상승함에 따라 기록펜이 부착된 부자가 상승함으로서 기록지에 누가 강우량을 기록할 수 있는 우량계이다. 물이 일정높이로 상승하면 사이폰 작용에 의해 일시에 물이 비워지고 다시 모이는 물을 기록할 수 있다.

4.5.3 기상레이더

강수를 관측하기 위한 기상레이더(weather radar)의 적용성은 레이더가 사용되기 시작되면서부터 고려되어져 왔다. 최근에는 기존 우량계가 한 지점에서만 강수를 측정하는 것과는 달리 레이더는 일정한 면적에 대한 강수를 관측할 수 있다는 장점 때문에 우리나라를 비롯하여 여러 나라에서 광범위하게 사용하고 있다. 레이더 강수관측은 시간 및 공간 해상도(resolution)의 증가로 강수의 연속적인 표현이 가능하며, 모든 종류의 강수를 다룰 수 있다는 장점이 있다. 운영적인 면에 있어서도 레이더는 한 장소에 설치하여 편리하게 사용할 수 있다. 하지만 실제 적용에 있어 강수를 관측하는데 레이더만 전적으로 사용할 수는 없다. 일반적으로 레이더를 검정하기 위해 우량계나 그 외의 정확한 측정시스템(예를 들어, 물방울의 크기를 재는 도구)이 필요하다.

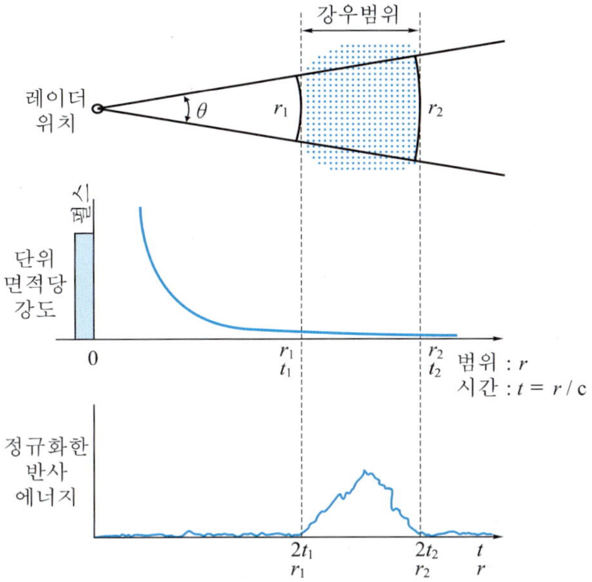

그림 4.10 레이더를 이용한 강수의 관측

레이더는 좁은 주파수대(band)의 전자기(electromagnetic) 에너지를 방출한다. 그림 4.10과 같이 방출된 에너지가 강수와 마주치게 되면 이 에너지는 부분적으로 흡수(absorbed), 산란(scattered) 그리고 반사(reflected)된다. 반사된 에너지의 일부는 송신기(transmitter)로 되돌아오고 총 에너지의 이동시간은 신호가 목표물(강수)에 도달하는 시간인 t와 되돌아오는 시간 t를 합해 2t가 되며 빛의 속도로 전파된다. 강수와의 상호작용이 이루어지는 동안 방출된 에너지는 약해지게(attenuation)되므로 반사된 에너지는 다른 파장대의 반사에너지와 비교하기 위해 정규화(normalized) 및 증폭(amplified)과정을 거치게 된다.

레이더 반사는 그림 4.10과 같이 1차원 범위로 나타낸 것과는 달리 여러 가지 방법으로 나타낼 수 있다. 안테나를 회전시킴으로서 강수의 공간적인 범위를 나타낼 수 있으며 연직방향으로 기울임으로써 강수의 수직적인 분포를 관측할 수 있다. 레이더로 관측된 강수의 양상을 나타내는 방법은 일반적으로 두 가지를 사용하며 그림 4.11과 같이 평면위치표시기(plan position indicator, PPI)와 고저범위표시기(range height indicator, RHI)가 있다. 오늘날 기상레이더는 반사된 정보를 디지털형식으로 변환시키기 때문에 강우강도의 상태를 표시기를 통해 눈으로 확인하는 것에만 그치지 않고 숫자로 나타내어 분석할 수 있다.

평균적으로 되돌아온 전자기 신호의 전력은 다음과 같이 강수와 연관시킬 수 있다.

$$\overline{P}_r = \frac{C}{r^2}\sum D^6 \qquad (4.5.1)$$

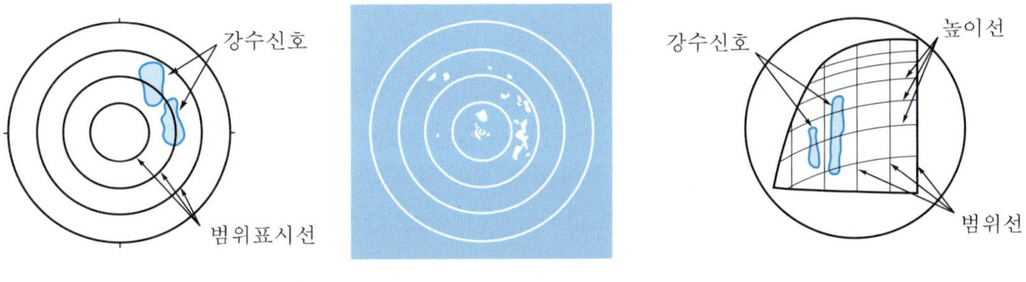

그림 4.11 레이더 표현 형태 (왼쪽 : PPI, 오른쪽 : RHI)

여기서 D는 특정 물방울의 직경이고, r은 관측범위 그리고 계수 C는 신호의 파장(wavelength), 전파의 형태(beam shape), 폭(width), 진동길이(pulse length), 송출전력(transmitted power), 안테나 이득(antenna gain) 그리고 목표의 굴절(refractive) 지수 등에 의해 결정된다.

다음과 같은 물방울 직경 D의 6승에 대한 합을 반사계수(reflectivity factor) Z이라 한다.

$$Z = \int D^6 N(D) dD \tag{4.5.2}$$

여기서 Z는 mm^6/m^3의 단위를 가지고 있으며, N(D)는 입자크기의 분포이다. 강우강도 R과 반사계수 Z와의 관계는 다음과 같다.

$$Z = aR^b \tag{4.5.3}$$

이 관계를 Z～R관계라 부르며 레이더를 이용한 강수관측의 가장 중요한 부분이라 할 수 있다. 계수 a와 b는 지역, 강수형태, 물방울 크기 등에 따라 다양하게 변한다. Linsley(1982)는 강우강도 R을 mm/hr로 타나낼 때 a의 값은 15～1000 그리고 b의 값은 1.2～3.2를 보인다고 제시하였으며 일반적으로 Marshall-Palmer가 제시한 a=200, b=1.6의 값이 사용되고 있다. 눈에 대해서는 a=2000, b=2.0의 값이 사용되고 있다.

기존 방법과는 전혀 다른 관측 특성 때문에 레이더를 이용한 강수의 관측결과는 지상에서의 비교적 정확한 우량계의 관측결과와 비교할 때 차이를 나타낼 수 있다. 레이더는 지상의 한 지점에서가 아니라 다양한 고도에서의 물의 부피를 관측하며 우량계와의 차이는 다음과 같은 이유로 발생할 수 있다.

① 낮은 고도에서 형성된 강우는 레이더에 의해 관측되지 않을 수 있다.
② 임의의 높이에서 관측된 강수는 증발되거나 바람에 의해 다른 장소로 이동되어 지상에 도달하지 않을 수도 있다.
③ 강수의 종류 및 강도에 대한 연직방향의 변화성은 정확하지 않은 반사파를 받아 잘못 산정할 수 있다.
④ 지표면 증발은 잘못된 레이더 반사파를 초래할 수 있다.

레이더 신호가 대기의 상부층에서 빙결된 층과 만나게 되면 반사도의 증가를 가져오게 되며 이를 밝은 띠 효과(bright band effect)라 하고, 위에서 네 번째 항목인 경우를 이상전파(anomalous propagation)라 한다. 레이더 신호는 지표면의 장애물 즉, 레이더 용어로 지상간섭(ground clutter)을 피하기 위해 수평보다는 위를 향하여 방출하게 된다.

레이더 신호의 감쇄(attenuation)는 파장에 따라 다르게 나타나며 파장이 5cm 이상인 것이 바람직하다. 5cm의 파장에서는 강도가 강한 강수에서는 감쇄가 크게 나타날 수 있지만, 10cm 이상의 파장에서는 감쇄는 일반적으로 문제가 되지 않는다. 일반적으로 레이더는 파장에 의해 S밴드 레이더(5.77~19.3cm), C밴드 레이더(7.69~9.84cm), X밴드 레이더(2.75~5.77cm)로 분류한다.

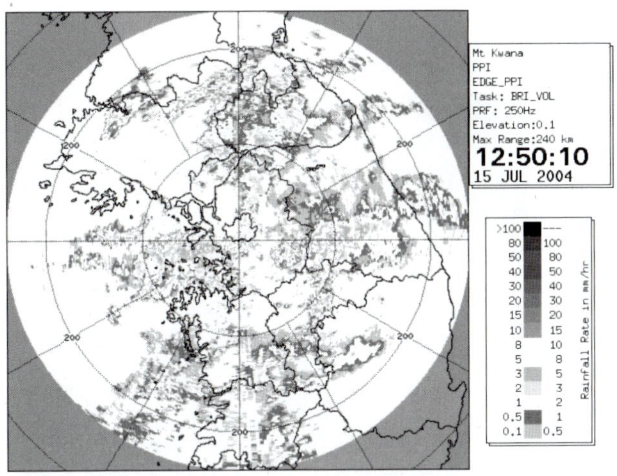

그림 4.12 관악산 기상레이더로부터 PPI로 표현된 강우관측

우리나라는 기상청에서 1968년 관악산에 기상레이더(S-band)를 처음 설치하면서 레이더 관측을 시작하였으며, 이후 제주 고산(1990), 부산(1990), 동해(1991), 군산(1992) 등 5개 지점에 기상레이더를 설치함으로써 우리나라 전역의 악기상을 감시할 수 있는 기본적인 관측망이 완성되었다. 관측망 취약지역에 대한 악기상 감시 및 연구 목적에 따라 장소를 이동하여 관측할 수 있는 트레일러형 이동식 도플러 기상레이더(X-band)도 개발되어 사용되고 있다.

예제 4.1

구름의 물방울 입자크기 분포가 다음과 같이 지수분포를 따른다고 할 때 Marshall과 Palmer가 제시한 Z-R관계를 이용하여 강우강도를 산정하라.

$$N(D) = N_0 e^{-\Lambda D}$$

여기서 N_0=5000(1/m^4), Λ=0.5(1/mm)

$$\int_0^\infty e^{-\Lambda D} D^n \, dD = \frac{n!}{\Lambda^{n+1}}$$

풀이

Marshall과 Palmer가 제시한 Z-R관계가 다음과 같으므로

$$Z = 200R^{1.6}, \qquad R = \left(\frac{Z}{200}\right)^{1/1.6}$$

반사계수 Z는 다음과 같이 입도분포를 대입하여 산정할 수 있다.

$$Z = \int_0^\infty D^6 N(D)\, dD = \int_0^\infty D^6 N_0 e^{-\Lambda D}\, dD = N_0 \frac{6!}{\Lambda^7}$$

$$= \left(\frac{5}{m^3 \cdot mm}\right) \frac{6!}{\left(\frac{0.5}{mm}\right)^7} = 460800 \frac{mm^6}{m^3}$$

따라서 강우강도는 다음과 같다.

$$R = \left(\frac{460800}{200}\right)^{1/1.6} = 126.3 mm/hr$$

4.5.4 기상위성

그림 4.13 한반도에 대한 위성관측 합성이미지

기후를 연구하기 위한 기상위성(meteorological satellites)의 사용이 지속적으로 증가하고 있으며 장래에는 레이더와 함께 주된 강우 및 기상 관측 방법이 될 것으로 보인다. 위성관측은 대기에서 여러 파장에 대한 복사에너지의 선택적인 전파에 기본 원리를 두고 있다. 대부분의 위성은 가시광선 및 열적외선 파장의 복사에너지를 감지하고 있다. 가시(visible)광선의 파장은 0.77~ 0.91μm이고 열적외선(thermal infrared)은 8.0~9.2μm, 10.2~12.4μm 그리고 17.0~22μm의 파장을 가지고 있다. 위성은 감지한 복사에너지로부터 영상을 만들어내고 컴퓨터의 입력 자료로 이용하기 위해 수치화 된다. 그림 4.13은 한반도에 대한 위성관측 자료를 합성하여 나타낸 것이다.

현재 사용되고 있는 위성을 분류하면 극궤도(polarorbiting)위성과 정지(geostationary)위성으로 구분할 수 있다. 극궤도위성은 약 1,000km의 상공에서 극 지역을 하루에 두 번씩 회전한다. 정지위성은 36,000km의 상공에서 지구의 회전과 같은 속도로 움직이고 있어 한 지점에 정지하고 있는 효과를 얻게 된다. 정지위성은 5분 또는 30분마다 변화를 관측하여 기상 상태를 신속하게 파악할 수 있다.

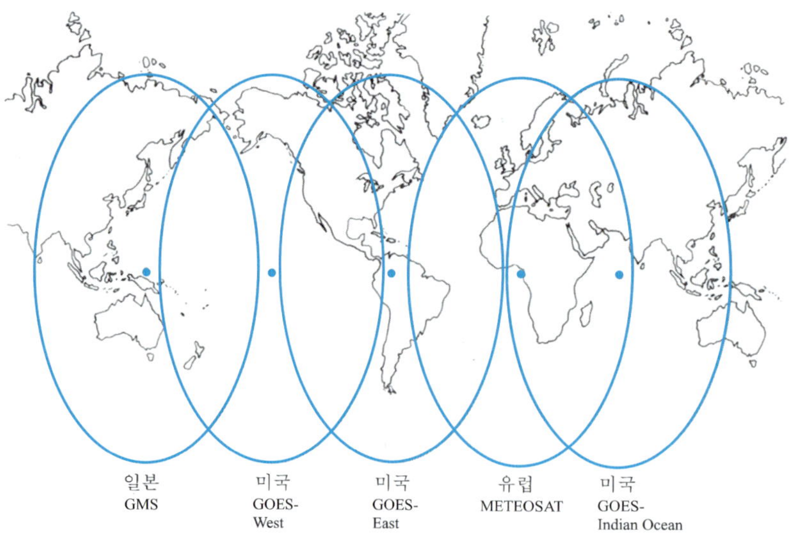

그림 4.14 5개의 지구정지위성의 관측범위

미국의 GOES(Geostationary Operational Environmental Satellite) 시스템은 다른 나라들의 유사한 위성과 함께 지구의 연속적인 기상관측 결과를 제공하고 있으며, 위도 60°이상에서는 왜곡현상을 보이고 있다.

그림 4.14는 GOES의 일반적인 위치를 보여주고 있다. GOES위성은 가시광선 반사도(albedo)를 0.5~100% 범위로 측정하고, 열적외선 복사에너지는 −93~42℃ 범위의 온도를 측정한다. 이 위성의 해상도는 가시광선에서는 1km, 열적외선에서는 8km를 가지고 있다.

이와 같은 해상도를 가지고 GOES위성은 중간규모(mesoscale)의 호우사상을 관측할 수 있다. 원격으로 측정된 위성자료를 이용하여 누적강우량을 알아내기 위한 많은 연구가 수행되고 있으며 지상에서 강수 관측망이 드물거나 아예 없는 지역 또는 강수의 공간적인 분포를 알아내기 위해 위성관측이 유용하게 사용될 수 있다.

4.5.5 강수량의 변화

1) 지역적인 변화

일반적으로 강수는 적도 근처에서 가장 심하고 위도가 증가함에 따라 감소한다. 하지만 전 세계 연평균강수량의 등우선(isohyet)의 불규칙성과 방향성은 적도로부터 떨어진 위치 외에 지형적인 분포에 대한 강수의 의존성을 보여주고 있다. 강수의 주요 근원은 바다로부터의 증발이므로 강수는 해안선을 따라 심한 경향을 보여주고 있고, 등우선의 왜곡은 산악효과를 나타내고 있다.

대부분의 강수가 공기기단의 상승으로 인해 발생하므로 강수의 양 및 빈도는 산악지형에서 바람이 불어오는 쪽이 크다. 반대로 공기의 하강은 상대습도를 감소시키므로 바람이 불어나가는 반대쪽은 비교적 강수가 작고 건조하다.

우리나라의 연평균 강수량은 1,277.4mm(1978년~2007년)로 나타나고 있는데, 그림 4.15에서 나타난 바와 같이 남해안 및 강원도 영동지역은 1,400mm 이상인 반면 경상북도, 충청도 및 경기도 내륙은 강수량이 적으며, 특히 낙동강 중부지역은 1,100mm 이하로 나타나고 있다. 강수량이 가장 큰 곳은 경상남도 거제로 2007mm이고, 가장 작은 곳은 인천광역시의 백령도로 826mm로 나타나고 있다. 이와 같이 지역별 및 유역별로 강수량의 편차가 심하고 홍수기에 강수량이 편중되어 물이용 및 치수 측면에서 취약한 것으로 나타난다.

표 4.3 외국의 연평균 강수량분포

국명	면적 ($10^3 km^2$)	연평균강수량 (mm)	총강수량 ($10^7 ton$)
미 국	7,828	750	58,700
영 국	244	1,170	2,860
프랑스	551	770	4,240
서 독	247	630	2,220
스위스	241	1,200	492
스웨덴	440	630	2,770
이태리	301	500	1,501
인 도	3,288	920	30,250
일 본	370	1,855	6,045
한 국	98	1,283	1,276

2) 시간적인 변화

강수기록의 시간적인 변화를 보면 국부적으로 강수의 증가 또는 감소추세를 보여주지만 일반적으로 평균치로 되돌아오려는 추세를 보이고 있다. 즉, 비정상적으로 습한 기간은 곧이어 나타나는 건조한 기간에 의해 균형이 이루어진다.

우리나라는 1900년대부터 2000년대까지 10년 평균 강수량의 변화를 보면 강수량의 변동폭은 점진적으로 증가하고 있으며, 특히 1970년대 이후로는 약 4%정도 증가하고 있는 것으로 나타나고 있다. 연평균 강수량은 최저치 754mm(1939년)에서 최고치 1,756mm(2003년)의 변화폭을 보이며, 이는 극한 홍수와 가뭄의 증가원인이 되고 있다.

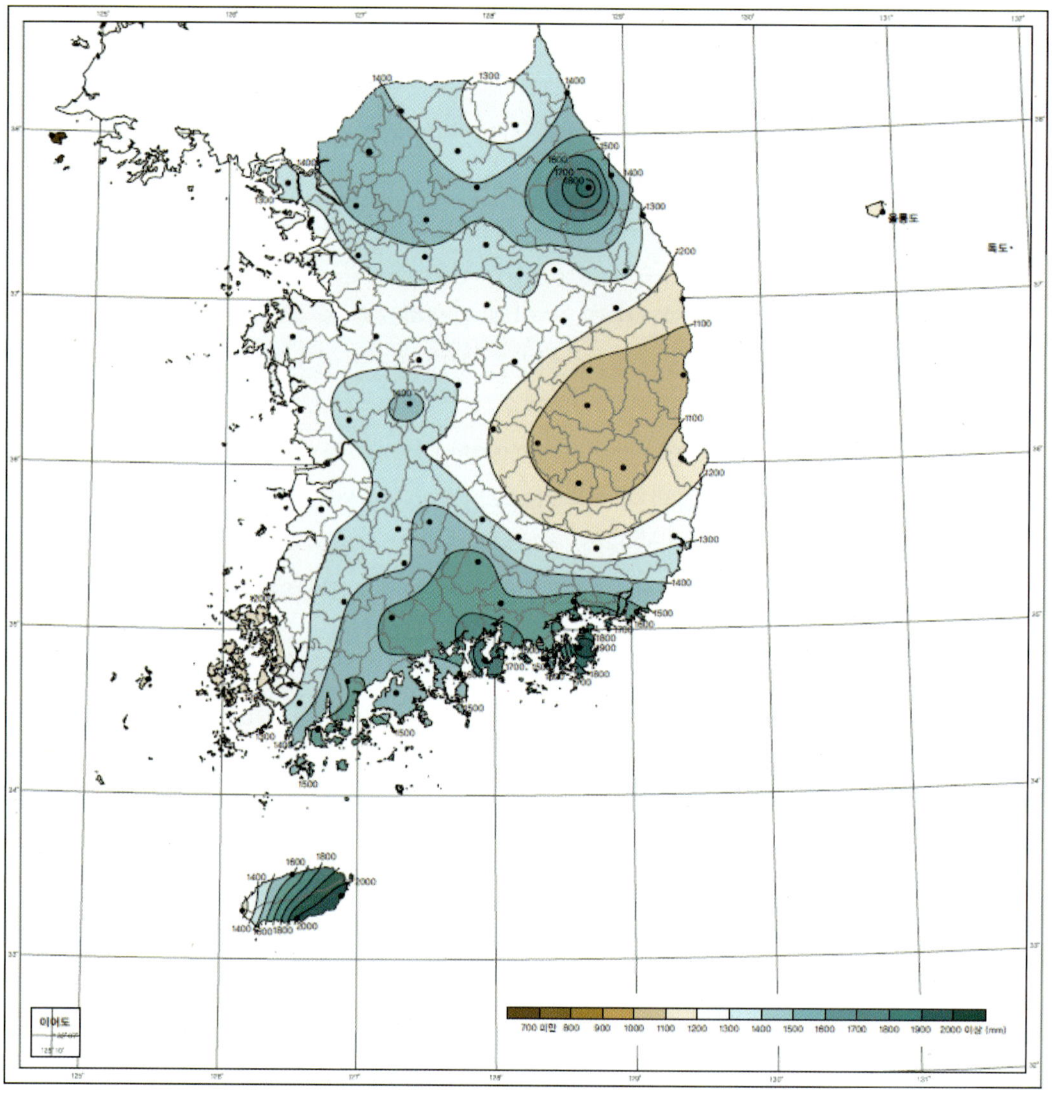

그림 4.15 지역별 연평균 강수량 분포(자료기간은 최근 30년 평균, 1978~2007년)

호우사상 중 강우의 시간적인 분포는 홍수수문곡선(flood hydrographs)을 산정하는데 매우 중요하다. 분포는 강수의 종류, 강도(intensity) 그리고 지속시간(duration)에 따라 변하며 모든 상황에 적용할 수 있는 일반적인 분포는 없다. 우리나라의 지역별 연평균 강수량 분포가 그림 4.15에 나타나 있으며, 지속시간 10분, 1시간 그리고 24시간 기왕의 최대 강우는 표 4.4~4.6과 같다.

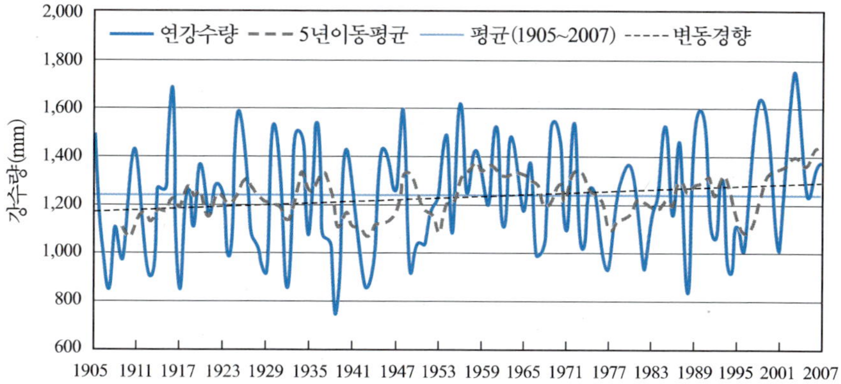

그림 4.16 우리나라의 연강수량(1905~2007년) 추이

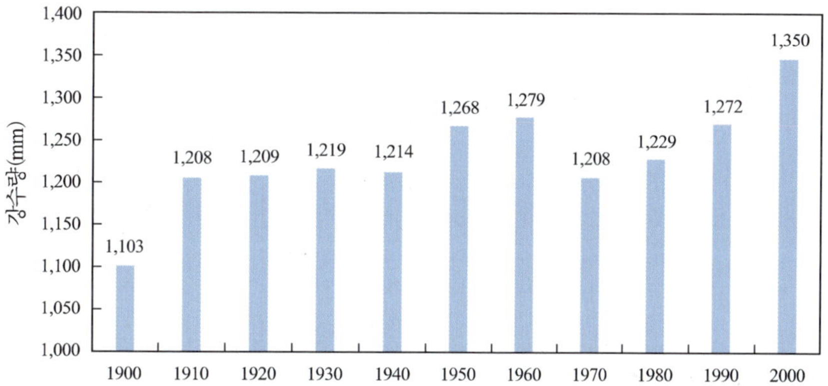

그림 4.17 10년 평균강수량의 변동추세

표 4.4 우리나라 강수량 10분간 최다 순위 (2014년 현재)

순위	지 명	강수량 (mm)	발생 년월일	기록시작년도
1	서 울	47.2	1956. 6. 22	1914
2	서 울	40.5	1945. 8. 29	1914
3	부 산	40.0	1981. 9. 24	1935
4	철 원	39.0	2010. 8. 15	1988
5	창 원	38.0	2009. 7. 16	1984

표 4.5 우리나라 강수량 1시간 최다 순위 (2014년 현재)

순위	지명	강수량 (mm)	발생 년월일	기록시작년도
1	강 화	123.5	1998. 8. 6	1971
2	서 울	118.6	1942. 8. 5	1914
3	부 여	116.0	1999. 9. 10	1971
4	서 울	116.0	1964. 9. 31	1914
5	진 도	115.5	2004. 7. 14	1971

표 4.6 우리나라 강수량 1일간 최다 순위 (2014년 현재)

순위	지명	강수량 (mm)	발생 년월일	기록시작년도
1	강 릉	870.5	2002. 8. 31	1957
2	대관령	712.5	2002. 8. 31	1972
3	장 흥	547.4	1981. 9. 2	1971
4	부 여	517.6	1987. 7. 22	1971
5	포 항	516.4	1998. 9. 30	1954

표 4.7 우리나라 주요도시의 월평균강수량 (mm) (1981~2010년)

지역	1월	2월	3월	4월	5월	6월	7월	8월	9월	10월	11월	12월	연평균
서 울	20.8	25.0	47.2	64.5	105.9	133.2	394.7	364.2	169.3	51.8	52.5	21.5	1450.5
인 천	20.6	20.8	40.5	57.7	100.3	112.0	319.6	285.8	153.5	53.4	51.0	19.3	1234.4
수 원	22.4	24.2	47.9	61.3	97.8	129.2	351.1	299.8	153.9	53.1	49.7	21.8	1312.3
철 원	20.6	26.4	40.2	64.0	102.0	138.0	400.9	338.2	148.5	44.7	46.4	21.2	1391.2
춘 천	20.3	23.8	41.7	62.3	104.0	123.1	383.8	317.5	160.9	44.3	44.7	220.9	1347.3
대관령	62.6	53.6	75.6	89.5	122.3	201.0	326.7	420.9	307.3	124.9	76.9	36.8	1898.0
강 릉	55.1	49.6	68.9	68.7	87.0	120.6	242.8	298.9	243.8	110.4	80.3	38.3	1464.5
울릉도	116.2	78.1	72.2	81.3	105.1	115.3	170.2	167.9	170.7	83.9	105.5	117.1	1383.4
대 전	29.6	34.2	55.6	81.7	103.7	206.3	333.9	329.5	169.7	47.4	41.1	25.9	1458.7
전 주	32.7	40.0	54.3	77.3	91.5	167.9	299.6	277.5	137.6	53.5	50.2	31.1	1313.1
광 주	37.1	47.9	60.8	80.7	96.6	181.5	308.9	297.8	150.5	46.8	48.8	33.5	1391.0
목 포	33.2	42.4	60.0	69.3	89.2	173.1	236.7	192.6	147.5	46.9	43.4	29.3	1163.6
여 수	25.1	41.3	75.7	116.6	146.5	213.7	291.5	262.9	157.1	48.1	41.8	18.6	1439.0
포 항	36.5	40.8	60.9	68.9	85.2	141.6	203.2	227.4	177.1	43.7	41.1	25.7	1152.0
대 구	20.6	28.2	47.1	62.9	80.0	142.6	224.0	235.9	143.5	33.8	30.5	15.3	1064.4
부 산	34.4	50.2	80.7	132.7	157.4	206.7	316.9	255.1	158.0	58.4	45.8	22.8	1519.1
제 주	65.2	62.6	88.6	89.6	96.4	181.4	239.9	262.5	221.6	80.3	61.9	47.7	1497.6

4.6 강수량 자료의 분석

수공구조물의 설계나 수자원분석을 위해서는 강수량 자료의 분석이 필수적이다. 강수에 대한 잘못된 자료나 분석은 결국 모든 수공구조물이나 수자원 관련 분석의 잘못으로 연결된다. 따라서 강수에 대한 잘못된 결정을 내리는 것을 피하기 위해 관측된 강수자료에 대한 충분하고 적절한 분석이 필요하다. 예를 들어 한 우량관측소에서 연평균강수량을 산정할 때 산정 기간 동안 관측소의 위치나 관측기기가 변경되었다면 산정된 연평균강수량은 신뢰성이 떨어지게 된다. 또한 유역의 평균강우량을 산정하는 방법이 여러 가지 있으며 각 방법마다 서로 다른 결과를 주게 된다. 따라서 본 절에서는 강수자료의 결측치보완, 일관성분석 및 유역평균강수량분석 등 강수량 자료의 기본적인 분석 방법에 대해 설명하기로 한다.

4.6.1 우량주상도 및 누가우량곡선

한 관측소에서의 점 강우량은 그림 4.18과 같이 강우강도 또는 누가강우량의 형태로 표현할 수 있다. 우량주상도(hyetograph)는 시간에 대한 강우강도(mm/hr, in/hr)를 표시한 막대그래프로 강우에 대한 유역의 반응인 유출을 계산하기 위한 수문모형의 입력 자료로 사용하게 된다. 시간에 따라 관측된 강우량을 계속적으로 누가 시켜 나타낸 것을 누가우량곡선(rainfall mass curve)이라 하며 임의 관측지점에 대한 강우의 빈도 및 특성을 결정하기 위한 호우의 다양성을 분석하는데 사용되어질 수 있다.

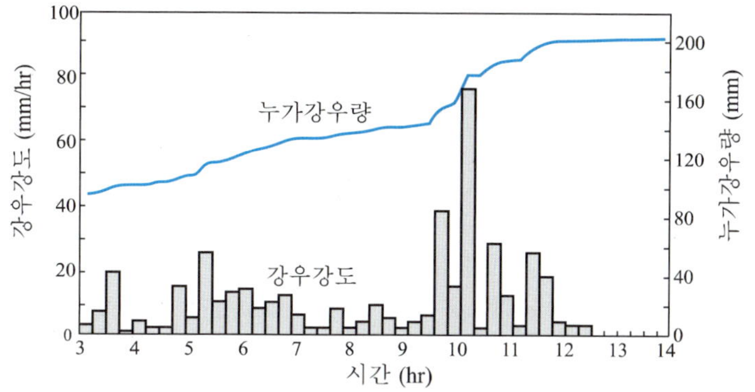

그림 4.18 우량주상도 및 누가강우량

예제 4.2

표 4.8은 특정 지점의 우량관측소에서 2004년 6월 31일 오전 2시 45분부터 오후 2시까지 관측된 강우자료를 보여주고 있다. 이 자료를 이용하여 우량주상도 및 누가우량곡선을 구하고, 최대 강우강도를 구하라.

표 4.8 우량관측소의 강우관측자료

시간 (hr:min)	누가강우량 (mm)	강우강도 (mm/hr)	시간 (hr:min)	누가강우량 (mm)	강우강도 (mm/hr)
2:45	94.0		8:30	140.5	9.2
3:00	94.7	2.8	8:45	141.7	4.8
3:15	96.5	7.2	9:00	142.2	2.0
3:30	101.3	19.2	9:15	143.3	4.4
3:45	101.6	1.2	9:30	144.8	6.0
4:00	102.6	4.0	9:45	154.4	38.4
4:15	103.1	2.0	10:00	158.2	15.2
4:30	103.6	2.0	10:15	177.3	**76.4**
4:45	107.4	15.2	10:30	177.8	2.0
5:00	108.7	5.2	10:45	184.9	28.4
5:15	115.1	25.6	11:00	188.0	12.4
5:30	117.6	10.0	11:15	188.7	2.8
5:45	120.9	13.2	11:30	195.1	25.6
6:00	124.5	14.4	11:45	199.6	18.0
6:15	126.5	8.0	12:00	200.7	4.4
6:30	129.0	10.0	12:15	201.4	2.8
6:45	132.1	12.4	12:30	202.2	3.2
7:00	133.6	6.0	12:45	202.2	0.0
7:15	134.1	2.0	13:00	202.2	0.0
7:30	134.6	2.0	13:15	202.2	0.0
7:45	136.7	8.4	13:30	202.2	0.0
8:00	137.2	2.0	13:45	202.2	0.0
8:15	138.2	4.0	14:00	202.2	0.0

풀이

우량주상도를 그리기 위해 매 시간구간에서의 누가강우량으로부터 전 시간구간에서의 누가강우량을 빼어 15분간 내린 강우량을 구한다. 강우강도(시간당 강우량)를 구하기 위해 15분간 내린 강우량을 0.25 시간(15분)으로 나눈다. 표 4.8의 2란에서 주어진 강우량 값은 15분마다의 누가 강우량이므로 누가우량곡선은 쉽게 그릴 수 있다.

최대 강우강도는 오전 10시부터 10시 15분간 19.1mm가 내렸으므로 다음과 같다.

$$\frac{(177.3-158.2)}{0.25\text{hr}} = 76.4\text{mm/hr}$$

그림 4.18은 우량주상도 및 누가강우량을 보여주고 있다. 최대 강우강도는 우량주상도가 가장 큰 지점을 나타내며 누가우량곡선에서 경사가 가장 큰 시간에서 나타나고 있음을 알 수 있다.

4.6.2 강수 결측치의 보완

우량관측소에서 관측자의 실수 또는 관측 장비의 문제 등으로 인해 일정기간 자료가 결측될 경우가 있는데 이런 경우 결측된 값을 관측된 값으로부터 산정할 필요가 있다. 결측된 자료를 산정하기 위해서는 결측된 관측소와 가능하면 등간격으로 분포되어 있는 인접한 3개의 관측소의 값을 선택하여 이용하게 된다.

인접한 세 관측소의 정상연평균강수량(normal annual precipitation) N_A, N_B, N_C와 결측된 관측소의 정상연평균강수량 N_X의 차가 10% 이내일 경우에는 인접한 세 관측소에서의 강수량 P_A, P_B, P_C를 단순히 산술평균함으로써 결측된 강수량 P_X를 구할 수 있다.

$$\left|\frac{N_{A,B,C} - N_X}{N_X}\right| \leq 10\% \text{ 인 경우}$$

$$P_X = \frac{1}{3}(P_A + P_B + P_C) \tag{4.6.1}$$

결측 관측소의 정상연평균강수량과 인접한 세 관측소의 정상연평균강수량 중 어느 하나라도 차가 10% 이상이 되면 정상년강수량 비율법(normal-ratio method)을 사용하게 되며 정상연평균강수량의 비에 의해 결측 강수량을 구한다.

$$\left|\frac{N_{A,B,C} - N_X}{N_X}\right| > 10\% \text{ 인 경우}$$

$$\frac{1}{3}\left(\frac{P_A}{N_A} + \frac{P_B}{N_B} + \frac{P_C}{N_C}\right) = \frac{P_X}{N_x} \tag{4.6.2}$$

$$\therefore\ P_X = \frac{N_X}{3}\left(\frac{P_A}{N_A} + \frac{P_B}{N_B} + \frac{P_C}{N_C}\right) \tag{4.6.3}$$

결측 강수자료를 산정하는 또 다른 방법으로 역거리제곱법(inverse distance squared method)이 있다. 이 방법은 결측된 관측소를 기준으로 동서남북 4방향에서 인접한 관측소를 각각 1개소씩 선택하므로 사분위법(quadrant method)으로도 불린다. 역거리제곱법에서는 결측 관측소 X와 인접한 관측소간의 거리의 제곱의 역을 가중인자로 사용한다. 따라서 인접관측소가 결측 관측소 X와 가까우면 가중치가 커지게 된다.

$$P_X = \sum_{i=1}^{n}\left[\left(\frac{1}{d_i^2}\right)P_i\right] \Big/ \sum_{i=1}^{n}\left(\frac{1}{d_i^2}\right) \tag{4.6.4}$$

여기서 d_i는 결측 관측소 X와 인접 관측소 i 사이의 거리이다. 이 방법은 비교적 짧은 거리에서 강수의 변화가 많은 산악지역과 같은 곳에서는 신뢰성이 떨어진다.

이 밖에도 결측 강수량을 산정하는 방법들이 많이 제시되어 사용되고 있다. 등우선보간법(isohyetal interpolation method)은 인접 관측소에서 관측된 강수량을 이용하여 등우선을 그리고 등우선의 형태에 따라 결측 관측소의 강수량을 보간 산정하게 된다. 이 방법은 등우선을 그려야 하므로 시간이 많이 걸리는 단점이 있다. 이외에도 회귀분석기법(regression technique method), 크리깅(kriging) 등 다양한 방법으로 결측 강수량을 산정하고 있다.

예제 4.3

그림 4.19와 같은 유역에 X지점 우량계의 고장으로 한 달간 우량관측을 할 수 없었다. 인접한 A, B, C 세 관측소의 자료를 이용하여 X지점의 결측된 월강수량을 산정하라. 각 관측소에서 관측된 월강수량과 정상 연평균강수량이 표 4.9에 주어져 있다.

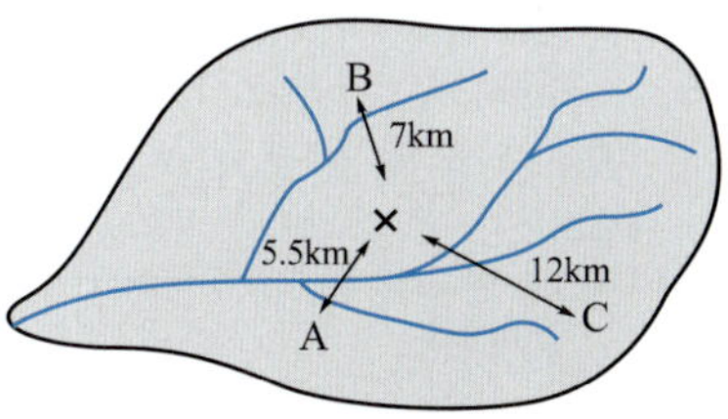

그림 4.19 강수 결측치의 보완

표 4.9 결측 강수량을 산정하기 위한 자료

관측소	관측 월강수량 (mm)	정상연평균강수량 (mm)	X관측소와의 거리 (km)
A	200.0	1090.0	5.5
B	150.0	1205.0	7.0
C	170.0	1117.0	12.0
X		1180.0	

풀이

결측 관측소와 인접관측소간의 정상연평균강수량의 차가 10% 이내이므로 산술평균방법을 사용하면 된다.

$$P_X = \frac{200+150+170}{3} = 173\text{mm}$$

비교를 위해 정상연강수량비율법과 역거리제곱법을 적용하여 구하면 다음과 같다.

$$P_X = \frac{1180}{3}\left(\frac{200}{1090}+\frac{150}{1205}+\frac{170}{1117}\right) = 181\text{mm}$$

$$P_X = \sum_{i=1}^{n}\left[\left(\frac{1}{d_i^2}\right)P_i\right] / \sum_{i=1}^{n}\left(\frac{1}{d_i^2}\right) = \frac{\frac{200}{30.25}+\frac{150}{49}+\frac{170}{144}}{0.0604} = 180\text{mm}$$

4.6.3 강수자료의 일관성 분석

강수자료의 일관성(consistency)을 분석하기 위해서는 이중누가우량분석(double mass analysis) 방법을 이용한다. 이 방법은 특정 우량관측소의 자료수집 방법에 변화가 생긴 것을 알아내기 위해 사용하는 일반적인 기법이다. 우량관측소의 관측방법의 변화는 관측기기의 교체, 관측방법의 변경, 관측소의 위치이동 그리고 기타 인위적이거나 자연적인 변화 때문에 발생하게 된다.

이중누가우량곡선은 일관성에 의심이 가는 관측소의 자료와 인접한 관측소(1개 관측소 또는 여러 관측소)의 자료를 함께 표시한 곡선이다. 가로축에는 인접관측소의 누가우량, 세로축에는 의심이 가는 관측소의 누가우량을 나타낸다. 만일 관측 조건이 변하지 않았다면 두 개의 누가우량곡선은 일관성 있는 선형관계를 나타낼 것이다. 일관성에 의심이 가는 관측소의 누가우량곡선은 관측 자료의 변화로 인해 변화가 없는 인접 관측소의 누가우량곡선과 그림 4.20과 같이 어느 순간부터 다른 기울기를 나타내게 된다. 만일 경사의 변화가 뚜렷하다면 그 이유를 조사할 필요가 있고 이에 따라 자료를 인접관측소와 일관성이 있도록 수정하여야 한다.

이중누가우량곡선을 작성할 때 문제 관측소의 누가우량과 인접한 관측소들의 평균누가우량을 과거자료로부터 최근자료로 누가시켜 작성하게 된다. 변화가 있기 전 및 후의 자료의 중요성을 판단하여 변화 전의 자료가 중요하면 변화 후의 자료를 수정하고, 변화 후의 자료가 중요하면 변화 전의 자료를 수정하게 된다. 그림 4.20에서 이중누가우량곡선의 최근 기울기는 B이고 변화가 발생하기 전의 기울기가 A이므로 변화가 발생한 후의 강우량에 조정비 A/B를 곱해 과거자료와 일관성이 있도록 조정하게 된다. 최근의 자료와 일관성이 있도록 조정하려면 과거의 자료에 B/A를 곱해 조정하게 된다.

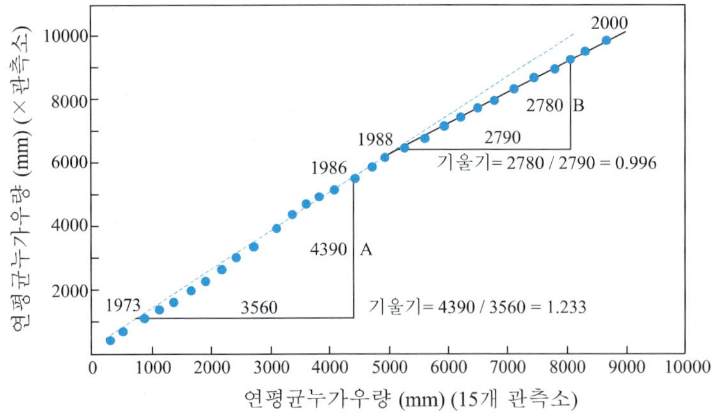

그림 4.20 이중누가우량분석

예제 4.4

X관측소의 30년간의 연강우량자료와 인근 15개 관측소의 연평균강우량자료가 표 4.10과 같이 주어져 있다. 이중누가우량분석을 실시하여 다음을 구하라.

1) X관측소 자료의 일관성을 분석하라.
2) 자료의 수정하지 않았을 경우의 X관측소의 연평균강우량은 얼마인가?
3) 인근자료를 이용하여 수정하였을 경우 X관측소의 연평균강우량은 얼마인가?

표 4.10 X관측소 연강우량 및 인근 15개 관측소의 연평균강우량 및 누가치

년도 (year)	연강우량 (mm)		연강우량 누가값 (mm)	
	X관측소	15개 관측소평균	X관측소	15개 관측소평균
1971	470	290	470	290
1972	240	210	710	500
1973	420	360	1130	860
1974	270	260	1400	1120
1975	250	230	1650	1350
1976	350	300	2000	1650
1977	290	260	2290	1910
1978	360	260	2650	2170
1979	370	260	3020	2430
1980	350	280	3370	2710
1981	580	400	3950	3110
1982	410	260	4360	3370
1983	340	240	4700	3610
1984	200	220	4900	3830
1985	260	250	5160	4080
1986	360	340	5520	4420
1987	350	280	5870	4700
1988	280	230	6150	4930
1989	290	330	6440	5260
1990	320	330	6760	5590
1991	390	350	7150	5940
1992	250	260	7400	6200
1993	300	290	7700	6490
1994	230	280	7930	6770
1995	370	340	8300	7110
1996	340	330	8640	7440
1997	300	350	8940	7790
1998	280	260	9220	8050
1999	270	250	9490	8300
2000	340	350	9830	8650

풀이

1) X관측소와 인근 15개 관측소의 강우량자료를 누가시킨 결과가 표 4.10과 같으며 이를 도시한 그림 4.20와 같이 1988년부터 자료의 일관성이 결여되는 것을 알 수 있다.
2) 자료를 수정하지 않을 경우 X관측소 강우량의 총 누가치 9,830을 전체 자료수 30으로 나누면 평균 =327.7mm이다.

3) 자료가 일관성이 있도록 최근 자료를 수정할 경우에는 자료의 경사비 1.233/0.996=1.238를 최근의 자료에 곱해주어 평균치를 구하면 된다.

$$p = \frac{(1971 \sim 1988\text{년누가치}) + (1989 \sim 2000\text{년누가치}) \times 1.238}{\text{자료수}}$$

$$= \frac{1}{30}(6150 + 3680 \times 1.238) = 356.9\text{mm}$$

자료가 일관성이 있도록 과거 자료를 수정할 경우에는 자료의 경사비 0.996/1.233=0.808를 과거의 자료에 곱해주어 평균치를 구하면 된다.

$$p = \frac{(1971 \sim 1988\text{년누가치}) \times 0.808 + (1989 \sim 2000\text{년누가치})}{\text{자료수}}$$

$$= \frac{1}{30}(6150 \times 0.808 + 3680) = 288.3\text{mm}$$

4.6.4 유역의 평균강우량 산정

우량관측소의 강우량은 한 지점에서의 점 강우량을 관측한 것이며 대부분의 수문분석에서 점 강우량을 면적평균 강우량으로 변환시킬 필요가 있다. 강우-유출모형은 일반적으로 입력자료로서 유역(basin) 또는 소유역(subbasin)의 평균강우량을 이용하게 된다. 면적 평균강우량을 산정하는 방법에는 산술평균법(arithmetic average method), 티센다각형법(Thiessen polygon method) 그리고 등우선법(isohyetal method)이 사용되고 있다.

결측치 보완방법과 마찬가지로 각각의 방법은 가중된 강우량의 합으로부터 면적 평균 강우량을 산정하게 되며 어떻게 강우량에 가중치를 부여하는가에 따라 산정방법이 변하게 된다.

1) 산술평균법

면적 평균강우량을 산정하는 방법 중 가장 간단한 방법이 산술평균법이며 유역 내에 있는 강우량 자료를 단순히 산술평균하는 방법으로 각 관측소마다 동일한 가중치 1/n을 부여하여 평균강우량을 구하게 된다.

$$P_m = \frac{P_1 + P_2 + \ldots + P_n}{n} = \frac{1}{n}\sum_{i=1}^{n} P_i \qquad (4.6.5)$$

여기서 P_m은 유역의 평균강우량, P_1, ..., P_n은 유역내 n개 관측소에서 관측된 강우량이다.

산술평균법은 평야지역에서 우량관측소가 균등하게 분포되어 있고 각 관측소의 관측치가 유역의 평균치와 크게 벗어나지 않을 때 비교적 정확한 결과를 주게 된다. 즉, 강우에 대한 산악효과나 우량관측소의 분포상태, 밀도 등에 대한 고려 없이 모든 관측소의 값을 동일한 조건으로 고려하므로 비교적 평야지역이나 강우분포가 균일한 경우에 사용한다.

예제 4.5

그림 4.21은 가상유역 내, 외에서 관측된 강우량을 보여주고 있다. 이 강우량을 이용하여 산술평균법에 의한 유역평균 강우량을 산정하라.

풀이

유역내 다수의 관측소가 위치하고 있으므로 유역내의 자료만 이용하여 산술평균법으로 구하면 다음과 같다.

$$P_m = \frac{37.1 + 48.8 + 68.3 + 114.3 + 75.7 + 127.0}{6} = 78.5\text{mm}$$

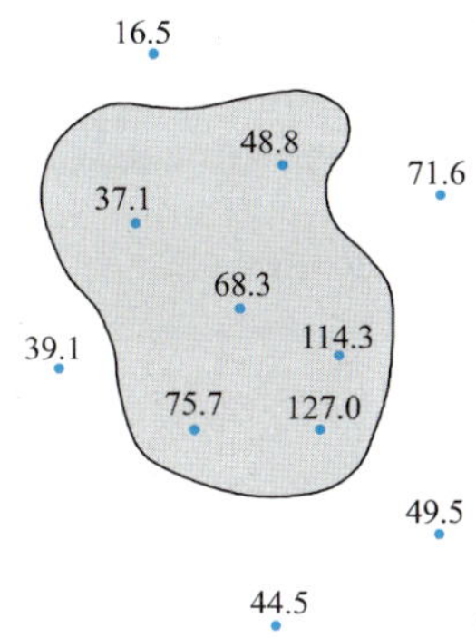

그림 4.21 산술평균법

2) 티센다각형법

티센다각형법은 각 관측소에서 관측된 강우량에 유역내의 관측소 주위로 작도한 티센다각형의 면적 비를 가중치로 부여하여 평균강우량을 산정하는 방법이다. 티센다각형을 작도하는 방법은 처음에 그림 4.22의 점선처럼 각 인접 관측소끼리 정삼각형에 가깝도록 직선으로 연결한다. 그 다음 관측소 연결 직선을 수직이등분(그림에서 실선)하여 서로 연결시키면 관측소 주위로 다각형이 형성된다. 각 관측소 별로 구적기(planimeter)를 사용하여 다각형의 면적 즉, 관측소의 관할 면적을 구한다.

$$P_m = \frac{A_1P_1 + A_2P_2 + \dots + A_nP_n}{A_1 + A_2 + \dots + A_n} = \frac{\sum_{i=1}^{n} A_iP_i}{\sum_{i=1}^{n} A_i} \tag{4.6.6}$$

여기서 P_m은 유역의 평균강우량, P_1, …, P_n은 유역 내 n개 관측소에서 관측된 강우량, A_1, …, A_n은 각 관측점의 지배면적이다. 만일 새로운 관측소가 추가되면 이를 포함한 새로운 다각형을 다시 작도하여야 한다.

티센다각형법은 각 관측소마다 지배면적을 가중치로 부여하여 평균강우량을 구하게 된다. 이 방법은 유역 내 우량관측소의 상대적인 위치와 관측망의 상대적인 밀도 등을 고려하고 있어 산술평균법보다는 좋은 결과를 주지만 고도에 따른 강수의 변화 즉, 산악효과를 고려하지는 못한다.

예제 4.6

예제 4.5의 가상유역 내, 외에서 관측된 강우량을 이용하여 티센다각형법에 의한 유역평균 강우량을 산정하라. 티센다각형을 작도한 결과가 그림 4.22와 같고 각 관할 면적이 표 4.11에 나타나 있다.

풀이

각 관할면적을 가중치로 하여 강우량을 평균한 결과가 표 4.11의 3란과 같다.

표 4.11 티센다각형법에 의한 평균강우산정

강우량 P_i (mm)	관할면적 A_i (km^2)	가중된 강우 $P_i X A_i / \sum A_i$ (mm)
16.5	18	0.18
37.1	311	7.12
48.8	282	8.49
68.3	311	13.10
39.1	52	1.25
75.7	238	11.12
127.0	212	16.61
114.3	197	13.89
계	$\sum A_i$ = 1,621	P_m = 71.8

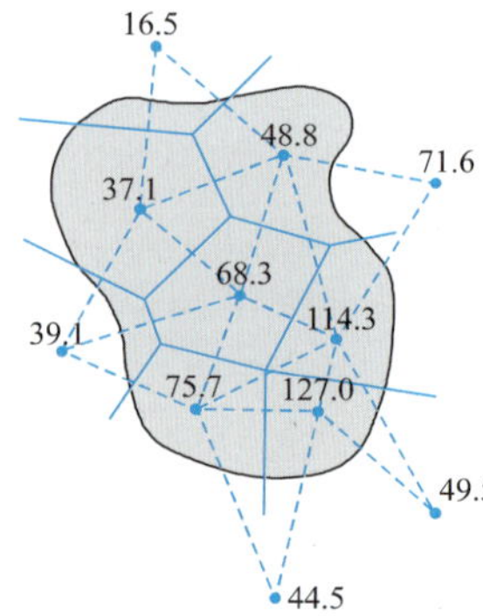

그림 4.22 티센다각형법

3) 등우선법

등우선법은 각 우량관측소에서 관측된 강우자료와 관측소 사이의 강우량을 보간하는데 필요한 정보를 이용하여 등우선을 작도한 후 등우선 간의 면적을 구하여 유역의 평균강우량을 산정하는 방법으로 산악효과를 고려할 수가 있다. 등우선을 작도할 때 강우는 고도와 밀접한 관계가 있으므로 등고선 자료는 중요한 정보가 된다. 등우선간의 면적을 구적기로 구하고 이를 등우선 간의 평균 강우량에 가중치로 부여함으로써 전유역의 평균강우량을 구한다.

이 방법은 면적을 가중인자로 한다는 것이 티센방법과 유사하나 관측된 강우량에 직접 가중치를 부여하는 것이 아니라 등우선간의 평균강우량에 면적 가중치를 주어 산정하는 것이 다르다.

$$P_m = \frac{A_1 P_{1m} + A_2 P_{2m} + \ldots + A_n P_{nm}}{A_1 + A_2 + \ldots + A_n} = \frac{\sum_{i=1}^{n} A_i P_{im}}{\sum_{i=1}^{n} A_i} \tag{4.6.7}$$

여기서 P_m은 유역의 평균강우량, P_{im}은 두 인접 등우선간의 면적에 대한 평균강우량, n은 등우선에 구분되는 면적구간의 수, A_1, …, A_n은 등우선에 의해 구분되는 면적이다.

예제 4.7

예제 4.5의 가상유역 내, 외에서 관측된 강우량을 이용하여 등우선법에 의한 유역평균 강우량을 산정하라. 그림 4.23은 강우량을 이용하여 등우선을 작성한 것이며, 각 등우선 구간별 면적은 표 4.12에 나타나 있다.

풀이

등우선에 의해 구분된 면적의 평균강우량은 인접한 등우선의 평균치를 사용하고 *는 상황을 고려하여 정한 평균치이다. 따라서 구간면적을 가중치로 하여 면적평균강우량을 구한 결과가 표 4.12의 4란과 같다.

표 4.12 등우선법에 의한 평균강우산정

등우선 (mm)	구간면적 A_i (km^2)	평균강우량 P_{im} (mm)	가중된 강우 $A_i X P_{im} / \sum A_i$ (mm)
127	34	135*	2.83
102	199	114.5	14.06
76	300	89	16.47
51	508	64	20.06
25	500	38	11.72
<25	80	20*	0.99
계	$\sum A_i = 1621$		$P_m = 66.1$

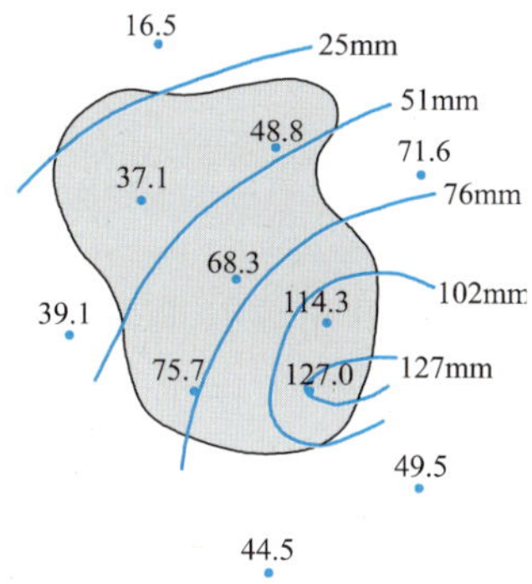

그림 4.23 등우선법

4.7 강수량자료의 해석

각종 수문학적 해석 및 설계에서 강수량자료를 해석하는 것은 가장 기본적인 것으로 관측된 강수량의 일, 월, 년 자료뿐만 아니라 강우강도(rainfall intensity), 지속기간(duration), 발생빈도(frequency) 그리고 지역적인 범위(areal extent)에 대한 분석이 필요하다. 강우강도는 단위시간에 내린 강우의 양(mm/hr, in/hr)으로 일정시간 동안 내린 강우량을 1시간으로 환산하여 나타낸다. 강우의 지속기간은 강우가 내리기 시작하여 끝날 때까지의 시간을 의미한다. 지속기간은 강우자료의 사용목적에 따라 다르게 되며 짧게는 10분 단위에서 1시간, 24시간 등으로 나타내게 된다.

강우의 발생빈도는 재현기간(return period 또는 recurrence interval)이라고도 하며 일정한 기간 동안에 어떤 크기의 호우가 발생할 횟수 또는 어떤 크기의 호우가 발생하는 데 걸리는 시간을 의미한다. 재현기간 T(year)는 초과확률(exceedence probability) P의 역수로 나타낼 수 있다.

$$T = \frac{1}{P} \tag{4.7.1}$$

초과확률이 0.01(1%)인 강우 사상은 재현기간이 100년이라 할 수 있다. 다시 말하면 100년에 한 번 발생할 사상이 특정 해에 발생할 확률이 1%라는 것이다. 100년에 한번 발생할 사상이 올해 발생하였다고 앞으로 100년 동안은 그러한 사상이 발생하지 않는다는 것은 아니다. 재현기간 100년이라는 개념은 장기간에 걸쳐 평균적으로 100년에 한 번꼴로 발생한다는 의미로 단기간 내에 이러한 사상이 여러 번 발생할 수도 있다.

강우의 지역적 범위는 우량계에 의해 측정되는 점강우량(point rainfall)을 적용시킬 수 있는 면적 즉, 개개 우량계가 대표할 수 있는 공간적 범위를 의미한다.

4.7.1 강우강도-지속기간-발생빈도의 관계

수문학적 분석에서는 관측된 강우의 강도 및 지속기간과 함께 확률개념을 도입한 분석이 종종 필요하게 된다. 평균강우강도는 관측된 강우깊이를 관측기간으로 나누어 얻게 된다. 강우강도는 지표면 유출의 결정에 중요한 역할을 하게 되며 만일 지표면에 도달하는 강우강도가 토양으로 침투되는 율보다 크게 되면 지표면 유출이 발생하게 되고, 초과된 지표면 유출은 하천으로 빠르게 유입되어 하류지역에 홍수를 발생시키기도 한다.

일반적으로 발생빈도가 같을 경우 강우의 지속기간이 길어지게 되면 강우강도는 작아지게 된다. 다시 말하면 강우강도가 크면 클수록 그 강우가 지속되는 기간이 짧다. 강우강도와 지속기간 및 발생빈도의 관계를 나타내는 식을 재현기간별 강우강도식이라 하며, 지역적인 특성을 보이고, 여러 가지 목적의 설계 즉, 대규모 단지설계, 비행장 및 주차장설계, 도로의 암거 및 도시지역의 우수관거 등을 설계할 때 강우의 지속기간에 따른 설계강우량을 산정하고 이를 유출량으로 환산하여 유용하게 사용할 수 있다.

강우강도-지속기간에 발생빈도 또는 재현기간을 고려하여 수공구조물의 설계 및 수자원 분석에 사용되는 설계강우량을 산정하게 되며 이를 위해서는 강우강도-지속기간-발생빈도(intensity-duration-frequency, IDF)곡선이 필요하다. 그림 4.24는 서울지역의 IDF곡선을 보여주고 있다.

그림 4.24에서 재현기간이 100년 즉, 100년 만에 서울지역에서 한번 내릴 강우량 중 지속기간이 1시간인 강우강도는 약 105mm/hr가 됨을 알 수 있다. 이와 반대로 서울지역에서 두 시간 동안에 100mm의 강우가 내렸다면 강우강도는 100/2=50mm/hr이고 이러한 강도로 지속시간이 두 시간이므로 그림에서 재현기간 10년임을 알 수 있고 초과 확률은 0.1(10%)가 된다. 이와 같이 특정지역에서 IDF곡선을 작성하면 여러 설계목적으로 이용할 수 있다. IDF곡선을 유도하기 위해서는 13장 및 14장의 확률개념 및 빈도해석에 대한 기본지식이 필요하므로 15장 수문학적 설계에서 IDF곡선을 유도하는 절차에 대해 자세히 소개하기로 한다.

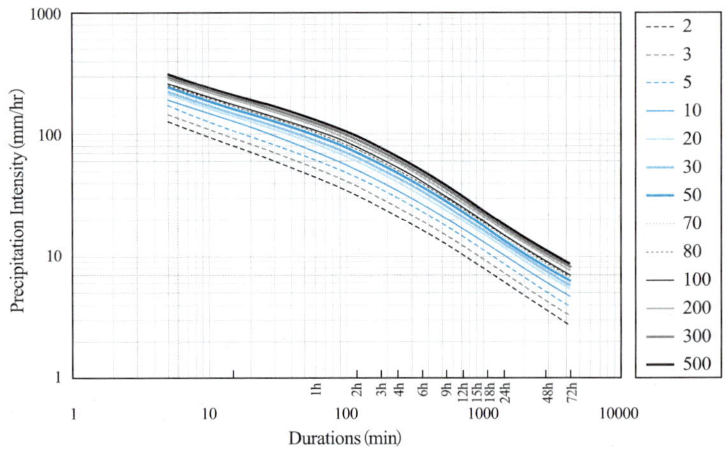

그림 4.24 서울지역의 IDF곡선

IDF곡선에서 재현기간을 결정하면 강우강도-지속기간의 관계를 나타내는 하나의 곡선만 남게 된다. 이 곡선으로부터 최소자승법을 이용하여 최적의 식인 강우강도식을 얻을 수 있다. 강우강도식은 지역에 따라 다르나 기존에 개발되어 사용되고 있는 경험식에는 Talbot형, Sherman형, Japanese형, Semi-log형, General형 그리고 전대수다항식 등이 있다.

- Talbot형 : $I = \dfrac{b}{t+a}$ (4.7.2)
- Sherman형 : $I = \dfrac{c}{t^n}$ (4.7.3)
- Japanese형 : $I = \dfrac{d}{\sqrt{t+e}}$ (4.7.4)
- Semi-log형 : $I = a + b \times \log(t)$ (4.7.5)
- General형 : $I = \dfrac{a}{t^n + b}$ (4.7.6)

여기서 I는 강우강도(mm/hr), t는 지속기간(min), a, b, c, d, e는 지역에 따라 변하는 지역상수이다.

IDF곡선으로부터 직접 강우강도식을 구하면 재현기간이 식속에 포함된 강우강도식을 얻게 되며, 건설교통부(2000)에서는 전국 22개 관측소 강우자료를 빈도분석하여 최적확률분포형으로 Gumbel 분포를 채택하여 다음과 같은 강우강도식을 제시한 바가 있다.

$$I(T,t) = \frac{a + b \times \ln \dfrac{T}{t^n}}{c + d \times \ln \dfrac{\sqrt{T}}{t} + \sqrt{t}} \qquad (4.7.7)$$

여기서 a, b, c, d 및 n은 지역별로 결정되는 상수로 우리나라 주요지점별 지역상수값은 표 4.13과 같다. IDF곡선에서 최적의 강우강도식을 유도할 경우 장단기의 지속기간에 따라 최적의 관계식이 서로 구분되어 나타나기 때문에 불편하므로 최근 국토교통부(2011)에서는 지속기간에 따른 강우강도를 대수화하여 고차다항식으로 나타내는 다음과 같은 전대수다항식을 추천하고 있다.

$$\ln(I) = a + b\ln(t) + c(\ln(t))^2 + d(\ln(t))^3 + e(\ln(t))^4 + f(\ln(t))^5 + g(\ln(t))^6 \qquad (4.7.8)$$

여기서 I는 강우강도(mm/hr), t는 지속시간(hr) 그리고 a, b, c, d, e, f, g는 6차 다항식의 계수이다. 지속기간별로 강우강도의 변화가 그리 크지 않는 경우에는 4차 다항식으로도 나타낼 수가 있으나 정확도가 높은 강우강도식을 얻기 위해서는 6차 다항식을 추천하고 있다. 국토교통부에서 전국 69개 대상지점에 대해 강우강도식을 유도하여 제시하고 있으며, 표 4.14는 서울지점의 재현기간별 확률강우강도식의 계수값을 보여주고 있고, 우리나라 주요 지역의 전대수다항식에 대한 확률강우강도식의 계수값이 부록 G에 수록되어 있다.

표 4.13 강우강도식을 적용하기 위한 지역상수

지점	구분		지역상수 a	b	c	d	n
서울	120분	단기간	153.0746	144.5254	0.6011	0.1562	−0.1488
		장기간	324.7979	91.6429	−2.8899	0.0176	0.2685
인천	120분	단기간	322.0633	147.1074	2.1344	0.2689	0.1109
		장기간	338.1145	97.8410	−2.0748	0.0655	0.2937
수원	30분	단기간	79.1287	78.0319	−0.2551	0.1088	−0.6026
		장기간	828.3783	144.8427	4.9127	0.1139	0.6580
대전	90분	단기간	157.7852	98.5065	0.1822	0.1356	−0.2843
		장기간	521.6633	101.0004	−0.1721	−0.0005	0.5153
전주	180분	단기간	412.1723	138.2680	1.9288	0.3150	0.3174
		장기간	351.8756	82.1814	−2.3994	0.0696	0.3885
부산	90분	단기간	253.5492	159.1007	1.6795	0.1470	0.0109
		장기간	380.9872	118.4000	−0.5210	0.0627	0.2784
광주	60분	단기간	185.4785	97.5953	0.5941	0.1531	−0.1131
		장기간	354.2587	78.4099	−0.6737	−0.0313	0.3859
춘천	전체	전체	172.6329	82.6687	0.0555	0.1444	−0.0073
포항	120분	단기간	51.8427	72.6780	−0.2845	0.1044	−0.3374
		장기간	266.0319	91.7480	3.0201	0.5121	0.2019
대구	90분	단기간	147.9781	98.0911	0.2046	0.1725	−0.0518
		장기간	310.0363	66.9800	−1.8327	−0.0354	0.4384
군산	90분	단기간	317.0764	96.5720	1.9521	0.1943	0.1353
		장기간	888.6918	100.2966	2.9299	−0.5044	1.0673
목포	60분	단기간	140.3045	74.9801	−0.0001	0.1289	−0.1577
		장기간	350.2751	76.0617	1.1267	0.1034	0.3669
강릉	120분	단기간	98.1820	78.2095	0.1927	0.1525	−0.1758
		장기간	188.0071	101.6393	3.5588	0.5308	0.0141
울산	30분	단기간	569.2767	185.9155	4.6126	0.2583	0.4327
		장기간	255.6156	124.4030	1.2410	0.2497	0.1373
청주	60분	단기간	206.9811	93.6890	0.1992	0.1380	−0.0266
		장기간	194.5685	67.0847	−1.7755	0.0855	0.0791
속초	240분	단기간	93.7767	77.1755	1.1261	0.2165	−0.2620
		장기간	158.2023	82.0172	2.8169	0.6434	−0.0835

표 4.14 서울지역의 재현기간별 확률강우강도식 계수값

빈도 (년)	계수 a	b	c	d	e	f	g
2	3.793	−0.457	−0.03515	−0.01057	0.00106	0.00022	−0.00001
3	3.965	−0.435	−0.04505	−0.01300	0.00221	0.00038	−0.00006
5	4.127	−0.418	−0.05279	−0.01456	0.00308	0.00046	−0.00009
10	4.299	−0.403	−0.05984	−0.01566	0.00377	0.00053	−0.00012
20	4.440	−0.392	−0.06532	−0.01647	0.00437	0.00056	−0.00013
30	4.513	−0.387	−0.06768	−0.01673	0.00458	0.00058	−0.00014
50	4.598	−0.382	−0.07027	−0.01721	0.00485	0.00061	−0.00015
70	4.649	−0.378	−0.07189	−0.01751	0.00506	0.00060	−0.00016
80	4.669	−0.377	−0.07260	−0.01746	0.00511	0.00060	−0.00016
100	4.701	−0.375	−0.07365	−0.01748	0.00519	0.00060	−0.00016
200	4.795	−0.371	−0.07659	−0.01748	0.00549	0.00056	−0.00016
300	4.845	−0.368	−0.07747	−0.01782	0.00558	0.00059	−0.00017
500	4.906	−0.365	−0.07902	−0.01791	0.00570	0.00060	−0.00017

예제 4.8

식 (4.7.7) 및 식 (4.7.8)을 이용하여 서울지역에 대한 재현기간 50년, 지속기간 3시간에 대한 강우강도를 산정하라.

풀이

식 (4.7.7)을 적용하는 경우 지속기간 180분일 때 장기간으로 분류가 되므로 표 4.13으로부터 상수값 a=324.7979, b=91.6429, c=−2.8899, d=0.0176, n=0.2685을 적용하고 재현기간 T를 50년에 대해 적용하면 다음과 같다.

$$I(50,180)=\frac{a+b\times \ln(50/180^{n})}{c+d\times \ln(\sqrt{50}/180)+\sqrt{180}}=53.1\text{mm/hr}$$

식 (4.7.8)인 경우 표 4.14로부터 재현기간 50년의 계수값 a=4.598, b=−0.382, c=−0.07027, d=−0.01721, e=0.00485, f=0.00061, g=−0.00015를 적용하고 지속시간 3시간을 적용하면 59.1mm/hr가 된다.

표 4.15 서울지역의 식에 따른 강우강도

빈도 및 지속기간	강우강도 (mm/hr)	
	식 (4.7.7)	식 (4.7.8)
50년, 3시간	53.1	59.1

4.7.2 강우량과 유역면적관계

일반적으로 유역 전반에 걸쳐 균등한 강우가 내릴 경우는 극히 드물고 강우의 지속기간이 일정할 때 강우량은 호우 중심으로부터 멀어질수록 감소하게 된다. 특정 유역에 내린 총 강우량을 유역면적으로 나눈 값을 유역 평균우량깊이(rainfall depth)라 한다. 그러므로 호우 중심으로부터 멀어질수록 면적이 증가하게 되고 따라서 평균우량깊이는 작아지게 된다. 이와 같은 평균우량깊이와 유역면적과의 관계가 그림 4.25와 같다.

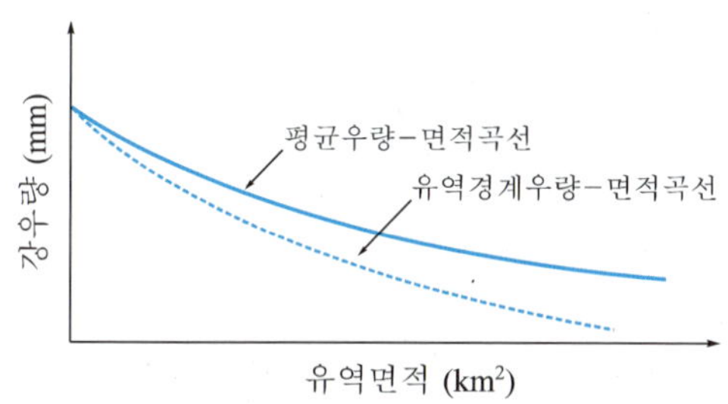

그림 4.25 평균우량깊이-유역면적관계

점강우량은 한 유역에 대한 면적 강우량과는 달리 단일 관측지점에서 관측한 강우량이다. 앞에서 설명한 바와 같이 점강우량은 면적평균강우량과 일치하지 않는다. 즉 유역면적이 증가할수록 평균강우량은 점강우량보다는 작아지게 된다. 여러 가지 설계목적으로 확률강우량을 산정할 필요가 있으며, 확률강우량은 점강우량을 이용하여 빈도해석하여 얻은 결과이므로 이를 실제 유역에 적용하기 위해서는 면적강우량으로 환산하여야 한다. 이와 같이 점강우량을 면적강우량으로 환산하기 위해 그림 4.26과 같은 강우량-면적관계곡선을 사용한다. 예를 들어 전주지역의 재현기간 100년, 지속기간 24시간 확률강우량이 약 310mm인 경우 전주지역내의 약 125km^2유역에 적용할 면적강우량으로 환산하면 그림 4.26에서 면적이 $125km^2$, 지속기간이 24시간인 값을 보면 0.95이다. 따라서 310×0.95=295mm가 된다. 우리나라에서도 점강우량을 면적강우량으로 환산하기 위한 강우량-면적관계곡선 및 관계식이 유도되었으며(국토해양부, 2012) 이에 대한 자세한 설명은 15장 수문학적 설계에서 소개하기로 한다.

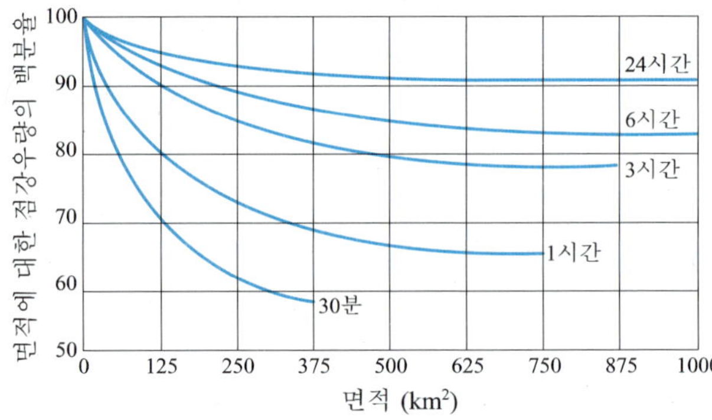

그림 4.26 점강우량-면적강우량 환산 곡선

4.7.3 강수계측망

강수의 공간적인 변화와 자료의 사용 목적에 따라 강수계측망(precipitation gauge network)의 밀도(density)를 결정하여야 한다. 대규모의 일반적인 호우에 대한 연구나 비교적 평탄한 지형을 가진 넓은 지역에서의 연 평균강수량의 결정은 비교적 조밀하지 않은 강우 관측망으로도 충분하다. 하지만 집중호우와 같은 강우형태를 관측하기 위해서는 매우 조밀한 강우관측망이 필요하다. 호우의 중심이 우량관측소에서 기록될 확률은 관측망의 밀도에 따라 변하게 된다. 따라서 관측망은 강수의 공간적인 분포를 충분히 나타낼 수 있도록 설계되어야 하며, 관측망의 설치 및 유지관리와 자료획득을 위한 접근성은 중요한 고려사항이 된다. 세계기상기구(World Meteorological Organization, WMO)에서 수문기상목적에 대해 추천하고 있는 최소의 강수 관측망 밀도는 표 4.16과 같고, 우리나라의 우량관측소 현황은 표 4.17과 같다.

표 4.16 최소 강수 관측망 (WMO)

지형조건	관측소 최소밀도 (km^2/관측소)	
	자기	비자기
해안지역	9,000	900
산악지역	2,500	250
평야지역	5,750	575
구릉지역	5,750	575
도서지역	250	25
도시지역	10~20	–
극지 및 건조지역	100,000	10,000

4.7.4 강우량-면적-지속기간(DAD) 분석

유역평균강우량은 면적이 증가함에 따라 감소하고 강우량과 지속기간이 증가하면 면적평균강우량도 증가하며 공간상에서의 누적 강우량은 균등하게 분포하게 된다. 주어진 강우사상들에 대한 강우량, 면적, 지속기간 사이의 관계는 다양한 크기의 면적에 다양한 지속기간을 가진 최대 강우량을

표 4.17 우리나라의 우량관측소 현황 (2012년 현재)-한국수문조사연보(2012년)

수계명	국토교통부			한국수자원공사			한국농어촌공사			기상청	한국수력원자력			합계		
	TM	자기	소계	TM	자기	소계	TM	자기	소계	자기 (AWS)	TM	자기	소계	TM	자기	소계
합계	418		418	170		170				83	7		7	678		678
한강	129		129	56		56				14	6		6	205		205
안성천	13		13							1				14		14
양양남대천	1		1											1		1
삼척오십천	1		1											1		1
강릉남대천																
한강서해	2		2							3				5		5
한강동해	1		1	1		1				4				6		6
낙동강	111		111	58		58				17				186		186
형산강	13		13	1		1								14		14
태화강	6		6	4		4				1				11		11
영덕오십천																
서낙동강	1		1											1		1
회야강	1		1							1				2		2
낙동강동해	1		1	1		1				4				6		6
낙동강남해	1		1	2		2				5				8		8
금강	58		58	25		25				7				90		90
삽교천	11		11							1				12		12
만경강	7		7							1				8		8
동진강	6		6							2				8		8
금강서해	2		2	3		3				3				8		8
섬진강	28		28	12		12				3	1		1	44		44
섬진강남해	1		1	4		4				3				8		8
영산강	19		19							1				20		20
탐진강	5		5	3		3				1				9		9
영산강서해										4				4		4
영산강남해										1				1		1
기타										6				6		6

산정하는데 유용하게 사용할 수 있다. 이들 간의 분석을 통해 얻은 곡선을 강우량-면적-지속기간(Depth-Area-Duration, DAD)곡선이라 한다. 주어진 강우사상에 대해 DAD곡선을 얻기 위해서는 유역 내 다수의 우량관측소에서 기록된 연속적인 강우자료가 필요하다. 일반적인 DAD곡선을 얻기 위한 절차를 소개하면 다음과 같다.

① 유역 내 각 우량관측소에서 관측된 강우량 중 최대호우에 해당하는 강우량의 시간에 따른 누가우량을 준비한다.

② 각 관측소에서의 누가우량을 이용하여 전체 유역을 등우선 또는 티센다각형에 의해 몇 개의 소유역으로 나눈다.

③ 각 소유역에 대한 시간별 평균누가우량을 산정한다. 이때 각 소유역에 포함되는 우량관측소의 누가우량을 티센다각형에 의한 지배면적을 구하여 평균누가우량을 구한다.

④ 소유역의 시간별 누가면적별 평균누가우량을 산정한다. 각 소유역의 면적을 누가하면서 소유역의 면적을 가중치로 하여 평균누가우량을 구한다. 이와 같이 강우 지속시간별 누가면적별 평균누가우량을 얻는다.

⑤ 지속시간별 누가면적별 최대평균우량을 산정한다. ④에서 얻은 결과에서 누가면적별로 각 지속시간에 대한 최대평균우량을 찾아 지속시간별 누가면적별 최대평균우량을 얻는다.

⑥ ⑤에서 얻은 결과를 반대수지 상에 도시하여 DAD곡선을 얻는다. 임의의 지속기간을 택하여 반대수지의 세로축에는 최대평균우량, 가로축에는 누가면적을 도시하면 해당 곡선을 하나 얻을 수 있으며 반복하여 다른 지속기간에 대한 값들도 도시하면 일련의 DAD곡선군을 얻을 수 있다.

예제 4.9

그림 4.27과 같은 유역에 강우가 내린 결과 시간별 누가우량이 표 4.18과 같이 주어져 있다. 지속시간 2, 4, 6, 8, 10, 12, 14시간에 대한 DAD해석을 실시하라.

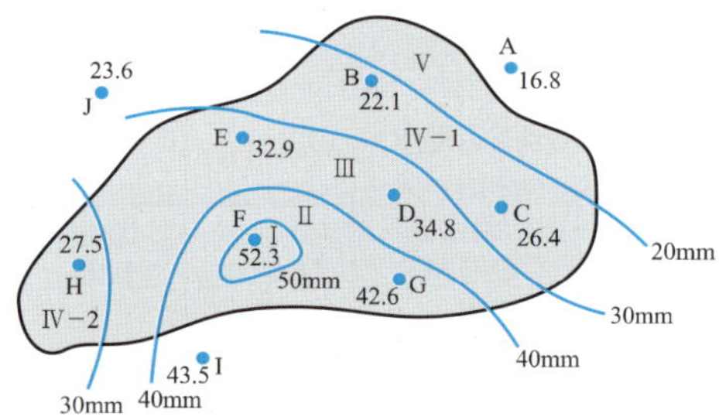

그림 4.27 DAD해석을 위한 유역 및 등우선도

풀이

1) 등우선도 작성 및 소유역면적 산정

DAD해석을 위한 첫 과정으로 그림 4.27과 같이 각 관측소별 누가우량을 이용하여 등우선도를 작성하고 6개의 소유역으로 구분하였다. 구적기를 이용하여 등우선에 의해 구분된 I, II, III, IV-1, IV-2, V소유역에 대한 유역면적을 구한 결과 표 4.19와 같다.

표 4.18 유역내외의 10개 관측소에서의 누가강우량

관측점 / 시간	A	B	C	D	E	F	G	H	I	J
2	0.0	0.0	0.0	0.0	0.0	0.0	0.0	0.0	0.0	0.0
4	5.2	0.0	0.0	0.0	0.0	0.0	0.0	0.0	0.0	0.0
6	10.6	7.6	6.2	0.0	0.0	0.0	0.0	4.7	5.3	4.5
8	13.5	11.3	12.7	4.8	4.8	0.0	0.0	6.6	11.4	8.4
10	14.7	15.7	16.5	8.7	9.2	7.4	6.3	10.5	17.8	13.2
12	15.9	20.2	23.4	14.5	15.2	18.3	12.8	13.8	23.4	14.9
14	16.8	21.5	25.3	25.6	26.3	30.5	19.3	19.2	30.1	17.7
16	16.8	22.1	26.4	29.4	31.5	41.1	31.2	22.6	36.2	20.3
18	16.8	22.1	26.4	32.9	34.8	47.8	38.4	24.3	40.3	22.5
20	16.8	22.1	26.4	32.9	34.8	52.3	42.6	25.4	43.5	23.6
22	16.8	22.1	26.4	32.9	34.8	52.3	42.6	27.5	43.5	23.6
24	16.8	22.1	26.4	32.9	34.8	52.3	42.6	27.5	43.5	23.6

표 4.19 등우선에 의해 구분된 소유역별 면적

소유역	I	II	III	IV-1	IV-2	V
면적 (km^2)	20	230	400	210	60	90

2) 소유역별 평균누가우량 산정

소유역내에 위치한 우량관측소의 시간별 누가우량을 Thiessen방법을 이용하여 각 관측소별 관할 면적을 구하고 이를 가중 인자로 하여 소유역별로 평균한다. 본 예제에서는 관할 면적을 고려하여 다음과 같이 각 관측소별로 가중인자를 부여하여 평균누가우량을 산정하였으며 그 결과가 표 4.20에 나타나 있다.

$$P_{I} = \frac{P_D + P_E + P_G + 3P_F + P_I}{7}$$

$$P_{II} = \frac{P_D + P_E + 2P_F + 3P_G + P_I}{8}$$

$$P_{III} = \frac{3P_D + 3P_E + P_F + P_G + P_H + P_I + P_J}{11}$$

$$P_{IV-1} = \frac{2P_B + 2P_C + P_D + P_E}{6}$$

$$P_{IV-2} = P_H$$

$$P_{V} = \frac{2P_A + P_B + P_C}{4}$$

여기서 P_A, P_B, ..., P_J는 10개 관측지점에서의 누가우량(mm)이고 P_I, P_{II}, ..., P_V는 등우선에 의해 구분된 소유역의 평균우량(mm)이다. IV소유역에 대해서는 IV-1과 IV-2유역에 면적을 가중인자로 하여 다음과 같이 평균하였다.

$$P_{IV} = \frac{210P_{IV-1} + 60P_{IV-2}}{270}$$

표 4.20 소유역별 평균누가우량

소유역 / 시간	I	II	III	IV-1	IV-2	IV	V
2	0.0	0.0	0.0	0.0	0.0	0.0	0.0
4	0.0	0.0	0.0	0.0	0.0	0.0	2.6
6	0.8	0.7	1.3	4.6	4.7	4.6	8.8
8	3.0	2.6	5.0	9.6	6.6	8.9	12.8
10	9.2	8.7	9.9	13.7	10.5	13.0	15.4
12	17.3	16.0	15.7	19.5	13.8	18.2	18.9
14	27.5	25.1	24.8	24.3	19.2	23.1	20.1
16	35.9	34.1	30.4	26.3	22.6	25.5	20.5
18	41.4	39.9	34.2	27.5	24.3	26.8	20.5
20	44.4	43.0	35.5	27.5	25.4	27.0	20.5
22	44.4	43.0	35.7	27.5	27.5	27.5	20.5
24	44.4	43.0	35.7	27.5	27.5	27.5	20.5

3) 소유역의 누가면적별 평균누가우량 산정

각 소유역의 면적을 누가하며 누가면적별 평균누가우량을 산정하는데 이때 소유역별 평균누가우량은 각 소유역의 면적을 가중치로 하여 다음과 같이 구하게 된다.

$$P_{I} = \frac{20P_{I}}{20}$$

$$P_{I\sim II} = \frac{20P_{I} + 230P_{II}}{250}$$

$$P_{I\sim III} = \frac{20P_{I} + 230P_{II} + 400P_{III}}{650}$$

$$P_{I\sim IV} = \frac{20P_{I} + 230P_{II} + 400P_{III} + 270P_{IV}}{920}$$

$$P_{I\sim V} = \frac{20P_{I} + 230P_{II} + 400P_{III} + 270P_{IV} + 90P_{V}}{1010}$$

이와 같이 구한 소유역의 누가면적별 평균누가우량이 표 4.21과 같다.

표 4.21 소유역의 누가면적별 평균누가우량

누가면적 / 시간	I (20km²)	I~II (250km²)	I~III (650km²)	I~IV (920km²)	I~V (1,010km²)
2	0.0	0.0	0.0	0.0	0.0
4	0.0	0.0	0.0	0.0	0.2
6	0.8	0.7	1.1	2.1	2.7
8	3.0	2.7	4.1	5.5	6.2
10	9.2	8.7	9.4	10.5	10.9
12	17.2	16.1	15.8	16.5	16.7
14	27.5	25.3	25.0	24.4	24.0
16	35.9	34.3	31.9	30.0	29.2
18	41.4	40.0	36.4	33.6	32.4
20	44.4	43.1	38.4	35.1	33.8
22	44.4	43.1	38.5	35.3	34.0
24	44.4	43.1	38.5	35.3	34.0

4) 누가면적별 지속기간별 최대평균우량의 산정

소유역의 누가면적별 평균누가우량이 산정되었으면 누가면적별 지속기간별 최대평균우량을 산정할 수가 있다. 표 4.21로부터 첫 번째 소유역(20km^2)에 대해 지속기간별 최대평균우량을 구해보자. 먼저 지속기간 2시간인 최대우량은 12시와 14시 사이에 10.3mm이고, 4시간 최대우량은 12시부터 16시 사이의 18.7mm가 된다. 같은 방법으로 누가소유역(250km^2)에 대해서는 2시간 최대우량이 9.2mm, 4시간 최대우량이 18.2mm가 된다 같은 방법으로 모든 지속기간에 대해 누가면적별 최대평균우량을 구하면 표 4.22와 같다.

표 4.22 누가면적별 지속기간별 최대평균우량

지속시간 / 누가면적	2	4	6	8	10	12	14
20	10.3	18.7	26.8	33.0	38.5	41.5	43.7
250	9.2	18.2	25.5	31.6	37.3	40.4	42.4
650	9.1	16.0	22.4	27.7	32.3	35.3	37.3
920	7.9	13.9	19.5	24.5	28.1	31.5	33.6
1010	7.3	13.1	18.2	23.0	26.5	29.8	32.3

5) DAD곡선 작성

이상과 같이 DAD해석을 실시하였으면 DAD관계를 알아보기 위한 DAD곡선을 작성하게 된다. 각 지속기간별로 가로축을 대수축으로 하여 면적을 나타내고 세로축에 최대평균우량을 표시하면 그림 4.28과 같은 DAD곡선을 얻을 수 있다. 그림에서도 나타나듯이 유역면적이 증가할수록 최대평균우량은 감소하고 지속기간이 증가하면 최대평균우량이 증가함을 알 수 있다.

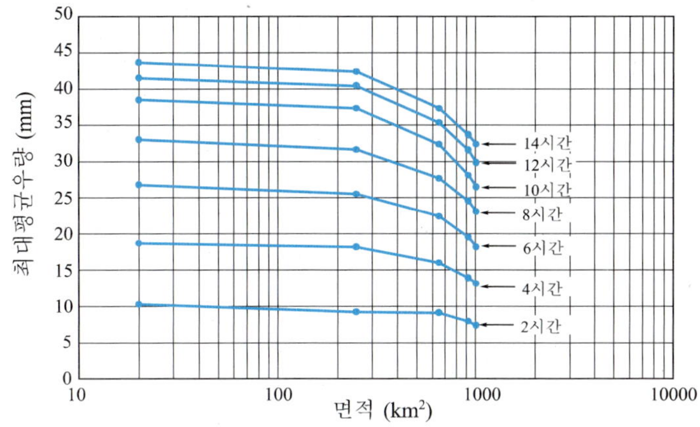

그림 4.28 DAD곡선

4.7.5 가능최대강수량

가능최대강수량(probable maximum precipitation, PMP)은 미국립기상청(NWS)에 의하면 특정 유역에서 주어진 지속기간에 대하여 생성될 수 있는 가장 극심한 기상조건하에서 발생 가능한 최대 강수량이라 할 수 있다. PMP는 대규모 댐과 같이 파괴될 경우 엄청난 피해를 발생시키는 대규모 수공구조물의 설계시 기준으로 삼는 강수량이다.

PMP는 기상학적으로 극심한 경우에 발생하게 되며 대기 중의 수분, 바람, 기온 등 호우를 발생시킬 수 있는 특성과, 유역의 지형특성 및 계절 등 여러 가지가 복합적으로 작용하여 형성된다. PMP는 일반적으로 따뜻하고 습기가 많은 적도지역이 중위도 이상의 추운지역에 비해 크게 나타난다. PMP를 산정하는 방법에는 다음과 같이 세 가지로 구분할 수 있다.

1) 기상학적방법

이 방법은 상당한 기상학적 정보를 필요로 하며, 기상학적으로 발생 가능한 최대강수량을 산정하는 것이므로 대기 중의 수분량을 산정하기 위한 이슬점, 기온, 바람, 기압 등의 기상자료를 필요로 한다. 아직 높은 강도의 강우가 발생하지 않은 지역에서는 주위 지역에서 발생한 강우기록을 전이하여 구하며 강우의 전이(transposition)는 강우의 이동, 산악의 영향, 대기의 가강수 수분에 따라 변한다. 강우의 전이에 의한 PMP의 산정방법은 15장에서 소개하기로 한다.

2) 포락선방법

이 방법은 기상학적인 방법의 약점을 배제하기 위해 사용하며 세계적으로 가장 극심했던 강우량의 포락선(envelop curve)을 작성하여 PMP를 산정하게 된다. 그림 4.29는 세계기상기구에서 PMP를 산정하기 위해 전 세계의 극심한 강우량을 도시하여 포락선을 구한 것으로 이 포락선의 근사식은 다음과 같다.

$$\mathrm{PMP} = 421.6D^{0.47} \quad \text{(Paulhus)} \tag{4.7.9}$$

$$\mathrm{PMP} = 393.7D^{0.5} \quad \text{(Bleasdale)} \tag{4.7.10}$$

우리나라

$$\mathrm{PMP} = 118.6D^{0.449} \quad (D \leq 24\mathrm{hr}) \tag{4.7.11}$$

$$\mathrm{PMP} = 186.8D^{0.306} \quad (D > 24\mathrm{hr}) \tag{4.7.12}$$

여기서 PMP는 가능최대강수(mm), D는 지속시간(hr)이다.

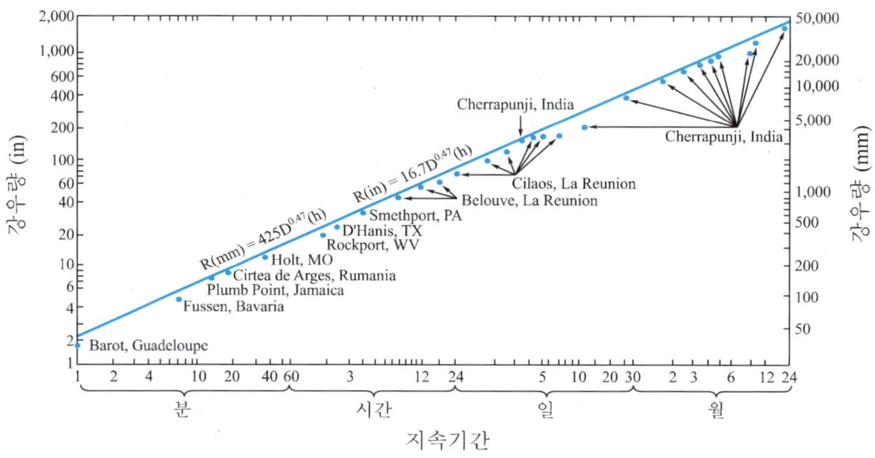

그림 4.29 PMP산정을 위한 세계 최대의 점강우량

3) 통계학적방법

이 방법은 우량관측소에서의 일 강우량의 연 최대치계열을 작성하여 통계학적인 방법을 통해 빈도해석을 하여 PMP를 산정하는 방법이다. 지속기간이 24시간인 PMP를 산정하기 위한 경험공식은 다음과 같다.

$$\mathrm{PMP}_{24} = \overline{P} + K\sigma \tag{4.7.13}$$

여기서 $\overline{P}$는 각 관측지점의 24시간 연 최대우량의 평균치, σ는 각 관측지점의 24시간 연 최대우량의 표준편차, K는 재현기간에 상응하는 빈도계수로 Hershfield는 15를 제안하였다.

연습문제

4.1 구름의 물방울 입자크기 분포가 다음과 같이 지수분포를 따른다고 할 때 Marshall과 Palmer가 제시한 Z-R관계를 이용하여 강우강도를 산정하라.

$$N(D) = N_o e^{-\Lambda D}$$

여기서 N_0=2,500(1/m^4), Λ=0.6(1/mm)이다.

4.2 다음은 특정 지점의 우량관측소에서 2014년 7월 12일 오전 2시 45분부터 오후 2시까지 관측된 강우자료를 보여주고 있다. 이 자료를 이용하여 우량주상도 및 누가우량곡선을 구하고, 최대 강우강도를 구하라.

시간 (hr:min)	누가강우량 (mm)	시간 (hr:min)	누가강우량 (mm)	시간 (hr:min)	누가강우량 (mm)	시간 (hr:min)	누가강우량 (mm)
2:45	82.0	5:45	110.0	8:45	179.6	11:45	241.8
3:00	82.6	6:00	119.4	9:00	181.1	12:00	242.1
3:15	83.8	6:15	129.5	9:15	182.4	12:15	242.3
3:30	92.2	6:30	141.0	9:30	186.2	12:30	242.6
3:45	96.0	6:45	160.8	9:45	191.3	12:45	242.8
4:00	97.3	7:00	168.4	10:00	207.3	13:00	243.1
4:15	97.8	7:15	170.4	10:15	219.2	13:15	243.3
4:30	97.8	7:30	172.0	10:30	224.5	13:30	243.6
4:45	102.9	7:45	174.0	10:45	228.6	13:45	243.8
5:00	104.4	8:00	175.5	11:00	238.8	14:00	244.1
5:15	105.4	8:15	176.5	11:15	240.0		
5:30	109.0	8:30	178.1	11:30	241.3		

4.3 다음과 같은 유역에 X지점 우량계의 고장으로 한 달간 우량관측을 할 수 없었다. 인접한 A, B, C 세 관측소의 자료를 이용하여 X지점의 결측 된 월 강우량을 산정하라. 각 관측소에서 관측된 강우량과 정상 연평균강수량이 다음과 같다.

관측소	관측 강수량 (mm)	정상연평균강수량 (mm)	X관측소와의 거리 (km)
A	165.0	1096.0	8.5
B	193.0	1213.0	6.2
C	181.0	1124.0	4.8
X		1050.0	

4.4 인접한 4개의 관측소에서 관측한 장기간 강우자료 중 한 관측소에서 어떤 해에 우량계의 고장으로 6, 7, 8월에 걸쳐 강우관측을 하지 못하였다. 인접한 관측소의 월별 강우량(mm)과 장기간에 걸친 평균 강우량(mm)이 다음과 같이 주어질 때 결측 관측소의 월별 강우량을 산정하라.

관측소 / 월	1		2		3		결측
	월강우량	장기월평균	월강우량	장기월평균	월강우량	장기월평균	장기월평균
6	55	60	65	65	75	70	67
7	47	50	50	55	45	65	60
8	45	45	40	47	55	60	55

4.5 연습문제 4.4에서 결측 관측소와 인접한 관측소의 거리가 각각 5km, 1km, 10km일 때 역거리제곱법을 사용하여 결측 관측소의 월별 강우량을 산정하라.

4.6 다음 표와 같이 X관측소의 36년간의 연강우량자료와 인근 20개 관측소의 연평균강우량자료가 주어질 때 이중누가우량분석을 실시하여 다음을 구하라.

1) X관측소 자료의 일관성을 분석하라.

2) 자료의 수정하지 않았을 경우의 X관측소의 연평균강우량은 얼마인가?

3) 인근자료를 이용하여 수정하였을 경우 X관측소의 연평균강우량은 얼마인가?

년도 (year)	X관측소 (mm)	20개관측소 평균 (mm)	년도 (year)	X관측소 (mm)	20개관측소 평균 (mm)	년도 (year)	X관측소 (mm)	20개관측소 평균 (mm)
1979	1042	1029	1991	853	853	2003	610	739
1980	907	838	1992	739	754	2004	671	846
1981	922	945	1993	655	709	2005	648	867
1982	983	846	1994	846	998	2006	686	701
1983	960	937	1995	518	701	2007	914	1113
1984	914	686	1996	671	1082	2008	549	709
1985	1166	1052	1997	853	937	2009	861	1052
1986	1311	907	1998	724	693	2010	625	853
1987	968	823	1999	808	701	2011	884	892
1988	823	815	2000	617	693	2012	930	1158
1989	960	846	2001	884	998	2013	556	686
1990	1448	1082	2002	853	793	2014	564	793

4.7 다음과 같은 유역내에 설치된 우량관측소에서 관측된 강우량과 티센망을 작성하여 구한 면적비가 표와 같을 때 산술평균법과 티센다각형법을 이용하여 유역평균강우량을 산정하라.

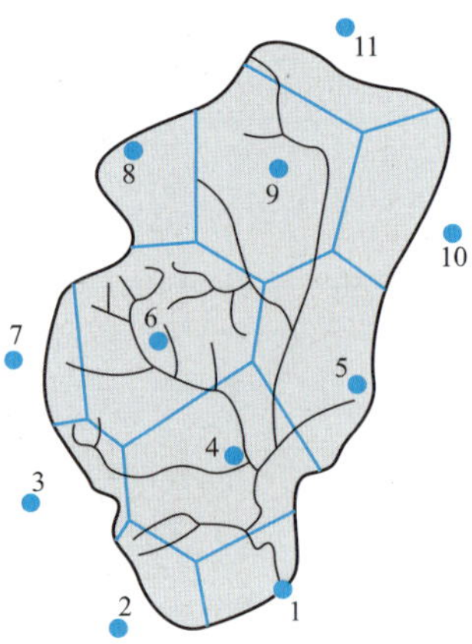

관측소	강우량 (mm)	면적비 (%)
1	15.6	5
2	29.5	4
3	34.4	3
4	29.1	15
5	41.7	11
6	42.1	19
7	27.0	4
8	24.5	7
9	38.8	21
10	39.8	6
11	25.1	5
계		100

4.8 다음과 같은 유역내외의 우량관측소에서 관측한 우량자료가 표와 같고 티센망도와 등우선도가 다음과 같이 주어질 때 산술평균법, 티센방법 그리고 등우선법에 의한 유역평균강우량을 산정하라.

관측소	강우량 (mm)	티센 다각형 면적 (km^2)	등우선법	
			평균 등우선 (mm)	면적 (km^2)
P1	10	0.22	5*	0.88
P2	20	4.02	15	1.59
P3	30	1.35	25	2.24
P4	40	1.60	35	3.01
P5	50	1.95	45	1.22
			53*	0.20

* 가정치

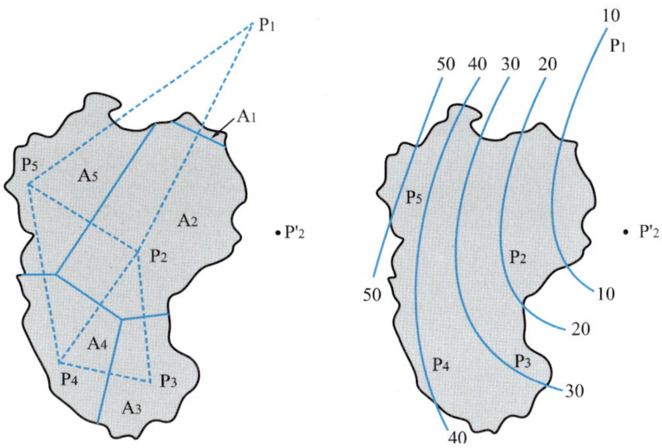

4.9 그림과 같은 가상유역의 평균강우량을 티센다각형법을 사용하여 산정하려고 한다. 각 관측소별 강우량이 다음과 같이 주어질 때 모눈종이의 눈금을 이용하여 면적비를 구하고 유역평균강우량을 구하라.

관측소	1	2	3	4	5	6	7	8
강우량 (mm)	19	23	21	23	22	24	21	22

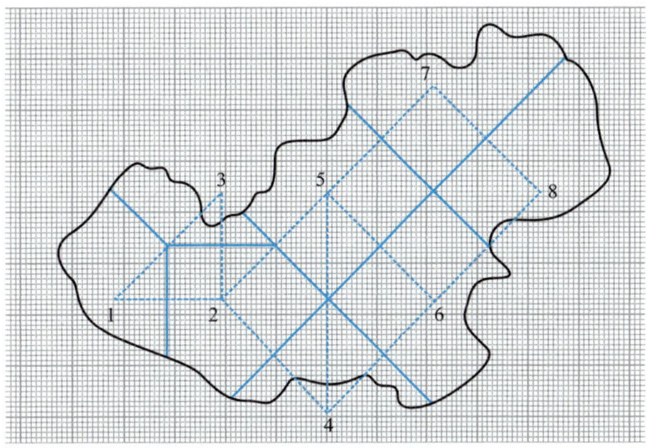

4.10 연습문제 4.9와 같은 가상유역의 평균강우량을 등우선법 사용하여 산정하려고 한다. 등우선에 의해 구분된 소유역 면적별 평균 강우량이 다음 표와 같을 때 모눈종이의 눈금을 이용하여 면적비를 구하고 유역평균강우량을 구하라.

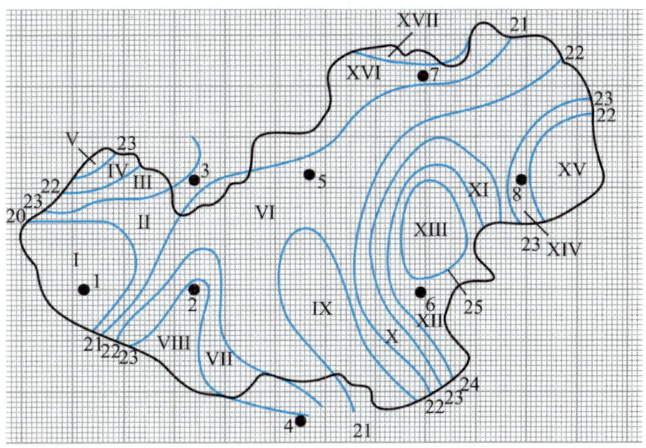

소유역	평균강우량	소유역	평균강우량	소유역	평균강우량	소유역	평균강우량
I	20.5	VI	21.5	XI	23.5	XVI	21.5
II	20.5	VII	22.5	XII	24.5	XVII	20.5
III	21.5	VIII	23.5	XIII	25.5		
IV	22.5	IX	21.5	XIV	22.5		
V	23.5	X	22.5	XV	22.5		

4.11 어떤 유역에 30분간 지속된 집중 호우로부터 기록된 5분 간격 우량이 다음 표와 같을 때 지속시간 5분씩 증가시킨 간격별로 최대 강우강도를 구하라.

시간 (분)	0~5	5~10	10~15	15~20	20~25	25~30
강우량 (mm)	3.0	4.5	7.0	6.0	4.5	5.0

4.12 식 (4.7.7)을 이용하여 부산지역에 대한 재현기간 50년 및 100년, 지속기간 1시간 및 2시간에 대한 강우강도를 산정하라.

4.13 다음과 같이 지속기간별 강우강도가 주어질 때 Talbot형에 맞추어 강우강도식을 유도하라.

지속기간 t (min)	5	10	15	30	60	120
강우강도 I (mm/hr)	7.1	5.9	5.1	3.8	2.3	1.4
1/I	0.14	0.17	0.20	0.26	0.43	0.71

4.14 우리나라의 5대하천 유역의 면적과 연평균강수량이 다음과 같을 때 각 하천유역별로 연강수량을 ton으로 나타내라.

하천유역명	한강	낙동강	금강	섬진강	영산강
유역면적 (km^2)	25,954	23,384	9,912	4,960	3,468
연평균강수량 (mm)	1,301	1,186	1,272	1,412	1,318

4.15 그림과 같은 유역에 강우가 내렸으며 시간별 누가우량이 표 1에 주어져 있다. 등우선법에 의해 소유역을 구분한 후 구적기를 이용하여 소유역 면적을 구한 결과가 표 2와 같을 때, 지속시간 2, 4, 6, 8, 10, 12, 14시간에 대한 DAD해석을 실시하라.

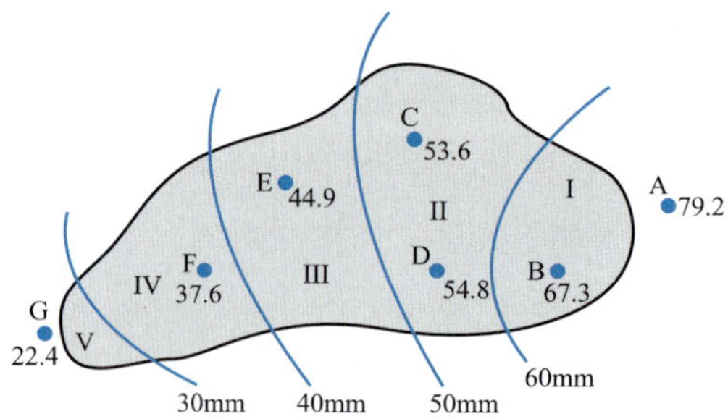

표 1 유역내외의 7개 관측소에서의 누가강우량

관측점 / 시간	A	B	C	D	E	F	G
2	0.0	0.0	0.0	0.0	0.0	0.0	0.0
4	0.0	0.0	0.0	0.0	4.1	0.0	0.0
6	0.0	0.0	6.4	3.6	7.4	3.4	3.5
8	2.6	0.0	12.9	6.5	11.9	6.1	5.8
10	7.3	3.5	21.5	19.1	17.0	13.8	7.1
12	13.4	8.3	30.7	29.3	24.6	21.4	9.6
14	26.1	14.0	38.3	34.4	32.3	28.2	14.3
16	41.1	26.8	43.7	49.6	37.4	31.6	19.9
18	52.9	42.9	50.8	53.2	44.9	34.1	22.4
20	71.6	54.7	53.6	54.8	44.9	37.6	22.4
22	79.2	67.3	53.6	54.8	44.9	37.6	22.4
24	79.2	67.3	53.6	54.8	44.9	37.6	22.4

표 2 소유역별 면적

소유역	I	II	III	IV	V
면적 (km^2)	300	500	450	320	100

CHAPTER

증발산 05

5.1 서 론

증발(evaporation)은 물이 액체상태에서 기체상태로 변하는 것을 의미하며, 수문순환과정에서 증발은 공간적으로 면적평균 된 수증기의 연직방향이동이라 할 수 있다. 증발은 수표면, 포화된 토양 또는 비포화 된 토양으로부터 발생하며 잠재증발(potential evaporation)은 증발표면으로 물의 양이 제한되지 않고 공급될 때 발생하는 증발률을 말한다. 증산(transpiration)은 식물의 잎의 기공을 통해 발생하는 증발을 의미한다. 식물뿌리가 위치하고 있는 지점에 물의 공급이 제한되지 않는다면 잠재증산(potential transpiration)은 기후 및 식물 생리학적인 영향을 받는다. 물의 공급이 제한되는 조건하에서의 실제증산(actual transpiration)은 식물이 뿌리를 통해 물을 흡수하는 능력에 영향을 받는다.

과학 및 공학에서는 증발과 증산을 합한 개념인 증발산(evapotranspiration)이란 용어를 사용하며 일반적으로 식생이 지표면을 완전히 덮고 있지 않으므로 이 두 현상을 분리하기가 매우 어렵기 때문에 증발산이란 용어를 사용하게 된다. 이런 경우 식물이나 나무로부터는 증산이 발생하고, 토양, 수표면 또는 다른 표면을 통해서는 증발이 발생하게 된다. 증발과정에 대한 이해는 호수나 저수지에서 증발을 통한 물의 손실을 예측하는데 매우 중요하다. 평균적으로 연평균강수량의 약 70% 정도가 증발이나 증산을 통해 대기 중으로 되돌아온다. 하지만 태양복사에너지, 산악의 위치, 바다의 인접성 등에 의하여 증발량은 지역마다 상당히 변하게 된다. 본 장에서는 증발산의 기본원리 및 측정방법과 산정방법에 대해 알아보기로 한다.

5.2 증발에 영향을 주는 인자

증발에 영향을 주는 인자들은 오래전부터 잘 알려져 있지만 이들 간의 복잡한 상호작용으로 인해 정확히 이해하기는 쉽지가 않다. 증발률은 물과 공기의 증기압에 영향을 받고, 증기압은 물과 공기의 온도, 기압, 수질 그리고 증발표면의 형상 등에 영향을 받는다. 증발률에 영향을 미치는 인자들은 크게 세 가지 즉, 태양복사에너지, 온도, 바람, 기압, 습도와 같은 기상학적 인자(meteorological factor), 증발표면의 특성 인자(nature of evaporating surgace) 그리고 수질 인자(water quality factor)로 분류할 수 있다.

5.2.1 기상학적 인자

자연적인 증발을 에너지 교환과정으로 본다면 태양복사에너지가 가장 중요한 인자라 할 수 있다.

한편, 이론 및 풍동(wind-tunnel)실험의 결과는 특정 온도에서 증발률이 풍속에 비례하며 표면위의 공기압에 상당한 영향을 받는다는 것을 보여주고 있다. 근본적으로 수온은 바람의 속도 및 증기압과 관계가 있다. 만일 복사에너지교환과 다른 기상학적 요소들이 얕은 호수위에서 상당기간 일정하다면 수온 및 증발률은 일정할 것이다.

하지만 풍속이 갑자기 두 배가 된다면 증발률 또한 일시적으로 두 배가 된다. 이와 같은 증발률의 증가는 복사나 전도에 의해 열이 보충되는 것보다 더 빠르게 물로부터 열을 빼앗게 된다. 따라서 수온은 낮아지게 되고 증발률은 감소하게 된다. 장기적인 관점에서 볼 때 풍속이 10% 변하면 증발량은 다른 기상학적인 인자들의 영향을 받으며 단지 1~3% 정도만 변하는 것으로 분석되고 있다.

1) 온도

온도가 올라감에 따라 물분자의 운동에너지가 증가하므로 수체의 증기압은 온도에 따라 증가한다. 수표면 온도의 증가와 비례하는 주위 공기 온도의 증가는 또한 물과 공기의 증기압을 증가시키게 된다. 증발은 수표면과 공기간의 증기압차에 비례하여 발생하기 때문에 동일한 온도 증가는 증발률을 증가시키지 않을 수도 있다. 증발이 지속되기 위해서는 증발에 의해 온도가 내려가므로 물에 열을 제공해야 한다. 한편, 물과 공기의 온도가 동일하게 되면 증발은 중단된다. Dalton은 온도에 따른 증발량의 변화와 관련된 경험식을 다음과 같이 제시하여 그 후로 발표하는 여러 가지 증발률 산정 경험공식의 기틀을 마련하였다.

$$E = C(e_w - e_a) \tag{5.2.1}$$

여기서 E는 증발률(in/day), e_w는 수온에 해당하는 포화증기압(mmHg), e_a는 공기에서의 실제 증기압(mmHg), C는 경험적으로 결정되는 상수이다.

2) 바람

바람은 물분자가 많이 포함된 공기를 다른 곳으로 보내고 더 많은 물분자를 포함할 수 있는 새로운 건조한 공기로 대체하는 효과가 있다. 수표면으로부터 이탈한 모든 물분자를 이동시킬 충분한 속도의 바람이 부는 경우와 비교할 때 이보다 더 큰 속도의 바람이 불더라도 증발량에는 크게 변화가 없다. 만일 불어오는 바람이 가열된 지표면의 영향을 받아 가열되어 있다면 증발에 필요한 추가적인 에너지를 공급하게 되므로 증발량이 증가할 수 있다. 반대로 차가운 공기기단은 증발량을 감소시킬 수 있다.

증발에 대한 바람의 영향은 수표면적의 규모에 따라 다르게 나타날 수 있다. 증발접시인 경우 바람의 속도가 약간만 증가해도 물분자를 제거시키기에 충분할 수 있지만, 넓은 면적의 물에서는 최대로 물을 증발시키기 위해 더 큰 풍속과 난류가 필요하다. Mayer는 바람의 영향을 고려하여 다음과 같은 경험식을 제시하였다.

$$E = C(e_w - e_a)(1 + 0.1w) \tag{5.2.2}$$

여기서 E는 증발률(in/day), w는 수면 위 약 30ft 상공에서의 풍속(mi/h), e_w는 수온에 해당하는 포화증기압(mmHg), e_a는 공기에서의 실제 증기압(mmHg), C는 상수(작고 얕은 물에서는 15, 크고 깊은 물에서는 11)이다.

3) 기압

고도가 높아짐에 따라 기압이 낮아지면 증발표면위의 공기 분자수가 감소하므로 수표면으로부터의 물 분자의 이탈률이 증가하게 된다. 고도가 높아짐에 따라 증발률이 감소하는 경우는 공기의 수증기압에 영향을 미치는 모든 기후학적인 인자들의 변화 없이 오직 고도에 따라 기온이 낮아질 때만 가능하다. Rohwer는 기압의 변화에 따른 영향을 알아보기 위해 여러 지역에서 일 증발률을 측정하여 다음과 같은 경험식을 제시하였으며 첫 번째 괄호 안의 항으로 기압의 영향을 고려하였다.

$$E = 0.771(1.465 - 0.0186B)(0.44 + 0.118w)(e_w - e_a) \tag{5.2.3}$$

여기서 E는 증발률(in/day), B는 기압(mmHg), w는 풍속(mi/h), e_w는 수온에 해당하는 포화증기압(mmHg), e_a는 공기에서의 실제 증기압(mmHg)이다.

4) 습도

온도가 일정할 때 공기가 포화상태에 이를 때까지 증발이 발생할 수 있다. 습도가 낮은 경우 공기는 수증기를 함유할 수 있는 여유가 많이 있으므로 증발이 활발하게 발생하고, 증발이 지속됨에 따라 공기 중의 수증기는 많아지고 습도도 높아지게 된다. 특정온도에서 공기가 함유할 수 있는 수증기의 양은 결정되어 있으므로 습도가 높아질수록 증발의 발생이 어렵게 된다. 습도가 일정할 때 공기의 온도가 올라가게 되면 그 만큼 공기가 함유할 수 있는 수증기의 양이 늘어나므로 증발은 더 발생하게 된다. 또한 바람이 불어 습한 공기를 건조한 공기로 대체하면 증발이 활발하게 일어 날 수 있다.

5.2.2 증발표면 인자

식생, 건물 그리고 포장도로와 같이 강수에 노출되어 있는 모든 표면은 잠재적인 증발표면이 된다. 포화된 토양표면으로부터의 증발률은 같은 온도의 인접한 수표면에서의 증발률과 거의 비슷하며 토양이 건조해짐에 따라 증발률은 감소하고 에너지 균형을 이루기 위해 온도는 올라간다. 결국,

상당히 깊은 곳에 있는 물을 지표면으로 이동시킬 수 있는 효과적인 방법이 없으므로 증발은 사실상 끝이 나게 된다. 따라서 토양표면에서의 증발률은 물의 존재에 의해 제한을 받게 된다.

수심이 작은 곳은 깊은 곳보다 온도 상승이 커서 증발률도 증가한다. 검정색을 띤 흙이나 물체는 다른 색보다 태양복사에너지를 더 잘 흡수하므로 증발률이 증가한다. 일반적으로 표면이 거칠고 불규칙한 곳에서는 마찰에 의해 풍속이 감소되어 증발률이 작아지는 효과가 있는 반면 난류의 발생으로 인해 연직바람성분을 초래하여 증발률을 높일 수 있다.

평탄한 증발면에서는 오목한 증발면의 경우보다 증발면이 넓어 높은 증발률을 보이는 반면 볼록한 증발면보다는 좁아 낮은 증발률을 나타낸다. 또한 수면에서의 강한 바람으로 인해 파랑이 발생하면 증발표면이 증가하므로 증발률이 증가하게 된다. 지면이나 다른 표면으로부터의 증발은 수표면으로부터의 증발률보다 동일한 조건에서 일반적으로 낮다.

5.2.3 수질 인자

물속에 염분 또는 용존고형물질(dissolved solid)이 존재하는 경우 용액의 증기압을 낮추게 된다. 35,000ppm의 염분을 포함하고 있는 해수의 증기압은 같은 온도에서의 순수한 물보다 약 2% 정도가 낮다. 그러나 감소된 증발률에 의해 수온의 온도가 증가하여 증기압이 줄어든 것을 일부 상쇄하기 때문에 증발률의 감소는 증기압의 감소보다 약간 낮아지게 된다. 해수에서 증발량의 감소는 장기간에 걸쳐 수%를 초과하지 않으므로 저수지 증발량을 산정할 때 염분의 영향은 무시할 수 있다. 또한 수표면을 덮거나 증기압을 변화시키는 이물질들은 증발에 영향을 미치게 된다.

5.3 증발접시를 이용한 증발량 측정

증발량을 측정하기 위해 가장 광범위하게 사용되는 도구가 증발접시(evaporation pan)이며 수문설계 및 운영에 증발접시를 적용한 것은 상당히 오래되었다. 물론 증발접시의 종류에 따라 증발량 산정에 다소 차이가 발생하지만 일부증발접시는 연간 수표면 대 증발접시의 비(증발접시계수, pan coefficient)가 상당히 일정하고 지역에 따라서도 그렇게 많이 변하지 않는다.

증발량은 일정기간 동안 단위 면적에서 증발된 물의 양을 mm단위로 관측한 것으로 9시를 기준으로 24시간 또는 1시간 단위로 관측한다. 수문설계 및 농업부문에서 필요로 하는 증발량은 수면, 지면, 초지, 산림 등 광범위한 지역에서의 증발량으로 이러한 모든 증발량의 관측방법이 다양하며 일반적인 대기상태의 증발량을 관측하기 위해서는 증발접시를 설치하여 관측한다. 우리나라 기상청에서 사용하고 있는 증발접시로는 소형증발접시와 대형증발접시가 있다.

5.3.1 소형증발접시

소형증발접시(small evaporation pan 또는 evaporimeter)는 지름 20cm, 깊이 10cm의 원통형 용기로 청동이나 그 이상의 재질로 구성되어 있으며, 테두리는 청동의 주물이나 두꺼운 판으로 감아 있고, 배수구가 하향으로 되어 있다. 증발접시에 깨끗한 물을 20mm 넣은 후 다음 날 관측시각에 관측한 값과의 차를 구하여 전일의 증발량으로 산정하며 비가 내렸을 경우에는 비의 양을 감하여 증발량을 구한다.

그림 5.1에서처럼 소형증발접시 위에 씌워진 망은 조류 등의 접근을 막기 위한 것으로 강우 시 물이 망에 묻어 들어갈 수 있고, 야간에는 이슬이 들어갈 수 있으므로 분리하여야 한다. 소형증발접시는 일반적으로 우량계 부근에 우량계의 수수기 높이와 같게 설치하며, 증발계 주변에는 잔디를 심어 빗물이 튀어 들어가지 않도록 주의한다. 소형증발접시는 규모가 작아 온도변화 등 여러 가지 요인에 의해 신뢰도가 떨어지는 단점이 있으므로 점차 사용이 줄어들고 있다.

(a) (b) (c)

그림 5.1 소형증발접시(a, b) 및 대형증발접시(c)

5.3.2 대형증발접시

대형증발접시(large evaporation pan 또는 evaporimeter)는 지름 120cm, 깊이 25cm의 아연도금 철재판이나 스테인리스-강 등의 재질에 흰색 페인트를 칠한 원통형 용기로, 증발접시 내에 일정한 물을 채우고 수위측정기에 의해 관측기간 동안 물의 양이 변화한 정도를 측정하여 증발량을 산정한다. 증발접시내의 수위 변화는 측심기(hook gauge)를 사용하여 측심바늘의 끝이 수면에 정확히 닿을 때를 기준으로 측정하고, 수심 중간위치에 놓여져 있는 수온계의 온도로 수온보정을 한 다음, 전날의 관측 값과 차를 구해서 관측 기간의 증발량을 구한다. 증발접시 내에서 일어나는 잔물결로 인해 정확한 수위측정이 곤란한 경우를 대비해 측심바늘주변을 정수정이 감싸고 있다.

대형증발접시는 약 20cm 깊이로 물을 넣어 나무로 제작한 지지판 위에 놓아 그 밑바닥이 지면으로부터 3~5cm 떨어지도록 설치하고, 증발계 주변에는 잔디를 심어 빗물이 튀어 들어가지 않도록 한다. 수위측정기에는 이물질이 끼는 경우가 많으므로 수시로 확인한 후 세척을 하여 부척이 원활히 움직이도록 한다. 수위가 2.5cm 이상 떨어질 때마다 물을 보충하고, 지표면에 설치되어 있는 관계로 흙먼지, 낙엽, 곤충 등이 수면에 잠겨 있는 경우가 잦으므로 관측 후 제거하거나, 깨끗한 물로 교환하여야 한다. 겨울철에 수면이 빙결되면 증발량 측정이 불가능할 뿐만 아니라 증발계 자체가 파손될 우려가 있으므로 겨울철에는 철거하여 실내에 보관한다.

증발접시는 설치위치에 따라 지상식 증발접시(surface pan), 함몰식 증발접시(sunken pan) 그리고 부유식 증발접시(floating pan)로 구분할 수 있다. 지상식 증발접시는 우리나라에서 주로 사용하는 형식으로 증발접시 밑에 격자판 형식의 받침대를 만들어 그 위에 위치시킨다. 이러한 형태는 지표면 위에 설치되어 있으므로 이물질이 증발접시 안으로 들어가는 것을 방지할 수 있으며 설치비 및 유지관리비가 저렴하다. 하지만 지표면 위에 금속성으로 만들어진 증발접시가 노출되어 있으므로 접시 벽면에서의 열전도로 인해 실제증발량보다 과도하게 측정될 수 있다.

함몰식 증발접시는 접시의 일부 또는 전부가 땅속에 매몰되도록 설치하는 형식으로 지상식 증발접시의 열전도로 인한 영향을 감소시킬 수 있는 반면 지열의 영향을 받게 된다. 또한 지표면의 높이와 거의 비슷하게 설치되어 있으므로 이물질이 증발접시 안으로 들어가기가 쉬우며 설치 및 유지관리비가 비교적 많이 든다. 부유식 증발접시는 수표면상에 특수 장치를 이용하여 증발접시를 띄우는 것으로 물과 접촉하고 있으므로 열전도의 영향이 적고 수표면에서의 증발량과 가장 비슷하게 측정할 수 있다. 하지만 이 방법은 설치비 및 유지관리비가 많이 들고 증발량을 측정하기 위한 접근이 불편하다.

외국에서도 증발량을 측정하기 위한 다양한 증발접시를 사용하는데 가장 일반적으로 사용하는 증발접시는 다음과 같으며 최근에는 전자 기술의 발달로 그림 5.2와 같은 전자 증발계도 개발되어 편리하게 증발량을 측정할 수 있다.

① 미기상청의 A급 증발접시 : 직경 4ft(122cm), 깊이 10in(25.4cm)의 아연도금한 원통형 철제로 이루어져 있으며 환기가 잘되는 나무 격자판위에 지상으로부터 15cm 높이로 설치한다.

② 미산림청의 함몰식 증발접시 : 직경 6ft(183cm), 깊이 2ft(61cm)로 지표면으로부터 4in 정도 노출되도록 매몰되어 있으며 증발접시 수표면이 지상의 높이보다 1/2in 이상 차이가 나지 않도록 한다.

③ 콜로라도 함몰식 증발접시 : 3ft(91.5cm)의 정사각형, 깊이 18in~3ft(45cm)의 페인트를 칠하지 않은 아연 도금철로 이루어져 있으며 가장자리가 지표면으로부터 약 4in 노출되도록 설치한다.

④ 미지질조사국 부유식 증발접시 : 3ft(91.5cm)의 정사각형, 깊이 18in(46cm)로 되어 있으며, 각 변이 14ft (427cm)와 16ft(488cm)인 사각형 부교 중심에서 물위에 설치한다.

그림 5.2 전자증발계

⑤ 러시아의 GGI-3000 표준증발접시 : 면적이 3,000cm^2, 깊이가 약 60cm인 원형의 아연도금 철로 이루어져 있으며 지상에 함몰식으로 설치한다.

⑥ 미국의 Young 증발접시 : 직경 2ft(61cm), 깊이 3ft(91.5cm)로 이물질의 유입을 방지하기 위해 1/4in 간격으로 짜여진 스크린이 상단부에 설치되어 있다.

5.3.3 증발접시계수

앞에서 소개한 다양한 증발접시는 작은 규모, 접시 벽면에서의 열전도효과, 바람의 영향 등으로 인해 자연 상태의 수표면보다 더 많은 증발량을 나타내게 된다. 이러한 영향을 고려하기 위해 증발접시 증발량에 대한 수표면에서의 실제 증발량의 비인 증발접시계수(pan coefficient)를 적용하게

표 5.1 지역별 증발접시계수

지역	기록년수	기간	지상식		함몰식			
			미A급	X-3	미산림청	Young	Colorado	GGI-3000
Davis, Calif.	1966–69	Ann.	0.72	0.71				0.94
Denver, Colo.	1915–16	Ann.	0.67					
	1916	June-Oct.			0.94			
Felt Lake, Calif.	1955	Ann.	0.77		0.91	0.99	0.85	
Ft. Collins, Colo.	1926–28	Apr-Nov.	0.70				0.79	
Fullerton, Calif.	1936–39	Ann.	0.77		0.94	0.98	0.89	
Lake Colorado City, Tex.	1954–55	Ann.	0.72					
Lake Elsinore, Calif.	1939–41	Ann.	0.77			0.98		
Lake Hefner, Okla.	1950–51	Ann.	0.69		0.91	0.91	0.83	
Lake Mead, Ariz,-Nev.	1966–69	Ann.	0.66	1.73				0.71
Lake Okeechobee, Fla.	1940–46	Ann.	0.81				0.98	
Red Bluff Res., Tex.	1939–47	Ann.	0.68					
Salton Sea, Calif.	1967–69	Ann.	0.64	0.64				
Silver Hill, Md.	1955–60	Apr-Nov.	0.74		1.05		0.97	
Sterling, Va.	1968–68	Apr-Nov.	0.69	0.71				1.11
Australia								
Lake Albacutya		Ann.	0.79					
Lake Cawndilla		Ann.	0.71					
Lake Hinfmarsh		Ann.	0.74					
Lake Menindee		Ann.	0.71					
Lake Pamamaroo		Ann.	0.66					
Stephens Cr. Resv.		Ann.	0.69					
India								
Poona	1965–68	Ann.	0.69					0.78
Israel								
Lod Airport	1954–60	Ann.	0.74					
Sudan								
Khartoum	1960–61	Ann.	0.65					
United Kingdom								
London	1956–62	Ann.	0.70					
Russia								
Dubovka	1957–59	May-Oct.	0.64					0.91
	1962–67	May-Oct.	0.64					0.84
Valdai	1949–53	May-Sept.	0.82					0.93
	1958–63	May-Sept.	0.67					0.98

된다. 증발접시의 형태 및 위치에 따라 변하는 증발접시계수를 증발접시로부터 관측한 증발량에 곱함으로서 실제 증발량을 산정하게 된다.

증발접시계수는 미국 A급 증발접시인 경우 0.6~0.8의 범위로 평균적으로 0.7의 값을 나타낸다. 함몰식 증발접시인 경우 0.75~0.95 범위의 값을 보이고, 부유식 증발접시는 0.8의 값을 사용하게 된다. 표 5.1은 세계 여러 지역에서 관측된 접시계수 값을 보여주고 있다. Young 증발접시는 거의 1에 가까운 값을 나타내고 있는데, 이는 증발접시 상단부의 격자 스크린에 의해 증발량이 감소되기 때문이다. 함몰식 증발접시인 미국 산림청의 증발접시, GGI-3000도 1에 가까운 접시계수 값을 보이고 있다.

표 5.2는 소형증발접시를 이용한 우리나라 주요도시별 증발량을 나타내고 있고, 그림 5.3은 우리나라의 연증발량 분포를 보여주고 있다.

표 5.2 우리나라 주요도시의 증발량 (소형증발접시, 1981~2010년) (단위 : mm)

지역	1월	2월	3월	4월	5월	6월	7월	8월	9월	10월	11월	12월	연평균
서 울	37.5	46.6	82.8	123.0	141.4	139.2	110.8	123.3	107.3	89.3	53.2	39.4	1093.7
인 천	44.6	51.2	80.6	119.3	133.7	134.1	118.8	129.7	111.1	90.8	58.6	46.0	1118.8
수 원	36.4	45.5	77.6	116.6	138.9	141.0	122.3	128.3	105.8	85.1	49.7	37.3	1084.4
철 원	36.4	46.3	81.8	127.2	148.1	138.0	118.0	130.3	108.1	84.2	51.9	36.6	1106.8
춘 천	31.7	40.5	72.3	116.5	140.1	140.2	121.6	122.0	95.1	68.9	41.2	32.1	1022.2
대관령	49.9	50.3	75.4	130.5	153.7	117.6	103.5	94.7	80.2	92.3	68.6	56.9	1071.5
강 릉	65.1	62.8	91.0	131.0	148.0	127.5	120.6	115.2	93.8	92.4	72.2	70.1	1189.7
울릉도	39.6	46.3	78.9	123.3	151.7	126.0	120.7	124.0	101.0	93.1	66.3	46.9	1117.6
대 전	30.8	41.0	76.5	115.3	137.8	127.7	116.4	115.1	93.7	72.9	39.6	28.7	995.5
전 주	32.5	40.2	72.0	111.1	137.5	135.7	119.3	130.0	102.7	84.1	44.9	31.2	1041.5
광 주	39.6	47.4	84.0	121.8	146.8	143.7	130.4	143.6	107.0	92.7	54.1	41.3	1152.4
목 포	42.4	48.9	78.0	109.5	126.7	118.4	117.4	135.2	109.2	97.4	62.0	45.0	1090.2
여 수	74.1	78.0	103.7	131.4	147.7	133.2	131.6	153.3	134.8	127.9	87.7	74.1	1377.6
포 항	71.7	72.0	94.8	131.5	156.6	138.2	133.3	135.0	97.9	97.0	75.3	68.2	1271.4
대 구	53.3	58.6	100.9	140.2	173.6	161.5	140.3	154.1	108.4	99.6	63.4	51.9	1305.7
부 산	63.9	67.1	89.0	109.3	121.5	112.4	115.1	130.2	103.5	98.1	74.5	66.5	1151.2
제 주	49.5	57.2	85.3	111.3	135.5	128.2	156.2	153.0	118.1	108.4	71.1	55.4	1229.4

예제 5.1

면적 5km^{2}인 저수지에서 증발량을 산정하기 위해 증발접시를 설치하여 표 5.3의 1~3줄과 같은 자료를 얻었으며 매일 일정한 수위를 유지하기 위해 표와 같이 물을 보충하였다. 이 저수지에서의 1주일간 및 일평균 증발량을 mm와 m^{3}단위로 산정하라. 단 증발접시계수는 0.72이다.

표 5.3 1주일간의 자료

시간 (일)		1	2	3	4	5	6	7	계
강우량 (mm)		3	0	5	2	0	0	4	14
보충수량 (mm)		12	17	9	14	16	15	11	94
접시증발량 (mm)		15	17	14	16	16	15	15	108
저수지증발량	(mm)	10.8	12.24	10.08	11.52	11.52	10.8	10.8	77.76
	(m^3)	54,000	61,200	50,400	57,600	57,600	54,000	54,000	388,800

풀이

증발접시로부터의 일증발량은 강우량에 일정수위를 유지하기 위해 보충한 수량의 합이 되므로 표 5.3의 4줄과 같다. 그리고 실제 저수지에서의 증발량은 증발접시계수 0.72를 곱한 5줄과 같다. 증발량을 부피로 환산하기 위해서는 증발두께에 저수지면적을 곱하면 되며 첫째 날인 경우 $10.8/1000 \times 5 \times 1000^2 = 54,000\text{m}^3$이 된다. 따라서 일주일간의 총 증발량은 77.76mm($388,800\text{m}^3$)이 되고 일평균증발량은 11.11mm/day($55,543\text{m}^3$)이 된다.

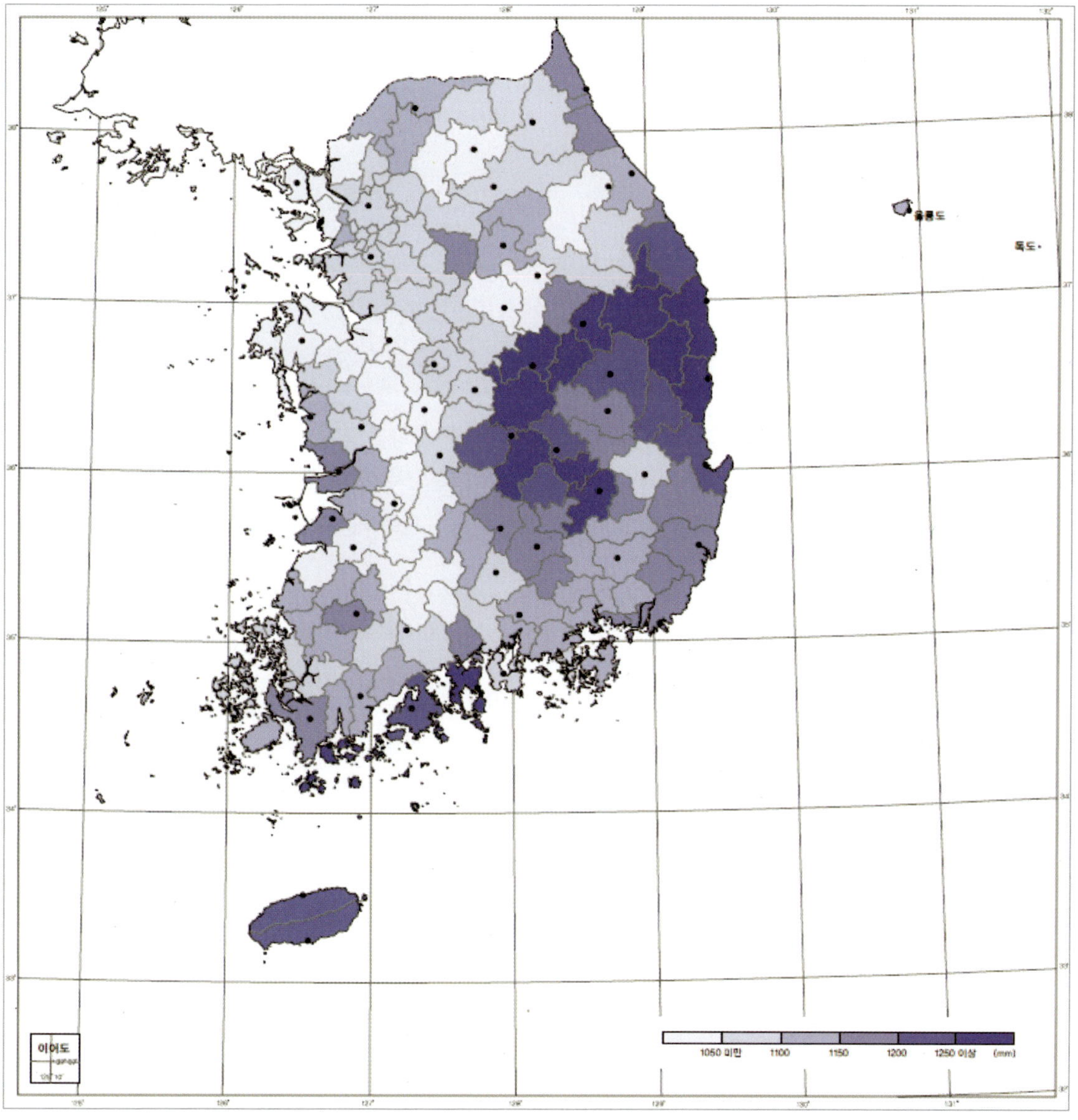

그림 5.3 우리나라 연증발량 분포도(한국기후도, 기상청 2010년)

5.4 저수지 수표면에서의 증발

호수, 바다 그리고 포화된 토양과 같은 자유수표면에서의 증발량을 산정하기 위한 여러 가지 이론적인 방법에 대해 알아보기로 한다. 본 절에서 소개할 방법들에 의한 증발량 산정치는 저수지에서의 증발과 관련된 연구에 직접적으로 이용할 수 있을 뿐만 아니라 잠재증발산량(potential evapotranspiration)을 산정할 경우에도 적용할 수 있다. 본 절에서는 물수지 방법, 에너지수지 방법, 공기동력학적 방법 그리고 에너지수지 및 공기동력학적 방법의 혼합방법 등에 대해 설명하기로 하며 모두 증발하는데 영향을 받지 않도록 물이 충분히 공급된다는 가정을 두고 있다.

5.4.1 물수지 방법

물수지 방법은 1장에서 물의 순환에 대해 알아보았으므로 어느 정도 쉽게 이해 할 수 있다. 만일 강수량, 지표면으로부터의 유입량(inflow) 및 유출량(outflow), 침투량(infiltration) 및 누출량(exfiltration) 그리고 일정 기간 동안의 저류량의 변화 등을 알 수 있으면 순수한 증발량 및 증산량을 산정할 수 있다. 이러한 방법은 수문기상학적 자료가 풍부하고 관측이 용이한 지역에서 비교적 장기간 평균치를 산정할 경우 적절하며 이때 이상적인 산정기간은 연 단위가 적절하다. 월 단위로 산정할 경우 수문순환 요소들이 계절적인 불확실성에 영향을 받으므로 잘못된 산정을 할 수 있다.

강수량을 P, 저류량을 S, 지표면을 통해 저수지로 유입되는 유입량을 I, 유출되는 유출량을 O, 저수지에서 지하로의 침투량을 O_g라 할 때 이러한 값들이 관측되었거나 산정되었다면 다음과 같은 연속방정식을 이용하여 증발량 E를 산정할 수 있다.

$$P + I = E + O + O_g + (S_2 - S_1) \tag{5.4.1}$$

식 (5.4.1)에서 왼쪽항의 강수량(P) 및 지표면 유입량(I)은 저수지의 물 증가량을, 오른쪽 항의 증발량(E), 지표면 유출량(O), 침투량(O_g)은 저수지의 물 감소량을 나타내며, (S_2-S_1)은 증발량 산정기간 동안의 저류량의 변화이다. 이 식을 증발량 E에 대해 정리하면 다음과 같다.

$$E = (S_1 - S_2) + I + P - O - O_g \tag{5.4.2}$$

물수지방법은 이론적으로는 간단한 것 같지만 강수량, 유입량 및 유출량, 침투량 그리고 저류량의 변화 등을 측정하는데 상당한 오차를 유발하기 때문에 실제 적용에서는 신뢰성이 있는 결과를 얻기가 쉽지가 않다. 특히 산정기간이 짧은 경우 더 많은

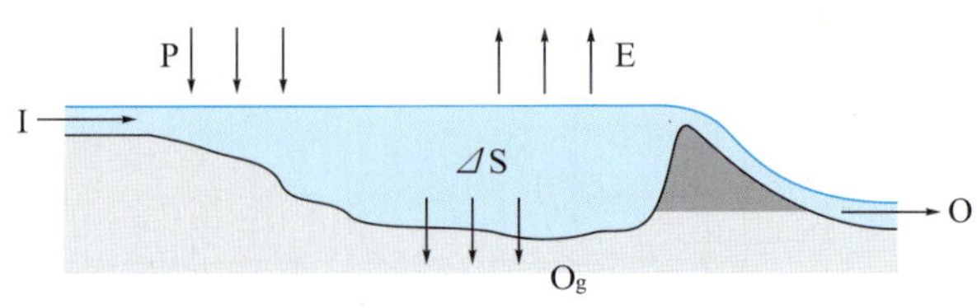

그림 5.4 물수지 방법 모식도

오차를 발생하게 된다. 침투량은 지하수위, 침투계수(permeability) 등의 측정에서 많은 오차를 가져오기 때문에 가장 산정하기가 어려운 인자이다. 만일 침투량이 증발량과 비슷하거나 초과하는 경우 이 방법에 의해 산정된 증발량의 신뢰도는 상당히 떨어진다. 강수량의 측정은 저수지 근처에 우량계를 설치하여 관측하면 되므로 그리 문제가 되지는 않는다. 주위지형의 고저차가 심하거나 저수지의 규모가 커 국지적인 기상변화가 있는 경우 어려운 점이 발생할 수 있으며, 바람이 심하게 부는 경우에는 강수량의 측정에 오차를 유발할 수 있다.

저수지의 수위에 따른 수표면적간의 관계가 잘 수립되어 있다면 저수지 수위관측을 통해 저류량을 비교적 정확하게 산정할 수 있다. 하지만 저류되어 있는 물의 온도차에 따른 팽창 및 수축으로 인해 오류를 발생시킬 수도 있다. 지표면을 통한 유입 및 유출량의 측정에서 생기는 오차는 미계측 면적의 범위, 수위-유량관계곡선(rating curve)의 신뢰성 그리고 증발량에 대한 상대적인 유출규모에 따라 저수지마다 상당히 다를 수 있다. 오차범위 5% 이내로 유량을 측정할 수 있다면 이에 따른 증발량의 산정은 양호하다고 할 수 있다. 만일 저수지를 통해 흐르는 물의 양이 증발량에 비해 크다면 물수지 방법에 의한 결과는 비교적 정확하다.

예제 5.2

저수지에서의 증발량을 산정하려고 한다. 6개월 동안 관측된 강우량이 75cm이고 저수지로의 유입이 63cm, 유출고가 84cm이며, 저수량의 증가가 10cm, 지하수 충진량이 15cm라면 물수지방법을 이용할 경우 저수지 수표면에서의 월평균 증발량은 얼마이겠는가? 초기손실은 무시한다.

풀이

물수지방정식에서 필요한 부분만 나타내면

$$E = P + I - O - \Delta S - O_g = 75 + 63 - 84 - 10 - 15 = 29\text{cm}$$

따라서 월평균 증발량은 290/6=48.3mm/month가 된다.

5.4.2 에너지수지 방법

물수지 방법과 같은 개념으로 임의 지역 특히 저수지와 같이 물로 이루어진 지역에 대해 에너지수지(energy balance 또는 energy budget)를 적용할 수 있다. 물수지 방법과 다른 점은 물의 흐름 대신에 에너지 흐름에 대한 연속방정식을 적용하는 것이다. 물수지 방법과 마찬가지로 에너지수지 방법은 에너지수지 방정식을 풀기 위해 필요한 항목 즉, 대기복사에너지, 물로부터의 장파복사에너지, 물에서의 에너지저장 등의 산정에 어려움이 많이 있다. 물로 유입되거나 물로부터 유출되는 감열(sensible heat)의 전도 또한 산정하기가 매우 어렵다. 에너지수지 방정식을 적용함으로써 감열로 전도된 에너지와 증발에 사용된 에너지의 합을 산정하는 것이 가능하다.

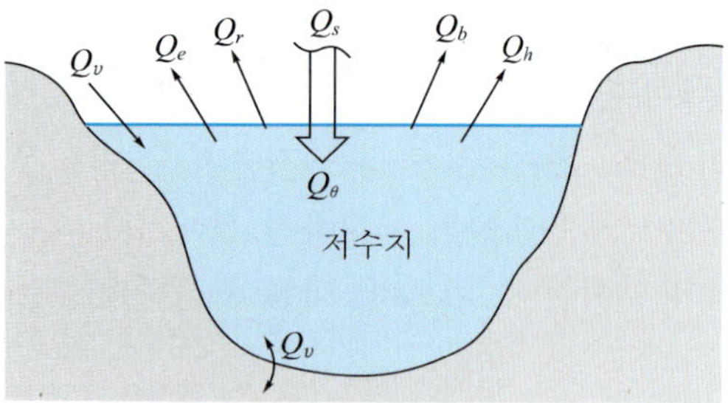

그림 5.5 저수지에서의 에너지수지

그림 5.5와 같은 저수지에 대한 에너지수지 방정식은 다음과 같이 표현할 수 있다. 에너지수지 방정식은 저수지 시스템 내에 저장된 에너지의 양에 의해 저수지시스템으로 유입되고 유출되는 에너지간의 수지를 나타내는데, 관측 자료의 신뢰성과 정확성에 따라 많은 차이를 나타낼 수 있으며, 양호한 조건에서 산정치의 평균오차는 여름철에 10%, 겨울철에는 20%를 보인다.

$$Q_\theta = Q_s - Q_r + Q_a - Q_{ar} - Q_{bs} + Q_v - Q_e - Q_h - Q_w \tag{5.4.3}$$

여기서 Q_Θ = 물에 의해 저장된 에너지의 증가량
Q_s = 수표면에 도달되는 태양복사에너지
Q_r = 반사되는 태양복사에너지
Q_a = 수표면으로 도달되는 대기로부터 장파복사에너지
Q_{ar} = 반사되는 장파복사에너지
Q_{bs} = 물로부터 방출되는 장파복사에너지
Q_v = 저수지로 유입 또는 유출되는 물에 의한 순에너지 변화량
Q_e = 증발에 사용된 에너지
Q_h = 감열로 물로부터 대기로 전도된 에너지
Q_w = 증발된 물로 인해 손실된 에너지

식 (5.4.3)에서 모든 항은 cal/cm^2/day의 단위를 가지며, 화학적 및 생물학적 과정, 저수지 바닥을 통한 전도에 의한 에너지의 손실, 응축과정에 있어서의 에너지이동 등은 무시한다. 에너지수지 방정식에서 Q_w는 다른 항에 비해 그 크기가 작으므로 생략하고 수표면에서의 장파복사에너지 교환량 $Q_b = Q_{ar} + Q_{bs} - Q_a$로 나타낼 수 있으므로 다음과 같이 간략하게 정리할 수 있다.

$$Q_\theta = Q_s - Q_r - Q_b + Q_v - Q_e - Q_h \tag{5.4.4}$$

식 (5.4.4)에서 물로부터 대기로 전도된 에너지 Q_h는 직접적인 측정이 어려우므로 Bowen은 증발에 사용된 에너지 Q_e와 전도에너지 Q_h와의 비를 다음과 같이 정의하였으며 이를 Bowen비(Bowen ratio)라 한다.

$$B = \frac{Q_h}{Q_e} = 0.61\left(\frac{T_o - T_a}{e_o - e_a}\right)\frac{P}{1000} \tag{5.4.5}$$

여기서 T_o는 수표면 온도(℃), T_a는 공기의 온도(℃), e_o는 수표면 온도에서의 포화증기압(mb),

e_a는 공기 온도에서의 실제증기압(mb), P는 대기압(mb)이다. 따라서 에너지수지 방정식에 Bowen 비를 이용하여 $Q_h = BQ_e$를 대입하고 증발에 사용된 에너지 Q_e로 다시 정리하면 다음과 같다.

$$Q_e = \frac{Q_s - Q_r - Q_b - Q_\theta + Q_v}{1 + B} \tag{5.4.6}$$

식 (5.4.6)으로부터 증발에 사용된 에너지 Q_e를 산정하게 되면 잠재증기화열(latent heat of evaporation) L_e를 사용하여 식 (5.4.7)에 의해 증발량 E를 산정할 수 있다.

$$E = \frac{Q_e}{\rho L_e} \tag{5.4.7}$$

여기서 E는 증발량(cm/day), Q_e는 증발에 사용된 에너지(cal/cm^2/day), ρ는 증발된 물의 밀도(g/cm^3), L_e는 597.3−0.564T_o, T_o는 수표면 온도(℃)이다. 최종적으로 에너지수지 방법에 의한 증발량을 산정하기 위한 에너지 방정식을 정리하면 다음과 같다.

$$E = \frac{Q_s - Q_r - Q_b - Q_\theta + Q_v}{\rho L_e (1 + B)} \tag{5.4.8}$$

그럼 이제부터 에너지수지방법에 의한 증발량을 산정하기 위해 식 (5.4.8)의 각 항을 산정하는 방법에 대해 알아보기로 하자.

1) 태양복사에너지 Q_s의 산정

Black(1968)은 태양복사에너지 Q_s를 산정하기 위하여 Q_s와 운도(cloud cover), 일조시간 등과 같은 획득 가능한 기상학적 변수들 간에 회귀분석을 실시하여 다음과 같은 일평균 태양복사에너지를 구하는 식을 제시하였다. 운도나 일조시간은 대부분의 기상관측소에서 매일 관측하고 있어 쉽게 자료를 획득할 수 있다. 태양상수 I_o는 지구대기의 외곽지역에서 태양광선과 직각인 단위면적(cm^2)에 도달하는 태양복사에너지로 1.97cal/cm^2/min의 값을 나타낸다.

$$Q_s = I_o(0.803 - 0.340C - 0.458C^2) \tag{5.4.9}$$

여기서 Q_s는 특정 월의 일평균 태양복사에너지(cal/cm^2/day), I_o는 특정 월의 일평균 태양상수(cal/cm^2/day)(표 5.4 및 5.5), C는 소수로 나타낸 운도이다.

식 (5.4.9)를 이용하면 구름이 없는 날(C=0)인 경우 Q_s는 태양상수의 80.3%가 되며 이는 태양에너지의 약 20%가 대기 중의 가스 및 입자에 의해 후방산란(back scattering) 및 흡수되어 손실됨을 의미한다. 표 5.4는 지구 범위에서의 태양상수 값을, 표 5.5는 우리나라 범위에서의 태양상수 값을 보여주고 있다. 일조시간이 관측되는 지역에 대해서는 다음과 같은 Angstrom(1924)이 제시한 식을 사용하여 Q_S를 산정할 수 있다.

$$Q_s = I_o\left(a + b\frac{n}{N}\right) \tag{5.4.10}$$

여기서 a 및 b는 경험적으로 결정되는 지역상수로 표 5.6에 일부지역에 대한 값이 나타나 있으며, n은 해당 월에 관측된 일조시간(hr/month) 그리고 N은 해당지역에서의 최대가능일조시간(hr/month)으로 표 5.7과 같다.

표 5.4 지구범위에서의 태양상수 I_o(cal/cm^2/day)

위도	1월	2월	3월	4월	5월	6월	7월	8월	9월	10월	11월	12월
90° N	–	–	–	465	880	1070	930	660	155	–	–	–
80	–	–	105	460	860	1050	970	625	235	10	–	–
70	–	65	255	540	800	1000	870	670	400	140	5	–
60	75	205	400	655	860	975	925	750	500	275	110	55
50	200	350	540	750	910	985	950	820	620	430	155	175
40	355	490	650	820	880	985	960	870	740	550	395	325
30	500	620	750	870	945	975	955	900	792	670	540	465
20	640	725	820	895	930	930	930	900	850	760	660	610
10	755	820	870	895	885	870	870	885	880	830	770	730
0	855	885	895	870	820	790	795	840	880	885	860	840
10	930	930	885	810	730	685	705	770	845	900	920	930
20	985	940	855	740	630	570	595	680	790	900	965	990
30	1015	930	800	640	505	445	465	575	705	870	985	1030
40	1020	895	715	525	375	305	335	450	630	810	960	1045
50°S	1000	835	620	400	240	175	200	315	505	735	950	1040

표 5.5 우리나라 범위에서의 태양상수 I_o(cal/cm^2/day)

위도	1월	2월	3월	4월	5월	6월	7월	8월	9월	10월	11월	12월
33°N	473.3	591.7	742.2	878.3	965.7	997.8	978.6	908.4	790.7	642.7	505.8	437.6
34	458.8	578.4	732.7	873.6	965.4	999.7	979.5	905.5	783.1	631.2	491.9	422.8
35	444.2	565.4	723.0	868.6	964.7	1001.3	980.1	902.4	775.4	619.4	477.8	407.9
36	429.5	552.2	713.2	863.4	963.9	1002.6	980.5	899.1	767.4	607.5	463.6	393.0
37	414.8	538.9	703.1	857.9	962.8	1003.8	980.6	895.5	759.2	595.4	449.4	378.1
38	400.1	525.5	692.7	852.2	961.4	1004.8	980.6	891.7	750.8	583.2	435.1	363.2
39	385.3	511.9	682.2	846.2	959.9	1005.5	980.3	887.6	742.1	570.8	420.7	348.2
40	370.5	498.2	671.5	840.0	958.1	1006.0	979.8	883.3	733.2	558.2	406.3	333.3
41	355.6	484.4	660.6	833.5	956.1	1006.4	979.1	878.8	724.1	545.5	391.8	318.4
42	340.8	470.5	649.4	826.9	953.9	1006.5	978.1	874.0	714.8	532.6	377.2	303.5
43	325.9	456.5	638.5	820.0	951.4	1006.5	977.0	869.0	705.3	519.6	362.6	288.6
44	311.1	442.4	626.6	812.8	948.8	1006.3	975.7	863.8	695.5	506.5	348.0	273.7

표 5.6 Q_s 산정을 위한 지역상수 a, b값

지역	a	b
세계	0.23	0.48
미국 Virginia	0.22	0.54
호주 Canberra	0.25	0.54
영국 남부	0.18	0.55
캐나다 5~8월	0.25	0.60
9~10월	0.34	0.52

표 5.7 최대가능일조시간 (hr/month)

위도	1월	2월	3월	4월	5월	6월	7월	8월	9월	10월	11월	12월
50°N	265	280	366	415	480	490	495	450	380	330	274	252
40	303	300	370	400	445	450	455	425	375	345	300	290
30	324	314	370	388	425	420	430	410	370	353	320	316
20	341	324	370	378	407	400	410	400	366	360	335	338
10	360	327	370	370	390	380	390	385	366	366	352	356
0	375	340	375	363	375	363	375	375	363	375	363	375
10	388	350	378	355	363	346	360	364	360	380	378	396
20	410	360	378	350	346	328	340	344	360	388	393	414
30	430	370	380	342	330	306	328	345	360	404	410	435
40	466	380	385	334	310	280	302	330	360	415	432	463
50°S	490	403	387	320	276	242	266	315	356	427	465	508

표 5.8 우리나라 주요도시의 월평균 일조시간(hr) (1981~2010)

지역	1월	2월	3월	4월	5월	6월	7월	8월	9월	10월	11월	12월	연평균
서 울	160.3	163.3	189.0	205.0	213.0	182.0	120.0	152.5	176.2	198.8	153.2	152.6	2066.0
인 천	178.0	181.5	204.9	219.4	231.4	203.4	156.8	191.0	197.6	211.2	168.6	171.0	2314.9
수 원	166.0	171.6	198.0	215.2	221.3	188.3	136.7	166.0	182.0	200.2	158.0	159.7	2162.8
철 원	161.4	166.3	178.7	195.8	207.8	178.4	128.4	165.0	178.6	192.5	147.7	149.4	2050.1
춘 천	165.7	172.4	197.6	215.5	221.3	200.6	144.2	169.1	173.8	174.1	141.3	148.7	2124.2
대관령	197.2	185.2	202.3	226.6	229.4	179.8	138.1	130.7	143.9	193.3	176.4	191.9	2194.8
강 릉	183.8	172.6	186.5	203.8	209.1	165.0	138.2	147.9	157.2	188.3	170.6	183.3	2106.3
울릉도	90.4	104.1	167.2	212.0	227.3	175.0	150.7	163.3	158.7	176.8	130.0	100.6	1856.1
대 전	163.4	172.2	200.3	212.3	223.9	180.6	139.8	157.8	168.2	195.9	161.6	162.6	2139.7
전 주	151.6	157.7	185.9	211.7	217.9	172.7	136.7	160.6	168.1	194.6	154.5	142.3	2054.5
광 주	159.9	164.6	192.0	213.0	222.8	169.2	145.4	172.6	172.3	205.2	163.6	155.9	2136.3
목 포	143.3	154.5	184.1	204.9	216.3	171.3	158.0	204.5	179.5	209.4	166.4	143.2	2135.4
여 수	193.3	186.5	203.4	215.5	220.1	173.6	158.2	196.4	178.6	216.6	190.7	198.3	2331.3
포 항	188.7	176.4	189.9	214.0	223.9	183.7	161.1	170.3	154.5	193.7	182.8	190.4	2229.6
대 구	193.5	185.2	202.9	220.4	229.7	183.8	151.3	165.3	161.1	203.2	180.0	189.7	2266.0
부 산	199.0	182.5	193.0	210.0	221.7	179.7	165.8	200.9	167.2	208.9	194.4	204.3	2327.3
제 주	70.4	105.4	158.9	194.4	211.9	170.9	195.6	195.6	161.7	178.5	126.0	84.8	1854.1

2) 반사복사에너지 Q_r의 산정

지표면에 도달한 태양복사에너지 Q_s는 그 일부가 지표면의 반사효과 때문에 반사되어 지표면을 떠난다. 이와 같이 지표면에 도달한 태양복사에너지와 반사된 에너지간의 비를 반사율(albedo) A라 한다.

$$Q_r = A Q_s \tag{5.4.11}$$

반사율이 높을수록 더 많은 태양에너지가 대기 중으로 반사되며, 지표면이 흡수할 순에너지가 줄어들게 된다. 지표면을 구성하고 있는 상태에 따라 반사율은 다양하게 변하며 지구의 평균 반사율은 0.34이다. 수표면에서의 반사율은 운도 및 태양과의 각도에 따라 변한다. 표 5.9는 자연적인 지표면과 일부 식생상태에 따른 반사율을 보여주고 있다.

표 5.9 자연표면의 반사율 A

표면	반사율 A	표면	반사율 A
Water	0.03~0.40	Spring wheat	0.10~0.25
Black, dry soil	0.14	Winter wheat	0.16~0.23
Black, moist soil	0.08	Winter rye	0.18~0.23
Gray, dry soil	0.25~0.30	High, dense grass	0.18~0.20
Gray moist soil	0.10~0.12	Green grass	0.26
Blue, dry loam	0.23	Grass dried in sun	0.19
Blue, moist loam	0.16	Tops of oak	0.18
Desert loam	0.29~0.31	Tops of pine	0.14
Yellow sand	0.35	Tops of fir	0.10
White sand	0.34~0.40	Cotton	0.20~0.22
River sand	0.43	Rice field	0.12
Bright, fine sand	0.37	Lettuce	0.22
Rock	0.12~0.15	Beets	0.18
Densely urbanized areas	0.15~0.25	Potatoes	0.19
Snow	0.40~0.85	Heather	0.10
Sea ice	0.36~0.50		

3) 장파복사에너지 교환량 Q_b의 산정

장파복사에너지는 모든 물질로부터 방출되며 또한 흡수된다. 물체로부터의 장파복사에너지 방출에 대한 기본 법칙을 Stefan-Boltzman법칙이라 한다. 에너지수지 방정식에서 장파복사에너지 교환량 Q_b는 대기로부터 지표면으로 도달하는 장파복사에너지 Q_a와 수표면에서 방출 및 반사 되는 장파복사에너지 $Q_{ar}+Q_{bs}$의 교환을 의미하는 것으로 대기의 온도, 공기 중의 수증기의 양, 일조시간 등에 영향을 받으며 다음과 같이 산정할 수 있다.

$$Q_b = \sigma T_a^4(\epsilon_a - 1)\left(0.1 + 0.9\frac{n}{N}\right) \tag{5.4.12}$$

여기서 Q_b는 장파복사에너지 교환량(cal/cm^2/day), T_a는 대기의 절대온도(℃+273), σ는 Stefan-Boltzman 상수(1.17×10^{-7}cal/cm^2/°K/day), n은 해당 일에 관측된 일조시간(hr), N은 해당지역에서의 최대가능일조시간(hr), ε_a는 대기의 방사율이다.

표 5.10 경험적인 지역상수 c, d

지역	c	d
세계	0.51	0.066
스웨덴	0.43	0.082
미국 Washington D.C.	0.44	0.061
미국 California	0.50	0.032
미국 Oklahoma	0.68	0.036
영국	0.53	0.065
호주	0.47	0.063
인도	0.62	0.029

Stefan-Boltzman법칙에 의하면 물체에 의해 방사(emitted)된 총 복사에너지는 물체의 절대온도의 4승에 비례한다. 이것은 온도의 작은 변화에 의해서도 총 방사에너지는 크게 변한다는 것을 의미한다. 흑체(blackbody)는 복사에너지의 완전한 흡수체이자 방사체인 이론적인 물체로 실제로는 존재하지 않는 가상적인 물체이다. 방사율(emissivity) $\varepsilon(0<\varepsilon<1)$은 같은 온도에서의 흑체에서의 방사와 어떤 물체에서의 방사와의 비를 말한다. 따라서 흑체의 방사율을 1.0이 된다. 대기의 방사율은 공기 중의 수증기의 양에 따라 변하며 대기에서의 방사율 ε_a는 다음과 같이 구할 수 있다.

$$\varepsilon_a = c + d\sqrt{e_a} \tag{5.4.13}$$

여기서 c, d는 경험적인 지역상수, e_a는 지상 2m에서의 공기의 실제증기압(mmHg)이다.

4) 물에 의해 저장된 에너지 Q_θ의 산정

일정 기간 동안 저수지 수온의 변화에 따라 저장된 에너지의 변화가 있을 수 있다. 저수지내에서의 온도는 저수지 상류 유입부로부터 출구지점까지 횡방향 뿐만 아니라 연직방향의 밀도차로 인해 연직방향으로도 변한다. 온도변화를 무시할 수 있는 기간 동안이라면 Q_θ를 무시해도 된다. 만일 저수지의 연직방향으로의 온도분포가 주어지고, 깊이에 따른 물의 면적관계가 주어진다면 저장된 에너지의 변화량 산정이 가능하다. 다음 식과 같이 저수지의 깊이를 N개의 층으로 나누고 각 층에서의 에너지를 구하여 합하면 Q_θ를 산정할 수 있다.

$$Q_\theta = \frac{C_p}{\Delta t}\left(\sum_{i=1}^{N}\rho^i\,\overline{A}_1^i\,T_1^i\,\Delta h_1^i - \sum_{i=1}^{N}\rho^i\,\overline{A}_2^i\,T_2^i\,\Delta h_2^i\right) \tag{5.4.14}$$

여기서 C_p는 물의 비열(1cal/g/℃), Δt는 시작시간(1)과 종료시간(2)의 시간차, Δh_1^i는 시작시간(첨자 1)에서 i번째 층의 두께, $\overline{A}_1^i$는 시작시간에서 i번째 층에서의 평균 수평면적, T_1^i는 시작시간에서의 i번째 층의 수체의 평균 온도, ρ^i는 i층의 물의 밀도이다.

5) 유입 또는 유출되는 물에 의한 에너지 변화 Q_v의 산정

저수지로 유입되거나 유출되는 물의 온도는 항상 변하므로 저수지에 저장되어 있는 에너지에도 변화를 주게 된다. 저수지로 유입 및 유출되는 물의 양 및 온도차에 의해 저수지에 저장되어 있는 순에너지의 변화가 생긴다. 저수지로 유입하는 물과 유출되는 물의 온도와 양이 같다면 순에너지의 변화가 없으므로 $Q_v = 0$으로 할 수 있다. 만일 그렇지 않다면 다음 식에 의해 Q_v를 산정하게 된다.

$$Q_v - Q_\theta = \frac{C_p}{\Delta t}(\rho_i V_i T_i + \rho_p V_p T_p - \rho_d V_d T_d - \rho_b V_b T_b - \rho_2 V_2 T_2 + \rho_1 V_1 T_1 - \Delta t \frac{Q_e}{L_e} T_s) \quad (5.4.15)$$

여기서 i는 지표면 유입요소, C_p는 물의 비열(1cal/g/℃), Δt는 시작시간과 종료시간의 시간차, p는 강우요소, d는 지표면 유출요소, b는 침투(또는 누출)요소, ρ는 각 요소에서의 밀도, V는 각 요소의 부피, T는 각 요소의 절대온도, T_s는 수표면의 절대온도, 첨자 1은 시간구간 초기의 수체(water body), 2는 시간구간 종기의 수체이다.

예제 5.3

북위 35°인 지역에 위치한 저수지로부터 8월의 증발량을 에너지수지방법으로 산정하라. 8월 중 하루의 수표면 온도는 19℃, 평균기온은 21℃이고 상대습도는 60%이다. 이날의 일조율은 n/N = 0.5이고 대기압은 1,010mb이다. 단, 저수지로의 유입 및 유출량 그리고 저수지내의 온도변화는 무시하라.

풀이

1) 태양복사에너지 Q_s의 산정

북위 35°인 지역의 8월의 태양상수는 표 5.5로부터 I_o=902.4(cal/cm^2/day)이다. 지역상수 a, b는 표 5.6에서 미국 버지니아주의 값을 택하면 a=0.22, b=0.54이다. 따라서 태양복사에너지는

$$Q_s = I_o\left(a + b\frac{n}{N}\right) = 902.4(0.22 + 0.54 \times 0.5) = 442.2\text{cal/cm}^2\text{/day}$$

2) 반사복사에너지 Q_r의 산정

표 5.9로부터 수표면에서의 반사율을 A=0.15로 선택한다.

$$Q_r = A \times Q_s = 0.15 \times 442.2 = 66.33\text{cal/cm}^2\text{/day}$$

3) 장파복사에너지 교환량 Q_b의 산정

대기온도 21℃일 때의 포화수증기압은 표 2.6으로부터 18.65mmHg이므로 실제증기압 e_s는 상대습도 60%를 곱하면 11.19mmHg가 된다. 또한 표 5.10에서 지역상수 c, d를 미국 워싱턴에서의 값을 사용하면 c=0.44, d=0.061이 된다.

$$\varepsilon_a = c + d\sqrt{e_a} = 0.44 + 0.061\sqrt{11.19} = 0.644$$

따라서 장파복사에너지 교환량은

$$Q_b = \sigma T_a^4(\epsilon_a - 1)\left(0.1 + 0.9\frac{n}{N}\right) = 1.17 \cdot 10^{-7} \times (273 + 21)^4(0.644 - 1)(0.1 + 0.9 \times 0.5)$$
$$= -171.15\text{cal/cm}^2\text{/day}$$

4) Bowen비

증발에 소요되는 에너지 Q_e와 전도에너지 Q_h의 비인 Bowen비는 다음과 같이 구하게 되며 수표면 온도 19℃에서의 포화증기압은 16.46mmHg=21.94mb이고, 대기온도에서의 실제증기압은 앞에서 구한 11.19mmHg=14.92mb이다.

$$B = \frac{Q_h}{Q_e} = 0.61\left(\frac{T_o - T_a}{e_o - e_a}\right)\frac{p}{1000} = 0.61\left(\frac{19 - 21}{21.94 - 14.92}\right)\frac{1010}{1000} = -0.1755$$

5) 증발량 산정

물의 밀도를 1g/cm^3으로 가정하고 잠재증기화열은 다음과 같이 구하면

$$L_e = 597.3 - 0.564T_o = 597.3 - 0.564 \times 19 = 586.58\text{cal/g}$$

$$E = \frac{Q_s - Q_r - Q_b}{\rho L_e(1 + B)} = \frac{1}{586.58(1 - 0.1755)}[442.2 - 66.33 + 171.15] = 1.131\text{cm/day}$$

5.4.3 공기동력학적 방법

공기동력학적(aerodynamic) 방법은 질량이송(mass transfer) 방법 또는 난류이송(turbulent transport) 방법이라고도 하며 공기동력학적인 원리를 이용하여 증발률을 산정하기 위한 많은 경험공식들이 제시되었다. 질량이송 방정식은 증발표면으로부터 대기로의 난류이송개념에 기본 바탕을 두고 있다. 이론 및 경험으로부터 많은 공식들이 개발되었으며 대부분이 다음과 같이 Dalton에 의해 처음 제시된 증발량과 증기압 사이의 관계와 비슷한 형태를 가지고 있다.

$$E = C(e_o - e_a)(a + bW) \tag{5.4.16}$$

여기서 E는 증발률(mm/day), e_o는 수표면에서의 포화증기압(mb), e_a는 수면으로부터 임의 높이에서의 실제증기압(mb), W는 수면으로부터 임의 높이에서의 풍속(m/sec), a, b, C는 상수이다.

미국의 Hefner 호수에서 수집된 자료를 이용하여 얻은 Dalton형 공식들은 다음과 같으며, 식 (5.4.17)은 미국의 Mead 호수 및 다른 호수에서도 적용결과가 양호하며, 식 (5.4.18)은 연 증발량의 산정에는 만족할 만한 결과를 주나 계절적으로는 다소 왜곡된 결과를 주는 것으로 나타나고 있다.

$$E = 1.22(e_o - e_2)W_4 \tag{5.4.17}$$

$$E = 0.97(e_o - e_8)W_8 \tag{5.4.18}$$

$$E = 1.09(e_o - e_8)W_4 \tag{5.4.19}$$

여기서 E는 저수지수표면에서의 증발률(mm/day), e_o는 수표면에서의 포화증기압(kPa), e_h 는 수면으로부터 hm 높이에서의 실제증기압(kPa), W_h는 수면으로부터 hm 높이에서의 풍속(m/sec)이다. Harbeck(1962)은 수표면적이 120km^{2}에 이르는 여러 저수지에 대해 분석한 결과 다음과 같은 식을 제시하였다.

$$E = 0.29A^{-0.05}W_2(e_o - e_a) \tag{5.4.20}$$

여기서 E는 저수지 수표면에서의 증발률(cm/day), A는 저수지 수표면적(m^2), e_o는 수표면에서의 포화증기압(kPa), e_a는 공기의 실제증기압(kPa), W_2는 수면으로부터 2m 높이에서의 풍속(m/sec)이다. Dune(1978)은 증발량을 산정하기 위해 다음과 같은 식을 제시하였다.

$$E = (0.013 + 0.00016W_2)e_o[(100 - RH)/100] \tag{5.4.21}$$

여기서 E는 증발률(cm/day), RH는 상대습도(%), W_2는 수면으로부터 2m 높이의 풍속(km/day), e_o는 수표면의 포화증기압(mb)이다.

예제 5.4

수표면적이 20km^{2}인 저수지에서 수표면의 평균온도 19℃이고 기온은 21℃이다. 상대습도는 60%이고 수표면으로부터 2m 및 4m 높이에서의 풍속이 2m/sec와 3m/sec일 때 공기동력학적 방법에 의해 저수지에서의 일 증발량을 산정하라.

풀이

수면온도 19℃일 때의 포화증기압은 표 2.6으로부터 16.46mmHg=21.94mb=2.194kPa이고, 대기온도 21℃에서의 실제증기압은 포화증기압 18.65mmHg에 상대습도 60%를 곱한 11.19mmHg=14.92mb=1.492kPa이다. 풍속 2m/sec=172.8km/day이다. 따라서

$$E = 1.22(e_o - e_2)W_4 = 1.22(2.194 - 1.492) \times 3 = 2.57\text{mm/day}$$

Harbeck의 공식을 이용하면

$$E = 0.29A^{-0.05}W_2(e_o - e_a) = 0.29 \times (20 \times 10^6)^{-0.05} \times 2(2.194 - 1.492) = 0.176\text{cm/day}$$

Dune의 공식을 이용하면

$$E = (0.013 + 0.00016 \times 172.8) \times 21.94 \times [(100 - 60)/100] = 0.357\text{cm/day}$$

5.4.4 에너지수지 및 공기동력학적 방법 혼합

지금까지 증발량을 산정하기 위한 에너지수지 방법과 공기동력학적 방법에 대해 알아보았다. 하지만 실제 증발이 발생하는 상황에서는 이 두 방법이 개별적으로 작용하는 것이 아니라 동시에 발생하는 경우가 대부분이다. 따라서 에너지방정식과 공기동력학적 방법을 조합하여 단일 공식을 유도

하여 적용하게 되며, 가장 대표적인 것이 Penman(1948) 공식이라 할 수 있다.

Penman은 작은 함몰식 증발접시를 사용하여 증발산량 산정공식을 유도하였다. 식 (5.4.4)는 에너지수지방정식에서 저수지에 저장된 에너지 증감량을 나타내고 있다.

$$Q_\theta = Q_s - Q_r - Q_b + Q_v - Q_e - Q_h \tag{5.4.4}$$

식 (5.4.4)에서 함몰식 증발접시를 사용하기 때문에 Q_θ, Q_v, Q_b는 아주 작으므로 생략을 하고, 유입태양복사에너지(Q_s)에서 반사복사에너지(Q_r)를 뺀 것을 순복사에너지(Q_n)라 하면 다음과 같이 남은 항을 간략하게 표현할 수 있다.

$$Q_n = Q_e + Q_h \tag{5.4.22}$$

식 (5.4.22)에서 순 유입복사에너지(Q_n)은 증발에 사용되거나 수표면 위의 공기로 전도된다. 식 (5.4.22)에서는 토양으로 전도된 에너지는 무시하였는데 이는 낮 동안에 토양으로 전도된 에너지가 밤에 대기 중으로 다시 방사되므로 일 단위로 적용할 경우에는 무시하여도 큰 차이가 없다. 에너지로 표현된 식 (5.4.22)를 등가의 증발된 물 깊이로 나타내면 다음과 같다.

$$E_n = E_o + K \tag{5.4.23}$$

앞에서 증발에너지에 대한 전도에너지의 비를 Bowen비라 하였으므로 이를 도입하여 표현하면

$$B = \frac{Q_h}{Q_e} = 0.61\left(\frac{T_o - T_a}{e_o - e_a}\right)\frac{P}{1000} = \gamma\left(\frac{T_o - T_a}{e_o - e_a}\right) = \frac{K}{E_o} \tag{5.4.24}$$

여기서 γ는 습도계상수(psychrometer constant)로 온도 T를 ℃로 사용하고, 증기압 e를 mb로 표시할 경우 0.66, mmHg로 표시할 경우에는 0.485의 값이 사용된다. 식 (5.4.23), (5.4.24)로부터

$$E_n = E_o + K = E_o + BE_o = E_o(1 + B) \tag{5.4.25}$$

따라서

$$E_o = \frac{E_n}{1 + B} = \frac{E_n}{1 + \gamma\left(\frac{T_o - T_a}{e_o - e_a}\right)} \tag{5.4.26}$$

또한 포화증기압곡선에서 온도 T_a℃에서 온도변화에 대한 증기압변화의 기울기를 Δ라 하면 다음과 같이 표현할 수 있다.

$$\Delta = \frac{de}{dT} = \frac{e_o - e_s}{T_o - T_a} = \frac{e_s - e_o}{T_a - T_o} \simeq (0.00815T_a + 0.8912)^7 \tag{5.4.27}$$

식 (5.4.27)로부터

$$T_o - T_a = \frac{e_o - e_s}{\Delta} \qquad (5.4.28)$$

식 (5.4.28)을 식 (5.4.26)에 대입하면

$$E_o = \frac{E_n}{1 + \dfrac{\gamma}{\Delta}\left(\dfrac{e_o - e_s}{e_o - e_a}\right)} \qquad (5.4.29)$$

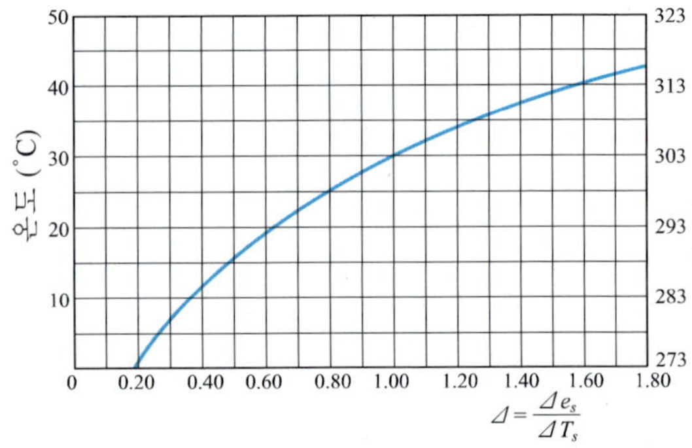

그림 5.6 온도변화에 따른 증기압변화 기울기 Δ

또한 수표면 온도에서의 포화증기압(e_o)과 대기 온도에서의 포화증기압(e_s)을 증발량과 연계시키면 다음과 같다.

$$\frac{e_o - e_s}{e_o - e_a} = 1 - \frac{e_s - e_a}{e_o - e_a} \approx 1 - \frac{E_a}{E_o} \qquad (5.4.30)$$

따라서 식 (5.4.29)는 다음과 같다.

$$E_o = \frac{E_n}{1 + \dfrac{\gamma}{\Delta}\left(1 - \dfrac{E_a}{E_o}\right)} \qquad (5.4.31)$$

식 (5.4.31)을 E_o에 관해 최종적으로 정리하면 다음과 같은 증발량 산정공식을 얻게 된다.

$$E_o = \frac{\Delta}{\Delta + \gamma}E_n + \frac{\gamma}{\Delta + \gamma}E_a \qquad (5.4.32)$$

여기서 E_o는 저수지 증발량(cm/day), E_n은 에너지수지방법에 의해 산정한 증발량(cm/day), E_a는 공기동력학적 방법에 의해 산정한 증발량(cm/day), Δ는 온도 대 포화증기압곡선의 기울기, γ는 습도계 상수(mb : 0.66, mmHg : 0.485)이다.

식 (5.4.32)에서 E_n은 순에너지복사(Q_n)에 의한 증발량을 의미하며 Q_n을 Penman이 제시한 다음 식으로 구한 다음, 1g 즉 $1cm^3$를 증발시키는데 590cal가 필요하므로 $590cal/cm^3$으로 나누어주면 cm/day단위로 구하게 된다.

$$Q_n = I_o(1 - 0.06)\left(0.18 + 0.55\frac{n}{N}\right) - (117.74 \times 10^{-9})T_a^4(0.47 - 0.077\sqrt{e_a})\left(0.2 + 0.8\frac{n}{N}\right) \qquad (5.4.33)$$

$$E_n = Q_n/590$$

여기서 Q_n은 순복사에너지(cal/cm^2/day), I_o는 태양상수(cal/cm^2/day), T_a는 대기의 절대온도(℃+273), e_a는 대기온도에서의 실제증기압(mb), n은 해당 일에 관측된 일조시간(hr), N은 해당지역에서의 최대가능일조시간(hr)이다.

Dunne과 Leopold(1978)는 공기동력학적 방법에 의한 증발량 E_a를 구하는 식을 다음과 같이 제시하였다.

$$E_a = (0.013 + 0.00016W_2)(e_s - e_a) \tag{5.4.34}$$

여기서 E_a는 공기동력학적 방법에 의한 증발량(cm/day), W_2는 수표면으로부터 2m 상공에서의 풍속(km/day), e_s는 수표면에서의 포화증기압(mb), e_a는 대기온도에서의 실제증기압(mb)이다.

이상과 같이 Penman공식은 에너지 항과 공기동력학적 또는 질량이송 항으로 구성되어 있다. 각 항의 상대적인 중요성은 무차원 가중인자인 $\Delta/(\Delta+\gamma)$와 $\gamma/(\Delta+\gamma)$에 따라 변하게 된다. 이 두 가중인자의 합은 1.0이며 공기의 온도가 올라갈수록 Δ가 증가하여 에너지 항이 상대적으로 중요해진다.

Penman의 방법이 기상학적인 이론에 바탕을 둔 공식으로 가장 정확성이 높다고 볼 수 있다. 이 공식은 물리적인 원리에 바탕을 두고 있기 때문에 경험공식과는 다르지만 공식을 적용하는데 필요한 자료가 많으며 이러한 자료를 모두 구비하고 있는 곳이 그리 많지 않다. Priestley와 Taylor(1972)는 Penman공식의 두 번째 항이 첫 번째 항의 약 30%에 해당한다는 것을 인식하고 평균치 30%를 적용함으로써 다음과 같이 식을 간단히 하였다.

$$E_o = \alpha \frac{\Delta}{\Delta + \gamma} E_n \tag{5.4.35}$$

여기서 α는 1.3이며 Priestley-Taylor공식은 습한 지역보다 건조한 지역에 적용성이 높다.

예제 5.5

북위 35°인 지역에 위치한 저수지로부터 8월의 증발량을 Penman방법으로 산정하라. 8월 중 하루의 수표면 온도는 19℃, 평균기온은 21℃이고 상대습도는 60%이다. 저수지 표면으로부터 2m 위치에서의 풍속은 2m/sec이며, 이날의 일조율은 n/N=0.5이다.

풀이

풍속 2m/sec=172.8km/day

수표면에서의 포화증기압 e_s=16.46mmHg=21.94mb

대기온도에서의 실제증기압 e_a=24.81mb×0.6=14.89mb

$$E_a = (0.013 + 0.00016W_2)(e_s - e_a) = (0.013 + 0.00016 \times 172.8)(21.94 - 14.89) = 0.287\text{cm/day}$$

습도계상수 $\gamma = 0.66$

$$\Delta = (0.00815T + 0.8912)^7 = (0.00815 \times 21 + 0.8912)^7 = 1.527$$

$$Q_n = I_o(1-0.06)\left(0.18+0.55\frac{n}{N}\right)$$
$$-(117.74\times10^{-9})T_a^{\ 4}(0.47-0.077\sqrt{e_a})\left(0.2+0.8\frac{n}{N}\right)$$
$$=902.4(1-0.06)(0.18+0.55\times0.5)$$
$$-(117.74\times10^{-9})294^4(0.47-0.077\sqrt{14.89})(0.2+0.8\times0.5)$$
$$=294.86\text{cal/cm}^2/\text{day}$$
$$E_n=294.86/590=0.4998\text{cm/day}$$
$$E_o=\frac{\Delta}{\Delta+\gamma}E_n+\frac{\gamma}{\Delta+\gamma}E_a=\frac{1.527\times0.4998}{1.527+0.66}+\frac{0.66\times0.287}{1.527+0.66}=0.436\text{cm/day}$$

5.5 증산

식물의 뿌리를 통해 흡수된 물의 일부분만 식물조직에 남아 있게 되고 대부분이 증산(transpiration)을 통해 수증기로서 대기 중으로 방출된다. 이러한 과정은 지표면에 떨어진 강수가 대기로 되돌아가는 현상이므로 수문순환과정의 한 부분을 차지한다. 유역에서 물수지를 분석할 때 증발과 증산을 분리하기가 쉽지 않으므로 이 두 가지를 합한 증발산으로 고려하게 된다. 하지만 증발산 산정방법이 물리적으로 적절한지 판단하기 위해서는 각 과정에 대한 이해가 필요하다.

5.5.1 증산에 영향을 미치는 인자

증산에 영향을 미치는 인자는 식물생리학적(plant physiological) 인자와 환경학적(environmental) 인자로 구분할 수 있다. 식물생리학적 인자에는 기공(stomata)의 밀도 및 특성, 잎의 구조 그리고 식물병리학적 요소 등이 있으며 광범위한 지역을 고려한다면 이러한 식물생리학적 인자는 크게 영향을 미치지 않는다. 환경학적 인자에는 온도, 태양에너지, 바람 그리고 식물이 시들기 시작할 때의 토양함수량 즉, 시듦점(wilting point) 등이 있다.

1) 식물생리학적 인자

식물 뿌리조직의 수액과 토양 속에 있는 물 사이의 농도차이로 인해 삼투압(osmotic pressure)이 생겨 토양 속의 물이 막(membrance)을 통해 뿌리조직으로 이동하게 된다. 일단 뿌리로 흡수된 물은 식물 줄기를 통해 잎 내부 세포사이의 공간으로 이동한다(그림 5.7).

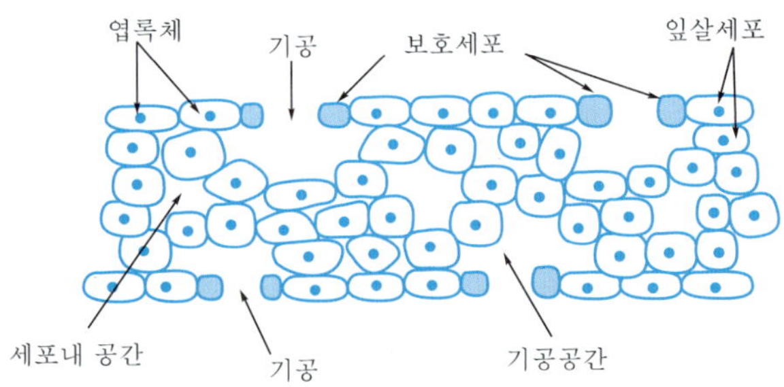

그림 5.7 엽면의 구조

공기가 잎 표면에 있는 구멍인 기공(stomata)을 통해 잎의 내부로 들어가게 되고, 잎의 엽록체(chloroplasts)는 공기로부터 이산화탄소와 물의 일부를 사용하여 식물성장에 필요한 탄수화물(carbohydrates)을 만들며 이러한 과정을 광합성(photosynthesis)이라 한다. 공기가 잎으로 들어감에 따라 물이 기공을 통해 빠져나오며 이러한 과정을 증산이라 한다. 증산되는 물과 식물의 성장에 필요한 물질을 만드는데 사용되는 물의 비율은 800배 또는 그 이상으로 크다.

식물은 뿌리를 통해 토양 속 깊이 침투되어 있는 물을 지표면까지 이동시킨다. 증산율은 토양에 충분한 물이 있고, 표면이 완전히 식생으로 덮여 있다면 식물의 종류에 별로 영향을 받지 않는다. 광합성은 주로 태양에너지에 의존하기 때문에 태양이 떠 있는 낮 동안에는 일 증산량의 약 95%가 증산되며 토양에서는 일 증발량의 약 75~90%가 증발된다. 온도가 4℃ 근처로 내려가게 되면 식물의 성장은 중지하므로 증산은 아주 작아지게 된다.

2) 환경학적 인자

식물로부터의 증산은 잎의 내부와 바깥 공기 사이의 증기압 차에 의해 영향을 받으므로 공기의 낮은 증기압은 증산의 중요한 원인이 된다. 잎이 태양에 노출되어 있는 경우에는 잎의 온도가 주위 공기의 온도보다는 높다. 비록 증산에 의한 냉각효과로 인해 잎의 온도가 낮아지기는 하지만 잎이 태양에 노출되어 있는 경우에는 잎의 온도가 주위 공기의 온도보다 낮아지지는 않는다.

물론 증기압은 온도의 영향을 받는다. 만일 공기의 온도 증가와 같은 정도로 잎 내부에서의 수분의 온도도 증가한다면 잎과 공기의 증기압은 똑같이 증가할 것이므로 이러한 경우에는 증산의 증가는 없다. 일반적으로 태양에 노출된 잎의 온도는 공기의 온도보다 높아 증기압도 높으므로, 공기의 온도가 올라감에 따라 증산이 발생하게 된다. 시들지 않은 잎의 내부 상대습도는 항상 100%에 가깝다.

바람에 의한 잎 표면 근처에 있는 수증기의 이동으로 증산이 증가하게 된다. 대부분의 식물은 잎의 아래쪽에 기공이 있어 잎의 아래쪽에 습한 공기가 형성되게 된다. 바람은 이 습한 공기층을 이동시키고 건조한 공기로 대체시킴으로서 잎의 내부와 외부의 증기압차를 증가시키고 따라서 증산이 증가된다. 잎 외부의 수증기를 이동시키기 위해서는 잔잔한 바람이 강한 바람보다 효과적이므로 증산에 대한 바람의 효과는 비교적 잔잔한 바람에 국한된다.

증산은 식물이 이용할 수 있는 토양의 가용 수분량에 의해 제한을 받게 된다. 비록 기상학적인 조건들이 변하지 않는 상태에서 토양의 증발률은 시간에 따라 지수함수와 비슷하게 감소하는 것에는 의견의 일치를 보이지만 증산에 관해서는 많은 의견들이 제시되어 왔다. 일부 학자들은 식물이 시들기 시작할 때의 토양함수량이 시듦점에 도달할 때까지 증산은 가용 수분량과는 상관이 없다는 주장이 있는 반면 증산은 토양에 남아 있는 수분의 양과 대략적으로 비례관계에 있다는 주장도 있다.

토양 수분량이 제한되어 있을 경우 식물의 종류는 증산량을 결정하는데 중요한 인자가 된다. 토양의 상부층이 건조해짐에 따라 뿌리가 얕은 종류의 식물들은 물을 더 이상 흡수할 수 없어 시들게 되는 반면 뿌리가 깊은 종류의 식물은 깊은 층의 토양수분이 시듦점으로 감소될 때까지 증산을 계속하게 된다. 따라서 뿌리가 깊은 식물들은 얕은 식물보다 건조기간이 지속되는 동안 더 많은 증산을 하게 된다.

5.5.2 증산량의 측정

크기가 작은 식물인 경우 단기간 동안의 증산은 식물을 밀폐된 용기에 넣고 용기내의 습도의 변화를 측정함으로써 산정할 수 있다. 증산으로 인해 발생한 과도한 습기는 건조제를 용기 안에 넣어줌으로써 감소시킬 수 있으며 이 경우 측정된 증산량은 건조제에 의해 흡수된 수분에 대한 보정을 해주어야 한다.

증산계(phytometer)는 큰 용기 안에 흙을 채우고 그 속에 식물을 심어 놓은 것으로 증산계를 이용하여 실질적인 증산량을 측정하게 된다. 토양 표면은 증발이 발생하지 않도록 밀폐시켜 오직 증산만 발생하게 하여 일정 시간동안 무게의 차를 측정함으로써 증산량을 산정한다. 이 방법은 자연상태와 비교하여 만족할 만한 결과를 주고 있다.

유역분석을 통해 증산량을 산정할 수도 있다. 이 방법은 유역 내에서 일부 구간의 식생을 제거한 후 유출량을 측정하여 식생제거 전과 통계학적 분석을 통해 비교한다. 증산량은 여러 가지 인자에 의해 영향을 받으므로 증산량의 정확한 산정은 매우 어려우며 특정 작물에 다른 여러 인자들을 고려하지 않고 한 가지 인자만 고려해서 산정하면 잘못된 결과를 얻을 수 있다. 따라서 산정된 증산량은 신뢰성이 많이 떨어지므로 비슷한 상황에서 식물에 의해 어느 정도 물이 사용되고 있는가를 파악하는 정도로 만족해야 한다. 이러한 이유로 기상학적 인자들과 증발산간의 상관관계를 규명하려는 노력이 꾸준히 지속되어 왔다.

5.6 증발산

지표면에 저류된 물로부터의 증발과 식물을 통한 증산은 증발산이라는 하나의 과정으로 통합할 수 있으며 증발산은 유역의 물수지 분석의 중요한 요소가 된다. 과거로부터 관개계획 및 관리에서 여러 작물의 성장에 필요한 증발산량을 산정하고 적절한 물을 공급하는데 관심을 두어 왔다. 소비수량(consumptive use)은 특정 지역에서의 총 증발량과 식물성장에 필요한 수량을 합한 것을 의미하며 일반적으로 관개에 소요되는 물의 양을 말한다.

저수지 증발의 경우 증발될 물이 풍부하게 있어 여러 가지 증발량 산정공식을 적용하는데 문제가 없지만 일반적인 자연하천이나 유역인 경우는 물이 항상 풍부하지는 않다. 이러한 경우 공식을 이용하여 증발산량(잠재증발산량)을 산정한 결과와는 달리 실제로는 물이 부족하여 증발산량(실제증발산량)이 산정치보다 훨씬 작게 나올 수도 있다. 따라서 잠재증발산량과 실제증발산량을 구분할 필요가 있다.

Thornthwait에 의하면 잠재증발산량은 일반적인 기후상태에서 유역의 토양이 증발산에 방해를 받지 않을 정도로 충분히 물을 포함하고 있고, 식생이 조밀한 상태에서의 증발산량을 의미한다. 실제증발산량은 증발산계, 물수지방법, 증발접시와의 상관정도 등을 이용하거나 잠재증발산량을 산정한 후 계수를 곱하여 산정할 수 있다.

5.6.1 증발산량 산정방법

증발산량을 측정하는 방법에는 크게 증발산계(evapotranspirometer)에 의한 측정방법, 물수지방법, 에너지수지방법 및 기상자료에 의한 방법으로 구분할 수 있다. 잠재증발산량을 산정하기 위한 다양한 공식들이 개발되었으며 그림 5.8은 상황에 따른 적절한 공식을 선택하기 위한 기준을 보여주고 있다. 이 식들은 잠재증발산량을 산정하기 위한 식물 정보뿐만 아니라 기상학적인 변수들이 혼합되어 있다. 주로 사용되는 공식들은 다음과 같으며 아래로 갈수록 식이 복잡해진다.

① Thornthwaite방법
② Blaney-Criddle방법
③ 수정 Jensen-Haise방법
④ Penman방법
⑤ Penman-Monteith방법

Thornthwaite 및 Blaney-Criddle방법은 가장 간단하며 잠재증발산량을 산정하기 위한 가장 중요한 변수로 공기의 온도를 사용한다. 수정 Jensen-Haise방법은 공기의 온도 외에 태양에너지와 증기압차의 개략적인 값을 사용한다. 가장 종합적인 방법이 Penman의 식을 기본으로 한 방법들이다. 하지만 식이 복잡해질수록 더 많은 자료를 필요로 한다.

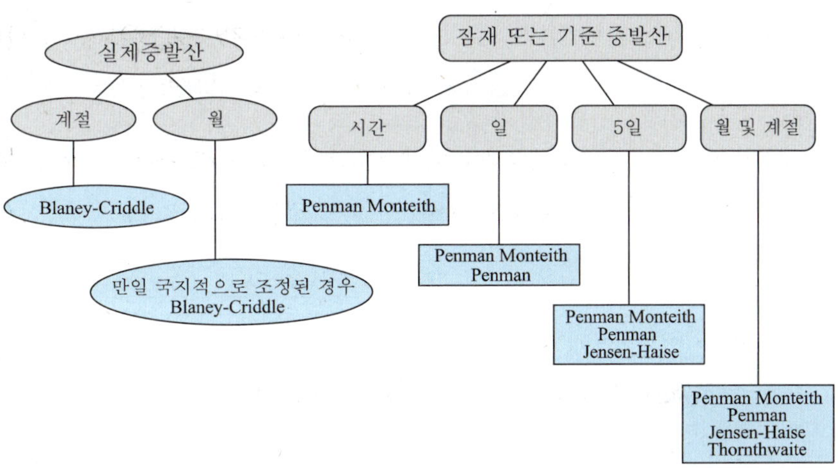

그림 5.8 기상자료를 이용한 증발산량 산정방법

5.6.2 증발산계

증발산계(lysimeter)는 물과 함께 흙으로 채워 지중에 묻은 용기로 설치 주변의 식생과 같은 종류의 식물을 심는다. 증산계와는 달리 토양표면이 밀폐되어 있지 않으며 일정시간 간격으로 유입, 유출 및 저류된 물을 측정하게 된다. 증발산계는 중량식과 비중량식으로 구분할 수 있으며 비중량식 증발산계는 입력(강수 및 관개)과 출력(배수)간의 차이로 증발산량을 산정하게 되며 토양함수량을 측정할 수 없기 때문에 토양내의 수분저류량의 변화를 무시할 수 있을 경우에만 사용한다.

중량식 증발산계는 토양의 무게를 잴 수 있는 저울을 사용하며 무게의 변화로 토양함수량의 변화를 측정하게 된다. 따라서 중량식 증발산계는 모든 물수지 요소들을 산정할 수 있다. 증발산계는 또한 관개여부에 따라 잠재증발산량 E_{tp}와 실제증발산량 E_t를 산정할 수 있다. 관개를 한다면 물이 항상 충분히 공급되기 때문에 E_{tp}를 산정하게 되고, 관개를 하지 않으면 토양은 자연적인 습함과 건조함이 발생하기 때문에 E_t를 산정하게 된다.

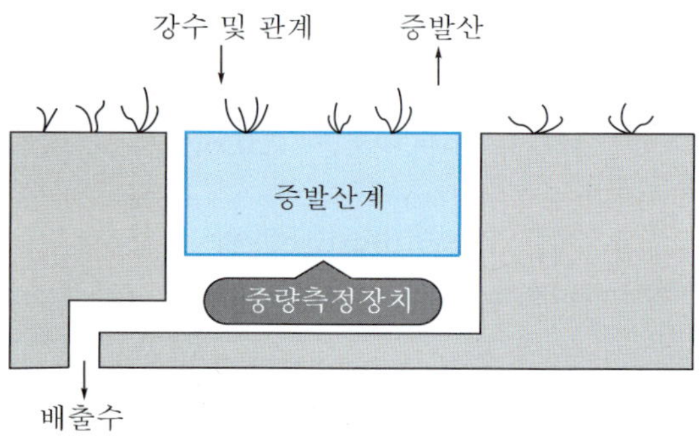

그림 5.9 중량식 증발산계

5.6.3 물수지 방법

증발산량을 제외한 저류량 및 모든 유입 및 유출 요소를 측정할 수 있다면 연속방정식에서 균형을 이루기 위한 물의 양 즉, 증발산량을 산정할 수 있다. 이 경우 물수지방법의 신뢰성은 주로 산정기간에 달려있다. 대체적으로 년 단위의 장기간 동안 저류량의 변화는 크지 않기 때문에 년 평균 증발산량은 장기간의 평균 강수량 및 하천유출량간의 차이를 구함으로써 신뢰성 있는 결과를 얻을 수 있다.

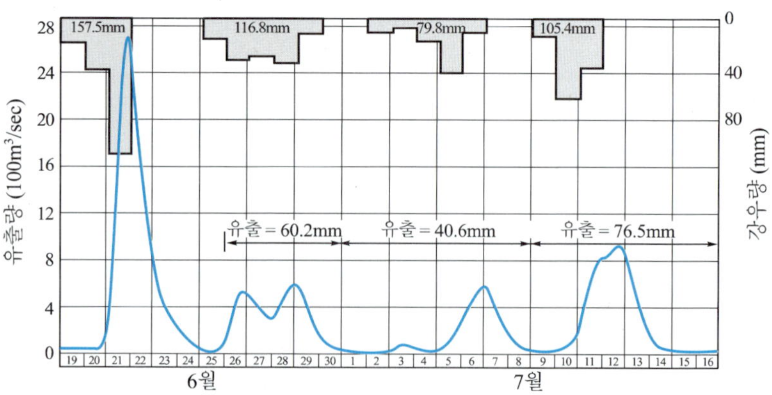

그림 5.10 물수지방법에 의한 단기 증발산량의 산정

물수지방법에 의한 증발산량 산정치의 오류는 주로 부적절한 강수나 유출

자료 또는 유역으로 유입되거나 유출되는 지하흐름 때문이다. 또한 산정기간 동안 유역 내 저류 수분량이 거의 일정한 경우 외에 저류량의 변화를 무시한다면 산정치에 오류를 가져오게 된다.

예제 5.6

그림 5.10과 같은 강우량 및 유출량 자료가 있을 때 두 번째 강우기간 동안(6월 22일~6월 29일)의 일증발산량을 산정하라. 또한 두 번째부터 네 번째 강우기간 동안(6월 22일~7월 16일)의 일증발산량을 산정하라.

풀이

물수지방법으로 제한된 가정하에서 비교적 단기간에 대한 유역의 실제증발산량을 산정할 수 있다. 그림 5.10을 보면 처음 3일 동안의 많은 비로 인해 6월 21일 첨두유출이 발생하였으며, 6월 29일까지는 약 116.8mm의 비가 내렸다. 두 번째 강우로 인해 발생한 유출량이 60.2mm이다. 첫 번째의 강우가 끝난 후 6월 22일부터 6월 29일까지 토양이 거의 포화되어 있다고 가정하면 이 기간동안(8일) 증발산량은 116.8−60.2=56.6mm 또는 56.6/8=7.075mm/day가 된다. 만일 6월 22일부터 7월 16일까지의 증발산량을 산정한다면 이 기간동안의 총 강우량은 116.8+79.8+105.4=302mm이고 총 유출량은 60.2+40.6+76.5=177.3mm가 된다. 따라서 이 기간동안(25일) 증발산량은 302−177.3=124.7mm 또는 4.988mm/day가 된다. 물수지방법은 지하수위까지의 깊이가 비교적 작고 강수가 년 중 골고루 내리는 지역에 적용하기가 좋다.

5.6.4 Thornthwaite 방법

Thornthwaite 방법은 잠재증발산량을 산정하기 위해 주요 변수로서 월평균기온을 사용하고 있으며 이 방법은 단순하지만 월평균기온 자료를 쉽게 구할 수 있기 때문에 많은 지역에서 광범위하게 사용되고 있다. Thornthwaite는 북위 29°~30° 사이의 미국 전역에 걸쳐 증발산계 측정에 의해 자료를 수집하여 평균기온 및 일조시간과 잠재증발산량과의 관계를 연구하여 다음과 같은 경험식을 제시하였다.

월평균기온을 t_n℃(여기서 n = 1, 2, 3, ..., 12)라 하고 월열지수(monthly heat index) j_n을 다음과 같이 산정한다.

$$j_n = \left(\frac{t_n}{5}\right)^{1.514} = 0.0875 t_n^{1.514} \tag{5.6.1}$$

매월의 월열지수를 합하여 연열지수(yearly heat index) J를 구한다.

$$J = \sum_{n=1}^{12} j_n \quad (t_n > 0℃ \text{ 인 경우}) \tag{5.6.2}$$

1개월을 평균 30일로 잡고 월평균 일조시간을 12시간으로 가정하면 임의 월의 잠재증발산량은 다음과 같이 산정할 수 있다.

$$E'_{tp} = 16\left(\frac{10t_n}{J}\right)^a \tag{5.6.3}$$

여기서 E'_{tp}는 실제일수 및 일조시간으로 보정하지 않은 잠재증발산량(mm/month)이고, a는 다음과 같이 산정한다.

$$a = 0.49 + 0.0179J - 0.000077J^2 + 0.000000675J^3 \tag{5.6.4}$$

따라서 실제일수 및 일조시간을 고려하여 보정한 임의 월의 잠재증발산량은 다음과 같다.

$$E_{tp} = E'_{tp}\frac{DT}{30 \times 12} = CE'_{tp} \tag{5.6.5}$$

여기서 E_{tp}는 임의 월의 실제일수(D)와 일조시간(T)을 고려하여 보정한 잠재증발산량(mm/ month)이며 보정계수 C값은 표 5.11을 이용하여도 된다.

증발산량을 산정하는데 단지 월평균기온만 사용함으로서 정확성에 의문이 제기되고 있으며 Thornthwaite 자신도 같은 온도에서 증발산량이 지역마다 같지 않다는 것에 문제가 있음을 인식하고 있었다. Taylor와 Ashcroft(1972)는 온도와 증기압경사는 대기의 움직임과 토양 및 주변 온도에 따라 달라지기 때문에 이 공식을 일반적으로 적용할 수는 없으며 적용지역의 기후와 다를 때에는 반드시 보정과정을 거쳐야 한다고 지적하였다.

Jensen(1990) 등은 Thornthwaite 방법은 미국 중동부지역과 유사한 기후조건을 가진 지역에서만 적용할 수 있으며, 건조한 지역에서는 적용할 수 없다고 하였다. 이 방법에서는 온도가 0℃나 그 이하에서는 잠재증발산량이 없는 것으로 나타나는데 사실 그렇지가 않으며 또한 식생이 다른 경우 보정할 방법이 없다.

표 5.11 Thornthwaite 방법에 대한 보정계수 C

위도	1월	2월	3월	4월	5월	6월	7월	8월	9월	10월	11월	12월
60°N	0.54	0.67	0.97	1.19	1.33	1.56	1.55	1.33	1.07	0.84	0.58	0.48
50	0.71	0.84	0.98	1.14	1.28	1.36	1.33	1.21	1.06	0.90	0.76	0.68
40	0.80	0.89	0.99	1.10	1.20	1.25	1.23	1.15	1.04	0.93	0.83	0.78
30	0.87	0.93	1.00	1.07	1.14	1.17	1.16	1.11	1.03	0.96	0.89	0.85
20	0.92	0.96	1.00	1.05	1.09	1.11	1.10	1.07	1.02	0.98	0.93	0.91
10	0.97	0.98	1.00	1.03	1.05	1.06	1.05	1.04	1.02	0.99	0.97	0.96
0	1.00	1.00	1.00	1.00	1.00	1.00	1.00	1.00	1.00	1.00	1.00	1.00
10	1.05	1.04	1.02	0.99	1.97	0.96	0.97	0.98	1.00	1.03	1.05	1.06
20	1.10	1.07	1.02	0.98	0.93	0.91	0.92	0.96	1.00	1.05	1.09	1.11
30	1.16	1.11	1.03	0.96	0.89	0.85	0.87	0.93	1.00	1.07	1.14	1.17
40	1.23	1.15	1.04	0.93	0.83	0.78	0.80	0.89	0.99	1.10	1.20	1.25
50°S	1.33	1.19	1.05	0.89	0.75	0.68	0.70	0.82	0.97	1.13	1.27	1.36

예제 5.7

Thornthwaite 방법에 대한 보정계수 C가 표 5.11과 같이 주어지고 월평균기온이 표 5.12와 같을 때 8월에 대한 잠재증발산량 E_{tp}를 산정하라. 산정 지점의 위치는 40°N이다.

표 5.12 월평균기온 (℃)

월	1	2	3	4	5	6	7	8	9	10	11	12
기온	−1.9	1.1	4.8	9.6	14.9	20.2	25.3	23.8	18.3	11.7	4.3	−0.9

풀이

월열지수를 기온이 영상일 경우에만 적용하며 8월인 경우는

$$j_8 = \left(\frac{t_8}{5}\right)^{1.514} = \left(\frac{23.8}{5}\right)^{1.514} = 10.61$$

따라서 연열지수 $J = \sum_{n=1}^{12} j_n = 51.03$이다.

$$a = 0.49 + 0.0179J - 0.000077J^2 + 0.000000675J^3$$

$$= 0.49 + 0.0179 \times 51.03 - 0.000077 \times 51.03^2 + 0.000000675 \times 51.03^3 = 1.29$$

8월을 평균 30일, 월평균 일조시간 12시간으로 하여 구한 잠재증발산량은

$$E_{tp}' = 16\left(\frac{10 \times 23.8}{51.03}\right)^{1.29} = 116.6\text{mm/month}$$

따라서 8월 달의 보정계수 $C = 1.15$를 적용하면 잠재증발산량은

$$E_{tp} = 11.66 \times 1.15 = 13.41\text{cm/month}$$

다른 달에 대한 월증발산량은 표 5.13에 주어져 있다.

표 5.13 계산표

월	1	2	3	4	5	6	7	8	9	10	11	12
기온	−1.9	1.1	4.8	9.6	14.9	20.2	25.3	23.8	18.3	11.7	4.3	−0.9
j_i	0	0.101	0.940	2.685	5.224	8.281	11.64	10.61	7.130	3.622	0.796	0
E_{tp}'	0	0.221	1.478	3.614	6.373	9.437	12.62	11.66	8.308	4.665	1.283	0
C	0.80	0.89	0.99	1.10	1.20	1.25	1.23	1.15	1.04	0.93	0.83	0.78
E_{tp}	0	0.197	1.463	3.975	7.647	11.79	15.52	13.41	8.64	4.339	1.065	0

5.6.5 Blaney-Criddle 방법

Blaney-Criddle 방법은 계절단위의 실제증발산량을 산정하는 방법으로 미국 자연자원보전국(NRCS)에서 농작물 경작지에 대한 관개용수를 산정할 때 추천하고 있는 방법이다. 이 방법은 미국 서부지역의 작물 소비수량자료와 월평균기온 그리고 백분율로 나타낸 일조시간 사이의 상관관계를 기본으로 하여 개발되었다. 관개시스템 설계에서 총 물 수요량을 결정할 필요가 있으며 수요량은 식물의 성장에 필요한 소비수량(consumptive use)과 관개수로를 통해 도수하는 과정에서의 증발 및 침투로 인한 손실량을 더한 것이다. 강우로 인한 소비수량의 증가분은 일반적으로 무시하며, 따라서 소비수량은 식생으로 피복된 지면으로부터의 증발 및 증산량을 의미한다.

표 5.14 연간 총 일조시간에 대한 월간 일조시간의 백분율 P(%)

위치	1	2	3	4	5	6	7	8	9	10	11	12
64°N	3.81	5.27	8.00	9.92	12.50	13.63	13.26	11.08	8.56	6.63	4.32	3.02
62	4.31	5.49	8.07	9.80	12.11	12.93	12.73	10.87	8.55	6.80	4.70	3.65
60	4.70	5.67	8.11	9.69	11.78	12.41	12.31	10.68	8.54	6.95	5.02	4.14
58	5.02	5.84	8.14	9.59	11.50	12.00	11.93	10.52	8.53	7.06	5.30	4.54
56	5.31	5.98	8.17	9.48	11.26	11.68	11.67	10.36	8.52	7.18	5.52	4.87
54	5.56	6.10	8.19	9.40	11.04	11.39	11.42	10.22	8.50	7.28	5.74	5.16
52	5.79	6.22	8.21	9.32	10.85	11.14	11.19	10.10	8.48	7.36	5.92	5.42
50	5.99	6.32	8.24	9.24	10.68	10.92	10.99	9.99	8.46	7.44	6.08	5.65
48	6.17	6.41	8.26	9.17	10.52	10.72	10.81	9.89	8.45	7.51	6.24	5.85
46	6.33	6.50	8.28	9.11	10.38	10.53	10.65	9.79	8.43	7.58	6.37	6.05
44	6.48	6.57	8.29	9.05	10.25	10.39	10.49	9.71	8.41	7.64	6.50	6.22
42	6.61	6.65	8.30	8.99	10.13	10.24	10.35	9.62	8.40	7.70	6.62	6.39
40	6.75	6.72	8.32	8.93	10.01	10.09	10.22	9.55	8.39	7.75	6.73	6.54
38	6.87	6.79	8.33	8.89	9.90	9.96	10.11	9.47	8.37	7.80	6.83	6.68
36	6.98	6.85	8.35	8.85	9.80	9.82	9.99	9.41	8.36	7.85	6.93	6.81
34	7.10	6.91	8.35	8.80	9.71	9.71	9.98	9.34	8.35	7.90	7.02	6.93
32	7.20	6.97	8.36	8.75	9.62	9.60	9.77	9.28	8.34	7.95	7.11	7.05
30	7.31	7.02	8.37	8.71	9.54	9.49	9.67	9.21	8.33	7.99	7.20	7.16
28	7.40	7.07	8.37	8.67	9.46	9.39	9.58	9.17	8.32	8.02	7.28	7.27
26	7.49	7.12	8.38	8.64	9.37	9.29	9.49	9.11	8.32	8.06	7.36	7.37
24	7.58	7.16	8.39	8.60	9.20	9.19	9.40	9.06	8.31	8.10	7.44	7.47
22	7.67	7.21	8.40	8.56	9.22	9.11	9.32	9.01	8.30	8.13	7.51	7.56
20	7.75	7.26	8.41	8.53	9.15	9.02	9.24	8.95	8.29	8.17	7.58	7.65
18	7.83	7.31	8.41	8.50	9.08	8.93	9.16	8.90	8.29	8.20	7.65	7.74
16	7.91	7.35	8.42	8.47	9.01	8.85	9.08	8.85	8.28	8.23	7.72	7.83
14	7.98	7.39	8.43	8.43	8.94	8.77	9.00	8.80	8.27	8.27	7.76	7.93
12	8.06	7.43	8.44	8.40	8.87	8.69	8.92	8.76	8.26	8.31	7.85	8.01
10	8.14	7.47	8.45	8.37	8.81	8.61	8.85	8.71	8.25	8.34	7.91	8.09
8	8.21	7.51	8.45	8.34	8.74	8.53	8.78	8.66	8.25	8.37	7.98	8.18
6	8.28	7.55	8.46	8.31	8.68	8.45	8.71	8.62	8.24	8.40	8.04	8.26
4	8.36	7.59	8.47	8.28	8.62	8.37	8.64	8.57	8.23	8.43	8.10	8.34
2	8.43	7.63	8.49	8.25	8.55	8.29	8.57	8.53	8.22	8.46	8.16	8.42
0	8.50	7.67	8.49	8.22	8.49	8.22	8.50	8.49	8.21	8.49	8.22	8.50

초기의 Blaney-Criddle 방법으로부터 유사한 방법들이 많이 개발되었으며 그 중 NRCS(1970) 방법이 가장 널리 사용되고 있다. 이 방법의 최근 수정방법은 식품농촌국(Food and Agricultural Organization, FAO, 1977)에 의해 제시된 방법이다. 초기의 Blaney-Criddle 방법과 NRCS의 수정방법은 미국 서부지역에서만 사용하기 적절한 반면, FAO 수정방법은 국제적으로 사용하기 위해 개발한 것이다. Blaney-Criddle 방법에 의한 소비수량(증발산량)의 산정은 다음과 같다.

1) 해당지역의 월평균기온 T_a(°F)을 얻는다.

2) 연간 총 일조시간에 대한 월간 일조시간의 백분율 P(%)를 산정한다(표 5.14).

3) 각 월의 소비수량 인자 f를 다음과 같이 구한다.

$$f = \frac{T_a \times P}{100} \tag{5.6.6}$$

4) 월 소비수량 인자에 작물별 계절 소비수량계수 K(표 5.15)를 곱해 월별 소비수량 u를 산정한다.

$$u = K \times f \tag{5.6.7}$$

표 5.15 작물별 계절 소비수량계수 K

작물 및 지역	1	2	3	4	5	6	7	8	9	10	11	12
알팔파												
애리조나주 메사	0.35	0.55	0.75	0.90	1.05	1.15	1.15	1.10	1.00	0.85	0.65	0.45
캘리포니아주 로스엔젤레스	0.35	0.45	0.60	0.70	0.85	0.95	1.00	1.00	0.95	0.80	0.55	0.30
캘리포니아주 데이비스				0.70	0.80	0.90	1.10	1.00	0.80	0.70		
유타주 로건				0.55	0.80	0.95	1.00	0.95	0.80	0.50		
옥수수												
노스다코다주 맨돈					0.50	0.65	0.75	0.80	0.70			
목화												
애리조나주 피닉스				0.20	0.40	0.60	0.90	1.00	0.95	0.75		
캘리포니아주 베이커스필드					0.30	0.45	0.90	1.00	1.00	0.75		
텍사스주 웨슬레코			0.20	0.45	0.70	0.85	0.85	0.80	0.55			
자몽												
애리조나주 피닉스	0.40	0.50	0.60	0.65	0.70	0.75	0.75	0.75	0.75	0.70	0.60	0.50
오렌지												
캘리포니아주 로스엔젤레스	0.30	0.35	0.40	0.45	0.50	0.55	0.55	0.55	0.50	0.50	0.45	0.30
감자												
캘리포니아주 데이비스				0.45	0.80	0.95	0.90					
유타주 로건						0.40	0.65	0.85	0.80			
노스다코다주					0.45	0.75	0.90	0.80	0.40			
밀												
애리조나주 피닉스	0.20	0.40	0.80	1.10	0.60							
귀리												
네브라스카주 스코츠블러프					0.50	0.90	0.85					
사탕수수												
애리조나주 피닉스						0.40	1.00	0.85	0.70			
텍사스주 대평원연구소						0.30	0.75	1.10	0.85	0.50		

5) 작물 성장 전 기간에 대한 소비수량 U(in)는 월별 소비수량을 합하여 구한다.

$$U = \sum_{i=1}^{n} u = \sum_{i=1}^{n} (K \times f) = \sum_{i=1}^{n} \left(\frac{K \times T_a \times P}{100} \right) \tag{5.6.8}$$

예제 5.8

위도 40°N 지역에서의 알팔파에 대한 소비수량을 Blaney-Criddle방법을 이용하여 산정하라. 알팔파의 성장기간은 4월부터 9월까지이며 각 월의 기온이 표 5.16에 주어져 있다.

풀이

위도 40°N 지역에 대한 총 일조시간에 대한 월간 일조시간의 백분율 P(%)를 표 5.14로부터 구한 결과가 표 5.16의 3란에 주어져 있다. 월 소비수량 인자 f는 기온 T와 P를 곱한 후 100으로 나누면 되고, 작물별 계절 소비수량계수 K는 표 5.15에서 로스앤젤레스 지역의 값을 적용하였다. 월별 소비수량 u는 f와 K를 곱해 산정한다. 따라서 알팔파의 성장기간 동안의 총 소비수량은 88.57cm가 된다.

표 5.16 계산표

월	T (°F)	P (%)	f	K	E_{tp} (in)	E_{tp} (cm)
4	49.2	8.93	4.39	0.70	3.08	7.81
5	58.8	10.01	5.89	0.85	5.00	12.71
6	68.3	10.09	6.89	0.95	6.55	16.63
7	77.5	10.22	7.92	1.00	7.92	20.12
8	74.8	9.55	7.14	1.00	7.14	18.14
9	65.0	8.39	5.45	0.95	5.18	13.16
계					34.87	88.57

5.6.6 기준작물증발산

최근에 잠재증발산의 개념이 기준작물증발산(reference crop evapotranspiration) 개념으로 대치되고 있다. 이와 같은 개념의 변화는 실제로 단일 잠재증발산은 없으며 서로 다른 작물들은 각각 서로 다른 잠재율로 물을 증산한다는 것을 인식하였기 때문이다. 예를 들어 알팔파(alfalfa)는 같은 기후 및 토양함수조건에서 짧은 잔디보다 15% 정도 더 증산한다. 알팔파와 짧은 잔디가 기준작물로 사용되어지고 있으며 알팔파에 대한 기준작물증발산은 E_{tr}로 표현하고, 짧은 잔디에 대한 기준작물 증발산은 E_{to}로 표현하고 있다. 알팔파를 기준으로 한 작물계수(crop coefficient)는 다음과 같이 산정한다.

$$k_c = \frac{E_t}{E_{tr}} \tag{5.6.9}$$

표 5.17 수정 Jaesen-Haise방법과 Penman방법에 사용하는 알팔파 기준 작물계수

파종부터 성장까지 시간 (%)										
작 물	10	20	30	40	50	60	70	80	90	100
작은 곡물	0.15	0.16	0.20	0.28	0.50	0.75	0.90	0.96	1.00	1.00
콩류	0.51	0.16	0.18	0.22	0.35	0.45	0.60	0.75	0.88	0.92
사탕무	0.20	0.17	0.15	0.15	0.16	0.20	0.30	0.50	0.80	1.00
옥수수	0.15	0.15	0.16	0.17	0.18	0.25	0.40	0.62	0.80	0.95
겨울철 밀	0.15	0.15	0.30	0.55	0.80	0.95	1.40	1.00	1.00	1.00
성장 후의 날 수										
작 물	10	20	30	40	50	60	70	80	90	100
작은 곡물	1.00	1.00	0.80	0.40	0.20	0.10	0.05	–	–	–
콩류	0.92	0.86	0.65	0.30	0.10	0.05	–	–	–	–
사탕무	1.00	1.00	1.00	0.98	0.91	0.85	0.80	0.75	0.70	0.65
옥수수	0.93	0.93	0.90	0.87	0.83	0.77	0.70	0.30	0.20	0.15
겨울철 밀	1.00	1.00	1.00	0.95	0.50	0.20	0.10	0.05	–	–
수확사이의 시간 (%)										
작 물	10	20	30	40	50	60	70	80	90	100
알팔파 (1차)	0.50	0.62	0.80	0.90	1.00	0.85	0.90	0.95	0.98	1.00
(2차 및 3차)	0.50	0.40	0.70	0.90	0.95	1.00	1.00	0.98	0.95	0.95

여기서 k_c는 특정 작물의 특정 성장단계에 대한 무차원 작물계수를 의미하고, E_t는 같은 작물에 대한 증발산을 의미한다. 수정 Jensen-Haise 방법 및 Penman 방법은 알팔파를 기준으로 한 작물계수를 사용하는 것이 적절하다. 특정 증발산 공식에 대해서 작물계수를 사용할 때 주의해야 하며 표 5.15의 Blaney-Criddle 소비수량 작물계수는 다른 방법에 사용해서는 안 된다. Blaney-Criddle 방법의 FAO 수정방법은 잔디에 대한 기준작물증발산(E_{to})을 산정하므로 잔디기준 작물계수를 사용해야 한다. 알팔파를 기준으로 한 작물계수를 나타내는 표 5.17은 미국 서부지역에서 주로 나타나는 건조하며 산악기후를 보이는 곳에 적용하는 것이 적절하다.

5.6.7 수정 Jensen-Haise 방법

초기의 Jensen-Haise 방법은 미국 서부에서 수 십년에 걸쳐 산정된 수 천개의 증발산량 자료에 바탕을 두고 있으며, 월평균기온과 태양복사에너지를 독립변수로 사용하고 있다. 본 절에서 소개할 수정 Jensen-Haise 방법은 개략적인 증기압차의 항 그리고 고도에 대한 보정을 포함하고 있으며 5일에서 한 달간에 걸친 잠재증발산량 E_{tr}를 산정하는데 사용된다. 수정 Jensen-Haise 방법은 다음 식으로 표현된다.

$$E_{tr} = C_T(T - T_x)Q_s \tag{5.6.10}$$

여기서 E_{tr}는 잠재증발산량(cm/month), Q_s는 태양복사에너지(cm/month), T는 월평균온도(℃), 이며 C_T, T_x는 다음과 같이 산정한다.

$$C_T = \frac{1}{C_1 + 7.3C_H} \tag{5.6.11}$$

$$C_1 = 38 - \frac{2h}{305} \tag{5.6.12}$$

$$C_H = \frac{50\text{mb}}{e_2 - e_1} \tag{5.6.13}$$

$$T_x = -2.5 - 0.14(e_2 - e_1) - \frac{h}{550} \tag{5.6.14}$$

여기서 h는 고도(m)이고, e_1, e_2는 연중 가장 따뜻한 달의 평균 최저기온 및 평균 최고기온에 대한 포화수증기압(mb)을 말한다. 태양복사에너지 Q_s는 일반적으로 식 5.4.9와 같이 산정되며 cal/cm^2/ day 또는 J/m^2/day의 단위를 가진다. 1g 즉 1cm^{3}를 증발시키는데 590cal가 필요하므로 Q_s를 590cal/cm^{3}으로 나누면 증발량과 같은 단위인 cm/day 또는 cm/month로 환산할 수 있다.

예제 5.9

위도 40°N 지역에서의 알팔파에 대한 5월의 잠재증발산량을 수정 Jensen-Haise 방법을 이용하여 산정하라. 7월이 가장 더운 달이며 7월의 최저기온은 16.6℃, 최고기온은 34.0℃이며 이지역의 평균 고도는 1,288m이다. 5월의 평균기온은 14.9℃이고, 태양복사에너지 Q_s=34cm/month로 가정하라.

풀이

기온 34.0℃일 때의 포화수증기압 39.90mmHg=53.19mb

기온 16.6℃일 때의 포화수증기압 14.17mmHg=18.89mb

$$C_1 = 38 - \frac{2h}{305} = 38 - \frac{2(1288)}{305} = 29.55$$

$$C_H = \frac{50mb}{e_2 - e_1} = \frac{50}{53.19 - 18.89} = 1.46$$

$$C_T = \frac{1}{C_1 + 7.3C_H} = \frac{1}{29.55 + 7.3(1.46)} = 0.0249$$

$$T_x = -2.5 - 0.14(e_2 - e_1) - \frac{h}{550}$$

$$= -2.5 - 0.14(53.19 - 18.89) - \frac{1288}{550} = -9.64$$

따라서 잠재증발산량은

$$E_{tr} = C_T(T - T_x)Q_s = 0.0249(14.9 + 9.64)34 = 20.8\text{cm/month}$$

5.6.8 Penman 방법

Penman 방법은 하루에서 한 달 동안에 대한 기준작물증발산을 산정할 수 있으며 지역조건에 대해 보정을 할 때 가장 정확한 방법으로 여겨지고 있다. 수정 Jensen-Haise 방법과 함께 Penman 방법은 알팔파 기준 작물계수를 이용하여 증발산량 E_{tr}을 산정한다. 특정 작물의 성장기간의 특정 시점에서 증발산을 산정하기 위해 식 (5.6.15)에 의해 계산된 증발산량 E_{tr}에 표 5.17의 작물계수를 곱한다.

$$E_{tr} = \frac{\Delta}{\Delta + \gamma}E_n + \frac{\gamma}{\Delta + \gamma}E_a \qquad (5.6.15)$$

여기서 E_{tr}은 증발산량(cm/day), E_n은 에너지수지방법에 의해 산정한 증발량(cm/day), E_a는 공기동력학적 방법에 의해 산정한 증발량(cm/day), Δ는 온도 대 포화증기압곡선의 기울기(식 5.4.27, 그림 5.6), γ는 습도계 상수(mb : 0.66, mmHg : 0.485)이다.

예제 5.10

위도 40°N 지역에서의 알팔파에 대한 5월의 잠재증발산량을 Penman 방법을 이용하여 산정하라. 5월의 평균기온은 14.9℃이며 일조율은 0.5이고, 상대습도 49%이다. 지상 2m에서의 풍속은 360km/day이다. 5월의 알팔파의 평균소비수량계수는 K=0.93이다.

풀이

1) 가중인자

$$\Delta = (0.00815T + 0.8912)^7 = (0.00815 \times 14.9 + 0.8912)^7 = 1.09$$

$$\frac{\Delta}{\Delta + \gamma} = \frac{1.09}{1.09 + 0.66} = 0.62$$

$$\frac{\gamma}{\Delta + \gamma} = \frac{0.66}{1.09 + 0.66} = 0.38$$

2) 에너지인자

대기온도 14.9℃에서의 포화증기압 $e_s = 12.70\text{mmHg} = 16.93\text{mb}$

대기온도에서의 실제증기압 $e_a = 16.93\text{mb} \times 0.49 = 8.30\text{mb}$

$$\begin{aligned} Q_n &= I_o(1-0.06)\left(0.18 + 0.55\frac{n}{N}\right) \\ &\quad - (117.74 \times 10^{-9})T_a^4(0.47 - 0.077\sqrt{e_a})\left(0.2 + 0.8\frac{n}{N}\right) \\ &= 880(1-0.06)(0.18 + 0.55 \times 0.5) \\ &\quad - (117.74 \times 10^{-9})288^4(0.47 - 0.077\sqrt{8.3})(0.2 + 0.8 \times 0.5) \\ &= 255.77\text{cal/cm}^2/\text{day} \end{aligned}$$

$$E_n = 255.77/590 = 0.434\text{cm/day}$$

3) 공기동력학적인자

풍속 = 360km/day

$$\begin{aligned} E_a &= (0.013 + 0.00016W_2)(e_s - e_a) \\ &= (0.013 + 0.00016 \times 360)(16.93 - 8.30) = 0.61\text{cm/day} \end{aligned}$$

$$E_{tr} = \frac{\Delta}{\Delta + \gamma}E_n + \frac{\gamma}{\Delta + \gamma}E_a = 0.62(0.434) + 0.38(0.61) = 0.5\text{cm/day}$$

따라서 5월의 알팔파에 의한 증발산량은

$$E_t = 0.5 \times 31 \times 0.93 = 14.42\text{cm/month}$$

5.6.9 Penman-Monteith 방법

증산량을 산정하기 위한 가장 물리적인 개념에 바탕을 둔 식은 다음과 같은 Penman-Monteith 방법이라 할 수 있다. 이 방법은 기공저항(stomatal resistance) r_s와 공기동력학저항(aerodynamic resistance) r_a를 포함하고 있으므로 경험적인 작물계수를 사용할 필요가 없다.

$$E_t = \frac{\Delta(Q_n - G) + \rho c_p\left(\frac{e_s - e_a}{r_a}\right)}{L_v\left[\Delta + \gamma\left(1 + \frac{r_s}{r_a}\right)\right]} \tag{5.6.16}$$

여기서 E_t는 증산(kg/m^2/sec), Q_n는 순태양복사에너지(W/m^2), G는 토양 열 유동(W/m^2), ρ는 공

기밀도(kg/m^3), c_p는 공기의 비열(1005J/kg), L_v는 잠재기화열(J/kg), e_a, e_s는 실제증기압 및 포화증기압(mb), r_s, r_a는 기공저항 및 공기동력학저항(sec/m)이다.

5.7 차단 및 증발량 감소 방법

5.7.1 차단

강수의 일부는 지표면에 도달하기 전에 먼저 나무, 잔디 등과 같은 식생 및 구조물과 같은 차단면과 접하게 되고 차단능력을 초과하는 강수는 지표면에 얇은 층을 형성하여 지표면저류(surface detention)가 발생하고 이 층이 커지면 지표면 유출이 발생하게 된다. 유역 내에서의 식생 및 다른 형태의 표면에 의해 강우의 일부는 차단(interception) 된다. 즉, 차단은 지표면상의 물체를 적시거나 달라붙어 증발에 의해 대기 중으로 되돌아 갈 때까지 저류되는 총 강수량의 부분이라고 할 수 있다.

차단은 주로 호우의 특성, 식생의 종류, 밀도 그리고 계절에 따라 변하게 된다. 일반적으로 식물이 성장하는 기간 동안에는 약 10~20%의 강수가 차단되며, 산림이 울창한 지역에서의 차단은 년 강수량의 약 25%까지 이르게 된다. 차단은 호우가 시작할 때 주로 발생하게 되며 대부분의 경우 차단은 호우가 발달하는 초기단계에서 일괄적으로 분리하여 고려해주게 된다. 총 차단의 산정은 다음과 같은 경험식을 사용하여 구한다.

$$I = S_v + REt_r \tag{5.7.1}$$

여기서 I는 투영된 canopy 면적에 대한 총 차단량 (mm 또는 in), S_v는 바람과 중력에 저항하여 잎에 저류되는 양으로 0.025~0.13cm(0.01~0.05in), R은 식생표면 면적 대 수평으로 투영된 면적의 비, E는 호우기간동안 식생표면으로부터의 증발량, t_r은 강우기간(hr)이다.

식 (5.7.1)은 강우가 잎의 저류량 S_v를 충분히 채울 수 있을 정도라는 가정을 하고 있으며 강우의 양을 고려하면 다음과 같은 식으로 나타낼 수 있다.

$$I = S_v(1 - e^{-P/S_v}) + REt_r \tag{5.7.2}$$

여기서 P는 S_v와 같은 단위를 가진 총 강우량이다. 일반적으로 호우중의 차단은 다음 식에 의해 표현된다.

$$I = a + bP^n \tag{5.7.3}$$

표 5.18은 여러 식생에 대한 전형적인 a, b값을 보여주고 있으며 표 5.19는 강우조건에 대해 여러 작물에 의해 차단된 강우의 양을 나타내고 있다.

표 5.18 차단식의 상수 a, b 그리고 n값

식생 종류	$I = a + bP^n$		
	a	b	n
Orchard	0.04	0.18	1.00
Ash, in woods	0.02	0.18	1.00
Beech, in woods	0.04	0.18	1.00
Oak, in woods	0.05	0.18	1.00
Maple, in woods	0.04	0.18	1.00
Willow, shrubs	0.02	0.40	1.00
Hemlock and pine woods	0.05	0.20	0.50
Beans, potatoes, cabbage and other small crops grown on hills	0.02h	0.15h	1.00
Clover and meadow grass	0.005h	0.08h	1.00
Forage, alfalfa, vetch, millet, etc.	0.01h	0.10h	1.00
Small grains, rye, wheat, barley	0.005h	0.05h	1.00
Corn	0.005h	0.005h	1.00

여기서 P가 in인 경우 차단도 in, h는 식생의 높이(ft)

표 5.19 단위면적($1m^2$)에 대한 일반 강수하에서의 차단

식생	강수		차단율
	깊이 (in)	특성	
밀(Wheat)	0.02	한번의 매우 약한 호우	90
	0.06	한번의 매우 약한 호우	80
	0.07	한번의 매우 약한 호우	72
	0.07	한번의 매우 약한 호우	76
	0.24	두 번의 가벼운 호우	74
	0.32	한번의 짧은 호우	52
	0.35	한번의 짧은 호우	64
	0.46	한번의 강한 호우	46
	0.80	세 번의 호우	51
	1.48	가벼운 호우에 뒤이은 강한 강우	33
귀리(Oats)	0.11	한번의 가벼운 호우	72
	0.15	여러 번의 가벼운 호우	57
	0.74	가벼운 호우에 뒤이은 강한 강우	45
저습지 잔디 (Slough grass)	0.02	매우 약한 호우	80
	0.06	약한 호우	80
	0.07	약한 호우	66
	0.07	약한 호우	76
	0.38	심한 호우	78
	0.39	심한 호우	67
	0.45	심한 호우	73

예제 5.11

강우량이 35mm일 때 식 (5.7.3)을 이용하여 orchard 및 pine woods에 대한 차단 손실량을 산정하라.

풀이

orchard tree인 경우 $I = a + bP^n = 0.04 + 0.18 \times 3.5 = 0.67\text{cm}$

pine tree인 경우 $I = a + bP^n = 0.05 + 0.2 \times 3.5^{0.5} = 0.42\text{cm}$

5.7.2 증발량 감소방법

수표면으로부터 수증기가 이탈하는 것을 통제함으로써 증발량을 감소시키는 것은 경제적인 면에서 매우 중요하다. 단위 저류량 당 저수지 증발량을 감소시킴으로써 이에 상응하는 물 공급량을 증가시킬 수 있다. 저수지의 올바른 위치 선정 및 단위 저류량 당 최소의 저수지 표면적을 갖도록 설계하는 것이 증발량을 감소시키기 위해 바람직하다. 물 수요에 의해 방류하는 경우 따뜻한 수표면의 물이 방류되도록 출구를 설계함으로써 저수지로부터의 증발량을 줄일 수 있다.

이와 같이 자유 수표면에서의 증발을 억제하는 기술들이 많이 개발되어져 왔으며 대표적인 증발률 억제 방법으로는 수표면적을 줄이는 방법, 수표면을 기술적으로 덮는 방법 그리고 얇은 막으로 표면을 덮는 방법 등이 있다.

1) 수표면 감소

지하에 물을 저장하거나, 저수지 위치를 적절하게 선정하여 여러 개의 작은 저수지보다 큰 저수지 하나를 택하거나, 하천을 직선화하여 수표면이 사행하는 것을 감소시켜 면적 대 저류량의 비율이 최소가 되도록 저수지를 설계함으로써 수표면적을 줄일 수 있다.

2) 기계적인 덮개

작은 저수지인 경우 증발량을 줄이기 위해 지붕, 물에 뜨는 덮개나 부유성 물질을 사용하여 수표면 전체를 덮을 수도 있다. 이러한 방법은 효과적이지만 비용이 많이 든다. 물 근처의 식생을 제거함으로서 증산을 통한 물의 손실을 줄일 수 있다. 바람막이도 자주 추천되고 있지만 아주 작은 저수지에만 효과가 있으며 풍속을 25%정도 줄이면 증발량을 약 5% 줄일 수 있다.

3) 수표면 막

이 방법은 가장 경제적이고 잠재적으로 가장 효과가 좋은 증발억제 방법이다. Pokels가 단분자(monomolecular) 두께로 기름이 물위에서 퍼져 얇은 수표면 막을 형성하는 것을 발견한 후 증발량을 줄이기 위한 단분자막(film)의 적용에 관한 심도 있는 연구가 수행되었으며 Hedestrand는 지방산의 단분자막을 발견하여 적용하였으나 효과가 그리 크지는 않았다.

Hexadeconal은 수표면으로부터 물의 증발을 감소시키기 위한 효과적인 막 형성 물질로 많은 연구가 이루어졌다. 이 물질은 희고, 밀랍 같으며, 결정형태의 고체로 작은 조각이나 분말형태로 얻을 수 있으며, 수지, 고래기름, 코코넛기름 등으로부터 추출할 수 있으며 cetyl알콜이라 부르기도 한다. Hexadeconal에 의해 형성된 단분자막의 두께는 6×10^{-6}in 정도이며 물분자가 뚫고 공기 중으로 이동하는 것을 방지한다. 빗물에 의해 부분적으로 막이 찢어지지만 곧바로 다시 메워진다. 물 분자는 통과시키지 않지만 산소나 이산화탄소를 통과 시키며 물과 대기간의 일반적인 가스의 이동은 방해를 받지 않는다.

바람에 의해 단분자막이 밀려 수변지역에 밀려들어 문제가 발생할 수 있으며 큰 저수지인 경우 더욱 그렇다. 이 방법은 초기의 긍정적인 생각과는 달리 실제로는 별로 사용되어지지가 않았다. 지극히 적은 양의 cetyl알콜로 작은 증발접시에서 40%까지 증발량을 감소시킬 수 있지만 저수지 상에서 표면의 10~20% 이상의 덮개를 유지할 수 없다. 더군다나 증발의 감소로 인해 수온이 증가하게 되며 증발접시에서는 잉여의 에너지가 접시를 통해 분산되지만 저수지인 경우는 그렇지가 않다. 대규모 저수지에서의 증발량을 실질적으로 줄이기 위해서는 원치 않는 부작용을 초래하지 않고 수표면의 반사도(reflectivity)를 효과적으로 증가시키는 물질을 찾을 필요가 있다.

연습문제

5.1 면적 2.5km^2인 저수지에서 증발량을 산정하기 위해 증발접시를 설치하여 다음 표의 1~3줄과 같은 자료를 얻었으며 매일 일정한 수위를 유지하기 위해 표와 같이 물을 보충하였다. 이 저수지에서의 1주일간 및 일평균 증발량을 mm와 m^3단위로 산정하라. 단 증발접시계수는 0.7이다.

시간 (일)	1	2	3	4	5	6	7	계
강우량 (mm)	0	4	3	0	5	2	0	14
보충수량 (mm)	17	10	9	15	8	12	16	87

5.2 작은 유역에 대한 증발산량을 산정하려고 한다. 6개월 동안 관측된 강우량이 70cm이고 유출고가 20cm이며 지하수 충진량이 15cm이면, 물수지방법을 이용할 경우 월평균 증발산량은 얼마이겠는가? 초기손실은 무시하고 유역내 저류공간의 변화는 없다고 가정하라.

5.3 저수지에서의 증발량을 산정하려고 한다. 6개월 동안 관측된 강우량이 680mm이고 저수지로의 유입이 470mm, 유출고가 760mm이며, 저수량의 감소가 150mm, 지하수 충진량이 120mm이면 물수지방법을 이용할 경우 저수지 수표면에서의 월평균 증발량은 얼마이겠는가? 초기손실은 무시한다.

5.4 북위 36°인 지역에 위치한 저수지로부터 6월의 증발량을 에너지수지방법으로 산정하라. 6월 중 하루의 수표면 온도는 18℃, 평균기온는 20℃이고 상대습도는 40%이다. 이날의 일조율은 n/N = 0.3이고 대기압은 1,010mb이다. 단, 저수지로의 유입 및 유출량 그리고 저수지내의 온도변화는 무시하라.

5.5 위도 40°N 지역에 위치한 한 호수에서 8월에 대해 태양복사에너지Q_s와 반사복사에너지Q_r을 청명한 날과 운도 40%에 대해 각각 구하라.

5.6 위도 40°N 지역에 위치한 한 호수에서의 8월에 대해 다음 조건에 대한 순복사에너지 Q_n을 산정하라. 운도 40%, 수면 2m 상공에서의 기온 30℃, 상대습도 60%, 수표면 온도 20℃, 반사도 0.07이다.

5.7 산정된 순복사에너지 Q_n=560.27cal/cm^2/day이 모두 증발에 사용되었다고 할 때 수표면 온도가 10℃이고 밀도가 1g/cm^3일 때 호수 수표면에서의 증발량을 산정하라.

5.8 수표면적이 50km^{2}인 저수지에서 수표면의 평균온도 20℃이고 기온은 25℃이다. 상대습도는 40%이고 수표면으로부터 2m 및 4m 높이에서의 풍속이 2m/sec와 4m/sec일 때 공기동력학적 방법에 의해 저수지에서의 일 증발량을 산정하라.

5.9 북위 36°인 지역에 위치한 저수지로부터 6월의 증발량을 Penman방법으로 산정하라. 6월 중 하루의 수표면 온도는 20℃, 평균기온는 22℃이고 상대습도는 40%이다. 저수지 표면으로부터 2m 위치에서의 풍속은 3m/sec이며, 이날의 일조율은 n/N=0.6이다.

5.10 Penmann방법을 이용하여 다음 조건에 대해 증발량을 산정하라. 에너지수지방법에 의한 증발량 E_n=0.79cm/day, 수표면온도 22℃, 대기온도 25℃, 상대습도 40%, 풍속 110km/day이다.

5.11 예제 5.6에서 주어진 강우량 및 유출량자료를 이용하여 세 번째 강우기간 동안(7월 1일~7월 8일)의 일증발량을 산정하라.

5.12 Thornthwaite방법에 대한 보정계수 C가 표 5.11과 같이 주어지고 월평균기온이 다음과 같을 때 7월에 대한 잠재증발산량 E_{tp}를 산정하라. 산정 지점의 위치는 40°N이다.

월	1	2	3	4	5	6	7	8	9	10	11	12
기온 (℃)	3.0	6.5	10.8	16.2	22.4	28.5	34.0	32.2	26.7	19.3	10.1	3.8

5.13 위도 40°N 지역에서의 옥수수에 대한 소비수량을 Blaney-Criddle방법을 이용하여 산정하라. 옥수수의 성장기간은 5월부터 9월 15일까지이며 각 월의 기온은 다음과 같다.

월	5	6	7	8	9
기온 (°F)	58.8	68.3	77.5	74.8	65.0

5.14 위도 40°N 지역에서의 알팔파에 대한 5월의 잠재증발산량을 수정 Jensen-Haise방법을 이용하여 산정하라. 8월 달이 가장 더운 달이며 8월의 최저기온은 21.5℃, 최고기온은 29.6℃이며 이지역의 평균 고도는 500m이다. 5월의 평균기온은 18.3℃이고, 태양복사에너지Q_s=29cm/month로 가정하라.

5.15 위도 40°N 지역에서의 알팔파에 대한 6월의 잠재증발산량을 Penman방법을 이용하여 산정하라. 6월의 평균기온은 18℃이며 일조율은 0.4이고, 상대습도 60%이다. 지상 2m에서의 풍속은 200km/day이다. 6월의 알팔파의 평균소비수량계수는 K=0.95이다.

5.16 강우량이 40mm일 때 식 (5.7.3)을 이용하여 ash 및 oak tree에 대한 차단손실량을 산정하라.

CHAPTER 06

침투

6.1 서 론

지표상의 물은 일반적으로 세 가지 경로를 따라 이동하게 된다. 대기 중으로의 증발, 지표면을 따라 하천을 향해 흐르는 지표면유출(overland flow), 그리고 땅속으로의 침투(infiltration)로 구분 된다. 대기로의 증발과정은 5장에서 설명을 하였고 지표면 유출은 9장 유출해석부분에서 자세히 설명하기로 한다. 본 장에서는 토양에서의 침투, 저류 및 이동과 관련된 과정에 대해 알아보기로 한다.

침투는 강수가 지표면에 떨어진 후 지표면을 통해 토양 속으로 이동하는 것이다. 침투과정은 토양 속으로 물의 유입, 토양집단 내에서의 물의 저류 그리고 지하수대까지 지속적으로 물이 이동하는 침루(percolation)로 나눌 수 있다. 이와 같은 과정 중 어떠한 요소라도 제한을 받게 되면 지표면에서의 침투를 감소시키게 된다.

물을 토양 속으로 이동시키는 힘은 중력(gravity)과 모세관흡인력(capillary suction)이다. 중력은 균열 및 용해된 물질의 공간과 같은 토양의 틈을 통해 물을 아래로 끌어당기고 중력에 의해 토양 속으로 내려간 물은 모세관력에 의해 더 깊은 토양 속으로 내려가게 된다. 모세관흡인력은 토양내에서 물을 수평방향뿐만 아니라 연직방향으로도 이동하게 하며 물분자간의 상호응집력과 수소결합에 의한 물과 토양입자간의 응집력에 의해 발생하게 된다. 모세관력의 크기는 물분자와 토양입자 표면간의 거리에 영향을 받으며 물분자와 토양입자가 가까이 위치할수록 결합력은 강해진다.

건조한 토양은 습한 토양보다 물분자가 토양입자에 더 가까이 있기 때문에 더 강한 모세관력을 가지고 있다. 토양수분이 증가함에 따라 모세관력은 감소하게 되며 이는 추가된 물분자가 토양입자와 먼 거리에서 결합하기 때문이다. 미세한 조직의 토양은 매우 작은 간극(interstice)을 가지고 있어 물이 토양입자 표면과 매우 가까이 위치하며 많은 표면적을 가지고 있으므로 모세관력은 작은(세립) 조직의 점토질 토양이 굵은(조립) 조직의 사질토양보다 크다.

침투 f는 시간에 따라 변하므로 침투율 또는 침투능(infiltration rate 또는 capacity, f_p)이란 용어를 사용하고 단위는 L/T이며 그림 6.1은 일반적인 침투능곡선을 보여주고 있다. 침투능은 최대의 침투율로 토양의 특성에 의해서만 제한을 받는다. 따라서 침투 및 침투능의 관계는 $0 \le f \le f_p$로 표현할 수 있다. 일반적인 침투능곡선은 작용되는 힘과 물의 이동과정에 의해 설명되어 질 수 있다. 만일 침투가 발생할 때 토양이 건조한 상태라면 강한 모세관력 및 중력이 토양 속으로 물을 끌어당기기 때문에 침투능은 높다. 침투가 진행됨에 따라 토양이 습해지고 모세관력이 감소함에 따라 침투율도 감소한다. 결국 침투능은 중력에 의해

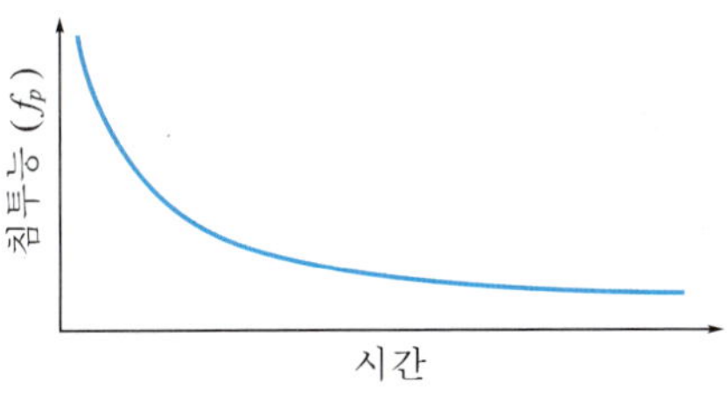

그림 6.1 침투능 곡선

영향을 받는 일정한 값으로 접근하게 되는데 이러한 상태를 침루라 한다. 따라서 물은 침루에 의해 공간이 생기는 정도만큼 침투하게 된다.

6.2 토양의 구조 및 종류

토양의 근원은 지구 표층의 단단한 암석으로 풍화작용과 침식작용 등에 의해 깎여 바람 및 물에 의하여 이동되어 퇴적됨으로서 생긴 것이다. 이와 같이 토양은 풍화된 암석들의 직접적인 부산물이며 하층 암석들과는 관계없이 두께와 성분이 다양하다. 본 절에서는 침투에 영향을 미치는 토양의 연직구조 및 종류에 대해 알아보기로 한다.

6.2.1 토양의 연직구조

토양은 깊이에 따라 다양한 성분, 조직, 구조 그리고 색상을 가지고 있다. 이러한 연직방향의 차이로 인해 토양이 생성된 시간과 진행과정을 알 수도 있지만 토양을 연직방향으로 구분하는 구간 또는 층으로 나누게 된다. 토양을 파내려 가면 깊이에 따라 서로 다른 층을 볼 수 있으며 이러한 연직적인 층의 변화를 나타내는 것을 토양단면도(soil profile)라 한다.

그림 6.2는 5개의 층으로 잘 구분된 이상적인 토양단면도를 보여주고 있다. 지표면으로부터 아랫방향으로 O, A, E, B, C층으로 구분되는데 지역 및 환경에 따라 다르게 형성 될 수도 있다. O층은 그 아래층들이 주로 무기물질로 구성되어 있는 것과는 달리 주로 유기물질로 구성되어있다. O층의 윗부분은 낙엽이나 아직 형태를 알 수 있는 유기물 부스러기로 이루어진 반면 아래층은 부분적으로 분해되어 더 이상 형태를 인식할 수 없게 된 유기물질(부식토)로 이루어져 있다. 또한 O층에는 여러 가지 미소 곤충들이 살고 있다.

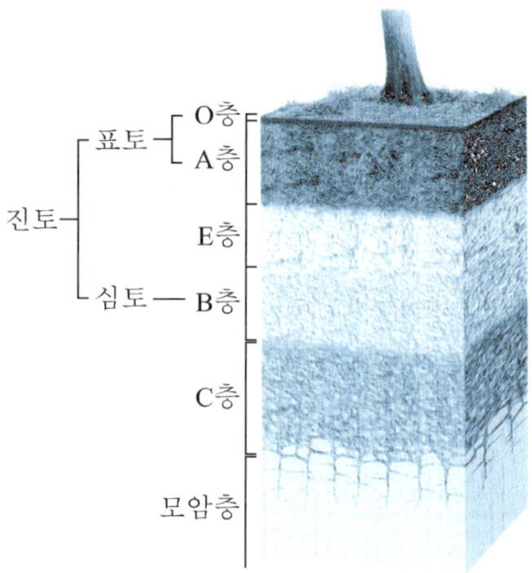

그림 6.2 토양의 연직단면도

A층은 주로 무기물질로 이루어져 있고 일부 부식토(humus)를 포함하고 있으며 생물학적 활동이 아주 활발하다. O층과 A층을 합하여 표토(topsoil)라 부른다. E층은 약간의 유기물질을 포함한 밝은 층이다. 물이 E층을 통해 침루함에 따라 세립자(finer particle)들이 함께 이동하며 물이 용해성 비유기물질들을 용해시켜 아래층으로 함께 내려간다. B층은 심토(subsoil)라 불리며 E층에서 이동된 대부분의 물질들이 B층에 퇴적되게 된다. 세립 점토입자들의 퇴적으로 심토층에서 물이 저류될 수 있고 극단적인 경우에는 점토층이 매우 압밀되어 불투수층을 형성하기도 한다.

O, A, E, B층을 합하여 진토(true soil 또는 solum)라

하며, 이 층에서 토양의 형성과정이 활발하고 살아있는 식물의 뿌리나 곤충 및 동물들의 삶이 한정되어 있는 곳이다. 진토아래 및 모암위의 층을 C층이라 하며 모암의 일부가 부분적으로 변화된 층이다.

6.2.2 토양의 종류

대부분의 토양은 균일하지 않고 서로 다른 크기의 입자로 구성되어 있다. 토성(soil texture)은 서로 다른 크기의 입자 비율을 말한다. 토성은 토양이 물이나 공기를 함유하거나 통과시키는데 중요한 역할을 하기 때문에 토양의 가장 기본적이고 중요한 특성이라 할 수 있다. 모래질 토양은 배수가 빠르며 따라서 빨리 건조해 진다. 이와는 반대로 점토질 토양은 간극이 매우 좁기 때문에 배수가 잘 일어나지 않는다. 또한 점토 및 실트의 함유량이 높은 토양은 식물의 뿌리가 토양 속으로 침투하는 것을 어렵게 한다.

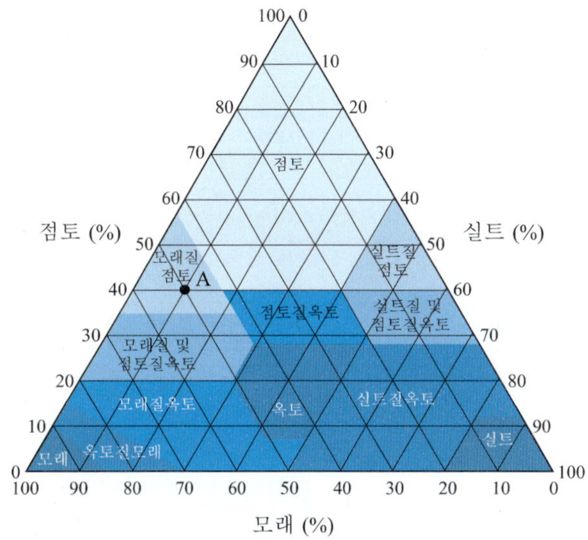

그림 6.3 USDA 토양분류법에 사용되는 토성도

토양이 동일한 입자 크기로 구성된 것이 아니므로 점토(clay), 실트(silt) 그리고 모래(sand)의 구성비율을 바탕으로 한 토성도(texture diagram)를 만들어 분류하고 있다. 미국 농림성(US Department of Agriculture)에서 사용하는 표준 분류표가 그림 6.3과 같다. 예를 들어 토성도에서 A 지점을 보면 10%의 실트, 40%의 점토, 50%의 모래로 구성되어 있다. 이러한 토양을 모래질 점토(sandy clay)라 부른다. 토성도에서 중간부분에 해당하는 토양이 옥토(loam)이며 세 가지 토양 성분이 골고루 포함되어 있는 토양이다.

표 6.1 토성에 의해 분류된 수문학적 토양특성

토성분류	유효 저류능 (in/in)	최소침투율 (in/hr)	NRCS 분류
Sand	0.35	8.27	A
Loamy sand	0.31	2.41	A
Sandy loam	0.25	1.02	B
Loam	0.19	0.52	B
Silt loam	0.17	0.27	C
Sandy clay loam	0.14	0.17	C
Clay loam	0.14	0.09	D
Silty clay loam	0.11	0.06	D
Sandy clay	0.09	0.05	D
Silty clay	0.09	0.04	D
Clay	0.08	0.02	D

토양의 종류 및 함수정도는 침투를 결정하는 중요한 인자이다. 침투는 토성과 직접적으로 관련되어 있으며 표 6.1은 토성 분류에 따른 최소 침투율을 보여주고 있다.

토양은 일반적으로 5가지 인자로 분류할 수 있다. 즉, 기후, 경사, 생물학적 활동, 모암, 연대 등이다. 이러한 인자들은 토양의 배수 특성을 결정하며 미국 자연자원보전국(Natural Resources Conservation Service, NRCS)은 3,000가지 이상의 토양 종류로부터 표 6.2의 네 가지 수문학적 그룹으로 분류하고 있다.

표 6.2 NRCS 수문학적 토양 그룹

토양그룹	토양의 특성	침투율(mm/h)
Type A	유출이 가장 작음. 침투율이 가장 큼. 실트와 점토를 약간 포함한 모래층 및 자갈층으로 배수 양호	7.62~11.43
Type B	비교적 낮은 유출율, 비교적 높은 침투율 자갈이 섞인 사질토로 배수가 대체로 양호	3.81~7.62
Type C	비교적 높은 유출율, 비교적 낮은 침투율 상당수의 점토와 콜로이드질을 포함하고 있어 배수불량	1.27~3.81
Type D	유출율이 가장 큼. 침투율이 가장 낮음 대부분이 점토질로 이루어져 배수가 대단히 불량	0~1.27

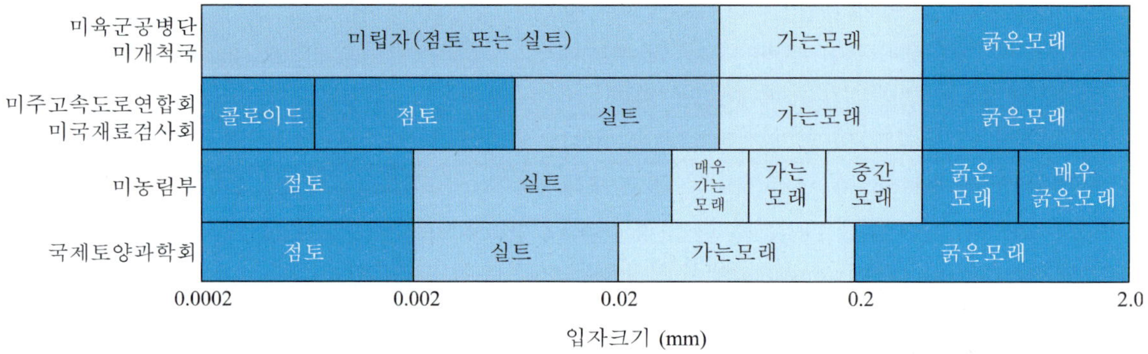

그림 6.4 입자의 크기에 다른 토양의 분류

6.3 토양 속의 물

토양수분은 여러 가지 측면에서 매우 중요하며 그 중 식물 및 곡물에게 가장 중요하다. 따라서 토양수분에 관한 연구는 주로 농학분야에서 이루어져 왔으며 대부분의 토양수분과 관련된 용어 즉, 함수능(field capacity)이나 시듦점(wilting point) 등과 같은 용어가 농학분야로부터 유래한 것이다. 관개의 목적은 곡물에 최적의 토양수분을 제공하기 위한 것으로 등고선경작 및 계단식경작과 같이 토양 침식을 줄이기 위한 토양보전기법들은 지표면유출을 느리게 하고 따라서 침투량을 증가시켜 토양수분에 영향을 주고 있다.

6.3.1 공극률 및 함수비

토양 속에 저장되어 있는 물의 양은 지구 전체적인 물의 양과 비교해 볼 때 매우 작다. 하지만 일 및 월 단위 시간 규모로 볼 때 토양으로의 유입 및 유출과 같은 물 순환이 활발하게 이루어지는 저류 장소이다. 물은 토양집단의 빈 공간 내에 저류되며 따라서 토양의 공극은 저류능(storage capacity)의 상한선이 된다. 공극률(porosity) η는 토양 속에 있는 공극의 백분율로 공극의 총부피 V_v를 토양의 총부피 V_T로 나누어 구한다.

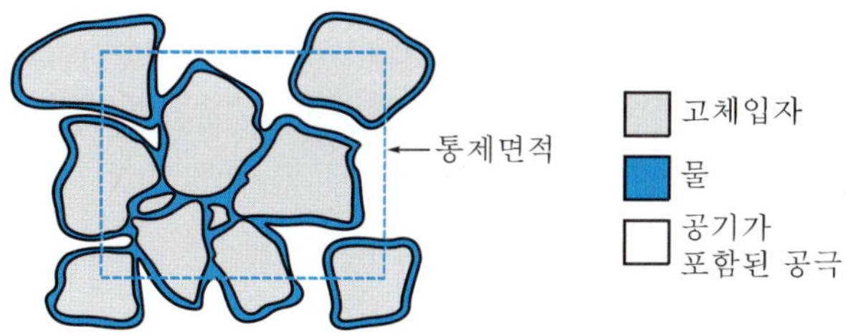

그림 6.5 비포화 공극을 나타내는 토양단면

$$\eta = \frac{V_V}{V_T} \tag{6.3.1}$$

모래의 공극률은 일반적으로 25%~45%의 범위를 가지고 있고, 실트는 35%~50%, 점토는 40%~70%의 범위를 가지고 있다. 토양내 공극의 일부는 물로 채워지게 되며 공극 내에 있는 물의 총부피 V_W를 토양의 총부피로 나눈 것을 토양함수비(soil moisture content) θ라 한다.

$$\theta = \frac{V_W}{V_T} \tag{6.3.2}$$

따라서 토양함수비의 범위는 $0 \le \theta \le \eta$이며 토양이 포화상태일 때 토양함수비와 공극률이 같아지게 된다.

6.3.2 토양수 포텐셜

물은 토양 내에서 물과 토양입자사이의 인력에 의해 위치를 유지하게 되며 이러한 힘을 표현하기 위해 여러 가지 용어가 사용된다. 앞에서 모세관흡인력과 토양수분장력에 관해 설명을 하였는데 이들 외에 토양수분을 설명하기 위한 용어가 더 필요하다. 물이 토양 내에서 위치를 유지하기 위한 포텐셜 에너지를 토양수 포텐셜(soil water potential) Ψ라 정의하자. 포텐셜은 단위체적의 물에 대한 에너지로 표현되는데 압력의 단위인 M/LT^2로 나타내거나 mb, bar, Pa로 타나낸다. 포텐셜을 표현하는 또 다른 방법은 압력을 물기둥의 등가 높이로 나타내는 것이다. 이것이 바로 수두(head) h이며 길이의 단위를 갖는다.

이 용어를 토양수에 작용하는 두 가지의 에너지에 적용하면 중력포텐셜(gravitational potential, Ψ_z)과 압력포텐셜(pressure potential, Ψ_p)이 된다. 중력포텐셜은 중력가속도에 의한 포텐셜에너지

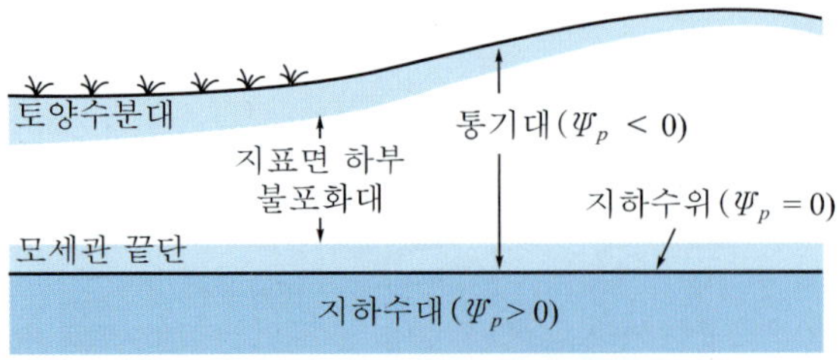

그림 6.6 토양속에서의 지역에 따른 압력포텐셜

이며 물의 단위중량 γ에 기준 평면으로부터의 높이 z을 곱한 것과 같다. 중력포텐셜은 압력포텐셜 $\Psi_p > -0.33$bar일 때 중요하며 그렇지 않으면 압력포텐셜이 지배하게 된다. 압력포텐셜은 앞에서 언급한 모세관흡인력이나 장력과 같은데 토양입자들에 대한 물의 인력에 의한 포텐셜에너지를 말한다. 만일 기타 작은 포텐셜들을 무시하고 중력포텐셜과 압력포텐셜을 합하면 토양수 포텐셜 Ψ 가 된다.

$$\Psi = \Psi_z + \Psi_p \tag{6.3.3}$$

압력포텐셜은 함수량에 따라 계속적으로 변하며 지하수면 위의 비포화지역(통기대)에서는 음으로 나타나고, 지하수위 아래(지하수대)에서는 양으로 나타난다(그림 6.6). 모세관 끝단(capillary fringe)과 토양수분대(soil moisture zone)는 압력포텐셜이 비록 음이지만 포화될 수가 있으므로 포화대(saturation zone)보다 지하수대(groundwater zone)란 용어를 사용한다. Vadose zone은 통기대(aeration zone)와 같은 의미로 토양수분대와 모세관 끝단사이의 지역으로 일반적으로 포화되어 있지 않다. 토양수 포텐셜은 압력이 대기압과 같은 지하수면에서는 0으로 정의한다.

그림 6.7은 일반적으로 사용되는 용어와 함께 음의 포텐셜부터 양의 포텐셜까지 에너지의 변화를 보여주고 있다. 압력포텐셜은 토양이 건조해 질수록 감소하며 습윤해 질수록 증가한다. 습한 토양은 건조한 토양보다 높은 포텐셜을 가지며 물은 포텐셜 에너지가 높은 곳에서 낮은 곳으로 이동한다. 따라서 물은 습한 곳에서 건조한 곳으로 흐르게 된다. 이것이 바로 포화상태 또는 비포화상태에서 토양수분을 설명하는데 포텐셜에너지 개념을 사용하는 장점이라 할 수 있다. 장력(tension) 및 흡인력(suction)은 비포화상태에서만 적용한다.

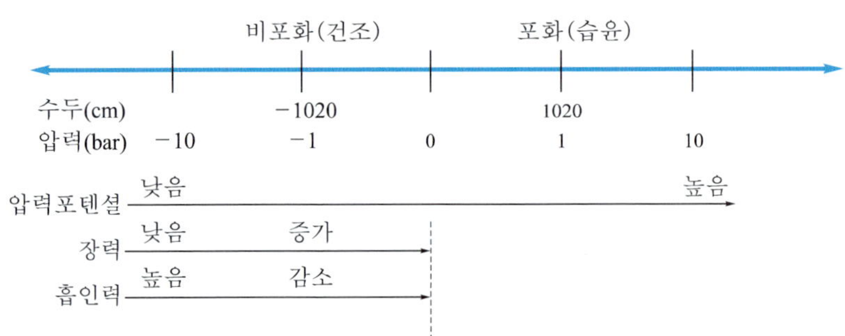

그림 6.7 토양수 포텐셜

6.3.3 토양수의 특성

토양수 포텐셜과 함수비 θ간의 관계곡선을 토양수 특성곡선(soil water characteristic curve)이라 하며 그림 6.8과 같다. 토양이 건조해짐에 따라 포텐셜은 비선형적으로 감소한다. 함수량과 포텐셜은 간극의 크기 및 형태의 영향을 받기 때문에 토성과 밀접하게 관련되어 있다. 토양수 특성은 임의의 두 압력경계 사이 $(\Psi_2 - \Psi_1)$에 유지되어 있는 물의 양 $(\theta_2 - \theta_1)$을 산정하는데 사용할 수 있다.

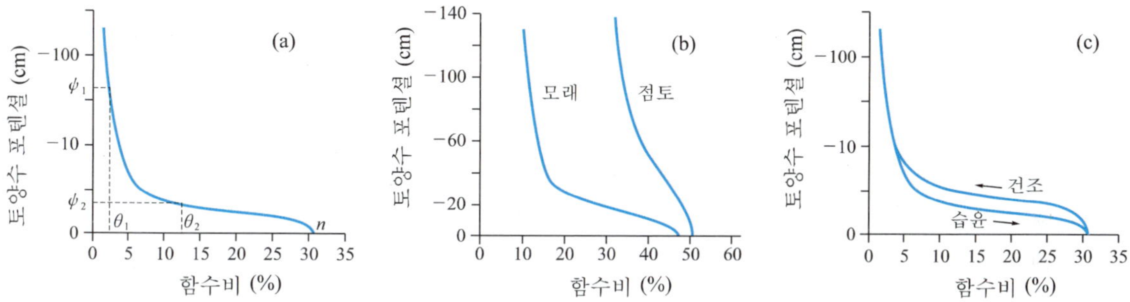

그림 6.8 토양수 특성곡선 (a : 일반, b : 모래 및 점토, c : 이력현상)

그림 6.8b는 모래와 점토에 대한 토양수 특성곡선을 보여주고 있다. 점토는 모래에 비해 낮은 포텐셜에서도 모래와 비슷한 양의 물을 유지하고 있다. 다시 말하면 같은 포텐셜에서 점토가 모래보다 많은 물을 유지하고 있다. 만일 두 토양이 같은 초기 함수비를 가지고 있다면 물은 포텐셜이 높은 모래층으로부터 낮은 점토층으로 이동한다고 말할 수 있다.

그림 6.8c는 토양수 특성곡선의 이력현상(hysteresis)을 보여주고 있는데 토양이 특정 함수비나 포텐셜에 도달하기 위해 건조해지는 경우와 습해지는 경우에 토양수 특성곡선이 서로 다르다. 이력현상 때문에 습한상태에서 건조한 상태로 전환되는 토양은 주어진 압력포텐셜에서 건조한 상태에서 습한 상태로 변하는 토양보다 더 많은 물을 함유할 수가 있다. 실제로는 이력현상을 종종 무시하나 임의의 토양수 포텐셜간에 유지되는 함수량을 산정하는데 분명히 영향을 준다.

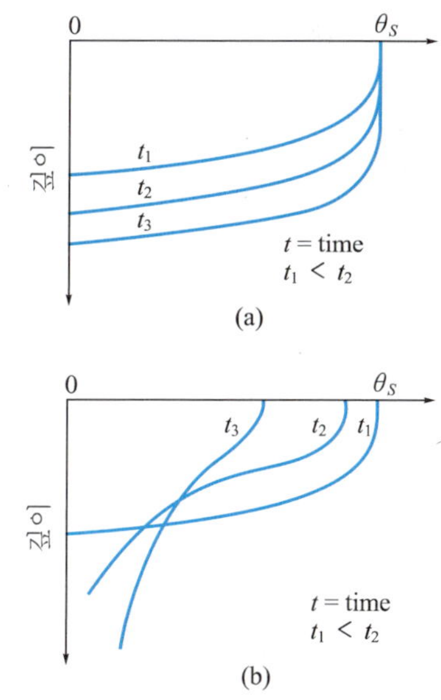

그림 6.9 습윤선의 이동 및 재배치

6.3.4 토양속에서의 물의 이동

토양의 최상층이 지속된 강우나 관개로 인해 포화되면 그림 6.9a와 같은 습윤선(wetting front)을 형성하며 아래로 이동하게 된다. 습윤선은 토양 하부가 점진적으로 포화상태에 도달할 때까지 계속 이동한다. 그림에서 보여준 곡선은 연속적인 시간에 대한 습윤선의 위치를 나타내고 있다. 토양표면으로부터 물의 유입이 중단되면 중력 침루에 의해 토양기둥 전체를 통해 토양수가 재배치된다. 상부층에서의 함수비는 감소하는 반면 하부층에서는 증가한다(그림 6.9b). 이어지는 표면으로부터의 증발로 인해 곡선의 형태가 더 변하게 된다.

6.4 침투에 영향을 주는 인자

침투에 영향을 주는 인자들은 토양의 물리 및 화학적 특성과, 식생 및 토지이용, 선행함수조건, 지표면 특성, 계절적 인자, 지형 및 강우 특성과 같은 지표면 인자 등이 있다.

6.4.1 투수성

토양관련 인자들은 토양의 투수성(permeability)에 영향을 주는 특성들을 모두 포함하고 있으며 이러한 인자들에는 토성(soil texture), 토양의 구조, 토양 속에 포함된 공기 그리고 낮은 투수성의 수평면을 포함한다. 투수성은 침투와 같이 물을 이동시키는 물질의 능력을 의미하며 속도(L/T)의 단위를 갖는다.

물질의 투수성을 설명하는 또 다른 용어로 투수계수(hydraulic conductivity) K가 있으며 물질이 포화되어 있지 않을 때에는 비포화 투수계수를, 포화되어 있을 때에는 포화 투수계수(Ks)를 사용한다. 대부분의 토양은 비포화되어 있으며 동일한 토양에서 비포화 투수계수는 포화투수계수보다 일반적으로 낮다. 조립의 모래질 토양은 세립의 점토질 토양보다 투수성이 높고 큰 침투능을 가지고 있다(그림 6.10). 점토질 토양의 작은 간극은 물을 그 자리에 머물게 하는 강한 모세관력이 있으므로 물이 통과하는 것을 어렵게 만든다.

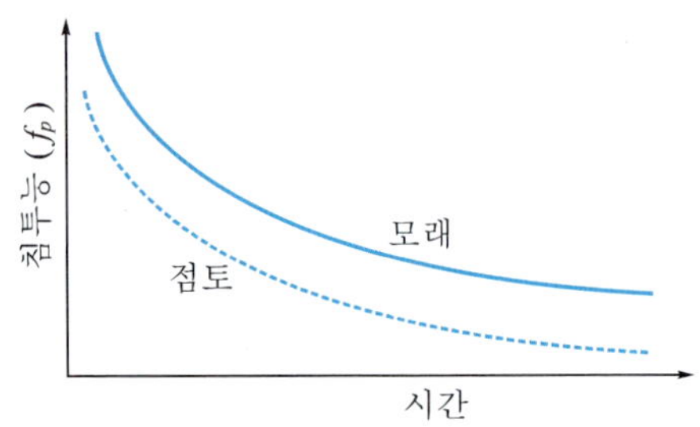

그림 6.10 토양에 따른 침투능

6.4.2 토양의 구조

토양의 구조는 각 토양 입자들이 공간적으로 어떻게 모여 있는지 설명해 주며 점토입자의 양과 배치에 의해 결정된다. 점토 입자들은 음으로 충전된 콜로이드 물질이다. 토양에서 점토입자들은 솜처럼 뭉쳐있어 큰 집단을 형성하며 양호한 토양 구조를 형성하거나, 각각의 입자로 흩어져 불량한 토양 구조를 형성하게 된다. 점토가 뭉쳐있을지 아니면 흩어져 있을지 여부는 토양 내 양이온(cation)의 종류와 양에 달려있다.

나트륨이온(Na^+)이 토양 내 양이온의 상당수(10~20%)를 구성하면 점토는 흩어져 불량한 구조가 되어 침투능이 작아진다. 이것이 바로 토양에 염분이 많이 있으면 안 좋은 이유이다. 양호한 구조를 가진 조립질 모래 토양은 2.0~ 2.5cm/hr 범위의 침투능을 보이고, 양호한 구조를 가진 모래질 또는 점토질 옥토는 1.3~0.75cm/hr의 침투능을 보이고 있으며, 불량한 구조에서 침투능은 20~50%까지 감소한다.

6.4.3 식생 및 지표이용

식생 및 지표이용은 물이 토양으로 들어가는 것을 직접적으로 조절하므로 침투율에 영향을 준다. 식생으로 덮여있는 표면은 식생이 없는 경우보다 침투능이 크다. 노출된 토양표면은 강우에 의해 재배치된 세립의 입자로 덮여있을 수가 있다. 도로, 주차장 등과 같이 인위적으로 조성된 불투수 표면은 침투를 할 수 없게 만든다. 숲이나 변경되지 않은 목초지 같은 경우 높은 침투능을 가지고 있는 반면 경작지역은 자연적인 식생지역보다 침투능이 낮다. 숲에서의 침투능은 5~100cm/hr 정도로 높은 침투능을 보이고 있다. 이와 같이 높은 침투능을 가진 훼손되지 않은 숲은 강도가 매우 높은 비가 내려도 지표면 유출이 거의 발생하지 않는다.

그림 6.11은 전형적인 세 가지 종류의 토양에 대한 누가침투량(cumulative infiltration, F) 곡선을 보여주고 있으며 자연 식생지역 대 경작지, 식생이 되어있는 토양과 식생이 없는 토양에 대한 침투능의 차이를 볼 수 있다.

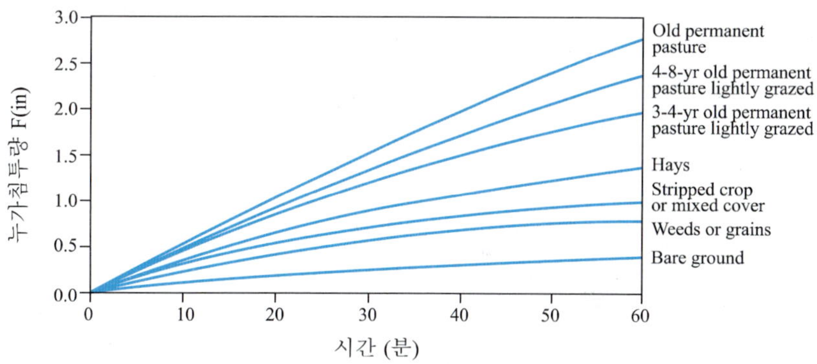

그림 6.11 다른 조건의 토양에 대한 누가침투량

6.4.4 선행함수조건

만일 강우초기에 선행함수가 높으면 선행함수가 낮아 건조한 경우보다 모세관력과 토양내의 가용한 빈 공극은 낮다. 따라서 똑같은 토양에서 유사한 강우가 내렸을 때 선행함수조건에 따라 유출률이 서로 다르게 되는 것이다. 내륙지역에서는 겨울철에 토양이 동결됨으로서 공극내의 물이 얼어 침투능이 감소하게 된다. 이러한 경우 봄철에 토양은 얼어있는 상태에서 지표면의 눈이 녹아 홍수를 발생시키는 원인이 된다. 이와 같은 지역에서는 식생에 따라 토양이 동결되는 정도와 양상에 영향을 주기 때문에 식생의 역할이 중요하다.

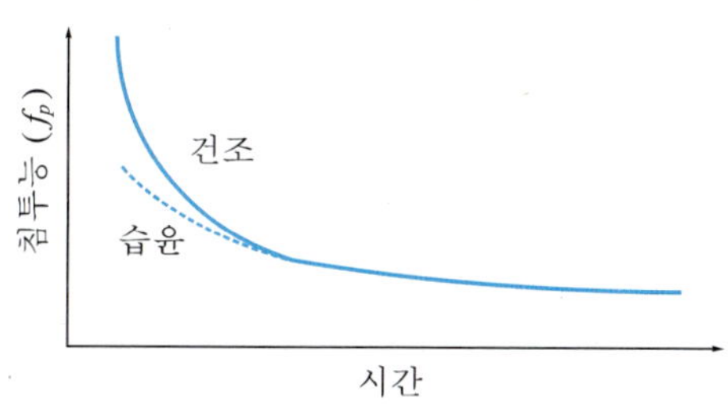

그림 6.12 선행함수조건에 따른 침투능

6.4.5 기타인자

지형은 직, 간접적으로 침투능에 영향을 미친다. 급한 경사면은 빠른 지표면 유출을 초래하여 침투가 발생할 시간적 여유가 없으므로 침투능에 직접적으로 영향을 미친다. 간접적으로 고도 및 경사는 식생, 토양개발, 선행함수조건에 영향을 미친다. 북반구에서 남향의 경사는 비교적 건조하며 북쪽사면보다는 조밀하지 못한 식생을 가지게 된다.

마지막으로 강우에 의한 영향도 고려하여야 한다. 만일 강우강도 i가 침투능 f_p보다 작다면 실제 침투율은 강우강도와 같게 된다. 강우강도가 침투능을 초과하여야만 실제침투율이 침투능과 같아지게 된다.

6.5 침투능 및 누가침투량

침투능 f(cm/hr)와 누가침투량 F(cm)의 관계에 대해 알아보기로 하자. 만일 토양 표면에 물이 고인다면 침투는 지속적으로 발생하고 그림 6.13과 같이 순간적인 침투능은 변하게 된다. 일정기간동안에 침투된 물의 총 양은 침투능에 따라 변할 것이고 시간의 함수가 된다. 침투는 지속적인 과정이므로 미분방정식을 이용하여 표현하는 것이 적절하다. 순간적인 침투능의 변화와 누가침투량에 대한 개념은 다음과 같이 표현할 수 있다.

$$f(t) = \frac{dF(t)}{dt} \tag{6.5.1}$$

$$F(t) = \int_0^t f(u)du \tag{6.5.2}$$

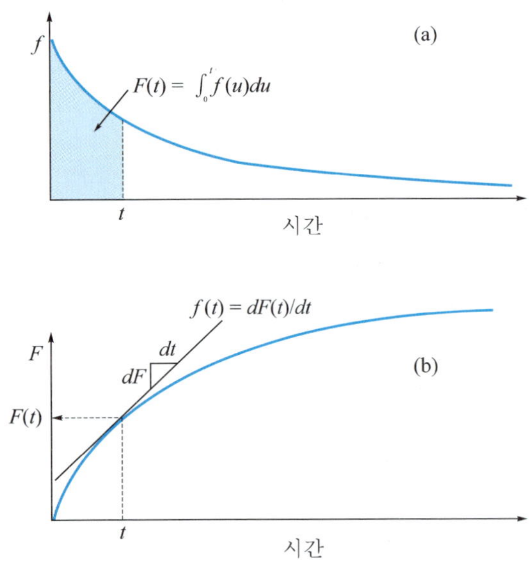

그림 6.13 침투능곡선(a)과 누가침투량곡선(b)

식 (6.5.1)은 미분방정식으로 순간적인 침투능 f(t)를 나타내고 있으며 침투능은 누가침투량 F(t)의 도함수로 나타난다. 다시 말하면 침투능 f(t)는 시간 t에 있어서의 누가침투량 F(t)의 경사와 같다(그림 6.13b). 시간 t에서 누가침투량 곡선 F의 경사는 무한이 작은 침투량의 증가분 dF를 무한이 작은 시간 증가분 dt로 나눈 것이다.

식 (6.5.2)는 누가침투량 F(t)가 침투능 f(t)의 정적분으로 표현됨을 보여주고 있다. 다시 말하면 누가침투량 F(t)는 침투능곡선 f(t) 아래의 면적과 같다(그림 6.13a). 표 6.3에 연속형 및 이산형에 대한 침투 방정식이 비교되어 있으며 Δ와 $\sum$는 연속형의 미분 d와 적분 ∫의 이산형 표현이다.

표 6.3 이산형 및 연속형 침투 방정식의 비교

구 분	연 속 형	이 산 형
침투능	$f(t)=\dfrac{dF(t)}{dt}$	$f_t=\dfrac{\Delta F}{\Delta t}$
누가침투량	$F(t)=\int_0^t f(u)du$	$F_t=\sum f_t\Delta t$

예제 6.1

그림 6.11에서 stripped crop 또는 mixed cover에 대한 누가침투량 F(t)로부터 침투능 f(t)를 구하라.

풀이

연속함수 f(t)와 F(t)는 시간구간 Δt=10분=0.167시간을 취함으로서 이산함수 f_t와 F_t로 나타낼 수가 있다. 시간 0, 10, 20, 30, 40, 50 그리고 60분에 대해 이에 상응하는 누가침투량 F(t)를 그림 6.11로부터 읽어 표 6.4의 4란과 같이 나타낼 수 있다.

표 6.4 그림 6.11로부터 얻은 침투능

순서	시간 (분)	누가침투량		침투능	
		inch	cm	in/hr	cm/hr
0	0	0.00	0.00	–	–
	5	–	–	2.40	6.10
1	10	0.40	1.02	–	–
	15	–	–	1.26	3.20
2	20	0.61	1.55	–	–
	25	–	–	0.90	2.29
3	30	0.76	1.93	–	–
	35	–	–	0.54	1.37
4	40	0.85	2.18	–	–
	45	–	–	0.48	1.22
5	50	0.93	2.36	–	–
	55	–	–	0.42	1.07
6	60	1.00	2.54	–	–

이산형 침투능 f_t는 다음과 같이 나타낼 수가 있다.

$$f_t=\frac{\Delta F}{\Delta t}=\frac{F_t-F_{t-1}}{\Delta t}$$

예를 들어 10분 간격동안 침투능이 일정하다고 가정하고 처음 구간(0~10분)에 대한 침투능을 계산하면

$$f_1=(0.40-0.00)/10=0.04\text{in/분}$$
$$=2.4\text{in/hr}=6.1\text{cm/hr}$$

이와 같이 계산된 침투능이 6란에 나타나 있고 이를 침투능곡선으로 나타낸 것이 그림 6.14와 같다.

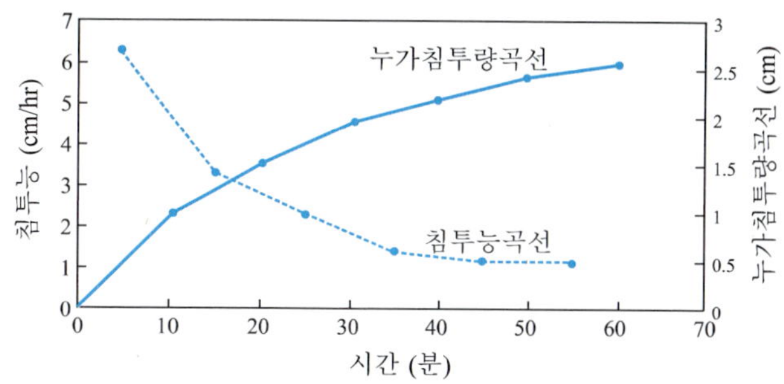

그림 6.14 침투능 및 누가침투량곡선

6.6 침투량 측정방법

침투에 영향을 주는 모든 인자들이 시간과 공간에 따라 변하므로 침투는 시간 및 공간적으로 균일하지가 않다. 토성은 토양 내에서 수평 및 연직방향으로 수 m의 거리에서도 변화가 있으며 고도, 지형, 계절 및 인간의 활동에 따라 식생은 변한다. 선행강수는 이전에 발생한 호우와 현재 사이의 건조한 기간의 정도에 따라 변한다. 이와 같은 변수들의 값이 주어지더라도 작은 면적의 지역에서 조차 침투량을 정확히 산정하기가 거의 불가능하다. 따라서 평균 침투량은 토양의 특성 및 식생피복을 기본으로 산정한다. 일반적인 침투량 측정방법에는 침투계에 의한 측정, 강우모의기에 의한 측정 그리고 수문곡선해석에 의한 산정방법이 있다.

6.6.1 침투계에 의한 측정

침투는 원형침투계(ring infiltrometer) 또는 강우모의기(rainfall simulator)를 사용하여 측정할 수 있다. 단일원형침투계는 10~30cm의 직경을 가진 원통형으로 깊이가 45~60cm 범위를 가지고 있으며 지중에 10~50cm 깊이로 설치한다. 원통안의 수심이 일정하게 유지되도록 물을 공급하고 일정한 시간간격으로 수심을 유지하기 위해 보충한 물의 양을 측정함으로서 침투량을 산정할 수 있다.

원형침투계의 장점은 이동 및 설치가 간편하여 짧은 기간에 여러 번의 측정을 할 수 있으며 단점은 침투계 벽에 인접한 토양에서의 흐름으로 인한 교란이 생기는데, 자연 상태보다 최대 10배까지 측정될 수 있다. 이러한 단 효과(end effect)를 줄이기 위해 이중 원형침투계가 개발되어 사용되고 있다. 원형침투계는 침투능을 산정할 때 정확한 값을 얻지는 못하지만 여러 장소에서 상대적인 침투량을 분석하기 위해 사용하기는 편리하다.

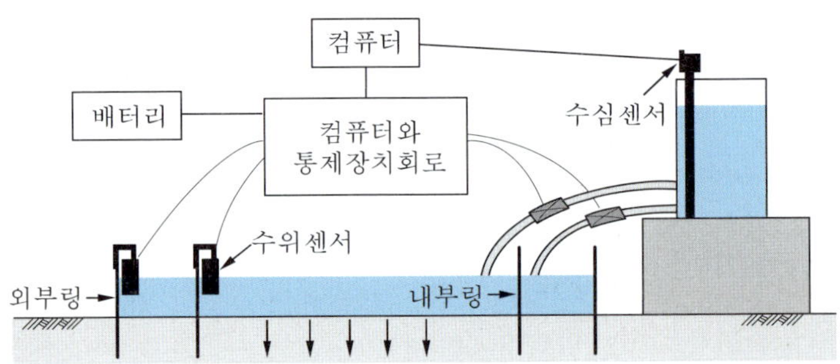

그림 6.15 원형침투계

6.6.2 강우모의기에 의한 측정

강우모의기 또는 스프링클러 침투계(sprinkler infiltrometer)는 수 m^2에서 수백 m^2의 면적에서의 침투량을 산정할 수 있다. 적절한 지역을 선택하여 그 위에 스프링클러를 설치하고, 관측지역 토양사면 끝단에 지표면 유출을 모을 수 있는 장치를 설치한다. 스프링클러 노즐 및 수압은 다양한 강우강도, 물방울의 크기 및 낙하속도를 발생시킬 수 있도록 조정한다. 연속방정식을 이용함으로서 유입량, 유출량 그리고 저류량을 측정하여 침투량을 산정할 수 있다. 이 방법은 원형침투계보다 넓은 면적에서의 침투량을 산정할 수 있지만 설치비가 비싸며 현장에서의 설치가 용이하지 않다.

예제 6.2

강우모의기를 이용하여 침투능을 산정하려고 한다. 강우모의기를 통해 강우강도 7cm/hr로 인위적으로 강우를 발생시켜 시간(분)별 누가우량 및 유출량을 측정한 결과가 표 6.5의 2란 및 3란과 같다. 이 자료를 이용하여 누가침투량을 구해 도시한 후 각 시간별 기울기를 구해 침투능을 산정하라.

표 6.5 강우모의기에 의한 침투능 산정

시 간 (min)	누가우량 (cm)	누가유출량 (cm)	누가침투량 (cm)	회귀식 (cm)	침투능	
					(cm/min)	(mm/hr)
0	0.00	0.00	0.00	0.00	0.0583	34.98
2	0.23	0.11	0.12	0.12	0.0575	34.50
5	0.58	0.29	0.29	0.29	0.0563	33.80
10	1.17	0.61	0.56	0.56	0.0544	32.67
15	1.75	0.92	0.83	0.83	0.0526	31.58
20	2.33	1.24	1.09	1.09	0.0509	30.54
25	2.92	1.58	1.34	1.34	0.0492	29.54
30	3.50	1.92	1.58	1.58	0.0476	28.59
40	4.67	2.64	2.03	2.04	0.0447	26.82
50	5.83	3.37	2.46	2.47	0.0420	25.23
60	7.00	4.14	2.86	2.88	0.0397	23.82
80	9.33	5.74	3.59	3.61	0.0359	21.54
100	11.67	7.44	4.23	4.25	0.0333	19.98
120	14.00	9.21	4.79	4.81	0.0319	19.14

풀이

표 6.5의 누가우량에서 유출량을 빼면 누가침투량이 되고 이 결과가 4란과 같다. 누가침투량을 도시한 결과가 그림 6.16과 같고 시간(분)별 누가침투량에 대한 회귀식을 구하면 다음과 같다.

$$F = -8 \times 10^{-10}\, t^4 + 5 \times 10^{-7}\, t^3 - 0.0002\, t^2 + 0.0583\, t + 5 \times 10^{-5}$$

회귀식을 검정하기 위해 시간별 누가침투량을 다시 산정한 결과가 5란과 같으며 4란과 거의 같게 나옴을 알 수 있다.

침투능은 누가침투곡선에서 각 시간별 기울기를 구한 것이므로 회귀식을 시간에 대해 미분하면 바로 침투능 곡선에 대한 식이 된다.

$$f_p = dF/dt = -32 \times 10^{-10}\, t^3 + 15 \times 10^{-7}\, t^2 - 0.0004\, t + 0.0583$$

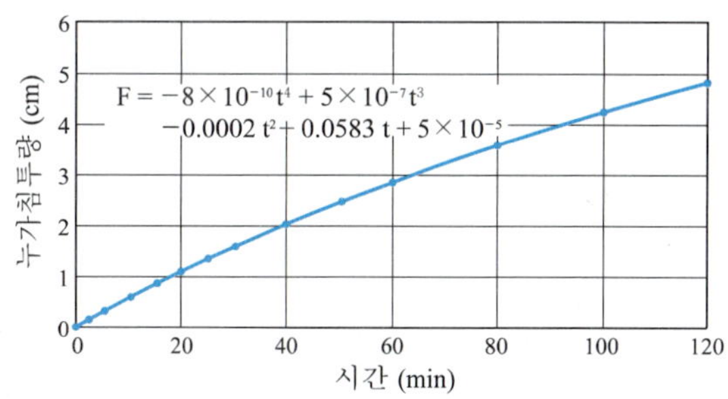

그림 6.16 누가침투곡선 및 회귀식

따라서 매 시간(분)을 위 식에 적용하면 6란과 같이 cm/min 단위의 침투능을 얻을 수 있으며 이를 mm/hr 단위로 환산하면 7란과 같고 침투능을 도시한 곡선은 그림 6.17과 같다.

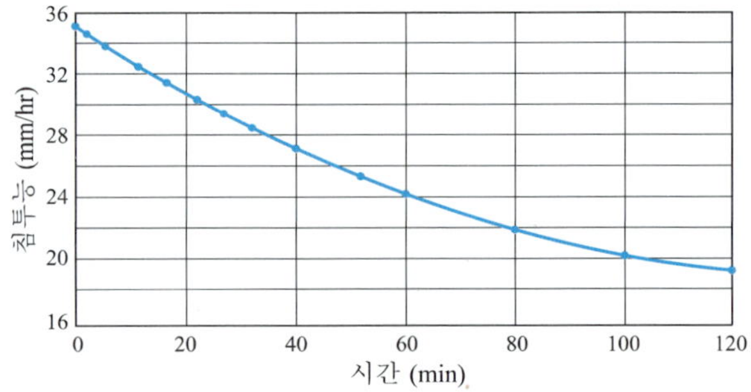

그림 6.17 침투능곡선

6.6.3 수문곡선 해석에 의한 산정

작은 유역의 침투량 산정을 위한 개략적인 방법은 우량주상도(rainfall hyetograph)와 유출수문곡선(runoff hydrograph)을 분석하는 것이다. 이 방법은 블록(block) 방법 또는 평균 침투량방법이라 하며 앞의 이름은 방법을 의미하고 뒤의 이름은 결과를 나타낸다.

이 방법을 적용하는 절차는 먼저 몇 개의 호우가 발생한 강우사상과 이에 해당하는 유역유출량 자료를 획득한다. 그림 6.18과 같이 세 개의 호우사상과 이에 따른 유출량의 예를 보자. 첫 번째 호우는 3시간 동안에 13.8mm가 내렸고, 1.5mm에 해당하는 유출이 발생하였다. 증발산량을 무시한다면 강우량에서 유출량을 빼면 나머지가 침투량이 된다. 침투능을 구하기 위해서 강우량을 강우강도로 환산하면 13.8mm/3hr= 4.6mm/hr가 되고 유출강도는 1.5mm/3hr= 0.5mm/hr가 된다. 따라서 침투능은 4.6−0.5=4.1mm/hr가 됨을 알 수 있다. 다른 호우 사상에 대해서도 같은 방법으로 침투량을 산정하면 표 6.6과 같다.

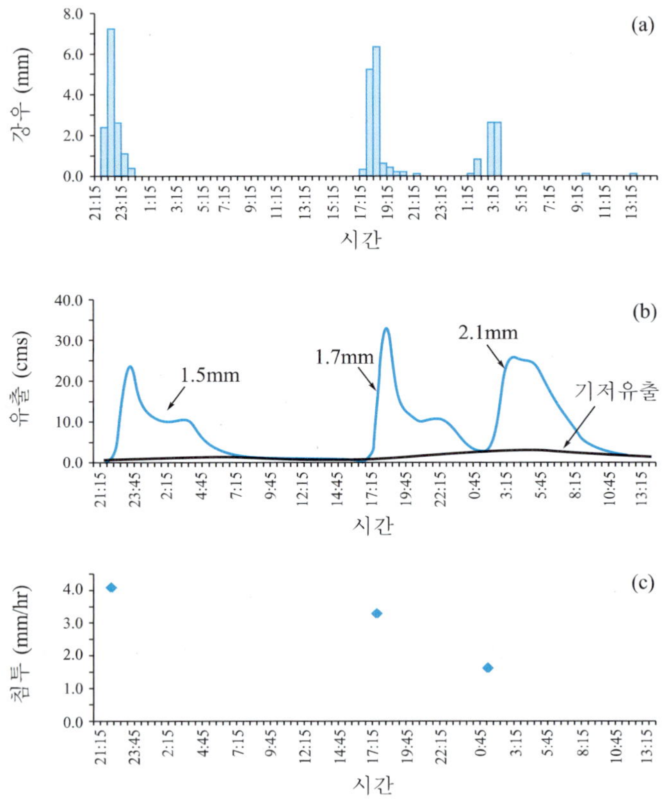

그림 6.18 수문곡선해석에 의한 침투량 산정

표 6.6 평균 침투능산정 방법

사 상	지속시간 (hr)	강 우 (mm)	강 우 (mm/hr)	유 출 (mm)	유 출 (mm/hr)	침투능 (mm/hr)
1	3.0	13.8	4.6	1.5	0.5	4.1
2	3.5	13.2	3.8	1.7	0.5	3.3
3	2.5	6.1	2.4	2.1	0.8	1.6

6.7 침투지수법

강우가 발생하면 지표면에 물이 고이기 시작하고 침투가 시작된다. 강우강도가 침투능보다 커지면 지표면에 고인 물은 증가하고 지표면 유출이 시작된다. 만일 강우기간 동안의 증발량이 작아 무시한다면 유역에 내린 총 강우량에서 유역출구점에서의 유출량을 빼주면 그 차이가 바로 총 침투량을 나타낸다. 침투량과 단위를 일치시키기 위해 유출량을 유역면적으로 나누어 깊이 단위로 환산한다. 총 침투량을 강우지속기간으로 나누면 평균침투능이 되고 이를 침투지수(infiltration index)라 한다.

침투지수법은 강우지속기간 동안 평균적으로 동일한 침투능이므로 강우 초기의 실제 큰 침투능을 반영하지 못하고 강우 종기에는 낮은 침투능을 과대하게 산정하게 된다. 따라서 침투지수법은 강우의 지속기간이 크고 강우 강도도 큰 경우에 초기의 높은 침투능이 상대적으로 작아지므로 적용하기 적합하다. 또한 강우 초기에 토양수분 함유량이 높은 경우에도 적절하다. 이와 같은 침투지수법에는 Φ-지수법과 W-지수법이 있다.

6.7.1 Φ-지수법에 의한 침투능 산정

Φ-지수(Φ-index)는 침투능을 산정하기 위한 가장 간단한 방법으로 유역에 의해 저류된 강우의 양을 강우지속기간으로 나눈 것이다. 즉, 평균 손실(침투)율이라 할 수 있으며 침투뿐만 아니라 지면저류도 포함하고 있기 때문에 유출의 관점에서 손실이라고 본다.

Φ-지수를 구하는 방법은 먼저 호우 사상에 대한 우량주상도를 구하고 총 강우량을 산정한다. 유역 출구점에서의 유출량을 측정하여 면적으로 나누어 직접유출량(초과강우량)을 산정한다. 우량주상도 위 부분부터 수평선을 그어 수평선위의 강우량과 직접유출량이 같은 선을 구하면 이선에 해당하는 강우강도가 유역의 평균 침투능 즉, Φ-지수가 된다. 또는 우량주상도 없이 총 강우량과 직접유출량 그리고 강우지속기간만 이용하여 다음과 같이 구할 수 있다.

$$\Phi = \frac{F}{T} = \frac{P-Q}{T} \qquad (6.7.1)$$

여기서 Φ는 Φ-지수(mm/h), F는 총 침투량 (mm), P는 총 강우량(mm), Q는 직접유출량(mm), T는 강우지속기간(hr)이다.

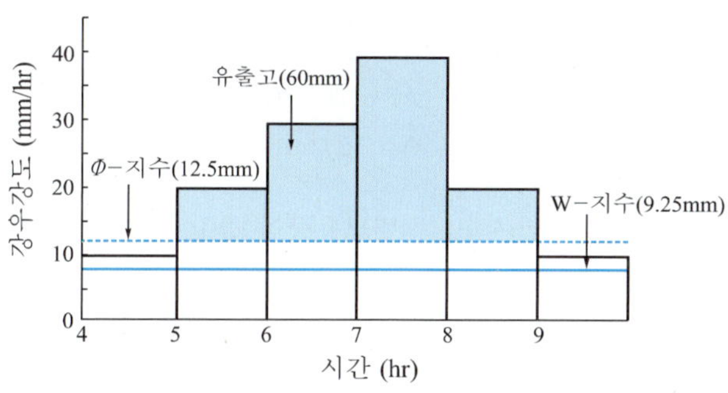

그림 6.19 Φ-지수법에 의한 평균침투능 산정

6.7.2 W-지수법에 의한 침투능 산정

W-지수법은 Φ-지수법을 개선한 것으로 침투에 직접 기여하지 않은 지면보류와 호우기간 중 강우강도가 침투능보다 작은 기간에 대한 고려를 한 것이다. 따라서 W-지수법은 강우강도가 침투능보다 큰 호우 기간동안의 평균 침투능이라 할 수 있다.

$$W = \frac{F}{T} = \frac{P - Q - D}{T} \tag{6.7.2}$$

여기서 W는 W-지수(mm/h), P는 총 강우량(mm), Q는 직접유출량(mm), D는 지면보류량(mm), T는 강우강도가 침투능보다 큰 강우지속기간(hr)이다. 따라서 Φ-지수와 W-지수와의 관계는 다음과 같다.

$$W = \Phi - \frac{D}{T} \tag{6.7.3}$$

토양이 매우 습한 상태 즉, 침투능이 거의 종기침투능 f_c에 가까운 상태에서 호우가 발생하면 지면보류량은 최소가 되고 강우강도도 침투능보다는 대부분 크게 되므로 Φ-지수와 W-지수는 거의 같은 값을 나타낸다.

예제 6.3

어떤 유역에 2004년 6월 10일 오전 4시부터 1시간 간격으로 10mm, 20mm, 30mm, 40mm, 20mm, 10mm의 강우가 내렸다. 우량주상도를 그리고 유역의 출구에서 측정한 직접유출고가 60mm일 때 Φ-지수 및 W-지수를 구하고 우량주상도상에 표시하라. 지면보류량은 총 강우의 10%로 가정하라.

풀이

1) Φ-지수 : 총강우량은 10+20+30+40+20+10=130mm

Φ-지수가 10mm와 15mm 사이에 있다고 가정하면

$$(20-\Phi)+(30-\Phi)+(40-\Phi)+(20-\Phi)=60 \rightarrow 110-4\Phi=60$$

그러므로 $\Phi = 12.5\text{mm/hr}$이다.

2) W-지수 : 지면보류량이 총강우량의 10%이므로

$$D=130\times0.1=13\text{mm}$$

강우강도가 침투능을 초과하는 시간이 4시간이므로

$$W = \Phi - \frac{D}{T} = 12.5 - \frac{13}{4} = 9.25\text{mm}$$

이와 같이 구한 결과가 그림 6.19와 같다.

6.8 침투능 산정공식

침투능을 산정하기 위한 공식들은 경험적(empirical)인 공식과 개념적(conceptual)인 공식으로 구분할 수 있다. 경험적인 공식들은 시간의 함수로서 침투량을 계산하는 반면 개념적인 공식들은 공극을 통한 흐름의 물리적인 과정을 사용하여 침투량을 산정한다. 본 절에서는 경험적인 공식으로 Horton의 공식, Philip의 공식 그리고 개념적인 공식으로 Green-Ampt의 공식에 대해 알아보기로 한다.

6.8.1 Horton의 침투능

가장 잘 알려진 침투능 산정 경험공식으로 Horton의 공식이 있다. Horton은 침투능이 처음에는 초기침투능 f_o의 율로 시작하다 나중에는 종기침투능 f_c의 율로 지수 함수적으로 감소한다는 것을 인식하고 다음과 같은 식을 제시하였다.

$$f_p(t) = f_c + (f_o - f_c)e^{-Kt} \tag{6.8.1}$$

여기서 $f_p(t)$는 시간에 따른 침투능(mm/h), f_c는 종기침투능(mm/h)으로 투수성과 같으며, f_o는 초기침투능(mm/h), K는 감소상수(1/hr), t는 강우시작부터 소요된 시간(hr)이다.

Horton의 침투능은 식 (6.8.1)과 그림 6.20으로 나타낼 수 있으며, 그림에서는 강우강도와 침투능이 비교되어 있어 침투능곡선 아래의 면적이 총 침투량이 되며 강우강도 아래의 면적이 총 강우량이 된다. 강우 시작 시간부터 임의의 시간 t까지의 총 침투량은 침투능곡선을 시간 t까지 적분함으로서 산정할 수 있다.

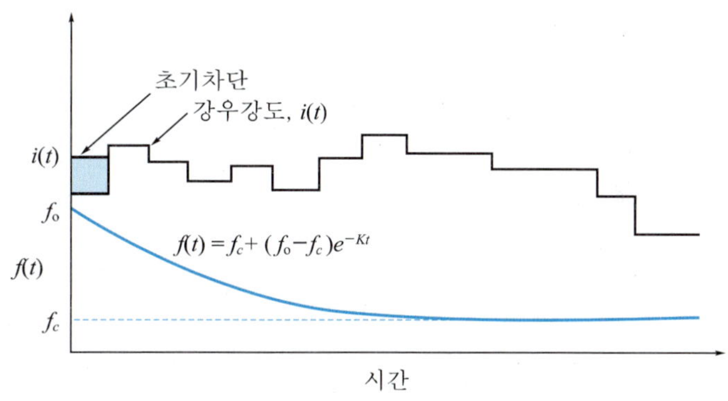

그림 6.20 Horton의 침투능

$$\begin{aligned} F &= \int_0^t f_p(t)dt = \int_0^t f_c dt + \int_0^t (f_0 - f_c)e^{-Kt}dt \\ &= f_c t + \frac{1}{K}(f_0 - f_c)(1 - e^{-Kt}) \end{aligned} \tag{6.8.2}$$

Horton의 공식에서 토양의 종류 및 초기조건이 주어진다면 유일한 변수는 시간 t가 된다. 식 (6.8.1)은 일정한 항 f_c와 변하는 항$(f_o - f_c)e^{-Kt}$ 두 부분으로 구성되며 강우시작 초기 t=0에서는 $f_p = f_o$가 되고 강우가 오랫동안 계속되면 $f_p = f_c$가 됨을 알 수 있으며 그 사이의 침투능은 감소상수 K에 따라 변하게 된다.

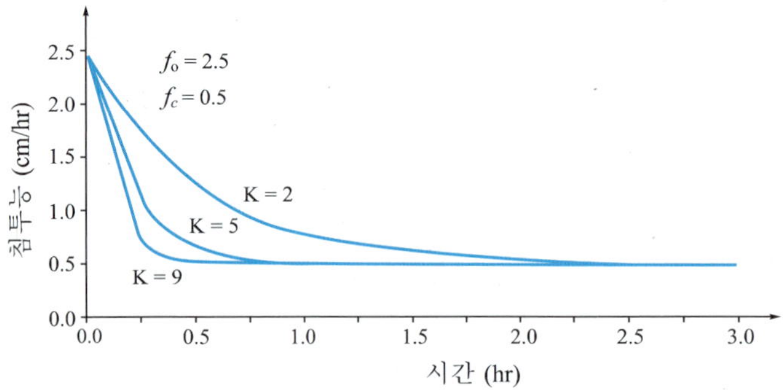

그림 6.21 K에 따른 침투능의 변화

그림 6.21은 감소상수 K에 따른 침투능의 변화를 보여주고 있다. K가 크면 침투능은 빠르게 f_c로 접근한다. Horton의 공식에서는 강우강도가 침투능보다 큰 경우 실제 침투는 침투능과 동일하게 발생하며, 강우강도가 침투능보다 작은 경우는 실제 침투는 강우강도와 동일하다는 가정을 하고 있다.

표 6.7 토양의 종류에 따른 Horton 공식의 변수값

토양의 종류	초기침투능 f_o		종기침투능 f_c		감소상수 K
	(cm/hr)	(in/hr)	(cm/hr)	(in/hr)	(1/hr)
Alpha loam	48.26	19.00	3.56	1.40	38.29
Carnegie sandy loam	47.68	14.77	4.49	1.77	19.64
Cowarts loamy sand	38.81	15.28	4.95	1.95	10.65
Dothan loamy sand	8.81	3.47	6.68	2.63	1.40
Fuquay pebbly loamy sand	15.85	6.24	6.15	2.42	4.70
Leefield loamy sans	28.80	11.34	4.39	1.73	7.70
Robertsdale loamy sand	31.52	12.41	2.99	1.18	21.75
Stilson loamy sand	20.59	8.11	3.94	1.55	6.55
Tooup sand	58.45	23.01	4.57	1.80	2.71
Tifton loamy sand	24.56	9.67	4.14	1.63	7.28

예제 6.4

어떤 유역에서의 초기침투능이 3.5cm/hr이고 감소상수 K가 0.5/hr로 산정되었다. 종기침투능이 0.5cm/hr인 경우 Horton의 침투능공식을 사용하여 1, 2, 3, 4, 5, 10시간에서의 침투능을 구하고 10시간에 걸친 총 침투량을 산정하라.

풀이

Horton의 침투능곡선식에서

$$f_p(t) = f_c + (f_o - f_c)e^{-Kt} = 0.5 + 3e^{-0.5t}$$

따라서 각 시간별로 t값을 적용하면 표 6.8과 같다.

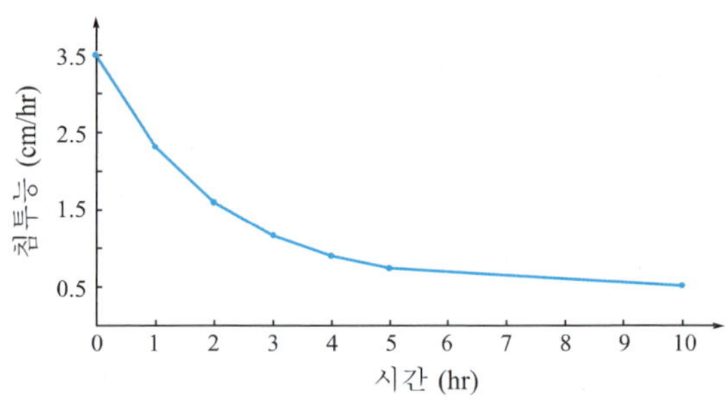

그림 6.22 Horton의 공식을 이용한 침투능 산정결과

10시간에 걸친 누가침투량은 다음과 같다.

$$F = f_c t + \frac{1}{K}(f_0 - f_c)(1 - e^{-Kt}) = 0.5 \times 10 + \frac{1}{0.5}(3.5 - 0.5)(1 - e^{-0.5 \times 10}) = 10.96\text{cm}$$

표 6.8 Horton의 침투능

시간 (hr)	1	2	3	4	5	10
f_p (cm/hr)	2.32	1.60	1.17	0.91	0.75	0.52

6.8.2 Philip의 침투능

Philip은 Richard의 공식에서 투수계수와 확산계수가 함수비에 따라 변한다고 가정하고 Boltzmann 변형을 사용하여 미분방정식으로 변환한 후 시간에 따른 누가침투량 F(t)를 다음과 같이 유도하였다.

$$F(t) = S t^{1/2} + Kt \tag{6.8.3}$$

여기서 F(t)는 누가침투량(L), S는 토양 흡인 포텐셜에 따른 흡습률(sorptivity)($L/T^{1/2}$), K는 투수계수(L/T)이다. 누가침투량 F(t)를 미분함으로서 침투능 f(t)를 다음과 같이 구할 수 있다.

$$f(t) = \frac{1}{2} S t^{-1/2} + K \tag{6.8.4}$$

위 식에서 $t \to 0$인 경우 $f \to \infty$로 나타나지만 실제로는 유한한 값을 가지며 $t \to \infty$일 때 $f \to K$가 된다. Philip의 공식에서 두 항은 토양의 흡인수두(suction head)와 중력수두(gravity head)를 나타낸다. 수평의 토양기둥에서 기둥으로 물을 끌어당기는 힘은 토양흡인력이므로 Philip의 공식은 식(6.8.5)와 같이 간단히 표현할 수 있으며, 따라서 흡습률 S는 누가침투량과 시간만 알면 구할 수 있다.

$$F(t) = S t^{1/2} \tag{6.8.5}$$

예제 6.5

단면적이 $40cm^2$인 흙으로 채운 용기가 수직으로 놓여 있다. 용기의 상단부에 물을 채운 후 15분이 경과하였을 때 $100cm^3$의 물이 침투되었다. 만일 투수계수 K가 0.4cm/hr라면 물을 채운 후 30분이 지났을 경우 침투량은 얼마인지 산정하라. 용기내의 흙은 처음부터 포화되어 있다고 가정하라.

풀이

15분(0.25시간) 동안의 누가침투 깊이는 침투량/단면적 이므로 $F=100cm^3/40cm^2=2.5cm$이다.
따라서 흡습률 S는 다음과 같이 구할 수 있다.

$$F(t) = St^{1/2}$$
$$2.5 = S(0.25)^{1/2}$$

따라서 $S = 5cm/h^{1/2}$

30분(0.5시간)이 지난 후의 침투량은

$$F(t) = St^{1/2} + Kt = 5(0.5)^{1/2} + 0.4(0.5) = 3.74cm$$

6.8.3 Green-Ampt의 침투능

Green과 Ampt는 침투능 공식을 유도하기 위해 해석적인 결과를 얻을 수 있는 물리이론을 전개

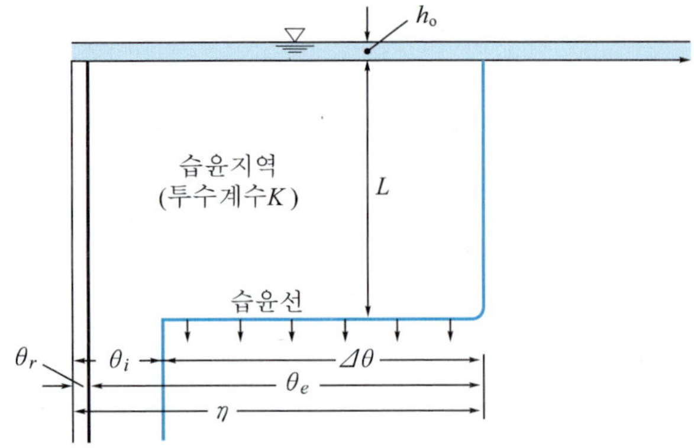

그림 6.23 Green-Ampt 침투공식에서의 변수들

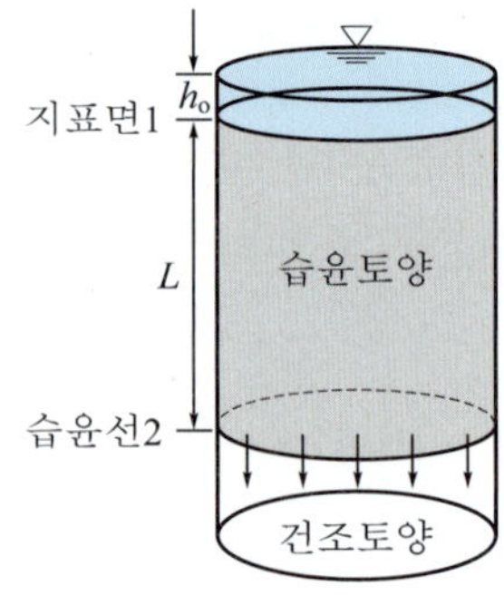

그림 6.24 Green-Ampt 공식에서의 연직 토양기둥

하였다. 그들은 그림 6.23과 같이 침투와 관련하여 단순화 한 개념을 제시하였으며 그림에서 습윤선(wetting front)은 토양함수비 θ_i를 가진 아래 부분과 윗 부분의 함수비 η를 가진 포화된 토양을 구분하는 경계선이라 할 수 있다. 습윤선은 침투가 시작한지 t시간 동안 L 깊이로 진행되고 있다. 토양 표면에는 h_o깊이로 물이 보류되어 있다.

그림 6.24와 같이 단위 횡단면적을 가지고 있는 연직 토양기둥을 생각하고 토양표면과 깊이 L 사이의 습한 토양을 통제용적(control volume)으로 간주하자. 초기에 토양의 전체기둥을 통해 함수비가 θ_i라면 습윤선이 진행함에 따라 함수비는 θ_i로부터 η(공극률)까지 증가할 것이다. 함수비 θ는 통제용적 전체부피에 대한 물의 부피이므로, 침투에 의한 통제용적 내 단위면적당 저장된 물의 증가는 $L(\eta-\theta_i)$가 된다. 정의에 따라 이것이 바로 토양으로 침투한 누가침투량이 된다.

따라서

$$F(t) = L(\eta - \theta_i) = L\Delta\theta \tag{6.8.6}$$

여기서 잠시 다공성(porous) 매체를 통한 흐름을 표현하는 다음과 같은 Darcy의 법칙을 알아보기로 하자

$$q = \frac{Q}{A} = KS_f \tag{6.8.7}$$

여기서 q는 Darcy 흐름(flux), Q는 다공성 매질을 통해 흐르는 유량, A는 단면적, K는 투수계수, S_f는 에너지선의 경사이다.

흐름이 연직방향이고 흐름에 의한 총 수두를 h라 하면 에너지선의 경사는 $S_f = -\partial h/\partial z$가 된다. 여기서 음으로 표현된 것은 마찰에 의해 흐름방향으로의 전수두가 감소하고 있음을 의미한다. 따라서 Darcy의 법칙은 다음과 같이 표현할 수 있다.

$$q = -K\frac{\partial h}{\partial z} \tag{6.8.8}$$

이 경우 Darcy 흐름 q는 전 깊이를 통하여 일정하며 침투능과 같다. 따라서 q는 윗 방향으로 양의 값을 보이고 f는 아랫방향으로 양의 값을 가지므로 q = −f로 놓을 수 있다. 그림 6.24에서 지표면의 위치를 1, 습윤선과 접하고 있는 바로 아래 지점을 2라 하면 식 (6.8.8)은 다음과 같이 나타낼 수 있다.

$$f = K\left(\frac{h_1 - h_2}{z_1 - z_2}\right) \tag{6.8.9}$$

지표면에서의 수두 h_1은 지면에 보류된 물의 깊이 h_o와 같고, 습윤선 아래의 건조한 토양에서의 수두 h_2는 $-\Psi - L$과 같다. 수두 h는 길이의 단위로 나타낼 수 있지만 물의 단위중량당 에너지로 나타낼 수도 있다. 비포화 된 다공성 매질에서 토양 흡인력에 의해 물이 가지고 있는 총 에너지의 일부를 흡인수두 Ψ 라 한다. 만일 저류 수두 h_o가 Ψ 및 L에 비해서 무시할 수 있다면 식 (6.8.9)는 다음과 같이 다시 표현할 수 있다.

$$f = K\left(\frac{h_o - (-\Psi - L)}{L}\right) = K\left(\frac{\Psi + L}{L}\right) \tag{6.8.10}$$

식 (6.8.6)으로부터 $L = F/\Delta\theta$이므로 식 (6.8.10)은

$$f = K\left(\frac{\Psi\Delta\theta + F}{F}\right) \tag{6.8.11}$$

침투능은 누가침투량의 미분에 해당하므로 식 (6.8.11)은 누가침투량 F에 대한 미분방정식으로 표현할 수 있다.

$$\frac{dF}{dt} = K\left(\frac{\Psi\Delta\theta + F}{F}\right) \tag{6.8.12}$$

F를 구하기 위해 양변의 분모, 분자를 교차하여 곱하고 정리하면 다음과 같다

$$\left(\frac{F}{F + \Psi\Delta\theta}\right)dF = Kdt \tag{6.8.13}$$

$$\left[\left(\frac{F + \Psi\Delta\theta}{F + \Psi\Delta\theta}\right) - \left(\frac{\Psi\Delta\theta}{F + \Psi\Delta\theta}\right)\right]dF = Kdt \tag{6.8.14}$$

위 식을 시간 t에 대해 적분하면

$$\int_{o}^{F(t)}\left(1-\frac{\Psi\Delta\theta}{F+\Psi\Delta\theta}\right)dF=\int_{0}^{t}Kdt \tag{6.8.15}$$

$$F(t)-\Psi\Delta\theta\ln\left(1+\frac{F(t)}{\Psi\Delta\theta}\right)=Kt \tag{6.8.16}$$

식 (6.8.16)이 Green-Ampt의 누가침투량 공식이다. 이 식을 사용하여 누가침투량 F(t)를 산정할 수 있으므로 식 (6.8.11)을 이용하여 침투능 f(t)를 산정할 수 있다.

$$f(t)=K\left(\frac{\Psi\Delta\theta}{F(t)}+1\right) \tag{6.8.11}$$

식 (6.8.16)은 누가침투량 F(t)에 대한 비선형방정식이므로 다음과 같이 정리하여 시행착오법으로 산정하게 된다.

$$F(t)=Kt+\Psi\Delta\theta\ \ln\left(1+\frac{F(t)}{\Psi\Delta\theta}\right) \tag{6.8.17}$$

즉, K, t, Ψ 그리고 $\Delta\theta$가 주어졌을 때 F의 초기값으로 Kt를 이용하여 오른쪽 항에 초기값 F를 대입하여 왼쪽항의 F를 구해 대입한 값과 같은지 비교한다. 만일 다르면 계산된 F값을 다시 오른쪽 항에 넣어 새로운 왼쪽항의 F를 구한다. 이와 같이 입력한 F와 계산된 F가 같은 때까지 반복하여 누가침투량 F가 산정되면 식 (6.8.11)을 이용하여 침투능을 구하게 된다.

Green-Ampt 공식을 적용하기 위해서는 매개변수인 투수계수 K, 공극률 η, 습윤선에서의 토양흡인수두 Ψ 그리고 함수비의 변화 $\Delta\theta$를 산정하여야 한다. 표 6.9에 토양의 종류에 따른 K, η, Ψ의

표 6.9 Green-Ampt 공식에 적용하는 매개변수의 값

토양 종류	공극률 η	유효공극률 θ_e	습윤선 흡인수두 Ψ (cm)	투수계수 K (cm/hr)
Sand	0.437 (0.374~0.500)	0.417 (0.354~0.480)	4.95 (0.97~25.36)	11.78
Loamy sand	0.437 (0.363~0.506)	0.401 (0.329~0.473)	6.13 (1.35~27.94)	2.99
Sandy loam	0.453 (0.351~0.555)	0.412 (0.283~0.541)	11.01 (2.67~45.47)	1.09
Loam	0.463 (0.375~0.551)	0.434 (0.334~0.534)	8.89 (1.33~59.38)	0.34
Silt loam	0.501 (0.420~0.582)	0.486 (0.394~0.578)	16.68 (2.92~95.39)	0.65
Sandy clay loam	0.398 (0.332~0.464)	0.330 (0.235~0.425)	21.85 (4.42~108.0)	0.15
Clay loam	0.464 (0.409~0.519)	0.309 (0.279~0.501)	20.88 (4.79~91.10)	0.10
Silty caly loam	0.471 (0.418~0.524)	0.432 (0.347~0.517)	27.30 (5.67~131.5)	0.10
Sandy clay	0.430 (0.370~0.490)	0.321 (0.207~0.435)	23.90 (4.08~140.2)	0.06
Silty clay	0.479 (0.425~0.533)	0.423 (0.334~0.512)	29.22 (6.13~139.4)	0.05
Clay	0.475 (0.427~0.523)	0.385 (0.269~0.501)	31.63 (6.39~156.5)	0.03

값이 주어져 있지만 $\Delta\theta$를 산정하여야 하므로 유효포화도(effective saturation)S_e란 용어를 도입한다. 만일 토양이 완전히 배수된 후에도 남아 있는 수분을 잔류함수량(residual moisture content) θ_r이라 하면 유효포화도 S_e는 다음과 같이 나타낸다.

$$S_e = \frac{\theta - \theta_r}{\eta - \theta_r} \tag{6.8.18}$$

$\eta - \theta_r$을 유효공극률(effective porosity) θ_e라 하고 $\Delta\theta = \eta - \theta_i$를 적용하여 식 (6.8.18)을 다시 정리하면 다음과 같이 $\Delta\theta$를 산정할 수 있다.

$$\Delta\theta = (1 - S_e)\theta_e \tag{6.8.19}$$

예제 6.6

초기에 30%의 유효포화도를 가진 점토질 옥토(silt loam)에 대해 1시간 후의 침투능과 누가침투량을 산정하라.

풀이

표 6.9로부터 점토질옥토에 대한 유효공극율 θ_e=0.486, 습윤선 흡인수두 Ψ=16.7cm 그리고 투수계수 K=0.65cm/hr이다. 초기 유효포화도가 0.3이므로

$$\Delta\theta = (1 - S_e)\theta_e = (1-0.3)0.486 = 0.340$$

$$\Psi\Delta\theta = 16.7 \times 0.340 = 5.68\text{cm}$$

1시간 후의 누가침투량을 산정하기 위해 초기치 F(t)=Kt=0.65cm를 이용하면

$$F(t) = Kt + \Psi\Delta\theta \ln\left(1 + \frac{F(t)}{\Psi\Delta\theta}\right) = 0.65 \times 1 + 5.68 \ln\left(1 + \frac{0.65}{5.68}\right) = 1.27\text{cm}$$

F(t)=1.27을 오른쪽에 다시 넣고 계산하면 F(t)=1.79cm가 나온다.
같은 값이 나올 때까지 반복하면 F(t)=3.17cm로 수렴하게 된다.
따라서 이 값이 1시간 동안의 누가침투량이 된다. 침투능은 다음과 같이 구한다.

$$f(t) = K\left(\frac{\Psi\Delta\theta}{F(t)} + 1\right) = 0.65\left(\frac{5.68}{3.17} + 1\right) = 1.81\text{cm/h}$$

연습문제

6.1 그림 6.11에서 Bare ground에 대한 누가침투량 F(t)로부터 침투능 f(t)를 구하라.

6.2 강우모의기를 이용하여 침투능을 산정하려고 한다. 강우모의기를 통해 강우강도 8cm/hr로 인위적으로 강우를 발생시켜 시간(분)별 누가우량 및 유출량을 측정한 결과가 다음 표와 같다. 이 자료를 이용하여 누가침투량을 구해 도시한 후 각 시간별 기울기를 구해 침투능을 산정하라.

시 간 (min)	누가우량 (cm)	누가유출량 (cm)	시 간 (min)	누가우량 (cm)	누가유출량 (cm)
0	0.00	0.00	25	3.33	0.55
2	0.27	0.02	30	4.00	0.73
5	0.67	0.06	40	5.33	1.16
10	1.33	0.14	50	6.67	1.67
15	2.00	0.25	60	8.00	2.24
20	2.67	0.39	80	10.67	3.56

6.3 어떤 유역에 2004년 6월 10일 오전 4시부터 1시간 간격으로 5mm, 18mm, 15mm, 3mm, 10mm, 5mm의 강우가 내렸다. 우량주상도를 그리고 유역의 출구에서 측정한 직접유출고가 26mm일 때 Φ-지수 및 W-지수를 구하고 우량주상도상에 표시하시오. 지면보류량은 총 강우의 10%로 가정하시오.

6.4 아래에 주어진 강우량자료를 이용하여 Φ-지수를 산정하라. 유역의 면적은 2.5km^2이고 유출량은 $3\times10^5\text{m}^3$이다.

시간 (hr)	0~2	2~5	5~7	7~10	10~12
강우강도 (cm/hr)	3.56	6.35	2.79	2.29	0.76

6.5 면적 250km^2인 유역에서 침투능을 산정하려고 한다. 다음과 같이 시간별 강우가 내렸을 때 유역 출구에서 관측한 직접유출고가 73mm이면 Φ-지수는 얼마인가?

시 간 (hr)	1	2	3	4	5	6
강우량 (mm)	15	22	38	31	26	14

6.6 어떤 유역에서의 초기침투능이 1.5cm/hr이고 감소상수 K가 0.35/hr로 산정되었다. 종기침투능이 0.2cm/hr인 경우 Horton의 침투능공식을 사용하여 10분, 30분, 1시간, 2시간, 6시간에서의 침투능을 구하고 6시간에 걸친 총 침투량을 산정하라.

6.7 초기침투능 f_0=74mm/hr이고 감소상수 K=0.3/hr, 종기침투능 f_c=13mm/hr일 때 Horton의 침투능곡선식을 나타내고, 20시간까지 침투능을 계산하고 곡선을 도시하라. 단 처음 1시간 동안은 15분 단위로, 1~10시간까지는 1시간 단위로, 10~20시간까지는 5시간 단위로 계산하라. 또한 처음 8시간 동안의 누가침투량을 산정하라.

6.8 강우가 8시간 지속되는 동안에 측정된 누가침투량이 52mm이다. 종기침투능이 1.0mm /hr이고 감소상소 K가 0.4일 때 초기침투능 f_0를 구하고 침투능곡선식을 구하라.

6.9 단면적이 65cm^{2}인 흙으로 채운 용기가 수직으로 놓여 있다. 용기의 상단부에 물을 채운 후 30분이 경과하였을 때 250cm^{3}의 물이 침투되었다. 만일 투수계수 K가 0.5cm/hr라면 물을 채운 후 60분이 지났을 경우 침투량은 얼마인지 산정하라. 용기내의 흙은 처음부터 포화되어 있다고 가정하라.

6.10 직경이 50cm인 원통형 용기에 흙을 채우고 상단부에 물을 채운 후 침투를 시켰다. 30분 후에 침투한 수량을 측정한 결과 2ℓ가 되었다면 4시간 동안 침투할 수 있는 물의 양을 산정하라. 단, 투수계수는 0.4cm/hr이고, 물은 충분히 공급된다고 가정하라.

6.11 초기에 20%의 유효포화도를 가진 모래에 대해 1시간 후의 침투능과 누가침투량을 산정하라.

6.12 잔류함수비 θ_r이 5%이고 초기의 함수비가 25%인 실트질 옥토(silt loam)의 유효공극률 θ_e= 0.486, 습윤선 흡인수두 Ψ=16.68 그리고 투수계수 K=0.65cm/hr일 때 1시간, 2시간 및 3시간 후의 누가침투량과 침투능을 산정하라.

CHAPTER 07 지하수

7.1 서 론

지하수 수문학은 지중에서의 물의 저장 및 이동에 관해 연구하는 수문학의 한 분야로서 이수 및 치수목적으로 중요한 역할을 하고 있다. 이수적인 측면에서 보면 지중에는 방대한 양의 물이 저장되어 있어 관정을 설치하여 유용한 용도로 물을 양수하여 사용할 수 있으며, 하천 및 호수가 지하수에 의해 보충되기 때문이다. 치수적인 측면에서는 침투 또는 침투를 유도하는 저류를 통해 지표면 유출을 감소시켜 홍수량을 줄일 수 있다. 일부 지역에서는 지하수 함양(recharge)을 유도하기 위해 인위적인 침투가 발생하도록 규정하고 있다.

지표면과 지표아래 토양 사이의 물의 교환에 대한 이해 없이는 수문순환에 대한 분석을 완전하게 할 수 없다. 본 장에서는 지하수와 관련된 용어의 정의와 함께 지하수의 생성, 저류 및 이동에 대한 원리를 알아보기로 한다.

7.2 지하수의 생성과 성질

7.2.1 지하수의 분포

지하수(ground water)는 지표하 지중에 저류되어 있는 물로 지표면으로부터 침투한 물과 하부토층으로 침루(percolate)된 물로 인해 생성되며, 지하수면에 의해 포화지역과 비포화지역으로 분리되고, 지하수면에서의 압력은 대기압으로 간주한다. 지하수면 위로 물이 올라갈 수 있는 지역을 모관수대(capillary zone 또는 fringe)라 한다. 미세한 실트질 모래에서 모관상승(capillary rise)은 약 50cm까지로 자갈층의 2~3cm에 비해 상당히 높으며 이를 함수지역(soil moisture region)이라 한다. 이 지역의 물은 식물에 의한 물의 사용이나 침투된 물의 지속적인 침루에 따라 변동하며, 토양입자사이에는 침루된 물(중력수), 모관수 그리고 공기가 존재한다. 침루된 물은 토양의 공극을 통해 아래로 이동하며, 공극의 간격이 작을수록 침투된 물이 중력에 의해 이동하는 양이 작아지게 된다.

함수량을 산정할 때 매우 높은 온도를 사용하여 가열하면 유기물을 태울 수가 있으므로 40℃ 정도의 건조기에서 토양을 건조시킨 후 무게차를 재어 측정한다. 침루된 물이 토양을 통과한 후 토양에 남아 있는 수분을 함수능(field capacity)이라하며 이는 약 0.33atm의 장력압(tension pressure)에서 토양이 보유하고 있는 물이다. 식물이 토양으로부터 더 이상 물을 사용할 수 없을 정도 일 때 남아 있는 함수량의 한계를 시듦점(wilting point)이라 한다. 함수능과 시듦점 간의 함수량 차를 가용수분(available water moisture)이라 하며, 이것이 유용한 지하수 저장량이라 할 수 있다. 표 7.1은 토양의 종류에 따른 가용수분의 값을 보여주고 있다.

표 7.1 토양에 따른 가용수분(건조중량 퍼센트)

토양의 종류	함수능 (침루 후)	시듦점 (식물사용 후)	가용수분
Sand	5	2	3
Sandy loam	12	5	7
Loam	19	10	9
Silty loam	22	13	9
Clay loam	24	15	9

지중의 물은 그림 7.1과 같이 연직분포에 따라 여러 구간으로 분류할 수 있다. 비포화대(unsaturated zone 또는 vadose zone)는 지하수면 위의 지역으로 토양수대(soil water zone)로부터 지하수면까지를 포함한다. 지하수면(water table)은 포화대와 비포화대를 구분하는 경계로 포화대까지 관정을 설치하였을 때 물이 올라오는 수위를 말한다.

지표면으로부터 뿌리대(root zone)까지인 토양수대는 토양의 종류 및 식생에 따라 변한다. 토양수대에 있는 물의 양은 최근의 강우 및 이에 따른 침투량에 따라 증가하고, 강우 후에 이지역의 함수량은 침루 및 증발산으로 인해 감소하게 된다. 흡착수(hygroscopic water)는 토양 입자 표면에 붙어 남아 있는 물을 의미하며, 중력수(gravitational water)는 중력에 의해 하부토양으로 이동하는 물을 의미한다.

모관수(capillary water)는 지하수면 바로 윗부분에 위치하며 표면장력에 의해 지하수면으로부터 윗 방향으로 물이 끌어올려져서 존재한다. 모관수대(capillary zone)는 지하수면으로부터 모관상승고까지로 토양 공극의 크기에 반비례하고 표면장력에 비례한다. 지하수면 바로 위 부분은 대부분 모관수를 포함하고 있으며 위로 올라감에 따라 토양의 종류에 따라 함수량은 급격히 감소한다.

지하수면 아래인 포화대에서 공극률은 단위 부피당 포함된 물을 나타낸다. 일반적으로 공극률은 전체부피 당 공극의 부피를 나타내며 대부분의 대수층에서 25~35% 정도의 범위를 가지고 있다. 비산출량(specific yield)은 지하수면에서 단위 수두감소당 단위면적당 비피압대수층(unconfined aquifer)으로부터 방출된 물의 양을 의미한다. 미립자로 구성된 물질은 적은 양의 물을 방출하는 반면 조립자로 구성된 물질은 상당한 물을 방출하여 대수층으로서의 기능을 한다.

물공급 또는 대수층의 특성분석을 위해 관정(well)을 설치하며, 관정은 지중으로 굴착한 연직구멍으로 보통 금속이나 PVS 플라스틱으로 지표면까지 둘러싸여 있다. 관정은 일반적으로 포화대에 설치하며,

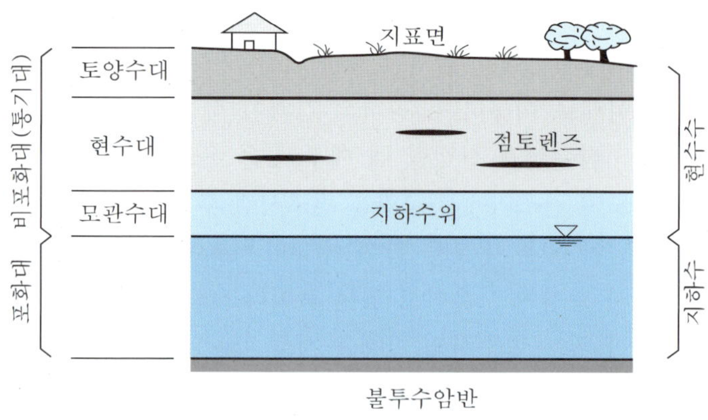

그림 7.1 토양수의 연직분포

도시지역의 용수공급, 농업을 위한 관개 그리고 산업부문에 물을 공급하기 위해 관정을 통해 양수한다. 관정은 또한 지하수 함양, 오염수 및 염수의 제거 그리고 지하수관측을 위해 사용된다.

지하수위는 항상 변하며 강수와 밀접한 관련이 있다. 따라서 지하수위를 관측할 경우에는 시간과 날짜도 같이 기록하여야 한다. 토양에 저장할 수 있는 물의 양은 지하층의 공극(porosity), 액체의 종류, 인접한 지하토양 그리고 지하수면의 상태에 따라 영향을 받는다. 지하수의 흐름은 여러 인자들에 의해 영향을 받으며 그 중에서 공극의 간격(공극률, porosity)과 저항(투수성, permeability)이 중요한 역할을 한다.

7.2.2 공극률 및 함수비

공극률(porosity)η는 토양 속에 있는 공극의 백분율로 공극의 총부피를 토양의 총부피로 나누어 구한다.

$$\eta = \frac{V_V}{V_T} = \frac{(V_T - V_m)}{V_T} = 1 - \frac{V_m}{V_T} \tag{7.2.1}$$

여기서 V_v는 공극의 부피, V_T는 토양의 총부피, V_m은 토양만의 부피이다.

토양만의 부피는 건조토양의 무게를 비중으로 나누어 구한다. 모래의 공극률은 일반적으로 25%~45%의 범위, 실트는 35%~50%의 범위, 점토는 40%~70%의 범위를 가지고 있다. 지역적으로 물을 포함하고 있는 대수층은 사암(sandstone) 및 석회암(limestone)과 같은 비압밀된 물질로 이루어져 있으며, 이러한 층은 일반적으로 5~15%의 공극률 범위를 갖는다. 반면에 자갈 및 모래 대수층은 높은 공극률을 가지고 있다. 석회암은 그 자체적으로 비교적 불투수성이며 용해성이 있어 많은 물을 함유할 수 있는 다공성의 암석으로 존재할 수 있다. 표 7.2는 토양의 종류에 따른 공극률 및 입자크기를 보여주고 있다.

표 7.2 토양의 종류에 따른 공극률 및 입자크기

토양종류	공극률 (%)	입자크기 (mm)
경작지 토양(Tilled Soil)	50~60	(1)
점토(Clay)	45~55	< 0.005
실트(Silt)	40~55	0.05~0.005
세립모래(Fine to Med. Sand)	30~35	0.25~0.05
중간모래(Medium Sand)	30~40	1.0~0.25
조립모래(Med. to Coarse Sand)	35~40	2.0~1.0
자갈(Gravel)	30~40	4.0~2.0
조립자갈(Coarse Gravel)	15~25	> 4.0
자갈과 모래의 혼합(Gravel & Sand)	20~35	(1)
사암(Sandstone)	10~20	(2)
혈암(Shale)	1~10	(2)
석회암(Limestone)	1~10	(2)

(1) : 혼합과 경작상황에 따라 변함, (2) : 풍화 및 용해성 공동에 따라 변함

토양내 공극의 일부는 물로 채워지게 되며 공극 내에 있는 물의 총부피 V_W를 토양의 총부피로 나눈 것을 토양함수비(soil moisture content) θ라 한다.

$$\theta = \frac{V_W}{V_T} \tag{7.2.2}$$

토양함수비의 범위는 $0 \le \theta \le \eta$이며 포화상태일 때 토양함수비와 공극률이 같아지게 된다.

7.2.3 투수능

대수층 공극에서 물은 중력의 영향을 받고 있어 토양입자 사이의 연결된 공극을 통해 아랫방향으로 흐르려는 경향이 있으며, 이러한 토양속의 흐름에 대한 저항은 광범위하게 변한다. 토양의 공극을 통해 물이 이동하려는 율(투수능 또는 투수계수)은 이러한 저항으로 측정된다. 자갈과 같이 큰 공극을 가진 대수층은 높은 투수능(permeability) 또는 투수계수를 가지고 있으며 점토와 같이 매우 작은 미세 공극을 가지고 있는 대수층은 낮은 투수성을 가지고 있다.

토양의 투수능과 물리적인 특성(입자크기, 밀도, 공극률)간의 관계를 맺기 위한 노력으로 현장에서 유용한 많은 경험식들이 개발되었다. 그 중의 한 경험식이 다음과 같다.

$$k = Cd^2 \tag{7.2.3}$$

여기서 k는 투수능(L^2), d는 입자의 평균입경, C는 입도분포, 배열 등과 관련된 형상계수이다. 투수계수(hydraulic conductivity 또는 coefficient of permeability)는 다음과 같이 구하게 된다.

$$K = \frac{k\gamma}{\mu} \tag{7.2.4}$$

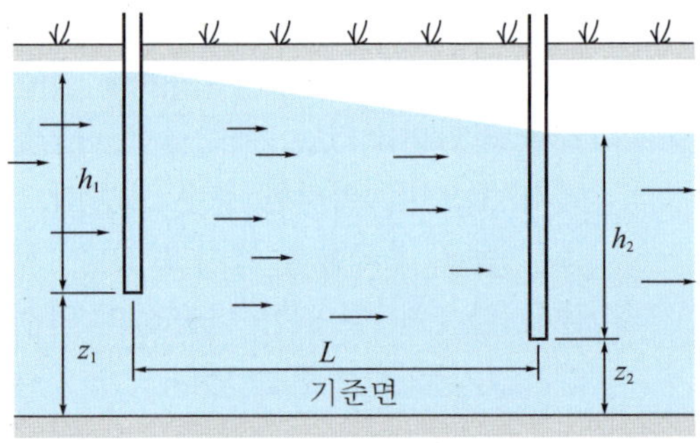

그림 7.2 1차원 지하수 흐름

여기서 K는 투수계수(L/T), γ는 물의 단위중량, μ는 물의 동점성계수(L^2/T)이다. 만일 지중에 두개의 압력계(piezometer)가 설치되어 있다면 지하수의 흐름 유속은 그림 7.2와 같이 흐름의 길이 당 수두손실의 변화를 이용하여 계산하게 된다.

$$V = K\left[\frac{(h_1 + z_1) - (h_2 + z_2)}{L}\right] = K\frac{\Delta H}{L} \tag{7.2.5}$$

여기서 V는 Darcy의 유속(L/T), K는 투수계수(L/T), L은 압력계 사이의 거리(L), h는 압력수두(L), z은 위치수두(L)이다.

식 (7.2.5) 및 변형된 식은 유속이 수두경사에 비례한다는 것을 발견한 프랑스의 수문학자 Henri

Darcy의 이름을 따서 Darcy의 법칙이라 한다. 여기서 비례상수가 바로 투수계수 K이다. 투수계수는 투수계(permeameter)를 이용하여 실험실에서 결정할 수 있다. 투수계는 그림 7.3과 같이 두 가지 형태가 사용되며 입구부와 출구부에서 정압수두를 유지하는 정압수두(constant head) 투수계와 입구부에서는 수두가 감소하고 출구부에서만 정압수두를 유지하는 감소수두(falling head) 투수계가 있다. 정압수두 투수계는 모래 및 자갈과 같은 토양의 투수계수를 산정할 때 적절한 반면 감소수두 투수계는 미세한 실트와 같은 낮은 투수능을 가진 토양의 투수계수 산정에 적합하다.

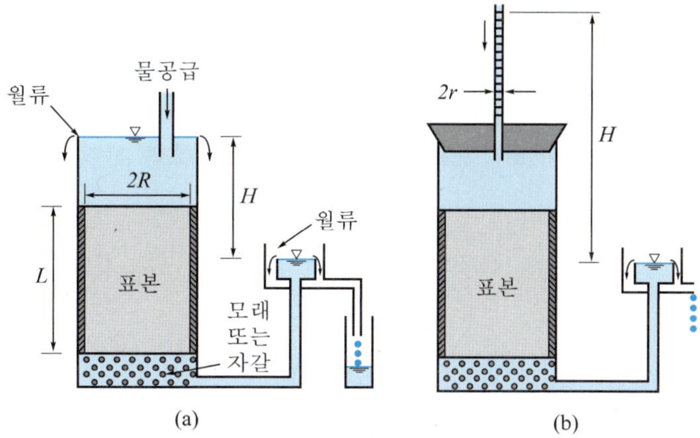

그림 7.3 정압수두 및 감소수두 투수계

정압수두 투수계에서 흐름과 수직인 주어진 횡단면을 통한 유량은 연속방정식 $Q = AV$에 의해 표현할 수 있다. 투수계의 횡단면적을 πR^2으로 하고, 수두 차 ΔH를 H로 놓고 연속방정식과 식 (7.2.5)를 다시 정리하면 다음과 같다.

$$K = \frac{LQ}{H\pi R^2} \tag{7.2.6}$$

여기서 K는 투수계수(m/day), H는 손실수두(m), L은 표본길이(m), Q는 유량(m^3/day), R은 표본의 반경(m)이다. 감소수두 투수계인 경우 작고 긴 관에서의 감소수두 투수계를 통한 유량은 다음과 같다.

$$Q = \pi r^2 \frac{dh}{dt} \tag{7.2.7}$$

여기서 r은 수두관의 반경(m)이다. 식 (7.2.6)을 유량에 대해 다시 정리하면

$$Q = K\pi R^2 \frac{H}{L} \tag{7.2.8}$$

식 (7.2.7)과 식 (7.2.8)을 같게 놓고 적분을 한 후 정리하면 다음과 같다.

$$K = \left(\frac{Lr^2}{tR^2}\right)\ln\left(\frac{H_1}{H_2}\right) \tag{7.2.9}$$

여기서 H_1은 수두관의 초기 높이(m), H_2는 수두관의 종기 높이(m), t는 관측시간(day)이다.

토양 실제 공극을 통한 물의 이동율을 누출(seepage)유속 또는 공극(pore)유속이라 하며 흐름의 단면적이 줄어들었으므로 Darcy의 유속 V보다는 크다. Darcy의 유속 V는 흐름의 토양 전체 단면적에 대한 유속이므로 이 두 유속은 다음과 같이 비교할 수 있다.

$$Q_{Darcy} = Q_{Seepage} \tag{7.2.10}$$

$$VA = V_s\ A_s$$

여기서 V_s는 공극유속(m/day), V는 Darcy 유속(m/day), A는 총단면적(m^2), A_s는 침윤 또는 공극단면적(m^2)이며 다음과 같다.

$$A_s = \eta A \tag{7.2.11}$$

따라서 공극유속 V_s는 Darcy의 유속 V로부터 다음과 같이 구할 수 있다.

$$VA = V_s\ \eta A \tag{7.2.12}$$

또는

$$V_s = \frac{V}{\eta} \tag{7.2.13}$$

예제 7.1

어떤 대수층으로부터 시료를 채취하여 그림 7.3a와 같은 정압수두 투수계를 이용하여 투수계수를 산정하려고 한다. 시료의 반경이 5cm이고 길이가 30cm일 때 5분 동안 시료를 통과한 물의 양이 $200cm^3$이고 수두 차가 15cm인 경우 투수계수를 산정하라.

풀이

시료를 통과한 유량은 $200cm^3/5min = 0.0576\,m^3/day$

정압수두 투수계를 사용할 경우 투수계수는

$$K = \frac{LQ}{H\pi R^2} = \frac{0.3 \times 0.0576}{0.15 \times 3.14 \times 0.05^2} = 14.68m/day$$

예제 7.2

어떤 대수층으로부터 시료를 채취하여 그림 7.3b와 같은 감소수두 투수계를 이용하여 투수계수를 산정하려고 한다. 시료의 반경이 4cm이고 길이가 30cm일 때 1시간 동안 물이 시료를 통과하여 반경 1cm인 관의 수위가 50cm에서 25cm로 낮아진 경우 투수계수를 산정하라.

풀이

1시간을 일로 나타내면 $1/24 = 0.0417\,day$

감소수두 투수계를 사용할 경우 투수계수는

$$K = \left(\frac{Lr^2}{tR^2}\right)\ln\left(\frac{H_1}{H_2}\right) = \left(\frac{0.3 \times 0.01^2}{0.0417 \times 0.04^2}\right)\ln\left(\frac{0.5}{0.25}\right) = 0.312\,m/day$$

7.2.4 투수능에 영향을 주는 인자

산정된 투수계수는 토양구성 성분의 다양성으로 인해 지역마다 상이할 수 있으므로, 만일 토양의 변화가 예상되면 적절한 표본실험을 수행하여야 한다. 만일 토양구성 성분이 변하지 않았다면 온도, 이온구성 그리고 포함된 공기와 같은 인자들이 투수계수에 영향을 줄 수 있다. 온도는 물의 점성에 영향을 주고 따라서 투수계수에 영향을 미친다. 높은 온도는 낮은 점성을 의미하고 토양 속을 흐를 때 저항이 작아지며 투수능이 높아진다. 온도에 따라 투수능은 선형적으로 변하게 되며, 일반적으로 투수계수는 20℃일 때의 값을 나타내고 다른 온도에 대해서는 다음 관계식을 이용하여 산정한다.

$$K_t = \left(\frac{\mu_{20}}{\mu_t}\right)K_{20} \tag{7.2.14}$$

여기서 K_t는 온도 t℃에서의 투수계수, K_{20}은 온도 20℃에서의 투수계수, μ_{20}은 20℃에서의 점성(Nsec/m^2), μ_t는 t℃에서의 점성(Nsec/m^2)이다.

실험실에서는 완전히 포화된 토양을 이용하여 투수계수를 결정한다. 토양 속에 갇힌 공기는 투수계수를 감소시키며, 사질성 토양에서 비포화대에서의 투수계수는 포화대에서의 투수계수의 절반 정도가 된다. 토양속의 갇힌 공기는 지하수위의 급격한 상승 및 저하로 인해 생기는 경우가 있다.

7.2.5 일반적인 투수계수 값

투수계수의 일반적인 단위는 m/day(ft/day)이다. 하지만 빠르게 이동하는 물에 대해서는 cm/hr (in/hr)의 단위를 사용하기도 하며, gal/day/ft^2의 단위도 사용한다. 이와 같은 투수능 및 투수계수 단위간의 변환 관계가 표 7.3과 같다. 그림 7.4와 표 7.4는 여러 토양에 대한 투수계수의 범위를 보여주고 있으며, 이 값들은 대표값으로 보아야 하고 현장 상황에 따라 변한다.

표 7.5는 여러 토양 종류에 대한 투수계수, 공극률 그리고 비산출량(specific yield)을 보여주고 있다. 비산출량은 포화된 비피압대수층 토양의 단위 체적 당 방출된 물의 체적비로 유효공극률과 같다. 비산출량은 백분율로 표현되며 토양의 총체적분에 제거된 물의 체적비에 100을 곱한 것이다. 소

표 7.3 투수능 및 투수계수의 단위 변환관계

구 분	투수능 k			투수계수 K		
	cm^2	ft^2	darcy	m/sec	ft/sec	gal/day/ft^2
cm^2	1	1.08×10^{-3}	1.01×10^{8}	9.80×10^{2}	3.22×10^{3}	1.85×10^{9}
ft^2	9.28×10^{2}	1	9.42×10^{10}	9.11×10^{5}	2.99×10^{6}	1.71×10^{12}
darcy	9.87×10^{-9}	1.06×10^{-11}	1	9.66×10^{-6}	3.17×10^{-5}	1.82×10
m/sec	1.02×10^{-3}	1.10×10^{-6}	1.04×10^{5}	1	3.28	2.12×10^{6}
ft/sec	3.11×10^{-4}	3.35×10^{-7}	3.15×10^{4}	3.05×10^{-1}	1	6.46×10^{5}
gal/day/ft^2	5.42×10^{-10}	5.83×10^{-13}	5.49×10^{-2}	4.72×10^{-7}	1.55×10^{-6}	1

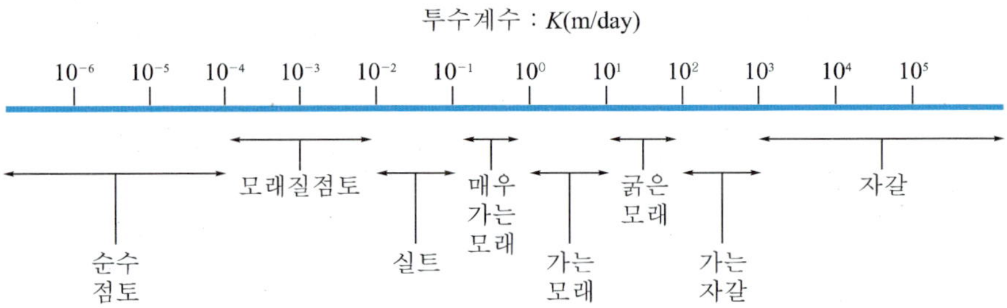

그림 7.4 일반적인 토양에서의 투수계수의 범위

표 7.4 일반적인 토양에서의 투수계수의 범위

토양의 종류	투수계수 K(m/day)
자갈(Gravel)	2592 ~ 25.92
조립모래(Coarse Sand)	518 ~ 7.78×10^{-2}
중간모래(Medium Sand)	51.8 ~ 7.78×10^{-2}
세립모래(FIne Sand)	17.3 ~ 1.73×10^{-2}
실트(Silt)	1.73 ~ 8.64×10^{-5}
빙역토(Till)	0.173 ~ 8.64×10^{-8}
점토(Caly)	4.32×10^{-4} ~ 8.64×10^{-7}
석회암(Limestone)	1728 ~ 8.64×10^{-2}
사암(Sandstone)	0.518 ~ 2.59×10^{-5}
혈암(Shale)	1.73×10^{-4} ~ 8.64×10^{-9}
현무암(Basalt)	3.4×10^{-2} ~ 1.73×10^{-6}
풍화된 화강암(Weathered Granite)	2.59×10^{-1} ~ 4.32

표 7.5 토양에 따른 투수계수, 공극률, 비산출량

토 양	공극률 (%)	비산출량 (%)	평균 투수계수	
			(gpd/ft^2)	(m/day)
점토(Clay)	45	3.0	0.01	0.0004
모래(Sand)	35	25.0	1,000.00	41.0000
자갈(Gravel)	25	22.0	100,000.00	4,100.0000
모래 및 자갈	20	16.0	10,000.00	410.0000
사암(Sandstone)	15	8.0	100.00	4.1000
석회암과 혈암(Limestone & Shale)	5	2.0	1.00	0.0410
석영암과 화강암(Quartzite & Granite)	1	0.5	0.01	0.0004

수로 표현하면 저류상수(storage coefficient)라 불린다. 만일 비피압대수층에서 $10m^2$의 수평면적에서 4m의 수위가 내려가면서 $2m^3$의 물을 양수하였다면 저류상수는 $2m^3/(10m^2\times 4m)=0.05(5\%)$가 된다.

예제 7.3

관정을 통해 3,500m^{3}의 물을 양수한 결과 10,000m^{2}의 면적상에서 지하수위가 2m 하강할 경우에 대한 비산출량 또는 저류상수를 산정하라.

풀이

비산출량은 토양의 단위 체적 당 방출된 물의 체적비를 백분율로 나타낸 것이므로 양수된 양은 3,500m^{3}이다.

대수층의 체적 = $2 \times 10,000 = 20,000\text{m}^3$

그러므로 저류상수는 3,500/20,000 = 0.175

따라서 비산출량은 = 17.5(%)

7.3 대수층

대수층(aquifer)은 물은 공급하기 위해 경제적으로 개발이 가능한 물을 충분히 함유하고 있는 토양 또는 암반층이다. 난대수층(aquiclude)은 점토와 같이 포화되어 있는 거의 불투수층의 토양으로 대수층 시스템의 상부 또는 하부의 차단층 역할을 한다. 반대수층(aquitard)도 실트질 점토와 같이 포화되어 있지만 낮은 투수능을 가진 토양층으로 한 대수층으로부터 다른 대수층으로 물을 이동시킬 수 있다. 대수층은 대기압상태에서 지하수면 또는 자유수면의 존재여부에 따라 피압대수층(confined aquifer)과 비피압대수층(unconfined aquifer)으로 구분한다.

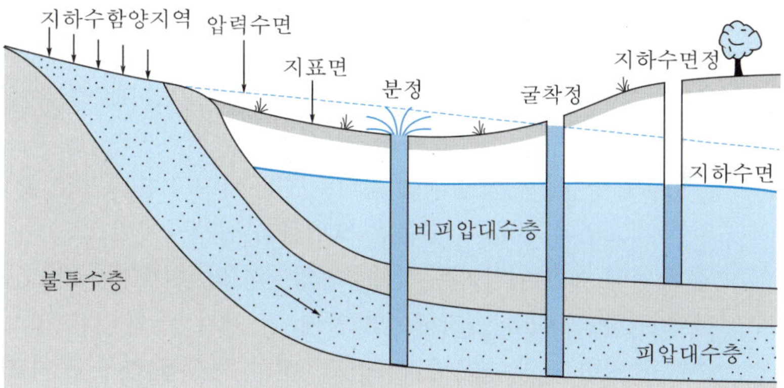

그림 7.5 대수층의 구분

7.3.1 피압대수층

피압대수층은 지하수가 비교적 불투수성인 암석층 사이에 놓여있어 대기압보다 큰 압력을 받고 있는 대수층을 말하며, 피압대수층내의 물과 위 또는 아래층의 물 사이의 교환은 거의 발생하지 않는다. 피압대수층으로 물의 함양은 대수층이 지표면으로 노출된 함양지역(recharge area)에서 일어난다. 경계층이 반대수층이면 지하수함양은 연직방향의 침투로 인해 발생할 수 있으며 이러한 경우를 누수피압대수층(leaky confined aquifer)이라 한다.

피압대수층의 특성은 함양지역을 제외하고는 지하수면을 가지고 있지 않으며 압력이 작용하고 있다. 피압대수층의 압력조건은 압력수면(piezometric surface)에 의해 주어진다. 압력수면은 압력계를 이용하여 확인할 수 있으며 압력계는 한쪽 끝단이 대기 중에 열려있는 관으로 측방에서 물이 흘러들어오도록 깊이 판 우물과는 다르다. 만일 압력계를 피압대수층까지 관입시키면 물은 하단부 끝을 통해서만 들어오게 된다. 압력계를 통해 올라오는 물의 높이는 그 위치에서의 압력수면의 높이를 의미한다. 만일 압력수면이 지표면보다 높다면 양수 없이 지표면으로 물이 흘러나온다. 이것이 바로 분수우물 또는 분정(artesian well)이다. 분수(artesian)란 이름은 이 현상이 처음으로 관측된 프랑스 북부 Artois 지방의 이름을 따서 붙인 것이다.

7.3.2 비피압대수층

비피압대수층(unconfined aquifer)은 지표면으로부터 침투 및 침루로 인해 함양된 광범위한 지하수면을 가지고 있다. 비피압대수층은 지하수면대수층(water table aquifer)이라 부르기도 한다. 지하수면의 위치는 토양에 저장되어 있는 물의 양을 대변하며, 지하수함양과 유출간의 상대적인 정도에 의해 위 또는 아래로 움직인다.

때때로 대수층에 불투수성 토양으로 이루어진 지역이 나타날 수 있는데, 지질학적인 단층이나 사질토양에서 나타나는 렌즈형태의 점토질토양이 그 예이다. 이러한 경우 국지적으로 주수면(perched water table)이라는 작은 수면이 존재하게 되며, 대수층의 실제 지하수면보다 상당히 높은 위치에 존재할 수 있다.

비피압대수층은 광범위한 지하수면을 가지고 있으므로 오염에 취약하다. 대수층 위에서 인간에 의한 지표면의 이용 및 활동은 오염물을 발생시키며 결국 대수층의 물을 오염시키게 된다. 대수층의 오염에 대한 취약성은 지하수면의 깊이와 통기대(vadose zone)를 통한 오염물의 이동율에 의존하게 된다. 도시화는 지하수의 양에 두 가지 좋지 않은 영향을 준다. 인구증가로 인한 물 수요의 증가는 지하수 양수를 증가시키고, 이와 동시에 불투수 지표면적의 증가는 침투를 통한 지하수함양을 감소시킨다. 따라서 지하수자원의 양과 질을 보전하기 위해서는 토지이용규제가 필요하다.

7.3.3 샘

지하수가 대수층으로 침루함에 따라 대수층의 포화된 지점까지 내려가게 된다. 포화된 표면은 수평적인 흐름에 의해 지표면까지 연결될 수 있다.

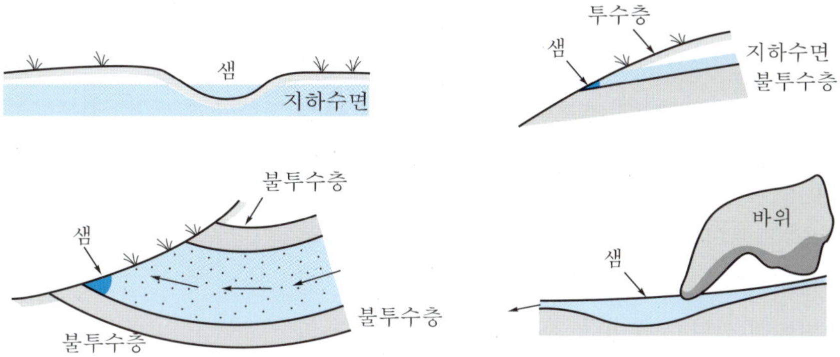

그림 7.6 샘의 형태

지표면 또는 지표수에 가장 가까이 위치하고 있는 물은 년 중 내내 변동이 크다. 건조기 동안에 지표수위는 낮아지고 우기에는 높아진다. 깊은 대수층에서의 상부수면과 지표수는 일반적으로 호수나 바다와 같은 가장 가까이 위치하고 있는 자유수표면을 향해 천천히 움직인다. 하지만 만일 대수층 아래에 불투수층이 존재하고 이층이 지표면에 노출되어 있으면 지하수는 지표면으로 나오게 되며 이를 샘(spring)이라 한다. 그림 7.6은 여러 가지 상황에 따라 나타날 수 있는 샘의 형태를 보여주고 있다. 피압대수층 위의 불투수층에 균열이 나거나 흐름이 발생하게 되면 분수샘(artesian spring)이 된다.

7.4 지하수 흐름

지하수 흐름경로에 대한 분석은 지하수가 세 방향 즉, x, y, z방향으로 흐르기 때문에 상당히 복잡하다. 따라서 세 방향으로의 수두변화 dh/dx, dh/dy 그리고 dh/dz를 고려할 필요가 있다. 본 절에서는 지하수 흐름에 대한 기본적인 이해를 위해 간단히 한 방향의 흐름 조건에 대해서만 설명하기로 한다. 하지만 지하수 흐름 모의를 하기 위한 실제적인 적용에서는 세 방향의 흐름을 모두 고려하여야 한다.

지하수 흐름에서 흐름의 차원(방향)은 여러 가지 고려할 인자 중의 하나일 뿐이다. 다른 인자들에는 대수층이 피압대수층인지 비피압대수층인지 여부, 지하수함양이 이루어지고 있는지 여부, 지하수 흐름이 정상류 또는 부정류인지 여부, 지하수 시스템이 균일성인지 비균일성인지 여부 그리고 대수층 주위로 어떠한 종류의 경계가 형성되어 있는지 등을 포함하고 있다. 이와 같은 다양한 인자들의 조합은 지하수 흐름 해석을 더욱 어렵게 하고 있다.

7.4.1 Darcy법칙

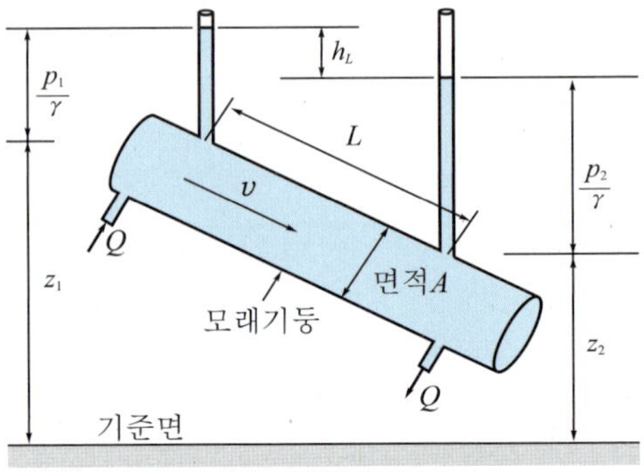

그림 7.7 모래층을 통한 수두손실

지하수흐름은 1856년에 투수성 모래층을 통한 물의 흐름을 연구한 Henri Darcy가 발표한 수리학적 원리에 의해 잘 설명될 수 있다. Darcy는 수문분야에서 가장 중요한 법칙 중의 하나를 발견하였는데 다공성 매체를 통한 유속은 수두손실에 비례하고 흐름 경로의 길이에 반비례 한다는 것이다. Darcy의 법칙은 현대의 지하수 흐름, 우물수리학에 대한 기초를 제공하였고 지하수 흐름공식의 기본적인 형태를 이루고 있다.

그림 7.7은 모래층을 통한 수두 손실을 결정하기 위한 실험을 보여주고 있다. 거리 L을 두고 두개의 압력계(piezometer)가 설치되어 있으며, 총 에너지는 다음과 같이 Bernoulli 방정식을 이용하여 표현할 수 있다.

$$\frac{p_1}{\gamma}+\frac{v_1^2}{2g}+z_1=\frac{p_2}{\gamma}+\frac{v_2^2}{2g}+z_2+h_L \tag{7.4.1}$$

여기서 p는 압력, γ는 물의 단위중량, v는 유속, z는 위치수두, h_L은 수두 손실이다. 다공성매체에서 유속은 매우 작으므로 속도수두는 무시할 수 있어 1지점과 2지점간의 수두손실은 다음과 같이 나타낼 수 있다.

$$h_L=\left(\frac{p_1}{\gamma}+z_1\right)-\left(\frac{p_2}{\gamma}+z_2\right) \tag{7.4.2}$$

따라서 수두손실은 토양층의 경사와는 무관함을 알 수 있다. Darcy는 유속을 수두손실과 토양층의 길이에 다공성매체에서 물의 이동 능력을 나타내는 비례상수인 투수계수 K를 도입하여 다음과 같이 표현하였다.

$$V=\frac{Q}{A}=-K\frac{dh}{dL} \tag{7.4.3}$$

식 (7.4.3)에서 음의 표시는 물이 수두가 감소하는 방향으로 이동함을 의미한다. Darcy의 유속 V는 토양층 전체 단면을 통한 평균 유속이므로 실제의 흐름은 공극을 통해 이루어지고 따라서 침윤유속 또는 공극유속 V_s는 Darcy의 유속과 다음과 같은 관계가 있다.

$$V_s=\frac{Q}{\eta A}=\frac{V}{\eta} \tag{7.4.4}$$

따라서 실제 공극유속은 Darcy의 유속보다 상당히 크고(약 3배 정도), 지하수에서의 모든 오염물 이송을 산정할 때 사용된다.

Darcy의 법칙은 다공성매체에서 층류(laminar)흐름에 적용할 수 있으며 레이놀즈수(Reynolds number) R_e가 1보다 작은 범위에서 주로 적용되며 R_e가 10보다 작은 경우에도 적용될 수 있다. 레이놀즈수는 층류흐름과 난류흐름을 구분하는 무차원의 값으로 다음과 같이 나타낸다.

$$R_e = \frac{VD}{\nu} \tag{7.4.5}$$

여기서 R_e는 레이놀즈수, V는 평균유속, D는 입자의 평균직경, ν는 유체의 동점성계수이다.

예제 7.4

어떤 대수층이 폭 1,000m, 깊이 10m, Darcy의 유속 0.1m/d, 공극률 0.4일 때 대수층을 통한 단위폭당 유량, 전체 유량 그리고 침윤속도를 산정하라.

풀이

단위폭당 유량은 연속방정식에 의해

$$q = Vy = 1m \times 10m \times 0.1m/d = 1m^3/d$$

대수층을 통해 흐르는 총유량은

$$Q = VA = 10m \times 1{,}000m \times 0.1m/d = 1000m^3/d$$

침윤유속은 식 7.4.4로부터

$$V_s = \frac{Q}{\eta A} = \frac{V}{\eta} = \frac{0.1}{0.4} = 0.25m/d$$

예제 7.5

그림 7.8과 같이 하천으로 지하수가 유입하고 있다. Darcy의 법칙을 이용하여 단위폭당 하천으로 유입되는 지하수량을 산정하라. 투수계수는 3m/day로 가정하라.

풀이

지하수면을 따른 동수경사를 구하면

$h_1 = 10.5m$, $h_2 = 10m$, $L = 300m$ 이므로

$$\Delta h/L = 0.5/300 = 0.00167$$

따라서 Darcy의 유속은

$$V = \frac{Q}{A} = K\frac{\Delta h}{L} = 3 \times 0.00167 = 0.005m/d$$

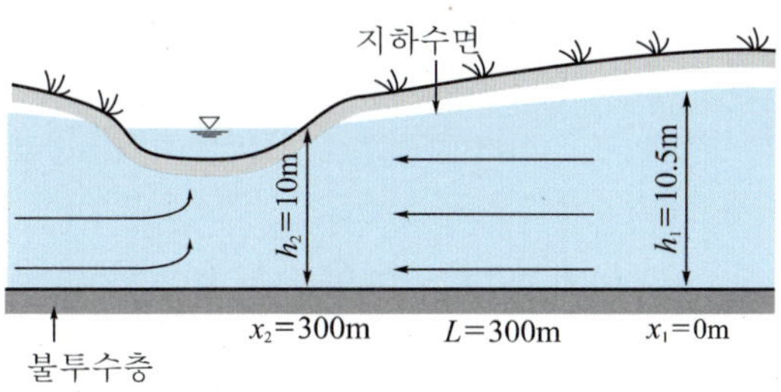

그림 7.8 하천으로의 지하수 유입

오른쪽에서 흘러들어오는 단위폭 당 유량을 계산하기 위해 h_1지점에서의 지하수위 10.5m와 h_2지점에서의 수위 10m의 평균치를 취하면 10.25m이다.

$$q_{wr} = Vy = 0.005m/d \times 10.25m \times 1m = 0.05125m^3/d$$

따라서 하천의 왼쪽에서도 똑같은 지하수가 유입되므로

$$q_w = q_{wr} \times 2 = 0.05125 \times 2 = 0.102 m^3/d$$

7.4.2 유선망(Flow net)

Darcy의 법칙은 1차원 흐름에 대해 유도되었지만 대부분의 실제 지하수 문제가 2차원 및 3차원이므로 임의의 방향으로의 유속을 결정할 필요가 있다. 그림 7.9와 같이 2차원의 유선망(flow net)을 구성하기 위해 주어진 경계조건에 대한 유선(streamline) Ψ 와 등포텐셜선(equipotential line) ϕ를 타나낼 수 있다.

등방성(isotropic)의 대수층에 대해 등포텐셜선은 대수층에 관입된 우물에서 관측된 수위를 바탕으로 준비할 수 있다. 흐름의 방향을 나타내기 위해 등포텐셜선과 직교하는 방향으로 유선(flow line)을 그린다. 그림 7.9의 유선망에서 동수경사(hydraulic gradient) S는 다음과 같다.

$$S = \frac{dh}{ds} \tag{7.4.6}$$

인접한 흐름선간의 단위 두께 당 유량을 q라 하면

$$q = K\frac{dh}{ds}dm \tag{7.4.7}$$

정사각형 유선망에서 ds = dm이라 가정하고, 두 개의 유선 간에 n개의 정사각형이 존재할 때 총 수두를 n으로 나누면 h = H/n이 되고, 같은 유선에 의해 전체 흐름 구간을 m개로 나누면 다음과 같이 유량을 산정할 수 있다.

$$Q' = mq = \frac{KmH}{n} \tag{7.4.8}$$

여기서 Q'는 단위폭당 유량, K는 대수층에서의 투수계수, m은 흐름 하도의 구간, n은 흐름방향으로의 사각형의 개수, H는 흐름방향으로의 총 수두손실이다.

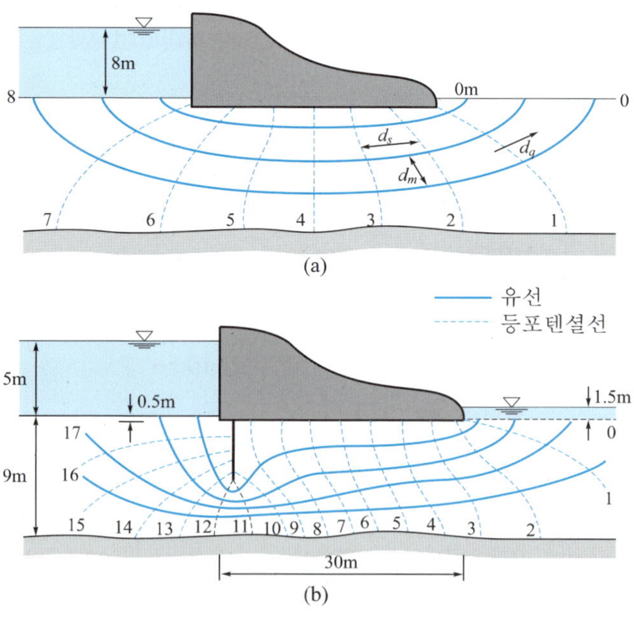

그림 7.9 댐에서의 전형적인 유선망

유선망은 유선과 등포텐셜선을 나타내는데 유용한 도식적인 방법이다. 불투수 경계를 통한 물의 흐름이 없으므로 유선은 불투수 경계와 평행하다. 또한 유선은 일반적으로 서로 다른 투수계수 K를 가진 경계층에서 유선이 굴절되므로 높은 투수계수를 가진 물질에서는 수평이고, 낮은 투수계수를 가진 물질에서는 연직방향이다. 유선망은 양수에 대한 지하수위의 영향 및 흐름의 방향을 평가할 때 사용될 수 있다.

예제 7.6

그림 7.9와 같은 댐 아래에서의 누출량을 산정하라. 댐의 폭은 20m이고 투수계수 K는 10^{-5}m/sec이다.

풀이

식 (7.4.8)을 이용하여 단위폭당 유량을 계산한다. 그림에서 m=4, n=8 그리고 H=8m이므로

$$Q' = \frac{(10^{-5}\text{m/sec})(4)(8\text{m})}{8} = 4 \times 10^{-5}\text{m}^2/\text{sec} = 3.46\,\text{m}^2/\text{day}$$

따라서 총 유량은 $Q = 3.46\text{m}^2/\text{day}(20\text{m}) = 69.2\text{m}^3/\text{day}$

7.4.3 피압대수층에서의 흐름

지중의 분석대상이 되는 지역의 상단부 및 하단부가 불투수층으로 이루어져 있으면 피압대수층이라 하였다. 이러한 피압대수층에서의 압력은 물을 압력수위까지 올라가게 한다. 만일 서로 다른 두 지역에서 동시에 압력수위를 측정한다면 흐름의 경사 또는 에너지선의 경사를 산정할 수 있다. 대수층의 상, 하부경계를 통해 물의 이동이 없다고 가정하면 이 경사를 이용하여 유량을 산정할 수 있다.

수평 또는 연직방향의 지하수 흐름을 산정하기 위해 일차원 흐름에 대한 Darcy의 법칙을 이용하며, 지하수가 주로 횡방향으로만 흐른다면 연직방향의 흐름 요소는 생략할 수 있다. 그림 7.10과 같은 피압대수층에 관해 Bernoulli식을 적용하면 다음과 같다.

$$\frac{V_1^2}{2g} + \frac{P_1}{\gamma} + h_1 = \frac{V_2^2}{2g} + \frac{P_2}{\gamma} + h_2 + \Delta h \tag{7.4.9}$$

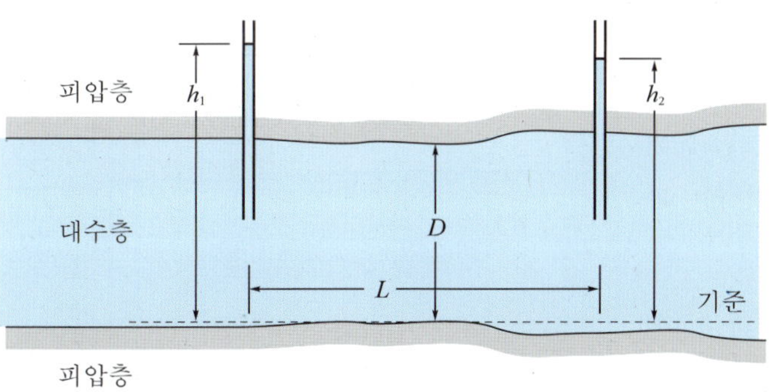

그림 7.10 피압대수층에서의 물의 흐름

여기서 V_1, V_2는 유속, g는 중력가속도, γ는 물의 단위중량, h는 압력계 수두, Δh는 수두손실, P_1 및 P_2는 압력이다. 일반적으로 두 지점에서의 유속 V_1 및 V_2는 비슷하므로 생략하고, 압력 및 높이의 차는 압력계에 의해 측정이 되므로

$$\Delta h = \left(\frac{P_1}{\gamma} + z_1\right) - \left(\frac{P_2}{\gamma} + z_2\right) = h_1 - h_2 \tag{7.4.10}$$

또한 길이 ΔL에 걸쳐 Δh의 수두손실이 발생하였으면 에너지선의 경사 S는 다음과 같다.

$$S = \frac{\Delta h}{\Delta L} \tag{7.4.11}$$

따라서 투수계수 K를 적용하여 Darcy의 유속으로 나타내면

$$V = -K\frac{\Delta h}{\Delta L} \tag{7.4.12}$$

여기서 $\Delta h/\Delta L$은 ΔL을 통해 수두가 감소하면 음의 값, 증가하면 양의 값으로 나타낸다. 연속방정식은 $Q = AV$이므로 식 (7.4.12)로부터 $Q = KA(\Delta h/\Delta L)$가 된다. 만일 피압대수층의 두께가 D이고 폭이 B이면 흐름단면적은 $A = DB$가 되므로 대수층을 통한 유량은 다음과 같다.

$$Q = KA\frac{\Delta h}{\Delta L} = KDB\left(\frac{h_1 - h_2}{L}\right) \tag{7.4.13}$$

예제 7.8

그림 7.10과 같이 피압대수층에서 100m 떨어진 두 지점에 압력계를 설치하여 압력계 수위를 관측한 결과 40m와 38m로 나타났다. 대수층의 깊이가 10m, 폭이 50m이고 투수계수가 0.2m/day일 때 대수층을 통해 흐르는 유량을 산정하라.

풀이

식 (7.4.13)으로부터

$$Q = KDB\left(\frac{h_1 - h_2}{L}\right) = (0.2\text{m/day})(10\text{m})(50\text{m})\left(\frac{40-38}{100}\right) = 2\text{m}^3/\text{day}$$

7.4.4 비피압대수층에서의 흐름

비피압대수층에 대해서도 피압대수층과 유사하게 식을 전개할 수 있으며 그림 7.11은 비피압대수층에서의 유량을 산정하는 과정을 보여주고 있다.

$$Q = KA\frac{dh}{dL} \tag{7.4.14}$$

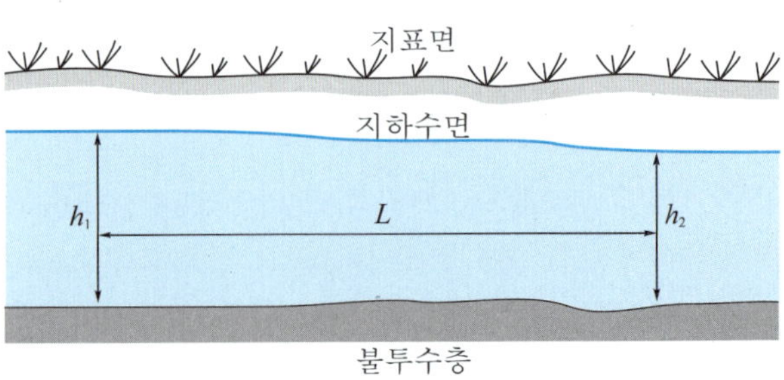

그림 7.11 비피압대수층에서의 물의 흐름

비피압대수층에서는 흐름방향으로의 수위가

변하므로 단면적도 변한다. 따라서 단위폭당 면적은 A = y(1)으로 나타낼 수 있으며 단위폭당 유량은 다음과 같다.

$$Q' = Ky\frac{dy}{dL} \tag{7.4.15}$$

지하수면의 수위는 거리에 따라 변하므로 식 (7.4.15)를 적분하면

$$Q'\int_0^L dL = K\int_{h_2}^{h_1} y\,dy \tag{7.4.16}$$

식 (7.4.16)을 풀고 정리하면 다음과 같이 단위폭 당 유량을 계산할 수 있다.

$$Q' = K\frac{(h_1^2 - h_2^2)}{2L} \tag{7.4.17}$$

따라서 폭이 B인 비피압대수층을 통해 흐르는 유량은 다음과 같이 나타낼 수 있으며 이를 Dupuit 공식이라 한다.

$$Q = KB\frac{(h_1^2 - h_2^2)}{2L} \tag{7.4.18}$$

예제 7.8

그림 7.11과 같은 비피압대수층에서 100m 떨어져 있는 두 지점의 지하수위가 h_1=40m, h_2=38m이고 투수계수는 0.2m/day이며, 폭이 50m일 때 두 지점을 통해 흐르는 유량을 계산하라.

풀이

식 (7.4.18)에 주어진 값들을 대입하면

$$Q = KB\frac{(h_1^2 - h_2^2)}{2L} = (0.2\text{m/day})(50\text{m})\frac{(40^2\text{m}^2 - 38^2\text{m}^2)}{2(100\text{m})} = 7.8\text{m}^3/\text{day}$$

7.5 우물을 통한 양수

7.5.1 우물시스템

우물(water well)시스템은 지하수를 지표면으로 양수하기 위해 설치한 지중으로 판 연직구멍이다. 우물은 양수, 인위적인 지하수함양, 쓰레기 매각, 수위관측 그리고 수질관측을 위해 사용된다. 우물을 설치하기 위한 다양한 방법들이 개발되어 있으며 유량, 깊이, 토질의 상태, 케이스재료 그리고 경제적인 인자들을 고려하여 적절한 방법을 선택한다.

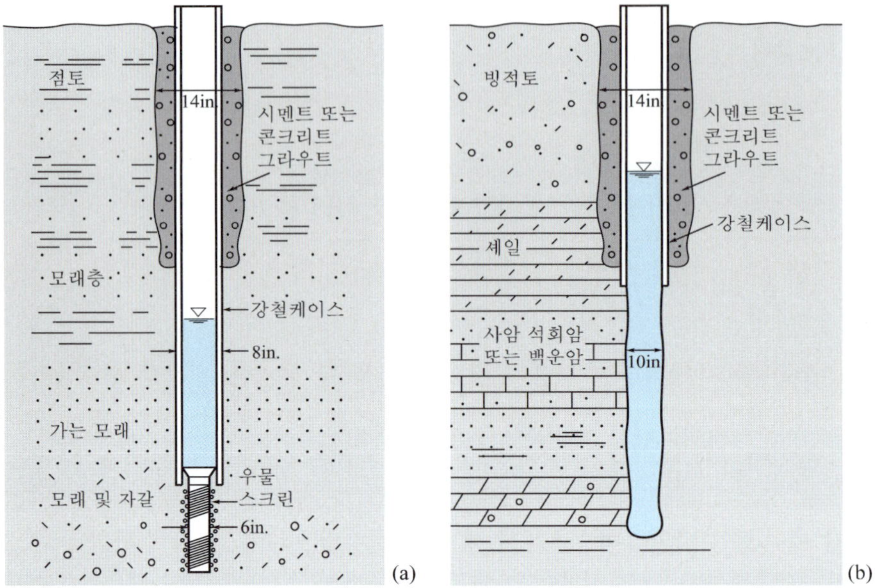

그림 7.12 (a) 압밀되지 않은 토양에서의 우물, (b)압밀된 토양에서의 우물

그림 7.12에는 두 가지 관정에 대한 예를 보여주고 있다. 압밀된 토양에서는 케이스가 필요하지 않지만 일반적으로 모래와 자갈로 구성된 압밀되지 않은 토양에서는 케이스가 필요하다. 대수층으로부터 물을 양수할 경우에는 관정 스크린이 필요하다.

새로운 지역에서 우물을 시추하기 전에 일반적으로 시험구멍을 뚫어 깊이에 따른 다양한 지질형태를 조사한다. 시험구멍을 시추하는데 쓰이는 일반적인 방법으로 케이블식, 회전식, 분사식 시추방법 등이 있다. 특정 깊이에서 보링(boring)을 통해 추출된 토양표본은 투수계수, 공극, 입자크기, 토성 그리고 토양분류 등과 같은 다양한 인자들의 분석에 사용된다.

일단 우물이 시추되면 최적으로 물을 양수할 수 있도록 마감하여야 한다. 그러기 위해서는 케이스의 설치, 접합, 스크린의 설치 그리고 자갈채움 등이 필요 하다. 우물케이스는 개구(open hole)를 지표면까지 유지하기 위한 라이닝의 역할을 한다. 케이스는 또한 우물 벽이 무너져 내리지 않도록 구조적인 지지역할을 하며 지표수의 유입을 차단하는 역할을 한다. 케이스는 주로 주철관, 강철관 및 PVC관을 사용한다.

우물은 원치 않는 수질의 물이 유입되는 것을 방지하기 위해 케이스 주위로 둥글게 접합재료를 이용하여 밀폐시킨다. 적절한 밀폐를 위해 접착제가 포함된 시멘트반죽을 케이스 주위 아래공간에 포설한다. 층으로 이루어진 대수층에서 다른 층을 교란시키지 않고 한 층에서만 양수를 위해서는 그라우트 채움이 일반적이다.

압밀되지 않은 토양에 주로 사용되는 우물 스크린은 지하수가 우물로 흘러 들어올 수 있도록 다양한 깊이로 구멍을 뚫은 관의 표면이다. 스크린의 주된 목적은 모래나 자갈과 같은 대수층 재료들이 우물 안으로 유입되는 것을 방지하고, 흐름의 수리학적 저항을 최소화시키는 것이다. 스크린의 재료로는 각종 금속, 합금, PVC 그리고 목재도 사용된다. 인위적인 자갈층에 의해 둘러싸인 스크린에서 구멍의 크기는 자갈의 크기에 의해 결정된다.

지하수를 양수할 때마다 수질을 보호하기 위한 위생적인 조치를 충분히 취해야 한다. 지표면의 오염물이 우물 입구나 주위공간으로부터 유입될 수 있으므로 이를 방지하기 위해 케이스 주위에 모르타르 밀폐 및 콘크리트를 이용한 표면 마감 등이 이루어져야 한다. 우물이 설치된 후 그리고 과도한 홍수발생 후 오염이 예상되면 물을 채취하여 검사하여야 한다. 도시지역에서 우물은 정화조 시스템과 근접한 위치에 설치될 수 있는데 이러한 경우 위생을 위해 충분한 거리를 두어야 한다.

7.5.2 피압대수층에서의 양수

우물이 수평의 피압대수층으로 충분히 관입되었을 때 우물을 통한 물의 흐름은 모든 방향으로 이루어진다. 일정한 율로 지하수를 양수하고, 수위가 안정될 때까지 기다리면서 양수되는 우물로부터 r_1과 r_2 떨어진 위치에서 수위강하 h_1 및 h_2를 관측하면 대수층을 통한 투수계수를 산정할 수 있다.

대수층의 투수계수 K에 대수층의 두께 또는 깊이 D를 곱하면 투과율(transmissivity) T를 얻게 된다. 투과율의 단위는 m^2/day 또는 gal/day-ft(1m^2/day=80.5gpd/ft)로 나타낸다. 실제로 우물에서의 수위보다 서로 다른 반경에서 두 개 이상의 관측우물을 통해 수위를 관측하는 것이 더 바람직하다.

정상상태를 확실하게 유지하기 위해 우물로부터 멀리 떨어진 지점에서 지속적으로 대수층으로 물을 공급해야 한다. 대수층이 균질(homogeneous)하고 등방성(isotropic)이며 배수로 인한 영향을 받지 않는다고 가정하면 임의의 반경 r에 있는 우물의 평형 유량은 다음과 같이 나타낼 수 있다.

$$Q = AV = 2\pi r\, DK\frac{dh}{dr} \tag{7.5.1}$$

여기서 Q는 양수율(m^3/s), r은 양수정으로부터 떨어진 반경(m), K은 투수계수(m/s), D는 대수층의 높이 또는 두께(m)이다. 식 (7.5.1)을 적분하면

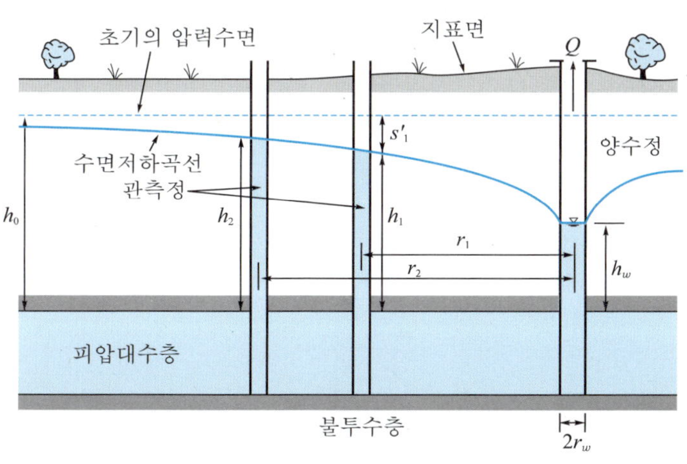

그림 7.13 피압대수층에서의 양수

$$Q\int_{r_1}^{r_2}\frac{1}{r}dr = 2\pi DK\int_{h_1}^{h_2}dh \tag{7.5.2}$$

따라서 피압대수층을 통한 양수율 Q는 다음과 같이 나타낼 수 있다.

$$Q = 2\pi DK\frac{(h_2 - h_1)}{\ln\left(\frac{r_2}{r_1}\right)} \tag{7.5.3}$$

식 (7.5.3)을 평형방정식(equilibrium equation) 또는 Thiem의 방정식이라 하며 이를 이용하여 투수계수 K 또는 투과율 T = KD를 다음과 같이 구하게 된다.

$$K = \frac{Q}{2\pi D(h_2 - h_1)}\ln\left(\frac{r_2}{r_1}\right) \tag{7.5.4}$$

여기서 K는 투수계수(m/sec), Q는 양수율(m^3/sec), D는 대수층의 두께(m), r_1과 r_2는 양수정으로부터 떨어진 거리(m), h_1과 h_2는 r_1 및 r_2에서의 지하압력수위(m)이다.

예제 7.9

피압대수층에서 물을 양수하기 위해 양수정을 설치하였다. 두 관측지점 O_1, O_2가 양수정으로부터 100m, 1000m 거리를 두고 설치되었으며, 양수정으로부터 0.2m^3/min의 율로 양수하고 있다. 정상상태에서 수위의 강하가 O_1에서는 8m, O_2에서는 2m였다. 대수층의 두께가 20m일 때 투수계수 K와 투과율 T를 산정하라.

풀이

주어진 값들을 정리하면

$$Q = 0.2m^3/min,\ r_1 = 100m,\ r_2 = 1{,}000m,\ s_1' = 8m,\ s_2' = 2m,\ D = 20m$$

$s_1' = h_0 - h_1, s_2' = h_0 - h_2$이므로 식 (7.5.4)로부터

$$T = KD = \frac{Q}{2\pi(h_2 - h_1)}\ln\left(\frac{r_2}{r_1}\right) = \frac{Q}{2\pi(s_1' - s_2')}\ln\left(\frac{r_2}{r_1}\right)$$

$$= \frac{0.2m^3/min}{2\pi(8m - 2m)}\ln\left(\frac{1000m}{100m}\right) = 0.0122m^2/min = 2.03cm^2/sec$$

따라서

$$K = \frac{T}{D} = \frac{2.03cm^2/sec}{2000cm} = 1.02\times10^{-3}cm/sec$$

7.5.3 비피압대수층에서의 양수

비피압대수층에서의 양수율과 투수계수는 양수우물과 관측우물을 이용하여 피압대수층에서 설명한 방법과 유사한 방법으로 결정할 수 있다. 그림 7.14와 같은 비피압대수층의 양수를 생각해 보자. 대수층의 불투수성 바닥까지 굴착된 우물이 일정한 수두를 가진 동심원 모양의 경계면으로 둘러 싸여 있다면 양수율 Q는 다음과 같이 나타낼 수 있다.

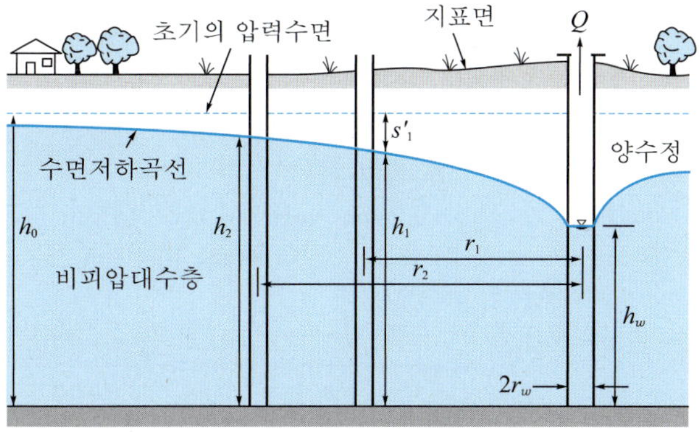

그림 7.14 비피압대수층에서의 양수

$$Q = AV = 2\pi r h K \frac{dh}{dr} \tag{7.5.5}$$

식 (7.5.5)를 적분하면

$$Q \int_{r_1}^{r_2} \frac{1}{r} dr = 2\pi K \int_{h_1}^{h_2} h dh \tag{7.5.6}$$

따라서 비피압대수층을 통한 양수율 Q는 다음과 같다.

$$Q = \pi K \frac{(h_2^2 - h_1^2)}{\ln\left(\frac{r_2}{r_1}\right)} \tag{7.5.7}$$

일반적으로 우물 주변에서는 지하수위가 급격하게 낮아지므로 흐름의 연직성분이 크게 되어 Dupuit의 수평흐름 가정이 성립하지 않으나 수두 h를 정확히 측정하면 식 (7.5.7)에 의해 구한 양수율은 비교적 정확하다. 피압대수층과 마찬가지로 투수계수 K는 다음과 같이 구하게 된다.

$$K = \frac{Q}{\pi(h_2^2 - h_1^2)} \ln\left(\frac{r_2}{r_1}\right) \tag{7.5.8}$$

여기서 K는 투수계수(m/sec), Q는 양수율(m^3/sec), r_1과 r_2는 양수정으로부터 떨어진 거리(m), h_1과 h_2는 r_1 및 r_2에서의 지하수위(m)이다.

예제 7.10

충분히 관입된 비피압대수층의 우물로부터 $0.284m^3/min$의 물을 양수하고 있다. 초기의 지하수위는 10.5m이다. 장시간 후에 우물로부터 22.5m 떨어진 관측정에서 지하수위가 6m이고, 600m 떨어진 관측정에서의 지하수위가 10.2m일 때 투수계수를 산정하라.

풀이

주어진 값을 정리하면

$$Q = 0.284m^3/min = 4.73 \times 10^{-3} m^3/sec$$

$$r_1 = 22.5m,\ r_2 = 600m,\ h_1 = 6m,\ h_2 = 10.2m$$

식 (7.5.8)로부터

$$K = \frac{Q}{\pi(h_2^2 - h_1^2)} \ln\left(\frac{r_2}{r_1}\right) = \frac{4.73 \times 10^{-3} m^3/sec}{\pi[(10.2m)^2 - (6m)^2]} \ln\left(\frac{600m}{22.5m}\right) = 7.27 \times 10^{-5} m/sec$$

7.5.4 누수피압대수층에서의 양수

낮은 지하수위를 가진 비피압대수층이 위에 놓여있고 아래에 반대수층(aquitard)으로 경계를 이루고 있는 누수피압대수층(leaky confined aquifer)에서의 양수는 그림 7.15와 같다. 비피압대수층에서의 지하수위보다 누수피압대수층에서의 압력계에 의한 수위가 낮은 경우 물이 반대수층을 통해 아랫방향으로 연직 이동한다.

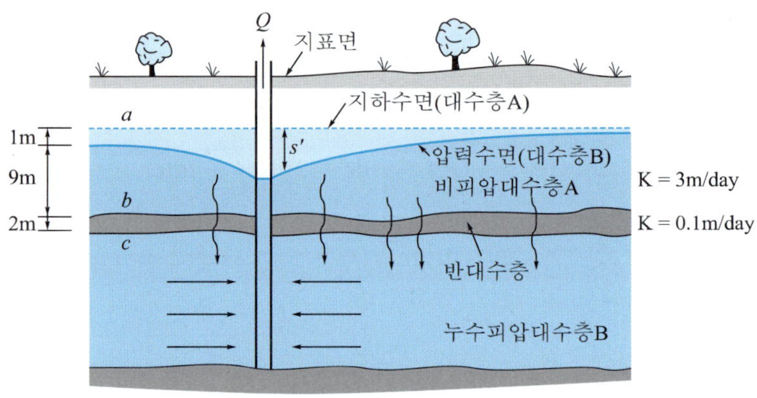

그림 7.15 누수피압대수층에서의 양수

그림에서처럼 a에서 b로 Darcy의 법칙을 적용하고 c를 바닥이라고 하자. 비피압대수층에서의 투수계수는 3m/day, 반대수층에서의 투수계수는 0.1m/day이다. 또한 a로부터 b까지의 거리는 10m, b에서 c까지의 거리는 2m이고, 누수피압대수층과 비피압대수층의 수두 차는 1m이다. a에서 b까지 Darcy의 법칙을 적용하면

$$V = K\frac{dh}{dL} = 3\frac{12 - h_b}{10} \tag{7.5.9}$$

b에서 c까지 Darcy의 법칙을 적용하면

$$V = K\frac{dh}{dL} = 0.1\frac{h_b - 11}{2} \tag{7.5.10}$$

두 식을 연립하여 h_b에 관해서 풀면 누수피압대수층의 c지점에서 약 11.85m로 계산된다. 즉, 누수피압대수층(c지점)에서의 수두가 비피압대수층(b지점)에서의 수두보다 약간 작다. 따라서 얕은 대수층을 통해 물이 아랫방향으로 이동하면서 0.15m의 수두손실이 발생한다.

만일 누수피압대수층에서 양수를 하면 수두 차로 인하여 비피압대수층으로부터 누수피압대수층으로의 추가적인 유출이 발생하고(위에서 아래로), 비피압대수층에서 양수를 한다면 이와는 반대로 누수피압대수층에서 비피압대수층으로 유출(아래에서 위로)이 발생한다.

예제 7.11

그림 7.15와 같은 누수피압대수층에서 양수를 하고 있다. a와 b 사이에서의 투수계수가 1.02×10^{-3} cm/sec이고 b와 c 사이에서의 투수계수가 7.26×10^{-5}cm/sec일 때 a에서 c까지 물이 이동하면서 발생하는 수두손실을 계산하라.

풀이

a와 b사이의 깊이는 10m, 투수계수는 1.02×10^{-3}cm/sec = 0.88m/day

b와 c사이의 깊이는 2m, 투수계수는 7.26×10^{-5}cm/sec = 0.063m/day

a에서 b까지 Darcy의 법칙을 적용하면

$$V = K\frac{dh}{dL} = 0.88\frac{12 - h_b}{10}$$

b에서 c까지 Darcy의 법칙을 적용하면

$$V = K\frac{dh}{dL} = 0.063\frac{h_b - 11}{2}$$

두 식을 연립하여 h_b에 관해서 풀면 c지점에서 약 11.73m로 계산된다. 따라서 얕은 대수층을 통해 물이 아랫방향으로 이동하면서 0.27m의 수두손실이 발생한다.

7.6 지하수함양

지하수함양(groundwater recharge)은 물을 넓은 면적에 분포시키거나 자연 상태를 인위적으로 변경하는 등의 방법을 통하여 지하수 저류량을 증대시키는 것이다. 다시 말하면 양수와는 반대로 지하 대수층에 물을 다시 채우는 것으로 가장 자연적이고 근원적인 지하수함양은 강수로 인해 일어난다. 하지만 국지적으로 과도한 양수로 인한 지반의 붕괴, 지하오염원의 제거, 해수의 침입 방지 등과 같이 자연적인 강우에만 의존할 수 없는 상황이 자주 발생하고 있어 인위적으로 지하수를 함양할 필요성이 증대하고 있다.

7.6.1 수표면 증가방법에 의한 지하수함양

인위적으로 지하수를 함양하기 위한 다양한 방법들이 제시되고 있으며 지형학적, 지질학적, 수문학적, 기후학적 그리고 경제적인 상황을 고려하여 적절한 방법을 택하게 된다. 가장 널리 쓰이고 있는 방법들은 지표면에 물을 넓게 분포시켜 침투지역을 넓혀 지하로 침투를 유도하는 것이다. 이런 방법을 일반적으로 수표면의 증가(spreading of water)라 하며 침투지법, 하상변경법, 도랑법, 범람법 등이 있다.

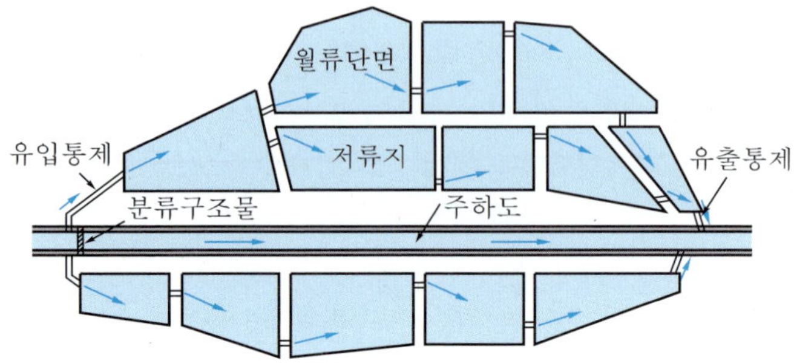

그림 7.16 하천을 따른 일련의 침투지

1) 침투지법

침투지법(basin method)은 국지 지형을 최대한 이용하여 축조한 제방에 의해 형성된 일련의 침투지에 물을 저류시키는 것이다. 침투지는 서로 연결되어 있어 한 침투지에서 월류한 물이 보다 낮은 다른 침투지로 유입되도록 설계한다. 그림 7.16은 하천을 따라 조성한 침투지의 모습이 보여주고 있는데 공간을 효율적으로 이용할 수 있으며, 불규칙한 지형을 이용하고 건설비용이 그리 많이 들지 않는 장점이 있다. 특히 상류 침사지인 경우 실트질의 침전으로 침투효율이 감소할 수 있으므로 정기적인 준설이 필요하다.

2) 하상변경법

하상변경법(modified stream bed method)은 하천에서 물의 침투를 유도하는 것으로 하천 폭을 비교적 넓고 평탄하게 하고, 경사가 작게 유지하거나 하류부에 보나 댐을 설치하여 물이 장기간 머물면서 침투가 발생하도록 하는 것이다.

3) 도랑법

도랑법(ditch 또는 furrow method)은 불규칙한 지형에서 하천과 접한 일련의 도랑을 통해 물을 저류시켜 침투를 발생시키는 것이다. 도랑은 얕고 바닥이 편평하며 물과 접하는 면적이 최대가 되도록 근접하여 위치시킨다. 도랑의 경사는 부유물이 가라 앉아 침투공극을 막지 않을 정도로 크게 하고 끝단의 낮은 지점에 집수 도랑을 만들어 하천으로 잉여의 물이 되돌아 갈 수 있도록 설계한다. 이 방법은 지형과 지역의 면적에 영향을 받는다.

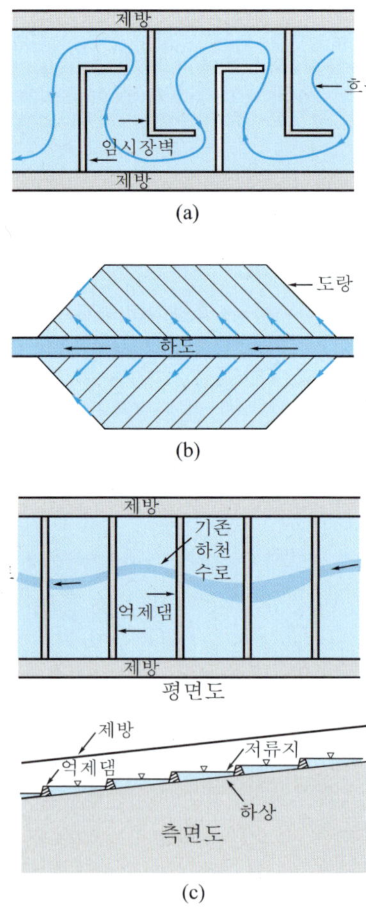

그림 7.17 지하수함양 방법들
(a) 장벽설치, (b) 도랑, (c) 억제 댐

4) 범람법

범람법(flooding method)은 홍수터나 인공습지 등 자연적으로 조성된 비교적 편평한 곳에 물을 넓고 얕게 저류하여 침투시킴으로서 지하수를 함양하는 방법이다. 통제구조물이 필요 없지만 침투지역으로 물을 보내기 위한 도수로 등이 필요하다. 식생의 성장을 방해하거나 토양 표층을 교란시키지 않고 최대의 침투가 발생할 정도로 물을 보낸다.

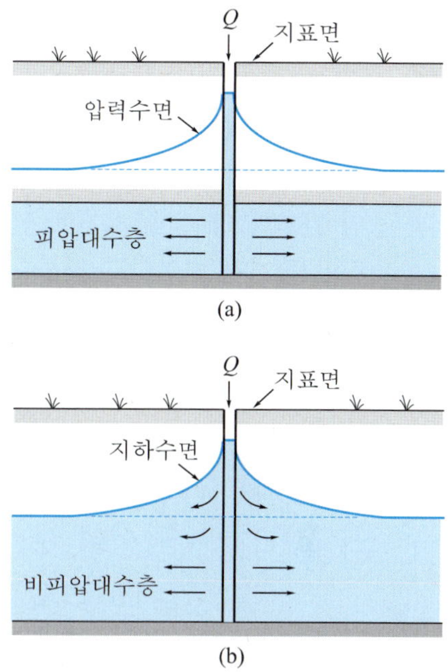

그림 7.18 피압 및 비피압대수층에서의 우물을 통한 지하수함양

7.6.2 우물을 통한 지하수함양

깊은 피압대수층으로의 지하수함양이나 공간적으로 다른 방법을 적용하기 곤란한 경우에 우물을 통한 지하수함양이 사용될 수 있다. 수리학적인 면에서 볼 때 우물이 같은 수위를 유지하기 위해서는 양수량과 함양량이 동일해야 하지만 실제로는 동일하지가 않다. 이러한 차이로 우물에서 구멍이 뚫린 케이스 부분이 미세한 대수층 입자, 함양수에 포함된 부유물질, 물속에 용해된 산소, 박테리아, 함양수와 지하수사이의 화학적 작용 등으로 막히게 되므로 지하수 함양을 위한 우물 관리에 주의를 하여야 한다.

자갈층을 설치한 우물은 그렇지 않은 경우보다 효과적으로 지하수를 함양할 수 있다. 함양수는 깨끗해야 하며, 나트륨의 농도가 높아서는 안 되고, 염소처리를 해야 한다. 함양은 비교적 일정한 압력으로 이루어져야 한다.

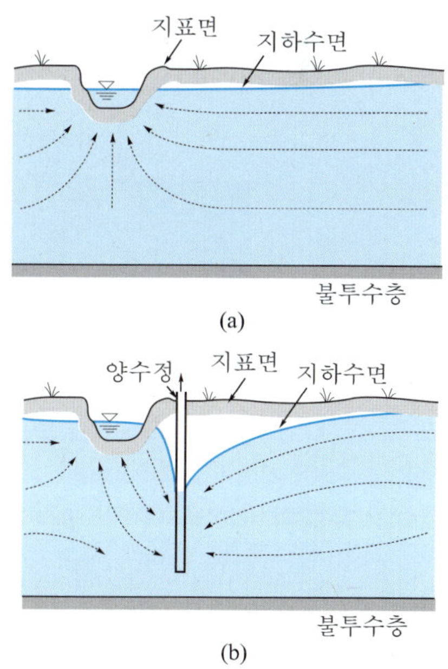

그림 7.19 유도 지하수함양

7.6.3 유도 지하수함양

유도 지하수함양(induced recharge)은 하천과 인접한 우물을 통하여 양수를 함으로서 하천수 또는 지표수가 지하로 함양되도록 유도하는 것이다. 그림 7.19는 하천근처의 우물에서의 양수로 인한 하천수의 침투를 보여주고 있다. 이 방법은 지표수의 수질이 양호하지 않은 경우 침투를 통한 여과과정에서 정수가 되므로 유용한 방법이라고 할 수가 있다.

7.7 해수침입

자연적인 상태에서 해안을 따라 해수(seawater) 및 담수(freshwater)간에 밀도차에 비례하여 평형상태가 형성될 수 있다. 해수의 비중이 담수에 비해 2.5% 정도 크므로 담수가 해수위로 뜨게 된다. 지하수의 과도한 양수 및 제거로 인해 해수와 담수간의 자연적인 경계가 변경되고 지하수면의 새로운 경사가 조성되어 해수와 담수간의 평형이 교란을 받게 된다. 정수압의 균형 변화가 해수의 침입을 초래하는 것이다. 해수가 담수 대수층으로 침입하는 것이 대표적인 예로 물의 화학적 구성성분의 변화로 인해 점성이 변하고 따라서 투수계수가 변하여 지하수의 흐름에 변화를 주게 된다.

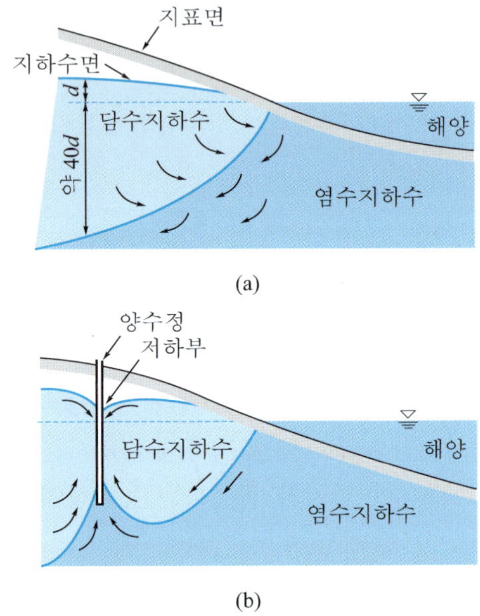

그림 7.20 해수의 침입

그림 7.21에는 피압대수층 및 비피압대수층에서의 정상적인 해수 및 담수위치가 나타나 있다. 하지만 여러 이유로 인해 균형이 교란되어 해수가 침투하게 된다. 해수 침투가 발생하면 염분을 제거하기가 대단히 어려우므로 오염된 대수층은 수원으로서의 기능을 거의 상실하게 된다. 해수의 침투가 일어나는 원인과 해결방법에 대해 알아보기로 한다.

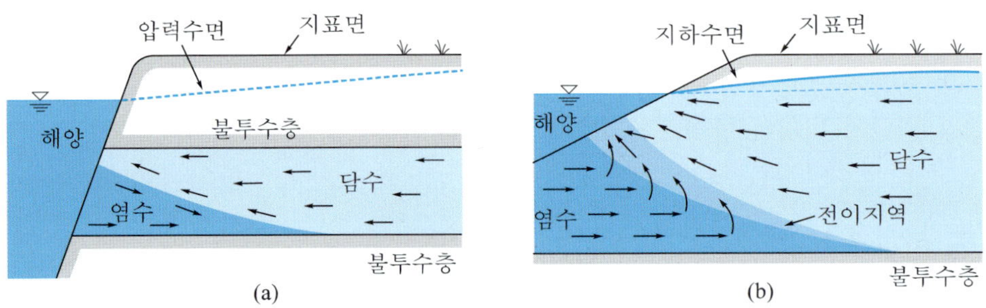

그림 7.21 피압 및 비피압대수층에서의 해수 및 담수 존재 양상

1) 과도한 양수로 인한 해수침입

과도한 지하수 양수로 인해 지하수면 경사가 감소되거나 역경사가 되어 비중이 큰 해수가 침투하게 된다. 그림 7.20b와 같이 해안선 근처 우물에서 과대한 양수로 지하수위가 감소하여 해안쪽으로 낮아지는 경사가 우물쪽으로 낮아져 담수의 압력이 낮아지므로 그 밑에 있던 해수가 상승하여 우물

지점까지 이르게 된다. 이러한 경우 그림 7.22a와 같이 해안에 평행하게 일련의 우물을 운영하여 양수를 계속함으로서 해수가 내륙지역으로 계속 침투하는 것을 방지할 수 있다. 하지만 이 방법을 사용하면 내륙 쪽에 있는 담수도 함께 양수되어 소모되고 운영비가 많이 드는 단점이 있다.

또 다른 방법으로 그림 7.22b와 같이 해안선에 평행하게 일련의 우물을 설치하여 이번에는 우물을 통해 담수를 주입함으로서 해수가 밀려서 바다 쪽으로 흐르게 할 수 있다. 이 방법은 내륙 쪽에서 우물을 통해 양수한 물을 주입하면 되므로 물의 낭비는 앞의 양수방법에 비해 없다고 볼 수 있으나 운영비가 많이 든다.

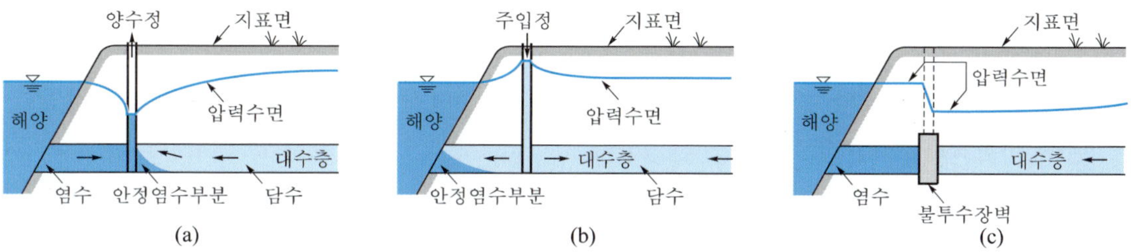

그림 7.22 해수침입을 통제하는 방법들

2) 지하수와 해수사이 장애의 제거

해안 배수로를 굴착하는 경우 해수가 내륙 깊숙이 들어와 해수가 대수층으로 침투함으로서 염수의 침입이 발생한다. 이 경우에는 해안선을 따라(그림 7.22c) 또는 내륙배수로를 따라 지하에 아스팔트, 콘크리트, 점토, 판기초 등과 같은 불투수성 벽을 쌓아 방지할 수 있다. 이 방법은 유지관리비가 적게 드나 건설비가 많이 드는 단점이 있다.

3) 하부층에서의 해수 상승

하부에 해수층이 있는 경우 그 위에 위치한 담수층에 우물을 설치하여 양수를 하는 경우 우물 주위로 해수층이 상승하여 우물을 오염시키게 된다. 실제로는 해수층과 담수층 사이에 중간층이 형성되어 작은 양의 양수로도 해수가 우물에 도달하게 된다. 이러한 경우 앞에서 언급한 바와 같이 우물을 통해 담수를 주입함으로서 해수의 높이를 낮추는 방법을 사용할 수 있고, 과도한 양수를 억제하여 자연적으로 해수의 높이가 낮아지기를 거다리는 방법이 있다.

연습문제

7.1 대수층으로부터 시료를 채취하여 그림 7.3a와 같은 정압수두 투수계를 이용하여 투수계수를 산정하려고 한다. 시료의 반경이 2cm이고 길이가 30cm일 때 하루 동안 시료를 통과한 물의 양이 $0.0153m^3$이고 수두 차가 14cm인 경우 투수계수를 산정하라.

7.2 대수층으로부터 시료를 채취하여 그림 7.3b와 같은 감소수두 투수계를 이용하여 투수계수를 산정하려고 한다. 시료의 반경이 2cm이고 길이가 30cm일 때 2시간 동안 물이 시료를 통과하여 반경 1cm인 관의 수위가 50cm에서 20cm로 낮아진 경우 투수계수를 산정하라.

7.3 관정을 통해 $500m^3$의 물을 양수한 결과 $4,800m^2$의 면적상에서 지하수위가 1.6m 하강할 경우에 대한 비산출량 또는 저류상수를 산정하라.

7.4 대수층에서의 물의 온도가 20℃이고 물의 이동속도가 22.9cm/day일 때 다공성매체의 평균입경이 1.78mm라면 Reynolds number는 얼마인가? 이러한 흐름에서 Darcy의 법칙을 적용할 수 있는가?

7.5 물의 온도가 20℃일 때의 투수계수가 $K=1.73\times10^{-2}$m/day라면 10℃ 및 25℃일 때의 투수계수는 얼마인가.

7.6 대수층이 폭 500m, 깊이 13m, Darcy의 유속 0.15m/d, 공극률 0.25일 때 대수층을 통한 단위폭당 유량, 전체 유량 그리고 침윤속도를 산정하라.

7.7 그림 7.8과 같이 하천으로 지하수가 유입하고 있다. 만일 h_1=12.5m, h_2=11.3m, L=500m, 투수계수가 1.5m/d일 경우 Darcy의 법칙을 이용하여 하천길이 100m를 통해 유입되는 지하수량을 산정하라.

7.8 대수층으로부터 표본을 채취하여 그림 7.7과 같은 실험을 통해 투수계수를 산정하려고 한다. 시료의 직경은 5cm 길이 L=30cm일 때 시료를 통과한 물을 측정한 결과 3분 동안에 $45cm^3$이고 두 단면간의 수두 차는 14cm였다. 투수계수를 산정하라.

7.9 대수층에서의 투수계수를 산정하기 위해 서로 40m 떨어진 두 지점에 관측정을 설치하였다. 한 관측정에서 추적약품을 투입하여 다른 관측정에서 확인되는데 걸리는 시간이 5시간이고 두 지점간의 수위차가 0.6m이며 대수층의 평균 공극률이 15%이면 투수계수는 얼마인가?

7.10 그림 7.9a와 같은 댐 아래에서의 누출량을 산정하라. 댐의 폭은 50m이고 투수계수 K는 10^{-4}m/sec이다.

7.11 그림 7.10과 같이 피압대수층에서 50m 떨어진 두 지점에 압력계를 설치하여 압력계 수위를 관측한 결과 36m와 31m로 나타났다. 대수층의 깊이가 8m, 폭이 20m이고 투수계수가 0.15m/day일 때 대수층을 통해 흐르는 유량을 산정하라.

7.12 그림 7.11과 같은 비피압대수층에서 50m 떨어져 있는 두 지점의 지하수위가 h_1=36m, h_2=41m이고 투수계수는 0.15m/day이며, 폭이 20m일 때 두 지점을 통해 흐르는 유량을 계산하라.

7.13 피압대수층에서 물을 양수하기 위해 양수정을 설치하였다. 두 관측지점 O_1, O_2가 양수정으로부터 100m, 500m 거리를 두고 설치되었으며, 양수정으로부터 0.5m^3/min의 율로 양수하고 있다. 정상상태에서 수위의 강하가 O_1에서는 10m, O_2에서는 3m이다. 대수층의 두께가 35m일 때 투수계수 K와 투과율 T를 산정하라.

7.14 피압대수층에서 지하수를 양수하려고 한다. 초기의 압력수두가 15m이고 10m 및 100m 떨어진 지점에서의 압력수두 저하가 4m 및 1m라면 양수율은 얼마인가. 투수계수는 K=7.5m/day이고 대수층의 두께는 2m이다.

7.15 충분히 관입된 비피압대수층의 우물로부터 1.5m^3/min의 물을 양수하고 있다. 초기의 지하수위는 8m이다. 장시간 후에 우물로부터 50m 떨어진 관측정에서 지하수위가 5m이고, 500m 떨어진 관측정에서의 지하수위가 7m일 때 투수계수를 산정하라.

7.16 비피압대수층에서 지하수를 양수하려고 한다. 초기의 지하수위는 10m이고 10m 및 100m 떨어진 지점에서의 지하수위 저하가 2.8m 및 1.2m라면 양수율은 얼마인가. 투수계수는 K=5.0m/day이다.

7.17 비피압대수층에서 양수정을 통해 0.25m^3/sec의 율로 지하수를 양수하고 있다. 우물의 깊이는 35m이고 직경은 50cm이다. 양수정의 중심으로부터 10m 및 100m 떨어진 지점에서의 지하수위 강하가 4m 및 1m일 경우 투수계수를 산정하라. 양수정에서의 수위강하는 얼마인가?

7.18 그림 7.15와 같은 누수피압대수층에서 양수를 하고 있다. a와 b 사이의 깊이가 18m, 투수계수가 2.308×10^{-3}cm/sec이고 b와 c 사이의 깊이가 2m, 투수계수가 5.787×10^{-4}cm/sec일 때 a에서 c까지 물이 이동하면서 발생하는 수두손실을 계산하라. 단, 비피압대수층에서의 지하수위와 누수피압대수층에서의 수두 차는 3m이다.

CHAPTER 08

하천유량

8.1 서 론

여러 가지 목적의 수자원계획에서 유량관측은 필수적이며, 유역에 대한 물의 순환과정에서 강우를 입력으로 본다면 유량은 여러 가지 과정을 거쳐서 최종적으로 유역 출구지점으로 빠져나오는 출력이라 할 수 있다. 따라서 수문해석을 위해서는 입력 자료인 강우뿐만 아니라 출력자료인 유량의 관측이 필수적이다.

특정한 강우사상이나 일정기간동안의 유출률 또는 유량(discharge 또는 runoff)을 산정하기 위해서는 하천유출과 관련된 관측 자료가 필요하다. 직접적으로 유량을 관측할 수도 있고 간접적으로 유량을 산정하기 위해 관련 변수들의 값을 측정할 수도 있다. 하천유량 또는 간단히 유량은 단위시간 동안의 강, 하천, 계곡 및 하도의 특정 단면을 통과하는 물의 양이라 할 수 있으며 일반적으로 m^3/sec의 단위를 사용하고 있다. 유량을 산정하기 위한 방법들을 분류하면 표 8.1과 같으며 본 장에서는 하천유량을 측정하는 다양한 방법과 절차에 대해 알아보기로 한다.

표 8.1 유량산정방법의 분류

구 분	측 정 량		
	수 위	유 속	유 량
방 법	보통수위계 부표식 압력센서식 전자기식	유속계 희석식 부자식 초음파식 전자기식	직접측정 위어사용 오리피스 수로

8.2 수위측정

수위(stage)는 평균해수위(mean sea level)를 기준으로 관측한 하천 수표면의 높이로 모든 수문학적 과정 및 유역의 물 이동 특성을 반영하고 있다. 유역마다 기록적인 최고수위가 존재하며 이는 인위적으로 또는 나무나 구조물에서의 흔적을 통해 확인할 수 있다.

수위 기록들은 최고 및 최저수위를 정의하는데 필요하며, 기록을 할 때 홍수범람의 공간적인 범위, 역사적인 변동률 그리고 유역수문특성들도 함께 기록되어야 한다. 수위 기록은 유량의 단위로 변환되어지기 때문에 수위수문곡선(stage hydrograph)이라고도 불린다. 수위를 측정하기 위한 수위계(stage gauge 또는 recorder)는 크게 보통수위계(manual gauge)와 자기수위계(recording gauge)로 분류할 수 있다.

8.2.1 보통수위계

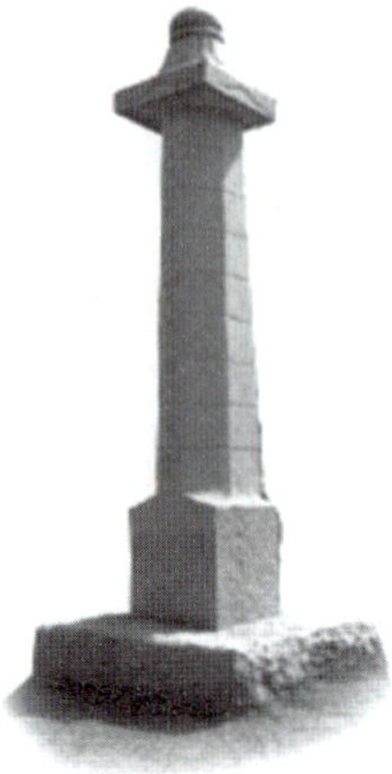

그림 8.1 수표

세종 23년(조선 1441년)에 강우량을 관측하는 측우기를 만들어 강우량의 과학적 측정법을 확립하고, 청계천의 수위를 측정하기 위해서 준척수위계의 일종인 그림 8.1과 같은 수표를 설치하였으며, 수표근처에 놓은 다리를 수표교라 한다. 돌기둥에 눈금을 새겨 수위를 관측하였는데, 눈금은 주척 1자로 그 길이는 평균 21.5cm 간격이다. 돌기둥에 눈금을 1자에서 10자까지 새기고 3자, 6자, 9자되는 눈금 위에는 0표를 파서 각각 갈수, 평수, 대수 등을 헤아리는 표시로 삼았다. 즉 6자 안팎의 물이 흐르는 것이 보통의 수위이며 9자가 넘으면 위험 수위로 청계천이 넘칠 것을 예고하였다.

보통수위계는 눈금자를 이용하는 준척수위계(staff gauge), 추를 이용하여 수위를 재는 추선수위계(wire weight gauge), 부표를 이용한 부자수위계(float gauge) 그리고 첨두수위를 측정할 수 있는 첨두수위계(crest stage gauge) 등이 있다. 보통수위계 중 가장 간단한 것으로 교량이나 구조물에 부착된 눈금자(staff)가 있으며 이 경우 매일 수위를 읽어야 한다.

첨두수위계는 치수목적으로 최고수위 또는 홍수유량을 분석할 때 사용되는 수위계로 하천구조물에 부착된 원통관 내부에 눈금자를 부착하고 관안에 코르크 가루를 집어넣어 수위가 상승할 때에는 코르크도 같이 상승하고 수위가 최고치를 지나 다시 감소할 경우에는 코르크가 최고 수위에서 눈금자에 부착되어 그대로 남아 있으므로 최고 수위를 관측할 수 있다.

8.2.2 자기수위계

보통수위계인 경우 매번 관측을 해야 하는 단점이 있으므로 자동으로 수위를 기록하는 다양한 자기수위계가 개발되어 사용되고 있다. 자기수위계로는 부표식 수위계(float type gauge), 압력식 수위계(pressure sensor gauge), 전기저항식 수위계(electric resistance gauge), 초음파수위계(ultrasonic gauge) 그리고 레이더 수위계(radar gauge) 등이 있다.

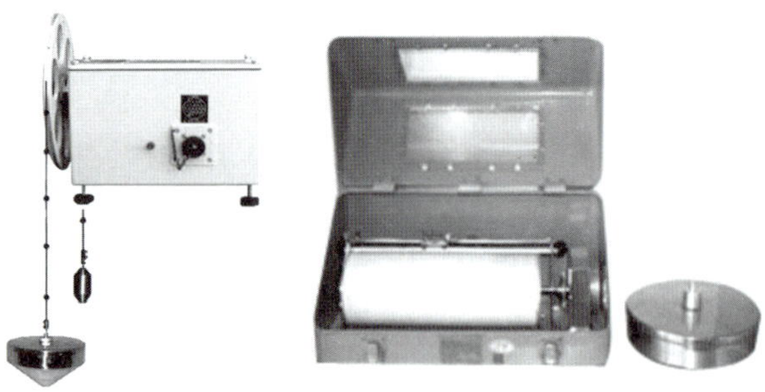

그림 8.2 부표식 자동수위계

부표식 수위계는 그림 8.2와 같이 부표와 추가 안내 도르래를 통해 연결되어 있어 수위의 변화에 따라 부표가 상하로 움직이고, 이에 따라 도르래도 움직여 자동기록장치에 수위의 변화가 기록된다. 부표식 수위계를 사용할 때 유속이 빠른 경우 부표가 이동되고 훼손될 우려가 있고 인위적인 수위의 변동이 심한 곳에서는 정확한 수위를 관측하기 곤란하므로 수위계의 보호 및 정확한 관측을 위해 그림 8.3과 같이 하천변에 감세우물(stilling well)을 만들어 그 안에 설치하여 사용한다. 하천 수로상에서는 짧은 시간에 수위의 변동이 많지만 감세 우물에서는 이러한 변동이 최소화되므로 평균적인 수위를 측정할 수 있다.

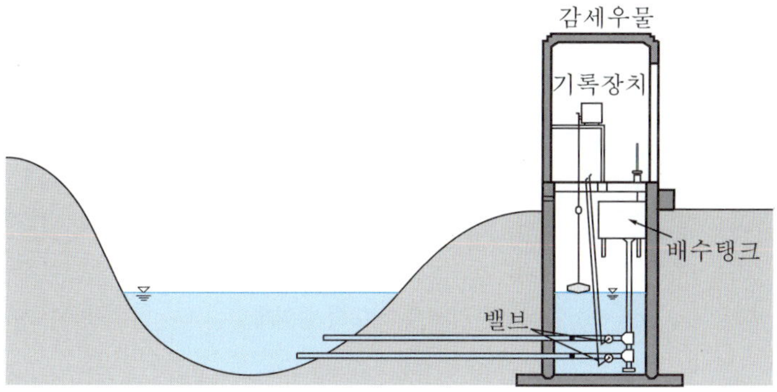

그림 8.3 부표식 수위계를 위한 감세우물

수위 관측지점의 지형이 험하거나 실트가 쌓여 접근이 용이하지 않은 경우, 또는 단기간의 수위 관측을 위해서는 감세우물을 설치하는 것은 바람직하지 않으며. 이런 경우 기포감지 수위계(bubble sensor gauge)를 사용한다. 기포감지 수위계는 그림 8.4와 같이 건조 질소와 건전지 전원을 사용하며 수두에 따른 압력의 변화를 감지하여 수위로 변환한다. 기포발생장치 및 기록계는 수위 관측지점인 하천지점보다 수십m 떨어진 지점에 설치할 수 있다.

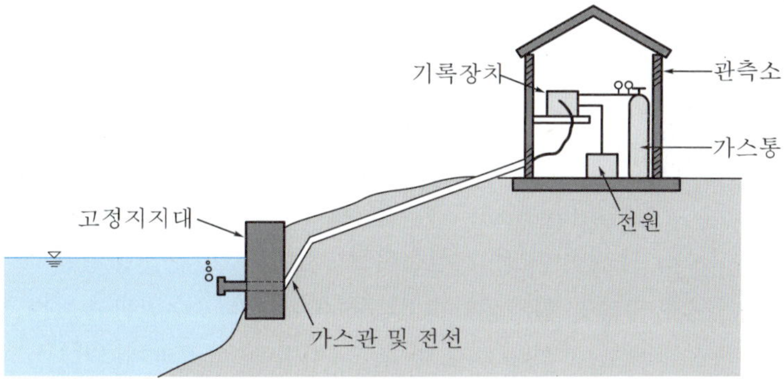

그림 8.4 기포감지 수위계

압력식 수위계인 경우 전선이 기록장치에 연결되어 자동으로 수위 변화를 기록할 수 있으며 수위 변화에 따른 압력 변화를 감지하여 이를 수위로 변환하여 기록한다. 압력식 수위계는 일반적으로 교량의 교각에 부착시켜 사용하고 정기적으로 기록된 자료를 백업받는다. 압력센서가 흐름에 노출되어 있으면 부유물 등에 의해 훼손될 수 있으므로 적절한 보호 장치를 설치한다. 그림 8.5는 다양한 압력식 수위계를 보여주고 있다.

그림 8.5 압력식 수위계

초음파 수위계는 초음파 발신자에서 발신된 초음파 파동이 수면에서

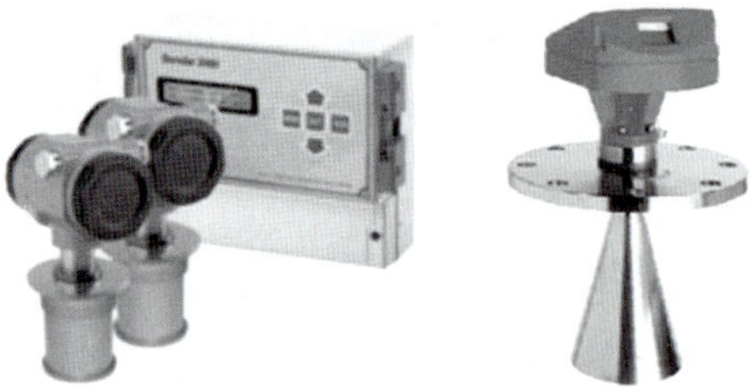

그림 8.6 초음파수위계 및 레이더 수위계

반사하면 그 반향신호를 수신기로 포착한다. 초음파의 전달시간이 수위에 비례하기 때문에 발신, 수신의 시간을 연산하여 수위를 얻는다. 초음파 수위계를 사용할 때 측정면에 물결, 부유물, 거품 등이 있는 장소를 피해야 하며, 감지 못하는 지역이 있기 때문에 측정 상한 수면보다도 보통 1m 정도 상부에 설치해야 하며, 초음파의 지향성 범위 내(수직방향에 대하여 전 방향 7° 이내) 및 전후좌우 1m 이내에 돌기물이 없는 장소에 설치하여야 한다.

레이더 수위계는 최고 10GHz의 높은 주파수를 이용한 측정방식으로 타 수위계에 비하여 정확한 수위를 측정할 수 있다. 레이더 수위계는 비접촉 측정방식으로 온도 및 압력에 영향을 받지 않으며 거품 등에도 전혀 영향을 받지 않고 0.1~0.2% 이내의 고정밀도 측정이 가능하다.

8.2.2 수위관측소의 위치 선정

양질의 수위관측자료를 획득하기 위해서는 하천수계 전체를 고려하여 장래의 하천 분석 및 관리상 중요한 지점을 선정하고, 지형도 및 하천종횡단 도면 등을 참고하여 검토한 후 현지답사를 통해 구체적인 설치장소를 선정하여야 한다. 수위관측소는 하천설계, 수자원분석, 수공구조물의 설계, 홍수예보를 위해 다음과 같은 지점에 설치하게 된다.

① 하천 관리, 하천정비기본계획 및 수자원개발계획, 하천구조물의 시공 상 중요한 지점으로 영구관측이 필요한 지점
② 주요 지류・파천의 합・분류 전후, 보・수문 등의 상・하류지점
③ 협곡부, 유수지, 호소, 저수지, 내수 및 하구 등의 수리상황을 알기 위하여 필요한 지점

이와 같이 관측 필요성에 의해 지점이 선정되었으면 다음과 같은 사항들을 고려하여 구체적인 위치를 결정하여 관측소를 설치한다.

① 유량이 변해도 흐름 상태가 심하게 변하지 않는 지점
② 저수 및 홍수 시 모두 유심이 적당하게 위치하는 지점
③ 저수지내 수위관측인 경우 목적이나 부근의 지형지물을 고려하여 대표성이 있는 지점
④ 조석의 영향이 없는 지점
⑤ 수위를 유량으로 환산할 필요가 있는 지점에서는 유량변화에 따른 수위변화가 큰 지점
⑥ 시야확보가 좋고 어느 정도의 수심이 있어 직선구간이 확보되는 지점
⑦ 유로나 하상의 변동이 심하지 않은 지점
⑧ 갈수기에도 하상이 드러나지 않는 지점
⑨ 부유물의 위험에 노출되지 않는 지점

표 8.2 우리나라의 수위관측소 현황 (2012년 현재)

수계명	국토교통부			한국수자원공사			국립환경과학원			한국수력원자력			합계		
	TM	자기	소계	TM	자기	소계	TM	자기	소계	TM	자기	소계	TM	자기	소계
합계	423		423	139	2	141	2		2	7		7	571	2	573
한강	101		101	28		28				6		6	135		135
안성천	10		10										10		10
양양남대천	1		1										1		1
삼척오십천	1		1										1		1
강릉남대천	1		1										1		1
한강서해	1		1										1		1
한강동해	1		1	1		1							2		2
낙동강	101		101	57		57	2		2				160		160
형산강	6		6	1		1							7		7
태화강	5		5	4		4							9		9
영덕오십천				1		1							1		1
서낙동강	1		1										1		1
회야강	2		2										2		2
낙동강동해				3		3							3		3
낙동강남해				3		3							3		3
금강	75		75	15		15							90		90
삽교천	18		18										18		18
만경강	13		13		2	2							13	2	15
동진강	10		10										10		10
금강서해	3		3	3		3							6		6
섬진강	26		26	12		12				1		1	39		39
섬진강남해	3		3	8		8							11		11
영산강	39		39										39		39
탐진강	4		4	3		3							7		7
영산강서해	1		1										1		1
영산강남해															

⑩ 유지관리를 위한 접근도로가 있는 지점

⑪ 안전한 장소로 홍수 시 관측에 지장이 없는 지점

⑫ 관측소 용지 확보가 가능한 지점

우리나라는 국토교통부 외에 한국수자원공사, 국립환경과학원, 한국수력원자력에서 2012년 현재 전국 573개소의 수위관측소에서 각종 수문현상에 관한 관측을 실시하고 있으며, 수문 및 수자원 분야의 개발, 하천의 효율적인 관리 및 국토개발계획 등에 활용되고 있다.

8.3 유속측정

유량을 산정하기 위해서는 수위뿐만 아니라 유속도 동시에 측정을 하여야 한다. 유속을 측정하기 위한 다양한 방법들이 개발되었으며 기계적 방법(mechanical device)과 화학적 방법(chemical method)으로 분류할 수 있다. 하천 조건의 다양성, 유속의 다양성, 하천의 접근성 등을 고려하여 최선의 방법을 선택하여 측정한다.

8.3.1 기계적 방법

기계적인 방법에는 전통적으로 많이 사용되어 온 회전식 유속계(rotating meter), 동력식 유속계(dynamometer) 그리고 부표식 유속계(float type meter)가 있다. 또한 현대의 전자기적인 기술의 발달로 매우 간편하게 유속을 측정할 수 있는 다양한 전자기 유속계(electromagnetic current meter)가 개발되었다.

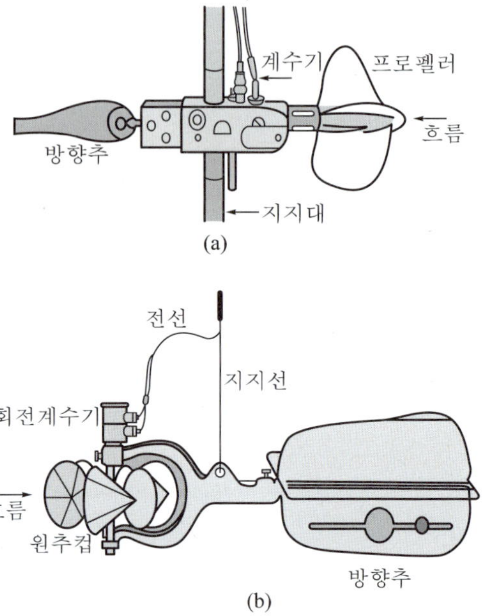

그림 8.7 회전식 유속계. (a) 프로펠러 유속계, (b) Price meter

회전식 유속계는 각속도를 선속도로 변환하는 회전계수기로 그림 8.7과 같이 프로펠러 또는 컵, 회전수 측정기, 축(shaft), 이어폰(earphone), 추(weight) 그리고 자로 구성되어 있다. 추는 빠른 유속에서도 유속계가 이동되지 않고 제자리를 유지할 수 있도록 충분히 무거운 것을 사용한다.

회전식 유속계인 Price meter(그림 8.7b)는 6개의 원추형 컵이 유속계 앞부분에 있는 연직 축 주위를 회전하게 되어 있으며, 뒷부분에는 날개가 있어 유속계를 흐름방향으로 항상 유지할 수 있도록 방향을 잡아준다. 물의 흐름 운동에 의하여 컵이 회전하면 전기회로로 연결되어 있는 계수기로 회전수를 측정하여 유속으로 환산하게 되며, 최근에는 유속을 직접 측정할 수 있는 디지털 Price meter가 사용되고 있다. 또한 전기저항을 이용한 전기유속계도 개발되어 사용되고 있다.

Price meter를 이용하여 유속을 측정할 경우 회전수만 측정한다면 다음과 같은 컵의 회전수 N과 유속간의 관계를 이용하여 유속으로 환산한다. 따라서 각 Price meter마다 공인된 기관에서 실험수조를 사용하여 결정된 고유의 회전수와 유속간의 관계식이 있으며, 측정을 시작하기에 앞서 다시 한 번 관계식을 검정할 필요가 있다.

$$V = A + BN \qquad (8.3.1)$$

여기서 V는 유속(m/sec), N은 컵의 초당 회전수, A와 B는 검정상수이다.

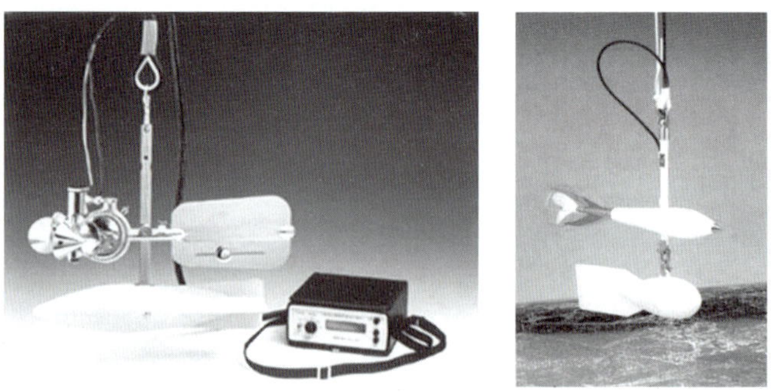
그림 8.8 디지털 Price meter 및 전기 유속계

검정상수 A, B를 결정하기 위한 절

차는 먼저 검정수조에서 유속계를 정수 중에 위치시키고 일정한 거리를 이동시킬 때의 시간을 측정하여 유속을 구하고 이와 함께 컵의 회전수를 동시에 측정한다. 다양한 이동속도에 대해 반복하고 유속과 회전수를 도시하여 다음과 같이 최소자승법이나 도해법에 의하여 A, B를 결정한다.

$$A = \frac{\Sigma V_i \Sigma N_i^2 - \Sigma N_i \Sigma N_i V_i}{n \Sigma N_i^2 - (\Sigma N_i)^2} \tag{8.3.2}$$

$$B = \frac{n \Sigma N_i V_i - \Sigma N_i \Sigma V_i}{n \Sigma N_i^2 - (\Sigma N_i)^2} \tag{8.3.3}$$

여기서 n은 실험회수, ΣN_i는 회전수의 총합, ΣN_i^2는 회전수의 제곱의 총합, ΣV_i는 유속의 총합, $\Sigma N_i V_i$는 회전수 및 유속의 곱의 총합이다.

전자유속계는 Faraday의 전자유도의 법칙(오른손법칙)을 응용한 것으로 주로 모델수조 등과 같이 얕고 좁은 상태에서의 작은 유속 측정이 가능한 고정밀도 유속계이다. 전자유속계는 2차원 및 3차원 흐름 유속을 측정할 수 있으며, 담수, 해수 혹은 흙탕물이나 기포가 혼합된 물 등과 상관없이 측정 가능하며, 프로펠러와 같은 기계적 가동부가 없기 때문에 고장이 적고, 작은 유속으로부터 큰 유속까지 정확하게 측정할 수 있는 안정된 유속계이다.

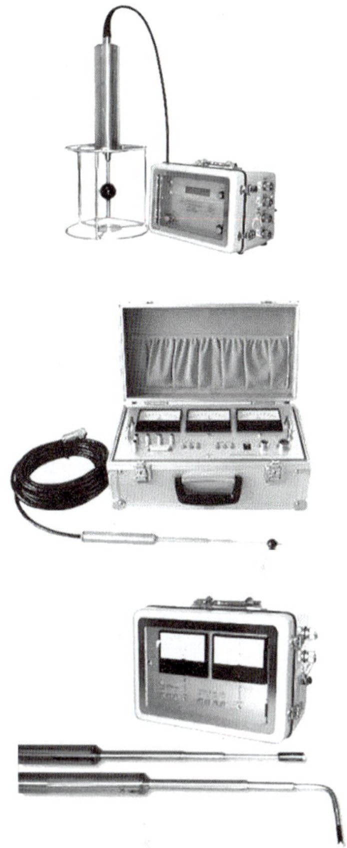

그림 8.9 전자유속계

8.3.2 화학적 방법

유속 또는 유량을 측정하기 위해 화학적 방법을 사용하기도 하는데, 이 방법에는 염분속도(salt velocity), 염분희석(salt dilution), 방사능추적(radioactive tracer)방법 등이 있다. 화학적 방법에서는 하천수에 존재하지 않으면서 하천의 생태환경에 영향을 주지 않는 화학물질을 사용하여야 한다.

1) 염분속도방법

염분속도방법은 하천에 유입된 소금이 전기전도성(electric conductivity)을 증가시킨다는 것에 기본을 둔 방법이다. 작은 양의 소금용액을 하천 횡단면의 여러 지점에서 파이프를 통해 급속히 주입하고 균일한 단면을 유지하는 비교적 짧은 거리의 하류지점에서 전극을 이용하여 관측한다. 소금용액이 첫 번째 전극을 통과하면 기록지에 표시가 되고 두 번째 전극을 통과할 때도 표시가 된다. 따라서 두 전극사이의 거리를 두 전극을 통과한 시간으로 나누면 유속이 된다.

2) 염분희석방법

염분희석방법은 농축한 소금용액을 일정한 율로 하천에 주입하여, 소금용액과 물이 완전히 혼합이 이루어진 후 하류지점에서 표본을 채취하여 분석하는 방법이다. 시료채취 지점을 통과하는 초당 소금의 무게는 하천에 의해 통상적으로 운반되는 소금의 무게와 초당 주입한 농축 소금물 무게와의 합과 같아야 한다는 조건으로부터 시료채취 지점을 통과하는 초당 물의 부피를 계산할 수 있다. 이 방법은 하천흐름이 난류이거나 횡단면이 불규칙해서 다른 방법을 사용하기 곤란할 경우 사용한다.

3) 방사능추적방법

방사능추적방법은 앞의 방법에서 염분대신 방사능물질을 사용하는 것이다. 만일 관측 장비가 충분히 민감하다면 시료의 양을 상당히 줄일 수 있는 장점이 있다. 하지만 이 방법은 다른 방법에 비해 비용이 많이 들고 방사능에 노출될 수 있으므로 주의를 요한다.

8.4 유량산정

8.4.1 소단면의 평균 유속 및 유량 산정

지속적으로 흐르는 하천이나 밀폐된 관로에서의 유속은 위치 및 시간에 따라 변하게 되므로 유량을 산정하기 위해서는 여러 지점 및 깊이에서 유속을 측정해야 한다. 자연하천의 하상 근처의 유속은 하상의 마찰로 인해 유속이 작아지게 되고 하상으로부터 멀어질수록 유속이 증가한다. 하천의 깊이가 0.6m 이상이 되면 그 단면에서의 평균 유속은 수표면으로부터 수심의 0.2배 및 0.8배되는 깊이의 유속을 평균하여 구하게 된다. 만일 수심이 0.6m보다 작게 되면 수심의 0.6배되는 지점에서의 유속을 그 단면에서의 평균유속으로 한다. 표 8.3은 하천의 깊이에 따른 평균유속 산정 방법을 보여주고 있으며, 그림 8.10은 수심에 따른 유속의 개략적인 분포를 보여주고 있다.

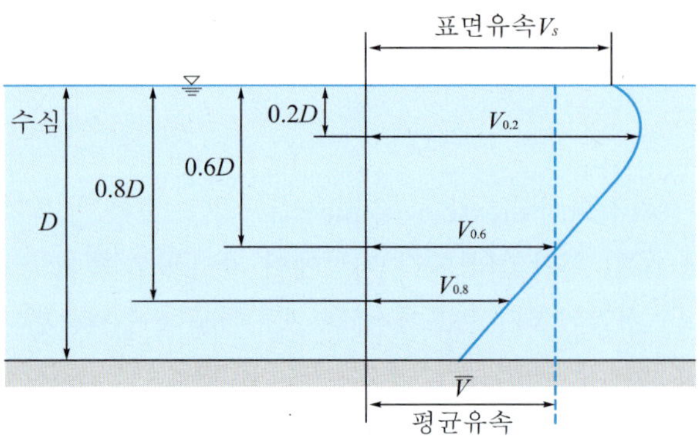

그림 8.10 수심에 따른 유속변화

유량을 측정하려는 횡단면에서 대부분 좌안, 우안 및 중간 지점의 수심이 모두 다르므로 횡단면을 일정구간의 소단면으로 분할하여 유속을 측정할 필요가 있다. 이 때 한 소단면의 유량이 전체단면 유량의 10%를 넘지 않도록 하며 통상적으로 20~30개를 기준으로 하지만 하천의 폭이 좁은 경우 관측선의 수를 줄일 수도 있다. 일반적으로 제시하는 평수기 및 저수기의 수심 및 유속

표 8.3 수심에 따른 평균유속 산정

측점수	수심범위 (m)	수심범위 (ft)	관측지점 (수표면으로부터)	평균유속 ($\overline{V}$)
1	0.3~0.6	1~2	0.6D	$\overline{V}=V_{0.6D}$
2	0.6~3.0	2~10	0.2D, 0.8D	$\overline{V}=0.5(V_{0.2D}+V_{0.8D})$
3	3.0~6.0	10~20	0.2D, 0.6D, 0.8D	$\overline{V}=0.25(V_{0.2D}+2V_{0.6D}+V_{0.8D})$
5	6.0 <	20 <	수면으로부터 0.3m, 0.2D, 0.6D, 0.8D, 하상으로부터 0.3m	$\overline{V}=0.1(V_S+3V_{0.2D}+2V_{0.6D}+3V_{0.8D}+V_B)$

D : 수심 S : 수면으로부터 0.3m B : 하상으로부터 0.3m

표 8.4 평수기 및 저수기의 수심 및 유속 관측선의 간격

수면폭 (m)	수심관측선 간격 (m)	유속관측선 간격 (m)	수면폭 (m)	수심관측선 간격 (m)	유속관측선 간격 (m)
10 이하	수면폭의 10~15%	수면폭의 10~15%	80~100	5	10
10~20	1	2	100~150	6	12
20~40	2	4	150~200	10	20
40~60	3	6	200 이상	15	30
60~80	4	8			

관측선의 간격은 표 8.4와 같다.

각 소단면마다 평균유속이 결정되면 각 소단면의 면적을 구하여 다음과 같이 소단면의 유량을 계산하게 된다.

$$Q_i = A_i\overline{V}_i \qquad (8.4.1)$$

여기서 Q_i는 소단면 i에서의 유량(m^3/ sec), A_i는 소단면 i의 단면적(m^2), $\overline{V}_i$는 소단면 i에서의 평균유속(m/sec)이다.

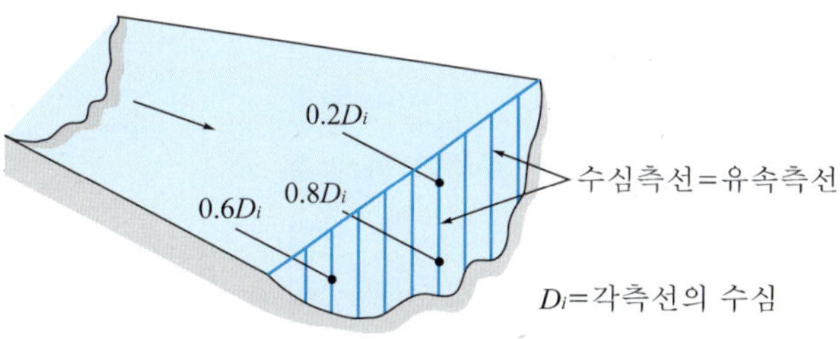

그림 8.11 관측선에 의한 횡단면의 소구간 분할

8.4.2 총 단면 유량 산정

하천 단면을 통한 총 유량은 각 소단면에서의 유량을 합산함으로써 산정하게 된다. 유량을 측정하는 과정이 시간이 걸리므로 관측 도중 수위나 유속의 변화가 발생할 수 있다. 따라서 정확한 유량을 산정하기 위해서는 흐름이 정상상태(steady state)를 유지해야 한다. 즉, 관측하는 동안 수심이나 유량의 변화가 없어야 한다. 하지만 이와 같은 조건을 유지하기가 쉽지가 않으므로 가능한 한 신속하게 수위 및 유속측정을 실시해야 한다. 하천을 통한 총 유량은 다음과 같이 산정한다.

$$Q = \Sigma Q_i = \Sigma A_i\overline{V}_i \qquad (8.4.2)$$

여기서 Q는 하천단면을 통한 총 유량(m^3/sec), Q_i는 소단면을 통한 유량(m^3/sec)이다.

예제 8.1

어떤 하천에 대해 표 8.5와 같이 수심의 20% 및 80% 되는 지점에서 유속을 측정하였을 때 유출량을 산정하라.

표 8.5 소단면 깊이에서의 측정유속 및 단면적

단 면		1	2	3	4	5
유속 (m/sec)	0.2D	0.4	0.8	1.2	1.0	0.6
	0.8D	0.3	0.6	1.3	1.2	0.6
단면적 (m^2)		3	6	10	8	4

풀이

각 소단면에서의 깊이에 따른 유속을 산술평균하고 단면적을 곱하면 소단면에서의 유량이 산정되며 이를 합하면 총 유량이 된다.

$$Q = \Sigma Q_i = \Sigma A_i \overline{V}_i = \Sigma A_i (V_{0.2} + V_{0.8})_i / 2$$

$$= 3(0.35) + 6(0.70) + 10(1.25) + 8(1.1) + 4(0.6) = 29\text{m}^3/\text{sec}$$

총 유량을 산정할 때 앞에서 설명한 바와 같이 각 소구간에서의 유속을 측정하여 소구간 면적을 곱함으로서 소구간 유량을 산정하였다. 이 경우 소구간 단면적을 결정하는 방법에는 중간단면적법(midsection method)과 평균단면적법(mean section method)이 있다.

1) 중간단면적법

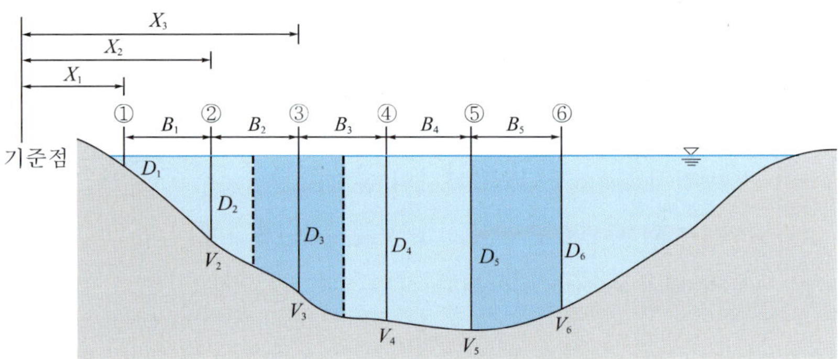

그림 8.12 단면을 산정하는 방법

소구간의 면적을 계산하기 위한 중간단면적법은 소구간을 분할 한 관측선이 중앙에 있도록 단면을 재구성하고 관측선에서의 평균 유속이 이 단면에서의 평균유속이라 가정한다. 그림 8.12에서 ③번 관측선에 해당하는 소단면의 폭은 ②번 관측선 및 ④번 관측선과의 중심까지의 거리이며 깊이는 D_3가 되어 단면적을 계산할 수 있고, 다음과 같이 소단면의 유량을 산정한다.

$$Q_3 = A_3 \overline{V}_3 = \frac{B_2 + B_3}{2} D_3 \overline{V}_3 \tag{8.4.3}$$

따라서 i 소단면에 대한 일반적인 식은 다음과 같다.

$$Q_i = A_i \overline{V}_i = \frac{B_{i-1} + B_i}{2} D_i \overline{V}_i \tag{8.4.4}$$

2) 평균단면적법

평균단면적법은 두 관측선 사이의 면적을 적용하고, 이 면적에 대한 평균 유속은 이 면적을 구성하고 있는 두 관측선의 유속을 평균하여 사용한다. 예를 들어 그림 8.12에서 ⑤번 관측선과 ⑥번 관측선 사이의 면적은 ⑤번 및 ⑥번 관측선의 깊이 D_5와 D_6을 평균하여 폭 B_5를 곱하여 결정하고 유속은 ⑤번 및 ⑥번 관측선의 수심평균유속 V_5와 V_6를 평균하여 적용한다.

$$Q_5 = A_5 \overline{V}_5 = B_5 \left(\frac{D_5 + D_6}{2} \right) \left(\frac{V_5 + V_6}{2} \right) \tag{8.4.5}$$

따라서 i 소단면에 대한 일반적인 식은 다음과 같다.

$$Q_i = A_i \overline{V}_i = B_i \left(\frac{D_i + D_{i+1}}{2} \right) \left(\frac{V_i + V_{i+1}}{2} \right) \tag{8.4.6}$$

예제 8.2

하천에서 유량을 산정하기 위해 표 8.6과 같이 기준점으로부터의 거리, 수심 및 유속계회전수를 측정하였다. 중간단면적법 및 평균단면적법을 이용하여 유량을 산정하라. 유속계 검정상수 A 및 B값은 0.15 및 0.04이며 회전수는 rpm을 사용한다.

표 8.6 기준점으로부터의 거리, 수심, 유속계회전수를 이용한 유량산정

기본관측					중간단면적법				평균단면적법			
거리 (m)	수심 (m)	위치	회전수 (rpm)	점유속 (m/sec)	평균 유속 (m/sec)	단면폭 (m)	면적 (m^2)	유량 (m^3/s)	평균 수심 (m)	면적 (m^2)	평균 유속 (m/sec)	유량 (m^3/s)
1	0.4	0.6d	15	0.75	0.75	1.0	0.4	0.30				
2	0.8	0.6d	24	1.11	1.11	1.0	0.8	0.89	0.60	0.60	0.93	0.56
3	1.4	0.2d	32	1.43	1.23	1.0	1.4	1.72	1.10	1.10	1.17	1.29
		0.8d	22	1.03								
4	1.9	0.2d	48	2.07	1.71	1.0	1.9	3.25	1.65	1.65	1.47	2.43
		0.8d	30	1.35								
5	2.4	0.2d	55	2.35	2.05	1.0	2.4	4.92	2.15	2.15	1.88	4.04
		0.8d	40	1.75								
6	2.5	0.2d	58	2.47	2.15	1.0	2.5	5.38	2.45	2.45	2.10	5.15
		0.8d	42	1.83								
7	2	0.2d	50	2.15	1.77	1.0	2	3.54	2.25	2.25	1.96	4.41
		0.8d	31	1.39								
8	1.5	0.2d	35	1.55	1.25	1.0	1.5	1.88	1.75	1.75	1.51	2.64
		0.8d	20	0.95								
9	0.9	0.6d	18	0.87	0.87	1.0	0.9	0.78	1.20	1.20	1.06	1.27
10	0.2	0.6d	10	0.55	0.55	1.0	0.2	0.11	0.55	0.55	0.71	0.39
계								22.76				22.17

풀이

유속계 검정상수 A=0.15, B=0.04이므로 유속계회전수로부터 점유속은

V=0.15+0.04N(rpm)으로 산정하게 되며(5란), 단면 평균유속은 6란과 같이 산정된다.

1) 중간단면적법을 이용하여 유량을 산정할 경우 각 단면의 폭은 1m가 되며 처음과 마지막 유속측정 지점에 대한 단면 폭은 1m로 가정하였다. 따라서 단면적은 수심에 단면 폭을 곱하여 구하고(8란), 소단면별 유량은 9란에 나타나 있다. 각 소단면의 유량을 합한 총 유량은 22.76m^3/sec가 된다.

2) 평균단면적법에 의한 유량산정에서는 관측지점에 의해 소단면이 구분되며 양쪽의 수심 및 유속을 평균하여 사용하게 된다. 즉, 유속관측지점 2m 지점과 3m 지점 사이의 소단면에서 유속은 2m 지점평균유속 1.11m/s와 3m 지점의 평균유속 1.23m/s의 평균치인 1.17m/s가 된다. 또한 수심은 2m 지점의 수심 0.8m와 3m 지점의 수심 1.4m의 평균인 1.1m가 된다. 이와 같이 구한 총 유량은 22.17m^3/sec가 된다. 이 경우 거리가 1m 보다 작은 곳과 10m보다 큰 지역의 유량은 포함되어 있지 않으므로 1m지점에서의 평균유속 0.75m/s, 수심 0.4m, 폭 1m를 적용해 유량을 구하면 0.3m^3/sec이고, 10m 지점에서는 0.11m^3/sec 이므로 이를 더하면 22.58m^3/sec가 되어 두 방법에 의한 유량산정이 비슷하게 나옴을 알 수 있다.

8.4.3 부자에 의한 유량산정

부자에 의한 유량측정은 물에 뜨는 부자를 투하하여 일정한 구간을 떠내려가는 시간을 측정하여 그 구간의 평균유속을 구하고 유량을 산정하는 방법이다. 부자의 종류에는 봉부자 및 표면부자가 있으며 야간에는 충분히 추적할 수 있도록 고안된 부자를 사용한다.

봉부자는 보통 PVC파이프로 제작하며 물에 잠기는 흘수부분 길이가 0.5m, 1.0m, 2.0m, 4.0m로 측정단면의 수심에 따라 제작하고 수면 위로 돌출된 부분 0.3~0.5m를 더하면 총길이가 된다. 표면부자는 건조한 나무, 짚단 또는 스티로폼을 이용하여 제작하며 직경이 약 30cm 정도의 크기에 깃발 등을 부착하여 사용한다.

부자의 투하는 유량측정 지점 근처에 교량이 위치하고 있을 경우 교량을 이용하거나, 하천 횡단면을 통해 케이블을 설치하여 투하하는 방법이 있다. 측정구간은 부자가 유수에 의해 적절히 유하하기 위한 직선구간이 필요하며 그림 8.13과 같이 보조구간과 측정구간으로 구분한다. 보조구간은 부자투하 위치에서부터 제1측정 단면까지이며 30m 이상을 택한다. 측정구간은 제1측정 단면에서부터 제2측정단면까지이며 통상 50m 이상이나 최대유속×20초 정도의 거리로 한다.

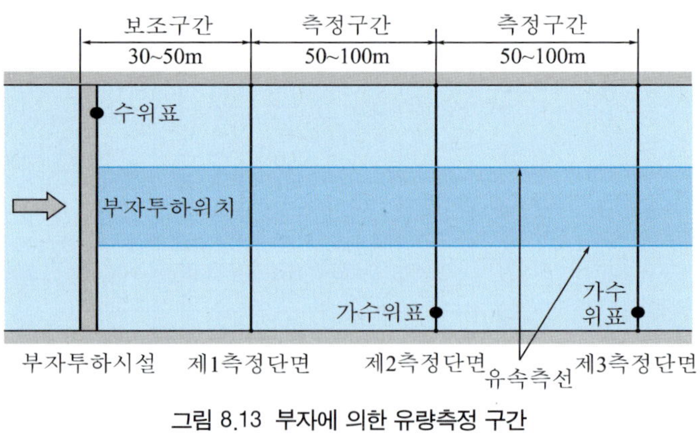

그림 8.13 부자에 의한 유량측정 구간

부자에 의한 유량관측 시 유속관측선은 기왕 최고수위 또는 계획홍수위

표 8.7 수심에 따른 부자의 종류 및 보정계수

부자번호	1	2	3	4	5
수심 (m)	0.7 이하	0.7~1.3	1.3~2.6	2.6~5.2	5.2 이상
흘수 (m)	표면부자	0.5	1.0	2.0	4.0
보정계수	0.85	0.88	0.91	0.94	0.96

표 8.8 평상시 및 홍수시의 하폭에 따른 유선관측선의 수

평상시	수면폭 (m)	20미만	20~100	100~200	200 이상		
	관측선 수	5	10	15	20		
홍수시	수면폭 (m)	50이하	50~100	100~200	200~400	400~800	800 이상
	관측선 수	3	4	5	6	7	8

의 수면 폭에 대하여 등간격이 되도록 선정하며, 표 8.8을 기준으로 유속관측선의 수를 결정한다. 부자에 의한 유량측정은 다음과 같다.

① 각 관측선에서 하천수위와 횡단면도를 이용하여 수심을 구하고 적절한 부자를 선택하여 투하한다.

② 제1측정단면에서 제2측정단면까지 부자가 이동한 시간을 측정하여 거리를 시간으로 나누어 평균유속을 구한다.

③ 평균유속에 보정계수를 곱하여 보정 평균유속을 구한다.

④ 중간단면적법 또는 평균단면적법을 이용하여 소단면 유량을 구한다.

⑤ 소단면 유량을 합하여 총 유량을 구한다.

8.4.4 희석법에 의한 유량산정

하천의 수심이 작거나, 유속이 너무 큰 경우 또는 접근이 어려운 지역과 같이 전통적인 유속계의 사용이 곤란한 경우에는 유량을 산정하기 위해 희석법(dilution method)이 사용된다. 희석법은 상류 한 지점에서 일정한 양의 추적물질(tracer)을 주입하여 이것이 유하하면서 물과 완전히 혼합되었다고 생각되는 거리만큼 떨어진 하류지점에서 시료수를 채취 분석하여 그 농도를 측정함으로서 유량을 구하거나 또는 직접 물의 전도도(conductivity)를 측정해 유량을 구하는 방법이다.

희석법에 사용되는 추적물질은 보존력이 있고, 오염을 발생시키지 않으며 미소한 양으로 검출할 수 있어야 한다. 주로 사용되는 물질에는 염화나트륨(NaCl), 중크롬산나트륨(sodium dichromate), 산소 18(^{18}O), 중수소(deuterium, 2H), 로다민 B 및 W(rhodamine B 및 W)가 사용된다. 용액주입 방법에는 순간주입법(sudden injection method)과 일정량주입법(constant rate injection method)이 있다.

하류 시료수 채취지점은 주입된 추적물질이 하천 횡단면을 통해 거의 균일하게 분포되는 거리 즉 혼합거리(mixing length) 만큼 떨어져 있어야 하며 다음과 같은 식에 의해 그 길이를 결정할 수 있다.

$$L = 0.13C_z\left(\frac{0.7C_z + b}{g}\right)\left(\frac{b^2}{d}\right) \tag{8.4.7}$$

여기서 L은 주입된 지점으로부터의 거리(m), C_z은 Chezy의 조도계수, b는 하천의 평균 폭(m), g는 중력가속도(9.81m/sec^2), d는 흐름의 평균수심(m)이다.

1) 순간주입법

이 방법은 기지의 용적 V의 농축 용액을 상류(그림 8.14의 1지점)에 순간적으로 주입하고 하류 시료수 채취 지점(2지점)에서 일정한 간격으로 시료수를 채취하여 농도를 구한 후 농도-시간곡선을 작성한다. 질량보존법칙에 의하면

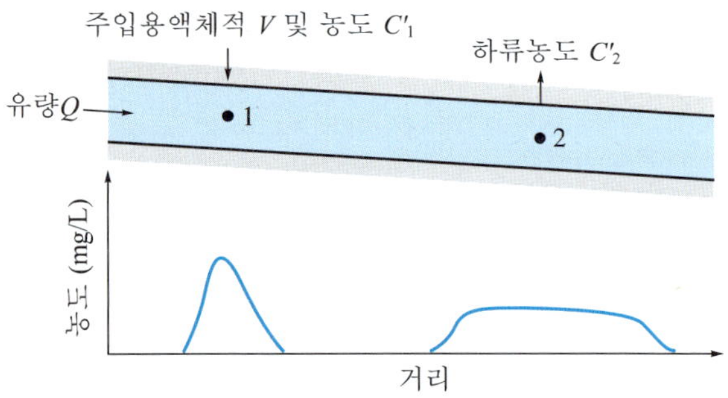

그림 8.14 희석법에 의한 유량 측정

유입질량 = 유출질량

$$C_1'V = Q\sum_0^{t_2} C_2'\Delta t \tag{8.4.8}$$

이 식을 유량 Q에 대해서 정리하면 다음과 같다.

$$Q = \frac{C_1'V}{\sum_0^{t_2} C_2'\Delta t} \tag{8.4.9}$$

여기서 Q는 유량(L/sec), V는 주입용액의 체적(L), C_1'는 주입물질의 농도(mg/L), C_2'는 하류 시료수의 농도(mg/L), t_2는 주입물질이 시료채취지역까지 도달하는 시간(sec), Δt는 측정시간간격(sec)이다.

예제 8.3

하천의 한 지점에서 07시에 400kg의 추적물질을 순간적으로 주입하였다. 하류 14km와 25km 지점에서 시료수를 채취한 결과가 표 8.9와 같을 때 하류 두 지점에서의 유출량을 산정하라.

표 8.9 시간별 관측농도

시간 (hr)	농도 (mg/L)		시간 (hr)	농도 (mg/L)	
	14km	25km		14km	25km
0700	0	0	1500	2	11
0800	0	0	1600	2	7
0900	3	0	1700	1	4
1000	10	0	1800	1	3
1100	20	2	1900	0	2
1200	15	9	2000	0	1
1300	14	18	2100	0	1
1400	7	15	계	75	73

풀이

유입된 질량과 유출되는 질량이 같다고 하면 하류 14km지점에서의 누가농도는 75mg-hr/L가 된다.

$$Q_{14} = \frac{C_1'V}{\sum_0^{t_2} C_2'\Delta t} = \frac{(400\text{kg} \times 10^6\text{mg/kg})}{(75\text{mg-hr/L} \times 3600\text{sec/hr})} = 1481\text{L/sec}$$

25km지점에서는 누가 농도가 73mg-hr/L로 줄어들었다. 따라서 25km지점에서는 14km지점보다 유출량이 증가하고 있음을 알 수 있다.

$$Q_{25} = \frac{(400\text{kg} \times 10^6\text{mg/kg})}{(73\text{mg-hr/L} \times 3600\text{sec/hr})} = 1522\text{L/sec}$$

2) 일정량 주입법

이 방법은 상류에서 농도가 일정하도록 추적물질을 일정한 율로 주입하기 시작하여 하류의 시료수 채취지점에서의 농도가 일정하게 유지 될 수 있도록 장기간 계속하고, 이 지점에서 시료수를 채취하면 질량보존의 법칙에 의해 다음과 같이 나타낼 수 있다.

$$QC'_o + Q_oC'_1 = (Q + Q_o)C'_2 \tag{8.4.10}$$

여기서 Q_o는 추적물질의 주입률(L/sec 또는 m^3/sec), C'_1는 추적물질의 주입농도(mg/L), C'_o는 기존 하천수의 농도(mg/L), C'_2는 하류 하천수의 농도(mg/L)이다. 위 식을 Q에 대해 정리하면

$$Q = \frac{C'_1 - C'_2}{C'_2 - C'_o}Q_o \tag{8.4.11}$$

여기서 $Q \gg Q_o$, $C'_1 \gg C'_2$, $C'_2 \gg C'_o$인 점을 고려하면 다음과 같이 간단히 나타낼 수 있다.

$$Q = \frac{C'_1}{C'_2}Q_o \tag{8.4.12}$$

예제 8.4

하천의 한 지점에서 농도가 35mg/L인 추적물질 용액을 초당 $5\times10^{-5}m^3$씩 일정하게 주입하고 일정 거리 떨어진 하류에서 2회 채취한 시료의 농도가 5.9×10^{-5}mg/L와 6.1×10^{-5}mg/L라면 이 하천에서의 유출량은 얼마인가.

풀이

하류에서 2회 채취한 시료의 농도를 평균하면 6.0×10^{-5}mg/L이므로

$$Q = \frac{C'_1}{C'_2}Q_o = \frac{35}{6\times10^{-5}} \times 5\times10^{-5} = 29.2\text{m}^3/\text{sec}$$

8.4.5 초음파 유속계에 의한 유량측정

초음파 유속계(ultrasonic current meter)에 의한 유량측정방법은 하천의 양안에 비스듬하게 설치한 두 개의 송수신기에서 동시에 음파를 송신 및 수신한다. 물의 흐름 때문에 상류로 송신되는 음파와 하류로 송신되는 음파의 도달시간은 다르게 되며, 이 도달시간의 차이는 송수신기가 위치한 지점의 평균유속에 따라 다르므로 이 관계를 이용하여 유량을 구하게 된다.

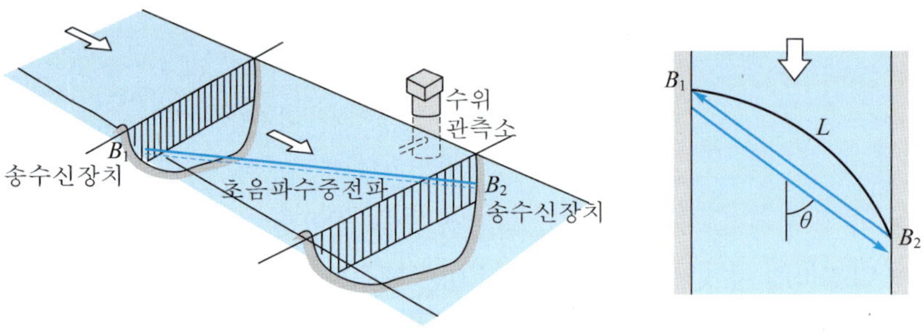

그림 8.15 초음파 유속계에 의한 유량측정

그림 8.15에서 초음파의 전파속도를 C, 물의 평균유속을 V, 흐름의 방향과 음파 경로와의 각을 θ, 두 송수신기 사이의 거리를 L이라 하면 B_1으로부터 B_2까지 및 B_2로부터 B_1까지의 음파의 도달시간 t_{12} 및 t_{21}은

$$t_{12} = \frac{L}{C + V\cos\theta} \tag{8.4.13}$$

$$t_{21} = \frac{L}{C - V\cos\theta} \tag{8.4.14}$$

따라서 음파의 전파시간의 차이는

$$\Delta t = t_{21} - t_{12} = \frac{2LV\cos\theta}{C^2 - V^2\cos\theta} \simeq \frac{2LV\cos\theta}{C^2} \tag{8.4.15}$$

하천의 평균수심을 d, 하폭 $B = L\sin\theta$라 하면 유량은 다음과 같이 표현된다.

$$Q = VdB = VdL\sin\theta \tag{8.4.16}$$

식 (8.4.15)와 (8.4.16)을 함께 정리하면

$$Q = \frac{1}{2}\Delta tC^2 d\tan\theta \tag{8.4.17}$$

여기서 Q은 유량(m^3/sec), Δt는 초음파의 전파시간 차(sec), C는 초음파의 수중 전파속도(m/sec), θ는 흐름의 방향과 음파 경로와의 각, d는 수심(m)이다.

8.4.6 Manning의 공식을 이용한 방법

개수로(open channel)에 대한 등류(uniform flow)의 초기 공식 중의 하나가 다음과 같은 Chezy(1769)의 평균유속공식이다.

$$\overline{V} = C_z R^{1/2} S^{1/2} \tag{8.4.18}$$

여기서 $\overline{V}$는 평균유속(ft/sec), C_z는 Chezy의 조도계수, R은 동수반경(흐름단면적/윤변)(ft), S는 에너지선의 경사(ft/ft)이다. 이러한 Chezy의 식 중 가장 널리 쓰이는 식이 다음과 같은 Manning의 식이다.

$$\overline{V} = \frac{1.486}{n} R^{2/3} S^{1/2} \tag{8.4.19}$$

여기서 n은 조도계수로 표 8.10에 여러 가지 조건에 대한 조도계수가 나와 있다. Manning의 식과 Chezy의 식을 비교하면 다음과 같다.

$$C_z = \frac{1.486 R^{1/6}}{n} \tag{8.4.20}$$

Manning의 식을 미터단위제로 표시하면 다음과 같다.

$$\overline{V} = \frac{1}{n} R^{2/3} S^{1/2} \tag{8.4.21}$$

여기서 $\overline{V}$는 m/s, R은 m 그리고 S는 m/m이다.

Manning의 식을 이용하여 유속을 구하고 유량을 산정하기 위해서는 수심, 하폭, 하천단면도 그리고 에너지선의 경사 값을 필요로 한다. 실제의 흐름 상태에서 이러한 값을 산정하기에는 시간이 많이 소요된다. 하지만 하천의 횡단면을 알고 있다면 Manning의 공식은 이용하기가 간단하다. 새로 조성된 하도에 대해서는 이러한 물리적인 특징들이 잘 알려져 있으며, 조도계수(roughness coefficient)는 표 8.10에서 작은 값을 사용하면 된다. 조성 된지가 오래된 하도는 통상 높은 값을 사용하는 것이 적당하다.

일반적으로 하상물질의 직경으로 취해지는 하상조도(bed roughness)에 바탕을 둔 Manning의 조도계수 n값이 여러 가지 제시되고 있는데, Strickler(1923)는 다음과 같은 관계식을 제시하고 있다.

$$n = \frac{d^{1/6}}{21.1} = 0.0474 d^{1/6} \tag{8.4.22}$$

여기서 d는 하상물질의 중앙입경(m)이다. Chow(1959)는 미국 대부분의 하천에 대해 다음과 같이

표 8.10 Manning의 조도계수

하도의 종류 및 특징 A. 부분적으로 차서 흐르는 밀폐된 관로	최소	평균	최대
a. 매끄러운 황동	0.009	0.010	0.013
b. 강철			
1. Lockbar and welded	0.010	0.012	0.014
2. Riveted and spiral	0.013	0.016	0.017
c. 주철			
1. Coated	0.010	0.013	0.014
2. Uncoated	0.011	0.014	0.016
d. 단철			
1. Black	0.012	0.014	0.015
2. Galvanized	0.013	0.016	0.017
e. 주름진 금속			
1. 6×1 in. 주름	0.020	0.022	0.025
2. 6×2 in. 주름	0.030	0.032	0.035
3. Smooth wall spiral aluminum	0.010	0.012	0.014
f. 콘크리트			
1. 직선의 암거	0.010	0.012	0.013
2. 만곡부를 가진 암거	0.011	0.013	0.014
3. 맨홀을 가진 하수거, 직선	0.013	0.015	0.017
g. 오수거	0.012	0.013	0.016

B. 하도조건 $n = (n_o + n_1 + n_2 + n_3)m$	값		
a. 관련재료	흙 암석 작은 자갈 굵은 자갈	n_o	0.020 0.023 0.024 0.028
b. 불규칙정도	매끈함 작음 보통 심함	n_1	0.000 0.005 0.010 0.020
c. 장애물의 상대효과	무시 조금 약간 심함	n_2	0.000 0.010~0.015 0.020~0.030 0.040~0.060
d. 식생	낮음 중간 높음 매우높음	n_3	0.005~0.010 0.010~0.025 0.025~0.050 0.050~0.100
e. 사행정도	작음 약간 심함	m	1.000 1.150 1.300

제시하고 있다.

$$n = 0.0342d^{1/6} \tag{8.4.23}$$

여기서 d는 하상물질의 중앙입경(ft)이다.

예제 8.5

하상 폭이 10m이고 측면경사가 1 : 2인 사다리꼴 단면의 수로에서 등류 수심이 3m이고 하상경사 S_0가 0.0002일 때 유량을 산정하라. 조도계수 n=0.02로 가정하라.

풀이

등류흐름이므로 하상경사 S_0와 에너지선의 경사 S가 같다.
수심이 3m이므로

단면적 $A = 10 \times 3 + \left(\frac{1}{2} \times 3 \times 6\right) \times 2 = 48\text{m}^2$

윤변 $P = 10 + 2\sqrt{3^2 + 6^2} = 23.42\text{m}$

동수반경 $R = A/P = 48/23.42 = 2.05\text{m}$

Manning의 평균유속은 $V = \frac{1}{n} R^{2/3} S^{1/2} = \frac{1}{0.02} \times 2.05^{2/3} \times 0.0002^{1/2} = 1.14\text{m/sec}$

따라서 유량은 $Q = A \times V = 48 \times 1.14 = 54.72\text{m}^3/\text{sec}$

8.4.7 위어를 이용한 유량측정

하천을 가로막는 둑을 만들어 그 위로 물을 흐르게 하는 구조물을 위어(weir)라 하며, 위어 위의 흐름은 자유수면을 가지므로 중력이 지배적인 힘이 된다. 위어는 하폭 전체에 걸쳐 설치할 수도 있으나 보통의 경우 흐름의 단면을 축소시키도록 설치하므로 흐름은 위어 위에서 가속된다.

위어는 상단부가 뾰족하게 설치되어 있을 때 예연위어(sharp crested weir 또는 notch)라 하고, 상단부가 흐름방향으로 상당한 길이를 가질 때 광정위어(broad crested weir)라 한다. 또한 위어는 그 모양에 따라서 삼각형, 사각형, 사다리꼴위어로 구분할 수 있다. 위어 하류의 수심이 위어 상단부보다 높아 위어가 잠겨있으면 수중위어(submerged weir)라 한다.

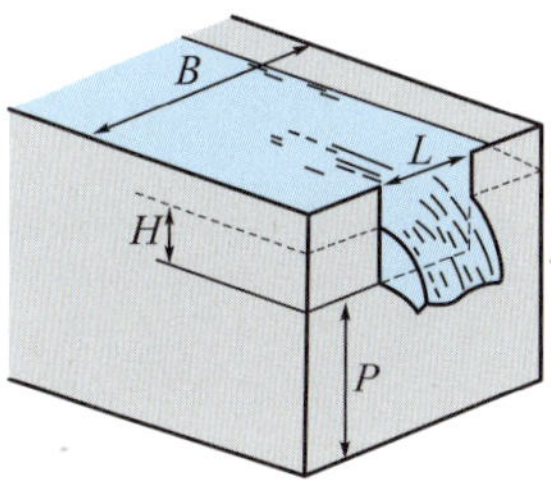

1) 예연위어

그림 8.16과 같은 사각형 예연위어의 단면 ①, ②에 Bernoulli식을 적용하고 접근유속을 무시하면 다음과 같이 유량을 구할 수 있다.

$$Q = \frac{2}{3}\sqrt{2g}\, LH^{3/2} \qquad (8.4.24)$$

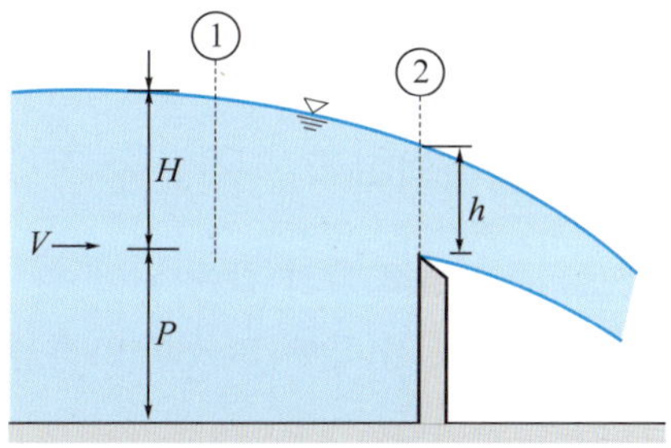

그림 8.16 예연위어 위의 흐름

여기서 Q는 위어상의 유량(m^3/sec), L은 위어의 길이

(m), H는 위어상의 전수두 또는 접근수두(m), g는 중력가속도(9.81m/sec^2)이다. 흐름의 수축과 마찰에 의한 영향을 고려하기 위한 유량계수 C_d는 다음과 같이 산정한다.

$$C_d = 0.611 + 0.08\frac{H}{P} \tag{8.4.25}$$

여기서 P는 위어의 높이(m)이다. 이 유량계수를 식 (8.2.24)에 적용하면 광폭사각형 예연위어에서의 유량을 측정할 수 있다.

$$Q = \frac{2}{3}C_d\sqrt{2g}\,LH^{3/2} \tag{8.4.26}$$

만일 위어의 폭이 하천의 폭보다 작을 경우 위어상에서의 단면수축이 발생하므로 이를 고려하면 다음과 같다.

$$Q = \frac{2}{3}C_d\sqrt{2g}\,(L - 0.1nH)H^{3/2} \tag{8.4.27}$$

여기서 n은 단면수축의 수이고 한쪽 단면만 수축되면 n=1, 양쪽 단면이 수축되면 n=2이다.

예제 8.6

폭이 10m인 하천의 중간에 사각형 위어가 설치되어 있다. 위어 폭이 4m, 높이가 0.5m, 월류 수심이 0.8m일 때 월류 유량을 산정하라.

풀이

폭 10m의 하천 중앙에 위어가 설치되어 있으므로 양단이 수축된다고 볼 수 있다.
먼저 유량계수를 구하면

$$C_d = 0.611 + 0.08\frac{H}{P} = 0.611 + 0.08 \times 0.8/0.5 = 0.739$$

$$Q = \frac{2}{3}C_d\sqrt{2g}\,(L - 0.1nH)H^{3/2}$$

$$= \frac{2}{3} \times 0.739\sqrt{2 \times 9.8} \times (4 - 0.1 \times 2 \times 0.8) \times 0.8^{3/2} = 6\text{m}^3/\text{sec}$$

2) 광정위어

그림 8.17과 같이 위어 위의 흐름방향의 길이가 수두 H의 0.46배 이상이면 광정위어로 구분한다. 단면 ①, ②에 Bernoulli식을 적용하면

$$H = h + \frac{V^2}{2g} \tag{8.4.28}$$

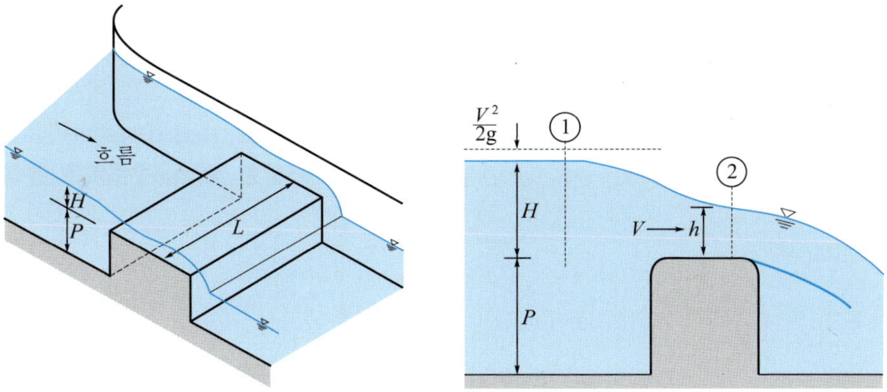

그림 8.17 광정위어 위의 흐름

이 식을 유속 V에 관해 정리하면 $V = \sqrt{2g(H-h)}$가 되고 연속방정식에 의해 유량은

$$Q = AV = C_d Lh\sqrt{2g(H-h)} \tag{8.4.29}$$

광정위어 위의 흐름이 한계류(F_r=1)이면 h=2H/3이 되고 이때 유량이 최대로 흐른다. 이 조건을 위 식에 적용하고 정리하면 다음과 같다.

$$Q = 0.385 C_d \sqrt{2g} LH^{3/2} \tag{8.4.30}$$

예제 8.7

길이가 10m인 광정위어위로 접근 수심 1.5m로 물이 월류하고 있다면 유량은 얼마인가. 유량계수는 0.9로 가정하라. 위어의 높이는 1m이다.

풀이

$H + P = 1.5\text{m} \quad \therefore \ H = 0.5\text{m}$

$Q = 0.385 C_d \sqrt{2g} LH^{3/2} = 0.385 \times 0.9 \times \sqrt{2 \times 9.8} \times 10 \times 0.5^{3/2} = 5.42\text{m}^3/\text{sec}$

3) 수중위어

위어의 하류수위가 위어상의 수위보다 높게 되면 위어는 수중위어가 되어 자유위어의 경우보다 위어 위를 통과하는 유량은 감소한다. 이 경우는 다음과 같은 자유위어와 수중위어의 관계를 이용하여 위어를 통해 흐르는 유량을 측정한다.

$$\frac{Q}{Q_s} = \left[1 - \left(\frac{H_2}{H_1}\right)^n\right]^{0.385} \tag{8.4.31}$$

여기서 Q는 자유위어 상의 유량, Q_s는 수중위어 상의 유량, H_1은 상류수두, H_2는 하류수두, n은 계수(수축위어 : 1.14, 전폭위어 : 1.5, 90°삼각위어 : 2.5)이다.

8.4.8 오리피스를 이용한 유량측정

오리피스를 통한 유량은 수두의 높이에 의한 압력에 영향을 받는다. 오리피스는 그 크기에 따라 소형, 대형으로 구분할 수 있으며, 모양에 따라 원형, 사각형 및 삼각형으로 분류할 수 있다.

1) 소형오리피스

그림 8.18의 단면 ①, ②에 Bernoulli방정식을 적용하고 정리하면 유속은 다음과 같이 표현된다.

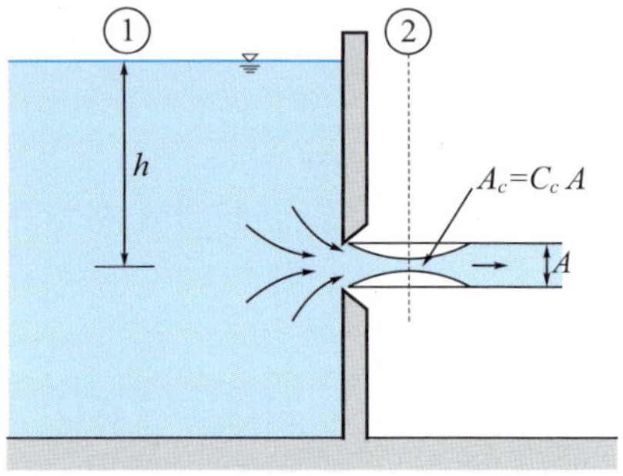

그림 8.18 소형오리피스 흐름

$$V_2 = C_v\sqrt{2gh} \tag{8.4.32}$$

여기서 C_v는 유속계수이며 유량은 연속방정식에 의해 다음과 같이 나타난다.

$$Q = A_cV_2 = C_cAC_v\sqrt{2gh} = C_dA\sqrt{2gh} \tag{8.4.33}$$

여기서 C_c는 오리피스를 통한 단면의 수축계수이고, $C_d(C_cC_v)$는 유량계수로 0.6~0.8의 값을 갖는다.

2) 대형오리피스

오리피스에서의 수두가 오리피스 직경의 5배보다 작으면 대형오리피스로 분류하고 분출되는 유선은 오리피스 단면에 수직이 아니며, 유속은 오리피스 단면에 걸쳐 일정하지가 않으므로 소형오리피스에 의한 유량공식을 사용할 수 없다. 대형오리피스인 경우 그림 8.19와 같이 낮은 수두의 사각형 오리피스에서 수면으로부터 수심 h에 있는 요소 Bdh를 통과하는 흐름의 유속은 $\sqrt{2gh}$이므로 유량은 다음과 같이 나타낼 수 있다.

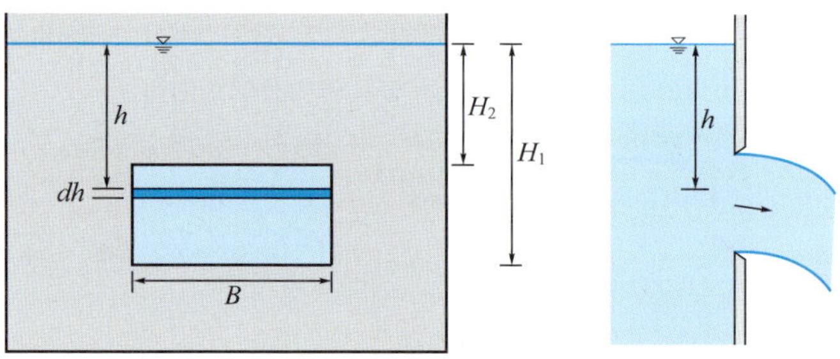

그림 8.19 대형오리피스 흐름

$$dQ = Bdh\sqrt{2gh} \tag{8.4.34}$$

총 유량은 dQ를 H_1에서 H_2까지 적분하고 유량계수 C_d를 도입하면 다음과 같이 표현된다.

$$Q = \frac{2}{3}C_d\sqrt{2g}\,B\left(H_1^{3/2} - H_2^{3/2}\right) \tag{8.4.35}$$

여기서 Q는 유량, C_d는 유량계수, H_1은 오리피스 하단의 수두, H_2는 오리피스 상단의 수두 그리고 B는 오리피스의 폭이다.

예제 8.8

대형오리피스에서 폭이 50cm, 높이가 40cm이고 오리피스 상단과 수면간의 길이가 100cm일 때 유량을 산정하라. 유량계수는 0.65로 가정하라.

풀이

수면과 오리피스 하단부와의 거리 $H_1 = 100 + 40 = 140\text{cm}$

수면과 오리피스 상단부와의 거리 $H_2 = 100\text{cm}$

$$Q = \frac{2}{3} C_d \sqrt{2g}\, B \left(H_1^{3/2} - H_2^{3/2}\right) = \frac{2}{3} \times 0.65 \times \sqrt{2 \times 9.8} \times 0.5 \times \left(1.4^{3/2} - 1^{3/2}\right) = 0.63\text{m}^3/\text{sec}$$

8.4.9 유량측정지점의 선정

유량을 측정하기 위해서는 많은 노력과 시간이 소요된다. 따라서 매번 유량을 측정할 수 없으므로 수위를 관측하여 수위-유량관계곡선으로부터 유량을 구하게 된다. 유량측정지점은 기본적으로 수위관측소가 설치된 지점과 동일하게 되며 특정한 목적으로 유량지점을 선정할 경우에는 다음과 같은 사항들을 고려하여 결정한다.

① 주요 지천의 분류 및 합류 전후 지점
② 보 상류, 유수지 · 호소 · 저수지의 상 · 하류 및 하도가 직선화되어 있는 지점
③ 합류지점인 경우 본류 수위의 영향을 받지 않는 지점
④ 조석의 영향을 받지 않는 지점
⑤ 유량측정을 안정적으로 수행할 수 있는 지점
⑥ 하상변동이 적은 지점
⑦ 여울이나 사수역이 없고 흐름이 안정된 지점
⑧ 하천 양안 및 관측구간의 시야가 확보된 지점
⑨ 각 유속선이 평행한 직선구간 지점
⑩ 하상이 평평해서 유속의 수직성분이 발생하지 않는 지점
⑪ 부자를 이용할 경우 흐름의 직선구간이 필요한 거리 이상 확보된 지점
⑫ 단면이나 하폭에 큰 변화가 없는 지점
⑬ 관측구간의 직 상류부에 교량시설이 있는 지점
⑭ 흐름을 저해하는 나무, 구조물 등이 없는 지점

표 8.11 우리나라의 유량관측소 현황 (2012년 현재)

수계명	국토교통부(홍수통제소)				수자원공사	합계
	한강	낙동강	금강	영산강		
합계	49	58	31	35	31	204
한강	45				7	52
안성천	4					4
낙동강		50			13	63
형산강		4				4
태화강		3				3
회야강		1				1
금강			25		5	30
삽교천			5			5
만경강				5	2	7
동진강				4		4
금강서해			1			1
섬진강				13	2	15
섬진강남해					1	1
영산강				12		12
탐진강				1	1	2

8.5 수위-유량관계곡선

지금까지 하천단면에서의 유량을 산정하기 위한 방법들을 알아보았다. 대부분의 경우 현장에서 수위 또는 수심과 유속을 실측 한 후 이 자료를 바탕으로 유량을 산정한다. 하지만 유량자료를 필요로 할 때마다 이와 같은 비용 및 시간이 소요되는 방법을 사용하기는 곤란하다. 또한 홍수시에는 현장에서의 수심 및 유속을 관측하기가 매우 어렵다. 따라서 해당 하천단면에서의 수위와 유량간의 관계를 수립하면 수위만 자동으로 관측함으로서 유량으로 환산할 수 있어 매우 편리하다.

하천단면에서 정기적인 하천수위와 이에 상응하는 유량을 동시에 측정하여 수위와 유량간의 검정곡선(calibration curve)을 얻을 수 있으며 이를 수위-유량관계곡선(rating curve 또는 stage-discharge relation)이라 한다. 대부분의 수위관측소에서 작성한 수위-유량관계곡선은 그림 8.20과 같이 단순관계로 나타난다. 수위에 따른 횡단면의 변화 및 유속의 변화로 인해 저수위 및 고수위에 모두 적용되는 관계곡선을 얻기는 곤란하다. 따라서 저수유량(low flow), 중간유량(intermediate flow)그리고 고수유량(high flow)에 대한 관계곡선을 따로 구하여 사용하는 것이 정확도가 높다. 수위-유량관계곡선은 포물선 형태로 지배단면이 변하거나 하천횡단면이 불규칙하면 변동성을 보이게 된다.

평균 수위-유량관계곡선에 대한 관측 자료의 분산정도는 최소화해야 하며 일반적으로 2%보다는 작아야 한다. 만일 관측 자료의 분산정도가 크다면 ① 지배단면이 하상 및 제방에서의 세굴 및 퇴적 또는 식생의 성장으로 인해 점진적으로 변하거나 이동하는 경우, ② 지배단면에서의 수면경사가 조

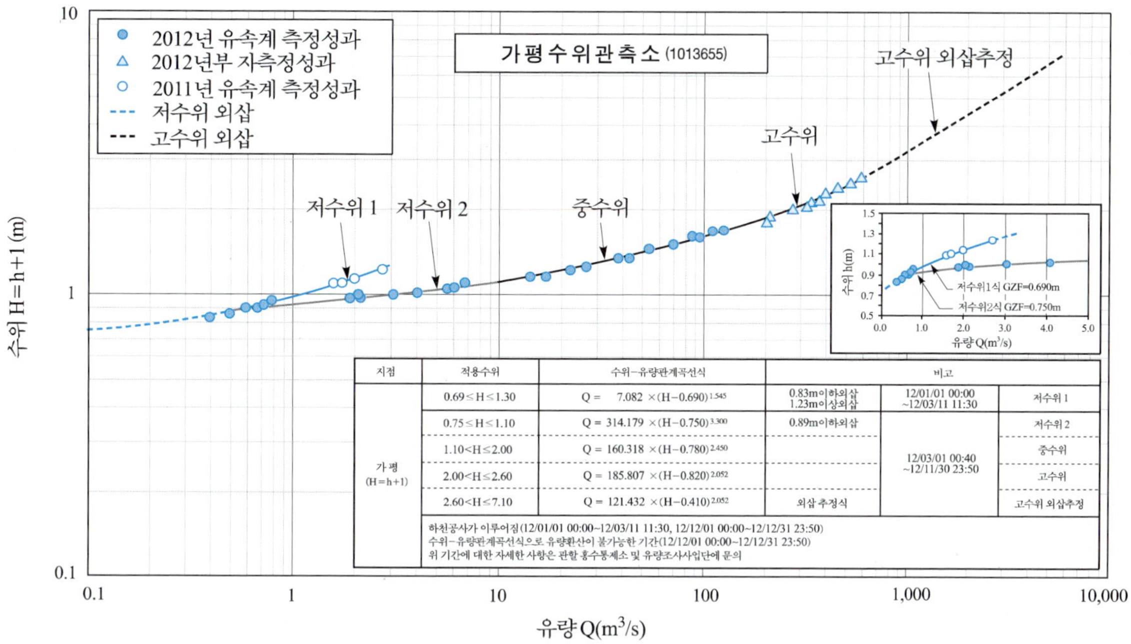

그림 8.20 수위-유량관계곡선

수, 저수지 수위변동, 하류에서의 지류 유입 등으로 인한 배수(backwater)의 영향을 받는 경우, 그리고 ③ 관측할 때 오류가 발생한 경우이다.

8.5.1 수위-유량 관계식 유도

정확하고 신뢰성 있는 수위-유량관계식을 개발하기 위해서는 갈수위, 저수위, 평수위, 풍수위, 홍수위에 대한 수위별 유량이 측정되어야 하며, 특히 갈수위, 저수위시의 유량과 고수위시의 유량은 수위-유량관계곡선 개발에 가장 중요한 요소로, 갈수위와 저수위 유량은 이수와 하천환경 측면에서, 고수위 유량은 치수 측면에서 이용하게 된다. 자연하천에서는 일반적으로 수면경사가 일정하지 않고 횡단면이 불규칙적인 형상을 이루며 단면통제나 하도통제를 받을 수 있으므로 유량곡선을 수학적인 계산에 의하여 결정한다는 것은 사실상 불가능하며 관측수위와 유량을 도시하여 최적의 곡선과 식을 구하게 된다.

수위-유량관계 곡선식을 유도하기 위해서는 수위 대 유량자료를 전대수지상에 도시한 후 두 관계가 직선인지 또는 곡선인지 먼저 파악한다. 만일 수위 및 유량관계가 직선으로 나타나면 다음과 같은 형태의 관계식을 얻을 수 있다.

$$Q = aH^{b} \tag{8.5.1}$$

표 8.12 수위-유량관계곡선의 형태 및 관계식

영점표고에 대한 H_o값	관계곡선의 형태	관계식	비 고
0	직선	$Q = aH^b$	영점표고와 유량이 0인 수위가 일치
$+H_o$	오목	$Q = a(H-H_o)^b$	영점표고가 유량이 0인 수위보다 낮다
$-H_o$	볼록	$Q = a(H+H_o)^b$	영점표고가 유량이 0인 수위보다 높다

만일 수위 및 유량의 관계가 직선이 아닌 곡선 형태로 나타나면 다음과 같은 형태의 관계식이 얻어진다.

$$Q = a(H \pm H_o)^b \tag{8.5.2}$$

여기서 Q는 수위 H(m)에 해당하는 유량(m^3/s), H_o는 수위계의 영점표고와 유량이 0이 되는 표고와의 차(m), a와 b는 회귀상수이다. 수위계의 영점표고와 유량이 0이 되는 표고가 동일하면 H_o=0이 되어 식 (8.5.1)과 같은 형태의 관계식이 되며 0이 아닌 경우는 표 8.12와 같은 관계를 가진다.

관측지점에서의 영점표고를 정확히 알지 못할 경우에는 H_0의 값을 산정하기 곤란하므로 전대수지상에서 수위 및 유량관계가 직선이 되도록 H_0값을 임의로 가정하여 최소자승법에 의해 상관분석 및 표준개산오차가 좋은 회귀상수 a, b를 구하게 된다. 이때 전대수지상에서 직선으로 나타나므로 식 (8.5.2)는 식 (8.5.3)과 같은 직선식으로 표현된다.

$$\log Q = \log a + b\log(H - H_o) \tag{8.5.3}$$

표 8.13 우리나라 5대 하천 유량관측소별 수위-유량관계곡선

하천명	관측소명	이용자료	수위-유량관계곡선	적용범위	영점표고(EL. m)
한강	가 평	2011-2012	$Q=160.318\times(H-0.780)^{2.450}$ $Q=185.807\times(H-0.820)^{2.052}$ $Q=121.432\times(H-0.410)^{2.052}$	$1.10\leq H\leq 2.00$ $2.00<H\leq 2.60$ $2.60<H\leq 7.10$	51.83
낙동강	진 동	2012	$Q=88.614\times(H+0.870)^{1.995}$	$7.50\leq H\leq 12.91$	1.782
금강	유 성	2010-2012	$Q=64.565\times(h-0.720)^{2.923}$ $Q=56.665\times(h-0.740)^{2.521}$ $Q=218.490\times(h-1.450)^{1.549}$	$0.72\leq H\leq 1.30$ $1.30<H\leq 2.50$ $2.50<H\leq 6.77$	39.345
영산강	함 평	2012	$Q=35.979\times(h-0.260)^{2.995}$ $Q=10.034\times(h-0.240)^{1.522}$ $Q=18.571\times(h-1.280)^{2.080}$	$0.26\leq H\leq 0.70$ $0.70<H\leq 2.73$ $2.73<H\leq 7.70$	−0.902
섬진강	적 성	2010-2012	$Q=30.879\times(h-0.250)^{1.785}$ $Q=19.105\times(h-0.050)^{2.542}$ $Q=70.927\times(h-0.850)^{2.113}$	$0.25\leq H\leq 1.30$ $1.30<H\leq 2.20$ $2.20<H\leq 8.40$	72.694

8.5.2 수위-유량관계곡선의 조정

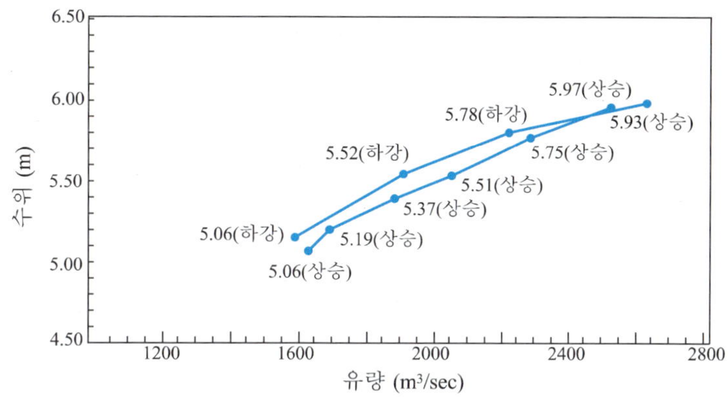

그림 8.21 홍수시 수위-유량관계

자연하천에서 수위관측점은 대부분 하로 통제를 받으므로 수위 및 유량이 단순관계를 보이지 않고 그림 8.21과 같이 고리(loop)형 관계를 갖게 되어 동일 수위라도 상승시와 하강시의 유량이 같지가 않다. 그 이유로는 준설, 세굴, 퇴적 등 하도의 인위적 및 자연적인 변화가 있지만, 더 중요한 것은 배수 및 저하효과, 홍수시 수위의 급상승 및 급강하 등으로 이들에 대한 영향을 고려하여 수위-유량관계곡선을 조정하게 된다.

배수의 영향에 의한 수위-유량관계곡선을 조정하기 위해서는 기준관측점(base gauging station) 및 이 기준관측점과 수위차가 최소 0.3m 이상 되는 하류에서의 보조관측점(auxiliary gauging station)을 선정한다. 기준관측점에서 수위가 동일하지만 수면경사가 S 및 S_o로 다를 때 관측한 유량을 Q 및 Q_o라 하고, 이때 거리차가 L인 기준관측점과 보조관측점과의 수위차를 F 및 F_o라 하면 Manning의 공식으로부터

$$Q = \frac{1}{n} A R^{2/3} S^{1/2} = K S^{1/2} \tag{8.5.4}$$

$$Q_o = \frac{1}{n} A R^{2/3} S_o^{1/2} = K S_o^{1/2} \tag{8.5.5}$$

기준관측점에서 수위가 같으므로 다른 조건의 변화가 없으면 통수능 K 값은 동일하다. 따라서 두 유량비는 경사의 비로 나타낼 수 있다.

$$\frac{Q}{Q_o} = \left(\frac{S}{S_o}\right)^{1/2} \tag{8.5.6}$$

에너지선의 경사와 수면경사가 같다고 하면

$$S = \frac{F}{L}, \quad S_o = \frac{F_o}{L} \tag{8.5.7}$$

따라서

$$\frac{Q}{Q_o} = \left(\frac{F}{F_o}\right)^{1/2} = \left(\frac{F}{F_o}\right)^{m} \tag{8.5.8}$$

Manning의 공식에서는 지수 m이 1/2이지만 일반적으로 두 관측점의 수면곡선이 반드시 직선을 이룬다고 볼 수 없으므로 지수 m은 후에 설명하는 바와 같이 실측 자료를 이용하여 결정한다. 식 (8.5.8)에서 F, F_o, m, Q_o만 알면 유량 Q를 얻을 수 있으며 이 방법에는 일정수위하강고(constant fall)방법과 정상수위하강고(normal fall) 방법이 있다.

1) 일정수위하강고 방법

이 방법은 유량을 조정하기 위해 기준관측점에서 여러 수위에 대한 유량 Q를 측정한다. 이때 각 유량측정시마다 수위 g 및 기준관측점과 보조관측점 사이의 수위 차 F도 측정한다. 여러 차례 관측된 수위 차 F를 평균하여 평균수위하강고 F_o를 산정한다. 따라서 매번 관측할 때마다 유량 Q, 수위 g, 수위 차 F를 얻게 되고 F_o를 이용하여 F/F_o의 값도 산정할 수 있게 된다.

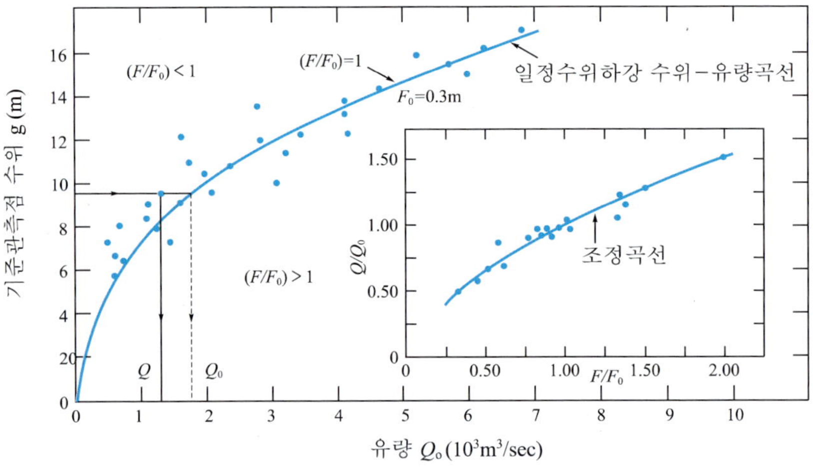

그림 8.22 일정수위하강고 곡선

각 수위 g에 대한 유량 Q의 값을 그림 8.22와 같이 표시하고 그 옆에 F/F_o의 값도 표시한다. 이와 같이 모든 자료에 대해 표시를 하면 $F/F_o>1$인 경우와 $F/F_o<1$인 경우로 나눌 수 있으며 그 사이에 개략적인 $F/F_o=1$인 곡선을 그릴 수 있다. 이 곡선이 일정수위하강고에 의한 유량조정곡선인 $Q_o\sim g$곡선이 된다. 이와 같이 수위에 따른 유량조정곡선이 준비되었으면 다음 절차에 의해 유량을 조정하게 된다.

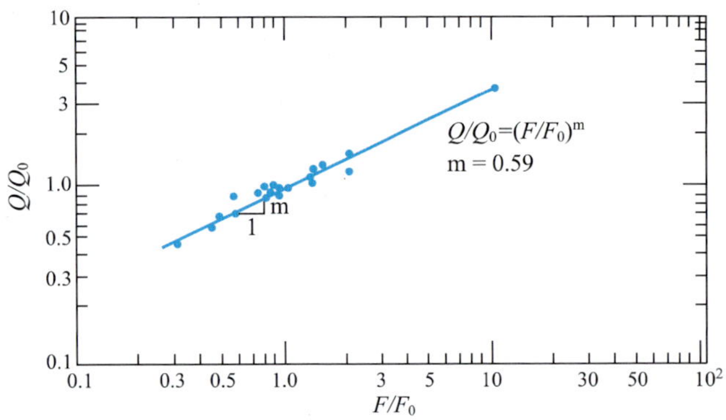

그림 8.23 지수 m의 결정

① 그림 8.22에 표시된 각 유량 Q에 대해 같은 수위 g를 가진 Q_o값을 유량조정곡선으로부터 읽어 Q/Q_o를 구한다.

② 각 유량 Q마다 F/F_o의 값이 있으므로 각 유량 별 $Q/Q_o\sim F/F_o$관계를 전대수지상에 표시하면 그림 8.23과 같이 직선으로 나타나며 이때 기울기를 구하면 식 (8.5.8)의 m값이 된다.

③ 기준관측점과 보조관측점에서 새로운 수위 g를 측정하여 수위 차 F를 결정한다.

④ 앞에서 평균수위하강고 F_o를 산정하였으므로 식 (8.5.8)의 오른쪽 항이 결정된다.
⑤ 그림 8.22에서 기준관측점의 새로운 수위 g에 대한 조정유량 Q_o를 읽으면 식 (8.5.8)에서 배수효과를 고려한 유량 Q가 얻어지게 된다.
⑥ m을 구하지 않고 그림 8.22의 조정곡선을 이용하여도 된다.

2) 정상수위하강고 방법

만일 기준관측점 및 보조관측점간 수위 차의 변화가 많고 수위하강고가 기준관측점에서의 수위와 상관관계를 가질 경우에는 정상수위하강고 방법을 사용한다. 이 방법은 일정수위하강고방법과 거의 동일한데 평균수위하강고 F_o 대신 기준관측점에서의 수위의 함수로 표시되는 정상수위하강고 F_n을 사용하는 것만 다르다.

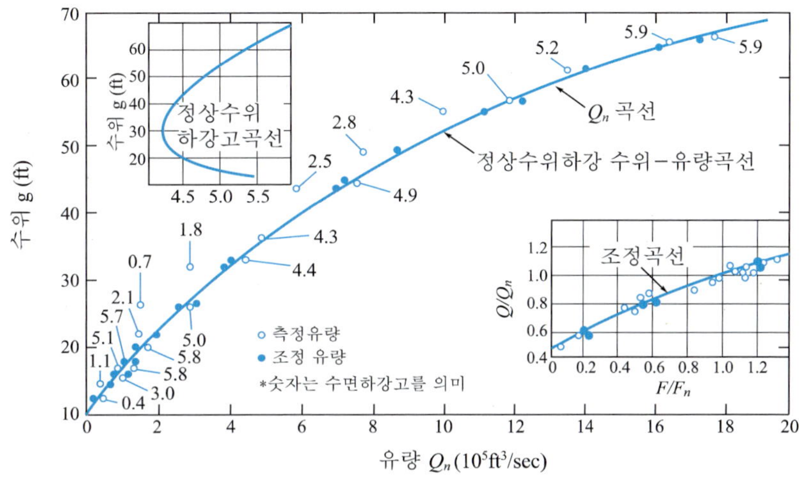

그림 8.24 정상수위하강고 곡선

① 기준관측점에서의 수위 g와 기준 및 보조관측점과의 수위 차 F를 측정한다.
② 그림 8.24의 좌상단에서 기준관측점 수위 g에 해당하는 정상수위하강고 F_n을 읽는다.
③ F/F_n을 계산하고 우하단의 조정곡선으로부터 Q/Q_n를 읽는다.
④ 기준관측소에서의 측정수위 g에 대해 조정유량 Q_n을 읽은 후 ③의 Q/Q_n값을 곱하면 유량 Q를 얻게 된다.

예제 8.9

다음 표 8.14와 같이 기준관측소 및 보조관측소에서의 유량과 수위가 측정되었을 때 일정수위하강고 방법을 이용하여 일정수위하강고 곡선 Q_0를 작성하고 기준관측소의 수위가 7.2m, 보조수위관측소의 수위가 6.8m일 때의 유량을 산정하라.

풀이

기준관측소의 수위와 보조관측소의 수위차인 F가 4란에 주어져 있으며 평균수위하강고 F_0는 0.45m가 된다. 기준수위와 유량을 도시한 결과가 그림 8.25와 같이 나타나고 있으며, 그림 안의 숫자는 기준관측소와 보조관측소의 수위 차 F를 나타내고 있다. $F=F_0=0.45$를 기준으로 하여 일정수위하강고 곡선 Q_0를

표 8.14 기준관측소 및 보조관측소에서의 유량과 수위

기준수위(m)	유량(Q)(m^3/s)	보조수위(m)	수면강하 F(m)	기준유량Q_0(m^3/s)	Q/Q_0	F/F_0
8.85	1150	8.40	0.45	1150	1.000	1.000
9.48	1420	8.99	0.49	1310	1.084	1.089
5.02	310	4.62	0.40	390	0.795	0.889
6.25	550	5.83	0.42	590	0.932	0.933
9.06	1240	8.54	0.52	1150	1.078	1.156
3.77	130	3.38	0.39	220	0.591	0.867
10.05	1460	9.60	0.45	1460	1.000	1.000
8.08	940	7.65	0.43	960	0.979	0.956
6.72	630	6.30	0.42	670	0.940	0.933
4.06	440	3.54	0.52	280	1.571	1.156
7.51	750	7.10	0.41	840	0.893	0.911
2.54	120	2.04	0.50	100	1.200	1.111
6.06	510	5.64	0.42	560	0.911	0.933
5.72	440	5.31	0.41	510	0.863	0.911
3.86	280	3.38	0.48	230	1.217	1.067

작성한 결과가 그림 8.25에서 실선으로 나타나 있다. 기준수위에 대한 Q_0곡선으로부터 유량을 산정한 결과가 표 5란에 나타나 있다. 6란은 2란/5란, 7란은 4란/0.45로부터 산정된다. 6란과 7란을 도시하여 조정곡선을 구한 결과가 그림 8.27에 나타나 있다.

기준관측소에서의 수위 7.2m와 보조관측소에서의 수위 6.8의 차 F=0.4m이므로 F/F_0=0.4/0.45=0.89이다. 그림 8.26 조정곡선으로부터 F/F_0=0.89일 때의 Q/Q_0를 읽으면 0.77임을 알 수 있다. 또한 기준관측소수위 7.2m에 대한 유량 Q_0는 그림 8.25로부터 790m^3/sec가 되고, 따라서 유량은 Q =790× 0.77 =608m^3/sec가 됨을 알 수 있다.

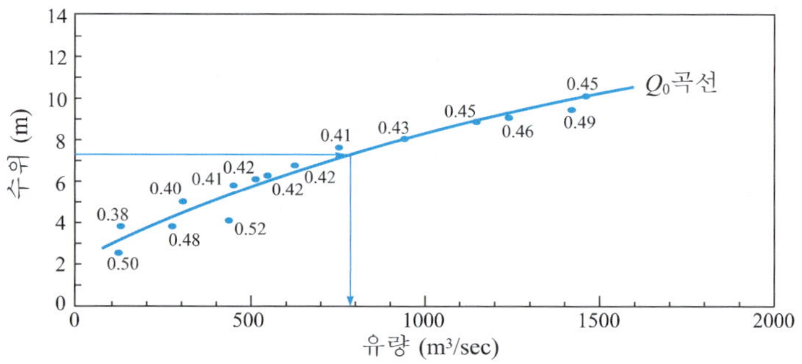

그림 8.25 정상수위하강고 방법

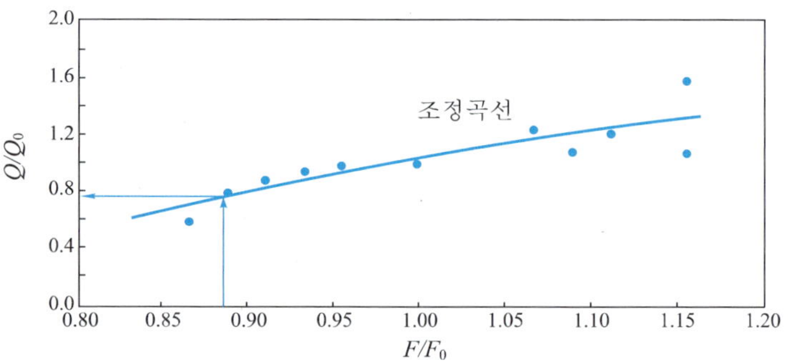

그림 8.26 조정곡선

8.5.3 수위-유량관계곡선의 연장

일반적으로 사용되고 있는 수위-유량관계곡선은 수위 및 유속 측정이 가능한 흐름에 대해서 유도된 것이다. 따라서 홍수 시에는 여러 가지 현장의 사정으로 인해 측정하기가 곤란하므로 고수위 및

고유량에 대한 자료가 포함되어 있지 않은 경우가 많다. 하지만 댐이나 제방의 설계 등과 같이 치수 목적으로 수문분석을 할 경우에는 과거의 홍수흔적이나 실측으로부터 얻은 기록홍수위에 해당하는 유량을 산정할 필요가 있다. 이런 경우 수위-유량관계곡선을 연장하여 유량측정이 되어 있지 않은 고수위에 대한 유량을 추정할 수 있다. 이와 같은 방법에는 전대수지법(logarithmic method), Stevens방법, 경사-면적방법(slope-area method), 유속-면적법(velocity-area method) 등이 있는데 본 절에서는 전대수지법과 Stevens방법에 대해서만 소개하기로 한다.

1) 전대수지법

이 방법은 앞에서 수위-유량관계곡선의 유도에서 설명한 바와 같이 수위-유량관계곡선을 식 (8.5.2)로 가정하여 연장하는 방법이다.

$$Q = a(H \pm H_o)^b \qquad (8.5.2)$$

여기서 Q는 수위 H(m)에 해당하는 유량(m^3/s), H_o는 수위계의 영점표고와 유량이 0이 되는 표고와의 차(m), a 및 b는 회귀상수이다.

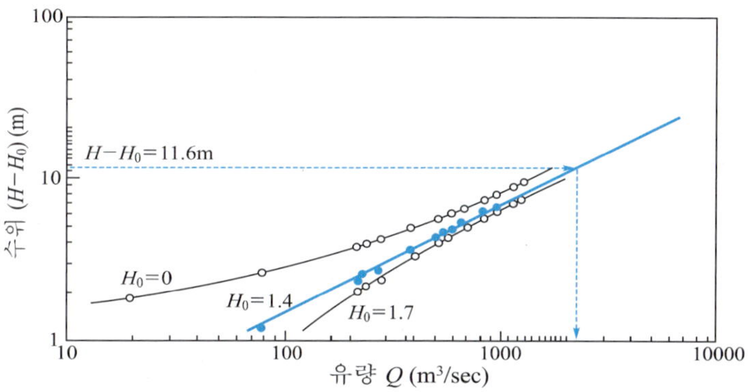

그림 8.27 전대수지법에 의한 수위-유량관계 연장

유량과 수위 사이에 식 (8.5.2)와 같은 관계가 성립하면 전대수지상에 유량 Q와 수위 $(H-H_o)$를 도시하면 직선관계를 나타내게 된다. 하지만 관측지점의 영점표고가 정확하지 않으면 H_o의 값을 결정해야 하는데 H_o와 전대수지 상에 표시된 곡선과의 관계는 표 8.12와 같은 관계를 가진다. 전대수지상에서의 $Q \sim (H-H_o)$의 관계가 직선에 가까울 때 까지 H_o의 값을 가정하여 가장 적합한 H_o값이 결정되면 이 직선을 연장하여 고수위 H에 대한 유량 Q를 산정하게 된다.

예제 8.10

수위와 유량자료가 표 8.15와 같이 주어질 때 전대수지법에 의해 수위-유량관계곡선을 연장하여 수위가 13m일 때의 유량을 산정하라.

풀이

먼저 수위 $(H-H_0)$와 유량 Q를 전대수지상에 그림 8.27과 같이 도시한다. $H_0=0$ 일 경우 전대수지 상에서 직선이 아니므로 직선이 될 때까지 조정한 결과 $H_0=1.4$일 때 직선관계가 나타남을 알 수 있다. 따라서 $H_0=1.4$m에 대한 직선을 연장하여 수위가 13m인 즉 $(H-H_0)=11.6$m일 때의 유량을 산정한 결과 2,210m^3/sec가 됨을 알 수 있다.

표 8.15 수위 및 유량자료

수위 H (m)	유량 Q (m^3/sec)	$H-H_0$		
		H_0=0	H_0=1.7	H_0=1.4
1.80	20	1.80	0.10	0.40
2.54	80	2.54	0.84	1.14
3.77	220	3.77	2.07	2.37
3.86	230	3.86	2.16	2.46
4.06	280	4.06	2.36	2.66
5.02	390	5.02	3.32	3.62
5.72	510	5.72	4.02	4.32
6.06	560	6.06	4.36	4.66
6.25	590	6.25	4.55	4.85
6.72	670	6.72	5.02	5.32
7.51	840	7.51	5.81	6.11
8.08	960	8.08	6.38	6.68
8.85	1150	8.85	7.15	7.45
9.06	1180	9.06	7.36	7.66
9.48	1280	9.48	7.78	8.08

2) Stevens방법

이 방법은 Chezy의 평균유속공식을 이용하여 Stevens가 제시한 방법이다. Chezy의 평균유속공식을 이용하여 연속방정식을 나타내면 다음과 같다.

$$Q = AV = CA\sqrt{RS} \tag{8.5.9}$$

여기서 Q는 유량(m^3/sec), V는 평균유속(m/sec), A는 단면적(m^2), R은 동수반경(m), S는 에너지선의 경사(m/m) 그리고 C는 Chezy의 평균유속계수이다. 만일 경사 S를 일정하다고 하고 동수반경을 평균수심 D로 가정하면

$$Q = KA\sqrt{D} \tag{8.5.10}$$

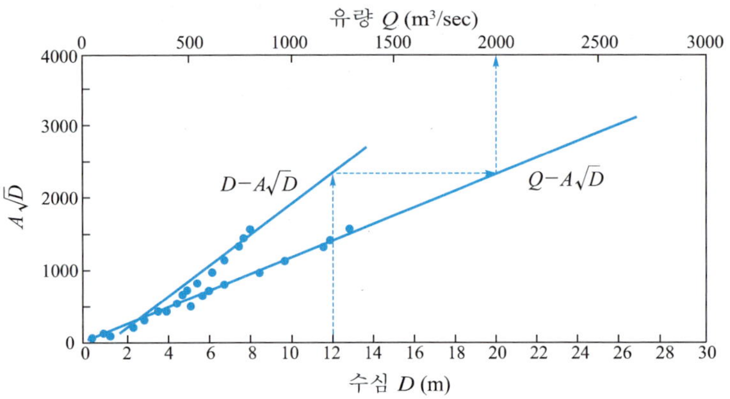

그림 8.28 Stevens 방법에 의한 수위-유량관계곡선의 연장

여기서 경사 S를 일정하다고 가정하였으므로 K는 상수가 되고, 따라서 Q는 $A\sqrt{D}$와 직선관계가 된다. 한편 유량 Q는 수위 H의 함수이며, $A\sqrt{D}$는 또한 수위에 따라 결정되므로 수위 H의 함수라고 할 수 있다. 따라서 그림 8.28과 같이 선형방안지에 $Q \sim A\sqrt{D}$ 관계직선과 $A\sqrt{D} \sim D$ 관계곡선을 함께 표시하면 고수위에 대한 유량을 산정할 수 있다.

예제 8.11

수위별 횡단면적, 평균수심 및 유량이 표 8.16과 같이 측정되었을 때 Stevens방법에 의해 수위-유량관계곡선을 연장하여 수위 13.4m에 대한 유량을 산정하라.

풀이

수위와 평균수심과의 차가 1.4m이므로 H_0=1.4m임을 알 수 있다.
평균수심에 대한 $\sqrt{D}$와 $A\sqrt{D}$가 5란 및 6란에 계산되어 있다. 3란과 6란을 도시하면 그림 8.28과 같이 $D \sim A\sqrt{D}$관계곡선을 얻을 수가 있고, 4란과 6란을 도시하면 $Q \sim A\sqrt{D}$관계곡선을 얻을 수가 있다. 따라서 수위 13.4m에 대한 수심은 12m이므로 그림 8.28에서 가로축의 수심 12m에서 $D \sim A\sqrt{D}$관계곡선까지 연결하고 수평으로 $Q \sim A\sqrt{D}$관계곡선까지 이동한 다음 위로 이동하여 Q를 읽으면 2,000m^3/sec가 됨을 알 수 있다.

표 8.16 수위별, 횡단면적 평균수심 및 유량

수위 H(m)(1)	횡단면적 A(m^2)(2)	평균수심 D(m)(3)	유량 Q(m^3/s)(4)	$\sqrt{D}$ (5)	$A\sqrt{D}$ (6)
1.80	31	0.40	20	0.632	19.61
2.54	68	1.14	80	1.068	72.60
3.77	125	2.37	220	1.539	192.44
3.86	149	2.46	230	1.568	233.70
4.06	162	2.66	280	1.631	264.21
5.02	214	3.62	390	1.903	407.16
5.72	246	4.32	510	2.078	511.30
6.06	305	4.66	560	2.159	658.40
6.25	312	4.85	590	2.202	687.11
6.72	335	5.32	670	2.307	772.68
7.51	387	6.11	840	2.472	956.60
8.08	432	6.68	960	2.585	1116.53
8.85	498	7.45	1150	2.729	1359.28
9.06	514	7.66	1180	2.768	1422.58
9.48	553	8.08	1280	2.843	1571.92

8.6 유량자료의 해석

8.6.1 유량자료의 단위

하천유량단위는 미터제에서는 m^3/sec(cms), 영국단위제에서는 ft^3/sec(cfs)로 표시하며 임의 관측단면을 통해 단위시간(sec)동안 흐르는 물의 체적을 말한다. 따라서 일정한 시간 동안 하천단면을 통해 흘러간 물의 체적은 유량에 초로 환산한 시간을 곱해 구할 수 있다. 우리나라의 경우 유량을 분석할 때 연유출량(annual flow)은 매년 초부터 그 해 말까지를 기준으로 삼는다. 미국의 경우 연유출량의 산정기준은 목적에 따라 다른데 주로 10월 1일부터 그 다음해 9월 30일까지를 기준으로 삼는다. 어떻게 기준을 정하든 홍수기간 동안이 분리되지 않도록 하는 것이 바람직하다.

하천유량을 나타내는 단위로 비유량(specific discharge)을 사용하기도 하며 이는 유량(m^3/sec)을 유역 면적(km^2)으로 나눈 것으로 $m^3/sec/km^2$의 단위를 갖고 크기가 서로 다른 유역에서의 유출률을 비교할 때 편리하다.

8.6.2 수문곡선

수문곡선(hydrograph)은 시간에 따른 수위 또는 유량을 나타내는 그래프로 수위를 나타내면 수위수문곡선(stage hydrograph), 유량을 나타내면 유량수문곡선(discharge hydrograph)이라 하며 사용 목적에 따라 여러 가지 방법으로 나타낸다. 관측지점에서 과거의 유출량을 타나낼 때는 월 및 연평균 수문곡선이 주로 사용된다. 하지만 특정 홍수에 대한 특성은 일보다 긴 시간동안의 평균값으로 나타내면 자세히 알 수가 없다. 홍수 시와 같이 유량이 급변하는 경우에는 자기수위계에 기록되는 순간 수위를 순간유량을 환산하여 연속적으로 나타내는 홍수수문곡선(flood hydrograph)를 사용하게 된다.

8.6.3 평균유량

하천유량자료는 일반적으로 자정부터 다음날 자정까지의 일평균유량의 형태로 출간 된다. 월평균유량은 일평균유량을 산술평균하여 산정하며 연평균유량은 12개월의 월평균유량을 산술평균하여 얻는다. 큰 하천유역인 경우 이러한 형태의 자료는 문제가 없지만 작은 하천유역에서는 바람직하지 못하다. 그림 8.29에 나타난 바와 같이 큰 하천유역에서는 순간최대유량이 최대 일평균유량에 비해 그리 크게 차이가 나지 않는 반면, 작은 하천유역에서는 순간최대유량이 최대 일평균유량에 비해 상당히 크게 나타난다. 따라서 작은 하천유역에 대한 분석을 할 경우 순간유량곡선을 이용하는 것이 바람직하다.

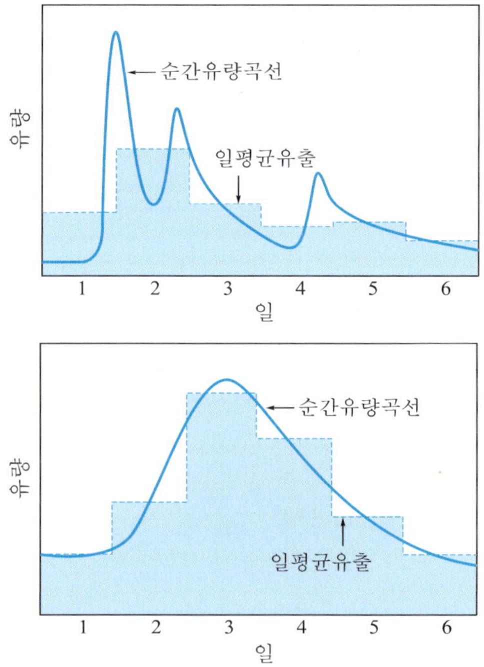

그림 8.29 순간유량과 일평균유량간의 관계

연습문제

8.1 다음과 같이 하천단면에서 유량을 측정하기 위한 기본측정을 하였을 때 유량을 산정하라. 단, 횡단면의 처음과 끝 구간은 삼각형으로 하고 그 사이의 소단면은 사다리꼴 단면으로 산정하며, 소단면의 평균유속은 양측선의 값을 평균한다.

측점번호	소단면폭 (m)	깊이 (m)	평균유속 (m/sec)	측점번호	소단면폭 (m)	깊이 (m)	평균유속 (m/sec)
0	0.00	0.00	0.00	4	1.58	2.26	0.85
1	1.28	1.22	0.64	5	1.13	2.16	0.76
2	1.01	1.52	0.70	6	1.55	1.43	0.67
3	1.46	2.19	0.82	7	1.80	0.00	0.00

8.2 다음 표와 같이 수심 6m의 하천단면에서 수심에 따른 유속이 주어질 때 표 8.3에서 주어진 각 측점수별로 평균유속을 산정하라.

수심 (m)	0.3	1.2	3.6	4.8	5.7	6.0
유속 (m/sec)	2.2	2.1	1.8	1.4	0.8	0.4

8.3 어떤 하천에 대해 다음과 같이 수심의 20% 및 80%되는 지점에서 유속을 측정하였을 때 유출량을 산정하라.

단 면		1	2	3	4	5
유속 (m/sec)	0.2D	1.2	2.4	3.6	3.0	1.8
	0.8D	0.6	1.2	2.6	2.4	1.2
단면적 (m^2)		3	6	10	8	4

8.4 어떤 하천에 대해 다음과 같이 수심의 20%, 60% 및 80%되는 지점에서 유속을 측정하였을 때 유출량을 산정하라.

단 면		1	2	3	4	5
유속 (m/sec)	0.2D	1.2	2.4	3.6	3.0	1.8
	0.6D	1.0	2.0	3.3	2.8	1.6
	0.8D	0.6	1.2	2.6	2.4	1.2
단면적 (m^2)		3	6	10	8	4

8.5 하천에서의 유량을 산정하기 위해 다음 표와 같이 기준점으로부터의 거리, 수심 및 유속계회전수를 측정하였다. 중간단면적법 및 평균단면적법을 이용하여 유량을 산정하라. 유속계 검정상수 A, B값은 0.2 및 0.05이며 N은 rpm을 적용한다.

거리 (m)	수심 (m)	위치	회전수 (rpm)	거리 (m)	수심 (m)	위치	회전수 (rpm)
2	0.9	0.6d	18	12	3.0	0.2d	61
4	1.3	0.6d	27			0.8d	45
6	1.9	0.2d	35	14	2.5	0.2d	53
		0.8d	25			0.8d	34
8	2.4	0.2d	51	16	2.0	0.2d	38
		0.8d	33			0.8d	23
10	2.9	0.2d	58	18	1.4	0.6d	21
		0.8d	43	20	0.7	0.6d	13

8.6 하천의 한 지점에서 08시에 500kg의 추적물질을 순간적으로 주입하였다. 하류 10km와 20km지점에서 시료수를 채취한 결과가 다음 표와 같을 때 하류 두 지점에서의 유출량을 산정하라.

시간 (hr)	농도 (mg/L)		시간 (hr)	농도 (mg/L)	
	14km	25km		14km	25km
0800	0	0	1600	4	13
0900	2	0	1700	4	9
1000	5	1	1800	2	6
1100	12	2	1900	2	5
1200	22	4	2000	1	4
1300	17	9	2100	1	2
1400	16	20	2200	0	1
1500	9	17	계	97	93

8.7 하천의 한 지점에서 농도가 27mg/L인 추적물질 용액을 초당 $4.5\times10^{-5}m^3$씩 일정하게 주입하고 일정 거리 떨어진 하류에서 3회 채취한 시료의 농도가 7.3×10^{-6}mg/L, 6.9×10^{-6}mg/L 그리고 7.2×10^{-6}mg/L이면 이 하천에서의 유출량은 얼마인가.

8.8 하상폭이 6m이고 측면경사가 1 : 2인 사다리꼴 단면의 수로에서 등류 수심이 2m이고 하상경사 S_0가 0.0001일 때 유량을 산정하라. 조도계수 n=0.011로 가정하라.

8.9 폭이 6m인 사각형의 인공수로 왼쪽제방에 접해 사각형 위어가 설치되어 있다. 위어 폭이 3m, 높이가 1m, 월류 수심이 0.5m일 때 월류 유량을 산정하라.

8.10 길이가 5m인 광정위어위로 수심 0.4m로 물이 월류하고 있다면 유량은 얼마인가. 유량계수는 0.95로 가정하라.

8.11 대형 오리피스에서 폭이 1.5m, 높이가 0.5m이고 오리피스 상단과 수면간의 길이가 1.2m일 때 유량을 산정하라. 유량계수는 0.65로 가정하라.

8.12 다음 표와 같이 기준관측소 및 보조관측소에서의 유량과 수위가 측정되었을 때 일정수위하강고 방법을 이용하여 일정수위하강고 곡선 Q_0를 작성하고, 기준관측소의 수위가 5.84m, 보조수위관측소의 수위가 5.52m일 때의 유량을 산정하라.

기준수위 (m)	유량 Q (m^3/s)	보조수위 (m)	기준수위 (m)	유량 Q (m^3/s)	보조수위 (m)
7.35	1260	7.03	5.64	750	5.26
7.98	1530	7.56	3.12	540	2.71
4.06	420	3.74	6.16	860	5.84
5.14	660	4.81	1.73	230	1.35
7.61	1360	7.21	4.95	620	4.62
2.96	250	2.63	4.63	550	4.29
8.47	1570	8.08	3.04	390	2.67
6.68	1040	6.32			

8.13 다음 표와 같이 수위와 유량자료가 주어질 때 전대수지법에 의해 수위-유량관계곡선을 연장하여 수위가 13m일 때의 유량을 산정하라.

수위 H (m)	유량 Q (m^3/s)	수위 H (m)	유량 Q (m^3/s)	수위 H (m)	유량 Q (m^3/s)
1.73	100	4.63	550	6.68	1040
2.96	250	4.95	620	7.35	1260
3.57	390	5.14	660	7.61	1360
4.02	440	5.64	750	7.98	1530
4.06	520	6.16	860	8.47	1570

8.14 다음 표와 같이 수위별, 횡단면적 평균수심 및 유량을 측정하였을 때 Stevens방법에 의해 수위-유량관계곡선을 연장하여 수위 12.5m에 대한 유량을 산정하라.

수위 H (m)	횡단면적 A (m^2)	평균수심 D (m)	유량 Q (m^3/s)	수위 H (m)	횡단면적 A (m^2)	평균수심 D (m)	유량 Q (m^3/s)
1.73	35	1.23	100	5.64	317	5.14	750
2.96	71	2.46	250	6.16	342	5.66	860
3.57	132	3.07	390	6.68	391	6.18	1040
4.02	154	3.52	540	7.35	435	6.85	1260
4.06	163	3.56	420	7.61	501	7.11	1360
4.63	217	4.13	550	7.98	517	7.48	1530
4.95	254	4.45	620	8.47	555	7.97	1570
5.14	312	4.64	660				

8.15 면적이 250km^{2}인 유역에서 산정된 유출고가 24mm라면 유출량(m^3)은 얼마인가. 또한 이 유역 내 농경지에 관개를 하기 위해 ha당 450mm의 수심이 필요하다면 몇 ha를 관개할 수 있는가.

8.16 다음 표는 어떤 하천에서의 5일 동안 측정한 일평균유량을 나타낼 때 다음을 구하라.

일	1	2	3	4	5
유량 (m^3/sec)	21.3	112.6	78.5	46.9	35.5

1) 5일 평균유량은 얼마인가?

2) 5일 동안의 총 유출용적은 얼마인가?

3) 유역면적이 2,004km^{2}이라면 유출고는 얼마인가?

CHAPTER 09

유출수문곡선

9.1 서 론

유출(runoff)은 다른 흐름 성분과 함께 강우의 일부분으로 영구적 또는 간헐적으로 지표하천을 통해 흐르는 흐름이다. 유출은 유역(drainage basin 또는 watershed)으로부터 모인 물의 흐름으로 유역출구 지점에서 관측하게 된다. 엄밀히 말하면 watershed는 포괄적인 개념으로 그 안에 유출경계로 구분 짓는 여러 개의 drainage basin을 포함할 수 있으며 drainage basin은 catchment란 말과 동일하다. 하지만 본서에서는 세 가지의 개념을 동일하게 유역으로 통일하여 사용하기로 한다.

유역에 강수가 발생한 후 여러 경로를 통해 최종적으로 유역출구에서 유출로 나타나며 강수와 유출간의 관계를 규명하여 수문설계에서 다양하게 활용하기 때문에 강수와 함께 유출은 가장 중요한 부분이라 할 수 있다. 유출을 올바르게 분석함으로서 수자원을 효율적으로 이용할 수 있으며, 홍수로 인한 피해를 줄일 수 있다. 본 장에서는 유출을 해석하기 위한 여러 가지 절차 및 방법에 대해 알아보기로 한다.

9.2 유출의 구성성분 및 영향 인자

9.2.1 유출의 구성성분

강수로 지표면에 내린 물이 유역 출구지점까지 흘러가는 과정은 크게 지표면유출(surface runoff), 지표하유출 또는 중간유출(subsurface runoff) 그리고 지하수유출(groundwater runoff)로 구성된다. 지표면유출은 지표면을 통해 흐른 물이 각종 수로 및 하천을 통해 유역의 출구에 도달하는 유출의 한 부분이며 지표면을 통해 하천으로 도달하기까지의 지표면 유출을 지표류(overland flow)라 한다. 지표류가 일단 하천으로 유입되면 다른 유출성분과 합류하여 총 유출(total runoff)을 형성하게 된다. 지표류와 구분하여 하천수로 내에서 흐르는 유출을 하천유출(streamflow)이라 한다.

지표하유출은 강수가 지표토층에 침투한 후 토양 상부층을 통해 횡방향으로 흐르는 유출을 의미하며 지하수위보다 높은 층을 통해 흐른다. 지표하유출의 일부는 하천으로 곧바로 흘러 들어갈 수도 있으며 나머지는 상당기간에 걸쳐 하천으로 흘러 들어온다. 지하수유출은 지표토층을 통해 침투한 물이 더 깊은 곳으로 침루하여 지하수를 형성하는 유출의 일부분으로 결국에는 중력에 의해 낮은 곳으로 흘러 하천 및 바다로 흘러들어가게 된다.

실무적인 목적으로 유출해석을 할 경우에 하천을 통한 총 유출은 일반적으로 직접유출(direct runoff)과 기저유출(base flow)로 분류하게 된다. 직접유출은 강수나 눈이 녹은 직후 하천으로 비교적 단시간에 흘러 들어가는 유출의 한 부분을 말하며 지표면유출, 지표하유출 중 단기간에 유출되는 조기지표하유출(prompt subsurface runoff) 그리고 하천 수로 위로 직접 떨어지는 수로상강수(channel precipitation)의 합으로 구성된다. 수로상강수는 비교적 양이 적기 때문에 일반적으로 지표면 유출에 포함시키게 되며, 직접유출은 경우에 따라서는 지표하유출의 일부만 고려하지 않고 지표하유출 전체를 포함하거나 또는 제외시키고 분석을 하게 된다.

기저유출은 맑은 날씨에서의 유출로, 비가오지 않을 때 이전에 내린 비의 영향으로 하천을 통해 빠져 나오는 유출의 일부분이라 할 수 있다. 기저유출은 지하수유출과 지체지표하유출(delayed subsurface runoff)로 구성된다.

강수기간 동안의 총 강수량은 초과강수량(precipitation excess)과 손실량(abstractions 또는 losses)으로 나눌 수 있다. 초과강수량은 지표면유출에 직접적으로 기여하는 총 강수량의 일부분으로 강수가 강우로만 구성되어 있을 때에는 초과강우량(rainfall excess)이라 한다. 손실량은 지표면유출에 직접적으로 기여하지 않는 총 강수의 나머지 부분으로 차단, 증발산, 지표면저류 그리고 침투로 인한 물의 손실이라고 볼 수 있다. 하지만 총 강수 중 직접유출성분에 기여하는 관점으로 보면 손실이라고 하겠지만 물의 순환 전 과정을 통해 보면 순환의 일부분이지 진정한 손실은 아니다.

직접유출에 기여하는 강수의 일부를 유효강수량(effective precipitation)이라 하며, 강수가 강우로 구성되면 유효강우량(effective rainfall)이라 한다. 유효강수량은 초과강수량과 조기지표하유출의 합으로 구성된다. 따라서 총 강수량과 유효강수량의 차이는 직접유출량을 고려할 때 유효손실량(effective abstractions)이 된다. 직접유출량에서 지표하유출량을 제외하면 유효강수량은 초과강수량과 같아지게 된다. 이상과 같은 유출의 구성을 강수와 관련시켜 정리하면 그림 9.1과 같다.

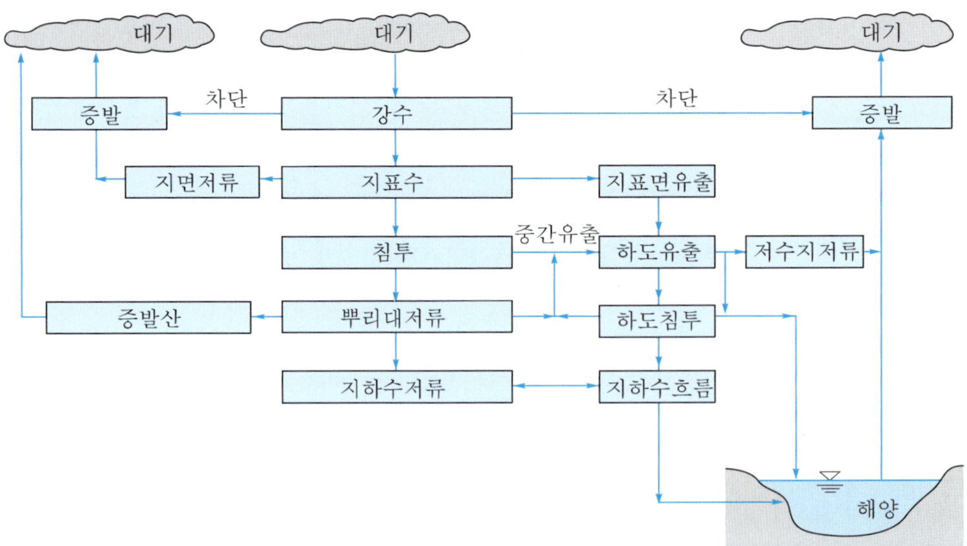

그림 9.1 유출의 구성

9.2.2 유출순환과정

유출현상은 물 공급 특성에 의존하는 순환과정으로 생각해 볼 수 있으며, Hoyt는 유출순환과정을 다음과 같은 다섯 가지의 단계로 요약하여 설명하고 있다.

1) 제1단계 : 무강우단계

제1단계는 강우가 시작되기 전의 건조한 기간이 상당히 진행된 무강우 시기이다. 이 기간 동안 지하수위는 상당히 낮아져 있으며 지속적으로 감소하고 있다. 하천수위 또한 지표면과 수표면에서의 증발산으로 인해 지속적으로 감소한다.

2) 제2단계 : 강우초기단계

제2단계는 강우가 시작되는 시기이다. 강우가 발생함에 따라 물은 수로상강우, 식생에 의한 차단, 토양으로의 침투 그리고 일시적인 지표면 저류로 나누어지게 된다. 침투로 인해 통기대(aeration zone)의 물은 점진적으로 증가하기 시작한다. 이 기간 동안 불투수 표면을 제외하고는 지표류는 거의 없으며 증발과 증산은 약간 발생한다. 제1단계가 하천흐름이 중지될 정도로 지속되었는지 여부에 따라 하천으로의 지하수유출은 지속될 수도 안 될 수도 있다.

3) 제3단계 : 강우지속단계

제3단계는 다양한 강도로 비가 계속 내리는 시기이다. 비가 계속 내림에 따라 식생에 의한 차단과 지면저류 능력이 초과하여 지표면유출이 시작된다. 지표류는 강우강도가 침투율보다 클 때 발생하며, 침투된 물은 이전 단계에서 고갈된 통기대의 상부를 포화시키게 되고 지하수위까지 이동하게 된다. 비가 계속된다면 지하수위는 지속적으로 상승하고 하천수위도 상승하게 된다. 통기대가 포화됨에 따라 지표하유출도 발생하여 하천수위의 상승에 영향을 미치게 된다. 하천에서의 수위가 급격히 상승함에 따라 상대적으로 천천히 상승하는 지하수위보다 높게 되면 하천수가 지하로 침투하여 지하수위를 높이게 된다. 이 기간 동안 대기가 습하기 때문에 증발 및 증산은 적게 발생한다.

4) 제4단계 : 강우충만단계

제4단계는 모든 자연공간이 물로 충만 될 때까지 비가 계속 내리는 기간이다. 침투율은 통기대를 통해 지하수면과 지표하유출로 이동하는 율과 같아지게 된다. 지표류와 같이 하천유출에 즉시 합류하는 지표하유출량은 물이 이동하는 토양의 공극률에 따라 변하게 된다. 비가 계속 내림에 따라 지하수유출량과 지하수함양량이 균형을 이룰 때까지 지하수위는 상승하고 추가적인 강우는 모두 유출에 기여하게 된다.

5) 제5단계 : 강우종료단계

제5단계는 강우의 종료와 함께 제1단계로 접어드는 기간으로 이 기간은 비교적 장기간 지속되어 하천수 및 지표면 저류수는 감소하게 된다. 증발과 증산이 활발하게 일어나고 침투도 계속되며, 통기대 내에 저류된 물은 지하수위까지 내려가거나 하천으로 빠져 나간다. 하천유량은 각 수로에서의 유출, 지표하유출, 지하수유출로 인해 어느 정도 수위를 유지하지만 기간이 길어질수록 감소하기 시작한다. 지하수위는 첨두유출이 발생할 때까지 증가하다가 그 후로는 낮아지며 지중에 저장된 물이 감소하기 시작한다.

위와 같은 유출의 각 단계는 강우 및 유출과정을 단순화한 것으로 실제로는 여러 가지 인자들에 의해 영향을 받기 때문에 유출순환과정은 상당히 복잡하다. 그림 9.2는 강우기간 동안 물의 개략적인 분포를 보여주고 있다. 강우초기에는 대부분의 물이 차단, 지면저류, 증발산 등의 손실로 나타나고, 강우가 지속됨에 따라 차단 및 지면저류와 같은 손실은 상대적으로 줄어들며, 침투는 가속되어 토양수분이 증가하고 지표면유출이 조금씩 발생하기 시작한다. 강우가 오랫동안 지속되면 대부분의 강우는 지표면유출, 지표하유출, 지하수유출로 이동하여 하천유출을 구성하게 된다.

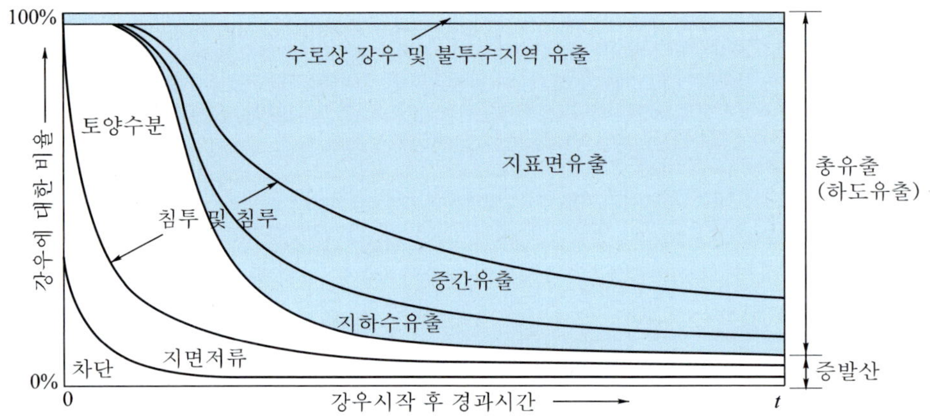

그림 9.2 강우기간 동안의 물의 분포

9.2.3 유출에 영향을 주는 인자

수문학적 관점에서 볼 때 유역으로부터의 유출은 기후학적 인자(climatic factor)와 지형학적 인자(physiographic factor)에 영향을 받는 수문순환 과정의 결과로 볼 수 있다. 기상학적 인자에는 다양한 형태의 강수, 차단, 증발, 증산 등이 있으며 이들은 모두 기후환경에 따라 계절적인 변동성을 보이고 있다. 지형학적 인자는 다시 유역특성(basin characteristics)과 하도특성(channel characteristics)으로 나눌 수 있다. 유역특성에는 유역의 크기, 형태, 경사, 지하수의 형성 능력 및 투수능, 호수 및 습지의 존재여부 그리고 지표면 이용 상태 등이 포함된다. 하도특성에는 하천흐름 및 하도저류의 결정과 관련된 하도단면의 모양, 경사, 조도 등과 같은 수리학적 특성이 포함된다.

1) 기상학적 인자

유출에 영향을 미치는 기상학적 인자에는 강수의 종류와 형태, 차단, 증발산, 침투 등이 있으며 이들은 모두 기온, 수온, 압력 등과 같은 그 지역의 기후학적 인자들에 의해 영향을 받는다. 이들 기상학적 인자들과 기후학적 인자들 간의 관계는 앞 장들에서 자세하게 설명을 하였으므로 본 절에서는 개략적으로 설명하기로 한다.

① 강수
유출의 근원은 강수로 이는 유출에 영향을 주는 가장 큰 기상학적 인자라 할 수 있다. 강수의 종류(비, 눈, 서리 등), 형태, 지속기간, 시간적 및 공간적 분포, 발생빈도, 강우의 이동방향, 선행강수 및 토양수분 등이 모두 유출에 영향을 미치게 된다.

② 차단
차단(interception)이란 식물에 보류된 물의 양을 말한다. 차단은 주로 호우의 특성, 식생의 종류, 밀도, 성장과정 그리고 계절에 따라 변하게 되며 이들은 그 유역의 기후와 밀접한 관계를 가지고 있다. 일반적으로 식물이 성장하는 기간 동안에 약 10~20%의 강수가 차단이 되며, 산림이 울창한 지역에서는 연 강수량의 약 25%까지 이르게 된다.

③ 증발
증발은 물이 액체 상태에서 수증기상태로 변하는 것으로 강수의 일부가 증발로 인해 대기 중으로 되돌아감에 따라 유출에 영향을 미치게 된다. 이와 같이 증발률은 물과 공기의 증기압에 영향을 받고, 증기압은 물과 공기의 온도, 기압, 수질 그리고 증발표면의 형상 등과 같이 기후 및 기상에 직접적인 영향을 받는다.

④ 증산
증산은 식물의 잎의 기공을 통해 발생하는 증발이다. 토양으로 침투된 물의 일부가 식물의 뿌리를 통해 흡수되어 증산을 통해 수증기로서 대기 중으로 방출되므로 유출을 감소시킨다. 증산에 영향을 미치는 인자에는 기공의 밀도 및 특성, 잎의 구조, 온도, 태양에너지, 바람 그리고 식물이 시들 때의 토양함수량 등이 있다.

2) 지형학적 인자

유역이란 하천의 임의 지점을 통과하는 유량에 직접적으로 공헌하는 유역의 한계를 말한다. 유역의 경계는 일반적으로 지형적인 분수계에 의해 구분되며, 하천의 어떤 지점에서도 그 지점 고유의 유역이 존재하며 유역의 크기는 하류로 내려갈수록 점점 증가하고 바다에 이르면 최대가 된다. 유역의 유출에 영향을 미치는 지형학적 인자에는 유역의 크기, 형태, 경사, 투수능, 호수 및 습지의 존재여부, 지표면 이용 상태 그리고 하도특성 등이 포함된다.

① 유역면적

유역의 경계로 둘러싸인 면적을 유역면적(drainage area)이라하며 유역의 경계는 일반적으로 지형학적인 분수계가 된다. 유역면적이 클수록 첨두유출량(peak runoff)은 증가하지만 단위면적당 유량(m^3/sec/ km^2)인 비유량(specific runoff)으로 환산한 첨두유출량은 감소한다. 그 이유는 유역면적이 클수록 유역의 평균강우강도가 작아지고, 강우가 흘러 유역의 출구지점까지 도달하는 시간 즉, 도달시간(time of concentration)이 길어져 하도의 저류효과 및 그 사이의 증발산 및 침투 등으로 유출량이 감소하기 때문이다.

② 유역의 방향성

유역이 위치하고 있는 방향에 따라 강우의 이동방향의 영향을 받아 같은 크기의 강우가 발생하더라도 전혀 다른 유출이 발생할 수 있다. 강우의 이동방향이 계절성을 가진 경우 유역의 출구지점이 어느 방향으로 위치하는가에 따라 도달시간이 달라져 첨두유출량 발생 시기 및 크기가 변하게 된다. 그림 9.3과 같이 강우중심이 유역출구지점으로부터 멀어지는 경우는 반대인 경우보다 첨두유출 발생시간이 빠르고 첨두유출량도 줄어들게 된다.

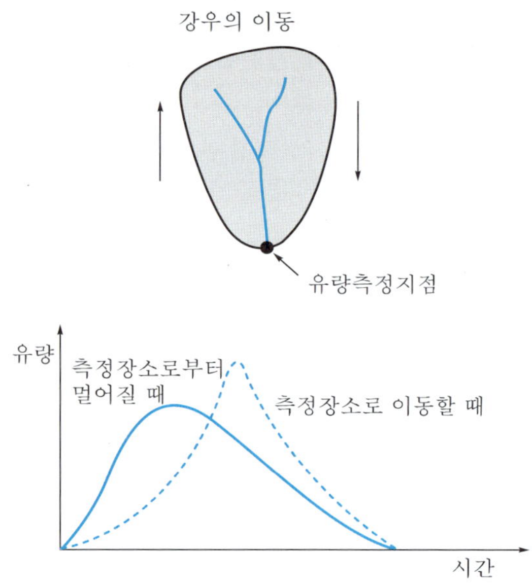

그림 9.3 강우의 방향성에 따른 유출의 변화

③ 유역의 형상

유역의 형상은 지도의 평면상에 투시된 형태로 유출특성에 상당한 영향을 미친다. 그림 9.4(a)는 동일 면적을 가진 서로 다른 형태의 유역을 보여주고 그림 9.4(b)는 이들 유역에 유출이 평형상태가 되도록 장시간 같은 강도의 강우로 인한 유출의 시간적 변화를 보여주고

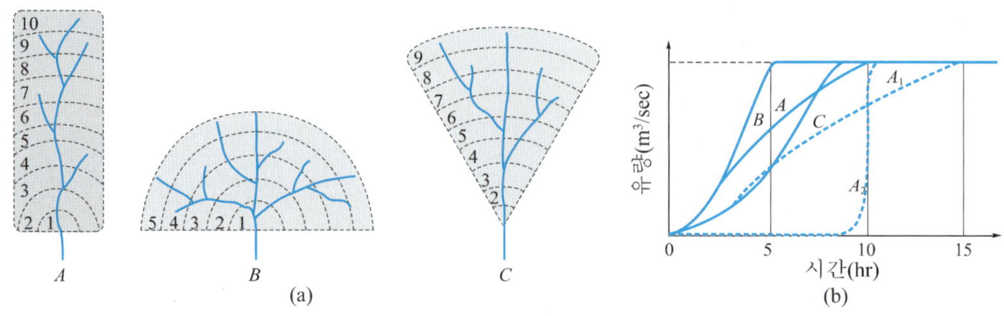

그림 9.4 유역형상에 따른 유출변화

있다. 동심원의 간격을 유역출구로 도달하는 시간이라 하고 다른 조건들은 같다고 가정하자. A유역에 비가 내릴 경우 유역의 가장 먼 곳에 내린 비가 출구지점까지 도달하는데 걸리는 시간은 10시간, B유역은 5시간, C유역은 9시간이므로 B, C, A유역순서로 첨두유출이 발생하게 된다. 유역 형상에 의한 유출의 영향은 강우가 유역전반에 걸쳐 내리지 않고 국지적으로 이동해 갈 때 뚜렷하게 나타난다.

예를 들어 A유역에서 출구지점으로부터 상류방향으로 5시간에 걸쳐 이동하며 비가 내렸다고 하자. 이 경우 비가 유역의 가장 먼 지점까지 이동하는데 5시간이 걸렸고 이곳에 떨어진 비가 흘러 유역출구까지 도달하는데 10시간이 걸리므로 첨두유량은 비가 내리기 시작한 후 15시간 만에 발생하게 된다(그림 9.4b에서 A1곡선). 만일 비가 가장 먼 곳에서 내리기 시작하여 10시간 만에 유역출구까지 이동한다면 유역의 가장 먼 곳에 내린 비가 흘러 출구까지 도달하는데 10시간이 걸리고 강우도 같은 시간에 출구지점으로 이동되므로 비가 내리기 시작한지 10시간이 될 때까지는 유출이 발생하지 않다가 이 때 부터 첨두유출이 발생한다(그림 9.4b A2곡선).

그림 9.5는 유역형상, 면적 및 강우가 내리는 지역에 따라 다양하게 나타나는 유출상황을 보여주고 있다. (a)인 경우와 (b)인 경우는 유역의 형상과 모양이 같은 경우로 유역의 상류지역에 비가내리면 하류지역에 내린 경우보다 첨두유출의 발생시간이 지체되는 것을 알 수 있다. (c)와 (d)는 같은 유역면적에 비가 유역전체에 걸쳐 내릴 경우로 (c)와 같이 상류지역에 유역면적이 넓게 분포한 경우는 대부분이 상류에서 모여 유역출구로 이동하게 되므로 첨두유출 발생시간이 늦어지는 것을 알 수 있다.

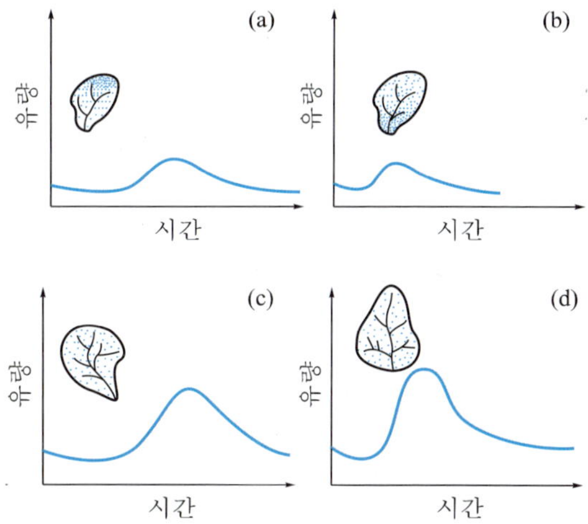

그림 9.5 유역형상 및 강우지역에 따른 유출변화

④ 유역경사

유역의 경사가 급하면 지표면유출의 속도도 빨라져 첨두유출량의 발생시간이 짧아지고 첨두유출량의 크기도 커진다. 한편 유역의 경사가 완만하면 지표면유출속도가 늦어져 첨두유출의 발생시간이 길어지고 지표면을 통한 침투의 기회가 많아져 첨두유출량의 크기는 감소하게 된다(그림 9.6a).

⑤ 유역조도

유역의 식생 및 하천 흐름에 따른 조도(roughness)도 유역경사와 같은 효과를 나타낸다. 유역 및 하천의 조도가 큰 경우 흐름이 늦어져 첨두유출 발생시간이 지체되고 첨두유출량의 크기도 감소한다(그림 9.6b).

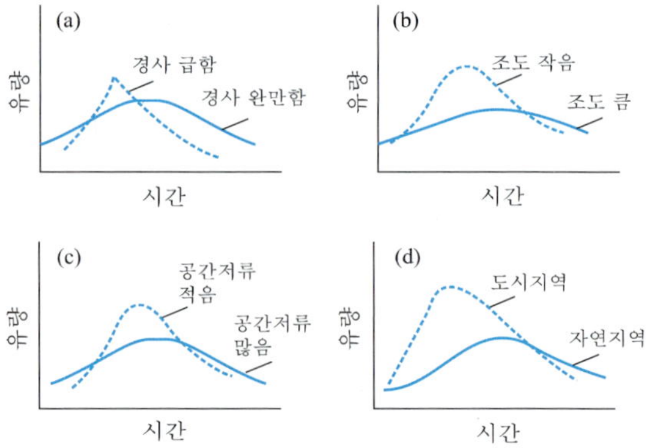

그림 9.6 기타 여러 지형학적 인자에 따른 유출변화

⑥ 유역의 구성

유역 내에 대규모의 저수지, 호수, 홍수터, 늪지대 등의 존재 여부에 따라 유출양상도 다양하게 변한다. 만일 유역 내에 저류공간이 풍부하다면 강우가 내려도 곧바로 하천 출구지점으로 유출되지 않고 일단 저류공간을 거쳐 천천히 유출되므로 저류 공간이 없는 경우 보다 첨두유출 발생시간이 지체되고 크기도 감소한다(그림 9.6c).

⑦ 토지이용상태

지표면의 이용 상태에 따라서도 유출양상에 큰 영향을 주게 된다. 도시화가 진행됨에 따라 이전의 자연 녹지가 불투수성의 도로, 아스팔트, 콘크리트 등으로 대체되어 침투할 공간이 부족하여 첨두유출량의 증가와 발생시간의 단축을 초래한다(그림 9.6d).

9.3 유출수문곡선의 분석

9.3.1 유출수문곡선

유출수문곡선(hydrograph)은 하천의 출구지점에서 시간에 따른 유출률을 보여주는 그래프 또는 표를 말하며, Chow(1959)에 의하면 수문곡선은 특정 배수유역에서의 강우 및 유출간의 관계를 지배하는 지형과 기후특성의 종합적인 표현이라고 할 수 있다. 결국 강우가 지상에 내려 다양하고 복잡한 경로를 거쳐 유역출구지점으로 흘러나오게 되며, 다른 경로에서의 관측에 비해 비교적 명확하게 유량을 측정할 수 있다. 다양한 목적의 수문분석은 유출수문곡선에 주로 의지하게 되며 이 유출수문곡선에는 강우와 유출사이의 물의 순환에 대한 모든 정보를 포함하고 있다. 여러 가지의 수문곡선 중 특히 중요한 것이 연 유출수문곡선(annual hydrograph)과 호우수문곡선(storm hydrograph)이다.

1) 연 유출수문곡선

연 유출수문곡선 즉, 1년 동안의 하천유출을 나타내는 곡선은 유역에서의 강우, 증발 그리고 하천

유출의 장기간 균형을 보여주고 있으며 장기간에 걸친 수자원의 이용 및 개발에 대한 분석 시 주로 사용하게 된다. 그림 9.7은 전형적인 네 가지의 연 유출수문곡선을 보여주고 있다.

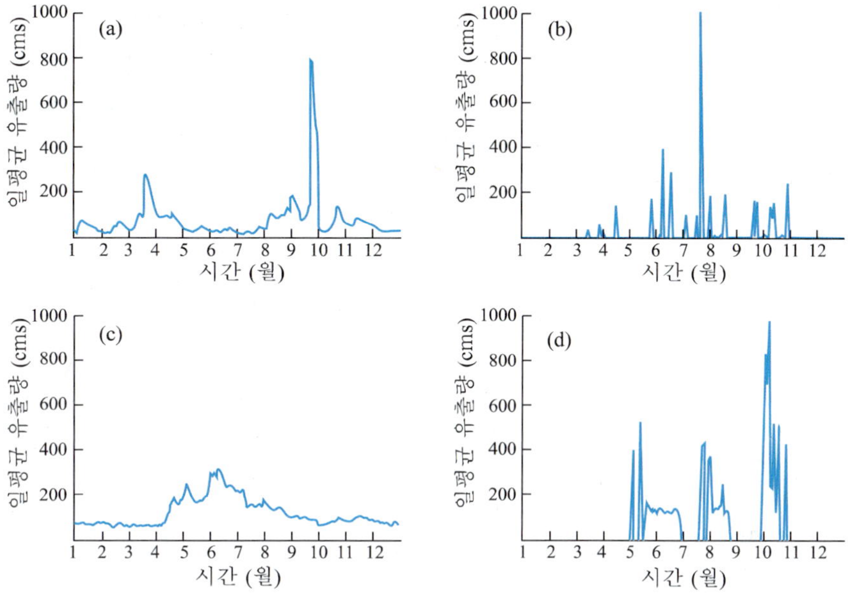

그림 9.7 연 유출수문곡선의 예

수문곡선(a)는 습한 기후지역에서 전형적으로 나타나는 영구적(perenial)인 유출 상태를 보여주고 있다. 호우에 의해 야기된 뾰족한 부분은 직접유출부분이며 변화가 크지 않으며 낮게 흐르는 흐름은 무강우 동안의 기저유출이다. 연 유출수문곡선 아래에 있는 유출의 총체적을 유역산출수량(basin yield)이라 한다. 영구적인 흐름을 가진 하천에서 대부분의 유역산출수량은 보통 기저유출로부터 발생하며, 이는 강우의 상당수가 유역의 토양으로 침투하여 지표하 및 지하수 유출흐름을 형성하기 때문이다.

수문곡선(b)는 일시적(ephemeral)인 하천의 흐름을 보여주고 있다. 이러한 하천은 측벽 및 하상이 불투수성으로 이루어져 있어 중간유출이나 기저유출이 발생하지 않는 경우이다. 또한 지하수면이 하상보다 항상 낮아 하천의 물이 지하수를 함양하는데 주로 쓰이게 되며, 다른 하천의 흐름보다 큰 감수계수를 가지게 된다. 이러한 하천은 평상시에 물이 흐르지 않으므로 유역산출수량에는 별로 기여하지 못한다.

수문곡선(c)는 눈이 녹아 흐르는 강에서의 유출을 보여주고 있다. 대부분의 유역산출수량은 봄철과 여름초기에 눈이 녹을 때 발생한다. 눈에 저장되어 있는 많은 물과 이의 꾸준한 방출은 영구적이나 단기적인 하천에 비해 연중 내내 완만하게 변화하는 연 유출수문곡선을 보여주고 있다.

수문곡선(d)는 건조한 기후지역의 간헐적(intermittent)인 흐름을 보여주고 있다. 강이 건조해 있는 기간이 길며 감수시간이 영구적인 하천보다 짧다. 기저유출 및 중간유출은 큰 호우기간 직후 동안만 발생하게 된다. 대부분의 호우는 직접유출이 되고 침투는 적은 양만 발생한다. 이러한 유역으로부터의 유역산출수량은 큰 호우로 인한 직접유출이 대부분이다.

2) 호우수문곡선

호우수문곡선은 수자원의 이수목적보다는 치수목적의 홍수유출 분석에 주로 사용된다. 그림 9.8은 단일 호우기간 동안의 유출수문곡선의 네 가지 구성 요소를 보여주고 있다. 강우가 시작되기 전에 기저유출은 지속적으로 감소하고 있다(AB부분). 직접유출이 B지점에서 시작되고, C지점에서 최대가 되며, D지점에서 끝난다. DE부분은 정상적인 기저유출감소가 다시 시작되고 있음을 보여주고 있다.

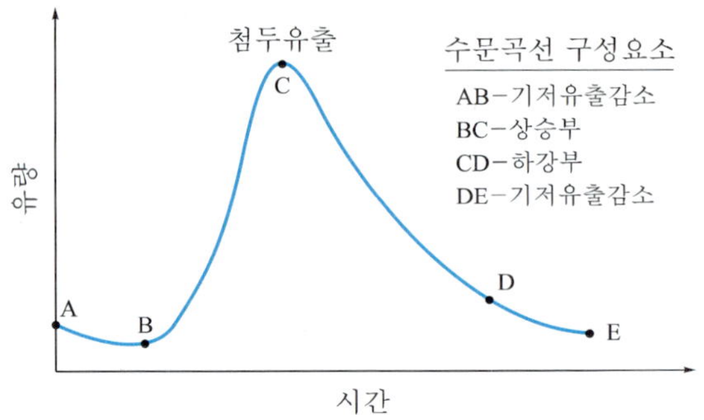

그림 9.8 호우기간 동안의 유출수문곡선의 구성

3) 수문곡선의 기록

대부분의 유출 자료는 시간 또는 일 단위로 기록되고 자료집은 보통 일 단위로 기록되어 출간된다. 유역내의 초과강우(excess rainfall)가 하루보다 짧은 시간에 발생한다면 일단위로는 호우특성 및 유출특성을 제대로 나타낼 수 없으므로 수문곡선의 규모는 시간 또는 분단위로 나타내어야 한다. 따라서 유출이 발생하는 동안의 시간규모에 대한 이해를 하고 여러 가지 상황에 따라 적절한 분석을 하여야 한다.

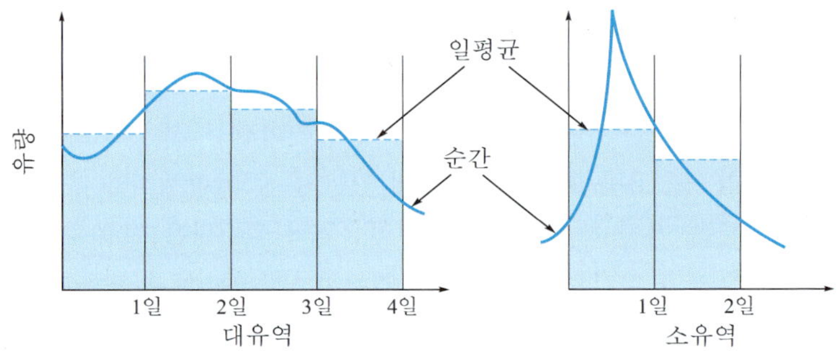

그림 9.9 대유역 및 소유역에서의 순간 및 일평균 유출량의 비교

일평균유량은 자정부터 다음날 자정까지의 유출을 의미하며, 그림 9.9는 소유역 및 대유역에서 나타날 수 있는 수문곡선의 변화를 보여주고 있다. 대유역에서의 순간유출과 평균유출의 차는 크지 않으나 소유역인 경우 그 차가 크므로 신뢰성 있는 분석을 위해서는 가능한 한 짧은 시간구간의 유출관측이 필요하다. 일단 유출량이 수문곡선의 변화를 충분히 반영하는 시간 간격으로 관측되면 다양한 목적의 수문분석에 사용되어질 수 있다.

9.3.2 수문곡선의 구성

수문곡선은 특정 하천단면에서 시간에 따른 유출량을 나타내고 있으며, 지표면유출과 지하로부터 하천으로 방출된 지하수유출로 구성되어 있다. 장기간 지속되는 지하수의 방출이 바로 기저유출이며, 단기간에 걸친 지하수 방출은 지표하유출 또는 중간유출(interflow)이 된다. 강우 및 지형조건에 따라 유출수문곡선이 다양하게 나타나며 그림 9.10은 단일 호우에 의한 유출수문곡선의 전형적인 예를 보여주고 있다. 지하수 방출은 토양의 여러 인자들이 영향을 미치고, 그 중 일부 인자는 수문곡선의 감수곡선(recession curve)을 분석함으로서 구분할 수 있어 하천유출량으로부터 지표수량과 지하수량의 산정이 가능하다.

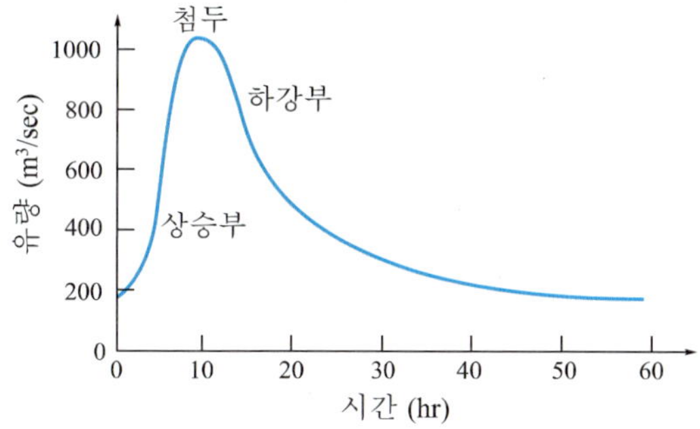

그림 9.10 하천유출수문곡선(직접유출+기저유출)

직접유출수문곡선은 기저유출을 제외한 유출부분으로 그림 9.11과 같이 ① 상승부(rising limb) 또는 집중곡선(concentration curve), ② 정점부 또는 첨두유량(peak discharge) 그리고 ③ 감수곡선 또는 하강부(falling limb)의 세 부분으로 구성되어 있다. 초과강우 또는 유효우량의 체적은 유출량의 체적(수문곡선의 아랫부분의 면적)과 같으며, 이 유효우량과 유역특성으로 인해 직접유출수문곡선은 다음과 같은 특성을 가지고 있다.

① 지체시간(lag time, L)
유효강우의 질량중심과 이로 인한 유출수문곡선의 첨두발생 시간과의 시간차

② 첨두발생시간(time to peak, t_p)
유효우량의 시작부터 첨두유출 발생까지의 시간

③ 도달시간(time of concentration, t_c)
유효우량이 끝나는 시간부터 감수곡선상의 변곡점(기울기가 변하는 지점)까지의 시간(NRCS 분석할 때). 또는 유역 내에 가장 먼 곳에 떨어진 강우가 유역출구지점까지 도달하는데 걸리는 시간(합리식 적용 시)

④ 감수시간(recession time, t_r)
첨두유출 발생시간부터 지표면 유출이 끝나는 지점까지의 시간

⑤ 기저시간(time base, T_b)
지표면유출의 발생부터 끝나는 지점까지의 시간

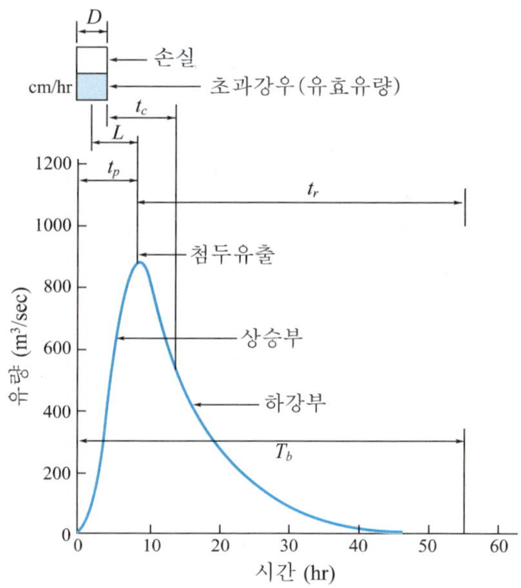

그림 9.11 직접유출수문곡선

9.3.3 감수곡선

유출수문곡선의 감수부 또는 하강부는 지표면유출과 지하수유출로 구성되며, 유출수문곡선으로부터 지하수 유출량을 제함으로서 유역 및 강우 조건에 대한 유효우량의 산정이 가능하다. 지하수유출이 장기 및 단기 지하수 저류량에 의해 결정되기 때문에 감수부에서의 지하수유출부분은 이전의 여러 강우 사상으로 인해 누적된 지하수 유출과 같다.

지표면유출 및 지하수유출 모두 지표면 및 지하수 저류량과 직접적으로 관련이 있으므로 다음과 같이 유출량의 변화와 저류량의 변화간의 관계를 가정해보기로 한다.

$$dQ = K dS \tag{9.3.1}$$

여기서 S는 저류량(L^3), K는 저류상수(t^{-1}), Q는 유출량(L^3/t)이다. 질량보존관계에서 지표 및 지하수로의 유입이 없고 새로 생성된 물이 없다면 결국 유출량은 저류량의 변화와 같다.

$$Q = \frac{dS}{dt} \tag{9.3.2}$$

식 (9.3.1)의 dS를 식 (9.3.2)에 대입하고 $t_r = t - t_p$에서 $Q = Q_p$를 적용하여 적분하면 다음과 같은 식을 얻을 수 있다.

$$Q_{tr} = Q_p e^{-Kt_r} \tag{9.3.3}$$

여기서 Q_{tr}은 t_r 시간에서의 유출량, Q_p는 첨두유출량, t_r은 첨두로부터의 시간(감수시간), t_p는 첨두발생시간 그리고 t는 초과강우가 발생한 때부터 임의의 시간이다. 식 (9.3.3)은 그림 9.12와 같이 저류수조(유역)에서 지수율(exponential rate)로 물이 빠져나가는 것과 같다.

저류상수(감수계수)는 전체 감수곡선을 통해 거의 일정하지가 않다. 하천으로의 지하수유출은 지역별 및 토양의 종류별로 다르다. 흐름이 장기간에 걸쳐 지하수위와 하천 수표면간의 높이(수두)관계에 의존하므로 감수곡선을 다음과 같이 나타내는 것이 더 정확하다.

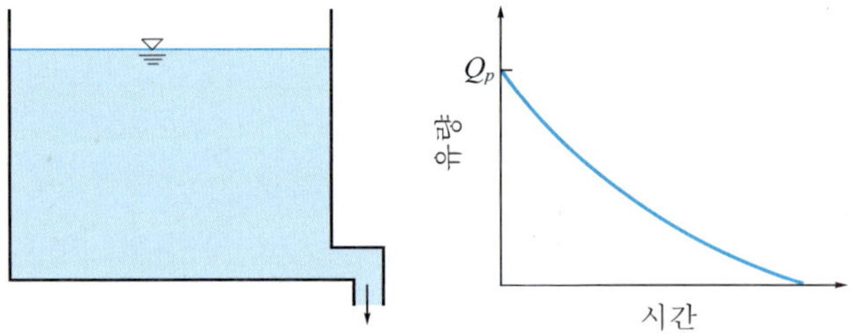

그림 9.12 저류수조와 감수곡선의 비교

$$Q_t = Q_o K^t = Q_o e^{-\alpha t} \tag{9.3.4}$$

여기서 Q_o는 감수곡선상의 임의 시각에 있어서의 유량, Q_t는 Q_o 발생시부터 t시간 후의 유량크기, K는 감수계수(저류상수) 그리고 $\alpha = -\ln K$ 이다.

예제 9.1

시간에 따른 유출량이 표 9.1과 같이 관측되었을 때 감수계수 K를 산정하라. 또한 기저유출이 시작되는 유량을 기준으로 21시에서의 유량을 산정하라.

표 9.1 시간에 따른 유출량

시간 (hr)	유량 (m^3/s)	시간 (hr)	유량 (m^3/s)	시간 (hr)	유량 (m^3/s)
1	275	8	81	15	24
2	258	9	63	16	22
3	222	10	50	17	20
4	187	11	43	18	19
5	159	12	37	19	18
6	137	13	31	20	17
7	107	14	28	21	16

풀이

식 (9.3.4)와 같은 형태로 감수계수 K를 산정하기 위해서 시간을 산술축, 유량을 대수축으로 도시하면 그림 9.13과 같이 나타난다. 그림에서 유량이 직선으로 나타나기 시작하는 부분이 17시로 이 부분부터 기저유출에 해당한다.

17시에서의 유량 $Q_{17} = 20\text{cms}$ 이고 18시에서의 유량 $Q_{18} = 19\text{cms}$ 이므로 $K = Q_{18}/Q_{17} = 19/20 = 0.95$가 된다.

17시의 값을 $Q_0 = Q_{17}$로 하면 4시간 후인 Q_{21}의 값은 다음과 같이 산정할 수 있다.

$$Q_{21} = Q_{17}K^4 = 20 \times 0.95^4 = 16.3\text{m}^3/\text{sec}$$

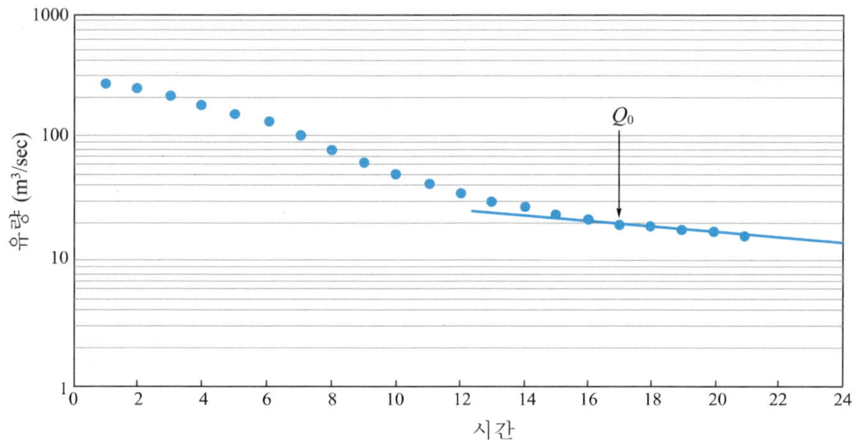

그림 9.13 감수계수 K 산정을 위한 시간대 유량그래프

9.3.5 수문곡선의 분리

수문곡선을 직접유출과 기저유출로 분리하는 것을 수문곡선의 분리(hydrograph separation) 또는 수문곡선의 분석(hydrograph analysis)이라 한다. 임의의 순간에 하천에서의 직접유출과 기저

유출간의 구분에 대한 기준이 명확하지 않으며, 또한 이 두 개념이 상대적인 임의성을 가지고 있으므로 수문곡선의 분리도 임의적이라 할 수 있다.

하지만 후에 설명할 단위도(unit hydrograph)를 적용하여 유역에 내리는 강우로부터 임의의 하천지점에서의 유출량을 예측하기 위해서는 유출수문곡선으로부터 직접유출과 기저유출을 분리할 필요가 있다. 이와 같은 수문곡선의 분리 방법에는 주 지하수 감수곡선법(master groundwater depletion curve method), 수평직선분리법(straight line method), N-day법, 수정 N-day법(fixed base method), 가변경사법(variable slope method) 등이 있다. 일반적으로 홍수시의 유출량에 비하면 기저유출량은 상대적으로 작기 때문에 어떤 방법을 사용하든지 큰 오차는 발생하지 않는다.

1) 주 지하수 감수곡선법

주 지하수 감수곡선법은 분석지점에서의 과거 수문곡선이 구비되어 있을 때 수문곡선의 감수곡선들을 중첩시켜 유역의 대표적인 감수곡선을 얻는 것이다. 주 지하수 감수곡선을 구하는 방법은 다음과 같다.

① 과거 수년간의 연속적인 유량기록을 그림 9.14(a)와 같이 도시하고 이 중에서 감수곡선들을 선택한다.

② 선택된 감수곡선을 반대수지(유량을 대수축에 작성)에 유량이 작은 것부터 오른쪽에서 왼쪽으로 나열하면 그림 9.14(b)와 같다.

③ 감수곡선의 최저값에 개략적인 접선을 그린다.(그림 9.14b)

④ ③에서 구한 접선을 산술축으로 옮겨 그리면 이것이 바로 수문곡선을 대표하는 주 지하수 감수곡선이 된다(그림 9.14c).

⑤ 실제 수문곡선의 감수부분에 앞에서 구한 주 지하수 감소곡선을 중첩시켜 곡선이 분리되는 점을 찾아 상승부 기점과 연결 하여 직접유출과 기저유출을 분리한다.

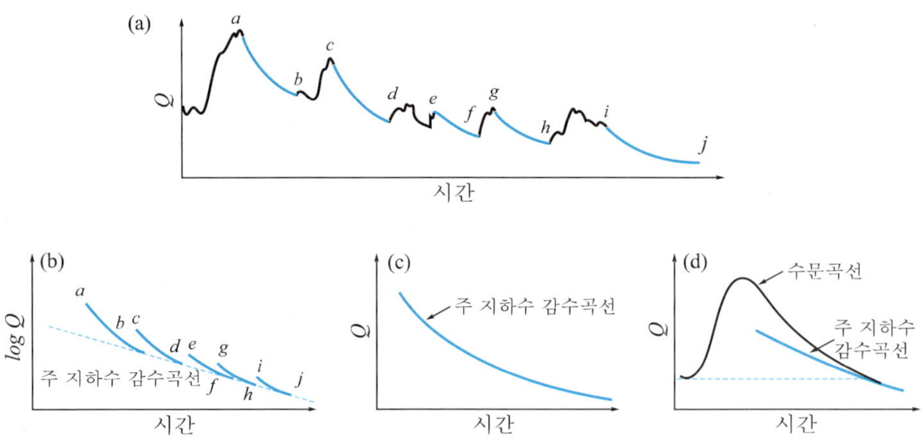

그림 9.14 주 지하수 감수곡선법

2) 수평직선 분리법

이 방법은 지표면유출이 발생하는 지점(상승부 기점)과 수평선을 그어 감수곡선과 만나는 선을 그어 직접유출과 기저유출을 분리한다(그림 9.15(a)). 이 방법은 간단하지만 호우 시 유효우량에 비해 기저유량이 매우 작으므로 다른 방법에 비해 기저유량 산정에 차이가 그리 많지 않기 때문에 실무에서 많이 사용된다.

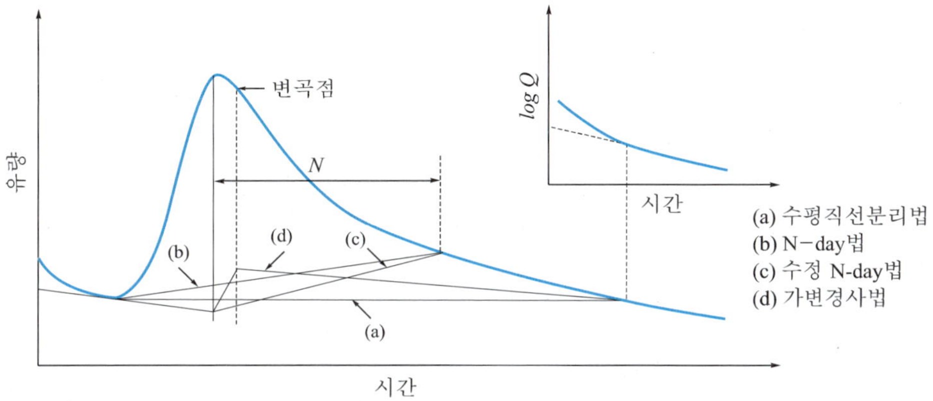

그림 9.15 수문곡선 분리방법들

3) N-day법

이 방법은 첨두가 발생한 시점부터 N일 후의 감수곡선에 해당하는 지점을 택해 직접유출이 발생하는 상승부기점과 연결하여 직접유출과 기저유출을 분리한다. 이때 N일은 다음과 같이 산정한다(그림 9.15(b)).

$$N = 0.827A^{0.2} \qquad (9.3.5)$$

여기서 N은 일(day), A는 유역면적(km^2)이다.

4) 수정 N-day법

이 방법은 고정기저시간법(fixed base method)이라고도 하며 첨두발생까지는 기저유량이 감소하는 추세로 유지하다가 첨두발생시부터 N일 후의 감수곡선상의 지점을 직선으로 연결하여 직접유출과 기저유출을 분리한다(그림 9.15(c)).

5) 가변경사법

이 방법은 수정 N-day법과 마찬가지로 첨두발생까지는 기저유량이 지속적으로 감소하고, 감수곡선에서 경사가 급변하는 지점을 결정하여 이곳에서부터 하강부 곡선의 변곡점발생 시간까지 거꾸로 보간하여 첨두발생 시의 기저유량과 직선으로 연결하여 직접유출과 기저유출을 분리한다(그림 9.15(d)). 감수곡선에서 경사가 급변하는 지점의 결정은 감수부를 반대수지 상에 도시하여 경사가 변하는 점을 찾거나, 감수부에 대해 일정한 간격의 유량비를 계산하고 이 비를 시간에 대해 도시하여 경사가 변하는 점을 찾는다.

9.4 NRCS의 유효우량 산정

유효우량 또는 초과강우량(rainfall excess)은 총 강우량 중에서 직접유출에 기여하는 부분으로 차단, 지면저류, 증발, 침투 등의 강우 손실분을 총 강우량에서 빼줌으로서 산정할 수 있다. 침투량과 유효우량에 영향을 주는 인자들이 많으며 이들 인자들은 기후 및 유역특성과 매우 밀접하게 관련되어 있다. 침투 및 유효우량은 호우발생 중에도 변하게 된다.

총 강우량 중에서 유효우량을 산정하는 방법에는 6장에서 소개한 바와 같이 침투능곡선을 이용하거나 또는 유출량자료가 있을 경우에는 Φ-지수 및 W-지수를 이용하여 산정할 수 있다. 하지만 유역의 유출량자료가 없는 경우에는 유역 및 수문학적 조건 등을 이용하여 유효우량을 산정하게 된다.

강우량 중에서 침투량과 유효우량을 분리하기 위한 많은 경험식들이 제시되고 있으며, 그 중 널리 사용되고 있는 방법이 미자연자원보존국(Natural Resources Conservation Service, NRCS)에서 개발한 유출곡선지수방법(runoff curve number method)이다. 이 방법은 침투 및 유효우량의 크기에 영향을 미치는 인자로 토양의 종류, 토지이용상태, 식생의 피복상태 및 선행토양함수조건 등을 고려하여 유효우량을 산정하고 있다.

9.4.1 총 우량-유효우량관계식 유도

호우사상에서 유효우량 또는 직접유출량 P_e는 총 우량 P보다는 항상 작거나 같다. 한편 유출이 시작된 후 유역에 저류된 추가적인 물의 양 또는 침투량 F_a는 최대잠재보유수량(potential maximum retension) S보다 작거나 같다(그림 9.16). 강우초기에는 유출에 기여하지 못하는 손실우량 I_a(initial abstraction)가 존재하므로 잠재적인 유출량은 $P - I_a$가 된다. NRCS방법은 강우량 및 저류량 간의 실제 및 잠재량의 비가 다음과 같이 같다고 가정하여 시작한다.

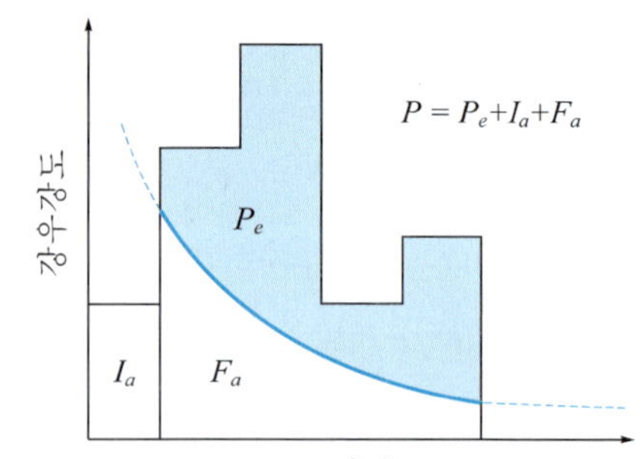

그림 9.16 유효우량 산정을 위한 NRCS방법의 변수들

$$\frac{F_a}{S} = \frac{P_e}{P - I_a} \tag{9.4.1}$$

한편 총 강우량 P는 초과강우량, 초기손실, 침투의 합이므로

$$P = P_e + I_a + F_a \tag{9.4.2}$$

이 두 식을 연립하여 유효우량 P_e에 관해 정리하면 다음과 같다.

$$P_e = \frac{(P - I_a)^2}{P - I_a + S} \tag{9.4.3}$$

이 식이 NRCS방법에 의해 유효우량 또는 직접유출량을 산정하기 위한 기본식이다. 식 (9.4.3)에서 강우의 초기손실 I_a는 차단, 침투, 지면저류 등을 포함하여 유역의 최대잠재보유수량 S와 밀접한 관계가 있으며 유역에서의 실험을 바탕으로 다음과 같은 관계가 있다.

$$I_a = 0.2S \tag{9.4.4}$$

따라서 총 우량과 유효우량과의 관계는 다음과 같다.

$$P_e = \frac{(P - 0.2S)^2}{P + 0.8S}, \quad P \geq 0.2S \tag{9.4.5}$$

여러 유역의 자료로부터 총우량 P와 유효우량 P_e를 도시한 결과 NRCS는 그림 9.17과 같이 여러 가지의 곡선이 있음을 알아내고, 이 곡선을 표준화하여 0에서 100 사이의 값을 가지는 무차원 유출곡선지수(runoff curve numver) CN을 개발하였다. 불투수 또는 수표면에서는 CN=100이고, 자연적인 지표면에서는 CN<100이다. 유출곡선지수 CN과 유역의 최대잠재보유수량 S와는 미터제를 사

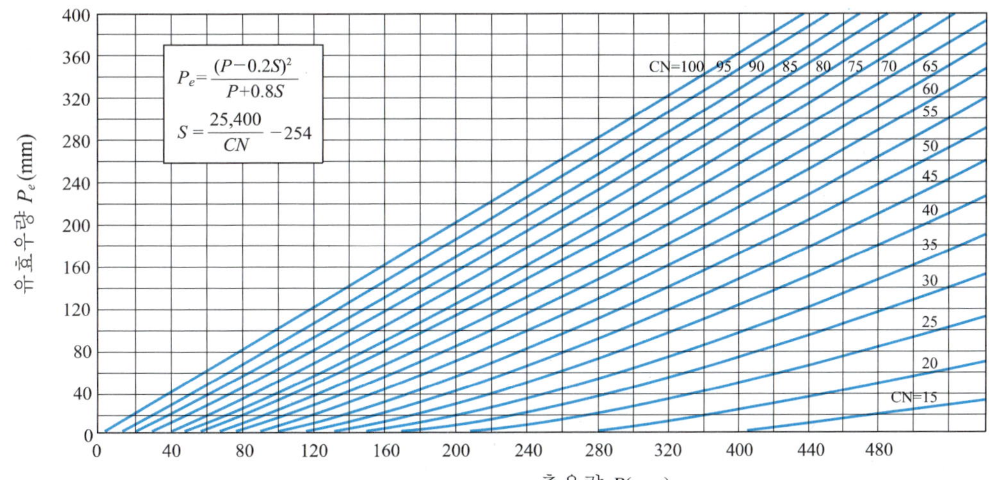

그림 9.17 총 우량-유효우량관계도

용할 경우 다음과 같은 관계가 있다.

$$CN = \frac{25,400}{S + 254} \text{ 또는 } S = \frac{25,400}{CN} - 254 \tag{9.4.6}$$

9.4.2 유역의 선행토양함수조건

유역에 동일한 강우가 내릴 경우 그 이전에 내린 강우(선행강우)가 많다면 토양이 함유하고 있는 수분이 많으므로 침투가 감소하여 유출률이 높아지게 된다. 반대로 선행강우가 적거나 없을 경우 토양은 건조한 상태가 되어 침투율이 높아 유출률은 감소하게 된다. 이와 같은 총 강우량과 유효우량의 분석에 있어 선행강우는 중요한 역할을 하며 주로 5일 또는 30일 선행강우가 이용되고 NRCS방법에서는 5일 선행강우를 적용하고 있다. NRCS방법에서는 선행토양함수조건(Antecedent soil Moisture Condition, AMC)을 표 9.2와 같이 세 가지로 구분하고 1년을 성수기(growing season)와 비성수기(dormant season)로 구분하여 5일 선행강수량의 크기에 따라 결정하고 있다.

NRCS방법에서의 토양의 종류 및 토지이용상태에 따른 유출곡선지수 CN값을 우리나라 실정에 맞게 작성한 것이 표 9.7과 같으며, 이 표에 나타나 있는 CN값은 선행토양함수조건 AMC-II인 경우이다. 따라서 식 (9.4.5) 및 (9.4.6)을 이용하여 유효우량을 산정하기 위해서는 실제 상황에 해당하는 AMC에 맞도록 CN값을 조정해야 한다. 이와 같이 AMC-II 조건에서의 CN(II)를 AMC-I 또는 AMC-III 조건의 CN(I) 및 CN(III)로 변경하는 방법은 아래의 식을 사용하거나, 이 식을 사용하여 구한 표 9.3을 사용하면 된다.

$$CN(I) = \frac{4.2CN(II)}{10 - 0.058CN(II)} \tag{9.4.7}$$

$$CN(III) = \frac{23CN(II)}{10 + 0.13CN(II)} \tag{9.4.8}$$

표 9.2 선행토양함수조건

AMC	선행토양수분상태	5일 선행 강우량 P_5(mm)	
		성수기	비성수기
I	토양이 건조한 상태로 유출률이 낮은 상태	$P_5 < 35.56$	$P_5 < 12.70$
II	토양의 수분과 유출률이 보통인 상태	$35.56 \le P_5 < 53.34$	$12.70 \le P_5 < 27.94$
III	선행강우로 인하여 토양이 포화상태로 유출률이 높은 상태	$P_5 \ge 53.34$	$P_5 \ge 27.94$

표 9.3 선행함수조건에 따른 유출곡선지수의 조정

AMC별 CN			S (AMC-II)(mm)	AMC			S (AMC-II)(mm)
II	I	III		II	I	III	
100	100	100	0	50	29.6	69.7	254.0
99	97.7	99.6	2.57	49	28.8	68.8	264.4
98	95.4	99.1	5.18	48	27.9	68.0	275.2
97	93.1	98.7	7.86	47	27.1	67.1	286.4
96	91.0	98.2	10.58	46	26.4	66.2	298.2
95	88.9	97.8	13.37	45	25.6	65.3	310.4
94	86.8	97.3	16.21	44	24.8	64.4	323.3
93	84.8	96.8	19.12	43	24.1	63.4	336.7
92	82.8	96.4	22.09	42	23.3	62.5	350.8
91	80.9	95.9	25.12	41	22.6	61.5	365.5
90	79.1	95.4	28.22	40	21.9	60.5	381.0
89	77.3	94.9	31.39	39	21.2	59.5	397.3
88	75.5	94.4	34.64	38	20.5	58.5	414.4
87	73.8	93.9	37.95	37	19.8	57.5	432.5
86	72.1	93.4	41.35	36	19.1	56.4	451.6
85	70.4	92.9	44.82	35	18.4	55.3	471.7
84	68.8	92.4	48.38	34	17.8	54.2	493.1
83	67.2	91.8	52.02	33	17.1	53.1	515.7
82	65.7	91.3	55.76	32	16.5	52.0	539.8
81	64.2	90.7	59.58	31	15.9	50.8	565.4
80	62.7	90.2	63.50	30	15.3	49.6	592.7
79	61.2	89.6	67.52	29	14.6	48.4	621.9
78	59.8	89.1	71.64	28	14.0	47.2	653.1
77	58.4	88.5	75.87	27	13.4	46.0	686.7
76	57.1	87.9	80.21	26	12.9	44.7	722.9
75	55.8	87.3	84.67	25	12.3	43.4	762.0
74	54.4	86.7	89.24	24	11.7	42.1	804.3
73	53.2	86.1	93.95	23	11.1	40.7	850.4
72	51.9	85.5	98.78	22	10.6	39.3	900.6
71	50.7	84.9	103.8	21	10.0	37.9	955.5
70	49.5	84.3	108.9	20	9.5	36.5	1016
69	48.3	83.7	114.1	19	9.0	35.0	1082
68	47.2	83.0	119.5	18	8.4	33.5	1157
67	46.0	82.4	125.1	17	7.9	32.0	1240
66	44.9	81.7	130.9	16	7.4	30.5	1333
65	43.8	81.0	136.8	15	6.9	28.9	1439
64	42.7	80.3	142.9	14	6.4	27.2	1560
63	41.7	79.7	149.2	13	5.9	25.6	1700
62	40.7	79.0	155.7	12	5.4	23.9	1863
61	39.6	78.2	162.4	11	4.9	22.1	2055
60	38.7	77.5	169.3	10	4.5	20.4	2286
59	37.7	76.8	176.5	9	4.0	18.5	2568
58	36.7	76.1	183.9	8	3.5	16.7	2921
57	35.8	75.3	191.6	7	3.1	14.8	3375
56	34.8	74.5	199.6	6	2.6	12.8	3979
55	33.9	73.8	207.8	5	2.2	10.8	4826
54	33.0	73.0	216.4	4	1.7	8.7	6096
53	32.1	72.2	225.3	3	1.3	6.6	8213
52	31.3	71.4	234.5	2	0.8	4.5	12446
51	30.4	70.5	244.0	1	0.4	2.3	25146

예제 9.2

유역면적이 $10km^2$인 지역에 5cm의 강우가 내렸다. 유역의 토양형과 토지이용상태로부터 AMC-II 조건에서 평균 CN값을 산정한 결과 84로 나타났다. 만일 AMC-I 및 AMC-III 조건이라면 유효우량은 얼마나 되겠는가?

풀이

식 (9.4.7) 및 (9.4.8)에 의해 AMC-I 및 AMC-III 조건으로 CN값을 변환하면

$$CN(I) = \frac{4.2CN(II)}{10-0.058CN(II)} = \frac{4.2 \times 84}{10-0.058 \times 84} = 68.8$$

$$CN(III) = \frac{23CN(II)}{10+0.13CN(II)} = \frac{23 \times 84}{10+0.13 \times 84} = 92.4$$

AMC-I인 경우의 최대잠재보유수량 S와 유효우량은

$$S = \frac{25,400}{CN} - 254 = \frac{25,400}{68.8} - 254 = 115.19$$

$$P_e = \frac{(P-0.2S)^2}{P+0.8S} = \frac{(50-0.2 \times 115.19)^2}{50+0.8 \times 115.19} = 5.1mm$$

AMC-III인 경우의 최대잠재보유수량 S와 유효우량은

$$S = \frac{25,400}{CN} - 254 = \frac{25,400}{92.4} - 254 = 20.89$$

$$P_e = \frac{(P-0.2S)^2}{P+0.8S} = \frac{(50-0.2 \times 20.89)^2}{50+0.8 \times 20.89} = 31.5mm$$

9.4.3 유출곡선지수 CN의 결정

NRCS방법에서는 총우량 중에서 유효우량에 영향을 미치는 토양의 종류 및 지표의 이용 상태를 고려하여 유출곡선지수 CN을 결정한 후 유효우량을 산정하고 있다. 따라서 본 절에서는 토양의 종류 및 이용 상태를 어떻게 구분하며 또 각 조건에 따라 CN값을 어떻게 결정하는지에 대해 알아보기로 한다.

1) 수문학적 토양군의 분류

유역의 침투 및 유출은 토양의 종류에 따라 서로 다른 양상을 보이게 된다. 따라서 NRCS는 토양의 침투능을 기준으로 표 9.4와 같이 4개의 토양그룹으로 분류하고 있으며, 토양의 침투능은 Type A에서 Type D로 갈수록 작아지고 유출률은 커진다.

우리나라에서는 NRCS방법과 다른 방법으로 토양을 분류하고 있어 직접 적용하기가 곤란하였으나, 농업과학기술원(2007)에서 우리나라 전역에 산재해 있는 1,200여개의 토양통에 토양부호를 붙이고 토양의 침투율을 고려하여 개별 토양부호별로 NRCS의 4개의 토양그룹으로 분류하고 있으므로 분류표를 이용하여 수문학적 토양군을 분류하여 적용할 수가 있다. 부록 E에 농업과학기술원에

표 9.4 NRCS 수문학적 토양그룹

토양그룹	토양의 특성	침투율(mm/h)
Type A	유출이 가장 작음. 침투율이 가장 큼. 실트와 점토를 약간 포함한 모래층 및 자갈층으로 배수 양호.	7.62~11.43
Type B	비교적 낮은 유출률. 비교적 높은 침투율. 자갈이 섞인 사질토로 배수가 대체로 양호.	3.81~7.62
Type C	비교적 높은 유출률. 비교적 낮은 침투율. 상당수의 점토와 콜로이드질을 포함하고 있어 배수불량.	1.27~3.81
Type D	유출률이 가장 큼. 침투율이 가장 낮음. 대부분이 점토질로 이루어져 배수가 대단히 불량.	0~1.27

표 9.5 수문학적 토양군의 분류기준(하천설계기준, 2009년)

흙의 특성		토양의 특성			
		4	3	2	1
토성		사질(사력질) ~ 자갈이 많은 사양질(역질)	사양질 ~ 미사사양질	식양질 ~ 자갈이 많은 사양질(식양질)	미사식양질 ~ 식질
배수등급		매우 양호	약간 양호	약간 불량	불량
투수성(cm/hr)		매우 빠름, 빠름 (12.0 이상)	약간 빠름 (12 ~ 6.0)	약간 느림 (6.0 ~ 0.5)	느림, 매우 느림 (0.5 이하)
투수저해토층의 유무 및 깊이(cm)		존재하지 않음	100 ~ 50	50 ~ 25	25 이하
수문학적 토양군	총점	13 이상	11 ~ 12	8 ~ 10	7 이하
	Type	A	B	C	D

서 제시하고 있는 우리나라의 토양형별 수문학적 토양군 분류표가 제시되어 있다.

각 토양통으로부터 수문학적 토양군으로의 분류기준은 표 9.5와 같으며, 침투에 영향을 미치는 인자로 토성, 배수등급, 투수성, 투수저해토층을 선정하여 각 인자별로 1~4점씩 배점한 후 총점이 13점 이상이면 Type A, 11~12점이면 Type B, 8~10점이면 Type C 그리고 7점 이하이면 Type D로 분류하고 있다.

2) 토지이용상태 및 식생피복에 따른 CN의 결정

총 우량과 유효우량간의 관계는 토양의 종류뿐만 아니라 유역의 토지이용상태 및 식생피복상태 그리고 토양의 수문학적조건에 따라 변하게 된다. NRCS방법에서는 이와 같은 지표의 상황에 따른 유출곡선지수 CN값을 도시지역 및 농촌지역에 따라 결정하는 방법을 제시하고 있다.

미국에서는 우리나라와 같이 담수재배를 하는 논이 별로 없어 이를 고려하지 못하고 있고, 우리나라에서 많은 면적을 차지하고 있는 산림(forests)을 고려하지 못하고 있기 때문에 NRCS에서 제시하고 있는 CN값 결정방법을 그대로 적용하기에는 무리가 있어 논 및 산림에 대한 CN값 결정방법을 제시할 필요가 있다. 따라서 국토해양부에서는 설계홍수량 산정요령(2012)에 논 및 산림에서의 CN값 결정방법을 제시하고 있다.

우리나라 논의 경우 홍수기에는 담수상태에 있으므로 토양군에 관계없이 AMC-II 조건하에서의 CN

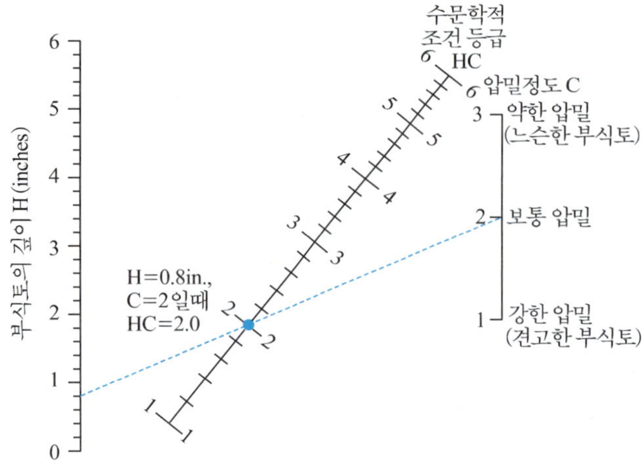

그림 9.18 산림의 수문학적 조건 등급 결정

Ⅱ값을 79로 적용하는 것을 제시하고 있다. 또한 NRCS 기준에는 주거지 인근에 위치하고 있는 수림(woods)은 고려되어 있지만 우리나라와 같이 자연하천유역의 많은 면적을 차지하고 있는 산림(forests)은 제시되어 있지 않으므로 산림에 대한 CN값은 유출에 영향을 미치는 부식토의 깊이(humus depth, H) 및 압밀정도(compactness factor, C)에 따라 미국 산림청(U.S. Forest Service)에서 제시한 그림 9.18을 이용하여 산림의 수문학적 조건 등급(hydrologic condition class, HC)을 결정한 후 그림 9.19를 이용하여 산림의 수문학적 조건 등급별, 토양군별 CN값을 산출하도록 제시하고 있다.

그림 9.18에서 부식토의 깊이가 H=0.8in이고 부식토의 압밀정도가 보통일 경우 수문학적 조건 등급은 HC=2.0으로 결정할 수가 있다. 부식토의 깊이가 일정할 경우 부식토의 압밀 정도 C가 큰 경우, 또는 압밀 정도가 일정할 경우 부식토의 깊이 H가 깊을수록 수문학적 조건 등급 HC가 크게 산정되고, 그림 9.19에서와 같이 CN값이 작아져 유출률이 감소하게 된다.

우리나라 실무에서는 설계안전차원에서 수문학적 불량(poor) 조건을 채택하고 있는데, 이 경우 CN값이 산림의 수문학적 조건 등급 HC=2.25로 나타나며, 산림의 유출률이 수림보다 상대적으로 높은 점 등을 감안 HC=2를 적용하도록 권고하고 있다. 이 경우 산림의 CN값은 Type A는 48, Type B는 69, Type C는 79 그리고 Type D는 85가 된다.

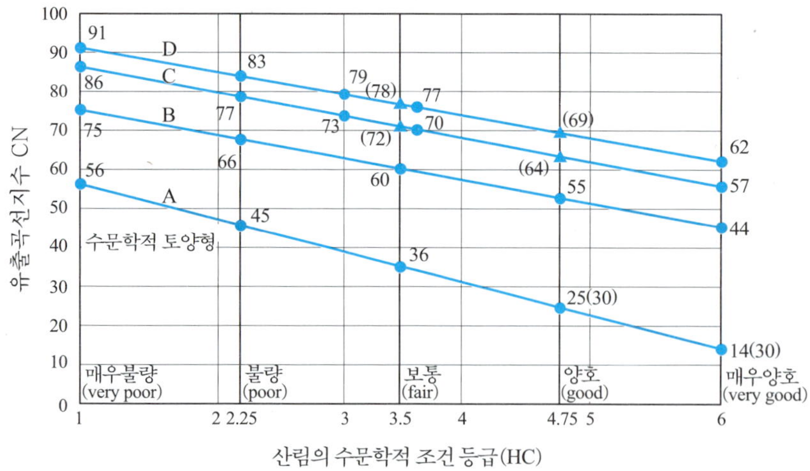

그림 9.19 산림의 수문학적 조건 등급에 따른 CN 결정

이상과 같이 토지이용상태 및 식생피복에 따른 우리나라에서의 유출곡선지수 CN값을 산정하기 위한 토지이용현황 자료로는 국토해양부 국토지리정보원의 수치토지이용도와 환경부 정보화담당관실에서 제공하는 수치토지피복도 등이 있으며, 수치토지이용도와 수치토지피복도의 분류기준을 비교한 것이 표 9.6과 같다.

표 9.6 수치토지피복도 및 수치토지이용도 분류기준 비교

수치토지피복도 (23단계, 환경부)		수치토지이용도 (37단계, 국토해양부)		수치토지피복도 (23단계, 환경부)		수치토지이용도 (37단계, 국토해양부)	
중분류	코드번호	세분류	코드번호	중분류	코드번호	중분류	코드번호
주거지역	110	일반주택지	3110	활엽수림	310	활엽수림	2220
		고층주택지	3120	침엽수림	320	침엽수림	2210
공업지역	120	공업시설	3310	혼효림	330	혼효림	2230
상업지역	130	상업·업무지역	3130	자연초지	410	자연초지	2110
위락시설지역	140	유원지	2330	골프장	420	골프장	2310
교통지역	150	도로	3210	기타초지	430	인공초지	2120
		철로 및 주변지	3220			공원묘지	2320
		공항	3230	내륙습지	510	–	–
		항만	3240	연안습지	520	갯벌	4110
공공시설지역	160	발전시설	3410			염전	4120
		처리장	3420	채광지역	610	채광지역	3520
		교육·군사시설	3430			광천지	3540
		공공용지	3440	기타 나지	620	암벽 및 석산	2340
		매립지	3530			나대지 및 인공	3140
		댐	4320			공업나지·기타	3320
논	210	경지정리답	1110			백사장	4410
		미경지정리답	1120	내륙수	710	하천	4210
밭	220	보통·특수작물	1210			호소	4310
하우스재배지	230	–	–	해양수	720	–	–
과수원	240	과수원·기타	1220				
기타재배지	250	가축사육시설	3550				

· 자료 : 인공위성 영상자료를 이용한 토지피복지도 구축(환경부, 2005년)

NRCS의 제시하고 있는 유출곡선지수 기준과 우리나라의 토지이용 분류기준 비교를 통해 우리나라의 수치토지이용도 및 수치토지피복도의 분류기준별 유출곡선지수 CN값을 산정할 수 있는 토지이용 분류기준에 따른 유출곡선지수 기준이 표 9.7과 같다. 이와 같이 산정한 유출곡선지수는 AMC-II 조건하의 CN II값이므로 국토해양부 설계홍수량 산정요령(2012)에서는 설계안전을 고려하여 유출률이 가장 높은 AMC-III 조건을 적용하여 CN III를 사용하도록 제시하고 있다.

예제 9.3

유역면적 $5km^2$인 지역에 4.5cm의 강우가 내렸다. 이유역의 토양형은 모두 B형이며 이 중 $4km^2$는 논으로 수평경작을 하고 있고 수문학적 조건은 양호하다. $0.7km^2$는 $500m^2$의 주택지를 포함한 주거지역이며, $0.3km^2$는 포장도로로 구성되어 있다. AMC-II 조건하에서 유효우량을 산정하라.

풀이

도시지역의 CN값 산정표로부터 해당 면적에 대한 CN값을 구한 결과가 표 9.8과 같다.

표 9.8 CN값의 산정

토지이용	면적 (km^2)	토양형	처리	수문상태	선행강수조건	CN
논	4	B	수평경작	양호	II	79
주거지 : $500m^2$의 주택지	0.7	B			II	85
포장도로 : 시골길	0.3	B			II	89

표 9.7 우리나라 토지이용 분류기준에 따른 유출곡선지수 기준(AMC-II 조건)

수치토지이용도		수치토지피복도		토 양 군				비 고
세분류	코드	중분류	코드	A	B	C	D	(SCS 분류기준 등)
경지정리답	1110	논	210	79	79	79	79	별도 기준(논)
미경지정리답	1120			79	79	79	79	
보통, 특수작물	1210	밭	220	63	74	82	85	조밀 경작지, 등고선 경작, 불량
과수원기타	1220	과수원	240	70	79	84	88	이랑 경작지, 등고선 경작, 불량
자연초지	2110	자연초지	410	30	58	71	78	초지, 등고선경작, 양호
인공초지	2120	기타초지	430	49	69	79	84	자연목초지 또는 목장, 보통
침엽수림	2210	침엽수림	320	48	69	79	85	산림, HC=2
활엽수림	2220	활엽수림	310	48	69	79	85	
혼합수림	2230	혼효림	330	48	69	79	85	
골프장	2310	골프장	420	49	69	79	84	개활지, 보통
공원묘지	2320	기타초지	430	49	69	79	84	
유원지	2330	위락시설지역	140	49	69	79	84	
암벽 및 석산	2340	기타나지	620	77	86	91	94	개발중인 지역
일반주택지	3110	주거지역	110	77	85	90	92	주거지구, 소구획 500 m² 이하
고층주택지	3120			77	85	90	92	
상업, 업무지	3130	상업지역	130	89	92	94	95	도시지역, 상업 및 사무실지역
나대지 및 인공녹지	3140	기타나지	620	77	86	91	94	개발중인 지역
도로	3210	교통지역	150	83	89	92	93	도로, 포장도로(도로용지 포함)
철로 및 주변지역	3220			83	89	92	93	
공항	3230			83	89	92	93	
항만	3240			83	89	92	93	
공업시설	3310	공업지역	120	81	88	91	93	도시지구, 공업지역
공업나지, 기타	3320	기타나지	620	77	86	91	94	개발중인 지역
발전시설	3410	공공시설지역	160	61	75	83	87	주거지구, 소구획 500~1,000 m²
처리장	3420			61	75	83	87	
교육, 군사시설	3430			61	75	83	87	
공공용지	3440			61	75	83	87	
양어장, 양식장	3510			100	100	100	100	별도기준(수면)
채광지역	3520	채광지역	610	68	79	86	89	개활지, 불량
매립지	3530	공공시설지역	160	61	75	83	87	주거지구, 소구획 500~1,000 m²
광천지	3540	채광지역	610	68	79	86	89	개활지, 불량
가축사육시설	3550	기타재배지	250	68	79	86	89	자연목초지 또는 목장, 불량
갯벌	4110	연안습지	520	100	100	100	100	별도기준(수면)
염전	4120							
하천	4210	내륙수	710	100	100	100	100	
호, 소	4310							
댐	4320	공공시설지역	160	61	75	83	87	주거지구, 소구획 500~1,000 m²
백사장	4410	기타나지	620	77	86	91	94	개발중인 지역
–	–	하우스재배지	230	76	85	89	91	도로, 포장, 개거
–	–	내륙습지	510	100	100	100	100	별도기준(수면)
–	–	해양수	720	100	100	100	100	

유역의 평균 CN값을 면적을 가중치로 산정하면 다음과 같다.

$$CN = \frac{4}{5} \times 79 + \frac{0.7}{5} \times 85 + \frac{0.3}{5} \times 89 = 80.4$$

유역의 최대잠재보유수량은

$$S = \frac{25,400}{CN} - 254 = \frac{25,400}{80.4} - 254 = 61.9$$

따라서 유출고에 해당하는 유효우량은 다음과 같다.

$$P_e = \frac{(P - 0.2S)^2}{P + 0.8S} = \frac{(45 - 0.2 \times 61.9)^2}{45 + 0.8 \times 61.9} = 11.3\text{mm}$$

9.4.4 NRCS방법에 따른 유효우량 산정절차

지금까지 NRCS방법에 의한 총 우량으로부터 유효우량을 산정하는 세부 내용들에 대해 알아보았다. 이 방법을 실제로 적용하는 절차를 요약하면 다음과 같다.

① 유효우량을 산정하기 위한 대상유역을 선정하고 수치지형도 및 수치정밀토양도를 이용하여 유역을 결정하고 토양그룹별 분포도를 작성한다.

② 유역의 토지이용상태를 표 9.7의 분류에 따라 구분하여 지형도상에 분포시킨다.

③ 구적기를 이용하여 유역의 토양형별-토지이용상태별 분포면적을 구하고 표 9.7을 이용하여 각 유출곡선지수 CN(AMC-II 조건하)값을 구한다.

④ 각 토지이용상태마다 토양형별 CN값에 해당 면적을 가중인자로 곱하여 합산한 후 해당 토지이용상태 면적으로 나누어 토지이용상태별 평균 CN값을 산정한다.

⑤ 각 토지이용상태별 평균 CN값에 해당 면적을 가중치로 곱하여 합산한 후 총 유역면적으로 나누어 유역평균 CN(AMC-II 조건하)값을 구한다.

⑥ 대상호우 이전의 5일 선행토양함수를 계산하고 표 9.2에 따라 AMC조건을 결정한다.

⑦ 표 9.3이나 식 (9.4.7) 또는 (9.4.8)을 이용하여 ⑤에서 산정한 AMC-II조건하에서의 CN값을 해당 AMC조건으로 환산한다.

⑧ 대상호우의 총강우 P를 결정하고, 식 (9.4.6)을 이용하여 잠재보유수량 S를 산정 한 후 식 (9.4.5)를 이용하여 유효우량을 산정한다. 또는 P와 CN값을 이용하여 그림 9.17을 이용하여 유효우량을 산정한다.

이상과 같은 NRCS의 유효우량 산정절차는 과거에는 지형도 및 토양도 등을 사용하여 직접 도면에서 산정하였으나 컴퓨터의 발달로 인한 지형정보시스템(GIS) 소프트웨어의 발달로 수치지형도(DEM)을 이용하여 분석 유역을 결정하고, 토지피복도 및 정밀토양도를 중첩시켜 수문학적 토양군을 분류한 후 적절한 CN값을 부여하여 소유역별 평균 CN값을 산정하고 있으며, 이와 같은 CN값 산정 절차 예가 그림 9.20과 같다.

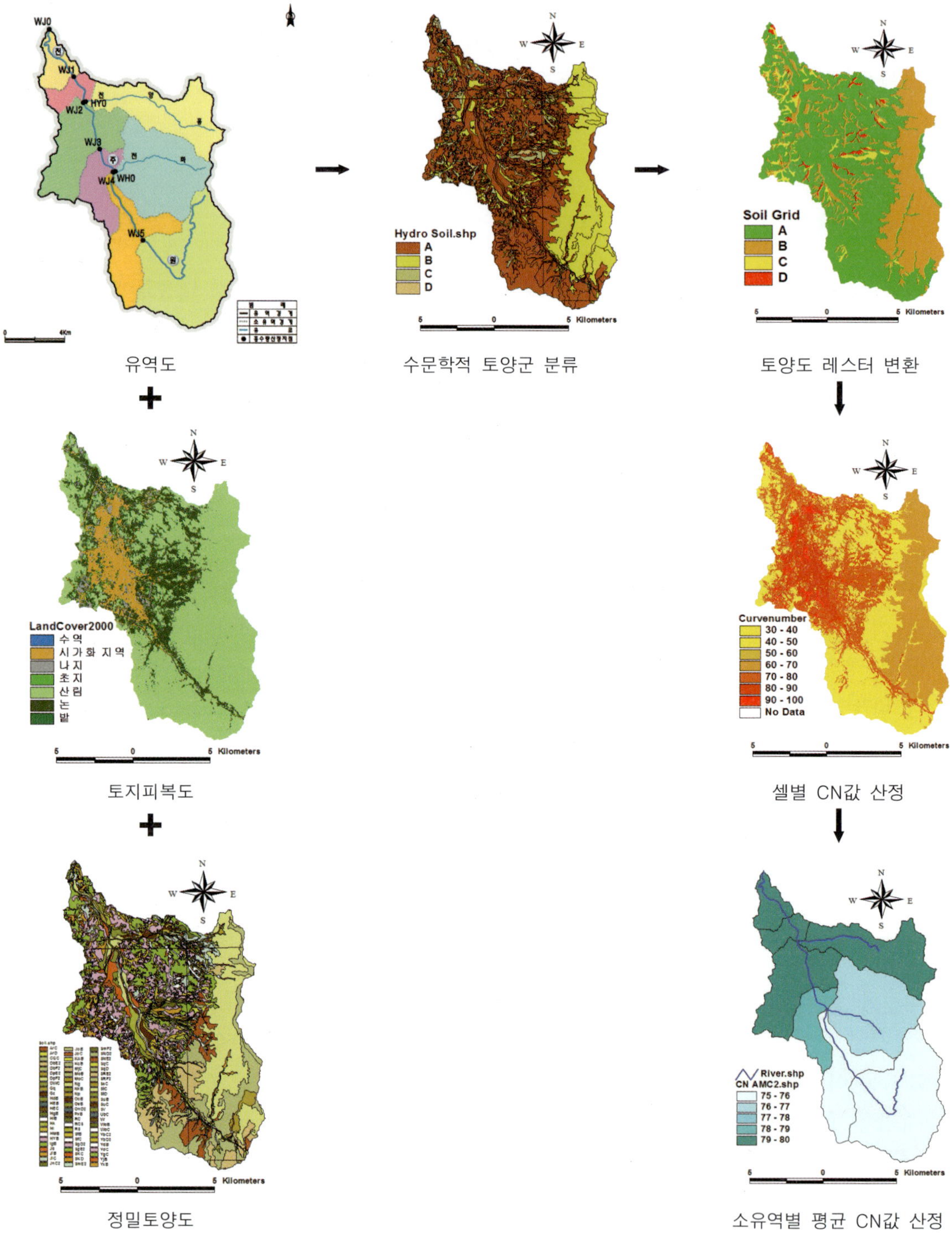

그림 9.20 유출곡선지수 산정 절차(설계홍수량 산정요령, 2012년)

예제 9.4

어떤 소유역의 토양종류 및 토지이용상태가 그림 9.21 및 표 9.9와 같이 주어질 때 이 소유역의 평균 유출곡선지수 CN을 산정하라. 또한 이를 AMC-I 및 AMC-III 조건으로 환산하라.

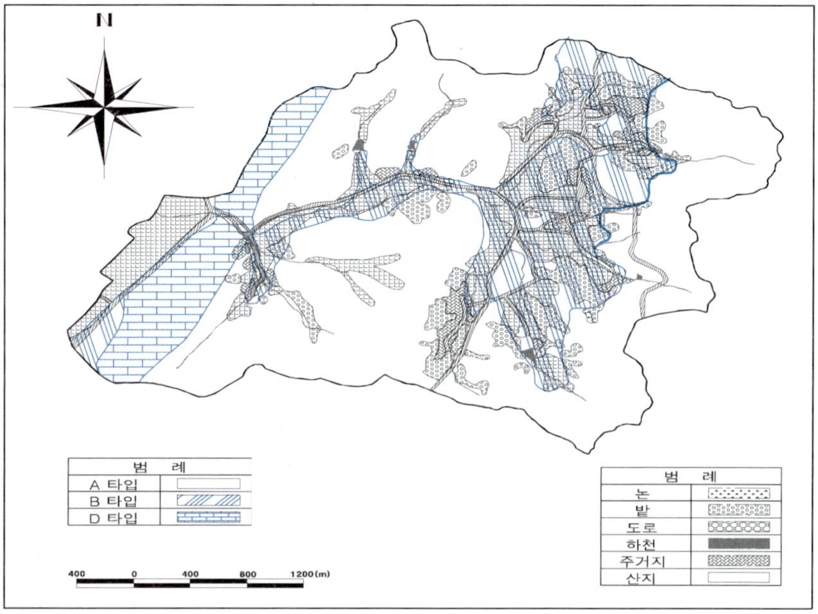

그림 9.21 소유역의 토양종류 및 토지이용도

표 9.9 소유역의 토양종류 및 토지이용상태별 면적

토지이용상태	토양종류				계 (km^2)
	A	B	C	D	
논	0.376	1.094	0	0	1.470
밭	0.423	0.775	0	0	1.198
도로	0.204	0.247	0	0.028	0.479
하천	0.050	0.057	0	0.002	0.109
주거지	0.129	0.149	0	0	0.278
산지	6.185	0.584	0	1.007	7.776
계 (km^2)	7.367	2.906	0	1.037	11.31

토양 종류 및 토지이용상태별 CN값은 표 9.7로부터 선택한다. 논과 밭인 경우 표면은 수평경작이며 토양의 수문학적 조건은 양호하다는 조건하에 토양종류별 CN값을 선택하고, 주거지인 경우 일반주택지로 선택하였으며 도로는 포장도로로 가정하였고, 산지는 관목숲으로 부식토의 깊이 H=2cm, 압밀정도는 보통으로 C=2로 가정하여 관목숲의 수문학적 조건 HC=2로 선택하였다. 하천에서의 유출률을 100%로 보고 CN값을 100 산정하였다. 이와 같이 선택된 CN값이 표 9.10에 주어져 있다.

토지이용상태별 평균 CN값은 논인 경우 토양종류별 면적에 각 CN값을 곱해 더한 후 총 논의 면적 1.47km^2으로 나누면 79가 된다. 이와 같이 토지이용상태별 평균 CN값이 표 9.10의 11란에 주어져 있고 이를 다시 10란의 토지이용별 총면적을 가중인자로 하여 평균하면 유역의 평균유출곡선지수는 AMC-II 조건하에서 61.7이 된다. 이를 표 9.3 또는 식 (9.4.7)과 (9.4.8)을 이용하면 AMC-I 조건하에서는 40.4, AMC-III 조건하에서는 78.8이 된다.

표 9.10 AMC-II 조건하에서의 유역 평균유출곡선지수 산정

토지이용상태	토양종류								토지이용별 총면적 (km^2)	평균 CN
	A		B		C		D			
	면적 (km^2)	CN	면적 (km^2)	CN	면적 (km^2)	CN	면적 (km^2)	CN		
논	0.376	79	1.094	79	0	79	0	79	1.470	79.00
밭	0.423	63	0.775	74	0	82	0	85	1.198	70.12
도로	0.204	83	0.247	89	0	92	0.028	93	0.479	68.68
하천	0.050	100	0.057	100	0	100	0.002	100	0.109	100.00
주거지	0.129	77	0.149	85	0	90	0	92	0.278	81.29
산지	6.185	48	0.584	69	0	79	1.007	85	7.776	54.37
면적합계 및 유역평균 CN값	7.367		2.906		0		1.037		11.310	61.71

예제 9.5

예제 9.4와 같은 소유역에 표 9.11과 같은 강우가 발생하였을 때 강우별 유효우량을 NRCS방법을 이용하여 산정하라.

표 9.11 강우발생기간 및 강우량

강우발생기간	강우량 (mm)	선행강수량 P_5(mm)
2014. 7. 25~7. 28	126.4	0.0
2014. 7. 30~8. 1	87.3	126.4
2014. 8. 9~8. 11	98.5	0.0
2014. 8. 15~8. 16	54.2	39.6

풀이

강우발생기간이 모두 성수기이므로 표 9.2로부터 표 9.11의 선행강수량에 대한 AMC 조건을 결정하면 표 9.12의 4란과 같고 이에 따른 CN값은 예제 9.4에서 구한 결과 5란과 같다.

표 9.12 강우별 유효우량 산정

강우발생기간	강우량 (mm)	선행강수량 P_5(mm)	AMC조건	CN	유효우량 (mm)
7. 25~7. 28	126.4	0.0	I	40.4	6.2
7. 30~8. 1	87.3	126.4	III	78.8	38.2
8. 9~8. 11	98.5	0.0	I	40.4	1.4
8. 15~8. 16	54.2	39.6	II	61.7	2.9

첫 번째 강우에 대한 유효우량은 먼저

$$S = \frac{25{,}400}{CN} - 254 = \frac{25{,}400}{40.4} - 254 = 374.7$$

따라서 유출고에 해당하는 유효우량은 다음과 같다.

$$P_e = \frac{(P-0.2S)^2}{P+0.8S} = \frac{(126.4-0.2\times 374.7)^2}{126.4+0.8\times 374.7} = 6.2\text{mm}$$

같은 방법으로 나머지 강우에 대해서 구한 유효우량이 7란에 주어져있다. 첫 번째 및 세 번째 강우인 경우 5일 선행강수가 없으므로 토양이 비교적 건조하여 많은 비가 내렸지만 유효우량은 작으며 두 번째 강우인 경우는 5일 선행강수가 커 토양이 습한 상태로 유효우량이 크게 산정되어 유출량이 많음을 알 수 있다.

9.4.5 도시화 영향

최근 들어 도시지역이 확장되거나 새로운 도시가 건설되면서 과거에는 홍수피해를 입지 않던 지역이 피해를 입는 현상이 자주 발생하고 있다. NRCS방법을 통해서 알아본 바와 같이 개발로 인해 상당수의 지표면이 투수성지역에서 불투수성지역으로 대체됨에 따라 유효우량의 발생도 증가하여 홍수가 자주 발생하게 되는 것이다. 그림 9.22는 도시화에 따른 유출량의 변화를 보여주고 있다.

일반적으로 도시유역에서 유출량의 증가는 다음과 같은 원인 때문에 발생한다. 즉, ① 침투를 감소시키는 주차장, 도로, 지붕 등과 같은 불투수성지역의 증가로 유출량이 증가하며, ② 인위적인 하도, 암거 등과 같은 하천의 수리학적 효율증가 및 우수배출시스템의 개선으로 유속 및 첨두유출이 증가한다. 도시화의 영향으로 유출량이 증가하는 반면 침투량이 줄어 지하수위가 감소하고 이에 따라 도시하천의 건천화라는 또 다른 부작용을 낳게 된다. 이와 같은 도시화의 영향으로 유출량이 증가하는 정도를 NRCS방법을 이용하여 예제 9.6과 같이 개략적으로 평가해 볼 수 있다.

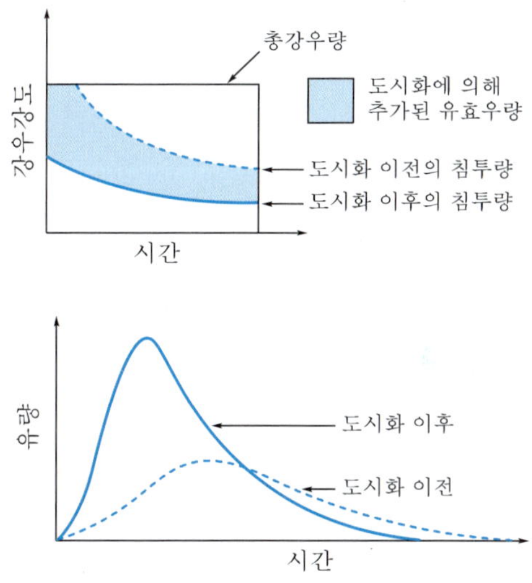

그림 9.22 도시화에 의한 유출량의 변화

예제 9.6

유역면적이 5km²인 어떤 지역에 4.5cm의 강우가 내렸다. 유역의 토양형은 B형으로 구성되어 있으며 선행강수조건은 AMC-II 상태이다. 도시화 이전의 토지이용상태는 보통상태의 초지를 가진 개활지(open land)였는데 도시화로 인해 예제 9.3과 같이 토지이용상태가 변하였다. 도시화로 인해 유출고가 얼마나 증가하겠는가.

풀이

보통상태의 자연초지인 경우 표 9.7로부터 CN값은 58이다.

유역의 최대잠재보유수량은

$$S = \frac{25{,}400}{CN} - 254 = \frac{25{,}400}{58} - 254 = 183.9$$

따라서 유출고에 해당하는 유효우량은 다음과 같다.

$$P_e = \frac{(P-0.2S)^2}{P+0.8S} = \frac{(45-0.2\times 183.9)^2}{45+0.8\times 183.9} = 0.4\text{mm}$$

예제 9.3에서 개발로 인한 CN값은 80.4이고 이때의 유출고는 11.3mm였다.

따라서 도시화로 인해 11.3−0.4=10.9mm의 유출고가 증가함을 알 수 있다.

9.4.6 침투 및 토양저류수량의 시간적 분포

앞에서는 NRCS방법을 이용하여 초과강우량 또는 직접유출량만을 산정하였다. 이 방법을 이용하여 호우중의 침투량 또는 토양저류수량 F_a의 시간적인 분포를 산정할 수 있다. 식 (9.4.1)과 (9.4.2)를 이용하여 F_a를 구하면 다음과 같다.

$$F_a = \frac{S(P-I_a)}{P-I_a+S} \qquad P \geq I_a \tag{9.4.9}$$

강우 초기손실 I_a 및 잠재보유수량 S가 일정하다고 가정하고 위 식을 미분하면

$$\frac{dF_a}{dt} = \frac{S^2\frac{dP}{dt}}{(P-I_a+S)^2} \tag{9.4.10}$$

위 식에서 강우 $P\rightarrow\infty$일 때 $(dF_a/dt)\rightarrow 0$이 된다. 하지만 분자에 dP/dt(강우강도)가 존재하므로 강우강도가 클수록 유역의 토양에 저류되는 양 dF_a/dt도 증가하는 것으로 나타나고 있어 NRCS방법의 물리적인 약점을 보여주고 있다.

예제 9.7

어떤 유역에 표 9.13과 같이 강우가 내렸다. 이 유역의 CN값이 80이고 선행강수조건이 AMC-II일 때 시간별 초과강우량을 산정하라.

풀이

CN=80일 때 유역의 최대잠재보유수량은

$$S = \frac{25{,}400}{CN} - 254 = \frac{25{,}400}{80} - 254 = 63.5\text{mm}$$

$$I_a = 0.2S = 0.2\times 63.5 = 12.7\text{mm}$$

따라서 누가강우량이 12.7mm가 될 때까지 초기손실이 발생한다. 그러므로 강우가 시작한지 1시간 구간에 내린 5.1mm와 2시간 구간에 내린 7.6mm가 초기손실이 된다. 누가강우량이 12.7mm를 초과하는

표 9.13 시간별 초과강우량 산정

시간 (hr)	누가강우량 P (mm)	누가손실 (mm)		누가초과강우량 P_e (mm)	초과강우량 P_e (mm)
		I_a	F_a		
0	0.0	0.0			
1	5.1	5.1			
2	22.9	12.7	8.8	1.4	1.4
3	32.3	12.7	15.0	4.6	3.2
4	58.7	12.7	26.7	19.3	14.7
5	118.1	12.7	39.6	65.8	46.5
6	134.4	12.7	41.7	79.9	14.2
7	136.1	12.7	41.9	81.5	1.6

2시간 구간부터 토양저류수량 F_a가 존재하게 되며 다음과 같이 산정할 수가 있다.

$$F_a = \frac{S(P - I_a)}{P - I_a + S} = \frac{63.5(P - 12.7)}{P - 12.7 + 63.5}$$

따라서 2시간 구간에서는

$$F_a = \frac{63.5(22.9 - 12.7)}{22.9 - 12.7 + 63.5} = 8.8\text{mm}$$

누가초과강우량 $P_e = P - I_a - F_a = 22.9 - 12.7 - 8.8 = 1.4\text{mm}$가 되며 각 시간별 누가초과강우량이 5란에 주어져있다. 5란의 각 시간별 누가초과강우량에서 전시간의 누가초과강우량을 빼면 각 시간별 초과강우량이 산정되며 6란에 나타나 있다.

9.5 강우-유출관계

하천유출은 입력 자료로서의 강수 즉, 강우 및 강설에 반응하여 나타난다. 강우기간 동안 유출수문곡선은 지표면유출 그리고(또는) 토양 상부층으로부터의 흐름에 의해 지배를 받으며 이와 같은 강우로부터 유출을 예측하기 위한 노력이 꾸준히 지속되어 왔다. 강우 및 유출분석에서는 총 유출량뿐만 아니라 강우의 변화(우량주상도)로부터 유출의 변화(유출수문곡선)가 어떻게 이루어지는지도 매우 중요하다. 이러한 강우-유출관계는 수리구조물의 설계, 유역의 변화과정, 유역의 지형이나 지표면 사용이 변화되었을 때의 반응(도시화) 예측, 장래의 유출량의 예측(홍수예측) 등에 필요하다.

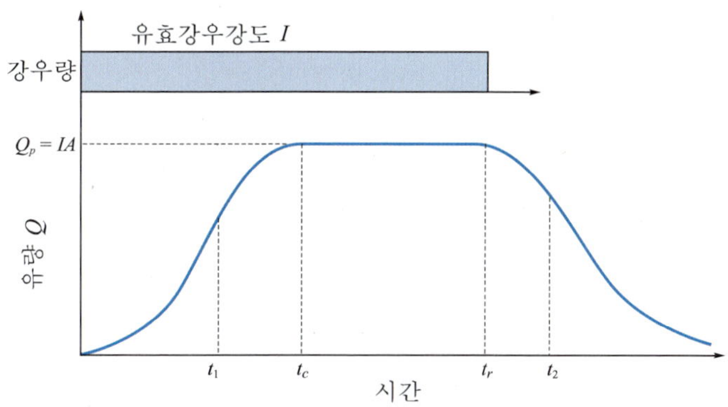

그림 9.23 장시간의 균일한 유효강우강도로 인한 유출수문곡선

그림 9.23은 유역전체에 균일한 유효강우강도(effective intensity)로 장기간 t_r 시간동안 내리는 호우로 인한 유출수문곡선의 이론적인 형상을 보여주고 있다. 유효강우강도는 실제의 강우강도에서 증발, 지면저류, 그리고 침투 등에 의해 유출에 곧바로 기여하지 못하는 강우강도를 뺀 것이다.

강우가 시작됨에 따라 하천이 수로상 또는 인근지역에 떨어진 강우에 천천히 반응하기 시작한다. 시간이 지남에 따라 좀 더 멀리 떨어진 지역에 내린 강우가 하천에 영향을 주고 하천을 따라 유역출구로 이동한다. 이 기간 동안에 유출수문곡선은 급격히 증가한다. 유역의 대부분은 시간 t_1에 이르면 유역출구의 유량에 기여를 하게 된다. 시간이 t_c, 즉 도달시간(concentration time)에 이르면 유역전체가 유출에 기여를 하게 되며 유역에서의 모든 저류 공간(storage capacity)은 채워지고 입력인 강우와 출력인 유출량이 같아지게 된다. 수문곡선의 첨두유량(peak discharge) Q_p는 유효강우강도 I에 유역면적 A를 곱한 IA가 되며 오랫동안 강우가 계속되면 유출량은 IA로 일정해진다. 강우가 시간 t_r에 중단되면 유출은 하천의 저류량, 상부토양, 지표면유출로부터 방출된 물에 의존하게 된다. 방출된 물의 양이 많기 때문에 t_r 시간 후부터 하천 및 홍수터에 있는 물이 줄어들 때까지 유출은 어느 정도 유지가 된다. 모든 지역에서 강우가 끝났음을 유역출구지점에서 아는 시간이 t_2로 이 시점에서 감수곡선상의 변곡점이 나타나게 된다. 이 시간 이후의 유출은 비교적 천천히 나타나는 제방의 저류량이나 지하수(기저유출)로부터의 유출 때문이다.

9.6 첨두홍수량 산정

치수목적으로 이루어지는 대부분의 수문분석 및 설계에서는 수문곡선 전체를 해석하기 보다는 최대로 흐를 때의 유출량을 필요로 할 경우가 많이 있다. 비행장의 활주로, 도시지역의 우수관거, 암거, 대규모 주차장 등을 설계할 경우 비가 내리는 전 과정의 수문곡선보다는 최대로 많이 흐를 때의 유량을 구해 이를 원활히 소통시킬 수 있는 규모로 수리구조물을 설계할 필요가 있다. 이와 같이 강우량에 따른 첨두홍수량을 산정하는 방법이 많이 개발되어 있으며 그 중 대표적인 것이 합리식(rational method)이다.

9.6.1 합리식

합리식은 아일랜드의 Mulvaney(1850)에 의해 제안된 개념으로 오늘날에도 소규모유역의 강우 배제시설물 설계 시 가장 널리 사용되는 방법이다. 비록 이 방법의 정확성에 대한 의견이 있지만 적용하기가 간단하기 때문에 우수관거 설계에 대표적으로 사용되고 있다.

합리식의 배경이 되는 개념은 그림 9.20에서 설명한 바와 같이 만일 강도 I인 강우가 순간적으로 내리기 시작하여 무한히 지속된다면 유출량은 유역의 모든 지역이 유역출구 유출에 기여 하는 도달시간(time of concentration)t_c까지는 계속 증가한다는 것이다. 도달시간 이후에는 강우강도 I와 유역면적 A를 곱한 IA만큼 일정하게 유역으로 유입되는 평형상태가 된다. 자연 상태의 유역출구에서 발생하는 첨두유출량 Q는 침투 등 손실량이 있기 때문에 IA보다 작은 값이 된다. 이와 같은 IA와 Q의 비율을 유출계수 C라 하며 합리식에 의한 첨두유출량은 다음과 같이 나타낼 수 있다.

$$Q = CIA \tag{9.6.1}$$

여기서 Q는 유출량(ft^3/sec), I는 강우강도(in/hr), A는 유역면적(acre), C는 유출계수($0 \leq C \leq 1$)이다. 식 (9.6.1)을 미터제로 환산하여 나타내면 다음과 같다.

$$Q = 0.2778CIA \tag{9.6.2}$$

$$Q = \frac{1}{360}CIA' \tag{9.6.3}$$

여기서 Q는 유출량(m^3/sec), I는 강우강도(mm/hr), A 및 A'는 유역면적(km^2 및 ha)이다.

합리식을 적용하기 위해서는 유역면적 A, 유출계수 C 그리고 강우강도 I를 결정해야 한다. 유역면적 A는 지형도 상에서 대상유역을 구분한 후 구적기(planimeter)를 이용하여 구하고, 유출계수 C는 유역의 토지이용상태에 따라 결정되는 값으로 자연유역하천에 대한 값은 표 9.14와 같고, 도시 및 농경지 지역에서의 유출계수는 표 9.15와 같다. 표 9.16에서는 Schwab(1971)에 의해 제시된 유출계수 값이 나와 있다.

강우강도 I는 강우의 도달시간t_c를 강우의 지속기간으로 하고 설계하고자 하는 구조물의 목적과 중요도에 따라 재현기간을 결정하여 4.7.1절에서 설명한 바와 같이 강우강-지속기간-재현기간(IDF) 관계곡선으로부터 결정한다. 강우강도를 산정하기 위한 도달시간에 대해서는 9.7절에서 자세히 소개하기로 한다.

도시지역에서 배수지역은 일반적으로 서로 다른 지표면 특성을 가진 소유역으로 구성되어 있다. 따라서 다양한 지표면 특성을 고려하기 위한 복합적인 분석이 필요하다. 대상유역이 n개의 소유역으로 구성되어 있고, 각 소유역의 면적을 A_i, 각 소유역의 해당 유출계수가 C_i라면 다음과 같이

표 9.14 자연하천유역의 유출계수

유역상태	유출계수
급경사 산지	0.75 ~ 0.90
기복이 있는 토지와 수림	0.50 ~ 0.75
평탄한 전지(밭)	0.45 ~ 0.60
관개중인 논	0.70 ~ 0.80
산지하천	0.75 ~ 0.85
평지하천	0.45 ~ 0.75
유역의 반 이상이 평지인 대하천	0.50 ~ 0.75

표 9.15 도시 및 농경지역에서의 유출계수

토지이용		C	토지이용				C
상업 지역	도심지역	0.70~0.95	잔디	사질토	평탄지(2%)		0.05~0.10
	근린지역	0.50~0.70			보통경사지(2~7%)		0.10~0.15
주거 지역	단독주택	0.30~0.50			급경사지(7% 이상)		0.15~0.20
	독립주택단지	0.40~0.60		중토	평탄지(2%)		0.13~0.17
	연립주택단지	0.60~0.75			보통경사지(2~7%)		0.18~0.22
	교외지역	0.25~0.40			급경사지(7% 이상)		0.25~0.35
	아파트	0.50~0.70	농경지	나지	평탄한곳		0.30~0.60
공업 지역	산재지역	0.50~0.80			거친곳		0.20~0.50
	밀집지역	0.60~0.90		경작지	사질토	작물 있음	0.30~0.60
공원, 묘역		0.10~0.25				작물 없음	0.20~0.50
운동장		0.20~0.35			중토	작물 있음	0.20~0.40
철도지역		0.20~0.40				작물 없음	0.10~0.25
미개발지역		0.10~0.30			관개중인 답		0.70~0.80
도로	아스팔트	0.70~0.95		초지	사질토		0.15~0.45
	콘크리트	0.80~0.95			점토		0.05~0.25
	벽돌	0.70~0.85	산지	급경사 산지			0.40~0.80
차도 및 보도		0.75~0.85		완경사 산지			0.30~0.70
지 붕		0.75~0.95					

표 9.16 자연하천유역의 유출계수

유역상태		토양구조별 유출계수		
		성긴사양토 (open sandy loam)	점토 및 옥토 (clay and loam)	조밀한 점토 (tight clay)
산 지 (woodland)	0~ 5% 경사	0.10	0.30	0.40
	5~10% 경사	0.25	0.35	0.50
	10~30% 경사	0.30	0.50	0.60
초 지 (pasture)	0~ 5% 경사	0.10	0.30	0.40
	5~10% 경사	0.16	0.36	0.55
	10~30% 경사	0.22	0.42	0.60
경작지 (cultivated land)	0~ 5% 경사	0.30	0.50	0.60
	5~10% 경사	0.40	0.60	0.70
	10~30% 경사	0.52	0.72	0.82

여러 소유역으로 구성된 유역에서의 첨두유출량을 구할 수 있다.

$$Q = 0.2778 I \sum_{i=1}^{n} C_i A_i \tag{9.6.4}$$

합리식을 사용하여 강우량으로부터 첨두홍수량을 산정할 때 다음과 같은 기본가정을 염두에 두고 적용해야 한다.

① 유역출구 지점에서 산정된 첨두유출량은 도달시간 동안의 평균 강우강도의 함수이다. 즉, 첨두유출량은 유역의 일부만 유출에 기여하는 짧은 지속기간의 더 큰 강도의 호우로부터 발생

한 것이 아니다.

② 합리식에 사용되는 도달시간은 유역출구로부터 가장 멀리 떨어진 지점에 떨어진 강우가 유역출구까지 흘러오는 시간이다.

③ 호우기간동안 강우강도는 일정하다.

이와 같이 산정한 첨두홍수량을 배수시키기 위한 우수관거의 직경은 Manning의 공식으로부터 다음과 같이 산정할 수 있다.

$$D = \left(\frac{3.21Qn}{\sqrt{S_0}} \right)^{3/8} \tag{9.6.5}$$

여기서 Q는 첨두홍수량(m^3/sec), D는 관거의 직경(m), n은 Manning의 조도계수 그리고 S_0는 하상경사이다. 합리식에 적용하기 위한 재현기간 T년에 해당하는 설계 강우강도 I_T를 실무에서는 다음과 같은 Mononobe공식을 사용하여 산정하기도 하며 이와 같은 방법을 수정합리식이라 한다.

$$I_T = \frac{R_{24}}{24} \left(\frac{24}{t_c} \right)^{2/3} \tag{9.6.6}$$

여기서 I_T는 재현기간 T년에 해당하는 강우강도(mm/hr), R_{24}는 재현기간 T년의 24시간 확률강우량(mm), t_c는 도달시간(hr)이다.

예제 9.8

그림 9.24와 같은 5개의 소유역으로 구성된 가상적인 배수구역이 있다. 이 유역에 재현기간 10년에 해당하는 강우가 내릴 때 각 우수관거별로 유입하는 유량 및 이를 소통시키기 위한 우수관거의 직경을 산정하라. 재현기간 10년에 해당하는 강우강도식은 $I = \frac{6630}{t+37}$mm/hr을 이용하고, Manning의 조도계수는 n=0.015이다. 소유역별 관련자료 및 관거의 자료가 표 9.17에 주어져 있다.

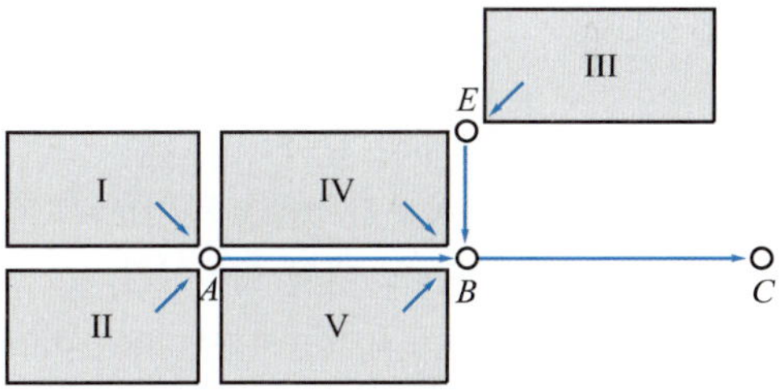

그림 9.24 가상적인 배수구역

표 9.17 소유역별 자료

소유역	면적 A (km^2)	유출계수 C	입구도달시간 t_i (min)	우수관거	관거길이 (m)	경사 S_0	배수면적 (km^2)
I	0.0162	0.7	10	EB	250	0.0032	0.0324
II	0.0244	0.6	15	AB	320	0.0040	0.0406
III	0.0324	0.5	18	BC	250	0.0032	0.1494
IV	0.0324	0.5	17				
V	0.0440	0.6	20				

풀이

1) 우수관거 EB를 통한 유량과 관거 직경 결정

소유역 III의 도달시간은 18분이므로 강우강도는

$$I=\frac{6,630}{t+37}=\frac{6,630}{18+37}=120.5\text{mm/hr}$$

유출량 $Q=0.2778CIA=0.2778\times 0.5\times 120.5\times 0.0324=0.542\text{m}^3/\text{sec}$

우수관거의 직경

$$D=\left(\frac{3.21Qn}{\sqrt{S_0}}\right)^{3/8}=\left(\frac{3.21\times 0.542\times 0.015}{\sqrt{0.0032}}\right)^{3/8}=0.748\text{m}$$

관거 내의 유속

$$V=Q/A=0.542/0.44=1.23\text{m/sec}$$

관거 내의 이동시간

$$t=L/V=250/1.23=203.25\text{sec}=3.39\text{min}$$

2) 우수관거 AB를 통한 유량과 관거직경 결정

AB관거로는 I, II유역의 우수가 유입되므로 유입시간이 긴 15분을 입구 도달시간으로 사용한다. 따라서 강우강도는

$$I=\frac{6630}{t+37}=\frac{6630}{15+37}=127.5\text{mm/hr}$$

평균유출계수 $C=(0.7\times 0.0162+0.6\times 0.0244)/0.0406=0.64$

유출량 $Q=0.2778CIA=0.2778\times 0.64\times 127.5\times 0.0406=0.92\text{m}^3/\text{sec}$

우수관거의 직경

$$D=\left(\frac{3.21Qn}{\sqrt{S_0}}\right)^{3/8}=\left(\frac{3.21\times 0.92\times 0.015}{\sqrt{0.0040}}\right)^{3/8}=0.875\text{m}$$

관거내의 유속

$$V=Q/A=0.92/0.6=1.53\text{m/sec}$$

AB 관거 내의 이동시간

$$t=L/V=320/1.53=209.15\text{sec}=3.49\text{min}$$

3) 우수관거 BC를 통한 유량과 관거직경 결정

BC관거의 B지점까지 각 유역에서 유입되는 시간을 보면 소유역 I에서는 10+3.49=13.49분, 소유역 II에서는 15+3.49=18.49분, 소유역 III에서는 18+3.39=21.39분, 소유역 IV에서는 17분, 소유역 V에서는 20분이다. 따라서 강우의 지속기간을 가장 긴 21.39분으로 한다. 강우강도는

$$I=\frac{6630}{t+37}=\frac{6630}{21.39+37}=113.55\text{mm/hr}$$

평균유출계수

$$C=(0.64\times 0.0406+0.5\times 0.0324+0.5\times 0.0324+0.6\times 0.0440)/0.1494=0.5675$$

유출량 $Q = 0.2778CIA = 0.2778 \times 0.5675 \times 113.55 \times 0.1494 = 2.67m^3/sec$

우수관거의 직경

$$D = \left(\frac{3.21Qn}{\sqrt{S_0}}\right)^{3/8} = \left(\frac{3.21 \times 2.74 \times 0.015}{\sqrt{0.0032}}\right)^{3/8} = 1.36m$$

관거 내의 유속 $V = Q/A = 2.67/1.45 = 1.84m/sec$

BC 관거 내의 이동시간 $t = L/V = 250/1.84 = 135.87sec = 2.26min$

9.6.2 기타 첨두유출량 산정공식

다양한 설계목적으로 첨두유출량 또는 첨두홍수량을 구하는 방법이 합리식 이외에도 많이 제시되고 있다. 각 공식들을 적용한 결과가 차이가 많이 나는 경우가 있으므로 하나의 식만을 이용해 첨두유출량을 산정하기보다는 몇 가지 공식을 같이 적용하여 합리적인 결과를 이용할 필요가 있다.

1) 수정 가지야마 공식

가지야마(Kajiyama) 공식은 우리나라의 8개 대소하천 12개 지점에 대한 최대홍수량기록을 사용하여 유역면적의 멱승에 하천연장 및 최대우량 등의 인자를 대표하는 계수를 곱하여 임의유역에 대한 최대유출량을 구하기 위해 제안한 식으로 최대홍수량의 크기가 많이 증가하였으므로 이를 고려하여 계수 값을 재조정하여 유역면적의 크기에 따라 두 가지 공식으로 수정하였다.

표 9.18 수정 가지야마 공식의 상수 F

유역의 상태	F 값
임야가 적고 유출이 많은 급경사 지역	0.0104
비교적 유출이 많은 지역	0.0096
유출이 보통인 지역	0.0088
비교적 유출이 적은 지역	0.0080
유출이 대단히 적은 지역	0.0072

- $A < 42.91km^2$인 경우

$$Q = F(310+R)\left(4+\frac{A}{L^2}\right)A^{1.016-0.1135\log_{10}A} \tag{9.6.7}$$

- $A > 42.91km^2$인 경우

$$Q = 1.886F(310+R)\left(4+\frac{A}{L^2}\right)A^{0.6784-0.0101\log_{10}A} \tag{9.6.8}$$

여기서 Q는 첨두홍수량(m^3/sec), A는 유역면적(km^2), L은 하천길이(km), R은 유역의 최대 일강우량(mm) 그리고 F는 유역의 경사와 유출능을 대표하는 상수(표 9.18)이다.

2) 한장회 공식

이 공식은 한국 하천의 첨두홍수량을 산정하기 위해 제시한 식으로 다음과 같다.

$$Q = AS^{0.5}\left(0.169 - 0.0065\frac{L^2}{A}\right)R \qquad (9.6.9)$$

여기서 Q는 첨두홍수량(m^3/sec), A는 유역면적(km^2), L은 하천길이(km), R은 유역의 최대 일강우량(mm) 그리고 S는 하상경사이다.

3) 고재웅 공식

이 공식은 전국 24개 주요 수문관측소의 홍수량을 빈도해석하여 제시한 재현기간별 첨두홍수량을 구하는 식이다.

$$Q_T = 15.5T^{0.22}A^{0.64} \qquad (9.6.10)$$

여기서 Q_T는 재현기간 T에 해당하는 첨두홍수량(m^3/sec), A는 유역면적(km^2) 그리고 T는 재현기간(년)이다.

4) 비유량법에 의한 산정

이 방법은 건설교통부에서 미계측유역의 첨두홍수량을 산정하기 위해 제시한 공식으로 단위면적당 연평균 최대홍수량은 다음과 같다.

$$q = 11.25\frac{1}{A^{0.25}} \qquad (9.6.11)$$

여기서 q는 단위면적당 연평균최대홍수량($m^3/sec/km^2$) 그리고 A는 유역면적(km^2)이다.

예제 9.9

면적 287.5km^2인 유역의 34km의 연장을 가진 하천에 호우로 인한 침수피해가 잦아 개수하려고 한다. 다음과 같은 방법에 의해 재현기간 100년에 해당하는 홍수량을 산정하라. 하천의 평균경사는 1/200이며 빈도해석을 통해 얻은 재현기간 100년인 24시간 강우량은 272.4mm이며 이지역의 최대 일 강우량은 413mm이다. 유역은 임야가 많고 비교적 유출이 적다고 가정하라.

1) 수정가지야마공식　　2) 한장회공식

3) 고재웅식　　4) 비유량법

풀이

1) 수정 가지야마 공식

유역면적이 42.91km^2보다 크므로 다음 식을 이용한다.

임야가 많고 비교적 유출이 적으므로 F=0.0080을 사용한다.

$$Q = 1.886F(310+R)\left(4+\frac{A}{L^2}\right)A^{0.6784-0.0101\log_{10}A}$$

$$= 1.886 \times 0.008(310+272.4)\left(4+\frac{287.5}{34^2}\right)287.5^{0.6784-0.0101\log_{10}287.5} = 1{,}510.07\text{m}^3/\text{sec}$$

2) 한장회 공식

이 식은 일최대강우량 R=413mm를 사용하고 경사는 1/200=0.005이므로

$$Q = AS^{0.5}\left(0.169 - 0.0065\frac{L^2}{A}\right)R$$

$$= 287.5 \times 0.005^{0.5} \times \left(0.169 - 0.0065 \times \frac{34^2}{287.5}\right) \times 413 = 1199.49\text{m}^3/\text{sec}$$

3) 고재웅 공식

재현기간이 T=100년이므로

$$Q_T = 15.5T^{0.22}A^{0.64} = 15.5 \times 100^{0.22} \times 287.5^{0.64} = 1599.04\text{m}^3/\text{sec}$$

4) 비유량법

$$q = 11.25\frac{1}{A^{0.25}} = 11.25 \times \frac{1}{287.5^{0.25}} = 2.73\text{m}^3/\text{sec/km}^2$$

따라서 유역에서의 첨두홍수량은 $2.73 \times 287.5 = 784.88\text{m}^3/\text{sec}$이다.

9.6.3 강우량-유출고 관계

유역의 수자원 개발 및 관리를 위한 수공구조물의 설계, 이수 및 치수목적의 저수지 용량결정 또는 저수지 운영을 위해 월별, 계절별 그리고 연별 유출용적에 관한 자료가 필요할 경우가 많다. 하지만 장기간의 강우자료를 단순 강우-유출관계 공식에 적용하기에는 유출에 영향을 미치는 여러 인자들이 호우기간별로 다양하게 변하므로 문제가 많이 있다. 여러 목적의 수공구조물을 설계할 때 그 유역의 수자원 부존량을 계산할 필요가 있으며 이때 월 강우량과 유출고간의 관계가 수립되어 있다면 월별 강우량을 이용하여 월 유출고 및 연 유출고를 구할 수 있다. 현재 우리나라에서 사용하고 있는 유출고 산정공식으로는 가지야마의 월 유출고공식이 있다.

$$R = \sqrt{P^2 + (138.6f + 10.2)^2} - 138.6f + E \tag{9.6.12}$$

여기서 R은 월별 유출고(mm), P는 월별 강우량(mm), f는 유역의 유출특성과 관련된 상수(표 9.19) 그리고 E는 월별 보정계수(mm)(표 9.20)이다.

표 9.19 가지야마의 월 유출고공식의 상수 f

유 역 특 성	f
경작지 및 임야가 많고, 경사가 완만하여 손실우량과대	1.4
경작지 및 임야가 많고, 경사가 완만하여 손실우량 대	1.2
경작지 및 임야가 많고, 경사가 완만하여 손실우량 중	1.0
경작지 및 임야가 적고, 경사가 급하여 손실우량 소	0.8
경작지 및 임야가 적고, 경사가 급하여 손실우량 최소	0.6

표 9.20 가지야마의 월별 보정계수 E

월 강우량 (mm/mon)	1	2	4	5	6	9	10	비고
0	−2.5	−2.5	5.0	−	−2.0	6.0	7.0	
10	−2.0	−2.0	5.5	−	−3.0	6.4	6.3	
20	−1.5	−1.5	6.0	−	−4.0	6.8	5.6	
30	−1.0	−1.0	7.5	−	−6.0	7.2	4.9	
50	−	−	8.5	−2.4	−9.0	8.0	3.5	
70	−	−	9.0	−3.6	−12.0	8.8	2.1	3, 7, 8, 11, 12월의 보정계수 E = 0
80	−	−	10.5	−6.0	−17.0	9.2	1.4	
100	−	−	5.0	−12.0	−20.0	10.0	−	
150	−	−	−	−6.0	−26.0	11.0	−	
200	−	−	−	−	−30.0	12.0	−	
250	−	−	−	−	−22.5	9.0	−	
300	−	−	−	−	−15.0	6.0	−	

예제 9.10

어떤 유역에서 월평균 강우량이 표 9.21과 같이 주어질 때 연간 총유출량을 산정하라. 또한 연 강우량 자료를 이용하여 수자원 부존량을 산정하고 손실량이 얼마인지 산정하라. 유역의 면적은 287.48km^{2}이다. 가지야마 월 유출고 공식의 f는 1.0으로 가정하라.

표 9.21 가지야마공식에 의한 연 유출량 산정

월	월평균강우 P (mm)	유역계수 f	보정계수 E	유출고 R (mm)	유출량 Q ($\times 10^6 m^3$)
1	23.3	1.0	−1.5	10.5	3.022
2	30.8	1.0	−1.0	12.4	3.552
3	46.7	1.0	0.0	17.4	4.990
4	68.0	1.0	9.0	34.0	9.775
5	65.9	1.0	−3.6	20.5	5.905
6	148.0	1.0	−26.0	45.3	13.014
7	233.0	1.0	0.0	137.9	39.632
8	194.4	1.0	0.0	106.2	30.534
9	120.3	1.0	10.0	62.7	18.038
10	42.1	1.0	3.5	19.5	5.618
11	37.6	1.0	0.0	14.9	4.277
12	17.4	1.0	0.0	11.2	3.224
계	1027.5			492.5	141.580

풀이

월별 강우량이 표 9.21에 주어져 있으며 이를 합한 연 강우량은 1,027.5mm이다. 각 월별로 강우량에 따른 보정계수 E는 표 9.20으로부터 가장 가까운 근사치를 적용하였으며 이 값이 4란에 주어져 있다. 월별 유출고는 다음 식에 의해 산정하며 예를 들어 4월인 경우

$$R = \sqrt{P^2 + (138.6f + 10.2)^2} - 138.6f + E$$
$$= \sqrt{68^2 + (138.6 \times 1 + 10.2)^2} - 138.6 \times 1 + 9.0 = 34\text{mm}$$ 이다.

월별 유출고가 5란에 산정되어 있으며 여기에 유역면적 287.48km^2을 곱하고 단위변환을 한 월별 유출량이 6란에 산정되어 있다. 따라서 월별 유출량을 합한 연 유출량은 $141.580 \times 10^6 \text{m}^3$/년이 된다.
수자원부존량은 연 강우량 1,027.5mm에 유역면적 287.48km^2을 곱한 $296.36 \times 10^6 \text{m}^3$이 된다.
따라서 손실량은 수자원부존량에서 유출량을 뺀 $154.78 \times 10^6 \text{m}^3$이 된다.

9.7 유역의 도달시간

첨두유출량을 계산할 경우 전체유역이 유역출구지점에서의 유출에 기여하기 시작하는 도달시간 t_c에 이르면 첨두유출이 발생한다고 가정한다. 도달시간은 강우가 유역의 가장 먼 곳에 떨어진 후 유역출구지점으로 흘러오는데 걸리는 시간이다. 유역에 떨어진 비는 여러 경로를 통해 하천이나 우수관거로 유입되어 유역출구로 이동하게 되는데 이중 가장 긴 시간을 도달시간으로 결정하게 된다.

유역의 도달시간은 강우가 지표면을 통해 이동하여 하천이나 우수관거까지 도착하는데 걸리는 시간인 유입시간(inlet time) t_o와 하천이나 우수관거를 통해 유역의 출구지점까지 흐르는데 걸리는 시간인 유하시간(flow time) t_f의 합으로 결정한다.

$$t_c = t_o + t_f \tag{9.7.1}$$

실무에서는 유하시간을 도달시간으로 사용하는 경우가 종종 있는데 이 경우 유입시간이 고려가 되지 않아 설계강우 산정시 오차를 유발할 수가 있다. 따라서 중규모 이상의 유역에서는 유하시간에 비해 유입시간이 상대적으로 짧아 무시할 수도 있으나 소규모 유역에서는 유하시간에 비해 유입시간을 무시할 수가 없으므로 유입시간과 유하시간을 합해 도달시간으로 적용하는 것이 바람직하다.

1) 유입시간의 산정

유입시간 t_o는 자연하천유역 면적이 2.5km^2 이내인 경우 급경사유역은 20분, 산지유역은 30분으로 정하고 있으나 다소 크게 설정되어 유량이 작게 나타나는 경향이 있다. 또한 도시지역인 경우 개발이 되어 불투수지역인 경우 5분, 주거 밀도가 낮은 개발도시지역은 10~15분, 주거지역은 20~30분이 채택되기도 하나 일반적으로 10~20분이 적용된다. 한편 유출지점까지의 거리가 100m 이내로

짧은 경우 미국 연방항공청(Federal Aviation Agency, 1970)에서 제시한 다음 식을 이용하여 결정하기도 한다.

$$t_o = \frac{0.552[1.8(1.1 - C)L^{0.5}]}{S^{1/3}} \tag{9.7.2}$$

여기서 t_o는 유입시간(min), C는 합리식의 유출계수, L은 지표거리(m) 그리고 S는 유역평균경사(%)이다. Kerby는 자연하천유역 및 도시하천유역에서의 유입시간을 산정하는 공식을 다음과 같이 제시하고 있다.

- 자연하천유역

$$t_o = 36.264\frac{(L \times n)^{0.467}}{S^{0.2335}} \tag{9.7.3}$$

- 도시하천유역

$$t_o = 36.264\left(\frac{L^{1.5} \times n}{H^{0.5}}\right)^{0.467} \tag{9.7.4}$$

여기서 t_o는 유입시간(min), L은 지표거리(km), S는 유역평균경사, H는 표고차(m), n은 조도계수(표 9.22)이다.

NRCS에서는 유입시간 및 하도 내 흐름을 여러 개의 소구간으로 나눈 유하시간을 산정하는 방법을 다음과 같이 제시하고 있다.

표 9.22 Kerby공식을 위한 조도계수

자연하천유역		도시하천유역	
지표상태	조도계수	지표상태	조도계수
불투수성의 완만한 표면	0.02	포장지역	0.02
나지의 비포장 표면	0.10	거친 나대지	0.10
초지가 없는 나지의 거친 표면	0.20	거칠고 풀이 없는 지역	0.30
초지로 구성된 표면	0.40	잔디	0.40
낙엽으로 덮인 수목지역	0.60	나무나 풀이 빽빽한 지역	0.80
초지와 산림이 우거지 표면	0.80		

- 유입시간

$$t_o = \frac{1}{60}\frac{L}{V} \tag{9.7.5}$$

- 유하시간

$$t_f = \frac{1}{60}\sum_{i=1}^{N}\frac{L_i}{V_i} = \sum_{i=1}^{N}\frac{L_i n_i}{R_i^{2/3}S_i^{2/3}} \tag{9.7.6}$$

여기서 L은 표면류 흐름길이(km), V는 평균유속(m/s), L_i, V_i, R_i 및 S_i는 소구간별 하도길이(km), 평균유속(m/s), 동수반경(m) 그리고 평균경사(%)이다.

2) 유하시간 산정

우수관거로 물이 유입되어 유역출구까지 관거를 통해 흐를 경우 관거 내에서의 유하시간은 다음과 같이 산정할 수 있다.

$$t_f = \sum_{i=1}^{n} \frac{L_i}{V_i} \tag{9.7.7}$$

여기서 t_f는 유하시간(sec), L_i는 i번째 관거의 길이(m) 그리고 V_i는 i번째 관거에서의 유속(m/sec)이다. 한편 자연하천유역인 경우 유하시간 산정경험공식으로는 다음과 같은 식들이 제시되어 사용되고 있다.

- Kirpich 공식 : 농경지 소유역 대상

$$t_f = 3.976 \frac{L^{0.77}}{S^{0.385}} \tag{9.7.8}$$

여기서 t_f는 유하시간(min), L은 하천길이(km) 그리고 S는 하천평균경사이다.

- Rziha 공식 : 자연하천의 상류부($S \geq 1/200$)

$$t_f = 0.833 \frac{L}{S^{0.6}} \tag{9.7.9}$$

- Kraven 공식(I) : 자연하천의 중하류부($S \leq 1/200$)

$$t_f = 0.444 \frac{L}{S^{0.515}} \tag{9.7.10}$$

- Kraven 공식(II) : 자연하천의 경사별 유속적용

$$t_f = 16.667 \frac{L}{V} \tag{9.7.11}$$

여기서, $S \leq 1/200$인 경우 V = 2.1m/sec
$1/200 < S < 1/100$인 경우 V = 3.0m/sec
$S \geq 1/100$인 경우 V = 3.5m/sec

- SCS 공식 : 유역면적이 $8km^2$ 이하에 적용

$$t_f = \frac{L^{0.8}(2540 - 22.86CN)^{0.7}}{0.56149CN^{0.7}S^{0.5}} \tag{9.7.12}$$

여기서 CN은 유출곡선지수이다.

대부분의 산정공식들은 평균경사를 사용하여 유하시간을 산정하고 있어 서로 차이가 많이 나타나고 있는데, Kraven 공식(II)가 유속을 기준으로 산정하고 있어 현재 우리나라 실무에서는 주로 이 공식을 많이 채택하고 있다. 하지만 유속의 불연속이 발생하여 경사가 매우 급하거나 완만한 구간에는 적용하는데 문제가 있으므로 국토해양부(2008)에서는 급경사부와 완경사부의 유속을 보완하여 다음과 같은 연속형 Kraven공식을 제안하고 있다.

- 연속형 Kraven 공식

$$\text{급경사부}(S>3/400)\ :\ V = 4.502 - \frac{0.01194}{S},\quad V_{max} = 4.5\text{m/s} \tag{9.7.13}$$

$$\text{완경사부}(S\le 3/400)\ :\ V = 35{,}151.515S^2 - 79.393939S + 1.6181818,\quad V_{min} = 1.6\text{m/s} \tag{9.7.14}$$

예제 9.11

그림 9.25와 같은 유역의 A지점에서부터 E지점까지의 도달시간을 산정하려고 한다. 각 구간별로 도달시간을 산정하기 위한 값들이 표 9.23과 같이 주어질 때 A지점에서 E지점까지의 도달시간을 산정하라.

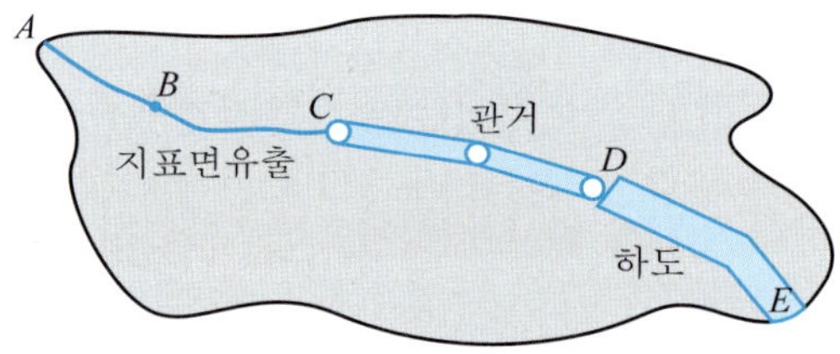

그림 9.25 유역 유출구성도

표 9.23 구간별 유출특성 및 제원

구간	유출특성	경사 (%)	길이 (m)
A-B	지표면유출(자연하천유역, 낙엽으로 덮인 수목지역)	7	150
B-C	지표면유출(자연하천유역, 초지로 구성된 표면)	2	300
C-D	우수관거(n=0.015, 직경 1m)	1.5	600
D-E	자연하천	0.5	900

풀이

A-B 구간은 자연하천유역의 지표면 유출이므로 Kerby의 유입시간 산정공식을 적용한다.
낙엽으로 덮인 수목지역이므로 Kerby의 조도계수는 n=0.6을 채택하면

$$t_{A\text{-}B} = 36.264\frac{(L\times n)^{0.467}}{S^{0.2335}} = 36.264\frac{(0.15\times 0.6)^{0.467}}{0.07^{0.2335}} = 21.92\,\text{min}$$

B-C 구간은 자연하천유역의 초지로 구성된 표면이므로 Kerby의 조도계수는 n=0.4를 적용한다.

$$t_{B\text{-}C} = 36.264\frac{(L\times n)^{0.467}}{S^{0.2335}} = 36.264\frac{(0.3\times 0.4)^{0.467}}{0.02^{0.2335}} = 33.59\,\text{min}$$

C-D 구간은 우수관거이므로 Manning의 유속공식을 사용하여 관거 내의 유속을 구하면

$$V = \frac{1}{n}R_h^{2/3}S^{1/2} = \frac{1}{0.015}\left(\frac{1}{4}\right)^{2/3}(0.015)^{1/2} = 3.24\text{m/s}$$

$$t_{C\text{-}D} = \frac{L}{V} = \frac{600m}{3.24m/s} = 3.09min$$

D-E 구간은 자연하천이고 경사가 0.005=1/200이므로 Kraven공식 (1)을 적용하면

$$t_{D\text{-}E} = 0.444\frac{L}{S^{0.515}} = 0.444\frac{0.9}{0.005^{0.515}} = 6.12min$$

따라서 A부터 E까지의 총 도달시간은 $21.92 + 33.59 + 3.09 + 6.12 = 64.72min$이 된다.

연습문제

9.1 유역면적인 2,645km^{2}인 하천출구지점에서 1일부터 유출관측을 시작하여 3일부터 비가 내리기 시작하였다. 유량측정결과가 다음 표와 같을 때 수평직선분리법, N-day법, 수정 N-day법을 사용하여 직접유출과 기저유출을 분리하라.

시간 (day)	유량 (m^3/sec)	시간 (day)	유량 (m^3/sec)
1	3,230	9	4,300
2	2,760	10	3,230
3	2,340	11	2,760
4	34,300	12	2,340
5	25,000	13	2,060
6	14,000	14	1,770
7	8,960	15	1,520
8	5,740	16	1,320

9.2 연습문제 9.1과 같이 직접유출과 기저유출을 분리할 경우 각 방법별로 직접유출용적을 산정하라.

9.3 유역면적이 2,047km^{2}인 유역출구에서의 유출량이 다음과 같이 측정되었다. 수평직선분리법을 사용하여 기저유량을 분리하고 직접유출고를 산정하라.

시간 (day)	유량 (m^3/sec)	시간 (day)	유량 (m^3/sec)	시간 (day)	유량 (m^3/sec)
1	122	6	429	11	161
2	1137	7	347	12	149
3	950	8	285	13	140
4	627	9	223	14	132
5	531	10	185		

9.4 다음과 같이 시간에 따른 유량이 관측되었을 때 감수계수 K를 산정하라. 또한 기저유출이 시작되는 유량을 기준으로 18시에서의 유량을 산정하라.

시간 (hr)	유량 (m^3/sec)	시간 (hr)	유량 (m^3/sec)	시간 (hr)	유량 (m^3/sec)
1	200	7	31	13	17
2	142	8	25	14	16.5
3	96	9	22	15	16
4	60	10	20	16	15
5	42	11	19	17	14.5
6	35	12	18	18	14

9.5 유역면적이 25km^{2}인 지역에 12.5cm의 강우가 내렸다. 유역의 토양형과 토지이용상태로부터 AMC-II 조건에서 평균 CN값을 산정한 결과 78.5로 나타났다면 유효우량은 얼마인가? 만일 AMC-I 및 AMC-III 조건이라면 유효우량은 얼마나 되겠는가?

9.6 유역면적 20km^{2}인 지역에 10cm의 강우가 내렸다. 이유역의 토양형은 모두 B형이며 이중 10km^{2}는 이랑경작지로 등고선경작을 하고 있으며 수문학적 조건은 불량하다. 4km^{2}는 상업지역이고, 3km^{2}는 2,000m^{2}의 주택지를 포함한 주거지역이며, 2km^{2}은 포장된 주차장 그리고 1km^{2}는 도시 포장도로로 구성되어 있다. AMC-III 조건하에서 유효우량을 산정하라.

9.7 유역면적이 20km^{2}인 어떤 지역에 10cm의 강우가 내렸다. 유역의 토양형은 B형으로 구성되어 있으며 선행강수조건은 II상태이다. 도시화 이전에는 이랑경작지로 등고선경작을 하는 수문조건이 불량한 상태였는데 도시화로 인해 연습문제 9.6과 같이 토지이용상태가 변하였다. 이와 같은 도시화로 인해 유출고가 얼마나 증가하겠는가.

9.8 어떤 유역에 다음 표와 같이 강우가 내렸다. 이 유역의 CN값이 78이고 선행강수조건이 AMC-II일 때 시간별 초과강우량을 산정하라.

시간 (hr)	누가강우량 P(mm)
0	0.0
1	20.3
2	36.8
3	60.2
4	92.7
5	126.5
6	148.8
7	158.8

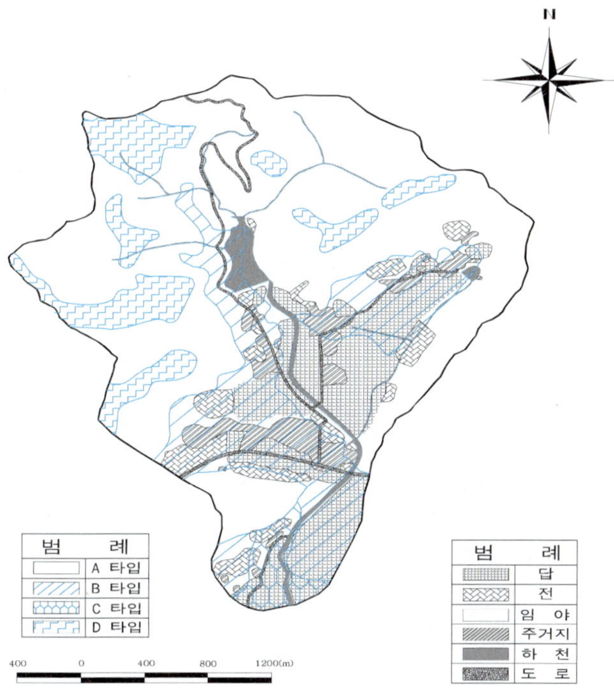

9.9 어떤 소유역의 토양종류 및 토지이용상태가 다음 그림 및 표와 같이 주어질 때 이 소유역의 평균 유출곡선지수 CN을 산정하라. 또한 이를 AMC-I 및 AMC-III 조건으로 환산하라.

토지이용상태	토양종류				계 (km^2)
	A	B	C	D	
논	0.376	0.654	0.203	0	1.233
밭	0.137	0.246	0.007	0	0.390
도로	0.060	0.067	0.006	0	0.133
하천	0.025	0.157	0.022	0.001	0.205
주거지	0.098	0.273	0.003	0	0.374
산지	3.906	0.545	0.035	1.007	5.493
계 (km^2)	4.602	1.942	0.276	1.008	7.828

9.10 연습문제 9.9와 같은 소유역에 다음과 같은 강우가 발생하였을 때 강우별 유효우량을 NRCS방법을 이용하여 산정하라.

강우발생기간	강우량 (mm)	선행강수량 P_5(mm)
2014. 8. 15~8. 16	84.7	0.0
2014. 8. 18~8. 21	98.5	84.7
2014. 8. 24~8. 26	52.4	41.8

9.11 다음 그림과 같은 7개의 소유역으로 구성된 가상적인 배수구역이 있다. 이 유역에 재현기간 10년에 해당하는 강우가 내릴 때 각 우수관거별로 유입하는 유량 및 이를 소통시키기 위한 우수관거의 직경을 산정하라. 재현기간 10년에 해당하는 강우강도식은 $I = \dfrac{6630}{t+37}$ mm/hr을 이용하고, Manning의 조도계수는 0.015이다. 소유역별 관련자료 및 관거의 자료가 다음 표에 주어져 있다.

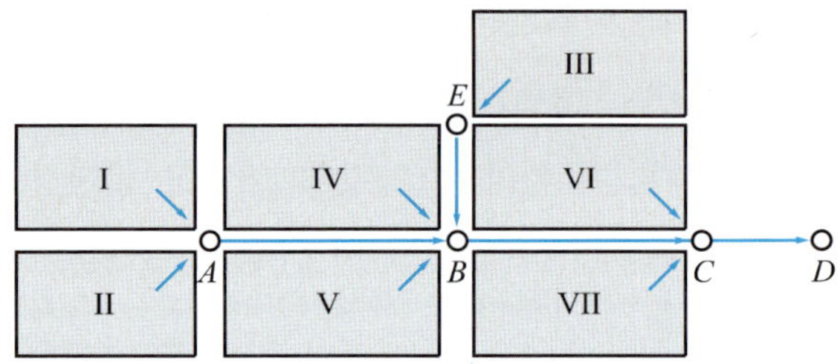

소유역	면적 A (km^2)	유출계수 C	입구도달시간 t_i (min)	우수관거	관거길이 (m)	경사 S_0	배수면적 (km^2)
I	0.0081	0.7	5	EB	140	0.0064	0.0162
II	0.0122	0.7	7	AB	170	0.0081	0.0203
III	0.0162	0.6	10	BC	120	0.0064	0.0747
IV	0.0162	0.6	10	CD	140	0.0064	0.1111
V	0.0220	0.5	15				
VI	0.0182	0.5	15				
VII	0.0182	0.5	15				

9.12 면적 37.5km^2인 유역의 16.3km의 연장을 가진 하천에 호우로 인한 침수피해가 잦아 개수하려고 한다. 다음과 같은 방법에 의해 재현기간 100년에 해당하는 홍수량을 산정하라. 하천의 평균경사는 1/50이며 빈도해석을 통해 얻은 재현기간 100년인 24시간 강우량은 285.6mm이며 이지역의 최대 일 강우량은 413mm이다. 유역은 임야가 적고 비교적 유출이 많다고 가정하라.

1) 수정가지야마 공식
2) 한장회 공식
3) 고재웅식
4) 비유량법

9.13 다음 표와 같이 월평균 강우량이 주어질 때 년간 총 유출량을 산정하라. 또한 년 강우량자료를 이용하여 수자원 부존량을 산정하고 손실량이 얼마인지 산정하라. 유역의 면적은 24.31km^2이다. 가지야마 월유출고 공식의 f는 1.0으로 가정하라.

월	월평균강우 P (mm)	월	월평균강우 P (mm)
1	35.0	7	277.9
2	39.9	8	252.6
3	57.8	9	139.8
4	96.8	10	59.8
5	93.5	11	56.2
6	106.9	12	29.9

9.14 예제 9.11의 그림과 같은 유역의 A지점에서부터 E지점까지의 도달시간을 산정하려고 한다. 각 구간별로 도달시간을 산정하기 위한 값들이 표와 같이 주어질 때 A지점에서 E지점까지의 도달시간을 산정하라.

구간	유출특성	경사 (%)	길이 (m)
A-B	지표면유출(도시하천유역, 잔디)	5	580
B-C	지표면유출(도시하천유역, 포장지역)	2	1570
C-D	우수관거(n=0.015, 직경 1.5m)	1.2	2350
C-E	도시하천	0.3	4720

CHAPTER

단위유량도 10

10.1 서 론

강우와 이에 따른 지표면 유출현상에 대해 9장에서 알아본 바와 같이 지표면에 내린 총 강우량은 침투량, 지표면 저류량, 증발량 그리고 직접유출량으로 구성된다. 단위도를 적용하여 유출량을 산정하기 위해서는 초과강우량의 시간적분포를 결정하여야 한다. 일반적으로 초과강우량(유효우량)을 산정하는 방법에는 Horton의 침투능과 Φ-지수법 그리고 NRCS방법 등이 있으며, 이 경우 초기손실은 지표면저류에 포함이 된다. 손실된 체적은 총강우량과 수문곡선의 체적을 같은 단위(즉, 유역면적에 cm두께)로 비교함으로서 결정할 수 있다. 실제로는 시간에 따른 침투분포에 대한 자료가 부족하여 손실계수를 결정하는 것이 어렵기 때문에 간단한 Φ-지수법이 자주 사용된다. 6장에서 설명한 바와 같이 Φ-지수법은 강우 초기에는 손실량을 과소 산정하고 시간이 지남에 따라 과다 산정하는 단점이 있다. 자세한 토양자료가 존재하면 더 정확한 침투량 산정방법들을 사용할 수 있다.

일단 유역의 초과강우량이 결정되면 이 초과강우량을 직접유출량으로 변환하는 것이 매우 중요하다. 초과강우량으로 인해 나타나는 유출수문곡선은 유역의 모든 지점으로부터 서로 다른 시간에 도달하는 지표면유출과 하도유출의 합으로 이루어진다. 지표면과 하도를 통해 물이 이동하는 시간은 유역의 크기와 관련이 있으며, 작은 유역에서는 지표면 유출시간이 중요한 반면 큰 유역에서는 하천을 통한 이동시간이 지배적이다.

초과강우가 어떻게 유출수문곡선으로 전환되는가를 이해하기 위해서는 시간-면적 주상도(time-area histogram)의 개념을 이용하면 도움이 된다. 이 방법에서는 초과강우가 유역의 저류효과를 무시하고 일정한 유속으로 유역출구지점으로 이동하여 유출수문곡선으로 전환된다고 가정한다. 이러한 관계는 유역에 내린 강우가 출구지점으로 유출되는데 걸리는 시간에 따라 소유역으로 분할함으로서 정의할 수 있다. 소유역은 그림 10.1(a)와 같이 유역출구지점에서 상류방향으로 같은 이동시간에 해당하는 등시간선으로 구분한다.

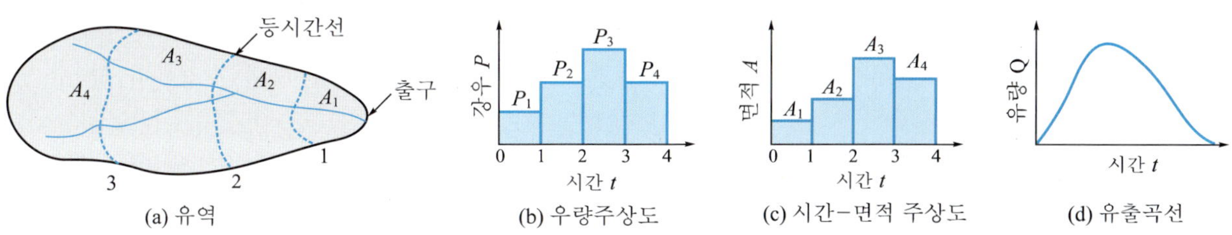

그림 10.1 시간-면적 방법

만일 균일한 강도의 강우가 유역전체에 내린다면 첫 번째 유출은 유역출구에 인접한 면적으로부터 나타나게 되며, 유출에 기여하는 총 면적의 비율은 시간이 지남에 따라 증가하게 된다. 예를 들어 그림 10.1(a)에서 면적 A_1으로 부터의 지표면 유출은 유역출구에 먼저 도착하게 되고, 그 다음으로 A_2, A_3 그리고 A_4 순서로 출구지점으로 도착하게 된다. 따라서 임의 시간에서의 유출량은 다음과 같이 나타낼 수 있다.

$$Q_n = P_n A_1 + P_{n-1} A_2 + \ldots + P_1 A_j \tag{10.1.1}$$

여기서 Q_n은 시간 n에서의 수문곡선의 종거(m^3/sec), P_n은 시간 n에서의 초과강우량의 종거(mm/sec) 그리고 A_j는 시간 j에서의 시간-면적 주상도의 종거(m^2)이다.

식 (10.1.1)에서 우량주상도 종거의 번호와 시간-면적 주상도의 번호가 같을 필요는 없다. 예를 들어 A_2지역에 P_1의 강도로 내린 강우로 인한 유출은 A_1지역에 P_2의 강도로 내린 강우로 인한 유출과 동시에 출구지점으로 유출되어 Q_2를 발생시키게 된다. 즉, 소유역이 1시간의 유출시간으로 구분이 되었다면 강우가 내린지 두 시간이 지났을 경우, 처음 1시간에 P_1의 강도로 A_2 소유역에 내린 강우는 두 시간이 지나서 모두 유역출구지점으로 도착하게 되고, 그 다음 1시간에 걸쳐 P_2의 강도로 A_1에 내린 강우도 비가 내리기 시작한지 두 시간이 지나서 유역출구로 도착하게 되어 강우가 시작한지 두 시간이 지났을 경우 $Q_2 = P_1 A_2 + P_2 A_1$이 된다.

비가 내린지 3시간이 지났다면 A_3에 내린 P_1, A_2에 내린 P_2 그리고 A_1에 내린 P_3에 의한 유출이 동시에 유역출구지점에 도착하고 이들을 합하여 Q_3의 유출이 발생하게 된다. 이러한 방법으로 n시간이 지난 후 유역출구지점에서의 유출량 Q_n이 산정되어 Q_1, Q_2, Q_3, ⋯, Q_n이 구해지게 된다. 시간-면적 개념은 시간에 따른 지표면 유출현상을 이해하는데 도움을 주지만 실제로는 유역에서의 저류효과를 고려해야 하므로 실질적인 적용에는 한계가 있다. 10.6.5절에서 소개할 Clark 단위유량도(Clark unit hydrograph) 방법이 시간-면적방법에 기본을 두고 있으며, 대표적인 유출모의 프로그램인 HEC-1(HEC-HMS) 모형에서도 이러한 개념이 사용되고 있다.

실무적용에서 좀 더 일반적인 개념은 지표면 유출예측과 관련한 수문해석에서 중요한 기여를 하고 있는 단위유량도(unit hydrograph)이다. 단위유량도 이론은 강우량을 유출수문곡선으로 전환하는데 효과적이며 실무적용에서 시간-면적방법은 단위유량도개념의 한 특별한 경우라 할 수 있다.

10.2 단위유량도 이론

유출수문곡선 아래의 면적은 유역으로부터 발생한 유출용적을 의미한다. 단위유량도 또는 단위도 아래의 면적은 유역전체에 걸쳐 단위 깊이(1cm)의 유효우량이 내렸을 때의 유출용적과 같다. 다시 말하면 단위도란 특정 단위시간동안 균일한 강도로 유역 전체에 걸쳐 균등하게 내리는 단위유효우량(unit effective rainfall)으로 인한 직접유출수문곡선이라 할 수 있다.

단위도는 유출과정에 영향을 미치는 유역의 특성을 반영하는 한편, 단위도의 모양은 비슷한 강우사상에 대해 같은 거동을 보이는 지표 및 토양의 특성을 나타내고 있다. 만일 강우의 지속기간이 변하면 단위도의 지속시간도 변하게 된다. 하천 유출자료로부터 단위도를 결정하는 방법은 Sherman (1932)에 의해 처음 시도되었으며 그 후로 지속적으로 발전되었다. 단위도는 다음과 같은 몇 가지 가정하에 개발되었으므로 가능한 한 이러한 가정에 위배되지 않는 상황에 대해 적용하여야 한다.

10.2.1 단위유량도의 기본가정

단위도는 유역전체에 균일하게 내린 유효우량(1cm)으로 인한 직접유출수문곡선이므로 다음과 같은 가정에서 의미하는 강우는 총강우량에서 손실량을 뺀 직접유출에 기여하는 유효우량(초과강우량)을 의미한다. 단위도의 주요 가정에는 일정 기저시간 가정, 비례가정, 중첩가정이 있으며 그 외에 몇 가지 가정이 있다.

1) 일정 기저시간 가정(principle of equal base time)

동일한 유역에 유효강우의 강도는 다르지만 지속기간이 같은 유효강우가 내릴 경우 단위도의 기저시간(base time, T_b)은 항상 동일하다. 즉, 유효강우의 지속기간만 동일하다면 유효강우의 강도에는 상관없이 단위도에서의 첨두유량의 발생시간, 감수시간 그리고 직접유출이 시작하여 끝나는 시간인 기저시간이 변화 없이 동일하다.

2) 비례가정(principle of proportionality)

특정지속기간을 가진 유효강우로 인한 직접유출수문곡선의 종거는 유효강우 강도의 종거에 직접 비례한다. 즉 유효강우의 지속기간이 동일한 경우 강도가 두 배가 되면 단위도의 종거도 두 배가 된다. 유효강우 강도에 유역면적을 곱하면 유역에 내린 유효강우의 체적이 되고 이것이 바로 직접유출량이 된다. 또한 단위도의 면적(실제적으로는 물의 체적)이 직접유출량이므로 만일 유효강우 강도가 두 배가 되면 일정 기저시간 가정에 의해 기저시간은 동일하므로 단위도의 면적이 두 배가 되어야 하고, 따라서 종거가 두 배가 된다.

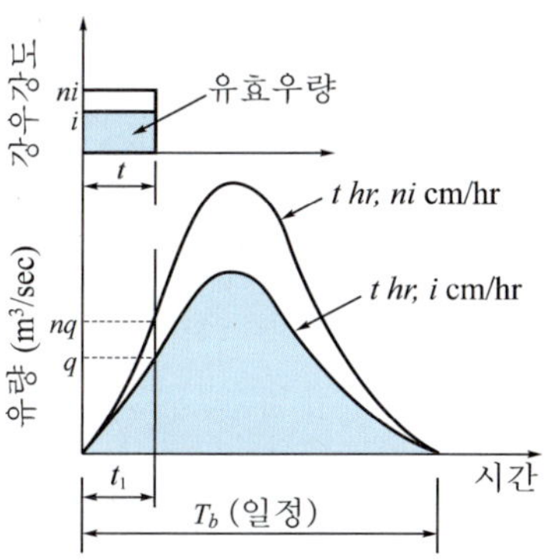

그림 10.2 일정 기저시간 및 비례가정

3) 중첩가정(principle of superposition)

일정 기간 동안 균일한 강도를 가진 일련의 유효강우에 의한 총 직접유출량은 각 기간의 유효우량에 의한 개개 유출량을 산술적으로 합한 것과 같다. 예를 들어 그림 10.3과 같이 유효우량이 R_1, R_2, R_3가 내렸을 경우 이로 인한 각각의 유출량은 q_1, q_2, q_3가 되고 동일한 시간별로 각 유출량의 종거를 합하면 세 개의 유효우량으로 인한 직접유출수문곡선을 얻게 된다.

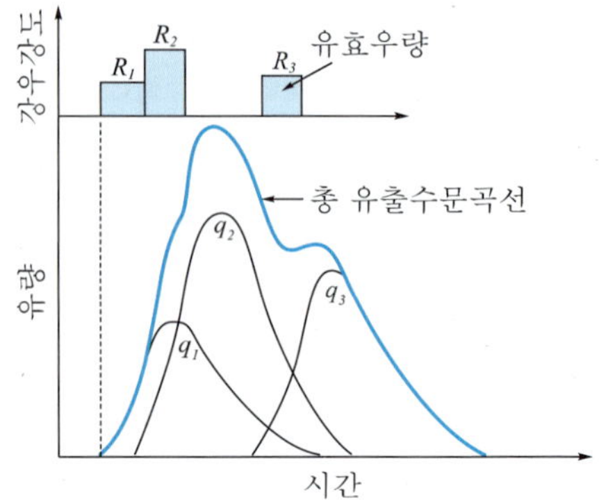

그림 10.3 중첩가정

4) 기타가정

- 직접유출 수문곡선의 시간적 분포는 선행강우와는 상관이 없다.
  단위도는 유효우량에 의한 직접유출 수문곡선이므로 이미 선행강우에 의한 토양의 영향을 고려한 나머지 지표면유출과 관계가 있으므로 선행강우는 단위도에 영향을 미치지 못한다.
- 동일한 지속기간을 가진 모든 유효강우의 시간적 및 공간적 분포는 일정하다.
  단위도의 지속기간 동안 유효강우의 강도는 일정하다고 가정한다. 따라서 이 가정을 만족하기 위해서는 지속기간이 짧아야 한다. 또한 공간적으로 균일한 유효강우의 조건을 만족하기 위해서는 단위도의 적용면적은 3~2,500km^{2}가 적당하다.

단위도이론에 의하면 수문시스템은 선형이며 시간불변이라고 간략하게 설명할 수 있다. 선형가정은 비례가정 및 중첩가정에 의해 강우강도에 따라 크기가 조정되고 시간별로 지체된 개개의 단위도를 합함으로서 유출수문곡선을 얻을 수 있음을 의미한다. 엄밀하게 말하면 선형성 및 시간불변성의 가정은 실제유역에 대해서 적절하지는 않지만 간편함 때문에 적용되고 있다. 개수로 흐름, 실험실에서의 유출모형 그리고 실제 유역에서 비선형이 나타나지만 선형성의 가정이 간단하고 그 결과가 대부분의 공학적 목적에 부합하기 때문에 아직 유용하게 적용되고 있다.

10.2.2 단위유량도의 유도

유역출구지점에서의 유출수문곡선과 우량주상도가 그림 10.4에 나타나 있다. 총 유출수문곡선은 시간에 따른 단순한 유출 또는 유량곡선으로 상승부, 정점부 그리고 하강부로 구성되어 있다. 유출수문곡선 또는 단위도에서 시간과 관련된 주요인자들은 다음과 같다.

① 지체시간(lag time) t_p : 유효우량의 질량중심과 수문곡선 첨두발생 사이의 시간

② 상승시간(time of rise) T_R : 유효우량의 시작부터 첨두발생까지의 시간

③ 도달시간(time of concentration)t_c : 유역의 가장 먼 곳에 떨어진 강우가 유역출구지점까지 도달하는 시간

④ 기저시간(time base) T_b : 직접유출이 발생하는 시간

시간과 관련된 위와 같은 인자들을 유역의 특성인자들로부터 산정하기 위한 많은 경험공식들이 제시되어 왔으며, 그 중에 대표적인 방법들은 10.6절 합성단위도(synthetic unit hydrograph) 유도과정에서 설명하기로 한다. 유역의 강우-유출자료가 있다면 관측된 강우사상과 유역출구에서 관측된 유출량으로부터 단위도를 유도할 수 있다. 단위도를 유도하기 위해서는 단위도의 개념 및 기본가정에 적합하도록 다음과 같은 내용을 고려해야 한다.

① 유역전체에 대해 시간 및 공간적으로 균일한 단일 강우사상을 선택한다.

② 유역의 크기는 일반적으로 3~2,500km^2(1.0~1,000 mi^2) 범위가 적절하다.

③ 강우로 인한 직접유출량은 10~50mm(0.5~2.0in) 범위가 적절하다.

④ 유효우량의 지속기간 D는 지체시간 t_p의 약 25~30%가 적절하다.

⑤ 비슷한 지속기간을 가진 강우사상을 여러 가지 분석하여 같은 지속기간에 대한 유역의 평균 단위도를 얻는다.

⑥ 다른 지속기간을 가진 강우사상에 대해서도 ⑤번의 과정을 반복한다.

단일 강우사상으로부터의 단위도 유도과정은 다음과 같다.

① 총 유출량자료로부터 기저유량을 분리(9.3.5절)하여 그림 10.4(a)와 같이 직접유출수문곡선을 얻는다. 이때 직접유출수문곡선의 시작부터 끝나는 시간이 단위도의 기저시간 T_b가 되며 그림에서 기저시간은 약 9.5시간이 된다.

② 직접유출수문곡선 아래의 면적을 계산한다. 이때 가로축은 시간(hr), 세로축은 유량(m^3/sec)의 단위이므로 면적은 직접유출량의 체적(m^3)이 된다.

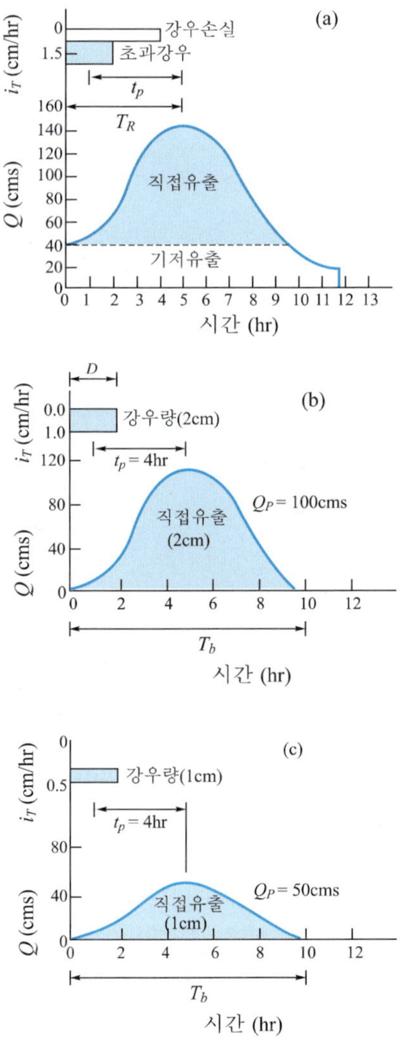

그림 10.4 단위도의 유도과정

③ 직접유출수문곡선 아래의 면적 즉, 유출체적(m^3)을 유역면적(km^2)으로 나누어 유역 전체에 내린 등가깊이의 유효우량(cm)을 산정한다. 그림 10.4b에서 유효우량은 2cm로 산정된다.

④ 우량주상도로부터 Φ-지표법 또는 NRCS방법을 이용하여 ③에서 구한 유효우량과 동일하도록 총 우량으로부터 유효우량과 손실량을 분리한다. 그림 10.4a 우량주상도에서 유효우량이 2cm가 되도록 Φ-지표법으로 손실량과 분리한다.

⑤ 우량주상도에서 분리된 유효우량의 기저시간이 단위도의 지속기간 D가 된다. 그림 10.4a 및 b에서 유효우량의 지속기간 즉, 단위도의 지속기간은 2시간이 됨을 알 수 있다.

⑥ 직접유출 수문곡선은 ③에서 구한 유효우량으로 인한 유출량이므로 1cm의 유효우량으로 인한 단위도를 얻기 위해 직접유출수문곡선의 종거를 유효우량으로 나눈다. 그림 10.4b에서 2시간에 걸친 2cm의 유효우량으로 인한 유출수문곡선이므로 1cm의 유효우량으로 인한 2시간 단위도를 얻기 위해 유출수문곡선을 2cm로 나누면 그림 10.4c와 같은 1cm의 유효우량으로 인한 지속기간 2시간의 단위도를 얻을 수 있다.

⑦ 단위도 아래의 면적을 구해 유역면적으로 나눌 때 유효우량인 1cm가 되도록 모양을 조정한다.

한 유역을 대표하는 평균단위도 또는 대표단위도는 지속기간이 서로 다른 여러 개의 강우사상에 대해 위의 과정을 반복하여 각 강우사상에 대한 단위도를 유도한 후, 10.3절에서 소개할 방법으로 단위도의 지속기간을 동일하게 변경하여 그림 10.5와 같이 첨두유출량과 첨두발생시간을 평균하여 대표단위도의 첨두유출과 발생시간으로 전환함으로서 결정하게 된다. 이 때 단위도의 모양에 맞추어 그 아래의 면적이 1cm의 유효우량으로 인한 유출량과 같도록 모양을 조정한다.

단위도를 유도할 때 선형성 가정을 하였으므로 단위도를 적용할 때는 선형성을 위반하는 상황에 대해서 주의를 해야 한다. 강우의 지속시간 및 강도의 변화는 수문곡선의 모양에 영향을 주게 된다. 장기간의 강우(24시간)에 의한 유출수문곡선을 얻기 위해 짧은 지속기간(1~2시간)의 단위도를 시간별로 지체시키고 합산하게 된다. 만일 장기간의 강우동안 강우강도의 변화가 크다면 선형성 가정이 위반될 수 있으며, 또한 유역 내에서 저류효과가 크다면 선형성 가정이 위반된다.

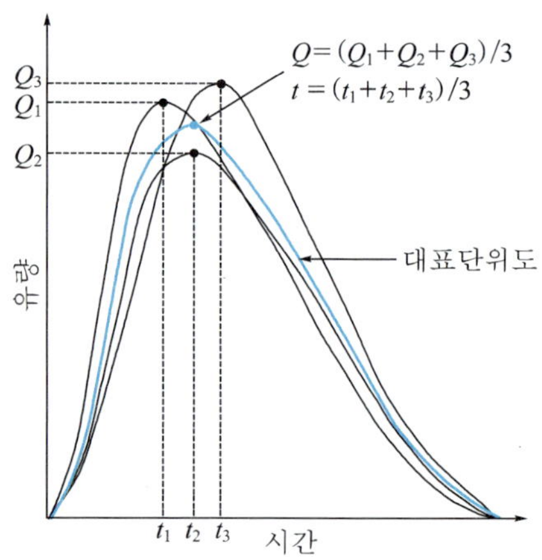

그림 10.5 대표단위도의 작성

유출량의 크기와 공간적인 분포는 유출수문곡선의 모양을 다양하게 만든다. 대유역에 대해서는 소유역별로 단위도를 유도하여 유역출구지점으로 가면서 지체시키고 합산하여 전체유역에 대한 단위도를 유도하는 것이 바람직하다. 매우 작은 강우사상으로부터 유도된 단위도의 첨두유출은 중간유출 및 하도유출의 시간적인 차이로 인해 큰 강우사상으로부터 유도된 단위도의 첨두유출보다 작게 나타난다.

선형성의 가정은 다양한 크기의 강우로부터 얻은 유출

수문곡선을 비교함으로써 검증할 수 있다. 만일 비선형성이 존재한다면 단위도는 그 단위도를 유도할 때 사용한 강우와 비슷한 규모의 강우에만 적용하여야 하고, 큰 강우사상에 대해 적용할 경우에는 주의를 하여야 한다. 이러한 제한성에도 불구하고 단위도는 현대의 홍수추적방법과 연계되어 사용되고 있으며 단위도를 적용하여 예측된 홍수가 비교적 정확하다고 인정받고 있다.

예제 10.1

유역면적이 765km^{2}인 어떤 유역에 표 10.1의 2란과 같은 강우가 내려 3란과 같은 유출이 발생하였다. 수평직선 분리법에 의해 기저유량을 분리하고 단위유량도를 유도하라.

표 10.1 단위도 유도과정

시간 (hr) (1)	강우강도 (mm/hr) (2)	총유량 (m^3/sec) (3)	기저유량 (m^3/sec) (4)	직접유출량 (m^3/sec) (5)	단위도 (m^3/sec) (6)
0	1.7	33	33	0	0.00
1	19.3	150	33	117	40.49
2	14.2	284	33	251	87.08
3	10.3	461	33	428	148.61
4	4.5	719	33	686	238.33
5	1.2	977	33	944	327.71
6		1049	33	1016	352.92
7		884	33	851	295.63
8		669	33	636	220.76
9		464	33	431	149.65
10		305	33	272	94.44
11		210	33	177	61.46
12		142	33	109	37.85
13		105	33	72	25.00
14		85	33	52	18.06
15		68	33	35	12.15
16		54	33	21	7.29
17		47	33	14	4.86
18		44	33	11	3.82
19		37	33	4	1.39
20		30	33	0	0.00
계	51.2			6127	

풀이

3란의 총 유량으로부터 수평직선 분리법에 의해 기저유량(33m^3/sec)을 뺀 직접유출량의 종거가 4란에 나타나 있으며 직접유출수문곡선 아래의 면적을 유역면적으로 나누어 cm단위로 나타내면 유효우량 2.88cm를 얻을 수 있다.

$$R = \frac{6127\text{m}^3/\text{sec} \times 1\text{hr}}{765\text{km}^2} = 2.88\text{cm}$$

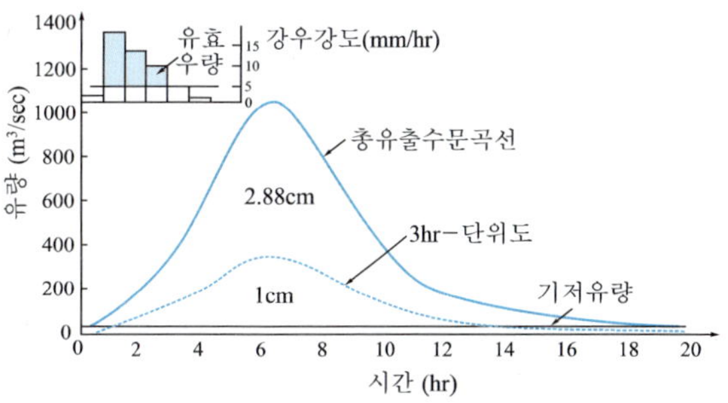

그림 10.6 단위도 유도

5시간에 걸쳐 내린 총강우량은 51.2mm(5.12 cm)이므로 Φ-지표법에 의해 우량주상도로부터 유효우량을 분리하면 Φ-지표는 5mm가 된다. 유효우량에 포함된 시간구간은 3시간이므로 유도된 단위유량도는 3시간 지속기간의 단위유량도가 된다. 단위유량도는 곡선 아래의 면적을 유역면적으로 나눌 때 1cm가 되어야 하므로 5란의 직접유출량을 유효우량 2.88cm로 나누면 6란의 단위도를 얻게 된다. 그림 10.6은 단위도 유도와 관련된 과정을 보여주고 있다.

10.3 단위도 지속시간 변경

단위도의 유도과정에서 본 바와 같이 단위도의 지속기간은 단위도를 유도하는 과정 중에 결정되므로 사용된 강우사상과 유출상황에 따라 서로 다른 지속기간을 가진 단위도를 얻게 된다. 하지만 홍수량 산정 및 여러 가지 목적으로 단위도를 적용하기 위해서는 관측된 강우자료의 시간에 맞는 지속기간을 가진 단위도가 필요하다. 따라서 유도된 임의 지속기간의 단위도를 원하는 지속기간의 단위도로 변경시킬 필요가 있으며 이 방법에는 정수배(integer multiple) 또는 지체-중첩(lagging-superposition)방법과 S-곡선(S-curve)방법이 있다.

10.3.1 정수배 방법

이 방법은 특정 지속기간을 가진 단위도로부터 정수배로 지속기간을 확장시킬 때 사용하는 방법으로 기존 단위도를 지체시킨 후 중첩가정에 의해 중첩시켜 변경시키므로 지체-중첩방법이라고도 한다.

그림 10.7 및 표 10.2와 같이 지속기간이 1시간인 단위도가 있을 때 이를 2시간의 지속기간을 가진 단위도로 변경시키기 위해서는 먼저 첫 번째의 1시간 동안 1cm의 유효우량 옆에 또 다른 1시간 동안의 1cm의 유효우량이 더 내린 것으로 위치시킨다. 첫 번째의 단위도가 2란에 주어져 있으므로 두 번째 한 시간 동안의 1cm의 유효우량에 의한 단위도도 모양과 크기가 동일하다. 하지만 1시간이 지나서 유효우량이 내렸으므로 첫 번째와 똑같은 단위도가 1시간이 지나서 발생한다고 볼 수 있다. 따라서 첫 번째의 단위도를 한 시간 오른쪽으로 그대로 이동시키면 되고, 표에서는 아래로 1시간씩 지체시킨다(3란). 이 두 수문곡선의 종거를 합한 유출곡선은 2시간동안 2cm의 유효우량으로 인한 수문곡선이 된다(4란). 단위도는 특정 지속기간 동안에 1cm의 유효우량으로 인한 유출수문곡선이므

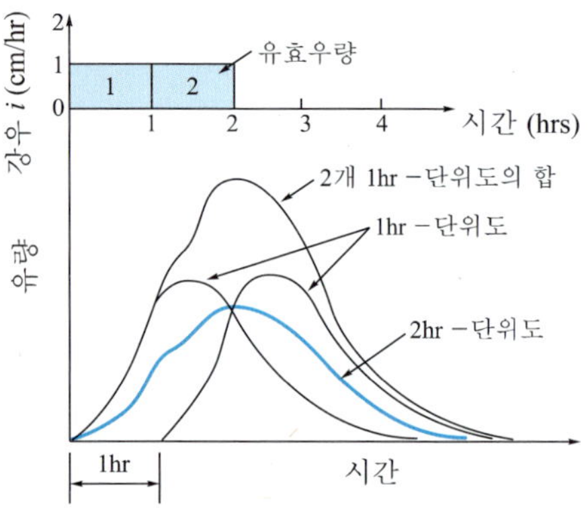

그림 10.7 정수배 방법에 의한 지속기간의 변경

표 10.2 정수배 방법에 의한 지속기간의 변경

시 간 (hr) (1)	1시간 단위도 (m^3/sec) (2)	1시간 자체 단위도 (m^3/sec) (3)	두 단위도의 합 (m^3/sec) (4)=(2)+(3)	2시간 단위도 (m^3/sec) (5)=(4)/2
0	0.0		0.0	0.00
1	7.5	0.0	7.5	3.75
2	25.0	7.5	32.5	16.25
3	30.0	25.0	55.0	27.50
4	27.5	30.0	57.5	28.75
5	20.0	27.5	47.5	23.75
6	10.0	20.0	30.0	15.00
7	7.5	10.0	27.5	13.75
8	5.0	7.5	12.5	6.25
9	0.0	5.0	5.0	2.50
10		0.0	0.0	0.00

로 앞에서 구한 2cm의 수문곡선의 종거를 2로 나누면 2시간 지속기간을 가진 1cm의 유효우량으로 인한 단위도를 얻게 된다(5란). 즉, 지속기간 1시간의 단위도를 지속기간 2시간의 단위도로 변경시키게 된다. 같은 방법으로 3시간, 4시간 등과 같이 정수배로 지속기간을 확장시킬 수 있다.

예제 10.2

예제 10.1에서 유도한 3시간 단위유량도를 정수배 방법을 이용하여 12시간 단위도로 유도하라.

풀이

예제 10.1에서 유도한 3시간 단위도가 표 10.3의 2란에 주어져 있다.

정수배 방법에 의하면 3시간에 걸친 1cm의 유효우량이 4개 연속하여 발생하면 12시간에 걸쳐 4cm의 유효우량이 발생하게 된다. 따라서 3시간씩 지체시킨 단위도가 3, 4, 5란에 나타나 있으며, 중첩가정에 의해 2, 3, 4, 5란을 더하면 4cm의 유효우량으로 인한 유출수문곡선(6란)을 얻을 수 있다. 단위도는 1cm의 유효우량으로 인한 유출수문곡선이므로 12시간에 걸친 유효우량(6란)을 4cm로 나누면 12시간에 걸친 1cm의 유효우량으로 인한 12시간 단위유량도(7란)를 유도하게 된다.

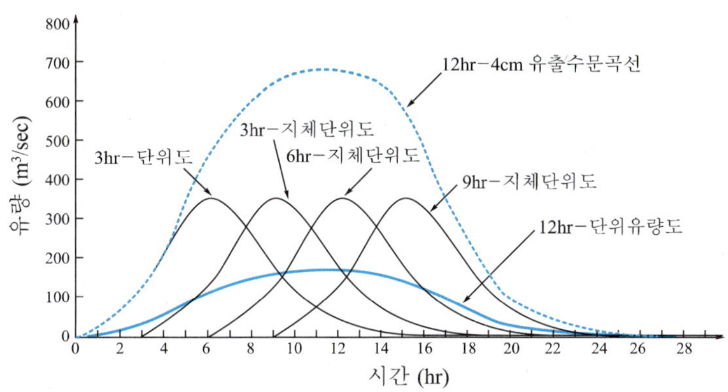

그림 10.8 12시간 단위의 유도

표 10.3 3시간-단위도로부터 12시간-단위도의 유도

시간 (hr) (1)	3hr-단위도 (m^3/sec) (2)	3hr지체 단위도 (m^3/sec) (3)	6hr지체 단위도 (m^3/sec) (4)	9hr지체 단위도 (m^3/sec) (5)	(2)+(3)+(4)+(5) (m^3/sec) (6)	12hr-단위도 (6)/4 (7)
0	0.00				0.00	0.00
1	40.49				40.49	10.12
2	87.08				87.08	21.77
3	148.61	0.00			148.61	37.15
4	238.33	40.49			278.82	69.71
5	327.71	87.08			414.79	103.70
6	352.92	148.61	0.00		501.53	125.38
7	295.63	238.33	40.49		574.45	143.61
8	220.76	327.71	87.08		635.55	158.89
9	149.65	352.92	148.61	0.00	651.18	162.80
10	94.44	295.63	238.33	40.49	668.89	167.22
11	61.46	220.76	327.71	87.08	697.01	174.25
12	37.85	149.65	352.92	148.61	689.03	172.26
13	25.00	94.44	295.63	238.33	653.40	163.35
14	18.06	61.46	220.76	327.71	627.99	157.00
15	12.15	37.85	149.65	352.92	552.57	138.14
16	7.29	25.00	94.44	295.63	422.36	105.59
17	4.86	18.06	61.46	220.76	305.14	76.29
18	3.82	12.15	37.85	149.65	203.47	50.87
19	1.39	7.29	25.00	94.44	128.12	32.03
20	0.00	4.86	18.06	61.46	84.38	21.10
21		3.82	12.15	37.85	53.82	13.46
22		1.39	7.29	25.00	33.68	8.42
23		0.00	4.86	18.06	22.92	5.73
24			3.82	12.15	15.97	3.99
25			1.39	7.29	8.68	2.17
26			0.00	4.86	4.86	1.22
27				3.82	3.82	0.96
28				1.39	1.39	0.35
29				0.00	0.00	0.00

10.3.2 S-곡선 방법

S-곡선 방법에 의한 단위도 지속기간의 변경은 앞에서 소개한 정수배 방법과는 달리 지속기간이 긴 시간뿐만 아니라 짧은 시간으로도 변경할 수 있는 방법이다. S-곡선 방법을 적용하기 위해서는 먼저 S-수문곡선(S hydrograph)의 개념에 대한 이해가 필요하다. S-수문곡선은 특정지속기간을 가진 무한히 연속되는 유효강우로 인한 유출수문곡선을 의미한다. 단위도 이론에 따르면 S-수문곡선은 특정 지속기간을 가진 단위도의 무한한 합이 되며 이러한 S-수문곡선이 그림 10.9에 나타나 있다.

D-시간 S-수문곡선은 D시간 지체된 D-시간 단위도들을 합함으로서 얻을 수 있다. T_b를 단위도의 기저시간이라 한다면 D-시간 S-수문곡선은 T_b/D개의 단위도를 합한 후에는 첨두 평형유출(equilibrium outflow) Q_e에 도달하게 된다. 가정한 균일한 유효강우의 강도가 1/D이므로 평형유

출량은 다음과 같다.

$$Q_e = \frac{1\text{cm}}{D(\text{hr})} \times A\text{km}^2 = 2.78\frac{A}{D}\text{m}^3/\text{sec} \tag{10.3.1}$$

여기서 Q_e는 평형유출량(m^3/sec), D는 단위도의 지속기간(hr), A는 유역면적(km^2)이다. D-시간 S-수문곡선은 임의 지속기간 t에 해당하는 단위도를 얻는데 사용하게 된다. 선형성을 이용하여 t시간에 해당하는 단위도를 얻는 절차는 다음과 같다(그림 10.10).

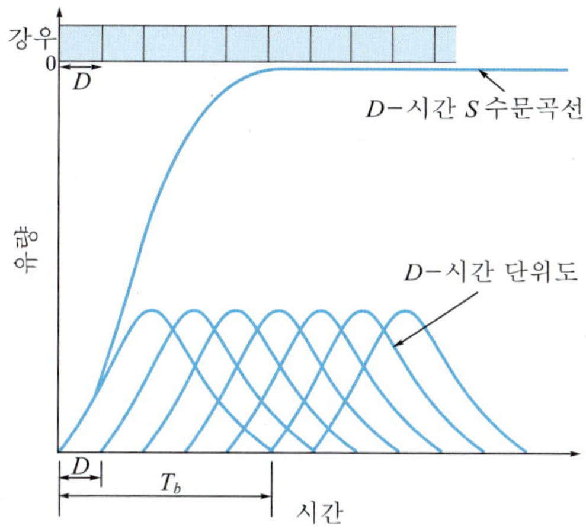

그림 10.9 S-수문곡선의 계산

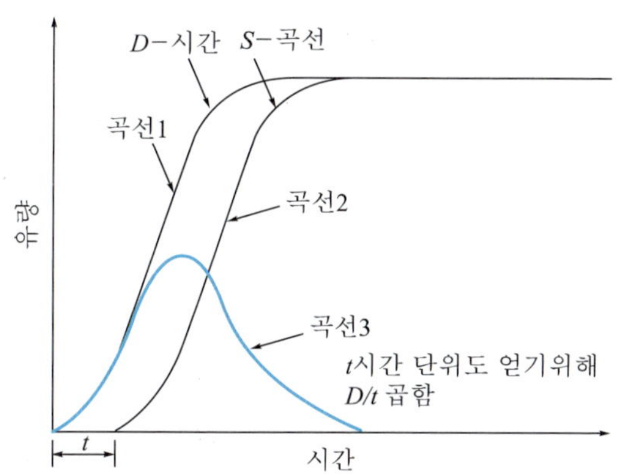

그림 10.10 D-시간 S-수문곡선으로부터 t-시간 단위도의 유도

① 원래의 S-수문곡선(곡선1)을 t시간 지체시킨다(곡선2).

② 곡선1의 종거에서 지체시킨 곡선2의 종거를 빼면 면적이 t/Dcm에 해당하는 곡선(곡선3)을 얻게 된다. 즉, t시간 동안 t/Dcm의 유효우량으로 인한 유출수문곡선이 된다.

③ 단위도는 곡선아래의 면적이 1cm의 유효우량에 해당하므로 ②에서 얻은 곡선에 D/t를 곱해 면적이 1cm가 되도록 한다. 이것이 바로 D-시간으로부터 유도된 t-시간 단위도가 된다.

예를 들어 2(D)-시간 단위도로부터 3(t)-시간 단위도를 유도해 보자. 2-시간 단위도를 2시간씩 지체시킨 후 모든 단위도의 종거를 합하면 2-시간 S-수문곡선을 얻을 수 있다. 2-시간 S-수문곡선(곡선1)을 3시간 오른 쪽으로 지체(곡선2)시키고 각 시간별로 곡선1의 종거로부터 곡선2의 종거를 빼면 곡선아래의 면적이 유효우량 3/2cm에 해당하는 곡선(곡선3)을 얻게 된다. 곡선3의 종거에 2/3를 곱하면 곡선3의 면적이 1cm인 유효우량에 해당하므로 이 곡선이 바로 3-시간 단위도가 된다.

만일 2(D)-시간 단위도로부터 1(t)-시간 단위도를 유도한다면, 앞에서와 같은 방법으로 2-시간 S-수문곡선을 얻는다. 2-시간 S-수문곡선(곡선1)을 1시간 오른 쪽으로 지체(곡선2)시키고 각 시간별로 곡선1의 종거로부터 곡선2의 종거를 빼면 면적이 1/2cm의 유효우량에 해당하는 곡선(곡선3)을 얻게 된다. 곡선3의 종거에 2/1을 곱하면 곡선3의 면적이 1에 해당하므로 이 곡선이 바로 1-시간 단위도가 된다.

실제로는 S-수문곡선을 T_b/D개의 단위도의 종거를 모두 합해 구할 필요 없이 간단히 구할 수 있다. 표 10.4는 18-시간 단위도로부터 12-시간 단위도를 유도하는 방법을 보여주고 있다. 2란에 특정 강우로부터 구한 18-시간 단위도가 주어져 있으며, 3란은 18시간을 지체시킨 후의 단위도들의 종거를 합한 값이 나타나 있다. 이 값을 구하는 방법은 2란의 처음 세 번째 구간까지의 값(단위도의 지속기간이 18시간이고 시간구간이 6시간이므로)들을 3란의 4번째 시간구간으로 지체시켜 옮겨 적는다. 3란의 7번째 시간구간의 값은 2란의 4번째 시간구간의 값 0.16과 3란의 값 0을 합한 0.16을 적는다. 3란의 8번째 시간구간의 값은 2란의 5번째 시간구간의 값 0.25와 3란의 값 0을 합한 0.25를 적는다. 3란의 9번째 시간구간의 값은 2란의 6번째 시간구간의 값 0.26과 3란의 값 0.07을 합한 0.33을 적는다. 이와 같은 방법으로 계속하면 3란의 값들을 얻게 된다.

3란 값은 맨 처음의 단위도를 제외한 두 번째 단위도부터의 합을 나타내므로 완전한 18-시간 S-수문곡선은 첫 번째의 단위도인 2란과 3란을 합한 4란의 값이 된다. 4란에서 첨두에 도달하게 되면 약간의 진동을 보여주는데, 이는 식 (10.3.1)로 계산한 첨두유출량의 값으로 일정하게 대체하면 된다.

이와 같이 18-시간 S-수문곡선이 준비되면 5란처럼 12시간(2개의 시간구간)을 지체시켜 옮겨 적는다. 4란에서 5란을 빼면 6란을 얻는데 이는 12시간에 12/18cm의 유효우량으로 인한 수문곡선이므로 18/12를 곱하면 7란처럼 12-시간 1cm의 유효우량으로 인한 단위도를 얻게 된다.

표 10.4 18-시간 단위도로부터 12-시간 단위도의 유도

시간구간 Δt=6hr (1)	18시간단위도 $3\Delta t$ (2)	중간계산 (3)	18시간 S-곡선 (4)	12시간지체 S-곡선 (5)	(4)-(5) (6)	12시간 단위도 (18/12)×(6) (7)
1	0.00	–	0.00	–	0.00	0.00
2	0.00	–	0.00	–	0.00	0.00
3	0.07	–	0.07	0.00	0.07	0.11
4	0.16	0.00	0.16	0.00	0.16	0.24
5	0.25	0.00	0.25	0.07	0.18	0.27
6	0.26	0.07	0.33	0.16	0.17	0.26
7	0.17	0.16	0.33	0.25	0.08	0.12
8	0.07	0.25	0.32	0.33	0.00	0.00
9	0.02	0.33	0.33*	0.33	0.00	0.00
10	0.003	0.33	0.33	0.33	–	–
11	0.00	0.32	0.33*	0.33	–	–
12	0.00	0.35	0.33*	0.33	–	–
13	0.00	0.33	0.33	0.33	–	–

예제 10.3

예제 10.1에서 유도한 3시간 단위유량도를 S곡선 방법에 의해 2시간 및 5시간 단위유량도로 유도하라.

풀이

표 10.5의 2란에 3시간 단위유량도가 주어져 있으며 단위유량도를 3시간씩 지체시킨 후 모두 더한 3시간 S-곡선이 3란 및 그림 10.11에 주어져 있다. S-곡선의 값이 평형치에 갈수록 진동을 하므로 이를 조정한 S-곡선이 4란과 그림에 나타나 있다. 2시간 단위유량도를 구하기 위해 4란의 S-곡선을 2시간 지체시킨 후 4란 S-곡선으로부터 뺀 값이 6란에 주어져 있다. 이는 2시간에 걸쳐 2/3cm의 유효우량으로

표 10.5 S-곡선방법에 의한 단위도 지속기간의 변경

시간 (hr) (1)	3시간 단위도 (m^3/sec) (2)	3시간 S곡선 (m^3/sec) (3)	조정한 S곡선 (4)	2시간 지체 S곡선 (5)	S곡선 종거차 (4)-(5) (6)	2시간 단위도 (6)X(3/2) (7)	5시간 지체 S곡선 (8)	S곡선 종거차 (4)-(8) (9)	5시간 단위도 (9)X(3/5) (10)
0	0.0	0.0	0.0	–	0.0	0.0	–	0.0	0.0
1	40.5	40.5	40.5	–	40.5	60.7	–	40.5	24.3
2	87.1	87.1	87.1	0.0	87.1	130.6	–	87.1	52.3
3	148.6	148.6	148.6	40.5	108.1	162.2	–	148.6	89.2
4	238.3	278.8	278.8	87.1	191.7	287.6	–	278.8	167.3
5	327.7	414.8	412.0	148.6	263.4	395.1	0.0	412.0	247.2
6	352.9	501.5	501.5	278.8	222.7	334.1	40.5	461.0	276.6
7	295.6	574.4	574.4	412.0	162.4	243.7	87.1	487.4	292.4
8	220.8	635.6	626.0	501.5	124.5	186.7	148.6	477.4	286.4
9	149.7	651.2	662.0	574.4	87.6	131.3	278.8	383.2	229.9
10	94.4	668.9	682.0	626.0	56.0	84.0	412.0	270.0	162.0
11	61.5	697.0	697.0	662.0	35.0	52.5	501.5	195.5	117.3
12	37.8	689.0	703.0	682.0	21.0	31.5	574.4	128.6	77.1
13	25.0	693.9	707.0	697.0	10.0	15.0	626.0	81.0	48.6
14	18.1	715.1	709.0	703.0	6.0	9.0	662.0	47.0	28.2
15	12.2	701.2	712.0	707.0	5.0	7.5	682.0	30.0	18.0
16	7.3	701.2	714.0	709.0	5.0	7.5	697.0	17.0	10.2
17	4.9	719.9	716.0	712.0	4.0	6.0	703.0	13.0	7.8
18	3.8	705.0	718.0	714.0	4.0	6.0	707.0	11.0	6.6
19	1.4	702.6	720.0	716.0	4.0	6.0	709.0	11.0	6.6
20	0.0	719.9	720.0	718.0	2.0	3.0	712.0	8.0	4.8
21	–	705.0	720.0	720.0	0.0	0.0	714.0	6.0	3.6
22	–	702.6	720.0	720.0	–	–	716.0	4.0	2.4
23	–	719.9	720.0	720.0	–	–	718.0	2.0	1.2
24	–	705.0	720.0	720.0	–	–	720.0	0.0	0.0
25	–	702.6	720.0	720.0	–	–	720.0	–	–

인한 유출곡선이므로 1cm의 유효우량으로 환산하기 위해 3/2를 곱한 결과가 7란에 있으며 이것이 2시간 단위유량도이다. 같은 방법으로 5시간 단위도를 유도하기 위해서 4란의 S-곡선을 5시간 지체시킨 후(8란) 4란으로부터 뺀 값(9란)은 5시간에 걸쳐 5/3cm의 유효우량에 의한 유출곡선이므로 1cm의 유량으로 환산하기 위해 3/5cm를 곱하면(10란) 5시간 단위유량도를 유도할 수 있다. 그림 10.12에 3시간 단위도로부터 유도된 2시간 및 5시간 단위도가 나타나있다.

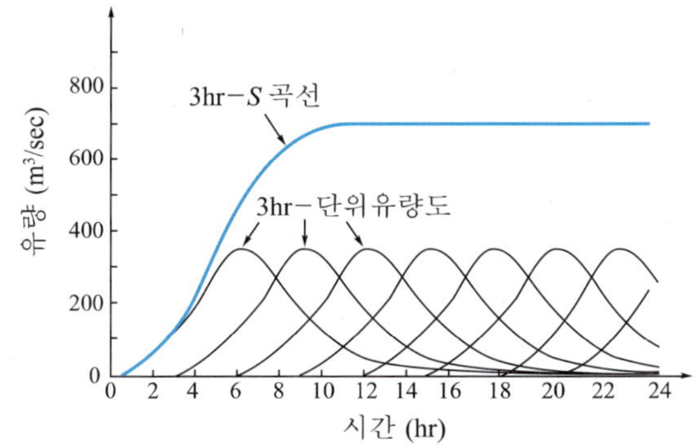

그림 10.11 S-곡선의 계산

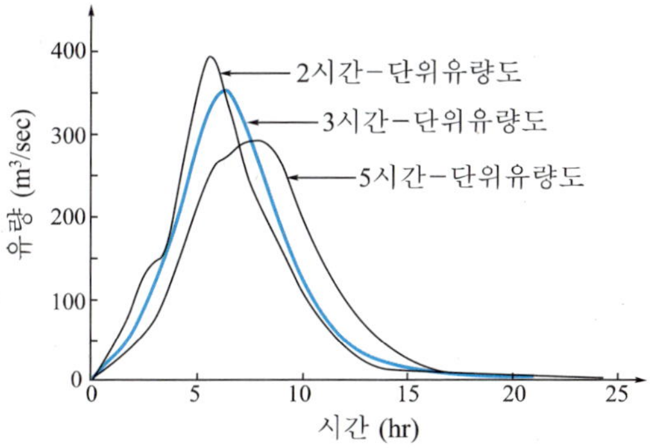

그림 10.12 유도된 단위도

10.4 단위도 적용

지금까지 단위도의 유도 및 지속기간의 변경에 대해 알아보았다. 이와 같이 단위도를 유도함으로서 임의 강우사상에 대한 유출수문곡선을 합성해 낼 수 있으며 또한 각종 설계목적으로 설계 홍수량을 산정하는 경우에도 유용하게 이용할 수 있다. 이제 단위도가 주어졌을 때 주어진 강우사상에 대한 유출수문곡선을 합성해 보기로 한다.

예를 들어 어떤 유역에 표 10.6과 같이 여섯 시간에 걸쳐 내린 강우와 이에 해당하는 유출계수가 주어져 있다. 또한 2-시간 단위도가 표 10.7에 주어져 있으며 기저유량을 10m^3/sec로 가정하고 유출수문곡선을 유도해보기로 한다.

두 시간 간격의 강우량에 유출계수를 곱하면 유효우량을 구할 수 있으며 이 값이 표 10.6의 4란과 같다. 2-시간 단위도가 표 10.7의 2란에 주어져 있으므로 이를 비례가정 및 중첩가정을 이용하여 유출수문곡선을 작성할 수 있다. 먼저 첫 번째 두 시간동안에 유효우량이 1.5cm 내렸으므로 표 10.7의 2란 단위도에 비례가정에 의해 1.5를 곱하여 3란에 기록한다. 그 다음 두 번째 내린 유효우량 3.4cm

표 10.6 강우 및 유출계수

일 시	강우량 (mm)	유출계수	유효우량 (mm)
8/6 14:00~16:00	27.3	0.55	15.0
16:00~18:00	56.7	0.60	34.0
18:00~20:00	31.4	0.70	22.0

표 10.7 유출수문곡선 합성과정

시간 (hr) (1)	2hr-단위도 (m^3/sec) (2)	(2)×1.5 (m^3/sec) (3)	(2)×3.4 (m^3/sec) (4)	(2)×2.2 (m^3/sec) (5)	직접유출곡선 (m^3/sec) (6)	기저유량 (m^3/sec) (7)	유출수문곡선 (m^3/sec) (8)
0	0.0	0.0	–	–	0.0	10.0	10.0
1	6.8	10.2	–	–	17.0	10.0	27.0
2	10.2	15.3	0.0	–	25.5	10.0	35.5
3	14.6	21.9	23.1	–	59.6	10.0	69.6
4	29.3	44.0	34.7	0.0	107.9	10.0	117.9
5	20.2	30.3	49.6	15.0	115.1	10.0	125.1
6	12.1	18.2	99.6	22.4	152.3	10.0	162.3
7	7.2	10.8	68.7	32.1	118.8	10.0	128.8
8	4.1	6.2	41.1	64.5	115.9	10.0	125.9
9	2.6	3.9	24.5	44.4	75.4	10.0	85.4
10	1.5	2.3	13.9	26.6	44.3	10.0	54.3
11	0.9	1.4	8.8	15.8	26.9	10.0	36.9
12	0.6	0.9	5.1	9.0	15.6	10.0	25.6
13	0.3	0.5	3.1	5.7	9.5	10.0	19.5
14	0.1	0.2	2.0	3.3	5.6	10.0	15.6
15	0.0	0.0	1.0	2.0	3.0	10.0	13.0
16	–	–	0.3	1.3	1.7	10.0	11.7
17	–	–	0.0	0.7	0.7	10.0	10.7
18	–	–	–	0.2	0.2	10.0	10.2
19	–	–	–	0.0	0.0	10.0	10.0
20	–	–	–	–	–	10.0	10.0

에 의한 유출은 2란 단위도에 3.4를 곱한 값이 된다. 하지만 두 번째의 강우로 인한 유출은 비가 내리기 시작한 지 두 시간이 지나서야 발생하므로 두 시간을 지체시켜 4란과 같이 기록한다. 마지막 강우로 인해서는 유효우량이 2.2cm이므로 2란 단위도에 2.2를 곱하여 4시간을 지체시켜 5란에 기록한다.

같은 시간 별로 3란부터 5란의 값을 더하면 여섯 시간동안의 강우로 인한 직접유출 수문곡선(6란)을 얻을 수 있으며 여기에 기저유량(7란)을 더하면 총 유출수문곡선을 얻게 된다. 표 10.7을 보면 강우로 인한 최대유출은 강우가 내리기 시작한 지 6시간 만에 162.3m^3/sec가 발생함을 알 수 있다. 그림 10.13은 각 항목에 대한 수문곡선을 보여주고 있다.

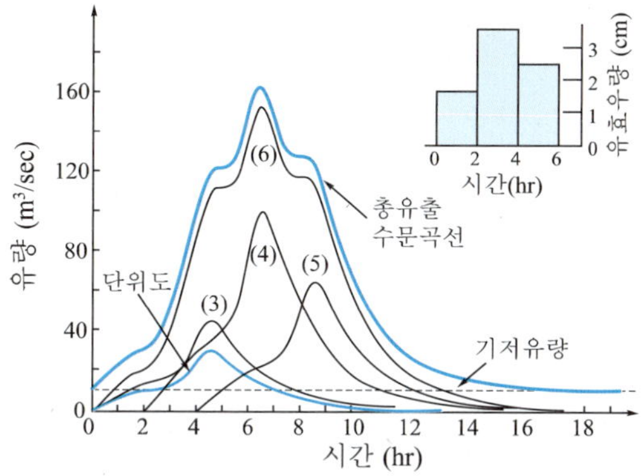

그림 10.13 단위도에 의한 유출곡선 합성

10.5 순간단위도

D-시간 단위도는 유효우량 1cm가 D시간동안 내렸을 때의 유출수문곡선이다. 순간단위도(instantaneous unit hydrograph, IUH)는 지속기간이 0에 가까운 순간적으로 내린 유효우량으로 인한 유출수문곡선을 말한다. 실제로는 이러한 강우는 없지만 수문곡선 해석에 사용하기 위한 가상의 개념이라 할 수 있다.

10.5.1 순간단위도의 유도

순간단위도를 유도하는 방법에는 여러 가지가 있지만 본 절에서는 앞에서 소개한 S-수문곡선을 이용하여 구하는 방법을 설명하기로 한다. 그림 10.14와 같이 지속기간 D시간 단위도로부터 지속기간 t시간 단위도를 유도하는 경우 다음과 같이 표현할 수 있다.

$$\mathrm{UH}(t, D) = \frac{D}{t}(S_D - S_{D-t}) \qquad (10.5.1)$$

여기서 UH(t, D)는 D시간 단위도로부터 유도된 t시간 단위도, S_D는 D시간 S-수문곡선, S_{D-t}는 D시간 S-수문곡선을 t시간만큼 지체시킨 S-수문곡선이다.

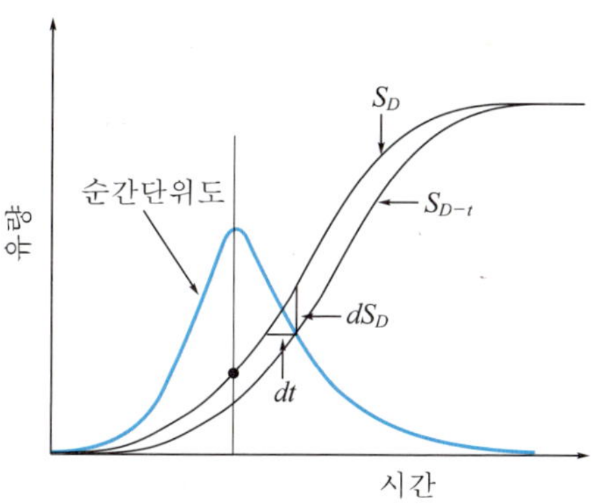

그림 10.14 순간단위도의 유도

만약 t가 0에 가까워지면 두 S-수문곡선은 거의 겹치게 되어 식 (10.5.1)의 t는 미소시간 dt로 나타낼 수 있으며, 두 S-수문곡선의 종거차는 dS_D로 타나내어 식 (10.5.1)을 다음과 같이 표현할 수 있다.

$$UH(0,D) = D\frac{dS_D}{dt} \tag{10.5.2}$$

식 (10.5.2)를 보면 임의시간 t에서의 순간단위도의 종거는 시간 t에 있어서의 S-수문곡선의 접선경사에 S-수문곡선을 유도한 단위도의 지속기간 D를 곱해 구하게 된다. S-수문곡선의 접선경사는 변곡점에서 가장 크게 되므로 순간단위도는 S-수문곡선의 변곡점 지점에서 첨두유량이 발생하게 된다.

예제 10.4

예제 10.1에서 유도한 3시간 단위유량도로부터 S-곡선방법에 의한 순간단위도를 유도하라.

풀이

식 (10.5.2)를 보면 임의시간 t에서의 순간단위도의 종거는 시간 t에 있어서의 S-수문곡선의 접선경사 dS_D/dt에 S-수문곡선을 유도한 단위도의 지속기간 D를 곱해 구하게 된다. 표 10.8의 2란에 3시간 단위도가 주어져 있으며 예제 10.3에서 구한 조정된 3시간 S-곡선이 3란에 주어져 있다. S-곡선의 매시간

표 10.8 순간단위도 유도

시간 (hr) (1)	3시간 단위도 (m^3/sec) (2)	조정한 3시간 S곡선 (3)	dSD/dt $(3)_{i+1}-(3)_i$ (4)	IUH (4)×3hr (5)	조정된 IUH (6)
0	0.0	0.0	0.0	0.0	0.0
1	40.5	40.5	40.5	121.5	66.0
2	87.1	87.1	46.6	139.8	139.8
3	148.6	148.6	61.5	184.6	249.0
4	238.3	278.8	130.2	390.6	390.6
5	327.7	412.0	133.2	399.5	399.5
6	352.9	501.5	89.5	268.6	291.0
7	295.6	574.4	72.9	218.8	206.0
8	220.8	626.0	51.6	154.7	142.0
9	149.7	662.0	36.0	108.0	95.0
10	94.4	682.0	20.0	60.0	60.0
11	61.5	697.0	15.0	45.0	36.0
12	37.8	703.0	6.0	18.0	18.0
13	25.0	707.0	4.0	12.0	12.0
14	18.1	709.0	2.0	6.0	9.0
15	12.2	712.0	3.0	9.0	9.0
16	7.3	714.0	2.0	6.0	6.0
17	4.9	716.0	2.0	6.0	6.0
18	3.8	718.0	2.0	6.0	6.0
19	1.4	720.0	2.0	6.0	6.0
20	0.0	720.0	0.0	0.0	0.0

에서의 접선경사 dS_D/dt는 매시간마다 전 시간에 대한 S-곡선의 종거차를 구해 개략적으로 구할 수 있으며 4란에 결과가 나타나 있다. 그러므로 순간단위도는 S-곡선의 접선경사(4란)에 단위도의 지속기간 D=3시간을 곱하여 5란과 같이 구하게 된다. 이와 같이 산정한 순간단위도를 조정한 것이 6란과 그림 10.15에 나타나 있다.

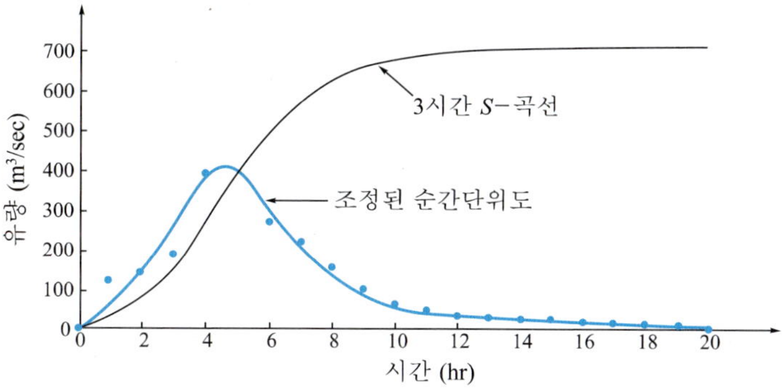

그림 10.15 순간단위도 유도

10.5.2 순간단위도로부터 단위도의 유도

특정유역에 대한 순간단위도를 유도하였으면 이를 이용하여 임의의 지속기간을 가진 단위도를 유도할 수 있다. 순간단위도는 지속기간이 거의 0에 가까우므로 순간단위도를 D시간 지체시킨 후 매 시간마다 두 순간단위도의 종거를 평균하면 D-시간 단위도를 얻게 된다. 그림 10.16에 순간단위도로부터 D-시간 단위도를 유도하는 과정이 나타나 있다.

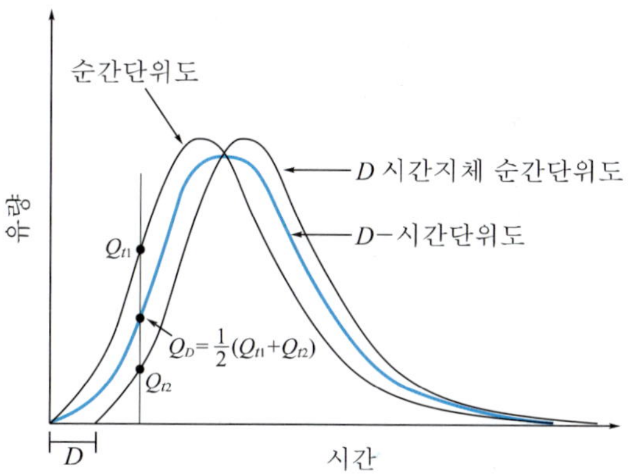

그림 10.16 순간단위도로부터 D-시간 단위도의 유도

예제 2.2

예제 10.4에서 유도한 순간단위도를 이용하여 1시간 단위유량도를 유도하라.

풀이

순간단위도(표 10.9의 2란)로부터 지속시간 D(1시간)의 단위유량도를 유도하기 위해서는 순간단위도를 D(1시간)시간만큼 지체시킨다(3란). 2란과 1시간 지체된 단위도를 평균하면 1시간 단위유량도(4란)를 유도하게 된다. 순간단위도로부터 1시간 단위도를 유도한 결과가 그림 10.17과 같다.

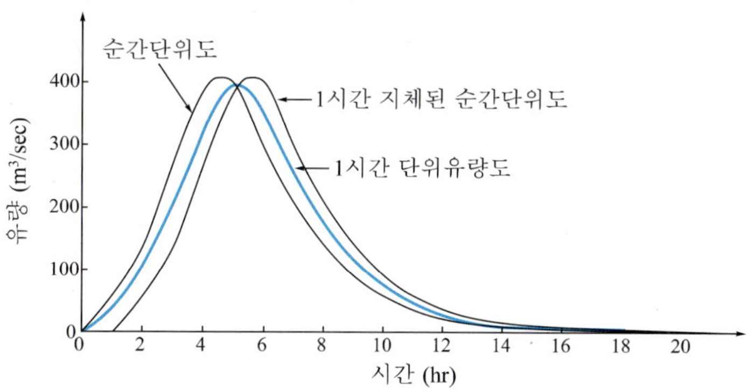

그림 10.17 순간단위도로부터 1시간 단위도 유도

표 10.9 순간단위도로부터 1시간 단위도의 유도

시간(hr) (1)	IUH(m^3/sec) (2)	1시간 지체 IUH (3)	1시간 단위도 ((2)+(3))/2 (4)
0	0.0	−	0.0
1	66.0	0.0	33.0
2	139.8	66.0	102.9
3	249.0	139.8	194.4
4	390.6	249.0	319.8
5	399.5	390.6	395.1
6	291.0	399.5	345.3
7	206.0	291.0	248.5
8	142.0	206.0	174.0
9	95.0	142.0	118.5
10	60.0	95.0	77.5
11	36.0	60.0	48.0
12	18.0	36.0	27.0
13	12.0	18.0	15.0
14	9.0	12.0	10.5
15	9.0	9.0	9.0
16	6.0	9.0	7.5
17	6.0	6.0	6.0
18	6.0	6.0	6.0
19	6.0	6.0	6.0
20	0.0	6.0	3.0
21	−	0.0	0.0
22	−	−	−

10.6 합성단위도

지금까지 강우 및 유출이 관측된 유역으로부터 단위도를 유도하는 과정과 지속기간의 변경 그리고 단위도의 적용에 관해 알아보았다. 하지만 강우 및 유출 자료가 없는 유역에 대해서는 단위도를 유도하기가 곤란하다. 따라서 관측 자료가 없는 유역에서 수문곡선의 첨두유출량 및 시간에 따른 유역의 특성인자들과 관련 있는 이론 및 경험공식에 바탕을 둔 단위도의 유도방법들이 개발 되었다. 이와 같이 강우-유출 자료가 없는 지역에서 유역 및 하천 특성인자들을 이용하여 유도한 단위도를 합성단위도(synthetic unit hydrograph)라 한다. 본 절에서는 합성단위도의 개념과 Snyder의 합성단위도법, SCS 합성단위도법, Nakayasu의 합성단위도법 그리고 Clark의 합성단위도법에 대해 소개하기로 한다.

10.6.1 합성단위도의 이해

특정유역에서 유도된 합성단위도는 과거 관측자료나 설계강우에 대해 유역출구지점에서의 유출수문곡선 산정에 이용하게 된다. 시간이 지남에 따라 유역내의 상황이 변하므로 지표이용 및 하도변경 등을 대변할 수 있도록 단위도는 개선되어야 한다. 합성단위도의 유도는 다음과 같은 두 가지 기본 가정을 전제로 하고 있다. ① 각 유역은 특정 유역특성치와 관련하여 유일한 단위도를 가지고 있으며, ② 모든 단위도는 하나의 곡선군 또는 공식에 의해 표현된다. 하지만 단위도 공식들은 제한된 가정을 포함하고 있으므로 새로운 지역에 적용할 경우에는 특별히 주의를 해야 한다. 만일 인접한 유역에 유출관측소가 있으면 이를 이용하여 검증할 필요가 있다.

특정 유역에 대한 단위도의 모양 및 시간을 결정하기 위해서는 몇몇 관련인자들을 결정해야 한다. 이러한 인자에는 지체시간 t_p와 도달시간 t_c뿐만 아니라 첨두 발생시간 T_R과 기저시간 T_b도 많이 사용된다. 이와 같이 시간과 관련 있는 인자들은 합성단위도를 유도하는데 있어 유역의 특성치들과 통계적 또는 이론적으로 매우 밀접한 관계가 있다. 대부분의 합성단위도에서는 단위도가 유역의 크기, 경사, 저류특성의 종합적인 영향을 보여준다고 가정하고 있다. 두 유역간에 이러한 인자들이 일정하고 시간에 따라 변하지 않는다면 단위도의 반응도 동일하다. 같은 크기의 두 유역에서 한 유역의 경사가 급하거나 유역의 형상이 더 집중적(길이/폭의 비가 작으면)이면 단위도의 형상은 그림 10.18의 (a)에서 (b)로 변한다.

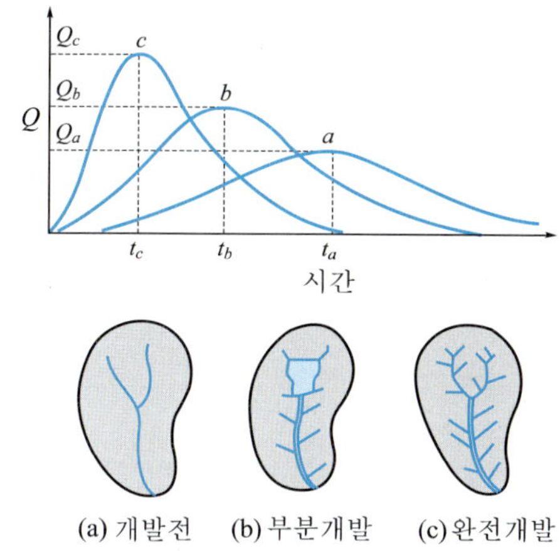

그림 10.18 단위도의 변화

유역의 저류특성은 경사, 토양의 종류, 지형, 하도의 조도 및 형태와 관련이 있다. 만일 상류 저수지가 하류의 인공하도와 직접적으로 연결되어 있다면 콘크리트 하도에 의한 유속의 증가와 도시개발로 인한 침투능의 감소로 인해 단위도는 (b)와 같이 변하게 된다. 마지막으로 긴 형상의 유역이 완전히 개발되어 있다면 초기의 단위도 (a)에 비해 첨두유량이 증가하고, 첨두 발생시간도 빨라진 (c)와 같은 단위도로 변하게 될 것이다. 초창기의 합성단위도 방법에서는 도시화의 영향을 고려하지 않고 있으나 현대의 경험적인 공식들은 도시하천, 불투수층의 비율 또는 우수관거 지역의 비율 등을 고려하고 있다.

합성단위도에 관한 대부분의 방법들은 주하도의 길이 및 유역의 형상을 반영하는 수문곡선의 지체시간 t_p 또는 첨두발생시간 T_R과 관련이 있다. 일부 방법들은 주하도 또는 면적경사의 역과 시간과의 관련성을 포함하고 있다. 따라서 유역의 길이가 길수록 그리고 유역의 경사가 작을수록, 수문곡선의 첨두 발생시간은 길어지게 된다. 그림 10.19는 유역의 형상 및 지표이용에 따른

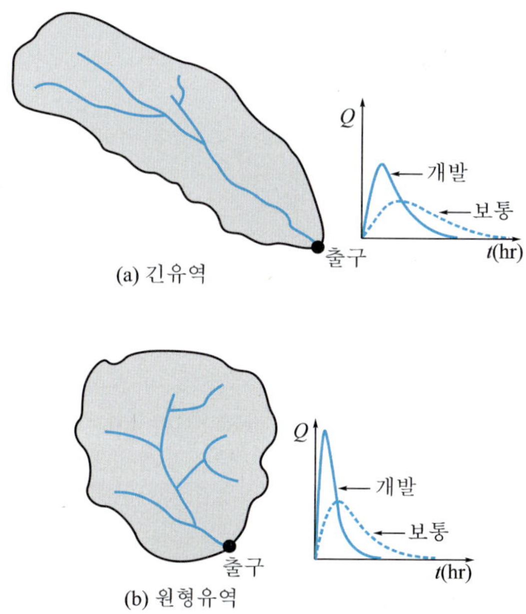

그림 10.19 유역 및 지표이용에 따른 단위도의 변화

단위도의 일반적인 반응을 보여주고 있다.

합성단위도 유도에서 사용하는 또 다른 인자들은 첨두유출량 Q_p와 면적과의 관계, Q_p와 수문곡선의 t_p, T_R과의 관계 등이 있다. 큰 유역은 큰 첨두유출을 나타내게 되며, 첨두유출이 클수록 단위도 아래의 면적인 직접유출이 1cm가 되도록 t_p가 줄어들게 된다. 이러한 관계를 그림 10.18의 (a), (b), (c) 경우에서 볼 수가 있다.

10.6.2 Snyder의 합성단위도법

Snyder방법은 Snyder(1938)에 의해 처음으로 제시된 합성단위도 유도 방법으로 미국 Appalachian 고지의 10 ~10,000mi^2(25~25,000km^2)면적의 유역분석에 바탕을 두고 있다. Snyder 방법에서는 유역의 지체시간(basin lag) t_p, 첨두유량(peak flow) Q_p, 기저시간(basin time) T_b, 유효강우지속기간(duration) D 및 단위도의 폭 W_{50} 및 W_{75}를 구하여 단위도를 합성하게 된다.

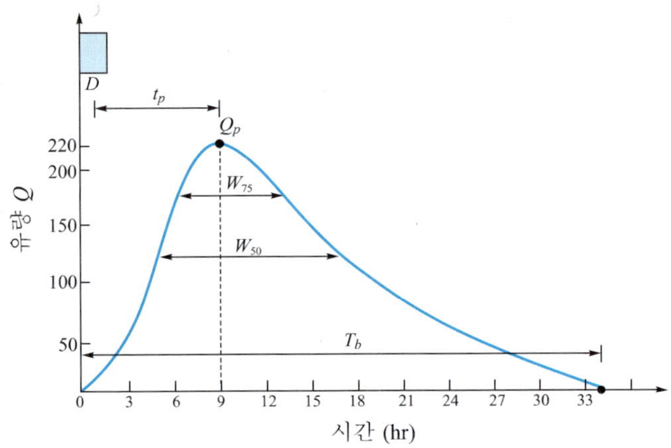

그림 10.20 Snyder 합성단위도법

1) 지체시간

Sysder는 유효강우의 중심과 첨두발생까지의 시간인 지체시간을 유역의 하천길이를 기본으로 산정하고 나머지 유역 특성치들은 계수에 포함시켜 다음과 같이 제시하고 있다.

$$t_p = C_t (LL_c)^{0.3} \tag{10.6.1}$$

여기서 t_p는 유역의 지체시간(hr), L은 유역경계부터 출구지점까지 본류의 길이(km 또는 mi), L_c는 유역출구에서 본류를 따라 유역의 중심에 가장 가까운 본류지점까지의 거리(km 또는 mi) 그리고 C_t는 계수(km : 1.4~1.7, mi : 1.8~2.2)이다.

2) 첨두유량

$$Q_p = C_p \frac{A}{t_p} \ (\text{km}^2,\ \text{m}^3/\text{s단위}),\quad Q_p = 640 C_p \frac{A}{t_p} \ (\text{mi}^2,\ \text{ft}^3/\text{s단위}) \tag{10.6.2}$$

여기서 Q_p는 단위도의 첨두유출량(m^3/s 또는 ft^3/sec), A는 유역면적(km^2 또는 mi^2), t_p는 지체시간(hr) 그리고 C_p는 저류계수(km : 1.5~1.9, mi : 0.4~0.8)이다.

3) 기저시간

$$T_b = 3 + 3\left(\frac{t_p}{24}\right) \tag{10.6.3}$$

여기서 T_b는 기저시간(day), t_p는 지체시간(hr)이다.

4) 유효강우지속기간

$$D = \frac{t_p}{5.5} \tag{10.6.4}$$

여기서 D는 강우지속기간(hr), t_p는 지체시간(hr)이다.

식 (10.6.1)~(10.6.4)는 단위도의 지속기간이 D시간인 유효강우로 인한 값들이다. 만일 임의의 지속기간 D'을 가진 단위도를 유도할 경우에는 다음 식에 의해 지체시간을 조정하여 t_p대신 t'_p를 식 (10.6.2), (10.6.3)에 적용하면 된다.

$$t'_p = t_p + \frac{1}{4}(D' - D) \tag{10.6.5}$$

5) 단위도의 폭

단위도 작성을 수월하게 하기 위해 미육군공병단(U.S. Army Corps of Engineer)에서는 다음과 같이 첨두유량의 50% 및 75%에 해당하는 단위도의 시간폭을 결정하는 방법을 제시하고 있다. 또한 계산된 단위도 시간폭의 1/3은 첨두유량의 앞부분에 그리고 2/3는 뒷부분에 분포시킬 것을 권하고 있다.

$$W_{50} = 2.14\left(\frac{Q_p}{A}\right)^{-1.08}, \quad W_{75} = 1.22\left(\frac{Q_p}{A}\right)^{-1.08} (km^2,\ m^3/s\text{단위}) \tag{10.6.6}$$

$$W_{50} = 770\left(\frac{Q_p}{A}\right)^{-1.08}, \quad W_{75} = 440\left(\frac{Q_p}{A}\right)^{-1.08} (mi^2,\ ft^3/s\text{단위}) \tag{10.6.7}$$

여기서 W_{50}은 첨두유량의 50%에 해당하는 단위도의 시간축(hr), W_{75}는 첨두유량의 75%에 해당하는 단위도의 시간축(hr), Q_p는 단위도의 첨두유출량(m^3/s 또는 ft^3/sec), A는 유역면적(km^2 또는 mi^2)이다.

6) 계수 C_t 및 C_p의 산정

미 관측유역에서 Snyder방법에 의해 단위도를 합성하기 위해서는 기 산정된 인근 유역에서의 단위도를 이용하여 Snyder의 계수 C_t 및 C_p를 산정할 필요가 있다. 인근 유역의 자료로부터 L, L_c, D', t'_p 및 첨두유출량 Q'_p를 구하고 만일 $t'_p = 5.5D'$이면 $D = D', t_p = t'_p$가 되어 식 (10.6.1)과 (10.6.2)로부터 C_t와 C_p를 산정할 수 있다. 만일 $t'_p \neq 5.5D'$이면 식 (10.6.4)와 다음 식을 연립하여 D와 t_p를 산정하고 식 (10.6.1)과 (10.6.2)로부터 C_t와 C_p를 산정할 수 있다.

$$t_p = t'_p + \left(\frac{D - D'}{4}\right) \tag{10.6.8}$$

예제 10.6

어떤 유역의 단위도를 Snyder방법에 의해 합성하기 위해 인근 유역에서 유도된 단위도를 이용하려고 한다. 인근 유역의 면적은 1250km^2, L=80km, L_c=45km이며, 유도된 Snyder 합성단위도의 강우지속시간 D'=5시간, 지체시간 t'_p=20시간이고 첨두홍수량이 Q'_p=100m^3/sec일 때 계수 C_t와 C_p를 산정하라.

풀이

강우지속기간 $D' = t_p/5.5$에서 $t_p = D' \times 5.5 = 5 \times 5.5 = 27.5$시간이다. 그런데 문제에서는 t'_p=20시간으로 주어져 있으므로 $t_p \neq t'_p$이다. 따라서 유역 본래의 강우지속시간 D 및 지체시간 t_p는 다음 식을 연립하여 구할 수 있다.

$$t_p = t'_p + \left(\frac{D - D'}{4}\right) = 20 + \left(\frac{D-5}{4}\right) \qquad D = \frac{t_p}{5.5}$$

위 식을 연립하면 $D = 3.57$시간, $t_p = 19.64$시간을 얻는다.

$t_p = C_t(LL_c)^{0.3} = C_t(80 \times 45)^{0.3} = 19.64$로부터 $C_t = 1.68$

$Q'_p = C_p\dfrac{A}{t'_p} = C_p\dfrac{1250}{20} = 100$로부터 $C_p = 1.6$

예제 10.7

유역면적이 2,350km^{2}인 지역에서 3시간 단위유량도를 Snyder방법으로 합성하라. 하천의 길이 L=130km, L_c=70km이며 산정된 계수는 $C_t = 1.63$과 $C_p = 1.81$이다.

풀이

유역의 지체시간 $t_p = C_t(LL_c)^{0.3} = 1.63(130 \times 70)^{0.3} = 25.11\text{hr}$

강우지속시간 $D = t_p/5.5 = 25.11/5.5 = 4.57\text{hr}$

합성하려는 단위도의 지속시간은 3시간이므로 강우지속시간 D=4.57시간과는 다르다.

따라서 지속시간 D'=3시간에 대한 지체시간 t'_p를 구하면

$$t'_p = t_p + \frac{1}{4}(D' - D) = 25.11 + 0.25(3 - 4.57) = 24.72\text{hr}$$

첨두유량은 새로운 지체시간 t'_p를 사용하면

$$Q_p = C_p \frac{A}{t'_p} = 1.81 \frac{2350}{24.72} = 172.06\text{m}^3/\text{sec}$$

기저시간

$$T = 3 + 3\left(\frac{t'_p}{24}\right) = 3 + 3\left(\frac{24.72}{24}\right) = 6.09\text{day} = 146.2\text{hr}$$

단위도폭

$$W_{50} = 2.14\left(\frac{Q_p}{A}\right)^{-1.08} = 2.14\left(\frac{172.06}{2350}\right)^{-1.08} = 36.03\text{hr}$$

$$W_{75} = 1.22\left(\frac{Q_p}{A}\right)^{-1.08} = 1.22\left(\frac{172.06}{2350}\right)^{-1.08} = 20.54\text{hr}$$

$$Q_{50} = Q_p \times 0.5 = 86.03\text{m}^3/\text{sec}$$

$$Q_{75} = Q_p \times 0.75 = 129.04\text{m}^3/\text{sec}$$

이상과 같이 산정한 값들을 이용하여 단위도 아래의 면적을 유역면적을 나눌 때 1cm가 되도록 단위유량도를 합성한 결과가 그림 10.21과 같다.

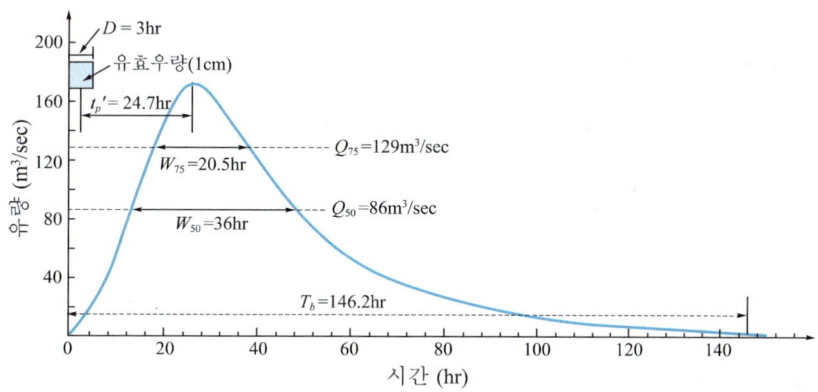

그림 10.21 Snyder 방법에 의한 합성단위도 유도

10.6.3 SCS 합성단위도법

이 방법은 지금의 미자연자원보존국(NRCS)의 전신인 토양보존국(SCS)이 개발한 방법으로 미국내 여러 지역의 대소유역으로부터 얻은 다수의 단위도를 이용하여 얻은 무차원 단위도(dimensionless hydrograph)에 기본을 두고 있다. 초기에는 간단한 삼각형의 단위도로 가정을 하였다가 무차원 단위도로 발전하였다.

1) 삼각형 단위도

SCS의 삼각형 단위도법은 그림 10.22와 같이 강우지속기간을 D, 첨두발생시간을 T_R, 감수시간을 B 그리고 첨두유출량을 Q_p로 정의하고 있다. 그림 10.22에서 직접유출량의 체적 V는 다음과 같다.

$$V = \frac{Q_p T_R}{2} + \frac{Q_p B}{2} \quad 또는 Q_p = \frac{2V}{T_R + B} \tag{10.6.9}$$

여러 단위도의 분석결과 감수시간 B는 다음과 같이 주어진다.

$$B = 1.67T_R \tag{10.6.10}$$

식 (10.6.10)을 식 (10.6.9)에 대입하면 유효우량 1in에 대한 첨두유출량은

$$Q_p = \frac{0.75V}{T_R} = \frac{(0.75)(640)A(1.008)}{T_R} = \frac{484A}{T_R} \tag{10.6.11}$$

여기서 Q_p는 첨두유출량(ft^3/sec), A는 유역면적(mi^2) 그리고 T_R은 첨두발생시간(hr)이다. 미터제를 사용하는 경우 1cm의 유효우량에 대한 첨두유량은 다음과 같다.

$$Q_p(m^3/sec) = 2.08\frac{A(km^2)}{T_R(hr)} \tag{10.6.12}$$

그림 10.22로부터 첨두발생 시간은 다음과 같이 표현된다.

$$T_R = \frac{D}{2} + t_p \tag{10.6.13}$$

여기서 D는 유효우량의 지속기간(hr), t_p는 지체시간(hr)이다. 지체시간 t_p는 다음 식에 의해 산정할 수 있다.

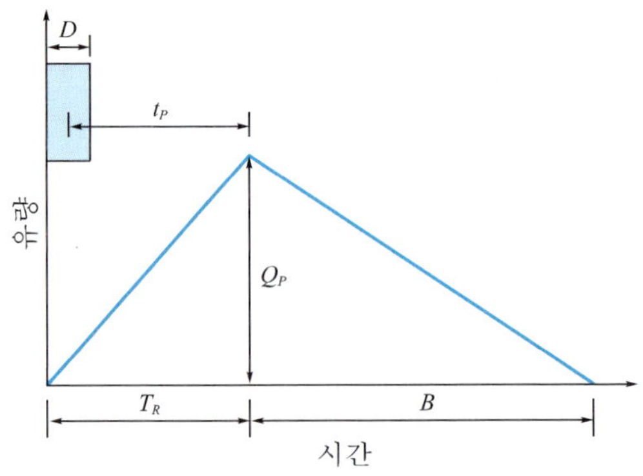

그림 10.22 SCS의 삼각형 단위도법

$$t_p = 0.6t_c \tag{10.6.14}$$

또는

$$t_p = \frac{L^{0.8}(S+1)^{0.7}}{1900Y^{0.5}} \tag{10.6.15}$$

여기서 t_p는 지체시간(hr), t_c는 도달시간(hr), L은 하천의 길이(ft), Y는 유역의 평균경사(%), S

는 지표토층의 최대잠재보유수량 = (1000/CN)−10(in), CN은 유출곡선지수이며, 식 (10.6.15)를 SI 제로 나타내면 다음과 같다.

$$t_p = \frac{L^{0.8}(2,540 - 22.86CN)^{0.7}}{14.104CN^{0.7}Y^{0.5}} \tag{10.6.16}$$

여기서 t_p는 지체시간(hr), L은 하천의 길이(m) 그리고 Y는 유역의 평균경사(m/m)이다.

2) 무차원 단위도

SCS 무차원 단위도법은 유량을 첨두유량과의 비로 그리고 시간을 첨두시간과의 비로 나타낸 합성단위도이다. 이 방법을 이용하기 위해서는 단위도의 첨두유량 Q_p와 발생시간 T_R을 결정하여야 한다. 첨두유량 및 발생시간을 구하는 방법은 앞의 삼각형 단위도법과 동일하다. 일단 첨두유량과 발생시간이 산정되면 그림 10.23 및 표 10.10의 무차원곡선을 이용하여 무차원 시간축 t/T_R에 첨두발생시간 T_R을 곱하고, 무차원 유량축 Q/Q_p에 첨두유출량 Q_p를 곱하여 단위도를 합성하게 된다. V는 총유출체적, V_a는

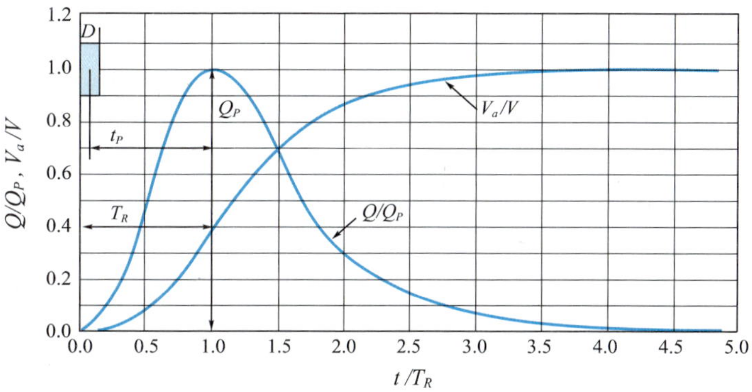

그림 10.23 SCS 무차원 단위도 그래프

표 10.10 SCS 무차원 단위도의 시간별 종거

시간비 (t/T_R)	유량비 (Q/Q_p)	누가체적비 (V_a/V)	시간비 (t/T_R)	유량비 (Q/Q_p)	누가체적비 (V_a/V)
0.0	0.000	0.000	1.7	0.460	0.790
0.1	0.030	0.001	1.8	0.390	0.822
0.2	0.100	0.006	1.9	0.330	0.849
0.3	0.190	0.012	2.0	0.280	0.871
0.4	0.310	0.035	2.2	0.207	0.908
0.5	0.470	0.065	2.4	0.147	0.934
0.6	0.660	0.107	2.6	0.107	0.953
0.7	0.820	0.163	2.8	0.077	0.967
0.8	0.930	0.228	3.0	0.055	0.977
0.9	0.990	0.300	3.2	0.040	0.984
1.0	1.000	0.375	3.4	0.029	0.989
1.1	0.990	0.450	3.6	0.021	0.993
1.2	0.930	0.522	3.8	0.015	0.995
1.3	0.860	0.589	4.0	0.011	0.997
1.4	0.780	0.650	4.5	0.005	0.999
1.5	0.680	0.700	5.0	0.000	1.000
1.6	0.560	0.751			

시간 t에서의 누가유출체적이다.

예제 10.8

유역면적이 $250km^2$인 지역에 SCS방법으로 단위도를 합성하려고 한다. 유역의 도달시간은 9.5시간이다. SCS의 삼각형 단위도법과 무차원단위도법을 사용하여 지속시간 2시간인 단위유량도를 합성하라.

풀이

1) 삼각형 단위도법

도달시간 9.5시간이므로 지체시간은

$t_p = 0.6 \times 9.5 = 5.7$시간이다.

2시간 단위도를 합성하므로 $D = 2$시간

첨두발생시간

$T_R = D/2 + t_p = 1 + 5.7 = 6.7$시간

첨두홍수량

$$Q_p(m^3/sec) = 2.08\frac{A(km^2)}{T_R(hr)}$$

$$= 2.08\frac{250}{6.7} = 77.61m^3/sec$$

감수시간 $B = 1.67T_R = 1.67 \times 6.7 = 11.2hr$

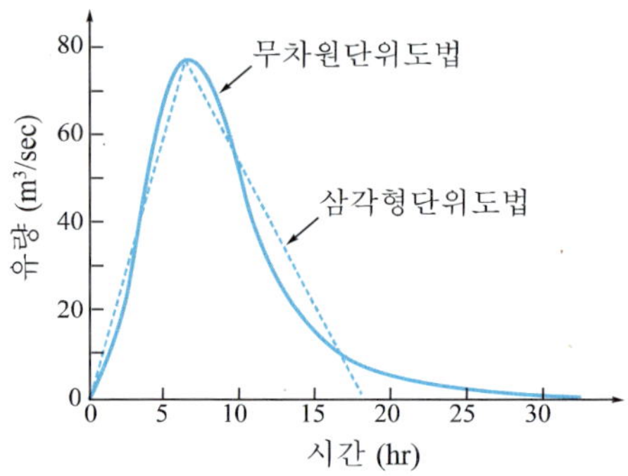

그림 10.24 SCS 방법에 의한 합성단위도 유도

2) 무차원 단위도법

첨두발생시간 T_R=6.7시간, 첨두홍수량 Q_p =77.61m^3/sec이므로 표 10.11의 1, 5란 시간비에 6.7을 곱하고(3, 7란) 2, 6란의 유량비에 77.61을 곱하면(4, 8란) 합성단위도의 시간 및 유량을 얻을 수 있다. 그림 10.24에 삼각형법과 무차원 단위도법에 의해 합성된 단위도의 모양이 나타나 있다.

표 10.11 SCS 방법에 의한 합성단위도 유도

무차원 단위도		합성단위도		무차원 단위도		합성단위도	
시간비 (t/T_R) (1)	유량비 (Q/Q_p) (2)	시간(hr) (1)×6.7 (3)	단위도 (2)×77.61 (4)	시간비 (t/T_R) (5)	유량비 (Q/Q_p) (6)	시간(hr) (1)×6.7 (7)	단위도 (2)×77.61 (8)
0.00	0.00	0.00	0.00	1.70	0.46	11.39	35.70
0.10	0.03	0.67	2.33	1.80	0.39	12.06	30.27
0.20	0.10	1.34	7.76	1.90	0.33	12.73	25.61
0.30	0.19	2.01	14.75	2.00	0.28	13.40	21.73
0.40	0.31	2.68	24.06	2.20	0.21	14.74	16.07
0.50	0.47	3.35	36.48	2.40	0.15	16.08	11.41
0.60	0.66	4.02	51.22	2.60	0.11	17.42	8.30
0.70	0.82	4.69	63.64	2.80	0.08	18.76	5.98
0.80	0.93	5.36	72.18	3.00	0.06	20.10	4.27
0.90	0.99	6.03	76.83	3.20	0.04	21.44	3.10
1.00	1.00	6.70	77.61	3.40	0.03	22.78	2.25
1.10	0.99	7.37	76.83	3.60	0.02	24.12	1.63
1.20	0.93	8.04	72.18	3.80	0.02	25.46	1.16
1.30	0.86	8.71	66.74	4.00	0.01	26.80	0.85
1.40	0.78	9.38	60.54	4.50	0.01	30.15	0.39
1.50	0.68	10.05	52.77	5.00	0.00	33.50	0.00
1.60	0.56	10.72	43.46				

10.6.4 Nakayasu의 합성단위도법

Nakayasu는 일본 내 여러 유역에서 유도된 단위도를 이용하여 특성변수와 유역의 지형학적 인자간의 관계를 분석하여 그림 10.25와 같은 단위도를 합성할 수 있는 방법을 개발하였다. Nakayasu에 의한 단위도의 합성방법에서는 지속기간이 D(hr)인 유효우량 R_o(mm)에 대해 그림 10.25와 같이 단위도를 상승부와 하강부로 나누어 계산하게 된다.

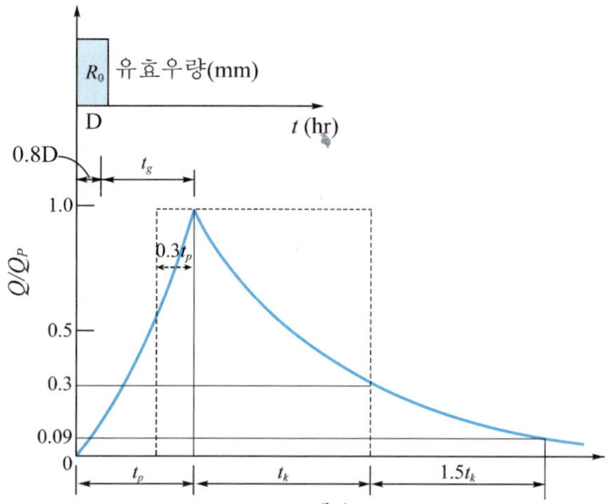

그림 10.25 Nakayasu에 의한 단위도 합성

- 상승부 곡선

$$\frac{Q}{Q_p} = \left(\frac{t}{t_p}\right)^{2.4} \tag{10.6.17}$$

- 하강부 곡선

$$0.3 \le \frac{Q}{Q_p} \le 1.0\text{일 때 } \frac{Q}{Q_p} = (0.3)^{\frac{t-t_p}{t_k}} \tag{10.6.18}$$

$$0.3^2 \le \frac{Q}{Q_p} \le 0.3\text{일 때 } \frac{Q}{Q_p} = (0.3)^{\frac{t-t_p+0.5t_k}{1.5t_k}} \tag{10.6.19}$$

$$0.3^3 \le \frac{Q}{Q_p} \le 0.3^2\text{일 때 } \frac{Q}{Q_p} = (0.3)^{\frac{t-t_p+1.5t_k}{2t_k}} \tag{10.6.20}$$

여기서 Q는 시간 t(hr)에 있어서의 유량(m^3/sec), Q_p는 첨두유량(m^3/sec), t_k은 유량이 Q_p에서 $0.3Q_p$로 감소하는데 걸리는 시간, $1.5t_k$는 유량이 $0.3Q_p$에서 0.3^2Q_p로 감소하는데 걸리는 시간, $2t_k$는 유량이 0.3^2Q_p에서 0.3^3Q_p로 감소하는데 걸리는 시간 그리고 t_p는 첨두유량 발생시간(hr)이다.

첨두유량 발생시간 t_p는 0.8D에 지체시간 t_g를 더하여 결정하게 되고, 지체시간과 t_k는 유역의 면적, 하천길이, 유역경사 및 형상 등에 관계가 있으며 하천의 길이에 따라 다음과 같이 산정한다.

$$L < 15\text{km일 때 } t_g = 0.21L^{0.7} \tag{10.6.21}$$

$$L > 15\text{km일 때 } t_g = 0.4 + 0.058L \tag{10.6.22}$$

그리고

$$t_k = 0.47(AL)^{0.25} \tag{10.6.23}$$

여기서 L은 하천의 최대길이(km) 그리고 A는 유역면적(km^2)이다.

Nakayasu의 합성단위도 아래의 면적은 유효우량R_o(mm)에 의한 직접유출량과 같으므로 첨두유출량은 다음과 같이 산정할 수 있다.

$$\int_0^{\infty} Qdt \simeq Q_p(0.3t_p + t_k) = 0.2778 R_o A \tag{10.6.24}$$

$$\therefore Q_p = \frac{0.2778 R_o A}{0.3t_p + t_k} \tag{10.6.25}$$

이상과 같이 그림 10.25를 참조하여 지체시간 t_g 및 t_k를 산정하고 단위도의 지속기간 D를 결정한 다음, 식 (10.6.25)에 의해 첨두유량 Q_p를 결정한다. 식 (10.6.17)~(10.6.20)을 이용하여 시간 t에 따른 Q/Q_p를 구한 후, 첨두유량 Q_p를 곱해주면 Nakayasu의 합성단위도를 얻을 수 있다.

예제 10.9

유역면적이 250km^2, 하천의 길이 L=35km인 지역에서 Nakayasu방법으로 2시간 단위유량도를 합성하라.

풀이

하천의 길이가 $L = 35km > 15km$ 이므로

$$t_g = 0.4 + 0.058L = 0.4 + 0.058 \times 35$$
$$= 2.43hr$$
$$t_k = 0.47(AL)^{0.25} = 0.47(250 \times 35)^{0.25}$$
$$= 4.55hr$$

단위도의 지속시간이 D = 2시간이므로 첨두발생시간은

$$t_p = 0.8D + t_g = 0.8 \times 2 + 2.43 = 4.03hr$$

첨두홍수량 $Q_p = \dfrac{0.2778 R_o A}{0.3t_p + t_k} = \dfrac{0.2778 \times 10 \times 250}{0.3 \times 4.03 + 4.55} = 120.68 m^3/sec$

첨두가 발생하는 $0 \le t \le 4.03hr$ 까지 단위도의 증가부는 다음과 같다.

$$\frac{Q}{Q_p} = \left(\frac{t}{t_p}\right)^{2.4} = \left(\frac{t}{4.03}\right)^{2.4} \tag{a}$$

하강부는 다음과 같이 세 구간으로 나누어서 유량을 산정한다.

$0.3 \le \dfrac{Q}{Q_p} \le 1.0$일 때 $t_p \le t \le t_p + t_k$이므로 $4.03hr \le t \le 8.58hr$

$$\frac{Q}{Q_p} = (0.3)^{\frac{t-t_P}{t_k}} = (0.3)^{\frac{t-4.03}{4.55}} \quad \text{(b)}$$

$0.3^2 \le \frac{Q}{Q_p} \le 0.3$일 때 $t_p + t_k \le t \le t_p + 2.5t_k$이므로 $8.58\text{hr} \le t \le 15.39\text{hr}$

$$\frac{Q}{Q_p} = (0.3)^{\frac{t-t_P+0.5t_k}{1.5t_k}} = (0.3)^{\frac{t-4.03+2.27}{6.82}} \quad \text{(c)}$$

$0.3^3 \le \frac{Q}{Q_p} \le 0.3^2$ 일 때

$t \ge t_p + 2.5t_k$이므로 $t \ge 15.39\text{hr}$

$$\frac{Q}{Q_p} = (0.3)^{\frac{t-t_P+1.5t_k}{2t_k}}$$

$$= (0.3)^{\frac{t-4.03+6.82}{9.09}} \quad \text{(d)}$$

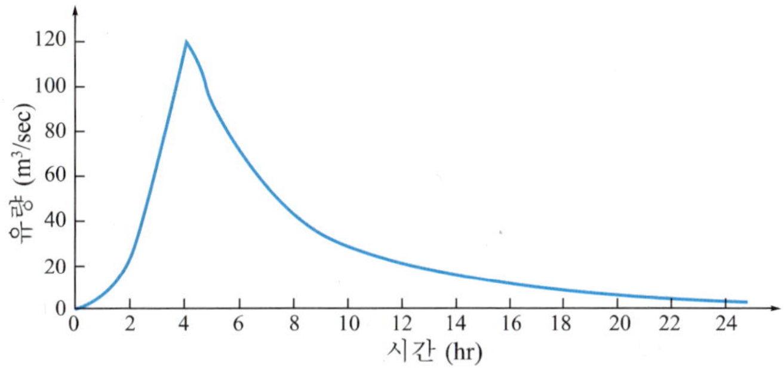

그림 10.26 Nakayasu방법에 의한 합성단위도 유도

앞에서 첨두홍수량 120.68m³/sec를 산정하였으므로 각 시간 t마다 해당하는 식을 선택하여 Q를 구하면 단위도를 얻을 수 있고 계산 결과가 표 10.12 및 그림 10.26과 같다.

표 10.12 Nakayasu방법에 의한 합성단위도 유도

시간 (hr)	적용식	단위도 (m³/sec)	시간 (hr)	적용식	단위도 (m³/sec)	시간 (hr)	적용식	단위도 (m³/sec)
0	a	0.00	8	b	42.17	16	d	10.02
1	a	4.26	8.58	b	36.21	17	d	8.78
2	a	22.46	9	c	33.59	18	d	7.69
3	a	59.43	10	c	28.15	19	d	6.74
4	a	118.54	11	c	23.60	20	d	5.90
4.03	a	120.68	12	c	19.78	21	d	5.17
4.6	b	109.42	13	c	15.58	22	d	4.53
5	b	93.34	14	c	13.89	23	d	3.97
6	b	71.62	15	c	11.64	24	d	3.47
7	b	54.96	15.39	c	10.87	25	d	3.04

10.6.5 Clark의 합성단위도법

Clark의 합성단위도법은 단위도를 유도하는 과정이 두 단계로 나누어 이루어진다. 이 방법의 첫 번째 단계는 유역특성을 고려하여 시간면적(time area, TA)곡선을 작성하는 것으로, 시간곡선은 최종적인 단위도를 얻기 위해 선형 저수지 개념으로 추적(route)된다.

TA곡선은 유역의 총 면적에 대한 유출에 기여하는 부분면적을 시간과 연관시켜 나타내게 되며 강우시작부터 유역의 총 도달시간(time of concentration)간의 시간구간별로 기여하는 면적을 결정함으로서 작성할 수 있다. 이와 같은 시간구간은 유역도 위에 표시할 수 있으며 각 등시간선(isochrones)에 의해 구분된 면적을 결정한다. 그림 10.27은 유역을 등시간선에 의해 구분한 예를 보여주고 있다.

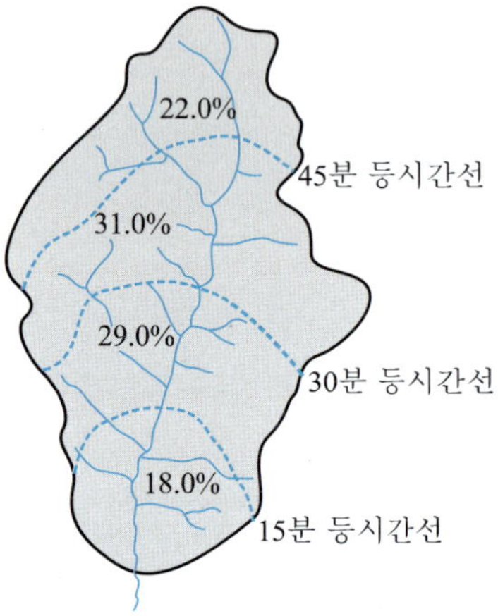

그림 10.27 등시간선에 의해 구분된 유역

유역의 총 도달시간을 시간구간의 수로 구분하고 각 구간에 대해 총 도달시간에 대한 비율을 다음과 같이 계산한다.

$$T_i = \frac{t_i}{t_c} \tag{10.6.26}$$

여기서 T_i는 총 도달시간에 대한 i번째 시간구간의 비, t_c는 유역의 총 도달시간, t_i는 고려하는 시간구간이다. 만일 실제 유역에 대한 시간면적 곡선이 없다면 누가 TA곡선은 다음과 같이 구할 수 있다.

$$TA_i = 1.414 T_i^{1.5} \quad (0 \le T_i < 0.5) \tag{10.6.27}$$

$$1 - TA_i = 1.414 (1 - T_i)^{1.5} \quad (0.5 \le T_i < 1.0) \tag{10.6.28}$$

여기서 TA_i는 시간면적곡선의 누가치 그리고 T_i는 총 도달시간에 대한 i시간구간의 비이다.

TA곡선이 준비되면 두 번째 단계로 저류상수 K과 함께 선형저수지 개념을 통해 TA를 추적함으로서 Clark의 단위도를 얻게 된다. 추적계수(routing coefficient) C는 저류상수 K를 사용하여 다음과 같이 결정한다.

$$C = \frac{2\Delta t}{2K + \Delta t} \tag{10.6.29}$$

여기서 C는 선형추적계수, K는 저류상수(time) 그리고 Δt는 시간구간(time)이다. Clark의 저류상수 K는 관측된 수문곡선의 감수부 변곡점의 평균유량을 변곡점의 기울기로 나눈 값과 같다(그림 10.28).

$$K = -\frac{Q}{dQ/dt} \tag{10.6.30}$$

또는 유량관측 자료가 없을 경우 다음과 같은 경험식을 이용해서 구한다.

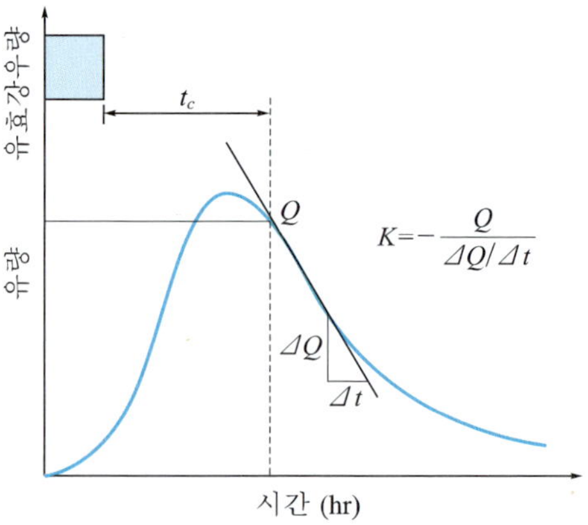

그림 10.28 저류상수의 결정

$$(\text{Clark 공식}) : K = \frac{cL}{\sqrt{S}} \tag{10.6.31}$$

$$(\text{Linsley 공식}) : K = \frac{bL\sqrt{A}}{\sqrt{S}} \tag{10.6.32}$$

$$(\text{Sabol 공식}) : K = \frac{t_c}{1.46 - 0.0867\dfrac{L^2}{A}} \tag{10.6.33}$$

$$(\text{Russel 공식}) : K = \alpha t_c \tag{10.6.34}$$

$$(\text{Peters 공식}) : \frac{K}{K + t_c} = M \tag{10.6.35}$$

여기서 K는 저류상수(hr), L은 하천길이(km), S는 하천의 평균경사(%), A는 유역면적(km^2), t_c는 도달시간(hr), c는 상수(0.5~1.4), b는 상수(0.01~0.03), α는 상수로 도시지역의 경우 1.1~2.1, 자연하천유역의 경우 1.5~2.8, 산림지역의 경우 8.0~12.0이며, M은 상수로 하천상류와 같이 하천경사가 크고 저류능력이 작은 유역은 0.4, 하천경사 및 저류능력이 보통인 유역은 0.5, 하천경사가 작고 저류능력이 큰 유역은 0.6을 적용한다.

앞에서 산정한 추적계수 C와 TA곡선을 이용하여 순간단위도(IUH)를 다음과 같이 유도한다.

$$IUH_i = C\overline{TA}_i + (1 - C)IUH_{i-1} \tag{10.6.36}$$

여기서 IUH_i는 순간단위도의 종거, C는 추적계수, $\overline{TA}_i$는 시간구간 i에서의 평균 시간면적 종거 $(= 0.5(TA_i + TA_{i-1}))$이다. 최종적인 합성단위도는 시간구간 Δt 차이가 나는 두 개의 순간단위도를 평균함으로서 얻어지게 된다.

$$UH_i = \frac{1}{2}(IUH_i + IUH_{i-1}) \tag{10.6.37}$$

여기서 IUH_i는 순간단위도의 시간구간 i에서의 종거 그리고 UH_i는 합성단위도의 시간구간 i에서의 종거이다.

예제 10.10

유역면적이 20km^2인 유역에서 도달시간이 7시간이고, Clark의 저류상수가 8시간으로 산정되었을 때 Clark의 합성단위도법을 사용하여 2시간 단위유량도를 합성하라.

풀이

첫 번째 단계로 유역에서의 TA곡선을 작성한다. 시간구간은 1시간을 사용하였다. 먼저 식 (10.6.26)를 이용하여 시간구간의 비를 구한 결과가 표 10.13의 2란에 나타나 있다. 예를 들어 시간구간 2에서 도달

표 10.13 Clark 방법에 의한 단위도의 합성

시간구간 (hr) (1)	T_i 시간비 (t_i/t_c) (2)	TA곡선 (3)	TA 증가치 (4)	IUH (m^3/sec) (5)	2시간 지체 IUH (6)	합성단위도 (m^3/sec) (7)
0	0.000	0.000*	0.000	0.000		0.000
1	0.143	0.076*	0.076	0.004		0.002
2	0.286	0.216*	0.140	0.017	0.000	0.008
3	0.429	0.397*	0.181	0.034	0.004	0.019
4	0.571	0.606**	0.207	0.052	0.017	0.035
5	0.714	0.784**	0.181	0.069	0.034	0.051
6	0.857	0.924**	0.140	0.080	0.052	0.066
7	1.000	1.000**	0.076	0.083	0.069	0.076
8				0.078	0.080	0.079
9				0.069	0.083	0.076
10				0.061	0.078	0.069
11				0.053	0.069	0.061
12				0.047	0.061	0.054
13				0.042	0.053	0.048
14				0.037	0.047	0.042
15				0.032	0.042	0.037
16				0.029	0.037	0.033
17				0.025	0.032	0.029
18				0.022	0.029	0.025
19				0.020	0.025	0.022
20				0.017	0.022	0.020
21				0.015	0.020	0.017
22				0.013	0.017	0.015
23				0.012	0.015	0.014
24				0.011	0.013	0.012
25				0.009	0.012	0.011
26				0.008	0.011	0.009
27				0.007	0.009	0.008
28				0.006	0.008	0.007
29				0.006	0.007	0.006
30				0.005	0.006	0.006

* $TA_i = 1.41 T_i^{1.5}$

** $1 - TA_i = 1.414(1 - T_i)^{1.5}$

시간 $t_c = 7$시간이므로 $T_2 = t_2/t_c = 2/7 = 0.286$이다.

2란의 T_i가 0.5보다 작으면 식 (10.6.27), 크면 (10.6.28)을 이용하여 TA곡선을 구할 수 있으며 그 결과가 3란에 나타나 있다. 예를 들어 시간구간 2에서 T_i값이 $0.286 < 0.5$이므로 $TA_i = 1.414 T_i^{1.5} = 1.414 \times 0.2861.5 = 0.216$이 된다. 4란은 3란의 TA_i값에서 시간별 증가분을 구한 것이다.

TA곡선은 식 (10.6.29)와 추적계수를 이용하여 저수지추적을 하게 된다. 이때 추적계수 C는 다음과 같다.

$$C = \frac{2\Delta t}{2K + \Delta t} = \frac{2(1)}{2(8)+1} = 0.1176$$

선형 저수지를 통해 TA를 추적한 후 식 (10.6.36)을 사용하여 순간단위도를 유도한다. 예를 들어 시간구간 2에서

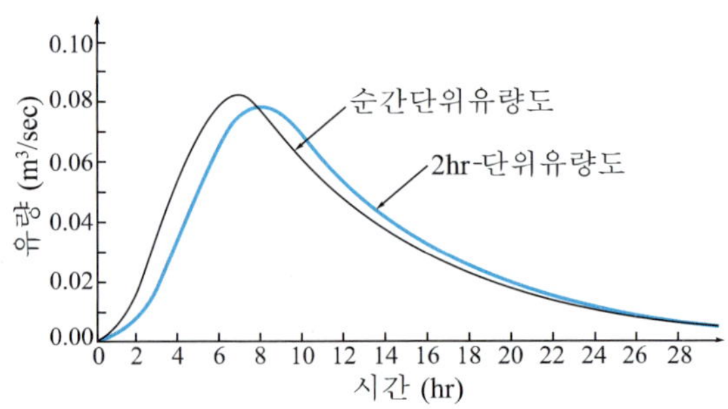

그림 10.29 Clark 방법에 의한 단위도의 합성

$$\mathrm{IUH}_2 = \mathrm{C}\overline{\mathrm{TA}}_2 + (1-\mathrm{C})\mathrm{IUH}_1$$

$$= 0.1176 \times (0.076 + 0.140)/2$$

$$+ (1 - 0.1176) \times 0.004 = 0.017$$

이와 같이 구한 순간단위도(5란)를 2시간 지체시켜 6란을 작성하고 5란과 6란의 평균치를 구해 최종 합성단위도(7란)를 유도한다. 그 결과가 표 10.13 및 그림 10.29와 같다.

연습문제

10.1 유역면적이 579km^{2}인 어떤 유역에 다음 표와 같은 강우와 유출이 발생하였다. 수평직선 분리법에 의해 기저유량을 분리하고 단위유량도를 유도하라.

시간 (hr)	강우강도 (mm/hr)	총유량 (m^3/sec)	시간 (hr)	강우강도 (mm/hr)	총유량 (m^3/sec)
0	1.5	15	15		71
1	4.8	68	16		64
2	15.3	129	17		58
3	13.1	207	18		53
4	10.2	327	19		48
5	5.3	444	20		42
6	3.7	477	21		39
7	2.1	402	22		35
8		304	23		30
9		224	24		26
10		171	25		22
11		142	26		19
12		119	27		14
13		100	28		10
14		82			

10.2 연습문제 10.1에서 유도한 3시간 단위유량도를 정수배 방법을 이용하여 9시간 단위도로 유도하라.

10.3 어떤 유역에서 유도된 2시간 단위도가 다음과 같을 때 정수배 방법에 의해 4시간 및 6시간 단위도를 유도하라.

시간 (hr)	2시간 단위도 (m^3/sec)	시간 (hr)	2시간 단위도 (m^3/sec)	시간 (hr)	2시간 단위도 (m^3/sec)
0	0	7	4400	13	1400
1	800	8	3800	14	1000
2	5000	9	3200	15	800
3	8000	10	2600	16	600
4	7000	11	2200	17	400
5	6000	12	1800	18	200
6	5200				

10.4 연습문제 10.1에서 유도한 3시간 단위유량도를 S곡선 방법에 의해 2시간 및 5시간 단위유량도로 유도하라.

10.5 어떤 유역에 대해 유도된 4시간 단위도가 다음과 같을 때 S-곡선을 구하고 2시간 및 6시간 단위도를 유도하라.

시간 (hr)	4시간 단위도 (m^3/sec)	시간 (hr)	4시간 단위도 (m^3/sec)	시간 (hr)	4시간 단위도 (m^3/sec)
0	0	8	4500	15	1100
1	400	9	3800	16	800
2	2500	10	3200	17	600
3	4400	11	2700	18	400
4	6000	12	2200	19	200
5	7000	13	1800	20	100
6	6100	14	1400	21	0
7	5200				

10.6 어떤 유역에 다음과 같이 8시간에 걸쳐 내린 강우와 이에 해당하는 유출계수가 주어져 있다. 또한 2-시간 단위도가 다음과 같이 주어져 있다. 기저유량을 25m^3/sec로 가정하고 유출수문곡선을 산정하라.

일 시	강우량 (mm)	유출계수	유효우량 (mm)
8/9 14:00 ~ 16:00	36.5	0.55	20.1
16:00 ~ 18:00	62.8	0.60	37.7
18:00 ~ 20:00	42.6	0.65	27.7
20:00 ~ 22:00	12.4	0.70	8.7

시간 (hr)	2시간 단위도 (m^3/sec)	시간 (hr)	2시간 단위도 (m^3/sec)	시간 (hr)	2시간 단위도 (m^3/sec)
0	0.0	6	18.2	11	1.4
1	6.3	7	10.8	12	0.9
2	15.3	8	6.2	13	0.5
3	27.6	9	3.9	14	0.2
4	44.0	10	2.3	15	0.0
5	30.3				

10.7 연습문제 10.1에서 유도한 3시간 단위유량도로부터 S-곡선방법에 의한 순간단위도를 유도하라.

10.8 연습문제 10.7에서 유도한 순간단위도를 이용하여 1시간 단위유량도를 유도하라.

10.9 어떤 유역의 단위도를 Snyder방법에 의해 합성하기 위해 인근 유역에서 유도된 단위도를 이용하여 단도를 합성하려고 한다. 인근 유역의 면적은 2350km^2, L=130km, L_c=70km이며 유도된 Snyder 합성단위도의 강우지속시간 D'=8시간, 지체시간 t'_p= 25시간이고 첨두홍수량이 Q'_p= 150m^3/sec일 때 계수 C_t와 C_p를 산정하라.

10.10 유역면적이 1,250km^{2}인 지역에서 2시간 단위유량도를 Snyder방법으로 합성하라. 하천의 길이 L=80km, L_c=45km이며 산정된 계수는 C_t=1.68과 C_p=1.6이다.

10.11 유역면적이 360km^2, 하천의 길이 L=25km, L_c=10km인 지역에서 C_t=1.5, C_p=1.7일 때 3시간 단위도를 Snyder방법으로 유도하라.

10.12 유역면적이 472km^{2}인 지역에 SCS방법으로 단위도를 합성하려고 한다. 유역의 도달시간은 14.3시간이다. SCS의 삼각형 단위도법과 무차원단위도법을 사용하여 지속시간 4시간인 단위유량도를 합성하라.

10.13 면적이 500km^{2}인 유역에서 지체시간이 10시간일 때 SCS의 무차원 단위도법을 사용하여 4시간 단위도를 유도하라.

10.14 유역면적이 100km^2, 하천의 길이 L=13.5km인 지역에서 Nakayasu방법으로 2시간 단위유량도를 합성하라.

10.15 유역면적이 450km^2, 하천의 길이 L=40km인 지역에서 Nakayasu방법으로 4시간 단위유량도를 합성하라.

10.16 유역면적이 250km^{2}인 유역에서의 도달시간이 11시간이고, Clark의 저류상수가 5시간으로 산정되었을 때 Clark의 합성단위도법을 사용하여 6시간 단위유량도를 합성하라.

CHAPTER

홍수추적 11

11.1 서 론

하도나 저수지를 통한 홍수파의 이동 그리고 이와 관련된 홍수파의 시간적인 변화 및 감소는 수문순환과정에서 치수와 관련하여 중요한 부분이며, 하도구간이나 저수지를 통한 홍수파의 시간적 및 공간적 변화를 예측하기 위해서는 홍수추적(flood routing)의 이론 및 실제적인 면을 이해하는 것이 필요하다. 홍수추적방법은 또한 강우가 주어질 때 유역으로부터 유출수문곡선을 예측하는데 사용된다.

홍수추적이란 상류의 수문곡선이 하도나 저수지를 통해 하류로 이동해 감에 따라 어떻게 변화하는가를 분석하는 과정이며 크게 수문학적 홍수추적(hydrologic flood routing)과 수리학적 홍수추적(hydraulic flood routing)으로 구분할 수 있다. 수문학적 홍수추적은 저류개념을 나타내는 연속방정식의 변형인 저류방정식(storage equation)을 해석하는 방법으로 수리학적 방법에 비해 비교적 간단하다. 수리학적 홍수추적은 홍수파의 흐름해석을 수리학적으로 나타내는 부정부등류(unsteady nonuniform flow)의 지배방정식인 편미분 연속방정식 및 운동방정식에 경계조건을 적용하여 풀이하는 방법으로 해석과정이 수문학적 방법에 비해 복잡하고 계산시간이 많이 소요된다.

수문학적 홍수추적방법은 다시 저수지추적(reservoir routing), 하도추적(channel routing) 그리고 유역추적(watershed routing)으로 구분된다. 저수지추적은 저수지를 통과하는 홍수파에 미치는 저수지의 홍수조절효과를 분석하는 것으로 저수지 홍수조절용량의 결정, 댐 및 여수로의 규모 등 댐 부속구조물의 수리학적 설계를 위한 설계 수문량을 산정하게 된다. 하도추적은 하도가 홍수파에 미치는 저류효과를 분석하는 것으로, 홍수벽이나 제방의 설계수위 결정 등과 같은 하천개수계획 수립에 기준이 되는 설계 수문량을 산정하고 홍수예경보에도 이용된다. 유역추적은 자연하천유역의 홍수 저류효과를 고려하여 유역출구지점에서의 홍수유출수문곡선을 예측함으로서 각종 수공구조물의 설계 수문량을 제공한다.

11.2 홍수추적의 개념

저류량추적(storage routing) 개념은 그림 11.1을 보면 쉽게 이해 할 수 있다. 그림 11.1(b)에는 소규모 저수지의 유입(inflow) 및 유출(outflow) 수문곡선이 함께 표시되어 있으며 면적 A는 t_1시간까지 저수지에 저류된 물의 양을 의미한다. 즉, 유입량이 유출량을 초과하면 초과한 만큼 저수지에 저류가 된다. 시간 t_1에서 유입량과 유출량이 같아지며, 이때 저류량이 최대에 도달하며 시간 t_1이 지나서는 유출량이 유입량보다 많아져 저수지 저류량은 감소하게 된다.

면적 C는 저수지로부터 빠져나간 물의 양이며 만일 유입 및 유출의 시점 및 종점에서 저수지 수

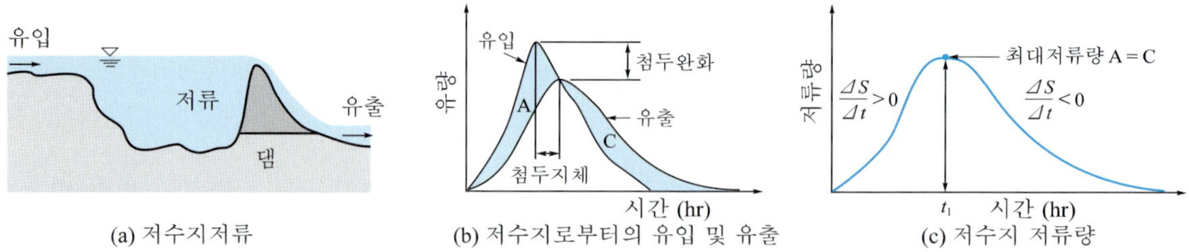

그림 11.1 저류량추적

위가 서로 동일하다면 면적 A와 같게 된다. 저수지로부터의 첨두유출은 그림과 같이 유출이 오직 저수지의 저류량 또는 수위에 의해 결정되기 때문에 유입수문곡선과 교차하게 된다.

저수지를 통한 저류량의 추적은 일반적으로 유입수문곡선과 비교하여 유출수문곡선의 첨두유량이 줄어들게 되고 첨두시간 또한 지체되어 발생하게 된다. 저수지에서 저류량의 변화율은 연속방정식을 이용하여 다음과 같이 표현할 수 있다.

$$\mathrm{I} - \mathrm{O} = \frac{\Delta \mathrm{S}}{\Delta \mathrm{t}} \tag{11.2.1}$$

여기서 I는 유입량, O는 유출량, ΔS는 저류량의 변화 그리고 Δt는 시간의 변화이다. 즉, 일정한 시간 구간 Δt동안의 유입량과 유출량의 차가 바로 저류량의 변화가 된다.

하도추적은 그림 11.2와 같이 하천 구간에서의 저류량이 단지 유출량에만 의존하지 않기 때문에 저수지추적과는 다르다. 저수지 추적에서는 유출량이 수위 H의 함수가 되고 저류량은 유출량의 함수가 된다. 또한 유출수문곡선의 첨두는 유입수문곡선과 교차한다. 하도구간에서 유출수문곡선의 첨두는 유입수문곡선의 첨두에 비해 감소되고 지체가 되지만 반드시 유입수문곡선과 교차하지는 않는다. 하도구간에서의 저류량은 수위의 상승 또는 감소에 따라 변하기 때문에 하도 구간에서의 유입량 및 유출량의 함수가 된다.

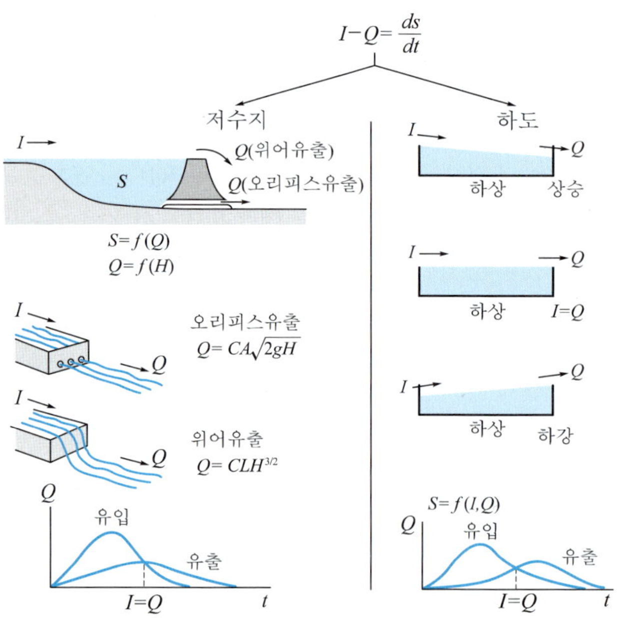

그림 11.2 저수지추적 및 하도추적의 개념 비교

예제 11.1

유입 및 유출수문곡선이 그림 11.3 및 표 11.1의 1~3란과 같을 때 다음을 계산하라.

1) 각 날($\Delta t = 1$)에 대한 평균저류량을 계산하고 일별 저류량을 도시하라. 저수지는 초기에 비어있다고 가정한다($S_o = 0$).

2) 최대의 저류가 발생할 때는 언제이고 얼마인가.

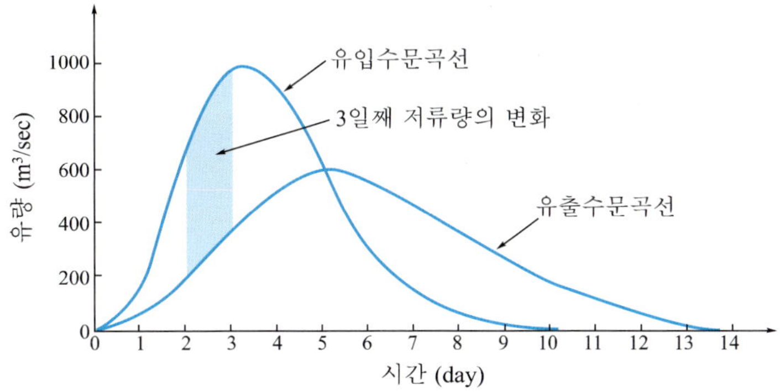

그림 11.3 유입 및 유출수문곡선

표 11.1 시간구간별 평균저류량

시간 (day) (1)	유입량 (m^3/sec) (2)	유출량 (m^3/sec) (3)	평균유입량 (m^3/sec) (4)	평균유출량 (m^3/sec) (5)	유입-유출 (m^3/sec) (6)	유입-유출 1000(m^3) (7)	저류량 1000(m^3) (8)
0	0	0					
1	160	60	80	30	50	4320	4320
2	685	200	423	130	293	25272	29592
3	970	380	828	290	538	46440	76032
4	910	520	940	450	490	42336	118368
5	630	600	770	560	210	18144	136512
6	315	570	473	585	−113	−9720	126792
7	120	470	218	520	−303	−26136	100656
8	40	370	80	420	−340	−29376	71280
9	15	280	28	325	−298	−25704	45576
10	5	190	10	235	−225	−19440	26136
11	0	120	3	155	−153	−13176	12960
12	0	70	0	95	−95	−8208	4752
13	0	20	0	45	−45	−3888	864
14	0	0	0	10	−10	−864	0

풀이

1) 저류량의 변화는 유입량에서 유출량을 뺀 것과 같다. 먼저 일평균 유입곡선 $\bar{I}$ 및 유출곡선 $\overline{O}$를 구한다(표 4, 5란). 4란 평균유입수문곡선의 종거에서 5란 평균유출수문곡선의 종거를 뺀다(6란). 저류량은 유입곡선과 유출곡선 사이의 면적과 같다.

$$S = \int (I - O)dt \quad \text{또는}$$

$$S = \sum (\bar{I} - \overline{O}) \Delta t$$

시간구간 $\Delta t = 1$일로 하여 첫 번째 날에서의 저류량S_1은

$$S_1 = S_o + (\bar{I}_1 - \overline{O}_1) \Delta t$$

$$= 0 + (50 m^3/sec)(1 day)\left(\frac{24 hr}{day}\right)\left(3600 \frac{sec}{hr}\right) = 4{,}320 \times 10^3 m^3$$

두 번째 날에 대해서는

$$S_2 = S_1 + (\bar{I}_2 - \bar{O}_2)\Delta t$$
$$= 4{,}320 \times 10^3 + (293)(24)(3600)$$
$$= 29{,}592 \times 10^3 m^3$$

계산된 평균 저류량이 표 11.1과 같고 그림 11.4는 시간별 저류량을 보여주고 있다.

2) 최대 저류가 발생하는 날은 5일째이며 최대 저류량은 $136{,}512 \times 10^3 m^3$이다.

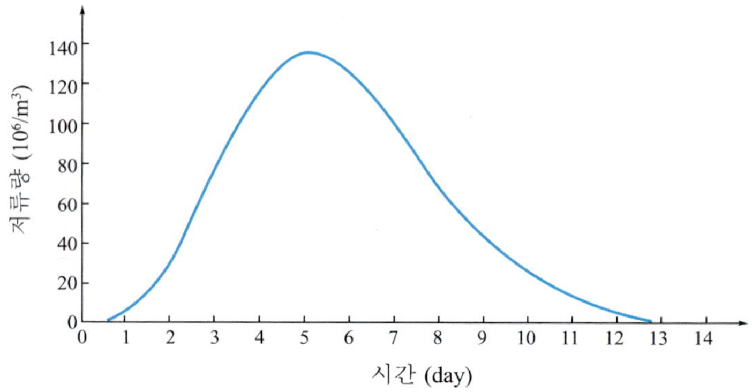

그림 11.4 시간별 저류량곡선

11.2.1 수문학적 홍수추적

수문학적 홍수추적에서는 연속방정식을 통한 유입량, 유출량 그리고 저류량간의 물수지를 적용하며 저수지시스템의 저류량-유출량(storage-discharge)관계를 필요로 한다. 수문학적 홍수추적의 응용 범위는 홍수예측, 홍수통제구조물, 저수지 설계 및 운영, 유역모의 및 도시설계 등과 같이 상당히 넓다. 그동안 수문학적 컴퓨터 모형들이 많이 개발되어 왔으며 이러한 모형들은 강우자료를 입력 자료로 하여 유역 유출수문곡선으로 변환하고, 하천 및 저수지를 통한 수문곡선을 추적하게 된다. 본 장에서는 홍수추적방법 중 주로 수문학적 추적에 대해 설명하기로 한다.

11.2.2 수리학적 홍수추적

수리학적 홍수추적은 개수로에서 부정류흐름에 대한 연속방정식과 운동방정식의 해석에 기본을 두고 있으며, 수문학적 홍수추적보다 정확하지만 더 복잡하다. 수리학적 추적을 위한 미분방정식들은 일반적으로 컴퓨터를 이용한 수치해석을 통해 해석을 하게 되며 Saint Venant 방정식으로 알려져 있다.

하천, 저수지 그리고 연안(estuary)에서의 부정류(unsteady flow)는 조수(tide), 홍수파 그리고 급격한 저수지의 방출 등에 의한 장파(longwave) 흐름에 의해 발생하게 된다. 이러한 종류의 홍수파형들은 오직 Saint Venant 방정식에 의해서만 적절히 표현할 수 있다. 대부분의 경우 지배방정식은 일차원 연속방정식과 등류(uniform flow)흐름 관계로 단순화 할 수 있으며 이를 운동파추적(kinematic wave routing)이라 한다. 운동파추적에 의하면 유출량은 수심만의 함수로써 간단하게 계산된다.

등류흐름은 중력과 하도의 마찰력 사이에 균형이 이루어 질 때 발생한다. 하지만 이 가정은 항상 맞는 것은 아니며 특히 수면경사의 영향을 무시할 수 없는 매우 완만한 경사인 경우에는 더욱 그렇다. 수리학적 홍수추적에서 운동량방정식에 다른 항들을 반드시 포함시켜야 할 경우는 ① 상류로의 조수 이동, ② 하류 저수지나 지류유입으로 인한 배수(backwater) 효과, ③ 매우 완만한 하도에서의 홍수파 그리고 ④ 저수지나 댐 파괴로 인한 급격한 홍수파 등이 있다. 이러한 경우에는 Saint Venant 방정식의 완전한 해석을 필요로 하며, 해석을 위한 컴퓨터 수치모형들이 많이 개발되었다.

유체의 흐름을 표현하는 식에는 다음과 같은 운동방정식과 연속방정식이 있다.

$$\frac{\partial y}{\partial x} + \frac{v}{g}\frac{\partial v}{\partial x} + \frac{1}{g}\frac{\partial v}{\partial t} = S_o - S_f \tag{11.2.2}$$

$$\frac{\partial A}{\partial t} + \frac{\partial Q}{\partial x} = q \tag{11.2.3}$$

여기서 y는 수심(m), v는 유속(m/sec), x는 종방향 거리(m), t는 시간(sec), g는 중력가속도(m/sec^2), S_o는 하상경사, S_f는 에너지선의 경사, Q는 유량(m^3/sec), A는 흐름 단면적(m^2) 그리고 q는 단위폭당 유량(m^3/sec/m)이다.

11.3 저류방정식

저수지추적방법은 식 (11.2.1)과 같은 저류방정식에 기초를 두고 있으며, 이는 개수로 부정류의 연속방정식인 식 (11.2.3)으로부터 유도할 수 있다. $\partial Q/\partial x$가 하도의 단위길이 당 유량의 변화(m^2/sec) 또는 유입량에서 유출량을 뺀 것을 의미하므로 다음과 같이 나타낼 수 있다.

$$\frac{\partial O}{\partial x} = \frac{I - O}{\Delta x} \tag{11.3.1}$$

여기서 I는 유입량(m^3/sec) 그리고 O는 유출량(m^3/sec)이다.

$\partial A/\partial t$는 단위시간 당 면적의 변화를 의미하므로 $\Delta A/\Delta t$로 나타낼 수 있으며, 분모 및 분자에 하도길이 Δx를 곱하면 하도에서의 저류량의 변화가 된다.

$$\frac{\Delta A \Delta x}{\Delta t \Delta x} = \frac{\Delta S}{\Delta t \Delta x} \tag{11.3.2}$$

여기서 ΔS는 저류량(m^3) 그리고 Δt는 추적기간(sec)이다. 식 (11.3.1)과 (11.3.2)를 식 (11.2.3)에 대입하고 Δx와 Δt를 곱하면 다음과 같이 저류방정식을 얻게 된다.

$$(I - O)\Delta t = \Delta S \tag{11.2.1}$$

식 (11.2.1)의 ΔS에는 $q\Delta x\,\Delta t$항이 포함되어 있다. 위 식을 Δt로 나눈 후 $\Delta t \to 0$으로 하여 미분

형태로 나타내면 다음과 같은 연속방정식인 저류방정식을 얻게 된다.

$$I - O = \frac{dS}{dt} \tag{11.3.3}$$

저류방정식은 임의 구간에서의 하도저류량 변화율이 구간 상류에서의 유입량과 하류에서의 유출량의 차임을 보여주고 있다. 추적기간(routing period) Δt의 시작시간과 종료시간 사이에 유입 및 유출량의 변화가 있을 수 있으므로 평균 유입량 $\bar{I}$와 평균 유출량 $\bar{O}$를 사용하여 식 (11.2.1)을 다시 나타내면

$$\bar{I} - \bar{O} = \frac{\Delta S}{\Delta t} \quad \text{또는} \quad (\bar{I} - \bar{O})\Delta t = \Delta S \tag{11.3.4}$$

여기서 $\bar{I}$는 시간구간 Δt동안의 평균유입량(m^3/sec), $\bar{O}$는 시간구간 Δt동안의 평균유출량(m^3/sec), ΔS는 시간구간 Δt동안의 저류량의 변화(m^3)이다. 위 식을 추적기간 초기 및 종기의 유입량 I_1, I_2와 유출량 O_1, O_2로 그리고 저류량 S_1, S_2로 표시하면 다음과 같다.

$$\frac{I_1 + I_2}{2}\Delta t - \frac{O_1 + O_2}{2}\Delta t = S_2 - S_1 \tag{11.3.5}$$

저류방정식에서는 추적기간 Δt 사이의 평균 유입량 및 유출량 그리고 이에 따른 저류량의 변화를 나타내므로 추적기간을 길게 잡으면 이 기간사이의 평균치만 고려하여 홍수파의 첨두치를 제대로 반영하지 못하거나 그대로 지나칠 수가 있다. 또한 추적기간을 너무 짧게 잡으면 계산시간이 너무 많이 소요되지만 주로 컴퓨터를 이용하여 계산하므로 해의 안정성이 보장되는 범위에서 짧게 잡으면 된다. 추적기간 Δt는 일반적으로 홍수파가 계산구간을 통과하는데 소요되는 시간의 1/2~1/3 정도로 선택한다.

저수지 홍수추적에서는 저류방정식 (11.3.5)나 변형된 형태의 식이 사용된다. 식 (11.3.5)를 사용할 경우 추적기간 동안의 유입량 I_1과 I_2, 초기 유출량 O_1과 저류량 S_1은 이미 알고 있는 값이므로 종기 유출량 O_2와 저류량 S_2를 결정해야 한다. 따라서 저류방정식을 풀기 위해서는 유출량 O와 저류량 S와의 관계를 나타내는 또 다른 관계식이 필요하다.

11.4 저류량-유출량 관계

저류방정식을 이용하여 저수지 홍수추적을 하기 위해서는 저류량 S와 유출량 O와의 관계를 수립할 필요가 있다. 저류량-유출량 관계는 저수지 표고별 저류량과 표고별 유출량을 구한 후 표고를 기준으로 저류량과 유출량간의 관계를 맺어줌으로서 얻게 된다.

11.4.1 저수지 표고별 저류량 결정

저수지 표고별 저류량은 지형도의 등고선을 이용하여 결정할 수 있다. 등고선의 높이별로 구적기를 이용하여 면적을 구하고 높이를 곱해 저류 가능한 용적을 산정하게 된다. 예를 들어 표고 h_i에 해당하는 등고선으로 둘러싸인 면적을 a_i, 표고 h_{i+1}에 의한 면적을 a_{i+1}이라고 하면 높이 $\Delta h = h_{i+1} - h_i$ 사이의 저류량 ΔS는 다음과 같다.

$$\Delta S = \frac{1}{2}(a_i + a_{i+1})\Delta h \tag{11.4.1}$$

따라서 등고선 간격이 Δh로 일정하고 등고선간의 면적이 a_o, a_1, a_2, ..., a_n이라 하면 n번째 등고선까지의 총 저류량 S는 다음과 같다.

$$\begin{aligned} S &= \frac{1}{2}\Delta h[(a_o + a_1) + (a_1 + a_2) + \cdots + (a_{n-1} + a_n)] \\ &= \frac{1}{2}\Delta h\left(a_o + a_n + 2\sum_{i=1}^{n-1} a_i\right) \end{aligned} \tag{11.4.2}$$

식 (11.4.2)를 이용하여 표고별 저류량을 도시하면 그림 11.5와 같다. 일반적으로 표고 H와 저류량 S간의 관계는 식 (11.4.3)과 같은 형태로 표시되며, 이를 전대수지에 도시하면 직선 형태로 나타나므로 회귀분석에 의해 상수 c, m을 결정할 수 있다.

$$S = cH^m \tag{11.4.3}$$

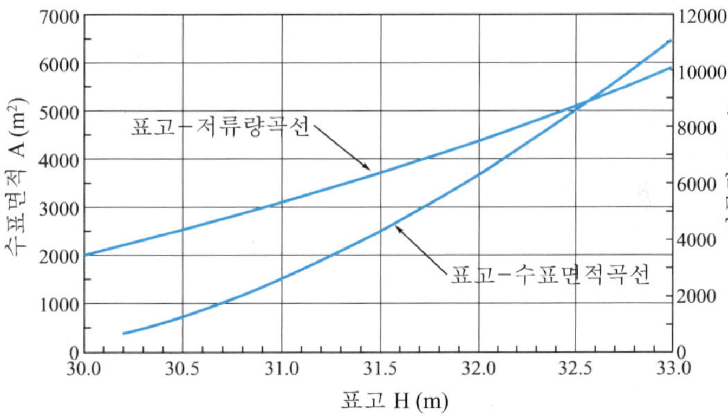

그림 11.5 저수지 표고별 저류량 및 수표면적

예제 11.2

바닥이 표고 30m이며 이때의 밑면적이 2,000m^2인 원형의 저수지가 있다. 저수지의 측면경사는 6:1이라 할 때 표고별 수표면적 및 저류량 관계곡선을 구하라.

풀이

저수지의 기하학적인 모양으로부터 표고별 수표면적 관계를 먼저 수립해야 한다. 측면경사 6:1은 저수지의 반경이 높이 h에 따라 6h만큼 증가함을 의미한다. 저수지 바닥의 밑면적이 2,000m^2이므로 이에 해당하는 반경 R은 πR^2=2,000으로부터 R=25.24m가 된다.

따라서 표고 H에 따른 반경이 표 11.2의 2란과 같으며 예를 들어 30.2m인 경우 $R = 25.24 + 6(H-30) = 25.24 + 6(30.2-30) = 26.44m$ 이다.

저수지의 수표면적은 표고별로 다음관계로부터 구할 수 있다.(3란)

$$A = \pi[25.24 + 6(H-30)]^2 = \pi[25.24 + 6(30.2-30)]^2 = \pi(26.44)^2 = 2{,}195m^2$$

저류량은 두 표고별 수표면적의 평균에 높이차를 곱하면 된다. 예를 들어 30.4m에서의 저류량은 30.2m에서의 면적 $2{,}195m^2$와 30.4m에서의 면적 $2{,}399m^2$의 평균값 $2{,}297m^2$에 높이차 0.2m를 곱하면 $459.4m^3$이 된다. 이와 같이 계산된 결과가 5란에 주어져 있고 저류량이 6란과 같으며, 표고별 수표면적 및 저류량 관계곡선은 그림 11.5와 같다.

표 11.2 표고별 수표면적 및 저류량계산표

표고 H(m) (1)	반경 R(m) (2)	수표면적 $A(m^2)$ (3)	높이차 h(m) (4)	구간저류량 $S(m^3)$ (5)	누가저류량 $S(m^3)$ (6)
30.0	25.24	2000			
30.2	26.44	2195	0.2	419.55	420
30.4	27.64	2399	0.2	459.40	879
30.6	28.84	2612	0.2	501.05	1380
30.8	30.04	2834	0.2	544.52	1925
31.0	31.24	3064	0.2	589.80	2515
31.2	32.44	3304	0.2	636.88	3152
31.4	33.64	3553	0.2	685.78	3838
31.6	34.84	3811	0.2	736.48	4574
31.8	36.04	4078	0.2	788.99	5363
32.0	37.24	4355	0.2	843.31	6206
32.2	38.44	4640	0.2	899.44	7105
32.4	39.64	4934	0.2	957.37	8062
32.6	40.84	5237	0.2	1017.12	9079
32.8	42.04	5550	0.2	1078.67	10158
33.0	43.24	5871	0.2	1142.04	11300

11.4.2 저수지 표고별 유출량 결정

저수지에서 유출량은 방류구조물의 형태에 따라 다양하게 변한다. 하지만 이들은 모두 수위의 함수로서 표고에 따라 유출량을 산정할 수 있다. 평상시에 저수지에서의 유출은 주로 방류수로를 통해 이루어지며 여수로를 통한 방류는 없지만 홍수시에는 방류수로와 함께 여수로를 통해 유출이 발생하게 된다.

일반적으로 방류수로를 통한 유출은 오리피스공식을 사용하고, 여수로를 통한 유출은 위어공식을 이용하여 산정하며 기타 유출구조물에 의한 유출은 각 상황에 맞는 공식을 이용하게 된다. 이와 같이 구한 표고별 유출량을 그래프로 도시하여 앞에서 구한 표고별 저류량 그래프와 상관시켜 저류량-유출량 관계곡선을 얻게 된다.

1) 여수로

- 수문이 없는 경우

$$O = CLH^{3/2} \qquad (11.4.4)$$

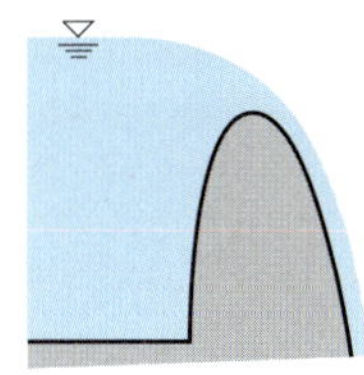

여기서 O는 유출량(m^3/sec), C는 유량계수(〈1.705), L은 여수로 폭(m), H는 여수로에서의 전수두(m)이다.

- 수문이 있는 경우

$$O = \frac{2}{3}\sqrt{2g}\,CL\,(H_1^{3/2} - H_2^{3/2}) \qquad (11.4.5)$$

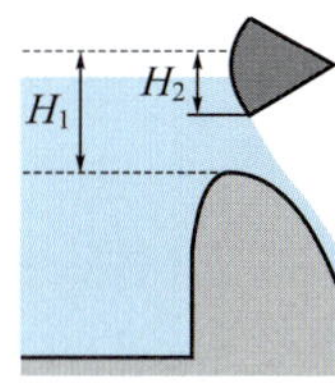

여기서 H_1은 여수로에서의 전수두(m), H_2는 수문하단부에서의 전수두(m) 그리고 g는 중력가속도(m/sec^2)

2) 방류수로

$$O = C_o A\sqrt{2gH_o} \qquad (11.4.6)$$

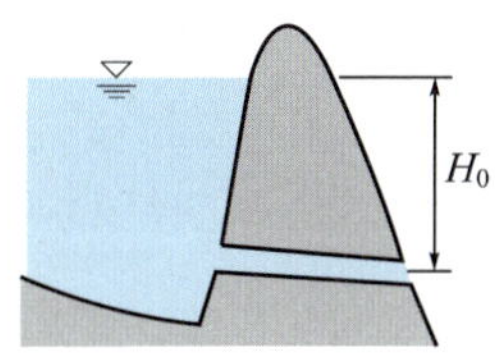

여기서 C_o는 오리피스의 유량계수, A는 방류수로의 단면적(m^2) 그리고 H_o는 방수로 중심축에서의 전수두이다.

예제 11.3

예제 11.2와 같은 저수지에 정점표고가 31m이고 길이가 10m인 월류형 여수로가 설치되어 있을 경우 표고별 유출량관계를 구하라. 여수로의 유량계수는 1.6으로 가정하라.

풀이

여수로의 정점표고가 31m이므로 표고가 31m와 같거나 작을 경우에는 유출이 발생하지 않는다.

표 11.3 표고별 유출량 계산표

표고 H(m)	유출량 O(m^3/sec)	표고 H(m)	유출량 O(m^3/sec)
30.0		31.6	7.44
30.2	0.00	31.8	11.45
30.4	0.00	32.0	16.00
30.6	0.00	32.2	21.03
30.8	0.00	32.4	26.50
31.0	0.00	32.6	32.38
31.2	1.43	32.8	38.64
31.4	4.05	33.0	45.25

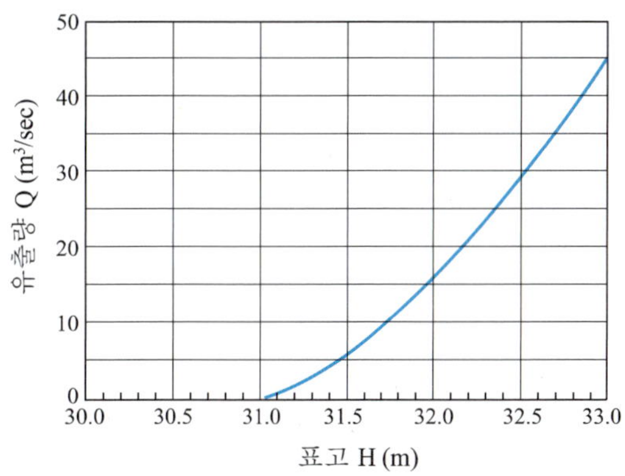

그림 11.6 표고별 유출량

수표면 표고 H가 31m보다 높을 경우에는 다음과 같이 월류유출량을 산정하게 된다. 예를 들어 수표면 표고가 32m인 경우는

$$O = CL(H-31)^{3/2} = 1.6 \times 10(32-31)^{3/2} = 16\,m^3/sec$$가 된다.

이와 같이 산정된 표고별 유출량이 표 11.3 및 그림 11.6과 같다.

11.4.3 저류량-유출량관계곡선

앞에서 산정한 표고별 저류량 및 표고별 유출량곡선을 이용하여 저수지 홍수추적에 필요한 저류량-유출량곡선을 얻게 된다. 그림 11.7은 저류량-유출량관계곡선을 얻는 절차를 보여주고 있다. 먼저 특정 표고 H에 대해 표고별 저류량곡선에서 저류량 S를 구하고(a), 표고별 유출량곡선에서는 유출량 O를 구한다(b). 유입수문곡선의 시간 간격을 Δt라 하면 $2S/\Delta t + O$를 계산할 수 있고 이 값을 가로축, 유출량을 세로축으로 하여 도시한다(c). 이와 같이 여러 표고별로 반복하면 저류량-유출량 관계곡선이 얻어진다.

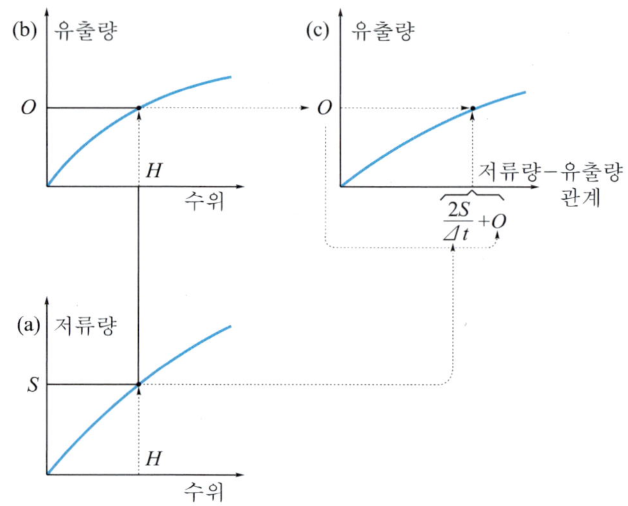

그림 11.7 저류량-유출량관계곡선 작성

예제 11.4

예제 11.2와 11.3에서 구한 표고별 저류량 및 표고별 유출량관계를 이용하여 저류량-유출량관계곡선을 구하라. 시간간격 Δt는 30분 간격으로 한다.

풀이

저류량-유출량관계를 구하기 위해 먼저 $2S/\Delta t + O$를 계산하여야 한다.
시간간격 Δt가 30분(1,800초)이므로
표고 32m에 대한 $2S/\Delta t + O$는
$(2 \times 6{,}206)/1{,}800 + 16 = 22.9\,m^3/sec$가 된다.
이와 같이 계산한 결과가 표 11.4의 4란과 같으며 표고별로 $O \sim 2S/\Delta t + O$를 도시한 곡선은 그림 11.8과 같다.

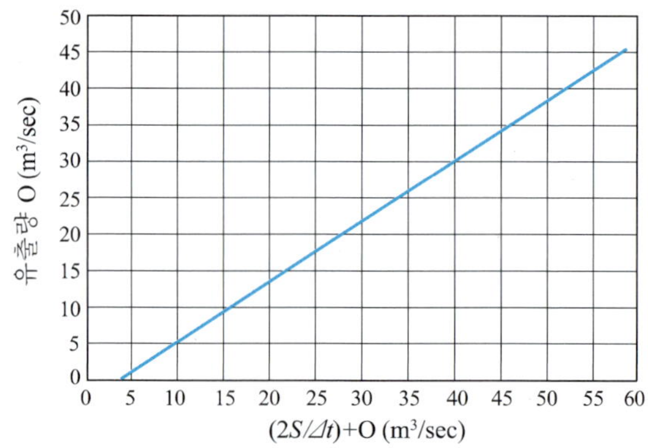

그림 11.8 저류량-유출량관계곡선

표 11.4 저류량-유출량관계 계산표

표고 H(m) (1)	유출량 O(m^3/sec) (2)	저류량 S(m^3) (3)	(2S/Δt)+O (m^3/sec) (4)
30.0			
30.2	0.00	420	0.47
30.4	0.00	879	0.98
30.6	0.00	1380	1.53
30.8	0.00	1925	2.14
31.0	0.00	2515	2.79
31.2	1.43	3152	4.93
31.4	4.05	3838	8.31
31.6	7.44	4574	12.52
31.8	11.45	5363	17.41
32.0	16.00	6206	22.90
32.2	21.03	7105	28.93
32.4	26.50	8062	35.46
32.6	32.38	9079	42.47
32.8	38.64	10158	49.93
33.0	45.25	11300	57.81

11.5 저수지 홍수추적

저류방정식과 저류량-유출량간의 관계곡선을 얻었으므로 저수지 홍수추적이 가능하다. 저류방정식 (11.3.5)에서 추적기간 동안의 유입량 I_1과 I_2, 초기 유출량 O_1과 저류량 S_1은 이미 알고 있는 값이며 종기 유출량 O_2와 저류량 S_2는 미지의 값이므로 기지항을 좌변에 미지항을 우변으로 놓고 정리하면

$$\frac{1}{2}(I_1 + I_2)\Delta t + (S_1 - \frac{1}{2}O_1\Delta t) = (S_2 + \frac{1}{2}O_2\Delta t) \tag{11.5.1}$$

식 (11.5.1)을 이용하여 저수지 홍수추적을 실시하는 방법을 Puls방법 또는 저류량-지시방법(storage-indication method)이라 한다. 식 (11.5.1)의 양변에 $2/\Delta t$를 곱하면 다음과 같은 식을 얻을 수 있다.

$$(I_1 + I_2) + \left(\frac{2S_1}{\Delta t} - O_1\right) = \frac{2S_2}{\Delta t} + O_2 \tag{11.5.2}$$

식 (11.5.2)에 의해 저수지를 추적하는 방법을 수정 Puls방법(modified Puls method)이라 한다. Puls방법과 수정 Puls방법과의 다른 점은 Puls방법에서는 $S \pm \frac{1}{2}O\Delta t$가 저류량($m^3$)의 단위 이지만 수정 Puls방법에서는 $2S/\Delta t \pm O$가 유량(m^3/sec)의 단위로 나타나게 된다. 따라서 저류량-유출량

관계곡선이 Puls방법에서는 $O \sim S \pm \frac{1}{2} O \Delta t$ 관계, 수정 Puls방법에서는 $O \sim 2S/\Delta t + O$ 관계를 사용하며 앞에서 수정 Puls방법에 의한 관계곡선의 유도에 대해 설명하였으므로 수정 Puls방법에 의한 저수지추적방법을 설명하기로 한다.

일반적으로 저수지 추적 초기에 유입량 I_1, I_2, 유출량 O_1 그리고 저류량 S_1은 주어지게 되므로 식 (11.5.2)의 좌변항은 계산이 가능하며 오른쪽 항의 $2S_2/\Delta t + O_2$ 값이 결정된다. 이 값을 이용하여 그림 11.7과 같이 구한 $O \sim 2S/\Delta t + O$ 관계곡선 또는 표로부터 O_2를 구하면 첫 번째 추적기간에 대한 추적이 끝나게 된다. 다음 추적기간에 대해서는 I_2, O_2, S_2가 I_1, O_1, S_1이 되어 동일한 방법을 계속하여 유입수문곡선에 대한 유출수문곡선을 얻게 된다. 이때 다음 단계의 $2S_2/\Delta t - O_2$는 다음과 같이 구한다.

$$\left(\frac{2S_2}{\Delta t} - O_2\right) = \left(\frac{2S_2}{\Delta t} + O_2\right) - 2O_2 \tag{11.5.3}$$

예제 11.5

홍수량을 저류하기 위한 저수지가 있다. 저수지의 면적은 4,000m^{2}이며 수직벽으로 이루어져 있다. 배수구조물로 직경 1.5m의 콘크리트 배수관이 설치되어 있으며 수위별 배수관을 통한 유출량이 표 11.5의 1, 2란에 주어져 있다. 시간별 저수지로의 유입수문곡선이 표 11.6의 2, 3란과 같이 주어질 때 저수지추적방법을 이용하여 저수지로부터의 유출수문곡선을 계산하라. 초기에 저수지는 비어있다고 가정하라.

풀이

유입수문곡선의 시간 구간이 10분이므로 Δt=10분=600초이다. 저수지의 단면적이 4,000m^{2}이고 수직벽으로 되어 있으므로 수위별 저류량은 4,000×H가 되며 표 11.5의 3란에 계산되어 있다. 이와 같이 구한 수위별 유출량 및 저류량 곡선은 그림 11.9와 같다.

표 11.5 수위별 유출량과 저류량

수위 H(m) (1)	유출량 O(m^3/sec) (2)	저류량 S(m^3) (3)	(2S/Δt)+O (m^3/sec) (4)	수위 H(m) (1)	유출량 O(m^3/sec) (2)	저류량 S(m^3) (3)	(2S/Δt)+O (m^3/sec) (4)
0.0000	0.000	0	0.000	1.6764	4.418	6706	26.770
0.1524	0.085	610	2.117	1.8288	4.899	7315	29.283
0.3048	0.227	1219	4.291	1.9812	5.381	7925	31.797
0.4572	0.481	1829	6.577	2.1336	5.806	8534	34.254
0.6096	0.850	2438	8.978	2.2860	6.174	9144	36.654
0.7620	1.218	3048	11.378	2.4384	6.542	9754	39.054
0.9144	1.699	3658	13.891	2.5908	6.853	10363	41.397
1.0668	2.209	4267	16.433	2.7432	7.165	10973	43.741
1.2192	2.747	4877	19.003	2.8956	7.476	11582	46.084
1.3716	3.313	5486	21.601	3.0480	7.788	12192	48.428
1.5240	3.880	6096	24.200				

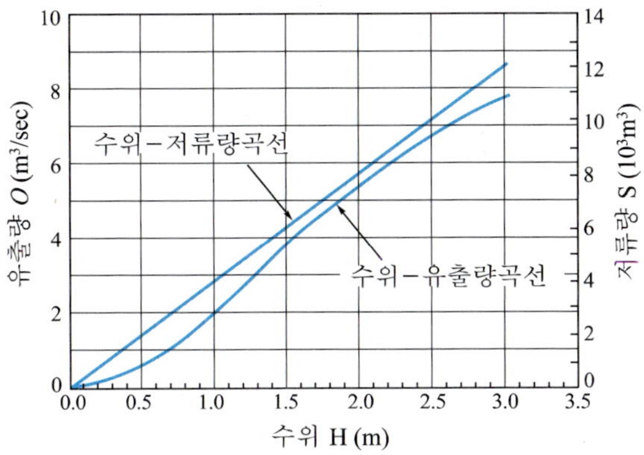

그림 11.9 수위별 유출량 및 저류량 곡선

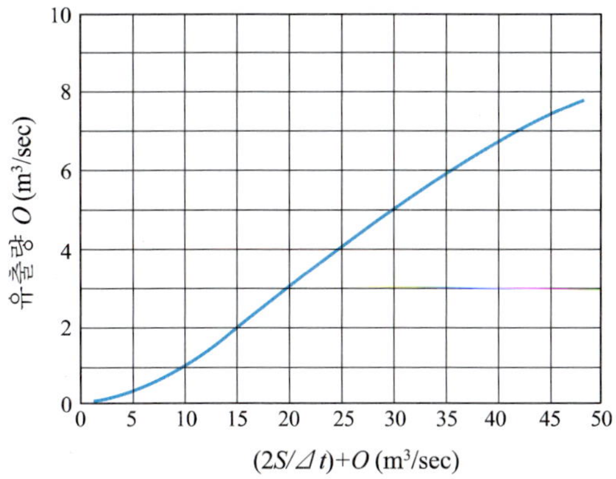

그림 11.10 저류량-유출량 관계곡선

이에 상응하는 4란의 2S/Δt+O는 다음과 같이 계산할 수 있다.

예를 들어 수위가 0.1524m일 경우 저류량이 610m^3, 유출량이 0.085m^3/sec이므로

$$\frac{2S}{\Delta t}+O=\frac{2\times 610}{600}+0.085=2.117\text{m}^3/\text{sec}$$

이와 같이 구한 O~2S/Δt+O 관계곡선이 그림 11.10과 같다. 이상과 같이 저류량-유출량 관계가 준비되었으면 표 11.6과 같은 계산과정을 거쳐 저수지 추적을 하게 된다.

표 11.6 저수지추적을 위한 계산표

시간(min) (1)	유입량 I(m^3/sec) (2)	I_1 + I_2(m^3/sec) (3)	$(2S_1/\Delta t)-O_1$(m^3/sec) (4)	$(2S_2/\Delta t)+O_2$(m^3/sec) (5)	유출량 O(m^3/sec) (6)
0	0.00	–	0.00	–	0.00
10	1.70	1.70	1.56	1.70	0.07
20	3.40	5.10	5.68	6.66	0.49
30	5.10	8.50	10.66	14.18	1.76
40	6.80	11.90	15.52	22.56	3.52
50	8.50	15.30	20.64	30.82	5.09
60	10.20	18.70	26.20	39.34	6.57
70	9.06	19.26	30.68	45.46	7.39
80	7.93	16.99	32.29	47.67	7.69
90	6.80	14.73	31.82	47.02	7.60
100	5.66	12.46	29.82	44.28	7.23
110	4.53	10.19	26.63	40.01	6.69
120	3.40	7.93	22.86	34.56	5.85
130	2.27	5.67	19.03	28.53	4.75
140	1.13	3.40	15.45	22.43	3.49
150	0.00	1.13	12.10	16.58	2.24
160	–	0.00	9.38	12.10	1.36
170	–	–	7.56	9.38	0.91
180	–	–	6.30	7.56	0.63
190	–	–	5.40	6.30	0.45
200	–	–	4.70	5.40	0.35
210	–	–	4.16	4.70	0.27

첫 번째 시간구간에서는 초기에 저수지가 비어있다고 가정하였으므로 $S_1=O_1=0$이다.
따라서 $2S_1/\Delta t+O_1=0$이다.

$I_1=0$, $I_2=1.7m^3/sec$이므로 $I_1+I_2=1.7m^3/sec$이다(3란). 첫 번째 시간구간 끝에서

$$\left(\frac{2S_2}{\Delta t}+O_2\right)=(I_1+I_2)+\left(\frac{2S_1}{\Delta t}-O_1\right)=1.7+0=1.7m^3/sec \text{ (5란)}$$

따라서 O_2는$O\sim 2S/\Delta t+O$곡선 또는 표 11.5에서 계산된 값을 이용하여 보간법으로 산정할 수가 있다. 만일 (x_1, y_1)과 (x_2, y_2)가 알고 있는 값일 때 x_1과 x_2 범위 사이에 있는 임의의 x값에 대한 y값은 다음과 같이 산정할 수 있다.

$$y=y_1+\frac{(y_2-y_1)}{(x_2-x_1)}(x-x_1)$$

예를 들어 표 11.5에서 첫 번째 시간구간 $2S/\Delta t+O$를 x_1이라 하고, 유출량 O를 y_1이라 하면 $x_1=0$, $y_1=0$이다. 두 번째 시간구간에 대해서는 $2S/\Delta t+O$를 x_2, 유출량을 y_2라 하면 $x_2=2.117$, $y_2=0.085$이다. 따라서 앞에서 계산한 $2S/\Delta t+O=1.7$을 x라 하면 이에 대한 유출량 $y=O_2$는 다음과 같다.

$$y=0+\frac{(0.085-0)}{(2.117-0)}(1.7-0)=0.07=O_2 \text{ (6란)}$$

따라서 다음 시간구간을 위한 4란의 값은 다음과 같이 구한다.

$$\left(\frac{2S_2}{\Delta t}-O_2\right)=\left(\frac{2S_2}{\Delta t}+O_2\right)-2O_2=1.7-2\times 0.07=1.56m^3/sec$$

다음 시간 구간에 대해 $I_2+I_3=1.7+3.4=5.1m^3/sec$이 되고(3란)

$$\left(\frac{2S_3}{\Delta t}+O_3\right)=(I_2+I_3)+\left(\frac{2S_2}{\Delta t}-O_2\right)=5.1+1.56=6.66m^3/sec \text{(5란)}$$

이 값에 대해 보간법으로 O_3를 구하면 $0.49m^3/sec$이 된다.(6란)

다음 시간구간에 대한 4란의 값은

$$\left(\frac{2S_3}{\Delta t}-O_3\right)=\left(\frac{2S_3}{\Delta t}+O_3\right)-2O_3$$
$$=6.66-2\times 0.49$$
$$=5.68m^3/sec$$

이상과 같이 반복적으로 계산을 실시하면 표 11.6과 같은 결과를 얻고, 따라서 저수지 추적을 통한 유출수문곡선(그림 11.11)을 얻을 수 있다.

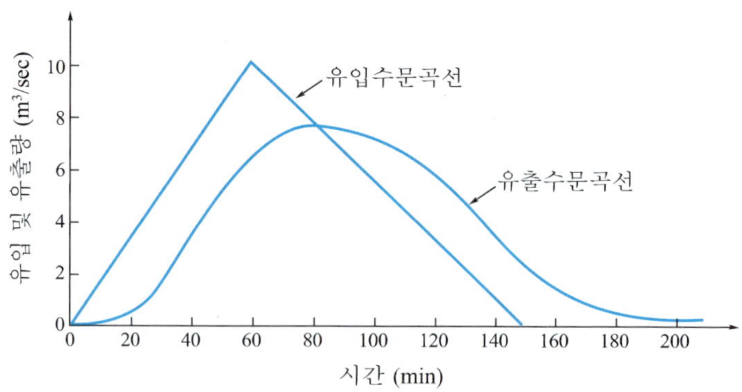

그림 11.11 저수지추적 방법에 의한 유출수문곡선

11.6 하도 홍수추적

하도 홍수추적은 길이 L인 하천구간에서 저류량이 단지 유출량에만 의존하지 않기 때문에 저수지 추적과는 다르다. 하도구간으로부터의 유출수문곡선의 첨두는 유입수문곡선의 첨두에 비해 완화되고 지체가 된다. 하도구간에서의 저류량이 수위가 상승하는가 또는 감소하는가에 따라 변하기 때문에 저류량은 하도 구간에서의 유입량 및 유출량의 함수가 된다.

11.6.1 하도저류

홍수파가 하도구간을 통과함에 따라 하도의 저항 및 저류능력 때문에 유출수문곡선의 첨두는 감소되고 발생 시간은 지체가 된다. 하도구간 전체에서의 저류를 고려할 때 그림 11.12(a)의 음영부분으로 나타나는 유입 및 유출수문곡선의 종거차는 식 (11.2.1)과 같이 하도구간에서 저류량의 변화율과 같다. 연속방정식에서 $\Delta S/\Delta t$는 저류량이 증가하면 양의 값이고 감소하면 음의 값으로 나타나며 시간의 함수로서 저류량 S를 도시할 수 있다. 식 (11.2.1)은 앞에서도 설명한 바와 같이 다음과 같이 나타낼 수 있다.

$$\frac{1}{2}(I_1 + I_2) - \frac{1}{2}(O_1 + O_2) = \frac{S_2 - S_1}{\Delta t} \qquad (11.6.1)$$

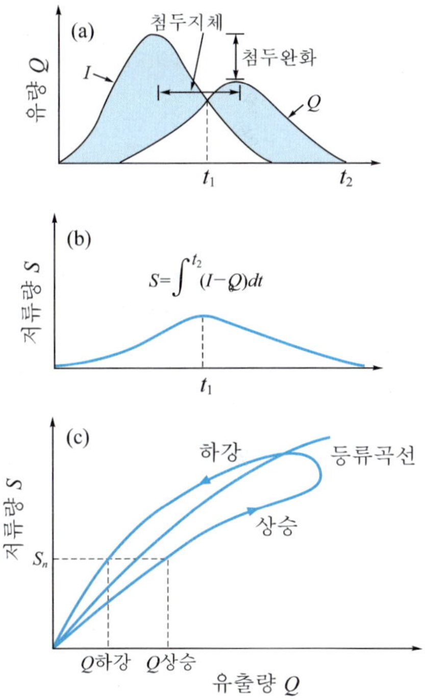

그림 11.12 하도구간에서의 저류

만일 하도구간에서 유출량에 대한 저류량을 도시하면 그림 11.12(c)와 같이 고리(loop)형태의 곡선으로 나타나게 된다. 이러한 고리효과는 유출량이 일정할 경우 홍수위가 상승할 때보다 하강할 때 저류량이 큼을 의미한다. 만일 홍수파가 통과하는 장기간 동안 수면곡선을 관찰한다면 대상저류(prism storage)와 쐐기저류(wedge storage)의 개념을 이용하는 것이 도움이 된다는 것을 알 것이다.

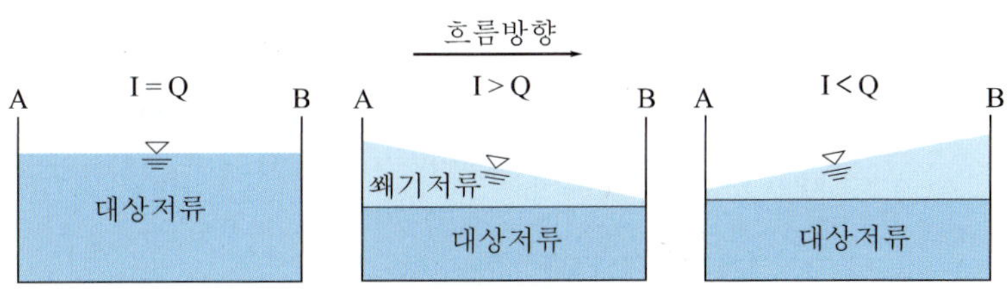

그림 11.13 대상 및 쐐기저류개념

그림 11.13에 보인 바와 같이 상승기에는 유출량이 증가하기 전에 상당한 양의 쐐기저류가 존재한다. 하강시에는 유출량보다는 유입량이 급격히 떨어져서 쐐기저류는 음의 값이 된다. 따라서 하도에서의 수문학적 홍수추적은 쐐기저류량을 나타내는 유출량-저류량 관계를 필요로 한다. 이는 다음에 소개할 Muskingum 방법처럼 저류량을 유입량과 유출량의 함수로 나타냄으로서 고려할 수 있다.

11.6.2 Muskingum 방법

하도 홍수추적을 위한 Muskingum 방법은 McCarthy (1938)에 의해 미국 Ohio주 Muskingum District의 홍수통제를 위해 개발된 방법으로 저류량이 유입량 및 유출량과 관계가 있으며 연속방정식을 이용하고 있다. 기하학적으로 균일한 하도구간을 선택하고 하도의 상류부에서 유입량과 저류량이 다음과 같이 상류부 수심으로 표현된다고 가정한다.

$$I = a y_u^n \tag{11.6.2}$$

$$S_I = b y_u^m \tag{11.6.3}$$

여기서 I는 유입량(m^3/sec), S_I는 상류에서의 저류량(m^3), y_u는 상류부의 수심(m), a, b, n 및 m은 하도구간 상수이다.

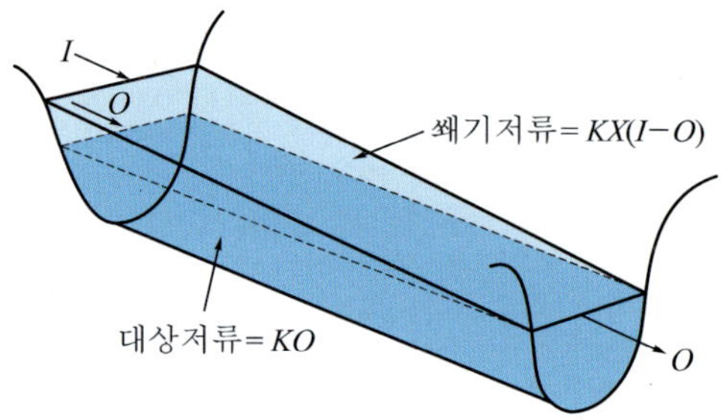

그림 11.14 하도에서의 대상 및 쐐기저류

같은 방법으로 하류부에서의 유출량과 저류량을 하류부 수심으로 다음과 같이 표현한다.

$$O = a y_d^n \tag{11.6.4}$$

$$S_O = b y_d^m \tag{11.6.5}$$

여기서 O는 유출량(m^3/sec), S_o는 하류에서의 저류량(m^3) 그리고 y_d는 하류부의 수심(m)이다. 상류 및 하류부에서 각 수심이 같다고 하여 정리하면 다음과 같다.

$$S_I = \left(\frac{b}{a^{m/n}}\right)(I^{m/n}), \quad S_O = \left(\frac{b}{a^{m/n}}\right)(O^{m/n}) \tag{11.6.6}$$

하도구간에서 저류량 S를 상류 및 하류에서의 저류량에 가중치를 주어 나타내면

$$S = XS_I + (1-X)S_O$$

$$S = \frac{b}{a^{m/n}}[X I^{m/n} + (1-X) O^{m/n}] \tag{11.6.7}$$

$b/a^{m/n} = K$, $m/n = x$라 하면 식 (11.6.7)은 다음과 같이 나타낼 수 있다.

$$S = K[XI^x + (1-X)O^x] \tag{11.6.8}$$

여기서 K는 저류상수 또는 이동시간(hr) 그리고 X는 가중인자(0~0.5)이다.

사각형하도에서는 n=5/3, m=1 그리고 x=0.6이 주로 사용된다. 자연하천인 경우 x값은 커지게 되며 일반적으로 1.0을 사용하게 된다. Muskingum 방법에서는 x=1.0을 사용하여 다음과 같이 나타낸다.

$$S = K[XI + (1-X)O] \tag{11.6.9}$$

식 (11.6.9)의 상수들은 각 하도구간에서 관측된 유출자료를 이용하거나 경험을 바탕으로 결정되어야 한다. 관측된 하천 유출 자료를 이용한 결과 K값은 하도구간에서의 이동시간과 거의 비슷하게 나타나고 있다. 관측 자료가 있을 경우 식 (11.6.9)는 다음과 같이 추적기간 Δt 동안의 시점과 종점을 고려해서 나타낼 수 있다. 홍수추적기간 Δt는 K보다는 작고 2KX보다는 큰 범위에서 결정한다.

$$S_2 - S_1 = K[X(I_2 - I_1) + (1-X)(O_2 - O_1)] \tag{11.6.10}$$

위 식을 저류방정식 (11.3.5)에 대입하면

$$\frac{I_1 + I_2}{2}\Delta t - \frac{O_1 + O_2}{2}\Delta t = K[X(I_2 - I_1) + (1-X)(O_2 - O_1)] \tag{11.6.11}$$

위 식을 O_2에 관해 정리하면 다음과 같다.

$$O_2 = C_0 I_2 + C_1 I_1 + C_2 O_1 \tag{11.6.12}$$

여기서 $$C_0 = \frac{-KX + 0.5\Delta t}{K - KX + 0.5\Delta t} \tag{11.6.13}$$

$$C_1 = \frac{KX + 0.5\Delta t}{K - KX + 0.5\Delta t} \tag{11.6.14}$$

$$C_2 = \frac{K - KX - 0.5\Delta t}{K - KX + 0.5\Delta t} \tag{11.6.15}$$

$$C_0 + C_1 + C_2 = 1.0 \tag{11.6.16}$$

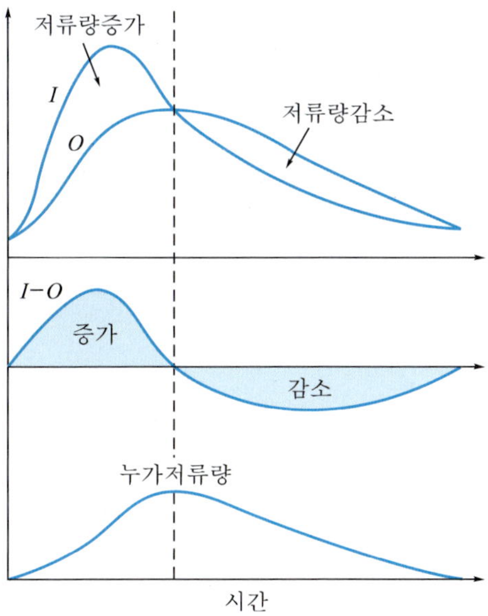

그림 11.15 유입 및 유출수문곡선으로부터의 저류량 산정

Muskingum 하도추적은 식 (11.6.12)에서 (11.6.15)까지 이용하여 이루어지며 I_1, I_2, O_1, Δt는 이미 정해져 있는 값이므로 K와 X만 기왕의 홍수자료로부터 결

정하면 Muskingum방법에 의한 홍수추적이 가능하다.

11.6.3 상수 K 및 X의 산정방법

Muskingum 방법에서 상수 K 및 X를 산정하는 방법으로 먼저 관측된 유입 및 유출수문곡선이 없는 경우에는 일반적으로 K는 홍수파의 이동시간, X는 0.2를 택한다. 만일 유입 및 유출수문곡선이 있다면 X값은 가정하고 시간구간별로 평균저류량 $\overline{S}=\overline{I}-\overline{O}$를 구하고 이를 누가하여 누가저류량 S를 산정한다(그림 11.15). 또한 시간구간별 가중 저류량 [XI+(1-X)O]를 구해 누가저류량 S와 함께 도시한다. 도시된 가중저류량과 누가저류량이 고리형태를 보이면 X를 다시 가정하여 직선에 가까울 때까지 반복한다. 그림 11.16과 같이 가중저류량과 누가저류량이 직선에 가까우면 그 때의 X값이 구하는 값이고 직선의 기울기가 K값이 된다.

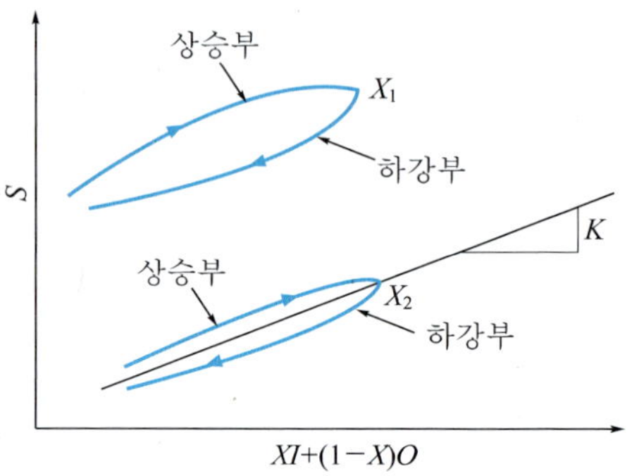

그림 11.16 상수 K 및 X의 산정방법

예제 11.6 다음 표 11.7과 같이 유입량과 유출량이 주어질 때 Muskingum의 상수 K와 X를 결정하라.

표 11.7 저류량 및 상수계산

시간 (hr) (1)	유입량 (m^3/sec) (2)	유출량 (m^3/sec) (3)	저류량 (m^3/sec-hr) (4)	XI+(1−X)O (m^3/sec) X=0.15 (5)	X=0.25 (6)	X=0.40 (7)
1	30	30	0	30	30	30
2	60	32	14	36	39	43
3	120	54	61	64	71	80
4	210	101	149	117	128	145
5	330	181	278	203	218	241
6	420	278	423	299	314	335
7	480	370	549	387	398	414
8	510	440	639	451	458	468
9	480	480	674	480	480	480
10	420	475	647	467	461	453
11	330	434	567	418	408	392
12	210	360	440	338	323	300
13	120	261	295	240	226	205
14	60	169	170	153	142	125
15	30	99	81	89	82	71
16	30	56	33	52	50	46

풀이

표 11.7에 유입 및 유출수문곡선에 따른 누가저류량이 4란에 나타나 있으며 다음과 같이 산정한다.

$$S_{n+1} = S_n + \Delta t\left(\frac{I_n + I_{n+1}}{2}\right) - \Delta t\left(\frac{O_n + O_{n+1}}{2}\right)$$

5~7란은 가정한 X=0.15, 0.25, 0.40에 대한 가중저류량을 나타내며, 그림 11.17에 나타난 바와 같이 X=0.25일 때 직선과 비슷하므로 상수 X는 0.25로 결정한다. 이때의 기울기는 K=150/100=1.5로 산정되며 추적기간이 1시간 간격이므로 K=1.5×1hr=1.5시간이 된다.

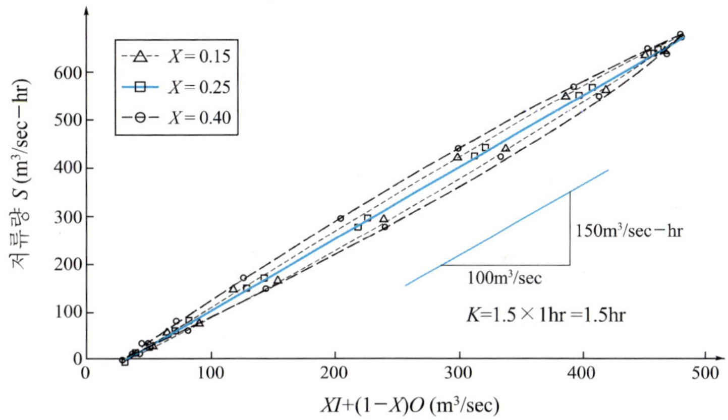

그림 11.17 상수 K 및 X의 결정

예제 11.7

표 11.8의 1~2란과 같이 하도구간에서의 유입량이 주어질 때 Muskingum방법에 의해 하도 홍수추적을 실시하고 첨두유출량을 구하라. 단, Muskingum의 K=1.5일, X=0.25를 적용하라.

표 11.8 Muskingum 방법에 의한 하도홍수추적

시간 (day) (1)	유입량 I (m^3/sec) (2)	C_0I_2 (3)	C_1I_1 (4)	C_2O_1 (5)	유출량 O (m^3/sec) (6)
1	30				30.000
2	32	2.461	16.155	11.538	30.154
3	54	4.153	17.232	11.597	32.982
4	101	7.767	29.079	12.685	49.531
5	181	13.919	54.389	19.050	87.357
6	278	21.378	97.469	33.597	152.444
7	370	28.453	149.703	58.630	236.786
8	440	33.836	199.245	91.068	324.149
9	480	36.912	236.940	124.668	398.520
10	475	36.528	258.480	153.271	448.278
11	434	33.375	255.788	172.408	461.570
12	360	27.684	233.709	177.520	438.913
13	261	20.071	193.860	168.806	382.737
14	169	12.996	140.549	147.201	300.745
15	99	7.613	91.007	115.667	214.286
16	56	4.306	53.312	82.414	140.032

풀이

추적시간 Δt=1일로 결정하고 다음 식으로부터 Muskingum 추적을 위한 값들을 결정한다.
K=1.5일, X=0.25를 적용하면

$$C_0 = \frac{-KX+0.5\Delta t}{K-KX+0.5\Delta t} = \frac{-1.5\times 0.25+0.5\times 1}{1.5-1.5\times 0.25+0.5\times 1} = 0.0769$$

$$C_1 = \frac{KX+0.5\Delta t}{K-KX+0.5\Delta t} = \frac{1.5\times 0.25+0.5\times 1}{1.5-1.5\times 0.25+0.5\times 1} = 0.5385$$

$$C_2 = \frac{K-KX-0.5\Delta t}{K-KX+0.5\Delta t} = \frac{1.5-1.5\times 0.25-0.5\times 1}{1.5-1.5\times 0.25+0.5\times 1} = 0.3846$$

$C_0+C_1+C_2=1.0$이 됨을 알 수 있다.
따라서 Muskingum의 추적식을 적용하면

$$O_2 = C_0I_2+C_1I_1+C_2O_1 = 0.0769I_2+0.5385I_1+0.3846O_1$$

위 식을 이용하여 각 시간구간별 기지의 I_1, I_2, O_1로부터 O_2를 산정한 결과가 다음 표와 같다. 처음 시간구간에서는 O_1의 자료가 없으므로 유입량과 같은 30 m^3/sec로 가정하였다. 따라서 2일째의 유출량 O_2는 다음과 같이 산정된다.

$$O_2 = 0.0769\times 32+0.5385\times 30 +0.3846\times 30 = 30.154m^3/sec$$

같은 방법을 매 시간구간에 대한 유출량을 6란과 같이 산정할 수 있으며 유입량과 유출량의 곡선은 그림과 같다. 따라서 첨두유출량은 11일에 461.57m^3/sec가 된다.

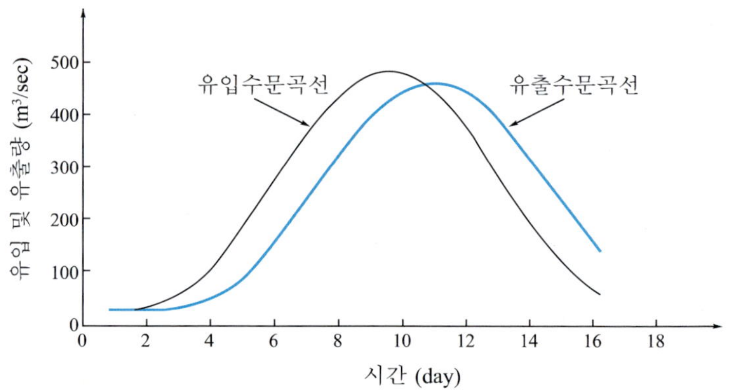

그림 11.18 Muskingum 방법에 의한 하도홍수추적

11.7 유역홍수추적

유역홍수추적(watershed routing)은 유역전체가 연속적인 저수지와 하도로 구성되어 있다고 가정하여 유역으로부터의 유출수문곡선을 홍수추적방법에 의해 산정하는 것이다. 즉, 한 유역으로부터의 유출은 선형으로 연결된 유역내의 저수지와 하도의 저류영향을 받아 유역출구지점에서의 유출수문곡선으로 나타난다고 보는 개념이다. 선형저수지 개념은 Zoch(1934)가 강우와 유출간의 관계를 분석하며 처음으로 제시한 개념이다. 선형저수지 개념을 가장 단순화하여 하나의 저수지로 보는 경우가 X=0일 때의 Muskingum 홍수추적방법이다.

11.7.1 Nash의 유역추적방법

Nash의 유역추적방법은 선형저수지모형(linear reservoir model)이라고도 하며 유역전체가 그림 11.19와 같이 연속된 n개의 저수지로 구성되어 있으며 각 저수지에서의 유입 및 유출량은 선형관계를 가지고 있다고 가정한다. 즉, 선형저수지는 다음과 같이 저류량이 저류상수(storage coefficient) K에 의해 유출량과 선형관계에 있다. 저류량 S는 $[L^3]$ 단위를 갖고, 유출량 O는 $[L^3/T]$ 단위를 가지므로 저류상수는 시간 [T]의 단위를 갖는다.

$$S = KO \tag{11.7.1}$$

유역전체에 걸쳐 순간적으로 단위유효우량(1cm)의 비가 내렸다고 상상해보자. 이 경우 선형저수지 방법을 통해 홍수추적을 하여 유역출구에서의 유출수문곡선을 구하면 이것이 바로 순간단위도(IUH)가 된다. 유역전체에 순간적으로 비가 내려 n개의 저수지가 만수된 상태에서 첫 번째 저수지에서의 유출이 두 번째 저수지의 유입이 되면 두 번째 저수지에서의 유출은 세 번째 저수지의 유입이 된다. 이와 같이 마지막 n번째의 저수지를 통과하여 유역출구지점에서의 유출수문곡선을 얻게 된다. 식 (11.7.1)을 미분형태로 나타내면 다음과 같다.

$$\frac{dS}{dt} = K\frac{dO}{dt} \tag{11.7.2}$$

저류방정식 (11.3.3)과 식 (11.7.2)를 연결하면 식 (11.7.3)과 같다.

$$I - O = \frac{dS}{dt} \tag{11.3.3}$$

$$I - O = K\frac{dO}{dt} \tag{11.7.3}$$

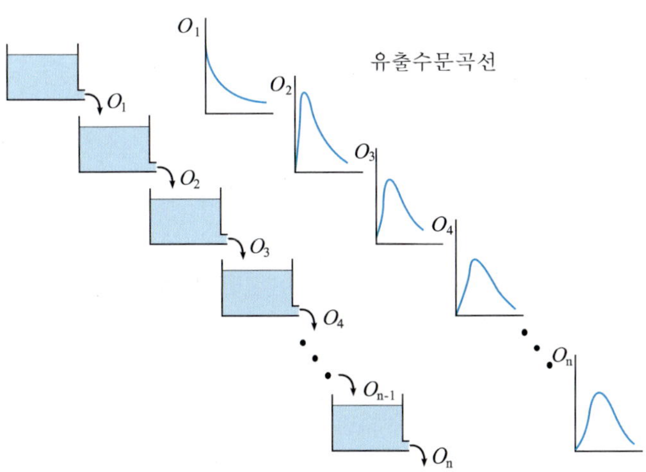

그림 11.19 Nash의 선형저수지 모형

순간적으로 비가 내려 저수지가 만수되었으므로 첫 번째 저수지에는 더 이상의 유입량이 없으므로 $I_1=0$이고 유출량 O_1만 발생하게 된다. 따라서 첫 번째 저수지에서는 다음과 같이 나타낼 수 있다.

$$-O_1 = K\frac{dO_1}{dt} \tag{11.7.4}$$

이 미분방정식을 풀면 첫 번째 저수지에서의 유출량 O_1은 다음과 같다.

$$O_1 = \frac{1}{K}\exp(-\frac{t}{K}) \tag{11.7.5}$$

첫 번째 저수지에서의 유출량 O_1은 두 번째 저수지에서는 유입량이 되므로 두 번째 저수지에 대한 유출량 O_2는 다음과 같이 표현된다.

$$O_1 - O_2 = K\frac{dO_2}{dt} \tag{11.7.6}$$

O_1에 대해 식 (11.7.5)를 대입하고 O_2에 대해 풀면

$$O_2 = \frac{1}{K}\left(\frac{t}{K}\right)\exp(-\frac{t}{K}) \tag{11.7.7}$$

마찬가지로 두 번째 저수지의 유출량 O_2는 세 번째 저수지의 유입량이 되므로 세 번째 저수지에 대해서도 같은 방법으로 적용하면

$$O_3 = \frac{1}{2K}\left(\frac{t}{K}\right)^2\exp(-\frac{t}{K}) \tag{11.7.8}$$

따라서 n번째 저수지까지 같은 방법을 적용하면 유역출구지점에서의 유출량 O_n은 다음과 같다.

$$O_n(t) = \frac{1}{K(n-1)!}\left(\frac{t}{K}\right)^{n-1}\exp(-\frac{t}{K}) \tag{11.7.9}$$

이상과 같이 Nash의 선형저수지 방법을 이용하여 유역출구에서의 유출수문곡선 즉 순간단위도의 종거(cm/hr)를 얻을 수 있다. 순간단위도를 유도하기 위해서는 유역내의 가상 저수지의 수 n과 저류상수 K를 결정해야 한다. 일반적으로 강우-유출 자료가 있는 경우에는 저수지의 수와 저류상수의 곱 nK는 유효우량의 질량중심과 유출수문곡선의 첨두까지의 시간인 유역의 지체시간 t_p와 같다고 가정하여 n과 K를 결정한다.

확률분포함수개념으로 본다면 식 (11.7.9)는 13.4.7절에서 소개 할 2변수 Gamma 분포와 동일하다. 식 (11.7.9)를 0에서 ∞까지 시간 t에 대해 적분하면 1(정확히 말하면 유효우량 1cm)이 되며, 이는 확률밀도함수곡선 아래의 면적이 1(100%)이 됨과 동일하다. 따라서 순간단위도인 식 (11.7.9)를 2변수 Gamma 분포로 본다면 매개변수는 n과 K가 되고 원점(t=0)에 대한 1차 및 2차 모멘트는 다음과 같다.

$$M_1 = nK \tag{11.7.10}$$

$$M_2 = n(n+1)K^2 \tag{11.7.11}$$

1차 모멘트 M_1은 순간단위도 중심까지의 지체시간을 나타내는데, 만일 유역의 유효우량과 직접유출량 자료가 있다면 M_1은 유효우량의 중심과 직접유출량의 중심 사이의 시간차가 되며 앞에서 언급한 지체시간 t_p와 같다고 가정한다.

확률개념인 모멘트법에 의해 유효우량과 직접유출량을 이용하여 n과 K를 산정할 수 있다. 만일 M_{I1}이 유효우량의 원점에 대한 1차 모멘트를 총 유효우량으로 나눈 값이라 하고, M_{O1}을 직접유출량의 원점에 대한 1차 모멘트를 총 직접유출량으로 나눈 값이라 하면 다음과 같다.

$$M_{O1} - M_{I1} = nK \tag{11.7.12}$$

만일 M_{I2}가 유효우량의 원점에 대한 2차 모멘트를 총 유효우량으로 나눈 값이라 하고, M_{O2}를 직접유출량의 원점에 대한 2차 모멘트를 총 직접유출량으로 나눈 값이라 하면 다음과 같이 나타낼 수 있다.

$$M_{O2} - M_{I2} = n(n+1)K^2 + 2nKM_{I1} \tag{11.7.13}$$

M_{I1}, M_{O1}, M_{I2} 그리고 M_{O2}는 유효우량과 직접유출량으로부터 구할 수 있으므로 식 (11.7.12)와 (11.7.13)을 이용하여 n과 K를 산정할 수 있고 따라서 순간단위도를 결정할 수 있게 된다. 만일 강우-유출 자료가 없는 경우에는 저류상수 K는 다음과 같은 경험식을 이용해서 산정한다.

$$\text{(Clark 공식)} : K = \frac{cL}{\sqrt{S}} \tag{10.6.31}$$

$$\text{(Linsley 공식)} : K = \frac{bL\sqrt{A}}{\sqrt{S}} \tag{10.6.32}$$

$$\text{(Sabol 공식)} : K = \frac{t_c}{1.46 - 0.0867\dfrac{L^2}{A}} \tag{10.6.33}$$

$$\text{(Russel 공식)} : K = \alpha t_c \tag{10.6.34}$$

$$\text{(Peters 공식)} : \frac{K}{K + t_c} = M \tag{10.6.35}$$

여기서 K는 저류상수(hr), L은 하천길이(km), S는 하천의 평균경사(%), A는 유역면적(km^2), t_c는 도달시간(hr), c는 상수(0.5～1.4), b는 상수(0.01～0.03), α는 상수로 도시지역의 경우 1.1~2.1, 자연하천유역의 경우 1.5~2.8, 산림지역의 경우 8.0~12.0이며, M은 상수로 하천상류와 같이 하천경사가 크고 저류능력이 작은 유역은 0.4, 하천경사 및 저류능력이 보통인 유역은 0.5, 하천경사가 작고 저류능력이 큰 유역은 0.6을 적용한다.

위와 같은 경험공식을 이용하여 저류상수 K를 결정하고 n을 적절하게 가정하여 순간단위도를 구한 후, 실측 강우량에 적용하여 합성된 유출수문곡선을 관측된 유출수문곡선과 비교하여 가장 유사한 결과를 주는 n값을 선택하게 된다.

예제 11.8

그림 11.20과 같이 유효우량과 직접유출량이 주어질 때 Nash 방법에 의한 순간단위도를 작성하기 위한 n과 K를 산정하라.

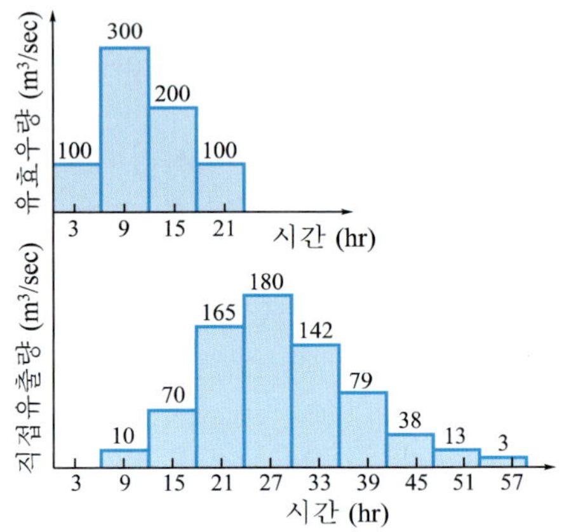

그림 11.20 유효우량 및 직접유출량 주상도

풀이

그림에서 유효우량과 직접유출량 주상도의 시간구간이 6시간으로 되어 있으며, 단위의 일치를 위해 유효우량에는 유역면적을 곱하여 직접유출량과 같은 단위인 m^3/sec로 환산하였다. 따라서 유효우량와 직접유출량의 값은 각각 700m^3/sec로 동일하며 면적 즉, 유출용적은 700×6hr= 4,200(m^3/sec)×hr이 된다. 유효우량에 대한 1차 및 2차 모멘트를 구해 총 유효우량으로 나누면 다음과 같다.

$$M_{I1} = \frac{6}{4200}(100 \times 3 + 300 \times 9 + 200 \times 15 + 100 \times 21) = 11.57\text{hr}$$

$$M_{I2} = \frac{6}{4200}[(100 \times 3^2 + 300 \times 9^2 + 200 \times 15^2 + 100 \times 21^2) + \frac{1}{12}6^3(100 + 300 + 200 + 100)] = 166.3\text{hr}^2$$

같은 방법으로 직접유출량에 대한 1차 및 2차 모멘트를 구해 직접유출량으로 나누면 다음과 같다.

$$M_{O1} = 28.25\text{hr}, \qquad M_{O2} = 882.8\text{hr}^2$$

식 (11.7.12)로부터

$$nK = M_{O1} - M_{I1} = 28.25 - 11.57 = 16.68\text{hr}$$

식 (11.7.13)으로부터

$$M_{O2} - M_{I2} = n(n+1)K^2 + 2nKM_{I1} = n^2K^2 + nK \times K + 2nKM_{I1}$$

$$882.8 - 166.3 = (16.68)^2 + 16.68K + 2 \times 16.68 \times 11.57$$

따라서 $K = 3.14$hr가 되고 $n = 16.68/K = 5.31$이 된다.

K와 n값을 식 (11.7.9)에 적용하면 순간단위도를 얻게 된다.

예제 11.9

유역면적이 325km^2이고 지체시간이 15hr인 경우 n을 5로 할 경우와 6으로 할 경우의 Nash방법에 의한 순간단위도를 구하여 비교하라.

풀이

지체시간이 15시간이므로 n을 5로 할 경우 K=15/5=3시간이 된다.
따라서 순간단위도는

$$O_5(t) = \frac{1}{3(5-1)!}\left(\frac{t}{3}\right)^{5-1}\exp(-\frac{t}{3})$$

$$= \frac{1}{5832}t^4\exp\left(-\frac{t}{3}\right)$$

이와 같이 구한 순간단위도는 단위가 cm/hr로 나타나므로 유출량단위 m^3/sec로 나타내기 위해 유역면적 325km^2을 곱해 단위를 환산하면 표 11.9의 2란과 같다. 같은 방법으로 n을 6으로 할 경우 K=15/6 =2.5시간이 된다.

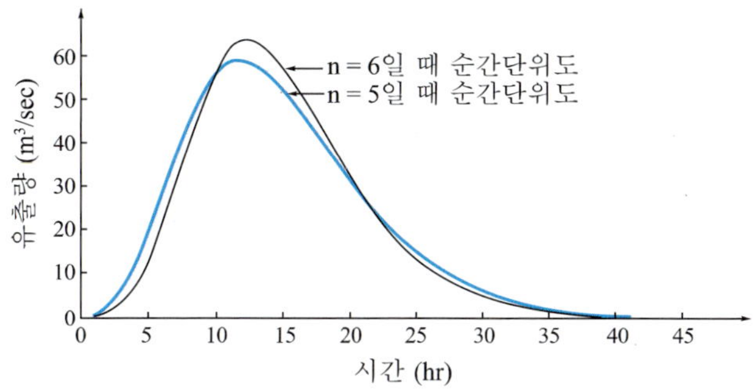

그림 11.21 n값에 따른 순간단위도의 변화

따라서 cm/hr단위로 나타낸 순간단위도는

$$O_6(t) = \frac{1}{2.5(6-1)!}\left(\frac{t}{2.5}\right)^{6-1}\exp(-\frac{t}{2.5}) = \frac{1}{29297}t^5\exp\left(-\frac{t}{2.5}\right)$$

면적을 곱해 단위를 m^3/sec로 환산하면 3란과 같다. 두 경우에 대한 순간단위도가 그림 11.21에 나타나 있다.

표 11.9 n값에 따른 순간단위도의 계산

시간 (hr) (1)	n=5 IUH종거 (m^3/sec) (2)	n=6 IUH종거 (m^3/sec) (3)	시간 (hr) (1)	n=5 IUH종거 (m^3/sec) (2)	n=6 IUH종거 (m^3/sec) (3)
1	0.111	0.021	26	12.184	11.143
2	1.272	0.443	27	10.153	9.021
3	4.613	2.256	28	8.414	7.252
4	10.447	6.371	29	6.938	5.794
5	18.275	13.033	30	5.693	4.601
6	27.153	21.739	31	4.651	3.634
7	36.044	31.496	32	3.784	2.855
8	44.059	41.162	33	3.066	2.232
9	50.569	49.722	34	2.476	1.737
10	55.227	56.444	35	1.992	1.346
11	57.937	60.934	36	1.598	1.039
12	58.796	63.108	37	1.277	0.798
13	58.027	63.122	38	1.018	0.612
14	55.925	61.289	39	0.810	0.467
15	52.807	58.007	40	0.642	0.355
16	48.982	53.692	41	0.508	0.269
17	44.729	48.734	42	0.401	0.204
18	40.283	43.475	43	0.315	0.154
19	35.833	38.188	44	0.248	0.115
20	31.523	33.082	45	0.194	0.087
21	27.455	28.302	46	0.152	0.065
22	23.695	23.939	47	0.119	0.048
23	20.282	20.041	48	0.092	0.036
24	17.230	16.620	49	0.072	0.027
25	14.536	13.663	50	0.056	0.020

11.7.2 Muskingum의 유역추적방법

Muskingum의 유역추적방법은 유역에 대한 저류상수 K와 가중인자 X를 구해 하도추적식 (11.6.12)에 적용하는 방법이다.

Muskingum 방법은 기본 저류방정식 (11.3.3)과 Muskingum의 하도홍수추적방법에 의한 저류방정식 (11.6.9)를 결합한 방법으로 Muskingum의 저류방정식을 미분하여 유출량 O를 K, X 그리고 t의 함수로 나타내고 있다.

$$I - O = \frac{dS}{dt} \tag{11.3.3}$$

$$S = K[XI + (1-X)O] \tag{11.6.9}$$

Muskingum의 저류방정식 (11.6.9)를 미분하고 식 (11.3.3)과 연결시키면

$$I - O = KX\frac{dI}{dt} + K(1-X)\frac{dO}{dt} \tag{11.7.14}$$

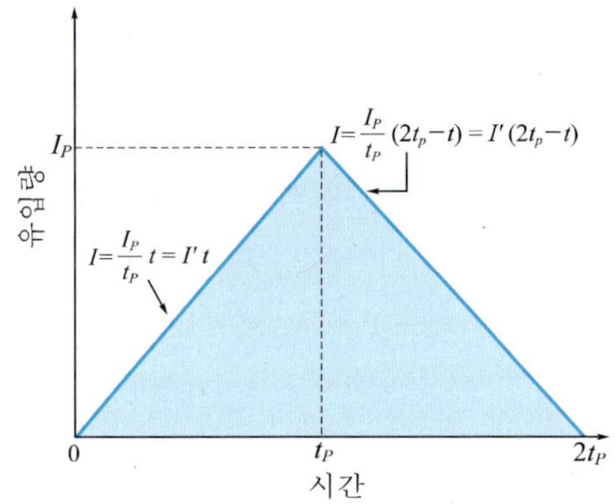

그림 11.22 Muskingum의 삼각형 유입수문곡선

식 (11.7.14)를 다시 정리하면 다음과 같다.

$$\frac{dO}{dt} + \frac{O}{K(1-X)} = \frac{I}{K(1-X)} - \left(\frac{X}{1-X}\right)\frac{dI}{dt} \tag{11.7.15}$$

식 (11.7.15)의 해는 유입수문곡선을 그림 11.22와 같이 삼각형 형태로 가정할 경우 다음과 같이 얻을 수 있다.

$$O = \frac{I_p}{t_p}\left[t - K\left(1 - e^{-\frac{t}{K(1-X)}}\right)\right] \qquad 0 < t < t_p \tag{11.7.16}$$

$$O = \frac{I_p}{t_p}\left[2t_p - t + K - K\left(2 - e^{-\frac{t_p}{K(1-X)}}\right) \times e^{-\frac{(t-t_p)}{K(1-X)}}\right] \qquad t_p < t < 2t_p \tag{11.7.17}$$

여기서 I_p는 유입수문곡선의 첨두유량 그리고 t_p는 첨두유입량 발생시간이다.

유출수문곡선은 첨두유량 O_p에서 경사가 0이 되므로 첨두유출 발생시간 T_p는 식 (11.7.17)의 1차도함수를 구해 0으로 놓고 T_p에 관해 풀면 다음과 같이 구할 수 있다.

$$T_p = t_p - K(1-X)\ln\left[\frac{1-X}{2 - e^{-\frac{t_p}{K(1-X)}}}\right] \tag{11.7.18}$$

식 (11.7.17)과 (11.7.18)을 연립하여 풀면 첨두유출량 O_p는 다음과 같다.

$$O_p = \frac{I_p}{t_p}[t_p - (T_p - t_p) + KX] \tag{11.7.19}$$

만일 $0 \leq X \leq 0.5$일 때 $K < t_p$이면 식 (11.7.18)은 다음과 같다.

$$T_p = t_p + 0.71K \tag{11.7.20}$$

또는

$$K = \frac{T_p - t_p}{0.71} = 1.41(T_p - t_p) \tag{11.7.21}$$

식 (11.7.20)을 식 (11.7.19)에 대입하고 X에 관해 정리하면

$$X = 0.71 - \frac{t_p}{K}\left(\frac{I_p - O_p}{I_p}\right) \tag{11.7.22}$$

이와 같이 실측 유입 및 유출수문곡선이 있다면 유입수문곡선의 첨두유량과 시간(I_p, t_p), 유출수문곡선의 첨두유량과 시간(O_p, T_p)을 구해 식 (11.7.21)과 (11.7.22)로부터 K와 X를 결정하고 식 (11.6.12)~(11.6.15)로부터 유출수문곡선을 얻을 수 있다.

11.7.3 RRL 유역추적방법

이 방법은 영국 도로연구소(Road Research Laboratory, RRL)에서 도시 배수관망의 설계홍수량을 계산하기 위해 개발한 방법으로 도달시간-면적 곡선을 구하여 강우량을 적용하여 각 소유역의 시간별 유출량을 지체 및 합산함으로서 유역출구지점에서의 유출수문곡선을 얻는 방법이다.

RRL 유역추적방법에서는 먼저 그림 10.1과 같이 유출량에 기여하는 유역면적을 도달시간이 동일한 점들을 연결하는 등시간선을 작성하고(a), 각 도달시간에 해당하는 누가면적을 구하여 도달시간별-면적곡선 또는 주상도(c)를 얻는다. 여기에 시간에 따른 강우량(b)를 다음과 같이 적용하여 지체 및 합산하여 유출수문곡선(d)를 얻게 된다.

$$O_n = 0.2778(R_i A_1 + R_{i-1} A_2 + \dots + R_1 A_j) \tag{11.7.23}$$

여기서 O_n은 시간 n에서의 유출수문곡선의 종거(m^3/sec), R_i는 시간 i에서의 초과강우량의 종거(mm/sec), A_j는 시간 j에서의 시간-면적 주상도의 종거(m^2)이다. 이 방법은 유역의 저류효과를 무시하고 유수의 이동만 고려하여 추적하는 방법으로 도시지역과 같이 불투수 면적이 많고 유역면적이 비교적 작은 경우에 적용할 수 있다.

이 방법에 의해 도시배수관망 입구지점까지의 유출량이 산정되었으면 이것이 배수관망시스템에서의 유입량이 되고 하천의 방류지점까지는 앞에서 설명한 저수지 홍수추적방법을 이용하여 방류지

점의 유출수문곡선을 얻을 수 있다. 이 때 저류량-유출량관계는 배수관망의 단면형태만 알면 수심에 따라 저류량이 계산될 수 있고 배수관망출구지점에서의 유출량도 수심에 비례한다고 가정함으로서 수립할 수 있다.

예제 11.10

그림 10.1과 같은 유역이 등시간선에 의해 구분되어 있으며 도달시간에 따른 소유역 면적이 표 11.10과 같이 주어져 있다. 표와 같이 강우가 내릴 때 출구지점에서의 유출수문곡선을 RRL방법에 의해 구하라.

표 11.10 유역자료 및 강우강도

유 역 구 분	A	B	C	D
도달시간 (hr)	1	2	3	4
소유역면적 (km^2)	2.0	6.5	12.0	8.0
시간 (hr)	1	2	3	4
강우강도 (mm/hr)	10	20	30	20

풀이

유출수문곡선은 식 (11.7.23)을 이용하여 도달시간별 유출량을 산정하면 다음과 같고 그 결과가 표 11.11과 그림 11.23에 나타나 있다.

t = 0일 때 $O_o = 0$

t = 1시간 $O_1 = 0.2778(R_1A) = 5.6m^3/sec$

t = 2시간 $O_2 = 0.2778(R_1B + R_2A) = 29.2m^3/sec$

t = 3시간

$$O_3 = 0.2778(R_1C + R_2B + R_3A) = 86.1m^3/sec$$

⋮

t = 6시간 $O_6 = 0.2778(R_3D + R_4C) = 100m^3/sec$

t = 7시간 $O_7 = 0.2778(R_4D) = 22.2m^3/sec$

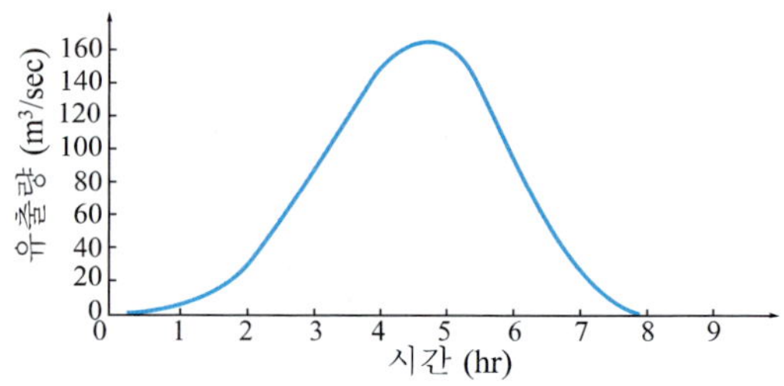

그림 11.23 RRL 방법에 의한 유출수문곡선의 산정

표 11.11 RRL 방법에 의한 유출수문곡선 산정표

시간 (hr) (1)	강우강도 R_i (mm/hr) (2)	소유역면적별 R_iA_i				ΣR_iA_i (7)	유출수문곡선 $0.2778R_iA_i$ (8)
		A($2km^2$) (3)	B($6.5km^2$) (4)	C($12km^2$) (5)	D($8km^2$) (6)		
0						0	0.0
1	10	20				20	5.6
2	20	40	65			105	29.2
3	30	60	130	120		310	86.1
4	10	20	195	240	80	535	148.6
5			65	360	160	585	162.5
6				120	240	360	100.0
7					80	80	22.2
8						0	0.0
9						0	0.0

11.7.4 Clark의 유역추적방법

이 방법은 Clark에 의해 제안된 방법으로 자연하천유역에 순간단위유효우량(instantaneous unit effective rainfall)이 내릴 때 유역의 도달시간-유역면적관계를 이용하여 유역출구지점에서의 유출수문곡선인 순간단위도를 구하는 방법으로 유역의 저류효과를 고려하고 있으므로 자연하천유역에 적용하기 적합한 방법이다.

Clark은 유역의 출구지점에 1개의 선형저수지가 존재한다고 가정하고 이 저수지로의 각 시간구간별 유입량은 도달시간 구간별 면적상에 내린 유효우량을 유량으로 환산한 값으로 가정했다. 따라서 유역전반에 걸쳐 순간적으로 유효우량이 1cm가 내렸다면 임의의 시간구간 동안에 저수지로 유입하는 유량은 다음과 같다.

$$I_i = \frac{A_i \times 10^6}{\Delta t \times 3600 \times 100} = 2.78 \frac{A_i}{\Delta t} \tag{11.7.24}$$

여기서 I_i는 시간구간 i에서의 유입량(m^3/sec), A_i는 시간구간 i에 해당하는 유역면적(km^2)이다. 유역출구에 위치하고 있는 저수지의 저류량-유출량관계는 식 (11.3.5)와 (11.7.1)을 이용하여 식 (11.7.25)와 같이 표현할 수 있다.

$$\frac{I_1 + I_2}{2}\Delta t - \frac{O_1 + O_2}{2}\Delta t = S_2 - S_1 \tag{11.3.5}$$

$$S = KO \tag{11.7.1}$$

$$\frac{I_1 + I_2}{2}\Delta t - \frac{O_1 + O_2}{2}\Delta t = K(O_2 - O_1) \tag{11.7.25}$$

이 식을 유출량 O_2에 관해 풀면 다음과 같다.

$$O_2 = M_0 I_2 + M_1 I_1 + M_2 O_1 \tag{11.7.26}$$

여기서 $M_0 = \dfrac{0.5\Delta t}{K + 0.5\Delta t}$ (11.7.27)

$$M_1 = \frac{0.5\Delta t}{K + 0.5\Delta t} \tag{11.7.28}$$

$$M_2 = \frac{K - 0.5\Delta t}{K + 0.5\Delta t} \tag{11.7.29}$$

식 (11.7.1)은 Muskingum의 저류방정식에서 X=0일 경우와 동일하므로 결국 Clark의 방법은

Muskingum 방법의 특별한 경우라 할 수 있다. 도달시간-면적곡선에서 그림 10.1c와 같이 주상도 형태로 나타내게 되면 추적기간 Δt동안의 시점 및 종점의 유입량을 동일하게 볼 수 있으므로 식 (11.7.26)에서$I_1 = I_2$가 되어 다음과 같이 나타낼 수 있다.

$$O_2 = (M_o + M_1)I + M_2 O_1 \tag{11.7.30}$$

따라서 Muskingum방법과 동일한 방법으로 적용할 수 있으며 일단 저류상수 K와 추적기간 Δt를 결정하게 되면 식 (11.7.27~29)에 의해 M_o, M_1, M_2를 산정할 수 있으며 식 (11.7.26)을 이용하여 축차적으로 계산함으로서 유역출구지점에서의 유출수문곡선인 순간단위도를 얻을 수 있다. 이와 같이 얻은 순간단위도는 10.5.2절 또는 10.6.5절에서 설명한 방법으로 임의의 지속기간을 가진 단위도로 변환할 수 있다. 즉, 최종적인 합성단위도는 시간구간 Δt 차이가 나는 두개의 순간단위도를 평균함으로서 얻어지게 된다.

$$UH_i = \frac{1}{2}(IUH_i + IUH_{i-1}) \tag{10.6.33}$$

여기서 IUH_i는 순간단위도의 시간구간 i에서의 종거, UH_i는 합성단위도의 시간구간 i에서의 종거이다.

Clark방법에서의 저류상수 K는 Nash방법과 같이 강우-유출자료가 없을 경우에는 유역의 지체시간t_p와 같다고 가정하고 경험공식에 의해 산정하게 된다. 만일 강우-유출자료가 있는 경우에는 10.6.5절 Clark의 합성단위도 유도에서 설명한 바와 같이 관측된 수문곡선의 감수부 변곡점에서의 직접유출량을 변곡점의 기울기로 나눈 값을 사용하거나 경험식을 이용하여 산정한다.

$$K = -\frac{O}{dO/dt} \tag{10.6.29}$$

예제 11.11

그림 10.1과 같이 유역면적이 $57km^2$인 유역이 등시간선에 의해 구분되어 있으며 도달시간에 따른 소유역 면적이 표 11.12와 같이 주어져 있을 때 Clark의 유역추적법을 이용하여 순간단위도를 구하고 2hr 단위도를 유도하라. 저류상수 K를 결정하기 위해 과거의 홍수수문곡선으로부터 구한 변곡점에서의 유량이 $370m^3/sec$, 변곡점에서의 접선경사가 $90m^3/sec/hr$이고 기저유량은 $20m^3/sec$였다.

표 11.12 도달시간별 소유역면적

구 분	A	B	C	D
도달시간 (hr)	1	2	3	4
소유역면적 (km^2)	4	13	24	16

풀이

Clark의 유역추적법을 이용하기 위해서는 먼저 저류상수 K값을 산정해야 한다.

$$K = -\frac{O}{dO/dt} = -\frac{370-20}{-90} = 3.9\text{hr}$$

식 (11.7.27)~(11.7.29)를 이용하면

$$M_0 = M_1 = \frac{0.5\Delta t}{K+0.5\Delta t} = \frac{0.5\times 1}{3.9+0.5\times 1} = 0.1136 \quad M_2 = \frac{K-0.5\Delta t}{K+0.5\Delta t} = \frac{3.9-0.5\times 1}{3.9+0.5\times 1} = 0.7727$$

따라서

$$O_2 = (M_o + M_1)I + M_2O_1 = 0.227I + 0.773O_1$$

표 11.13의 3란은 $I = 2.78A_i/\Delta t$관계를 이용하여 2시간 구간인 경우$2.78\times 0.227\times 13/1 = 8.2\text{m}^3/\text{sec}$로 계산되며 4란은 5란의 전 시간 구간의 값 2.52에 0.773을 곱한 1.95가 된다. 5란의 순간단위도는 3란의 8.2와 4란의 1.95를 합한 10.15 m^3/sec가 된다. 이와 같은 방법으로 반복하여 계산한 결과가 표 11.13에 나타나 있다.

2시간 단위도를 유도하기 위해서는 5란의 순간단위도를 2시간 지체시켜(6란) 5란과 6란의 순간단위도를 더하여 2로 나누면 7란과 같이 유도된다.

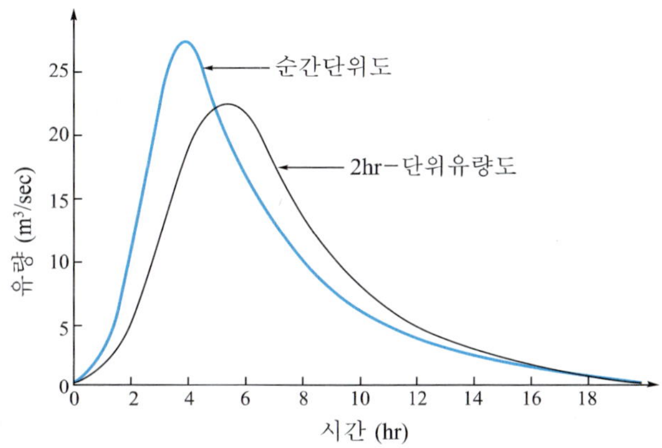

그림 11.24 Clark의 유역추적법에 의한 단위도 유도

표 11.13 Clark의 유역추적방법에 의한 단위도 유도

시간 (hr) (1)	시간-면적 (km^2) (2)	0.227I (m^3/sec) (3)	$0.773O_1$ (m^3/sec) (4)	순간단위도 (m^3/sec) (5)	2hr지체 IUH (m^3/sec) (6)	2hr 단위도 (m^3/sec) (7)
0	0	0.00	0.00	0.00	0.00	0.00
1	4	2.52	0.00	2.52	0.00	1.26
2	13	8.20	1.95	10.15	0.00	5.07
3	24	15.13	7.84	22.98	2.52	12.75
4	16	10.09	17.76	27.85	10.15	19.00
5			21.53	21.53	22.98	22.25
6			16.64	16.64	27.85	22.25
7			12.86	12.86	21.53	17.20
8			9.94	9.94	16.64	13.29
9			7.69	7.69	12.86	10.28
10			5.94	5.94	9.94	7.94
11			4.59	4.59	7.69	6.14
12			3.55	3.55	5.94	4.75
13			2.74	2.74	4.59	3.67
14			2.12	2.12	3.55	2.84
15			1.64	1.64	2.74	2.19
16			1.27	1.27	2.12	1.69
17			0.98	0.98	1.64	1.31
18			0.76	0.76	1.27	1.01
19			0.59	0.59	0.98	0.78
20			0.45	0.45	0.76	0.61

예제 11.12

예제 11.11과 동일한 유역에 다음과 같이 각 소유역마다 유효우량이 1시간 동안 내릴 경우 Clark의 유역추적법에 의한 유출수문곡선을 유도하라.

표 11.14 소유역별 강우강도

시간별 소유역	1	2	3	4
강우강도 (mm/hr)	10	20	30	20

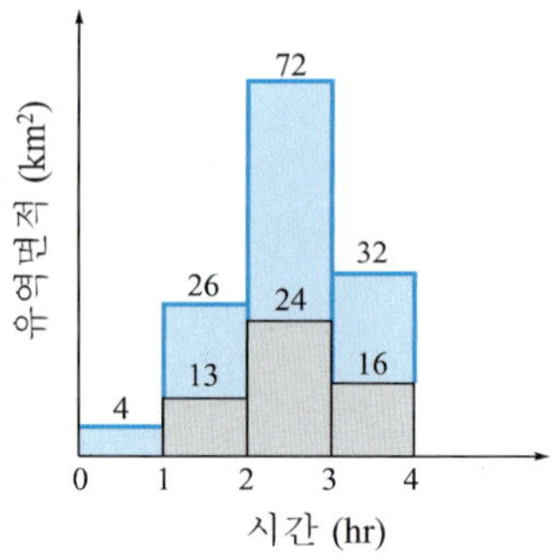

그림 11.25 면적환산

풀이

Clark의 유역추적법에서는 각 소유역마다 1cm의 유효우량이 내렸을 경우의 순간단위도를 구하는 것이므로 위와 같이 내린 유효우량이 각 소유역마다 1cm의 유효우량이 내린 것처럼 소유역 면적을 변경시키면 된다. 즉 2시간 구간의 소유역 $13km^2$에 2cm의 유효우량이 내렸으므로 $26km^2$의 소유역에 1cm가 내린 것으로 환산할 수 있다. 이와 같이 각 소유역별로 1cm의 유효우량이 내린 것처럼 환산한 결과가 그림 11.25와 표 11.15의 3란과 같다.

표 11.15 Clark 방법에 의한 유출수문곡선 계산

시간 (hr) (1)	시간-면적 (km^2) (2)	조정된 시간-면적 (3)	0.227I (m^3/sec) (4)	$0.773O_1$ (m^3/sec) (5)	유출량 (m^3/sec) (6)
0	0	0	0.00	0.00	0.00
1	4	4	2.52	0.00	2.52
2	13	26	16.40	1.95	18.35
3	24	72	45.40	14.18	59.58
4	16	32	20.18	46.06	66.24
5				51.20	51.20
6				39.58	39.58
7				30.59	30.59
8				23.65	23.65
9				18.28	18.28
10				14.13	14.13
11				10.92	10.92
12				8.44	8.44
13				6.53	6.53
14				5.05	5.05
15				3.90	3.90
16				3.01	3.01
17				2.33	2.33
18				1.80	1.80
19				1.39	1.39
20				1.08	1.08

따라서 예제 11.11에서 구한 결과를 이용하면

$$O_2 = (M_o + M_1)I + M_2O_1 = 0.227I + 0.773O_1$$

4란은 $I = 2.78\frac{A_i}{\Delta t}$ 관계를 이용하여 2시간 구간인 경우 $2.78 \times 0.227 \times 26/1 = 16.4m^3/sec$로 계산되며 5란

은 6란의 전 시간 구간의 값 2.52에 0.773을 곱한 1.95가 된다. 6란의 유출량은 4란의 16.4와 6란의 1.95를 합한 18.35m^3/sec가 된다. 이와 같은 방법으로 반복하여 계산한 유출수문곡선이 그림 11.26과 같다.

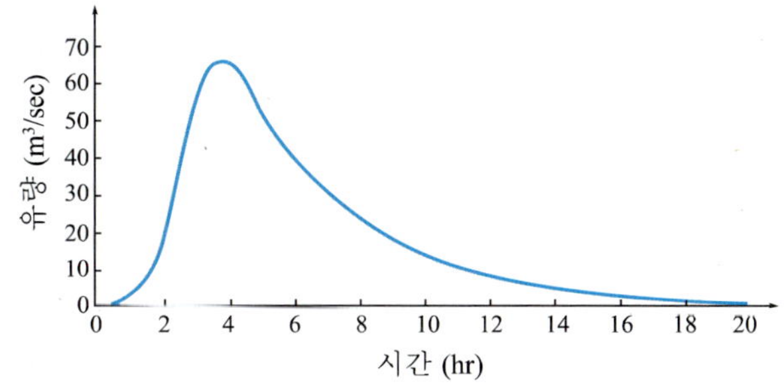

그림 11.26 Clark방법에 의한 유출수문곡선

연습문제

11.1 유입 및 유출수문곡선이 다음 표와 같을 때 유입 및 유출수문곡선을 그리고 다음을 계산하라

시간 (day)	유입량 (m^3/sec)	유출량 (m^3/sec)	시간 (day)	유입량 (m^3/sec)	유출량 (m^3/sec)
0	0	0	6	60	214
1	330	105	7	0	108
2	990	514	8	0	28
3	610	645	9	0	0
4	330	520	10	0	0
5	170	356			

1) 각 날(Δt =1)에 대한 평균저류량을 계산하고 시간별 저류량을 도시하라. 저수지는 초기에 비어있다고 가정한다($S_o = 0$).

2) 최대의 저류가 발생할 때는 언제 얼마인가.

11.2 밑면적이 2,500m^2이고 표고가 25m인 원형저수지가 있다. 저수지의 측면경사가 8:1일 때 표고별 수표면적 및 저류량 관계곡선을 표고 35m까지 0.5m 간격으로 구하라.

11.3 연습문제 11.2와 같은 저수지에 배수를 위한 콘크리트 배수관로가 5개 설치되어 있다. 배수관로의 직경은 1m이고 관로 중심의 높이는 27m일 때 표고별 유출량관계를 구하라. 배수관로는 관로가 완전히 잠기는 27.5m부터 배수를 한다고 가정하라. 오리피스의 유량계수는 0.7로 가정하라.

11.4 연습문제 11.2와 11.3에서 구한 표고별 저류량 및 표고별 유출량관계를 이용하여 저류량-유출량관계곡선을 구하라. 시간간격 Δt는 30분 간격으로 한다.

11.5 홍수량을 저류하기 위한 저수지가 있다. 저수지의 면적은 2,200m^2이며 수직벽으로 이루어져 있다. 배수구조물로 직경 2.0m의 콘크리트 배수관이 설치되어 있으며 수위별 배수관을 통한 유출량이 다음 표와 같이 주어져 있다. 저수지추적을 위한 유출량-저류량 관계곡선을 구하라. 시간구간은 10분으로 하라.

수위 H (m)	유출량 O (m^3/sec)	수위 H (m)	유출량 O (m^3/sec)	수위 H (m)	유출량 O (m^3/sec)
0.000	0.00	1.067	3.14	2.134	6.59
0.152	0.08	1.219	3.72	2.286	7.02
0.305	0.34	1.372	4.24	2.438	7.40
0.457	0.70	1.524	4.81	2.591	7.83
0.610	1.29	1.676	5.28	2.743	8.22
0.798	2.08	1.829	5.73	2.896	8.60
0.914	2.55	1.981	6.19	3.048	9.00

11.6 연습문제 11.5에서 구한 유출량-저류량관계를 이용하여 시간별 저수지로의 유입수문곡선이 다음과 같이 주어질 때 저수지추적 방법을 이용하여 저수지로부터의 유출수문곡선을 계산하라. 초기에 저수지는 비어있다고 가정하라.

시간 (min)	유입량 I (m^3/sec)	시간 (min)	유입량 I (m^3/sec)	시간 (min)	유입량 I (m^3/sec)	시간 (min)	유입량 I (m^3/sec)
0	0.00	60	6.12	120	2.04	180	–
10	1.02	70	5.44	130	1.36	190	–
20	2.04	80	4.76	140	0.68	200	–
30	3.06	90	4.08	150	0.00	210	–
40	4.08	100	3.40	160	0.00		
50	5.10	110	2.72	170	–		

11.7 다음과 같이 유입량과 유출량이 주어질 때 Muskingum의 상수 K와 X를 결정하라. 하도의 횡단면 및 경사는 일정하다고 가정하라.

시간 (day)	평균유입량 $(I_1+I_2)/2$ (m^3/sec)	평균유출량 $(O_1+O_2)/2$ (m^3/sec)	시간 (day)	평균유입량 $(I_1+I_2)/2$ (m^3/sec)	평균유출량 $(O_1+O_2)/2$ (m^3/sec)
1	0	0	7	100	250
2	350	100	8	50	150
3	950	500	9	0	100
4	600	600	10	0	50
5	350	500	11	0	0
6	200	350			

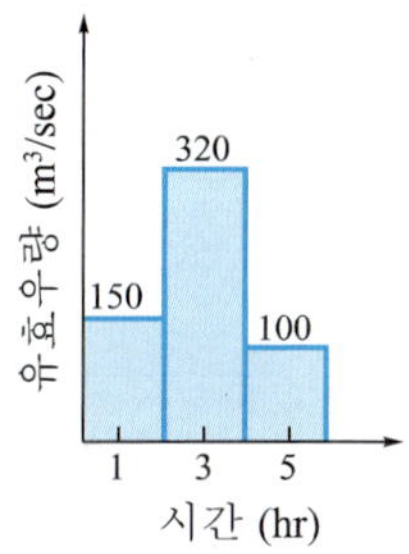

11.8 다음 그림과 같이 유효우량과 직접유출량이 주어질 때 Nash방법에 의한 순간단위도를 작성하기 위한 n과 K를 산정하라.

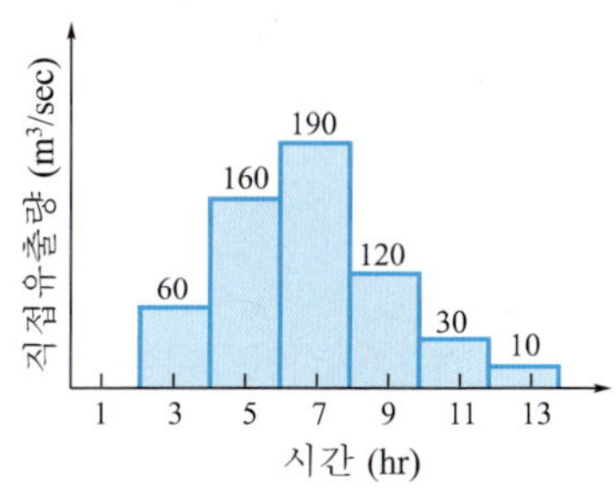

11.9 유역면적이 550km^{2}이고 지체시간이 10hr인 경우 n을 6으로 할 경우와 8로 할 경우의 Nash방법에 의한 순간단위도를 구하여 비교하라.

11.10 다음과 가상의 유역이 등시간선에 의해 구분되어 있으며 도달시간에 따른 소유역 면적이 주어져 있다. 5시간에 걸쳐 내린 강우가 다음과 같을 때 출구지점에서의 유출수문곡선을 RRL방법에 의해 구하라.

구 분	A	B	C	D
도달시간 (hr)	1	2	3	4
소유역면적 (km^2)	1	2	3	1

시간 (hr)	1	2	3	4	5
강우강도 (mm/hr)	5	15	12	7	3

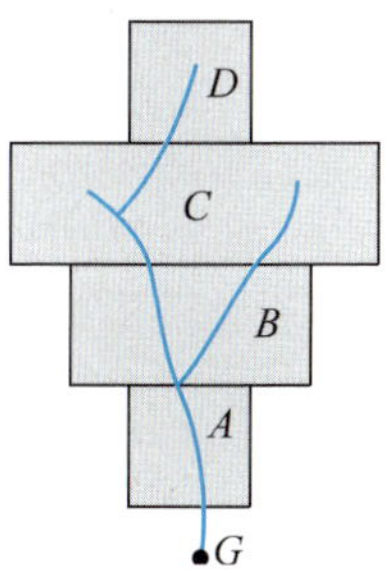

11.11 그림과 같이 유역면적이 120km^{2}인 유역이 등시간선에 의해 구분되어 있으며 도달시간에 따른 소유역 면적이 아래와 같이 주어져 있을 때 Clark의 유역추적법을 이용하여 순간단위도를 구하고 2hr 단위도를 유도하라. 저류상수 K를 결정하기 위해 과거의 홍수수문곡선으로부터 변곡점에서의 유량이 450m^3/sec, 변곡점에서의 접선경사가 100m^3/sec/hr이고 기저유량은 50m^3/sec였다.

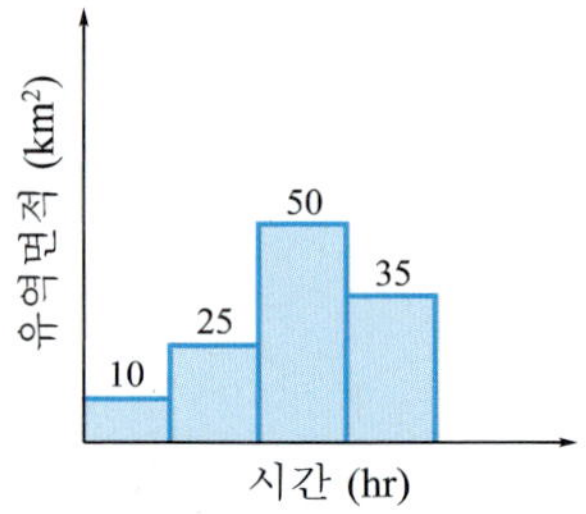

구 분	A	B	C	D
도달시간 (hr)	1	2	3	4
소유역면적 (km^2)	10	25	50	35

11.12 연습문제 11.11과 동일한 유역에 다음과 같이 각 소유역마다 유효우량이 1시간 동안 내릴 경우 Clark의 유역추적법에 의해 유출수문곡선을 계산하라.

시간별 소유역	1	2	3	4
강우강도 (mm/hr)	8	25	40	15

11.13 다음과 같이 특정하도구간에서의 유입량과 유출량이 주어질 때 하도구간에서의 일별 저류량을 산정하라.

시간 (day)	유입량 (m^3/sec)	유출량 (m^3/sec)	시간 (day)	유입량 (m^3/sec)	유출량 (m^3/sec)	시간 (day)	유입량 (m^3/sec)	유출량 (m^3/sec)
1	46	36	9	440	681	16	84	150
2	58	43	10	328	560	17	71	124
3	121	42	11	251	437	18	60	104
4	346	61	12	196	341	19	52	86
5	575	149	13	153	272	20	46	73
6	717	326	14	124	218	21	41	62
7	741	536	15	101	180	22	37	30
8	612	674						

11.14 연습문제 11.13에서 주어진 유입량 및 유출량을 이용하여 Muskingum의 K와 X를 산정하라.

11.15 연습문제 11.13에서 주어진 유출량이 하도구간에서의 유입량이라고 할 때 Muskingum방법에 의해 하도 홍수추적을 실시하고 첨두유출량을 구하라. 단, Muskingum의 K=27hr, X=0.2를 적용하라.

CHAPTER 12 가뭄분석

12.1 서 론

지금까지는 주로 물의 순환과 이 중 강우로 인한 유출해석과 관련된 기분 이론 및 방법들에 대해 알아보았다. 하지만 수문순환의 비정상적인 과정에 의해 강우가 발생하지 않거나 과거에 비해 적은 양만 내릴 경우 홍수와는 반대로 가뭄피해를 초래하게 된다.

모든 수문학적 재해 중에서 가뭄(drought)은 홍수와 함께 전 세계 특히 아시아 및 아프리카의 여러 국가들에게 가장 두려운 재해라 할 수 있다. 비가 오지 않게 되면 곡물을 심을 수 없고, 따라서 식량공급에 차질을 빚게 되어 식량부족으로 인한 비참한 결과를 초래한다. 가뭄은 드물고 예측하기 어렵게 발생하는 현상이라고 잘못된 생각을 하고 있지만, 사실 가뭄은 정상적으로 반복되는 기후현상이다. 가뭄은 지역에 따라서 그 양상이 상당히 변하지만, 모든 지역에서 발생한다. 건조한 기후상태는 강우가 적은 지역에 국한되는 영구적인 현상이지만 가뭄은 모든 지역의 정상상태에서 일시적으로 이탈하거나 차이가 나타나면 발생하게 된다.

비록 가뭄의 정의가 많이 있지만 가뭄은 장기간 즉, 보통 한 계절 또는 그 이상에 걸쳐 강우의 부족으로부터 기인한다. 이러한 강우의 부족은 일부 사회활동, 생명체 또는 자연환경에서 물의 결핍을 초래한다. 또한 가뭄은 주요발생계절, 강우기 시작의 지체, 주요작물의 성장단계와 관련한 강우의 발생 등과 같은 시기와 강우의 효율 즉, 강우강도, 강우의 회수와 관계가 있다. 세계 여러 지역에서 높은 온도, 강한 바람, 낮은 상대습도와 같은 기후적인 인자들이 가뭄과 밀접한 관련이 있으며, 가뭄의 정도를 상당히 악화시킨다.

가뭄을 단순히 물리적인 현상이나 자연현상으로 보아서는 안 된다. 가뭄은 자연현상(자연적인 기후변화로부터 예견되는 것보다 적은 강우)과 물의 수요(demand)간의 상호작용으로 인해 사회에 영향을 미친다. 인류는 지속적으로 가뭄으로부터 고통 받아 왔으며 개발도상국과 선진국 모두가 겪고 있는 가뭄과 이에 따른 경제적, 환경적 영향 그리고 개개인에 대한 고통은 모든 사회가 이러한 수문순환의 변화에 취약함을 분명히 보여 주고 있다. 본 장에서는 가뭄의 정의 및 분석방법 그리고 물 공급을 위한 저수지용량 결정방법 등에 대해 알아보기로 한다.

12.2 가뭄의 정의

가뭄은 일반적으로 서서히 찾아오는 현상으로 홍수는 언제 시작하고, 어디에서 발생하며, 언제 끝이 나는지 알 수 있는 것과는 달리 가뭄은 시간과 공간적으로 시작과 끝을 정의하기가 매우 어렵다. 가뭄을 인식하기 전까지 몇 주 또는 몇 달 동안 건조한 기간이 지속되며, 가뭄이 끝나기 까지는 가뭄기간과 비슷한 길이의 습한 기간이 지속되어야 한다.

가뭄을 적절하게 정의하는데 어려움을 주는 여러 가지 근원적인 문제가 있다. 첫째로 가뭄은 수문시스템의 모든 요소에 동시에 영향을 미치지 않을 수가 있다. 토양수분량이 비정상적으로 낮을 수 있지만 하천이나 저수지의 수위는 정상적일 수 있다. 농부는 낮은 토양함수량에 대해 즉각적으로 조치를 취하지만 도시지역 물공급시스템의 관리자나 수요자는 이런 긴박한 문제를 인식하지 못하는 경우가 있다. 두 번째로 가뭄은 절대적인 상태가 아니고 오히려 상대적인 물의 부족이라는데 있다. 물 부족량의 정확한 산정은 시간 및 공간적으로 예상되는 물의 양으로 평가되어야 한다. 수요량(demand)의 증가는 상대적으로 공급량(supply)이 감소함으로서 가뭄을 초래할 수도 있다.

Dracup 등(1980)은 가뭄을 정의하기 위한 첫 단계로 주 관심사가 무엇인지를 먼저 결정할 것을 제시하고 있다. 농업적 가뭄(agricultural drought)은 분명히 농업에 영향을 미치는 가뭄을 의미하며 이용할 수 있는 토양수분량에 관심을 두고 있다. 수문학적 가뭄(hydrological drought)은 물의 공급에 관심을 두고 하천유량 또는 저수량 등과 관련된 지수를 사용할 수 있다. 기상학적 가뭄(meteorological drought)은 정상상태보다 적은 강우의 지속기간 또는 정상보다 높은 기온의 지속기간 등에 관심을 두게 된다.

인간에 의한 활동들은 이러한 주된 관심사와 관련한 수문학적 요소들의 직접적인 정의를 무시하는 경우가 있으며 관개농업이 그 좋은 예라 할 수 있다. 어떠한 농업이든지 토양수분량이 중요하다. 하지만 관개농업이므로 하천유량, 저수지 저류량 및 지하수위 또한 매우 중요하다. 인위적인 수문순환의 변화 또한 시간 및 공간에서의 가뭄의 영향을 변화시키므로 정확한 상황인식을 더욱 어렵게 하고 있다.

가뭄에 대한 대부분의 정의는 사용할 수 있는 물이 정상(normal) 상태보다 상당히 낮게 지속하는 기간이라는 개념을 포함하고 있다. 이러한 기간은 몇 주, 몇 달 또는 특정상황에 따라 몇 년이 될 수도 있다. 정상상태보다 상당히 낮다는 개념은 일부 활동이 다른 것에 비해 물 부족에 매우 민감하기 때문에 상황에 따라 달라지게 된다. 심지어 같은 활동이라도 시간에 따라 가뭄에 대한 민감도가 달라진다. 옥수수경작은 성장 시기 중 특정기간 동안 물 부족에 매우 민감하며 성장기의 짧은 기간 동안 물의 공급이 충분하지 못하면 성장기 전, 후의 같은 물 부족에 비해 수확량은 급격히 감소한다.

인위적인 유역간의 물의 전환, 저류량 또는 지하수의 양수 등과 같은 수문순환의 변경은 상황을 복잡하게 만들지만 기본적인 개념은 유지된다. 마지막으로 가뭄은 추계학적(stochastic) 수문현상이란 것을 인식할 필요가 있다. 추계학적이란 개념은 연속적인 수문변수들의 관측치들이 시간에 의존한다는 것이다. 일단 가뭄이 시작되면 지속하려는 경향이 있다. 따라서 가뭄에 대한 보다 정확한 정의에는 이러한 추계학적인 특성이 포함되어 있다.

12.2.1 가뭄의 분야별 정의

1) 기상학적 가뭄

기상학적 가뭄은 일반적으로 정상상태 또는 평균적인 개념과 비교하여 건조한 정도와 건조한 상태의 지속기간을 바탕으로 정의된다. 기상학적 가뭄의 정의에서 강우의 결핍을 초래하는 대기 상태는 지역에 따라 상당히 변하기 때문에 특정 지역에 근거하여 고려해야 한다. 예를 들어 기상학적 가뭄의 정의 중 일부는 특정한 기준보다 작은 강우일수를 바탕으로 가뭄 기간을 정의한다. 이러한 정의는 열대 강우림, 습한 아열대기후 또는 습한 중위도기후와 같이 연중 강우가 내리는 지역에 대해서 적절하며 마나우스(브라질), 뉴올리언즈와 루이지애나(미국), 런던(영국)과 같은 지역이 그 예라 할 수 있다. 하지만 오마하와 네브라스카(미국), 포탈레자(브라질), 다윈과 북부지역(호주)과 같이 오랫동안 강우가 없는 지역인 경우 특정한 기준보다 작은 강우 일수에 의한 정의는 비현실적이다. 오히려 월, 계절, 년 시간 단위의 강우 평균치에 대한 실제 강우의 차이가 더 적절할 수 있다. 따라서 여러 나라에서 정의하는 기상학적 가뭄의 다양성은 한 지역에서 설정된 가뭄의 정의를 다른 곳에서 적용하는 것을 어렵게 한다.

2) 농업적 가뭄

농업적 가뭄은 기상학적(또는 수문학적)가뭄의 다양한 특성을 강우부족, 실제와 잠재증발산간의 차이, 토양수분 부족, 저수지 또는 지하수위의 저하 등과 같은 점에 초점을 맞추어 농업적 영향에 연결시킨다. 식물의 물 수요는 기후상태, 식물의 생물학적 특성, 성장단계, 토양의 물리적 및 생물학적 특성에 의존한다. 농업적 가뭄의 올바른 정의는 싹틈에서 성장까지 곡물 발달의 여러 단계 동안 곡물의 물에 대한 다양한 민감성을 충분히 고려할 수 있어야 한다. 씨를 뿌릴 때 토양 상부 층에서의 수분 부족은 발아를 방해하고 단위면적당 적은 곡물밀도를 초래하며 최종적인 생산량을 감소시킨다. 하지만 성장 초기단계에서 토양 상부 층의 수분이 충분하다면 이 단계에서 표면 아래층의 수분이 부족하더라도 만일 성장기에 수분이 공급되거나 곡물에 필요한 강우가 내린다면 곡물의 최종 생산량에는 영향을 미치지 않는다.

3) 수문학적 가뭄

수문학적 가뭄은 지표나 지표하 수분(하천유출, 저수지나 호수위, 지하수) 공급에 대한 강우(강설도 포함) 부족기간과 관련이 있다. 수문학적 가뭄의 빈도와 심한 정도는 유역단위 규모로 정의된다. 비록 모든 가뭄이 강우의 부족으로 초래되지만 수문학자들은 이러한 부족이 어떻게 수문학적 시스템을 통해 전개되어 영향을 미치는지에 더 관심이 있다. 수문학적 가뭄은 일반적으로 기상학적 및 농업적 가뭄의 발생시기와 어느 정도 시간적인 지체를 가지게 된다. 강우부족이 토양수분, 하천유출, 지하수 및 저수지 수위와 같은 수문학적 시스템에서 나타나기까지는 시간이 더 걸린다. 따라서 물의 다양한 사용분야는 각 분야별로 물 공급에 대한 근원이 다르기 때문에 가뭄의 영향은 서로 시기가 다르다. 예를 들어 강우부족은 농업학자들이 거의 즉각적으로 인식할 수 있는 토양수분의 급격한 감소를 야기할 수 있지만, 저수위에 대한 이러한 강우부족의 영향은 수개월 동안 수력발전량이나 여가활동에 영향을 주지 않을 수도 있다. 또한 수문학적인 저류시스템(저수지, 하천)에서의 물은 다목적 또는 경쟁적인 목적(홍수조절, 관개, 여가, 주운, 수력발전, 야생동물의 서식처 등)으로 사용되므로 영향의 순서와 크기를 더욱 복잡하게 한다. 이러한 저류시스템에서 물에 대한 경쟁은 가뭄기간 동안 더욱 증가하고 물 사용자들 사이에서의 갈등 또한 상당히 증가한다.

기후가 수문학적 가뭄의 주된 원인 제공자이지만 토지이용 및 이에 따른 산림훼손, 토양 침식, 댐의 건설과 같은 모든 활동이 유역의 수문학적 특성에 영향을 미친다. 여러 지역이 수문학적 시스템에 의해 서로 연결되어 있기 때문에 기상학적 가뭄의 영향은 강우부족 지역의 경계를 훨씬 넘어 확장 될 수도 있다. 이와 비슷하게 상류에서의 토지이용 변화는 침투, 유출율과 같은 수문학적 특성을 변화시킬 수 있으므로 하천유출을 더욱 변화시키며 하류의 수문학적 가뭄 발생을 높인다. 토지이용 변화는 기상학적 가뭄의 빈도 변화가 없었음에도 불구하고 물 부족 빈도를 변화시키는 인위적 활동의 한 예라 볼 수 있다.

4) 사회경제적 가뭄

사회경제적 가뭄(socioeconomic drought)은 경제재인 물의 수요와 공급을 기상학적, 수문학적, 그리고 농업적 가뭄 요소와 관련시키고 있다. 사회경제적 가뭄은 가뭄의 정의와 분류를 위해 수요와 공급의 시간 및 공간적인 과정에 의존하기 때문에 앞에서 언급한 가뭄의 형태와 다르다. 물, 곡물, 어류, 수력발전과 같은 많은 경제재의 공급은 기상에 의존한다. 기후의 자연적인 변화로 인해 어떤 해에는 물의 공급이 충분한 반면, 어떤 해에는 필요량에 미치지 못하게 된다. 사회경제적 가뭄은 기상과 관련된 물 공급의 부족으로 인해 경제재의 수요가 공급을 초과할 때 발생한다.

경제재의 수요는 인구의 증가 및 1인당 물 소비량의 증가로 인하여 점증하고 있으며, 공급 또한 개선된 생산효율, 기술, 또는 표면수의 저류능력을 증가시키는 저수지의 건설로 인해 증가시킬 수 있다. 만일 공급과 수요가 함께 증가한다면 중요한 인자는 상대적인 변화율이다. 수요가 공급보다 더 급격히 증가한다면 공급과 수요곡선이 한 점으로 향하게 되고, 따라서 장래에 가뭄 피해 발생이 증가할 수도 있다.

12.2.2 가뭄 영향의 순서

기상학적, 농업적, 그리고 수문학적 가뭄과 관련된 영향은 그들의 차이를 더욱 분명히 나타낸다. 가뭄이 시작될 때 농업분야는 저류된 물에 대한 의존성 때문에 일반적으로 먼저 영향을 받는다. 건조기간이 장기화되는 동안 토양수는 급격히 감소하며 강우 부족이 계속되면 여러 근원의 물에 의존하는 사람들은 물 부족의 영향을 차차 느끼기 시작한다. 예를 들어 지표수(저수지나 호수)와 지표하의 물(지하수)에 의존하는 사람들은 가장 나중에 영향을 받게 된다. 3개월 내지 6개월 동안 지속되는 단기간의 가뭄은 수문학적 시스템과 물 사용 요건에 따라 각 부분에 영향을 작게 줄 수도 있다.

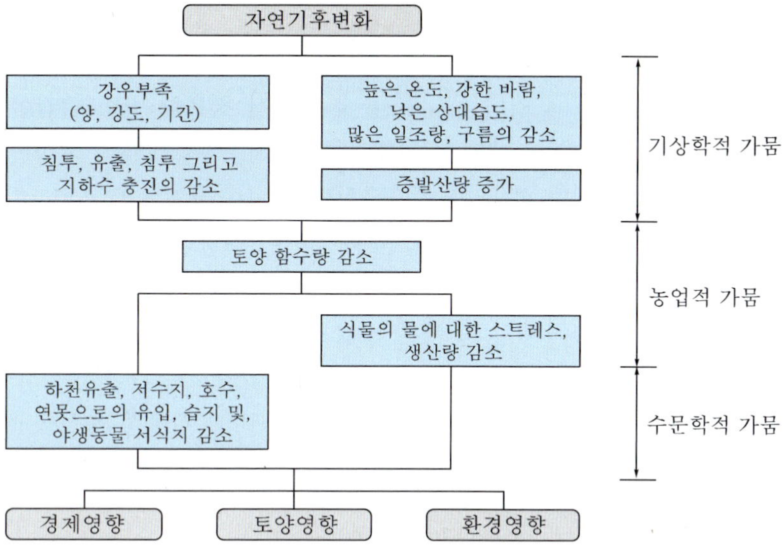

그림 12.1 가뭄영향의 순서도

강우가 정상상태로 돌아오고 기상학적 가뭄상태가 감소될 때 지표수(surface water)와 지표하의 물(subsurface water) 공급의 회복 순서도 반복된다. 토양수가 먼저 충진 되고, 이어서 하천유출, 저수지와 호수 그리고 지하수가 충진 된다. 농업부문에서는 토양수분의 의존성 때문에 가뭄의 영향은 급속히 감소될 수 있지만 지표수나 지표하의 물 공급에 의존하는 다른 분야에서는 가뭄의 영향이 수개월 또는 수년 동안 지속된다. 가뭄의 영향을 가장 늦게 받는 지하수 이용자들은 정상 상태로 돌아오는 것을 가장 나중에 느끼게 된다. 이와 같은 가뭄 회복기간의 길이는 가뭄 종료 후 발생하는 강우량의 함수가 된다.

12.2.3 가뭄분석

가뭄현상을 정량적으로 정의하고 분석하기 위한 다양한 방법들이 있다. 먼저 연속분석(runs analysis)방법이 있다. 연속분석방법은 가뭄을 추계학적 시계열(time series)의 특징을 이용하여 정의하고 설명하는 방법이다. 가뭄을 정의하는 또 다른 방법은 가뭄지수(drought indices)를 이용하는 것으로 일부 지수들은 아주 간단하지만 일부는 매우 복잡하다. 간단한 가뭄지수의 예를 들면 수문변수들의 한계치(threshold value)를 설정하고 물의 가용량이 이 한계치보다 낮은 기간을 분석하는 것이다. 즉, '정상상태 강우의 80%보다 낮은 강우가 2개월간 지속되었다'라고 가뭄을 표현하는 것이다. Palmer의 가뭄심도지수(Palmer Drought Severity Index, PDSI)는 물수지방법에 기초한 좀 더 복잡한 지수이다.

가뭄을 분석하는 방법으로 14장에서 설명할 홍수빈도해석과 유사한 가뭄빈도해석(drought frequency analysis)방법이 있다. 빈도해석방법에서는 가뭄을 정의하지는 못하고 가뭄의 재현기간만을 분석하게 되며, 홍수흐름에 대해서 적용한 방법과 같은 방법으로 저수흐름에 대해 분석한다. 매년마다 최소의 유량을 선택하여 연 최소유량계열을 작성한 후 순위를 부여해 확률지에 도시하여 분석하게 되며 확률분포형으로는 Type-III 극치분포(Weibull분포)를 주로 사용한다. 경우에 따라서는 가장 건조한 5일 지속기간 등과 같이 다양한 지속기간에 대한 빈도해석을 실시할 수 있으며 방법은 동일하다.

가뭄을 분석하는 또 다른 방법으로 Markov모형이 있다. Markov모형은 추계학적 과정의 확률적 특성을 설명하는 것으로 빈도해석과 마찬가지로 가뭄을 정의하지는 못하지만 가뭄의 재현기간을 나타내기 위해 일부 가뭄지수를 먼저 사용하고 확률적 특징을 설명하기 위해 Markov모형을 사용한다. 이상과 같은 가뭄분석 방법의 장단점이 표 12.1과 같다.

표 12.1 가뭄분석방법의 장단점

방 법	가뭄특성 정의 (발생 및 지속기간 등)	추계학적 특성표현	빈도특성 설명 (재현기간 등)
연속분석	O	O	X
단순지수	O	X	O (빈도해석과 연계시)
PDSI	O	O	X
빈도해석	X	X	O
Markov모형	X	O	O

12.3 연속분석방법

12.3.1 연속분석방법에서의 자료처리

가뭄의 연속분석방법은 비록 연속이론(theory of runs)이 연속형 변량에 적용되지만, 이산형 변량에 대한 연속이론에 기본을 두고 있다. 수문과정에서 수문변량들은 정상성(stationary) 추계학적 시계열을 이룬다. 정상성은 확률분포형의 매개변수(평균 및 표준편차)들이 시간에 따라 변하지 않는 것을 의미한다. 연속이론은 가뭄에 적용할 때 수문과정이 기준값(truncation level)인 특정 한계치의 위, 아래로 어떻게 교차하는지에 대해 정량적으로 설명할 수 있다.

분석을 하기 전에 원 자료는 평균에 대한 백분율, 평균으로부터의 이산 또는 표준화한 Z값으로 변환시켜야 한다. 표준화한 Z값은 무차원이라는 장점을 가지고 있어 강우에 대한 Z값을 유출량에 대한 Z값과 직접적으로 비교할 수 있다. Z값으로 표준화하는 과정은 14.4.4 정규분포에서 설명하였으며 Z값 산정 시 분모(표준편차)는 평균으로부터의 이산정도를 나타내고 있다.

그림 12.2는 이산형 수문변수 x에 대한 시계열의 예를 보여주고 있다. 시간(t)의 증가는 상황에 따라 주, 월 또는 년이 될 수가 있다. 기준값 x_o는 음으로의 이산을 나타내는 기준이 되는 값이다. 가뭄분석을 위해서는 오직 음으로 이산되는 값들만 사용하게 되며 양의 이산도 유사한 특성을 보이게 된다. 음의 이산 $(x-x_o)<0$는 가뭄을 의미한다.

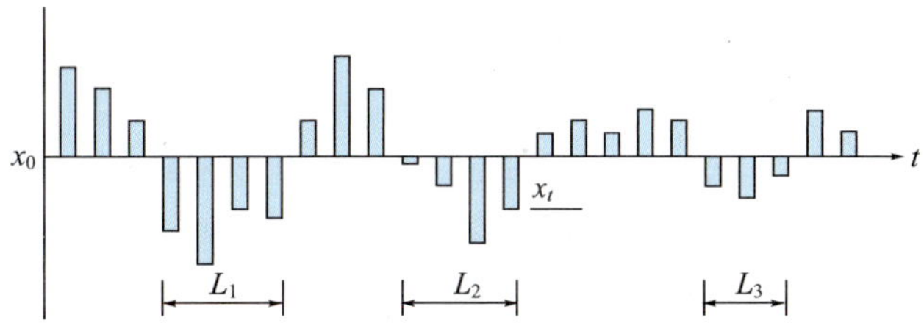

그림 12.2 이산형 변수 x에 대한 연속 특성

기준값은 임의 값으로 설정할 수 있으며, 그림 12.2와 같은 경우 x_0보다 약간 아래에 설정을 하더라도 음 또는 양의 이산에는 변화가 없음을 알 수 있다. 시간 t-1에서 $(x-x_o)>0$이고, 시간 t에서 $(x-x_o)<0$일 때 하향교차(down-crossing)가 발생하게 되며, 이러한 하향교차가 기준값에 의해 정의된 가뭄이 시작되는 시점이라 할 수 있다.

임의 가뭄사상 i에 대해 음의 연속길이(run length) L_i는 양의 이산이 앞뒤로 이어지는 음의 이산이 연속되는 기간으로 가뭄사상의 지속기간(duration)이라 정의한다. 그림 12.2는 세 번의 가뭄사상을 보여주고 있다. 첫 번째와 두 번째 가뭄사상은 4개의 지속기간을 가지고 있는 반면 세 번째의 가뭄은 3개의 지속기간을 가지고 있다.

연속길이 L_i에서 음의 이산 값들의 합을 연속 합(run sum) S_i라 하며, 이는 가뭄의 규모(magnitude)를 나타내게 된다. 가뭄의 규모는 주어진 가뭄사상에 대한 물 부족의 누가치를 의미한다. 가뭄의 규모와 연속길이의 비 S_i/L_i를 가뭄의 평균 강도(average intensity)라 한다. 마지막으로 시간 t에서의 가뭄심도(severity)는 각각의 음의 이산 x_t의 크기를 의미한다. 연속이론에 기초를 둔 정의는 강수, 토양수분 또는 유출량과 같은 수문학적 시스템에 적용할 수 있으며 지속기간, 규모, 강도 및 심도와 같은 가뭄 특성을 정량화 할 수 있다.

12.3.2 연속분석방법에 의한 가뭄의 해석

Z-변환된 월 강수량의 시계열이 그림 12.3과 같으며, 월 강수량 자료는 미국 Oklahoma주 중서부지역의 1929년부터 1940년까지 총 144개월의 관측 자료이다. 이 자료는 Gamma분포형에 분포시키고 14.4.4절에서 설명한 바와 같이 평균과 표준편차를 구해 Z값으로 표준화되었다. 미국립기후자료센터(Natioanl Climate Data Center, NCDC)에서는 표 12.2와 같이 Z-변환된 강수와 기온자료를 분류하는 기준을 제시하고 있다.

표 12.2 Z-변환된 강우 및 기온에 대한 분류 기준 (NCDC)

Z 값	분 류
$1.282 < Z$	극히 높음
$0.524 < Z \le 1.282$	높 음
$-0.524 \le Z \le 0.524$	정 상
$-1.282 \le Z < -0.524$	낮 음
$Z < -1.282$	극히 낮음

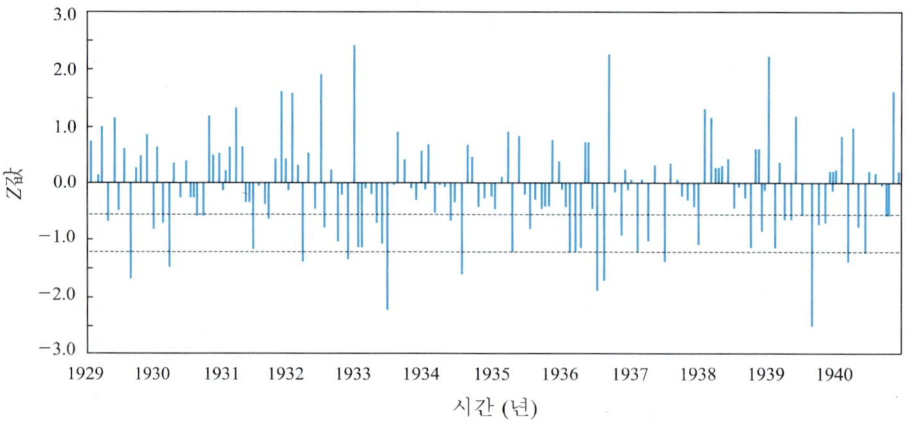

그림 12.3 Z-변환된 강수자료의 시계열

분류기준에서 표준편차의 절반 이내에 드는 이산은 아직 정상임을 의미하고 있다. 이산이 클수록 더욱 비정상적인(습하거나 또는 건조한) 기후조건을 나타내게 된다. 그림 12.3에 두개의 경계(Z=−0.524와 Z=−1.282)가 나타나 있으며, 연속분석에 의해 강수가뭄을 해석하기 위해 각 경계를 기준값으로 사용할 수 있다. 표 12.3에는 그림 12.3으로부터의 세 강수가뭄 사상에 대한 Z값이 나타나 있으며, 표 12.4에는 연속분석 결과가 나타나 있다.

표 12.3 세 강수가뭄 사상에 대한 Z값

년 도	월	z 값
1933	4	−0.65
	5	−1.05
	6	−2.17
1936	2	−1.25
	3	−1.40
	4	−1.12
1936	7	−1.86
	8	−1.65

첫 번째의 기준값 x_o=−0.524일 때 12년의 30%에 해당하는 총 43개월에 해당하는 32번의 강수가뭄이 발생하였다. 각각의 가뭄들은 1개월에서 3개월까지 지속하고 있음을 알 수 있다. 1939년 9월과 1933년 6월에 가장 심한 가뭄이 발생하였는데, 이때의 Z값이 각각 −2.34와 −2.17이다. 1933년 4~6월과 1936년 2~4월 동안 3개월간 지속한 가뭄이 두 번 있었다. 1933년 가뭄사상의 규모는 S=(−0.65)+(−1.05)+(−2.17)=−3.87이며 1936년의 가뭄규모는 S=−3.77임을 알 수 있다. 1936년에는 7-8월에 두 번째의 가뭄이 발생하였는데, 지속기간은 2개월로 짧지만 규모는 −3.51로 크며, 강도는 −1.76으로 나타났다.

표 12.4 강수자료에 대한 연속분석

구 분	기준값(truncation level) x_o	
	−0.524	−1.282
가뭄달의 총수	43	12
가뭄사상의 총수	32	11
1933 4~6월 가뭄		
길이 L	3	1
규모 S	−3.87	−2.17
강도 S/L	−1.28	−2.17
1936 2~4월 가뭄		
길이 L	3	1
규모 S	−3.77	−1.40
강도 S/L	−1.26	−1.40
1936 7~8월 가뭄		
길이 L	2	2
규모 S	−3.51	−3.51
강도 S/L	−1.76	−1.76

더 낮은 기준값 x_o=−1.282에 대해서는 11번의 강수가뭄이 12개월 또는 전체기간의

8.3%에 걸쳐 발생하였다. 이번에는 가장 긴 가뭄이 1936년 여름에 2개월 동안 발생하였으며 규모 및 강도는 앞의 경우와 같게 나왔다. 따라서 기준값을 낮게 설정함에 따라 가뭄사상은 줄어들고 강도는 증가함을 알 수 있다. 연속분석방법은 가뭄의 재현기간, 길이, 규모, 강도 그리고 심도를 정량화 할 수 있지만 기준값에 따라 이들 값이 변하게 된다. 기준값의 설정은 임의적이며 어디에 설정해야 하는지에 대한 정확한 기준이 없다. 이것이 바로 연속분석방법의 가장 취약점이라 할 수 있다. 이러한 영향을 그림 12.3에서 볼 수 있다.

1933년의 처음 6개월은 음의 이산을 보이고 있다. 만일 기준값을 0에 가깝게 설정한다면 1933년 초에 시작하는 6개월의 단일 가뭄사상이 발생하게 된다. 그 대신 기준값 −0.524을 설정하면 두개의 가뭄사상 즉, 1월의 1개월 가뭄 그리고 4~6월의 3개월 가뭄이 나타난다. 이것이 가뭄의 규명 및 특성이 기준값에 전적으로 의존하고 이 기준값이 임의적으로 설정된다는 연속분석방법의 한계이다. 또 다른 문제는 연속분석방법이 한번에 한 변수에 대해서만 분석할 수 있다는 것으로 일반적으로 정상 이하의 강수 및 정상 이상의 기온이 연계해서 나타나는 기상학적 가뭄의 해석에 한계를 나타낸다.

예제 12.1

다음 표 12.5는 어느 지역의 2009년 1월부터 2014년 8월까지의 월강수량을 나타내고 있다. Z변환을 실시하고 연속분석방법에 의해 강수가뭄을 분석하라. 단, 기준값은 x_0=−0.4와 x_0=−0.7에 대해 적용하고 그 결과를 비교하라.

표 12.5 월강수량 (mm)

년 \ 월	1	2	3	4	5	6	7	8	9	10	11	12
2009	10.2	2.9	55.0	97.2	109.7	131.8	230.4	600.5	377.3	81.6	19.5	17.0
2010	42.8	2.1	3.1	30.7	75.2	68.1	114.7	599.4	178.5	18.1	27.1	27.0
2011	39.4	45.7	18.1	12.3	16.5	157.4	698.4	252.0	49.3	68.2	13.0	15.7
2012	37.4	2.4	31.5	155.1	58.0	61.4	220.6	688.0	61.1	45.0	12.5	15.0
2013	14.1	39.6	26.8	139.6	106.0	156.0	469.8	684.2	258.2	41.5	69.3	6.9
2014	19.8	54.6	27.6	74.1	168.5	138.1	510.7	193.3				

풀이

Z변환을 실시하기 위해서 월강수량자료의 평균과 표준편차를 구한 결과

$\bar{x} = 130.77\text{mm}, s = 180.64\text{mm}$ 이다.

따라서 2009년 1월의 Z변환 값은 다음과 같으며 그 결과가 표 12.6 및 그림 12.4와 같다.

$$Z = \frac{x - \bar{x}}{s} = \frac{10.2 - 130.77}{180.64} = -0.667$$

기준값 x_0=−0.4와 −0.7에 대해 강수가뭄을 분석한 결과 x_0=−0.4인 경우 강수가뭄달의 총수는 35개월, 강수가뭄사상은 9회였으며 x_0=−0.7을 적용한 경우 강수가뭄달의 총수는 4개월, 강수가뭄사상은 3회로 나타나고 있다. 따라서 x_0=−0.7을 기준으로 하는 세 경우의 강수가뭄사상에 대해 길이, 규모 및 강도를 산정한 결과가 표 12.7과 같다.

본 예제의 경우는 연속분석방법을 설명하기 위한 예제로 각 강수가뭄사상은 실제로는 정상적인 겨울과 봄철의 건조한 상황을 나타내고 있고 가뭄상황이라 하기는 곤란하다. 따라서 보다 장기간의 월강수

량자료를 이용하여 분석할 필요가 있으며 기준값의 선정도 가뭄과 관련한 다른 인자들과 연계하여 충분히 분석하여 적용할 필요가 있다.

표 12.6 강수의 Z변환값

년 월	z값	년 월	z값	년 월	z값	년 월	z값	년 월	z값	년 월	z값
2009.1	−0.667	2010.1	−0.487	2011.1	−0.506	2012.1	−0.517	2013.1	−0.646	2014.1	−0.614
2	−0.708	2	−0.712	2	−0.471	2	−0.711	2	−0.505	2	−0.422
3	−0.419	3	−0.707	3	−0.624	3	−0.550	3	−0.576	3	−0.571
4	−0.186	4	−0.554	4	−0.656	4	0.135	4	0.049	4	−0.314
5	−0.117	5	−0.308	5	−0.633	5	−0.403	5	−0.137	5	0.209
6	0.006	6	−0.347	6	0.147	6	−0.384	6	0.140	6	0.041
7	0.552	7	−0.089	7	3.142	7	0.497	7	1.877	7	2.103
8	2.600	8	2.594	8	0.671	8	3.085	8	3.064	8	0.346
9	1.365	9	0.264	9	−0.451	9	−0.386	9	0.705		
10	−0.272	10	−0.624	10	−0.346	10	−0.475	10	−0.494		
11	−0.616	11	−0.574	11	−0.652	11	−0.655	11	−0.340		
12	−0.630	12	−0.574	12	−0.637	12	−0.641	12	−0.686		

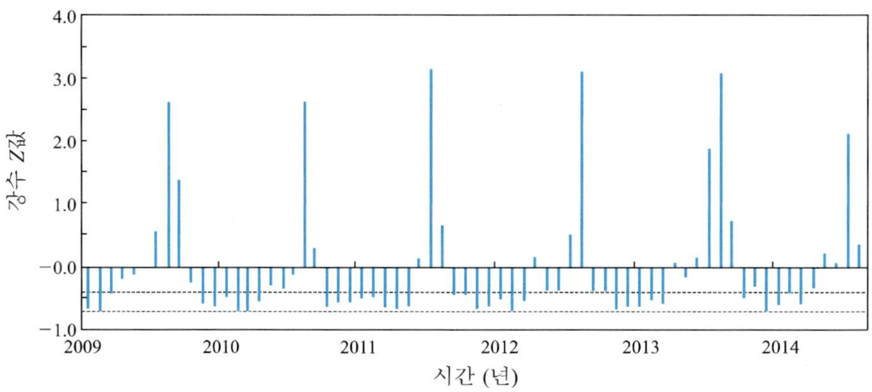

그림 12.4 강수의 Z변환값

표 12.7 강수가뭄사상에 대한 길이, 규모, 강도산정

기간	2009.1~2009.3		2009.11~2010.4		2011.11~2012.3	
기준값 x_0	−0.4	−0.7	−0.4	−0.7	−0.4	−0.7
길이 L	3	1	6	2	5	1
규모 S	−1.795	−0.708	−3.706	−1.419	−3.066	−0.711
강도 S/L	−0.598	−0.708	−0.618	−0.710	−0.613	−0.711

12.4 Palmer 가뭄심도지수

Palmer(1965)는 가뭄기간을 '특정지역에서 실제의 수분공급량이 기후학적으로 예상되거나 적절하다고 판단되는 수분공급량에 비해 부족한 월 또는 년 시간단위의 지속기간'이라고 정의하였다. Palmer는 이와 같은 정의를 기본으로 수분공급의 비정상적인 상태를 통하여 시간 및 공간에 상관없이 가뭄의 정도를 판단 및 비교할 수 있는 가뭄심도지수(Palmer Drought Severity Index, PDSI)를 개발하였다.

가뭄심도지수를 개발하기 위하여 Palmer는 미국 Iowa주와 Kansas주에서의 1931~1957년간의 월평균 온도와 강우자료를 이용하여 잠재증발산량을 추정하고 물수지분석을 통해 기후학적으로 필요한 강우량과 실제 강우량을 비교하여 가뭄지수를 얻고 두 지역의 가뭄지수를 서로 비교할 수 있도록 가중치를 주어 최종적으로 가뭄심도지수를 산정하였다.

현재 가장 널리 사용되는 가뭄지수인 PDSI는 저수지 저류량 등과 같은 물수지와 관련한 인위적인 변동은 고려하지 못한다. PDSI는 기상학적 가뭄지수라 할 수 있으며 비록 토양함수량, 하천 혹은 호수 등과 같은 수문학적 시스템의 다른 요소들이 정상상태보다 건조한 상태로 있더라도 건조한 상태로부터 정상 또는 습한 상태로 변하는 달에 가뭄이 끝나는 것으로 나타난다. 따라서 이러한 결점을 보완하기 위해 Palmer 수문학적 가뭄지수(Palmer Hydrological Drought Index, PHDI)를 개발하였으며 PHDI는 기후의 변화에 덜 민감하고 수문학적 상태를 더 정확하게 반영하고 있다.

PDSI의 장점은 가뭄의 지속적인 특성을 잘 인식한다는데 있으며 또한 서로 다른 시기에 서로 다른 지역에서 가뭄을 직접적으로 비교할 수 있는 표준화된 지수라는 것이다. 예를 들어 Iowa주에서의 9월의 가뭄지수 −1.5와 Kansas주에서의 6월 달의 가뭄지수 −1.5와 직접적인 비교가 가능하다. PDSI는 특정지역에서 특정시기에 해당하는 정상기후 상태로부터 얼마나 이산되어 있는지를 보여준다.

12.4.1 잠재증발산량 추정

Palmer가뭄심도지수를 산정하기 위해서는 먼저 잠재증발산량을 산정한다. 잠재증발산량 산정방법이 여러 가지 제시되고 있지만 Palmer는 당시까지 제시된 방법 중 Thornthwaite의 월열지수법(Monthly heat index method)이 간단하면서도 신뢰성이 있어 이 방법을 적용하였다. 월열지수법은 매월의 평균기온으로부터 월열지수(monthly heat index)를 산정하고, 이들을 합하여 연열지수(yearly heat index)를 얻은 후 월평균기온과 연열지수 및 매월의 일수와 일조시간을 고려하여 월별 잠재증발산량을 산정하게 된다. Thornthwaite의 월열지수법에 의한 잠재증발산량 PE의 산정방법은 5.6.4절에 자세히 설명되어 있다.

12.4.2 월별 수분수지분석

월별 수분수지분석을 하기 위해서는 토양함수량이 고려되어야 하는데, 이때 토양을 임의의 깊이로 두 부분으로 나누어 적용한 방법을 사용하였다. 즉, 상부층은 토양함수량 1inch로 가정하여 이 층에서는 강우가 즉각적으로 저장되며 증발산이 발생하게 된다. 따라서 상부층에서는 수분이 모두 제거될 때까지 잠재증발산이 발생한다고 가정하고, 상부층의 수분이 모두 제거되어야만 하부층의 수분(9inch)이 제거되기 시작한다. 같은 방법으로 수분의 재충진은 상부층이 충만 되는 경우에만 하부층으로 수분이 재충진 되는 것으로 본다. 또한 하부층의 수분손실은 초기의 수분함유량뿐만 아니라 잠재증발산량(PE)과 토양의 가능수분용량(AWC)에 의해 결정된다고 가정한다. 즉,

$$L_s = S'_s \text{ 또는}(PE - P)\text{중 작은 값} \tag{12.4.1}$$

$$L_u = (PE - P - L_s)\frac{S_u'}{AWC}, \quad L_u \leq S_u' \tag{12.4.2}$$

여기서 L_s는 상부층의 수분손실, L_u는 하부층의 수분손실, S_s'는 해당월이 시작될 때 상부층에 저장된 가용수분, S_u'는 해당월이 시작될 때 하부층에 저장된 가용수분, P는 월 강우량, L은 $L_s + L_u$, S는 $S_s' + S_u'$이며 그리고 AWC는 상부와 하부층 토양의 가능수분용량이다.

수분수지분석에서 직접적으로 이용되지는 않지만 가뭄심도지수를 산정하기 위해 고려되어야 할 다음과 같은 잠재량에 해당하는 변수들이 있다. 잠재충진량(PR)은 토양의 가능수분용량을 채우기 위해 필요한 수분량을 말한다.

$$PR = AWC - (S_s' + S_u') \tag{12.4.3}$$

잠재손실량(PL)은 강우가 없는 기간 동안 토양으로부터 손실될 수 있는 수분량을 의미하며 다음과 같이 결정된다.

$$PL = PL_s + PL_u \tag{12.4.4}$$

여기서

$$PL_s = PE \text{ 또는 } S_s' \text{ 중 작은 값} \tag{12.4.5}$$

$$PL_u = (PE - PL_s)\frac{S_u'}{AWC} \tag{12.4.6}$$

잠재유출량(PRO)은 토양의 가능수분용량에서 잠재충진량을 제한 값으로 다음과 같이 산정된다.

$$PRO = AWC - PR = S' \tag{12.4.7}$$

표 12.8은 미국 Iowa지역에 대해 Palmer가 실시한 수분수지분석의 결과를 일부 보여주고 있다.

12.4.3 월별 수분이상지수 산정

앞에서 구한 잠재값들과 실제값의 비인 계수들을 월별로 식 (12.4.8)~(12.4.11)과 같이 구하여 각 지역에 대해 기후적으로 적절한(Climatically Appropriate For Existing Conditions, CAFEC) 값들을 식 (12.4.12)~(12.4.15)를 통해 계산하게 된다.

표 12.8 미국 Iowa지역에 대한 수분수지분석

년월	T(F°)	P	PE	ΔS_s	ΔS_u	S_s'	S_u'	S'	PR	R	PL	L	ET	RO
1933														
1	32.3	0.90	0.01	0.00	0.00	1.00	9.00	10.00	0.00	0.00	0.01	0.00	0.01	0.89
2	22.6	0.21	0.00	0.00	0.00	1.00	9.00	10.00	0.00	0.00	0.00	0.00	0.00	0.21
3	36.3	3.22	0.31	0.00	0.00	1.00	9.00	10.00	0.00	0.00	0.31	0.00	0.31	2.91
4	48.5	1.16	1.63	−0.47	0.00	0.53	9.00	9.53	0.00	0.00	1.57	0.47	1.63	0.00
5	60.6	5.60	3.56	0.47	0.00	1.00	9.00	10.00	0.47	0.47	3.26	0.00	3.56	1.57
6	77.8	1.03	6.37	−1.00	−3.91	0.00	5.09	5.09	0.00	0.00	5.83	4.91	5.94	0.00
7	70.3	3.57	6.22	0.00	−1.35	0.00	3.74	3.74	4.91	0.00	3.17	1.35	4.92	0.00
8	70.3	1.84	4.84	0.00	−1.11	0.00	2.63	2.63	6.26	0.00	1.81	1.11	2.95	0.00
9	69.7	3.57	4.18	0.00	−0.16	0.00	2.47	2.47	7.37	0.00	1.10	0.16	3.73	0.00
10	49.8	1.95	1.52	0.43	0.00	0.43	2.47	2.90	7.53	0.43	0.38	0.00	1.52	0.00
11	37.9	0.26	0.34	−0.08	0.00	0.35	2.47	2.82	7.10	0.00	0.34	0.08	0.34	0.00
12	26.9	0.89	0.00	0.65	0.24	1.00	2.71	3.71	7.18	0.89	0.00	0.00	0.00	0.00
1934														
1	26.1	1.34	0.00	0.00	1.34	1.00	4.05	5.05	6.29	1.34	0.00	0.00	0.00	0.00
2	25.1	0.59	0.00	0.00	0.59	1.00	4.64	3.64	4.95	0.59	0.00	0.00	0.00	0.00
3	34.4	1.01	0.09	0.00	0.92	1.00	5.56	6.56	4.36	0.92	0.09	0.00	0.09	0.00
4	50.1	0.61	1.82	−1.00	−0.12	0.00	5.44	5.44	3.44	0.00	1.46	1.12	1.73	0.00
5	70.0	0.76	5.08	0.00	−2.33	0.00	3.11	3.11	4.56	0.00	2.76	2.33	3.09	0.00
6	78.4	2.10	6.53	0.00	−1.37	0.00	1.74	1.74	6.89	0.00	2.03	1.37	3.47	0.00
7	79.3	4.68	6.82	0.00	−0.36	0.00	1.38	1.38	8.26	0.00	1.19	0.36	5.04	0.00
8	72.9	2.83	5.25	0.00	−0.34	0.00	1.04	1.04	8.62	0.00	0.72	0.34	3.17	0.00
9	61.1	5.59	3.02	1.00	1.57	1.00	2.61	3.61	8.96	2.57	0.31	0.00	3.02	0.00
10	56.5	1.15	2.26	−1.00	−0.03	0.00	2.58	2.58	6.39	0.00	1.33	1.03	2.18	0.00
11	41.7	5.15	0.60	1.00	3.56	1.00	6.13	7.13	7.42	4.55	0.15	0.00	0.60	0.00
12	21.0	0.34	0.00	0.00	0.34	1.00	6.47	7.47	2.87	0.34	0.00	0.00	0.00	0.00
1935														
1	20.6	1.53	0.00	0.00	1.53	1.00	8.00	9.00	2.53	1.53	0.00	0.00	0.00	0.00
2	28.5	1.44	0.00	0.00	1.00	1.00	9.00	10.00	1.00	1.00	0.00	0.00	0.00	0.44
3	39.9	1.46	0.62	0.00	0.00	1.00	9.00	10.00	0.00	0.00	0.62	0.00	0.62	0.84
4	46.4	1.24	1.39	−0.15	0.00	0.85	9.00	9.85	0.00	0.00	1.35	0.15	1.39	0.00
5	54.8	4.13	2.70	0.15	0.00	1.00	9.00	10.00	0.15	0.15	2.51	0.00	2.70	1.28
6	65.4	8.65	4.27	0.00	0.00	1.00	9.00	10.00	0.00	0.00	3.94	0.00	4.27	4.38
7	78.6	4.43	6.68	−1.00	−1.11	0.00	7.89	7.89	0.00	0.00	6.09	2.11	6.54	0.00
8	72.9	1.64	5.23	0.00	−2.85	0.00	5.04	5.04	2.11	0.00	4.14	2.85	4.49	0.00
9	64.5	3.89	3.46	0.43	0.00	0.43	5.04	5.47	4.96	0.43	1.74	0.00	3.40	0.00
10	50.7	3.55	1.60	0.57	1.38	1.00	6.42	7.42	4.53	1.95	1.02	0.00	1.60	0.00
11	33.9	2.89	0.07	0.00	2.58	1.00	9.00	10.00	2.58	2.58	0.07	0.00	0.07	0.24
12	21.6	1.31	0.00	0.00	0.00	1.00	9.00	10.00	0.00	0.00	0.00	0.00	0.00	1.31

* AWC적용 : IOWA주는 상부토양=1inch, 하부토양=9inch, Kansas주는 상부토양=1inch, 하부토양=5inch

$$\text{증발산량계수} : \alpha = \overline{\mathrm{ET}}/\overline{\mathrm{PE}} \tag{12.4.8}$$

$$\text{충진량계수} : \beta = \overline{\mathrm{R}}/\overline{\mathrm{PR}} \tag{12.4.9}$$

$$\text{유출량계수} : \gamma = \overline{\mathrm{RO}}/\overline{\mathrm{PRO}} \tag{12.4.10}$$

$$\text{손실량계수} : \delta = \overline{\mathrm{L}}/\overline{\mathrm{PL}} \tag{12.4.11}$$

$$\widehat{\mathrm{ET}} = \alpha \mathrm{PE} \tag{12.4.12}$$

$$\widehat{\mathrm{R}} = \beta \mathrm{PR} \tag{12.4.13}$$

$$\widehat{\mathrm{RO}} = \gamma \mathrm{PRO} \tag{12.4.14}$$

$$\widehat{\mathrm{L}} = \delta \mathrm{PL} \tag{12.4.15}$$

표 12.9 미국 Kansas주에 대한 수분이상지수 z

년월	PE	PR	PRO	PL	αPE $\widehat{ET}+$	βPR $\widehat{R}+$	$\gamma S'$ $\widehat{RO}-$	δPL $\widehat{L}=$	$\widehat{P}$	P	d $(P-\widehat{P})$	z (dk)	Z (dK)
1932													
6	4.30	4.67	1.33	1.06	3.41	0.12	0.03	0.46	3.10	5.56	2.46	3.39	3.15
7	7.04	3.91	2.09	2.09	3.98	0.03	0.00	1.08	2.93	1.78	−1.15	−2.02	−1.59
8	5.97	5.66	0.34	0.34	3.03	0.02	0.00	0.18	2.87	1.53	−1.34	−2.63	−2.22
9	3.41	5.93	0.07	0.04	1.67	0.01	0.00	0.02	1.66	1.28	−0.38	−0.78	−0.71
10	1.63	5.95	0.05	0.01	0.90	0.26	0.00	0.00	1.16	0.62	−0.54	−0.89	−0.98
11	0.53	5.97	0.03	0.00	0.35	0.39	0.00	0.00	0.74	0.10	−0.64	−0.79	−1.31
12	0.00	5.97	0.03	0.00	0.00	0.54	0.00	0.00	0.54	0.24	−0.30	−0.30	−0.68
1933													
1	0.21	5.73	0.27	0.21	0.20	0.41	0.00	0.10	0.51	0.02	−0.49	−0.49	−1.26
2	0.00	5.92	0.08	0.00	0.00	0.69	0.00	0.00	0.69	0.18	−0.51	−0.51	−1.12
3	0.94	5.74	0.26	0.23	0.91	0.65	0.01	0.09	1.48	0.58	−0.90	−0.86	−1.66
4	1.72	5.97	0.03	0.01	1.58	0.90	0.00	0.00	2.48	2.17	−0.31	−0.32	−0.48
5	3.36	5.52	0.48	0.46	2.88	0.64	0.01	0.17	3.36	3.48	0.12	0.13	0.17
6	6.50	5.40	0.60	0.60	4.61	0.14	0.01	0.26	4.50	0.88	−3.62	−5.00	−4.63
7	6.91	5.99	0.01	0.01	3.91	0.04	0.00	0.00	3.95	1.84	−2.11	−3.71	−2.91
8	5.41	5.99	0.01	0.01	2.74	0.02	0.00	0.01	2.75	4.91	2.16	4.23	3.59
9	4.30	5.99	0.01	0.01	2.11	0.01	0.00	0.01	2.11	1.33	−0.78	−1.59	−1.46
10	2.03	5.99	0.01	0.00	1.12	0.26	0.00	0.00	1.38	0.50	−0.88	−1.45	−1.60
11	0.78	5.99	0.01	0.00	0.51	0.39	0.00	0.00	0.90	0.97	0.07	0.09	0.14
12	0.40	5.80	0.20	0.19	0.37	0.52	0.00	0.08	0.81	1.04	0.23	0.23	0.52
1934													
1	0.21	5.16	0.84	0.21	0.20	0.37	0.00	0.10	0.47	0.11	−0.36	−0.36	−0.93
2	0.18	5.26	0.74	0.18	0.18	0.61	0.00	0.04	0.75	1.36	0.61	0.61	1.34
3	0.82	4.08	1.92	0.82	0.79	0.46	0.06	0.31	1.00	0.55	−0.45	−0.43	−0.83
4	2.15	4.35	1.65	0.95	1.98	0.65	0.26	0.06	2.43	0.39	−2.04	−2.10	−3.14
5	4.60	5.23	0.77	0.59	3.95	0.60	0.02	0.21	4.36	1.24	−3.12	−3.49	−4.31
6	6.16	5.67	0.33	0.33	4.37	0.15	0.01	0.14	4.39	2.39	−2.00	−2.76	−2.56
7	7.90	5.86	0.14	0.14	4.47	0.04	0.00	0.07	4.44	0.74	−3.70	−6.51	−5.11
8	6.54	5.99	0.01	0.01	3.32	0.02	0.00	0.01	3.33	1.44	−1.89	−3.70	−3.14
9	2.80	5.99	0.01	0.01	1.37	0.01	0.00	0.00	1.38	1.45	0.07	0.14	0.13
10	2.42	5.99	0.01	0.00	1.34	0.26	0.00	0.00	1.60	0.66	−0.94	−1.55	−1.71
11	0.80	5.99	0.01	0.00	0.53	0.39	0.00	0.00	0.92	0.66	−0.26	−0.32	−0.53
12	0.08	5.99	0.01	0.00	0.07	0.54	0.00	0.00	0.61	0.15	−0.46	−0.46	−1.04
1935													
1	0.21	5.92	0.08	0.07	0.20	0.43	0.00	0.03	0.60	0.31	−0.29	−0.29	−0.75
2	0.32	5.82	0.18	0.17	0.31	0.68	0.00	0.04	0.95	0.25	−0.70	−0.70	−1.54
3	1.26	5.89	0.11	0.10	1.22	0.67	0.00	0.04	1.85	0.61	−1.24	−1.19	−2.28
4	1.57	5.99	0.01	0.00	1.44	0.90	0.00	0.00	2.34	0.25	−2.09	−2.15	−3.22
5	2.52	5.99	1.01	0.00	2.16	0.69	0.00	0.00	2.85	4.65	1.80	2.02	2.48

따라서 각 지역에 기후적으로 적절한(CAFEC) 강우량은 식 (12.4.16)과 같이 구하고, 실제 강우량과의 차인 수분편차 d는 식 (12.4.17)과 같이 산정한다.

$$\widehat{P} = \widehat{ET} + \widehat{R} + \widehat{RO} - \widehat{L} \qquad (12.4.16)$$

$$d = P - \widehat{P} \qquad (12.4.17)$$

수분편차 d에 식 (12.4.18)로부터 구한 기후특성치 k를 곱하여 해당 월의 평균적인 수분상태와 그

달의 실제 수분상태의 상대적인 편차를 표현하는 수분이상지수(moisture anomaly index) z을 산정한다. 표 12.9는 미국 Kansas주에 대해 산정한 수분이상지수를 보여주고 있다.

$$k = \left(\frac{\overline{PE} + \overline{R}}{\overline{P} + \overline{L}} \right) \quad (12.4.18)$$

$$z = kd \quad (12.4.19)$$

여기서 $\overline{PE}$는 잠재증발산의 월별 평균값, $\overline{R}$은 충진량의 월별 평균값, $\overline{P}$는 강우량의 월별 평균값, $\overline{L}$은 수분손실량의 월별 평균값이다. 표 12.9에 적용된 kansas주의 월별 k값은 1월부터 차례로 0.99, 1.00, 0.96, 1.02, 1.12, 1.38, 1.76, 1.96, 2.04, 1.65, 1.23, 1.01이고, K값은 1월부터 차례로 2.58, 2.20, 1.84, 1.54, 1.38, 1.23, 1.38, 1.66, 1.87, 1.82, 2.04, 2.26이다.

표 12.10 가뭄지속기간별 $\sum z$

지 점	지속기간(월)	시 작	종 료	$\sum z$
Kansas	3	1936. 6	1936. 8	−13.40
Kansas	4	1913. 5	1913. 8	13.62
Kansas	4	1934. 4	1934. 7	−14.86
Kansas	4	1934. 5	1934. 8	−16.46
Iowa	5	1934. 4	1934. 8	−14.14
Kansas	5	1934. 4	1934. 8	−18.56
Iowa	13	1933. 6	1934. 6	−23.39
Iowa	15	1933. 6	1934. 8	−27.06
Kansas	16	1955. 6	1955. 9	−29.71
Kansas	17	1955. 6	1956. 10	−31.28
Kansas	17	1934. 4	1935. 8	−31.59
Kansas	29	1934. 4	1936. 8	−46.82
Kansas	42	1934. 4	1937. 9	−62.55

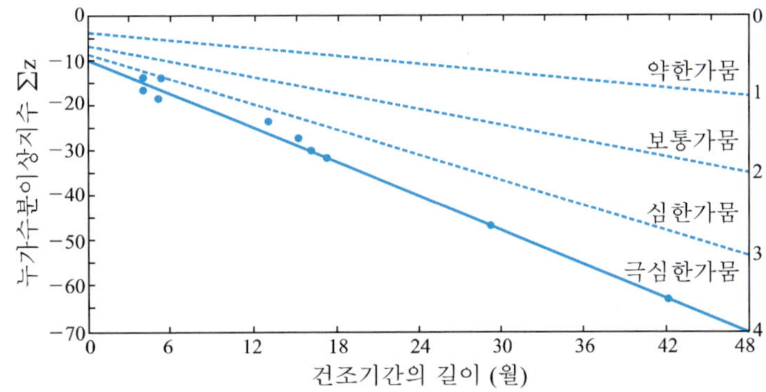

그림 12.5 최대가뭄지속기간별 누가 수분이상지수

12.4.4 가뭄심도의 분류

위와 같은 과정을 통해 Iowa주와 Kansas주에 대해 수분이상지수를 월별로 산정하고 가뭄지속기간별 수분이상지수의 누가치를 표 12.10과 같이 구한 후 그림 12.5와 같이 도시하여 최적 직선을 구하게 된다.

Palmer는 그림 12.5를 이용하여 최적 직선에 해당하는 실선을 극심한 가뭄(Extreme Drought)으로 정의하고 가뭄심도지수 X=−4.0으로 정하였으며, 이를 바탕으로 표 12.11과 같이 심한가뭄(Severe Drought, X=−3.0), 보통가뭄(Moderate Drought, X=−2.0), 약한가뭄(Mild Drought, X=−1.0)으로 구분 정의하였다.

표 12.11 건조기와 습윤기의 가뭄심도 구분

가뭄심도지수 X	분 류
≥ 4.00	극심한 습윤 (Extremely wet)
3.00 ~ 3.99	심한 습윤 (Very wet)
2.00 ~ 2.99	보통 습윤 (Moderate wet)
1.00 ~ 1.99	약한 습윤 (Slightly wet)
0.50 ~ 0.99	습윤기간 시작 (Incipient wet)
0.49 ~ −0.49	정상상태 (Near normal)
−0.50 ~ −0.99	가뭄기간 시작 (Incipient drought)
−1.00 ~ −1.99	약한 가뭄 (Mild drought)
−2.00 ~ −2.99	보통 가뭄 (Moderate drought)
−3.00 ~ −3.99	심한 가뭄 (Severe drought)
≤ −4.00	극심한 가뭄 (Extreme drought)

12.4.5 가뭄심도 산정공식

그림 12.5의 누가수분이상지수와 가뭄심도와의 관계를 이용하여 가뭄심도지수(PDSI) X를 산정하게 된다. 그림 12.5의 실선으로 표시된 극심한 가뭄에 해당하는 X=−4.0 선에서 t=1개월일 때의 누가수분이상지수는 $\sum z=-12.0$이고, t=48개월일 때의 누가수분이상지수는 $\sum z=-70.1$이므로 가뭄심도 X는 다음과 같이 얻을 수 있다.

$$X_i = \sum_{t=1}^{i} z_i / (0.309t + 2.691) \tag{12.4.20}$$

각 월의 영향을 알아보기 위해 식 (12.4.20)에 i=1, t=1을 적용하면 다음과 같다.

$$X_1 = \frac{z_1}{3} \tag{12.4.21}$$

이것은 첫 번째 달에 해당하므로 다음과 같이 표현할 수 있다.

$$X_1 - X_o = \Delta X_1 = \frac{z_1}{3} \tag{12.4.22}$$

식 (12.4.20)과 그림 12.5를 보면 주어진 X값을 유지하기 위해서는 t가 증가할수록 $\sum z$도 증가하여야 한다. t에 따라서 분모가 일정하게 증가하는데 즉, t가 1씩 증가할수록 분모는 0.309씩 일정하게 증가한다. 따라서 일정하게 유지되어야 할 X(ΔX=0)에 따라 z값은 증가되어야 한다. 그러므로 초기의 건조한 달에 이어지는 모든 달에 식 (12.4.22)에 추가하여 다음과 같은 항이 고려되어야 한다.

$$\Delta X_i = \left(\frac{z_i}{3}\right) + cX_{i-1} \tag{12.4.23}$$

여기서 $\Delta X_i = X_i - X_{i-1}$ (12.4.24)

식 (12.4.23)에서 c를 결정하여야 하는데 식 (12.4.20)으로부터 각 월마다 주어진 X값을 유지하기 위한 z_i값을 결정할 수 있다. 표 12.12는 $X_{i-1} = X_i$인 두 개의 임의의 X값과 두 개의 임의의 t값에 대해 i번째 달의 z값을 계산하기 위한 절차가 나타나 있다. 표 12.12에 나타나 있는 z_i, X_{i-1} 그리고 ΔX 값들을 식 (12.4.23)에 적용하면 다음과 같다.

$$\Delta X = 0 = (-0.309/3) - 1.0c \tag{12.4.25}$$

그리고

$$\Delta X = 0 = (-0.927/3) - 3.0c \tag{12.4.26}$$

표 12.12 주어진 가뭄지수를 유지하기 위한 z값

t	X_{t-1}	$\sum_{t=1}^{i-1} z_i$	ΔX_i	X_i	$\sum_{t=1}^{i} z_i$	z_i
2	−1.0	−3.0	0	−1.0	−3.309	−0.309
10	−1.0	−5.472	0	−1.0	−5.781	−0.309
2	−3.0	−9.0	0	−3.0	−9.927	−0.927
10	−3.0	−16.416	0	−3.0	−17.343	−0.927

따라서 c는 −0.103이 되며 식 (12.4.23)은 최종적으로 다음과 같이 표현된다.

$$\Delta X_i = \left(\frac{z_i}{3}\right) - 0.103X_{i-1} \tag{12.4.27}$$

식 (12.4.27)을 월별로 가뭄심도에 영향을 미치는 정도를 계산하는데 이용할 수 있다. 즉, 가뭄심도지수 X를 구하는 공식을 다음과 같다.

$$X_i = X_{i-1} + \frac{z_i}{3} - 0.103X_{i-1} \tag{12.4.28}$$

12.4.6 기후 특성치 K의 재산정

가뭄심도지수는 수분이상지수 z에 의해 결정되며 z은 기후적으로 적절한 강우와 실제 강우의 편차인 d에 의해 산정되므로 한 지역에서 서로 다른 시간에 대한 가뭄정도를 비교할 수는 있어도 서로 다른 지역에 대해서는 직접적으로 비교가 어렵다. 따라서 공간적 및 시간적인 비교가 가능하도록 기후 특성치 K를 재산정하여 수분이상지수 Z=Kd를 구해 식 (12.4.28)에 적용함으로서 최종적인 가뭄심도지수를 산정하게 된다.

기후 특성치 K를 재산정하기에 가장 간단한 방법은 12개월에 대한 극심한 가뭄에 대해 $\sum z$이 얼마가 되어야 하는지를 식 (12.4.20)을 이용하여 구하는 것이다. Iowa와 Kansas지역에서의 가뭄심도지수 X=−4.0 일 때 12개월에 해당하는 누가 수분이상지수 $\sum z$은 −25.60이며, 12개월 평균 가중인자 즉 기후 특성치 $\overline{K}$는 −25.60을 가뭄이 가장 심한 12개월의 수분편차 d의 합으로 나누어줌으로서 구할 수 있다.

$$\overline{K} = -25.60/\sum d \tag{12.4.29}$$

또한 $\overline{K}$가 수분요구량과 공급량의 비$(\overline{PE}+\overline{R}+\overline{RO})/(\overline{P}+\overline{L})$와 관련이 있으므로 분석대상 각 지점에 대해 식 (12.4.29)와 관련경험공식을 이용한 분석을 통해 얻은 $\left(\frac{\overline{PE}+\overline{R}+\overline{RO}}{\overline{P}+\overline{L}}+2.80\right)/\overline{D}$를 도시하여 회귀분석을 통해 K'를 식 (12.4.30)과 같이 결정할 수 있다.

$$K' = 1.5\log_{10}\left[\left(\frac{\overline{PE}+\overline{R}+\overline{RO}}{\overline{P}+\overline{L}}+2.80\right)/\overline{D}\right]+0.50 \qquad (12.4.30)$$

여기서 $\overline{D}$는 수분편차 d의 절대치의 평균값이다.

각 지역마다 가뭄심도지수를 서로 비교할 수 있도록 최종적인 기후특성치 K를 다음과 같이 결정한다. 먼저 각 지점별로 식 (12.4.30)에 의해 월별 K'를 계산하고, 앞에서 구한 $\overline{D}$를 곱하여 $\overline{D}K'$를 구한 후 연간 합계를 구하고 각 지점평균 17.67을 얻는다. 이 평균치를 이용하여 각 지점별로 식 (12.4.31)과 같이 K'를 보정함으로써 최종적인 월별 기후특성치 K를 산정하여 여기에 편차 d를 곱해 새로운 수분이상지수 Z을 구하고, 가뭄심도지수 산정공식(식 12.4.28)을 적용하여 월별 가뭄심도지수를 산정한다.

$$K = \frac{17.67}{\sum \overline{D}K'}K' \qquad (12.4.31)$$

식 (12.4.28)에서 Palmer가뭄심도지수(PDSI) X의 추계학적인 특성을 분명히 볼 수 있으며, 현재 월 i의 PDSI X가 이전 월 i-1의 X에 의존함을 알 수 있다. 앞에서 설명한 바와 같이 PDSI의 단점을 보완하여 수정한 것이 Palmer수문학적 가뭄지수(PHSI)이며 본서에서는 유도과정을 생략하기로 한다.

12.4.7 PDSI에 의한 가뭄분석

그림 12.6과 표 12.13은 미국 Oklahoma주의 12년간 월별 강수자료를 이용하여 구한 PDSI를 보여주고 있다. 1929년부터 1933년까지의 환경조건은 약간의 가뭄과 습한 상태를 번갈아 보여주고 있다. 1933년은 거의 정상상태로 시작하였다가 봄철에 가뭄으로 변하는 상태가 나타나고 있다. 6월에는 상황이 악화되어 PDSI=−3.0의 가뭄이 시작되었다. 1933년 6월부터 1938년 4월까지 58개월 동안 보통과 심한 가뭄상태를 보여주고 있으며, 1934년과 1936년에는 두 번의 극심한 가뭄이 나타나고 있다.

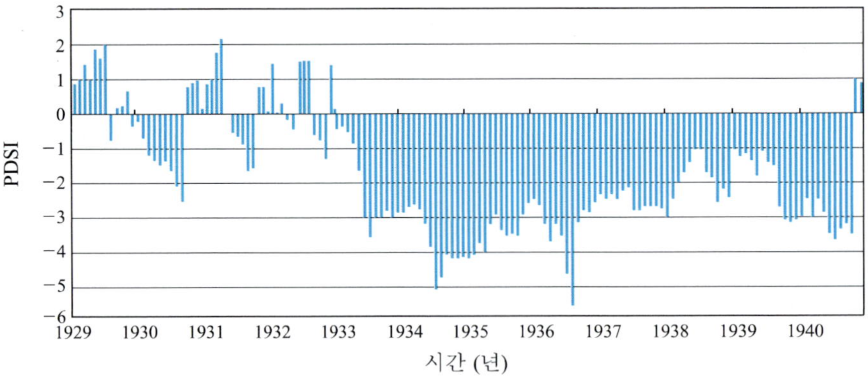

그림 12.6 1929~1940년간의 PDSI

가뭄은 1940년 11월

표 12.13 1929~1940년간의 PDSI

년＼월	1	2	3	4	5	6	7	8	9	10	11	12
1929	0.88	0.99	1.44	0.97	1.87	1.61	1.97	−0.72	0.10	0.20	0.66	−0.36
1930	−0.17	−0.67	−1.17	−1.34	−1.49	−1.36	−1.64	−2.10	−2.51	0.75	0.87	0.99
1931	0.87	0.94	1.74	2.18	0.01	−0.50	−0.65	−0.88	−1.64	−1.58	0.79	0.75
1932	1.41	0.02	0.33	−0.14	−0.40	1.47	1.53	1.55	−0.55	−0.73	−1.28	1.44
1933	−0.42	−0.34	−0.50	−0.86	−1.65	−3.00	−3.57	−2.97	−2.79	−2.82	−3.02	−2.84
1934	−2.58	−2.71	−2.65	−2.74	−3.20	−3.87	−5.12	−4.79	−4.07	−4.19	−4.23	−4.16
1935	−4.20	−4.08	−3.74	−4.06	−3.21	−2.99	−3.36	−3.54	−3.45	−3.54	−2.90	−2.56
1936	−2.49	−2.65	−3.19	−3.68	−3.20	−3.53	−4.66	−5.60	−3.14	−2.80	−2.84	−2.58
1937	−2.33	−2.47	−2.18	−2.46	−2.23	−2.13	−2.81	−2.80	−2.71	−2.68	−2.70	−2.77
1938	−3.03	−2.46	−2.03	−1.72	−1.43	−1.00	−1.04	−1.67	−1.88	−2.59	−2.19	−2.42
1939	−1.05	−1.26	−1.13	−1.35	−1.79	−1.08	−1.44	−1.55	−2.71	−3.11	−3.16	−3.11
1940	−2.90	−2.47	−3.05	−2.47	−2.85	−3.45	−3.62	−3.37	−3.20	−3.51	0.98	0.90

에 정상상태보다 습윤한 상태로 변하며 갑자기 끝이 나고 있다. PDSI에 의해 정의된 가뭄의 양상은 강우자료만 이용한 연속분석에 의해 정의된 가뭄과는 약간 다르다. 만일 PDSI=−0.5를 가뭄 발생의 기준값으로 설정하면 단지 5번의 가뭄사상만 나타나게 된다. 1929년에 나타난 처음의 가뭄사상은 한 달 동안만 지속하고 있다. 두 번째와 세 번째 가뭄이 1930년과1931년에 나타나고 있는데 각각 8개월과 5개월간 지속하고 있으며, 네 번째 가뭄은 1932년 말에 3개월간 계속되고 있고, 마지막 가뭄은 1933년 3월부터 1940년 11월까지 92개월간 지속되고 있음을 알 수 있다.

PDSI에 의해 정의된 극심한 가뭄 달은 항상 그렇지는 않지만 그림 12.3에 나타난 심한 가뭄부족월과 일치하고 있다. 그림 12.6에 나타난 1936년의 극심한 가뭄기간은 그해 처음 8개월 동안의 강우부족과 상관성을 보이고 있다. 1934년에 PDSI가 극심한 가뭄을 보여주는 것과는 달리 연속분석에서는 오직 2개월만 가뭄을 보이고 있다. 1939년에는 많은 차이를 나타내고 있는데 연속분석에서 보여준 1939년의 한 달의 심한 강우부족은 PDSI에서는 약간의 영향만 미치고 있다. 그 이유는 PDSI가 다양한 수문요소들은 포함하는 물수지에 기초를 두고 있기 때문이다.

그림 12.7은 같은 자료에 대한 Palmer의 수문학적 가뭄지수(PHDI)를 보여주고 있으며, PDSI를 나타낸 그림 12.6과 매우 비슷하다. 1929년부터 1933년 전반기는 건조기와 습윤기를 번갈아 나타내고 있으며 1933년 6월에 심한 가뭄이 시작되고 있다. PDSI와는 달

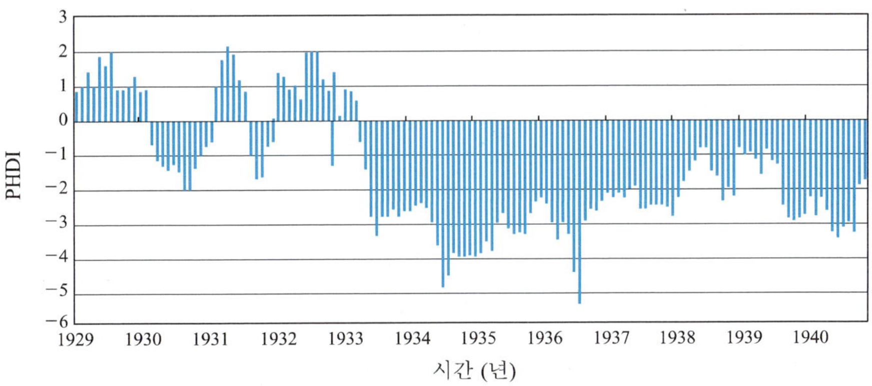

그림 12.7 1929~1940년간의 PHDI

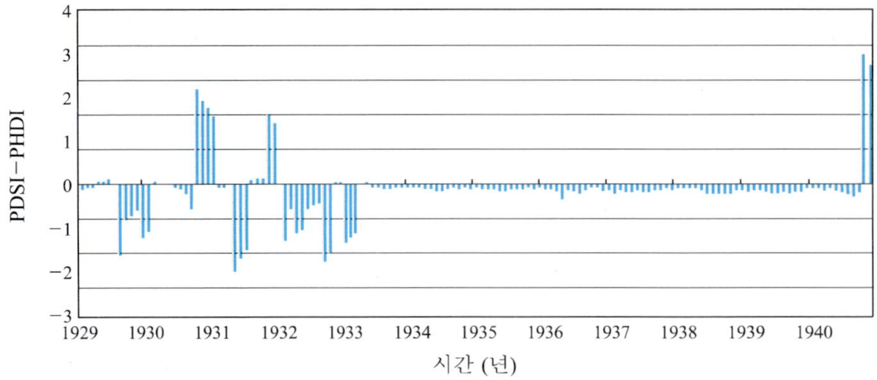

그림 12.8 PDSI와 PHDI의 차이

리 PHDI는 기준값 x_0=−0.5를 적용하면 단지 4개의 가뭄 사상만을 보여주고 있다. PDSI와 PHDI를 비교하기 위해 그림 12.8은 PDSI와 PHDI의 차를 보여주고 있다.

그림 12.8에서 음의 값은 PDSI<PHDI일 때의 기간이고 양의 값은 PDSI> PHDI일 때의 기간이다. 음이건 양이건 간에 그 차이가 작은 경우는 두 지수들이 거의 같음을 의미하고 있다. 차이가 큰 경우는 두 방법의 평가가 서로 대조적임을 나타내며 기상학적 PDSI는 PHDI보다 더욱 민감하다. 예를 들어 PHDI자료는 1929년 전체를 통해 약간 습윤한 상태를 보이지만 PDSI는 좀 더 변화가 있는데, 1929년 초반에는 습윤한 상태지만 7월에 가뭄을 보이다가 나머지 달은 거의 정상상태를 보이고 있다. 그 결과 1929년의 후반부에 음의 차이를 보여주며 이러한 양상을 그림 12.8에서 볼 수 있다. 1930년대의 심한가뭄 동안 PDSI는 항상 PHDI보다 약간 작은 값을 보이지만 두 지수는 거의 비슷한 결과를 보여주고 있다.

그림 12.9는 미국 전역의 1998년 11월에 대한 PDSI를 나타내고 있다. 동부지역 전체와 중남부지역 일부가 가뭄상태에 놓여 있으며 나머지 지역은 비교적 습윤한 상태임을 알 수 있다. 특히 남동부 및 중북부지역은 매우 습한 상태로 나타나고 있으며 중남부 일부는 심한 가뭄상태를 보여주고 있다.

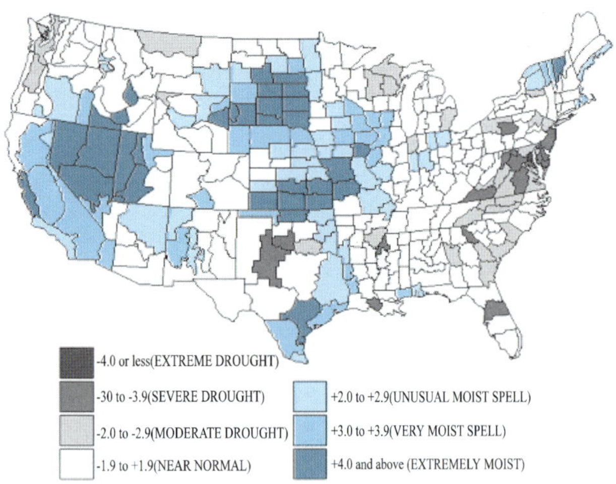

그림 12.9 1998년 11월의 미국 PDSI도

12.5 Markov chain모형

Markov chain모형은 이산형 추계학적 과정을 모의 할 때 사용하는 수학적 방법으로 모형에서 일련의 관측치들의 연관성을 나타내므로 chain이란 용어를 사용하고 있다. 추계학적 과정에서 시간 의존성은 계열상관계수(serial correlation coefficient) 또는 상태전환확률(state transition probability)을 사용하여 반영할 수 있다. Markov chain모형은 현재시간단계(t)의 상태를 발생시키는데 사용한 지체(lag)의 수에 의해 분류할 수 있다. 지체-1 Markov chain모형은 현재의 상태를 모의하는데 바로 전 시간단계(t-1)만 사용한다. 지체-2 Markov chain모형은 이전의 두 시간단계의 값을 사용한다. 지체-1 Markov chain모형이 가장 일반적으로 사용되고 있으므로 본 절에서는 상태전환확률을 이용하는 Markov chain모형 중 지체-1모형에 대해서만 설명하기로 한다.

12.5.1 지체-1 Markov chain모형

지체-1 Markov chain모형은 시간 t에서의 환경이 특정 상태(state)에 있을 확률은 이전 시간구간 t-1에서의 상태에 영향을 받는다는 것에 기초하고 있다. 즉, 이번 달에 가뭄상태에 있을 확률은 지난달이 가뭄상태인지 여부에 달려있다. 이번 달에 극심한 가뭄상태이던 것이 다음 달에 갑자기 극심한 습윤 상태로 변할 가능성은 적으며(확률이 낮음), 오히려 다른 가뭄상태로 변할 가능성은 크다(확률이 높다). 지체-1 Markov chain모형의 장래 전개는 오직 현재 상태에만 의존하며 과거양상 또는 어떻게 현재 상태로 오게 되었는지는 상관이 없다. 하지만 과거 상태의 일부가 현재 상태에 포함되어 있고 따라서 Markov chain모형은 어느 정도의 과거 상태를 포함하게 된다. 그러므로 PDSI는 표 12.10에 언급한 11가지의 상태를 가진 지체-1 Markov chain모형이라 할 수 있다.

상태사이의 의존성의 정도는 상태전환확률로 나타내며, 상태전환확률 P_{ij}는 현재의 상태 i에서 다음 시간단계의 상태 j로 이동할 확률을 의미한다. 상태전환확률은 조건부확률(conditional probability)로, 다음 시간단계에서 상태 j가 될 확률은 현재의 상태가 i일 조건에 따른다. 그림 12.10은 세 단계의 시간 순서를 보여주고 있다. 각 단계 t에서 상태는 가뭄(D), 정상(N) 그리고 습윤(W)중의 하나가 된다. 그림에서 가뭄에 대한 상태전환확률은 $P_{D,D}$=0.6, $P_{D,N}$=0.2, $P_{D,W}$=0.2 이다. 다시 말하면 현재의 가뭄상태가 다음 단계에서도 가뭄으로 남아 있을 확률은 60%, 정상상태로 변할 확률은 20%, 습윤한 상태로 변할 확률도 20%가 된다. 정상상태와 습윤한 상태도 유사한 상태전환확률을 가지게 된다. 다음 단계에서도 이 세 가지 중의 하나로 이동해야 하므로 상태전환 확률의 합은 1.0이 되어야 한다.

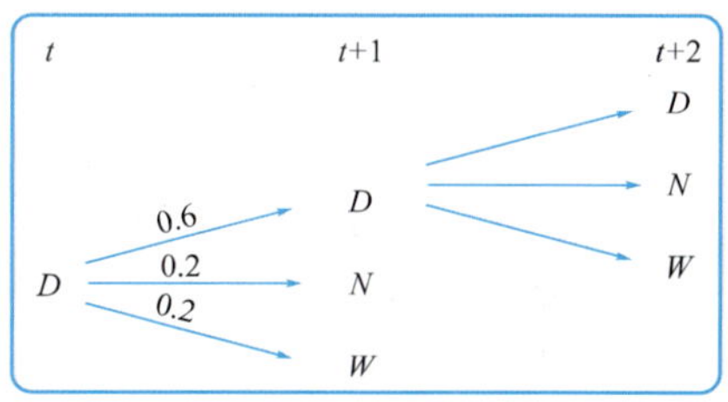

그림 12.10 상태전환 및 확률

상태전환확률은 전환확률행렬(transition probability matrix) P로 정리할 수 있으며 표 12.14는 예제 12.2에 대한 전환확률행렬을 보여주고 있다. 만일 전환확률행렬이 자신의 값과 계속적으로 곱해진다면 각각의 상태전환확률 P_{ij}는 평형(균일) 값으로 접근하게 된다. 이러한 평형확률(equilbrium probability) P_i^*는 n-단계

표 12.14 전환확률행렬

구 분		장래상태 j		
		D	N	W
현재상태 i	D	0.60	0.20	0.20
	N	0.25	0.50	0.25
	W	0.20	0.20	0.60

평형확률행렬 P_n이라 불리는 새로운 행렬을 이루게 되며 표 12.15와 같이 평형행렬의 각 열의 값은 같게 된다.

표 12.15 평형확률행렬

구 분		상태 j		
		D	N	W
상태 i	D	0.357	0.286	0.357
	N	0.357	0.286	0.357
	W	0.357	0.286	0.357

평형행렬의 각 요소는 많은 수(n)의 시간 단계 후에 그 상태에 있을 확률을 나타내고 있다. 다시 말하면 평형확률은 평균적으로 그 상태에 있을 시간의 백분율을 의미한다. 표 12.15를 보면 가뭄상태에 있을 평형확률 P_D^*는 시간의 35.7%, 정상상태는 P_N^*=28.6% 그리고 습윤상태는 P_W^*=35.7%이다. 당연히 각 평형확률의 합은 1.0이 된다.

표 12.15의 평형확률은 또한 전 시간구간에서의 특정 상태의 상대도수에 의해 계산될 수 있다. 예제 12.2에서 보여주는 시계열은 총 14개의 전환 중에 5개가 가뭄 상태가 있음을 말해준다. 따라서 가뭄 상태에 대한 평형확률은 5/14=0.357이 된다.

예제 12.2

기상상태가 가뭄(D), 정상(N) 그리고 습윤(W)중의 하나라고 가정하고 표 12.16과 같은 상태가 관측 되었을 경우 상태전환확률을 구하라.

표 12.16 관측상태

시간(t)	1	2	3	4	5	6	7	8	9	10	11	12	13	14	15
상태(S)	W	W	D	D	D	N	N	W	N	N	D	D	W	W	W

풀이

15개의 시간구간에서 마지막 시간구간의 상태에서는 다음 단계로의 전환이 없으므로 14번의 상태전환이 이루어진다. 각 시간구간에서는 오직 한가지의 상태만 존재한다. 세 가지의 전환상태가 존재하므로 상태간의 전환은 9가지의 조합이 생기게 된다. 상태전환확률은 세 가지의 초기 상태에 따라 세 가지로 분류할 수 있다. 주어진 상태 i에서 상태전환확률은 상태 i로부터 상태 j로 관측된 각 전환 상대도수(relative frequency)로 계산할 수 있다. 즉, 초기에 가뭄(D)상태에서 세 가지의 가능한 상태로의 전환 회수를 계산한다.

$$P_{D,D} = 3/5 = 0.60, P_{D,N} = 1/5 = 0.20, P_{D,W} = 1/5 = 0.20$$

초기 상태 D에서 전환하는 경우는 5가지이므로 분모는 5가 된다. 확률법칙에 의해 발생가능 한 확률의 합은 1이 되어야 한다. 같은 방법으로 정상(N) 및 습윤(W)에서의 전환확률은 다음과 같다.

$$P_{N,D} = 1/4 = 0.25, P_{N,N} = 2/4 = 0.50, P_{N,W} = 1/4 = 0.25$$

$$P_{W,D} = 1/5 = 0.20, P_{W,N} = 1/5 = 0.20, P_{W,W} = 3/5 = 0.60$$

12.5.2 Markov chain모형과 연속이론과의 관계

연속이론으로부터 하향교차(가뭄)의 예상숫자 E(N)은 임의시간 t에서의 하향교차 확률 P_D에 시간구간의 길이(L)을 곱한 값과 같다.

$$E(N) = P_D(L) \tag{12.5.1}$$

또한 연속이론으로부터 하향교차(down-crossing)의 예상길이 E(L)은 상태가 한계치 아래에 있을 확률을 하향교차 확률로 나눈 값과 같다.

$$E(L) = \frac{P_D^*}{P_D} \tag{12.5.2}$$

이것이 Markov chain분석과 연속이론을 연결하는 방법이다. 하향교차 확률은 상태전환 및 평형확률을 이용하여 산정할 수 있으며, 가뭄의 예상길이는 평형확률과 하향교차확률을 이용하여 산정할 수 있다. 미국 중부에 위치한 주들의 1895~1988년의 가뭄분석에서 연속분석, Markov chain모형, PDSI를 분석하여 Missouri주 남서지역에 대한 전환확률행렬을 구한 결과가 표 12.17과 같다. PDSI 분류는 가뭄 또는 습윤기간의 시작 범주를 정상상태 범주에 포함시켜서 11개에서 9개의 범주로 표현하였다.

상태전환확률의 주대각선(i=j)은 임의 상태의 지속을 나타내고 있다. 표에서 극심한 가뭄이 상태전환확률 $P_{ED,ED}$=0.825로 가장 지속성이 큰 상태를 보여주고 있어 일단 극심한 가뭄이 형성되면 다른 상태로 전환되기가 매우 어려움을 말해주고 있다. 한편 극심한 습윤기간에 대해서는 지속성이 절반 정도인 $P_{EW,EW}$=0.438이다. 가뭄상태에서 다른 가뭄상태로 전환되는 일반적인 가뭄상태의 지속성은 0.254를 보이고 있으며, 일단 가뭄이 형성되면 다음 달에 다른 심도의 가뭄으로 지속이 될 확률이 1/4 정도이다. 행렬의 모든 부분에 값이 나타나 있지 않은데 이는 특정 상태에서 다른 상태로 전환되는 것 즉, 한 달 만에 극심한 습윤에서 극심한 가뭄으로 전환되는 것이 불가능하기 때문이다.

표 12.18에는 Missouri주 남서지역에 대한 평형확률행렬을 보여주고 있다.

표 12.17 Missouri주 남서지역에 대한 전환확률행렬

		상태 j								
		ED	SD	MD	MLD	N	SW	MW	VW	EW
상태 i	ED	0.825	0.110			0.063				
	SD	0.323	0.516	0.097		0.650				
	MD	0.011	0.087	0.620	0.098	0.141	0.430			
	MLD			0.178	0.580	0.190	0.052			
	N			0.003	0.160	0.688	0.129	0.013	0.008	
	SW					0.228	0.503	0.234	0.0035	
	MW				0.080	0.161	0.186	0.508	0.127	0.008
	VW					0.132		0.191	0.559	0.118
	EW					0.188			0.375	0.438

표 12.18 Missouri주 남서지역에 대한 평형확률행렬

상태 j	ED	SD	MD	MLD	N	SW	MW	VW	EW
평형확률	0.056	0.027	0.081	0.154	0.348	0.153	0.106	0.061	0.014

표 12.19 Missouri주 남서지역의 예상 및 관측 가뭄특성

구 분	가뭄수	가뭄길이(월)
예 상	8.9	11.5
관 측	9.0	10.4

정상상태가 전체시간의약 34.8%로 지배적으로 나타나고 있는 반면, 여러 형태로 나타나는 가뭄은 31.8%를 보이고 있고, 가뭄상태 중 심한가뭄(SD)이 가장 확률이 낮다. 이 지역에 대한 가뭄의 예상되는 수와 길이가 표 12.19와 같다. 이 지역에서 예상(평균)되는 가뭄의 길이는 1년보다 약간 작은 11.5개월로 나타나 있는 반면 관측된 평균 가뭄길이는 10.4개월로 나타나고 있다.

예제 12.3

예제 12.2의 결과와 표 12.15의 평형확률을 이용하여 가뭄발생확률, 가뭄의 수, 가뭄의 길이를 산정하여 비교하라.

풀이

주어진 기간 동안에 예상되는 가뭄의 수를 찾기 위해 먼저 임의의 시간에 발생하는 가뭄의 확률을 구해야 한다. 예제 12.2의 자료에서 가뭄은 두 가지 방법으로 나타나게 된다. 즉, 환경이 습윤한 상태에서 가뭄상태로 변하거나 정상상태에서 가뭄상태로 변하는 것이다. 따라서 가뭄발생확률 또는 하향교차확률은 각 상태에 대한 평형확률에 그 상태에서 가뭄상태로의 전환확률을 곱한 것의 합으로 산정할 수 있다.

예상되는 가뭄의 수

먼저 습윤한 상태를 고려하면 평형확률 $P_W^*=0.357$, 상태전환확률 $P_{W,D}=0.20$

정상상태에서는 평형확률 $P_N^*=0.286$, 상태전환확률 $P_{N,D}=0.25$

임의의 시간에서의 하향교차(가뭄)의 확률은

$$P_D = (0.357\times0.2)+(0.286\times0.25)=0.143$$

이 기간동안 가뭄의 예상되는 수는 $E(N)=0.143\times14=2.0$

예제 12.2의 시계열에서 두 번의 가뭄을 보여주는 것과 같다.

각 가뭄의 예상길이는 $E(L)=0.357/0.143=2.5$

예제 12.2의 시계열에서 한 번의 가뭄은 3시간 길이이고 다른 하나는 2시간 길이이므로 평균은 2.5시간 길이로 같은 결과를 주고 있다.

12.6 물의 공급

가정에서의 일상생활, 농업에서의 작물의 성장, 산업체에서의 생산 활동을 원활히 하기 위해서는 물이 필수적이다. 따라서 수자원계획 또는 물 공급관리의 가장 기본적인 목적은 어떠한 시기 및 장소에서든지 양질의 물을 충분히 공급하는데 있다. 수질, 수량 그리고 시기 및 장소와 관련하여 물 공

급의 실패는 여러 분야에서 어려운 상황을 초래하게 된다. 따라서 물 관리 중에서도 가장 중요한 것이 물 공급관리라 할 수 있다.

인구의 증가, 새로운 산업시설의 등장 또는 관개용수를 이용한 새로운 지역이 개발됨에 따라 물 수요량이 증가하게 되어 새로운 공급원을 개발해야 할 필요성이 증가된다. 따라서 물 공급량을 증대시키기 위해 댐 건설, 유역간의 물의 전환, 지하수 양수, 염수의 담수화 그리고 기후의 인위적 변화 등 다양한 방법들이 이용되고 있다.

점차로 물 부족이 심각해짐에 따라 수자원은 한정되어 있으므로 과거에 설정된 물에 관한 개념이 변하게 되었고, 물 관리에 대한 중요성이 대두되기 시작하였다. 물 관리는 비용이 많이 드는 새로운 물의 개발보다는 수요 및 공급관리에 중점을 두고 있으므로 현재의 물 사용상태 분석을 통해 수요량을 줄이는 방법도 모색하고 있다. 본 절에서는 지표수자원으로부터의 공급에 초점을 맞추어 물 공급의 산정 및 평가방법에 대해 알아보기로 한다.

12.6.1 유출특성

하천에서 연속적인 유출수문곡선은 시간에 따른 유출량의 변화를 보여주고 있으며, 그림 12.11은 미국 North Carolina주 Yadkin강에서의 1940년~1988년 자료 중 1940년부터 1955년까지의 월평균 유출량을 보여주고 있다. 그림에서 월평균 유출량이 1940년의 195cfs에서부터 1954년의 6.9cfs까지 다양하게 변함을 알 수 있으며, 이 두 값이 총 49년 동안의 월평균 유출량 중 최대치와 최소치이다. 그림에서는 나타나 있지 않지만 일평균 유출량은 그 범위가 더욱 커 최대 2,130cfs와 최소 5.3cfs를 보이고 있다. 49년간의 월평균 유출량의 평균치(점선)와 월평균 유출량의 12개월 이동평균(실선)이 그림에 나타나 있으며, 이동평균은 자료를 완만하게 하여 전체적인 변화를 알아볼 수 있도록 한다.

1940년대는 습윤한 상태와 가뭄상태가 반복되고 있어 이동평균값이 49년간의 평균값보다 약간 크거나 작게 나타나고 있고, 1948년에 습윤한 기간이 시작되어 1950년까지 지속하고 있다. 1951년은 평균값보다 낮은 유출이 주를 이루어 1950년대 전반기 동안 가뭄이 발생하고 있음을 알 수 있다.

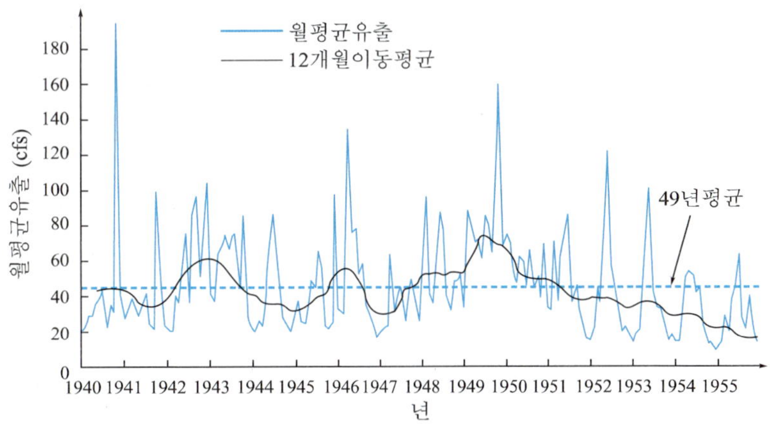

그림 12.11 미국 NC주 Yadkin 강의 월평균 유출량

12.6.1 유황곡선

유황곡선(flow duration curve)은 물 관리를 위한 유출량 정보를 보여주는 또 다른 중요한 곡선이다. 수문사상의 값 즉, 일 유출량 자료를 내림차순의 크기로 정렬하면 각 유출량의 크기와 같거나 보다 큰 것에 대한 시간 백분율을 계산할 수 있다. 유출량을 세로축에 이에 상응하는 시간 백분율은 가로축에 도시하면 유황곡선을 얻게 된다. 통계학적인 의미로 유황곡선은 다양한 크기에 대한 상대적인 지속기간을 보이는 연속적인 시계열 즉, 유출량의 누가빈도곡선이라 할 수 있다. 유황곡선의 기울기는 분석할 때 어떠한 자료를 사용하는가에 따라 다르게 된다. 일반적으로 일 유출량자료를 이용한 경우는 연 유출량자료를 사용할 경우보다 경사가 더 급한데 이는 연 유출량자료에서는 일 유출량자료에서 보이는 다양한 변동이 평균되어 사라지기 때문이다.

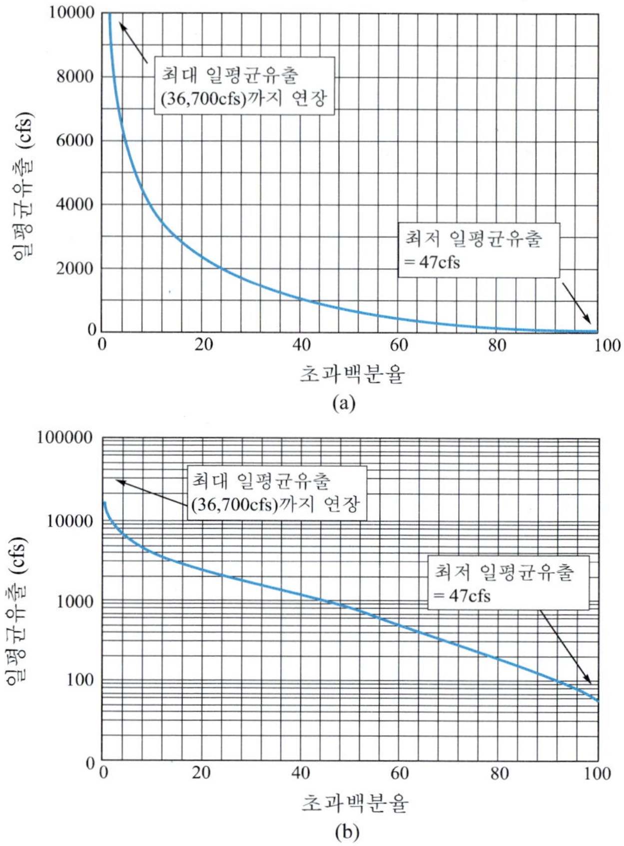

그림 12.12 전형적인 유황곡선의 모습

전형적인 유황곡선이 그림 12.12와 같으며, 그림에서 두 가지 유황곡선을 보여주고 있는데, (a)는 물 공급량 분석을 위해 산술 축으로 도시한 것이고 (b)는 최대유출량과 최소유출량의 차이가 큰 경우 하나의 그래프에 모두 포함시키기 위해 반대수지를 이용한 것이다. 산술 축으로 나타낸 유황곡선 아래의 면적은 일평균 유출량과 같으며 일 유출량의 중앙값(median)은 초과백분율 50%에 해당하는 값이다. 그림에서 일평균유출

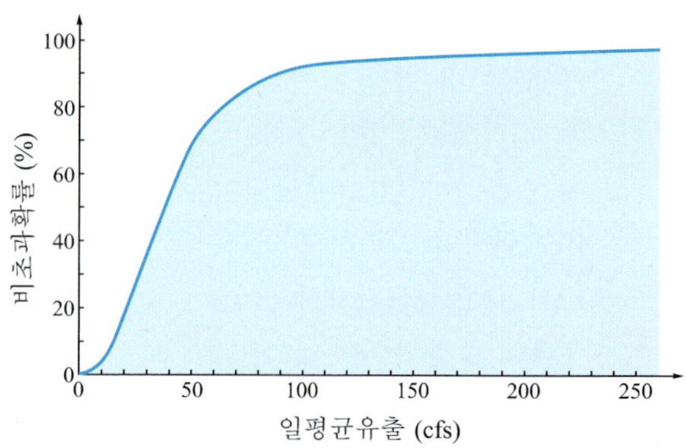

그림 12.13 Yadkin강의 유황곡선

량은 1,510cfs이고 중앙값은 737로 나타난다.

그림 12.13은 1940~1988년 동안 49년간의 일강우량 자료로부터 구한 Yadkin강에 대한 유황곡선을 보여주고 있다. 앞에서는 유출량별 초과백분율(초과확률)로 유황곡선을 표현하였지만 그림 12.13에서는 유출량이 특정 값보다 작을 확률(비초과확률)로 나타내고 있다. 그림에서 일평균 유출량의 발생시간의 25%는 22cfs보다 작음을 말하여 전체 유출시간의 50%는 38cfs보다 작은 유출이 발생하고 있음을 의미한다. 유황곡선은 물의 공급, 주운, 수력발전, 수중생태계를 위한 수질 및 하천유지유량 등에 대한 계획을 수립할 때 유용하게 사용된다.

12.6.3 갈수량 빈도해석

본 장 서두에 빈도해석(frequency analysis) 방법이 가뭄을 분석하는 방법 중의 하나라고 언급하였다. 표 12.20은 Yadkin강의 일평균 유출량의 년 최소치계열을 이용하여 빈도해석을 한 결과를 보여주고 있다. 일평균 최소유출량 5.3cfs는 평균적으로 25년에서 50년마다 한 번씩 발생하는 것으로 예상된다. 기록상으로 가장 낮은 세 번의 일평균 유출이 1950년대 중반에 발생하고 있다.

표 12.20은 또한 각 해에 발생한 가장 낮은 유출의 연속일수를 보여주고 있는데 월평균 유출량 11cfs로 18번째로 기록된 1952년의 유출은 20일간 지속하고 있다. 이와 같이 작은 유출이 장기간 지

표 12.20 저류량 빈도해석

년도	Q(cfs)	순서	$\frac{m}{n+1}$	재현기간 T(year)	연속발생 일수	년도	Q(cfs)	순서	$\frac{m}{n+1}$	재현기간 T(year)	연속발생 일수
1954	5.3	1	0.02	50.0	1	1984	14	26	0.52	1.9	4
1956	5.3	2	0.04	25.0	1	1966	15	27	0.54	1.9	3
1988	5.5	3	0.06	16.7	1	1976	15	28	0.56	1.8	1
1955	6.0	4	0.08	12.5	1	1979	15	29	0.58	1.7	5
1981	7.5	5	0.10	10.0	1	1983	15	30	0.60	1.7	1
1982	7.6	6	0.12	8.3	1	1943	16	31	0.62	1.6	2
1986	7.6	7	0.14	7.1	1	1980	16	32	0.64	1.6	3
1941	9.0	8	0.16	6.3	1	1948	17	33	0.66	1.5	9
1953	9.7	9	0.18	5.6	2	1967	17	34	0.68	1.5	3
1940	10	10	0.20	5.0	1	1970	17	35	0.70	1.4	5
1944	10	11	0.22	4.5	1	1977	17	36	0.72	1.4	5
1947	10	12	0.24	4.2	5	1965	18	37	0.74	1.4	1
1964	10	13	0.26	3.8	1	1972	18	38	0.76	1.3	9
1987	10	14	0.28	3.6	3	1973	18	39	0.78	1.3	1
1942	11	15	0.30	3.3	1	1978	18	40	0.80	1.3	2
1945	11	16	0.32	3.1	1	1971	19	41	0.82	1.2	1
1946	11	17	0.34	2.9	4	1958	21	42	0.84	1.2	2
1952	11	18	0.36	2.8	20	1962	22	43	0.86	1.2	1
1957	11	19	0.38	2.6	7	1950	24	44	0.88	1.1	4
1968	11	20	0.40	2.5	5	1961	24	45	0.90	1.1	1
1969	11	21	0.42	2.4	3	1949	25	46	0.92	1.1	7
1951	12	22	0.44	2.3	3	1975	25	47	0.94	1.1	4
1963	12	23	0.46	2.2	5	1974	27	48	0.96	1.0	4
1985	12	24	0.48	2.1	7	1960	29	49	0.98	1.0	2
1959	14	25	0.50	2.0	3						

속되는 경우 짧은 기간 동안 더 작은 유출이 발생하는 것보다 더 심각한 영향을 줄 수 있다. 빈도해석에 대한 자세한 절차는 14장 수문빈도해석에서 설명되어 있다.

12.7 저수지 용량결정

하천유량은 서로 다른 시간 단위에 따라 다양하게 변하고, 개개의 강우사상에 대해 하천의 크기에 따라 시간 또는 일별로 변하게 된다. 유출량은 강수량과 증발산량 간의 균형에 따라 계절단위로 변하게 되며, 습윤기와 가뭄기에 따라 년 단위로 변하게 된다. 대하천에서는 수요량이 공급량에 비해 작기 때문에 수요량을 맞추는데 별로 문제가 되지 않는다. 하지만 유출량의 대부분을 수요량이 차지하는 비교적 작은 하천에서는 심한 가뭄기간 동안에도 견딜 수 있는 충분한 물이 있는지 확실히 해야 한다. 물 부족 문제를 해결하기 위해 풍수기 때 물을 가뒀다가 갈수기 때 사용할 수 있도록 저수지의 용량을 결정할 필요가 있다. 물 공급계획 및 관리에 대한 기본적인 문제는 특정 수요량을 맞추기 위해 저수량을 산정하는 것이라 할 수 있다.

물 공급량(water yield)은 특정 근원으로부터 획득할 수 있는 물의 양을 말한다. 유출량이 많을 때 장래를 위해 저장한 저수량은 공급량을 증가시키게 된다. 침투나 증발이 없다고 가정하면 하천으로부터 최대 공급량은 연평균 유출량과 같게 된다. 하지만 저수지에서 물의 저류는 침투 및 증발을 통한 필연적인 물의 손실이 발생하여 최대 공급량이 연평균 유출량보다 작게 된다.

12.7.1 저수지의 물리적 특성

저수지의 물리적 특성은 저수지의 기하학적 특성과 저수지의 기능에 따라 부여되는 수위와 저수공간의 배분문제라 할 수 있다. 따라서 본 절에서는 저수지의 저수용량 결정방법과 저수용량을 배분하는 기준에 대해 알아보기로 한다.

1) 저수용량곡선

저수지의 주 기능이 물을 저류하는 것이므로 저수용량(storage capacity)이 가장 중요한 물리적 특성이라 할 수 있다. 저수용량을 결정하기 위해서는 수위 또는 표고별 면적곡선(area-elevation curve)과 이를 적분해서 얻는 표고별 저수량곡선(elevation capacity curve)을 결정하여야 한다. 지형측량을 통해 댐 지점으로부터 상류 측을 등고선별로 구적

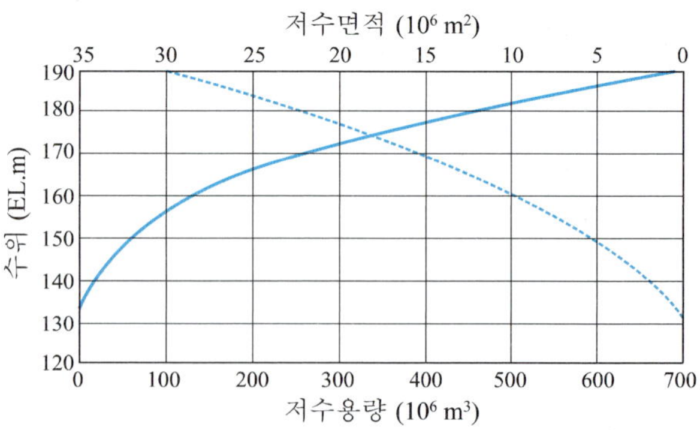

그림 12.14 표고별 저수면적 및 저수용량곡선

표 12.21 우리나라 주요 댐별 수위-저수용량 관계곡선식

댐 명	수위 X (E.L. m)	수위-저수용량 관계곡선식 ($10^6 m^3$)
충주	0 < X < 110	$V = 0.0048137X^3 - 0.90976X^2 + 59.627X - 1361.57$
	110 < X < 150	$V = 0.0040208X^3 - 0.63563X^2 + 26.298X + 43$
소양강	0 < X ≤ 146.2	$V = 0.2492917X^2 - 50.12787X + 2595.573$
	146.2 < X ≤ 164.8	$V = 0.0009736153X^3 - 0.09558084X^2 - 11.72056X + 1309.521$
	164.8 < X ≤ 180.8	$V = 0.001858002X^3 - 0.5124463X^2 + 53.25832X - 2035.677$
	180.8 < X	$V = 0.5489573X^2 - 148.7411X + 10770.96$
대청	13 < X < 50	$V = 0.418X^2 - 23.93X + 347.7$
	50 ≤ X < 70	$V = 0.776X^2 - 59.81X + 1246.7$
	70 ≤ X < 83	$V = 1.2589X^2 - 126.07516X + 3519.0462$

기를 이용하여 저수 면적을 구하고, 등고선 간격별로 평균 저수면적을 구해 높이를 곱하여 구간별 저류용량을 결정한 후 전 구간별 저수량을 누가하여 총 저수용량을 구하게 된다. 표고별 저수용량을 구하는 과정은 11.4.1절에 소개되어 있으며 그림 12.14와 표 12.21은 표고별 저수용량 곡선 및 우리나라 주요 댐의 수위별 저수량 관계식을 보여주고 있다.

2) 저수용량배분

저수용량배분은 크게 두 가지 개념 즉, 이수용량과 치수용량으로 분류할 수 있다. 이수용량은 실질적으로 물을 저장하여 여러 용도로 사용하는 용량이고, 치수용량은 홍수조절을 위해 평상시에는 비워두는 용량이라고 할 수 있다.

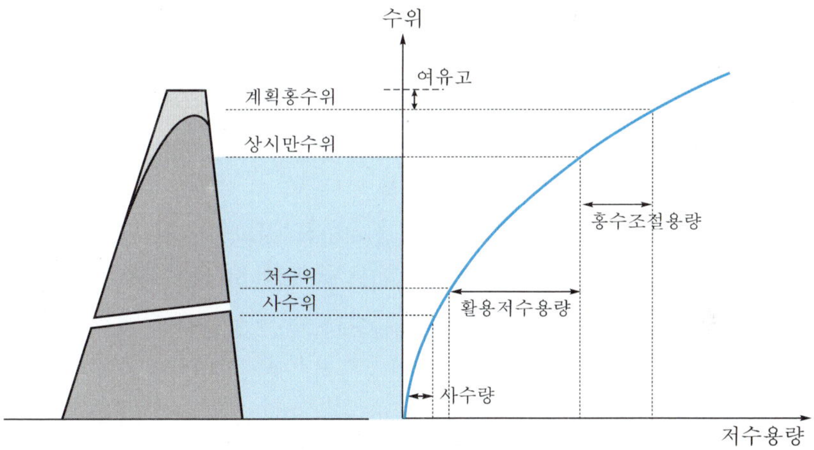

그림 12.15 저수용량배분 개념

- 상시만수위(normal high water level, NHWL)
  상시만수위는 저수지의 정상적인 운영조건하에서 올라 갈 수 있는 최대수위로 홍수조절기능을 갖지 않는 저수지의 경우는 여수로 정점표고(spillway crest) 혹은 여수로 수문비 정점표고로 결정하며 홍수조절목적을 가지는 저수지인 경우는 여수로 정점과 여수로 수문비 정점 사이로 결정한다. 상시만수위는 용수공급과 수력발전, 하천유지 유량 등 정상적인 저수지 조작을 할 수 있는 저류용량의 상한선이다.
- 저수위(low water level, LWL)
  저수위는 정상적인 운영조작에서 내려갈 수 있는 최저수위를 말한다. 일반적으로 저수지로

부터 물을 취수하기 위한 취수구는 저수위보다 낮은 수위에 설치한다. 저수위와 취수구 사이의 저수용량은 수력발전의 효율저하와 퇴사 때문에 정상적인 운영에서는 쓰이지 않는 비활용저수용량(inactive storage)이다. 따라서 상시만수위와 저수위 사이의 물만 이수목적으로 사용하게 되며 이 저수용량을 활용저수용량(active storage)이라 한다.

- 사수위(top of dead)
  사수위는 취수구가 설치되는 표고로서 사수위 이하의 물은 자연 유하식으로는 사용이 불가능하다. 사수위는 댐에 설치된 방류수로(outlet) 중 가장 낮은 것으로 결정한다. 사수위 아래의 저수용량을 사수량(dead storage)이라 한다.
- 홍수위(flood water level, FWL)
  홍수위는 정상적인 홍수조절에서 홍수를 저장하는 상한선을 말한다. 이 공간은 물을 저장하는 공간이 아니라 항시 비워두고 홍수시 하류의 홍수조절을 위해 사용한다. 상시만수위와 홍수위 사이의 용량을 홍수조절용량(flood control storage)이라 한다.

12.7.2 저수지의 공급률

저수지 설계에서 가장 중요한 점은 저수지용량(capacity)과 용수공급률(yield)간의 관계를 분석하는 것이라 할 수 있다. 용수공급률은 특정 기간 동안에 저수지로부터 공급할 수 있는 물의 양이며, 이 기간은 소규모 분배용 저수지인 경우 하루부터 대규모 저류용 저수지인 경우 년 단위로 다양하게 변한다.

안전공급률(safe 또는 firm yield)은 심각한(critical) 가뭄기간 동안에도 공급을 보장할 수 있는 물의 최대치를 뜻하며, 실무에서는 이 심각한 가뭄기간을 해당 하천에서 기록상의 가장 낮은 유출기간으로 정하고 있다. 안전공급률보다 낮은 공급률을 보이는 더욱 건조한 기간이 발생할 가능성이 얼마든지 있다. 안전공급률은 확정론적으로 결정하기 보다는 확률론적 개념으로 다루는 것이 바람직하며, 최대가능공급률(maximum possible yield)은 평균 유입량에서 증발량과 누출손실을 뺀 값이다. 만일 유출이 항상 일정하다면 저수지가 필요 없지만 유출의 변동성이 증가함에 따라 저수지의 저수용량은 증가하게 된다.

목표로 하는 공급률이 정해지면, 저수용량은 공급률을 맞추지 못할 경우를 고려한 허용위험도(acceptable risk)에 따라 결정된다. 도시지역에 물을 공급하는 저수지는 상대적으로 낮은 공급률로 설계하여 설계치보다 낮은 공급률을 보이는 기간의 위험도가 작도록 결정한다. 유출량이 풍부한 기간동안의 안전공급률을 초과하는 물을 2차공급률(2nd yield)이라 한다.

12.7.3 분배용 저수지의 용량결정

도시지역의 물 공급이나 특정지역의 관개처럼 단기간의 특정수요를 만족시키기 위한 저수용량을 결정할 경우 공급률(유출량)이 유입량에 저류량의 변화를 더한 것과 같으므로 주어진 공급률로 공급하기 위한 저수용량의 결정은 저류방정식에 기초를 둔다.

$$\bar{I}\Delta t - \bar{O}\Delta t = \Delta S \quad (12.7.1)$$

여기서 $\bar{I}$는 Δt동안 저수지로의 평균유입량, $\bar{O}$는 Δt동안 저수지로의 평균유출량(공급률), Δt는 시간구간, ΔS는 저류량의 변화이다.

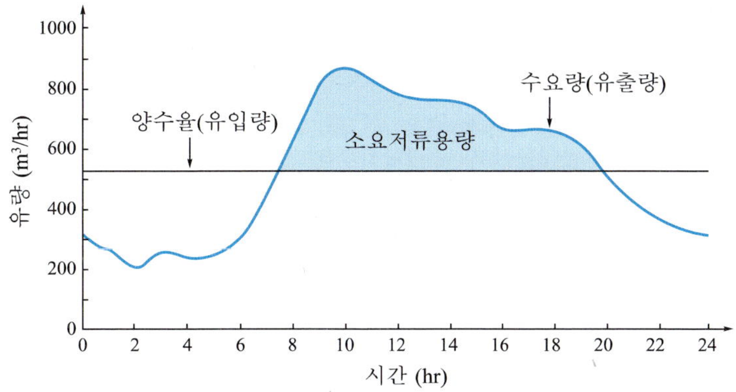

그림 12.16 분배용 저수지의 저수용량 결정

결국 장기적으로 볼 때 공급률(유출량)은 유입량에서 피할 수 없는 손실량을 뺀 것과 같으며 저수지는 물을 생산하는 것이 아니라 단지 시간에 따라 재분배를 하는 것이다. 식 (12.7.1)에서 각 시간구간별로 수요량이 공급량보다 커서 물 부족이 발생하는 구간의 물 부족량을 합산하여 저수지의 소요 저수용량을 결정하게 된다.

예제 12.4

도시지역에 물을 공급하기 위해 펌프로 지하수를 분배용 저수지로 양수하고 있다. 시간당 용수수요량이 표 12.22와 같을 때 저수용량을 결정하라. 펌프는 529.3m^3/hr로 일정하게 양수하고 있다.

표 12.22 분배용 저수지의 저수용량 결정

시간	수요량 (m^3/hr)	양수율 (m^3/hr)	저수용량 (m^3/hr)
0100	271	529.3	0.0
0200	205	529.3	0.0
0300	256	529.3	0.0
0400	237	529.3	0.0
0500	256	529.3	0.0
0600	312	529.3	0.0
0700	438	529.3	0.0
0800	627	529.3	97.7
0900	817	529.3	287.7
1000	875	529.3	345.7
1100	820	529.3	290.7
1200	773	529.3	243.7
1300	759	529.3	229.7
1400	764	529.3	234.7
1500	729	529.3	199.7
1600	671	529.3	141.7
1700	670	529.3	140.7
1800	657	529.3	127.7
1900	612	529.3	82.7
2000	525	529.3	0.0
2100	423	529.3	0.0
2200	365	529.3	0.0
2300	328	529.3	0.0
2400	313	529.3	0.0
계	12,703	12,703	2,422.4

풀이

공급량이 수요량보다 많은 동안에는 저수를 하고 수요량이 공급량을 초과하게 되면 부족한 물은 저류한 물을 이용하게 된다. 따라서 수요가 공급을 초과하는 양 만큼 저수를 하면 된다. 표 12.22에서 수요량이 공급률보다 많은 8시부터 19시까지의 부족량(4란)을 구해 모두 합한 결과 2,422.4m^{3}의 용량으로 결정된다. 그림 12.16은 수요량과 공급률의 차이가 저수용량임을 보여주고 있다.

12.7.4 하천저수지의 저수용량결정

하천저수지의 저수용량결정은 일반적으로 저수지 운영분석(operational study)으로 불리고 있으며 설정된 운영규칙에 따라 일정기간 동안 저수지 운영을 모의 하는 것이다. 저수지 운영분석은 단지 매우 낮은 유출이 발생하는 최대 갈수 기간을 택해서 분석할 수도 있지만 장기간의 합성자료를 사용하기도 한다. 최대 갈수기간을 택해 분석하는 경우 선택된 갈수 기간 동안에만 물 부족이 발생하지 않을 저수용량을 결정하지만 장기간의 합성자료를 사용하는 경우에는 다양한 저수용량에 대한 신뢰성을 분석할 수 있다.

저수지 운영분석은 연 유량이나 월 또는 일 유량자료를 이용하여 실시할 수 있다. 월 유량자료가 주로 사용되지만 수년에 걸쳐 저수하는 대규모의 저수지는 연 유량자료가 만족할 만한 결과를 준다. 소규모의 저수지에서는 월중의 유량발생순서도 중요하므로 주 또는 일 유량자료를 사용한다.

1) Ripple의 누가용적곡선에 의한 저수용량결정

Ripple의 누가용적곡선(mass curve 또는 Ripple diagram)은 저수지로 유입하는 순유입량을 누적하여 도시한 것이다. 그림 12.17은 4년 동안의 누가용적곡선을 보여주고 있다.

임의 시간에서 누가용적곡선의 기울기는 그 시간에서의 유입량을 나타내며 일정한 율의 수요를 나타내는 수요곡선(demand curve)은 직선으로 표시된다. 누가용적곡선의 정점(A, B)에서 접선으로 그은 수요곡선은 저수지로부터의 취수율을 의미한다. 수요곡선과 누가용적곡선이 교차할 때마다 저수지가 만수(full)된다고 가정하면, 수요곡선과 누가용적곡선간의 최대 종거차가 수요에 안전하게 공급할 수 있는 저수용량이 된다.

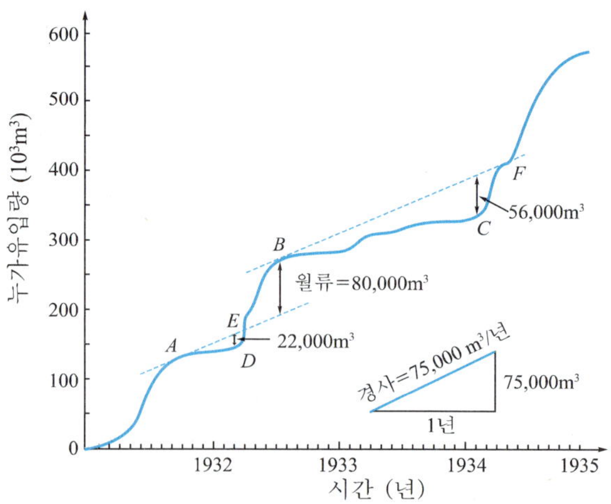

그림 12.17 Ripple의 누가용적곡선에 의한 저수용량결정

누가용적곡선의 정점에서 접선을 보이는 연

속적인 수요곡선의 연직 종거차는 댐의 월류량(spillway)이 된다. 만일 수요가 일정하지 않다면 수요곡선은 곡선(실제로는 누가 수요곡선)으로 나타나지만 분석방법은 동일하다.

예제 12.5

그림 12.17과 같은 저수지 유입 누가용적곡선에서 공급률을 75,000m^3/년 즉, 연간 75,000m^3의 물을 보장하기 위해서는 저수용량을 얼마로 결정해야 하는가?

풀이

공급률 75,000m^3/년의 기울기와 같도록 누가용적곡선의 정점 A와 B에서 접선을 그을 경우 C지점에서 수요곡선과 누가용적곡선의 종거차가 최대로 되므로 이때의 종거차 56,000m^3이 저수용량이 된다. E와 F에서 두 곡선이 만나므로 이때 저수지는 만수상태가 된다. E지점에서 B지점까지는 유입량이 수요량보다 많아 두 수요곡선의 종거차 80,000m^3만큼이 월류되고 있다. B지점부터는 다시 수요량이 유입량보다 많아 물이 부족하게 되고 C지점에서 부족량이 최대가 된다.

누가용적곡선은 또한 주어진 저수용량에 대해 예상되는 공급률을 결정하는데 사용될 수 있다(그림 12.18). 이 경우 누가용적곡선의 정점 A, B에서 접선과 누가용적곡선의 최대 종거차가 주어진 저수용량과 같도록 접선을 긋는다. 이 접선의 경사는 특정 저수용량에서 매년 보낼 수 있는 공급률을 의미하며 그 중 완만한 경사가 바로 안전공급률이 된다. 여기서 주의할 것은 각 수요곡선(접선)을 연장하였을 때 누가용적곡선과 만나야 하며, 만일 두 곡선이 만나지 않으면 저수지는 만수되지 않는다.

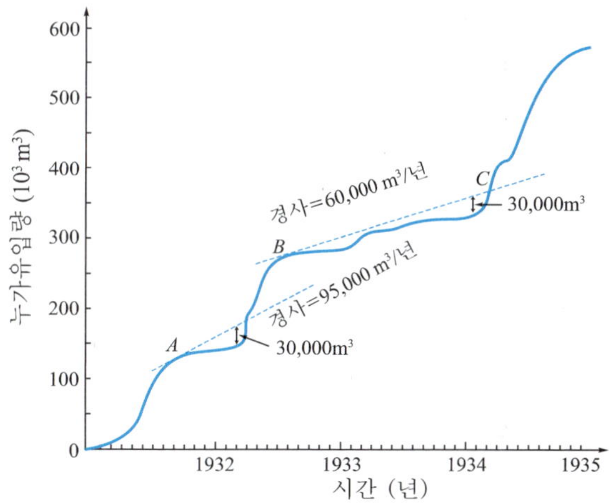

그림 12.18 저수용량으로부터 공급가능률의 결정

예제 12.6

그림 12.18과 같은 누가용적곡선이 있을 때 저수용량이 30,000m^3이면 안전공급률은 얼마인가?

풀이

누가용적곡선의 정점 A, B에서 접선과 누가용적곡선의 최대 종거차가 30,000m^3이 되도록 접선을 그은 결과 서로 다른 기울기를 가진 직선 즉, 서로 다른 공급률을 얻게 되는데 접선 BC의 경사가 더 완만한 60,000m^3/년이며 이 값이 안전공급률이 된다.

예제 12.7

표 12.23과 같이 년 유입량과 수요량이 주어질 때 저수지용량을 누가용적곡선에 의해 결정하라.

풀이

유입량을 누가하여 그림 12.19와 같이 도시하고 년간 수요량 84.96m^3/sec에 해당하는 기울기로 정점부

표 12.23 누가용적곡선에 의한 저수용량결정

시간 (yr)	유입량 (m^3/sec)	누가유입량 (m^3/sec)	수요량 (m^3/sec)	시간 (yr)	유입량 (m^3/sec)	누가유입량 (m^3/sec)	수요량 (m^3/sec)
1	113.28	113.28	84.96	14	98.55	1309.80	84.96
2	95.72	209.00	84.96	15	143.02	1452.82	84.96
3	130.56	339.56	84.96	16	127.44	1580.26	84.96
4	111.58	451.14	84.96	17	103.37	1683.62	84.96
5	70.23	521.37	84.96	18	86.38	1770.00	84.96
6	77.88	599.25	84.96	19	95.44	1865.44	84.96
7	106.48	705.73	84.96	20	124.04	1989.48	84.96
8	103.37	809.10	84.96	21	62.87	2052.35	84.96
9	138.77	947.87	84.96	22	79.58	2131.93	84.96
10	58.91	1006.78	84.96	23	92.04	2223.97	84.96
11	90.91	1097.68	84.96	24	100.82	2324.79	84.96
12	48.43	1146.11	84.96	25	83.26	2408.05	84.96
13	65.14	1211.25	84.96				

에서 접선을 그어 누가유입량과의 차가 최대가 되는 값을 구하면 76.46m^3/sec가 되고 이 값이 바로 저수용량에 해당된다. 본 예제에서는 단위를 유량 m^3/sec로 적용하였으므로 부피로 환산하면 76.46×365×24×3600=2.411×10^9 m^3이 된다.

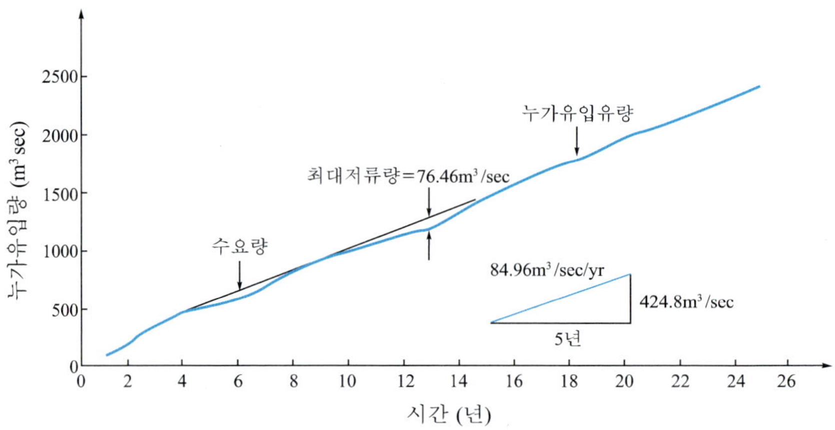

그림 12.19 누가용적곡선에 의한 저수용량 결정

2) 연속-정점방법에 의한 저수용량 결정

연속-정점방법(sequent-peak method)은 Ripple의 누가용적곡선에 의한 방법과 같은 결과를 주지만 적용하기가 좀 더 간단하다. 연속-정점방법에서는 수요량과 공급량의 차이를 누가 시켜 도시한다. 곡선의 각 정점에서 다음 정점방향으로 수평선을 긋고, 수평선에서 아래 곡선까지의 차를 구할 때 최대로 나타나는 값이 소요 저수용량이 된다.

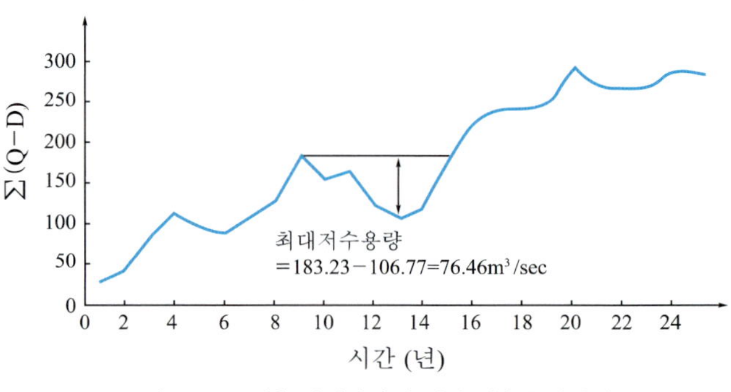

그림 12.20 연속-정점방법에 의한 저수용량결정

예제 12.8 예제 12.7의 유입량과 수요량을 사용하여 연속-정점방법에 의해 저수용량을 산정하라.

풀이

연속-정점방법은 표 12.24와 같이 산정한 시간별 유입량(2란)과 수요량(3란)의 차(4란)의 누가치(5란)를 도시하고 각 정점에서 수평선을 그어 그 차이가 가장 큰 것을 저수용량으로 한다. 그림 12.20에서 알 수 있는 바와 같이 저류용량은 정점부의 183.23m^3/sec에서 106.77m^3/sec를 뺀 76.46m^3/sec가 되어 예제 12.7과 같은 결과를 줌을 알 수 있다.

표 12.24 연속-정점방법에 의한 저수용량결정

시간 (yr)	유입량 Q (m^3/sec)	수요량 D (m^3/sec)	Q-D (m^3/sec)	누가 Q-D (m^3/sec)	시간 (yr)	유입량 Q (m^3/sec)	수요량 D (m^3/sec)	Q-D (m^3/sec)	누가 Q-D (m^3/sec)
1	113.28	84.96	28.32	28.32	14	98.55	84.96	13.59	120.36
2	95.72	84.96	10.76	39.08	15	143.02	84.96	58.06	178.42
3	130.56	84.96	45.60	84.68	16	127.44	84.96	42.48	220.90
4	111.58	84.96	26.62	111.30	17	103.37	84.96	18.41	239.30
5	70.23	84.96	−14.73	96.57	18	86.38	84.96	1.42	240.72
6	77.88	84.96	−7.08	89.49	19	95.44	84.96	10.48	251.20
7	106.48	84.96	21.52	111.01	20	124.04	84.96	39.08	290.28
8	103.37	84.96	18.41	129.42	21	62.87	84.96	−22.09	268.19
9	138.77	84.96	53.81	183.23	22	79.58	84.96	−5.38	262.81
10	58.91	84.96	−26.05	157.18	23	92.04	84.96	7.08	269.89
11	90.91	84.96	5.95	163.12	24	100.82	84.96	15.86	285.75
12	48.43	84.96	−36.53	126.59	25	83.26	84.96	−1.70	284.05
13	65.14	84.96	−19.82	106.77					

3) 물수지방법에 의한 저수용량결정

저수지 운영분석은 저수지를 하나의 시스템으로 보아 유입과 유출량의 변화를 강수량, 증발량, 용수수요량, 기득수리권 보장수량 등을 고려하여 물 수지분석을 하는 것이라 할 수 있다. 이러한 자세한 분석은 저수지 수위에 따른 누출, 저수지 수표면적에 따른 증발량, 자연유입량에 따른 운영규칙, 저류량 등을 고려하게 된다. 여러 인자들 중에서 증발량이 매우 중요하다 할 수 있으며, 저수지를 건설함에 따라 자연하천에 비해 수표면적이 상당히 증가하며 따라서 증발에 의한 손실량이 증가하게 된다. 자유 수표면에서의 증발량이 지표면으로부터의 증발산량을 항상 초과하기 때문에 저수지를 건설함으로서 물의 순 손실이 발생하게 된다. 건조한 지역에서는 증발량이 너무 커 오히려 저수지 건설이 역효과를 발생시키기도 한다.

물수지방법으로 월 자료를 이용하여 저수용량을 결정하기 위해서는 먼저 월별로 저수지상에 떨어지는 강수량과 대기 중으로 되돌아가는 증발량에 평균 수위에 해당하는 수표면적을 곱해 체적으로 환산한다. 월별로 저수지에 내린 강우량과 증발량 및 기득수리권 보장수량을 저수지 유입량에 더하거나 빼 순 하천유입량을 구한 후 월별로 용수수요량이 순 하천유입량을 초과하는 용적(물부족량)을 계산하여 합산함으로서 소요 저수용량을 구하게 된다.

예제 12.9

댐 예정지점에서의 갈수년에 대한 월별 유입량, 증발량, 강수량 및 용수수요량이 표 12.25에 수록되어 있다. 기득수리권 보장수량은 월별 유입량과 10,000m^3/월 중 작은 값을 택한다. 저수지 건설로 인해 수몰되는 지역에 내렸던 과거 강우량의 25%가 하천으로 유출되었다고 가정하여 저수용량을 결정하라. 저수지로 인한 수표면적의 증가량은 2km^{2}이며 증발접시계수는 연중 0.7로 일정하다.

표 12.25 물수지방법에 의한 저수용량결정

시간 (월) (1)	유입량 (10^3m^3) (2)	접시 증발량 (mm) (3)	강수량 (mm) (4)	용수 수요량 (10^3m^3) (5)	수리권 보장량 (10^3m^3) (6)	증발량 (10^3m^3) (7)	강수량 (10^3m^3) (8)	순유입량 (10^3m^3) (9)	소요 저수량 (10^3m^3) (10)
1	4	48	0	145	4	67.2	0.0	−67.2	212.2
2	8	32	0	138	8	44.8	0.0	−44.8	182.8
3	16	25	0	102	10	35.0	0.0	−29.0	131.0
4	21	39	8	69	10	54.6	12.0	−31.6	100.6
5	35	46	14	57	10	64.4	21.0	−18.4	75.4
6	356	67	149	46	10	93.8	223.5	475.7	0.0
7	1256	90	204	51	10	126.0	306.0	1426.0	0.0
8	2141	113	113	60	10	158.2	169.5	2142.3	0.0
9	468	125	24	103	10	175.0	36.0	319.0	0.0
10	59	107	12	147	10	149.8	18.0	−82.8	229.8
11	21	98	3	150	10	137.2	4.5	−121.7	271.7
12	8	65	0	152	8	91.0	0.0	−91.0	243.0
계	4393	855	527	1220	110	1197.0	790.5	3876.5	1446.5

풀이

표 12.25에서 (1)~(5)란은 이미 획득한 자료를 나타낸다.

(6)란 수리권 보장량은 (2)란의 유입량과 10,000m^3 중 작은 것을 택한다.

(7)란 증발량은 (3)란 접시증발량에 증발접시계수 0.7을 곱하고 저수지 수표면 증가량 2×10^6m^{2}을 곱한다.

(8)란 강수량은 (4)란에 저수지 건설로 인한 강수유입량 증가율 0.75를 곱하고 수표면적 증가량 2×10^6m^{2}을 곱한다.

(9)란 순유입량은 저수지로의 입력부분인 (2)란 유입량과 (8)란 강수량을 더하고 출력부분인 (6)란 수리권 보장량과 (7)란 증발량을 뺀다.

(10)란 저수용량은 (9)란 순유입량에서 (5)란 용수수요량을 뺀다. 계산 결과 음의 값이 나오면 물부족이 생기는 달이므로 양의 값으로 바꾸어 월 소요저수용량으로 한다. 양의 값이 나오면 물부족이 없는 달이므로 0으로 놓는다. (10)란을 모두 더하면 연간 소요 저수용량 1446.5×10^3m^{3}을 얻게 된다.

연습문제

12.1 다음 표는 특정 지역의 1985년 1월부터 2014년 12월까지의 월강수량(mm)을 나타내고 있다. 다음과 같이 연속분석방법에 의해 강수가뭄을 분석하라. 단, 기준값은 x_0=−0.6과 x_0=−0.8에 대해 적용하라.

1) 자료의 평균과 표준편차를 구하라.
2) Z변환을 실시하라.
3) x_0=−0.6과 x_0=−0.8에 대해 가뭄달의 수와 가뭄사상의 수를 구하라.
4) 2001년 9월과 2008년 10월에 시작하는 강수가뭄에 대해 강수가뭄 길이, 규모 그리고 강도를 산정하라.

년\월	1	2	3	4	5	6	7	8	9	10	11	12
1985	99.6	12.6	192.3	63.6	146.8	73.1	181.7	279.0	146.0	49.3	126.5	25.2
1986	79.0	16.2	9.9	131.4	126.2	97.1	137.7	193.9	151.4	72.0	37.3	18.6
1987	27.5	51.3	54.0	167.6	147.0	49.5	361.0	9.0	56.0	75.5	14.4	25.7
1988	17.2	7.6	74.9	125.5	89.5	78.0	427.0	164.5	202.5	55.5	50.9	31.3
1989	7.8	115.8	21.7	76.0	35.5	104.5	63.0	330.5	23.0	40.0	47.1	65.7
1990	3.5	0.3	61.8	176.5	61.0	101.0	222.0	215.5	73.5	3.5	77.4	50.3
1991	17.6	35.7	44.9	34.5	11.7	358.5	323.7	415.4	40.5	77.9	19.2	31.0
1992	18.6	77.5	76.3	75.7	98.2	344.8	141.2	304.4	176.3	2.7	29.7	38.7
1993	35.3	8.4	44.0	176.9	107.0	290.1	294.8	200.1	31.3	85.9	32.5	35.8
1994	24.3	27.2	16.2	38.7	44.5	163.8	339.1	380.4	155.4	49.2	17.3	13.3
1995	14.1	8.7	54.6	45.0	124.1	31.4	114.0	262.8	5.9	42.3	107.8	55.5
1996	16.8	43.9	72.8	156.9	42.4	209.0	283.8	155.4	125.3	35.6	47.2	5.0
1997	8.6	10.9	20.7	142.1	68.2	159.4	346.3	158.8	289.0	463.0	90.4	18.5
1998	15.1	29.9	66.3	61.2	141.8	107.1	425.1	277.7	440.8	142.9	85.8	33.6
1999	13.4	14.8	49.3	40.9	172.9	262.8	169.0	259.8	120.8	125.6	24.9	68.2
2000	74.6	58.5	50.7	61.5	73.3	134.8	428.0	477.3	26.0	78.1	75.1	4.0
2001	22.3	2.5	53.4	70.6	75.3	68.1	332.3	40.3	27.0	6.1	26.1	25.8
2002	107.6	80.6	77.4	21.5	45.2	187.8	492.0	113.4	273.3	23.7	49.0	19.2
2003	60.4	108.9	69.4	86.6	89.8	248.4	298.1	134.6	108.3	6.6	46.4	33.0
2004	24.2	58.6	86.7	77.9	49.7	204.9	365.1	177.7	143.8	21.1	23.0	1.1
2005	19.2	26.0	50.6	88.7	53.3	14.8	231.2	227.9	217.2	35.5	37.1	54.6
2006	13.3	72.5	44.5	37.0	132.0	212.0	302.5	281.0	100.5	49.5	94.5	20.5
2007	18.7	12.5	35.0	22.8	115.0	89.0	118.9	196.0	20.0	99.0	20.5	21.1
2008	23.2	17.1	46.9	65.5	35.5	54.0	83.5	579.5	47.5	23.5	31.0	4.6
2009	25.4	2.9	123.0	42.5	37.5	546.0	174.0	130.0	12.5	75.5	89.8	43.0
2010	21.3	48.2	34.0	58.0	170.5	238.5	444.5	246.5	89.0	9.0	160.0	49.0
2011	38.4	53.9	25.6	177.5	98.5	278.5	184.0	520.0	237.3	49.0	46.1	6.8
2012	5.3	22.9	73.0	91.5	117.5	198.0	114.5	167.5	289.5	125.0	16.4	10.3
2013	36.2	2.9	24.5	73.7	29.0	244.5	344.0	372.0	223.0	34.5	42.0	6.5
2014	63.2	76.5	17.0	22.5	22.5	212.5	203.0	43.0	87.0	96.0	12.0	24.1

12.2 기상상태가 가뭄(D), 정상(N) 그리고 습윤(W)중의 하나라고 가정하고 다음 표와 같은 상태가 관측 되었을 경우 상태전환확률을 구하라.

시간(t)	1	2	3	4	5	6	7	8	9	10	11	12	13	14	15	16	17	18	19	20
상태(S)	W	N	D	N	W	D	N	W	D	N	N	D	D	D	W	N	W	N	W	W

12.3 연습문제 12.2의 결과와 다음 표의 평형확률을 이용하여 가뭄발생확률, 가뭄의 수, 가뭄의 길이를 산정하여 비교하라.

구 분		상태 j		
		D	N	W
상태 i	D	0.316	0.368	0.316
	N	0.316	0.368	0.316
	W	0.316	0.368	0.316

12.4 도시지역에 물을 공급하기 위해 펌프로 지하수를 분배용 저수지로 양수하고 있다. 시간당 용수수요량이 다음 표와 같을 때 저수용량을 결정하라. 펌프는 550m^3/h로 일정하게 양수하고 있다.

시간 (hr)	수요량 (m^3/hr)	시간 (hr)	수요량 (m^3/hr)	시간 (hr)	수요량 (m^3/hr)	시간 (hr)	수요량 (m^3/hr)
1	271	7	484	13	831	19	600
2	230	8	671	14	826	20	504
3	223	9	838	15	775	21	429
4	237	10	874	16	709	22	380
5	274	11	847	17	670	23	346
6	354	12	835	18	651	24	341

12.5 다음과 같이 월별 유입유량이 주어질 때 연간 20×10^{6}m^3/yr의 물을 보장하기 위해서는 저수지의 용량을 얼마로 결정해야 하는가.

단위(10^{3}m^3/month)

년 \ 월	1	2	3	4	5	6	7	8	9	10	11	12
2010	518	2333	259	363	596	311	1944	6221	5962	6117	544	544
2011	207	259	285	855	285	511	3059	3862	5832	544	415	311
2012	285	559	337	1659	3370	5236	9046	3525	492	441	389	337
2013	337	726	596	832	726	5518	8424	959	3525	492	492	389
2014	363	337	726	2596	1583	2926	2918	8424	959	6299	596	311

12.6 연습문제 12.5와 같이 누가유입유량이 주어질 때 저수용량이 8×10^{6}m^{3}이라면 안전공급률은 얼마인가?

12.7 연습문제 12.5의 유입량과 수요량을 사용하여 연속-정점방법에 의해 저수용량을 산정하라.

12.8 댐 예정지점에서의 갈수년에 대한 월별 유입량, 증발량, 강수량 및 용수수요량이 다음 표와 같다. 기득수리권 보장수량은 월별 유입량과 20,000m^3/월 중 작은 값을 택한다. 저수지 건설로 인해 수몰되는 지역에 내렸던 과거 강우량의 30%가 하천으로 유출되었다고 가정하여 저수용량을 결정하라. 저수지로 인한 수표변적의 증가량은 3km^2이며 증발접시계수는 연중 0.75로 일정하다.

시간 (월)	유입량 (10^3m^3)	접시증발량 (mm)	강수량 (mm)	용수수요량 (10^3m^3)
1	6	53	3	141
2	10	41	0	135
3	34	32	2	107
4	68	45	10	75
5	110	56	17	63
6	553	73	156	54
7	894	98	223	49
8	1152	121	126	63
9	487	146	31	111
10	86	118	15	148
11	52	104	6	141
12	8	72	1	141

12.9 댐 예정지점에서의 월별 강우량, 증발량, 유입량, 용수수요량 및 월별 저수지 수표면적이 다음 표와 같을 때 저수지 소요용량을 결정하라. 기득수리권 보장수량은 월별 유입량과 20,000m^3/월 중 작은 값을 택한다. 단, 증발접시계수는 연중 0.7로 일정하며, 강우량은 100% 저수지 증가분으로 가정하라.

시간 (월)	강우량 (mm)	증발량 (mm)	유입량 (10^3m^3)	용수수요량 (10^3m^3)	저수지면적 (ha)
1	0	25	0	60	68
2	0	31	0	70	63
3	0	64	10	70	58
4	10	84	15	90	86
5	20	121	30	160	85
6	116	152	560	280	85
7	227	167	1345	280	89
8	31	142	428	280	88
9	85	117	181	260	87
10	60	77	45	240	86
11	47	42	14	150	80
12	0	23	4	80	75

CHAPTER

수문통계분석 13

13.1 서 론

수문분야에서 많은 과정들이 근본적인 무작위성(randomness)으로 인해 확률적 의미로 분석되거나 설명되어야 할 경우가 많이 있다. 수문현상의 모든 발생 원리를 정량적으로 나타내기가 불가능하기 때문에 과거나 미래에 대해 단순히 확정론적(deterministic)인 원리로 강우량이나 유출량을 예측하는 것은 불가능하다. 다행히 관측된 수문자료에 대한 해석 및 평가를 통계학적(statistical) 방법으로 수행할 수 있다.

지금까지 설명한 방법들은 확정론적인 방법으로 만일 물의 순환 전 과정을 이론적으로 완전하게 표현할 수 있고 이들 과정들의 관계를 해석적으로 규명할 수 있다면 확정론적인 방법으로 수문현상을 분석하고 다양한 설계에 이용할 수 있다. 하지만 자연현상의 일부인 수문현상은 너무 복잡하여 우리가 아직 완벽하게 이해하지 못하는 부분들이 있으며 또한 물의 순환과정이 확률론적인 성격을 띠고 있으므로 확정론적인 방법으로 완전하게 해석할 수는 없다. 따라서 강우 및 홍수사상 등 수문자료들을 확률통계적으로 분석하여 수문현상의 특성을 규명하고 장래의 거동을 예측할 수 있는 확률통계학적 수문분석이 필요하다.

본 장에서는 수문학적 자료들의 불확실성(uncertainty)을 정량화하고 확률론적인 방법으로 해석하는 절차 즉, 강우 및 홍수와 같은 수문사상의 크기를 확률과 연관시키는 방법에 대해 설명하고 14장에서 소개할 수문자료의 빈도해석을 위한 기본적인 내용들에 대해 설명하기로 한다. 비록 강우 및 홍수자료에 국한되어 설명하지만 수문현상과 관련 있는 모든 변수들에 대한 확률론적 분석은 동일하다.

13.2 확률변량

확률변량(random variable)은 확실성(certainty)을 가지고 예측할 수 없는 매개변량(유출량, 강우, 수위 등)이라 할 수 있으며, 각 확률변량을 특정 값으로 구분하여 언급할 경우에는 확률변수라 한다. 즉, 확률변량은 무작위(random) 또는 불확실성 과정의 산물이라 할 수 있다. 이러한 확률변량은 이산형(discrete) 또는 연속형(continuous)의 형태로 통계학적으로 다루게 되며 대부분의 수문자료들은 연속형이므로 연속형 확률분포를 이용하여 확률적으로 분석한다.

그림 13.1(a)에 수문곡선으로 나타난 임의 유출량의 값은 양의 실수로 나타낼 수 있으므로 연속형이라 할 수 있다. 하지만 자료 자체는 관측 절차로 인해 종종 이산형 형태로 표현되게 된다. 예를 들어 일유출량은 대부분 $1m^3/sec$ 또는 $1ft^3/sec$단위로 나타낸다. 이러한 형태로 나타내는 자료를 이

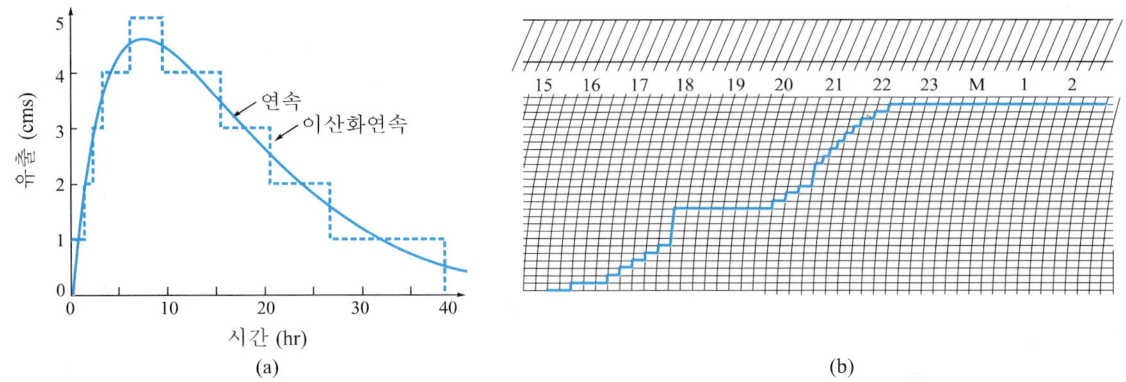

그림 13.1 연속형 및 이산형 자료의 예

산화-연속(quantized-continuous)이라 하며 이산형 자료로 간주한다.

이산형 확률변량은 오직 이산형 값들로 이루어진 특정 영역의 값만 취할 수 있다. 예를 들어 동전을 던지면 앞이나 뒤만 나오게 되고, 주사위를 던지면 1부터 6까지의 정수만 나타나게 된다. 그림 13.1(b)와 같이 티핑버켓 우량계로부터 얻은 자료는 이산형 수문자료의 한 예이다.

앞에서 언급한바와 같이 이산화-연속자료들은 도표화되는 과정에서 일정한 크기 이하의 값들은 생략되기 때문에 이산형으로 변하게 된다. 즉, 강우를 측정할 때 우량계의 정확성이나 표현의 편리를 위해 0.1mm 단위까지만 측정을 한다면 0, 0.1, 0.2mm 등으로 표현되어 이산형으로 변하게 된다. 하지만 빈도해석(frequency analysis)에서는 고려되는 값들의 범위가 커짐에 따라 이와 같이 이산화하는 것이 불편하다. 예를 들어 하천유출량이 1m^3/sec 단위로 측정되고 유출량의 범위가 0에서 5,000m^3/sec라면 5,000개의 이산 구간을 고려해야 한다. 따라서 자료를 연속형으로 근사화하는 것이 훨씬 편리하다.

13.3 자료의 표현

빈도해석에서 중요한 가정은 자료가 서로 독립적(independent)이라는 것이다. 즉, 장래 사상의 크기는 과거 사상의 크기에 영향을 받지 않는다. 하지만 수문현상에는 엘니뇨 남방진동(El Nino Southern Oscillation, ENSO)과 같이 장기간의 유출기록에 영향을 미치는 근본적인 기후학적 메카니즘이 존재하며 이러한 기후학적 원인-결과 현상은 정량화하기가 매우 어렵다. 무작위가 아닌 형태를 보이는 수문자료는 시계열을 도시함으로서 정성적인 판단을 할 수 있다. 시계열(time series)이란 발생한 순서로 시간 대 크기로 도시한 일련의 자료이며, 그림 13.2는 특정하천에서의 장기간의 유출자료를 도시한 시계열의 예를 보여주고 있다.

그림 13.2에서 특정년도와 이전의 4년간의 자료를 평균한 5년 이동평균(moving average)도 같이 도시하고 있으며, 5년간 자료를 평균함으로서 짧은 기간 동안의 변화를 완화시켜 장기간의 변동 성향을 파악 할 수 있다. 그림에서는 관측지점의 유역이나 기후의 변화를 나타낼 지도 모르는 뚜렷한 유출량의 변화를 보이고 있지 않다. 사실 이 관측 유역은 장기간 상대적인 변화가 없는 유역이며 이러한 상황을 그림 13.2는 잘 보여주고 있다.

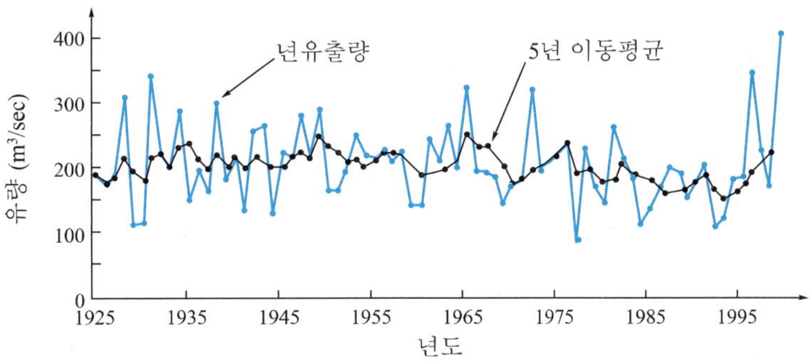

그림 13.2 연 최대유량에 대한 시계열

시계열에서 장기간 동안 통계 특성치들이 변하지 않고 일정한 것을 정상성(stationarity)이라 하며, 이러한 정상성을 보이지 않는 가상적인 시계열의 예가 그림 13.3에 나타나 있다. 그림 (a)에서는 선형적인 경향에 의해 자료의 통계학적 특성(평균, 표준편차 등)치들이 변하고 있다. 즉, 도시화 또는 다른 개발로 인해 유출량이 증가하고 있음을 보여주고 있다. 그림 (b)에서는 장기간의 순환 경향을 보여주고 있는데 기후학적인 변화 때문일 수 있다. 그림 (c)에서는 1970년대를 주위로 유출량의 변화정도가 줄어들고 있으며, 이러한 경우는 상류에 댐을 건설함으로서 일정한 유량을 흘려보낼 때 발생할 수 있다. 마지막으로 그림 (d)에서는 1970년대를 주위로 평균유출량이 감소하고 있는데 상류에서의 분류(diversion)가 원인이 되기도 한다.

시계열에서 또 다른 관심의 대상은 혼합된 모집단(mixed-population)인데 이는 시계열 자료에 둘 또는 그 이상의 원인이 되는 메카니즘이 존재하는 경우이다. 예를 들어 홍수는 강우사상, 융설 또는

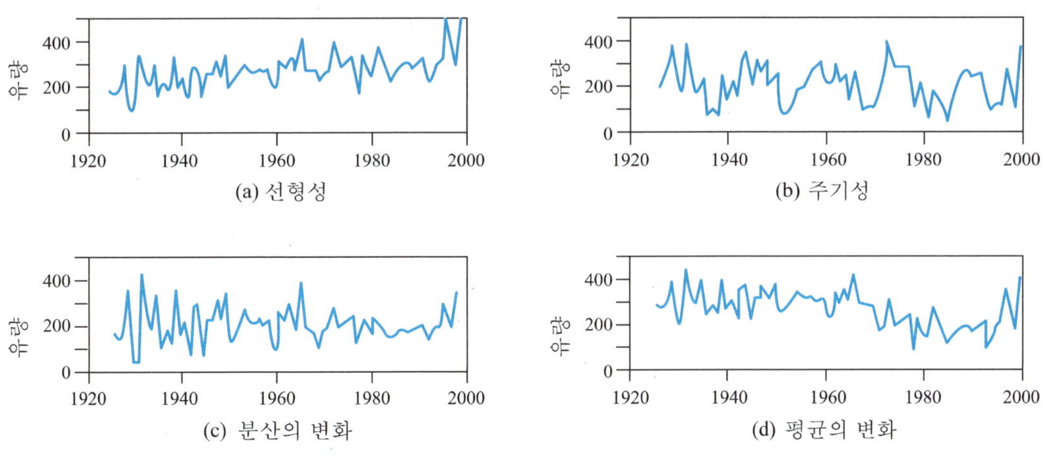

그림 13.3 비정상성 시계열의 가상적인 예

이 둘의 조합에 의해 발생할 수 있다. 서로 다른 원인구조를 가진 사상의 빈도 특성은 비록 둘 중 한 가지가 항상 극심한 상태를 보여주지만 상당히 다르다. 이러한 경우에 대해서는 두 형태의 자료를 분리하여 빈도해석을 하는 것이 일반적이다.

적정 확률분포를 선택하기 위해서 이산화-연속자료가 종종 막대그래프(bar chart) 또는 주상도(histogram) 형태로 사용된다. 주상도의 높이 및 일반적인 형상은 자료가 대칭(symmetric)인지 왜곡(skew)되어 있는지를 판단하는데 도움이 되고, 그 자료에 적용할 확률분포를 결정하는데 도움이 된다.

유출량을 분석할 때 먼저 유출량의 범위(range)를 계급구간(class interval)으로 나누고 각 계급구간에 해당하는 관측치의 수(빈도)를 계산한다. 계급구간의 폭은 자료의 기본적인 성향을 알아 볼 수 있도록 충분히 작아야 하는 반면, 이러한 성향이 혼란을 주지 않을 정도로 커야 한다. 계급구간의 값에 따라 자료에 대해 느끼는 정도가 변할 수 있다. 적절한 계급구간의 수를 결정하기 위해 다음과 같은 경험식이 사용되고 있다.

$$k = 5\log_{10} n \tag{13.3.1}$$

여기서 k는 계급구간의 수 그리고 n은 자료의 수이다. 자료를 특정 구간으로 분리하는 것이 분석하는데 편리하다면 계급구간은 항상 일정할 필요는 없다.

주상도의 종거를 총 관측자료의 수로 나누면 각 계급구간별 상대도수(relative frequency) 즉, 확률이 되며 종거 값들을 합하면 1.0이 된다. 각 계급구간마다 상대도수를 누가하면 누가빈도분포(cumulative frequency distribution)가 되며, 이는 가로축에 표시된 특정값과 같거나 이보다 작을 확률을 의미하게 된다.

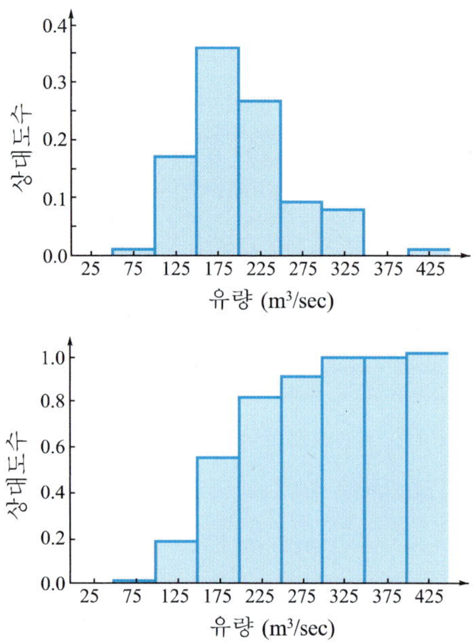

그림 13.4 계급구간별 상대도수 및 누가빈도분포

예제 13.1

특정 하천에서 75년간의 연 최대유출량자료가 표 13.1과 같다. 계급구간을 설정하고 각 계급구간별 상대도수 및 누가빈도분포를 계산하여 주상도로 나타내라.

풀이

식 (13.3.1)을 사용하여 계급구간의 수를 구한 결과 9개로 나타나 50m^3/sec 단위로 구분하였다. 표 13.2에 계산결과가 수록되어 있으며 4란의 도수(빈도)는 각 계급구간에 속해있는 유출량의 수이며 5란의 상대도수는 4란의 도수를 총 자료수 75로 나눈 값이다. 6란에는 상대도수를 누적한 누가빈도분포를 보여주고 있다. 상대도수 및 누가빈도분포에 대한 주상도는 그림 13.4와 같다.

표 13.1 75년간의 연 최대유출량

년도 (yr)	유출량 (m^3/sec)	년도 (yr)	유출량 (m^3/sec)	년도 (yr)	유출량 (m^3/sec)	년도 (yr)	유출량 (m^3/sec)
1940	188	1959	128	1978	263	1997	214
1941	168	1960	224	1979	197	1998	183
1942	195	1961	216	1980	322	1999	113
1943	307	1962	280	1981	195	2000	136
1944	112	1963	219	1982	191	2001	171
1945	115	1964	290	1983	186	2002	200
1946	341	1965	164	1984	145	2003	192
1947	218	1966	166	1985	172	2004	154
1948	198	1967	194	1986	181	2005	172
1949	287	1968	246	1987	318	2006	205
1950	150	1969	219	1988	197	2007	108
1951	196	1970	212	1989	209	2008	120
1952	161	1971	227	1990	215	2009	183
1953	301	1972	209	1991	236	2010	188
1954	178	1973	222	1992	86	2011	347
1955	214	1974	142	1993	231	2012	227
1956	132	1975	142	1994	166	2013	168
1957	254	1976	244	1995	145	2014	405
1958	265	1977	209	1996	265		

표 13.2 상대도수 및 누가빈도분포 계산 절차

계급구간 (m^3/sec) (1)	계급구간상한 (m^3/sec) (2)	중간값 (m^3/sec) (3)	빈도 (4)	상대도수 (5)	누가분포 (6)
0- 50	50	25	0	0.000	0.000
50-100	100	75	1	0.013	0.013
100-150	150	125	13	0.173	0.187
150-200	200	175	27	0.360	0.547
200-250	250	225	20	0.267	0.813
250-300	300	275	7	0.093	0.907
300-350	350	325	6	0.080	0.987
350-400	400	375	0	0.000	0.987
400-450	450	425	1	0.013	1.000
계			75	1.000	

13.4 확률개념

확률은 우연한 현상을 다루는 것으로 17세기경 프랑스의 도박장에서 최초로 확률개념이 적용되었다고 한다. 오늘날 확률이론은 수학 및 통계학분야 뿐만 아니라 모든 학문분야에서 적용하고 있으며 수문분야에서도 광범위하게 적용되고 있다.

확률은 불확실성 또는 우연현상을 대상으로 하며 이때 불확실성이란 상황의 변화과정에서 야기되는 결과를 가리킨다. 즉, 어떤 상황의 변화과정에서 둘 또는 그 이상의 결과가 발생한다면 어떤 결과가 될지 확실하지 않게 되므로 그 결과들은 불확실하다고 할 수 있다. 이러한 불확실한 결과를 초래하는 변화과정을 실험(experiment) 또는 시행(trial)이라 한다.

N가지 결과 즉, X_1, X_2, …, X_i, …, X_N이 나타날 수 있는 실험을 생각해 보자. 어떠한 두 결과도 동시에 나타나지 않으면 그 결과를 상호배반적(mutually exclusive)이라 하며 실험에서 발생 가능한 모든 결과를 고려한다면 전체소모적(collectively exhaustive)이라 한다. 만일 어떤 사상의 발생이 다른 사상의 발생에 영향을 미치지 않는다면 서로 독립적(independent)이다. 어떤 사상(event) X_i가 발생할 확률 $P(X_i)$는 여러 차례 시도를 한 결과 그 사상이 발생하는 상대적인 횟수로 정의한다.

$$P(X_i) = \frac{n_i}{N} \tag{13.4.1}$$

여기서 n_i는 N번의 시도 끝에 사상 X_i가 발생하는 횟수(빈도) 그리고 N은 충분히 큰 시도회수이다. 따라서 n_i/N은 사상 X_i가 발생할 상대도수 또는 확률이라 한다.

이산확률(discrete probability)은 이산형 사상의 확률이라고 간단히 말할 수 있다. 만일 $P(X_i)$를 무작위 사상 X_i의 확률이라 정의하면 N가지 발생 가능한 표본공간(sample space)에서 다음과 같은 확률법칙을 따르게 된다.

1) 임의 사상의 발생확률은 0과 1 사이의 값을 가진다.

$$0 \le P(X_i) \le 1 \tag{13.4.2}$$

2) 각 시도시 발생 가능한 모든 사상의 확률의 합은 1이다.

$$\sum_{i=1}^{N} P(X_i) = 1 \tag{13.4.3}$$

3) 상호배반적인 사상의 합집합(union, ∪)의 확률은 각 사상의 확률을 합한 것과 같다.

$$P(X \cup Y) = P(X) + P(Y) \tag{13.4.4}$$

4) 서로 독립적인 사상의 교집합(intersection, ∩)의 확률은 각 사상의 확률을 곱한 것과 같다.

$$P(X \cap Y) = P(X) \cdot P(Y) \tag{13.4.5}$$

5) 서로 독립도 아니고 상호배반도 아닌 경우에는 다음과 같다.

$$P(X \cup Y) = P(X) + P(Y) - P(X \cap Y) \tag{13.4.6}$$

6) 사상 Y가 발생했을 때 사상 X가 발생할 조건부확률(conditional probability)은 다음과 같다.

$$P(X \mid Y) = \frac{P(X \cap Y)}{P(Y)} \tag{13.4.7}$$

7) 만일 사상 X와 Y가 독립이면 4)와 6)을 적용하여 다음과 같다.

$$P(X \mid Y) = \frac{P(X) \cdot P(Y)}{P(Y)} = P(X) \tag{13.4.8}$$

예제 13.2

어떤 날에 호우가 발생할 사상을 Y라하고, 번개가 칠 사상을 X라 할 때 X와 Y가 발생할 확률이 다음과 같다면 어떤 날에 호우와 번개가 동시에 발생할 확률은 얼마인가?

$P(X) = 0.3,\ P(Y) = 0.1,\ P(Y|X) = 0.5$

풀이

식 (13.4.7)로부터 두 사상이 동시에 발생할 확률은 교집합으로 다음과 같다.

$P(X \cap Y) = P(Y \mid X) \cdot P(X) = 0.15$

만일 두 사상이 독립이면 $P(Y \mid X) = P(Y) = 0.1$이므로

$P(X \cap Y) = P(Y) \cdot P(X) = 0.03$

13.5 확률분포

확률변수의 거동은 확률분포(probability distribution)에 의해 표현된다. 실험을 통한 발생 가능한 확률은 이산형 확률분포함수(probability distribution function, PMF) 또는 연속형 확률밀도함수(probability density function, PDF)에 의해 곡선 또는 수치로 나타내게 된다. 수문학에서는 특정크기를 초과하는 홍수의 발생횟수 또는 어떤 지역에서 발생하는 호우의 횟수 등과 같이 특정 기준을 만족하는 발생횟수를 나타내기 위해 이산형 확률변수가 널리 사용되고 있다. 일반적으로 이산형 확률변수는 정수값으로 표현되는 매개변수와 연계시키지만 연속형 변수도 정수와 비슷한 값으로 변환하거나 정수로 조정이 가능하다. 즉, 강우량 7.8mm는 78/10mm로 나타낼 수 있다.

때때로 연속형 변수를 그림 13.4에서 나타낸 유출량과 같이 이산형 개념으로 간주하는 것이 편리할 때가 있다. $P(x_1)$을 확률변수 X가 특정값 $x_1 \pm \Delta x$ 사이에 위치할 확률을 의미한다고 하자. 그림 13.4로부터 Δx는 계급구간의 절반으로 $25m^3/sec$이다. 따라서 확률변수 X가 이산형 유출이라 한다면 상대도수를 다음과 같이 할당할 수 있다.

$P(75) = 0.013,\quad P(125) = 0.173,\quad P(175) = 0.360,\quad P(225) = 0.267,$

$P(275) = 0.093,\quad P(325) = 0.080,\quad P(375) = 0.000,\quad P(425) = 0.013$

이 확률 값들이 식 (13.4.2), (13.4.3)의 확률법칙을 만족하고 있음을 확인할 수 있다. 또한 이산형 확률분포에서 확률변수 X의 값 x가 a와 b 사이에 있을 확률은 다음과 같이 표현한다.

$$P(a \le x \le b) = \sum_{a \le x_1 \le b} P(x_i) \tag{13.5.1}$$

확률을 표현하기에 편리한 방법으로 누가확률분포함수(cumulative probability distribution function, CDF)를 사용하고 있으며, 이는 확률변수 X가 특정치 x보다 크지 않을 확률 즉, x보다 작거나 같을 확률을 의미한다.

$$F(x) = P(X \le x) = \sum_{X \le x_i} P(x_i) \tag{13.5.2}$$

위에서 나타낸 확률 값을 이용하면 유출량이 225m^3/sec보다 크지 않을 확률은 다음과 같다.

$$F(225) = 0.013 + 0.173 + 0.360 + 0.267 = 0.813 \text{ 또는 } 81.3\%$$

연속형 확률변수는 유출량, 강우량, 유출용적, 강우강도 그리고 시간과 같은 수문학적 현상을 나타내는데 주로 사용된다. 비록 연속형 변수들의 값이 정수로 반올림되지만 반드시 정수에 국한할 필요는 없다.

연속형 확률변수에서 확률밀도함수(PDF) f(x) 아래의 면적은 확률을 의미한다. 따라서 그림 13.5에서 a, b 사이의 확률은

$$P(a \le x \le b) = \int_a^b f(x)dx \tag{13.5.3}$$

확률밀도함수 아래의 총 면적은

$$\int_{-\infty}^{\infty} f(x)dx = 1.0 \tag{13.5.4}$$

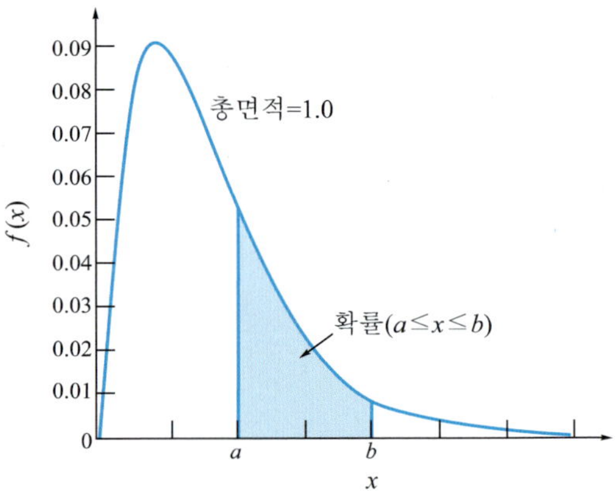

그림 13.5 연속형 확률밀도함수

확률밀도함수 그 자체는 확률이 아니며 단위는 확률변수 X 단위의 역으로 나타난다. 즉, 확률변수 X가 유량이라면 단위는 m^3/sec이고 확률밀도함수의 단위는 sec/m^3이 된다. 따라서 확률밀도함수 아래의 면적은 무차원인 확률로 나타나게 된다. 하지만 통상적으로 확률밀도함수의 단위는 나타내지 않으며 확률밀도함수의 값도 자주 쓰이지는 않는다. 오히려 누가확률밀도함수 그 자체가 확률이므로 누가확률밀도에 관심을 가지게 된다. 이산형 확

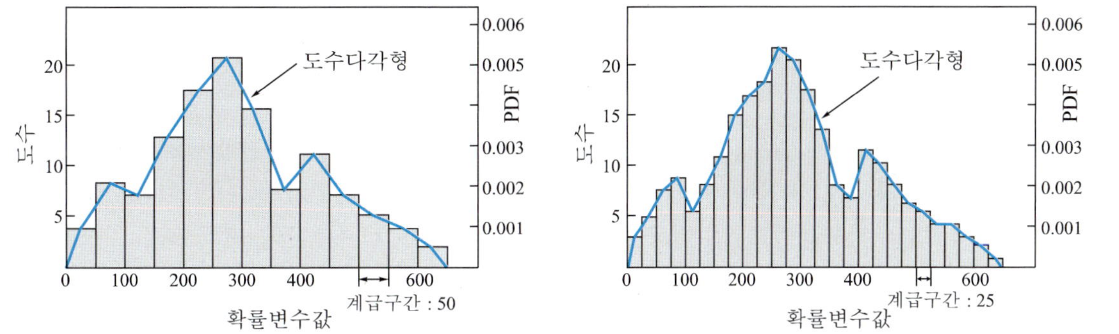

그림 13.6 계급구간의 변화에 대한 도수다각형 및 PDF

률분포함수와 마찬가지로 연속형 누가확률밀도함수는 다음과 같이 나타낼 수 있다.

$$F(x_i) = P(-\infty \le x \le x_i) = \int_{-\infty}^{x_i} f(x)dx \tag{13.5.5}$$

누가확률밀도함수도 0에서 1의 범위를 가지며 확률로 표현하면 다음과 같다.

$$0 \le F(x) \le 1.0 \tag{13.5.6}$$

$$P(x_1 < x \le x_2) = F(x_2) - F(x_1) \tag{13.5.7}$$

그림 13.4의 상대도수 주상도는 만일 상대도수를 계급구간 Δx로 나누면 연속형 확률밀도함수로 나타나게 되며 이때 주상도 아래의 면적은 1.0이 된다. 즉, 그림 13.4의 상대도수 주상도의 종거를 $50m^3$/sec로 나누면 확률밀도함수에 해당하게 된다.

각 계급구간에 속하는 주상도 윗변의 중앙점을 직선으로 연결한 다각형을 도수다각형(frequency polygon)이라 한다(그림 13.6). 만일 계급구간을 아주 작게 선택하여 상대도수 주상도를 그리면 도수다각형은 점차 곡선에 가까워지며, 이를 도수분포곡선 또는 빈도곡선(frequency distribution curve)이라하고 종거를 계급구간으로 나누면 확률밀도곡선과 거의 같게 된다.

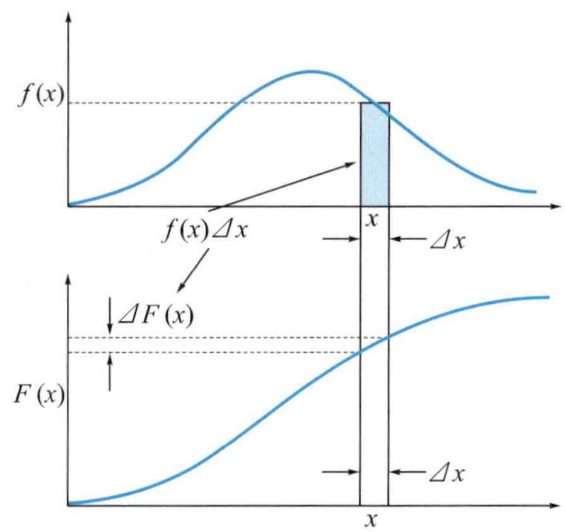

그림 13.7 확률밀도함수와 누가확률밀도 함수의 관계

확률밀도함수 f(x)와 누가확률밀도함수 F(x)가 함께 포함된 식 (13.5.5)를 미분하면

$$f(x) = \frac{dF(x)}{dx} \tag{13.5.8}$$

식 (13.5.8)에서 dx는 계급구간 Δx → 0일 때에 해당하므로

$$f(x) = \lim_{\Delta x \to 0} \frac{\Delta F(x)}{\Delta x} = \frac{dF(x)}{dx} \tag{13.5.9}$$

따라서 확률변수 X의 임의 값 x에서의 확률밀도함수는 그 값에서의 누가확률밀도함수 F(x)의 기울기가 되며, 그림 13.7과 같이 확률밀도함수에 계급구간을 곱한 f(x)Δx는 그 계급구간에 해당하는 확률이며 이는 누가확률밀도함수에서 Δx 구간에 해당하는 누가확률의 변화 ΔF(x)와 같다.

13.6 확률분포의 특성

13.6.1 확률분포의 모멘트

모멘트(moment)의 개념은 공학에서의 모멘트 개념과 유사하다. 확률밀도함수(PDF)의 모멘트는 매개변수(parameter)와 관련된 형태를 가지며, 따라서 모멘트를 구하면 확률분포형의 매개변수를 산정할 수 있고 빈도해석에서 적용할 수 있다. 또한 모멘트 자체는 확률분포형의 모양을 나타내기도 한다. 이산형 및 연속형 확률분포에서 원점에 대한 N차 모멘트는 다음과 같이 나타낸다.

$$\mu'_N = \sum_{i=-\infty}^{\infty} x_i^N P(x_i) \quad \text{(이산형)} \tag{13.6.1}$$

$$\mu'_N = \int_{-\infty}^{\infty} x^N f(x)dx \quad \text{(연속형)} \tag{13.6.2}$$

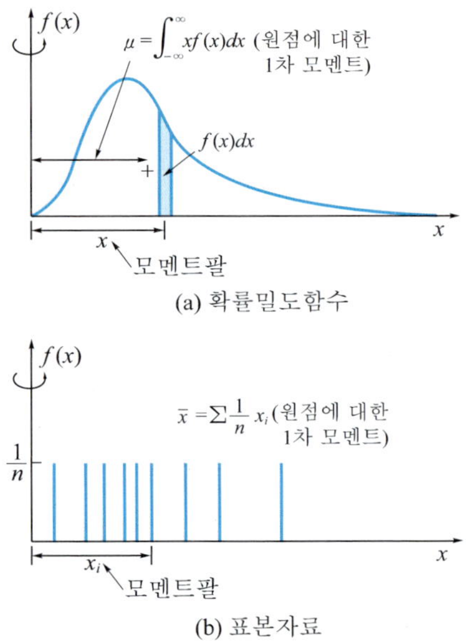

그림 13.8 모멘트 개념

원점에 대한 1차 모멘트는 평균(mean 또는 average) μ 또는 기대값(expected value) E(·)로 나타낸다. 따라서 이산형 및 연속형 확률분포에 대해서 평균치는 다음과 같다.

$$E(x) = \mu = \sum_{i=-\infty}^{\infty} x_i P(x_i) \quad \text{(이산형)} \tag{13.6.3}$$

$$E(x) = \mu = \int_{-\infty}^{\infty} x f(x)dx \quad \text{(연속형)} \tag{13.6.4}$$

평균은 중앙집중 성향(central tendency)을 나타내는 척도이며 분포의 대다수가 위치하고 있는 지점을 가리키므로 위치변수(location parameter)라고도 한다.

분포형의 한 변수를 알 때 서로 관련 있는 다른 변수에 대한 정보를 알 필요가 있는 경우가 있다. 예를 들어 유출량 x의 분포를 알 때 유출량의 함수인 수위 g(x)에 대한 정보를 알 필요가 있다. 확률변수 x의 함수 g(x)의 기대값은 원래 변수인 x에 대한 모멘트를 구하는 것과 유사하며 다음과 같다.

$$E[g(x)] = \sum_{i=-\infty}^{\infty} g(x_i)P(x_i) \quad \text{(이산형)} \tag{13.6.5}$$

$$E[g(x)] = \int_{-\infty}^{\infty} g(x)f(x)dx \quad \text{(연속형)} \tag{13.6.6}$$

기대값은 선형 연산자(linear operator)로 a와 b가 상수이면 다음과 같이 연산된다.

$$E[a] = a \tag{13.6.7}$$

$$E[bx] = bE[x] \tag{13.6.8}$$

$$E[a+bx] = a + bE[x] \tag{13.6.9}$$

원점에 대한 고차모멘트는 실제로는 잘 쓰이지 않고 그 대신 다음과 같이 평균에 대한 모멘트(central moment)가 매개변수 산정시 유용하게 사용된다.

$$\mu_N = \sum_{i=-\infty}^{\infty} (x_i - \mu)^N P(x_i) \tag{13.6.10}$$

$$\mu_N = \int_{-\infty}^{\infty} (x-\mu)^N f(x)dx \tag{13.6.11}$$

평균에 대한 모멘트는 확률변수 x와 평균치간의 차이에 대한 기대값이며 평균에 대한 1차 모멘트는 0이 되고, 평균에 대한 2차 모멘트를 분산(variance)이라 한다.

$$Var(x) = \sigma^2 = \mu_2 = E[(x-\mu)^2] = \sum_{i=-\infty}^{\infty} (x_i - \mu)^2 P(x_i) \tag{13.6.12}$$

$$Var(x) = \sigma^2 = \mu_2 = E[(x-\mu)^2] = \int_{-\infty}^{\infty} (x-\mu)^2 f(x)dx \tag{13.6.13}$$

분산은 평균으로부터 편차의 제곱에 대한 기대값으로 자료가 평균으로부터 흩어져 있는 정도를 나타내며, 분산의 제곱근을 표준편차(standard deviation) σ라 한다. 분산은 다음과 같이 평균치로 나타낼 수 있다.

$$\begin{aligned} Var(x) &= E[(x-\mu)^2] = E[x^2 - 2x\mu + \mu^2] \\ &= E[x^2] - E[2\mu x] + E[\mu^2] \\ &= E[x^2] - 2\mu E[x] + \mu^2 = E[x^2] - 2\mu^2 + \mu^2 \\ &= E[x^2] - \mu^2 = E[x^2] - [E(x)]^2 \end{aligned} \tag{13.6.14}$$

분산은 선형 연산자가 아니며 a와 b가 상수일 때 다음과 같은 관계가 성립하게 된다.

$$Var(a) = 0 \quad (13.6.15)$$

$$Var(bx) = b^2 Var(x) \quad (13.6.16)$$

$$Var(a + bx) = b^2 Var(x) \quad (13.6.17)$$

1차 및 2차 모멘트 외에 고차모멘트도 이용하게 되며 수문통계분야에서 통상적으로 쓰이는 고차 모멘트에는 왜곡도(skewness)와 첨예도(kurtosis)가 있다.

13.6.2 중앙집중 성향

중앙집중 성향은 표본자료가 가장 집중되어 모여 있는 곳이 어딘가를 보여주는 것이다. 중앙집중 성향을 나타내는 방법이 여러 가지 있으며 그 중에서 산술평균, 중앙값 그리고 최빈값이 많이 사용된다.

1) 산술평균

산술평균(arithmetic mean)은 원점에 대한 1차 모멘트로 다음과 같이 구할 수 있다.

$$\mu = \bar{x} = \frac{1}{n}\sum_{i=1}^{n} x_i \quad (13.6.18)$$

여기서 μ는 모집단(population)에 대한 평균, $\bar{x}$ 는 표본집단(sample data)에 대한 평균 그리고 n은 자료의 수이다.

모집단은 확률변수의 관측가능한 모든 값을 포함하고 있으며 표본집단은 모집단으로부터 무작위로 선택된 부분집합(subset)이다. 수문분야에서는 무수히 많은 수문기후학적 모집단으로부터 관측된 적은 수의 표본을 이용하여 분석하게 된다. 일반적으로 관측된 하천유출량의 기록은 100년이 채 안되며 다른 대부분의 기후학적 자료들도 마찬가지다. 현재의 수문기후학적 상태가 수 천년 동안 지속되고 있다는 것을 생각하면 우리의 관측 자료는 매우 짧다. 표본자료로부터 계산된 값인 통계치(statistics)와 모집단으로부터 이론적으로 계산된 값인 매개변수(parameter)를 구분할 필요가 있으며 따라서 표본집단으로 구한 평균을 $\bar{x}$모집단으로부터 구한 평균을 μ로 구분해서 표기한다.

2) 중앙값

중앙값(median)은 자료집단의 중간에 위치하는 관측치로 관측 자료를 크기순으로 나열했을 때 중앙에 위치하고 있는 값이다. 만일 n개의 관측자료를 큰 것부터 작은 순서로 나열 할 때 n이 홀수개이면 중앙값은 제일 가운데 있는 관측치가 되고, n이 짝수 개이면 중앙값은 가장 중앙에 있는 두 개의 관측치를 평균한 값을 사용하게 된다.

3) 최빈값

최빈값(mode)은 관측치를 가장 많이 포함하고 있는 확률변수의 값 또는 자료가 계급으로 구분되어 있을 경우에는 구간의 값을 말한다.

4) 기하평균

기하평균(geometric mean)은 n개 관측치의 곱을 n승근하여 계산한다. 기하평균은 왜곡이 심한 자료를 분석할 때 사용된다.

$$G = \sqrt[n]{x_1 \cdot x_2 \cdot \ldots \cdot x_n} \tag{13.6.19}$$

5) 조화평균

조화평균(harmonic mean)은 다음과 같이 산정하며 지하수 대수층(aquifer) 특성에 대한 분석시 사용된다.

$$H = \frac{n}{\sum_{i=1}^{n}\left(\frac{1}{x_i}\right)} = \frac{n}{\frac{1}{x_1} + \frac{1}{x_2} + \ldots + \frac{1}{x_n}} \tag{13.6.20}$$

이상과 같이 중앙집중 성향은 다양한 방법을 이용하여 자료의 중앙을 나타내지만 중앙 주위로 자료가 어떻게 분포되어 있는지는 나타내질 못한다. 따라서 평균치로부터 자료가 얼마나 흩어져 있는가에 대한 정보가 필요하다.

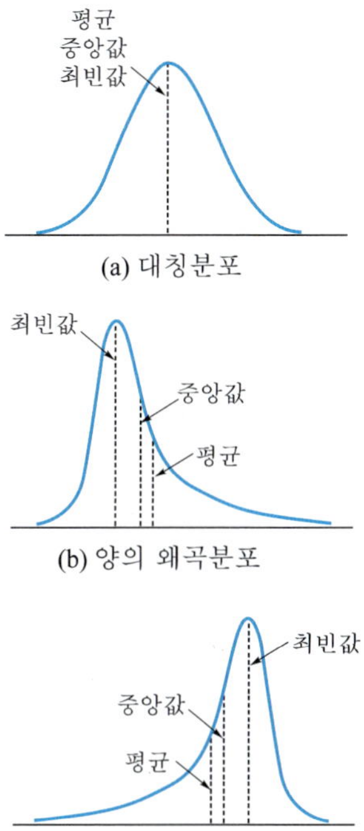

그림 13.9 중앙집중 성향을 나타내는 매개변수들의 위치

13.6.3 분산도

분산(variance)은 자료가 평균치 주위로 어떻게 분포하고 있는지를 나타내는 방법으로 확률밀도함수의 평균치에 관한 2차 모멘트로 구한다. 자료가 흩어져 있는 정도를 측정하는 방법으로 범위(range)가 있다. 범위는 간단히 표본자료에서 가장 큰 값으로부터 작은 값은 빼서 결정하며 n개 자료로부터 오직 2개의 자료만 이용하기 때문에 분포에 대해 제한적인 정보만 주게 된다.

자료가 평균으로부터 흩어진 정도를 측정하는 방법으로 분산이 사용되며 평균과 마찬가지로 모집단 및 표본집단으로부터 분산을 구하는 식을 구분하여 나타내면 다음과 같다.

$$\sigma^2 = \frac{1}{n}\sum_{i=1}^{n}(x_i - \mu)^2 \qquad \text{(모집단)} \tag{13.6.21}$$

$$s^2 = \frac{1}{n-1}\sum_{i=1}^{n}(x_i - \bar{x})^2 \qquad \text{(표본집단)} \tag{13.6.22}$$

식 (13.6.22)에서 평균을 사용함으로써 발생하는 왜곡을 보정해주기 위해 n대신 n−1을 사용한다. 분산을 구하는 절차는 먼저 각 관측자료(x_i)로부터 표본 평균 $\bar{x}$를 뺀다. 이 값은 관측치가 얼마나 평균치로부터 떨어져 있는지를 나타낸다. 이 차이를 제곱하여 음의 값을 없애고 모두 더한 후 n−1로 나눈다. 따라서 평균으로부터 떨어져 있는 거리의 제곱의 평균을 구하게 된다. 분산은 표본자료를 제곱한 단위를 가지고 있으므로 원래 자료의 단위로 표현하기 위해 제곱근을 취하면 표준편차(standard deviation)가 된다.

$$s = \sqrt{\frac{1}{n-1}\sum_{i=1}^{n}(x_i - \bar{x})^2} \tag{13.6.23}$$

분포의 형상을 정규화한 것이 유용하게 사용되며 이를 변동계수(coefficient of variation) C_V 라 하며 표준편차와 평균간의 비로 정의되고, 서로 다른 표본자료를 비교할 수 있다.

$$C_V = \frac{\sigma}{\mu} = \frac{s}{\bar{x}} \tag{13.6.24}$$

13.6.4 왜곡도

왜곡도(skewness)는 자료의 평균에 대한 대칭정도를 나타내는 매개변수이다. 대부분의 수문학적 자료들이 음의 값을 가지는 것이 불가능하므로 왼쪽에서 0이 경계가 되는 오른쪽으로 길게 늘어지는 양의 왜곡을 보여주고 있다. 연 최대유출자료계열은 양의 왜곡을 보이며 유출량은 결코 0 이하가 될 수 없으며 홍수시에는 매우 큰 값을 보이므로 전형적인 양의 왜곡을 보인다. 왜곡도는 평균치에 대한 3차 모멘트로부터 구하게 된다.

$$\alpha = \frac{1}{n}\sum_{i=1}^{n}(x_i - \mu)^3 \qquad \text{(모집단)} \tag{13.6.25}$$

$$a = \frac{n}{(n-1)(n-2)}\sum_{i=1}^{n}(x_i - \bar{x})^3 \qquad \text{(표본집단)} \tag{13.6.26}$$

왜곡도계수(coefficient of skewness) C_s는 다음과 같이 구하며 대칭인 경우에는 $C_s = 0$, 오른쪽으로 왜곡된 경우 즉, 양의 왜곡(positive skew)인 경우에는 $C_s > 0$, 왼쪽으로 왜곡된 경우 즉, 음의 왜곡(negative skew)인 경우에는 $C_s < 0$으로 나타난다.

$$C_s = \frac{\alpha}{\sigma^3} = \frac{a}{s^3} \tag{13.6.27}$$

13.6.5 첨예도

세 가지의 확률분포가 대칭이며, 평균과 표준편차가 같으면서 서로 다른 형태의 분포를 나타낼 수가 있다. 이 경우 첨두 및 꼬리부분이 서로 다르게 되며 첨두 상태를 나타내는 것이 첨예도(kurtosis)이다. 첨예도는 다음과 같이 평균에 대한 4차 모멘트로부터 산정한다.

$$K = \frac{1}{\sigma^4}\frac{1}{n}\sum_{i=1}^{n}(x_i - \mu)^4 \qquad \text{(모집단)} \qquad (13.6.28)$$

$$K = \frac{n^2}{(n-1)(n-2)(n-3)s^4}\sum_{i=1}^{n}(x_i - \bar{x})^4 \qquad \text{(표본집단)} \qquad (13.6.29)$$

예제 13.3

다음과 같은 가상적인 자료를 이용하여 중앙집중 성향과 분산정도를 구하라.

$x_1=2$, $x_2=3$, $x_3=4$, $x_4=3$, $x_5=5$, $x_6=3$, $x_7=4$, $x_8=8$

풀이

a) 산술평균 $\bar{x}=(2+3+4+3+5+3+4+8)/8=4.0$

b) 자료를 크기순으로 나열하면 2, 3, 3, 3, 4, 4, 5, 8이다. 자료의 수 n=8로 짝수이므로 중앙값은 (3+4)/2=3.5이다.

c) 자료 3이 가장 많이 나타나고 있으므로 최빈값은 3이다.

d) 기하평균 $G = \sqrt[8]{2 \cdot 3 \cdot 4 \cdot 3 \cdot 5 \cdot 3 \cdot 4 \cdot 8} = 3.69$

e) 조화평균 $H = \dfrac{8}{\frac{1}{2}+\frac{1}{3}+\frac{1}{4}+\frac{1}{3}+\frac{1}{5}+\frac{1}{3}+\frac{1}{4}+\frac{1}{8}} = 3.44$

f) 범위 : (8−2)=6

g) 분산 : $s^2=24/7=3.43$, 따라서 표준편차는 $s = \sqrt{3.43} = 1.85$

표 13.3 표준편차 계산과정

순서 i	$(x_i - \bar{x})$	$(x_i - \bar{x})^2$
1	(2−4) = −2	4
2	(3−4) = −1	1
3	(4−4) = 0	0
4	(3−4) = −1	1
5	(5−4) = 1	1
6	(3−4) = −1	1
7	(4−4) = 0	0
8	(8−4) = 4	16
합계		24

예제 13.4

표 13.4에 주어진 75년간의 연 최대유출량자료를 이용하여 평균, 표준편차, 왜곡도 계수를 구하라.

표 13.4 통계 특성치를 계산하기 위한 표

년도 (yr) (1)	유출량 (m^3/sec) (2)	$(x_i - \bar{x})^2$ (3)	$(x_i - \bar{x})^3$ (4)	년도 (yr) (1)	유출량 (m^3/sec) (2)	$(x_i - \bar{x})^2$ (3)	$(x_i - \bar{x})^3$ (4)
1925	188	273	−4508	1963	263	3420	199996
1926	168	1334	−48707	1964	197	57	−425
1927	195	91	−863	1965	322	13802	1621406
1928	307	10502	1076260	1966	195	91	−863
1929	112	8560	−791967	1967	191	183	−2471
1930	115	8014	−717398	1968	186	343	−6352
1931	341	18627	2542184	1969	145	3543	−210857
1932	218	182	2449	1970	172	1058	−34392
1933	198	43	−277	1971	181	553	−13011
1934	287	6803	561107	1972	318	12878	1461363
1935	150	2972	−162057	1973	197	57	−425
1936	196	73	−618	1974	209	20	90
1937	161	1894	−82426	1975	215	110	1151
1938	301	9308	898074	1976	236	991	31196
1939	178	703	−18652	1977	86	14047	−1664849
1940	214	90	852	1978	231	701	18568
1941	132	5259	−381394	1979	166	1484	−57156
1942	254	2448	121140	1980	145	3543	−210857
1943	265	3658	221226	1981	265	3658	221226
1944	128	5855	−448048	1982	214	90	852
1945	224	379	7392	1983	183	463	−9966
1946	216	132	1513	1984	113	8376	−766563
1947	280	5697	430027	1985	136	4695	−321701
1948	219	210	3036	1986	171	1124	−37663
1949	290	7307	624588	1987	200	20	−92
1950	164	1642	−66529	1988	192	157	−1963
1951	166	1484	−57156	1989	154	2552	−128941
1952	194	111	−1164	1990	172	1058	−34392
1953	246	1721	71370	1991	205	0	0
1954	219	210	3036	1992	108	9316	−899191
1955	212	56	419	1993	120	7144	−603780
1956	227	505	11360	1994	183	463	−9966
1957	209	20	90	1995	188	273	−4508
1958	222	306	5341	1996	347	20301	2892422
1959	142	3909	−244375	1997	227	505	11360
1960	142	3909	−244375	1998	168	1334	−48707
1961	244	1559	61536	1999	405	40192	8057738
1962	209	20	90	계	15339	274461	12820854

풀이

평균을 산정하기 위해 75년의 유출량자료를 합한 값이 15,339m^3/sec이다.

$$\bar{x} = \frac{1}{n}\sum_{i=1}^{n} x_i = \frac{15,339}{75} = 204.52 m^3/sec$$

표준편차를 산정하기 위해 각 유출량에서 평균을 빼 제곱한 것이 계산표 3란에 있다.

$$s=\sqrt{\frac{1}{n-1}\sum_{i=1}^{n}(x_i-\bar{x})^2}=\sqrt{\frac{1}{74}\times 274{,}461}=60.9$$

따라서 변동계수는

$$C_V=\frac{\sigma}{\mu}=\frac{s}{\bar{x}}=\frac{60.9}{204.52}=0.298$$

왜곡도계수를 산정하기 위해 각 유출량에서 평균을 빼 세제곱한 것이 4란과 같다.

$$a=\frac{n}{(n-1)(n-2)}\sum_{i=1}^{n}(x_i-\bar{x})^3$$

$$=\frac{75}{74\times 73}\times 12{,}820{,}854=178{,}001$$

따라서 왜곡도계수는

$$C_s=\frac{\alpha}{\sigma^3}=\frac{a}{s^3}=\frac{178001}{60.9^3}=0.788$$

이상과 같이 산정된 연 최대유출량자료에 대한 통계치들은 표 13.5와 같다.

표 13.5 산정된 통계치

통계치	결과
자료수	75
평균	204.52m^3/sec
표준편차	60.9m^3/sec
변동계수	0.298
왜곡도계수	0.788

13.7 재현기간 및 위험도

수문분야에서 어떤 사상에 대한 확률을 나타낼 때 가장 일반적으로 사용되는 방법이 재현기간(return period 또는 recurrence interval)이다. 만일 어떤 홍수사상의 크기가 평균 T년 동안에 한 번 같거나 초과하게 되면 재현기간 T년을 가진다고 말한다. 재현기간 T의 역은 어떤 해에 그 사상보다 같거나 큰 것이 발생할 확률을 의미한다.

$$T=\frac{1}{P(F)} \tag{13.7.1}$$

따라서 재현기간 50년의 홍수는 어떤 해에 그보다 크거나 같은 홍수가 발생할 확률이 1/50 = 0.02 즉, 2%가 된다. 재현기간은 어떤 사상의 실제 시간적인 순서와는 전혀 상관이 없으며 따라서 재현기간 50년의 홍수는 50년마다 한 번씩 반드시 발생한다는 의미는 아니다. 재현기간은 장기적인 평균의 개념을 가지고 있으므로 100년에 약 2회 정도 발생한다는 뜻이며, 어떤 해에 50년 빈도의 홍수가 여러 번 발생할 수도 있으며 100년 동안 한 번도 발생하지 않을 수도 있다는 것이다. 재현기간과 확률과의 관계는 다음과 같다.

1) 어떤 해에 홍수가 발생할 확률

$$P(F)=\frac{1}{T} \tag{13.7.2}$$

2) 어떤 해에 홍수가 발생하지 않을 확률

$$P(\overline{F}) = 1 - P(F) = 1 - \frac{1}{T} \tag{13.7.3}$$

3) n년 동안 계속해서 홍수가 발생하지 않을 확률

$$P_1(\overline{F}) \cdot P_2(\overline{F}) \cdot \cdots \cdot P_n(\overline{F}) = [P(\overline{F})]^n = \left(1 - \frac{1}{T}\right)^n \tag{13.7.4}$$

4) 연속되는 n년 동안 최소한 한번 T년 빈도의 홍수가 발생할 확률

$$R = 1 - [P(\overline{F})]^n = 1 - \left(1 - \frac{1}{T}\right)^n \tag{13.7.5}$$

여기서 R을 위험도(risk)라 하며 구조물의 설계수명기간(n)과 홍수의 재현기간(T)에 따른 위험도 R이 그림 13.10 및 표 13.6과 같다.

재현기간의 개념에는 어떤 해의 최대사상은 다른 해의 최대사상과 독립적이라는 가정을 포함하고 있으며 연 최대 홍수량자료(연 최대치계열)를 분석함으로서 얻을 수 있다.

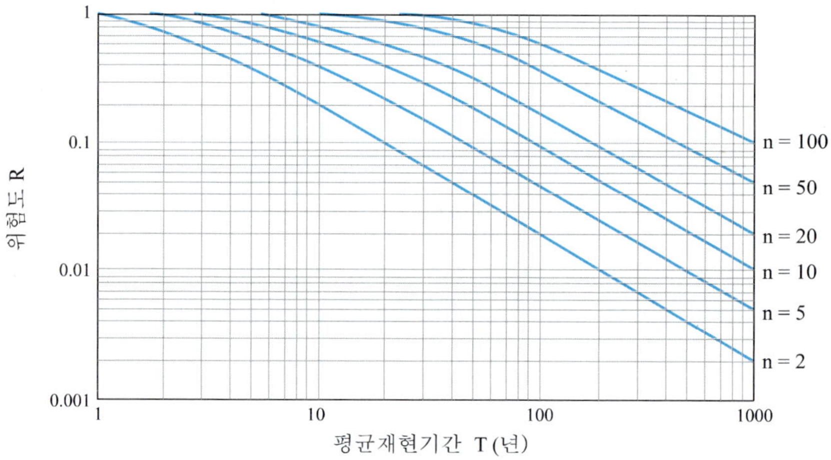

그림 13.10 설계수명기간(n)과 홍수의 재현기간(T)에 따른 위험도 R

표 13.6 설계수명기간(n)과 홍수의 재현기간(T)에 따른 위험도 R

위험도 (%)	신뢰도 (%)	설계수명기간 n(년)							
		2	5	10	15	20	25	50	100
75	25	2.0	4.1	7.7	11.3	14.9	18.5	36.6	72.6
63	37	2.6	5.5	10.6	15.6	20.6	25.6	50.8	101.1
50	50	3.4	7.7	14.9	22.1	29.4	36.6	72.6	144.8
40	60	4.4	10.3	20.1	29.9	39.7	49.4	98.4	196.3
30	70	6.1	14.5	28.5	42.6	56.6	70.6	140.7	280.9
25	75	7.5	17.9	35.3	52.6	70.0	87.4	174.3	348.1
20	80	9.5	22.9	45.3	67.7	90.1	112.5	224.6	448.6
15	85	12.8	31.3	62.0	92.8	123.6	154.3	308.2	615.8
10	90	19.5	48.0	95.4	142.9	190.3	237.8	475.1	949.6
5	95	39.5	98.0	195.5	292.9	390.4	487.9	975.3	1950.1
2	98	99.5	248.0	495.5	743.0	990.5	1238.0	2475.4	4950.3
1	99	199.5	498.0	995.5	1493.0	1990.5	2488.0	4975.5	9950.4
0.5	99.5	399.5	998.0	1995.5	2993.0	3990.5	4988.0	9975.5	19950.5

하지만 각 해마다 최대홍수량 자료를 하나씩 택해서 분석하지 않고 n년 동안 n개의 최대홍수량자료를 택해서 분석할 수도 있다. 즉, 어떤 해의 두 번째로 큰 홍수가 다른 해의 최대홍수량보다 크면 두 번째의 홍수도 빈도해석에 포함시킬 수 있다(연 초과치계열). 이는 어떤 목적으로 자료를 분석하는가에 따라 달라지게 되며 자료를 선택하는 방법은 다음 절에서 설명하기로 한다.

예제 13.5

어떤 하천지점에서 50,000m^3/sec와 같거나 큰 유출이 발생한 기록이 표 13.7과 같을 때 평균재현기간을 구하고 앞으로 3년 동안 최소한 한번 이상 발생할 확률을 구하라.

표 13.7 50,000m^3/sec 이상의 유출기록

초과년도	1956	1960	1961	1962	1978	1981	1987	1992	1997
재현기간	4	1	1	16	3	6	5	5	

풀이

평균재현기간은 41년간 8회 초과를 하였으므로 41/8=5.1년이 된다.
따라서 위험도는

$$R = 1 - \left(1 - \frac{1}{T}\right)^n = 1 - \left(1 - \frac{1}{5.1}\right)^3 = 0.48 \text{이 된다.}$$

예제 13.6

어떤 하천상에 댐의 건설을 위하여 가물막이 댐을 임시로 건설하고자 한다. 가물막이 댐을 재현기간 20년 홍수에 견딜 수 있도록 설계한다면 다음과 같은 상황이 발생될 확률을 구하라.

1) 첫 해에 파괴될 확률
2) 세 번째 해에 파괴될 확률
3) 10년 동안 한 번도 파괴되지 않을 확률
4) 10년 동안 최소한 한번 파괴될 확률

풀이

1) 첫 해에 파괴될 확률

$$P(F) = \frac{1}{T} = \frac{1}{20} = 5\%$$

2) 세 번째 해에 파괴될 확률

$$P(F) = \left(1 - \frac{1}{T}\right)\left(1 - \frac{1}{T}\right)\left(\frac{1}{T}\right) = \left(1 - \frac{1}{20}\right)\left(1 - \frac{1}{20}\right)\left(\frac{1}{20}\right) = 4.513\%$$

3) 10년 동안 한 번도 파괴되지 않을 확률

$$P(F) = \left(1 - \frac{1}{20}\right)^{10} = 59.87\%$$

4) 10년 동안 최소한 한번 파괴될 확률

$$P(F) = 1 - \left(1 - \frac{1}{20}\right)^{10} = 1 - 0.5987 = 40.13\%$$

13.8 수문자료계열

13.8.1 수문자료의 처리

방대한 양의 수문자료를 모두 고려하여 분석한다는 것은 바람직하지 못하고 비경제적이며 또한 수문자료의 모집단은 그 규모가 거의 무한하다. 따라서 수문자료의 분석을 위해서는 표본자료를 선택해야 한다. 한편 확률론적 빈도해석을 하기 위해서 수문자료는 왜곡되지 않고 독립적이며 균일성(homogeneous)을 유지해야 한다.

자료의 수집이 전적으로 우연히 이루어졌다면 그 자료는 왜곡되지 않은(unbiased) 또는 무작위(random) 표본자료라 할 수 있다. 자료가 왜곡되는 것을 방지하기 위해서는 그 자료가 전체 모집단을 대변할 수 있어야 한다. 예를 들어 어떤 유역에서 강우량자료를 수집할 때 관측소는 유역에 골고루 분포하여 다양한 종류의 유역특성을 반영하여야 한다. 이와 같은 자료를 층화(stratified) 수집자료라 하며 반대로 지역의 일부분 또는 모집단의 일부분에서만 수집된 자료를 점상(spot) 수집자료라 한다.

자료는 시간 및 공간에 의해 영향을 받으며 시간의존성(time dependence)은 자료의 무작위성 결여의 주된 원인이 된다. 예를 들어 짧은 시간간격으로 발생한 두개의 연속된 홍수는 첫 번째 홍수를 발생시킨 호우가 두 번째 홍수를 발생시키는 기상학적 조건에 영향을 미칠 수가 있으므로 높은 의존도를 가지게 된다. 공간의존성(space dependence)은 층화되지 않은 자료를 야기하는 주된 원인 된다. 예를 들어 서로 근접하여 위치한 강우 관측소는 거의 동일한 자료를 관측하게 되며 이럴 경우 평균 강우량을 산정할 때 하나의 관측소로 간주해야 한다.

균질성의 결여는 서로 다른 모집단으로부터 자료를 수집할 때 발생하게 된다. 예를 들어 양지에서 수집한 기온자료와 음지에서 수집한 기온자료가 있을 경우, 분석할 때 만일 두 상태를 서로 다른 모집단으로 구성된 것으로 판단되면 평균기온 산정 시 함께 평균해서는 안 된다.

13.8.2 관측오차

다양한 목적으로 수공설계를 할 때 방대한 양의 수문자료를 수집하게 되며, 자료들은 연속적인 시간자료로 출간하기에는 양이 너무 많다. 따라서 일부 선택된 또는 처리된 자료만 출간하게 된다. 자료의 관측 및 출간에서 장비 및 관측자에 의한 오차가 포함되게 된다. 오차들은 비록 원인을 구분하기가 어려울 경우가 있고 서로 관련되어 나타날 수 있지만 편의상 우연(accidental)오차와 구조적(systematic) 오차로 구분한다.

우연오차는 주로 관측자에 의해 발생하며 종종 관측 장비의 불확실한 특성에 의해 발생하기도 한다. 우연오차는 불규칙하게 발생하고 크기가 다양하며 관측을 반복할 때 양의 오차 및 음의 오차가 반복하여 발생하므로 무작위 오차로 간주할 수 있다. 한편 구조적 오차는 관측자와 장비로부터 발생하는데 오차가 일정하며, 어떤 경향을 나타내거나 규칙적인 방법으로 변하여 주기성을 나타내기도 하므로 무작위 오차는 아니다.

13.8.3 본질적인 결함

순수한 무작위성이 결여되었거나 정상성(stationarity)이 없거나 또는 누락된 자료와 같은 수문자료의 주된 결함은 자세히 조사 및 분석되어야 한다. 만일 이러한 결함이 확률론적 빈도해석에 필요한 기본가정에 상당한 영향을 미칠 경우 자료는 지속성(persistence)에 대한 계열상관분석(serial correlation analysis), 경향성(trend)에 대한 이동평균 그리고 주기성에 대한 Fourier 또는 Harmonic 분석 등과 같은 다양한 방법에 따라 조정되어야 한다.

수문현상의 통계학적 특성은 장기간의 수문현상 이외에 자연현상 자료로부터 얻은 추론(inference)에 영향을 받을 수 있으며, 이러한 자료들의 예로 나무테의 폭, 화석화된 꽃가루, 점토퇴적 분포, 폐쇄된 호수의 수위 변화, 빙하의 움직임 그리고 장기간 기록된 우주현상 등이 있을 수 있다. 수문현상 이외의 현상들은 무작위성과 고정성이 아닌 자연의 본질적인 자료와 시계열 사상의 또 다른 특성들을 포함한다. 이 자료들은 통계적인 추론을 통해 수문자료의 질을 향상시키는 데 사용될 수 있다.

수문학적 현상들은 통계이론에서 요구하는 조건을 완벽하게 충족시키지는 못한다. 빈도해석에 사용되기 전에 자료는 발생 가능한 관측오차 및 본질적인 결함 등에 대해 충분히 검토되어야 한다. 만일 그러한 오차 및 결함이 있다면 빈도해석을 하기 전에 적절하게 조정되어야 한다.

13.8.4 시계열의 선택

수문자료는 일반적으로 연대순으로 나타나게 된다. 그림 13.11은 20년 동안의 가상적인 자료를 보여주고 있다. 그림 (a)는 모든 자료를 나타내고 있으므로 전 기간치계열(complete duration series)이라 한다. 수문설계에서는 설계에 영향을 미치는 일부 극한적인 조건들만을 고려하므로 가뭄분석에서의 유황곡선(duaration curve)이나 누가용적곡선(mass curve)분석과 같은 일부 경우를 제외하면 전 기간치 자료를 모두 사용하는 경우는 드물다.

자료의 처리나 분석에 드는 노력과 시간을 줄이기 위해 불필요한 자료는 제외시키게 된다. 이러한 목적으로 전 기간치계열로부터 일부를 선택하여 부분 기간치계열(partial duration series) 및 극치계열(extream value series)을 구성하게 된다. 부분 기간치계열은 어떤 기준치보다 큰 값을 가지는 자료들로 구성되며 그림 (c)와 같이 이 계열에 속한 자료의 숫자와 기록 년 수가 같도록 기준치를 정한 경우 이 자료계열을 연 초과치계열(annual exceedance series)이라 한다.

극치계열은 기록기간 동안 단위시간마다 최대치 또는 최저치를 택하여 구성한 자료로 단위시간은 보통 1년을 설정하게 되며 이 경우 자료계열은 연 계열(annual series)이 된다. 매년마다 최대치를 선택하여 그림 (b)와 같이 구성하면 연 최고치계열(annual maximum series)이 되고 최저치를 택하면 연 최저치계열(annual minimum series)이 된다.

단위시간을 줄이게 되면 선택되는 자료의 수는 증가하게 된다. 만일 단위시간을 1년 이하로 설정하면 계절적 변동성으로 인해 자료의 비균질성을 초래하게 된다. 하지만 자료를 특정 계절 또는 특정 월로부터 선택한다면 최소한 실무적인 목적에서 자료의 균질성을 유지할 수 있다. 그림 13.12는 수문자료계열의 분류를 보여주고 있다.

그림 13.11에서 보여준 가상적인 자료에 대한 연 최고치계열과 연 초과치계열이 그림 13.13에 크기순으로 나타나 있다. 그림으로부터 많은 수의 연 초과치자료가 연 최고치자료보다 큼을 알 수 있다. 예를 들어 20개의 자료 중 앞의 5개만 두 계열의 값이 같은 것으로 나타나고 있다. 그림 13.11(a)는 몇몇 해에서 두 번째로 큰 값이 다른 해의 최고치값보다 큼을 보여주고 있다. 그러므로 매년 마다 오직 하나의 최고치만 선택하는 연 최고치계열에는 두 번째로 큰 값들이 누락되므로 빈도해석에서 이들의 영향이 고려되지 못하고 있다.

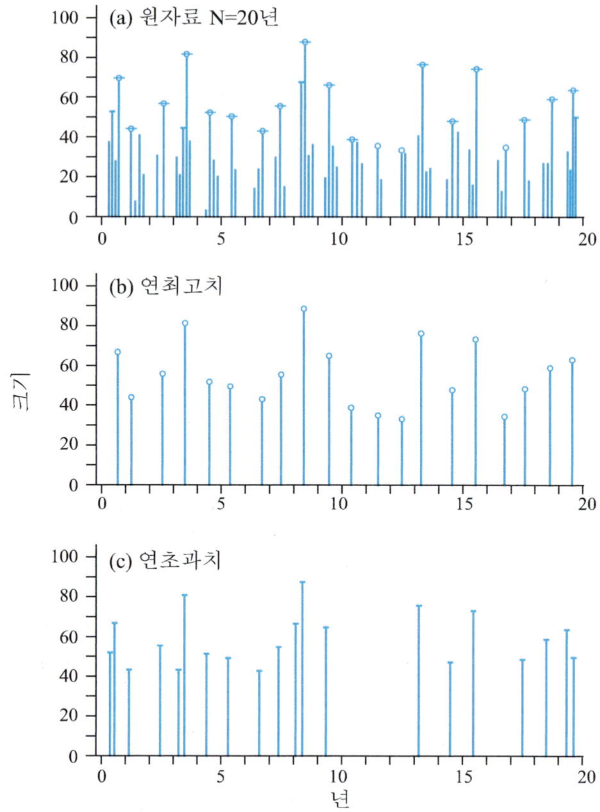

그림 13.11 발생순서에 따른 가상 수문자료

한편 같은 해에 연속적으로 발생한 여러 값들을 포함할 수 있는 연 초과치계열은 인접하여 발생하는 수문사상들이 서로 영향을 줄 수 있으므로 연 최고치보다 독립성이 결여될 가능성이 있다.

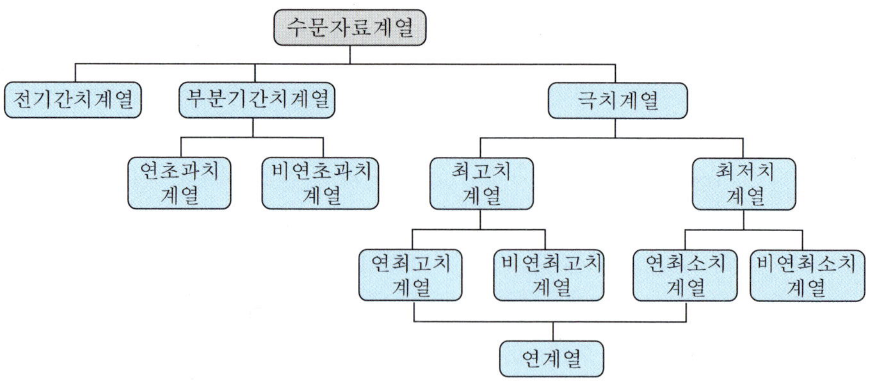

그림 13.12 수문자료계열의 분류

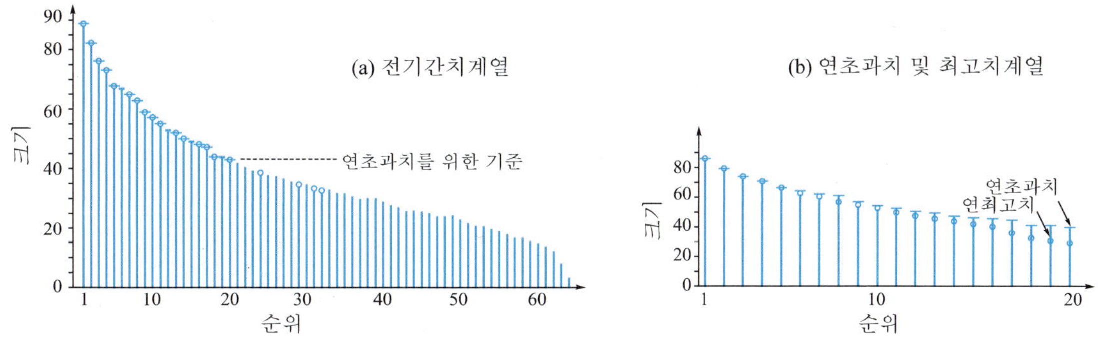

그림 13.13 크기순으로 재배열한 가상 수문자료

예제 13.7

어떤 하천의 출구지점에서 측정된 연도별 최대 유출량을 크기순으로 세 가지만 선택한 결과가 표 13.8과 같을 때 연 최고치계열과 연 초과치계열을 작성하여라.

표 13.8 관측된 유출량자료

년도	선택된 세 가지 최대 유출량 (m^3/sec)		
1998	700	300	150
1999	900	600	100
2000	550	400	200
2001	850	650	350
2002	500	350	100

표 13.9 연 최고치계열 및 연 초과치계열

순위	연 최고치계열 (m^3/sec)	연 초과치계열 (m^3/sec)
1	900	900
2	850	850
3	700	700
4	550	650
5	500	600

풀이

연 최고치계열은 각 년도마다 최대의 유출량을 선택하여 크기순으로 나타내고, 연 초과치계열은 전체 자료 중 크기순으로 5개의 유출을 선택하여 순서대로 나열하면 되며 그 결과가 표 13.9와 같다.

13.8.5 연 초과치계열과 연 최고치계열의 관계

수공구조물을 설계하기 위해 수문 자료계열을 선택할 경우 수공구조물의 종류와 목적에 따라 적절한 자료계열이 사용되어야 한다. 만일 어떤 해에 첫 번째 사상에 이어 두 번째 크기로 발생한 사상이 구조물의 설계에 영향을 미친다면 연 초과치계열 또는 부분 기간치 계열을 사용하여야 한다. 예를 들어 홍수에 의해 발생하는 교량기초부의 파괴나 고속도로 배수시설의 붕괴는 하나의 첨두홍수 보다는 반복해서 발생하는 홍수로 인한 경우가 많이 있다. 반면에 댐의 여수로 설계와 같이 가장 극단적인 조건이 설계에 영향을 미칠 경우에는 연 최고치계열이 적절하다.

P_e를 연 초과치계열에서 특정한 값 x와 같거나 클 확률이라 하고 n을 매년마다 어떤 사상이 발생하는 평균회수라 하자. 그러면 nN은 N년 동안 발생하는 사상의 총 회수가 된다. 따라서 P_e/n은 어떤 사상이 x보다 크거나 같을 확률을 의미하며, $1-P_e/n$은 어떤 사상이 x보다 작을 확률을 나타낸다. 그러므로 크기 x의 어떤 사상이 어떤 해의 n개의 사상 중에 최대가 될 확률은

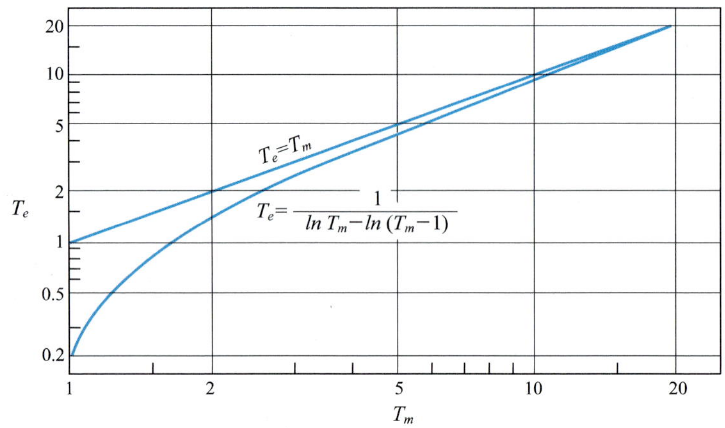

그림 13.14 연 최고치계열과 연 초과치계열의 재현기간 관계

$(1-P_e/n)^n$이 된다. 이 확률은 P_e가 n에 비해 작을 때 e^{-P_e}로 접근하게 된다. 따라서 연 최고치계열이 x보다 크거나 같을 확률 P_m은 다음과 같다.

$$P_m = 1 - e^{-P_e} \tag{13.8.1}$$

또는

$$P_e = -\ln(1-P_m) \tag{13.8.2}$$

P_m과 P_e가 커지게 되면 $P_m \approx P_e$가 된다.

수문자료의 빈도해석의 주 목적은 주어진 크기 x에 대한 수문사상의 재현기간을 결정하는 것이라 할 수 있다. 만일 수문사상이 x와 같거나 큰 것이 T년 동안에 한번 발생한다면

$$P(X \geq x) = \frac{1}{T} \tag{13.8.3}$$

따라서

$$T = \frac{1}{P(X \geq x)} = \frac{1}{1-P(X \leq x)} \tag{13.8.4}$$

만일 T_m과 T_e가 연 최고치계열과 연 초과치계열의 재현기간이라면 P_m과 P_e는 이 두 계열에 상응하는 크기 x보다 같거나 클 확률을 말한다. 즉, 식 (13.8.4)에서 $P_m = 1/T_m, P_e = 1/T_e$가 된다. 이 관계를 식 (13.8.1)에 적용하면 다음과 같은 관계를 얻을 수 있으며 그림 13.14와 같다.

$$T_e = \frac{1}{\ln T_m - \ln(T_m - 1)} \tag{13.8.5}$$

13.9 회귀분석

각종 수문설계에서 수문현상과 기상학적 인자간의 원인과 결과 관계가 필요할 경우가 자주 있다. 일반적으로 한 변수의 예측에는 다른 독립변수의 영향을 받게 된다. 대부분의 경우 독립변수들은 오차가 작거나 거의 없이 측정할 수 있다고 가정하고 이에 대한 종속변수를 예측하게 된다. 예를 들어 작은 유역에서 강우량의 관측은 비교적 정확하고, 기온, 습도 등과 같은 다른 기상인자도 작은 오차

범위에서 측정이 된다. 하지만 유역을 통한 유출은 강우량, 토양수분조건, 유역의 토지이용상태 등에 영향을 받게 된다. 따라서 종속변수인 유출량과 독립변수인 강우량, 토양수분조건 및 유역 특성치들과의 관계를 맺으면 이들 독립변수들로부터 유출량을 산정할 수 있다.

이와 같이 한 개의 종속변수와 여러 개의 독립변수간의 관계식을 구하는 과정을 회귀분석(regression analysis)이라하고, 유도된 식을 회귀식(regression equation)이라 한다. 만일 종속변수와 독립변수간의 관계가 선형이면 선형회귀분석(linear regression analysis), 비선형이면 비선형회귀분석(nonlinear regression analysis)이라 한다. 또한 독립변수가 한 개인 경우는 단순회귀분석(simple regression analysis)이라 하고 독립변수가 두개 이상인 경우에는 중회귀분석(multiple regression analysis)이라 한다.

13.9.1 단순선형회귀분석

단순선형회귀분석(simple linear regression analysis)은 앞에서 설명한 바와 같이 하나의 독립변수만을 이용하여 종속변수를 예측하는데 이 관계가 직선 형태인 경우이다. 회귀분석 결과 얻은 최적 직선이 다음과 같다고 하자.

$$Y_c = a + bX \qquad (13.9.1)$$

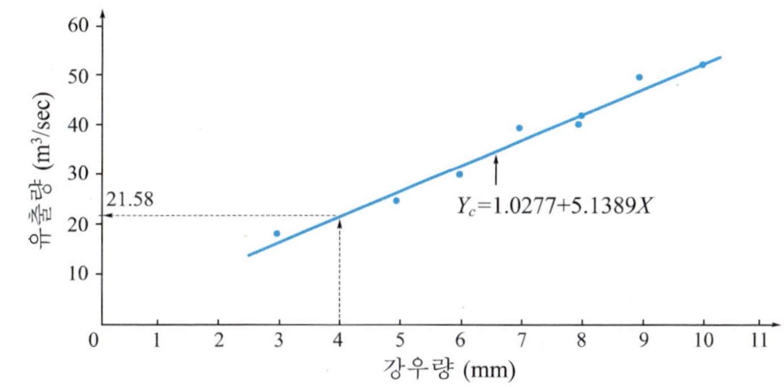

그림 13.15 강우량과 유출량의 도시결과

여기서 Y_c는 예측하려는 종속변수, X는 독립변수, a는 절편, b는 회귀식의 기울기이다.

가상의 강우량 및 유출량 자료가 표 13.10과 같이 주어질 때 관측된 강우량으로부터 유출량을 예측한다고 가정해 보자. 이 경우 강우량은 독립변수 X가 되고 유출량은 종속변수 Y_c가 된다. 그림 13.15는 강우량과 유출량을 도시한 산포도(scatter diagram)로 관측자료의 도시위치를 보여주고 있다. 또한 각 관측자료와의 편차가 최소가 되는 직선이 표시되어 있다. 그림과 같이 X값이 증가함에 따라 Y값이 증가하는 경우는 양의 관계, Y값이 감소하는 경우는 음의 관계가 있다고 한다. X와 Y에 대한 다양한 관계가 그림 13.16에 나타나 있다.

표 13.10 가상의 강우량 및 유출량자료

관 측	강우량 (mm)	유출량 (m^3/sec)	관 측	강우량 (mm)	유출량 (m^3/sec)
A	6	30	E	7	39
B	9	49	F	5	25
C	3	18	G	8	41
D	8	42	H	10	52

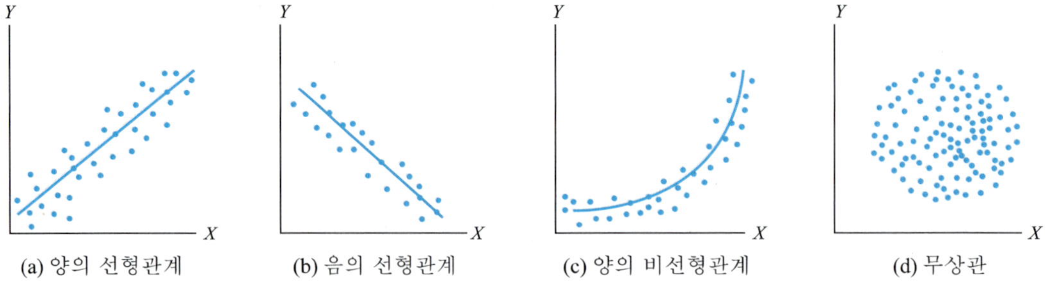

그림 13.16 산포도의 다양한 형태

최적의 유출량을 예측하기 위한 기준 즉, 최적의 회귀식을 얻기 위한 기준으로 관측된 유출량 Y_i와 회귀식에 의한 예측 유출량 Y_c와의 편차의 제곱의 합을 최소화하기로 하면

$$\text{Minimize } \Sigma(Y_i - Y_c)^2 \tag{13.9.2}$$

따라서

$$\text{Minimize } \Sigma(Y_i - a - bX_i)^2 \tag{13.9.3}$$

식 (13.9.3)을 만족하는 a와 b를 구하기 위해 식 (13.9.3)을 a와 b에 관해 편미분한 후 각 식을 0으로 놓는다.

$$\frac{\partial}{\partial a}\left[\Sigma(Y_i - a - bX_i)^2\right] = 0 \tag{13.9.4}$$

$$\frac{\partial}{\partial b}\left[\Sigma(Y_i - a - bX_i)^2\right] = 0 \tag{13.9.5}$$

식 (13.9.4)와 (13.9.5)를 연립하여 풀면 다음과 같은 표준방정식(normal equation)을 얻는다.

$$\Sigma Y_i = an + b\Sigma X_i \tag{13.9.6}$$

$$\Sigma X_i Y_i = a\Sigma X_i + b\Sigma X_i^2 \tag{13.9.7}$$

이 두 표준방정식은 선형이며 두개의 미지수 a와 b를 가지고 있으므로 두 미지수에 관해 풀면 다음과 같은 회귀방정식의 회귀상수(regression constrant) a와 b를 결정할 수 있다.

$$a = \frac{\Sigma Y_i \Sigma X_i^2 - \Sigma X_i \Sigma X_i Y_i}{n\Sigma X_i^2 - (\Sigma X_i)^2} \tag{13.9.8}$$

또는

$$a = \overline{Y} - b\overline{X} \tag{13.9.9}$$

$$b = \frac{n\sum X_i Y_i - \sum X_i \sum Y_i}{n\sum X_i^2 - (\sum X_i)^2} \tag{13.9.10}$$

만일 독립변수와 종속변수가 선형이 아닌 경우에는 단순비선형회귀분석(simple nonlinear regression analysis)을 실시하게 된다. 비선형관계인 경우 다음과 같이 선형관계로 변환하여 회귀상수를 구하게 된다.

$$Y = a \cdot b^X \rightarrow \log Y = \log a + X\log b \tag{13.9.11}$$

$$Y = ae^{-bX} \rightarrow \ln Y = \ln a - bX \tag{13.9.12}$$

예제 13.8

표 13.10에서 주어진 가상의 강우량, 유출량자료를 이용하여 회귀식을 구하고 강우량이 4mm일 때의 유출량을 구하라.

표 13.11 회귀식을 구하기 위한 기본계산

관 측	유출량 (Y) (m^3/sec)	강우량 (X) (mm)	XY	X^2	Y^2
A	30	6	180	36	900
B	49	9	441	81	2401
C	18	3	54	9	324
D	42	8	336	64	1764
E	39	7	273	49	1521
F	25	5	125	25	625
G	41	8	328	64	1681
H	52	10	520	100	2704
합 계	296	56	2257	428	11920

풀이

회귀상수 a와 b를 구하기 위한 중간계산과정이 표 13.11에 나타나 있다.

$$b = \frac{n\sum X_i Y_i - \sum X_i \sum Y_i}{n\sum X_i^2 - (\sum X_i)^2} = \frac{8(2,257) - (56)(296)}{8(428) - (56)^2} = 5.1389$$

표에서 계산된 값을 이용하여 X와 Y의 평균값을 구하면

$$\overline{Y} = \frac{\sum Y}{n} = \frac{296}{8} = 37, \quad \overline{X} = \frac{\sum X}{n} = \frac{56}{8} = 7$$

a는 식 (13.9.8) 또는 (13.9.9)를 이용하여 구할 수 있다.

$$a = \overline{Y} - b\overline{X} = 37 - (5.1389)(7) = 1.0277$$

따라서 회귀방정식은 다음과 같으며 결과가 그림 13.15에 나타나 있다.

$$Y_C = 1.0277 + 5.1389X$$

강우량 X = 4mm일 때의 유출량은 21.58m^3/sec가 된다.

예제 13.9

표 13.12와 같이 강우강도와 지속기간이 주어질 때 회귀분석을 실시하여 I = a/(b+D)의 형태로 강우강도식을 구하라.

표 13.12 강우강도와 지속기간

강우강도 I (cm/hr)	4.0	3.2	2.7	1.9	1.2	0.6
지속기간 D (min)	10	15	20	30	60	120

풀이

선형회귀분석을 실시하기 위해 주어진 강우강도식을$Y = a' + b'X$와 같은 형태로 변경시키기 위해 역수를 취한다.

$$\frac{1}{I} = \frac{b}{a} + \frac{D}{a}$$

따라서 Y=1/I, a'=b/a, b'=1/a 그리고 X=D관계가 성립한다. 표 13.13의 중간계산결과를 이용하면

$$a' = \frac{\Sigma Y_i \Sigma X_i^2 - \Sigma X_i \Sigma X_i Y_i}{n\Sigma X_i^2 - (\Sigma X_i)^2} = \frac{(3.959)(19625) - (255)(280.384)}{6(19625) - (255)^2} = 0.1175$$

$$b' = \frac{n\Sigma X_i Y_i - \Sigma X_i \Sigma Y_i}{n\Sigma X_i^2 - (\Sigma X_i)^2} = \frac{6(280.384) - (255)(3.959)}{6(19625) - (255)^2} = 0.01276$$

a'=b/a=0.1175와 b'=1/a=0.01276을 이용해서 a=78.37, b=9.21을 얻을 수 있다.

따라서 강우강도식은 다음과 같다.

$$I = \frac{73.37}{9.21 + D}$$

표 13.13 강우강도식을 구하기 위한 계산 예

지속기간 D=X	강우강도 I	1/강우강도 Y	X	Y	X^2	Y^2	XY
10	4.0	0.250	10	0.250	100	0.063	2.500
15	3.2	0.313	15	0.313	225	0.098	4.688
20	2.7	0.370	20	0.370	400	0.137	7.407
30	1.9	0.526	30	0.526	900	0.277	15.789
60	1.2	0.833	60	0.833	3600	0.694	50.000
120	0.6	1.667	120	1.667	14400	2.778	200.000
합계			255	3.959	19625	4.047	280.384

13.9.2 상관관계

이상과 같이 회귀분석을 실시하여 회귀식을 구했을 경우 종속변수와 독립변수간의 함수관계가 어느 정도 정확한지 즉, 종속변수 Y의 예측치가 어느 정도 타당한지 검토하여야 한다. 이와 같은 회귀식의 신뢰도는 상관계수를 구해 판단할 수 있다.

관측치와 회귀식과의 분산은 다음과 같이 표현할 수 있으며 이를 표준개산오차(standard error of estimate)라 한다.

$$S_E^2 = \frac{1}{n-2}\Sigma(Y_i - a - bX_i)^2 \tag{13.9.13}$$

또는

$$S_E^2 = \frac{S_{XX}S_{YY} - (S_{XY})^2}{n(n-2)S_{XX}} \tag{13.9.14}$$

여기서 $S_{XX} = n\Sigma X_i^2 - (\Sigma X_i)^2$ (13.9.15)

$$S_{YY} = n\Sigma Y_i^2 - (\Sigma Y_i)^2 \tag{13.9.16}$$

$$S_{XY} = n\Sigma X_i Y_i - (\Sigma X_i)(\Sigma Y_i) \tag{13.9.17}$$

회귀식의 신뢰도를 나타내는 상관정도는 다음과 같은 상관계수(correlation coefficient) R을 구해 판단하게 된다.

$$R = \pm\frac{S_{XY}}{\sqrt{S_{XX}S_{YY}}} \tag{13.9.18}$$

또는

$$R = \pm\sqrt{1 - \frac{S_E^2}{S_Y^2}} \tag{13.9.19}$$

여기서 $S_Y^2 = \frac{1}{n-1}\Sigma(Y_i - \overline{Y})^2$ (13.9.20)

$$\overline{Y} = \frac{1}{n}\Sigma Y_i \tag{13.9.21}$$

앞과 같이 구한 상관계수 R은 −1에서 1 사이의 값을 가지게 되며 독립변수 X가 증가함에 따라 종속변수 Y가 증가하면 $R>0$이 되고(그림 13.16a), 감소하게 되면 $R<0$으로 나타나게 된다(그림 13.16b). R=0이면 그림 13.16d와 같은 경우로 상관이 전혀 없음을 의미하고 R=1이며 완전상관을 나타낸다.

예제 13.10

예제 13.8에서 구한 회귀식에 대한 상관계수를 구하라.

풀이

표 13.11로부터

$$S_{XX} = n\Sigma X_i^2 - (\Sigma X_i)^2 = 8(428) - (56)^2 = 288$$

$$S_{YY} = n\Sigma Y_i^2 - (\Sigma Y_i)^2 = 8(11920) - (296)^2 = 7744$$

$$S_{XY} = n\Sigma X_i Y_i - (\Sigma X_i)(\Sigma Y_i) = 8(2257) - (296)(56) = 1480$$

$$R = \pm \frac{S_{XY}}{\sqrt{S_{XX}\,S_{YY}}} = \pm \frac{1480}{\sqrt{288 \cdot 7744}} = 0.9910$$

13.9.3 중선형회귀분석

독립변수가 1개 이상인 경우에는 중선형회귀분석(multiple linear regression analysis)을 실시하여 회귀식을 구하며 앞에서 설명한 단순선형회귀분석과 절차는 동일하다. 예를 들어 독립변수가 X_1, X_2 2개인 경우 회귀식은 다음과 같다.

$$Y_C = a + bX_1 + cX_2 \tag{13.9.22}$$

최소자승법에 의하면

$$\text{Minimize } \Sigma(Y - Y_C)^2 \tag{13.9.23}$$

따라서

$$\text{Minimize } \Sigma(Y - a - bX_1 - cX_2)^2 \tag{13.9.24}$$

식 (13.9.24)를 만족하는 a, b 및 c를 구하기 위해 식 (13.9.24)를 a, b 및 c에 관해 편미분한 후 각 식을 0으로 놓고 연립하여 풀면 다음과 같은 표준방정식을 얻게 된다.

$$\Sigma Y = an + b\Sigma X_1 + c\Sigma X_2 \tag{13.9.25}$$

$$\Sigma YX_1 = a\Sigma X_1 + b\Sigma X_1^2 + c\Sigma X_1X_2 \tag{13.9.26}$$

$$\Sigma YX_2 = a\Sigma X_2 + b\Sigma X_1X_2 + c\Sigma X_2^2 \tag{13.9.27}$$

표준방정식을 연립하여 풀면 회귀상수 a, b 및 c는 다음과 같다.

$$b = \frac{\alpha_1\beta_3 - \alpha_3\beta_1}{\alpha_2\beta_3 - \alpha_3\beta_2} \tag{13.9.28}$$

$$c = \frac{\alpha_1\beta_2 - \alpha_2\beta_1}{\alpha_3\beta_2 - \alpha_2\beta_3} \tag{13.9.29}$$

$$a = \frac{1}{n}(\Sigma Y - b\Sigma X_1 - c\Sigma X_2) \tag{13.9.30}$$

여기서 $\alpha_1 = \Sigma Y \Sigma X_1 \Sigma X_2 - n\Sigma YX_1 \Sigma X_1$ (13.9.31)

$$\alpha_2 = \Sigma X_1 \Sigma X_1 \Sigma X_2 - n\Sigma X_1^2 \Sigma X_2 \tag{13.9.32}$$

$$\alpha_3 = \Sigma X_2 \Sigma X_1 \Sigma X_2 - n\Sigma X_1 X_2 \Sigma X_2 \tag{13.9.33}$$

$$\beta_1 = n\Sigma YX_1 \Sigma X_2 - n\Sigma YX_2 \Sigma X_1 \tag{13.9.34}$$

$$\beta_2 = n\Sigma X_1^2 \Sigma X_2 - n\Sigma X_1 X_2 \Sigma X_1 \tag{13.9.35}$$

$$\beta_3 = n\Sigma X_1 X_2 \Sigma X_2 - n\Sigma X_2^2 \Sigma X_1 \tag{13.9.36}$$

만일 다음과 같은 비선형관계가 있으면 대수값을 취해 선형화 한 후 같은 방법으로 회귀분석을 실시한다.

$$Y = aX_1^b X_2^c \rightarrow \log Y = \log a + b\log X_1 + c\log X_2 \tag{13.9.37}$$

따라서 종속변수는 $\log Y$가 되고 종속변수는 $\log X_1$, $\log X_2$가 되어 중선형회귀분석을 실시 할 수 있다.

연습문제

13.1 다음과 같이 어떤 하천에서의 연 최대유출량자료가 주어져 있다. 계급구간을 설정하고 각 계급구간별 상대도수 및 누가빈도분포를 계산하여 주상도로 나타내시오.

년도 (yr)	유출량 (m^3/sec)	년도 (yr)	유출량 (m^3/sec)	년도 (yr)	유출량 (m^3/sec)	년도 (yr)	유출량 (m^3/sec)
1930	415	1952	380	1974	506	1996	407
1931	570	1953	746	1975	419	1997	534
1932	440	1954	131	1976	350	1998	360
1933	490	1955	376	1977	165	1999	439
1934	310	1956	675	1978	353	2000	236
1935	459	1957	217	1979	300	2001	505
1936	190	1958	370	1980	526	2002	497
1937	411	1959	935	1981	990	2003	481
1938	373	1960	585	1982	890	2004	445
1939	760	1961	633	1983	395	2005	564
1940	332	1962	744	1984	554	2006	608
1941	612	1963	342	1985	460	2007	404
1942	760	1964	146	1986	630	2008	804
1943	598	1965	442	1987	583	2009	416
1944	444	1966	131	1988	365	2010	147
1945	584	1967	733	1989	146	2011	333
1946	536	1968	466	1990	649	2012	407
1947	598	1969	394	1991	685	2013	533
1948	633	1970	412	1992	691	2014	774
1949	577	1971	413	1993	426		
1950	640	1972	620	1994	310		
1951	635	1973	900	1995	394		

13.2 어떤 날에 호우가 발생할 사상을 X라하고, 침수가 될 사상을 Y라 할 때 X와 Y가 발생할 확률이 다음과 같다면 어떤 날에 호우와 함께 침수가 발생할 확률은 얼마인가?

$$P(X) = 0.4,\ P(Y) = 0.05, P(Y|X) = 0.5$$

13.3 다음과 같은 두 지역의 연평균 강우량 자료를 이용하여 평균, 표준편차, 변동계수 그리고 왜곡도 계수를 계산하라.

년도 (yr)	강우량 (mm)		년도 (yr)	강우량 (mm)	
	A지역	B지역		A지역	B지역
1980	602	1150	1998	680	1252
1981	541	1035	1999	480	892
1982	732	1341	2000	922	1494
1983	446	860	2001	710	1200
1984	584	1196	2002	454	1026
1985	690	1244	2003	635	1162
1986	724	1299	2004	699	1227
1987	832	1263	2005	703	1150
1988	717	1248	2006	814	1143
1989	659	1190	2007	710	1190
1990	571	1040	2008	784	1340
1991	692	1274	2009	507	994
1992	840	1401	2010	512	1043
1993	730	1296	2011	852	1350
1994	630	1162	2012	671	1109
1995	618	1100	2013	784	1206
1996	687	1291	2014	842	1304
1997	777	1340	2015	649	1156

13.4 다음과 같은 20년간의 연평균 강우량이 주어질 때 평균, 표준편차, 왜곡도계수를 구하여라.

년도	1995	1996	1997	1998	1999	2000	2001	2002	2003	2004
강우량	1152	1123	1059	782	1361	876	1278	1113	549	1196
년도	2005	2006	2007	2008	2009	2010	2011	2012	2013	2014
강우량	792	686	940	1189	683	645	584	1435	1102	1049

13.5 만일 규모가 Q_a인 홍수가 발생할 재현기간이 T라면 연속된 2년 동안 Q_a보다 같거나 큰 홍수가 발생할 확률(위험도)은 얼마인가?

13.6 앞으로 10년간 홍수피해를 입을 위험도를 15%를 허용하는 수공구조물을 설계하려고 한다면 재현기간은 몇 년으로 설정해야 하는가.

13.7 어떤 하천지점에서 45,000m^3/sec와 같거나 큰 유출이 발생한 기록이 다음 표와 같을 때 평균재현기간을 구하고 앞으로 5년 동안 최소한 한번 이상 발생할 확률을 구하라.

초과년도	1958	1961	1971	1978	1984	1995	2007	2011	2012
재현기간	3	10	7	6	11	12	4	1	

13.8 어떤 하천상에 댐의 건설을 위하여 가물막이 댐을 임시로 건설하고자 한다. 가물막이 댐을 재현기간 10년 홍수에 견딜 수 있도록 설계한다면 다음과 같은 상황이 발생될 확률을 구하라.

1) 첫 해에 파괴될 확률
2) 세 번째 해에 파괴될 확률
3) 10년 동안 한 번도 파괴되지 않을 확률
4) 10년 동안 최소한 한번 파괴될 확률

13.9 다음과 같이 어떤 하천의 출구지점에서 매년마다 비교적 큰 유출량을 다섯 개씩 선택한 결과가 주어져 있을 때 연 최고치계열과 연 초과치계열을 작성하여라.

년도	선택된 다섯 가지 최대 유출량 (m^3/sec)				
2010	3420	42700	14200	8000	5260
2011	31100	12200	10000	1430	3850
2012	19300	4130	8760	1400	3570
2013	4600	6270	20700	10700	1590
2014	4660	1010	12100	10300	7560

13.10 다음과 같이 강우량과 유출고간의 관계가 주어졌을 때 회귀분석을 실시하여 강우량과 유출량고의 관계식을 구하라.

강우량 (cm)	1	2	4	5	6
유출고 (cm)	0.5	1.0	2.5	3	4

13.11 연습문제 13.10에서 구한 회귀식에 대한 상관계수를 구하라.

13.12 어떤 지역에서의 지속기간별 강우량이 다음과 같이 주어질 때 지속기간에 대한 강우강도식을 $I = a/(b+D)$와 같은 형태로 회귀분석을 실시하여 구하라. 단, 회귀분석은 전 기간(10분~720분), 단기간(10분~90분) 그리고 장기간(120분~720분)에 대해 각각 실시하라. 또한 구한 회귀식을 이용하여 각 지속기간별 강우강도를 구해 결과를 비교하라.

지속기간 (min)	강우량 (mm)	지속기간 (min)	강우량 (mm)	지속기간 (min)	강우량 (mm)
10	38.4	60	114.6	360	228.9
20	58.0	90	139.1	540	259.6
30	74.7	120	156.1	720	282.8
40	90.0	180	180.5		
50	103.7	240	196.5		

CHAPTER 14

수문빈도해석

14.1 서 론

각종 수문설계를 하기위해서는 제한된 수문자료를 이용한 빈도해석을 하여 설계기준을 제시할 필요가 있다. 빈도해석을 하기위해서는 수문자료가 어떠한 통계특성을 보이는지 규명할 필요가 있으며 이때 이론적인 확률분포형이 사용된다. 본 장에서는 13장에서 설명한 확률개념을 바탕으로 수문자료의 빈도해석을 하기 위한 전반적인 절차를 소개하기로 한다. 따라서 본 장에서는 빈도해석을 하기 위해 수문분야에서 자주 사용하는 확률분포형 및 분포형의 특성을 결정짓는 매개변수들의 결정방법, 수문자료가 어떠한 확률분포형에 가장 적합한지를 판단하는 자료의 검정방법, 그리고 마지막으로 수문설계를 위한 빈도해석절차에 대해 설명하기로 한다.

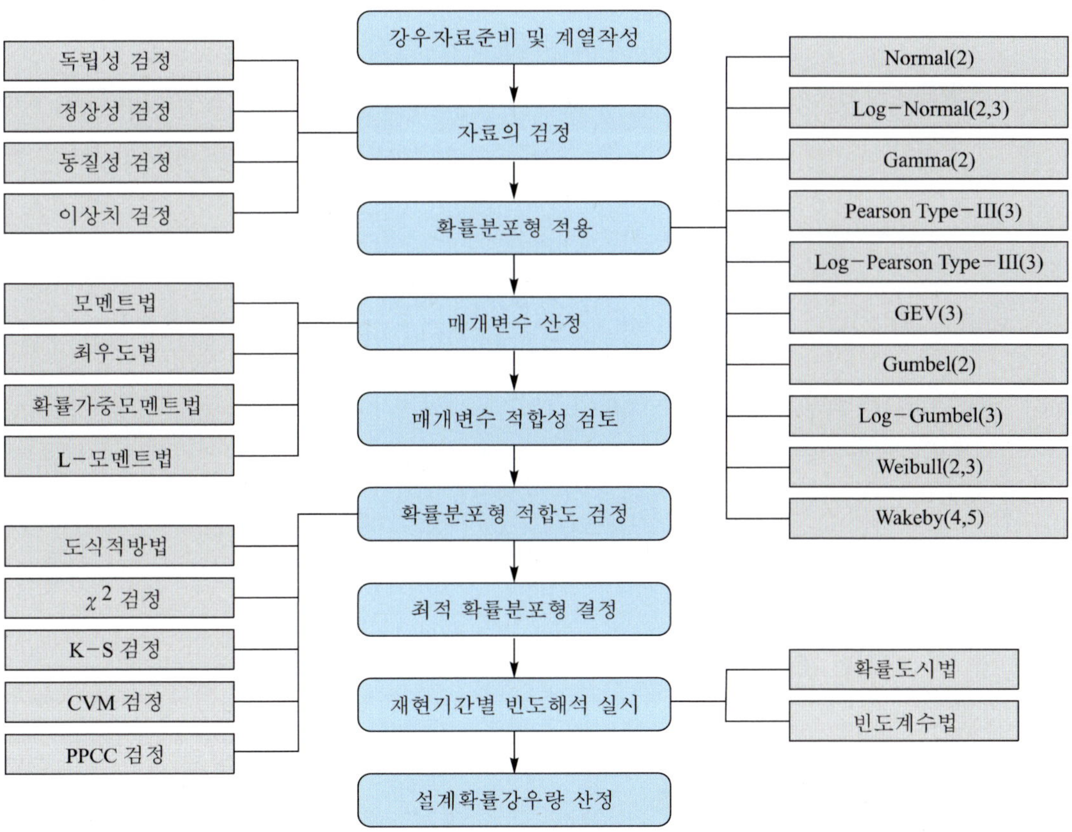

그림 14.1 빈도해석 절차

14.2 자료의 검정

통계학적 수문빈도해석에서는 자료 계열의 독립성(independence)과 정상성(stationarity)이라는 두 가지 기본가정과 자료가 동일한 분포로부터 획득되었다는 가정 즉, 동질성(homogeneity) 가정이 필요하다. 본 절에서는 자료의 독립성 및 정상성 그리고 동질성에 대한 검정과 이상치에 대한 검정을 하는 방법에 대해 알아보기로 한다.

14.2.1 독립성 및 정상성 검정

크기가 n인 표본자료가 주어졌을 때 자료의 독립성 검정과 정상성 또는 경향성(trend) 존재의 검정을 하기 위해 Wald-Wolfowitz(W-W) 검정방법이 사용된다. 표본자료 x_1, x_2, ⋯, x_n에 대해 통계값 R이 다음과 같이 구해진다고 하자.

$$R = \sum_{i=1}^{n-1} x_i x_{i+1} + x_1 x_n \tag{14.2.1}$$

만일 표본자료들이 독립적이라면 통계 값 R은 다음과 같은 평균과 분산을 가지고 정규분포를 따르게 된다.

$$\overline{R} = \frac{s_1^2 - s_2}{n-1} \tag{14.2.2}$$

$$Var(R) = \frac{s_2^2 - s_4}{n-1} - \overline{R}^2 + \frac{(s_1^4 - 4s_1^2 s_2 + 4s_1 s_3 + s_2^2 - 2s_4)}{(n-1)(n-2)} \tag{14.2.3}$$

여기서 s_r은 $n\mu_r'$, μ_r'는 표본자료의 원점에 관한 r차 모멘트이다.

표준변환변수 $z = (R - \overline{R})/(Var(R))^{1/2}$은 평균 0과 분산 1의 값을 가지는 정규분포를 보이게 되며, z값과 초과확률 $\alpha/2$에 상응하는 표준정규변수 $z_{\alpha/2}$를 비교함으로서 유의수준(significance level) α에서의 독립가설을 검정하는데 사용된다.

예제 14.1

표 14.1과 같이 주어진 연 최고치 홍수량에 대해 W-W검정을 실시하라.

풀이

식 (14.2.1)~(14.2.3)을 이용하여 계산한 결과가 다음과 같다.

$n = 85$, $R = 2.0988 \times 10^7$

평균치 $\overline{R} = 2.0558 \times 10^7$, 분산 $Var(R) = 1.0356 \times 10^{11}$

표준편차 $\sigma_R = 3.218 \times 10^5$

표 14.1 연 최고치 홍수량

년도	홍수량 (m^3/sec)	년도	홍수량 (m^3/sec)	년도	홍수량 (m^3/sec)	년도	홍수량 (m^3/sec)	년도	홍수량 (m^3/sec)
1930	415	1947	598	1964	146	1981	990	1998	360
1931	570	1948	633	1965	442	1982	890	1999	439
1932	440	1949	577	1966	131	1983	395	2000	236
1933	490	1950	640	1967	733	1984	554	2001	505
1934	310	1951	635	1968	466	1985	460	2002	497
1935	459	1952	380	1969	394	1986	630	2003	481
1936	190	1953	746	1970	412	1987	583	2004	445
1937	411	1954	131	1971	413	1988	365	2005	564
1938	373	1955	376	1972	620	1989	146	2006	608
1939	760	1956	675	1973	900	1990	649	2007	404
1940	332	1957	217	1974	506	1991	685	2008	804
1941	612	1958	370	1975	419	1992	691	2009	416
1942	760	1959	935	1976	350	1993	426	2010	147
1943	598	1960	585	1977	165	1994	310	2011	333
1944	444	1961	633	1978	353	1995	394	2012	407
1945	584	1962	744	1979	300	1996	407	2013	533
1946	536	1963	342	1980	526	1997	534	2014	774

따라서 표준변환변수 $z = \dfrac{2.0988 \times 10^7 - 2.0558 \times 10^7}{3.218 \times 10^5} = 1.336$

자료를 검정한 결과 얻은 $z = 1.336$은 5%의 유의수준에 해당하는 한계치 $z_{0.025} = 1.96$보다 작으므로 독립성과 정상성 가설이 인정된다고 볼 수 있다. 따라서 이 연 최고치 홍수량 자료는 유의수준 5%에서 독립성과 정상성을 가지고 있다고 말할 수 있다.

14.2.2 동질성 및 정상성 검정

이 검정에서는 크기가 p와 q인($p \le q$) 두 자료 집단을 비교하게 된다. 두 자료 집단의 합쳐진 크기 $n=p+q$인 표본자료를 크기가 증가하는 순서로 재배열 한다. 동질성 검정을 위해서는 Mann-Whitney(M-W) 검정방법이 사용되며, 다음과 같이 얻어지는 값 V와 W를 이용하게 된다.

$$V = R - \frac{p(p+1)}{2} \tag{14.2.4}$$

$$W = pq - V \tag{14.2.5}$$

여기서 R은 합쳐진 전체자료(크기 n)를 크기가 증가하는 순서로 나열했을 때 첫 번째 자료집단(크기 p)에 속해있는 각 자료의 순서의 합이고, V와 W는 R, p, q로부터 구해진다. V는 크기 순서로 보았을 때 첫 번째 자료집단에 속해있는 자료가 두 번째 자료집단에 속해있는 자료의 뒤에 나타나는 횟수이고, W는 두 번째 자료집단에 속해있는 자료가 첫 번째 자료집단에 속해있는 자료의 뒤에 나타나는 횟수를 의미한다. M-W검정치 U는 V와 W 중 작은 값으로 정의한다. $n>20$ 이고 $p, q>3$일 때 그리고 두 자료집단이 같은 모집단으로부터 추출되었다는 가설 하에 U값은 다음과 같은 평균과 분산을 갖는 정규분포를 보이게 된다.

$$\overline{U} = \frac{pq}{2} \tag{14.2.6}$$

$$Var(U) = \left[\frac{pq}{n(n-1)}\right]\left[\frac{n^3 - n}{12} - \Sigma T\right] \tag{14.2.7}$$

여기서 $T = \dfrac{J^3 - J}{12}$, J는 각 자료의 주어진 순서에서 같은 값이 발생하는 횟수이다. 자료집단 p와 q에 대해 구한 T의 값을 합하게 된다.

표준변환변수 $z = (U - \overline{U})/[Var(U)]^{1/2}$이 유의수준 α에서 z와 같은 유의수준에서의 표준정규분포변수와 비교함으로서 동질성 가설을 검정하는데 사용된다. 여기서 주의할 것은 서로 다른 자료집단을 비교할 때 각 자료집단의 평균치를 구해 나누어준 자료를 비교해야 한다.

예제 14.2

표 14.2와 14.3에 두 집단의 연 최고치 자료가 있다. M-W검정방법을 이용하여 이들 자료의 균일성을 유의수준 5%에 대해 검정하여라.

표 14.2 연 최고유출량자료

년도	홍수량 (m^3/sec)	년도	홍수량 (m^3/sec)	년도	홍수량 (m^3/sec)	년도	홍수량 (m^3/sec)	년도	홍수량 (m^3/sec)
1985	39.9	1991	31.5	1997	27.2	2003	61.4	2009	24.5
1986	33.9	1992	27.9	1998	22.7	2004	11.8	2010	8.0
1987	41.6	1993	21.8	1999	37.0	2005	30.6	2011	27.5
1988	15.0	1994	17.1	2000	12.6	2006	22.6	2012	51.3
1989	6.3	1995	29.1	2001	27.6	2007	20.5	2013	22.4
1990	25.4	1996	22.4	2002	32.9	2008	45.9	2014	68.9

표 14.3 연 최고유출량자료

년도	홍수량 (m^3/sec)	년도	홍수량 (m^3/sec)	년도	홍수량 (m^3/sec)	년도	홍수량 (m^3/sec)	년도	홍수량 (m^3/sec)
1979	59.0	1987	80.0	1995	23.6	2003	21.3	2011	20.6
1980	96.8	1988	37.1	1996	33.4	2004	19.9	2012	22.3
1981	79.4	1989	28.6	1997	19.8	2005	21.0	2013	20.6
1982	179.0	1990	26.9	1998	22.3	2006	21.7	2014	21.6
1983	220.0	1991	29.4	1999	20.2	2007	22.0		
1984	202.0	1992	28.4	2000	20.2	2008	22.4		
1985	52.0	1993	19.4	2001	24.4	2009	21.6		
1986	94.0	1994	23.5	2002	21.8	2010	12.3		

풀이

먼저 각 자료집단의 자료를 평균치로 나눈 후 검정을 실시한다.

두 자료로부터 p=30, q=36이고 두 자료를 합쳐 작은 것부터 큰 순서로 나열한 후 첫 번째 자료집단의 순서를 합한 결과 R=1,182이다.

$$V = 1{,}182 - \frac{30(30+1)}{2} = 717$$

$$W = 30 \times 36 - 717 = 363$$

V, W중 작은 값이 $U = 363$이고 평균치 $\overline{U} = pq/2 = 540, \Sigma T = 0$이다.

$$Var(U) = \left[\frac{30 \times 36}{66(66-1)}\right]\left[\frac{66^3 - 66}{12} - 0\right] = 6{,}030$$

따라서 $\sigma_U = 77.65$이며

$$z = \frac{363 - 540}{77.65} = -2.28$$

$|z|=2.28$이고 표준정규분포로부터 $z_{0.025} = 1.96$이므로 유의수준 α=5%에서 균일성 검정은 기각된다. 따라서 두 자료집단은 동질성이 없고 서로 다른 확률분포를 가진다고 볼 수 있다.

14.2.3 이상치 검정

이상치(outlier)란 자료의 수집오류, 기록오류 또는 자연적인 오류로 인한 자료집단으로부터 심하게 편차를 보이는 자료를 말한다. 표본자료에서 이상치의 존재는 자료를 확률분포에 적용시킬 때 오류를 초래하게 된다. 고이상치(high outlier) 및 저이상치(low outlier) 모두 발생 가능하며 분석할 때 서로 다른 결과를 가져오게 된다. 이상치의 발견을 위해서는 Grubbs와 Beck (G-B)검정방법이 사용되고 있다. G-B검정을 위해서는 다음과 같은 값을 계산하여야 한다.

$$x_H = \exp(\overline{x} + k_n s) \tag{14.2.8}$$

$$x_L = \exp(\overline{x} - k_n s) \tag{14.2.9}$$

$$k_n = -3.62201 + 6.28446n^{1/4} - 2.49835n^{1/2} + 0.491436n^{3/4} - 0.037911n \tag{14.2.10}$$

여기서 $\overline{x}$ 및 s는 표본자료에 자연대수를 취한 값의 평균 및 표준편차, k_n은 표본자료의 수와 유의수준에 따른 G-B값(유의수준 10%일 경우)이다. 위와 같이 구한 x_H보다 크면 고이상치로 간주하고, x_L보다 작으면 저이상치로 간주하여 분석에서 제외시키게 된다.

예제 14.3

예제 14.1 및 14.2에서 주어진 표 14.1과 표 14.2의 연 최고치 홍수량자료에 대해 G-B검정을 실시하여 유의수준 10%에 대해 고이상치 및 저이상치를 검정하여라.

풀이

표 14.1의 자료에서 유의수준 10%에 대해

$$n = 85, \; k_n = 2.9611, \; s = 0.4501, \; \overline{x} = 6.1118$$

고이상치 및 저이상치는 다음과 같이 구하게 된다.

$$x_H = \exp(6.1118 + 2.9611 \times 0.4501) = 1,710.41\text{cms}$$

$$x_L = \exp(6.1118 - 2.9611 \times 0.4501) = 118.99\text{cms}$$

따라서 85년 자료 중에서 고이상치 및 저이상치는 없다.

표 14.2의 자료에서는

$$n = 30,\ k_n = 2.5640,\ s = 0.5383,\ \bar{x} = 3.2375$$

$$x_H = \exp(3.2375 + 2.5640 \times 0.5383) = 101.27\text{cms}$$

$$x_L = \exp(3.2375 - 2.5640 \times 0.5383) = 6.41\text{cms}$$

따라서 1966년의 6.3cms가 x_L보다 작으므로 저이상치에 해당된다. x_H보다 큰 고이상치는 없다.

14.3 확률분포형의 매개변수 추정방법

확률분포형의 적용을 위해서는 수문자료를 이용하여 각 확률분포에서 사용하고 있는 매개변수의 추정이 필수적이다. 매개변수 추정방법에는 모멘트법(method of moments), 최우도법(method of maximum likelihood), 확률가중모멘트법(method of probability weighted moments), L-모멘트법 등이 있다. 모멘트법에 대해서는 13.6.1절에서 설명하였으며 본 절에서는 나머지 매개변수 추정방법에 대해 간략히 소개하기로 한다. 또한 후술할 각 확률분포형의 설명에서는 모멘트법과 실무에서 많이 사용되는 확률가중모멘트법에 의한 매개변수 추정방법을 소개하기로 한다.

14.3.1 모멘트법

모멘트법에 의한 매개변수의 추정방법은 표본자료 즉, 관측 자료의 모멘트와 모집단의 모멘트가 같다고 가정하여 모집단의 모멘트로부터 관측 자료의 매개변수를 추정하는 것이다. 하지만 관측 자료인 경우 자료의 크기가 모집단에 비해 작고 대부분의 수문자료가 왜곡된 형태를 보이고 있으므로 불완전한 추정치를 얻을 수 있으며, 고차 모멘트로 갈수록 부정확한 결과를 얻게 된다. 그러나 모멘트법에 의한 매개변수 추정이 간편하므로 아직까지 실무에서 많이 사용되고 있다.

14.3.2 최우도법

최우도법은 매개변수를 추정하기 위해 광범위하게 사용되는 방법으로 기본 개념은 관측된 표본에 가장 적합한 모집단의 매개변수를 구하는 것 즉, 그 밖의 다른 모집단보다 더 근사하게(높은 가능성으로) 관측된 표본을 산출할 수 있는 모집단의 매개변수 값을 구하는 것이다. 다시 말하면, 어느 한 모집단에서 한 매개변수의 여러 다른 값들은 서로 다른 표본들을 발생시키는 경향이 있다는 개념에 기초를 두고 있다. 따라서 어느 특정 표본은 어떤 특정 매개변수로부터 추출되어질 가능성이 다른 매개변수들로부터 추출될 가능성보다 크다. 그러므로 한 매개변수의 가능한 모든 값에서 관측된 어떤 특정한 값을 얻을 확률이 최대가 되는 매개변수를 추정할 필요가 있다.

주어진 표본자료에 대한 매개변수의 최우추정치(maximum likelihood estimator)는 표본의 확률 또는 확률밀도를 극대화하는 매개변수의 값이다. 만약에 표본자료가 모집단 $f(x;\theta)$에서 취한 확률 표본이라면 표본의 확률은 다음과 같은 우도함수(likelihood function)로 나타낼 수 있다.

$$L(\theta) = f(x_1;\theta) f(x_2;\theta) \cdots f(x_n;\theta) \tag{14.3.1}$$

따라서 최우추정치는 우도함수 $L(\theta)$를 극대화하는 매개변수 θ값이다. 여기서는 매개변수가 한 개인 것을 예로 들었지만 매개변수를 여러 개로 확장하여 우도함수를 $L(\theta_i)$로 나타낼 수 있다. 유도의 편의를 위해 대수를 취하여 대수 우도함수를 매개변수별 (θ_i)로 미분한 뒤 0으로 놓고 추정하고자 하는 매개변수를 구하게 된다.

$$\frac{\partial \ln L(\theta_i)}{\partial \theta_i} = 0 \quad i = 1, 2, \cdots, k \text{ (매개변수의 수)} \tag{14.3.2}$$

최우도법은 표본자료의 크기가 충분히 클 때 가장 효과적인 매개변수 추정방법이라 할 수 있다. 하지만 해를 구하는 절차가 복잡하고 수렴하지 않아 모멘트법이나 확률가중모멘트법에 비해 해를 구하지 못할 경우도 있으며 자료가 적을 경우에는 비효율적이 된다.

14.3.3 확률가중모멘트법

확률가중모멘트법은 Greenwood(1979) 등이 제시한 방법으로 관측 자료를 크기순으로 작은 것부터 큰 순서로 재배열하여 작은 값에는 작은 가중치를 큰 값에는 큰 가중치를 부여하여 매개변수를 추정하는 방법으로 표본자료의 크기가 작거나 왜곡된 자료일 경우에도 비교적 안정적인 결과를 얻을 수 있어 최근에 많이 사용되고 있는 방법이다.

무작위 변량 X가 누가확률밀도함수 F(x)를 가질 때 확률가중모멘트는 다음과 같이 나타내게 된다.

$$M_{p,r,s} = E[X^p F^r(x)\{1 - F(x)\}^s] \tag{14.3.3}$$

여기서 E[·]는 기대값, F(x)는 X의 누가확률밀도함수(비초과확률), 1−F(x)는 초과확률 그리고 p, r, s는 양의 지수이다.

만일 $M_{p,0,0}$이면 모멘트법에서의 원점에 대한 p차 모멘트와 같게 된다. 수문자료 분석에서 주로 사용하는 경우는 p가 1이고 r 및 s가 0 또는 그 이상의 정수인 경우로 확률가중모멘트는 다음과 같이 표현할 수 있으며, 비초과확률이나 초과확률 중 어느 것을 사용하는 것이 편한가에 따라 아래 두 식 중에 선택하여 사용하는데 비초과확률을 사용하는 $M_{1,r,0}$식을 주로 사용하고 있다.

$$M_{1,r,0} = E[XF^r(x)] = \frac{1}{n}\sum_{i=1}^{n}\frac{(i-1)!(n-1-r)!}{(i-1-r)!(n-1)!}x_i \tag{14.3.4}$$

$$M_{1,0,s} = E[X\{1-F(x)\}^s] = \frac{1}{n}\sum_{i=1}^{n}\frac{(n-i)!(n-s-1)!}{(n-i-s)!(n-1)!}x_i \tag{14.3.5}$$

여기서 x_i는 자료를 크기순으로 작은 것부터 큰 것으로 재배열 하였을 때 i번째에 해당하는 값이다. 비초과확률을 사용하여 확률가중모멘트를 구할 경우 r값에 따른 모멘트는 다음과 같다.

$$M_{1,0,0} = E[X] = \bar{x} = \frac{1}{n}\sum_{i=1}^{n}x_i \tag{14.3.6}$$

$$M_{1,1,0} = E[XF(x)] = \frac{1}{n}\sum_{i=1}^{n}\frac{(i-1)}{(n-1)}x_i \tag{14.3.7}$$

$$M_{1,2,0} = E[XF^2(x)] = \frac{1}{n}\sum_{i=1}^{n}\frac{(i-1)(i-2)}{(n-1)(n-2)}x_i \tag{14.3.8}$$

$$M_{1,3,0} = E[XF^3(x)] = \frac{1}{n}\sum_{i=1}^{n}\frac{(i-1)(i-2)(i-3)}{(n-1)(n-2)(n-3)}x_i \tag{14.3.9}$$

만일 초과확률을 이용하여 확률가중모멘트를 구할 경우에는 위에서 산정한 비초과확률을 사용한 모멘트로부터 다음과 같은 관계를 이용하여 구할 수 있다.

$$M_{1,0,s} = \sum_{i=0}^{s}\binom{s}{i}(-1)^i M_{1,i,0} \tag{14.3.10}$$

식 (14.3.10)을 자주 사용하는 범위까지 정리하면 다음과 같다.

$$M_{1,0,0} = M_{1,0,0} \tag{14.3.11}$$

$$M_{1,0,1} = M_{1,0,0} - M_{1,1,0} \tag{14.3.12}$$

$$M_{1,0,2} = M_{1,0,0} - 2M_{1,1,0} + M_{1,2,0} \tag{14.3.13}$$

$$M_{1,0,3} = M_{1,0,0} - 3M_{1,1,0} + 3M_{1,2,0} - M_{1,3,0} \tag{14.3.14}$$

$$M_{1,0,4} = M_{1,0,0} - 4M_{1,1,0} + 6M_{1,2,0} - 4M_{1,3,0} + M_{1,4,0} \tag{14.3.15}$$

14.3.4 L-모멘트법

L-모멘트법은 Hosking(1990)이 소개한 방법으로 매개변수 추정치는 앞에서 소개한 확률가중모멘트법으로 추정한 매개변수와 동일하며 현재 주로 사용되고 있는 확률가중모멘트법은 확률가중모멘트의 선형조합인 L-모멘트 방법의 형태로 이루어져 있다. 표본자료의 L-모멘트 추정치는 다음과 같이 산정한다.

$$L_1 = E[X] = \overline{X} = \frac{1}{n}\sum_{i-1}^{n} x_i \qquad (14.3.16)$$

$$L_2 = \frac{1}{2}E[X_{(1:2)} - X_{(2:2)}] \qquad (14.3.17)$$

$$L_3 = \frac{1}{3}E[X_{(1:3)} - 2X_{(2:3)} + X_{(3:3)}] \qquad (14.3.18)$$

$$L_4 = \frac{1}{4}E[X_{(1:4)} - 3X_{(2:4)} + 3X_{(3:4)} + X_{(4:4)}] \qquad (14.3.19)$$

여기서 X는 무작위 변량, E[·]는 기댓값, $X_{(i:n)}$는 오름차순으로 재배열된 자료에서 임의로 n개를 선정하였을 때 i번째로 큰 자료 값이다. 또한 L-모멘트는 다음과 같이 확률가중모멘트 $M_{1,r,0}$에 의해 나타낼 수 있으며 앞에서 설명한 $M_{1,r,0}$와 $M_{1,0,s}$의 관계를 이용하여 $M_{1,0,s}$로부터 구할 수도 있다.

$$L_1 = M_{1,0,0} \qquad (14.3.20)$$

$$L_2 = 2M_{1,1,0} - M_{1,0,0} \qquad (14.3.21)$$

$$L_3 = 6M_{1,2,0} - 6M_{1,1,0} + M_{1,0,0} \qquad (14.3.22)$$

$$L_4 = 20M_{1,3,0} - 30M_{1,2,0} + 12M_{1,1,0} - M_{1,0,0} \qquad (14.3.23)$$

L-모멘트법에서 변동계수(coefficient of variation) τ, 왜곡도계수(coefficient of skewness) τ_3, 첨예도계수(coefficient of kurtosis) τ_4는 다음과 같이 산정하게 된다.

$$LC_v = \tau = L_2/L_1, \qquad 0 < \tau < 1 \qquad (14.3.24)$$

$$LC_s = \tau_3 = L_3/L_2, \qquad -1 < \tau_3 < 1, \qquad r \geq 3 \qquad (14.3.25)$$

$$LC_k = \tau_4 = L_4/L_2, \qquad 0.25(5\tau_3^2 - 1) \leq \tau_4 \leq 1, \qquad r \geq 3 \qquad (14.3.26)$$

14.4 확률분포형

통계분야에서는 각종 목적에 따라 수많은 이산형 및 연속형 확률분포형을 개발하여 사용하고 있으며 수문학에서도 다양한 확률분포형을 이용하여 설계 수문량을 산정하는데 이용하고 있다. 본 절에서는 수문분야에서 가장 널리 사용되고 있는 확률분포형들만 선택하여 설명하기로 하며, 확률분포형의 매개변수는 모멘트법 및 확률가중모멘트법에 의해 추정하는 절차를 소개하기로 한다.

13장에서도 설명한 바와 같이 확률분포형은 이산형분포(discrete distribution)와 연속형분포(continuous distribution)로 구분한다. 수문자료의 해석에 사용되는 이산형분포로는 이항분포, Poisson분포 등이 있으며, 연속형분포로는 지수분포, 정규분포, 대수정규분포, Gamma 또는 Pearson Type-III분포, Log-Gamma 또는 Log-Pearson Type-III분포, 일반극치분포(GEV분포), Type-I 극치분포(Gumbel분포), Type-II 극치분포(Log-Gumbel분포), Type-III 극치분포(Weibull분포), Wakeby 분포 등이 있다.

이산형분포의 해석 목적은 어떤 사상의 발생회수에 확률을 부여하는 것이며 연속형분포의 목적은 어떤 사상의 크기 확률을 결정하는데 있다. 즉, 어떤 사상의 발생여부는 이산형분포를, 크기는 연속형분포를 선택하여 분석하게 된다.

14.4.1 이항분포

특정 크기의 유출량 Q에 대해 수년간의 관측으로부터 특정 해에 홍수가 Q보다 크거나 같을 확률을 분석한 결과 p라 하자. 특정 해에 발생한 홍수는 다른 해에 발생한 홍수와 무관하다고 가정한다. 이산형 확률변수 x를 정의하고 만일 어떤 해에 발생한 홍수가 Q보다 크거나 같으면 x=1, 그렇지 않으면 x=0으로 설정하면 X의 확률분포함수는 다음과 같이 나타낼 수 있다.

$$P_X(x) = \begin{cases} p & \text{if } x = 1 \\ 1-p & \text{if } x = 0 \end{cases} \tag{14.4.1}$$

이와 같이 두 가지의 결과, 즉 성공(p)이나 실패(1-p)만 나타나는 시행을 Bernoulli시행(trial)이라 한다. 따라서 Bernoulli시행에서 확률변수 X의 평균(기대값) 및 분산은 다음과 같다.

$$\mu_X = E(X) = 1p + 0(1-p) = p \tag{14.4.2}$$

$$\begin{aligned} E[(X-\mu_X)^2] &= (1-p)^2 p + (0-p)^2(1-p) \\ &= (1-p)p(1-p+p) \\ &= (1-p)p \end{aligned} \tag{14.4.3}$$

Bernoulli시행은 한번만 실시하여 두 결과로만 나타나며, 매년마다 어떤 홍수가 Q보다 크거나 같을 확률은 p로 항상 똑같다. 다시 말하면 독립적인 Bernoulli시행이 매년 반복된다. 그렇다면 다음 3년 동안 이러한 크기의 홍수가 2회 발생할 확률은 얼마이겠는가? 3번(3년)의 시행으로 2번의 홍수가 발생하는 방법은 세 가지가 있다. 즉, 첫 번째 해와 두 번째 해, 두 번째 해와 세 번째 해, 첫 번째 해와 세 번째 해에 발생하면 된다.

$$P[1,1,0] = p \cdot p \cdot (1-p) = p^2(1-p) \quad (14.4.4)$$

$$P[0,1,1] = (1-p) \cdot p \cdot p = p^2(1-p) \quad (14.4.5)$$

$$P[1,0,1] = p \cdot (1-p) \cdot p = p^2(1-p) \quad (14.4.6)$$

여기서 1은 홍수가 발생하는 경우, 0은 홍수가 발생하지 않는 경우이다. 3년 동안 2번의 홍수가 발생하는 서로 다른 세 가지 방법이 있으므로 확률은 다음과 같다.

$$P[\text{3년에 2번의 홍수}] = 3p^2(1-p) \quad (14.4.7)$$

위의 결과를 일반화하면 n년 동안에 k번의 홍수가 발생할 확률은 다음과 같다.

$$B(n,p) = \binom{n}{}k\,p^k(1-p)^{n-k} \quad k = 0, 1, \cdots, n \quad (14.4.8)$$

이러한 확률분포함수를 이항분포(binomial distribution)라 한다. 여기서 n개의 사상에서 k개를 선택하는 조합은 다음과 같다.

$$\binom{n}{k} = \frac{n!}{(n-k)!k!} \quad (14.4.9)$$

여기서 p는 홍수가 발생할 확률($0 \le p \le 1$), n은 시도회수(년), k는 홍수발생회수(년)이다. 이항분포의 평균과 분산 및 왜곡도는 다음과 같다.

$$\mu_X = E[X] = np \quad (14.4.10)$$

$$Var[X] = np(1-p) \quad (14.4.11)$$

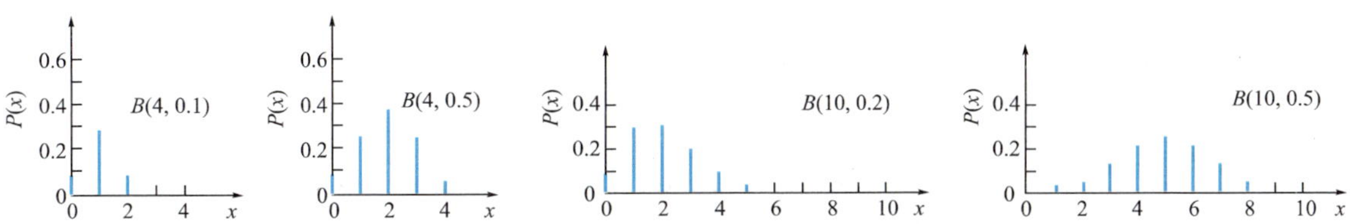

그림 14.2 이항분포의 예

$$S = \frac{1-2p}{[np(1-p)]^{0.5}} \tag{14.4.12}$$

만일 어떤 해에 Q보다 큰 홍수가 발생할 확률이 p=0.02이면 50년 동안 이러한 홍수가 발생할 평균 회수는 np=50×0.02=1회가 되며 분산은 0.98이 된다. 만일 p=0.5이면 이항분포는 대칭이며 왜곡도는 0이 된다. 이항분포의 누가확률분포함수(CDF)는 다음과 같다.

$$F(x) = \sum_{i=0}^{x} \binom{n}{i} p^i (1-p)^{n-i} \tag{14.4.13}$$

예제 14.4

하천정비가 완료될 때까지 하천 주위지역을 보호하기 위해 cofferdam을 건설하려고 한다. cofferdam은 20년 빈도의 홍수에 대해 설계하며 하천정비는 3년 동안 이루어지게 된다고 할 때 다음 확률을 구하라.

풀이

1) cofferdam이 3년 동안 월류되지 않을 확률(신뢰도)

$$P = (1-p)(1-p)(1-p) = (1-p)^3 = \left(1-\frac{1}{20}\right)^3 = 0.86$$

2) 어떤 해에 cofferdam이 잠길 확률

$$P = \frac{1}{T} = \frac{1}{20} = 0.05$$

3) cofferdam이 3년 내에 한번 월류 될 확률

$$P = \binom{3}{1} p^1 (1-p)^2 = 3 \times 0.05 \times 0.95^2 = 0.135$$

4) cofferdam이 3년 이내에 최소한 한번 발생할 확률(위험도)

$$P = 1 - \left(1-\frac{1}{20}\right)^3 = 1 - 0.86 = 0.14$$

위험도 = 1−신뢰도 $= 1-0.86 = 0.14$

5) cofferdam이 세 번째 해에 월류할 확률

$$P = (1-p)(1-p)p = 0.95^2 \times 0.05 = 0.045$$

14.4.2 Poisson분포

하천유출량이 저수지로 유입될 경우 푸아송(Poisson)분포에 의해 분석될 수 있다. 일정 기간 동안 저수지 설계지역으로 물이 도착(유입)되고 있다고 생각하자. 이러한 도착 특성은 푸아송분포를 따르게 되며 푸아송분포의 확률변량 X는 다음과 같이 나타낼 수 있다.

$$P(x) = \frac{\lambda^x e^{-\lambda}}{x!}, \quad x=0,\ 1,\ 2,\ \ldots,\ \infty \tag{14.4.14}$$

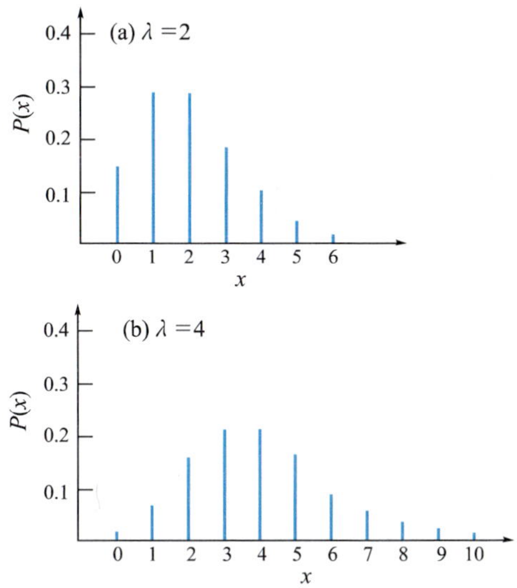

그림 14.3 푸아송분포의 형태

여기서 λ는 양의 상수(도착의 평균치), x는 양의 정수, e는 상수(2.7182)이다. 푸아송분포는 평균과 분산이 같고 모양은 일반적으로 그림 14.3과 같이 오른쪽으로 왜곡되어 있다.

$$E(X) = Var(X) = \lambda \qquad (14.4.15)$$

예제 14.5

확정론적인 식에 의해 구할 수 없는 저수지의 월별 수위변화가 평균 1cm라고 가정하고 그래프 분석을 통해 수위변화가 푸아송분포를 따른다고 하자. 수심의 관측 단위가 cm이며 이산형이라고 한다면 한 달 동안 수위변화가 2cm일 확률은 얼마인가? 또한 2cm 이하의 변화를 보일 확률은 얼마인가?

풀이

월별 변화가 1cm이므로 λ=1cm라 할 수 있다. 따라서 한 달 동안 수위변화가 2cm일 확률은

$$P(x=2) = \frac{1^2 e^{-1}}{2!} = 0.184$$

기껏해야 2cm의 변화를 보일 확률은 누가확률과 같다.

$$P(x=0) + P(x=1) + P(x=2)$$

$$F(x \le 2) = 0.368 + 0.368 + 0.184 = 0.92$$

14.4.3 지수분포

도착(arrival)이 서로 독립적인 무작위 도착과정에 대해 생각해 보자. 이 과정이 시간에 따라 변수들의 값이 변하지 않는 정상성을 보이고 있으며, 동시에 하나 이상의 도착이 발생할 수 없다고 하면 이 과정은 푸아송분포로 설명할 수 있다. 만일 확률변량 t가 사상이 발생하는 사이의 시간간격이라고

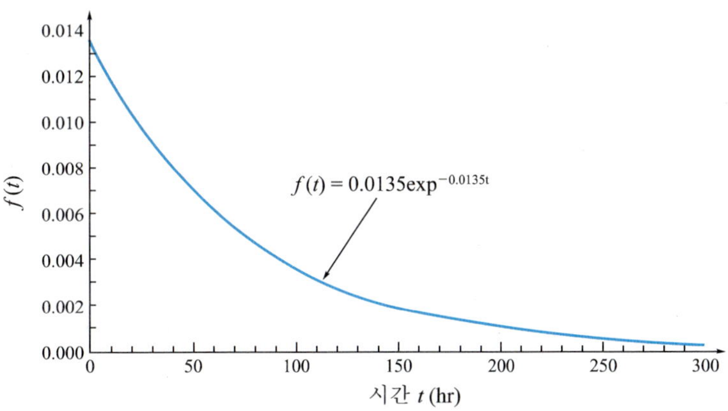

그림 14.4 지수분포곡선

하면 다음과 같은 지수분포(exponential distribution)로 나타낼 수 있다.

$$f(t) = \lambda e^{-\lambda t}, \qquad t \geq 0 \tag{14.4.16}$$

지수분포곡선이 그림 14.4와 같으며 평균 및 분산은 다음과 같다.

$$E(t) = \frac{1}{\lambda} \tag{14.4.17}$$

$$Var(t) = \frac{1}{\lambda^2} \tag{14.4.18}$$

지수분포는 평균과 표준편차가 같으며 따라서 변동계수(coefficient of variation) $C_V = 1.0$이고 왜곡도 $C_S = 2$인 오른쪽으로 왜곡된 형상을 보이고 있다. 지수분포의 누가확률밀도함수는 다음과 같다.

$$F(t) = \int_0^t \lambda e^{-\lambda\tau} d\tau = 1 - e^{-\lambda t} \tag{14.4.19}$$

확률법칙에 따라 $t=\infty$일 때 $F(\infty)=1$이 됨을 할 수 있다. 지수분포는 해석적으로 쉽게 다룰 수 있어 때때로 Gamma분포나 극치분포와 같이 왜곡된 분포를 지수분포로 간략화하여 분석할 경우도 있다.

예제 14.6

어떤 지역에서 1년 중 약 110번의 독립적인 호우사상이 발생하며 평균 지속기간은 5.3시간이다. 계절적인 변동성을 무시하면 1년이 8760시간일 때 평균적인 호우 발생 간격은 다음과 같다.

$$\bar{t} = \frac{8760 - 110 \times 5.3}{110} = 74.3\text{hr}$$

지수분포에 적합하다고 가정하고 다음을 계산하라.

풀이

1) 호우의 발생시간 간격이 최소한 4일=96시간일 확률을 구하라.

$$\lambda = \frac{1}{\bar{t}} = 0.0135$$

$$P(t \geq 96) = 1 - F(96) = e^{-0.0135 \times 96} = 0.27$$

지수함수의 확률분포곡선이 그림 14.4와 같다.

2) 두 호우의 간격이 정확히 12시간일 확률은

연속형 변수의 값이 특정 값과 정확히 같을 확률은 0이므로

$$P(t = 12) = 0$$

3) 두 호우의 간격이 12시간과 같거나 보다 작을 확률은

$$P(t \leq 12) = F(12) = 1 - e^{-0.0135 \times 12} = 1 - 0.85 = 0.15$$

14.4.4 정규분포

정규분포(normal distribution)는 Gaussian분포 또는 표준오차곡선(normal error curve)이라고 불리는데 확률 및 통계분야에서 가장 중요한 분포이다. 그 이유는 일반적인 조건에서 독립확률변수들의 합이 커질수록 그 합의 분포는 정규분포에 가까워진다는 중심극한정리(central limit theorem) 때문이다. 많은 물리 과정들이 개개 과정의 합으로 개념화하므로 정규분포는 가설검정, 신뢰구간 및 품질관리 등과 같은 통계분야 뿐만 아니라 수문분야에서도 많이 적용하는 분포이다.

정규분포는 일반적으로 좌우가 대칭인 종 모양을 하고 있으며 확률밀도함수는 다음과 같이 표현된다.

$$f(x) = \frac{1}{\sigma\sqrt{2\pi}} \exp\left[-\frac{1}{2}\left(\frac{x-\mu}{\sigma}\right)^2\right], \quad -\infty < x < \infty \tag{14.4.20}$$

여기서 μ는 평균, σ는 표준편차 그리고 x는 자료 값이다.

정규분포는 평균 μ와 표준편차 σ로 결정되며 평균은 분포의 위치를 결정하고 표준편차는 분포의 모양을 결정한다. 따라서 정규분포는 N(μ, σ)로 표시하며 평균과 표준편차에 따른 정규분포의 모양은 그림 14.5와 같다. 정규분포를 보이는 확률변수 X가 특정한 값 x보다 같거나 작을 누가확률은 확률밀도함수를 $-\infty$부터 x까지 적분하면 된다.

$$F(x) = P(X \le x) = \frac{1}{\sigma\sqrt{2\pi}} \int_{-\infty}^{x} \exp\left[-\frac{1}{2}\left(\frac{x-\mu}{\sigma}\right)^2\right] dx \tag{14.4.21}$$

식 (14.4.21)은 해석적인 적분이 불가능하므로 근사적분에 의해 누가확률을 구하거나 표준정규분포(standard normal distribution)를 이용하여 구하게 된다.

만약 변수 x를 평균과 표준편차로 식 (14.4.22)와 같이 변환(표준화)시키면 변환된 변수 z는 평균이 0이고 표준편차가 1인 표준정규분포 N(0, 1)로 바

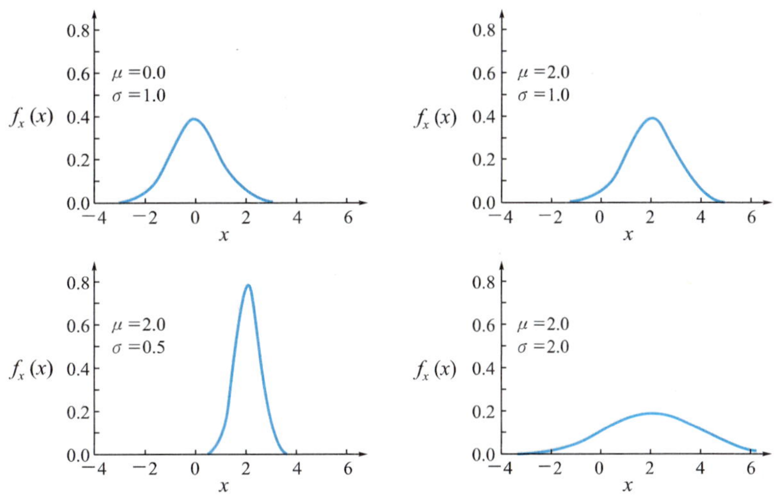

그림 14.5 평균 및 표준편차에 따른 정규분포의 형태

꿔어 쉽게 해석 할 수 있다.

$$z = \frac{x - \mu}{\sigma} \qquad (14.4.22)$$

식 (14.4.22)를 미분하면 $dx = \sigma dz$ 이므로 정규분포의 누가확률밀도함수 식 (14.4.21)에 적용하고 정리하면

$$F(z) = \int_{-\infty}^{z} \frac{1}{\sqrt{2\pi}} e^{-\frac{1}{2}u^2} du \qquad (14.4.23)$$

따라서 z에 대한 확률밀도함수는 다음과 같다.

$$f(z) = \frac{1}{\sqrt{2\pi}} e^{-\frac{1}{2}z^2}, \quad -\infty < z < \infty \qquad (14.4.24)$$

식 (14.4.23)도 해석적으로 구할 수가 없으므로 z에 대한 누가확률 F(z)를 표 14.4로부터 구해 사용하게 된다. 따라서 정규분포를 보이는 확률변수 X가 있을 때 특정값 x보다 같거나 작을 확률 F(x)는 먼저 x를 평균 μ와 표준편차 σ로 표준화하여 z값을 구한 후 표 14.4로부터 F(z)을 구하면 그 값이 바로 F(x)와 같게 된다. 또한 누가확률 F(x)가 주어질 때 x값을 구하는 방법은 먼저 F(x) = F(z)에 해당하는 z값을 표 14.4로부터 구한 후 다음과 같이 역변환을 하면 된다.

$$x = \mu + \sigma z \qquad (14.4.25)$$

1) 모멘트법에 의한 매개변수 추정

정규분포에서 사용되고 있는 매개변수는 평균 $\mu(\bar{x})$와 표준편차 $\sigma(s)$이다.

$$\mu = \bar{x} = \frac{1}{n}\sum_{i=1}^{n} x_i \qquad (14.4.26)$$

$$\sigma = s = \sqrt{\frac{1}{n-1}\sum_{i=1}^{n}(x_i - \bar{x})^2} \qquad (14.4.27)$$

여기서 μ와 $\bar{x}$는 모집단 및 표본집단에 대한 평균, σ와 s는 모집단 및 표본집단에 대한 표준편차 그리고 n은 자료의 수이다.

2) 확률가중법모멘트법에 의한 매개변수 추정

$$\mu = \bar{x} = L_1 = \frac{1}{n}\sum_{i=1}^{n} x_i \qquad (14.4.28)$$

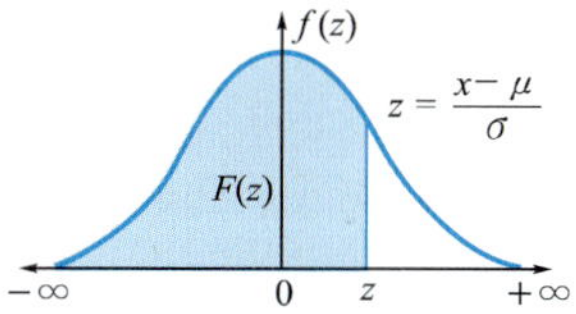

표 14.4 표준정규누가확률표

z	0.00	0.01	0.02	0.03	0.04	0.05	0.06	0.07	0.08	0.09
0.0	0.5000	0.5040	0.5080	0.5120	0.5160	0.5199	0.5239	0.5279	0.5319	0.5359
0.1	0.5398	0.5438	0.5478	0.5517	0.5557	0.5596	0.5636	0.5676	0.5714	0.5753
0.2	0.5793	0.5832	0.5874	0.5910	0.5948	0.5987	0.6026	0.6064	0.6103	0.6141
0.3	0.6179	0.6217	0.6255	0.6293	0.6331	0.6368	0.6406	0.6443	0.6480	0.6517
0.4	0.6554	0.6591	0.6628	0.6664	0.6700	0.6736	0.6772	0.6808	0.6844	0.6879
0.5	0.6915	0.6950	0.6985	0.7019	0.7054	0.7088	0.7123	0.7157	0.7190	0.7224
0.6	0.7257	0.7291	0.7324	0.7357	0.7389	0.7422	0.7454	0.7486	0.7517	0.7549
0.7	0.7580	0.7611	0.7642	0.7673	0.7704	0.7734	0.7764	0.7794	0.7823	0.7852
0.8	0.7881	0.7910	0.7939	0.7967	0.7995	0.8023	0.8051	0.8078	0.8106	0.8133
0.9	0.8159	0.8186	0.8212	0.8238	0.8264	0.8289	0.8315	0.8340	0.8365	0.8389
1.0	0.8413	0.8438	0.8461	0.8485	0.8508	0.8531	0.8554	0.8577	0.8599	0.8621
1.1	0.8643	0.8665	0.8686	0.8708	0.8729	0.8749	0.8770	0.8790	0.8810	0.8830
1.2	0.8849	0.8869	0.8888	0.8907	0.8925	0.8944	0.8962	0.8980	0.8997	0.9015
1.3	0.9032	0.9049	0.9066	0.9082	0.9099	0.9115	0.9131	0.9147	0.9162	0.9177
1.4	0.9192	0.9207	0.9222	0.8236	0.9251	0.9265	0.9279	0.9292	0.9306	0.9319
1.5	0.9332	0.9345	0.9357	0.9370	0.9382	0.9394	0.9406	0.9418	0.9429	0.9441
1.6	0.9452	0.9463	0.9474	0.9484	0.9495	0.9505	0.9515	0.9525	0.9535	0.9545
1.7	0.9554	0.9564	0.9573	0.9582	0.9591	0.9599	0.9608	0.9616	0.9625	0.9633
1.8	0.9641	0.9649	0.9656	0.9664	0.9671	0.9678	0.9686	0.9693	0.9699	0.9706
1.9	0.9713	0.9719	0.9726	0.9732	0.9738	0.9744	0.9750	0.9756	0.9761	0.9767
2.0	0.9772	0.9778	0.9783	0.9788	0.9793	0.9798	0.9803	0.9808	0.9812	0.9817
2.1	0.9821	0.9826	0.9830	0.9834	0.9838	0.9842	0.9846	0.9850	0.9854	0.9857
2.2	0.9861	0.9864	0.9869	0.9871	0.9875	0.9878	0.9881	0.9884	0.9887	0.9890
2.3	0.9893	0.9896	0.9898	0.9901	0.9904	0.9906	0.9909	0.9911	0.9913	0.9916
2.4	0.9918	0.9920	0.9922	0.9925	0.9927	0.9929	0.9931	0.9932	0.9934	0.9936
2.5	0.9938	0.9940	0.9941	0.9943	0.9945	0.9946	0.9948	0.9949	0.9951	0.9952
2.6	0.9953	0.9955	0.9956	0.9957	0.9959	0.9960	0.9961	0.9963	0.9963	0.9964
2.7	0.9965	0.9966	0.9967	0.9968	0.9969	0.9970	0.9971	0.9972	0.9973	0.9974
2.8	0.9974	0.9975	0.9976	0.9977	0.9977	0.9978	0.9979	0.9979	0.9980	0.9981
2.9	0.9981	0.9982	0.9982	0.9983	0.9984	0.9984	0.9985	0.9985	0.9986	0.9986
3.0	0.9987	0.9987	0.9987	0.9988	0.9988	0.9989	0.9989	0.9989	0.9990	0.9990
3.1	0.9990	0.9991	0.9991	0.9992	0.9992	0.9992	0.9992	0.9992	0.9993	0.9993
3.2	0.9993	0.9993	0.9994	0.9994	0.9994	0.9994	0.9994	0.9995	0.9995	0.9995
3.3	0.9995	0.9995	0.9995	0.9996	0.9996	0.9996	0.9996	0.9996	0.9996	0.9997
3.4	0.9997	0.9997	0.9997	0.9997	0.9997	0.9997	0.9997	0.9997	0.9997	0.9998
3.5	0.9997									
·	·									
4.0	0.9999									

$$\sigma = s = \sqrt{\pi}\, L_2 = \sqrt{\pi}\, L_1 \tau \qquad (14.4.29)$$

여기서 L_1, L_2는 1차 및 2차 L-모멘트, τ는 L-모멘트의 변동계수(L_2/L_1)이다.

예제 14.7

어떤 하천에서의 일 유출량을 장기간 관측하여 분석한 결과 평균이 750m^3/sec이고 표준편차가 80인 정규분포를 보인다고 가정할 때 다음을 계산하라.

풀이

1) 일 유출량이 750과 830 사이에 있을 확률은?

750에 대한 $z = (x - \mu)/\sigma = (750 - 750)/80 = 0.0$이고 z=0.0일 때 F(z)=0.5

830에 대한 z=(830-750)/80=1.0이고 z=1.0일 때 F(z)=0.8413

따라서 P(750≤x≤830)=0.3413

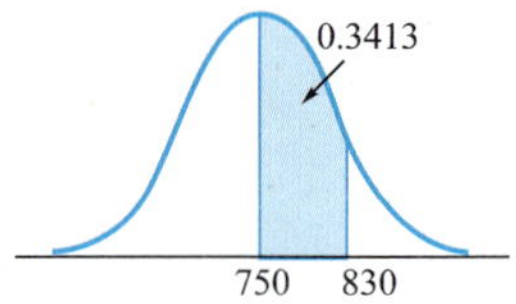

2) 일 유출량이 810 이상일 확률은?

810에 대한 z=(810-750)/80=0.75이고 z=0.75일 때 F(z)=0.7734

그래프의 전체 확률 1.0에서 0.7734를 빼면

P(810≤x)=1.0-0.7734=0.2266

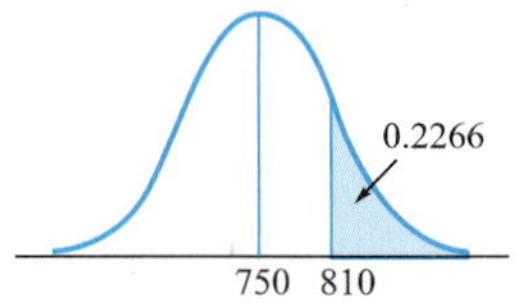

3) 일 유출량이 670 이상일 확률은?

670에 대한 z=(670-750)/80=-1.0이고 z=1.0일 때 F(z)=0.8413

좌우 대칭이므로 z=-1.0일 때 F(z)=0.1587

따라서 P(670≤x)=1-0.1587=0.8413

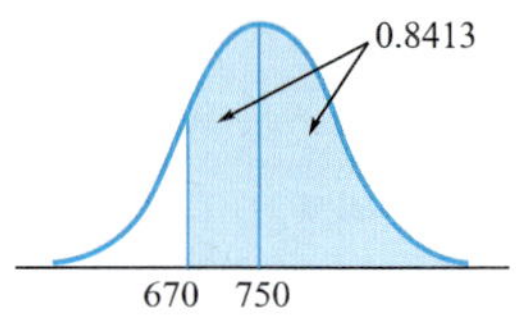

예제 14.8

어떤 하천에서의 유출량자료가 정규분포를 보인다고 할 때 다음을 계산하라. 단, 평균은 20,452m^3/sec 이고 표준편차는 6,089이다.

풀이

1) 재현기간 100년인 홍수의 크기는 얼마인가?

$$F(Q_{100}) = 1 - 1/T = 1 - 1/100 = 0.99$$

표 14.4로부터 $z = 2.326$ 따라서 식 (14.4.25)로부터

$$Q_{100} = \bar{x} + \sigma z = 20{,}452 + 6{,}089 \times 2.326 = 34{,}615 m^3/sec$$

2) 홍수량이 30,000m^3/sec보다 작거나 같을 확률은 얼마인가.

$$z = (30{,}000 - 20{,}452)/6{,}089 = 1.568$$

표 14.4로부터 $F(1.568) = 0.9416 = P(Q \le 30{,}000)$

3) 홍수량 30,000m^3/sec의 재현기간은 얼마인가.

$$T = 1/(1 - F) = 1/(1 - 0.9416) = 17.12\text{년}$$

예제 14.9

다음과 같이 어떤 하천의 48년간의 연 최고치 유출량자료가 주어졌을 때 모멘트법과 확률가중모멘트법에 의해 정규분포의 매개변수를 추정하라.

풀이

1) 모멘트법

유출량의 총합은 6079.3이고 자료의 수가 $n = 48$이므로

$$\bar{x} = 6079.3/48 = 126.65 m^3/sec$$

표 14.5 연 최고치유출량

년 도	유출량 (m^3/sec)	년 도	유출량 (m^3/sec)	년 도	유출량 (m^3/sec)	년 도	유출량 (m^3/sec)	년 도	유출량 (m^3/sec)
1967	62.9	1977	172.0	1987	142.0	1997	146.0	2007	134.0
1968	27.0	1978	150.0	1988	110.0	1998	89.0	2008	192.0
1969	131.0	1979	124.0	1989	128.0	1999	106.0	2009	169.0
1970	169.0	1980	69.6	1990	157.0	2000	142.0	2010	155.0
1971	146.0	1981	65.0	1991	47.4	2001	141.0	2011	145.0
1972	96.0	1982	58.4	1992	69.5	2002	141.0	2012	219.0
1973	77.4	1983	104.0	1993	118.0	2003	125.0	2013	104.0
1974	84.9	1984	188.0	1994	121.0	2004	75.3	2014	74.6
1975	81.3	1985	214.0	1995	206.0	2005	134.0		
1976	120.0	1986	226.0	1996	146.0	2006	176.0		

$$s = \sqrt{\frac{1}{n-1}\sum_{i=1}^{n}(x_i - \bar{x})^2} = \sqrt{\frac{1}{47}104253.84} = 47.10\text{m}^3/\text{sec}$$

2) 확률가중모멘트법

$$\mu = \bar{x} = L_1 = \frac{1}{n}\sum_{i=1}^{n}x_i = 126.65\text{m}^3/\text{sec}$$

L-모멘트 및 변동계수를 구하기 위해 확률가중모멘트를 구하면

$$M_{1,1,0} = \frac{1}{n}\sum_{i=1}^{n}\frac{(i-1)}{(n-1)}x_i = \frac{3687.58}{48} = 76.825$$

$$L_2 = 2M_{1,1,0} - M_{1,0,0} = 2\times 76.825 - 126.65 = 27.0$$

따라서 L-모멘트의 변동계수는

$$LC_v = \tau = L_2/L_1 = 27/126.65 = 0.213$$

$$s = \sqrt{\pi}L_2 = \sqrt{\pi}L_1\tau = \sqrt{\pi}(126.65 \times 0.213) = 47.8$$

표 14.6 매개변수 산정을 위한 계산표

년도 (yr)	유출량 x (m^3/sec)	$(x_i - \bar{x})^2$	재배열 x (m^3/sec)	순서 i	확률가중모멘트 중간계산 M_{110}
1967	62.9	4064.06	27.0	1	0.00
1968	27.0	9930.12	47.4	2	1.01
1969	131.0	18.92	58.4	3	2.49
1970	169.0	1793.52	62.9	4	4.01
1971	146.0	374.42	65.0	5	5.53
1972	96.0	939.42	69.5	6	7.39
1973	77.4	2425.56	69.6	7	8.89
1974	84.9	1743.06	74.6	8	11.11
1975	81.3	2056.62	75.3	9	12.82
1976	120.0	44.22	77.4	10	14.82
1977	172.0	2056.62	81.3	11	17.30
1978	150.0	545.22	84.9	12	19.87
1979	124.0	7.02	89.0	13	22.72
1980	69.6	3254.70	96.0	14	26.55
1981	65.0	3800.72	104.0	15	30.98
1982	58.4	4658.06	104.0	16	33.19

표 14.6 매개변수 산정을 위한 계산표(계속)

년도 (yr)	유출량 x (m^3/sec)	$(x_i - \bar{x})^2$	재배열 x (m^3/sec)	순서 i	확률가중모멘트 중간계산 M_{110}
1983	104.0	513.02	106.0	17	36.09
1984	188.0	3763.82	110.0	18	39.79
1985	214.0	7630.02	118.0	19	45.19
1986	226.0	9870.42	120.0	20	48.51
1987	142.0	235.62	121.0	21	51.49
1988	110.0	277.22	124.0	22	55.40
1989	128.0	1.82	125.0	23	58.51
1990	157.0	921.12	128.0	24	62.64
1991	47.4	6280.56	131.0	25	66.89
1992	69.5	3266.12	134.0	26	71.28
1993	118.0	74.82	134.0	27	74.13
1994	121.0	31.92	141.0	28	81.00
1995	206.0	6296.42	141.0	29	84.00
1996	146.0	374.42	142.0	30	87.62
1997	146.0	374.42	142.0	31	90.64
1998	89.0	1417.52	145.0	32	95.64
1999	106.0	426.42	146.0	33	99.40
2000	142.0	235.62	146.0	34	102.51
2001	141.0	205.92	146.0	35	105.62
2002	141.0	205.92	150.0	36	111.70
2003	125.0	2.72	155.0	37	118.72
2004	75.3	2636.82	157.0	38	123.60
2005	134.0	54.02	169.0	39	136.64
2006	176.0	2435.42	169.0	40	140.23
2007	134.0	54.02	172.0	41	146.38
2008	192.0	4270.62	176.0	42	153.53
2009	169.0	1793.52	188.0	43	168.00
2010	155.0	803.72	192.0	44	175.66
2011	145.0	336.72	206.0	45	192.85
2012	219.0	8528.52	214.0	46	204.89
2013	104.0	513.02	219.0	47	214.34
2014	74.6	2709.20	226.0	48	226.00
계	6079.3	104253.84			3687.58

14.4.5 2변수 대수정규분포

유출량이 강우, 유역면적, 손실계수 및 증발과 같은 몇 개의 무작위 인자들의 곱으로부터 계산 할 수 있다고 가정해 보자. 만일 무작위변수 x가 몇 개의 다른 무작위변수들의 곱으로 나타낼 수 있다면 변수 x에 대수(logarithm)를 취한 분포는 다른 인자들에 대수를 취한 것을 합산하게 되므로 정규분포에 접근하게 된다. 수문학에서는 유출에 기여하는 많은 인자들이 근본적으로 무작위하고 확정론적인 정보가 별로 없다고 간주하기가 쉬우므로 유출에 대한 곱셈의 형태는 매우 타당한 가정이라 할 수 있다.

무작위변수에 대수를 취한 자료가 정규분포를 따르게 되면 원래의 무작위변수는 대수정규분포(lognormal distribution)를 따른다고 한다. 즉, y=logx라고 할 때 y가 정규분포를 따르면 x는 대수

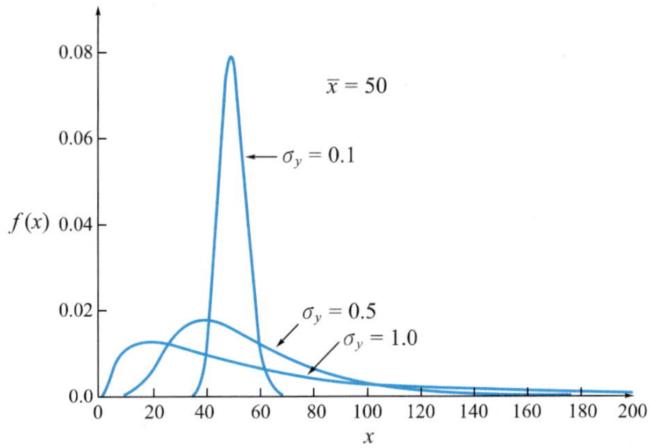

그림 14.6 대수정규분포 확률밀도곡선

정규분포를 따른다. 수문자료의 대부분이 양의 값을 가지고 오른쪽으로 왜곡된 경향을 보이므로 대수정규분포곡선과 경향이 비슷해 이 분포를 많이 사용한다. 대수정규분포에는 2변수 및 3변수 대수정규분포가 있다.

2변수 대수정규분포(two-parameter log-normal distribution)는 매개변수로 평균과 표준편차 2개를 가지고 있으며 확률밀도함수 및 누가확률밀도함수는 다음과 같다.

$$f(x) = \frac{1}{\sigma_y \sqrt{2\pi}} \frac{1}{x} \exp\left[-\frac{1}{2}\left(\frac{\ln x - \mu_y}{\sigma_y}\right)^2 \right], \qquad 0 \le x < \infty \tag{14.4.30}$$

$$F(x) = \frac{1}{\sigma_y \sqrt{2\pi}} \int \frac{1}{x} \exp\left[-\frac{1}{2}\left(\frac{\ln x - \mu_y}{\sigma_y}\right)^2 \right] dx \tag{14.4.31}$$

여기서 $y = \ln x$

$$\mu_y = y_i \text{의 평균} = \frac{1}{n}\sum y_i = \frac{1}{n}\sum \ln x_i$$

$$\sigma_y = y_i \text{의 표준편차} = \sqrt{\frac{1}{n-1}\sum(\ln x_i - \bar{y})^2}$$

대수정규분포의 확률밀도곡선은 그림 14.6과 같으며 하한값(low bound) x=0을 가지고 오른쪽으로 왜곡된 모양을 보이고 있다.

대수정규분포의 정의대로 확률변수 x에 대수를 취한 y=lnx는 다음과 같이 정규분포를 따른다.

$$f(y) = \frac{1}{\sigma_y \sqrt{2\pi}} e^{-\frac{1}{2}\left(\frac{y - \mu_y}{\sigma_y}\right)^2}, \qquad -\infty < y < \infty \tag{14.4.32}$$

여기서 μ_y, σ_y는 앞에서 정의한 것처럼 원래의 확률변수 x에 대수를 취한 값 y의 평균과 표준편차이다.

1) 모멘트법에 의한 매개변수 추정

대수정규분포에서 사용되고 있는 매개변수는 자료 x에 대수를 취한 y=lnx의 평균 $\mu_y(\bar{y})$와 표준편차 $\sigma_y(s_y)$이다. Chow에 의하면 다음과 같은 방법에 의해 변수 x에 대수를 취하지 않고 직접 $\bar{y}$, s_y를 구할 수 있다.

$$\bar{y} = \ln\bar{x} - \frac{s_y^2}{2} \tag{14.4.33}$$

$$s_y = \sqrt{\ln(C_v^2 + 1)} \tag{14.4.34}$$

여기서 C_V는 표본자료의 변동계수이다.

2) 확률가중모멘트법에 의한 매개변수 추정

$$s_y = 2\frac{z}{\sqrt{2}} = 2erf^{-1}\left(\frac{L_2}{L_1}\right) = 2erf^{-1}(\tau) \tag{14.4.35}$$

$$\bar{y} = \ln L_1 - \frac{s_y^2}{2} \tag{14.4.36}$$

여기서 z = 정규화변수

τ= L-모멘트의 변동계수

$erf^{-1}(x)$= error함수의 역함수($erf(x) = 2F(x\sqrt{2}) - 1$)

예제 14.10

예제 14.8에서 자료가 대수정규분포를 따른다고 가정하고 다음을 계산하라. 자료 x에 $\log_{10}$을 취해 구한 결과 평균은 $\bar{y}$= 4.29209, 표준편차는 s_y = 0.12905이다.

풀이

1) 재현기간 100년에 해당하는 홍수의 크기를 구하라.

예제 14.8에서 재현기간 100년에 해당하는 표준화 z값이 2.236이였다.

따라서 $y_{100} = 4.29209 + 0.12905 \times 2.326 = 4.5923$

그러므로 $Q_{100} = 10^{y_{100}} = 39{,}100\text{m}^3/\text{sec}$

2) 홍수량이 30,000m^3/sec보다 작거나 같을 확률은 얼마인가.

$y = \log_{10}(30{,}000) = 4.4771$ 이므로

$z = (4.4771 - 4.2921)/0.12905 = 1.4337$

표 14.4로부터 $F(1.4337) = 0.9242 = P(Q \le 30{,}000)$

3) 홍수량 30,000m^3/sec의 재현기간은 얼마인가.

$T = 1/(1-F) = 1/(1-0.9242) = 13.1$ 년

예제 14.11

다음 표 14.7과 같이 주어진 연 최고치 유출량자료에 대해 2변수 대수정규분포에 대한 매개변수를 모멘트법 및 확률가중모멘트법에 의해 추정하라. L-모멘트의 변동계수 $\tau= 0.2966$이다.

표 14.7 53년간의 연 최고치 유출량자료

년 도	유출량 (m^3/sec)	년 도	유출량 (m^3/sec)	년 도	유출량 (m^3/sec)	년 도	유출량 (m^3/sec)	년 도	유출량 (m^3/sec)
1962	176.0	1973	208.0	1984	85.8	1995	93.7	2006	88.5
1963	36.6	1974	94.7	1985	151.0	1996	69.0	2007	62.9
1964	9.0	1975	78.6	1986	151.0	1997	96.8	2008	188.0
1965	50.5	1976	78.6	1987	218.0	1998	68.1	2009	97.4
1966	240.0	1977	27.3	1988	62.0	1999	77.3	2010	29.9
1967	114.0	1978	64.8	1989	21.3	2000	52.9	2011	69.5
1968	94.7	1979	182.0	1990	111.0	2001	122.0	2012	93.9
1969	89.7	1980	263.0	1991	143.0	2002	97.5	2013	124.0
1970	77.1	1981	151.0	1992	112.0	2003	73.9	2014	212.0
1971	148.0	1982	146.0	1993	66.7	2004	131.0		
1972	139.0	1983	73.0	1994	54.4	2005	71.9		

풀이

1) 모멘트법

$$n = 53$$

$$\bar{x} = \frac{1}{n}\sum_{i=1}^{n} x_i = 106.38$$

$$s = \sqrt{\frac{1}{n-1}\sum_{i=1}^{n}(x_i - \bar{x})^2} = 56.96$$

$$C_v = s/\bar{x} = 56.96/106.38 = 0.5355$$

$$s_y = \sqrt{\ln(C_v^2 + 1)} = \sqrt{\ln(0.5355^2 + 1)} = 0.5021$$

$$\bar{y} = \ln\bar{x} - \frac{s_y^2}{2} = \ln(106.38) - \frac{(0.5021)^2}{2} = 4.5409$$

2) 확률가중모멘트법

$$s_y = 2\frac{z}{\sqrt{2}} = 2\mathrm{erf}^{-1}(\tau) = 2\mathrm{erf}^{-1}(0.2966)$$

$$F = \frac{0.2966 + 1}{2} = 0.6483$$

누가확률 F=0.6483에 대한 표준화변수 z은 표준정규확률분포표로부터 0.381이다.

따라서 $s_y = 2\frac{0.381}{\sqrt{2}} = 0.5388$

$$\bar{y} = \ln L_1 - \frac{s_y^2}{2} = \ln(106.38) - \frac{0.5388^2}{2} = 4.5218$$

14.4.6 3변수 대수정규분포

만일 변수 x의 하한치 x_o가 0이 아닌 경우 $(x-x_o)$가 2변수 대수정규분포를 나타내면 x는 3변수 대수정규분포(three-parameter lognormal distribution)로 나타낼 수 있으며, 3변수 대수정규분포의 확률밀도함수는 다음과 같다.

$$f(x)=\frac{1}{\sigma_y\sqrt{2\pi}}\frac{1}{(x-x_o)}\exp\left[-\frac{1}{2}\left\{\frac{\ln(x-x_o)-\mu_y}{\sigma_y}\right\}^2\right] \quad (14.4.37)$$

여기서 μ_y와 σ_y는 $\ln(x-x_o)$의 평균 및 표준편차, x_o는 변수 x의 하한치이다. 3변수 대수정규분포는 변수 x가 양이나 음의 값을 같더라도 $x-x_o>0$이면 적용할 수 있지만 2변수 대수정규분포는 x가 양의 값을 가지는 경우에만 적용할 수 있다.

1) 모멘트법에 의한 매개변수 추정

3변수 대수정규분포에서 사용되고 있는 매개변수는 자료 $x-x_o$에 대수를 취한 $y=\ln(x-x_0)$의 평균 $\mu_y(\bar{y})$, 표준편차 $\sigma_y(s_y)$ 그리고 하한치 x_0이다.

$$\bar{y}=\ln\left(\frac{s_x}{C_{vz}}\right)-\frac{1}{2}\ln(C_{vz}^2+1) \quad (14.4.38)$$

$$s_y=[\ln(C_{vz}^2+1)]^{1/2} \quad (14.4.39)$$

$$x_0=\bar{x}-\frac{s_x}{C_{vz}} \quad (14.4.40)$$

$$C_{vz}=\frac{1-W^{2/3}}{W^{1/3}} \quad (14.4.41)$$

$$W=\frac{-C_{sx}+(C_{sx}^2+4)^{1/2}}{2} \quad (14.4.42)$$

여기서 C_{vz}은 자료계열 $(x-x_o)$의 변동계수, C_{sx}는 자료계열 x의 왜곡도계수이다.

2) 확률가중모멘트법에 의한 매개변수 추정

$$\bar{y}=\ln\left[\frac{L_2}{2F\left(\frac{s_y}{2}\sqrt{2}\right)-1}\right]-\frac{{s_y}^2}{2} \quad (14.4.43)$$

$$s_y = 0.999281a - 0.006118a^3 + 0.000127a^5 \qquad (14.4.44)$$

$$x_0 = L_1 - \exp\left[\bar{y} + \frac{s_y{}^2}{2}\right] \qquad (14.4.45)$$

$$a = \sqrt{\frac{8}{3}}F^{-1}\left(\frac{1+\tau_3}{2}\right) \qquad (14.4.46)$$

여기서 τ_3는 L-모멘트의 왜곡도계수(L_3/L_2), F(·)는 표준정규분포의 누가확률밀도함수이다.

예제 14.12

예제 14.11에서 주어진 연 최고치 유출량자료(표 14.7)에 대해 3변수 대수정규분포에 대한 매개변수를 모멘트법 및 확률가중모멘트법에 의해 추정하라. L-모멘트의 변동계수 τ=0.2966, 왜곡도계수 τ_3 =0.1873이다.

풀이

1) 모멘트법

$$n = 53,\ \bar{x} = 106.3779,\ s_x = 56.9631,\ C_v = 0.5355,\ C_{sx} = 0.8310$$

$$W = \frac{-C_{sx} + (C_{sx}^2 + 4)^{1/2}}{2} = \frac{-0.8310 + (0.8310^2 + 4)^{1/2}}{2} = 0.6674$$

$$C_{vz} = \frac{1 - W^{2/3}}{W^{1/3}} = \frac{1 - 0.6674^{2/3}}{0.6674^{1/3}} = 0.2704$$

$$x_0 = \bar{x} - \frac{s_x}{C_{vz}} = 106.3779 - \frac{56.9631}{0.2704} = -104.2844$$

$$s_y = [\ln(C_{vz}^2 + 1)]^{1/2} = [\ln(0.2704^2 + 1)]^{1/2} = 0.2657$$

$$\bar{y} = \ln\left(\frac{s_x}{C_{vz}}\right) - \frac{1}{2}\ln(C_{vz}^2 + 1) = \ln\left(\frac{56.9631}{0.2704}\right) - \frac{1}{2}\ln(0.2704^2 + 1) = 5.3149$$

2) 확률가중모멘트법

$$\frac{1+\tau_3}{2} = \frac{1+0.1873}{2} = 0.5937$$

따라서 표준정규누가분포표에서 누가확률이 0.5937이 되기 위한 표준화변수 값은

$$F^{-1}(0.5937) = 0.237 = z$$

$$a = \sqrt{\frac{8}{3}}F^{-1}\left(\frac{1+\tau_3}{2}\right) = \sqrt{\frac{8}{3}} \times 0.237 = 0.3870$$

$$s_y = 0.999281a - 0.006118a^3 + 0.000127a^5 = 0.3864$$

$$F\left(\frac{s_y}{2}\sqrt{2}\right) = F(0.1932\sqrt{2}) = F(0.2732) = 0.6076$$

$$\bar{y} = \ln\left[\frac{L_2}{2F\left(\frac{s_y}{2}\sqrt{2}\right)-1}\right] - \frac{{s_y}^2}{2} = \ln\left(\frac{0.2966 \times 106.3779}{2 \times 0.6076 - 1}\right) - \frac{0.3864^2}{2} = 4.9132$$

$$x_0 = L_1 - \exp\left[\bar{y} + \frac{{s_y}^2}{2}\right] = 106.3779 - \exp\left[4.9132 + \frac{0.3864^2}{2}\right] = -40.243$$

14.4.7 2변수 Gamma분포

Gamma분포는 이분포의 형태와 잘 알려진 수학적 특성 때문에 수문분야에서 광범위하게 쓰이는 분포이다. 그림 14.7a에 보인바와 같이 3변수 Gamma분포는 왼쪽에서 경계를 갖고 오른쪽으로(양) 왜곡되어 있어 수문자료특성과 유사성을 가지고 있다. 따라서 Gamma분포는 연 최대홍수량, 갈수량 및 극대강수량 등의 확률분포를 나타내는데 사용되고 있다. Gamma분포는 왼쪽으로(음) 왜곡된 형태도 이용되고 있다(그림 14.7b). Gamma분포도 변수의 수에 따라 2변수 Gamma분포 그리고 3변수 Gamma분포로 구분할 수 있으며, 3변수 Gamma분포는 Pearson Type-III 분포로도 알려져 있다. 수문자료의 변수 x에 대한 2변수 Gamma분포의 확률밀도함수 및 누가확률밀도함수는 다음과 같이 표현된다.

$$f(x) = \frac{1}{\alpha\Gamma(\beta)}\left(\frac{x}{\alpha}\right)^{\beta-1}\exp\left(-\frac{x}{\alpha}\right) \tag{14.4.47}$$

$$F(x) = \int_0^x \frac{1}{\alpha\Gamma(\beta)}\left(\frac{x}{\alpha}\right)^{\beta-1}\exp\left(-\frac{x}{\alpha}\right)dx, \quad \alpha > 0 \text{ 일 때} \tag{14.4.48}$$

여기서 α는 축척변수(scale parameter), β는 모양변수(shape parameter)이다.

식 (14.4.47)에서 축척변수 $\alpha > 0$인 경우에는 그림 14.7a와 같이 $0 \le x < \infty$이며 오른쪽으로 왜곡된 형태를 보이게 되고, $\alpha < 0$인 경우에는 그림 14.7b와 같이 $-\infty < x \le 0$이며 왼쪽으로 왜곡된 형

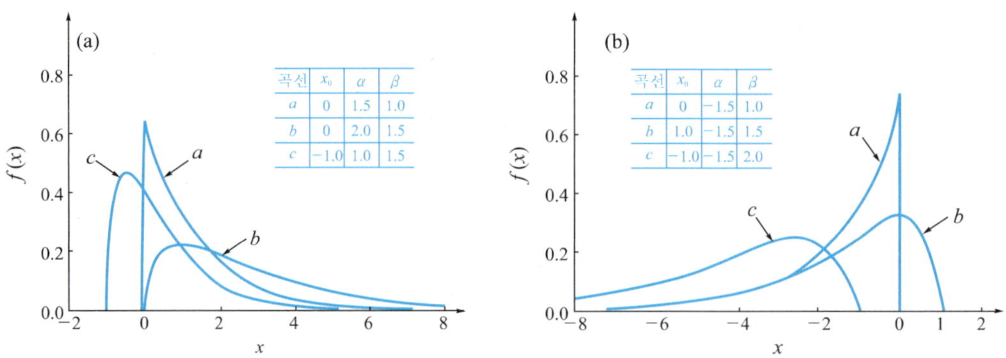

그림 14.7 Gamma분포의 확률밀도곡선 (a : α 〉 0, b : α 〈 0)

태를 보인다. 식에서 $\Gamma(\beta)$는 β가 정수인 경우 완전 Gamma함수(complete gamma function)로 다음과 같이 계산할 수가 있다.

$$\Gamma(\beta) = \int_0^\infty x^{\beta-1} e^{-x} dx$$

$$= (\beta-1)\Gamma(\beta-1) = (\beta-1)(\beta-2)\Gamma(\beta-2) \qquad (14.4.49)$$

$$= (\beta-1)(\beta-2)(\beta-3) \cdot \ldots \cdot 3 \cdot 2 \cdot 1$$

만일 β가 정수가 아닌 경우에는 $\Gamma(\beta)$는 불완전(incomplete) Gamma함수가 되어 부록 C의 표를 이용하거나 다음과 같이 근사해를 구하게 된다.

$$\Gamma(\beta) = \frac{\Gamma(\beta+1)}{\beta}$$

$$\Gamma(\beta+1) = 1 + a_1\beta + a_2\beta^2 + \ldots + a_8\beta^8 \qquad 0 \le \beta \le 1 \qquad (14.4.50)$$

여기서 $a_1 = -0.577192$, $a_2 = 0.988206$, $a_3 = -0.897057$, $a_4 = 0.918207$, $a_5 = -0.756704$, $a_6 = 0.482199$, $a_7 = -0.193528$, $a_8 = 0.035868$이다.

1) 모멘트법에 의한 매개변수의 추정

2변수 Gamma분포에서는 두 개의 매개변수 α와 β가 이용되므로 이 변수들이 결정되면 2변수 Gamma분포를 적용할 수 있다. α와 β는 모멘트법에 의해 다음과 같은 관계가 있다.

$$\bar{x} = \alpha\beta = \frac{1}{n}\sum_{i=1}^{n} x_i \qquad (14.4.51)$$

$$s^2 = \alpha^2\beta = \frac{1}{n-1}\sum_{i=1}^{n}(x_i - \bar{x})^2 \qquad (14.4.52)$$

여기서 $\bar{x}$와 s^2는 자료의 평균과 분산이다. 이 두식을 연립하여 풀면 다음과 같이 나타 낼 수 있다.

$$\alpha = \frac{\bar{x}}{\beta} = \frac{s^2}{\bar{x}} \qquad (14.4.53)$$

$$\beta = \left(\frac{\bar{x}}{s}\right)^2 \qquad (14.4.54)$$

2) 확률가중모멘트법에 의한 매개변수의 추정

$$\alpha = \frac{L_1}{\beta} = \frac{\bar{x}}{\beta} \tag{14.4.55}$$

- $0 < \tau < 0.5$인 경우 $z = \pi\tau^2$

$$\beta = \frac{1 - 0.3080z}{z - 0.05812z^2 + 0.01765z^3} \tag{14.4.56}$$

- $0.5 \le \tau < 1$인 경우 $z = 1 - \tau$

$$\beta = \frac{0.7213z - 0.5947z^2}{1 - 2.1817z + 1.2113z^3} \tag{14.4.57}$$

예제 14.13

예제 14.11에서 주어진 연 최고치 유출량자료(표 14.7)에 대해 2변수 Gamma분포에 대한 매개변수를 모멘트법 및 확률가중모멘트법에 의해 추정하라. L-모멘트의 변동계수 τ=0.2966이다.

풀이

1) 모멘트법

$n = 53$, $\bar{x} = 106.3779$, $s = 56.9631$, $C_v = 0.5355$

$$\beta = \left(\frac{\bar{x}}{s}\right)^2 = \left(\frac{106.3779}{56.9631}\right)^2 = 3.4875$$

$$\alpha = \frac{\bar{x}}{\beta} = 106.3779/3.4875 = 30.5026$$

2) 확률가중모멘트법

$\tau = 0.2966 < 0.5$, $z = \pi\tau^2 = 0.2762$ 이므로

$$\beta = \frac{1 - 0.3080z}{z - 0.05812z^2 + 0.01765z^3} = 3.3620$$

$$\alpha = \frac{L_1}{\beta} = \frac{\bar{x}}{\beta} = 106.3779/3.3620 = 31.6413$$

14.4.8 3변수 Gamma분포(Pearson Type-III분포)

2변수 Gamma분포는 축척변수 α에 따른 하한치(양의 왜곡인 경우) 또는 상한치(음의 왜곡인 경우)가 0인데 반해 3변수 Gamma분포는 0이 아닌 상한치 또는 하한치 x_o를 가지게 된다. 즉, $\alpha > 0$

이면 $x_o \le x < \infty$ 이고, $\alpha < 0$ 이면 $-\infty < x \le x_o$ 이다. 따라서 x_o는 상한치나 하한치를 나타내는 위치변수(location parameter)가 된다. 만일 $x - x_o$를 y라 하면 y로 치환된 자료는 상한치 또는 하한치가 0인 2변수 Gamma분포가 된다. 3변수 Gamma분포의 확률밀도함수 및 누가확률밀도함수는 다음과 같다.

$$f(x) = \frac{1}{\alpha\Gamma(\beta)}\left(\frac{x - x_o}{\alpha}\right)^{\beta - 1}\exp\left(-\frac{x - x_o}{\alpha}\right) \tag{14.4.58}$$

$$F(x) = \int_{x_o}^{x}\frac{1}{\alpha\Gamma(\beta)}\left(\frac{x - x_o}{\alpha}\right)^{\beta - 1}\exp\left(-\frac{x - x_o}{\alpha}\right)dx, \quad \alpha > 0 \text{ 일 때} \tag{14.4.59}$$

2변수 및 3변수 누가확률밀도함수는 해석적으로 해를 구할 수 없으므로 수치적분을 이용하여 해를 구하게 된다.

1) 모멘트법에 의한 매개변수 추정

3변수 Gamma분포는 매개변수로 축척매개변수(scale parameter) α, 형상매개변수(shape parameter) β 그리고 위치매개변수(location parameter) x_0가 있다.

$$\beta = \left(\frac{2}{C_s}\right)^2 \tag{14.4.60}$$

$$\alpha = \frac{s\,C_s}{2} \tag{14.4.61}$$

$$x_o = \bar{x} - \alpha\beta \tag{14.4.62}$$

여기서 C_s는 자료 x의 왜곡도 계수이다.

2) 확률가중모멘트법에 의한 매개변수 추정

$$\alpha = \sqrt{\pi}\,L_2\frac{\Gamma(\beta)}{\Gamma(\beta + 0.5)}, \qquad \tau_3 < 0 \text{ 이면} \quad \alpha < 0 \tag{14.4.63}$$

- $\tau_3 \ge 1/3$ 인 경우 $\tau_o = 1 - \tau_3$

$$\beta = \frac{0.36067\tau_o - 0.5967\tau_o^2 + 0.25361\tau_o^3}{1 - 2.78861\tau_o + 2.56096\tau_o^2 - 0.77045\tau_o^3} \tag{14.4.64}$$

- $\tau_3 < 1/3$인 경우 $\tau_o = 3\pi {\tau_3}^2$

$$\beta = \frac{1 + 0.2906\tau_o}{\tau_o + 0.1882\tau_o^2 + 0.0442\tau_o^3} \tag{14.4.65}$$

$$x_0 = L_1 - \alpha\beta = \bar{x} - \alpha\beta \tag{14.4.66}$$

예제 14.14

다음 표 14.8과 같이 주어진 연 최고치 유출량자료를 이용하여 3변수 Gamma분포에 대한 매개변수를 모멘트법 및 확률가중모멘트법에 의해 추정하라. L-모멘트의 변동계수 τ=0.2285, 왜곡도계수 τ_3=0.1345이다.

표 14.8 연 최고치 유출량

년 도	유출량 (m^3/sec)	년 도	유출량 (m^3/sec)	년 도	유출량 (m^3/sec)	년 도	유출량 (m^3/sec)	년 도	유출량 (m^3/sec)
1947	35.9	1961	73.2	1975	42.4	1989	27.0	2003	45.6
1948	54.8	1962	48.8	1976	24.0	1990	77.5	2004	55.6
1949	39.6	1963	31.0	1977	19.3	1991	79.4	2005	81.8
1950	30.3	1964	10.0	1978	40.8	1992	52.2	2006	49.9
1951	60.8	1965	29.9	1979	31.7	1993	26.3	2007	36.7
1952	58.8	1966	58.9	1980	36.6	1994	36.8	2008	82.4
1953	41.2	1967	56.2	1981	39.6	1995	26.0	2009	35.9
1954	5.5	1968	39.9	1982	70.5	1996	31.2	2010	22.1
1955	19.9	1969	37.7	1983	28.2	1997	37.9	2011	43.6
1956	38.8	1970	32.1	1984	28.2	1998	33.0	2012	40.6
1957	16.0	1971	42.2	1985	38.8	1999	38.3	2013	63.2
1958	45.8	1972	59.0	1986	36.0	2000	28.4	2014	87.4
1959	75.0	1973	67.0	1987	54.0	2001	45.6		
1960	56.8	1974	47.8	1988	35.2	2002	41.0		

풀이

1) 모멘트법

$n = 68,\ \bar{x} = 43.5793,\ s = 17.8388,\ C_v = 0.4094,\ C_s = 0.5522$

$$\beta = \left(\frac{2}{C_s}\right)^2 = \left(\frac{2}{0.5522}\right)^2 = 13.1180$$

$$\alpha = \frac{sC_s}{2} = \frac{17.8388 \times 0.5522}{2} = 4.9253$$

$$x_o = \bar{x} - \alpha\beta = 43.5793 - 4.9253 \times 13.1180 = -21.0308$$

2) 확률가중모멘트법

$\tau_3 = 0.1345 < 1/3$이므로 $\tau_0 = 3\pi(0.1345)^2 = 0.1705$

$$\beta = \frac{1+0.2906\tau_o}{\tau_o + 0.1882\tau_o^2 + 0.0442\tau_o^3} = 5.9570$$

$$\Gamma(5.9570) = 4.9570 \times 3.9570 \times 2.9570 \times 1.9570 \times \Gamma(1.9570)$$

$$\Gamma(6.4570) = 5.4570 \times 4.4570 \times 3.4570 \times 2.4570 \times 1.4570 \times \Gamma(1.4570)$$

식 (14.4.50)으로부터

$$\Gamma(1.9570) = 0.98256 \quad \text{따라서} \quad \Gamma(5.9570) = 111.5242$$

$$\Gamma(1.4570) = 0.88561 \quad \text{따라서} \quad \Gamma(6.4570) = 266.5506$$

$$L_2 = \tau \times L_1 = 0.2285 \times 43.5793 = 9.9579$$

$$\alpha = \sqrt{\pi} L_2 \frac{\Gamma(\beta)}{\Gamma(\beta+0.5)} = \sqrt{\pi}(9.9579)\frac{111.5242}{266.5506} = 7.3828$$

$$x_0 = L_1 - \alpha\beta = \bar{x} - \alpha\beta = 43.5793 - 7.3828 \times 5.9570 = -0.400$$

14.4.9 Log-Pearson Type-III분포

Log-Pearson Type-III분포는 홍수자료의 빈도해석에 가장 적절한 분포형으로 미국에서 연 최대 홍수량 빈도분석의 기준이 되는 분포형이다. Log-Pearson Type-III분포의 확률밀도함수는 다음과 같고 확률밀도곡선의 형태는 그림 14.8과 같다.

$$f(x) = \frac{1}{\alpha\Gamma(\beta)} \frac{1}{x} \left(\frac{\ln x - y_o}{\alpha}\right)^{\beta-1} \exp\left(-\frac{\ln x - y_o}{\alpha}\right) \tag{14.4.67}$$

여기서 α는 축척변수, β는 모양변수, y_o는 위치변수이고, $\alpha \geq 0$ 이면 하한치 e^{y_o}를 가지고 오른쪽으로 왜곡(양의 왜곡), $\alpha < 0$이면 상한치 e^{y_o}를 가지고 왼쪽으로 왜곡(음의 왜곡)된 분포를 보인다. Log-Pearson Type-III분포의 누가확률밀도함수는 다음과 같다.

$$F(x) = \int_l^x \frac{1}{\alpha\Gamma(\beta)} \frac{1}{x} \left(\frac{\ln x - y_o}{\alpha}\right)^{\beta-1} \exp\left(-\frac{\ln x - y_o}{\alpha}\right) dx \tag{14.4.68}$$

누가확률밀도함수에서 l은 $\alpha > 0$이면 하한치 $l = e^{y_o}$이 되고, $\alpha < 0$이면 하한치 $l = -\infty$가 된다. y=lnx로부터 dx=xdy가 되므로 이를 식 (14.4.68)에 대입하면 다음과 같다.

$$F(y) = \int_{y_o}^{y} \frac{1}{\alpha\Gamma(\beta)} \left(\frac{y - y_o}{\alpha}\right)^{\beta-1} e\left(-\frac{y - y_o}{\alpha}\right) dy \tag{14.4.69}$$

식 (14.4.69)는 Pearson Type-III분포의 누가확률밀도함수 식 (14.4.59)와 비교하면 x가 y=lnx로 대치되었을 뿐 완전히 같은 식임을 알 수 있다. 따라서 수문자료 x가 Log-Pearson Type-III분포를 따른다면 x에 대수를 취한 y는 3변수 Gamma분포(Pearson Type-III분포)가 됨을 의미한다.

Log-Pearson Type-III분포에서도 매개변수 α, β 그리고 y_o만 결정되면 x값에 대한 확률을 구할 수 있다.

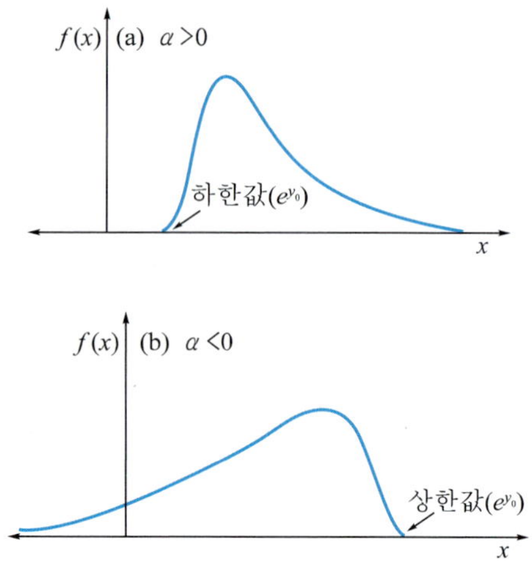

그림 14.8 Log-Pearson Type-III분포의 확률밀도곡선

1) 모멘트법에 의한 매개변수의 추정

Log-Pearson Type-III 분포는 자료에 대수를 취하면 3변수 Gamma분포와 일치하므로 y=lnx로 변환하여 3변수 Gamma분포에서 설명한 방법에 의해 매개변수를 구한다. 만일 대수치를 취하지 않은 원자료 x를 이용하여 매개변수를 추정할 경우 다음과 같은 방법을 사용한다.

Log-Pearson Type-III 분포의 원점에 대한 r차 모멘트는 다음과 같다.

$$\mu_r' = \frac{\exp(r\,y_0)}{(1-r\alpha)^{\beta}} \tag{14.4.70}$$

위 식에 대수를 취하고 원점에 관한 1차, 2차 및 3차 모멘트를 적용하면 다음과 같다.

$$\ln\mu_1' = y_0 - \beta\ln(1-\alpha) \tag{14.4.71}$$

$$\ln\mu_2' = 2y_0 - \beta\ln(1-2\alpha) \tag{14.4.72}$$

$$\ln\mu_3' = 3y_0 - \beta\ln(1-3\alpha) \tag{14.4.73}$$

위 식들에서 y_0를 소거하고 정리하면 다음과 같다.

$$B = \frac{\ln\mu_3' - 3\ln\mu_1'}{\ln\mu_2' - 2\ln\mu_1'} = \frac{\ln\left[(1-\alpha)^3/(1-3\alpha)\right]}{\ln\left[(1-\alpha)^2/(1-2\alpha)\right]} \tag{14.4.74}$$

표본자료의 원점에 대한 1차, 2차 및 3차 모멘트를 구하면 위 식에서 왼쪽 항 B가 결정이 되므로 수치적으로 α를 산정할 수 있다. 또는 Kite(1977)가 제시한 다음과 같은 방법을 이용하여 α를 산정할 수 있다.

$$A = \frac{1}{\alpha} - 3 \tag{14.4.75}$$

$$C = \frac{1}{B-3} \tag{14.4.76}$$

$$A = -0.23019 + 1.65262C + 0.20911C^2 - 0.04557C^3 \qquad 3.5 < B < 6.0 \tag{14.4.77}$$

$$A = -0.47157 + 1.99955C \qquad 3.0 < B \leq 3.5 \tag{14.4.78}$$

$$\alpha = \frac{1}{A+3} \tag{14.4.79}$$

산정된 α를 이용하여 나머지 매개변수 β와 y_0를 다음과 같이 구할 수 있다.

$$\beta = \frac{\ln(1+C_v^2)}{[\ln(1-\alpha)^2 - \ln(1-2\alpha)]} \tag{14.4.80}$$

$$y_0 = \ln\bar{x} + \beta\ln(1-\alpha) \tag{14.4.81}$$

여기서 $\bar{x}$ 및 C_v는 표본자료 x의 평균 및 변동계수이다.

2) 확률가중모멘트법에 의한 매개변수의 추정

Log-Pearson Type-III 분포는 자료에 대수를 취하면 3변수 Gamma분포와 일치하므로 y=lnx로 변환하여 3변수 Gamma분포에서 설명한 방법에 의해 매개변수를 구한다.

예제 14.15

예제 14.2의 표 14.2에 주어진 연 최고치 유출량자료를 이용하여 Log-Pearson Type-III분포에 대한 매개변수를 모멘트법 및 확률가중모멘트법에 의해 추정하라.

풀이

1) 모멘트법

- 직접적인 방법(원자료 x를 그대로 사용하는 경우)

$n=30$, $\mu_1'=28.91$, $\mu_2'=1036$, $\mu_3'=4.4259\times 10^4$

$C_v=0.4978$, $C_s=1.0159$, $\mu_2=207.12$

따라서 식 (14.4.74)로부터 $B=2.8184$, $C=1/(2.8184-3)=-5.5077$

$$A = -0.47157+1.99955C = -11.4845$$

$$\alpha = \frac{1}{A+3} = 1/(-11.4845+3) = -0.1177$$

$$\beta = \frac{\ln(1+C_v^2)}{[\ln(1-\alpha)^2 - \ln(1-2\alpha)]} = 19.8044$$

$$y_0 = \ln\bar{x} + \beta\ln(1-\alpha) = 5.5708$$

- 간접적인 방법(y=lnx를 사용하는 경우 – Pearson Type-III)

$n=30$, $\mu_1'=3.2375$, $\mu_2=0.2898$, $C_v=0.16628$, $C_s=-0.65861$

$$\beta = \left(\frac{2}{C_s}\right)^2 = \left(\frac{2}{-0.65861}\right)^2 = 9.22163$$

$$s = C_v \times \bar{x} = 0.16628 \times 3.2375 = 0.5383$$

$$\alpha = \frac{sC_s}{2} = \frac{0.5383 \times (-0.65861)}{2} = -0.17728$$

$$y_o = \bar{y} - \alpha\beta = 3.2375 - (-0.17728) \times 9.22163 = 4.8723$$

2) 확률가중모멘트법

대수를 취하면 Pearson Type-III분포와 같으므로

L-모멘트 $L_1 = 3.2375, L_2 = 0.2979$, 왜곡도계수 $\tau_3 = -0.1094$이다.

$\tau_3 = -0.1094 < 1/3$이므로 $\tau_0 = 3\pi(0.1094)^2 = 0.11272$

$$\beta = \frac{1 + 0.2906\tau_o}{\tau_o + 0.1882\tau_o^2 + 0.0442\tau_o^3} = 8.96694$$

$\tau_3 < 0$ 이므로 α는 음의 값이 된다.

$$\alpha = \sqrt{\pi}L_2 \frac{\Gamma(\beta)}{\Gamma(\beta + 0.5)} = \sqrt{\pi}(0.2979)\frac{\Gamma(8.96694)}{\Gamma(9.46694)} = -0.02885$$

$$y_0 = L_1 - \alpha\beta = \bar{y} - \alpha\beta = 3.2375 + 0.02885 \times 8.96694 = 3.4962$$

14.4.10 일반극치분포(GEV)

자료의 극치 즉, 최대치 또는 최소치계열을 분석하는 경우에는 극치분포(extreme value distribution)가 자주 쓰이게 된다. 따라서 수문자료에서도 최대홍수, 극심한 가뭄 등의 분석에 극치분포를 이용하게 된다. 극치분포에는 여러 가지 종류가 있으며 Type-I 극치분포는 Gumbel분포라고 하며 연 최대홍수량계열 또는 연 최대강우량계열 등의 빈도해석에 자주 쓰인다. Type-II 극치분포는 Frechet분포 또는 Log-Gumbel분포로 불린다. Type-III 극치분포는 Weibull분포로 불리며 갈수량과 같은 최소값의 빈도해석에 이용된다. 이 세 극치분포는 일반극치분포(Generalized Extreme Value distribution, GEV)의 특별한 경우라 할 수 있다.

일반극치(GEV)분포는 홍수나 가뭄 같은 극한 수문사상의 빈도해석에 주로 사용하는 분포로서 확률밀도함수와 누가확률밀도함수는 다음과 같다.

$$f(x) = \frac{1}{\alpha}\left[1 - \frac{\beta(x - x_0)}{\alpha}\right]^{\frac{1}{\beta} - 1} \exp\left[-\left(1 - \frac{\beta(x - x_0)}{\alpha}\right)^{\frac{1}{\beta}}\right] \tag{14.4.82}$$

$$F(x) = \exp\left[-\left(1 - \frac{\beta(x - x_0)}{\alpha}\right)^{\frac{1}{\beta}}\right] \tag{14.4.83}$$

여기서 α는 축척변수, β는 형상변수, x_0는 위치변수이다.

변수 x의 범위는 변수 β의 부호에 따라 결정된다. $\beta < 0$이면 GEV-2분포($C_s > 1.1396$)가 되고 x는 $x_0 + \alpha/\beta < x < \infty$ 범위를 가져 홍수빈도해석에 적절하다. 만일 $\beta > 0$이면 GEV-3분포($C_s < 1.1396$)가 되며 x는 $-\infty < x < x_0 + \alpha/\beta$ 범위를 가지게 되어 상한계가 존재한다는 충분한 증거가 있기 전에는 홍수빈도분석을 하는데 문제가 있다. $\beta = 0$이면 GEV-1분포($C_s = 1.1396$)가 된다.

1) 모멘트법에 의한 매개변수의 추정

일반극치분포에서는 매개변수로 축척변수 α, 형상변수 β 그리고 위치변수 x_0가 있으며 모멘트법에 의하면 다음과 같이 산정할 수 있다. 먼저 β는 표본자료의 왜곡도 계수 C_s에 따라 다음과 같이 구한다.

- $1.14 < C_s < 10$, $\beta < 0$인 경우 : GEV-2분포

$$\beta = 0.2858221 - 0.357983C_s + 0.116659C_s^2 - 0.022725C_s^3 + 0.002604C_s^4 - 0.000161C_s^5 + 0.000004C_s^6 \tag{14.4.84}$$

- $-2 < C_s < 1.14$, $\beta > 0$인 경우 : GEV-3분포

$$\beta = 0.277648 - 0.322016C_s + 0.060278C_s^2 + 0.016759C_s^3 - 0.005873C_s^4 - 0.00244C_s^5 - 0.00005C_s^6 \tag{14.4.85}$$

- $-10 < C_s < 0$, $\beta < 0$ 인 경우 : GEV-2분포

$$\beta = -0.50405 - 0.00861C_s + 0.015497C_s^2 + 0.005613C_s^3 + 0.000874C_s^4 + 0.000065C_s^5 \tag{14.4.86}$$

위와 같이 β를 산정한 후 α와 x_o는 다음과 같이 산정한다.

$$\alpha = \left[\frac{s^2\beta^2}{\Gamma(1+2\beta) - \Gamma^2(1+\beta)} \right]^{1/2} \tag{14.4.87}$$

$$x_0 = \bar{x} - \frac{\alpha}{\beta}[1 - \Gamma(1+\beta)] \tag{14.4.88}$$

여기서 $\bar{x}$와 s는 자료 x의 평균과 표준편차, $\Gamma(\cdot)$는 Gamma 함수이다.

2) 확률가중법모멘트법에 의한 매개변수의 추정

L-모멘트법에 의해 L_1, L_2 및 왜곡도계수 τ_3를 산정하면 다음과 같이 주어진 순서대로 매개변수를 구하게 된다.

$$C = \frac{2}{3+\tau_3} - \frac{\ln 2}{\ln 3} \tag{14.4.89}$$

$$\beta = 7.8590C + 2.9554C^2 \tag{14.4.90}$$

$$\alpha = \frac{L_2 \beta}{\Gamma(1+\beta)(1-2^{-\beta})} \tag{14.4.91}$$

$$x_0 = L_1 + \frac{\alpha}{\beta}[\Gamma(1+\beta) - 1] \tag{14.4.92}$$

예제 14.16

다음 표 14.9와 같이 주어진 연 최고치 유출량자료를 이용하여 일반극치분포(GEV)분포에 대한 매개변수를 모멘트법 및 확률가중모멘트법에 의해 추정하라. L-모멘트의 변동계수 τ=0.28609, 왜곡도계수 τ_3 =0.17747이다.

표 14.9 연 최고치 유출량

년 도	유출량 (m^3/sec)	년 도	유출량 (m^3/sec)	년 도	유출량 (m^3/sec)	년 도	유출량 (m^3/sec)	년 도	유출량 (m^3/sec)
1953	2320	1966	3240	1979	1200	1992	1370	2005	1210
1954	295	1967	2080	1980	3040	1993	796	2006	865
1955	1030	1968	1110	1981	2700	1994	983	2007	1060
1956	2320	1969	727	1982	1520	1995	1250	2008	2450
1957	454	1970	960	1983	804	1996	1070	2009	1440
1958	996	1971	1460	1984	1170	1997	1320	2010	630
1959	1080	1972	1430	1985	2030	1998	1470	2011	956
1960	2690	1973	2250	1986	2270	1999	1430	2012	1580
1961	2330	1974	1470	1987	3040	2000	405	2013	1430
1962	2040	1975	1270	1988	918	2001	1460	2014	2870
1963	848	1976	974	1989	487	2002	1440		
1964	315	1977	305	1990	1470	2003	1920		
1965	938	1978	883	1991	1280	2004	716		

풀이

1) 모멘트법

$n = 62,\ \bar{x} = 1417.18,\ C_v = 0.51518,\ C_s = 0.75486$

왜곡도계수$C_s = 0.75486$이므로

$$\beta = 0.277648 - 0.322016C_s + 0.060278C_s^2 + 0.016759C_s^3 - 0.005873C_s^4 - 0.00244C_s^5 - 0.00005C_s^6$$
$$= 0.07483$$

$$\Gamma(1+\beta)=\Gamma(1.07483)=0.962$$

$$\Gamma(1+2\beta)=\Gamma(1.14966)=0.93316$$

$$\alpha=\left[\frac{s^2\beta^2}{\Gamma(1+2\beta)-\Gamma^2(1+\beta)}\right]^{1/2}=\left[\frac{(730.1)^2(0.07483)^2}{0.93316-(0.962)^2}\right]^{1/2}=621.9593$$

$$x_0=\bar{x}-\frac{\alpha}{\beta}[1-\Gamma(1+\beta)]=1417.18-\frac{621.9593}{0.07483}[1-0.962]=1101.34$$

2) 확률가중모멘트법

$$n=62, L_1=1417.17,\ \tau=0.28609, \tau_3=0.17747$$

따라서

$$L_2=\tau\times L_1=0.28609\times 1417.17=405.444$$

$$L_3=\tau_3\times L_2=0.17747\times 405.444=71.953$$

$$C=\frac{2}{3+\tau_3}-\frac{\ln 2}{\ln 3}=\frac{2}{3+0.17747}-\frac{\ln 2}{\ln 3}=-0.001498$$

$$\beta=7.8590C+2.9554C^2=-0.01176$$

$$\Gamma(1+\beta)=\Gamma(0.98824)=1.00693$$

$$\alpha=\frac{L_2\beta}{\Gamma(1+\beta)(1-2^{-\beta})}=\frac{405.444\times(-0.01176)}{1.00693\times(1-2^{0.01176})}=578.54$$

$$x_0=L_1+\frac{\alpha}{\beta}[\Gamma(1+\beta)-1]=1417.17+\frac{578.54}{-0.01176}[1.00693-1]=1076.24$$

14.4.11 Type-I 극치분포(Gumbel분포)

Type-I 극치분포는 GEV분포에서 $\beta=0$인 GEV-1분포로 Gumbel분포라고 하며 자료의 극치 중에서도 최대치에 해당하는 연 최대홍수량 및 강우량자료의 분석에 많이 이용된다. 이 분포의 확률밀도함수 및 누가확률밀도함수는 다음과 같고 그림 14.9는 확률밀도곡선을 보여주고 있다.

$$f(x)=\frac{1}{\alpha}\exp\left[-\frac{x-x_o}{\alpha}-\exp\left(-\frac{x-x_o}{\alpha}\right)\right],\quad -\infty<x<\infty \tag{14.4.93}$$

$$F(x)=\exp\left[-\exp\left(-\frac{x-x_o}{\alpha}\right)\right] \tag{14.4.94}$$

여기서 α는 축척변수(>0), x_o는 위치변수로 최빈값(mode)의 위치를 나타낸다.

1) 모멘트법에 의한 매개변수의 추정

Type-I 극치분포에서는 매개변수로 α와 x_o가 사용되며 이 분포의 평균 μ, 표준편차 σ 및 왜곡도계수 C_s와는 다음과 같은 관계가 있다.

$$\mu = x_o + 0.5772\alpha \qquad (14.4.95)$$

$$\sigma = \frac{\pi}{\sqrt{6}}\alpha \fallingdotseq 1.28255\alpha \qquad (14.4.96)$$

$$C_s = 1.1396 \qquad (14.4.97)$$

위 식으로부터 다음과 같이 자료의 평균 $\bar{x}$, 표준편차 s를 이용한 매개변수의 산정식을 얻을 수 있다.

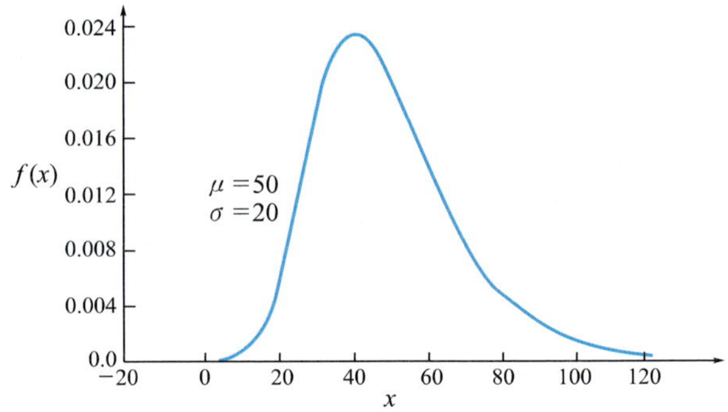

그림 14.9 Type-I 극치분포의 확률밀도곡선

$$\alpha = 0.7797s \qquad (14.4.98)$$

$$x_o = \bar{x} - 0.5772\alpha = \bar{x} - 0.45s \qquad (14.4.99)$$

2) 확률가중모멘트법에 의한 매개변수의 추정

$$\alpha = \frac{L_2}{\ln 2} \qquad (14.4.100)$$

$$x_0 = L_1 - 0.5772157\alpha \qquad (14.4.101)$$

예제 14.17

예제 14.11의 표 14.7과 같이 주어진 연 최고치 유출량자료를 이용하여 Type-I 극치(Gumbel)분포에 대한 매개변수를 모멘트법 및 확률가중모멘트법에 의해 추정하라. L-모멘트의 변동계수 τ=0.2966이다.

풀이

1) 모멘트법

$n = 53,\ \bar{x} = 106.38,\ C_v = 0.5355$

$s = \bar{x} \times C_v = 0.5355 \times 106.38 = 56.97$

$\alpha = 0.7797s = 0.7797 \times 56.97 = 44.419$

$x_o = \bar{x} - 0.5772\alpha = \bar{x} - 0.45s = 106.38 - 0.45 \times 56.97 = 80.7435$

2) 확률가중모멘트법

$n = 53,\ L_1 = 106.38,\ \tau = 0.2966$

$L_2 = \tau \times L_1 = 0.2966 \times 106.38 = 31.55$

$\alpha = \frac{L_2}{\ln 2} = \frac{31.55}{\ln 2} = 45.5149$

$x_0 = L_1 - 0.5772157\alpha = 106.38 - 0.5772157 \times 45.5149 = 80.108$

14.4.12 Type-II 극치분포(Log-Gumbel분포)

Type-II 극치분포는 GEV분포에서 $\beta < 0$인 GEV-2분포이며 Frechet분포로 알려져 있다. Type-II 극치분포의 확률밀도함수 및 누가확률밀도함수는 다음과 같다.

$$f(x) = \frac{\beta}{(x-x_0)}\left(\frac{\theta - x_0}{x - x_0}\right)^{\beta} \exp\left[-\left(\frac{\theta - x_0}{x - x_0}\right)^{\beta}\right] \tag{14.4.102}$$

$$F(x) = \exp\left[-\left(\frac{\theta - x_0}{x - x_0}\right)^{\beta}\right] \tag{14.4.103}$$

여기서 $\beta > 0$, $x_0 < \theta$, $x_0 < x < \infty$이다.

1) 모멘트법에 의한 매개변수의 추정

모멘트법에 의해 매개변수를 추정하기 위해서는 왜곡도계수 C_s에 따라 다음과 같이 β를 추정한 후 x_0 및 θ를 산정하게 된다.

- $1.1396 < C_s < 1.48$인 경우

$$\beta = 1731.6756 - 2342.8143C_s + 802.1566C_s^2 \tag{14.4.104}$$

- $1.48 < C_s < 5.4$인 경우

$$\beta = 222.5222 - 313.1802C_s + 179.5053C_s^2 - 50.6058C_s^3 \tag{14.4.105}$$

$$+ 6.978542C_s^4 - 0.376228C_s^5$$

$$x_0 = \overline{x} - \frac{s\Gamma\left(1 - \frac{1}{\beta}\right)}{\left[\Gamma\left(1 - \frac{2}{\beta}\right) - \Gamma^2\left(1 - \frac{1}{\beta}\right)\right]^{1/2}} \tag{14.4.106}$$

$$\theta = x_0 + \frac{\overline{x} - x_0}{\Gamma\left(1 - \frac{1}{\beta}\right)} \tag{14.4.107}$$

여기서 $\overline{x}$ 및 s는 자료 x의 평균과 표준편차이다.

2) 확률가중모멘트법에 의한 매개변수의 추정

확률가중모멘트법에 의한 매개변수의 추정은 확률가중모멘트 $M_{1,r,0}$형태인 $M_{1,0,0}$, $M_{1,1,0}$,

$M_{1,2,0}$를 이용하여 다음 식에 의해 β를 산정한 후 θ 및 x_0를 산정하게 된다.

$$\frac{3M_{1,2,0} - M_{1,0,0}}{2M_{1,1,0} - M_{1,0,0}} = \frac{1 - 3^{1/\beta}}{1 - 2^{1/\beta}} \tag{14.4.108}$$

여기서 $M_{1,r,0}$는 14.3.3절에서 설명한 방법으로 구할 수 있다.

$$\theta = \frac{M_{1,0,0}\left[1 - 2^{1/\beta}\Gamma(1 - 1/\beta)\right] - 2M_{1,1,0}\left[1 - \Gamma(1 - 1/\beta)\right]}{(1 - 2^{1/\beta})\Gamma(1 - 1/\beta)} \tag{14.4.109}$$

$$x_0 = \frac{M_{1,0,0} - \theta\Gamma(1 - 1/\beta)}{1 - \Gamma(1 - 1/\beta)} \tag{14.4.110}$$

만일 $x_0 = 0$인 경우 β 및 θ는 다음과 같이 구할 수 있다.

$$\beta = \frac{\ln 2}{\ln\left(2M_{1,1,0}/M_{1,0,0}\right)} \tag{14.4.111}$$

$$\theta = \frac{M_{1,0,0}}{\Gamma(1 - 1/\beta)} \tag{14.4.112}$$

14.4.13 Type-III 극치분포(Weibull분포)

Type-III 극치분포는 GEV분포에서 $\beta > 0$인 GEV-3분포이며, 하한치가 0이고 일반적으로 오른쪽으로 왜곡되어 있는 형태를 보이므로 갈수량의 빈도해석에 많이 사용되고 있으며 Weibull분포로 알려져 있다. Type-III 극치분포의 확률밀도함수와 누가확률밀도함수는 다음과 같이 표현된다.

$$f(x) = \frac{\beta}{\alpha}\left(\frac{x}{\alpha}\right)^{\beta - 1}\exp\left[-\left(\frac{x}{\alpha}\right)^{\beta}\right], \qquad x \geq 0 \tag{14.4.113}$$

$$F(x) = 1 - \exp\left[-\left(\frac{x}{\alpha}\right)^{\beta}\right] \tag{14.4.114}$$

여기서 β는 형상변수(>0), α는 축척변수(>0)이다. 만일 다음과 같이 최소값의 하한치가 0이 아닌 경우 이를 3변수 Weibull분포라 한다.

$$f(x) = \frac{\beta}{\alpha}\left(\frac{x - x_0}{\alpha}\right)^{\beta - 1}\exp\left[-\left(\frac{x - x_0}{\alpha}\right)^{\beta}\right] \tag{14.4.115}$$

$$F(x) = 1 - \exp\left[-\left(\frac{x - x_0}{\alpha}\right)^{\beta}\right] \tag{14.4.116}$$

1) 모멘트법에 의한 매개변수의 추정

3변수 Weibull분포는 3개의 매개변수 α, β 및 x_0를 산정하면 적용할 수 있다. 따라서 표본자료의 평균 $\bar{x}$, 표준편차 s 그리고 왜곡도계수 C_s를 이용하여 다음과 같이 매개변수를 산정하게 된다.

$$\beta = -0.729268 - 0.338679C_s + 4.96077(C_s + 1.14)^{-1.0422} + 0.683609[\ln(C_s + 1.14)]^2, \qquad -1.08 \leqq C_s \leqq 6.0 \tag{14.4.117}$$

$$\alpha = \frac{s}{\left[\Gamma(1+2/\beta) - \Gamma^2(1+1/\beta)\right]^{1/2}} \tag{14.4.118}$$

$$x_0 = \bar{x} - \alpha\Gamma(1+1/\beta) \tag{14.4.119}$$

2) 확률가중모멘트법에 의한 매개변수의 추정

확률가중모멘트법에 의한 3변수 Weibull분포의 매개변수 추정에서는 확률가중모멘트 $M_{1,0,s}$ 형태인 $M_{1,0,0}$, $M_{1,0,1}$, $M_{1,0,2}$를 이용하여 다음 식에 의해 수치적으로 β를 산정한 후 α 및 x_0를 산정하게 된다.

$$\frac{3M_{1,0,2} - M_{1,0,0}}{2M_{1,0,1} - M_{1,0,0}} = \frac{1 - 3^{-1/\beta}}{1 - 2^{-1/\beta}} \tag{14.4.120}$$

또는 다음과 같은 방법에 의해 β를 간략히 산정하게 된다.

$$C = \frac{2}{3 - \tau_3} - \frac{\ln 2}{\ln 3} \tag{14.4.121}$$

$$\beta = \frac{1}{7.8590C + 2.9554C^2} \tag{14.4.122}$$

$$\alpha = \frac{M_{1,0,0} - 2M_{1,0,1}}{(1 - 2^{-1/\beta})\Gamma(1+1/\beta)} = \frac{L_2}{(1 - 2^{-1/\beta})\Gamma(1+1/\beta)} \tag{14.4.123}$$

$$x_0 = M_{1,0,0} - \alpha\Gamma(1+1/\beta) \tag{14.4.124}$$

만일 $x_0 = 0$인 경우 α 및 β는 다음과 같이 구할 수 있다.

$$\beta = \frac{\ln 2}{\ln(M_{1,0,0}/M_{1,0,1})} - \ln 2 \qquad (14.4.125)$$

$$\alpha = \frac{M_{1,0,0}}{\Gamma(1+1/\beta)} \qquad (14.4.126)$$

예제 14.18

예제 14.9의 표 14.5와 같이 주어진 연 최고치 유출량자료를 이용하여 Type-III 극치(Weibull)분포에 대한 매개변수를 모멘트법 및 확률가중모멘트법에 의해 추정하라. L-모멘트의 변동계수 $\tau = 0.2132$, 왜곡도계수 $\tau_3 = 0.01864$이다.

풀이

1) 모멘트법

$n = 48$, $\bar{x} = 126.65$, $s = 47.0974$, $C_v = 0.3719$, $C_s = 0.11936$

왜곡도계수 $C_s = 0.11936$이므로 아래 식으로부터

$$\beta = -0.729268 - 0.338679C_s + 4.96077(C_s + 1.14)^{-1.0422} + 0.683609[\ln(C_s + 1.14)]^2 = 3.1676$$

$$\Gamma(1+1/\beta) = 0.8952$$

$$\Gamma(1+2/\beta) = 0.8974$$

$$\alpha = \frac{s}{[\Gamma(1+2/\beta) - \Gamma^2(1+1/\beta)]^{1/2}} = \frac{47.0974}{(0.8974 - 0.8952^2)^{1/2}} = 151.9928$$

$$x_0 = \bar{x} - \alpha\Gamma(1+1/\beta) = 126.65 - 151.9928 \times 0.8952 = -9.4140$$

2) 확률가중모멘트법

$n = 48$, $L_1 = 126.65$, $\tau = 0.2132$, $\tau_3 = 0.01864$

따라서 $C = \frac{2}{3-\tau_3} - \frac{\ln 2}{\ln 3} = \frac{2}{3-0.01864} - \frac{\ln 2}{\ln 3} = 0.0399$

$$\beta = \frac{1}{7.8590C + 2.9554C^2} = 3.1415$$

$$\Gamma(1+1/\beta) = 0.8949$$

$$L_2 = \tau \times L_1 = 0.2132 \times 126.65 = 27.0018$$

$$\alpha = \frac{L_2}{(1-2^{-1/\beta})\Gamma(1+1/\beta)} = \frac{27.0018}{(1-2^{-1/3.1415}) \times 0.8949} = 152.3916$$

$$x_0 = M_{1,0,0} - \alpha\Gamma(1+1/\beta) = 126.65 - 152.3916 \times 0.8949 = -9.7252$$

14.3.14 Wakeby 분포

Wakeby 분포는 다음 식과 같이 역함수의 형태로 나타나게 되며 확률가중모멘트법에 의해서 매개변수를 구하게 된다. 매개변수의 개수는 일반적으로 5개이며 m=0이면 4개의 변수를 갖는 Wakeby

분포가 된다. 매개변수 b는 왼쪽 경계부분 즉, 극소치 자료부분과 관련이 있고, 매개변수 d는 오른쪽 경계부분 즉, 극대치 자료부분과 관련이 있다.

$$x = m + a[1-(1-F)^{b}] - c[1-(1-F)^{-d}] \tag{14.4.127}$$

여기서 m, a, b, c, d는 매개변수, F는 누가확률밀도함수이다.

1) 확률가중모멘트법에 의한 매개변수의 추정

Wakeby 분포는 확률가중모멘트법에 의해 매개변수를 추정하며 추정식은 다음과 같다.

$$a = \frac{(b+1)(b+2)}{b(b+d)}\left(\frac{[1]}{2+b} - \frac{[0]}{1+b} - m\right) \tag{14.4.128}$$

$$b = \max(b_1, b_2) \tag{14.4.129}$$

$$c = \frac{(1-d)(2-d)}{d(b+d)}\left(\frac{[0]}{1-d} - \frac{[1]}{2-d} + m\right) \tag{14.4.130}$$

$$d = \frac{N_1 + bN_2}{N_2 + bN_3} \tag{14.4.131}$$

$$m = \frac{[3]-[2]-[1]+[0]}{4} \tag{14.4.132}$$

여기서 기호 [·]는 다음과 같다.

$$[k] = (k+1)(k+1+b)(k+1-d)B_k, \quad k = 0,\ 1,\ 2,\ 3 \tag{14.4.133}$$

여기서 $B_k = M_{1,0,k}$ 이다.

$$b_1 = \frac{(N_3C_1 - N_1C_3) + H^{1/2}}{2(N_2C_3 - N_3C_2)} \tag{14.4.134}$$

$$b_2 = \frac{(N_3C_1 - N_1C_3) - H^{1/2}}{2(N_2C_3 - N_3C_2)} \tag{14.4.135}$$

$$H = [(N_1C_3 - N_3C_1)^2 - 4(N_1C_2 - N_2C_1)(N_2C_3 - N_3C_2)]^{1/2} \tag{14.4.136}$$

만일 5개의 매개변수를 갖고 있다면 즉, $m \neq 0$이면

$$N_{4-i} = (4)^i B_3 - (3)^{1+i} B_2 + 3(2)^i B_1 - B_0, \qquad i = 1,\ 2,\ 3 \tag{14.4.137}$$

$$C_{4-i} = (5)^i B_4 - 3(4)^i B_3 + (3)^{1+i} B_2 - (2)^i B_1, \qquad i = 1,\ 2,\ 3 \tag{14.4.138}$$

만일 4개의 매개변수를 갖고 있다면, 즉 m=0이면

$$N_{4-i} = -(3)^i B_2 + (2)^{1+i} B_1 - B_0, \qquad i = 1,\ 2,\ 3 \tag{14.4.139}$$

$$C_{4-i} = -(4)^i B_3 + 2(3)^i B_2 - (2)^i B_1, \qquad i = 1, 2,\ 3 \tag{14.4.140}$$

이상과 같이 Wakeby 분포의 매개변수는 확률가중모멘트법에 의해 식 (14.4.128)~(14.4.132)를 이용하여 구하게 된다. 만약 추정된 매개변수들이 적합성 조건(표 14.10)에 맞지 않을 경우 b=50으로 가정하고 b값을 점차적으로 줄여가면서 나머지 매개변수 값들을 산정한다. 만일 b=-1.0이 될 때까지 적합성 조건에 만족하는 매개변수를 구하지 못할 경우에는 수문자료가 Wakeby 분포를 따르지 않는다고 볼 수 있다.

표 14.10 확률분포형별 확률변수 범위 및 매개변수의 적합성 조건

확률분포형	확률변수 범위 및 매개변수의 적합성 조건
Log-normal	$x_0 < x < \infty$
Gamma	$\alpha > 0,\ \beta > 0$일 때 $x_0 \le x < \infty$, $\alpha < 0,\ \beta > 0$일 때 $-\infty < x \le x_0$
Log-Pearson Type-III	$\alpha > 0$일 때 $e^{y_0} \le x < \infty$, $\alpha < 0$일 때 $-\infty < x \le e^{y_0}$
GEV	$\beta = 0$일 때 GEV-1 : $-\infty < x < \infty$ $\beta < 0$일 때 GEV-2 : $x_0 + \alpha/\beta \le x < \infty$ $\beta > 0$일 때 GEV-3 : $-\infty < x \le x_0 + \alpha/\beta$
Gumbel	$-\infty < x < \infty$
Log-Gumbel	$x_0 < x < \infty,\ \theta > x_0,\ \beta > 0$
Weibull	$x_0 \le x < \infty$, α>0, β>0
Wakeby	$b+d > 0$ 또는 $b = cd = d = 0$, $ab = 0$이면 $b = 0$, $cd = 0$이면 $d = 0$, $cd \ge 0$, $ab + cd \ge 0$, $b > -1$이고 $d < 1$

예제 14.19

예제 14.9의 표 14.5에 주어진 연 최대 홍수량자료를 이용하여 Wakeby분포의 매개변수를 산정하라. 자료로부터 확률가중모멘트를 구한 결과 다음과 같다.

$M_{1,0,0} = B_0 = 125.6521$, $M_{1,0,1} = B_1 = 49.8276$, $M_{1,0,2} = B_2 = 28.8028$,

$M_{1,0,3} = B_3 = 19.4906$, $M_{1,0,4} = B_4 = 14.3935$

풀이

$N_{4-i} = (4)^i B_3 - (3)^{1+i} B_2 + 3(2)^i B_1 - B_0$ 으로부터

$$N_1 = 64B_3 - 81B_2 + 24B_1 - B_0 = -16.4133$$

$$N_2 = 16B_3 - 27B_2 + 12B_1 - B_0 = 5.4543$$

$$N_3 = 4B_3 - 9B_2 + 6B_1 - B_0 = -8.949$$

$C_{4-i} = (5)^i B_4 - 3(4)^i B_3 + (3)^{1+i} B_2 - (2)^i B_1$ 로부터

$$C_1 = 125B_4 - 192B_3 + 81B_2 - 8B_1 = -8.6137$$

$$C_2 = 25B_4 - 48B_3 + 27B_2 - 4B_1 = 2.6508$$

$$C_3 = 5B_4 - 12B_3 + 9B_2 - 2B_1 = -2.3505$$

$$H = [(N_1C_3 - N_3C_1)^2 - 4(N_1C_2 - N_2C_1)(N_2C_3 - N_3C_2)]^{1/2} = 36.4843$$

$$b_1 = \frac{(N_3C_1 - N_1C_3) + H^{1/2}}{2(N_2C_3 - N_3C_2)} = 2.0431$$

$$b_2 = \frac{(N_3C_1 - N_1C_3) - H^{1/2}}{2(N_2C_3 - N_3C_2)} = 1.4890$$

b_1과 b_2 중 큰 것을 b로 한다. 그 결과 $b = 2.0431$이다.

$$d = \frac{N_1 + bN_2}{N_2 + bN_3} = 0.6695$$

$[k] = (k+1)(k+1+b)(k+1-d)B_k$ 로부터

$$[0] = 127.3804,\ [1] = 536.0799,\ [2] = 1015.5526,\ [3] = 1569.1181$$

$$m = \frac{[3] - [2] - [1] + [0]}{4} = 36.2165$$

$$a = \frac{(b+1)(b+2)}{b(b+d)}\left(\frac{[1]}{2+b} - \frac{[0]}{1+b} - m\right) = 121.0266$$

$$c = \frac{(1-d)(2-d)}{d(b+d)}\left(\frac{[0]}{1-d} - \frac{[1]}{2-d} + m\right) = 4.5317$$

14.5 확률분포형의 적합도 검정

지금까지 수문자료의 빈도해석을 하기 위한 전 단계로 자료가 타나낼 수 있는 여러 가지 확률분포에 대해 알아보았고 또한 이들 확률분포를 적용하기 위한 매개변수들을 산정하는 방법에 대해 알아보았다. 일단 다양한 목적의 수문설계를 위해 자료가 수집되었으면 이 자료들이 어떠한 확률분포형을 따르는지 결정할 필요가 있다.

이와 같이 자료에 가장 적합한 확률분포형을 결정하는 절차를 적합도 검정(goodness of fit test)이라 한다. 적합도 검정방법에는 도식적인 방법과 수학적인 방법으로 구분할 수 있다. 도식적인 방법은 관측된 자료와 이론적인 확률분포를 도시하여 비교하는 방법으로 주상도(histogram)을 이용하는 방법과 확률지(probability paper)를 이용하는 방법이 있다. 수학적인 방법은 유의수준(significance level)을 기준으로 자료와 이론 분포형 사이의 적합성을 정량적으로 분석하는 방법으로 χ^2검정(Chi-square test), K-S검정(Kolmogorov-Smirnov test), 확률도시 상관계수(Probability Plot Correlation Coefficient, PPCC) 검정 그리고 Cramér-von Mises(CVM) 검정이 있다.

14.5.1 주상도에 의한 검정

이 방법은 관측 자료를 주상도형태로 도시하고 검정하려는 확률분포의 이론적 확률밀도곡선을 그 위에 중첩하여 도시한 후 도식적으로 비교하는 것이다. 그림 14.10에 주상도와 검정하려는 확률밀도곡선이 나타나 있으며 확률밀도곡선은 주상도의 계급구간과 같은 구간으로 주상도 형태(점선)로도 도시되어 있다.

주상도의 계급구간을 나눌 때 주의할 것은 계급구간이 길면 자료나 이론적 확률밀도곡선의 양 끝단의 자료가 손실될 수 있으며, 만일 계급구간을 짧게 선택하면 관측자료 구간별 변화가 커진다는 것이다. 주상도 뿐만 아니라 누가주상도와 누가확률밀도곡선을 도시하여 비교할 수도 있다. 주상도에 의한 적정 확률분포형의 결정은 주관적인 판단에 많이 좌우되므로 도식적으로 개략적인 선택여부를 결정하고 자료와 이론적 확률분포형의 매개변수를 구해 비교하거나 후술할 정량적인 검정방법을 이용할 필요가 있다.

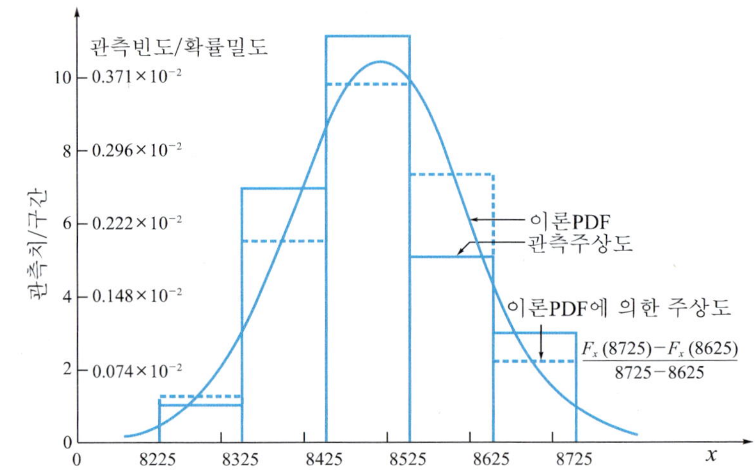

그림 14.10 주상도와 확률밀도곡선의 비교 예

14.5.2 확률지에 의한 검정

확률지를 이용한 적정 확률분포형의 결정방법은 수문자료의 누가확률을 구해 검정하려고 하는 확률지상에 도시하여 직선으로 분포하는지 여부를 판단하여 적합성을 검정하는 것이다. 이와 같이 확률지는 누가확률이 직선으로 나타나도록 눈금을 조정한 것으로 확률분포형 별로 다른 형태의 확률지가 존재한다.

이 방법을 이용하기 위해서는 먼저 자료에 대한 누가확률을 결정해야 하는데 수문자료별로 누가확률을 결정해주는 식이 약간씩 차이가 있다. 본 절에서는 가장 널리 사용되고 있는 Weibull공식에 의한 누가확률을 결정하는 방법만 소개하고 14.6절 확률도시법에 의한 빈도해석에서 자세한 공식들을 소개하기로 한다.

$$F(x) = P(X \le x) = 1 - P(X > x) = 1 - \frac{m}{n+1} \tag{14.5.1}$$

여기서 n은 관측 자료의 수, m은 자료를 큰 것부터 작은 것으로 나열할 때의 순서이다.

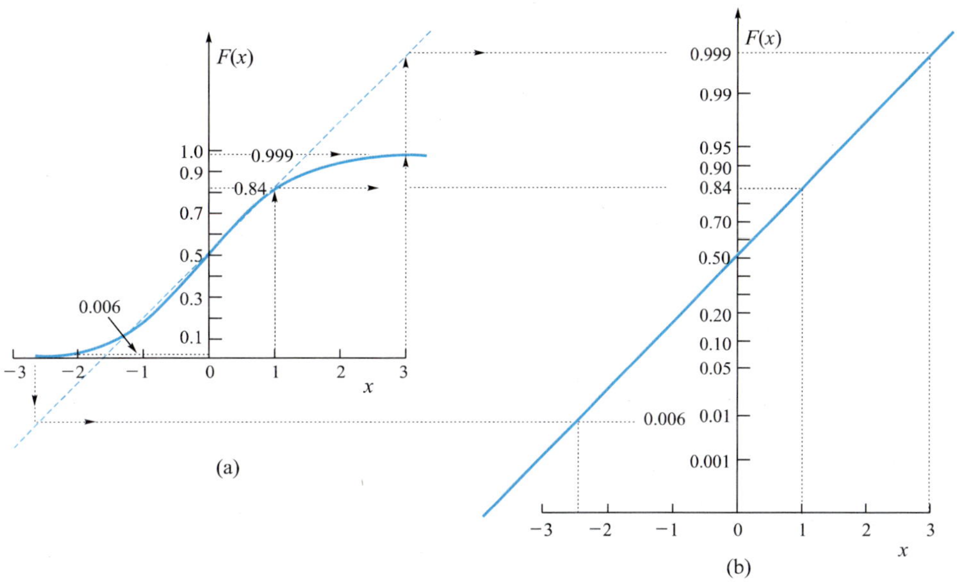

그림 14.11 정규확률지의 작성

식 (14.5.1)에 의해 각 자료 값마다 누가확률을 구해 확률지상에 도시해서 직선으로 나타나면 이 자료는 그 확률지에 해당하는 확률분포를 따르게 된다. 확률지에는 가장 널리 사용되고 있는 정규확률지(normal probability paper) 외에 대수정규확률지, Type-I 극치분포확률지(Gumbel 확률지), Type-III 극치분포확률지(Weibull 확률지) 등이 있으며 부록 D에 수록되어 있다.

정규확률지는 그림 14.11과 같은 방법으로 작성할 수 있다. 먼저 표준정규누가확률표 14.4를 이용해 그림(a)와 같이 표준정규누가확률곡선을 준비한다. 표준정규분포에서는 평균이 z=0이므로 이 때의 누가확률은 F(z)=0.5가 된다. 또한 z=1에 해당하는 F(z)=0.8413, 마찬가지로 F(z=2) =0.9772, F(z=3)=0.9987, F(z=−1)=0.1587, F(=−2)= 0.0228, F(z=−3)=0.0013 등을 얻을 수 있으며 각 z값에 대한 F(z)값을 도시하되, 그림(b)와 같은 누가확률곡선이 직선으로 나타나도록 도시하여 확률지를 얻을 수 있다. 대수정규확률지도 동일한 방법으로 작성하되 가로축을 산술 축에서 대수축으로 나타내면 된다.

14.5.3 χ^2검정

χ^2검정방법은 수문자료와 특정 확률분포형의 적합성을 판단하는 정량적인 방법으로 통계학자 Karl Pearson(1900)에 의해 제시되었으며, 관측 자료의 주상도와 이론적인 확률분포와의 차이를 구해 유의수준에 따른 한계값과 비교하여 선택여부를 결정하는 것이다.

먼저 확률변수 X(예를 들어 홍수량)에 대한 n개의 총 관측치를 k개의 계급구간으로 나누고, 각 계급구간에 포함된 자료의 수 n_i를 결정한다. 또한 검정하려는 이론적인 확률분포의 확률밀도함수를 이용하여 각 계급구간에 속하는 이론적인 확률 p_i를 결정한다. 따라서 각 계급구간에 해당하는 이론적인 확률에 총 관측 자료의 수를 곱한 np_i는 관측 자료가 이론적인 확률분포를 따를 때 계급구간별로 나타나야 하는 자료의 숫자를 의미한다. 그러므로 식 (14.5.2)와 같이 관측 자료가 각 계급구간에서 실제로 나타난 수와 이론적으로 나타나야 하는 수의 차를 구해 계급구간마다 합산을 하여 실제와 이론과의 차이를 정량적으로 나타내게 된다.

$$\chi_c^2 = \sum_{i=1}^{k} \frac{(n_i - np_i)^2}{np_i} \tag{14.5.2}$$

표 14.11 χ^2 **검정을 위한 한계치** $\chi^2_{1-\alpha,\ \nu}$

ν	$\chi^2_{.995}$	$\chi^2_{.99}$	$\chi^2_{.975}$	$\chi^2_{.95}$	$\chi^2_{.90}$	$\chi^2_{.75}$	$\chi^2_{.50}$	$\chi^2_{.25}$	$\chi^2_{.10}$	$\chi^2_{.05}$	$\chi^2_{.025}$	$\chi^2_{.01}$	$\chi^2_{.005}$
1	7.88	6.63	5.02	3.84	2.71	1.32	.455	.102	.0518	.0039	.0010	.0002	.0000
2	10.6	9.21	7.38	5.99	4.61	2.77	1.49	.575	.211	.103	.0506	.0201	.0100
3	12.8	11.3	9.35	7.81	6.25	4.11	2.37	1.21	.584	.352	.216	.115	.072
4	14.9	13.3	11.1	9.49	7.78	5.39	3.36	1.92	1.06	.711	.484	.297	.207
5	16.7	15.1	12.8	11.1	9.24	6.63	4.35	2.67	1.61	1.15	.831	.554	.412
6	18.5	16.8	14.4	12.6	10.6	7.84	5.35	3.45	2.20	1.64	1.24	.872	.676
7	20.3	18.5	16.0	14.1	12.0	9.04	6.35	4.25	2.83	2.17	1.69	1.24	.989
8	22.0	20.1	17.5	15.5	13.4	10.2	7.34	5.07	3.49	2.73	2.18	1.65	1.34
9	23.6	21.7	19.0	16.9	14.7	11.4	8.34	5.90	4.17	3.33	2.70	2.09	1.73
10	25.2	23.2	20.5	18.3	16.0	12.5	9.34	6.74	4.87	3.94	3.25	2.56	2.16
11	26.8	24.7	21.9	19.7	17.3	13.7	10.3	7.58	5.58	4.57	3.82	3.05	2.60
12	28.3	26.2	23.3	21.0	18.5	14.8	11.3	8.44	6.30	5.23	4.40	3.57	3.07
13	29.8	27.7	24.7	22.4	19.8	16.0	12.3	9.30	7.04	5.89	5.01	4.11	3.57
14	31.3	29.1	26.1	23.7	21.1	17.1	13.3	10.2	7.79	6.57	5.63	4.66	4.07
15	32.8	30.6	27.5	25.0	22.3	18.2	14.3	11.0	8.55	7.26	6.26	5.23	4.60
16	34.3	32.0	28.8	26.3	23.5	19.4	15.3	11.9	9.31	7.96	6.91	5.81	5.14
17	35.7	33.4	30.2	27.6	24.8	20.5	16.3	12.8	10.1	8.67	7.56	6.41	5.70
18	37.2	34.8	31.5	28.9	26.0	21.6	17.3	13.7	10.9	9.39	8.23	7.01	6.26
19	38.6	36.2	32.9	30.1	27.2	22.7	18.3	14.6	11.7	10.1	8.91	7.63	6.84
20	40.0	37.6	34.2	31.4	28.4	23.8	19.3	15.5	12.4	10.9	9.59	8.26	7.43
21	41.4	38.9	35.5	32.7	29.6	24.9	20.3	16.3	13.2	11.6	10.3	8.90	8.03
22	42.8	40.3	36.8	33.9	30.8	26.0	21.3	17.2	14.0	12.3	11.0	9.54	8.64
23	44.2	41.6	38.1	35.2	32.0	27.1	22.3	18.1	14.8	13.1	11.7	10.2	9.26
24	45.6	43.0	39.4	36.4	33.2	28.2	23.3	19.0	15.7	13.8	12.4	10.9	9.89
25	46.9	44.3	40.6	37.7	34.4	29.3	24.3	19.9	16.5	14.6	13.1	11.5	10.5
26	48.3	45.6	41.9	38.9	35.6	30.4	25.3	20.8	17.3	15.4	13.8	12.2	11.2
27	49.6	47.0	43.2	40.1	36.7	31.5	26.3	21.7	18.1	16.2	14.6	12.9	11.8
28	51.0	48.3	44.5	41.3	37.9	32.6	27.3	22.7	18.9	16.9	15.3	13.6	12.5
29	52.3	49.6	45.7	42.6	39.1	33.7	28.3	23.6	19.8	17.7	16.0	14.3	13.1
30	53.7	50.9	47.0	43.8	40.3	34.8	29.3	24.5	20.6	18.5	16.8	15.0	13.8
40	66.8	63.7	59.3	55.8	51.8	45.6	39.3	33.7	29.1	26.5	24.4	22.2	20.7
50	79.5	76.2	71.4	67.5	63.2	56.3	49.3	42.9	37.7	34.8	32.4	29.7	28.0
60	92.0	88.4	83.3	79.1	74.4	67.0	59.3	52.3	46.5	43.2	40.5	37.5	35.5
70	104.2	100.4	95.0	90.5	85.5	77.6	69.3	61.7	55.3	51.7	48.8	45.4	43.3
80	116.3	112.3	106.6	101.9	96.6	88.1	79.3	71.1	64.3	60.4	57.2	53.5	51.2
90	128.3	124.1	118.1	113.1	107.6	98.6	89.3	80.6	73.3	69.1	65.6	61.8	59.2
100	140.2	135.8	129.6	124.3	118.5	109.1	99.3	90.1	82.4	77.9	74.2	70.1	67.3

여기서 n은 자료의 총수, n_i는 계급구간 i에 속한 자료의 수, p_i는 계급구간 i에서의 이론적인 확률이다. 식 (14.5.2)에 의해 계산된 χ_c^2값이 유의수준(significance level) α%와 자유도(degree of freedom) ν에 의해 표 14.11에서 구한 한계치보다 작으면 $1-\alpha$의 신뢰도에 대해 자료가 검정하려는 분포형에 적합하고 그렇지 않으면 적합하지가 않다.

$$\chi_c^2 \leq \chi_{1-\alpha,\,\nu}^2 \quad : \text{인정}$$

$$\chi_c^2 > \chi_{1-\alpha,\,\nu}^2 \quad : \text{불인정}$$

자유도는 $\nu = k - h - 1$로 결정하는데 k는 앞에서 언급한 바와 같이 계급구간의 수, h는 이론확률분포에 사용되는 매개변수의 수를 나타낸다. 예를 들어 자료의 계급구간의 수가 10개이고 정규확률분포를 적용한다면 매개변수가 평균과 표준편차 2개이므로 10−2−1 = 7개의 자유도를 갖게 된다.

예제 14.20

다음 표 14.12와 같이 어떤 지역에서의 1941년부터 2009년까지 69년간의 연 강우량이 주어져 있다. χ^2 검정을 통해 이 자료가 정규분포에 적합한지 유의수준 5%로 판단하라.

표 14.12 1941~2009년의 연 강우량 자료 (mm)

년도	1940	1950	1960	1970	1980	1990	2000
0		1237	1138	1252	792	1168	861
1	1013	1120	864	1123	686	1125	805
2	787	1087	1158	1059	940	960	800
3	1074	1229	947	782	1189	752	1514
4	1069	869	1110	1361	683	892	1283
5	1044	823	1062	876	645	1262	980
6	729	1179	1044	1278	584	930	1102
7	427	988	792	1113	1435	826	729
8	866	947	894	549	1102	1567	813
9	1433	1285	892	1196	1049	1204	1316

풀이

연 강우량 자료로부터 평균=1010mm, 표준편차=235mm를 구할 수 있다.

자료를 500mm부터 100mm단위로 구간을 나누어 각 구간별 도수를 구하고 이를 전체 자료 수 69로 나눈 상대도수가 표 14.13의 2란 및 3란에 나와 있다.

5란의 변환변수 z_i는 이론적인 정규분포 확률 p_i를 구하기 위한 것으로 각 계급구간의 상한치로부터 다음과 같이 산정할 수가 있다. 예를 들어 세 번째 계급구간에 대해서

$$z_3 = \frac{x_3 - \bar{x}}{s} = \frac{700 - 1010}{235} = -1.32$$

각 변환변수에 해당하는 누가확률 F(z)을 표준정규누가확률표로부터 구한 값이 6란에 나타나 있다. 따

표 14.13 χ_c^2 검정을 위한 계산표

계급구간 (1)	도수(n_i) (2)	상대도수 (3)	누적 상대도수 (4)	변환변수 z_i (5)	$F(z_i)$ (6)	p_i (7)	$\frac{(n_i-np_i)^2}{np_i}$ (8)
~500	1	0.014	0.014	−2.17	0.015	0.015	0.0012
501~600	2	0.029	0.043	−1.74	0.041	0.026	0.0124
601~700	3	0.043	0.087	−1.32	0.093	0.052	0.0964
701~800	7	0.101	0.188	−0.89	0.187	0.094	0.0407
801~900	13	0.188	0.377	−0.47	0.319	0.132	1.6631
901~1000	7	0.101	0.478	−0.04	0.484	0.165	1.6889
1001~1100	9	0.130	0.609	0.38	0.648	0.164	0.4740
1101~1200	13	0.188	0.797	0.81	0.791	0.143	0.9948
1201~1300	8	0.116	0.913	1.23	0.891	0.100	0.1754
1301~1400	2	0.029	0.942	1.66	0.952	0.061	1.1593
1401~1500	2	0.029	0.971	2.09	0.982	0.030	0.0024
1501~	2	0.029	1.000	2.51	1.000	0.018	0.4626
계	69	1.000				1.000	6.7825

라서 이론적인 정규분포의 계급구간별 확률 p_i는 다음과 같이 구하게 된다. 세 번째 계급구간에 대해서

$$p_3 = P(601 \le X \le 700) = F(700) - F(600) = 0.093 - 0.041 = 0.052$$

2란과 7란을 이용하여 각 구간별 χ_c^2값을 구하게 된다. 세 번째 계급구간에 대해서는

$$\frac{(n_1 - np_1)^2}{np_1} = \frac{(3-69\times 0.052)^2}{69\times 0.052} = 0.0964$$

따라서 각 구간에 대한 χ_c^2을 합한 값이 6.7825이다.

자유도의 수 $\nu = k-h-1 = 12-2-1 = 9$. 그러므로 χ^2의 한계값표에서 $\chi^2_{0.95,9} = 16.9$이다.

따라서 $\chi_c^2 < \chi^2_{0.95,9}$이므로 이 강우량 자료는 유의수준 5%로 정규분포를 따른다고 볼 수 있다.

14.5.4 Kolmogorov-Smirnov검정

자료의 적합성을 판단하는 또 다른 방법에 Kolmogorov-Smirnov(K-S)검정 방법이 있다. 이 방법은 관측된 자료의 누가주상도 $F_n(x)$와 검정하려는 이론적인 누가확률밀도함수 $F(x)$와의 차이를 구해 그 중 최대로 나타나는 차이를 한계치와 비교하여 판단하는 것이다. 먼저 n개의 관측 자료를 크기순으로 배치하여 다음과 같이 누가확률을 구한다.

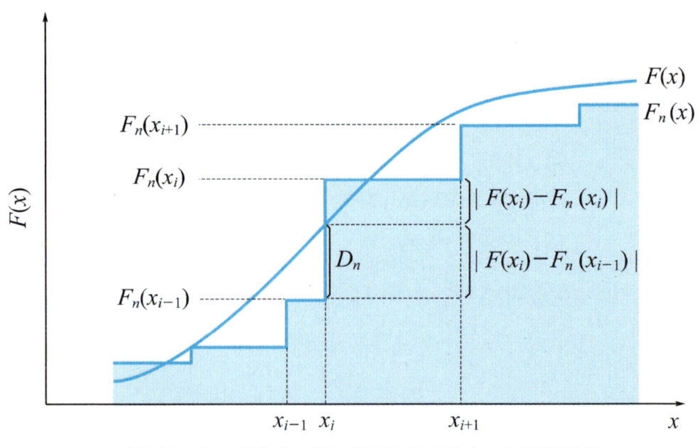

그림 14.12 자료와 이론 확률분포의 누가확률곡선

$$F_n(x) = \frac{i}{n}, \quad x_i \le x < x_{i+1} \tag{14.5.3}$$

여기서 $F_n(x)$는 관측 자료를 작은 값부터 큰 값 순서로 배치했을 때 i번째 구간에 속하는 x의 누가확률을 의미한다. 누가확률은 표 14.18의 식들을 이용하여 산정할 수도 있다. 이와 같이 관측 자료의 누가확률 $F_n(x)$와 이론적인 확률분포의 누가확률곡선 F(x)를 같이 도시하고(그림 14.12) 각 구간에서의 두 값의 최대 차 D_n을 구한다.

$$D_n = \text{Max} \mid F_n(x) - F(x) \mid \tag{14.5.4}$$

식 (14.5.4)와 같이 구한 자료와 이론 분포형과의 최대차가 자료의 총 수와 유의수준 α에 따라 표 14.14로부터 구한 한계값 D_n^α보다 작으면 이 자료는 검정하는 확률분포형을 유의수준 α를 가지고

표 14.14 K-S 검정을 위한 한계치D_n^α

표본 크기	유의 수준 α				
	.20	.15	.10	.05	.01
1	.900	.925	.950	.975	.995
2	.684	.726	.776	.842	.929
3	.565	.597	.642	.708	.829
4	.494	.525	.564	.624	.734
5	.446	.474	.510	.563	.669
6	.410	.436	.470	.521	.618
7	.381	.405	.438	.486	.577
8	.358	.381	.411	.457	.543
9	.339	.360	.388	.432	.514
10	.322	.342	.368	.409	.486
11	.307	.326	.352	.391	.468
12	.295	.313	.338	.375	.450
13	.284	.302	.325	.361	.433
14	.274	.292	.314	.349	.418
15	.266	.283	.304	.338	.404
16	.258	.274	.295	.328	.391
17	.250	.266	.286	.318	.380
18	.244	.259	.278	.309	.370
19	.237	.252	.272	.301	.361
20	.231	.246	.264	.294	.352
25	.21	.22	.24	.264	.32
30	.19	.20	.22	.242	.29
35	.18	.19	.21	.23	.27
40				.21	.25
50				.19	.23
60				.17	.21
70				.16	.19
80				.15	.18
90				.14	
100				.14	
n→∞	$\frac{1.07}{\sqrt{n}}$	$\frac{1.14}{\sqrt{n}}$	$\frac{1.22}{\sqrt{n}}$	$\frac{1.36}{\sqrt{n}}$	$\frac{1.63}{\sqrt{n}}$

따른다고 할 수가 있으며, 만일 한계치 보다 크게 되면 이 확률분포형을 따르지 않는 것으로 간주하고 다른 분포형에 대해 다시 검정을 하게 된다.

예제 14.21

예제 14.20에서 주어진 연 강우량자료(표 14.12) 중 1990년~2009년의 20년간 자료를 이용하여 2변수 대수정규분포에 대해 유의수준 5%로 K-S 검정을 실시하라.

풀이

K-S 검정을 하기위해 먼저 자료를 크기순으로 큰 것부터 작은 순으로 나열한다. 각 자료별로 Weibull 공식 m/(n+1)을 이용하여 초과확률 P(X>x)를 구한 것이 표 14.15의 3란과 같고 비초과확률 $P(X \le x) = F_n(x)$는 1-P(X>x)로부터 구한다.

각 자료 x에 대수를 취하여 평균과 표준편차를 구하면 $\bar{y}$=3.0074, s_y=0.1015이다.

표준화 변환 $z = (y - \bar{y})/s_y$를 구한 결과가 7란에 나타나 있으며 표준누가확률표로부터 z에 대한 누가확률 F(z)을 구한 것이 8란과 같고 이론누가확률과 자료의 누가확률과의 차 중 최대치는 $D_n = \max|F(z) - F_n(x)| = 0.0998$을 얻을 수 있다.

표 14.14로부터 유의수준 α=5%에 대한 K-S검정의 한계치 $D_{20}^{0.05}$=0.294이므로 $D_n < D_{20}^{0.05}$가 되어 이 자료의 대수정규분포에의 적합성은 유의수준 5%에서 받아 들여 진다고 할 수 있다.

표 14.15 K-S검정을 위한 계산표

m (1)	x (2)	P(X>x) (3)	$F_n(x)$ (4)	$y=\log_{10}(x)$ (5)	$(y-\bar{y})^2$ (6)	z (7)	F(z) (8)	$\lvert F(z)-F_n(x)\rvert$ (9)
1	1567	0.0476	0.9524	3.1951	0.0352	1.8494	0.9678	0.0154
2	1514	0.0952	0.9048	3.1801	0.0298	1.7013	0.9555	0.0507
3	1316	0.1429	0.8571	3.1192	0.0125	1.1011	0.8645	0.0074
4	1283	0.1905	0.8095	3.1081	0.0101	0.9924	0.8394	0.0299
5	1262	0.2381	0.7619	3.1012	0.0088	0.9240	0.8222	0.0603
6	1204	0.2857	0.7143	3.0806	0.0054	0.7213	0.7645	0.0502
7	1168	0.3333	0.6667	3.0674	0.0036	0.5916	0.7230	0.0563
8	1125	0.3810	0.6190	3.0512	0.0019	0.4319	0.6671	0.0481
9	1102	0.4286	0.5714	3.0423	0.0012	0.3441	0.6346	0.0632
10	980	0.4762	0.5238	2.9914	0.0003	−0.1574	0.4376	0.0862
11	960	0.5238	0.4762	2.9823	0.0006	−0.2470	0.4024	0.0738
12	930	0.5714	0.4286	2.9683	0.0015	−0.3851	0.3502	0.0784
13	892	0.6190	0.3810	2.9501	0.0033	−0.5641	0.2863	0.0947
14	861	0.6667	0.3333	2.9350	0.0052	−0.7130	0.2380	0.0953
15	826	0.7143	0.2857	2.9167	0.0082	−0.8934	0.1859	0.0998
16	813	0.7619	0.2381	2.9100	0.0095	−0.9598	0.1685	0.0696
17	805	0.8095	0.1905	2.9059	0.0103	−1.0001	0.1587	0.0318
18	800	0.8571	0.1429	2.9031	0.0109	−1.0272	0.1522	0.0093
19	752	0.9048	0.0952	2.8761	0.0172	−1.2933	0.0980	0.0028
20	729	0.9524	0.0476	2.8627	0.0209	−1.4255	0.0771	0.0295

14.5.5 PPCC 검정

확률도시 상관계수(Probability Plot Correlation Coefficient, PPCC) 검정방법은 자료의 크기 및 유의수준에 따른 검정 통계량을 유도하여 확률분포형의 적합도를 검정하는 방법으로 Filliben(1975)에 의해 제시되었다.

PPCC검정은 관측 수문자료 계열 X를 크기순으로 작은 것부터 큰 것으로 재배열하고 각 순서별로 초과확률 p_i를 아래와 같이 Filliben이 제시한 식이나 표 14.18의 확률도시공식에 의해 구한다. 재배열된 관측 수문자료 X_i마다 산정된 초과확률 p_i에 대해 검정하려는 이론적인 누가확률분포함수로부터 역으로 이론적인 수문자료의 값 M_i를 구한다. 관측 수문자료계열 X_i와 검정 확률분포형으로부터 이론적으로 구한 수문자료 계열 M_i의 상관관계는 다음과 같은 적모멘트상관계수(product moment correlation coefficient) γ_c로 나타난다.

$$\gamma_c = \frac{\sum_{i=1}^{n}(X_i - \overline{X})(M_i - \overline{M})}{\sqrt{\sum_{i=1}^{n}(X_i - \overline{X})^2 \sum_{i=1}^{n}(M_i - \overline{M})^2}} \tag{14.5.5}$$

여기서 γ_c는 적모멘트상관계수, i는 크기순으로 나타낸 자료의 순서, X_i는 관측 수문자료계열, $\overline{X}$는 관측 수문자료계열의 평균, M_i는 이론적인 수문자료계열, $\overline{M}$는 이론적인 수문자료계열의 평균이다.

Filliben은 크기순으로 재배열한 관측 수문자료계열 X_i에 대한 초과확률 p_i를 산정하는 공식을 다음과 같이 제시하였다.

$$p_i = 1 - (0.5)^{\frac{1}{n}} \qquad i = 1\text{일 때} \tag{14.5.6}$$

$$p_i = \frac{i - 0.3175}{n + 0.365} \qquad i = 2, 3, \cdots, n-1\text{일 때} \tag{14.5.7}$$

$$p_i = (0.5)^{\frac{1}{n}} \qquad i = n\text{일 때} \tag{14.5.8}$$

이상과 같이 구한 관측 자료계열에 대한 초과확률을 검정하려는 이론적인 확률분포형으로부터 역함수를 이용하여 확률분포형을 따르는 수문자료 계열 M_i를 산정하게 된다. M_i를 산정하기 위한 확률분포형별 역함수가 표 14.16에 나타나 있다.

식 (14.5.5)로부터 상관계수 γ_c를 계산하면 다음과 같은 유의수준(significance level) α(%)에 대한 검정한계치 $\gamma_\alpha(n)$과의 조건을 만족하면 가정한 확률분포형이 관측 자료에 적합하다고 할 수 있다.

표 14.16 확률분포형별 역함수

확률분포형	확률분포형의 역함수
Log-Normal	$x_T = x_0 + \exp(\mu_y + z\sigma_y)$
Gamma	수치적분에 의해 산정
Log-Pearson Type III	수치적분에 의해 산정
Gumbel	$x_T = x_0 - \alpha \ln\left[-\ln\left(1-\frac{1}{T}\right)\right]$
Log-Gumbel	$x_T = x_0 + (\theta - x_0)\left[-\ln\left(1-\frac{1}{T}\right)\right]^{-1/\beta}$
Weibull	$x_T = x_0 + \alpha\left\{-\ln\left[1-\left(1-\frac{1}{T}\right)\right]\right\}^{1/\beta}$
GEV	$x_T = x_0 + \frac{\alpha}{\beta}\left\{1-\left[-\ln\left(1-\frac{1}{T}\right)\right]^{\beta}\right\}$
Wakeby	$x_T = m + a\left\{1-\left[1-\left(1-\frac{1}{T}\right)\right]^{b}\right\} - c\left\{1-\left[1-\left(1-\frac{1}{T}\right)\right]^{-d}\right\}$

$$\gamma_c > \gamma_\alpha(n) \qquad (14.5.9)$$

Vogel과 McMartine(1991)은 유의수준 α(%)에 따른 검정한계치 $\gamma_\alpha(n)$을 결정하는 절차를 다음과 같이 제시하였다.

① 앞에서 결정한 확률분포형에 대한 매개변수를 이용하여 표본자료의 크기 n(10, 20, 30, 40, 50, 60, 70, 80, 90, 100, 120, 150, 200, 300, 500)인 자료계열을 각각 100,000개씩 모의발생시킨다.

② 모의 발생된 자료계열에 대해 식 (14.5.6)~(14.5.8)이나 표 14.18의 확률도시공식을 이용하여 M_i를 계산한다.

③ 각 자료계열 마다 식 (14.5.5)를 이용하여 PPCC검정 상관계수 γ를 100,000개 산정한다.

④ 산정된 상관계수 γ를 오름차순으로 정렬한 후 상관계수의 전체 수 100,000에 유의수준 α(%)를 곱해 검정한계치 $\gamma_\alpha(n)$를 결정한다.

⑤ 이상과 같이 자료의 수 n 및 유의수준 α(%)에 따라 검정한계치 $\gamma_\alpha(n)$를 구하여 도시하거나 회귀분석을 통해 식을 유도하면 추후에 자료의 수 및 유의수준에 따른 검정한계치를 쉽게 구할 수 있다.

14.5.6 Cramér-von Mises 검정

Cramér-von Mises 검정방법(CVM)은 K-S 검정방법과 마찬가지로 누가확률분포함수를 이용하여 검정하는 방법이다. CVM방법은 관측 수문자료 x_1, x_2, ⋯, x_n이 누가확률분포함수 $F_X(x;\theta)$로 정의되는 확률분포형을 모집단으로 한다는 가정을 검정하는 것으로 다음과 같이 검정 통계치 W를 구하여 검정하게 된다.

$$W = \frac{1}{12n} + \sum_{i=1}^{n}\left[F_X(x;\theta) - \frac{2i-1}{2n}\right]^2 \qquad (14.5.10)$$

여기서 W는 CVM검정을 위한 검정 통계치, n은 관측 수문자료의 수, θ는 관측 수문자료로부터 구한 매개변수들, $F_X(x;\theta)$는 크기순으로 재배열한 $X = x_i$ 위치에서의 누가확률분포함수이다.

식 (14.5.10)으로부터 구한 검정 통계치 W가 유의수준 α(%)에 대한 검정한계치 $W_{1-\alpha}(n)$과 다음 조건을 만족하면 관측된 수문자료는 검정된 확률분포형을 따른다고 한다.

$$W < W_{1-\alpha}(n) \qquad (14.5.11)$$

여기서 $W_{1-\alpha}(n)$은 Cramér-von Mises의 검정한계치로 유의수준 α와 자료의 수 n의 함수이며 자료의 수가 충분히 커서 $n > 20/\sqrt{\alpha}$이면 검정한계치 $W_{1-\alpha}(n)$은 유의수준 α만의 함수로 된다. 표 14.17에 CVM 검정방법에 대한 한계치가 나타나 있다.

표 14.17 CVM 검정방법에 대한 한계치

자료의 크기	1-유의수준		
n	0.90	0.95	0.99
2	0.343	0.424	0.550
3	0.337	0.423	0.622
4	0.341	0.435	0.653
5	0.343	0.441	0.671
8	0.364	0.451	0.698
10	0.347	0.454	0.707
20	0.349	0.459	0.724
∞	0.347	0.451	0.743

14.5.7 최적확률분포형의 선정 기준

앞에서 설명한 방법에 의해 관측 수문자료가 어떤 확률분포형을 따르는지 검정을 할 수 있으며 각 검정방법별로 유의수준에 따른 검정한계치와 비교하여 기각하거나 또는 채택하게 된다. 만일 여러 확률분포형들이 적합도 검정을 통과한 경우 그 중 한가지의 확률분포형을 선정해야 하는데 이러한 경우 평균절대상대오차(Mean Absolute Relative Error, MARE)와 상대제곱근오차(Relative Root Mean Square Error, RRMSE)를 구해 오차가 최소인 확률분포형을 선정한다.

- 평균절대상대오차(MARE)

$$MARE = \frac{1}{k}\sum_{i=1}^{k}\left|\frac{X_{Ci} - X_{Ti}}{X_{Ti}}\right| \qquad i = 1, 2, \cdots, k \qquad (14.5.12)$$

- 상대제곱근오차(RRMSE)

$$RRMSE = \left[\frac{1}{k} \sum_{i=1}^{k} \left(\frac{X_{Ci} - X_{Ti}}{X_{Ti}} \right)^2 \right]^{1/2} \qquad i = 1,\ 2,\ \cdots,\ k \qquad (14.5.13)$$

여기서 k는 검정하는 자료집단의 수, X_{Ci}는 각 자료집단별 계산된 검정 통계치, X_{Ti}는 각 자료집단별 유의수준에 따른 한계치이다.

14.6 확률도시법에 의한 빈도해석

확률도시법(probability plotting techniques)에 의한 빈도해석방법은 13.8절에서 설명한 수문자료의 초과치 또는 최고치 계열을 작성하는 방법과 14.5절에서 설명한 확률지를 이용한 확률분포의 검정방법을 이용하여 특정크기의 수문사상에 대한 재현기간을 산정하거나 특정 재현기간에 대한 수문사상의 크기를 결정하는 것이다.

먼저 수문자료 계열이 준비되면 자료를 큰 것부터 작은 순서로 재배열하고 누가확률을 계산한다. 예를 들어 자료의 총 수가 n개이고 크기순서로 나열했을 때 특정크기의 값 x_m이 m번째 위치에 해당한다고 하자. 그러면 자료의 수 n이 많을 때 수문사상이 x_m값보다 큰 것이 발생할 확률 즉, 초과확률은 다음과 같다.

$$P(X \geq x_m) = \frac{m}{n} \qquad (14.6.1)$$

California 공식으로 알려져 있는 식 (14.6.1)은 m=n일 때 확률이 100%가 되어 확률지에 도시하기가 곤란하므로 다음과 같이 조정하게 된다.

$$P(X \geq x_m) = \frac{m-1}{n} \qquad (14.6.2)$$

식 (14.6.2)는 100%의 확률값을 나타내지는 않지만 m=1일 때 0%라는 확률값이 나오게 되며 이 또한 확률지에 도시하기가 곤란하다. 따라서 위의 두 식은 도시위치가 가능한 경계를 나타낸다고 볼 수 있다. Hanzen은 이 두식을 절충하여 다음과 같이 제시하였다.

$$P(X \geq x_m) = \frac{m-0.5}{n} \qquad (14.6.3)$$

만일 n개의 값이 0과 100% 확률사이에 균등하게 분포한다면 자료 사이의 구간이 n-1개가 나오고 그리고 양 끝에 2개가 존재하므로 총 n+1개의 구간이 존재하게 된다. 이와 같은 간단한 개념으로

Weibull은 다음과 같이 초과 확률을 나타내는 식을 제시하였다.

$$P(X \geq x_m) = 1 - P(X < x_m) = 1 - F(x_m) = \frac{m}{n+1} \tag{14.6.4}$$

또한 초과확률은 재현기간(return period 또는 recurrence interval)의 역수이므로 다음과 같은 관계를 가지고 있다.

$$T = \frac{1}{P(X \geq x_m)} = \frac{n+1}{m} \tag{14.6.5}$$

이와 같이 확률지에 도시하기 위한 누가확률을 구하는 공식이 표 14.18과 같이 다양하게 제시되었으며 다음과 같은 일반적인 형태로 표현할 수 있다.

$$P(X \geq x_m) = \frac{m-b}{n+1-2b} \tag{14.6.6}$$

식 (14.6.6)에서 b=0인 경우가 바로 Weibull공식이 되고, b=0.5일 때 Hansen의 공식이 됨을 알 수 있다.

이와 같이 구한 자료의 x값별 누가확률을 확률지상에 도시할 때 만일 자료가 확률지에 해당

표 14.18 확률도시공식

공식명	초과확률 $P(X \geq x)$	m=1, n=10일 때		식 (14.6.6)의 b 값
		$P(X \geq x)$	재현기간 T	
California	$\frac{m}{n}$	0.10	10	–
Hazen	$\frac{m-0.5}{n}$	0.05	20	0.5
Beard	$\frac{m-0.31}{n+0.38}$	0.067	14.9	0.31
Weibull	$\frac{m}{n+1}$	0.091	11	0.0
Chegadayev	$\frac{m-0.3}{n+0.4}$	0.067	14.9	0.3
Blom	$\frac{m-3/8}{n+1/4}$	0.061	16.4	3/8
Tukey	$\frac{m-1/3}{n+1/3}$	0.065	15.5	1/3
Gringorten	$\frac{m-0.44}{n+0.12}$	0.055	18.1	0.44
Cunnane	$\frac{m-0.4}{n+0.2}$	0.059	17	0.4
Adamowski	$\frac{m-0.25}{n+0.5}$	0.071	14	0.25

하는 확률분포형을 따른 다면 거의 직선 형태로 나타나게 된다. 따라서 회귀분석방법을 이용하여 최적 직선을 구할 수 있고, 이 직선을 확률지상에서 연장하면 각종 크기의 수문사상에 대한 발생확률(재현기간) 또는 재현기간에 따른 수문량을 산정할 수 있게 된다.

만일 자료의 누가확률이 확률지상에서 직선 형태로 나타나지 않으면 자료에 대한 확률분포형이 적절하지 않으므로 다른 확률분포를 가진 확률지를 이용하여 다시 분석한다. 또한 앞에서 설명한 χ^2검정방법이나 K-S 검정방법 등을 통해 선택한 확률분포가 적정한지 분석해 볼 필요가 있다.

14.7 빈도계수법에 의한 빈도해석

각종 수공구조물의 설계시 재현기간 T(년)가 주어졌을 때 이에 해당하는 수문량의 크기를 구하게 된다. 예를 들어 재현기간 100년에 해당하는 하천 홍수량을 계산할 경우가 있다. 이럴 경우 확률밀도함수로부터 재현기간 T=100년에 해당하는 홍수량 x_T를 역으로 구해야 한다. 정규분포나 Pearson Type-III분포와 같은 일부 확률밀도함수는 역변환이 쉽지가 않으며 극한사상의 크기를 산정하는 대체방법이 필요하다.

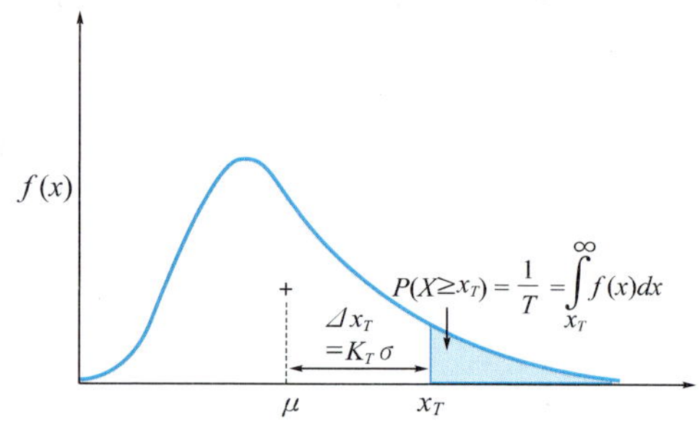

그림 14.13 수문사상의 크기 결정

수문사상의 크기 x_T는 평균 μ에 그림 14.13과 같이 평균으로부터의 편차 Δx_T를 더해 나타낼 수 있다.

$$x_T = \mu + \Delta x_T \tag{14.7.1}$$

평균으로부터의 편차 Δx_T는 표준편차 σ와 빈도계수(frequency factor) K_T의 곱 즉, $\Delta x_T = K_T\sigma$로 나타낼 수 있다. 편차 Δx_T와 빈도계수 K_T는 재현기간 T와 사용되는 확률분포의 종류에 따라 결정된다. 따라서 식 (14.7.1)은 다음과 같이 나타낼 수 있다.

$$x_T = \mu + K_T\sigma \tag{14.7.2}$$

표본자료에 대해서는 평균 $\bar{x}$과 표준편차 s를 사용하므로

$$x_T = \bar{x} + K_T s \tag{14.7.3}$$

만일 대수정규분포나 Log-Pearson Type-III 분포와 같이 자료 x에 대수를 취한 y=lnx를 사용할

경우에는 대수치를 취한 y의 평균 $\bar{y}$와 표준편차 s_y를 이용하여 재현기간 T에 해당하는 y_T를 구한 후 대수 역변환을 하여 x_T를 구하게 된다.

$$y_T = \bar{y} + K_T s_y \tag{14.7.4}$$

주어진 확률분포에 대해서 빈도계수와 이에 상응하는 재현기간과의 $K_T \sim T$관계를 수립해야 하며 이 관계는 공식의 형태나 표에 의해 주어지게 된다.

따라서 빈도해석은 먼저 관측 자료를 이용하여 적용하고자 하는 확률분포형에 해당하는 통계학적 매개변수를 산정하게 된다. 재현기간 T가 주어지면 해당 분포형에 대한 $K_T \sim T$관계로부터 빈도계수 K_T를 구하고 식 (14.7.3)이나 (14.7.4)를 이용하여 x_T의 크기를 계산하게 된다. 이제부터 각 확률분포형별로 $K_T \sim T$관계와 이를 이용하여 빈도해석을 하는 방법에 대해 알아보기로 한다.

14.7.1 정규분포

정규분포의 빈도해석을 위한 $K_T \sim T$관계를 구하기 위해 식 (14.7.3)을 빈도계수의 항으로 다시 정리하면

$$K_T = \frac{x_T - \bar{x}}{s} \tag{14.7.5}$$

식 (14.7.5)는 식 (14.4.22)와 같이 정규분포를 표준정규분포로 표준화하는 z변환과 같음을 알 수 있다.

$$z = \frac{x - \bar{x}}{s} \tag{14.4.22}$$

따라서 정규분포에서의 표준화 변수 z는 빈도계수 K_T와 같다. 즉, 정규분포의 빈도해석에 사용하는 빈도계수 K_T는 재현기간 T년에 해당하는 초과확률 $P(Z > z_T) = 1/T$ 또는 비초과확률 $F_Z(z) = 1 - 1/T$를 구해 표준정규누가확률표 14.4로부터 해당 z값을 구하면 된다. 자료로부터 정규분포의 매개변수인 평균과 표준편차를 구해 식 (14.7.3)에 적용하면 재현기간 T에 해당하는 수문사상값 x_T를 산정하게 된다. 빈도계수에 해당하는 z값을 표 14.4를 사용하지 않고 초과확률 $P(Z > z_T) = 1/T$를 이용하여 다음 식으로부터 구할 수도 있다.

$$w = \left[\ln\left(\frac{1}{P^2}\right)\right]^{1/2}, \quad (0 < P \le 0.5) \tag{14.7.6}$$

표 14.19 정규분포의 빈도계수

초과확률 (P)	재현기간 (T)	빈도계수 K_T (z)	초과확률 (P)	재현기간 (T)	빈도계수 K_T (z)
0.0001	10000	3.719	0.500	2.00	0.000
0.0005	2000	3.291	0.550	1.82	−0.126
0.001	1000	3.090	0.600	1.67	−0.253
0.005	200	2.576	0.650	1.54	−0.385
0.010	100	2.326	0.700	1.43	−0.524
0.025	40	1.960	0.750	1.33	−0.674
0.050	20	1.645	0.800	1.25	−0.842
0.100	10	1.282	0.850	1.18	−1.036
0.150	6.67	1.036	0.900	1.11	−1.282
0.200	5.00	0.842	0.950	1.053	−1.645
0.250	4.00	0.674	0.975	1.026	−1.960
0.300	3.33	0.524	0.990	0.010	−2.326
0.350	2.86	0.385	0.995	1.005	−2.576
0.400	2.50	0.253	0.999	1.001	−3.090
0.450	2.22	0.126	0.9995	1.0005	−3.291
0.500	2.00	0.000	0.9999	1.0001	−3.719

$P>0.5$인 경우에는 P대신 1-P를 사용하며 이 경우 계산된 z값은 음의 값을 갖는다.

$$z = w - \frac{2.515517 + 0.802853w + 0.010328w^2}{1 + 1.432788w + 0.189269w^2 + 0.001308w^3} \quad (14.7.7)$$

예제 14.22

재현기간 50년에 해당하는 정규분포의 빈도계수를 구하라.

풀이

재현기간 T=50년에 대해 초과확률 P=1/50=0.02

식 (14.7.6)로부터

$$w = \left[\ln\left(\frac{1}{P^2}\right)\right]^{1/2} = \left[\ln\left(\frac{1}{0.02^2}\right)\right]^{1/2} = 2.7971$$

식 (14.7.7)로부터

$$z = 2.7971 - \frac{2.515517 + 0.802853(2.7971) + 0.010328(2.7971)^2}{1 + 1.432788(2.7971) + 0.189269(2.7971)^2 + 0.001308(2.7971)^3} = 2.054$$

따라서 $K_T = z = 2.054$이다.

예제 14.23

예제 14.9에서 주어진 유출량 자료(표 14.5) 및 산정된 매개변수를 이용하여 100년 빈도의 홍수량을 산정하라. 산정된 매개변수는 모멘트법인 경우 $\overline{X} = 126.65 m^3/sec$, $s = 47.1 m^3/sec$이고, 확률가중모멘트인 경우 $\overline{X} = 126.65 m^3/sec$, $s = 47.8 m^3/sec$이다.

풀이

1) 모멘트법에 의한 매개변수 사용시

$$x_T = \bar{x} + K_T s = 126.65 + 47.1xz$$

재현기간 T=100년에 대한 비초과확률 F=1−1/T=0.99일 때의 정규분포의 빈도계수는 표 14.4 정규분포의 빈도계수표 또는 식 (14.7.6)과 (14.7.7)로부터 $z = 2.3268$이다.

따라서 $x_{100} = 126.65 + 47.1 \times 2.3267 = 236.24\text{cms}$

2) 확률가중모멘트법에 의한 매개변수 사용시

$$\bar{x} = 126.67, s = 47.8$$

$$x_{100} = 126.65 + 47.8 \times 2.3268 = 237.87\text{cms}$$

14.7.2 2변수 대수정규분포

변수 x가 대수정규분포인 경우 대수치를 취한 y=lnx는 정규분포를 따른다. 따라서 대수정규분포의 빈도해석은 y에 대해 다음 식을 이용하여 재현기간 T에 해당하는 y_T를 구하고 대수 역변환을 하여 x_T를 구하게 된다.

$$y_T = \bar{y} + K_T s_y \tag{14.7.8}$$

$$x_T = \exp(y_T) \tag{14.7.9}$$

여기서 $\bar{y}$는 y의 평균치, s_y는 y의 표준편차, K_T는 재현기간 T년에 해당하는 빈도계수이다. 두 번째 방법으로 변수 x에 대수치를 취하지 않고 다음 식 (14.7.10)에 의해 빈도계수 K_T를 구하여 x_T를 직접 구할 수도 있다. 이 경우 x_T는 식 (14.7.3)을 사용하게 된다.

$$K_T = \frac{1}{C_v}\left[\exp\left(Y^{\frac{1}{2}}z - \frac{1}{2}Y\right) - 1\right] \tag{14.7.10}$$

$$Y = \ln(1 + C_v^2) \tag{14.7.11}$$

$$C_v = \frac{s}{\bar{x}} \tag{14.7.12}$$

세 번째 방법으로는 표 14.20을 이용하여 빈도계수를 구할 수 있다. 대수치를 취하지 않은 자료 x로부터 변동계수 C_v나 왜곡도계수 C_s를 구하고, 재현기간 T에 해당하는 초과확률을 구하여 표로부터 빈도계수 K_T를 구하고 x_T는 식 (14.7.3)을 사용하게 된다.

표 14.20 대수정규분포의 빈도계수

C_s	초과확률, P(X>x), %								C_v
	99 (−)	95 (−)	80 (−)	50 (−)	20 (+)	5 (+)	1 (+)	0.1 (+)	
0	2.33	1.65	0.84	0.00	0.84	1.64	2.33	3.09	0
0.1	2.25	1.62	0.85	0.02	0.84	1.67	2.40	3.22	0.033
0.2	2.18	1.59	0.85	0.04	0.83	1.70	2.47	3.39	0.067
0.3	2.11	1.56	0.85	0.06	0.82	1.72	2.55	3.56	0.100
0.4	2.04	1.53	0.85	0.07	0.81	1.75	2.62	3.72	0.136
0.5	1.98	1.49	0.86	0.09	0.80	1.77	2.70	3.88	0.166
0.6	1.91	1.46	0.85	0.10	0.79	1.79	2.77	4.05	0.197
0.7	1.85	1.43	0.85	0.11	0.78	1.81	2.84	4.21	0.230
0.8	1.79	1.40	0.84	0.13	0.77	1.82	2.90	4.37	0.262
0.9	1.74	1.37	0.84	0.14	0.76	1.84	2.97	4.55	0.292
1.0	1.68	1.34	0.84	0.15	0.75	1.85	3.03	4.72	0.324
1.1	1.63	1.31	0.83	0.16	0.73	1.86	3.09	4.87	0.351
1.2	1.58	1.29	0.82	0.17	0.72	1.87	3.15	5.04	0.381
1.3	1.54	1.26	0.82	0.18	0.71	1.88	3.21	5.19	0.409
1.4	1.49	1.23	0.81	0.19	0.69	1.88	3.26	5.35	0.436
1.5	1.45	1.21	0.81	0.20	0.68	1.89	3.31	5.51	0.462
1.6	1.41	1.18	0.80	0.21	0.67	1.89	3.36	5.66	0.490
1.7	1.38	1.16	0.79	0.22	0.65	1.89	3.40	5.80	0.517
1.8	1.34	1.14	0.78	0.22	0.64	1.89	3.44	5.96	0.544
1.9	1.31	1.12	0.78	0.23	0.63	1.89	3.48	6.10	0.570
2.0	1.28	1.10	0.77	0.24	0.61	1.89	3.52	6.25	0.596
2.1	1.25	1.08	0.76	0.24	0.60	1.89	3.55	6.39	0.620
2.2	1.22	1.06	0.76	0.25	0.59	1.89	3.59	6.51	0.643
2.3	1.20	1.04	0.75	0.25	0.58	1.88	3.62	6.65	0.667
2.4	1.17	1.02	0.74	0.26	0.57	1.88	3.65	6.77	0.691
2.5	1.15	1.00	0.75	0.26	0.56	1.88	3.97	6.90	0.713
2.6	1.12	0.99	0.73	0.26	0.55	1.87	3.70	7.02	0.734
2.7	1.10	0.97	0.72	0.27	0.54	1.87	3.72	7.13	0.755
2.8	1.08	0.96	0.72	0.27	0.53	1.86	3.74	7.25	0.776
2.9	1.06	0.95	0.71	0.27	0.52	1.86	3.76	7.36	0.796
3.0	1.04	0.93	0.71	0.28	0.51	1.85	3.78	7.47	0.818
3.2	1.01	0.90	0.69	0.28	0.49	1.84	3.81	7.65	0.857
3.4	0.98	0.88	0.68	0.29	0.47	1.83	3.84	7.84	0.895
3.6	0.95	0.86	0.67	0.29	0.46	1.81	3.87	8.00	0.930
3.8	0.92	0.84	0.66	0.29	0.44	1.80	3.89	8.16	0.966
4.0	0.90	0.82	0.65	0.29	0.42	1.78	3.91	8.30	1.000
4.5	0.84	0.79	0.63	0.30	0.39	1.75	3.93	8.60	1.081
5.0	0.80	0.74	0.62	0.30	0.37	1.71	3.95	8.86	1.155

(+), (−)는 빈도계수값의 부호임.

예제 14.24

예제 14.11의 표 14.7과 산정된 매개변수를 이용하여 2변수 대수정규분포에 대한 100년 빈도의 홍수량을 산정하라. 산정된 매개변수는 모멘트법인 경우 $\bar{y}=4.5409, s_y=0.5021$이고, 확률가중모멘트법인 경우 $\bar{y}=4.5218, s_y=0.5388$이다.

풀이

1) 모멘트법에 의한 매개변수 이용시

재현기간 T=100년일 경우 표준화변수 z=2.3268이므로

$$y_{100} = \bar{y} + K_{100} s_y = 4.5409 + 0.5021 \times 2.3268 = 5.7092$$

$$x_{100} = \exp(y_{100}) = \exp(5.7092) = 301.64\text{cms}$$

2) 확률가중모멘트법에 의한 매개변수 이용시

$$y_{100} = \bar{y} + K_{100} s_y = 4.5218 + 0.5388 \times 2.3268 = 5.7755$$

$$x_{100} = \exp(y_{100}) = \exp(5.7755) = 322.32\text{cms}$$

14.7.3 3변수 대수정규분포

3변수 대수정규분포는 $y=\ln(x-x_0)$가 정규분포를 따르게 되므로 y에 대해 확률수문량을 구하고 역변환으로 재현기간 T년에 해당하는 x_T값을 구하게 된다.

$$\ln(x_T - x_0) = \bar{y} + K_T s_y \tag{14.7.13}$$

여기서 $K_T = z = \dfrac{\ln(x - x_0) - \bar{y}}{s_y}$ (14.7.14)

따라서 $x_T = x_0 + \exp(\bar{y} + z s_y)$ (14.7.15)

또는 다음과 같이 빈도계수를 구하여 적용한다.

$$K_T = \frac{\exp\left(z s_y^2 - \frac{s_y^2}{2}\right) - 1}{\sqrt{\exp(s_y^2) - 1}} \tag{14.7.16}$$

$$x_T = \bar{x} + K_T s_x \tag{14.7.17}$$

여기서 s_x, s_y는 표본자료 $x - x_0$ 및 $y = \ln(x - x_0)$의 표준편차이다.

예제 14.25

예제 14.11에 주어진 유출량 자료(표 14.7) 및 예제 14.12에서 산정된 매개변수를 이용하여 3변수 대수정규분포에 대한 100년 빈도의 홍수량을 산정하라. 산정된 매개변수는 모멘트법인 경우 $x_0 = -104.2658$, $\bar{y} = 5.3149$, $s_y = 0.2657$이고, 확률가중모멘트법인 경우 $x_0 = -40.2287$, $\bar{y} = 4.9131$, $s_y = 0.3864$이다.

풀이

1) 모멘트법에 의한 매개변수 사용시

재현기간 T=100년일 때 표준화변수 z=2.3268이므로

$$x_T = x_0 + \exp(\bar{y} + zs_y)$$
$$= -104.2658 + \exp(5.3149 + 0.2657 \times 2.3268) = 273.03\text{cms}$$

2) 확률가중모멘트법에 의한 매개변수 이용시

$$x_T = x_0 + \exp(\bar{y} + zs_y)$$
$$= -40.2287 + \exp(4.9131 + 0.3864 \times 2.3268) = 294.10\text{cms}$$

14.7.4 2변수 Gamma분포

2변수 Gamma분포의 빈도해석에서는 빈도계수를 산정하는 방법으로 다음과 같은 Kite방법, Wilson-Hilferty방법, 수정 Wilson-Hilferty방법 그리고 Cornish-Fisher방법이 있다.

1) Kite방법

$$K_T = \frac{\chi^2 C_s}{4} - \frac{1}{C_s} \tag{14.7.18}$$

$$\chi^2 = \nu\left[1 - \frac{2}{9\nu} + z\sqrt{\frac{2}{9\nu}}\right]^3 \tag{14.7.19}$$

$$C_s = \frac{\alpha}{|\alpha|}\frac{2}{\sqrt{\beta}} \tag{14.7.20}$$

$$\nu = 2\beta \tag{14.7.21}$$

여기서 C_s는 표본자료의 왜곡도계수, z는 표준정규분포의 변환변수, α와 β는 산정된 매개변수이다. 따라서 재현기간 T년에 해당하는 수문값은 다음과 같으며 다른 방법으로 빈도계수를 구하더라도 이 식을 사용한다.

$$x_T = \bar{x} + K_T s = \alpha\beta + K_T\sqrt{\alpha^2\beta} \tag{14.7.22}$$

2) Wilson-Hilferty방법

왜곡도계수가 $C_s \leq 2$인 경우에는 다음과 같이 Wilson-Hilferty방법에 의해 근사치의 빈도계수를 구할 수 있다.

$$K_T = \frac{2}{C_s}\left[\left\{\frac{C_s}{6}\left(z - \frac{C_s}{6}\right) + 1\right\}^3 - 1\right], \quad 0 < C_s \leq 2 \tag{14.7.23}$$

3) 수정 Wilson-Hilferty방법

$$K_T = A\left[\max\left\{H, 1-\left(\frac{G}{6}\right)^2+\left(\frac{G}{6}\right)^3 z\right\}-B\right], \qquad 0.25 < C_s \le 9.75 \tag{14.7.24}$$

$$H = \left[B-\left(\frac{2}{C_s}\right)/A\right]^{1/3} \tag{14.7.25}$$

여기서 A, B, G는 왜곡도계수 C_s의 함수로 다음과 같은 형태로 표 14.21을 이용하여 산정할 수 있다.

$$Z = a_0 + a_1 C_s + a_2 C_s^2 + \ldots + a_5 C_s^5 \tag{14.7.26}$$

표 14.21 A, B, G를 산정하기 위한 Z의 계수

	G	1/A	B	H^3
a_0	−0.385205 E−2	0.199447 E−2	0.990562 E+0	−0.365164 E−2
a_1	0.100426 E+1	0.484890 E+0	0.319647 E−1	0.175924 E−1
a_2	0.651207 E−2	0.230935 E−1	−0.274231 E−1	−0.121835 E−1
a_3	−0.149166 E−1	−0.152435 E−1	0.777405 E−2	0.782600 E−2
a_4	0.163945 E−2	0.160597 E−2	−0.571184 E−3	−0.777686 E−3
a_5	−0.583804 E−4	−0.558690 E−4	0.142077 E−4	0.257310 E−4

4) Cornish-Fisher방법

왜곡도계수가 $-2 \le C_s \le 2$인 경우 다음과 같은 Cornish-Fisher방법을 이용하여 빈도계수를 구한다.

$$\begin{aligned} K_T = {} & z + \frac{C_s}{2}\left(\frac{z^2-1}{3}\right) + \frac{C_s^2}{2^4}\left(\frac{z^3-7z}{9}\right)\left(\frac{C_s^3}{2^5}\right)\left(\frac{6z^4+14z^2-32}{405}\right) \\ & + \frac{C_s^4}{2^7}\frac{(9z^5+256z^3-433z)}{4860} + \frac{C_s^5}{2^8}\frac{(12z^6-143z^4-923z^2+1472)}{25515} \\ & - \frac{C_s^6}{2^{10}}\frac{(3753z^7+4353z^5-289517z^3-289717z)}{9185400} \end{aligned} \tag{14.7.27}$$

예제 14.26

표 14.7의 유출량 자료 및 예제 14.13에서 산정된 매개변수를 이용하여 2변수 Gamma분포에 대한 100년 빈도의 홍수량을 산정하라. 산정된 매개변수는 모멘트법인 경우 α=30.5025, β=3.4875이고, 확률가중모멘트법인 경우 α=31.6381, β=3.3623이다.

풀이

1) 모멘트법에 의한 매개변수 사용시

$$\text{왜곡도계수 } C_s = \frac{\alpha}{|\alpha|}\frac{2}{\sqrt{\beta}} = \frac{1}{\sqrt{3.4875}} = 1.071$$

Wilson-Hilferty 방법을 이용하여 빈도계수를 구하면

$$K_{100} = \frac{2}{1.071}\left[\left\{\frac{1.071}{6}\left(2.3268 - \frac{1.071}{6}\right)+1\right\}^3 - 1\right] = 3.0773$$

$$x_{100} = \alpha\beta + K_{100}\sqrt{\alpha^2\beta}$$

$$= 30.5025 \times 3.4875 + 3.0773\sqrt{30.5025^2 \times 3.4875} = 281.67\text{cms}$$

2) 확률가중모멘트법에 의한 매개변수 이용시

$$\text{왜곡도계수 } C_s = \frac{\alpha}{|\alpha|}\frac{2}{\sqrt{\beta}} = \frac{1}{\sqrt{3.3623}} = 1.0907$$

Wilson-Hilferty 방법을 이용하여 빈도계수를 구하면

$$K_{100} = \frac{2}{1.0907}\left[\left\{\frac{1.0907}{6}\left(2.3268 - \frac{1.0907}{6}\right)+1\right\}^3 - 1\right] = 3.09$$

$$x_{100} = \alpha\beta + K_{100}\sqrt{\alpha^2\beta} = 31.6381 \times 3.3623 + 3.09\sqrt{31.6381^2 \times 3.3623} = 285.65\text{cms}$$

14.7.5 Pearson Type-III분포

Pearson Type-III분포(3변수 Gamma분포)의 빈도해석은 자료 x의 평균 및 표준편차 그리고 왜곡도계수 C_s를 구한 후, 재현기간에 따른 빈도계수 K_T를 구하여 식 (14.7.3)를 이용하여 실시하게 된다. 이 분포에서 빈도계수 K_T는 다음 식을 이용하거나 표 14.22와 14.23을 이용하여 산정할 수 있다.

$$K_T = z + (z^2-1)k + \frac{1}{3}(z^3-6z)k^2 - (z^2-1)k^3 + zk^4 + \frac{1}{3}k^5 \tag{14.7.28}$$

여기서 $k = C_s/6$이며 빈도계수는 재현기간 및 왜곡도 계수에 따라 변함을 알 수 있다. 만약 $C_s = 0$이면 빈도계수는 표준정규분포의 표준화 변수 z와 같다. 또는 2변수 Gamma분포에서 설명한 방법을 이용하여 빈도계수를 구한 후 다음과 같이 수문량을 구할 수 있다.

$$x_T = \alpha\beta + x_0 + K_T\sqrt{\alpha^2\beta} \tag{14.7.29}$$

여기서 α, β, x_0는 산정된 매개변수이다.

표 14.22 Pearson Type-III분포의 빈도계수 (양의 왜곡 : $C_s > 0$)

왜곡도 계수	재현기간 (T년)						
	2	5	10	25	50	100	200
	초과확률 (P(X>x)), %						
C_s	0.50	0.20	0.10	0.04	0.02	0.01	0.005
3.0	−0.396	0.420	1.180	2.278	3.152	4.051	4.970
2.9	−0.390	0.440	1.195	2.277	3.134	4.013	4.907
2.8	−0.384	0.460	1.210	2.275	3.114	3.973	4.847
2.7	−0.376	0.479	1.224	2.272	3.093	3.932	4.783
2.6	−0.368	0.499	1.238	2.267	3.071	3.889	4.718
2.5	−0.360	0.518	1.250	2.262	3.048	3.845	4.652
2.4	−0.351	0.537	1.262	2.256	3.023	3.080	4.584
2.3	−0.341	0.555	1.274	2.248	2.997	3.753	4.515
2.2	−0.330	0.574	1.284	2.240	2.970	3.705	4.444
2.1	−0.319	0.592	1.294	2.230	2.942	3.656	4.372
2.0	−0.307	0.609	1.302	2.219	2.912	3.605	4.298
1.9	−0.294	0.627	1.310	2.207	2.881	3.553	4.223
1.8	−0.282	0.643	1.318	2.193	2.848	3.499	4.147
1.7	−0.268	0.660	1.324	2.179	2.815	3.444	4.069
1.6	−0.254	0.675	1.329	2.163	2.780	3.388	3.990
1.5	−0.240	0.690	1.333	2.146	2.743	3.330	3.910
1.4	−0.225	0.705	1.337	2.128	2.706	3.271	3.825
1.3	−0.210	0.719	1.339	2.108	2.666	3.211	3.745
1.2	−0.195	0.732	1.340	2.087	2.626	3.149	3.661
1.1	−0.180	0.745	1.340	2.066	2.585	3.087	3.575
1.0	−0.164	0.758	1.341	2.043	2.542	3.022	3.489
0.9	−0.148	0.769	1.340	2.018	2.498	2.957	3.401
0.8	−0.132	0.780	1.339	1.993	2.453	2.891	3.312
0.7	−0.116	0.790	1.336	1.967	2.407	2.824	3.223
0.6	−0.099	0.800	1.333	1.939	2.359	2.755	3.132
0.5	−0.083	0.808	1.328	1.910	2.311	2.686	3.041
0.4	−0.066	0.816	1.323	1.880	2.261	2.615	2.949
0.3	−0.050	0.824	1.317	1.849	2.211	2.544	2.856
0.2	−0.033	0.830	1.309	1.818	2.159	2.472	2.763
0.1	−0.017	0.836	1.301	1.785	2.107	2.400	2.670
0.0	0.000	0.842	1.292	1.751	2.054	2.326	2.576

예제 14.27

예제 14.14에서 주어진 유출량 자료(표 14.8) 및 산정된 매개변수를 이용하여 Pearson Type-III분포에 대해 100년 빈도의 홍수량을 산정하라. 산정된 매개변수는 모멘트법인 경우 $\alpha = 4.9254$, $\beta = 13.1174$, $x_0 = -21.0293$이고, 확률가중모멘트법인 경우 $\alpha = 7.3815$, $\beta = 5.9570$, $x_0 = -0.392$이다.

풀이

1) 모멘트법에 의한 매개변수 사용시

$$C_s = \frac{2}{\sqrt{\beta}} = \frac{2}{\sqrt{13.1174}} = 0.5522$$

Wilson-Hilferty 방법을 이용하여 빈도계수를 구하면

$$K_{100} = \frac{2}{0.5522}\left[\left\{\frac{0.5522}{6}\left(2.3268 - \frac{0.5522}{6}\right) + 1\right\}^3 - 1\right] = 2.7259$$

표 14.23 Pearson Type-III분포의 빈도계수 (음의 왜곡 : $C_s < 0$)

왜곡도 계수	재현기간 (T년)						
	2	5	10	25	50	100	200
	초과확률 (P(X>x), %						
C_s	0.50	0.20	0.10	0.04	0.02	0.01	0.005
−0.1	0.017	0.846	1.282	1.716	2.000	2.252	2.482
−0.2	0.033	0.850	1.270	1.680	1.945	2.178	2.388
−0.3	0.050	0.853	1.258	1.643	1.890	2.104	2.294
−0.4	0.066	0.855	1.245	1.606	1.834	2.029	2.201
−0.5	0.083	0.856	1.231	1.567	1.777	1.955	2.108
−0.6	0.099	0.857	1.216	1.528	1.720	1.880	2.016
−0.7	0.116	0.857	1.200	1.488	1.663	1.806	1.926
−0.8	0.132	0.856	1.183	1.448	1.606	1.733	1.837
−0.9	0.148	0.854	1.166	1.407	1.549	1.660	1.749
−1.0	0.164	0.852	1.147	1.366	1.492	1.588	1.664
−1.1	0.180	0.848	1.128	1.324	1.435	1.518	1.581
−1.2	0.195	0.844	1.107	1.282	1.379	1.449	1.501
−1.3	0.210	0.838	1.086	1.240	1.324	1.383	1.424
−1.4	0.225	0.832	1.064	1.198	1.270	1.318	1.351
−1.5	0.240	0.825	1.041	1.157	1.217	1.256	1.282
−1.6	0.254	0.817	1.018	1.116	1.166	1.197	1.216
−1.7	0.268	0.808	0.994	1.075	1.116	1.140	1.155
−1.8	0.282	0.799	0.970	1.035	1.069	1.087	1.097
−1.9	0.294	0.788	0.945	0.996	1.023	1.037	1.044
−2.0	0.307	0.777	0.920	0.959	0.980	0.990	0.995
−2.1	0.319	0.765	0.895	0.923	0.939	0.946	0.949
−2.2	0.330	0.752	0.869	0.888	0.900	0.905	0.907
−2.3	0.341	0.739	0.844	0.855	0.864	0.867	0.869
−2.4	0.351	0.725	0.795	0.823	0.830	0.832	0.833
−2.5	0.360	0.711	0.771	0.793	0.798	0.799	0.800
−2.6	0.368	0.696	0.747	0.764	0.768	0.769	0.769
−2.7	0.376	0.681	0.724	0.738	0.740	0.740	0.741
−2.8	0.384	0.666	0.702	0.712	0.714	0.714	0.714
−2.9	0.390	0.651	0.681	0.683	0.689	0.690	0.690
−3.0	0.396	0.636	0.666	0.666	0.666	0.667	0.667

$$x_{100} = \alpha\beta + x_0 + K_{100}\sqrt{\alpha^2\beta} = 64.6086 - 21.0293 + 2.7259 \times 17.8388 = 92.21\text{cms}$$

2) 확률가중모멘트법에 의한 매개변수 이용시

$$C_s = \frac{2}{\sqrt{\beta}} = \frac{2}{\sqrt{5.957}} = 0.8194$$

Wilson-Hilferty 방법을 이용하여 빈도계수를 구하면

$$K_{100} = \frac{2}{0.8194}\left[\left\{\frac{0.8194}{6}\left(2.3268 - \frac{0.8194}{6}\right) + 1\right\}^3 - 1\right] = 2.9107$$

$$x_{100} = \alpha\beta + x_0 + K_{100}\sqrt{\alpha^2\beta} = 43.9713 - 0.392 + 2.9107 \times 18.0159 = 96.02\text{cms}$$

14.7.6 Log-Pearson Type-III분포

Log-Pearson Type-III분포도 정규분포와 대수정규분포의 관계처럼 변수 x에 대수치를 취한 y=lnx가 Pearson Type-III분포를 따르게 된다. 따라서 y에 대해서 앞에서 설명한 Pearson Type-III 분포의 빈도해석을 그대로 적용하면 된다. 즉, y에 대해 평균 $\bar{y}$, 표준편차 s_y 그리고 왜곡도계수 C_{sy}를 구해 표 14.22 및 14.23으로부터 빈도계수 K_T를 구하고 다음과 같이 재현기간 T에 해당하는 x_T값을 구하게 된다.

$$\ln x_T = y_T = \bar{y} + K_{Ty} s_y = \alpha\beta + y_0 + K_{Ty}\sqrt{\alpha^2\beta} \tag{14.7.30}$$

$$x_T = \exp(y_T) \tag{14.7.31}$$

예제 14.28

다음 표 14.24와 같은 연 최고치 유출량자료에 대해 모멘트법과 확률가중모멘트법에 의한 매개변수 산정결과가 다음과 같을 때 Log-Pearson Type-III분포에 대해 100년 빈도의 홍수량을 산정하라.

표 14.24 연 최고치 유출량자료

년 도	유출량 (m^3/sec)	년 도	유출량 (m^3/sec)	년 도	유출량 (m^3/sec)	년 도	유출량 (m^3/sec)	년 도	유출량 (m^3/sec)
1947	454	1962	576	1977	132	1992	331	2007	222
1948	529	1963	300	1978	272	1993	180	2008	403
1949	419	1964	144	1979	254	1994	178	2009	229
1950	443	1965	298	1980	395	1995	199	2010	114
1951	403	1966	898	1981	525	1996	178	2011	228
1952	293	1967	490	1982	690	1997	239	2012	271
1953	614	1968	310	1983	282	1998	179	2013	296
1954	111	1969	266	1984	354	1999	223	2014	364
1955	303	1970	310	1985	381	2000	167		
1956	468	1971	308	1986	370	2001	258		
1957	161	1972	400	1987	408	2002	228		
1958	264	1973	707	1988	273	2003	198		
1959	637	1974	335	1989	140	2004	213		
1960	488	1975	348	1990	419	2005	341		
1961	488	1976	281	1991	356	2006	274		

풀이

모멘트법에 의한 매개변수 산정결과

$\bar{x} = 335.44$, $s = 153.69$, $\alpha = -0.04697$, $\beta = 94.5984$, $y_0 = 10.1571$

확률가중모멘트법에 의한 매개변수 산정결과

$\alpha = -0.02469$, $\beta = 333.0438$, $y_0 = 13.9439$

1) 모멘트법에 의한 매개변수 사용 시

$$C_s = \frac{\alpha}{|\alpha|}\frac{2}{\sqrt{\beta}} = -\frac{2}{\sqrt{94.5984}} = -0.2056$$

Wilson-Hilferty 방법을 이용하여 빈도계수를 구하면

$$K_{100} = \frac{2}{-0.2056}\left[\left\{\frac{-0.2056}{6}\left(2.326785 - \frac{-0.2056}{6}\right)+1\right\}^3 - 1\right] = 2.1752$$

$$y_{100} = \alpha\beta + y_0 + K_{100}\sqrt{\alpha^2\beta}$$

$$= (-0.04697)(94.5983) + 10.1571 + 2.1752 \times \sqrt{(-0.04697)^2(94.5984)} = 6.7077$$

$$x_{100} = \exp(6.7077) = 818.82\text{cms}$$

2) 확률가중모멘트법에 의한 매개변수 이용시

$$C_s = \frac{\alpha}{|\alpha|}\frac{2}{\sqrt{\beta}} = \frac{2}{\sqrt{333.0438}} = -0.1096$$

Wilson-Hilferty 방법을 이용하여 빈도계수를 구하면

$$K_{100} = \frac{2}{-0.1096}\left[\left\{\frac{-0.1096}{6}\left(2.326785 - \frac{-0.1096}{6}\right)+1\right\}^3 - 1\right] = 2.2460$$

$$y_{100} = \alpha\beta + y_0 + K_{100}\sqrt{\alpha^2\beta}$$

$$= (-0.02469)(333.0438) + 13.9439 + 2.2460 \times \sqrt{(-0.02469)^2(333.0438)} = 6.7302$$

$$x_{100} = \exp(6.7302) = 837.29\text{cms}$$

14.7.7 일반극치분포(GEV분포)

GEV분포의 빈도해석은 14.4.10절에서 소개한 방법에 의해 분포의 매개변수들을 산정한 후 다음과 같은 식을 이용하여 재현기간에 해당하는 빈도계수를 구하고 이를 이용하여 재현기간에 따른 수문량을 산정하게 된다. GEV분포를 x에 관해 다시 정리하면

$$x = x_0 + \frac{\alpha}{\beta}[1-(-\ln F)^{\beta}] \tag{14.7.32}$$

재현기간과 누가확률관계를 이용하여 다시 정리하면

$$x_T = x_0 + \frac{\alpha}{\beta}\left[1-\left\{-\ln\left(1-\frac{1}{T}\right)\right\}^{\beta}\right] \tag{14.7.33}$$

이 식을 다음과 같은 빈도계수식과 비교하면 빈도계수를 얻을 수가 있다.

$$x_T = x_0 + \frac{\alpha}{\beta}[1-\Gamma(1+\beta)] + K_T\sqrt{\frac{\alpha}{\beta^2}[\Gamma(1+2\beta)-\Gamma^2(1+\beta)]} \tag{14.7.34}$$

$$K_T = \frac{\beta\Gamma(1+\beta) - \left[-\ln\left(1-\frac{1}{T}\right)\right]^{\beta}}{|\beta| \sqrt{\Gamma(1+2\beta) - \Gamma^2(1+\beta)}} \tag{14.7.35}$$

예제 14.29

예제 14.16에서 주어진 유출량 자료(표 14.9) 및 산정된 매개변수를 이용하여 일반극치분포에 대한 100년 빈도의 홍수량을 산정하라. 산정된 매개변수는 모멘트법인 경우 $\alpha = 621.73$, $\beta = 0.0748$, $x_0 = 1101.3$이고, 확률가중모멘트법인 경우 $\alpha = 578.54$, $\beta = -0.0118$, $x_0 = 1076.43$이다.

풀이

1) 모멘트법에 의한 매개변수 사용

$$x_T = x_0 + \frac{\alpha}{\beta}\left[1 - \left\{-\ln\left(1-\frac{1}{T}\right)\right\}^{\beta}\right]$$

$$= 1101.3 + \frac{621.73}{0.0748}\left[1 - \left\{-\ln\left(1-\frac{1}{100}\right)\right\}^{0.0748}\right] = 3521.13\text{cms}$$

2) 확률가중모멘트법에 의한 매개변수 사용

$$x_T = x_0 + \frac{\alpha}{\beta}\left[1 - \left\{-\ln\left(1-\frac{1}{T}\right)\right\}^{\beta}\right]$$

$$= 1076.43 + \frac{578.54}{-0.0118}\left[1 - \left\{-\ln\left(1-\frac{1}{100}\right)\right\}^{-0.0118}\right] = 3811.14\text{cms}$$

14.7.8 Type-I 극치(Gumbel)분포

Type-I 극치분포의 누가확률밀도함수는 다음과 같다.

$$F(x) = \exp\left[-\exp\left(-\frac{x - x_o}{\alpha}\right)\right] = 1 - \frac{1}{T} \tag{14.7.36}$$

식 (14.7.36)을 x에 관해서 정리하면 다음과 같다.

$$x = x_o - \alpha \ln\left[\ln\left(\frac{T}{T-1}\right)\right] \tag{14.7.37}$$

식 (14.7.37)에 Type-I 극치분포의 매개변수인 α와 x_o 대신 산정치를 구하는 아래의 식을 대입하고 정리하면 식 (14.7.38)을 얻을 수 있다.

$$\alpha = 0.7797s \tag{14.4.98}$$

$$x_o = \bar{x} - 0.5772\alpha = \bar{x} - 0.45s \tag{14.4.99}$$

$$x = \bar{x} + s\left\{-0.45 - 0.7797\ln\left[\ln\left(\frac{T}{T-1}\right)\right]\right\} \tag{14.7.38}$$

식 (14.7.38)을 식 (14.7.3)과 비교하면 빈도계수 K_T는 다음과 같다.

$$K_T = -\left\{0.45 + 0.7797\ln\left[\ln\left(\frac{T}{T-1}\right)\right]\right\} \tag{14.7.39}$$

식 (14.7.39)는 자료의 수가 무한이 많을 때 적용하며 자료가 많지 않을 경우에는 표 14.25로부터 Type-I 극치분포에 대한 빈도계수를 구할 수 있다. 빈도계수를 구한 후 식 (14.7.3)을 이용하여 재현기간 T에 해당하는 값 x_T를 구하게 된다.

표 14.25 Type-I 극치분포의 빈도계수

표본크기	초과확률 (P(X>x))								
	0.2	0.1	0.067	0.05	0.04	0.02	0.0133	0.01	0.001
	재현기간 (T년)								
n	5	10	15	20	25	50	75	100	1000
15	0.967	1.703	2.117	2.410	2.632	3.321	3.721	4.005	6.265
20	0.919	1.625	2.032	2.302	2.517	3.179	3.563	3.836	6.006
25	0.888	1.575	1.963	2.235	2.444	3.088	3.463	3.729	5.842
30	0.866	1.541	1.922	2.188	2.393	3.026	3.393	3.653	5.727
35	0.851	1.516	1.891	2.152	2.354	2.379	3.341	3.598	
40	0.838	1.495	1.866	2.126	2.326	2.943	3.301	3.554	5.576
45	0.829	1.478	1.847	2.104	2.303	2.913	3.268	3.520	
50	0.820	1.466	1.831	2.086	2.283	2.889	3.241	3.491	5.478
55	0.813	1.455	1.818	2.071	2.267	2.869	3.219	3.467	
60	0.807	1.446	1.806	2.059	2.253	2.852	3.200	3.446	
65	0.801	1.437	1.796	2.048	2.241	2.837	3.183	3.429	
70	0.797	1.430	1.788	2.038	2.230	2.824	3.169	3.413	5.359
75	0.792	1.423	1.780	2.029	2.220	2.812	3.155	3.400	
80	0.788	1.417	1.773	2.220	2.212	2.802	3.145	3.387	
85	0.785	1.413	1.767	2.013	2.205	2.793	3.135	3.376	
90	0.782	1.409	1.762	2.007	2.198	2.785	3.125	3.367	
95	0.780	1.405	1.757	2.002	2.193	2.777	3.116	3.357	
100	0.779	1.401	1.752	1.998	2.187	2.770	3.109	3.349	5.261
·	·	·	·	·	·	·	·	·	·
∞	0.719	1.305	1.635	1.866	2.044	2.592	2.911	3.137	4.936

예제 14.30

표 14.7에서 주어진 유출량 자료 및 예제 14.17에서 산정된 매개변수를 이용하여 Type-I 극치분포에 대한 100년 빈도의 홍수량을 산정하라. 산정된 매개변수는 모멘트법인 경우 $\bar{x}$=106.38, s=56.96, α=44.4141, x_0=80.745이고, 확률가중모멘트법인 경우 α=45.5149, x_0=80.106이다.

풀이

1) 모멘트법에 의한 매개변수 사용

$$K_T = -0.45 - 0.7797\ln\left[\ln\left(\frac{T}{T-1}\right)\right] = -0.45 - 0.7797\ln[\ln(100/(100-1))] = 3.1367$$

$$x_{100} = \bar{x} + sK_{100}$$

$$x_{100} = 106.38 + 56.96 \times 3.1367 = 285.06\text{cms}$$

2) 확률가중모멘트법에 의한 매개변수 사용

$$x = x_o - \alpha\ln\left[\ln\left(\frac{T}{T-1}\right)\right]$$

$$x_{100} = 80.106 - 45.5149\ln\left[\ln\left(\frac{100}{100-1}\right)\right] = 289.48\text{cms}$$

14.7.9 Type-III 극치(Weibull)분포

Type-III 극치분포를 x에 관해 다시 정리하면 다음과 같다.

$$x = x_0 + \alpha[-\ln(1-F)]^{1/\beta} \tag{14.7.40}$$

재현기간 T년에 해당하는 빈도계수는 F(x)=1−1/T의 관계를 위 식에 대입하면 다음과 같이 구할 수 있다.

$$x_T = x_0 + \alpha[\ln(T)]^{1/\beta} \tag{14.7.41}$$

$$K_T = \frac{[\ln(T)]^{1/\beta} - \Gamma(1/\beta+1)}{[\Gamma(2/\beta+1) - \Gamma^2(1/\beta+1)]^{1/2}} \tag{14.7.42}$$

예제 14.31

표 14.5에서 주어진 연 최고치 유출량자료와 예제 14.18에서 산정한 매개변수를 Type-III 극치분포에 대해 재현기간 100년에 해당하는 홍수량을 산정하라. 산정된 매개변수는 모멘트법인 경우 $\alpha=151.988$, $\beta=3.1676$, $x_0=-9.4099$이고, 확률가중모멘트법인 경우 $\alpha=152.3686$, $\beta=3.1415$, $x_0=-9.6968$이다.

풀이

1) 모멘트법에 의한 매개변수 사용

$$x_{100} = x_0 + \alpha[\ln(100)]^{1/\beta} = -9.4099 + 151.988[\ln(100)]^{1/3.1676} = 236.74\text{cms}$$

2) 확률가중모멘트법에 의한 매개변수 사용

$$x_{100} = x_0 + \alpha[\ln(100)]^{1/\beta} = -9.6968 + 152.3686[\ln(100)]^{1/3.1415} = 250.89\text{cms}$$

14.7.10 Wakeby 분포

Wakeby 분포의 재현기간 T에 대한 수문량은 누가확률 F(x)=1−1/T를 대입하고 정리하면 다음과 같이 구할 수 있다.

$$x_T = m + a[1 - T^{-b}] - c[1 - T^{d}] \tag{14.7.43}$$

예제 14.32

표 14.5에서 주어진 연 최고치 유출량자료와 예제 14.19에서 산정한 매개변수를 이용하여 Wakeby분포에 대해 재현기간 100년에 해당하는 홍수량을 산정하라. 산정된 매개변수는 a=121.027, b= 2.0431, c=4.5317, d=0.6695, m=36.217이다.

풀이

$$x_T = m + a[1 - T^{-b}] - c[1 - T^{d}]$$

$$x_{100} = 36.217 + 121.027[1 - (100)^{-2.0431}] - 4.5317[1 - (100)^{0.6695}] = 251.62\text{cms}$$

연습문제

14.1 예제 14.2에서 주어진 연 최고치유출량(표 14.2)자료에 대해 W-W검정을 실시하라.

14.2 예제 14.2에서 주어진 연 최고치유출량(표 14.3)자료에 대해 W-W검정을 실시하라.

14.3 예제 14.1의 표 14.1에서 주어진 85년간의 연 최고치 유출량자료를 처음 42개와 뒤의 43개로 나누어 두 자료집단이라고 가정하고, M-W검정방법을 이용하여 이들 자료의 균일성을 유의수준 5%에 대해 검정하라.

14.4 예제 14.1과 14.2의 표 14.1과 표 14.2에서 주어진 연 최고치 유출량자료에 대해 M-W검정방법을 이용하여 이들 자료의 균일성을 유의수준 5%에 대해 검정하라.

14.5 예제 14.2의 표 14.3에 주어진 연 최고치 유출량자료에 대해 G-B검정을 실시하여 유의수준 10%에 대해 고이상치 및 저이상치를 검정하라.

14.6 하천정비가 완료될 때까지 하천주위 지역을 보호하기 위해 cofferdam을 건설하려고 한다. Cofferdam은 30년 빈도의 홍수에 대해 설계하며 하천정비는 3년 동안 이루어질 경우 다음 확률을 구하라.

1) cofferdam이 3년 동안 월류되지 않을 확률 즉, 신뢰도는 얼마인가.
2) 어떤 해에 cofferdam이 잠길 확률
3) cofferdam이 3년 내에 한번 월류 될 확률
4) cofferdam이 3년 이내에 최소한 한번 발생할 확률(위험도)
5) cofferdam이 세 번째 해에 월류 할 확률

14.7 다음을 계산하라.

1) 홍수통제 구조물의 수명이 30년이라고 할 때 이 기간 동안 50년 빈도의 홍수가 최소한 한번 발생할 확률을 구하라.
2) 홍수통제 구조물의 수명이 30년이라고 할 때 이 기간 동안 100년 빈도의 홍수가 최소한 한번 발생할 확률을 구하라.
3) 앞으로 10년간 100년 빈도의 홍수가 발생하지 않을 확률을 구하라.
4) 앞으로 10년간 50년 빈도의 홍수가 발생하지 않을 확률을 구하라.
5) 앞으로 100년간 100년 빈도의 홍수가 발생하지 않을 확률을 구하라.
6) 앞으로 100년간 50년 빈도의 홍수가 발생하지 않을 확률을 구하라.

14.8 저수지의 월별 수위변화가 평균 2cm라고 가정하고 그래프 분석을 통해 수위변화가 푸아송분포를 따른다고 하자. 수심의 관측 단위가 cm이며 이산형이라 한다면 한 달 동안 수위변화가 3cm일 확률은 얼마인가? 또한 3cm 이하의 변화를 보일 확률은 얼마인가?

14.9 어떤 지역에서 1년 중 약 50번의 독립적인 호우사상이 발생하며 평균 지속기간은 7.1시간이다. 계절적인 변동성을 무시하고 지수분포를 이용하여 다음을 계산하라.

1) 평균 호우발생 간격은 얼마인가.
2) 호우의 발생시간 간격이 최소한 8일=192시간일 확률을 구하라.
3) 두 호우의 간격이 정확히 48시간일 확률은 얼마인가.
4) 두 호우의 간격이 48시간과 같거나 보다 작을 확률은 얼마인가.

14.10 어떤 하천에서의 일 유출량을 장기간 관측하여 분석한 결과 평균이 750m^3/sec이고 표준편차가 80인 정규분포를 보인다고 가정할 때 다음을 계산하라.

1) 일 유출량이 790과 870 사이에 있을 확률은 얼마인가?
2) 일 유출량이 730과 850 사이에 있을 확률은 얼마인가?
3) 일 유출량이 770 이하일 확률은 얼마인가?

14.11 어떤 하천에서의 유출량자료가 정규분포를 보인다고 할 때 다음을 계산하라. 단, 평균은 532m^3/sec이고 표준편차는 87이다.

1) 재현기간 100년인 홍수의 크기는 얼마인가.
2) 홍수량이 700m^3/sec보다 작거나 같을 확률은 얼마인가.
3) 홍수량 700m^3/sec의 재현기간은 얼마인가.

14.12 예제 14.2의 유출량자료(표 14.2)를 이용하여 모멘트법과 확률가중모멘트법에 의해 정규분포의 매개변수를 추정하라.

14.13 예제 14.2의 유출량자료(표 14.3)를 이용하여 모멘트법과 확률가중모멘트법에 의해 정규분포의 매개변수를 추정하라.

14.14 연습문제 14.11에서 자료가 대수정규분포를 따른다고 가정하고 다음을 계산하라. 자료 x에 $\log_{10}$을 취해 구한 결과 평균은 $\bar{y}$=2.6435 표준편차는 s_y=0.0975이다.

1) 재현기간 100년에 해당하는 홍수의 크기를 구하라.
2) 홍수량이 700m^3/sec보다 작거나 같을 확률은 얼마인가.
3) 홍수량 700m^3/sec의 재현기간은 얼마인가.

14.15 예제 14.2의 표 14.2와 같이 주어진 연 최고치 유출량자료에 대해 2변수 대수정규분포에 대한 매개변수를 모멘트법 및 확률가중모멘트법에 의해 추정하라. L-모멘트의 변동계수 τ=0.272이다.

14.16 예제 14.2의 표 14.3과 같이 주어진 연 최고치 유출량자료에 대해 2변수 대수정규분포에 대한 매개변수를 모멘트법 및 확률가중모멘트법에 의해 추정하라. L-모멘트의 변동계수 τ=0.4641이다.

14.17 예제 14.2의 표 14.2와 같이 주어진 연 최고치 유출량자료에 대해 3변수 대수정규분포에 대한 매개변수를 모멘트법 및 확률가중모멘트법에 의해 추정하라. L-모멘트의 변동계수 τ=0.272, 왜곡도계수 τ_3=0.1845이다.

14.18 예제 14.2의 표 14.3과 같이 주어진 연 최고치 유출량자료에 대해 3변수 대수정규분포에 대한 매개변수를 모멘트법 및 확률가중모멘트법에 의해 추정하라. L-모멘트의 변동계수 τ=0.4641, 왜곡도계수 τ_3=0.6406이다.

14.19 예제 14.2의 표 14.2에 주어진 연 최고치 유출량자료에 대해 2변수 Gamma분포에 대한 매개변수를 모멘트법 및 확률가중모멘트법에 의해 추정하라. L-모멘트의 변동계수 τ=0.272이다.

14.20 예제 14.2의 표 14.3에 주어진 연 최고치 유출량자료에 대해 2변수 Gamma분포에 대한 매개변수를 모멘트법 및 확률가중모멘트법에 의해 추정하라. L-모멘트의 변동계수 τ=0.4641이다.

14.21 예제 14.2의 표 14.2와 같이 주어진 연 최고치 유출량자료를 이용하여 3변수 Gamma분포에 대한 매개변수를 모멘트법 및 확률가중모멘트법에 의해 추정하라. L-모멘트의 변동계수 τ= 0.272, 왜곡도계수 τ_3=0.1845이다.

14.22 예제 14.2의 표 14.3과 같이 주어진 연 최고치 유출량자료를 이용하여 3변수 Gamma분포에 대한 매개변수를 모멘트법 및 확률가중모멘트법에 의해 추정하라. L-모멘트의 변동계수 τ= 0.4641, 왜곡도계수 τ_3=0.6406이다.

14.23 예제 14.28에서 주어진 표 14.24의 연 최고치 유출량자료를 이용하여 Log-Pearson Type-III 분포에 대한 매개변수를 모멘트법 및 확률가중모멘트법에 의해 추정하라. L-모멘트의 L_2=0.2551, 왜곡도계수 τ_3=−0.01786이다.

14.24 예제 14.2의 표 14.3과 같이 주어진 연 최고치 유출량자료를 이용하여 Log-Pearson Type-III 분포에 대한 매개변수를 모멘트법 및 확률가중모멘트법에 의해 추정하라. L-모멘트의 L_2= 0.3699, 왜곡도계수 τ_3=0.4245이다.

14.25 예제 14.2의 표 14.2의 연 최고치 유출량자료를 이용하여 일반극치분포(GEV)분포에 대한 매개변수를 모멘트법 및 확률가중모멘트법에 의해 추정하라. L-모멘트의 변동계수 τ=0.272, 왜곡도계수 τ_3=0.1845이다.

14.26 예제 14.28에서 주어진 표 14.24의 연 최고치 유출량자료를 이용하여 일반극치분포(GEV)분포에 대한 매개변수를 모멘트법 및 확률가중모멘트법에 의해 추정하라. L-모멘트의 변동계수 τ= 0.24814, 왜곡도계수 τ_3=0.20165이다.

14.27 예제 14.2의 표 14.2와 같이 주어진 연 최고치 유출량자료를 이용하여 Type-I 극치(Gumbel)분포에 대한 매개변수를 모멘트법 및 확률가중모멘트법에 의해 추정하라. L-모멘트의 변동계수 τ= 0.272이다.

14.28 예제 14.28에서 주어진 표 14.24의 연 최고치 유출량자료를 이용하여 Type-I 극치(Gumbel)분포에 대한 매개변수를 모멘트법 및 확률가중모멘트법에 의해 추정하라. L-모멘트의 변동계수 τ= 0.2481이다.

14.29 예제 14.2의 표 14.2와 같이 주어진 연 최고치 유출량자료를 이용하여 Type-III 극치(Weibull)분포에 대한 매개변수를 모멘트법 및 확률가중모멘트법에 의해 추정하라. L-모멘트의 변동계수 τ= 0.272, 왜곡도계수 τ_3=0.1845이다.

14.30 예제 14.11의 표 14.7과 같이 주어진 연 최고치 유출량자료를 이용하여 Type-III 극치(Weibull)분포에 대한 매개변수를 모멘트법 및 확률가중모멘트법에 의해 추정하라. L-모멘트의 변동계수 τ= 0.2966, 왜곡도계수 τ_3=0.1873이다.

14.31 예제 14.2의 표 14.2에 주어진 연 최대 홍수량자료를 이용하여 Wakeby분포의 매개변수를 산정하라. 자료로부터 확률가중모멘트를 구한 결과 다음과 같다.

$$M_{1,0,0} = B_0 = 28.91,\ M_{1,0,1} = B_1 = 10.5230,\ M_{1,0,2} = B_2 = 5.9465,$$
$$M_{1,0,3} = B_3 = 3.9595,\ M_{1,0,4} = B_4 = 2.8743$$

14.32 예제 14.11의 표 14.7에 주어진 연 최대 홍수량자료를 이용하여 Wakeby분포의 매개변수를 산정하라. 자료로부터 확률가중모멘트를 구한 결과 다음과 같다.

$$M_{1,0,0} = B_0 = 106.3779,\ M_{1,0,1} = B_1 = 37.4147,\ M_{1,0,2} = B_2 = 20.6699$$

$$M_{1,0,3} = B_3 = 13.6364,\ M_{1,0,4} = B_4 = 9.8669$$

14.33 예제 14.20에서 주어진 연 강우량자료(표 14.12)를 이용하여 χ^2검정을 통해 이 자료가 대수정규분포에 적합한지 유의수준 5%로 판단하라.

14.34 다음과 같이 주어진 20년간의 연 강우량자료(mm)를 이용하여 2변수 대수정규분포에 대해 유의수준 5%로 K-S 검정을 실시하라.

년 도	강우량	년 도	강우량	년 도	강우량	년 도	강우량
1995	1252	2000	876	2005	792	2010	645
1996	1123	2001	1278	2006	686	2011	584
1997	1059	2002	1113	2007	940	2012	1435
1998	782	2003	549	2008	1189	2013	1102
1999	1361	2004	1196	2009	683	2014	1049

14.35 재현기간 100년에 해당하는 정규분포의 빈도계수를 식 (14.7.7)을 사용하여 구하라.

14.36 예제 14.2의 표 14.2에서 주어진 유출량 자료를 이용하여 매개변수를 산정한 결과 모멘트법인 경우 $\bar{x} = 28.91\text{m}^3/\text{sec}$, $s = 14.3916\text{m}^3/\text{sec}$이고, 확률가중모멘트인 경우 $\bar{x} = 28.91\text{m}^3/\text{sec}$, $s = 13.9351\text{m}^3/\text{sec}$이다. 정규분포에 대한 100년 빈도의 홍수량을 산정하라.

14.37 연습문제 14.15(표 14.2)에서 산정된 매개변수가 모멘트법인 경우 $\bar{y}$=3.2535, s_y=0.4705이고, 확률가중모멘트법인 경우 $\bar{y}$=3.2431, s_y=0.4921일 때 대수정규분포에 대한 100년 빈도의 홍수량을 산정하라.

14.38 연습문제 14.17(표 14.2)에서 산정된 매개변수가 모멘트법인 경우 x_0=−15.1036, $\bar{y}$=3.7337, s_y=0.3187이고, 확률가중모멘트법인 경우 x_0=−8.1845, $\bar{y}$=3.5411, s_y=0.3805이다. 3변수 대수정규분포에 대한 100년 빈도의 홍수량을 산정하라.

14.39 표 14.2의 유출량 자료 및 연습문제 14.19에서 산정된 매개변수가 모멘트법인 경우 α=7.1643, β=4.0353이고, 확률가중모멘트법인 경우 α=7.1438, β=4.0468이다. 2변수 Gamma분포에 대한 100년 빈도의 홍수량을 산정하라.

14.40 표 14.2의 유출량 자료 및 연습문제 14.21에서 산정된 매개변수가 모멘트법인 경우 α=7.3103, β=3.8757, x_0=0.5774이고, 확률가중모멘트법인 경우 α=8.0972, β=3.2013, x_0=2.9882이다. Pearson Type-III 분포에 대해 100년 빈도의 홍수량을 산정하라.

14.41 표 14.2에서 주어진 유출량 자료 및 연습문제 14.25에서 산정된 매개변수는 모멘트법인 경우 α = 11.6054, β=0.0267, x_0=22.5107이고, 확률가중모멘트법인 경우 α=11.1054, β=−0.0227, x_0 = 22.2455이다. 일반극치분포(GEV분포)에 대한 100년 빈도의 홍수량을 산정하라.

14.42 표 14.2에서 주어진 유출량 자료 및 연습문제 14.27에서 산정된 매개변수는 모멘트법인 경우 $\overline{x}$ =28.91, s=14.3916, α=11.2212, x_0=22.4338이고, 확률가중모멘트법인 경우 α=11.3454, x_0 =22.3613이다. Type-I 극치분포(Gumbel분포)에 대한 100년 빈도의 홍수량을 산정하라.

14.43 표 14.2에서 주어진 연 최고치 유출량자료와 연습문제 14.29에서 산정한 매개변수가 모멘트법인 경우 α=24.4125, β=1.5577, x_0=6.9649이고, 확률가중모멘트법인 경우 α=24.3277, β=1.5556, x_0=7.0381이다. Type-III 극치분포(Weibull분포)에 대해 재현기간 100년에 해당하는 홍수량을 산정하라.

14.44 표 14.2에서 주어진 연 최고치 유출량자료와 연습문제 14.31에서 산정한 매개변수가 a=20.658, b=7.4271, c=27.4953, d=0.2716, m=0.4494이다. Wakeby분포에 대해 재현기간 100년에 해당하는 홍수량을 산정하라.

CHAPTER

수문학적 설계 15

15.1 서 론

소규모 및 중대규모 수공구조물 설계 시 사용되는 첨두홍수량의 예측 또는 완전한 수문곡선의 합성은 수문분야에서 매우 중요하다. 소규모 수공구조물은 도로를 지나는 암거, 제방, 배수로, 도시호우 배수시스템, 비행장의 배수시설로부터 소규모 댐의 여수로 부속시설까지 다양하다. 수공구조물 설계를 위해서는 다양하게 변하는 수문정보를 필요로 한다. 일반적으로 각종구조물의 중요도 및 사회적 여건을 고려하여 설계빈도(design frequency)를 결정하고, 강우량 자료를 이용하여 이 빈도에 대한 설계강우(design storm)를 산정하여, 이에 상응하는 하천수위나 유출수문곡선을 구하게 된다. 유사이송(sediment transport), 갈수빈도분석, 취수, 저수지용량 및 공급량 분석도 수문학적 설계의 일부가 된다.

수문학적 해석을 포함하는 대부분의 설계에서는 과거나 장래의 극한 상황을 재현하는 수문량 또는 한계치를 이용하게 된다. 만일 하천 유출 자료가 없는 경우에는 설계홍수수문곡선은 관측된 강우기록으로부터 강우-유출관계를 이용하여 합성하게 된다. 소규모 유역에서는 설계를 위한 하천 유출

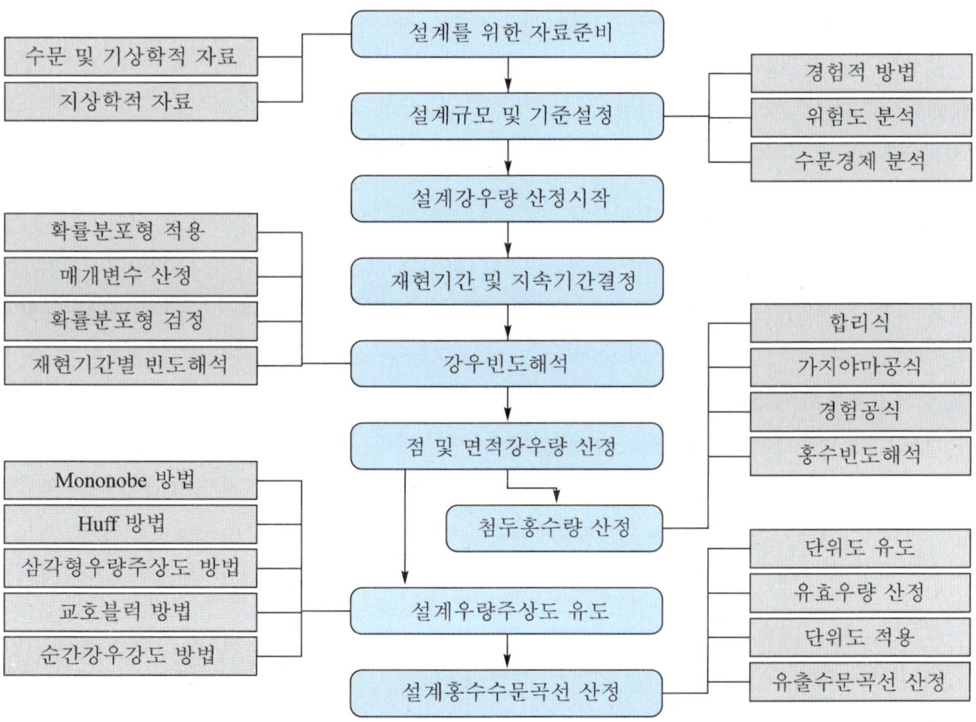

그림 15.1 수공구조물설계를 위한 설계홍수량 산정절차

자료가 준비되어 있지 않은 곳이 많으므로 지역분석(regional analysis) 또는 경험적인 상관분석(correlation analysis) 등을 통해 첨두유출량을 산정하게 된다. 자료가 있는 유역에 대해서는 9장~11장에서 설명한 유출해석, 단위도 및 홍수추적방법 등을 이용하여 강우에 따른 홍수량을 산정할 수 있다.

중대규모 수공구조물의 수문학적 설계는 소규모인 경우보다 좀 더 복잡하다. 대규모 댐은 홍수로부터의 보호 이상의 목적 즉, 다목적(multipurpose)으로 설계하며 관개용수, 발전용수, 생활용수, 주운 및 하천유지용수 등의 물 공급목적을 가지고 있다. 이와 같이 여러 가지 목적으로 이용하게 되며 설계유입수문곡선은 저수지 수위와 연계하여 여수로 및 방수로의 적절한 운영을 결정하기 위해 추적된다. 다양한 확률에 대해 여수로 규모의 경제성 분석을 통해 최종 설계가 결정 되며, 하류지역의 인명 및 재산의 보호 정도, 설계비용, 당국의 정책, 설계기준 그리고 댐 운영조건 등이 고려되어야 한다. 본 장에서는 소규모 및 중대규모 수공구조물을 홍수로부터 안전하도록 설계하여 하류지역의 피해를 방지하기 위한 수문설계 절차를 소개하기로 한다.

15.2 수문설계를 위한 자료

수공구조물의 적절한 설계를 위해서는 설계지점 및 유역에 대한 지상학적 자료(physiographic data)와 수문학적 자료(hydrologic data)가 필요하며 이러한 자료의 준비 및 신뢰성 있는 분석은 성공적인 수공구조물 설계를 위한 가장 기본적인 과정이다.

15.2.1 지상학적 자료

모든 수공구조물의 수문학적 설계는 항상 신뢰성 있는 지형도(topographic map)를 필요로 한다. 지상학적 자료에는 지형도, 지질도, 토지이용도 등 다양하지만 그 중에서 주로 사용되는 것이 지형도이다. 우리나라 전 지역에 대한 지도는 국토교통부 산하 국립지리정보원에서 현지 측량 및 항공측량 등 다양한 방법을 동원하여 축척 1:5000, 1:10000, 1:25000, 1:50000의 지형도와 1:250000의 지세도, 1:25000의 토지이용도, 1:25000의 연안해역도, 1:1000000의 대한민국전도를 만들어 판매하고 있다. 또한 국토교통부 수자원정책국 하천운영과에서는 우리나라의 5대하천(한강, 낙동강, 금강, 영산강, 섬진강) 유역별로 1:250000의 유역도를 제공하고 있어 하천수계별 지상 자료의 획득에 도움이 되고 있다. 한편 국토교통부와 한국수자원공사에서도 1:75000의 하천위주의 전국하천지도인 '우리ㄱ람길라잡이'를 제작하였다.

최근에는 정보기반시설이 발달함에 따라 1995년부터 지리정보의 중요성을 인식하고 국토교통부는 지리정보에 대한 수요를 충족시키기 위하여 국가지리정보시스템(NGIS)구축사업을 추진해 오고 있으며, 축척 1:1000, 1:5000, 1:25000 수치지형도(DEM)를 제작하고 있다. NRCS방법에 의한 유효우량 산정 시 필요한 정밀토양도(soil map)는 농업과학기술원에서 1:25,000, 1:50,000 축척으로 제공하고 있으며, 한국자원연구소에서는 1:25000, 1:50000 축척의 지질도(geologic map)를 작성하여 유역분석에 필요한 지상 자료를 제공하고 있다. 설계하려는 구조물의 종류와 목적에 따라 필요한 지형도의 축척은 다양하게 변하지만 구조물의 중요도에 상관없이 현장에서의 조사 및 측량은 그 지역의 수문현상을 이해하는데 도움을 준다.

15.2.2 수문학적 자료

수공구조물의 설계에 필요한 수문기상자료로는 강수량, 증발량, 수위 및 유출량, 침투량, 기온 등이 있다. 이러한 수문기상자료는 주로 정부기관에서 전국에 걸친 관측망을 운영함으로서 획득하고 있으며 자료를 정리하여 정기적으로 발간하는 한편, 관련부서의 홈페이지를 통해 실시간으로 자료를 제공하고 있다. 하천수위 및 유량자료는 국토교통부에서 매년 한국수문조사연보 우량편, 수위편, 유량편으로 구분하여 발간하고 있으며, 기상청에서는 강우량, 증발량, 기온 등에 관한 자료를 관측 정리하여 기상월보 및 기상년보로 발간하고 있다. 국토교통부, 한국수자원공사 및 홍수통제소에서도 각종 수문자료를 수집 및 정리하여 실시간으로 홈페이지를 통해 자료를 제공하고 있다.

15.3 수문학적 설계규모

수자원계획 및 관리의 목적은 개략적으로 두 가지 범주로 분류할 수 있다. 하나는 홍수통제, 배수, 오염방지, 유사통제 등과 같은 치수(water control) 목적이고 다른 하나는 가정 및 산업시설에의 물 공급, 수력발전, 위락, 관개, 수질관리를 위한 하천유지용수, 유역관리 등과 같은 이수(water use) 및 관리목적이다. 어떠한 경우든지 수문학적 설계를 하는 방법은 동일하다. 즉, 설계유입량의 계산, 하천 및 저수지 시스템을 통한 흐름의 추적 그리고 결과가 만족한지에 대한 점검이다. 두 경우에서 다른 점은 치수설계는 홍수기간 동안의 순간적인 첨두유출 또는 가뭄기간 동안의 최소 흐름과 같은 짧은 기간 동안의 극한사상과 관련이 있다. 하지만 이수설계에서는 수개월~수년과 같이 장기간에 걸친 유출을 고려하게 된다.

수문학적 설계규모(hydrologic design scale)는 설계홍수량과 같은 수문량의 크기 범위라 할 수 있으며 시스템으로의 유입량을 결정하기 위해 특정 범위 내의 값을 선택하게 된다. 설계 값을 결정하는데 가장 중요한 인자는 비용(cost)과 안전(safety)이다. 암거와 같은 소규모 구조물에 대해 매우 큰 첨두유출량으로 설계하면 비용이 너무 많이 든다. 하지만 대규모 댐의 여수로와 같은 대규모 수공구조물을 너무 작은 홍수에 대해 설계하면 댐 붕괴와 같은 큰 재난을 초래할 수 있다. 따라서 설계를 위한 최적 규모는 비용과 안전이라는 상반되는 조건에 대해서 균형을 이루어야 한다.

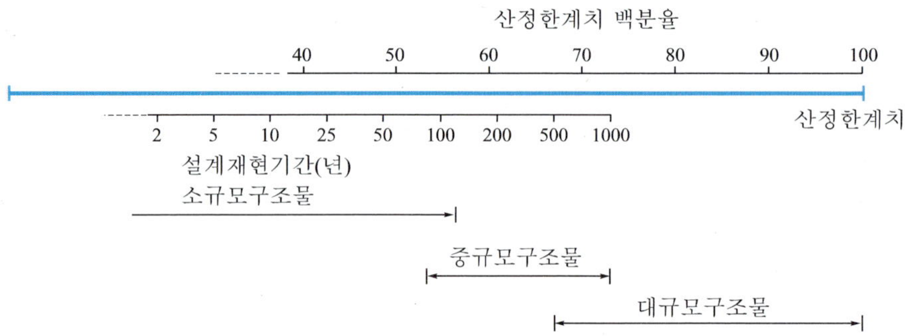

그림 15.2 수문학적 설계규모

15.3.1 산정한계치

수문학적 설계규모의 실질적인 상한계는 지구규모의 수문순환이 폐합된 시스템 즉, 지구상의 물의 총량은 일정하므로 유한하다 할 수 있다. 상한계가 없다고 보는 견해도 있지만 이는 물리적으로 비현실적이다. 대부분의 경우 설계 값이 음이 될 수 없으므로 하한계 설계규모는 0이다. 비록 상한계치가 알려져 있지는 않지만 실무적인 목적으로 상한계치가 산정되어야 한다.

이러한 산정한계치(estimated limiting value, ELV)는 특정 장소에서 최대의 가용한 수문학적 자료를 바탕으로 한 가능한 최대 규모의 수문사상으로 정의한다. 산정한계치에 대한 불확실성의 범위는 정보의 신뢰성, 기술 지식 그리고 분석의 정확성에 달려있으며, 정보 및 지식 그리고 분석기술이 향상됨에 따라 산정치는 진정한 상한계치와 비슷하게 되고 불확실성의 범위는 줄어들게 된다.

산정한계치의 개념은 일반적으로 사용되는 가능최대강수량(probable maximum precipitation, PMP)과 이로 인한 가능최대홍수량(probable maximum flood, PMF)에 내포되어 있다. 가능최대강수량은 세계기상기구(World Meteorological Organization, WMO)에 의하면 '특정유역에서 주어진 지속기간에 대한 물리적인 상한계치에 가까운 강수량'이라 정의되고 있다. 세계 기록을 바탕으로 하면 PMP의 재현기간은 빈도계수(frequency factor) 15에 해당하는 5억년까지도 될 수 있다. 하지만 재현기간은 지리적으로 변한다.

15.3.2 확률적 한계치

산정한계치는 발생 확률을 모르기 때문에 확정론적으로 사용되며, 설계규모를 낮춤으로서 확률 또는 빈도에 바탕을 둔 방법이 일반적으로 적용된다. 이와 같은 기준에서 수문사상의 규모는 비교적 작아 자주 관측되는 범위 내에 나타나게 된다. 따라서 빈도해석을 위한 장기간의 수문자료가 있다면 수문사상의 발생확률은 적절하게 산정될 수 있다. 확률론적 방법은 확정론적인 방법보다 덜 주관적이며 더 이론적으로 다룰 수 있다. 확률론적 방법은 또한 최적의 설계기준을 결정하기 위해 15.4절에서 설명할 수문경제나 위험도 분석과 같은 논리적인 분석방법을 제공하기도 한다.

수공구조물이 파괴되었을 때 인구가 밀집된 지역에서 인명의 손실과 막대한 재산피해를 방지하기 위해 산정한계치를 적용하여 설계하는 것은 바람직하지만 미미한 손실만 초래하는 인구가 별로 없는 지역에서는 좀 더 작은 규모로 설계하는 것이 합리적이다. 이와 같이 수공구조물 및 수문설계규모에는 다양한 조건이 존재하며 따라서 다양한 설계 값이 요구된다. 수문사상의 확률론적인 거동을 결정할 수 있을 때 설계 값으로서 특정재현기간에 대한 수문사상의 크기를 이용하는 것이 아직까지는 최선의 방법이라 할 수 있다.

15.3.3 이수를 위한 설계

이수에 대한 설계도 과도한 물 대신 부족한 물에 관심을 가지는 것을 제외하면 앞에서 설명한 치수에 대한 설계와 비슷하게 이루어진다. 가뭄이 장기간에 걸쳐 발생하기 때문에 홍수자료에 비해 가뭄자료는 비교적 적다. 따라서 빈도해석을 통해 가뭄 설계 기준을 결정하기가 더 어려우며 특히 설계사상이 수년간 지속될 때 더욱 어려워진다.

도시지역 물 공급시스템의 설계에 대한 일반적인 기준은 기록적인 극한가뭄 즉, 최악으로 기록된 가뭄으로 극한 가뭄에 해당하는 기간 동안의 수요량에 대해 충분히 물을 공급할 수 있는지 여부를 고려하게 된다. 그러나 극한가뭄 방법의 한계는 이와 같은 하나의 역사적인 기록을 적용한 설계의 위험도를 알 수 없다는 것이다. 이러한 점을 극복하기 위해 과거기록과 동일한 통계학적 특성을 보이는 유출량을 합성하여 분석하기 위한 합성유출량 발생(method of synthetic stream flow generation) 방법이 개발되어 사용되고 있다.

15.4 수문설계기준의 결정

수문설계기준(hydrologic design level)은 수공구조물의 설계에서 고려되어야 할 수문사상의 크기라고 할 수 있다. 수공구조물은 파괴될 경우 피해정도에 따라 대규모(major), 중규모(intermediate) 그리고 소규모(minor) 수공구조물로 분류될 수 있다. 대규모 수공구조물은 대규모 다목적댐이나 조정지, 대하천 제방, 여수로, 대규모 관개수로, 하구둑 등과 같이 파괴된다면 상당한 인명손실과 재산피해가 발생할 수 있는 구조물이다. 중규모 구조물은 수력발전시설, 관개용수로, 중규모 댐과 저수지, 도시 홍수조절지, 철도 암거 등과 같이 약간의 인명피해가 발생할 수 있고 피해는 소유자의 재정능력범위 내에 있는 정도인 구조물이다. 소규모 구조물은 배수구, 도시우수관거, 공항배수시설, 도로 암거, 도시 우수 저류지, 소하천 제방, 소규모 댐의 여수로 및 부속시설 등과 같이 인명의 손실은 없으며, 피해는 구조물을 교체하거나 보수하는데 소요되는 비용과 비슷한 규모인 구조물이다. 수문학적 설계빈도의 결정은 추정한계치(Estimated Limiting Value, ELV)방법이나 우리나라 하천설계기준에서 제시하고 있는 표 15.1과 같은 주요 수공구조물의 설계빈도를 이용하여 결정하게 된다.

산정한계치로 구조물을 설계하는 것은 비경제적이므로 특정 설계목적에 대해 산정한계치를 조정할 필요가 있으며, 최종 설계치는 공학적인 판단과 경험을 바탕으로 재조정하게 된다. 수문설계기준의 결정은 경험적 방법(empirical approach), 위험도 분석(risk analysis) 그리고 수문경제분석(hydro-economic analysis) 방법 등을 고려하게 된다.

표 15.1 주요 수공구조물의 설계빈도

구조물의 종류	설계빈도(년)
배수시설	2~50
배수로	20 이상
방수로	20 이상
배수제	20 이상
배수문	20 이상
배수펌프	20 이상
유수지 및 저류지	20 이상
하천제방	
국가하천	100~200
지방하천	50~200
홍수방어(조절)용	
저수지	50~SPF(표준설계홍수량)
여수로	PMF(가능최대홍수량)
제방	10~SPF(표준설계홍수량)

15.4.1 경험적 방법

과거의 수문 및 수리설계에서 여수로는 수십 년 동안의 홍수 기록자료 중 최대치의 50~100% 정도를 증가시켜 통과할 수 있도록 설계하기도 하였다. 하지만 이러한 설계기준은 임의의 안전계수가 내포된 개략적인 것이었다. 예를 들어 특정하천에서 과거 수십 년 동안 기록된 자료 중 최대치 보다 수배에 가까운 홍수가 발생할 가능성이 얼마든지 있다. 따라서 이러한 설계방법의 근본적인 취약점을 개선하기 위해 더 나은 방법들을 모색하게 되었다.

경험적 접근방법으로 과거 관측자료 중 최대치가 자주 사용된다. 과거 N년 동안의 최대사상이 있을 때 앞으로 n년 동안 이 값보다 크거나 같은 사상이 발생할 확률 즉, 초과확률은 다음과 같이 나타낼 수 있다.

$$P(N,n) = \frac{n}{N+n} \tag{15.4.1}$$

따라서 과거 N년 동안 관측된 자료 중 가장 큰 홍수가 앞으로 N년 동안 발생할 확률은 0.5가 된다. 만일 m년 간 지속하는 가뭄이 N년 동안 기록치의 극한사상이라면 다음 n년 동안 최악의 가뭄이 발생할 확률 P(N, m, n)는 어떠하겠는가? N년 동안의 기록에서 m년을 하나의 자료로 보면 전체 자료계열의 수는 N−m+1이 되고, n년 간의 자료계열의 수는 n−m+1이 된다. 따라서 과거 N년 및 장래 n년을 합한 시간 구간에서 최악의 가뭄사상이 다음 n년 동안 발생할 확률은 다음과 같다.

$$\begin{aligned} P(N,m,n) &= \frac{(n-m+1)}{(N-m+1)+(n-m+1)} \quad (n \geq m) \\ &= \frac{n-m+1}{N+n-2m+2} \end{aligned} \tag{15.4.2}$$

여기서 m=1일 경우 식 (15.4.1)과 같게 된다.

예제 15.1

만일 40년간 관측된 수문자료로부터 최악의 가뭄이 5년간 지속되었다면 앞으로 20년 동안 이와 같거나 더 극심한 가뭄이 발생할 확률은 얼마나 되겠는가?

풀이

식 (15.4.2)를 이용하면

$$P(40,5,20)=\frac{20-5+1}{40+20-2\times 5+2}=0.308$$

15.4.2 위험도 분석

치수설계에서는 위험도에 대한 고려를 해야 한다. 만일 설계재현기간이 T년인 수문사상이 구조물의 예상수명기간 내에 발생한다면 구조물은 파괴될 수 있다. 이와 같은 자연적 또는 근본적인 파괴의 수문학적 위험도는 다음과 같이 나타낸다.

$$R=1-[P(F)]^{n}=1-\left(1-\frac{1}{T}\right)^{n} \tag{15.4.3}$$

여기서 R은 재현기간이 T년인 수문사상이 구조물의 예상수명기간 n년 내에 최소한 한번 발생할 확률 즉, 위험도(risk)이다. 그림 15.3은 재현기간 T와 설계수명기간 n에 따른 위험도 R을 보여주고 있다. 예를 들어 예상되는 수명기간 10년 동안 암거의 설계치를 초과하지 않을 확률이 90%가 되기 위해서는 100년 홍수량에 대해 설계를 해야 한다. 즉 식 (15.4.3)에 구조물의 예상수명기간 n=10년, 위험도 R=0.1을 대입하면 T=100년의 값을 얻는다. 만일 붕괴의 위험도를 0.4까지 허용한다면 설계재현기간을 20년까지 줄이거나 예상되는 구조물의 수명기간을 50년까지 늘일 수 있다.

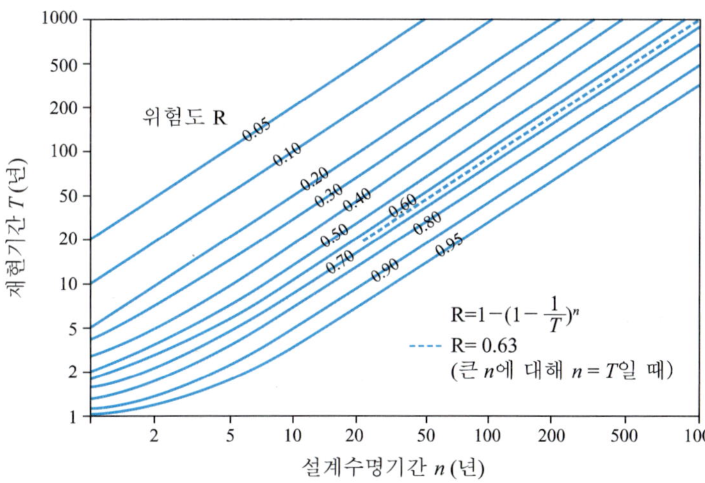

그림 15.3 재현기간 T와 설계수명기간 n에 따른 위험도 R

그림 15.3으로부터 T 및 n이 커짐에 따라, 주어진 파괴 위험도에 대해 요구되는 설계 재현기간 T는 설계 수명기간 n이 증가함에 따라 증가한다. 이러

한 상태에서 만일 설계 재현기간이 설계 수명기간과 같다면 즉 T=n이면 파괴될 확률은 얼마나 되겠는가? 식 (15.4.3)을 멱급수(power series)로 확장함으로써 큰 n값에 대해 $1-(1-1/T)^n \simeq 1-e^{-n/T}$이고 따라서 T=n에 대해 위험도는 $1-e^{-1}=0.632$가 된다. 예를 들어 100년 빈도의 사상이 다음 100년 동안 최소한 한번 초과할 확률은 63%가 된다.

비록 자연적인 수문학적 불확실성이 위와 같이 고려된다 하더라도 다른 종류의 불확실성은 계산하기가 곤란하다. 이러한 경우 안전계수(safety factor, SF) 또는 안전여유(safety margin, SM)를 사용하게 된다. 수문학적 설계 값이 L이고 실제로 반영된 값이 C라면 안전계수 또는 안전여유는 다음과 같다.

$$SF = \frac{C}{L} \quad \text{또는} SM = C - L \tag{15.4.4}$$

다른 종류의 불확실성 즉, 기술적(수리학적, 구조적, 건설 및 운영 등), 사회경제적, 정치적 그리고 환경적 불확실성 등도 고려해야 하므로 실제로 반영되는 값은 수문학적 설계 값보다 크게 된다.

수공구조물의 특정 수문학적 위험도 R과 설계수명기간 n에 대해 식 (15.4.3)은 재현기간 T를 산정하는데 사용될 수 있으며, 초과 확률과 관계된 크기 L을 가진 수문사상은 수문자료의 빈도해석을 이용하여 산정하게 된다. 설계 값 C는 안전계수 SF에 L을 곱해 구하거나 안전여유 SM에 L을 더해 구할 수 있다. 예를 들어 하천제방은 유출량이 500~2,000m^3/sec인 경우 1.0m 이상의 여유고 즉, 계산된 최고수위에 1m 이상의 여유고를 두어 결정하게 된다.

예제 15.2

암거의 예상 수명기간은 10년이다. 만일 설계수명기간 동안 암거의 용량을 최소한 한번 초과할 확률이 10%라면 설계재현기간은 얼마인가? 이러한 설계재현기간에 대해 설계된 암거가 50년 동안 초과하지 않을 확률은 얼마인가?

풀이

식 (15.4.3)을 이용하면

$$R = 1-\left(1-\frac{1}{T}\right)^n \quad \text{또는} \quad 0.1 = 1-\left(1-\frac{1}{T}\right)^{10}$$

따라서 재현기간 T=95년이 된다. 다음 50년 동안 파괴될 확률은

$$R = 1-\left(1-\frac{1}{95}\right)^{50} = 0.41$$

따라서 50년 동안 초과하지 않을 확률은 1−0.41 = 0.59이다.

15.4.3 수문학적 경제 분석

만일 수문사상의 확률론적 특성과 이로 인한 피해를 수문사상의 가능한 범위 내에서 알 수 있다면 최적 설계 재현기간은 수문학적 경제 분석에 의해 결정할 수 있다. 설계 재현기간이 증가함에 따라 구조물의 건설비용은 증가하게 되고, 안전성이 증가하므로 예상되는 피해액은 감소한다. 연 단위로 건설비용과 예상피해액을 합산함으로서 총 비용이 가장 작은 설계 재현기간을 산정할 수 있다.

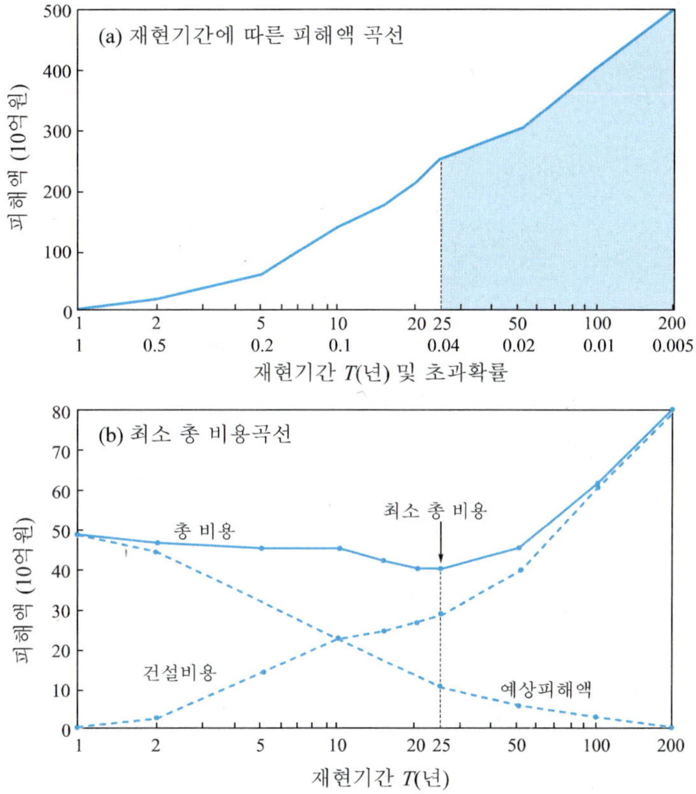

그림 15.4 최적 재현기간의 결정방법

그림 15.4(a)는 홍수와 같이 어떤 특정 재현기간을 가진 사상이 발생할 경우 예상되는 피해를 보여주고 있다. 만일 수문사상의 설계 크기가 x_T이면 구조물은 설계 크기 x_T 이하인 사상 x에 대해서는 피해를 방지하고, 사상 x가 설계크기 x_T보다 크면 구조물은 피해를 입게 된다. 따라서 연 예상피해액(expected annual damage cost) D_T는 다음과 같이 크기 x의 수문사상이 어떤 해에 발생할 확률 f(x)dx에 그 수문사상으로 인해 입을 피해액 D(x)를 곱하여 $x > x_T$에 대해 모두 합(적분)함으로서 구할 수 있으며 그림 15.4(a)의 음영부분의 면적과 같다.

$$D_T = \int_{x_T}^{\infty} D(x) f(x) dx \tag{15.4.5}$$

식 (15.4.5)는 수치적분 즉, $x > x_T$인 범위를 여러 구간으로 나누어 각 구간에 대한 연 예상피해액을 구해 더함으로서 산정하게 된다. 임의의 구간 $x_{i-1} \le x \le x_i$에 대해서

$$\Delta D_i = \int_{x_{i-1}}^{x_i} D(x) f(x) dx \tag{15.4.6}$$

이 구간 사이의 평균예상피해액을 i−1과 i에서의 예상피해액의 평균치를 사용하면 다음과 같다.

$$\Delta D_i = \left[\frac{D(x_{i-1}) + D(x_i)}{2}\right]\int_{x_{i-1}}^{x_i} f(x)dx \tag{15.4.7}$$

$$= \frac{D(x_{i-1}) + D(x_i)}{2}[P(x \le x_i) - P(x \le x_{i-1})]$$

또한 다음과 같은 누가확률관계를 이용하면 식 (15.4.9)와 같이 나타낼 수 있다.

$$P(x \le x_i) - P(x \le x_{i-1}) = [1 - P(x \ge x_i)] - [1 - P(x \ge x_{i-1})] \tag{15.4.8}$$

$$= P(x \ge x_{i-1}) - P(x \ge x_i)$$

$$\Delta D_i = \frac{D(x_{i-1}) + D(x_i)}{2}[P(x \ge x_{i-1}) - P(x \ge x_i)] \tag{15.4.9}$$

따라서 재현기간 T년에 대해 설계된 구조물의 연 예상피해액은 다음과 같다.

$$D_T = \sum_{i=1}^{\infty}\left[\frac{D(x_{i-1}) + D(x_i)}{2}\right][P(x \ge x_{i-1}) - P(x \ge x_i)] \tag{15.4.10}$$

이와 같이 산정된 연 예상피해액에 연 건설비용을 합하면 총 비용이 된다. 이때 총 비용이 최소가 되는 지점이 최적의 설계 재현기간이 된다.

예제 15.3

표 15.2와 같이 홍수피해를 방지하기 위한 구조물의 재현기간에 따른 피해액과 건설비가 주어져 있다. 구조물이 없을 경우의 연 예상피해액과 최적 설계 재현기간을 산정하라.

표 15.2 수문학적 경제 분석에 의한 최적 설계 재현기간의 산정

계산 구간 (1)	재현기간 T(년) (2)	초과확률 $P(X \ge x_i)$ (3)	피해액 (10억원) (4)	구간예상피해액 D_i (10억원/년) (5)	피해위험비용 (10억원/년) (6)	건설비용 (10억원/년) (7)	총 비용 (10억원/년) (8)
	1	1.000	0		49.098	0	49.098
1	2	0.500	20	5.000	44.098	3	47.098
2	5	0.200	60	12.000	32.098	14	46.098
3	10	0.100	140	10.000	22.098	23	45.098
4	15	0.067	177	5.283	16.815	25	41.815
5	20	0.050	213	3.250	13.565	27	40.565
6	25	0.040	250	2.315	11.250	29	40.250
7	50	0.020	300	5.500	5.750	40	45.750
8	100	0.010	400	3.500	2.250	60	62.250
9	200	0.005	500	2.250	0.000	80	80.000
	연 예상피해액 = 49.098(10억원)						

풀이

재현기간 및 이에 대한 초과확률이 2란 및 3란과 같다. 이에 상응하는 피해비용 ΔD는 식 (15.4.9)로부터 구할 수 있다. 재현기간 1년과 2년 사이의 구간 i = 1에 대해

$$\Delta D_1 = \frac{D(x_1)+D(x_2)}{2}[P(x \geq x_1) - P(x \geq x_2)] = \frac{0+200}{2}(1.0-0.5) = 50 \text{ 억원/년}$$

이와 같이 각 구간에 대한 피해비용이 5란에 나타나 있다. 따라서 구조물이 건설되지 않을 경우에 연 예상피해액은 5란의 값을 모두 더한 490.98억원/년이 된다. 치수구조물의 재현기간이 증가할수록 피해위험비용(damage risk cost)은 감소한다. 재현기간 T=2년을 선택한다면 피해위험비용은 490.98−ΔD_1= 490.98−50=440.98억원/년이 된다(6란). 이 피해위험비용과 건설비용(7란)을 더하면 총 비용(8란)을 얻을 수 있다. 그림 15.4b는 6~8란을 도시한 결과를 보여주고 있다. 총 비용이 가장 작은 최적 설계 재현기간은 25년임을 알 수 있고, 이때의 총 비용은 402.50억원/년으로 나타난다. 이때 공사비용은 72%, 피해위험비용은 28%로 구성됨을 알 수 있다.

15.5 설계강우 산정

설계강우 또는 호우(design storm)는 수문시스템 설계에서 사용하기 위한 강우이며 시스템의 입력으로 사용되어 강우-유출관계 또는 홍수추적을 통해 시스템 결과인 유출을 얻게 된다. 설계강우는 한 지점에서 강우의 시간분포를 나타내는 설계 우량주상도 형태로 나타내거나 강우의 공간 분포를 나타내는 등우선도(isohyetal map)로 나타낼 수 있다.

설계강우는 특정지역에서 과거 강우자료를 바탕으로 산정하거나 인접지역 강우의 일반적인 특성을 이용하여 산정하게 된다. 설계강우의 적용범위는 우수관거나 고속도로 암거의 첨두유출량을 산정하기 위한 합리식에 사용하는 점강우량으로부터 도시 저류지(detention basin)의 강우-유출분석 또는 대규모 저수지의 여수로 설계를 위한 우량주상도의 사용까지 다양하다. 본 절에서는 점 강우량 자료의 분석, 강우강도-지속기간-빈도(IDF)관계, 점우량과 면적우량의 관계, 설계 우량주상도의 유도 그리고 가능최대강수량(probable maximum precipitation)에 바탕을 둔 극한호우에 대해 알아보기로 한다.

15.5.1 관측소 선정 및 자료수집

현재 설치되어져 있는 우량관측소로는 기상청, 국토해양부, 한국수자원공사, 한국농어촌공사 및 시, 군 관할 우량관측소 등이 있으며, 관측년수, 설계 대상유역과의 거리, 표고 및 유역 등을 고려하여 관측소를 선정하고 있다. 이와 같은 조건이 비슷한 관측소가 여러 개일 경우 기상청 관측소자료를 우선적으로 채택하고 있으며 다른 관측소의 자료는 참고로 비교분석할 필요가 있다.

강우량자료는 연최대치 강우량을 임의시간 10분, 60분, 고정시간 1시간~24시간(1시간간격), 30

시간, 36시간, 48시간, 72시간 등으로 수집하며, 단기간의 결측치는 보완하여 사용한다. 각 지속시간별 연최대강우량자료 계열을 작성한 후 14.2절에서 설명한 방법에 따라 무작위성 검정, 경향성 검정, 이상치 검정 등을 통해 자료 계열의 신뢰성을 판단할 필요가 있으며, 특히 이상치 검정에서 비정상적인 자료가 포함되어 있는 경우 제외하고 분석할 필요가 있다.

15.5.2 지점확률강우량 산정

1) 지점강우량

지점강우량(point precipitation)은 공간상의 한 지점에서 관측된 강우를 말하며 면적강우량(areal precipitation)은 어떤 지역 내의 여러 지점강우량을 이용하여 평균적으로 구한 유역평균강우량이다. 따라서 앞에서 구축한 연최대 강우량 계열을 이용하여 산정한 확률강우량은 관측소지점에서의 지점 확률강우량을 의미하며, 추후 적용하는 유역면적에 따라 면적 확률강우량으로 환산하여 적용하게 된다.

2) 임의시간 지점강우량 환산

앞에서 구축한 지속시간별 연최대강우량 계열은 고정시간 간격의 강우량으로 실제로 홍수는 임의시간에 발생하게 되므로 고정시간 간격의 강우량을 임의시간 강우량으로 환산하여 적용할 필요가 있다. 국토해양부에서 제시하고 있는 임의시간 환산계수는 식 (15.5.1) 및 표 15.3과 같다.

$$Y = 0.1349X^{-1.4170} + 1.0014 \qquad R^2 = 0.9998 \tag{15.5.1}$$

여기서 Y는 환산계수, X는 강우지속시간(hr) 그리고 R은 결정계수이다.

표 15.3 고정시간-임의시간 환산계수

고정시간(hr)	1	2	3	4	6	9	12	18	24	48
임의시간(min.)	60	120	180	240	360	540	720	1080	1440	2880
환산계수	1.136	1.051	1.031	1.020	1.012	1.007	1.005	1.004	1.003	1.002

3) 최적 확률분포형 결정

앞에서 산정한 각 지속기간에 대한 연최대강우량을 14.6절에 소개한 방법으로 빈도해석을 실시하여 다양한 재현기간(빈도)에 대한 확률강우량을 산정한다. 확률강우량 산정 시 재현기간은 2년, 10년, 20년, 30년, 50년, 80년, 100년 그리고 200년을 기본으로 한다. 마지막으로 앞에서 구한 확률강우량을 강우지속기간으로 나누어 강우강도를 얻게 된다.

우리나라 실무에서는 확률분포함수의 매개변수 추정방법으로 모멘트법, 최우도법, 확률가중모멘트법을 적용하고 있으며, 최적 확률분포형으로는 Gumbel분포와 GEV분포를 주로 채택하고 있다.

입력자료 읽기

↓

기본적 통계값 계산

MOMEN1	평균값, 표준편차, 변동계수, 왜곡도계수

↓

예비적 해석

ANDTST	Anderson의 correlogram test
RUNTST	Run test
SPETST	Spearman의 rank correlation coefficient test
TUPTST	Turning point test

↓

매개변수 추정

확률분포형	모멘트법	최우도법	확률가중모멘트법
Gamma	PARGAM1	PARGAM2	PARGAM3
GEV	PARGEV1	PARGEV2	PARGEV3
Gumbel	PARGUM1	PARGUM2	PARGUM3
Log-Gumbel	PARLGU1	PARLGU2	PARLGU3
Log-Normal	PARLOG1	PARLOG2	PARLOG3
Log-Person Type-Ⅲ	PARLP1	PARLP2	PARLP3
Weibull	PARWBU1	PARWBU2	PARWBU3
Wakeby	-	-	PARWKB

↓

매개변수 적합성 검토

확률분포형별 확률변수의 범위 및 추정된 매개변수 적합성 조건

↓

적합도 검정

CHITST	χ^2-test
KSTST	Kolmogorov-Smirnov test
CVMTST	Cramer von Mises test
PPCCTST	Probability Plot Correlation Coefficient test

↓

확률강우량 산정

INVGAM	Gamma 분포형의 확률강우량
INVGEV	GEV 분포형의 확률강우량
INVGUM	Gumbel 분포형의 확률강우량
INVLGU	Log-Gumbel 분포형의 확률강우량
INVLOG	Log-Normal 분포형의 확률강우량
INVLP	Log-Pearson Type-Ⅲ 분포형의 확률강우량
INVWBU	Weibull 분포형의 확률강우량
INVWKB	Wakeby 분포형의 확률강우량

↓

자료의 출력

그림 15.5 FARD 프로그램의 구성요소

현재 실무에서 주로 적용하고 있는 확률강우량 산정 프로그램은 국립방재연구소의 FARD (Frequency Analysis of Rainfall Data) 2006이 있으며, 그림 15.5와 같이 구성된다.

15.5.3 강우강도식 유도

1) 강우강도식 유도

앞 절에서 산정한 지점 확률강우량을 지속시간으로 나눈 강우강도로 환산하여 회귀분석을 통해 강우강도-지속기간-재현기간의 관계를 나타내는 강우강도식을 유도한다. 강우강도식은 4.7절에서 설명한 바와 같이 Talbot형, Sherman형, Japanese형, Semi-log형, General형 그리고 전대수다항식이 사용되고 있으며, 상관계수가 가장 높게 나오는 강우강도식을 채택한다.

2) IDF곡선

유도된 강우강도식은 수자원관련 다양한 분야에서 설계강우량을 산정하는데 사용될 수가 있으며, 강우강도-지속기간 이외에 발생빈도 또는 재현기간을 고려하여 설계강우량을 산정하면 또한 수공구조물의 설계 및 수자원 분석에 유용하게 사용할 수가 있다.

재현기간별 강우강도 및 지속기간을 도시하면 강우강도(Intensity)-지속기간(Duration)-재현기간(Frequency) 사이의 관계를 나타내는 곡선인 IDF곡선을 얻게 되며 최소자승법으로 관계식을 구하면 재현기간 및 지속기간별 강우강도식을 얻게 된다. 자료가 충분히 많은 경우 지속기간별로 연최대치 자료계열을 작성하여 적정 확률분포형을 선정한 후 빈도해석을 하는 것이 바람직하나 자료가 충분치 못한 경우 다음과 같이 확률도시위치공식을 이용하여 IDF곡선을 유도할 수도 있다.

① 강우지속기간을 결정한다. 강우지속기간은 일반적으로 5분, 10분, 20분, 30분, 60분, 2시간, …, 24시간으로 정한다.
② 관측 강우자료로부터 각 지속기간에 해당하는 연 최대 강우량을 결정한다. 예를 들어 지속기간을 5분으로 하였으면 일년 중 5분 동안 내린 강우량 중 가장 큰 것을 선택한다. 따라서 50년 동안의 강우자료가 있다면 50개의 연 최대 강우량이 결정된다.
③ 다른 지속기간에 대해서도 ②에 따라 지속기간별 연 최대 강우량자료를 결정한다.
④ 각 지속기간마다(예를 들어 5분 지속기간 자료 50개) 큰 것부터 작은 순으로 나열한다.
⑤ 표 14.18의 확률도시공식을 사용하여 각 순서별로 재현기간을 부여한다.
⑥ 다른 지속기간에 대해서도 ④, ⑤를 반복한다.
⑦ 앞에서 구한 자료를 바탕으로 재현기간별 지속기간-강우강도의 형태로 정리한다.
⑧ 재현기간별로 가로축에 지속기간, 세로축에 강우강도를 전대수지상에 도시하면 IDF곡선을 얻을 수 있다.

국토해양부(2011년)에서는 기상청 산하 전국 69개 대상 지점에 대해 5분에서 4,320분(72시간)까지 지속기간별 확률강우량을 분석하여 유도한 재현기간별 지속기간별 확률강우강도를 산정하였으며, 표 15.4는 서울지점의 IDF곡선 유도결과를 나타내고, 그림 15.6은 서울지역의 IDF곡선을 보여주고 있다. 그 외 우리나라 주요 지역에 대해 유도한 IDF곡선 유도결과 또는 재현시간별 지속기간별 확률강우량이 부록 H에 수록되어 있다.

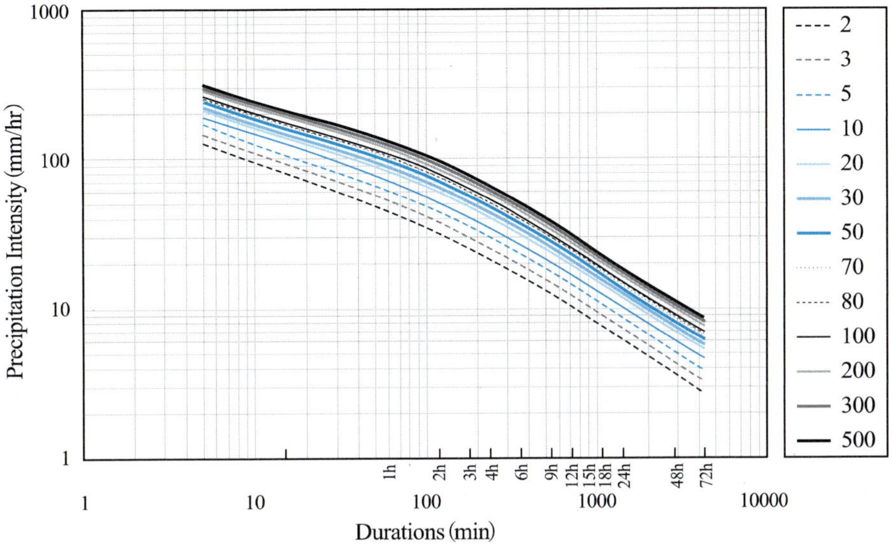

그림 15.6 서울지역의 IDF곡선

표 15.4 서울지역의 IDF곡선 유도결과 (단위 : mm/hr)

재현기간 (년)	지속기간(분)																			
	5	10	15	20	30	40	50	60	90	120	180	240	360	540	720	900	1080	1440	2880	4320
2	133.3	96.2	80.7	71.4	60.2	53.2	48.2	44.4	36.7	31.7	25.4	21.5	16.7	12.7	10.4	8.8	7.7	6.2	3.7	2.7
3	148.8	108.7	92.0	82.1	70.1	62.5	57.0	52.7	43.9	38.0	30.6	25.8	20.0	15.2	12.4	10.5	9.2	7.4	4.4	3.3
5	166.7	122.8	104.8	94.2	81.2	72.9	66.8	62.0	51.8	45.1	36.2	30.6	23.6	17.9	14.6	12.4	10.8	8.8	5.3	4.0
10	188.1	140.3	120.9	109.4	95.2	85.9	79.1	73.6	61.9	53.9	43.4	36.6	28.2	21.3	17.4	14.8	12.9	10.5	6.4	4.8
20	209.6	157.1	136.1	123.8	108.5	98.4	90.9	84.8	71.5	62.3	50.2	42.3	32.6	24.6	20.1	17.1	14.9	12.1	7.5	5.6
30	221.5	166.9	145.1	132.2	116.2	105.6	97.7	91.2	77.0	67.2	54.1	45.6	35.1	26.5	21.6	18.4	16.1	13.1	8.1	6.1
50	237.1	179.2	156.2	142.7	125.9	114.7	106.2	99.2	84.0	73.3	59.0	49.8	38.3	28.9	23.5	20.0	17.5	14.3	8.6	6.7
70	247.8	187.2	163.4	149.5	132.1	120.5	111.7	104.5	88.5	77.3	62.3	52.5	40.4	30.5	24.8	21.1	18.5	15.0	9.3	7.1
80	251.4	190.3	166.2	152.1	134.6	122.9	113.9	106.6	90.3	78.9	63.5	53.6	41.2	31.1	25.3	21.5	18.9	15.4	9.5	7.2
100	257.4	195.3	170.9	156.6	138.7	126.7	117.5	110.0	93.3	81.5	65.7	55.3	42.5	32.1	26.1	22.2	19.5	15.9	9.8	7.5
200	278.8	211.5	185.7	170.6	151.7	138.9	129.0	120.9	102.6	89.7	72.3	60.9	46.8	35.3	28.7	24.4	21.4	17.5	10.8	8.2
300	290.7	221.3	194.5	178.9	159.2	145.9	135.6	127.1	108.0	94.5	76.1	64.1	49.3	37.2	30.2	25.7	22.6	18.4	11.4	8.7
500	305.1	233.0	205.3	189.1	168.6	154.8	144.0	135.0	114.8	100.5	81.0	68.2	52.4	39.5	32.1	27.3	24.0	19.6	12.2	9.3

예제 15.4

어떤 지점에서의 강우량자료로부터 IDF곡선을 유도하기 위해 표 15.5와 같이 지속시간별 연 최대강우량을 선정하여 순서대로 나열하였다. 이 자료를 이용하여 재현기간 2년, 7년, 14년에 해당하는 IDF곡선을 유도하라. 단, 확률위치도시공식은 Weibull공식을 적용한다.

표 15.5 IDF곡선 유도계산

순서 m (1)	지속기간(분)별 강우량 (mm)						초과확률 P(%) m/(n+1) (8)	재현기간 T (년) (9)
	10 (2)	20 (3)	30 (4)	40 (5)	50 (6)	60 (7)		
1	47.6	71.8	92.4	111.4	128.5	141.9	0.071	14.00
2	44.7	67.4	86.8	104.6	120.6	133.2	0.143	7.00
3	42.4	64.0	82.3	99.2	114.4	126.4	0.214	4.67
4	38.4	58.0	74.7	90.0	103.7	114.6	0.286	3.50
5	37.1	56.1	72.2	87.1	100.2	110.8	0.357	2.80
6	36.4	54.9	70.7	85.3	98.2	108.5	0.429	2.33
7	34.4	52.0	67.0	80.8	93.0	102.8	0.500	2.00
8	31.5	47.6	61.3	73.9	85.0	94.0	0.571	1.75
9	29.1	44.0	56.8	68.4	78.6	87.0	0.643	1.56
10	25.0	37.9	48.9	58.9	67.6	74.8	0.714	1.40
11	20.7	31.4	40.7	48.9	56.1	62.1	0.786	1.27
12	17.3	26.3	34.1	41.0	46.9	52.0	0.857	1.17
13	14.3	21.7	28.3	33.9	38.6	43.0	0.929	1.08

풀이

각 지속기간별 연 최대강우량을 순서대로 나열한 것이 표 15.5의 2~7란에 주어져 있으며 Weibull공식을 적용하여 초과확률을 구한 결과가 8란에 나타나 있다. 재현기간은 초과확률의 역수이므로 9란과 같이 얻을 수 있다.

재현기간 2년, 7년, 14년에 해당하는 지속기간별 강우량을 택하여 강우강도로 환산하면 표 15.6과 같고 이를 곡선으로 나타내면 그림 15.7과 같다. 만일 재현기간 5년, 10년 등에 대해 IDF곡선을 원하는 경우는 표 15.5에 나타난 값을 보간하여 구하면 된다.

표 15.6 유도된 재현기간별 지속기간별 강우강도

재현기간 T (년)	지속기간(분)별 강우강도 (mm/hr)					
	10	20	30	40	50	60
14	285.6	215.4	184.8	167.1	154.2	141.9
7	268.2	202.2	173.6	156.9	144.72	133.2
2	206.4	156.0	134.0	121.2	111.6	102.8

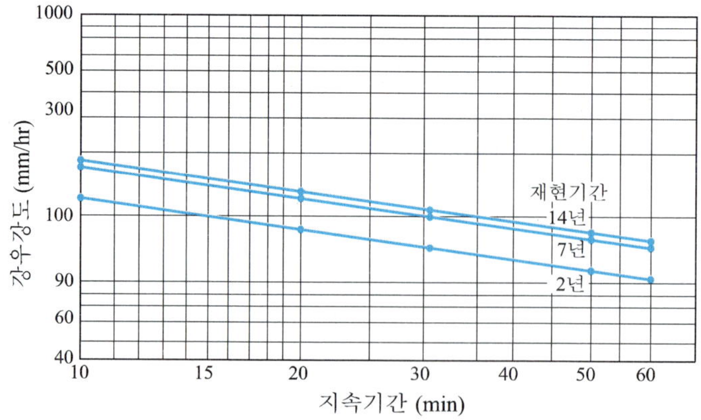

그림 15.7 유도된 IDF곡선

15.5.4 면적확률강우량 산정

1) 면적강우량

특정 유역에서의 면적강우량에 대한 빈도해석은 지점강우량에 대한 빈도해석처럼 간단하지 않기 때문에 보통 지점강우량으로부터 구한 확률강우량을 면적확률강우량으로 환산하여 사용하게 된다. 즉, IDF곡선에 의한 강우량이나 빈도해석을 통해 얻은 확률강우량은 이들 값을 얻기 위해 사용된 자료지점의 지점강우량을 의미하게 된다. 하지만 4.7.2절에서 설명한 바와 같이 호우 중심으로부터 유역면적이 커질수록 면적 평균강우량은 작아지기 때문에 실제 특정 유역에 대해 수문설계를 하기 위해서는 한 지점의 지점강우량을 그대로 사용하지 않고 면적강우량으로 환산하여 사용하게 된다.

지점강우량을 면적강우량으로 환산하는 방법에는 호우중심(storm-centered)방법과 위치고정(location-fixed)방법이 있다. 호우중심방법은 호우를 분석대상 유역의 중심에 위치시켜 최대의 강우량이 발생하도록 하는 방법으로 가능최대강수(PMP)를 산정하는데 사용된다. 위치고정방법은 분석대상 유역 내에 실제로 위치하고 있는 관측지점에서의 호우를 그대로 반영하는 것으로 유역의 강우빈도해석에 사용된다.

지점강우량(P_P)과 면적강우량(P_a)간의 관계는 일반적으로 면적의 증가에 따라 강우량이 감소하는 것을 반영하는 면적감소계수(Areal Reduction Factor, ARF)를 적용하여 다음과 같다.

$$P_a = ARF \cdot P_p \qquad (15.5.2)$$

여기서 P_P 및 P_a는 재현기간 및 지속기간에 따른 지점강우량 및 면적강우량이다.

2) 호우중심방법에 의한 ARF산정

호우중심방법에 의한 면적감소계수는 특정 지속기간과 면적에 대한 최대 면적우량 P_1과 동일한 지속기간의 최대 점강우량 P_2를 구해 P_1/P_2로 계산하게 된다. P_1을 계산하기 위해서는 강우중심과 대상 지역의 중심이 일치하도록 위치시키고 면적별 평균강우량을 산정하게 된다. 호우중심방법에 의한 면적감소계수를 산정하는 절차를 요약하면 다음과 같다.

① 특정 유역 내에 포함된 관측 강우자료로부터 지속기간별로 호우사상을 분류한다.

② 특정 지속기간에 포함되는 여러 호우사상 중 하나를 택해 점강우량을 도시하고 등우선도를 작성한다. 이 때 등우선도 내의 최대 점강우량이 P_2가 된다.

③ 등우선별로 면적 및 평균강우량을 구해 면적-평균강우량 곡선을 작성한다.

④ ③에서 구한 면-평균강우량 곡선을 이용하여 고려하고자 하는 특정 면적에 대한 평균강우량 P_1을 산정한다.

⑤ P_1/P_2를 구하면 특정 지속기간, 특정 호우사상, 특정 면적에 대한 면적감소계수가 된다.

⑥ 특정 지속기간에 포함된 다른 호우사상들에 대해 ②~⑤ 과정을 반복하여 여러 개의 면적감소계수를 구해 평균하면 특정 지속기간에 대한 특정 면적에 대한 면적감소계수를 얻게 된다.

⑦ ④에서 면적을 다양하게 적용하면 특정 지속기간에 대한 면적별 면적감소계수를 얻을 수 있다.

⑧ 다른 지속기간에 대해 ②~⑦ 과정을 반복하면 지속기간별 면적별 면적감소계수를 최종적으로 얻을 수 있다.

3) 위치고정방법에 의한 ARF산정

위치고정방법에 의한 면적감소계수는 특정 지속기간과 면적에 대한 연 최대 면적우량의 평균치 P_1과 동일한 지속기간 및 면적내의 관측소에서의 연 최대 점강우량의 평균치 P_2를 구해 P_1/P_2로 계산하게 된다. P_1과 P_2를 계산하기 위해서는 실제 유역에서의 관측소의 위치를 고려하게 되며 면적평균은 Thiessen방법 또는 등우선법을 이용하여 산정하게 된다. 위치고정방법에 의한 면적감소계수를 산정하는 절차를 요약하면 다음과 같다.

① 특정 유역내에 포함된 관측 강우자료로부터 지속기간별로 호우사상을 분류한다.

② 특정 지속기간에 대해 특정 면적에 포함된 관측소의 점강우량으로부터 연 최대치 자료를 선택한 후 빈도해석하여 특정 지속시간에 대한 재현기간별 확률강우량을 구한다.

③ Thiessen방법 또는 등우선법을 이용하여 재현기간별 확률강우량을 평균하면 특정 지속기간에 대한 재현기간별 지점 평균우량 P_2가 된다.

④ 특정 지속기간에 대해 특정 면적에 포함된 관측소의 점강우량으로부터 Thiessen방법 또는 등우선법을 이용하여 면적강우량을 산정한다.

⑤ 매해마다 특정지속기간에 대한 연 최대 면적우량을 선택한다.

⑥ 빈도해석을 하여 특정지속기간에 대한 재현기간별 면적강우량 P_1을 구한다.

⑦ P_1/P_2를 계산하면 특정 지속기간과 면적에 대한 재현기간별 면적감소계수를 얻게 된다.

⑧ 여러 면적에 대해 ②~⑦ 과정을 반복하면 특정 지속기간에 대한 면적별 재현기간별 면적감소계수를 얻게 된다.

⑨ 다른 지속기간에 대해 ②~⑧ 과정을 반복하면 지속기간별 면적별 재현기간별 면적감소계수를 얻게 된다.

이상과 같이 재현기간별, 지속기간별, 면적별 면적감소계수를 산정하였으면 표로 나타내거나 그래프에 도시하여 최적의 회귀방정식을 얻을 수 있다. 국토해양부(2011)에서 4대강 즉, 한강, 낙동강,

표 15.7 면적우량환산계수 회귀식의 매개변수

재현기간(년)	권역	매개변수	지속기간(시간) 1	2	3	4	6	9	12	15	18	24	48	72
30	한강	M	1.0970	1.1330	1.2357	1.4126	2.0381	1.6094	1.4461	1.2088	1.3768	1.6000	1.2050	0.8350
		a	0.1000	0.1000	0.1001	0.1008	0.1051	0.1087	0.1044	0.1067	0.1110	0.1000	0.1070	0.1116
		b	0.3270	0.3051	0.2791	0.2509	0.1993	0.1986	0.1994	0.1991	0.1785	0.1750	0.1620	0.1692
	낙동강	M	1.0390	1.0375	1.4030	1.3700	1.4900	1.6500	0.9624	0.9152	0.8350	1.5238	1.0812	1.2984
		a	0.1500	0.1500	0.1490	0.1454	0.1494	0.1500	0.1488	0.1480	0.1470	0.1491	0.1491	0.1490
		b	0.2927	0.2625	0.2040	0.2000	0.1774	0.1625	0.1991	0.1974	0.1980	0.1443	0.1543	0.1379
	금강	M	1.2070	1.3000	1.6350	1.7800	3.1750	4.3080	2.4200	1.9100	1.6340	1.8600	1.9100	1.0392
		a	0.1000	0.1100	0.1140	0.1158	0.1257	0.1210	0.1004	0.1006	0.1000	0.1010	0.1050	0.1080
		b	0.3157	0.2750	0.2320	0.2150	0.1570	0.1400	0.1886	0.1970	0.2020	0.1828	0.1630	0.1874
	영산강	M	0.9047	0.9730	0.9970	1.1500	1.2650	1.8350	1.1750	0.8300	0.6650	0.5920	0.6900	0.5900
		a	0.1492	0.1497	0.1500	0.1460	0.1380	0.1343	0.1320	0.1240	0.1210	0.1210	0.1173	0.0966
		b	0.3589	0.2790	0.2500	0.2240	0.2011	0.1620	0.1881	0.2190	0.2400	0.2450	0.2230	0.2590
50	한강	M	1.1050	1.1335	1.2350	1.4127	2.0381	1.6059	1.4434	1.2088	1.3600	1.6150	1.1706	0.8810
		a	0.1012	0.1000	0.1001	0.1001	0.1055	0.1092	0.1047	0.1069	0.1110	0.1000	0.1091	0.1132
		b	0.3245	0.3063	0.2796	0.2529	0.1997	0.1992	0.2000	0.1997	0.1800	0.1750	0.1619	0.1652
	낙동강	M	1.0450	1.0233	1.3900	1.3584	1.5000	1.5500	0.9705	0.9070	0.8450	1.4241	1.0652	1.2984
		a	0.1500	0.1500	0.1500	0.1492	0.1494	0.1490	0.1492	0.1490	0.1450	0.1487	0.1497	0.1494
		b	0.2927	0.2663	0.2050	0.1990	0.1774	0.1690	0.2000	0.1990	0.2010	0.1500	0.1555	0.1384
	금강	M	1.2075	1.3090	1.6500	1.7470	3.2680	4.3700	2.5669	1.9100	1.7179	1.5550	1.9300	1.0500
		a	0.1002	0.1100	0.1140	0.1158	0.1250	0.1210	0.1007	0.1006	0.1010	0.0990	0.1050	0.1080
		b	0.3160	0.2750	0.2320	0.2180	0.1570	0.1400	0.1854	0.1980	0.1989	0.1980	0.1630	0.1880
	영산강	M	0.9100	1.0100	1.0460	1.2200	1.3942	1.8853	1.1700	0.7900	0.6700	0.6400	0.7160	0.6000
		a	0.1494	0.1497	0.1500	0.1498	0.1432	0.1337	0.1330	0.1240	0.1200	0.1210	0.1162	0.0966
		b	0.3587	0.2750	0.2450	0.2149	0.1885	0.1615	0.1881	0.2250	0.2420	0.2400	0.2230	0.2590
80	한강	M	1.0910	1.1350	1.1879	1.4128	2.0381	1.6059	1.4318	1.2229	1.3560	1.6280	1.1790	0.8810
		a	0.1005	0.1009	0.1005	0.1005	0.1058	0.1095	0.1068	0.1072	0.1110	0.1000	0.1091	0.1146
		b	0.3302	0.3064	0.2871	0.2533	0.2000	0.1996	0.1992	0.1990	0.1810	0.1750	0.1619	0.1646
	낙동강	M	1.0480	1.0290	1.3400	1.3502	1.5080	1.5630	0.9892	0.9071	0.8530	1.4100	1.0810	1.2984
		a	0.1500	0.1500	0.1500	0.1499	0.1494	0.1490	0.1498	0.1497	0.1450	0.1487	0.1500	0.1498
		b	0.2939	0.2663	0.2100	0.1998	0.1774	0.1690	0.1989	0.1997	0.2010	0.1515	0.1548	0.1387
	금강	M	1.2000	1.2400	1.6600	1.7600	3.3000	2.8140	2.2991	1.9280	1.7200	1.5650	1.9500	1.0490
		a	0.1004	0.1150	0.1140	0.1158	0.1250	0.1210	0.1008	0.1006	0.1009	0.0990	0.1050	0.1080
		b	0.3180	0.2810	0.2320	0.2180	0.1570	0.1650	0.1928	0.1980	0.1997	0.1980	0.1630	0.1890
	영산강	M	0.9080	0.9500	1.1120	1.2230	1.7500	1.9200	1.1580	0.7850	0.6900	0.6530	0.7430	0.6110
		a	0.1498	0.1550	0.1500	0.1500	0.1499	0.1337	0.1350	0.1240	0.1200	0.1210	0.1162	0.0966
		b	0.3630	0.2880	0.2391	0.2150	0.1660	0.1610	0.1881	0.2260	0.2410	0.2400	0.2220	0.2590
100	한강	M	1.0910	1.1200	1.1880	1.4128	2.0596	1.6220	1.4318	1.2230	1.3400	1.6310	1.1830	0.8800
		a	0.1008	0.1000	0.1008	0.1007	0.1066	0.1103	0.1069	0.1073	0.1110	0.1000	0.1091	0.1146
		b	0.3304	0.3108	0.2872	0.2533	0.1987	0.1984	0.1994	0.1992	0.1820	0.1750	0.1619	0.1649
	낙동강	M	1.0550	1.0320	1.2530	1.3502	1.3460	1.5520	0.9880	0.9100	0.8580	1.4150	1.0810	1.2984
		a	0.1500	0.1500	0.1500	0.1500	0.1499	0.1490	0.1500	0.1500	0.1450	0.1487	0.1500	0.1500
		b	0.2939	0.2663	0.2190	0.2000	0.1880	0.1700	0.1994	0.2000	0.2010	0.1515	0.1550	0.1387
	금강	M	1.2040	1.2550	1.6650	1.7350	3.3100	2.8290	2.2300	1.9370	1.6400	1.5950	1.9300	1.0300
		a	0.1004	0.1150	0.1140	0.1158	0.1250	0.1210	0.1010	0.1006	0.1000	0.1010	0.1050	0.1080
		b	0.3190	0.2800	0.2320	0.2200	0.1570	0.1650	0.1950	0.1980	0.2050	0.1950	0.1640	0.1905
	영산강	M	0.9020	0.9880	1.0300	1.2050	1.7750	1.9200	1.1600	0.8080	0.6900	0.6550	0.7540	0.6150
		a	0.1492	0.1592	0.1600	0.1490	0.1500	0.1340	0.1350	0.1240	0.1200	0.1210	0.1162	0.0966
		b	0.3680	0.2780	0.2460	0.2180	0.1650	0.1610	0.1881	0.2240	0.2420	0.2410	0.2210	0.2600

금강 그리고 영산강권역별로 강우량자료를 분석하여 재현기간별, 지속기간별, 면적별 면적감소계수를 구하여 회귀식을 얻은 결과가 식 (15.5.3)과 같고 4대강 권역별로 주요 재현기간별 지속기간별 매개변수 M, a, b가 표 15.7 같으며 나머지 재현기간별 매개변수는 부록 I에 수록하였다. 면적감소계수를 적용하는 면적의 범위는 26km^2 이상을 추천하고 있다.

$$ARF(A) = 1 - M \cdot \exp^{-[aA^b]^{-1}} \tag{15.5.3}$$

여기서 ARF(A)는 면적 A에 대한 면적감소계수, A는 면적(km^2), M, a 및 b는 매개변수이다.

예제 15.5

한강유역에서 유역면적이 1000km^{2}인 지역에서 수공구조물을 설계하기 위해 점 강우량을 빈도해석 한 결과 재현기간 100년, 지속기간 24시간인 확률강우량이 400mm로 나타났다. 이를 면적 확률강우량으로 환산하라.

풀이

식 (15.5.3)을 이용하여 점 강우량을 면적강우량으로 환산한다.

표 15.7로부터 한강유역의 재현기간 100년, 지속기간 24시간인 경우 매개변수는 M=1.6310, a=0.1000, b=0.1750이므로

$$ARF(A) = 1 - M \cdot \exp^{-[aA^b]^{-1}} = 1 - 1.6310 \times \exp^{-[0.1 \times 1000^{0.1750}]^{-1}} = 0.9176$$

따라서 면적강우량은 400×0.9176=367.04mm이다.

15.5.5 설계우량주상도

지금까지 소개한 방법에 의해 재현기간별 지속기간에 대한 설계강우량이 결정되었으면 그 지역을 대표하는 강우분포 양상을 고려하여 설계우량주상도(design hyetograph)를 결정해야 한다. 즉, 설계 대상 유역에서 관측된 과거의 호우사상 분석을 통해 그 유역의 전형적인 호우에 대한 강우의 시간적인 분포를 결정해야 한다. 설계강우량을 어떻게 분포시키는가에 따라 유출수문곡선의 모양, 첨두홍수의 크기 및 발생시간이 변하게 된다. 어떠한 결정이든지 최악의 가능한 호우양상 또는 관측된 호우분포양상에 바탕을 두어야 한다.

설계강우량을 시간에 따라 분포시키는 방법은 Mononobe 방법, Huff의 방법, 삼각형 우량주상도법(triangular hyetograph method), 교호블록법(alternating block method) 그리고 순간강우강도법(instantaneous intensity method) 등이 있다.

1) Mononobe 방법

Mononobe 방법은 설계강우량에 시간구간을 곱하여 설계 강우량을 시간별로 분포시키는 방법으

로 다음과 같은 식을 사용하여 분포시킨다.

$$R_t = \frac{R_T}{T}\left(\frac{T}{t}\right)^n \cdot t \tag{15.5.4}$$

여기서 R_T는 지속기간 T시간인 설계 강우량(mm), R_t는 강우시작부터 t시간까지의 누가우량(mm), T는 강우지속기간으로 보통 24시간을 사용(hr), n은 상수(일반적으로 2/3)이다.

식 (15.5.4)로부터 구한 R_t는 t시간까지의 누가우량이므로 임의의 시간구간 $\Delta t = t_2 - t_1$에 대한 강우량은 $R_{t2} - R_{t1}$으로 구한 각 시간구간 Δt별 설계강우량을 구한 후 그림 15.8과 같이 전진형(advanced type), 중앙집중형(centered type) 그리고 지체형(delayed type) 중에서 그 유역의 강우분포양상과 비슷한 형태를 선택하여 시간별 강우량을 분포시킨다.

Mononobe 공식에서 n값은 보통 2/3(0.667)를 사용하고 있으나 지역별로 강우특성이 다르므로 특정 재현기간에 대한 1시간 및 24시간 확률강우량 R_1 및 R_{24}를 이용하여 식 (15.5.5)로부터 n값을 구하며 농업기반공사에서는 지역별 n값을 표 15.8과 같이 제시하고 있다.

$$n = \frac{\ln(24R_1/R_{24})}{\ln 24} \tag{15.5.5}$$

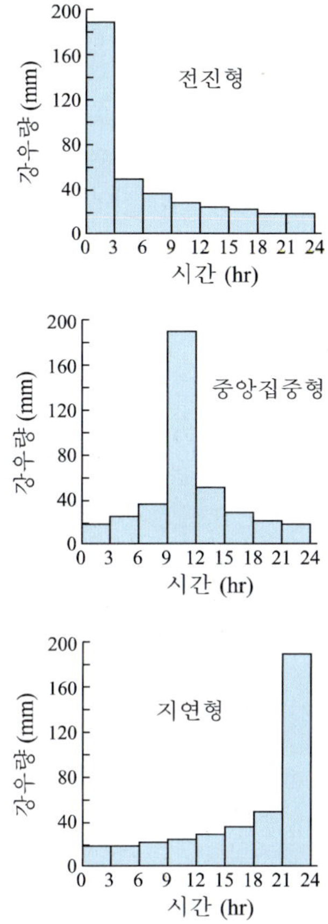

그림 15.8 강우분포 형태

표 15.8 지역별 Mononobe 공식의 n값

지 역	n 값	지 역	n 값	지 역	n 값	지 역	n 값
강 릉	0.5008	수 원	0.5977	이 리	0.4804	여 수	0.5304
춘 천	0.5764	대 전	0.5486	대 구	0.5570	진 주	0.5788
속 초	0.4922	서 산	0.5722	추풍령	0.5272	제 주	0.5407
서 울	0.5917	전 주	0.6002	광 주	0.5563	서귀포	0.4953
인 천	0.5863	군 산	0.5541	목 포	0.5186		

예제 15.6

서울지역에서 강우빈도해석을 한 결과 재현기간 100년, 지속기간 24시간인 확률강우량이 376.4mm로 나타났다. 서울지역의 한 유역에서 유도된 단위도의 지속시간이 3시간일 때 단위도를 적용하기 위한 24시간 확률강우량을 전진형, 중앙집중형 그리고 지연형에 맞추어 설계우량주상도를 작성하라. 단, n=2/3을 적용하라.

풀이

Mononobe공식을 적용하여 24시간 확률강우량을 3시간 단위로 누가우량을 구한 결과가 표 15.9의 2란

과 같다. 예를 들어 강우가 시작된 후 3시간까지의 누가 우량은

$$R_t = \frac{R_T}{T}\left(\frac{T}{t}\right)^n \times t = \frac{376.4}{24}\left(\frac{24}{3}\right)^{2/3} \times 3 = 188.2\text{mm}$$

매 시간구간에서 이전 시간구간의 우량을 빼면 3란과 같이 각 시간 구간에서의 강우량을 얻을 수 있다. 예를 들어 2란의 6시간까지의 누가우량 237.1mm에서 3시간까지의 누가우량 188.2mm를 빼면 3~6시간 사이의 강우량은 48.9mm가 된다.

이와 같이 각 시간구간별 강우량을 구한 후 전진형, 중앙집중형 및 지연형으로 배치한 결과가 4~6란과 같으며 그림 15.8과 같이 설계우량주상도를 유도하게 된다.

표 15.9 Mononobe방법에 의한 설계우량주상도의 유도

시간 (hr) (1)	누가우량 (mm) (2)	구간별우량 (mm) (3)	전진형 (mm) (4)	중앙집중형 (mm) (5)	지연형 (mm) (6)
0	0.0				
3	188.2	188.2	188.2	18.0	16.4
6	237.1	48.9	48.9	23.1	18.0
9	271.4	34.3	34.3	34.3	20.2
12	298.7	27.3	27.3	188.2	23.1
15	321.8	23.1	23.1	48.9	27.3
18	342.0	20.2	20.2	27.3	34.3
21	360.0	18.0	18.0	20.2	48.9
24	376.4	16.4	16.4	15.4	188.2

2) Huff 방법

Huff(1967)는 미국 Illinois주에 위치한 면적이 400mi^{2}까지 다양한 유역에서 발생한 호우에 대해 시간분포를 분석하여 시간분포 양상을 1분위 호우부터 4분위 호우 등 네 가지의 강우분포로 분류하였다. 실제 강우기록의 누가우량곡선에서 강우량의 최대치가 처음 1/4구간에 있으면 1분위(1st-quartile) 호우, 2/4구간에 있으면 2분위(2nd-quartile) 호우, 1/3구간에 있으면 3분위(3rd-quartile) 호우, 4분위(4th-quartile) 호우로 분류한다.

이와 같이 네 가지 분위로 분류한 후 각 분위에 속해있는 개개의 강우를 지속기간 및 총 우량으로 무차원화하기 위해 다음과 같이 각 지속기간과 이에 해당하는 누가우량을 총 지속기간과 총 우량으로 나누게 된다. 이때 보통 지속기간은 10개의 간격으로 한다.

$$t = \frac{T_d}{N} \qquad (15.5.6)$$

$$X_i = \frac{t \times i}{T_d} \times 100\% \qquad i = 1,\ 2,\ \cdots,\ N \qquad (15.5.7)$$

$$Y_i = \frac{p_i}{P} \times 100\% \qquad i = 1,\ 2,\ \cdots,\ N \qquad (15.5.8)$$

여기서 N은 지속기간의 구간수(보통 10개), T_d는 총 강우지속기간(분), t는 단위시간(분), X_i는 구간 i에서의 강우지속시간 비(%), P는 지속기간 T_d의 총 우량(mm), p_i는 구간 i까지의 누가우량(mm) 그리고 Y_i는 구간 i에서의 누가우량 비(%)이다.

각 분위별로 속해 있는 무차원화 된 강우자료들에 대해 무차원 지속기간(%)별로 강우량(%)을 확률도시위치공식을 사용하여 초과확률 10%, 20%, …, 90%에 해당하는 강우량(%)을 결정한다. 이와 같은 방법으로 각 분위에 대해 지속기간(%)별 각 초과확률에 해당하는 강우량(%) 및 누가강우량(%)를 얻을 수 있다.

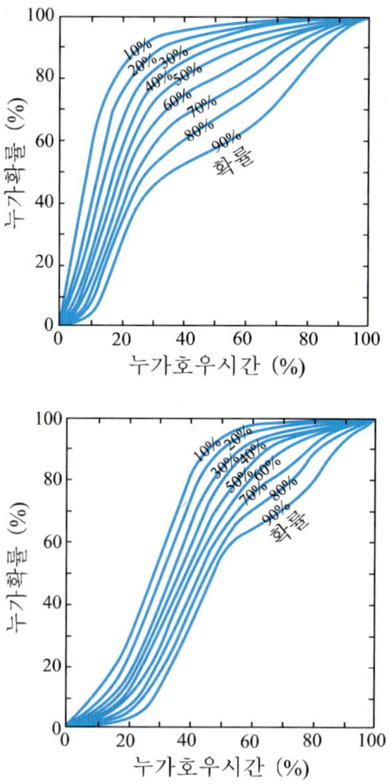

그림 15.9 1분위 및 2분위 호우에 대한 시간 분포

그림 15.9는 Huff가 분석한 1분위 및 2분위 호우에 대한 확률분포를 보여주고 있다. 그림에서 총 강우시간을 100%로 하고 10개 구간으로 나누어 총강우의 각 10%에 해당하는 시간구간에서의 강우를 총강우량에 대한 %로 나타내고 있다. 그림 15.10은 1분위 호우에 대해 발생 초과확률이 10, 50, 90% 되는 우량주상도를 보여주고 있으며 이러한 강우분포를 이용하여 설계 강우량에 대한 우량주상도를 작성할 수가 있다. 각 분위마다 50%의 우량주상도는 해당분위에서 호우의 절반을 초과하는 누가강우 양상을 의미하며, 90%의 우량주상도는 호우의 10% 또는 그 이하가 발생할 분포를 의미한다. 그림과 같이 1분위 호우의 10%에 해당하는 분포에서는 총 강우의 80%가 처음 20%의 지속기간동안 내리는 것을 알 수 있다.

각 분위별로 발생확률 10~90%의 9가지 분포형태가 존재하지만 첨두 강우가 해당 분위의 중심에 위치하는 50%를 주로 선택하여 산정하게 된다. 우리나라에서도 국토해양부(2011)에서 전국 69개 관측소 지점에 대해 강우분석을 하여 Huff의 분위별 누가강우량을 산정하였으며, 서울지역의 각 분위별 초과확률 50%에 해당하는 누가강우량이 표 15.10 및 그림 15.11과 같다.

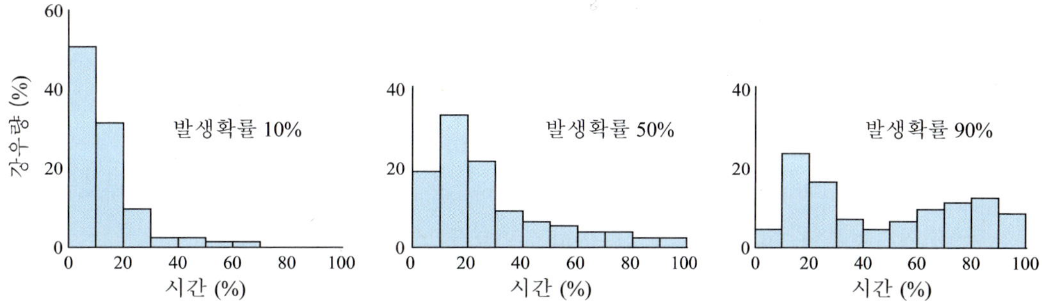

그림 15.10 1분위 호우에서 선택한 세 가지 확률의 강우 분포형태

표 15.10 서울지역의 각 분위별 발생확률 50%에 해당하는 누가우량

구 분		지 속 기 간 (%)										
		0	10	20	30	40	50	60	70	80	90	100
누 가 강우량 (%)	1분위	0.0	14.3	37.3	56.2	67.1	76.8	85.4	91.2	96.6	98.2	100
	2분위	0.0	4.1	12.3	29.8	52.2	72.2	83.5	90.7	96.2	98.2	100
	3분위	0.0	2.3	6.8	13.5	22.1	37.8	56.9	79.4	92.3	97.6	100
	4분위	0.0	3.2	7.2	13.3	19.0	27.3	35.6	49.3	69.1	91.2	100

만일 설계우량주상도의 지속기간의 수를 10개로 나누지 않고 임의의 수로 나눌 경우에는 각 지점별로 주어진 무차원 누가우량곡선을 도시하여 곡선으로부터 원하는 수만큼 읽어서 사용하거나 다음과 같이 곡선의 회귀방정식을 구해 지속기간 X(%)에 따른 누가우량 Y(%)를 산정할 수 있다.

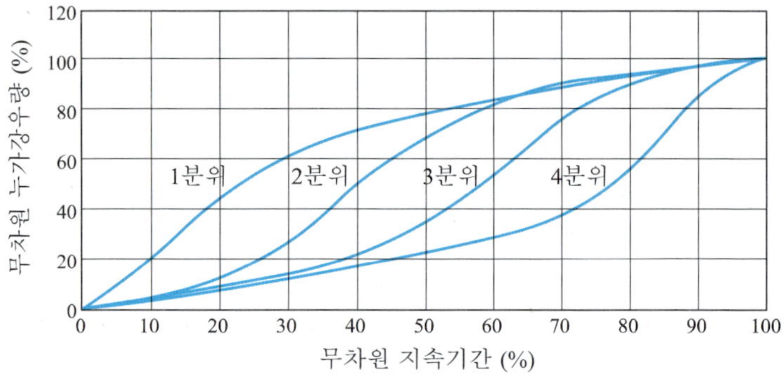

그림 15.11 각 분위별 발생확률 50%에 해당하는 누가우량(서울)

$$Y = C_0 + C_1X + C_2X^2 + C_3X^3 + \cdots + C_nX^n \tag{15.5.9}$$

이와 같이 지속기간(%)별 누가우량(%)을 산정하면 각 지속기간 구간 i에 대한 우량(%)은 식(15.5.10)과 같이 구하게 되고 산정된 지속기간(%)과 우량(%)에 총 지속기간 및 총 우량을 곱하면 설계우량주상도를 얻게 된다.

$$R_i = Y_i - Y_{i-1} \tag{15.5.10}$$

여기서 Y_i는 i시간구간까지의 누가우량(%), Y_{i-1}는 i−1시간구간까지의 누가우량(%) 그리고 R_i는 i시간구간에서의 우량(%)이다.

예제 15.7

서울지역에서 강우빈도해석을 한 결과 재현기간 100년, 지속기간 2시간인 확률강우량이 156.1mm이다. Huff의 방법을 사용하여 설계우량주상도를 유도하라. 서울지역의 강우분포는 2분위에 적절하다고 가정하고 확률 50%의 누가확률곡선을 사용하라. 단, 지속기간은 10개로 나누어 적용하라.

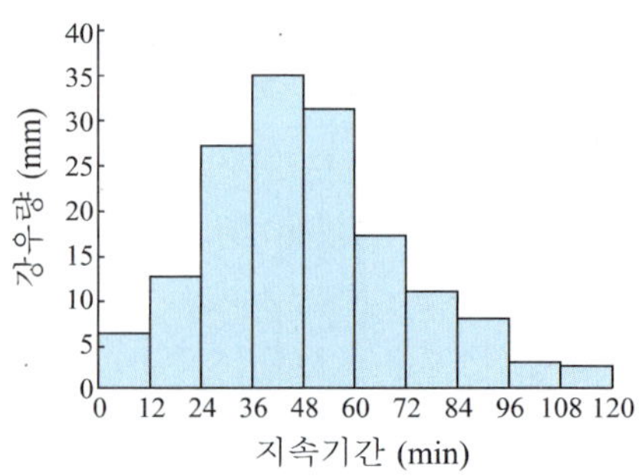

그림 15.12 Huff 방법에 의한 설계우량주상도

풀이

서울지역의 2분위, 확률 50%에 해당하는 지속기간별 누가우량이 표 15.11의 1, 2줄과 같다. 지속기간 구간별 우량은 2줄의 누가우량 각 구간에서 이전 구간의 값을 빼주면 3줄

과 같다.
설계우량주상도를 구하기 위해 1줄의 % 지속기간에 실제 지속기간 120분을 곱하면 4줄과 같고 3줄의 % 구간우량에 확률강우량 156.1mm를 곱하면 5줄과 같다. 따라서 실제 지속기간 별 강우량은 그림 15.12와 같다.

표 15.11 Huff 방법에 의한 설계우량주상도 유도

지속기간 (%)	10	20	30	40	50	60	70	80	90	100
누가우량 (%)	4.1	12.3	29.8	52.2	72.2	83.5	90.7	96.2	98.2	100
구간우량 (%)	4.1	8.2	17.5	22.4	20.0	11.3	7.2	5.5	2.0	1.8
지속기간 (min)	12	24	36	48	60	72	84	96	108	120
실제우량 (mm)	6.4	12.8	27.3	35.0	31.2	17.6	11.2	8.6	3.1	2.8

3) 삼각형 우량주상도법

삼각형 우량주상도법은 우량주상도가 삼각형 형태로 이루어진다는 가정으로 설계강우량 P와 지속기간 T_d를 안다면 삼각형 우량주상도의 밑변길이와 높이가 결정되기 때문에 설계 우량주상도를 간단하게 유도할 수 있다. 그림 15.13과 같은 삼각형 우량주상도를 생각해 보자. 밑변의 길이가 T_d이고 높이가 h이므로 우량주상도의 총강우량은 $P=0.5T_dh$이고 따라서 높이 h는

$$h = \frac{2P}{T_d} \tag{15.5.11}$$

호우전진계수(storm advancement coefficient) r은 다음과 같이 총 지속기간 T_d에 대한 첨두가 발생할 때까지의 시간 t_a의 비율이라고 정의한다.

$$r = \frac{t_a}{T_d} \tag{15.5.12}$$

따라서 감소시간(recession time)t_b는 다음과 같다.

$$t_b = T_d - t_a = (1-r)T_d \tag{15.5.13}$$

만일 r=0.5이면 첨두 강우강도가 호우의 중앙에서 발생(중앙집중형)하고, r<0.5이면 호우의 전반부에서 발생(전진형)하며, r>0.5이면 호우의 후반부에서 발생(지연형)하게 된다. r에 대한 적절한 값은 다양한 지속기간을 가진 여러 호우사상으로부터 호우 기간에 대한 첨두강

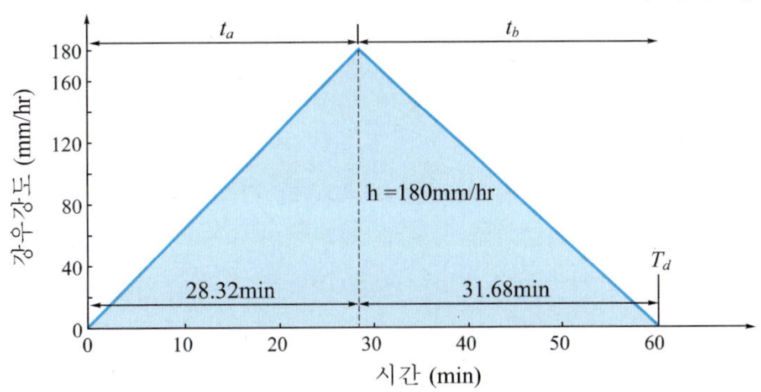

그림 15.13 삼각형 설계 우량주상도

표 15.12 호우전진계수 r

우리나라	r값	외국	r값
서울	0.472	Baltimore	0.399
부산	0.509	Chicago	0.375
대전	0.456	Cincinnati	0.325
강릉	0.522	Cleveland	0.375
전주	0.449	Ontario	0.480
포항	0.490	Philadelphia	0.414

우강도 발생시간에 대한 비를 계산하여 결정할 수 있다. 각 호우사상의 지속기간에 따라 가중된 이러한 비율의 평균치가 r을 산정하는데 사용된다. 표 15.12는 외국 및 우리나라의 주요지점에서 산정된 r값을 보여주고 있으며 외국의 경우 많은 지역의 r값이 0.5보다 작은 전진형으로 나타나고 있으며, 우리나라의 경우 r값이 0.5 주위로 분포하는 중앙집중형으로 나타나고 있음을 알 수 있다.

예제 15.8

서울지역에서의 수문설계를 위한 재현기간 20년 지속기간 1시간에 대한 삼각형 우량주상도를 산정하라. IDF곡선으로부터 구한 재현기간 20년 지속기간 1시간에 대한 강우강도는 90mm/hr이다.

풀이

서울지역의 호우전진계수는 0.472이고 첨두 강우강도 h는

$$h = \frac{2P}{T_d} = \frac{2 \times 90}{1.0} = 180\text{mm/hr}$$

첨두강우강도 발생까지의 시간 t_a는 및 감소시간 t_b는 다음과 같다.

$$t_a = rT_d = 0.472 \times 1.0 = 0.472\text{hr} = 28.32\text{min}$$

$$t_b = T_d - t_a = 1.0 - 0.472 = 0.528\text{hr} = 31.68\text{hr}$$

이와 같이 구한 삼각형 우량주상도가 그림 15.13과 같다.

4) 교호블록법

교호블록법은 IDF곡선으로부터 설계우량주상도를 유도하는 간단한 방법으로 이 방법에 의해 유도된 설계우량주상도는 총 지속시간 T_d ($= n\Delta t$) 동안에 시간구간 Δt를 가진 n개의 강우량을 나타낸다. 설계 재현기간을 결정한 후 IDF곡선으로부터 각 지속시간 Δt, $2\Delta t$, $3\Delta t$, …에 대해 강우강도를 읽는다. 이 강우강도에 지속시간을 곱하면 지속시간에 대한 누가우량

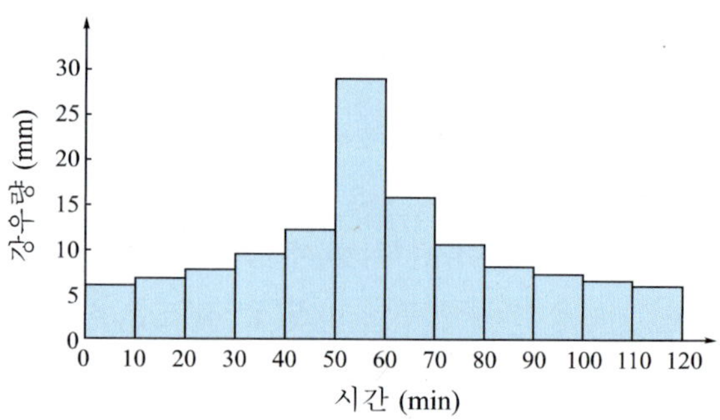

그림 15.14 교호블록방법

을 얻을 수 있다. 임의 지속시간에 대한 누가우량으로부터 전 시간단계의 지속시간에 대한 누가우량을 빼면 각 Δt에 대한 강우량을 얻게 된다.

이와 같은 Δt별 강우량을 그림 15.14와 같이 지속시간 T_d의 중앙에 최대 강우량이 위치하도록 재배치하고 그 다음으로 큰 강우량을 그 오른쪽에 그 다음 크기는 왼쪽에 위치시키며 이와 같은 순서로 모든 강우량을 배치하여 설계우량주상도를 유도하게 된다.

예제 15.9

재현기간별 지속시간에 따른 강우강도식이 식 (4.7.7)과 같을 때 교호블록법에 의해 재현기간 20년 지속기간 2시간인 설계우량주상도를 구하라. 단, 시간 증가는 10분으로 하고 강우강도식을 적용하기 위한 서울지역의 지역상수는 표 4.13의 값을 이용하라.

풀이

강우강도식은 다음과 같다.

$$I(T,\ t) = \frac{a + b \times \ln(T/t^n)}{c + d \times \ln(\sqrt{T}/t) + \sqrt{t}} \tag{4.7.7}$$

식 (4.7.7)에 T=20년, 서울지역의 상수값 a=153.0746, b=144.5254, c=0.6011, d=0.1562, n=−0.1488을 적용하고 t를 10분 단위로 2시간 동안 적용하면 표 15.13의 2란과 같이 강우강도를 구할 수 있다. 2란은 강우강도 즉, 시간당 내리는 율이므로 1란의 지속시간을 곱하면 3란과 같이 누가강우량을 구할 수 있다. 즉, 지속시간 20분인 경우 강우강도가 134.4mm/hr이므로 지속시간 1/3시간을 곱하면 44.8mm를 얻을 수 있다. 3란의 누가강우량으로부터 각 지속시간별 강우량을 구하면 4란과 같고 가장 큰 강우량을 강우중심에 위치시키고 그 다음으로 큰 것을 오른쪽, 왼쪽 순으로 배열하면 6란과 같고 그림 15.14는 교호블록법에 의한 설계우량주상도를 구한 결과를 보여주고 있다.

표 15.13 교호블록법에 의한 설계우량주상도유도

지속시간 (min) (1)	강우강도 (mm/hr) (2)	누가강우량 (mm) (3)	시간별강우 (mm) (4)	시간 (min) (5)	설계우량주상도 (mm) (6)
10	174.7	29.1	29.1	0~10	6.1
20	134.4	44.8	15.7	10~20	6.7
30	114.0	57.0	12.2	20~30	7.7
40	101.1	67.4	10.4	30~40	9.2
50	91.9	76.6	9.2	40~50	12.2
60	84.9	84.9	8.3	50~60	29.1
70	79.3	92.6	7.7	60~70	15.7
80	74.8	99.7	7.2	70~80	10.4
90	71.0	106.5	6.7	80~90	8.3
100	67.7	112.9	6.4	90~100	7.2
110	64.9	119.0	6.1	100~110	6.4
120	62.4	124.8	5.8	110~120	5.8

5) 순간강우강도법

순간강우강도법은 Keifer-Chu방법이라고도 하며 만일 IDF곡선을 나타내는 식을 알고 있다면 설계우량주상도의 시간에 따른 강우강도의 변화에 대한 식을 얻을 수 있다. 이 방법은 교호블록방법과 유사한데 호우의 첨두 주위로 나타나는 지속기간 T_d에 대한 강우량은 IDF곡선 또는 공식에 의해 주어진 값과 동일하며, 다른 점은 강우강도가 호우를 통해 연속적으로 변한다.

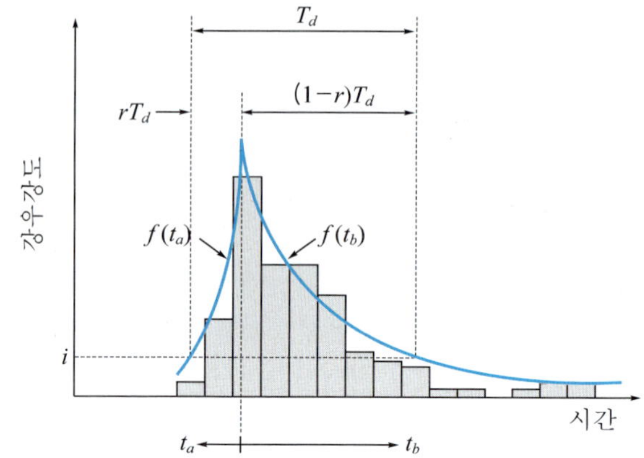

그림 15.15 IDF곡선에 의한 우량주상도의 적합

그림 15.15의 우량주상도를 생각해 보자. 특정 강우강도 i에 대해 우량주상도에 수평으로 그은 점선은 우량주상도를 첨두 전, 후로 교차하게 된다. 첨두 강우강도지점을 기준으로 시간을 나타낼 때 첨두 발생 전에서 교차하는 시간을 t_a, 첨두 발생 이후에 교차하는 시간을 t_b라 하자. 그러면 교차지점간의 총 시간 T_d는 다음과 같다.

$$T_d = t_a + t_b \tag{15.5.14}$$

삼각형 우량주상도법에서 설명한 바와 같이 호우전진계수 r은 교차지점간의 시간 T_d에 대한 첨두 발생 이전의 시간 t_a에 대한 비로 정의할 수 있다.

$$r = \frac{t_a}{T_d} \tag{15.5.12}$$

따라서 식 (15.5.14)와 (15.5.12)로부터

$$T_d = \frac{t_a}{r} = \frac{t_b}{1-r} \tag{15.5.15}$$

그림 15.15에 보인 바와 같이 한 쌍의 곡선 $i_a = f(t_a)$와 $i_b = f(t_b)$는 우량주상도의 강우강도에 적합한 곡선이라 가정하자. 여기서 i_a와 i_b는 첨두 발생 전, 후의 강우강도이다. 따라서 시간 T_d 내의 총 강우량 R은 곡선아래의 면적으로 다음과 같이 적분하여 구할 수 있다.

$$R = \int_0^{rT_d} f(t_a)dt_a + \int_0^{(1-r)T_d} f(t_b)dt_b \tag{15.5.16}$$

주어진 시간 T_d에 대해 $f(t_a) = f(t_b)$이므로 식 (15.5.16)을 T_d에 대해 미분하면

$$\frac{dR}{dT_d} = f(t_a) = f(t_b) \tag{15.5.17}$$

만일 지속기간 T_d에 대한 평균 강우강도를 i_{ave}라고 하면

$$R = T_d \, i_{ave} \tag{15.5.18}$$

식 (15.5.18)을 T_d에 대해 미분하면

$$\frac{dR}{dT_d} = i_{ave} + T_d \frac{di_{ave}}{dT_d} = f(t_a) = f(t_b) \tag{15.5.19}$$

Keifer와 Chu(1957)는 미국 시카고의 하수시스템 설계에 사용하기 위해 이러한 형태의 합성 우량주상도를 다음과 같이 개발하였으며 재현기간에 따른 a, b 및 c값을 구해 적용한다.

$$i_{ave} = \frac{a}{T_d^b + c} \tag{15.5.20}$$

식 (15.5.20)을 미분하고 그 결과를 식 (15.5.19)에 대입하면 우량주상도에 수평으로 그어 지속기간이 T_d가 되는 강우강도 i를 다음과 같이 얻게 된다.

$$i = \frac{a\left[(1-b)T_d^b + c\right]}{(T_d^b + c)^2} \tag{15.5.21}$$

첨두 발생 전, 후의 시간 t_a, t_b에 대한 강우 강도 i_a, i_b의 식은 식 (15.5.15)의 T_d를 식 (15.5.21)에 대입함으로서 다음과 같이 구할 수 있다.

$$i_a = \frac{a\left[(1-b)(t_a/r)^b + c\right]}{\left[(t_a/r)^b + c\right]^2} \tag{15.5.22}$$

$$i_b = \frac{a\left[(1-b)(t_b/(1-r))^b + c\right]}{\left[(t_b/(1-r))^b + c\right]^2} \tag{15.5.23}$$

예제 15.10

어떤 지역에서 재현기간 20년에 대한 강우강도를 식 (15.5.20)에 의해 산정할 수 있고 이때 상수 a=6630, b=1, c=37이라 할 때 지속기간 2시간의 설계우량주상도를 순간강우강도법에 의해 구하라. 호우전진계수 r=0.5와 0.25 두 경우에 대해 적용하라.

풀이

호우전진계수 r=0.5이므로 지속기간 120분에 대한 첨두 강우강도는 60분에서 나타나게 된다. 첨두 전후의 상대 시간 t_a와 t_b는 표 15.14의 2란과 같으며 첨두강우강도를 정확히 나타내기 위해 첨두 주위의

표 15.14 순간강우강도법에 의한 설계우량주상도 유도

r = 0.5인 경우				r = 0.25인 경우			
지속시간 (min) (1)	상대시간 (min) (2)	강우강도 (mm/hr) (3)	구간별강우 (mm) (4)	지속시간 (min) (1)	상대시간 (min) (2)	강우강도 (mm/hr) (3)	구간별강우 (mm) (4)
0	60	10.0		0	30	10.0	
10	50	13.1	1.9	10	20	17.9	2.3
20	40	17.9	2.6	20	10	41.4	4.9
30	30	26.1	3.7	22	8	51.5	1.5
40	20	41.4	5.6	24	6	65.9	2.0
50	10	75.5	9.7	26	4	87.3	2.6
52	8	87.3	2.7	28	2	121.1	3.5
54	6	102.2	3.2	30	0	179.2	5.0
56	4	121.1	3.7	32	2	155.9	5.6
58	2	145.9	4.5	34	4	136.9	4.9
60	0	179.2	5.4	36	6	121.1	4.3
62	2	145.9	5.4	38	8	108.0	3.8
64	4	121.1	4.5	40	10	96.8	3.4
66	6	102.2	3.7	50	20	60.5	13.1
68	8	87.3	3.2	60	30	41.4	8.5
70	10	75.5	2.7	70	40	30.1	6.0
80	20	41.4	9.7	80	50	22.8	4.4
90	30	26.1	5.6	90	60	17.9	3.4
100	40	17.9	3.7	100	70	14.4	2.7
110	50	13.1	2.6	110	80	11.9	2.2
120	60	10.0	1.9	120	90	10.0	1.8

10분 동안은 2분 간격으로 구분하고 그 외에는 10분 간격으로 계산하였다.

r=0.5이므로 강우강도 $i_a=i_b$이다. 즉 첨두 전과 후의 강우강도가 대칭으로 나타나게 된다.

예를 들어 t=40분인 경우 첨두로부터 떨어진 시간 $t_a=60-40=20$분이므로

$T_d=t_a/r=20/0.5=40$분이 된다. 따라서

$$i = i_a = \frac{6630[(1-1)40^1+37]}{(40^1+37)^2} = 41.4\text{mm/hr}$$

첨두 발생 후의 강우강도도 같은 방법으로 계산하며 그 결과가 3란에 나타나 있다.

계산된 강우강도는 각 시간에 있어서의 순간 강우강도 값이므로 각 시간구간별 강우량은 시간 구간사이의 강도곡선을 적분하면 구할 수가 있다. 4란은 각 시간구간 사이의 강우량을 사다리꼴 공식에 의해 구한

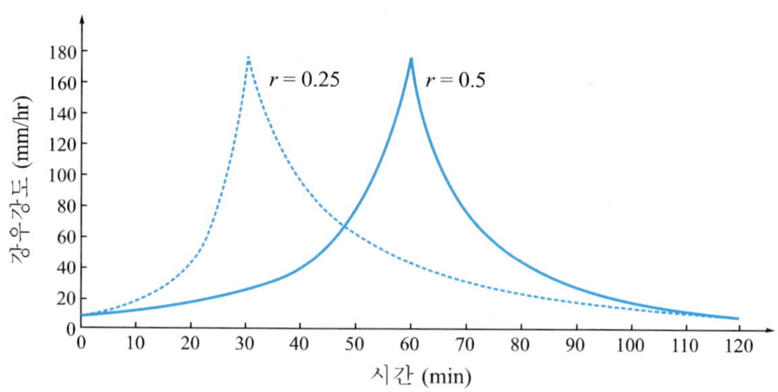

그림 15.16 순간강우강도법에 의한 설계우량주상도 유도

결과를 보여주고 있다. 예를 들어 처음 10분 구간에서는

$$\frac{10+13.1}{2} \times \frac{10}{60} = 1.9\text{mm}$$ 가 된다.

같은 방법으로 r=0.25인 경우의 설계우량주상도 유도결과가 5란~8란에 주어져 있다. 이 때 주의할 것은 첨두 이전의 강우강도는 식 (15.5.22)를 사용하고 첨두 이후에는 식 (15.5.23)을 적용하게 된다. 두 경우의 호우전진계수에 대한 설계우량주상도가 그림 15.16에 나타나 있으며 호우전진계수가 변하더라도 첨두의 크기는 변하지 않고 위치만 이동하게 됨을 알 수 있다.

15.5.6 극한 호우 산정

치수 설계에 사용되는 산정한계치(ELV)에는 다양한 종류의 수문설계 기준을 결정하기 위해 많은 한계치가 존재하지만 가능최대강수(PMP), 가능최대호우(probable maximum storm, PMS), 표준설계강우(standard project storm, SPS) 그리고 PMP로 인한 가능최대홍수(probable maximum flood, PMF)와 SPS로 인한 표준설계홍수(standard project flood, SPF) 등이 주로 이용된다. 가능최대강수는 단지 강우량만 제공하므로 가능최대호우를 형성하기 위해서는 강우의 시간분포를 결정해야 한다. 가능최대호우는 강우-유출 모형의 입력으로 사용되며 유출통제구조물의 설계를 위한 가능최대홍수를 유도하는데 사용된다.

1) 가능최대강수

가능최대강수(PMP)는 강수의 극한 산정 값으로 특정 면적의 지역에서 물리적으로 가능하고 합리적인 특성치를 지닌 지속기간에 대해 분석적 방법에 의해 산정한 어떤 기간 동안의 최대 강수량으로 정의한다. 실무에서는 PMP의 산정 시 장기적인 기후변화에 대한 영향은 다른 불확실성과 비교하면 매우 작기 때문에 고려하지 않고 있다. PMP는 완벽하게 산정할 수 없고, 발생확률을 알지 못하기 때문에 PMP의 개념은 전적으로 신뢰성이 있는 것은 아니다. 하지만 수공구조물의 운영에 적용할 경우에는 PMP가 유용하게 사용될 수 있으며 대규모 댐과 같이 공공의 안전이 우선적인 경우에 효과적으로 적용될 수 있다.

PMP를 산정하는 방법에는 기상학적 현상들을 기본으로 개발된 호우모형(storm model)을 이용하는 방법, 세계적으로 가장 극심했던 강우자료를 이용한 포락선(enveloping curve)방법, 빈도해석(frequency analysis)방법 등이 있으며 4.7.5절에서 간략히 소개하였다.

2) 가능최대호우

가능최대호우(PMS)는 강우의 시간적인 분포를 포함하고 있으며 일반적으로 특정 지속기간에 대한 최대 누가 강우량으로 주어지게 된다. 예를 들어 6시간, 12시간, 18시간, 24시간에 대해 주어진 강우

량은 각 지속기간에 대한 총 강우량을 나타내지만 강우가 발생한 시간적인 순서를 나타내지는 않는다.

PMS 우량주상도를 얻기 위해서는 PMP의 시간 및 공간적인 분포가 필요하다. PMP의 분포방법은 앞에서 소개한 강우분포방법을 사용하는데 가장 일반적으로 적용되는 강우의 발생순서는 강우의 최대치가 전반부에 발생하고 후반부에는 계속 감소하는 전진형(advanced type) 분포이지만 여러 가지 분포방법을 사용하여 분포시킨 후 이에 상응하는 가능최대 홍수량(PMF)이 가장 크게 나타나는 방법을 택하여 설계의 기준으로 삼는다.

3) 표준설계강우

대규모 댐의 설계에 중요한 또 다른 강우량으로 표준설계강우(SPS)가 있다. SPS는 합리적으로 예측할 수 있는 최대의 강우로 유역의 인근에서 발생한 최대 호우의 분석으로부터 얻을 수 있으며 표준설계홍수량(SPF)을 산정하는데 사용된다.

SPS는 다음절에서 소개할 방법과 같이 강우 양상의 자세한 분석과 강우로 인한 최대유출이 발생하는 지점으로 전이(transition)를 통해 유도하게 되며, 전이의 한계는 기후학적 유사성, 기상양상 그리고 대기과정에 기본을 두고 있다. 눈의 녹음이 문제가 되지 않는 특정 유역 및 계절에 대해 SPS 산정에서는 최대의 홍수를 발생시키는 DAD관계와 그 지역의 특성을 나타내는 등우선의 양상을 고려하여야 하며, 유역 내의 유출특성 및 치수구조물 등도 고려되어야 한다. SPS는 산정된 PMP와 다르며 최대의 DAD관계를 초래하는 강우 기록의 양상을 따르고 일반적으로 SPS는 PMP의 약 40~60% 정도가 된다. SPS를 산정하는 절차를 간략히 설명하면 다음과 같다.

① 기록상의 최대 강우사상에 대한 등우선도를 설계지역의 유역도 위에 옮겨 기록한다.
② 등우선법에 의해 전이된 최대 강우 등우선도로부터 유역의 면적평균강우량을 얻는다.
③ 앞에서 설명한 우량주상도 배치방법에 따라 평균강우량으로부터 SPS 우량주상도를 얻는다.
④ 유출이 최대가 되도록 우량주상도를 조정한다.

15.5.7 PMP 산정방법

호우의 전이(storm transposition)는 기상학적으로 동일한 지역에서 발생한 강우를 설계대상지역으로 이동시켜 분석하는 것으로 설계대상지역에서 강우자료가 부족하거나 극심한 강우가 발생한 적이 없는 유역에서 적용하는 방법이다. 호우를 전이할 경우에는 두 지역의 동질성을 고려해야 하며 동질성 판단에는 계절 및 연평균강우량, 강우의 경로, 극심한 강우를 초래하는 기후상태, 대상지역의 연평균유출과 첨두유량, 토양 및 토지이용상태 등이 있다. 일반적으로 PMP는 대상유역의 평균강우량산정, 수분최대화 및 호우의 전이를 통한 강우량의 조정 그리고 지속기간별, 면적별 자료로부터 최대값을 찾기 위한 포락방법을 통해 산정하게 되며 본 절에서는 개략적인 개념만 소개하기로 한다. PMP는 식 (15.5.24)와 같이 산정되며 항목별 내용은 다음과 같다.

$$PMP = P_T \cdot R_M \cdot R_H \cdot R_V \cdot R_G \tag{15.5.24}$$

여기서 P_T는 유역평균강우량, R_M은 수분최대화비, R_H는 수평전이비, R_V는 수직전이비 그리고 R_G는 지형영향비이다.

1) 유역평균강우량

채택된 대상 강우의 등우선도를 투명용지에 작성하여 설계지역 유역도상에 최대 유역평균강우량이 발생할 수 있도록 상하좌우로 움직여 중첩시킨다. 설계지역에 전이된 등우선도로부터 유역 평균강우량 P_T를 산정한다. 만일 대상 유역의 강우강도(D)-유역면적(A)-지속기간(D)관계가 수립되어 있다면 DAD관계를 이용하여 유역의 평균강우량 P_T를 산정한다.

2) 수분최대화비

수분최대화(moisture maximization)는 강우발생지역에서 관측된 강우량을 가강수량(precipitable water) 즉, 대기 중의 모든 수증기가 강우로 변했을 때의 강수량으로 증가시키는 것이다. 따라서 실제 내린 강수량에 대한 대기 중의 강수 가능한 수분의 비를 수분최대화비(moisture maximization ratio) 또는 수분조정비(moisture adjustment factor) R_M이라 한다.

$$R_M = \frac{W_m(L_1, E_1)}{W_a(L_1, E_1)} \tag{15.5.25}$$

여기서 $W_m(L_1, E_1)$ = 강우발생지역 위치(L_1), 고도(E_1)에서의 가강수량
(최대 12시간 지속 1000hPa 이슬점에 의한 가강수량)
$W_a(L_1, E_1)$ = 강우발생지역 위치(L_1), 고도(E_1)에서의 실제 강수량
(대표 12시간 지속 1000hPa 이슬점에 의한 가강수량)

3) 수평 및 수직 전이비

수평 및 수직 전이비는 강우발생지역의 조건과 전이지역의 조건의 차이를 조정하기 위한 계수로 지형이 평탄한 곳에서 사용한다.

- 수평 전이비 R_H는 동일 고도상의 강우발생지역과 전이지역에서의 가강수량의 비로 나타낸다.

$$R_H = \frac{W_m(L_2, E_1)}{W_m(L_1, E_1)} \tag{15.5.26}$$

여기서 $W_m(L_2, E_1)$ = 전이지역 위치(L_2), 고도(E_1)에서의 가강수량

$W_m(L_1, E_1)$ = 강우발생지역 위치(L_1), 고도(E_1)에서의 가강수량

- 수직 전이비 R_V는 강우발생지역과 전이지역의 고도차에 따른 조정계수로 강우 발생지역과 전이지역의 표고차가 300m 이상일 경우에만 다음과 같이 산정하여 고려한다.

$$R_V = \frac{1}{2} + \frac{1}{2}\left[\frac{W_m(L_2, E_2)}{W_m(L_2, E_1 \pm 300)}\right] \tag{15.5.27}$$

여기서 $W_m(L_2, E_2)$ = 전이지역 위치(L_2), 고도(E_2)에서의 가강수량

$W_m(L_2, E_1 \pm 300)$ = 전이지역 위치(L_2), 고도($E_1 \pm 300$)에서의 가강수량

4) 지형영향비

지형영향비 R_G는 강우에 대한 지형 및 산악의 영향을 고려하기 위한 계수로 다음과 같이 산정한다.

$$R_G = \frac{P_{24}^{100}(L_2)}{P_{24}^{100}(L_1)} \tag{15.5.28}$$

여기서 $P_{24}^{100}(L_1)$ = 강우발생지역에서의 100년 빈도 24시간 확률강우량

$P_{24}^{100}(L_2)$ = 전이지역에서의 100년 빈도 24시간 확률강우량

15.6 설계홍수량 산정

치수구조물에 대한 수문학적 설계는 대규모 유출 또는 홍수의 피해를 감소시키는데 주목적이 있다. 홍수는 하천의 자연적인 또는 인위적인 제방을 월류하는 대규모 유출이라 할 수 있으며, 홍수의 크기는 홍수유출량(flood discharge), 홍수위(flood elevation) 그리고 홍수체적(flood volume) 등으로 표현하며 이러한 인자들은 다양한 규모에 대한 치수구조물의 수문학적 설계에서 매우 중요하다. 수공구조물의 규모에 따라 홍수량을 산정하는 방법은 약간 차이가 나지만 전반적으로 기본 개념은 동일하다. 본 절에서는 앞에서 소개한 방법에 따라 결정된 설계 강우 및 설계우량주상도를 이용하여 소규모 및 중대규모 치수구조물의 수문학적 설계에 필요한 설계홍수량을 산정하는 절차에 대해 소개하기로 한다.

15.6.1 소규모 구조물의 설계홍수량 산정

소규모 구조물인 경우 비교적 유역면적이 작은 소유역으로부터의 홍수유출량을 배제하기 위해 설계된다. 소유역에서는 강우가 시간 및 공간적으로 균일하게 내릴 수가 있으며, 강우의 지속기간이 도달시간보다 일반적으로 길고, 지표면 유출에 영향을 많이 받으며, 유역의 지형학적 및 지표 이용 상태에 많은 영향을 받는다. 소유역에서의 설계홍수량 산성방법은 난순 경험공식, 합리식, 단위도법 등 중대규모 구조물의 설계를 위한 홍수량 산정방법보다 비교적 간단하다.

1) 첨두홍수량 산정공식

치수목적으로 이루어지는 대부분의 소규모 구조물 설계에서는 수문곡선 전체를 해석하기 보다는 최대로 흐를 때의 유출량 즉, 첨두유출량에 더 관심이 있다. 비행장의 활주로, 도시지역의 우수관거, 암거, 대규모 주차장 등을 설계할 경우 비가 내리는 전 과정의 수문곡선보다는 최대로 많이 흐를 때의 유량을 구해 이를 원활히 소통시킬 수 있는 규모로 설계할 필요가 있다. 이와 같이 강우량에 따른 첨두홍수량을 산정하는 방법들은 다음과 같으며 대부분의 방법에 대한 자세한 설명은 9장 6.1절 및 6.2절에 수록되어 있다.

① 합리식
② 수정 가지야마 공식
③ 한장회 공식
④ 고재웅 공식
⑤ 비유량법에 의한 산정

2) 빈도해석에 의한 산정

빈도해석에 의한 설계홍수량 산정은 14장에서 설명한 빈도해석 방법을 이용하여 관측 유출량 자료로부터 설계 재현기간에 대한 확률홍수량을 산정하는 방법이다. 소유역의 경우 현재 미 관측 유역이 많이 존재하므로 이 방법을 사용하기가 곤란하지만 전국적인 수위 및 유량 계측망이 확충되고 소규모 유역에서도 신뢰성 있는 자료가 많이 확충되고 있으므로 유출 관측 자료가 준비되면 설계홍수량 산정에 이 방법을 사용할 수 있다.

강우량자료를 이용하는 경우 빈도해석을 통해 설계 재현기간에 대한 설계강우량을 산정하여 첨두홍수량 산정공식을 이용하거나 15.5.5절에서 설명한 설계 강우의 분포방법에 따라 설계우량주상도를 유도하여 단위도법을 적용할 수도 있다. 설계강우의 빈도해석에 대한 전반적인 절차는 14장 수문학적 빈도해석에 자세히 소개하였으며 관측유출량을 이용하여 빈도해석하는 절차를 간략히 요약하면 다음과 같다.

① 구조물의 중요도에 따른 설계 재현기간을 결정한다(15.3~4절).
② 해당유역의 설계지점에서 유출량 자료를 준비한다.
③ 유출량 자료로부터 연 최고치유출량 자료계열를 작성한다(13.8절).
④ 확률분포형 검정을 통해 연 최고치유출량 자료에 가장 적절한 확률분포형을 결정한다(14.5절).
⑤ 빈도해석에 의해 설계 재현기간에 대한 설계홍수량을 산정한다(14.6~7절).

3) 단위유량도법

앞에서 소개한 첨두유출량 산정 공식들이나 빈도해석에 의한 방법은 설계유출수문곡선의 시간적인 분포는 알 수 없고 첨두홍수량만 산정하게 된다. 하지만 소규모 구조물인 경우에도 중요도 및 목적에 따라 설계유출수문곡선을 유도할 필요가 있다. 단위유량도법은 설계 재현기간에 대한 설계강우량을 시간분포형에 맞추어 분포시킨 후 유효우량을 산정하여 단위도를 적용함으로서 유출수문곡선을 얻는 방법이다. 해당 유역에 대한 단위도 및 합성단위도의 유도 및 적용절차는 10장에 자세히 소개하였으며, 단위유량도법에 의한 설계홍수량의 산정 절차를 간략히 정리하면 다음과 같다.

① 구조물의 중요도에 따른 설계 재현기간을 결정한다(15.3~4절).
② IDF관계곡선, DAD곡선 또는 강우강도식(4.7절)을 이용하거나 빈도해석을 통해 설계강우량을 결정한다(14.5~7절).
③ 설계강우량의 시간분포를 결정하여 설계우량주상도를 얻는다(15.5.5절).
④ NRCS방법을 이용하여 설계 유효우량을 산정한다(9.4절).
⑤ 유역의 단위유량도 또는 합성단위도를 유도한다(10.2~6절).
⑥ ④에서 얻은 유효우량에 ⑤에서 얻은 단위도를 적용하여 직접유출수문곡선을 얻는다(10.4절).
⑦ 직접유출수문곡선의 종거에 기저유출량을 더해 설계 유출수문곡선을 얻는다(10.4절).

4) 상관관계식에 의한 설계홍수량 산정

상관관계를 이용한 설계홍수량의 산정에서는 앞에서 소개한 첨두홍수량 산정공식에 비해 여러 가지 수문관련 변수와 유출량에 영향을 미치는 여러 인자를 이용하여 회귀분석을 통한 상관관계식을 유도하여 사용한다(13.9.3절). 상관관계식 유도에서 주로 사용되는 수문 및 지형인자들에는 유역면적, 유로연장, 유역의 평균경사, 도달시간, 선행강수조건, 토양의 종류 및 토지이용상태, 강우강도 및 지속기간 등이 있다. 이 방법에 의한 상관관계식은 이 식이 개발된 지역에서만 사용이 가능하며 다른 지역에 적용할 경우에는 관련 변수들의 조정 등 주의를 할 필요가 있다.

예제 15.11

가상의 하천 유역에 댐을 건설하고자 한다. 댐 유역의 강우량자료로부터 빈도해석을 한 결과 재현기간 300년, 지속기간 24시간의 확률강우량이 437.6mm로 산정되었다. 유역의 강우 및 유출자료로부터 유도한 4시간 단위도가 표 15.15의 2란과 같을 때 Mononobe공식에 의해 중앙집중형으로 강우를 분포시킬 경우 댐 예정지점으로의 유입수문곡선을 작성하라. 댐 예정지점에서의 기저유량은 $100m^3/sec$이고 유역의 토양분포 및 토지이용분석을 통해 결정한 NRCS의 유출곡선지수는 AMC-III 조건하에서 CN값은 82.5이다.

표 15.15 설계우량주상도 유도 및 유효우량 산정

시간 (hr) (1)	누가우량 (mm) (2)	구간별우량 (mm) (3)	중앙집중형 (mm) (4)	누가우량 (mm) (5)	누가유효우량 (mm) (6)	구간별유효우량 (mm) (7)
0	0.0					
4	240.8	240.8	29.5	29.5	4.83	4.83
8	303.4	62.6	43.9	73.4	33.66	28.83
12	347.3	43.9	240.8	314.2	257.67	224.01
16	382.3	35.0	62.6	376.8	319.06	61.39
20	411.8	29.5	35.0	411.8	353.53	34.47
24	437.6	25.8	25.8	437.6	378.98	25.46

풀이

Mononobe공식을 적용하여 24시간 확률강우량을 4시간 단위로 누가우량을 구한 결과가 표 15.15의 2란과 같다. 예를 들어 강우가 시작된 후 4시간까지의 누가 우량은

$$R_t = \frac{R_T}{T}\left(\frac{T}{t}\right)^n \times t = \frac{437.6}{24}\left(\frac{24}{4}\right)^{2/3} \times 4 = 240.8\text{mm}$$

매 시간구간에서 이전 시간구간의 누가우량을 빼면 3란과 같이 각 시간 구간에서의 강우량을 얻을 수 있다. 예를 들어 2란의 8시간까지의 누가우량 303.4mm에서 4시간까지의 누가우량 240.8mm를 빼면 4~8시간 사이의 강우량은 62.6mm가 된다. 이와 같이 각 시간구간별 강우량을 구한 후 중앙집중형으로 배치한 결과가 4란과 같다.

NRCS 방법에 의해 유효우량을 산정하기 위해 Mononobe공식에 의해 분포된 강우량을 다시 누가시키면 5란과 같다. 유역의 토양분포 및 토지이용분석을 통해 결정한 유출곡선지수가 AMC-III 조건하에서 CN=82.5이므로

$$S = \frac{25{,}400}{82.5} - 254 = 53.88$$

따라서 구간별 누가유효우량은 다음과 같이 산정하게 되며 결과는 6란과 같다. 예를 들어 4시간까지의 누가 유효우량은

$$P_e = \frac{(29.5 - 0.2 \times 53.88)^2}{29.5 + 0.8 \times 53.88} = 4.83\text{mm}$$

따라서 각 구간에서의 유효우량은 매시간 구간의 누가우량에서 이전시간 구간의 누가우량을 빼면 7란

표 15.16 단위도적용에 의한 유입수문곡선 산정

시간 (hr) (1)	단위도 (m^3/sec) (2)	단위도 ×0.483 (3)	단위도 ×2.883 (4)	단위도 ×22.401 (5)	단위도 ×6.139 (6)	단위도 ×3.447 (7)	단위도 ×2.546 (8)	기저유량 (m^3/sec) (9)	총 유량 (m^3/sec) (10)
0	0.0	0.00						100	100.00
2	28.0	13.52						100	113.52
4	60.9	29.41	0.00					100	129.41
6	104.3	50.38	80.72					100	231.10
8	166.6	80.47	175.57	0.00				100	356.04
10	229.6	110.90	300.70	627.23				100	1138.82
12	249.2	120.36	480.31	1364.22	0.00			100	2064.89
14	207.2	100.08	661.94	2336.42	171.89			100	3370.33
16	154.7	74.72	718.44	3732.01	373.87	0.00		100	4999.04
18	105.0	50.72	597.36	5143.27	640.30	96.52		100	6628.16
20	65.8	31.78	446.00	5582.33	1022.76	209.92	0.00	100	7392.79
22	42.7	20.62	302.72	4641.49	1409.51	359.52	63.11	100	6896.97
24	26.6	12.85	189.70	3465.43	1529.84	574.27	137.27	100	6009.36
26	17.5	8.45	123.10	2352.11	1272.00	791.43	235.09	100	4882.19
28	12.6	6.09	76.69	1473.99	949.70	858.99	375.52	100	3840.97
30	8.4	4.06	50.45	956.52	644.60	714.22	517.52	100	2987.36
32	4.9	2.37	36.33	595.87	403.95	533.25	561.70	100	2233.45
34	3.5	1.69	24.22	392.02	262.14	361.94	467.03	100	1609.02
36	2.8	1.35	14.13	282.25	163.30	226.81	348.69	100	1136.54
38	0.7	0.34	10.09	188.17	107.43	147.19	236.67	100	789.89
40	0.0	0.00	8.07	109.76	77.35	91.69	148.31	100	535.19
42			2.02	78.40	51.57	60.32	96.25	100	388.56
44			0.00	62.72	30.08	43.43	59.96	100	296.19
46				15.68	21.49	28.95	39.45	100	205.57
48				0.00	17.19	16.89	28.40	100	162.48
50					4.30	12.06	18.93	100	135.30
52					0.00	9.65	11.04	100	120.70
54						2.41	7.89	100	110.30
56						0.00	6.31	100	106.31
58							1.58	100	101.58
60							0.00	100	100.00

과 같이 구할 수 있다. 이와 같이 4시간 구간의 유효우량에 표 15.16의 2란에 주어진 단위도를 적용함으로서 유입수문곡선을 얻을 수 있다. 첫 번째 구간에서의 유효우량이 0.483cm이므로 단위도의 종거 2란에 0.483을 곱하면 3란과 같다. 두 번째 시간구간에서의 유효우량은 2.883cm이므로 2란의 단위도에 2.883을 곱해 4시간을 지체시켜, 즉 아래로 이동시켜 나타내면 4란과 같다.

같은 방법으로 각 시간구간별 유효우량을 cm로 환산하여 단위도 종거에 곱하고 4시간씩 지체시키면 된다.

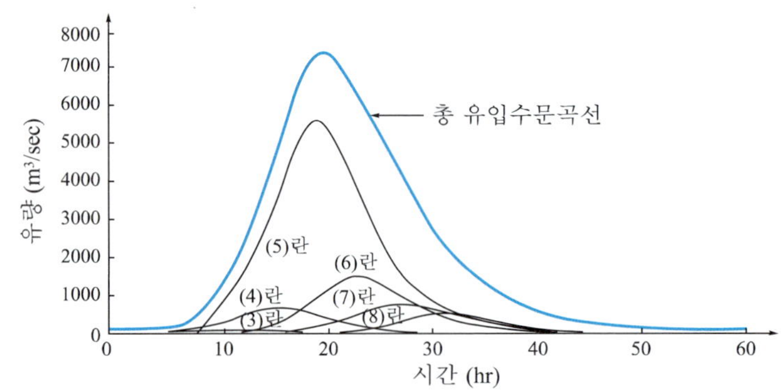

그림 15.17 총 유입수문곡선 산정

마지막으로 9란의 기저유량을 포함하여 각 시간마다 모두 더하면 10란의 총 유입수문곡선을 얻게 된다. 10란을 보면 강우가 시작된 지 20시간 만에 7392.79m^3/sec의 첨두유출이 발생함을 알 수 있다. 표 15.16을 수문곡선으로 나타내면 그림 15.17과 같다.

15.6.2 중대규모 구조물의 설계홍수량 산정

중대규모 수공구조물의 수문학적 설계는 소규모인 경우와 기본 개념은 동일하지만 좀 더 복잡하다. 다양한 확률에 대해 구조물 규모의 경제성 분석을 통해 최종 설계 규모가 결정되며, 이 경우 하류지역의 인명 및 재산의 보호 정도, 설계비용, 당국의 정책, 설계기준 등이 고려되어야 한다. 이와 같이 수문학적 뿐만 아니라 경제적 및 사회적 여건 등 그 외의 상황을 고려하여 홍수량을 산정하게 되므로 중대규모 수공구조물의 설계홍수량은 중요도 및 그 외의 여건에 따라 확률홍수량(frequency-based flood), 가능최대홍수량 그리고 표준설계홍수량 등을 사용한다.

1) 확률홍수량

확률홍수량은 소규모 구조물의 설계홍수량 산정방법과 동일하다. 즉, 빈도해석을 통해 설계 재현기간에 대한 설계홍수량을 구하게 된다. 구조물의 중요도에 따른 설계 재현기간을 결정(15.3~4절)하고, 유출량 자료로부터 연 최고치유출량 자료계열을 작성한다(13.8절). 연 최고치유출량 자료에 가장 적절한 확률분포형(14.4~5절)을 결정하여 빈도해석(14.6~7절)에 의해 설계재현기간에 대한 설계홍수량을 산정한다. 또한 강우량자료를 이용하여 빈도해석을 실시하면 설계재현기간에 대한 설계강우량을 얻게 되므로 이를 강우분포방법에 따라 분포시킨 후 단위유량도법을 이용하여 설계홍수량을 얻을 수도 있다(10.4절).

2) 가능최대홍수량

가능최대홍수량(PMF)은 가장 심한 강우와 유출을 발생시키는 모든 인자들이 동시에 만족될 때 예상되는 가장 큰 홍수라 할 수 있다. PMF는 가능최대강우량(PMP)으로부터 산정하기 때문에 빈도를 계산할 수는 없다. 경제적인 관점으로부터 대규모 댐의 여수로나 중소규모 댐인 경우 붕괴 시 많은 인명 및 재산 피해가 예상되는 경우에만 PMF를 설계기준으로 사용한다(표 15.1). PMF는 PMP가 결정되면 단위도를 적용하여 산정할 수 있으며 그 절차는 다음과 같다.

① PMP의 시간분포를 결정하여 PMP 설계우량주상도를 얻는다(15.5.5절).

② NRCS방법을 이용하여 설계 유효우량을 산정한다(9.4절).

③ 유역의 단위유량도 또는 합성단위도를 유도한다(10.2~10.6절).

④ ②에서 얻은 유효우량에 ③에서 얻은 단위도를 적용하여 직접유출수문곡선을 얻는다(10.4절).

⑤ 직접유출수문곡선의 종거에 기저유출량을 더해 설계 유출수문곡선인 PMF를 얻는다(10.4절).

3) 표준설계홍수량

표준설계홍수량(SPF)은 합리적으로 예상되는 가장 큰 강우량인 표준설계강우량(SPS)에 단위유량도법의 적용과 같은 강우-유출모형을 사용하여 산정하게 된다. 일반적으로 SPS는 PMP의 약 40~60% 정도가 되므로 SPF도 PMF의 약 50%로 산정하여 이용하는 경우가 많이 있다. SPF를 산정하는 절차를 간략히 설명하면 다음과 같다.

① 기록상의 최대 강우사상에 대한 등우선도를 설계지역의 유역도 위에 옮겨 기록한다.
② 등우선법에 의해 전이된 최대 강우 등우선도로부터 유역의 면적평균강우량을 얻는다(4.6.4절).
③ 우량주상도 배치방법에 따라 평균강우량으로부터 SPS 우량주상도를 얻는다(15.5.5절).
④ NRCS방법을 이용하여 설계 유효우량을 산정한다(9.4절).
⑤ 유역의 단위유량도 또는 합성단위도를 유도한다(10.2~6절).
⑥ ④에서 얻은 유효우량에 ⑤에서 얻은 단위도를 적용하여 직접유출수문곡선을 얻는다(10.4절).
⑦ 직접유출수문곡선의 종거에 기저유출량을 더해 설계 유출수문곡선인 SPF를 얻는다(10.4절).

15.7 홍수보험과 수문분석

홍수는 인간의 의지와는 상관없이 발생하는 자연현상이므로 인간의 힘으로 홍수를 완전히 예방할 수가 없으며 다만 그 피해를 최소로 줄이기 위해 노력할 뿐이다. 최근 경제발전 및 도시화에 따라 홍수는 과거와는 비교할 수 없을 정도로 큰 피해를 초래한다. 이와 같이 홍수가 발생하면 일차적으로 국민 개개인이 피해를 입지만 국가 또한 피해를 입게 된다. 따라서 국민에 대한 피해보상 및 복구가 현실에 맞지 않을 경우도 많이 발생하며, 여러 요인으로 급증하는 피해를 국가가 감당하기에는 국가재정능력에도 한계가 있게 된다. 그러므로 홍수보험제도를 도입하여 국민들의 재해에 대한 인식을 고취시키고 재원을 마련하여 홍수 발생시 현실에 맞는 보상 및 복구가 이루어질 필요가 있다. 본 절에서는 홍수보험제도가 활성화되어 있는 미국의 홍수보험제도와 관련하여 간략히 알아보기로 한다.

15.7.1 홍수보험

미국 연방재난관리국(Federal Emergency Management Agency, FEMA)의 전신인 주택 및 도시개발국(U.S. Department of Housing and Urban Development, HUD)은 홍수위험지역을 정하고

홍수발생 위험지역에 거주하는 주민들에게 홍수위험에 대한 경각심을 고취시키며, 저렴한 홍수보험을 제공하기 위해 1968년 국가홍수보험사업(National Flood Insurance Program, NFIP)을 추진하였다. NFIP는 국가에서 정한 기준을 초과하는 개발을 방지하기 위해 주정부가 홍수관리프로그램을 채택하고 실시할 것을 요구하고 있다. 홍수보험제도를 실시하기 위해서는 첨두홍수량의 산정, 댐, 하천 및 홍수통제구조물의 영향에 대한 분석, 하천을 통해 안전하게 통수시킬 홍수량의 결정과 같은 수문분야가 중요한 역할을 한다.

초창기의 홍수보험은 임의가입제로 가입실적이 매우 저조하여 1973년 말에는 3,000여개의 지역사회가 가입하였으나 1973년 홍수재해방어법을 제정한 후 2002년 현재 20,000여개의 지역사회에서 5백만 건의 사유지가 가입하여 6,000억 달러의 규모를 이루고 있다. 이와 같이 홍수보험제도가 성공적으로 실시되고 있지만 아직도 미국 내 홍수터에 거주하는 1,200만 가구의 약 25%만이 홍수보험에 의해 보호를 받고 있는 실정이다. 미국 전국토의 약 7~10% 정도가 100년 빈도의 홍수터에 위치하고 있다.

NFIP에 참여하는 지역사회마다 홍수위험지역도가 작성되고 개발이 이루어질 때마다 홍수위험지역도를 보완한다. 이러한 과정에서 재현기간에 대한 첨두홍수량의 개략적인 또는 자세한 평가를 필요로 한다. NFIP에서는 기본홍수(base flood)로 100년 빈도의 홍수량을 채택하고 있으며 이 홍수량을 결정하기 위해 지형적 및 수문학적 연구를 수행하며 비용은 연방보험국이 부담한다. 기본홍수위에 의해 침수되는 홍수터가 결정되고 지역사회가 기본홍수에 의해 침수되는 사유지를 결정하게 된다.

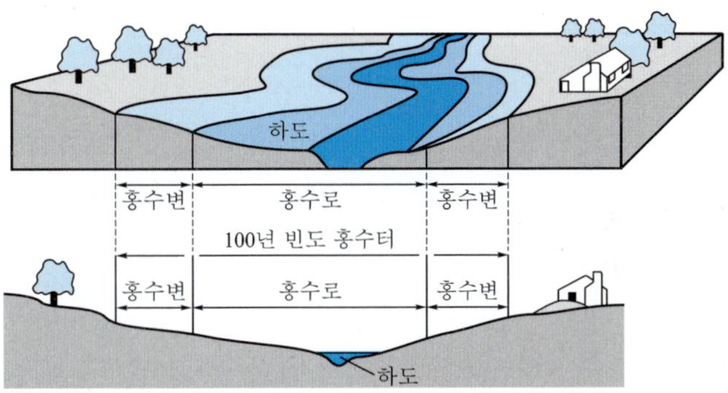

그림 15.18 홍수터 설정

그림 15.18은 NFIP에서 적용하는 지도작성 및 홍수터(floodplain) 관리절차를 보여주고 있다. 수문기술자들이 100년 빈도 홍수기간 동안 침수되는 범위를 계곡 및 하도의 횡단면도를 이용하여 결정하게 된다. 홍수로(floodway) 폭은 그림 15.19와 같이 하도잠식(encroachment)을 고려할 때 100년 빈도 홍수위 보다 1ft 이상 초과되지 않는 범위로 결정한다. 홍수로는 주로 주하도를 중심으로 결정되나 경

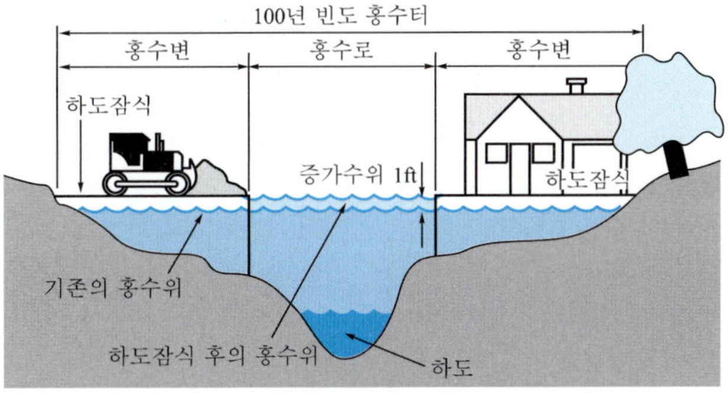

그림 15.19 홍수로 폭의 결정

우에 따라 한쪽으로 치우치거나 여러 개의 지역으로 나누어 설정할 수도 있다.

이와 같이 홍수로가 결정되면 홍수로 내의 개발은 홍수로를 재 할당하거나 개발로 인해 증가하는 수위를 감소시키는 대책이 수립된 경우에만 허용된다. 홍수변(flood fringe)은 홍수터의 일부로 홍수로 바깥쪽의 개발이 허용된 부분이다. 홍수터지도 작성을 위해서는 일반적으로 다음과 같은 기본 자료조사 및 분석을 실시하게 된다.

① 10, 50, 100 및 500년 빈도 홍수량 산정
② 하천, 해안 및 호수 홍수터에 대한 10, 50, 100 및 500년 빈도 홍수위 산정
③ 1:4800~1:24,000 축척범위의 지도상에 100년 및 500년 빈도 홍수터 결정
④ 100년 빈도 홍수로 자료수집 및 지도 작성
⑤ 해안지역의 위험지역 지도 작성
⑥ 홍수로 유속산정
⑦ 보험위험지역설정

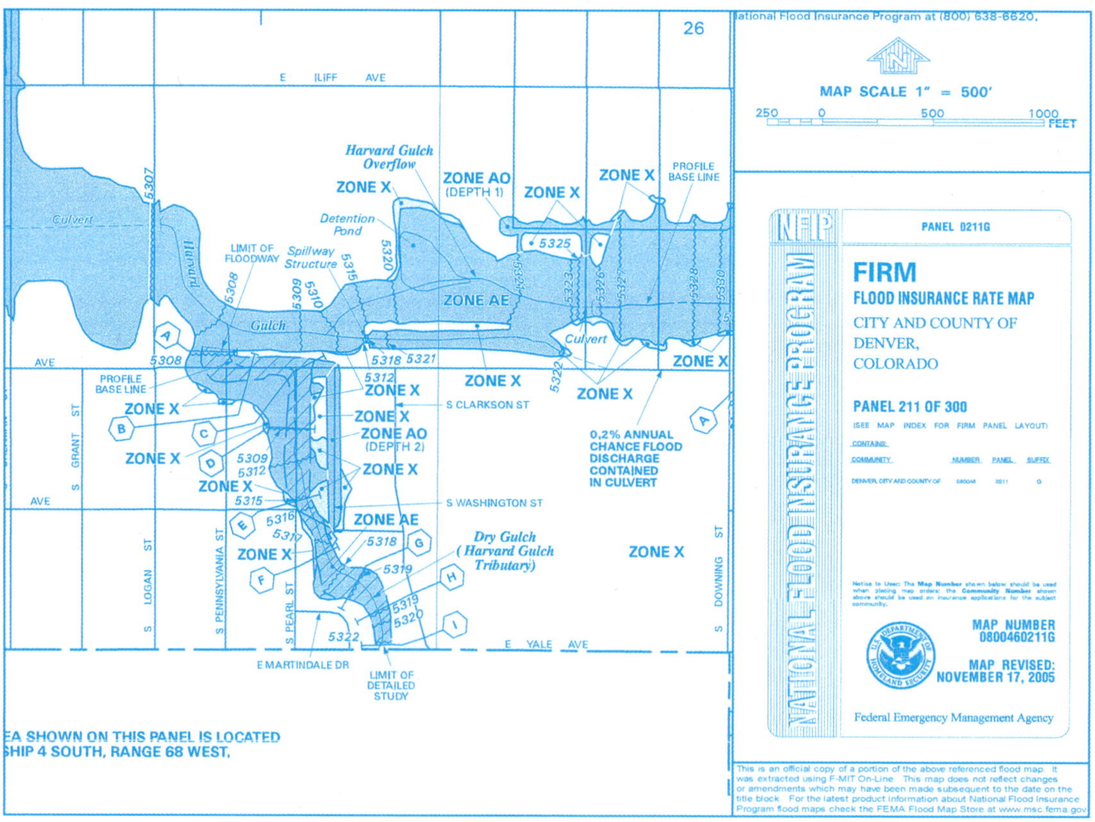

그림 5.20 홍수보험지도의 예

이와 같은 분석은 다음과 같은 형태의 자료를 제공한다.

① 홍수보험분석(Flood Insurance Study, FIS) 보고서
FIS보고서는 일반적인 프로그램 및 홍수량 자료표, 유속, 홍수로 폭, 수위상승 정보를 포함하는 홍수로 자료표, 홍수보험지역 자료표 그리고 10년, 50년, 100년 및 500년 빈도 홍수위 곡선과 같은 지역사회의 기본 자료를 포함한다.

② 홍수보험요율도(Flood Insurance Rate Maps, FIRM)
FIRM은 100년 및 500년 빈도의 홍수터, 기본홍수위, 해안가 위험지역 그리고 보험위험지역을 1:4800~1:24,000 축척범위의 평면도로 제공한다.

③ 홍수위험범위도(Flood Hazard Boundary Map, FHBM)
FHBM은 100년 및 500년 빈도의 홍수터, 수리학적 분석에 사용된 홍수터 및 하천횡단면의 위치, 그리고 100년 빈도의 홍수로를 1:4800~1:24,000 축척범위의 평면도 또는 지형도로 제공한다.

FEMA는 미국 전역에 대해 위와 같은 자료를 구비하여 인터넷 등을 통해 일반인이 열람할 수 있도록 하고 있으며 필요한 경우 해당 지도를 제공하고 있다.

15.7.2 홍수경보시스템

홍수터의 설정 및 개발규제 뿐만 아니라 많은 수의 지역사회가 홍수경보시스템(Flood Warning System)을 구축하여 위험에 대비하고 있다. 홍수경보시스템은 레이더 및 우량, 수위관측소를 위성 송신 시스템과 연계하여 실시간으로 관측 자료를 중앙 컴퓨터로 전송하여 인터넷을 통해 이용할 수 있도록 하고 있다. 중앙 컴퓨터는 수위곡선, 강우량 및 강우강도를 지속적으로 관찰하며, 설정된 한계값에 도달하게 되면 컴퓨터가 실시간 자료를 취합하여 기상을 예측하고, 언제 그리고 어디서 위험 수위에 도달할지 유역모형을 이용하여 예측한다. 유사시 경보는 여러 분야의 비상관리자에게 자동적으로 전달되어 홍수에 대한 비상계획을 실시할 수 있도록 하고 있다.

15.7.3 홍수터 분석을 위한 유출량 산정

NFIP에서 홍수빈도해석은 하천유출량 자료를 Log-Pearson Type-III분포에 적용하여 실시하고 있으며, FEMA에서 추천하는 절차에 따라 연 첨두유출량 및 과거 홍수기록을 적합시킨다. 미관측 지역에서는 지역회귀방정식, 빈도분석 또는 강우-유출 모형을 통하여 홍수빈도를 산정하게 된다. 미 지질조사국(U.S. Geological Survey)에서 제공하는 회귀방정식은 다양한 빈도의 첨두유출량과 유역면적, 경사, 표고, 형상 그리고 지표이동 등과 같은 유역 특성치를 관련시키고 있다. 강우-유출 모의 기법들에서는 실제 또는 합성 우량주상도를 이용하며, HEC-HMS 또는 NRCS TR-20모형과 같은 호

우사상모형은 특정빈도에 대한 설계 호우를 이용하여 유출량을 모의하고, 모의된 첨두유출량은 강우와 같은 빈도를 가지게 된다.

이상과 같이 미국은 구조적인 방법에 의한 홍수예방대책에 한계를 느끼고 비구조적인 대책으로 홍수보험제도를 도입하여 효과를 보고 있다. 홍수보험제도는 홍수재해에 의해 생기는 불확실한 동질의 위험을 결합하여 일정한 확률로 발생하는 실제적인 손실을 다수의 위험결합에 의한 평균손실로 대체하여 위험의 분산을 유도하는 사회적 제도라고 할 수 있다. 이와 같은 홍수보험제도를 실시함으로서 수해를 입은 사유시설 주인에 대하여 실질적인 손실보전을 통해 자활 의욕을 고취시키고, 민간기업의 참여를 통한 수해위험지역의 체계적인 관리로 수해 사전예방 도모 및 위험분산을 유도할 수 있다.

우리나라에서도 홍수보험제도실시에 대해 심도 있게 연구하고 있으며 부분적으로 시행하고 있다. 홍수보험제도를 운영하기 위해서는 기본적으로 홍수재해지도를 미리 준비하여야 하며 이를 위해서는 수문관련 기술자의 역할이 매우 중요하다.

홍수재해지도를 미리 준비함으로서 홍수에 취약한 지역에 거주하는 주민들에게 평상시에 홍수에 대한 위험을 인지시켜 수해에 대한 경각심을 고취시키고, 관계공무원으로 하여금 적절한 수해대책을 수립하는데 도움을 줄 수 있다. 또한 수해가 발생할 경우 대피활동, 구호활동 및 복구활동을 하는데 도움이 될 수 있도록 대피구역, 대피경로, 침수위험구역, 홍수별 침수예상지역 등을 알기 쉽도록 표시하여 홍수로 인한 피해를 줄일 수 있다.

홍수재해지도는 침수위험도를 근거로 작성하게 되므로 적절한 토지이용을 가능하게 하고, 내수건축 등 건물양식의 결정에 도움을 줄 수 있으며, 비상시 필요한 물품의 준비 등 수해발생시 피해경감을 위한 사전 방재활동에 활용할 수 있다. 홍수재해지도는 과거의 침수상태, 홍수시 침수위험도 등을 포함하기 때문에 대상 지역에 대한 홍수위험을 평가하여 홍수보험요율을 결정하기 위한 기본 자료로 활용하게 된다.

이러한 홍수재해지도에는 홍수규모에 따른 침수범위, 홍수범람 위험구역, 과거의 침수상태, 대피구역, 대피장소, 대피경로, 대피요령, 대피경로상의 위험장소, 병원 및 기타 주요 건물, 구호 및 복구 우선순위에 대한 자료들을 수록하게 된다.

연습문제

15.1 100년간 관측된 수문자료로부터 최악의 가뭄이 6년간 지속되었다면 앞으로 50년 동안 이와 같거나 더 극심한 가뭄이 발생할 확률은 얼마나 되겠는가?

15.2 암거의 예상 수명기간은 20년이다. 만일 설계수명기간 동안 암거의 용량을 최소한 한번 초과할 확률이 20%라면 설계재현기간은 얼마인가? 이러한 설계재현기간에 대해 설계된 암거가 30년 동안 초과하지 않을 확률은 얼마인가?

15.3 다음 표와 같이 홍수피해를 방지하기 위한 구조물의 재현기간에 따른 피해액과 건설비가 주어져 있다. 구조물이 없을 경우의 연 예상피해액과 최적 설계 재현기간을 산정하라.

계산 구간	재현기간 T(년)	초과확률 $P(X \geq x_i)$	피해액 (10억원)	건설비용 (10억원/년)
	1	1.000	0	0
1	2	0.500	50	5
2	5	0.200	80	10
3	10	0.100	120	15
4	15	0.067	150	20
5	20	0.050	200	25
6	25	0.040	230	30
7	50	0.020	270	35
8	100	0.010	330	40
9	200	0.005	400	50

15.4 특정 지점의 강우량자료로부터 IDF곡선을 유도하기 위해 다음 표와 같이 지속시간별 연 최대강우량을 선정하였다. 이 자료를 이용하여 재현기간 2년, 7년, 14년에 해당하는 IDF곡선을 유도하라. 단, 확률위치도시공식은 Weibull공식을 적용한다.

지속기간(min)별 강우량(mm)						
10	30	60	120	360	720	1440
29.1	70.7	87.0	119.5	93.0	218.1	170.8
44.7	48.9	110.8	180.8	264.3	326.5	437.6
42.4	82.3	126.4	171.7	251.3	114.8	245.7
25.0	74.7	43.0	151.1	153.5	282.8	376.4
37.1	72.2	133.2	156.1	221.7	273.8	337.5
14.3	34.1	108.5	148.0	217.4	234.5	356.4
34.4	67.0	102.8	61.1	189.9	255.1	363.9
31.5	61.3	94.0	128.8	206.5	268.5	308.7
47.6	56.8	141.9	192.3	176.6	346.8	285.7
38.4	86.8	74.8	103.4	228.9	189.5	415.0
20.7	40.7	52.0	86.5	129.4	159.8	204.0
17.3	92.4	62.1	73.1	110.2	136.1	466.1
36.4	28.3	114.6	140.4	280.7	310.4	141.0

15.5 유역면적이 500km^{2}인 어떤 지역에서 수공구조물을 설계하기 위해 점 강우량을 빈도해석 한 결과 재현기간 50년, 지속기간 24시간인 확률강우량이 300mm로 나타났다. 이를 면적 확률강우량으로 환산하라.

15.6 특정 지역에서 강우빈도해석을 한 결과 재현기간 200년, 지속기간 24시간인 확률강우량이 415 mm로 나타났다. 이 지역의 한 유역에서 유도된 단위도의 지속시간이 4시간일 때 단위도를 적용하기 위한 24시간 확률강우량을 전진형, 중앙집중형 그리고 지연형에 맞추어 설계우량주상도를 작성하라. 단, n=2/3을 적용하라.

15.7 특정 지역에서 강우빈도해석을 한 결과 재현기간 100년, 지속기간 1시간인 확률강우량이 114.6 mm이다. Huff의 방법을 사용하여 설계우량주상도를 유도하라. 이 지역의 강우분포는 3분위에 적절하다고 가정하고 확률 50%의 누가확률곡선을 사용하라. 단, 지속기간은 10개로 나누어 적용하라.

15.8 특정 지역에서의 IDF곡선으로부터 구한 재현기간 30년, 지속기간 2시간에 대한 강우강도가 70mm/hr일 때 수문설계를 위한 재현기간 30년, 지속기간 2시간에 대한 삼각형 우량주상도를 산정하라.

15.9 재현기간별 지속시간에 따른 강우강도식이 식 (4.7.7)과 같을 때 교호블록법에 의해 재현기간 30년, 지속기간 2시간인 설계우량주상도를 구하라. 단, 시간 증가는 10분으로 하고 강우강도식을 적용하기 위한 서울지역의 지역상수는 표 4.14의 값을 이용하라.

15.10 특정 지역에서 재현기간 20년에 대한 강우강도를 식 (15.5.19)에 의해 산정할 수 있고 상수 a=450, b=0.5, c=1.01이라 할 때 재현기간 20년, 지속기간 2시간의 설계우량주상도를 순간강우강도법에 의해 구하라. 호우전진계수 r=0.5와 0.25 두 경우에 대해 적용하라.

15.11 가상의 하천 유역에 댐을 건설하고자 한다. 댐 유역의 강우량자료로부터 빈도해석을 한 결과 재현기간 200년, 지속기간 24시간의 확률강우량이 415mm로 산정되었다. 유역의 강우 및 유출자료로부터 유도한 4시간 단위도가 다음과 같을 때 Mononobe공식에 의해 중앙집중형으로 강우를 분포시킬 경우 댐 예정지점으로의 유입 수문곡선을 작성하라. 댐 예정지점에서의 기저유량은 80m^3/sec이고 유역의 토양분포 및 토지이용 분석을 통해 결정한 NRCS의 유출곡선지수는 AMC-III조건하에서 CN=79.83이다.

시간 (hr)	단위도 (m^3/sec)	시간 (hr)	단위도 (m^3/sec)	시간 (hr)	단위도 (m^3/sec)	시간 (hr)	단위도 (m^3/sec)
0	0.00	12	199.36	24	21.28	36	2.24
2	22.40	14	165.76	26	14.00	38	0.56
4	48.72	16	123.76	28	10.08	40	0.00
6	83.44	18	84.00	30	6.72		
8	133.28	20	52.64	32	3.92		
10	183.68	22	34.16	34	2.80		

CHAPTER

홍수조절계획 16

16.1 서론

물과 관련한 피해 중에서 홍수는 우리에게 가장 큰 고통과 경제적인 손실을 주는 재해라고 할 수가 있다. 우리나라에서는 홍수와 관련하여 최근 10년간(2004~2013) 282명이 사망하고 229,274명의 이재민이 발생하는 한편, 8조 3천억원에 달하는 재산피해를 입고 있다. 최근 들어 많은 사람들이 강과 하천을 따라 살게 되면서 홍수로 인해 피해를 입을 가능성이 더욱 높아지고 있다.

홍수는 토양과 식물이 물을 흡수할 수 없고, 유출량이 하천, 강, 연못 또는 저수지에 저류될 수가 없을 때 발생하게 된다. 홍수는 또한 눈이 녹거나, 해일 또는 다른 원인에 의해서도 발생한다. 해안지역은 태풍과 같은 폭풍으로 인해 증가된 조수때문에 홍수피해를 입을 수가 있다. 태풍 중심의 저기압은 수위를 정상보다 25~30cm정도 높일 수가 있으며, 1970년에 인도양의 Bengal만에서는 태풍과 조수파에 의해 26만명이 목숨을 잃은 역사상 최대의 바다 홍수재난을 초래하기도 했다. 해저의 화산이나 지진 또한 조수파로 인해 홍수를 초래할 수 있으며, 지진에 의해 발생한 해파를 해일 또는 쓰나미(tsunami)라고 부른다. 2004년 12월 인도네시아 수마트라 인근 해저에서 발생한 지진으로 인한 해일로 인근지역에서 12만여명이 사망하기도 하였다.

본장에서는 홍수로 인한 피해를 최소화하기 위한 방법 중 홍수터 관리, 저수지, 분류, 하도개수, 호우습지 등과 같은 구조적 및 비구조적 홍수조절 개념에 대해 소개하기로 한다.

16.1.1 홍수의 종류

홍수에는 하천홍수(river flood), 돌발홍수(flash flood), 해안홍수(costal flood), 도시홍수(urban flood)와 같은 형태가 있다. 하천홍수는 하천을 월류하는 물에 의해 발생하는데, 우리나라에서는 일반적으로 장마철인 6월말부터 7월말까지 발생한다. 눈이 많이 내리는 지역은 겨울과 봄의 강우 및 눈이 녹을 때 발생하기도 하며, 태풍 또는 강우전선으로부터의 지속적인 강우에 인한 폭우도 하천홍수를 유발한다. 돌발홍수는 일반적으로 폭우로부터 기인하는데, 짧은 기간 동안에 과도한 강우가 강물을 수 시간 내에 제방위로 월류시켜 발생한다. 돌발홍수는 보통 산악지역에 자주 발생하지만 좁은 계곡을 흐르는 하천이나 경사가 급한 지역에서도 발생하여 피해를 준다. 지형, 토양조건 그리고 지표면 상태도 돌발홍수에 중요한 역할을 하며, 침투율이 낮은 토양 또는 포화된 토양, 불투수성 지표면, 빠른 홍수파를 야기하는 급한 경사 등은 돌발홍수발생의 요인이 된다.

해안홍수는 물을 바다로부터 육지로 밀어붙이는 강한 해안의 바람으로 인해 발생한다. 태풍과 같은 낮은 대기의 압력은 국지적으로 해안의 저지대 높이보다 바닷물의 높이를 높여 해일을 발생시킨다. 해안지역은 보통 주변의 섬, 습지 그리고 여러 하천이 있는 평지를 포함하고 있는데, 이 지역에서의 추가적인 강우는 주위 저지대에서의 홍수를 증가시킨다. 도시홍수는 목초지와 숲이 도로와 주차장으로 전환된 경우 강우를 흡수할 능력이 손실되므로 발생하게 된다. 도시화는 유출을 자연 상태에서보다 2배 내지 6배 정도 증가시키고, 도시홍수 기간 중 도로는 빠르게 흐르는 강이 될 수가 있으며, 저지대 및 건물 지하실은 물이 차서 위험하게 된다.

16.2 홍수터관리

홍수는 앞에서 설명한 바와 같이 자연적이면서 자주 나타나는 현상이다. 홍수는 도로나 주택지로부터 대하천에 이르기까지 다양한 규모의 지표면에서 발생하게 되며, 우리의 생명이나 재산에 피해를 입히며, 생활에 많은 부정적인 영향을 미치게 된다. 따라서 큰 호우가 발생하였을 때 재산피해를 최소화 하고, 인간의 생명과 복지에 대한 위협을 감소시키기 위해 홍수터관리(floodplain management)가 필요하다. 홍수터관리는 호우관리(stormwater management)와 비슷하지만 호우관리에서는 빈도가 낮은 즉, 2~10년 빈도의 호우에 대해 하나 또는 몇 개의 구역에 대한 유출을 고려하는데 반해, 홍수터관리에서는 큰 빈도의 호우로 인한 대 유역에서의 홍수에 대해 고려하게 된다. 홍수터 지역 분석에서는 보통 $3km^2$이상의 유역면적에 대해 수 십년에서 극한 빈도에 대한 홍수에 초점을 맞추고 있다.

16.2.1 홍수터의 정의

홍수터(floodplain)는 강, 하천, 호수, 만 그리고 해양에 인접해 있는 지역으로 홍수 발생 시 침수가 되는 지역이라 할 수 있다. 미국의 연방재난관리국(Federal Emergency Management Agency, FEMA)에서는 지방정부가 보호하기 위한 최소 홍수터 관리기준을 제시하고 있으며, 모든 도시지역에 100년 빈도 홍수에 대한 홍수로(floodway) 그리고 100년 및 500년 빈도의 홍수에 대한 침수지역을 나타내는 홍수보험요율지도(flood insurance rate map, FIRM)를 작성하여 배포하고 있다.

그림 15.18과 15.19는 홍수로 및 홍수변(flood fringe)을 나타내는 하천의 홍수터 지역을 보여주고 있다. 홍수로는 가장 위험한 지역인 홍수터의 일부로 큰 홍수가 통과하기 위한 구역이며, 홍수변은 물이 비교적 천천히 흐르거나 저장되는 홍수류의 저류지역이다. 홍수터 지역은 보통 100년 빈도 홍수기간 동안 침수되는 범위를 계곡 및 하도의 횡단면도를 이용하여 결정하게 된다. 이때 홍수로 폭은 하도잠식을 고려할 때 100년 빈도 홍수위 보다 약 30cm(1ft) 이상 초과되지 않는 범위로 결정한다. 홍수로는 주로 주하도를 중심으로 결정되지만, 경우에 따라 한쪽으로 치우치거나 여러 개의 지역으로 나누어 설정할 수도 있다. 이와 같이 홍수로가 결정되면 홍수로 내의 개발은 홍수로를 재 할당하거나 개발로 인해 증가하는 수위를 감소시키는 대책이 수립된 경우에만 허용된다.

16.2.2 하천 홍수로 및 홍수터의 결정

홍수터를 결정하기 위해서는 먼저 홍수유출수문곡선을 계산하고, 배수구역을 따라 홍수추적을 실시하여 각 지점별 홍수량에 따른 수위곡선을 계산하며, 이를 위해서는 그림 16.1과 같이 수문학적 및 수리학적 분석 절차가 필요하다. 그 다음 계산된 수위곡선의 표고를 지형도에 중첩시켜 홍수터 구역을 설정한다. 홍수로의 경계는 하친의 통수면적을 홍수터 양쪽으로 등간격으로 증가시키며 차단하여 결정하게 된다. 이러한 과정은 각 하천 단면에서 홍수터 끝단으로부터 시작하여 안쪽으로 잠식부분을 증가시키며 계산된 홍수위가 특정한 값 또는 하천 제방의 높이에 도달할 때 까지 반복한다. 이와 같이 각 단면에서의 홍수로의 경계지점이 결정되면 모든 단면에 대해 경계지점을 연결하여 홍수로의 경계선을 결정하게 된다. 만일 기존 하도에서 잠식을 할 수가 없으면 이 하도 경계가 홍수로의 경계가 된다.

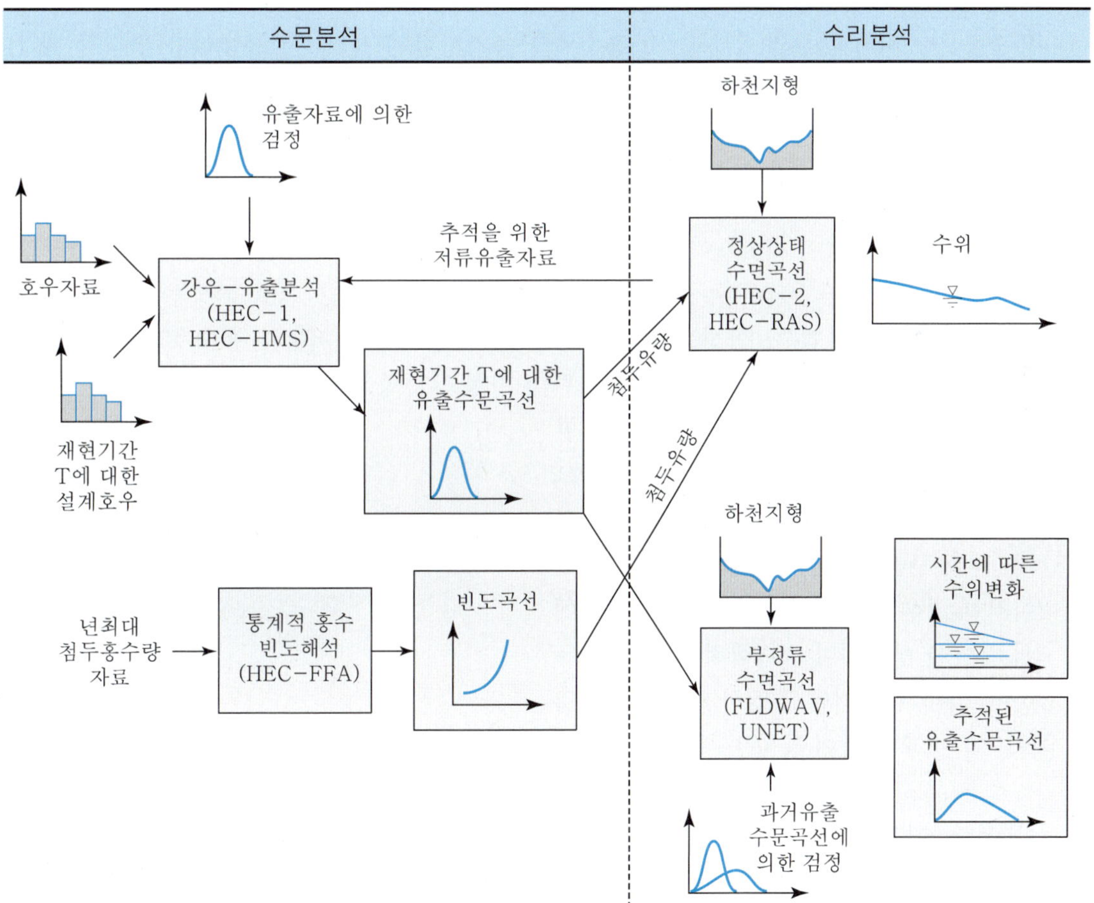

그림 16.1 수문 및 수리학적 분석 절차

1) 홍수터지도

미 연방재난관리국(FEMA)에서는 홍수위의 높이가 최대 30cm 증가하는데 해당하는 하도잠식을 적용하여 홍수보험지도(FIRM)에 홍수로를 표시하고 있다. 일부 도시에서는 홍수로의 경계를 결정하기 위해 홍수위의 높이가 15cm 증가하는 것을 기준으로하거나, 최대 유속 또는 수심을 기준으로 결정하고 있다. 도시지역에서의 홍수로 및 홍수터 경계를 지도에 표시하여 제공하고 있다.

2) 홍수터 변경

홍수터 경계는 홍수변의 잠식 또는 둑, 제방 및 홍수벽의 구축에 의해 변경될 수가 있다. 홍수터는 또한 홍수로의 통수능을 증가시켜 홍수터를 통한 유속을 증가시킴으로서 배수위를 감소시키거나 홍수터의 저류를 감소시키는 것과 같은 하도변경을 통해 감소시킬 수가 있다. 이와 같은 하도변경을 통한 통수능의 변화로 인해 하류의 첨두 유량을 증가시킬 수가 있고, 홍수변의 잠식도 홍수터의 저류량을 감소시켜 하류의 홍수량 및 홍수위를 증가시킬 수가 있다. 홍수터가 변경될 때마다 수자원 기술자들은 수리 및 수문학적 설계에서 허용하는 최대 수위를 검토할 필요가 있다.

16.2.3 호수에서의 홍수터 경계

호수의 수표면적이 $4km^2$ 이하인 호수에서는 호수내의 수위가 일정하다고 가정하므로 홍수터의 경계를 결정하기가 간단하다. 호수에서의 첨두 홍수위를 결정하기 위해서는 호수로 유입되는 모든 지류유역에서의 유입수문곡선을 결정하고, 이들 수문곡선을 저수지 홍수추적을 통해 추적하게 된다. 저수지 추적을 통해 얻은 최대 홍수위를 지형도에 중첩시켜 홍수터 경계를 설정하게 된다.

호수 수위가 일정하다는 가정을 적용할 수 없는 경우로는 호수가 매우 길고 좁으며 수심이 얕은 경우로, 호수보다는 하천의 일부 구간으로의 반응을 보이게 된다. 이러한 경우 저수지의 긴축을 따라 하도에서 사용한 방법이나 동력학적 추적을 사용하여 최대 홍수위를 결정하게 된다. 만일 호수가 비교적 폭이 넓다면 이러한 방법은 축을 따르는 홍수위와 그리 차이가 나지 않게 된다. 따라서 호수의 길이 대 폭의 비가 4보다 크면 호수의 길이를 따라 홍수위가 변하는 것으로 간주하게 된다. 또 다른 경우는 일련의 호수가 짧은 하도로 서로 연결

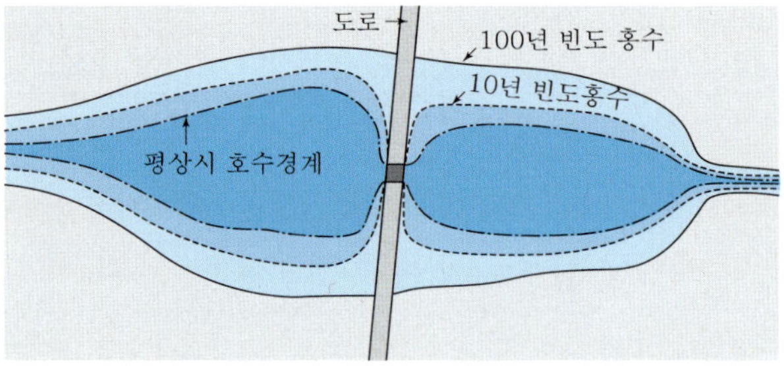

(a) 평면도

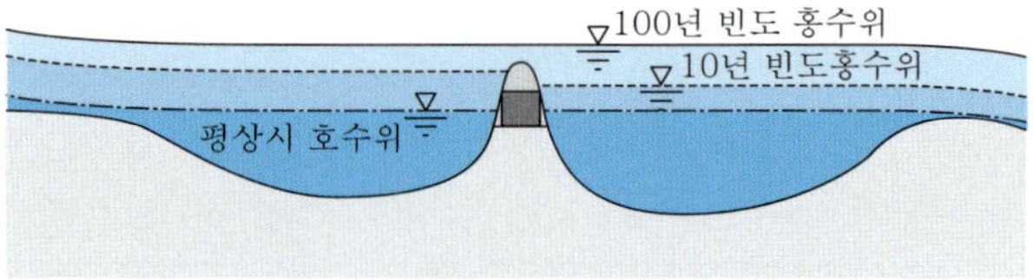

(b) 측면도

그림 16.2 두 개의 호수를 하나로 간주할 경우의 홍수터 결정

되어 있어 흐름이 조절되는 경우이다. 일반적인 수문학적 조건에서 하류부의 호수는 상류부 호수의 방류로 인해 수위가 증가하게 된다. 이러한 경우 배수위 영향을 분석하기 위해 동력학적 또는 확산 추적모형이 필요하다. 한편 그림 16.2와 같이 두 개의 호수를 하나의 호수로 간주할 수가 있다. 두 가지 모두 유입 수문곡선에 대해 수위가 어떻게 반응하는지 결정하여야 한다.

16.2.4 하구지역에서의 홍수터 결정

해안지역이나 대규모 호수주변에서는 조수의 파도 및 호우 유출의 두 가지 현상에 의해 홍수가 발생하게 된다. 해저지진에 의한 해일을 제외하면 조수에 의한 홍수는 해양 또는 큰 호수에서의 대기의 교란에 의한 파도가 해안 또는 호수가로 도달하여 발생하게 된다. 조수에 의한 홍수는 수심이 얕은 해안가 지역에서 문제가 된다. 100년 빈도의 조수위 기록 자료를 외삽하여 결정하지만 보다 일반적으로 수학적 모형을 이용하여 결정하게 된다. 즉, 대기의 변화를 조수파로 전환하고 2차원 흐름추적 모형을 이용하여 해안 근처지역으로 조수파을 전파시킨다. 홍수터를 결정하기 위해 100년 빈도의 홍수파를 지표면까지 수학적으로 전파시킨다. 육지로 홍수파가 전파되는 최대범위를 결정하고 지도에 중첩하여 조수파로 인한 홍수터를 결정하게 된다.

하천이 해안가에 도달하는 하구지역에서는 하천상의 홍수는 기점 수위로 평균고조위(mean high tide level)를 적용하여 내륙 하천에서의 수위를 계산하는 방법과 동일하게 상류로 배수위를 계산하게 된다. 이 경우 100년 빈도의 조수파의 발생과 100년 빈도의 강우로 인한 홍수는 발생에서 서로 관련이 없다고 간주한다. 하구에서의 홍수터는 그림 16.3과 같이 조수위와 하천에서의 홍수위를 지형도상에 중첩하여 결정하게 된다.

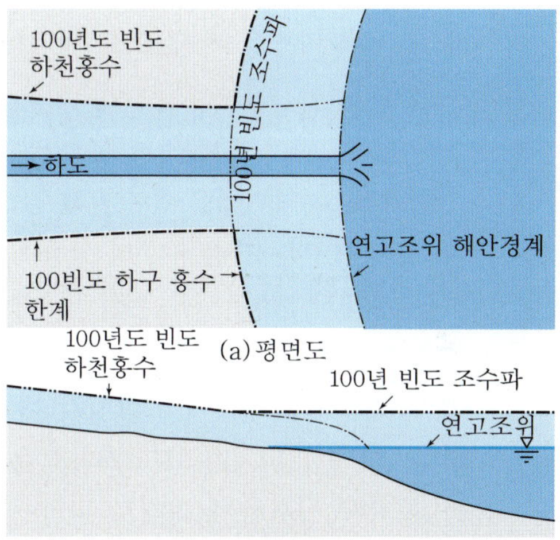

그림 16.3 하구에서의 홍수터 결정

16.3 홍수조절계획

홍수조절의 목적은 홍수에 의한 피해를 감소시키거나 완화시키는 것이라 할 수 있다. 홍수 유출을 조절하기 위한 각종 시설물을 홍수조절시설이라 하며, 이러한 시설물을 설치하여 홍수피해를 줄이는 방법을 구조적 대책(structural measurement)이라 한다. 구조적 대책에는 댐 및 저수지, 분류, 둑 및 제방 그리고 하도변경 등이 있다. 홍수터에서 피해 가능성이 있는 지역을 변경하여 피해를 미연에 방지하는 방법을 비구조적 대책(nonstructural measurement)이라 하며, 홍수로부터의 방수, 홍수예보 및 지표면 이용조절 등이 있다.

본 절 및 이어지는 절에서는 미육군공병단(US Army Corps of Engineers)에서 제시하고 있는 홍수피해 저감방법의 내용을 기초로 하여 홍수피해 저감계획 수립 및 이를 위한 수공학적 필요사항에 대해 소개하고, 구조적인 홍수조절대책으로 저수지, 분류, 제방 및 홍수벽 그리고 하도변경에 대한 내용과 함께 비구조적인 홍수피해 감소대책에 대해 소개하기로 한다.

16.3.1 홍수피해 저감계획

홍수피해 저감계획(flood damage reduction plan)은 홍수유출량감소, 수위감소 및 피해가능성 감소를 통한 홍수피해를 저감시키기 위한 대책을 포함하고 있다. 홍수피해 저감계획의 목적은 홍수로 인한 문제를 해결하여 국가경제개발(national economic development, NED)에 기여할 수 있도록 하는 것으로 1) 계획에 포함시킬 방어시설, 2) 방어시설의 위치, 3) 방어시설의 규모 그리고 4) 방어시설의 운영방법 등을 결정한다. 홍수피해 감소가 국가경제개발에 기여하는 정도는 계획의 순편익(net benefit, NB)으로 평가한다. 순편익은 지역(location)편익 B_L, 보강(intensification)편익 B_I 및 홍수침수저감(flood inundation reduction)편익 B_{IR}의 합에 총비용 C 즉, 운영, 유지관리, 교체 및 수선비용을 뺀 값으로 나타내며 경제효율(economic efficiency)이라 할 수 있다.

$$NB = (B_L + B_I + B_{IR}) - C \tag{16.3.1}$$

여기서, 지역편익은 홍수피해 감소계획으로 인해 추가적인 홍수터개발의 순수익의 증가를 의미하며, 보강편익은 기존 홍수터 활동에 의한 순수익의 증가 그리고 침수저감편익은 계획으로 인해 발생하는 경제적 피해, 수익손실 및 비상활동비용의 감소를 의미한다.

홍수피해 저감계획은 표 16.1에 나타난 홍수피해 저감대책 중의 하나 또는 그 이상을 포함하며, 예비 분석에서 계획에 포함시킬 대책의 종류, 대책의 위치 및 규모 그리고 운영방법 등을 결정하게 된다. 다양한 위치, 규모 그리고 운영방법에 대해 여러 대책들을 연계하여 결정하고, 각 대안에 대한 평가를 실시하여 최대로 국가경제개발에 기여하는 대안을 결정한다. 이 외에 환경보호를 위한 환경보호기준(environmental protection standard) 그리고 효율 및 효과를 고려하는 성능기준(performance standard)에 대한 평가를 하여야 한다. 홍수피해 저감계획은 이 두 기준에 대한 분석을 반드시 실시해야 하며, 이 두 조건을 만족하면 계획의 타당성이 있다고 할 수 있다.

홍수피해 저감문제를 해결하기 위한 접근 방법은 계획, 설계, 시공 및 운영이 포함된 연속적인 과

표 16.1 홍수피해 저감대책

유량감소	수위감소	기존의 피해취약 요인감소	장래의 피해취약 요인감소
저수지 분류 유역관리	하도개수	제방 및 홍수벽 방수 재배치 홍수예경보	지표면 이용 및 개발규제

정을 통해 이루어질 수가 있다. 계획 또는 타당성분석은 예비조사 및 타당성분석 단계로 이루어지며 설계 및 시공에 대한 계획을 결정하게 된다.

1) 예비조사단계

첫 번째 단계인 예비조사 단계에서 대안 계획들을 수립하고 기초적인 평가를 실시한다. 이 단계의 목적은 순편익을 발생시키는 최소한 한 개 이상의 계획이 존재하는지 여부, 환경보호 및 성능기준을 만족하는지 여부 그리고 지역적인 이익을 발생시키는지 여부를 결정하는 것이다. 이러한 목적을 달성하기 위해 가능하면 사업을 실시하지 않은 기존의 상태에서 수문학적 분석 및 홍수피해 분석을 실시한다. 대안이 결정되고 사업비용 조달계획이 이루어지면 추천된 계획에 대한 분석은 두 번째 단계인 타당성분석 단계로 이행된다.

2) 타당성분석

타당성분석단계에서는 타당성이 있는 대안들의 범위를 좁힌다. 이들 대안들은 특정한 지역, 시설물의 규모 및 운영규칙을 적용하고, 하도 통수능력, 구조물의 윤곽, 보호범위, 홍수조절조건 등을 설정하기 위해 필요하면 모든 조건에 대한 자세한 수문 및 수리분석을 실시한다. 그 다음 경제목적함수를 평가하고 환경 및 성능기준 조사를 만족하는지 분석하여, 타당성이 있는 대안들을 결정하고 부족한 대안들은 제외하며 이 과정을 반복한다. 최종적인 대안들 중에서 국가경제개발 및 지역적으로 만족하는 대안을 결정하고, 이러한 절차를 통해 설계 및 시공을 위한 계획을 준비한다.

16.3.2 수문학적 필요사항

환경보호 및 성능기준을 만족하는 홍수피해 저감계획을 경제적으로 수립하고 평가하기 위해 수문학적기술을 필요로 한다. 어떤 홍수피해 저감대책들은 대책을 수립하고 평가하는데 특정 조건을 필요로 하는 계획을 포함할 수 있고, 다른 대책들은 공통적인 조건만 필요할 수가 있다. 본 절에서는 이러한 공통적인 필요사항들에 대해 알아보며, 이를 요약한 것이 표 16.2와 같다.

표 16.2 공통적인 필요사항

목적 또는 기준	준비항목	방법 및 모형
경제목적	유량-빈도관계 및 불확실성 수립 수위-유량관계 및 불확실성 수립 수위-빈도관계 및 불확실성 수립	빈도해석 또는 미계측유역방법 관측 또는 하천 및 충적과정 방법 통계+시스템 실행모형
성능기준	연평균 초과확률 결정 평균 수명기간 초과확률의 결정 사상 및 가정 범위에 대한 운영결정 용량 초과결과의 결정 신뢰성 분석 실시	위험도기반 분석과정 수문학적 위험도 이항분포 수문학적 및 수리학적 모형 방법에 따라 결정 위험도기반 분석과정
환경보호기준	영향평가	유출, 하천과정, 통계과정 모형이 필요할 수 있음

1) 경제평가

앞에서 설명한 바와 같이 제시된 홍수피해 저감계획 대안들에 대한 경제효율은 식 (16.3.1)과 같이 순편익으로 나타낼 수 있으며, 홍수침수저감편익 B_{IR}은 다음과 같이 나타낼 수 있다.

$$B_{IR} = X_{without} - X_{with} \tag{16.3.2}$$

여기서, $X_{without}$은 계획이 없을 때 그리고 X_{with}는 저감계획이 이루어진 후의 홍수피해이다.

홍수의 무작위한 특성으로 인해 침수저감편익을 결정하기는 매우 복잡하다. 예를 들어, 1년간의 침수피해를 방지하기 위한 홍수피해 저감계획은 비가 많이 오는 해의 모든 피해를 방지하기에는 너무 작고, 매우 건조한 해의 피해를 방지하기에는 너무 크다. 이와 같은 문제를 해결하기 위해서는 연평균피해(expected annual damage, EAD)를 사용하는 것이 바람직하다. 평균피해는 발생 확률별 각 홍수로 인해 발생하는 피해를 가중하여 매년의 다양한 규모의 홍수피해의 위험도(risk)를 고려하게 된다. 식 (16.3.1)과 (16.3.2)를 결합하여 평균치의 항으로 나타내면

$$NB = B_L + B_I + E[X_{without}] - E[X_{with}] - C \tag{16.3.3}$$

여기서, E[·]는 평균값을 의미한다.

앞에서 언급한 바와 같이 홍수피해의 무작위한 특성으로 인해 임의의 해에 피해를 입거나 방지한 피해액을 정확히 산정하기는 쉽지가 않다. 이러한 이유로 계획 평가는 많은 표본 또는 기대값인 장기적인 통계 평균에 바탕을 두게 되며, 침수피해 X의 평균치는 다음과 같이 구하게 된다.

$$E[X] = \int_{-\infty}^{\infty} x f_x(x) dx \tag{16.3.4}$$

여기서, E[X]는 피해의 평균치, x는 확률 $f_x(x)dx$로 발생할 피해액의 무작위 변량이며, $f_x(x)$는 확률밀도함수(PDF)이다. 이와 같이 모든 발생 가능한 피해액에 이들의 발생 가능성을 곱하여 합함으로서 다양한 피해규모의 발생확률에 대한 모든 정보를 하나의 값으로 나타낼 수 있다.

확률밀도함수보다는 누가확률분포함수(CDF) $F_x(x)$가 더 자주 사용되며 이들 간의 관계는 다음과 같이 나타낼 수 있다.

$$F_x(x) = \int_{-\infty}^{\infty} f_x(u) du \quad \text{또는} \quad \frac{dF_x(x)}{dx} = f_x(x) \tag{16.3.5}$$

빈도(frequency) 또는 확률함수로 알려진 누가분포함수 (16.3.5)는 연 최대 피해가 특정한 값 x를 초과하지 않을 확률을 의미한다. 따라서 침수피해액의 연평균치는 다음과 같다.

$$E[X] = \int_{-\infty}^{\infty} x \frac{dF_x(x)}{dx} dx \tag{16.3.6}$$

연 피해액의 평균치를 구하는 것은 연 피해 누가확률함수를 적분하는 것과 같다. 누가확률함수가 식으로 표현된다면 해석적으로 적분할 수가 있지만 해석적인 형태로 존재하지 않기 때문에 이 방법을 적용하기는 곤란하다. 실제로는 연평균 피해액을 산정하기 위해 필요한 피해 확률함수가 특정형태로 주어지진 않는다. 이론적으로는 장기간에 걸친 연 피해 자료를 수집하여 통계모형을 사용함으로서 이 함수를 유도할 수는 있지만 이러한 피해 자료를 얻기가 매우 어렵다.

다행히 피해확률함수를 그림 16.4 및 16.5와 같이 가용한 수문학적, 수리학적 그리고 경제 정보를 이용하여 유도할 수가 있다. 먼저 그림 16.4(a)와 같이 유량-확률곡선을 작성한다. 만일 수위 및 유량이 단일 관계를 가지고 있으면, 그림 16.4(b)와 같은 수위-유량관계곡선을 얻을 수가 있고, 앞에서 구한 유량-확률곡선을 이용하여 동일한 유량에 대한 수위 및 확률을 도시하면, 그림 16.4(c)와 같은 수위-확률곡선을 얻게 된다. 비슷한 방법으로 수위별 피해액 관계가 일정하다면, 그림 16.4(d)와 같은 수위-피해액곡선을 구할 수가 있다. 수위-피해액곡선과 수위-확률곡선에서 동일한 수위에 대해 피해액 및 확률을 도시하면 그림 16.4(e)와 같은 피해액-확률곡선을 얻게 된다. 마지막으로 평균피해액을 산정하기 위해서는 피해액-확률곡선을 적분 즉, 곡선아래의 면적을 수치해석 방법을 이용하여 구하면 된다.

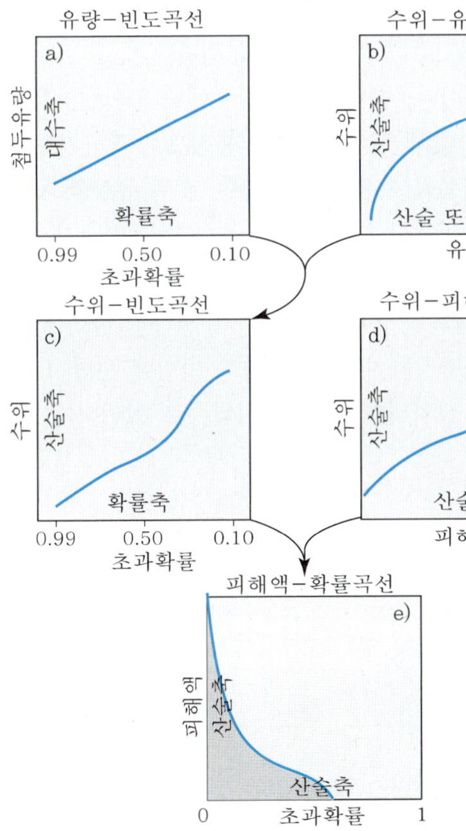

그림 16.4 연평균 피해액 산정절차

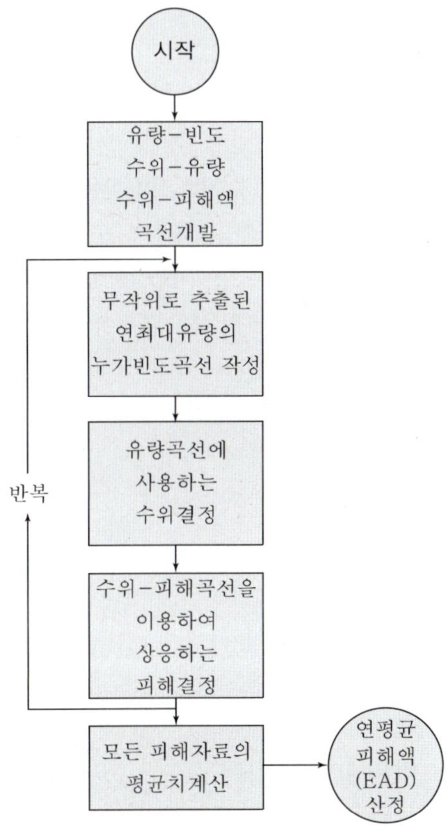

그림 16.5 연평균 피해액 산정 흐름도

2) 위험도기반분석

연평균 피해액을 산정하기 위한 절차를 나타내는 그림 16.5에서는 불확실성을 고려하지는 않고 있다. 불확실성은 관측오차와 복잡한 물리적, 사회적 및 경제적 상황의 본질적인 변동성으로 인해 나타나게 된다. 일반적으로 이러한 불확실성은 제방의 여유고와 같은 안전계수를 적용하여 고려하게 된다. 하지만 위험도분석의 발전으로 인해 불확실성을 명시적으로 고려할 수 있게 되었으며, 홍수피해 저감분석에서도 위험도기반분석(risk based analysis)을 적용할 수가 있다.

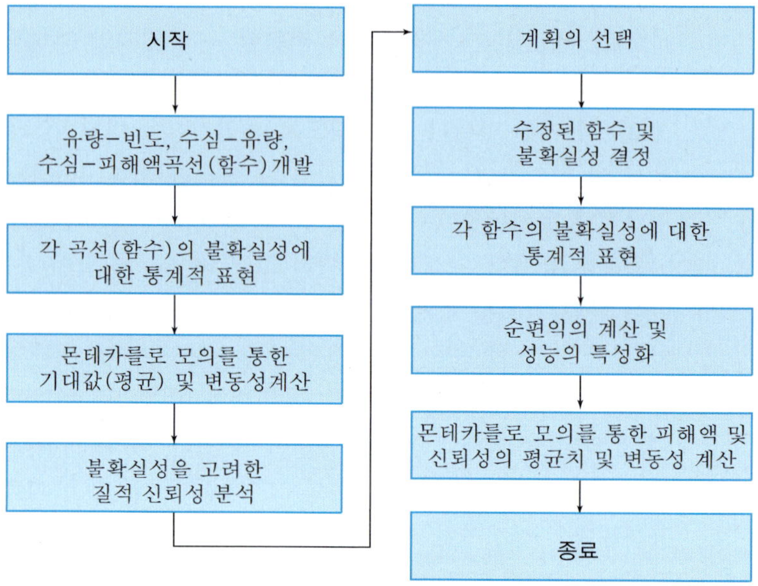

그림 16.6 위험도기반분석 절차

위험도기반분석 절차는 유량빈도함수, 수위-유량함수, 수위-피해액함수에서 불확실성을 정량화하고, 이 분석을 대안들의 경제효율에 접목시키는 방법을 찾게 된다. 이는 전통적으로 평균피해 감소액 산정을 위한 방법인 몬테카를로(Monte Carlo)모의를 이용하여 유량-빈도함수, 수위-유량함수, 수위-피해함수에서의 오차를 고려하며 수행된다.

위험도기반분석에서는 설계에 대한 불확실성분석과 신뢰성분석을 함께하며, 이와 같은 방법은 위험도 관계를 통해 사업비용과 예상피해비용 간에 경제적인 균형을 고려하게 된다. 위험도분석 절차는 최적위험도기반설계(optimal risk based design)를 결정하기 위한 최적화 기법에 통합시킬 수가 있다. 따라서 최적위험도기반설계에서 연 평균피해액은 설치비와 함께 목적함수로 고려하게 되며, 최소의 총 연평균비용에 대한 구조물의 최적 규모 또는 용량을 결정한다. 그림 16.7은 이와 같은 최적위험도기반설계를 위한 비용계산 절차를 보여주고 있다.

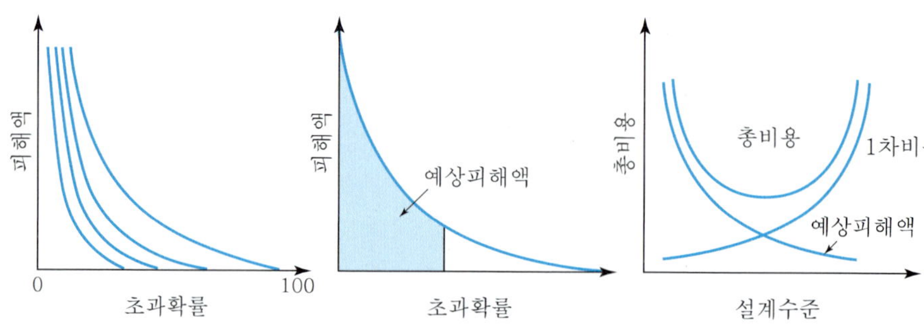

그림 16.7 위험도기반설계를 위한 예상피해액 및 총비용계산

3) 성능기준 만족요건

최대로 국가경제개발에 기여하는 대안의 선택은 공공자금의 효율적인 투자를 제공하게 되지만, 그 계획이 공공이 원하는 대로 효율적으로 실행될지는 장담하지 못한다. 두 가지의 계획이 동일한 순편익을 가져오지만, 그 중 한 계획이 위험에 덜 취약하고 따라서 바람직할지도 모른다. 예를 들어, 두 가지의 가상적인 대안 즉, 제방축조계획과 하도개수계획을 생각해보자. 두 대안이 발생확률 1%보다 작은 강우사상으로부터 홍수터를 보호하기 위한 규모와 위치로 결정되었다. 이보다 약간 큰 강우사상이 발생할 때 제방은 월류되어 붕괴됨으로서 상당한 피해를 초래할 수 있다. 만일 하천개수계획에서 이러한 강우가 발생할 경우, 제방 밖으로의 흐름이 발생하지만 제방 밖으로의 흐름은 제방의 붕괴보다는 덜 심각하므로 하도개수계획이 덜 취약하다고 할 수 있다.

성능지수(performance indicator)는 사업의 타당성을 결정하고, 장기적인 사업의 운영안정성 및 공공의 안전을 바탕으로 한 대안의 비교에 사용될 수가 있다. 성능지수는 사업기간에 대한 홍수위험도의 설정, 연 평균 초과확률의 결정, 사업의 타당성 분석, 강우사상의 범위에 대한 운영 및 주요 가정에 대한 기술 그리고 용량초과 강우에 대한 각 계획의 결과를 포함한다. 수문학적 분석은 계획수립단계에서 홍수피해 저감계획의 안정성 및 기대하는 성능기준 및 기능을 만족하는지 확인하는데 필수적이다.

연평균 초과확률은 주어진 계획의 성능을 정의하는데 중요한 인자로, 어떤 해에 특정 용량 또는 목표수위를 초과할 확률을 의미한다. 이 확률은 다양한 함수의 불확실성을 포함하는 위험도기반분석으로부터 결정하게 된다. 목표수위는 일반적으로 심각한 피해가 발생하기 시작하는 수위와 연관되어 있으며, 하도 또는 비구조적 대책에서 목표수위는 구조물의 범람이 시작하는 수위가 될 수 있다. 그림 16.8은 연평균 초과확률을 산정하는

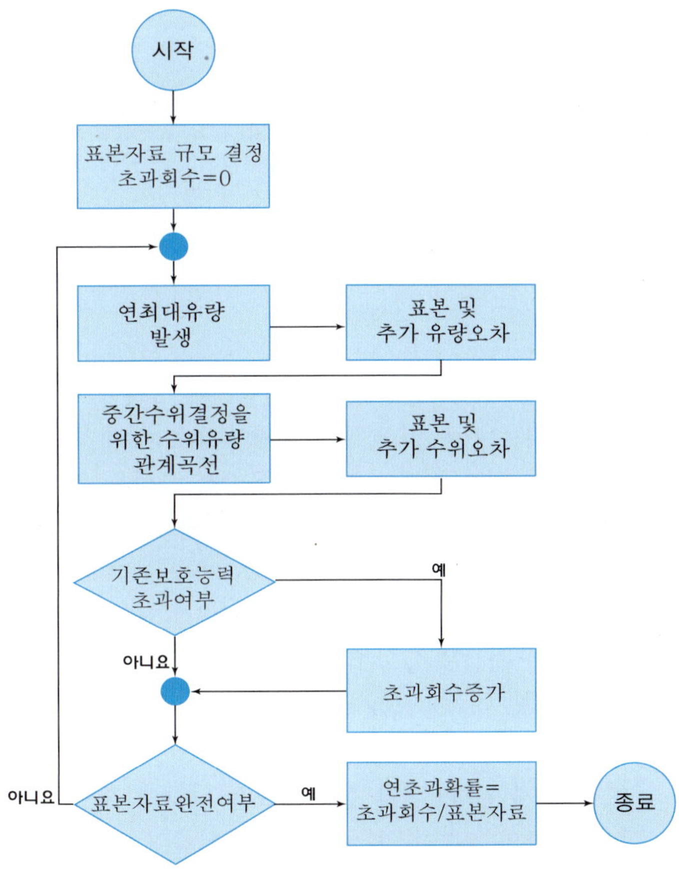

그림 16.8 연평균 초과확률 산정절차

절차를 보여주고 있다. 평균 수명기간 초과확률(expected lifetime exceedance probability)은 특정 기간, 즉 사업의 수명기간 내에 하나 또는 그 이상의 홍수가 발생할 확률로 성능을 나타내는 지표가 된다.

4) 환경보호기준 만족요건

홍수피해 저감계획과 함께 수자원의 개발, 통제, 유지관리 및 보존을 위한 계획들은 환경보호 기준을 만족하여야 한다. 이와 같은 환경보호기준의 만족여부는 환경영향평가를 통해 이루어지며, 사업으로 인해 환경에 심각한 영향을 주거나 질을 저하시키는지 여부를 평가하게 되고, 환경영향평가를 위한 기술적인 요소들은 다음과 같다.

① 환경보호에 대한 조치가 필요 없는 대안, 환경적으로 선호하는 대안 등을 포함한 대안들의 결정
② 각 대안들에 대한 환경적 영향의 제시
③ 특정 대안에 대한 제외 이유 제시
④ 영향을 받는 환경요소 명시
⑤ 직접적인 영향, 예견되는 간접적인 영향, 대안의 과거, 현재 및 미래의 누적영향 등을 포함하는 각 대안들에 대한 환경적 영향 평가
⑥ 계획의 취소로 인한 환경영향 회피, 계획의 제한을 통한 환경영향의 최소화, 수리 및 복구를 통한 환경영향의 개선, 보존 및 관리를 통한 환경영향의 감소 또는 제거, 교체 및 자원의 대체에 의한 보상 등을 포함하는 부정적인 환경영향의 감소 조치

16.3.3 계획이 없는 상태

홍수피해 저감계획 또는 시설물의 경제적 가치, 성능 그리고 환경적 및 사회적 영향을 결정하기 위해서는 기존 및 장래에 계획이 없는 상태 즉, 기본 상태에 대한 분석을 필요로 한다. 표 16.3은 계획이 없는 상태에 대한 수문학적 분석을 위한 주요 항목들을 나타낸 점검표를 보여주고 있다.

수문분석은 사업의 수립 및 기획에 중요한 역할을 한다. 기존의 계획이 없는 상태에 대한 기획은 전반적인 분석에 매우 중요하다. 예비 분석에서는 계획의 범위 설정, 가용한 정보의 검토, 현장 상황의 파악 등이 이루어진다. 소유역은 하천 지형, 관측소의 위치, 유출특성 그리고 기존 및 앞으로 설치할 시설물 등을 바탕으로 나누게 된다. 수문학적 조사를 통해 경제분석 및 기존시스템의 성능 및 환경/사회적 영향을 결정하는데 사용되어지는 홍수특성을 정의하는 정보를 얻게 되며, 이러한 정보로부터 유량-빈도, 수위-유량, 홍수침수경계, 경보시간 및 홍수의 취약성 등을 포함하는 자료를 얻게 된다. 이와 같은 정보는 앞에서 설명한 전통적인 분석방법을 통해 얻을 수가 있다.

기존의 계획이 없는 상태에 대한 유량, 수위 및 피해함수의 불확실성을 결정하며, 이러한 관계는 장래의 사업이 없는 경우와 있는 경우의 상태에 대한 불확실성을 산정하는 기초를 제공하게 된다.

표 16.3 계획이 없는 상태에 대한 점검표

분석항목	√	주요내용
기획		가용한 정보의 수집 및 검토
		과거 홍수자료에 대한 현장 예비조사 및 측량
		현지 연결체계 구축
		분석 한계 및 피해 범위 설정
경제분석		기존 및 장래의 계획이 없는 상태에서의 유량-빈도 및 이와 관련된 불확실성 결정
		기존 및 장래의 계획이 있는 상태에서의 수위-유량 및 이와 관련된 불확실성 결정
성능분석		연평균 초과확률 결정
		평균 수명기간 초과확률 결정
		강우사상의 범위 및 주요 가정사항에 대한 기존 사업의 운영 및 안정성 평가
		용량 초과로 인한 결과 서술
		성능 결정
		운영, 유지관리, 교체 및 수리 계획수립 및 기존시스템의 검사 및 홍수방어를 포함하는 홍수 운영 및 관리지침서 작성
환경 및 사회		계획이 없는 상태에서의 하천환경의 영향평가 실시
		계획이 없는 상태에서의 사회 영향평가 실시

위험도기반분석을 실시하여 경제 및 성능정보를 얻으며, 홍수의 특성 및 주요 피해의 크기 결정은 잠재적인 홍수피해 감소 시설의 종류 및 비용의 범위에 대한 정보를 주게 된다.

16.4 저수지에 의한 홍수조절

홍수조절용 저수지는 홍수기간 동안 물을 저류하여 홍수가 끝난 후 방류하여 첨두유출량의 크기를 감소시키는 기능을 한다. 저수지는 특정 홍수사상에 대한 첨두유출량을 감소시키므로 그림 16.9와 같이 홍수유출 빈도곡선을 변화시키게 된다. 장기간에 걸친 저수지의 저류 및 방류는 하류하천의 흐름 특성을 변화시켜 하도의 상승 또는 저하를 유발하여 수위-유량관계곡선을 변화시키게 된다.

저수지는 유출량을 직접 감소시켜 피해를 줄이게 되며, 표 16.4는 저수지에 대한 중요한 항목을 정리한 점검표를 보여주고 있다. 저수지는 ① 피해를 입을 지역이 몇 지점의 피해 중심을 이루고, 이들 간에 비교적 작은 국지 유입면적을 가지며 넓은 지역에 퍼져 있는 경우, ② 피해가 작고 높은 정도의 보호를 요구하는 경우, ③ 기간시설, 주요 구조물 그리고 농업재산을 포함하는 다양한 재산을 보호할 필요가 있는 경우, ④ 저장된 물을 물 공급, 수력

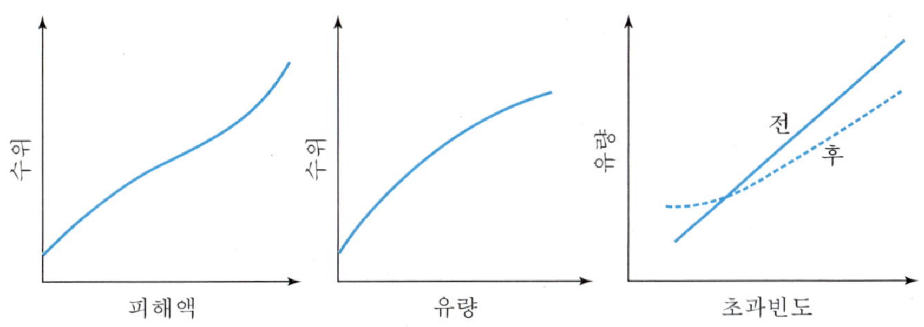

그림 16.9 저수지의 영향

표 16.4 저수지의 점검표

수문분석항목	√	주요내용
기획		배수면적 대 용량 고려를 바탕으로 한 대체 위치의 고려
		환경학적으로 민감한 수중 및 하천생태계 분석
		대상지역에 대한 피해중심지 파악, 개발지역의 범위 및 토지이용의 결정
		지역에 따른 시스템의 상승효과 분석
경제분석		사업이 있는 경우 기존 및 장래의 상태에 대한 하류의 빈도함수 변화 분석
		빈도함수에 대한 불확실성분석
		위험도기반 분석절차를 이용한 다양한 용량에 대한 방수로 규모의 범위 평가
성능분석		연평균 초과확률 결정
		평균 수명기간 초과확률 결정
		사업의 운영범위에 대한 기술 및 한계가정에 대한 민감도 분석
		용량 초과로 인한 결과 평가
		사업의 범위에 대한 신뢰성 분석
		댐 안전평가 수행
설계		여수로 및 방수로 규모에 대한 예비 설계 및 평가
		저수지 퇴사 분석 실시
		하류에 대한 모든 수리 및 수문학적영향 평가
		예비 운영계획수립
환경 및 사회		계획이 있는 상태에서의 하천환경에 대한 평가 실시
		수생 및 하천생태계 영향평가 및 개선 방법 수립
		부수적인 위락 활동기회의 예측 및 규명

발전 및 레크리에이션을 포함하여 다른 목적에 사용할 수 있는 경우, ⑤ 적절한 경제적, 환경적 및 사회적 비용을 투자하여 댐을 건설할 수 있는 충분한 지역이 있는 경우, ⑥ 피해를 입을 재산의 보호하기 위한 경제적 가치가 저수지의 건설비용을 합리화 할 수 있는 경우에 홍수피해를 감소시키는데 효과적이다.

16.4.1 저수지운영

저수지는 과도한 유출량을 임시로 저장하여 후에 방수로나 비상 여수로를 통해 하류로 방류하며, 저수지 방류량은 방수로나 여수로의 수리학적 특성에 따라 결정된다. 그림 16.10과 같은 도시지역에서 적용하는 저류지(detention basin)는 간단한 홍수 저류시스템이라 할 수 있다. 저류지도 저수지와 비슷한 방법으로 하류의 홍수 유출량을 변화시키게 되며, 그림 16.11은 저류지에 의한 홍수조절 효과를 보여주고 있다. 그림 16.11의 유입 및 유출수문곡선에서 음영부분에 해당하는 물의 체적을 저류하였다가 목표유량을 초과하지 않도록 점진적으로 방류하게 된다. 유입 및 유출수문곡선에서의 부피는 동일하지만 저류지로 인해 시간적인 분포가 변하게 된다.

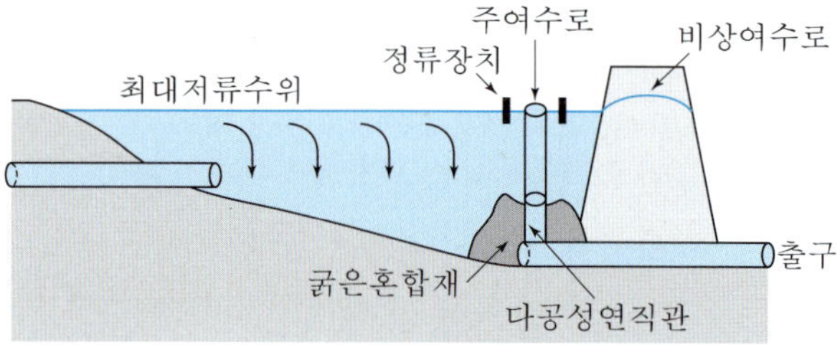

그림 16.10 저류지의 모습

16.4.2 유량감소평가

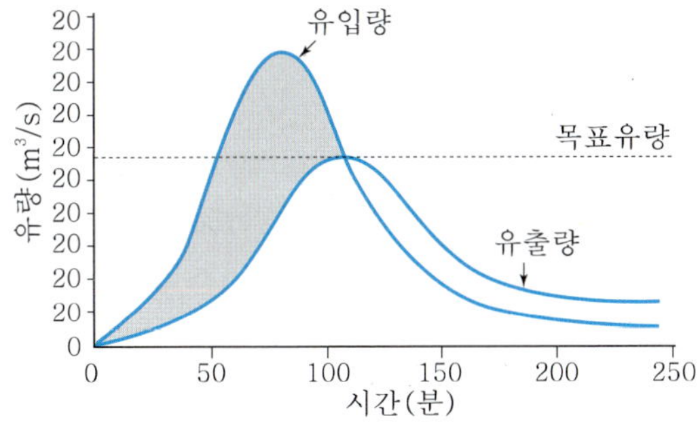

그림 16.11 저류지의 효과

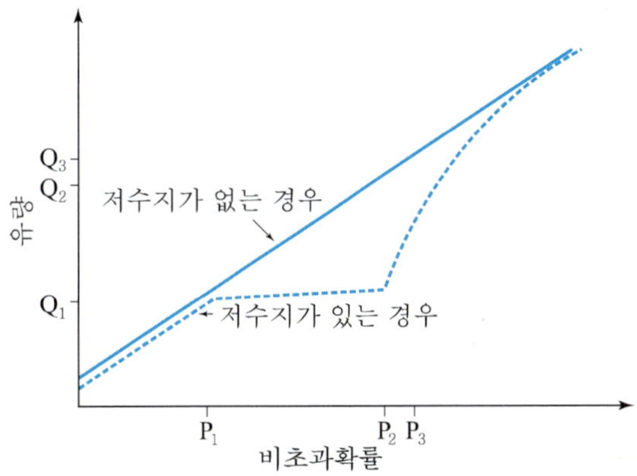

그림 16.12 저수지로 인한 유량-빈도함수의 변화

저수지의 주된 효과는 유출량의 감소라 할 수 있으며, 이는 개별적인 유출사상에 대해 저수지 추적모형을 이용하여 모의 할 수가 있다. 개별적인 홍수사상에 대한 첨두유출량은 감소되어 유량-빈도곡선을 변화시키게 되며, 예상되는 피해를 감소시킨다. 그림 16.12는 저수지로 인한 유량-빈도함수의 전형적인 변화 상태를 보여주고 있다. 이 그림에서 실선은 유입량 및 저수지가 없는 경우의 유출량-빈도함수를 나타내고 있다. 그림에서는 편의상 실선이 직선으로 나타나 있지만 실제로는 직선으로 나타나지는 않는다. Q_1은 하류하도의 통수능을 나타내는 목표유량으로 홍수피해가 발생하기 시작하는 최대수위 또는 특정 홍수터에서 목표수위로 설정한 수위에 해당하는 유량이다. 이상적으로 저수지는 이러한 목표유량과 같거나 이보다 작은 유출이 발생하도록 설계하고 운영하게 된다.

만일 첨두유입량이 목표유량보다 작으면, 저수지를 통제할 필요는 없지만, 첨두유입량이 목표유량을 초과하게 되면 저수지는 유출량을 목표유출량으로 제한하게 된다. 결과적으로 점선으로 나타낸 저수지가 있는 경우의 유량-빈도함수는 비초과확률이 P_1보다 작은 사상(유량이 Q_1보다 작은 사상)에 대한 저수지가 없는 경우의 유량-빈도함수와 같게 된다. 비초과확률이 P_1보다 큰 사상의 유입량에 대해서는 방류량을 Q_1으로 제한하게 된다. 하지만 저수지 용량에 상관없이 유입량이 Q_2보다 큰 즉, 비초과확률이 P_2보다 큰 호우가 발생한 경우 저수지 용량을 초과하게 되고, 따라서 목표유량 Q_1을 유지할 수가 없다. 저수지는 유출량을 다소 감소시킬 수는 있지만 호우의 크기가 증가할수록 즉, 발생확률이 작아질수록 첨두유출량은 첨두유입량으로 접근하게 된다. 저수지는 점점 홍수조절 효과를 잃어버리고 결국 첨두유입량이 Q_3에 도달하게 되면 저수지는 홍수조절 기능을 완전히 읽어버리고 저수지가 없는 경우와 같은 유량-빈도함수를 보여준다.

16.4.3 성능평가 및 환경영향 평가

저수지의 성능은 저수지의 용량, 형태, 위치 및 운영기준에 따라 변하게 된다. 각 대안들에 대한 저수지의 용량, 형태 및 위치에 대한 평가는 다음과 같은 단계로 이루어진다.

① 빈도가 높은 작은 사상, 빈도가 낮은 큰 사상 그리고 주요 기록적인 사상을 포함하여 저수지가 없을 경우의 유입수문곡선을 구한다.

② 신뢰성 분석을 위한 목표유량을 결정한다. 목표유량은 하류 하도의 통수능, 피해가 발생하기 직전의 최대 수위에 해당하는 유량, 특정 홍수터에 대한 적절한 유량 등으로 정한다.

③ 초기 저수지의 위치, 용량, 유출형태를 선택한다. 저수지 추적을 위한 수위-면적-유출량관계를 구한다.

④ 각 유입수문곡선에 대해 이에 상응하는 유출수문곡선을 계산한다.

⑤ 첨두유출량에 상응하는 홍수피해를 계산한다.

⑥ 조절된 유출량 또는 수위가 목표치를 초과하는지 결정하기 위해 첨두유출량과 목표유량을 비교한다.

⑦ 각 유입수문사상에 대해 단계 ③~⑤를 반복한다. 예상 홍수피해와 각 대안들의 신뢰성을 평가하고 목표유량에 상응하는 빈도를 결정한다.

⑧ 모든 저수지 대안에 대해 단계 ②~⑥을 반복한다.

⑨ 최종계획을 결정하기 위해 각 대안들의 경제효율 및 신뢰성을 비교한다.

비교적 간단하며 유출을 조절할 수 없는 저수지인 경우 유출량 감소 및 이로 인한 피해의 감소는 구조물의 수리학적 특성에 영향을 받는다. 이러한 시스템의 계산은 HEC-1 및 HEC-HMS와 같은 특정 컴퓨터 모형을 이용하여 수행할 수가 있다. 수문과 밸브가 있어 유출을 조절할 수 있는 저수지인 경우 피해 감소는 저수지 운영규칙(operation rule)의 영향을 받는다. 운영규칙은 언제 어떻게 수문 및 밸브를 열지를 규정하며, 일반적으로 홍수조절 운영규칙은 저수지의 저류량, 예상되는 유입량, 현재 및 예상되는 하류의 유량과 같은 변수에 대해 실시간으로 방류할 수 있는 규칙을 정하고 있다.

표 16.5 환경영향평가에 필요한 수문학적 기술정보

잠재적인 영향	영향평가에 필요한 수문학적 기술정보
저류로 인한 야생동물 서식지의 감소	저류 및 저류기간 동안의 침수
저류지역에서의 식생의 감소	저류 및 저류기간 동안의 침수
고고학적 지역의 침수	침수의 범위 및 깊이
저수지 하류 하천 수온증가, 탁토 증가, 용존산소 감소	계획이 있는 경우 유량-빈도, 수질모의 결과
저수지로 인한 위락활동기회 증가	저류지 수위-빈도
유량감소로 인한 하류하천의 위락활동 감소	유량-빈도, 수위-빈도

16.5 분류에 의한 홍수조절

분류(diversion) 구조물은 피해 중심지로부터 홍수 유량을 우회시켜 피해 중심지역에서의 첨두유량을 감소시키기 위해 사용한다. 분류구조물은 빈도곡선을 조정하도록 설계하여 피해 중심지역에서의 특정 호우사상에 대한 유출량의 크기를 낮추게 된다. 그림 16.13은 관련 함수들에 대한 분류의 영향을 보여주고 있다. 수위-피해 및 수위-유량곡선 또는 함수는 변화가 없는 반면, 유량-빈도곡선은 동일한 빈도에 대해 유량이 사업 전에 비해 사업 후에 감소하는 방향으로 변하게 된다. 분류의 장기적인 영향으로 인해 하류 하도지역에서의 퇴적 및 침식이 발생할 수가 있으며, 따라서 우회수로에서 퇴적이 발생할 수 있다. 분류는 ① 피해를 입을 지역이 분류로 인해 유수를 전환할 때 비교적 작은 국지 유입량을 가지는 넓은 지역에 퍼져 있는 경우, ② 피해가 작고 높은 정도의 보호를 요구하는 경우, ③ 기간시설, 주요 구조물 그리고 농업재산을 포함하는 다양한 재산을 보호할 필요가 있는 경우, ④ 적절한 비용을 투자하여 분류하도 또는 터널을 건설할 수 있는 충분한 지역이 있는 경우, ⑤ 피해를 입을 재산의 보호하기 위한 경제적 가치가 분류구조물의 건설비용을 합리화 할 수 있는 경우의 홍수피해 감소에 효과적이며, 분류에 대한 중요한 사항의 점검표는 표 16.6과 같다.

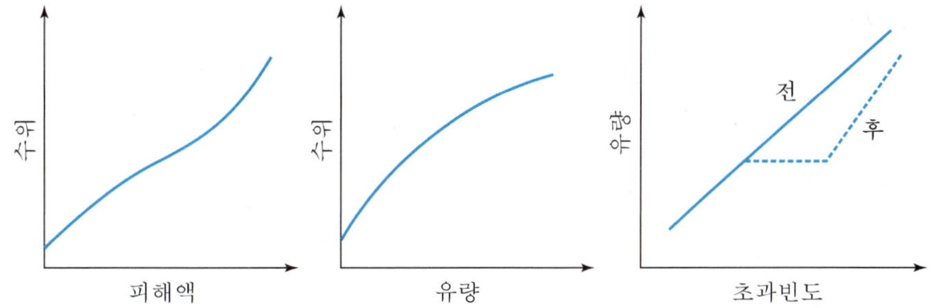

그림 16.13 분류의 영향

표 16.6 분류의 점검표

분류점검항목	√	주요내용
기획		환경학적으로 민감한 수중 및 하천생태계 분석
		대상지역에 대한 피해중심지 파악, 개발지역의 범위 및 토지이용의 결정
		현장 제약조건 분석
		접촉되는 지역의 기간시설 및 공공시설의 파악
경제분석		사업이 있는 경우 기존 및 장래의 상태에 대한 하류의 빈도함수 변화 분석
		빈도함수에 대한 불확실성 분석
		위험도기반 분석절차를 이용한 다양한 용량에 대한 방수로 규모의 범위 평가
성능분석		연평균 초과확률 결정
		평균 수명기간 초과확률 결정
		사업의 운영범위에 대한 기술 및 한계가정에 대한 민감도 분석
		용량 초과로 인한 결과 평가
		사업의 성능결정
설계		통제구조물의 규모에 대한 예비 설계 및 평가
		분류하도에서의 퇴사 분석 실시
		하류에 대한 모든 수리 및 수문학적영향 평가
		예비 운영계획수립
환경 및 사회		수생 및 하천생태계 영향평가 및 개선 방법 수립

16.5.1 분류의 형태

그림 16.14는 분류의 전형적인 형태를 보여주고 있으며, 우회하도(bypass channel)와 광정위어 형태의 통제구조물을 포함하게 된다. 통제구조물은 개방된 분류하도 대신 제방을 통과하거나 수문이 설치된 암거, 조절을 할 수 있는 위어, 관로 등을 사용할 수가 있다. 주하도가 미리 설정한 유량 또는 수위에 도달하게 되면 잉여의 유량이 분류하도로 유출되도록 설계함으로서 본류의 유량을 감소시키거나 일정하게 유지하여 보호지역의 피해를 방지하거나 감소시키게 된다. 우회하도는 보호지역 하류부에서 본류와 다시 합류하게 된다.

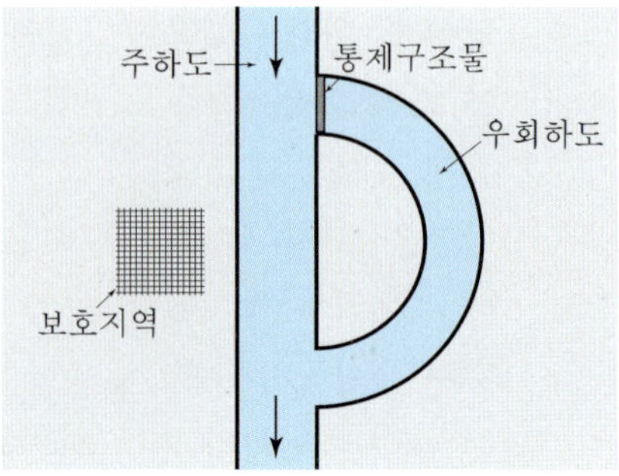

그림 16.14 분류의 모습

16.5.2 유량감소평가

개개의 홍수사상에 대해 분류가 유량을 변화시키므로 결국 유량-빈도곡선을 변화시키게 된다. 저수지인 경우의 그림 16.12에서와 같이 분류에 의한 전형적인 유량-빈도곡선의 변화도 같은 양상을 보여주게 된다. 실선은 분류시설을 하지 않았을 경우 분류통제구조물 하류지점에서의 유량-빈도곡선을 나타낸다. Q_1은 저수지의 경우와 마찬가지로 지점에서의 목표유량을 의미하며, 이는 하류하도의 통수유량, 피해가 발생하기 직전의 최대수위에 상응하는 유량 또는 특정 대안에 대해 설정한 목표유량 중의 하나가 될 수 있다.

만일 주 하도에서의 유량이 목표유량보다 작으면 분류되는 유량은 없다. 주하도의 유량이 목표유량을 초과하게 되면 초과되는 유량은 분류를 시켜 주 하도에서는 목표유량만 흐르게 된다. 따라서 점선으로 나타낸 분류를 설치하였을 경우의 유량-빈도곡선은 비초과확률이 P_1보다 작고 유량이 Q_1보다 작은 호우사상에 대해 분류를 설치하지 않은 경우의 유량-빈도곡선과 같게 된다. 주 하도의 유량이 목표유량을 초과하게 되면 분류를 설치한 경우의 유량이 Q_1이 된다. 하지만 설계에 상관없이 비초과확률 P_2를 가진 과도한 호우 사상이 발생한 경우 우회하도는 최대 용량으로 흐르게 되고, 따라서 분류는 주 하도가 Q_1으로 흐르도록 유지시키지 못하게 된다. 물론 분류는 주 하도의 유량을 어느 정도 감소시키지만 호우 사상의 규모가 커질수록 분류가 있는 경우의 주 하도의 유량은 분류가 설치되지 않은 경우의 유량에 접근하게 된다. 결국 분류가 설치되지 않은 경우의 첨두유출량 Q_3에 대해 분류는 더 이상 효과를 발휘하지 못하게 되고 두 경우 모두 유량-빈도곡선이 일치한다.

분류가 유량-빈도곡선에 미치는 영향은 자료기간분석이나 선택한 사상에 대한 모의를 통해 평가할 수 있다. 자료기간분석에서는 설계된 분류의 운영에 따른 하도 흐름을 산정하기 위해 기록상의 유량시계열을 분석하게 된다. 그 결과 얻게 되는 수정된 주 하도의 유량시계열은 빈도곡선을 나타내기 위해 통계분석절차에 의해 분석하게 된다. 한편 선택한 사상의 모의 평가에서는 선택된 기록상의 또는 가상적인 유출수문곡선에 대한 분류의 운영을 모의하고, 그 결과 나타나는 첨두유출량의 확률이 분류가 없는 경우의 첨두유출량의 발생확률과 같도록 확률을 부여한다.

16.5.3 분류 운영 시 고려사항

분류구조물을 설치할 경우 분류의 성능을 적절하게 유지하기 위해 하도의 안정성, 퇴적 및 운영 중 안전 등에 대해 고려할 필요가 있다. 분류로 인해 우회하도 및 주 하도에서의 퇴적 및 세굴현상이 발생할 수 있으므로, 적절한 하상변동 분석을 통해 퇴적 및 세굴을 방지할 수 있는 대책을 수립해야 한다. 퇴적은 분류에서 나타날 수 있는 일반적인 문제로 퇴적이 최소화 하도록 설계하여야 하며 지속적인 유지관리를 할 필요가 있다. 만일 주 하도의 물이 빠르게 증가하면 사전에 예고할 시간적인 여유 없이 분류가 시작될 수가 있다. 사람들이 우회하도에 접근하기가 용이한 경우 인명 피해가 발생할 수 있으므로 사전 예보나 경고가 충분히 이루어지도록 하여야 한다.

16.6 하도개수에 의한 홍수조절

하도개수(channel improvement) 또는 하도변경(channel modification)은 하도의 통수 특성을 개선시키기 위해 실시한다. 하도개수를 통해 통수능이 개선되면 다양한 유량에 대해 수위를 낮추게 되어 그림 16.15와 같이 수위-유량곡선을 낮추게 된다. 홍수 사상에 대한 첨두유출량이 보다 낮은 수위로 흐르게 되고, 홍수파가 통과하는 동안 자연적인 하도저류효과를 감소시키게 된다. 하도개수로 인해 하류 하도에서의 첨두유출량이 개수전보다 증가하게 되고, 유량-빈도곡선을 위로 상승하게 한다. 하도개수로 인한 장기적인 영향으로 하류 하도구간에서 하상의 상승 또는 저하가 발생하게 된다. 하도개수는 주로 국지적인 보호를 위해 실시하지만 더욱 효율적인 홍수조절을 하기 위해서는 다른 홍수조절 계획들과 연계하여 이루어질 필요가 있다.

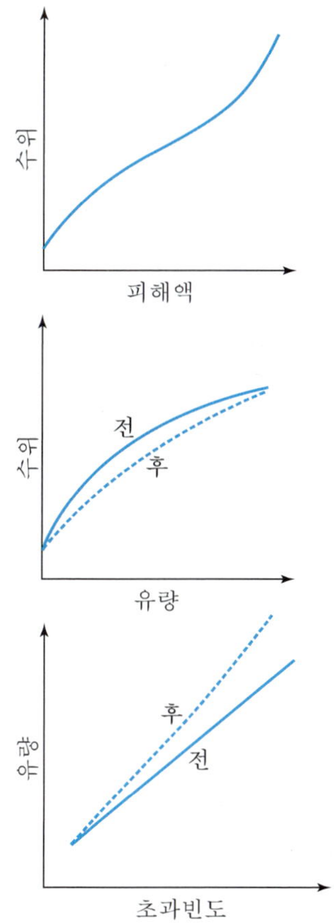

그림 16.15 하도개수에 의한 영향

하도개수는 ① 피해를 입을 지역이 지역적으로 집중되어 있는 경우, ② 피해가 작고 높은 정도의 보호를 요구하는 경우, ③ 기간시설, 주요 구조물 그리고 농업재산을 포함하는 다양한 재산을 보호할 필요가 있는 경우, ④ 적절한 경제적, 환경적 및 사회적 비용을

표 16.7 하도개수에 대한 점검표

수문분석항목	√	주요내용
기획		환경학적으로 민감한 수중 및 하천생태계 분석
		대상지역에 대한 피해중심지 파악, 개발지역의 범위 및 토지이용의 결정
		현장 제약조건 분석
		접촉되는 지역의 기간시설 및 공공시설의 파악
경제분석		사업이 있는 경우 모든 조건에 대한 수위-유량함수의 변화 분석
		하도 저류용량 감소에 따른 빈도함수변화에 의한 하류하천 영향평가
		수위-유량함수에 대한 불확실성 분석
		위험도기반 분석절차를 이용한 하도의 변경 범위 평가
성능분석		연평균 초과확률 결정
		평균 수명기간 초과확률 결정
		사업의 운영범위에 대한 기술 및 한계가정에 대한 민감도 분석
		용량 초과로 인한 결과 평가
		사업의 성능결정
설계		얼음/부유물, 침식/퇴적 및 유사이송, 높은 유속에 대한 분석
		하도의 직선화에 따른 안정성 평가
		모든 제약 및 장애물에 대한 영향 평가
환경 및 사회		수생 및 하천생태계 영향평가 및 개선 방법 수립
		부수적인 위락 활동기회의 예측 및 규명

투자하여 하도개수를 할 수 있는 충분한 지역이 있는 경우, ⑤ 피해를 입을 재산의 보호하기 위한 경제적 가치가 하도개수물의 비용을 합리화 할 수 있는 경우의 홍수피해 감소에 효과적이며, 하도개수에 대한 중요한 사항의 점검표는 표 16.7과 같다.

16.6.1 하도개수

홍수터에서의 수위는 하상경사, 횡단면적, 윤변, 길이 및 배열 등을 포함하는 하도의 기하학적 형태와 하도유량 그리고 에너지 손실 등의 함수가 되므로, 하도개수로 인해 수위가 변하게 된다.

1) 하도의 형태 변경

하도의 유효 횡단면적을 증가시켜 하도를 개수하면 주어진 유량에 대해 하천수위를 낮출 수가 있으며, 그림 16.16은 이러한 하도 형태변경에 대한 예를 보여주고 있다. 그림과 같은 횡단길이 대 수위곡선에서 원래의 하도 경계가 실선으로 나타나 있다. 음영으로 표시한 하상재료를 제거하면 새로운 하도 경계가 형성된다. 이로 인해 수표면 아래의 새로운 횡단면적은 개수 이전의 횡단면적보다 증가하게 된다. 1차원 정상류와 같이 간단한 흐름의 경우에서 유량은 횡단면적에 직접적으로 비례하게 된다. 따라서

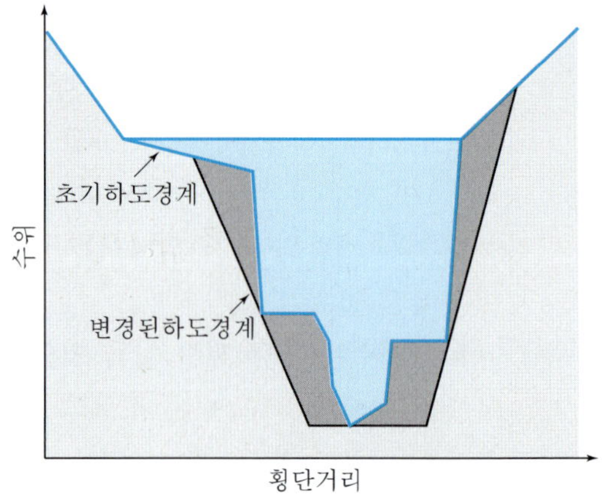

그림 16.16 하도 형태 변경의 예

만일 다른 변수들이 일정하다면 그림 16.16과 같이 개선된 하도는 개수 이전에 비해 같은 수위에 대해 더 많은 유량을 통수시킬 수 있거나, 더 낮은 수위로 동일한 유량을 통수시킬 수가 있다.

침식 및 퇴적 또는 제방의 불안정성으로 인해 자연적인 하도 형태 변경이 발생할 수가 있다. 이러한 경우 하도변경은 장래의 개수계획 및 개수가 없는 경우의 상태에 영향을 미치게 된다. 예를 들어, 만일 유역의 개발로 인해 지표면에서의 침식이 증가하면 침식된 유사는 하도에 퇴적되게 된다. 유지관리를 하지 않는다면, 이러한 퇴적은 시간이 지남에 따라 하도의 횡단면적을 감소시키게 되고, 특정 유량에 대해 수위가 증가하며 하도개수가 없는 상태에서 연평균피해를 증가시키게 된다. 이와 유사하게 세굴은 제방을 붕괴시킬 수가 있고, 따라서 유효 흐름 단면적을 감소시키게 된다. 이 또한 수위 증가 및 연평균피해의 증가를 초래한다.

2) 에너지 손실 감소

하도를 통해 물이 흐르는 동안 에너지는 한 상태에서 다른 상태로 변환되거나 손실된다. 이러한 에너지 손실로 인해 수위가 증가하게 되므로 에너지 손실을 감소시켜 수위를 낮출 수가 있다. 이와 같은 에너지 손실의 감소는 하도의 경계를 매끈하게 하거나, 하도의 직선화 또는 하도에서의 장애물의 영향을 최소화함으로서 얻을 수가 있다. 만일 다른 모든 변수들이 일정한 경우 조도를 감소시키기 위해 하도를 매끈하게 한다면 에너지 손실이 감소하게 되고, 따라서 연평균 피해를 감소시킬 수가 있다. 그림 16.17은 하도의 직선화를 보여주고 있으며, 에너지 손실은 개수 전에 비해 감소되고, 따라서 수위 및 피해가 줄어들게 된다.

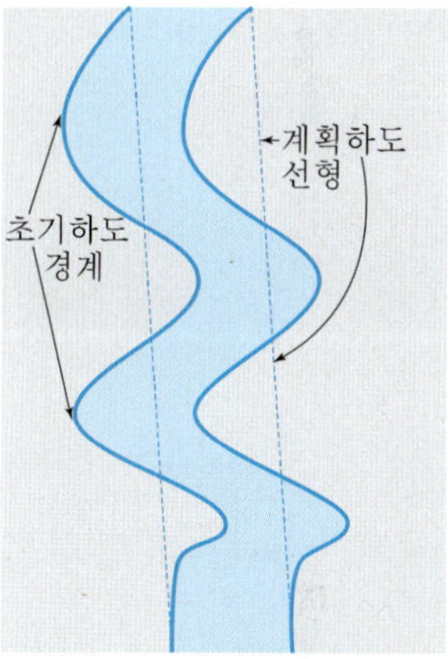

그림 16.17 하도의 직선화

에너지 손실 및 이로 인한 수위 변화는 하도 횡단면 간의 유속의 변화로 인해 발생할 수도 있다. 이와 같은 유속의 변화는 하도 폭의 자연적 또는 인위적인 확장 및 축소로 인해 발생하거나 교량의 건설로 인해 흐름이 상류보다 통수면적이 작은 교량지점으로 흐르게 될 때 발생하게 된다. 만일 교량지점의 축소된 통수 단면적이 수위를 증가시키게 되면 홍수피해 저감계획에서 교량의 제거 또는 변경을 고려할 필요가 있다.

13.6.2 수위감소평가

하도개수의 목적은 그림 16.18에 나타난 것과 같이 주어진 유량에 대해 수위를 낮추는 것이다. 변경된 수위-유량곡선은 모든 유량에 대해 아래 방향 즉, 수위가 낮아지는 것으로 나타난다. 하도개수로 인한 영향은 하천 수리모형 즉, HEC-2, HEC-RAS 및

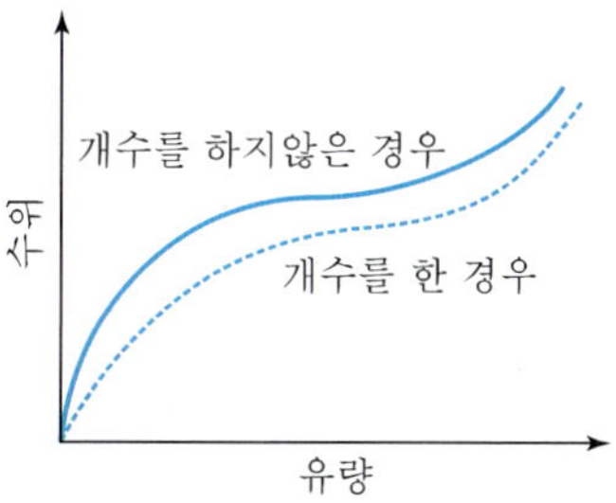

그림 16.18 하도개수의 영향

HEC-GeoRas모형을 이용하여 평가할 수 있다. 이들 모형들은 수위를 산정하기 위해 하도의 기하학적 형태 및 조도를 나타내는 Manning의 조도계수를 사용하게 된다. HEC 계열의 프로그램 외에 UNET, HIVEL2D, HEC-6, TABS-2, SAM 모형 등이 있다.

하도개수는 또한 유량-빈도곡선에 영향을 주게 된다. 대부분의 경우 하도개수로 인해 개수된 단면에서 유속이 증가하게 된다. 개수가 이루어지지 않은 하류하도에서는 유량이 증가하게 되고 따라서 유량-빈도곡선이 위로 올라가게 된다. 이 외에 하도개수로 인해 하도 내 자연적인 저류공간이 줄어들 수가 있다. 이러한 저수지의 저류와 같은 자연적인 저류공간은 첨두홍수량을 감소시키게 되는데, 이와 같은 공간이 줄어들면서 하류 하도에서는 첨두유량이 증가할 수 있고, 따라서 유량-빈도곡선이 위로 올라가게 된다.

하도개수로 인해 하도구간을 통해 수문곡선의 시간이 상당히 줄어드는 경우 또한 유량-빈도곡선을 변경시키게 된다. 예를 들어 그림 16.17과 같이 하도를 직선화하면 상, 하류 두 단면간의 거리를 감소시켜 이동시간을 줄어들게 한다. 이러한 시간의 감소는 특정 확률을 가진 호우 사상에 대해 하류에서의 첨두유출량을 증가시키게 된다. 그러나 그림 16.16과 같이 하도 단면의 증가는 저류용량을 증가시키고 결국 특정 확률을 가진 호우사상에 대한 하류에서의 첨두유출량을 감소시키게 된다. 그러므로 상반되는 영향이 발생할 가능성을 인식하고, 시간 및 저류공간의 변화를 조사하여 유량-빈도곡선을 적절하게 변경하여야 한다.

16.6.3 하도개수 시 고려사항

하도개수로 인해 계획대로 피해를 감소시키기 위해서는 대안들을 계획하고 평가하는데 있어 침식 및 퇴적문제, 하도 안정성 설계 그리고 유지관리준비에 대한 설정 및 해결에 있어 신중을 기해야 한다. 하도개수를 수행했을 때 침식 및 퇴적문제가 악화될 수가 있다. 예를 들어, 만일 조도가 감소되면 유속이 증가하고 결국 침식이 증가할 가능성이 높다. 만일 개수를 하지 않은 경우 퇴적이 발생하였다면 개수로 인해 퇴적이 지속될 수도 또는 중단될 수도 있다. 비슷하게 만일 하도를 직선화하면 하상경사가 증가하고, 개수구간이 하류의 원래 하도구간과 만나는 지점에서 퇴적이 증가할 가능성이 있으며, 개수구간이 시작하는 지점의 상류부 원래 하도구간에서는 세굴이 증가할 가능성이 있다. 따라서, 이와 같은 하상변화 문제 및 기타 관련된 성능문제를 명확히 하기 위해 세굴분석을 수행할 필요가 있다.

하도개수는 환경에 심각한 영향을 미칠 수가 있다. 예를 들어 어떤 어종은 사행하도의 얕은 흐름환경에서 서식할 수가 있다. 만일 하도를 직선화하면 서식지가 교란되어 이 어종의 개체수가 감소할 수가 있다. 또한 공사 중 탁도의 증가로 인한 환경영향을 고려하여야 한다. 미세한 유사입자가 발생할 근원을 파악하고, 공사 지역으로부터의 유출을 조절하며 하도의 문제가 발생할 수 있는 지역의 증가를 최소화하기 위한 공사계획을 수립해야 한다.

16.7 제방 및 홍수벽에 의한 홍수조절

제방(levee 또는 dike) 및 홍수벽(floodwall)은 홍수 흐름이 피해가 발생하는 홍수터의 일부지역으로부터 떨어져서 흐르도록 유도하기 위한 구조물로 주 하도에서의 수위로부터 보호하려는 지역의 피해를 감소시키게 된다. 제방의 축조로 인해 수위, 유량, 피해액 및 빈도곡선이 모두 변하게 된다. 제방으로 인해 제방의 설계높이 이내로 하도내의 수위가 유지되어 수위-피해 곡선이 그림 16.19와 같이 변하게 된다.

원래의 홍수터 일부지역으로 흐르는 홍수량이 제방에 의해 차단되어 통수능이 축소되게 되므로 다양한 크기의 유량에 대해 수위가 증가하게 되어 수위-유량곡선을 위로 이동하게 한다. 제외지로 흐름이 제한되므로 홍수파의 자연적인 저류량이 감소하여 하류 하도에서의 첨두유출량을 증가시키게 된다. 이러한 결과로 각 초과확률에

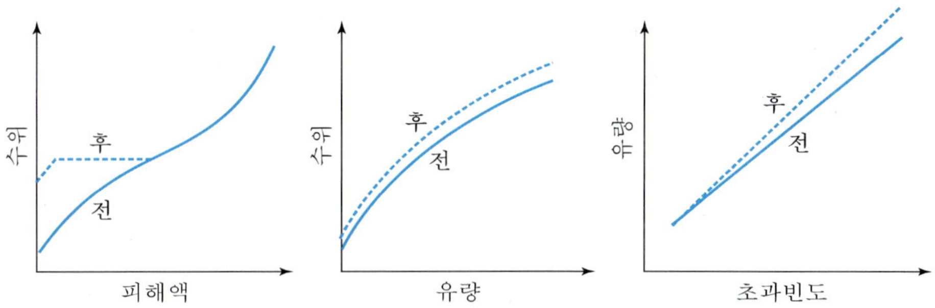

그림 16.19 제방으로 인한 영향

표 16.8 제방 및 홍수벽에 대한 점검표

수문분석항목	√	주요내용
기획		제내지 유출지역(제방측면, 분류, 집수시스템)의 최소화
		장래의 잠재적인 개발을 감소하기위해 보호되는 지역의 최소화
		제방의 후퇴 및 높이에 대한 균형분석
		제방 및 홍수벽의 선형에 대한 현장조건 분석
		홍수기간 동안 폐쇄가 필요한 유수통과단면의 최소화
경제분석		사업이 있는 경우 모든 기존 및 장래 상태에 대한 수위-유량함수의 변화 분석
		예상되는 용량/수위 초과확률 결정
		수위-피해함수에 대한 불확실성 분석
		위험도기반 분석절차를 이용한 다양한 용량에 대한 제방 및 제내지 형태 범위 평가
성능분석		연평균 초과확률 결정
		평균 수명기간 초과확률 결정
		사업의 운영범위에 대한 기술 및 한계가정에 대한 민감도 분석
		용량 초과로 인한 결과 평가
		사업의 성능결정
설계		한계 상태에 대한 제방/홍수벽 설계
		주요 피해지역으로부터 떨어진 하류 하천 끝단에서의 월류지역설계
		유량 및 파고의 상승을 수용할 수 있는 제방 높이 증가의 설정
		제외지 침식보호에 대한 설계
		용량초과시에 대한 홍수예경보의 개발
환경 및 사회		수생 및 하천생태계 영향평가 및 개선 방법 수립
		부수적인 위락 활동기회의 예측 및 규명

대한 유량이 증가하게 되어 유량-빈도곡선을 위로 이동시키게 된다. 제방의 장기적인 영향으로 하류 하도구간에서 하상의 상승 또는 저하가 발생하게 된다. 제방은 인명 및 재산을 보호하기 위해 축조하지만 설계유량을 초과하는 호우가 발생하는 경우 안전하다고 생각하는 지역이 침수되게 되어 큰 피해를 입을 가능성이 있다.

제방은 ① 피해를 입을 지역이 지형적으로 밀집되어 있는 경우, ② 피해가 작고 높은 정도의 보호를 요구하는 경우, ③ 기간시설, 주요 구조물 그리고 농업재산을 포함하는 다양한 재산을 보호할 필요가 있는 경우, ④ 적절한 경제적, 환경적 및 사회적 비용을 투자하여 제방을 축조 할 수 있는 충분한 지역이 있는 경우, ⑤ 피해를 입을 재산의 보호하기 위한 경제적 가치가 제방 축조의 비용을 합리화 할 수 있는 경우의 홍수피해 감소에 효과적이며, 제방에 대한 중요한 사항의 점검표는 표 16.8과 같다.

16.7.1 제방에 의한 피해 감소평가

제방 및 홍수벽은 보호지역에서의 수위를 감소시켜 피해를 줄이기 위한 목적으로 축조되며 하도로부터 물이 월류하여 홍수터로 유입되는 것을 차단하게 된다. 따라서 그림 16.20과 같이 수위-피해곡선을 변화시키게 된다. 그림에서 S_1은 제방이 없을 경우의 피해가 발생하기 시작하는 최소수위를 나타낸다. 제방의 높이와 같은 높이 S_2까지 높아지게 된다. 만일 이 수위보다 높아지게 되면 제방은 월류하게 되어 피해가 발생한다. 제방은 또한 유량-빈도곡선 및 수위-유량곡선도 변화시키게 된다. 제방을 축조함으로서 하도의 횡단면이 변경되어 수위-유량곡선이 변하게 되며, 이러한 변화의 영향도 다양한 수리모형을 이용하여 평가할 수 있다. 하도가 변경됨에 따라 하도의 제원을 나타내는 모형의 입력 변수들을 조정하여 제방의 영향을 고려할 수 있다. 다양한 유량에 대해 모의를 반복하여 특정한 제방 제원에 대한 수위-유량곡선을 얻게 된다.

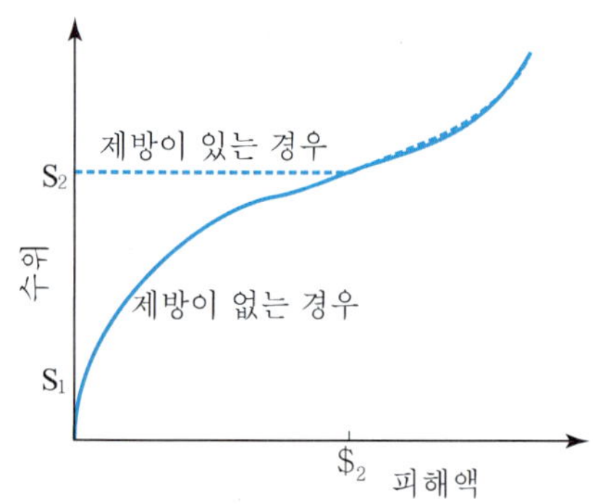

그림 16.20 제방에 의한 수위-피해곡선

16.7.2 제내지의 보호

그림 16.21은 제방 또는 홍수벽에 의한 하천홍수로부터의 보호지역을 보여주고 있다. 제방은 보통 선 형태의 보호시설로 보호지역의 지형보다 높게 축조하게 된다. 따라서 하도에서의 홍수 흐름이 보호지역으로 흐르는 것을 차단하지만, 보호지역으로

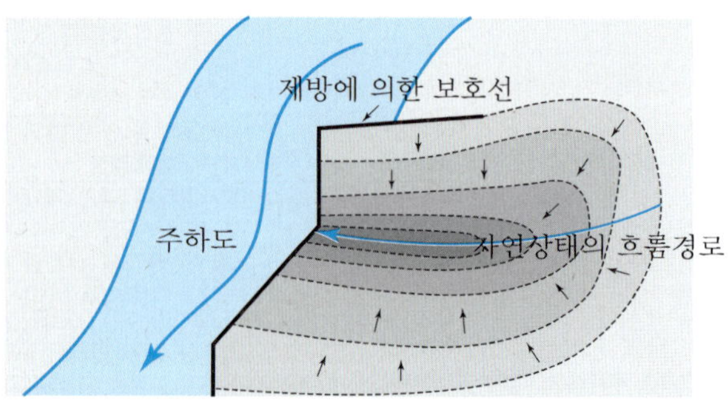

그림 16.21 제외지의 모습

표 16.9 제내지의 점검표

수문분석항목	√	주요내용
기획		제내시스템(호우/배수시스템, 출구부, 저류지역 등)의 수리학적 특성 규명
		환경학적으로 민감한 수중 및 하천생태계 분석
		대상지역에 대한 피해중심지 파악, 개발지역의 범위 및 토지이용의 결정
경제분석		사업이 있는 경우 모든 조건에 대한 제내지 수위-빈도함수의 변화 분석
		빈도함수에 대한 불확실성 분석
		위험도기반 분석절차를 이용한 다양한 용량에 대한 저류지, 펌프, 유출부 형태 범위 평가
성능분석		연평균 초과확률 결정
		평균 수명기간 초과확률 결정
		사업의 운영범위에 대한 기술 및 한계가정에 대한 민감도 분석
		용량 초과로 인한 결과 평가
		사업의 성능결정
설계		시설물에 대한 입구부/출구부의 형태에 대한 예비 설계 및 평가
		예비 운영계획수립

부터 하천으로 유입하는 하도의 흐름을 차단하게 된다. 따라서 제방이 축조되기 이전에는 보호지역에서 수위가 천천히 증가하며 발생하던 홍수가 제방이 축조된 이후에는 급작스럽게 홍수가 발생할 수 있다. 이와 같은 국지 유출을 수용하기 위해서는 저류지 또는 빗물펌프장 시설이 필요하다.

제방을 설계할 때 제내지의 피해 방지를 위한 최소한의 항목들을 고려하여야 하며, 이를 최소제내시설이라 한다. 최소제내시설은 중력에 의해 자연적으로 배수되는 기간 동안에는 국지 배수시스템이 제방이 설치되기 이전의 경우와 근본적으로 같은 기능을 해서 홍수로부터 보호할 수 있도록 해야 한다. 따라서 최소제내시설은 배수설계기준에 맞는 규모의 자연적인 저류지와 방류관을 포함해야 한다. 표 16.9는 제내지에서의 점검표를 나타내고 있다.

16.7.3 제방붕괴문제

제방 붕괴의 주된 원인은 파이핑(piping)과 같은 내부 침식, 제방사면 또는 기초토양의 활동(sliding), 월류 및 제방표면 침식 등이 있다. 수문분석 시 파이핑 및 활동으로 인한 붕괴를 방지하기 위해 지반공학적인 요소도 포함해야 하며, 적절한 설계를 위한 충분한 정보를 제공하기 위한 유선망(flow net)이 필요할 수도 있다. 제방의 월류가 발생할 만한 위치 및 월류로 인한 영향을 충분히 검토해야 한다. 하지만 제방의 월류로 인한 수리학적 문제는 다차원 및 부정류 문제로 나타나기 때문에 검토가 쉽지 않다. 또한 제방이 월류할 때 홍수파가 밀려들기 때문에 댐 파괴 분석과 같은 충분한 분석을 해야 한다. 그 외에 침수지역의 범위 산정, 경보시간, 위험에 처한 인명 및 재산 등을 포함하는 붕괴의 영향에 대한 내용을 결정하여야 한다.

16.8 비구조적 홍수조절

비구조적 대책은 앞에서 설명한 바와 같이 저수지, 분류, 하도개수 및 제방 또는 홍수벽을 설치하여 피해를 감소시키는 구조적 대책과는 달리 피해가능성을 줄여 홍수의 취약성을 감소시키기 위해 영구적인 구조물이나 시설물의 피해 가능성을 변경시키는 것이라 할 수 있다. 이러한 비구조적 대책에는 홍수방수, 홍수경보 및 준비계획 및 다양한 지표면 사용조절이 포함되며, 장래 또는 잠재적인 홍수터의 잘못된 이용을 방지하기 위한 것으로 비구조적 대책에 대한 항목별 점검표가 표 16.10과 같다.

표 16.10 비구조적 대책의 점검표

수문분석항목	√	주요내용
기획		홍수 위해의 정량화를 바탕으로 한 적절한 대책에 대한 구조물의 결정
경제분석		사업이 있는 경우 모든 기존 및 장래 상태에 대한 수위-피해함수의 변화 분석
		수위-피해함수에 대한 불확실성 분석
		위험도기반 분석절차를 이용한 홍수방수, 재배치 그리고 홍수예경보의 범위 평가
성능분석		연평균 초과확률 결정
		평균 수명기간 초과확률 결정
		사업의 운영범위에 대한 기술 및 한계가정에 대한 민감도 분석
		용량 초과로 인한 결과 평가
		사업의 성능결정
설계		모든 대책에 대한 홍수예경보 계획 수립
환경 및 사회		수생 및 하천생태계 영향평가 및 개선 방법 수립
		부수적인 위락 활동기회의 예측 및 규명

16.8.1 홍수방수

홍수방수(flood proofing) 대책은 단층의 거주목적의 구조물에 대한 피해를 감소시키는데 적절한 방법이다. 홍수방수 대책은 특별한 경우 다른 구조물에도 적용할 수 있지만, 경제적 및 물리적 타당성에 제한이 있게 된다. 홍수방수는 공공설비, 기간시설물, 잔디 및 기타 외부에 위치한 재산의 피해를 감소시키는 방법은 아니며, 일반적으로 홍수의 피해를 빈번하게 입는 재산을 보호하는데 적용된다. 홍수방수는 상당한 공사를 필요로 하는 다른 구조적대책에 비해 환경을 비교적 덜 훼손시키는 방법이다.

홍수방수에는 문 및 창문을 통한 물의 유입차단, 구조물의 위치를 높이거나, 외벽의 방수, 생활공간의 재배치 등이 포함된다. 이와 같은 홍수방수로 인한 유입차단은 영구적 또는 임시적으로 적용할 수 있다. 유입차단 외에 상황에 따라 건물 외벽이나 마룻바닥의 침투를 방지하기 위해 방수처리를 하거나, 하수의 역류를 방지하기 위한 밸브를 설치할 수 있다. 홍수방수는 새로운 시설물을 건설할 때 가장 바람직하며, 그림 16.22와 같은 수위, 피해, 유량, 빈도곡선에서 오직 수위-피해곡선만 변경시키게 된다.

이와 비슷한 피해 감소방법으로 건물 주위를 소규모의 벽이나 제방으로 둘러싸는 방법이 있으며, 이러한 벽을 설계하여 축조할 경우에는 주위 경관과 조화를 이루도록 하여야 하며 보통 1m 이상 되지 않도록 한다. 벽은 블록, 돌, 콘크리트 및 다른 재료를 사용할 수가 있으며, 이때 홍수류에 의한 횡방향 및 부양력을 견딜 수 있도록 설계하여야 한다. 벽이나 제방을 쌓는 경우 내부의 물을 배제하기 위한 펌프시설도 구비하여야 한다. 또한 기존 건물의 지표면 층에 해당하는 높이를 높이는 방법이 있다. 이 경우 홍수피해 위험을 완전히 제거할 수는 없지만 홍수가 발생할 경우 침수높이가 낮아지기 때문에 피해를 줄일 수가 있다.

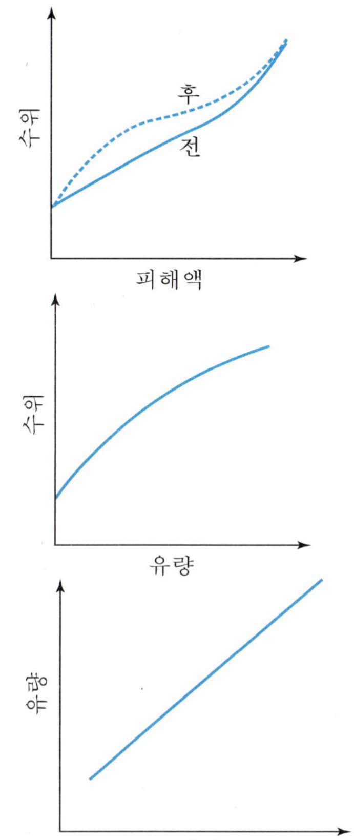

그림 16.22 홍수방수에 의한 영향

1) 홍수방수에 의한 피해감소 평가

앞에서 설명한 바와 같이 홍수방수로 인해 수위-피해곡선이 변하게 된다. 이 때 변하는 정도는 사용된 방법에 따라 다르게 된다. 그림 16.23은 물의 유입차단이나 소규모의 벽을 축조한 경우에 변하는 형태를 보여주고 있다. 유입차단시설이나 벽이 없는 경우 수위가 S_1에 도달할 때 피해가 발생하기 시작한다. 유입차단시설이나 벽이 있는 경우 피해의 발생은 수위가 S_2에 도달할 때 발생하기 시작한다. 물론 수위가 S_2를 초과하게 되면 유입차단시설이나 벽이 월류하게 되고 피해는 시설이 없는 경우와 동일하게 된다.

그림 16.24는 기존 건물의 높이를 인위적으로 높인 경우의 수위-피해곡선의 변화를 보여주고 있다. 기존의 건물을 높이지 않은 경우 홍수피해는 수위가 S_1일 때 발생하기 시작한다. 구조물의 높이를 높였을 경우 수위-피해곡선은 전반적으로 위로 올라가게 되며, 그 정도는 구조물의 높이를 높인 만큼 증가한다. 따라서 홍수피해는 수위가 S_2에 도달하게 되면 발생하기 시작한다.

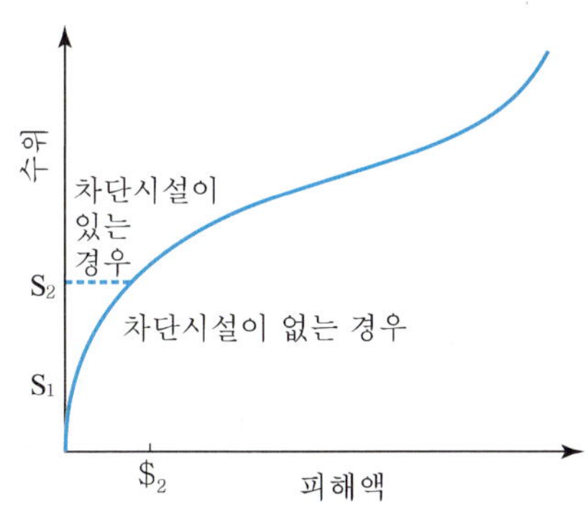

그림 16.23 유입차단 및 벽에 의한 수위-피해곡선의 변화

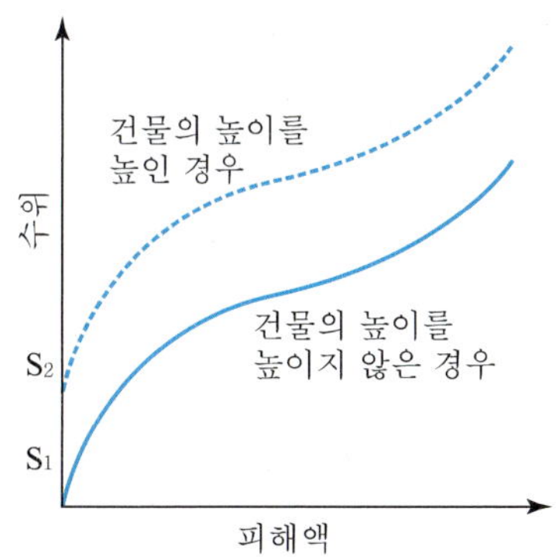

그림 16.24 건물높이 상승에 의한 수위-피해 곡선의 변화

2) 홍수방수 성능요건

홍수방수에서 중요한 과정은 성능조건을 만족하는 대안 방법의 설계를 결정하는 것이다. 이를 위해 수심, 유속, 유수에 포함된 유사 및 부유물 그리고 이와 관련된 힘 등을 산정해야 하며 관련 컴퓨터 모형을 이용하여 구할 수가 있다. 표 16.11은 홍수방수의 성능요건을 보여주고 있다. 홍수방수와 함께 비상대피계획도 함께 수립하여야 하여, 이를 위해서는 수문학적 자료를 필요로 하며, 대피경로의 결정 및 대피로의 안전을 평가하기 위한 유속의 산정 등을 위한 침수지역을 결정하여야 한다.

표 16.11 홍수방수의 성능요건

홍수방수방법	성능요건
문 및 창문 밀폐	밀폐시설을 설치를 위한 적절한 예보 및 경보제공
	밀폐시킬 모든 통수공간의 결정
	정수압 또는 구조물의 부상으로 인한 붕괴를 방지하기 위해 구조적으로 적절한지 확인
	누수를 최소화하기 위한 밀폐확인
	적절한 운영을 위한 공공교육 준비
소규모의 벽 또는 제방	주요제방과 비슷하나 소규모이며, 제내지의 적절한 배수을 유지하며 1) 홍수벽 및 제방의 통수공간의 밀폐, 2) 구조적 안정성을 포함
	적절한 운영을 위한 공공교육 준비
	만일 보호되는 지역이 홍수위에 의해 고립될 경우 대비를 위한 비상 접근로 계획
장소의 상승	상승된 구조물의 하단부 보호
	상승된 구조물의 구조적 안정 확보
	만일 보호되는 지역이 홍수위에 의해 고립될 경우 대비를 위한 비상 접근로 계획

16.8.2 위치변경

위치변경(relocation)은 홍수로 인한 피해를 입을 가능성이 적은 곳으로 재산이나 시설물 또는 중요 물건을 옮기는 것이라 할 수 있다. 위치변경은 현재 위치의 기존 건물 내에서 재산을 옮기거나, 홍수 위험지역으로부터 벗어난 지역으로 옮겨서 피해를 감소시킬 수 있다. 이와 같은 위치변경은 시설이나 재산의 소유자에 의해 이루어질 수 있는 비교적 간단한 방법이다. 위치 변경은 임시적 또는 영구적으로 이루어질 수 있으며, 효과는 옮기는 물건의 종류 및 홍수위험에 따라 변한다. 극단적인 경우 모든 시설물 및 재산을 홍수위험지역을 벗어난 곳으로 옮기면 수위-피해곡선에서 모든 수위에 대한 피해가 0이 될 것이다. 만일 중요 시설이나 재산만 선택적으로 옮기게 된다면 주어진 수위에서 침수되었던 피해를 줄이게 되어 수위-피해곡선이 변하게 된다.

16.8.3 홍수경보 및 대처

홍수경보 및 대처(flood warning and preparedness)는 수위가 위험단계에 도달하기 전에 공공에게 대처할 수 있는 기회를 제공하는 것이다. 홍수경보 및 준비로 인한 피해 감소는 침수피해감소, 청소비용감소, 전기 및 수도시설 등의 중단으로 인한 비용감소, 공공위생비용의 감소 등으로 나타나게 된다. 홍수경보 및 대처는 다른 홍수피해 감소계획이 타당성이 없을 경우 독자적으로 적용하거나, 다른 감소 시설이 완료될 때까지 임시로 적용하거나 또는 다른 감소대책과 함께 적용할 수가 있다. 홍수경보 및 대처계획을 독자적으로 운영할 경우에는 최소의 피해감소 효과만 얻을 수가 있으며, 환경에 심각한 영향을 주지 않는 방법이다.

홍수경보 및 대처계획은 시민이 재산을 옮기거나, 물의 유입차단, 하수역류방지밸브의 차단 등과 같이 특정 수위로 물이 차오를 때 피해를 감소시키기 위한 행동을 할 수 있도록 하여 침수피해를 감소시키는 것이다. 이 계획에 의한 수위-피해곡선의 변화는 홍수예보의 정확성 및 시민이 예보에 어떻게 대응하는가에 따라 달라진다. 표 16.12는 홍수경보 및 대처계획을 제대로 적용하기 위한 요소들을 나타내며, 이 계획이 적절하게 기능을 발휘하려면 이러한 요소들을 반드시 포함해야 한다.

표 16.12 홍수경보 및 대처계획의 요소

요소	목적
홍수위협인식 하부시스템	자료 및 정보의 수집, 전파, 접수, 정리 및 발표 그리고 홍수의 시기 및 규모 예측
경보전파 하부시스템	피해 예상지역의 결정; 경보메시지의 준비 및 발령
비상-반응 하부시스템	임시대피; 수색 및 구조; 집단대피소 운영; 공공재산 보호; 홍수와의 싸움; 주요 서비스의 유지관리
홍수 후 복구 하부시스템	대피자의 복귀; 쓰레기 청소; 각종 서비스의 재개; 피해 평가; 지원
지속적인 시스템 관리	공공 경계 프로그램; 장비의 운영, 관리 및 교체; 정기적인 훈련; 보완 및 배치

16.9 호우습지

호우로 인한 유출은 유역 내의 여러 경로 즉, 거주지역, 상업지역, 산업지역 또는 개발지역 등을 통해 발생하게 되며, 많은 양의 입자 및 용존된 물질들도 함께 이동하게 된다. 이러한 물질들은 산소를 요구하는 물질, 영양소 및 독성물질들로 구성되며, 수생시스템에 살고 있거나 의존하는 생물에 나쁜 영향을 끼치게 된다. 호우 유출수에서의 오염물의 농도는 선행건조기간(antecedent dry period) 동안의 축적 및 강우기간 동안 유출에 노출되는 정도에 따라 변하게 된다. 이러한 유출수의 처리방법 중의 하나로 자유수표면을 가진 호우습지(wetland)가 있다.

수처리 기능을 가진 습지는 오래전부터 고려되었지만, 공학 분야에서는 최근에 와서야 실행 가능한 수처리 시스템으로 고려되기 시작하였다. 습지에 의해 오염물을 제거하는 것에 관심을 가지고 수생(aquatic)식물 즉, 부들(bulrush)과 같은 식물의 역할을 연구하였으며, 호우 유출수를 포함한 다양한 오염수를 사용하여 자연 또는 인공 습지의 오염물 제거 및 변형 능력에 대해 실험이 수행되었다. 습지는 영구적 또는 간헐적으로 식생이 존재하는 생태계로, 과거에는 기피되는 장소로 여겨졌지만, 오늘날에는 수질개선, 홍수의 지체, 침식조절, 위락활동, 자연환경교육, 수생동물의 서식처, 하천흐름의 유지 등과 같은 다양한 편익의 기능을 제공하고 있다.

16.9.1 호우 유출수의 양과 질

호우처리습지는 유출수에 일반적으로 포함될 수 있는 오염물을 처리하여 수질을 개선하는 능력을 가지고 있다. 이러한 습지는 실험결과에 의하면 총고형물질(total suspended solids, TSS)을 65~80%까지 효과적으로 제거할 수 있다. 습지는 또한 영양소를 제거시킬 수 있는데, 아질산염 또는 질산염을 83%까지 그리고 암모니아를 45%까지 제거할 수가 있으며, 총인 또는 용존인은 40~50%정도를 제거한다. 또한 유출수에 포함되어 있는 중금속의 농도도 감소시킬 수가 있고, 납인 경우 26~83%까지 제거시키는 것으로 알려져 있다.

인공의 호우처리습지는 설계 시 처리해야 할 유입유량의 범위, 유사조절 그리고 선택적인 유출 등을 고려하므로 자연 상태의 호우처리습지보다 오염물 제거 효율이 더 높은 것으로 나타나고 있다. 인공습지는 호우 유출수가 직접 유입되거나 연결 수로를 통해 유입되며, 유입량이 일정량을 초과하면 나머지는 그냥 통과시키도록 설계하고 운영한다. 호우 유출수의 양은 빈도, 지속기간 및 지역에 따라 변하므로 하수 유출과 같은 예측 가능한 오염수보다 처리하기가 더욱 곤란하다.

유역 내의 토지이용 상태가 주어지면, 호우 유출수의 첨두유량과 부피는 앞에서 소개한 바와 같이 합리식을 이용하여 결정할 수가 있다. 유역을 통해 유출이 접하는 지표면의 특성과 서로 다른 빈도를 고려하기 위해 도달시간 t_c 및 유출계수 C값에 변화를 주어 적용한다. 표 16.13은 미국 아리조나주에서 적용하고 있는 지표면 사용에 따른 빈도 또는 재현기간별 유출계수를 보여주고 있다.

표 16.13 합리식에서의 지표면 이용 및 빈도별 유출계수

지표면 이용	재현기간			
Streets & roads	2-10년	25년	50년	100년
Paved roads	0.75-0.85	0.83-0.94	0.9-0.95	0.94-0.95
Gravel roadways & shoulders	0.6-0.7	0.66-0.77	0.72-0.84	0.75-0.88
Industrial areas				
Heavy	0.7-0.8	0.77-0.88	0.84-0.95	0.88-0.95
Light	0.6-0.7	0.66-0.77	0.72-0.84	0.75-0.88
Business areas				
Downtown	0.75-0.85	0.83-0.94	0.9-0.95	0.94-0.95
Neighborhood	0.55-0.65	0.61-0.72	0.66-0.78	0.69-0.81
Residential areas				
Lawns-flat	0.1-0.25	0.11-0.28	0.12-0.3	0.13-0.31
Lawns-steep	0.25-0.4	0.28-0.44	0.3-0.48	0.31-0.50
Suburban	0.3-0.4	0.33-0.44	0.36-0.48	0.38-0.5
Single family	0.45-0.55	0.5-0.61	0.54-0.66	0.56-0.69
Multi-unit	0.5-0.6	0.55-0.66	0.6-0.72	0.63-0.75
Apartments	0.6-0.7	0.66-0.77	0.72-0.84	0.75-0.88
Parks/cemeteries	0.1-0.25	0.11-0.28	0.12-0.3	0.13-0.31
Playgrounds	0.4-0.5	0.44-0.55	0.48-0.6	0.5-0.63
Agricultural areas	0.1-0.2	0.11-0.22	0.12-0.24	0.13-0.25
Bare ground	0.2-0.3	0.22-0.33	0.24-0.36	0.25-0.38
Undeveloped desert	0.3-0.4	0.33-0.44	0.36-0.48	0.38-0.5
Mountain terrain (slopes > 10%)	0.6-0.8	0.66-0.88	0.72-0.95	0.75-0.95

16.9.2 자유수표면 호우습지의 설계

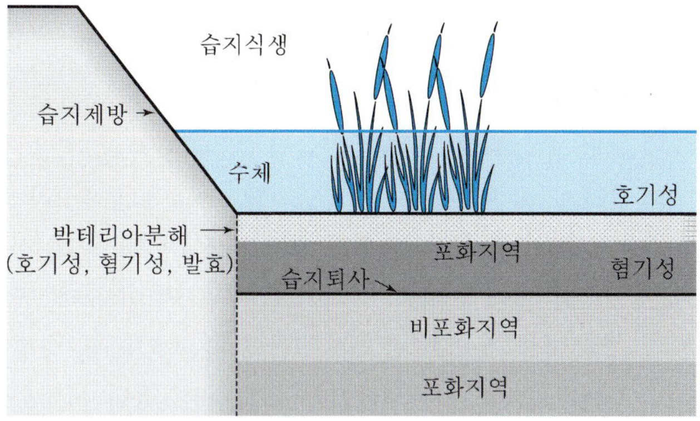

그림 16.25 호우 처리 습지 구성요소

호우 유출수 처리습지 설계의 주요 목표는 유출수 내 부유 물질들이 습지 내 고요한 지역에서 침강할 수 있도록 설계 유입량의 에너지를 감소시키거나, 습지 식생에 의해 기계적으로 여과하도록 하는 것이다. 이러한 목표는 습지 입구 및 상부조정지(forebay)설계, 상류부에 습지와 분리된 흐름 완화 또는 전처리 구조물의 설계를 통해 달성할 수 있다. 자유수표면 호우습지는 그림 16.25와 같이 물, 토양 그리고 식생과 같은 몇 가지 요소로 구성되어 있으며, 각 요소들은 수질을 개선하는데 기여하고 있다. 물로 포화된 지역 및 수심이 유지되고 있는 지역에서는 습지 식생이 서식하여 수표면에 그늘을 조성함으로써 온도변화를 완화시키고 수생생물의 서식처를 제공한다. 부유 습지식생을 조밀하게 설치하여 특정 물질 및 이와 관련된 오염물을 제거할 수가 있으며, 식생의 줄기는 퇴적토양, 물 그리고 대기 간에 가스교환을 하게 된다.

올바른 호우 습지를 설계하기 위해서는 주어진 오염물의 부하량 및 특성, 목표로 하는 배출수의 수질과 같은 항목을 잘 설정하여야 한다. 유입되는 수리량 및 오염물 부하량과 물리적, 화학적 및 생물학적 작용에 필요한 거주시간을 제공하는데 소요되는 습지의 규모 간에 균형이 맞아야 한다. 이러한 변수들 간의 관계를 맺기 위해 수리학적 및 물리적 관계를 이용하게 된다. 먼저 습지로의 유입량, 유출량 그리고 저류량 간에 물수지(water balance)가 맞아야 한다. 호우 습지인 경우 시스템 내로의 유입량은 지표면 유입량 Q_{sw}, 습지 내 수표면 및 지표면에 직접 떨어지는 강우 Q_{pr}, 지하수위가 얕은 경우 지하수의 누출 Q_{gw}가 있다. 습지로부터의 유출은 지표면 유출량 Q_{eff}, 증발산 Q_{et} 그리고 만일 시스템이 불투수 재료로 포장되지 않은 경우 침투로 인한 손실 Q_{inf}이 있다. 따라서 습지 내 저류량을 S라 하면 물수지는 다음과 같이 나타낼 수 있다.

$$Q_{sw} + Q_{gw} + Q_{pr} = Q_{eff} + Q_{et} + Q_{inf} + S \tag{16.9.1}$$

습지에서 지표면 유입량은 입구지점에서 측정할 수가 있으며, 마찬가지로 유출부 설계에서 지표면 유출량을 측정할 수 있도록 한다. 증발산은 5.6절 증발산에서 소개한 바와 같이 다양한 방법을 이용하여 측정 또는 산정할 수가 있다. 따라서 모든 유입 및 유출 항목을 측정하거나 산정할 수가 있으며, 만일 습지의 부피를 안다면 지하수와의 상호작용만 미지수로 남게 된다.

습지의 규모와 처리 성능을 연관시키는데 사용하는 두 번째 변수는 공칭 또는 이론적인 수리학적 체류시간(hydraulic residence time)으로 다음과 같이 나타낸다.

$$T = \frac{V\theta}{Q} \tag{16.9.2}$$

여기서, T는 수리학적 체류시간[T], V는 습지의 부피[L^3], θ는 공극률 그리고 Q는 유량[L^3/T]으로 유입부만 고려하게 되면 $Q_{sw}+Q_{gw}+Q_{pr}$이 되고, 손실 및 이득 즉, 유입부와 유출부의 평균을 고려하게 되면 $(Q_{sw}+Q_{gw}+Q_{pr}+Q_{eff}+Q_{et}+Q_{inf})/2$가 된다.

초기에 습지 부피 V는 도면으로부터 쉽게 산정할 수 있지만, 되채움으로 습지의 운영 후에는 바닥의 높이가 변하게 되어 습지시스템이 오래 될수록 정확도가 떨어지게 된다. 습지 부피를 산정하는 또 다른 방법은 습지시스템의 평균 깊이를 측정하거나 산정하고, 습윤한 표면적을 결정하기 위한 윤변측량 또는 항공사진을 이용하는 것이다.

습지의 공극률 θ는 식생 물질에 의해 차지하는 부피를 나타낸다. 실무에서 θ값은 0.65~0.95 범위를 보이며, 새로 식재된 시스템에서는 θ값이 큰 값으로 나타난다. 유량은 입구부에서 측정된 유량을 적용하면 시스템에서 물의 손실이나 획득을 무시하여 개략적인 결과를 얻을 수 있다. 하지만 대부분의 경우 물의 손실이나 획득을 고려하는 것이 바람직하며, 이는 입구부 및 출구부에서의 유량의 평균치를 이용함으로서 적용할 수 있다. 습지에서의 이론적인 체류시간은 습지 용적의 비효율적인 사용으로 인해 실제 또는 관측된 체류시간보다 길다. 습지에서 추적물질을 이용한 측정을 한 결과 추적물질의 질량중심이 습지를 빠져나가는데 필요한 시간인 추적물질 체류시간이 이론적인 체류시간의 65~95% 정도가 되는 것으로 나타나고 있다.

1) 호우 습지 규모

호우 습지는 지형적인 제약과 강우사상의 불확실성 및 이로 인한 유출량이나 수질이 불확실하므로 과학적이기보다는 미적인 면에 더 치우친 설계를 하는 경향이 있다. 또한 많은 습지들이 수질을 개선하기 위한 규모라기보다는 지역적인 배수나 저류조건을 만족하는 규모로 설계되는 경우가 많이 있다. 상당수의 자유수표면습지 표면적과 관련된 현재의 설계기준은 유역면적과 연관되어 있는데, 전체유역면적에 대한 습지면적의 비가 2% 또는 그 이상이 바람직하며, 만일 습지 상류지역에 저류지가 있으면 이 비율은 1~2%까지 감소시킬 수 있다.

자유수표면습지의 규모를 산정하는 또 다른 방법은 유량의 일부를 포착하여 처리하는데 필요한 습지 부피를 결정하거나, 주어진 빈도의 호우로부터 발생하는 유출량에 대해 설계를 하는 것이다. 실험에 의하면 TSS의 약 80%를 제거하기 위해서는 습지가 초기의 2.54cm에 해당하는 유출량을 포착 및 처리하여 24시간에 걸쳐 방류할 수 있는 규모가 되어야 하며, 첨두유출량으로 보면 빈도 2~10년에 해당하는 유출량을 처리할 수 있는 규모가 되어야 한다. 지역 및 제약조건에 따라 변하지만 일반적으로 현재 호우처리 습지 설계에서는 2년빈도 24시간 호우를 처리하고, 48시간에 걸쳐 유출시킬 수 있는 규모면 적절한 것으로 알려져 있다.

2) 호우 습지 배치설계

호우 습지의 위치 및 배치설계에서 가능하면 전반적인 기능을 염두에 두고 설계하여야 한다. 설계 당시에는 유량 및 수질처리가 가장 중요하여 단지 이들 만을 고려하여 설계할 수가 있는데 서식지, 위락활동, 미관 및 현장교육 등도 중요한 항목으로 고려할 필요도 있다. 실제로 지속가능한 습지 시스템으로 설계하기 위해서는 이러한 항목들을 종합적으로 고려하여야 한다.

대규모 유역 또는 몇 개의 소유역으로부터 유입되는 습지시스템은 높은 유속의 흐름이 시스템으로 유입되기 전에 유속을 감소시킬 수 있는 시설이 필요할 수도 있다. 습지 입구부에서의 유속 감소는 유사의 재부상을 최소화하고, 세굴 및 식물이 묻히는 것을 방지할 수 있다. 상류에 침사지를 설치하면 습지로 유입되는 유사량을 줄일 수 있고, 민감한 저생생물이 묻히는 것을 방지할 수 있으며, 준설시기를 늦출 수가 있다. 또한 수리학적으로 침사지와 습지를 연결하면 유류유입의 방지와 함께 부유물질 및 쓰레기도 통제할 수가 있다. 상류에 저류지가 있으면 습지로 유입되는 유량을 측정할 수 있으며, 따라서 수리학적 및 오염물 부하량을 조절하는데 도움을 줄 수 있다.

16.9.3 호우 습지의 형태

자유수표면 호우습지는 수질 개선이란 목적을 이루며 다양한 형태로 건설될 수가 있다. 호우 유출수는 침식 방지를 고려한 입구구조물을 통해 습지로 들어오게 하며, 습지 설계 시 사석으로 보강된 단순한 개수로 형태의 입구부를 사용하게 된다. 입구 구조물에서의 난류흐름은 물에 공기를 주입하여 낮은 부분압의 화합물이 휘발할 수 있도록 함으로서 수질 처리과정이 시작된다. 습지의 규모에 따라 유지관리 차량이 접근하여 상부조정지에서의 준설이 가능하도록 입구부의 폭 및 안정성을 확보하여 설계하여야 한다. 입구부의 사면은 침식을 최소화하도록 유지하고 바닥은 세굴로부터 안정하도록 보호하여야 하며, 입구구조물과 인접한 제방은 식생을 설치하

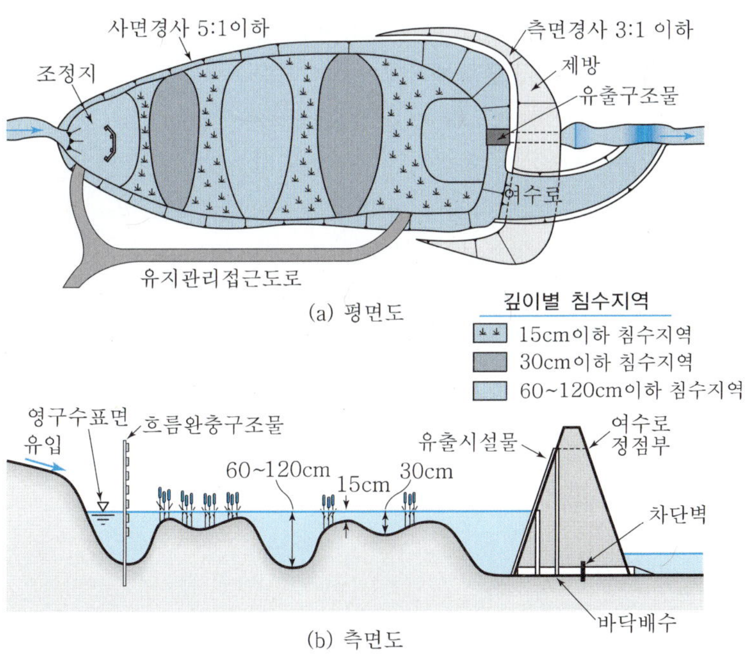

그림 16.26 호우 습지의 형태

거나 다른 방법을 통해 안정하도록 마감한다. 여러 가지 개수로 유량 측정장치를 습지 입구부 상류 하도에 설치하여 유량을 측정할 수 있도록 한다.

호우 유출수는 습지의 입구부를 지나 조정지로 들어오게 된다. 조정지는 하류부의 습지를 유입수에 의한 세굴로부터 보호하고, 침전을 촉진시키며, 퇴적된 유사를 쉽게 제거하기 위해 설치한다. 조정지의 또 다른 기능은 물이 습지 내 식생지역으로 들어오기 전에 혼합 및 폭기(aeration)를 유발하는 것이다. 일반적으로 조정지는 유입되는 물의 에너지를 고려하여 습지 전체 면적의 5~20% 정도로 크기를 정하고, 깊이는 습지 식생이 자라는 것을 막기 위해 1.5m 또는 그 이상으로 한다. 측면 경사는 10:1~4:1 범위를 유지해야 하며, 가능하면 완만한 경사를 가지도록 하고, 높은 에너지의 물이 유입되므로 다양한 방법을 이용하여 제방을 보강하여야 한다.

습지 설계시 가장 비용-효과적인 설계는 굴착 및 채움이 서로 균형이 맞도록 하는 것이다. 그림 16.27과 같이 전형적인 습지 제방은 인도로 이용할 경우 상단 폭이 최소 1.5m가 되게 하고, 차량이 접근하도록 할 경우에는 최소 3.5m 이상이 되도록 한다. 내부 제방은 식생으로 마감을 하고 경사는 3:1 이상이 되게 하며 완만할수록 더 바람직하다. 외부 제방은 경사가 더 급한 2:1~3:1 정도로 하며, 잔디와 같이 얕은 뿌리를 가진 나무나 사석으로 마감한다. 습지 제방의 높이는 습지의 운영 깊이를 고려하여 보통 0.1~0.5m에 여유고는 약 1m로 한다.

습지 내의 수질을 개선하기 위해서 입구부 및 출구부의 상대적인 위치 또한 매우 중요하다. 입구부 및 출구부를 물이 최대한 머무르며 습지 내의 표면과 최대한 접촉하도록 분리하는 것이 이상적이다. 끝으로 주 유출구조물외에 비상 여수로를 설치할 필요가 있다. 비록 여유고를 고려하기는 하지만 큰 빈도의 홍수량을 감당하기에는 충분하지가 않을 수가 있으므로 월류을 방지하기 위해 제방 정상부로부터 0.5~1m 아래로 홍수위가 유지되도록 비상 여수로를 설치한다.

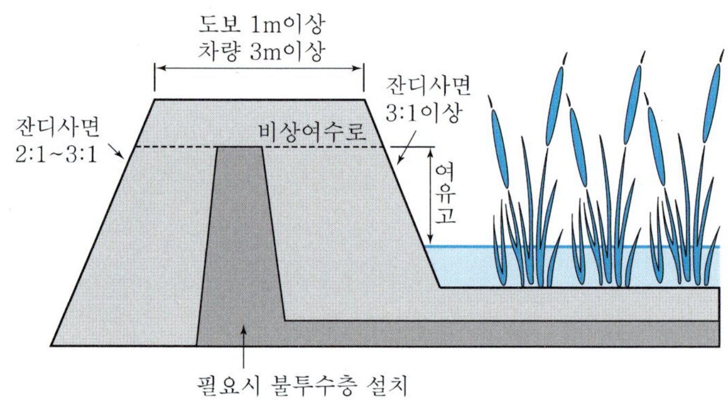

그림 16.27 호우 습지 제방

부록

A. 단위환산표

(1) 길이변환 (표준단위 : m)

단위	mm	cm	m	km	in	ft	yd	mi
1 mm	1	0.1	0.001	10^{-6}	0.0394	0.00328	0.00109	6.21×10^{-7}
1 cm	10	1	0.01	10^{-5}	0.3937	0.0328	0.0109	6.21×10^{-6}
1 m	10^{3}	100	1	0.001	39.37	3.281	1.094	6.21×10^{-4}
1 km	10^{6}	105	10^{3}	1	39,370	3,281	1,093.6	0.621
1 in	25.4	2.54	0.0254	2.54×10^{-5}	1	0.0833	0.0278	1.58×10^{-5}
1 ft	304.8	30.48	0.3048	3.05×10^{-4}	12	1	0.333	1.89×10^{-4}
1 yd	914.4	91.44	0.9144	9.14×10^{-4}	36	3	1	5.68×10^{-4}
1 mi	1.61×10^{6}	1.61×10^{5}	1.61×10^{3}	1.6093	63,360	5,280	1,760	1

(2) 면적변환 (표준단위 : m^2)

단위	cm^2	m^2	km^2	ha	in^2	ft^2	yd^2	mi^2	ac
1 cm^2	1	10^{-4}	10^{-10}	10^{-8}	0.155	1.08×10^{-3}	1.2×10^{-4}	3.86×10^{-11}	2.47×10^{-8}
1 m^2	10^{4}	1	10^{-6}	10^{-4}	1,550	10.76	1.196	3.86×10^{-7}	2.47×10^{-4}
1 km^2	10^{10}	10^{6}	1	100	1.55×10^{9}	1.076×10^{7}	1.196×10^{6}	0.3861	247.1
1 ha	10^{8}	10^{4}	0.01	1	1.55×10^{7}	1.076×10^{5}	1.196×10^{4}	3.861×10^{-3}	2.471
1 in^2	6.452	6.45×10^{-4}	6.45×10^{-10}	6.45×10^{-8}	1	6.94×10^{-3}	7.7×10^{-4}	2.49×10^{-10}	1.59×10^{-7}
1 ft^2	929	0.0929	9.28×10^{-8}	9.29×10^{-6}	144	1	0.111	3.587×10^{-8}	2.3×10^{-5}
1 yd^2	8,361	0.8361	8.36×10^{-7}	8.36×10^{-5}	1,296	9	1	3.23×10^{-7}	2.07×10^{-4}
1 mi^2	2.59×10^{10}	2.59×10^{6}	2.59	259	4.01×10^{9}	2.79×10^{7}	3.098×10^{6}	1	640
1 ac	4.05×10^{7}	4,047	4.047×10^{-3}	0.4047	6.27×10^{6}	43,560	4,840	1.563×10^{-3}	1

(3) 부피변환 (표준단위 : m^3)

단위	ml	liter	m^3	in^3	ft^3	gal	ac−ft	million gal
1 ml	1	0.001	10^{-6}	0.06102	3.53×10^{-5}	2.64×10^{-4}	8.1×10^{-10}	2.64×10^{-10}
1 liter	10^{3}	1	0.001	61.02	0.0353	0.264	8.1×10^{-7}	2.64×10^{-7}
1 m^3	10^{6}	10^{3}	1	61,023	35.31	264.17	8.1×10^{-4}	2.64×10^{-4}
1 in^3	16.39	1.64×10^{-2}	1.64×10^{-5}	1	5.79×10^{-4}	4.33×10^{-3}	1.33×10^{-8}	4.329×10^{-9}
1 ft^3	28,317	28.317	0.02832	1,728	1	7.48	2.296×10^{-5}	7.48×10^{-6}
1 gal	3,785.4	3.785	3.78×10^{-3}	231	0.134	1	3.069×10^{-6}	10^{-6}
1 ac−ft	1.233×10^{9}	1.233×10^{6}	1,233.5	75.27×10^{6}	43,560	3.26×10^{5}	1	0.326
1 m.gal	3.875×10^{9}	3.785×10^{6}	3,785	2.31×10^{8}	1.338×10^{5}	10^{6}	3.0684	1

(4) 유량변환 (표준단위 : m^3/sec)

단 위	m^3/s	m^3/day	liter/s	ft^3/s	ft^3/day	ac−ft/day	gal/min	gal/day	mgd
1 m^3/s	1	8.64×10^4	10^3	35.31	3.051×10^6	70.05	1.58×10^4	2.282×10^7	22.824
1 m^3/d	1.16×10^{-5}	1	0.0116	4.09×10^{-4}	35.31	8.1×10^{-4}	0.1835	264.17	2.64×10^{-4}
1 liter/s	0.001	86.4	1	0.0353	3,051.2	0.07	15.85	2.28×10^4	2.28×10^{-2}
1 ft^3/s	0.0283	2,446.6	28.32	1	8.64×10^4	1.984	448.8	6.46×10^5	0.646
1 ft^3/d	3.28×10^{-7}	0.02832	3.28×10^{-4}	1.16×10^{-5}	1	2.3×10^{-5}	5.19×10^{-3}	7.48	7.48×10^{-6}
1 ac−ft/d	0.0143	1,233.5	14.276	0.5042	43,560	1	226.28	3.259×10^5	0.3258
1 gal/m	6.3×10^{-5}	5.451	0.0631	2.23×10^{-3}	192.5	4.42×10^{-3}	1	1,440	1.44×10^{-3}
1 gal/d	4.4×10^{-8}	3.79×10^{-3}	4.382×10^{-5}	1.55×10^{-6}	0.1337	3.07×10^{-6}	6.94×10^{-4}	1	10^{-6}
1 mgd	4.38×10^{-2}	3,785	43.82	1.55	1.337×10^5	3.07	694	10^6	1

* mgd : million gallon/day

(5) 속도변환 (표준단위 : m/s)

단 위	ft/s	mi/hr	m/s	km/hr	knots
1 ft/s	1	0.6818	0.3048	1.097	0.5925
1 mi/hr	1.467	1	0.447	1.609	0.869
1 m/s	3.281	2.237	1	3.6	1.944
1 km/hr	0.9113	0.6214	0.2778	1	0.54
1 knots	1.688	1.151	0.5144	1.852	1

(6) 압력변환 (표준단위 : mbar)

단 위	ft H_2O	in. Hg	mm H_g	mbar	kPa	psi	kg/m^2
1 ft H_2O(32°F)	1	0.883	22.42	29.89	2.989	0.4335	304.8
1 in. H_g(32°F)	1.133	1	25.4	33.86	3.386	0.4912	345.3
1 mm H_g(0℃)	0.0446	0.03937	1	1.333	0.1333	0.01934	13.6
1 milibar	0.0335	0.02953	0.7501	1	0.1	0.0145	10.2
1 kPa($N/m\times10^3$)	0.335	0.2953	7.501	10	1	0.145	102
1 lb/in^2(psi)	2.307	2.036	51.71	68.95	6.895	1	703.1
1 kg/m^2	0.00328	0.002896	0.07356	0.09807	0.009807	0.001422	1

(7) 에너지변환 (표준단위 : Joule)

단 위	Btu	cal	J	kW · hr	ft · lb	Hp · hr
1 Btu(60°F)	1	252	1,055	0.000293	777.9	0.0003929
1 cal(15℃)	0.003969	1	4.186	1.163×10^{-6}	3.087	1.559×10^{-6}
1 Joule	0.0009482	0.2389	1	2.788×10^{-7}	0.7376	3.725×10^{-7}
1 kW · hr	3,413	860,100	3.6×10^6	1	2.655×10^6	1.341
1 ft · lb	0.001286	0.3239	1.356	3.766×10^{-7}	1	5.051×10^{-7}
1 Hp · hr	2,545	641,300	2.685×10^6	0.7457	1.98×10^6	1

* Btu : British thermal unit

(8) 질량변환 (표준단위 : kg)

질량 단위 명칭	크 기	질량 단위 명칭	크 기
그램(gram) 톤(ton) 카랏(carat) 파운드(pound) 슬러그(slug)	1g = 10^{-3}kg 1ton = 10^{3}kg 1ct = 200mg = 10^{-5}kg 1lb = 0.45359237kg 1slug = 14.5939kg	그레인(grain) 온스(ounce) 영국톤(ton) 미국톤(short ton)	1gr = 1/7000lb = 64.7989mg 1oz = 1/16lb = 28.3495g 1ton = 2240lb = 1016.05kg 1sh.ton = 2000lb = 907.15kg

(9) 힘변환 (표준단위 : Newton)

힘 단위 명칭	크 기	힘 단위 명칭	크 기
뉴톤(Newton) 파운달(poundal) 파운드중(pound force)	1N = 1kg · m/sec^2 1pdl = 0.138255N 1lbf = 4.44822N	다인(dyne) 킬로그램중 (kilogram weight)	1dyne = 1g·cm/sec^2 = 10^{-5}N 1kg = 9.80665N

(10) 동력, 공율 (표준단위 : watt)

동력, 공율 단위 명칭	크 기
킬로칼로리 · 매시 킬로그램중 · 미터 · 매시 피트 · 파운드중 · 매초 프랑스마력(metric horce power) 영국마력(British horce power)	1Kcal/hr = 1.16222W 1kgw · m/sec = 9.80665W 1ft · lbf/sec = 1.35582W 1P.S. = 75w · m/sec = 735.5W 1hp = 550ft · lbf/sec = 745.7W

(11) 온도변환

온도 단위	크 기	온도 단위	크 기	온도 단위	크 기
섭씨	℃ = 5/9(°F−32)	화씨	°F = 9/5(℃) + 32	캘빈	°K = ℃ + 273

(12) SI단위의 크기구분 접두어

접두어 명칭	기 호	크 기	접두어 명칭	기 호	크 기
엑사(exa)	E	10^{18}	데시(deci)	d	10^{-1}
페타(peta)	P	10^{15}	센티(centi)	c	10^{-2}
테라(tera)	T	10^{12}	밀리(milli)	m	10^{-3}
기가(giga)	G	10^{9}	마이크로(micro)	μ	10^{-6}
메가(mega)	M	10^{6}	나노(nano)	n	10^{-9}
킬로(kilo)	k	10^{3}	피코(pico)	p	10^{-12}
헥토(hecto)	h	10^{2}	펨토(femto)	f	10^{-15}
데카(deca)	da	10	아토(atto)	a	10^{-18}

B. 물의 성질

(1) 물의 성질

온도 (℃)	비중 s	밀도 ρ (g/cm^3)	증발열 L (cal/g)	점성계수 $\mu \times 10^{-3}$ (N · s/m^2)	동점성계수 $\nu \times 10^{-6}$ (m^2/s)	증기압 P_ν (mmHg)	(mb)	(g/cm^2)
0	0.99987	0.99984	597.3	1.792	1.792	4.58	6.11	6.23
5	0.99999	0.99996	594.5	1.519	1.519	6.54	8.72	8.89
10	0.99973	0.99970	591.7	1.308	1.308	9.20	12.27	12.51
15	0.99913	0.99910	588.9	1.140	1.141	12.78	17.04	17.38
20	0.99824	0.99821	586.0	1.005	1.007	17.53	23.37	23.83
25	0.99708	0.99705	583.2	0.894	0.897	23.76	31.67	32.30
30	0.99568	0.99565	580.4	0.801	0.804	31.83	42.43	43.27
35	0.99407	0.99404	577.6	0.723	0.727	42.18	56.24	57.34
40	0.99225	0.99222	574.7	0.656	0.661	55.34	73.78	75.23
50	0.98807	0.98804	569.0	0.549	0.556	92.56	123.40	125.83
60	0.98323	0.98320	563.2	0.469	0.477	149.46	199.26	203.19
70	0.97780	0.97777	557.4	0.406	0.415	233.79	311.69	317.84
80	0.97182	0.97179	551.4	0.357	0.367	355.28	473.67	483.01
90	0.96534	0.96531	545.3	0.317	0.328	525.89	701.13	714.95
100	0.95839	0.95836	539.1	0.284	0.296	760.00	1013.25	1033.23

(2) 물의 점성계수(centipoise = 0.01poise = 0.01dyne · sec/cm^2)

t℃	0	1	2	3	4	5	6	7	8	9	10
μ	1.7921	1.7313	1.6727	1.6191	1.5674	1.5188	1.4728	1.4284	1.3860	1.3462	1.3077
t℃	11	12	13	14	15	16	17	18	19	20	21
μ	1.2713	1.2363	1.2028	1.1708	1.1404	1.1111	1.0828	1.0559	1.0299	1.0050	0.9810
t℃	22	23	24	25	26	27	28	29	30	–	–
μ	0.9579	0.9358	0.9143	0.8937	0.8737	0.8545	0.8360	0.8180	0.8007		

(3) 물의 표면장력(dyne/cm)

t℃	0	5	10	15	16	17	18	19
T	75.64	74.92	74.22	73.49	73.34	73.19	73.05	72.90
t℃	20	21	22	23	24	25	30	–
T	72.75	72.59	72.44	72.28	72.13	71.97	71.18	–

(4) 물의 밀도(g/cm^3)

t℃	0.0	0.1	0.2	0.3	0.4	0.5	0.6	0.7	0.8	0.9
0	0.000868	875	881	888	894	900	905	911	916	922
1	927	932	936	941	945	949	953	957	961	965
2	968	971	974	977	980	982	984	987	989	691
3	992	994	995	996	997	998	999	999	999	000
4	1.00000	000	000	999	999	998	997	996	995	993
5	0.99992	990	998	986	984	982	980	977	974	971
6	968	965	962	958	955	951	947	943	939	934
7	930	925	920	915	910	905	899	894	888	882
8	876	870	864	858	851	845	838	831	824	817
9	809	802	794	786	778	770	762	754	746	737
10	738	719	710	701	692	683	673	663	653	643
11	0.999633	623	612	602	591	580	570	559	549	536
12	525	513	502	490	478	466	454	442	429	417
13	404	361	378	365	352	339	326	312	299	285
14	271	257	243	229	215	200	186	171	156	142
15	127	111	096	081	066	050	034	018	003	986
16	0.998970	954	938	921	905	888	871	854	837	810
17	803	786	768	750	733	715	697	679	661	643
18	624	606	587	569	550	531	512	493	474	454
19	435	415	396	376	356	336	316	296	275	255
20	234	214	193	172	151	130	109	088	066	045
21	0.998023	002	980	958	936	914	892	869	847	824
22	0.997802	779	756	734	710	987	664	641	617	594
23	570	547	523	499	475	451	426	402	378	353
24	329	304	279	254	229	204	179	154	128	103
25	077	051	026	000	974	948	921	895	869	842
26	0.996816	789	762	736	709	682	655	627	600	573
27	545	518	490	462	434	406	387	350	322	294
28	265	237	208	179	151	122	093	064	035	005
29	0.995976	947	917	888	858	828	798	768	738	703
30	678	648	617	587	556	526	495	464	433	402

(5) 물의 동점성계수($\times 10^2 cm^2/sec$)

t℃	0.0	0.1	0.2	0.3	0.4	0.5	0.6	0.7	0.8	0.9
0	1.792	1.786	1.780	1.774	1.768	1.761	1.755	1.749	1.743	1.737
1	.731	.725	.719	.713	.707	.701	.696	.690	.684	.679
2	.673	.667	.661	.655	.650	.645	.639	.634	.629	.624
3	.619	.613	.603	.608	.598	.592	.582	.577	.572	.572
4	.567	.562	.557	.552	.542	.537	.537	.533	.528	.524
5	1.519	1.515	1.510	1.505	1.500	1.496	1.491	1.478	1.482	1.477
6	.473	.468	.464	.459	.455	.451	.446	.442	.438	.433
7	.428	.424	.420	.416	.412	.408	.403	.399	.395	.391
8	.386	.383	.379	.375	.371	.367	.363	.359	.355	.351
9	.346	.342	.339	.335	.331	.327	.323	.319	.315	.311
10	1308	1.304	1.300	1.296	1.293	1.289	1.285	1.282	1.278	1.274
11	.274	.267	.264	.260	.256	.253	.250	.246	.243	.240
12	.237	.233	.230	.226	.223	.220	.217	.214	.211	.207
13	.204	.201	.198	.194	.191	.185	.182	.178	.175	.175
14	.172	.169	.166	.162	.159	.156	1.53	.150	.147	.144
15	1.141	1.138	1.135	1.132	1.129	1.126	1.123	1.120	1.117	1.115
16	.112	.109	.106	.103	.100	.098	.095	.092	.089	.063
17	.048	.081	.078	.075	.072	.069	.067	.065	.062	.059
18	.057	0.55	.053	.050	.047	.045	.042	.040	.037	.035
19	.032	0.29	0.26	.024	.022	0.19	.017	.014	.012	.009
20	1.007	1.004	1.002	1.000	0.997	0.995	0.993	0.990	0.988	0.986
21	0.983	0.981	0.978	0.076	.974	.972	.969	.967	.964	.962
22	.960	.958	.955	.953	.951	.949	.947	.945	.942	.940
23	.938	.936	.934	.932	.929	.927	.925	.923	.921	.919
24	.917	.915	.913	.911	.909	.907	.905	.903	.901	.899
25	0.897	0.895	0.893	0.893	0.891	0.889	0.887	0.885	0.883	0.879
26	.877	.875	.873	.871	.869	.867	.866	.864	.862	.860
27	.858	.856	.854	.852	.850	.848	.846	.845	.843	.841
28	.839	.837	.835	.833	.832	.830	.828	.826	.825	.823
29	.821	.819	.818	.816	.814	.813	.811	.809	.808	.806
30	0.804	0.803	0.801	0.799	0.798	0.796	0.794	0.793	0.791	0.790

C. Gamma함수

$$\Gamma(n)=\int_0^\infty e^{-x}x^{n-1}dx;\quad \Gamma(n+1)=n\Gamma(n)$$

n	$\Gamma(n)$	n	$\Gamma(n)$	n	$\Gamma(n)$	n	$\Gamma(n)$
1.00	1.00000	1.25	.90640	1.50	.88623	1.75	.91906
1.01	.99433	1.26	.90440	1.51	.88659	1.76	.92137
1.02	.98884	1.27	.90250	1.52	.88704	1.77	.92375
1.03	.98355	1.28	.90072	1.53	.88757	1.78	.92623
1.04	.97844	1.29	.89904	1.54	.88818	1.79	.92877
1.05	.97350	1.30	.89747	1.55	.88887	1.80	.93138
1.06	.96874	1.31	.89600	1.56	.88964	1.81	.93408
1.07	.96415	1.32	.89464	1.57	.89049	1.82	.93685
1.08	.95973	1.33	.89338	1.58	.89142	1.83	.93969
1.09	.95546	1.34	.89222	1.59	.89243	1.84	.94261
1.10	.95135	1.35	.89115	1.60	.89352	1.85	.94561
1.11	.94739	1.36	.89018	1.61	.89468	1.86	.94869
1.12	.94359	1.37	.88931	1.62	.89592	1.87	.95184
1.13	.93993	1.38	.88854	1.63	.89724	1.88	.95507
1.14	.93642	1.39	.88785	1.64	.89864	1.89	.95838
1.15	.93304	1.40	.88726	1.65	.90012	1.90	.96177
1.16	.92980	1.41	.88676	1.66	.90167	1.91	.96523
1.17	.92670	1.42	.88636	1.67	.90330	1.92	.96878
1.18	.92373	1.43	.88604	1.68	.90500	1.93	.97240
1.19	.92088	1.44	.88580	1.69	.90678	1.94	.97610
1.20	.91817	1.45	.88565	1.70	.90864	1.95	.97988
1.21	.91558	1.46	.88560	1.71	.91057	1.96	.98374
1.22	.91311	1.47	.88563	1.72	.91258	1.97	.98768
1.23	.91075	1.48	.88575	1.73	.91466	1.98	.99171
1.24	.90852	1.49	.88595	1.74	.91683	1.99	.99581
						2.00	1.00000

○ 양의 큰 값 x에 대해 $\Gamma(x)$는 다음 식에 의한 값에 접근한다.

$$x^n e^{-x}\sqrt{\frac{2x}{x}}\left[1+\frac{1}{12x}+\frac{1}{288x^2}-\frac{139}{51840x^3}-\frac{571}{2488320x^4}+\cdots\right]$$

D. 방안지 및 확률지

방안지

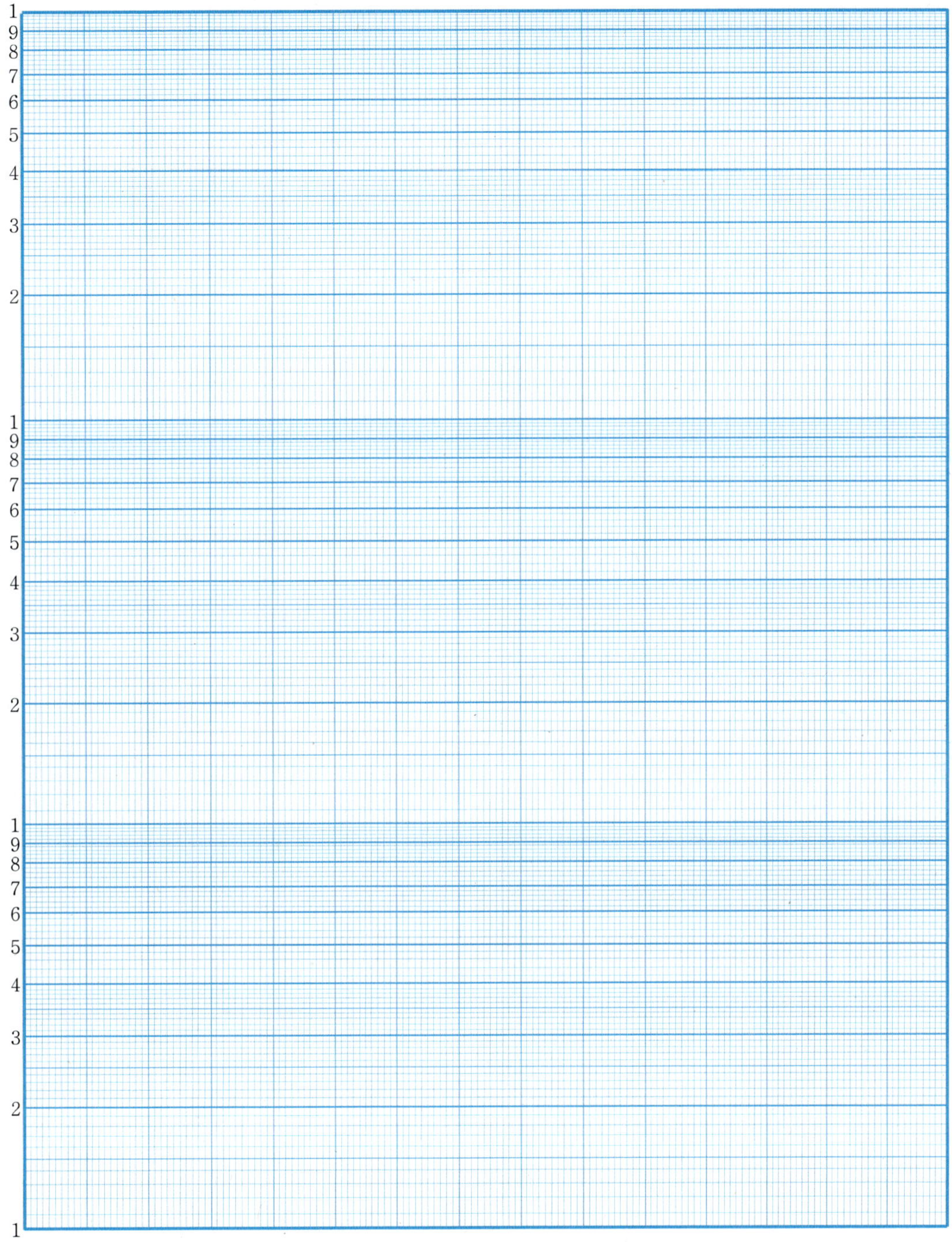

반대수지

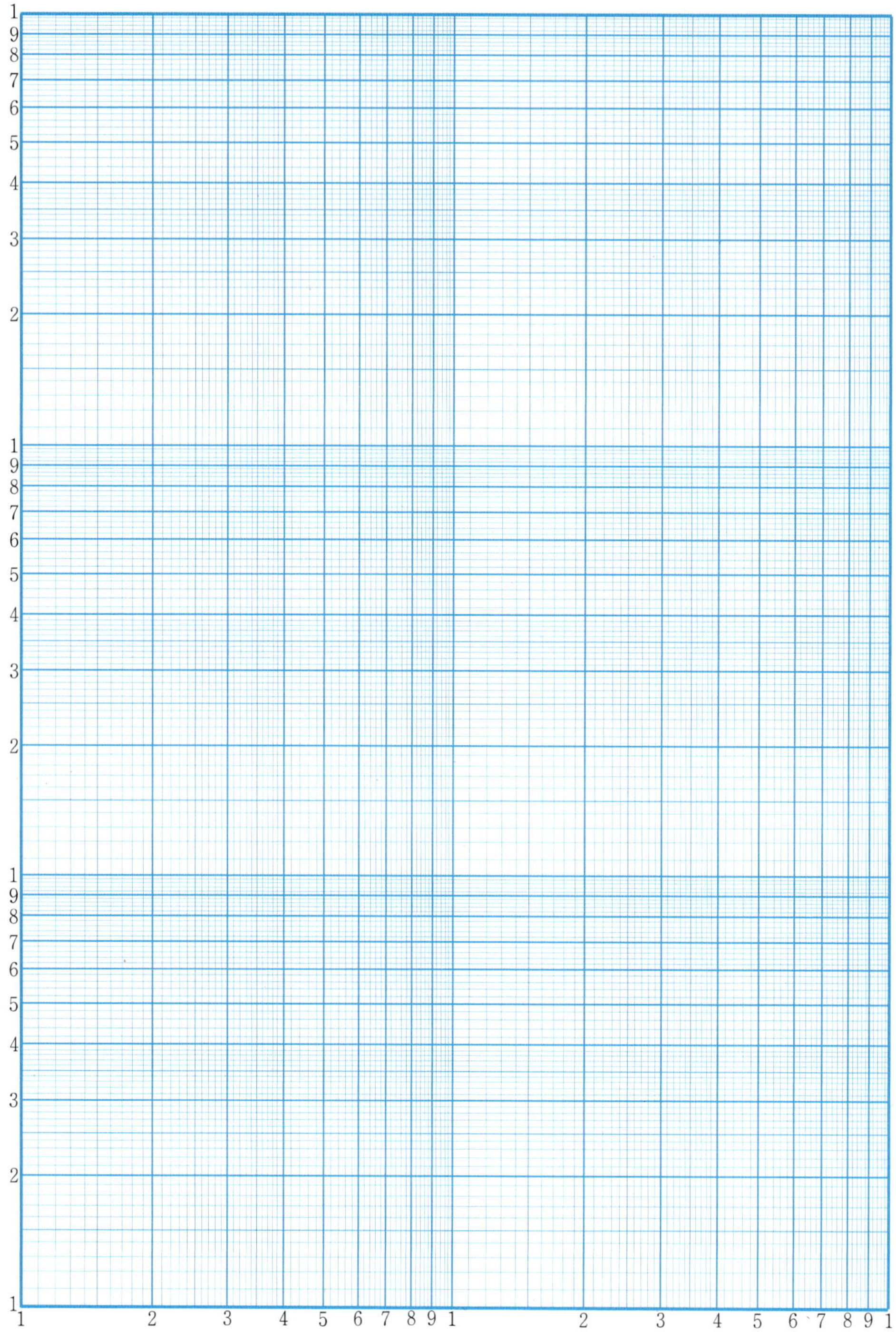

전대수지

0.01
0.1
0.5
1
2
5
10
20
30
40
50
60
70
80
90
95
98
99
99.5
99.9
99.99
99.99
99.9
99.5
99
98
95
90
80
70
60
50
40
30
20
10
5
2
1
0.5
0.1
0.01

정규확률지

2% 5 10 15 20 30 40 50 60 70 80 85 90 95 98%
1 9 8 7 6 5 4 3 2 1 9 8 7 6 5 4 3 2 1 9 8 7 6 5 4 3 2 1

대수정규확률지

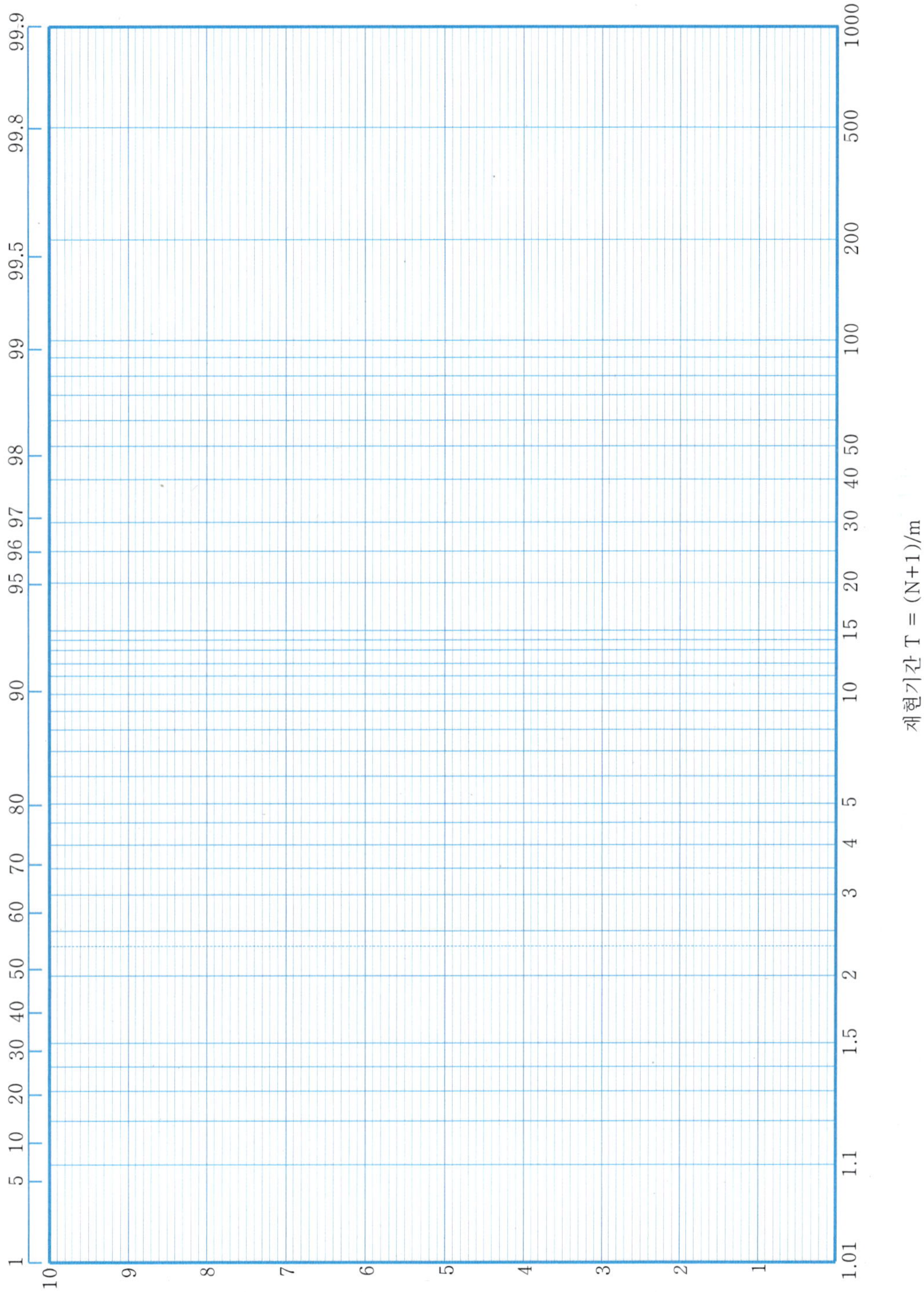

Type-I 극치분포확률지(Gumbell 분포)

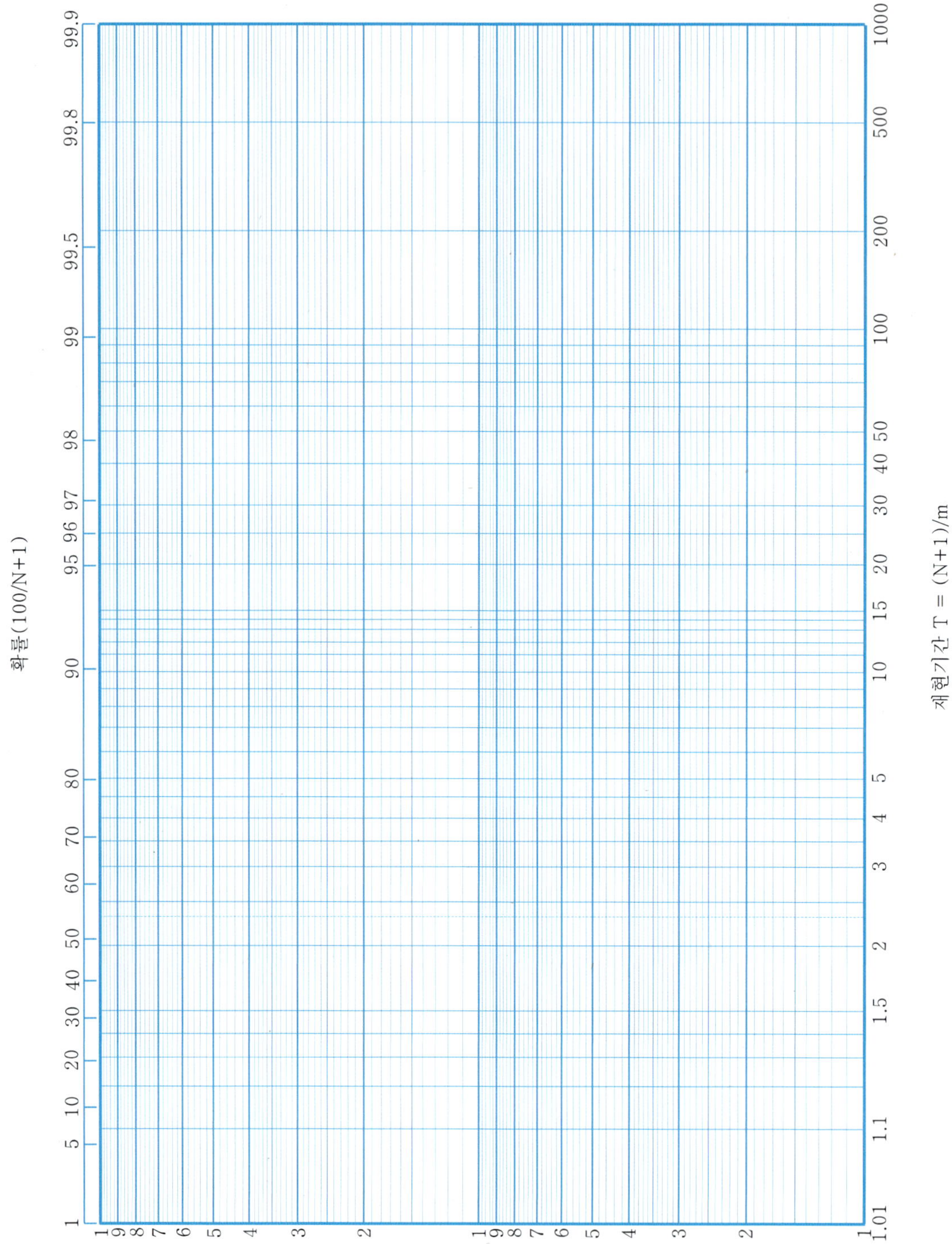

Type-Ⅲ 극치분포확률지(Weibull 분포)

E. 우리나라의 토양형별 수문학적 토양군

토양번호	토양통명	토양부호	NRCS	토양번호	토양통명	토양부호	NRCS	토양번호	토양통명	토양부호	NRCS
1	아라	AaB	C	51	백산	BeC	D	101	봉산	BxE3	B
2	아라	AaC	C	52	백산	BeD	A	102	반산-용지	BYB	D
3	아라	AaD	C	53	봉계	BfC2	D	103	봉계	ByB2	D
4	알봉	AbB	C	54	부여	BFC2	D	104	봉계	ByC2	D
5	안덕	AdB	A	55	봉계	BfD2	D	105	봉계	ByC3	D
6	안덕	AdC	B	56	부여	BFD2	D	106	봉계	ByD	D
7	안덕	AgB	B	57	부여	BFE2	C	107	봉계	ByD2	D
8	안덕	AgC	B	58	부용	Bg	D	108	봉계	ByE2	D
9	압곡	AhB	B	59	북평	BG	D	109	부곡	BzB	D
10	압곡	AhC	D	60	복천	BH	D	110	부곡	BzC	D
11	안계	AkB	D	61	반호	BhB	B	111	청룡	CAD2	B
12	안계	AkC	D	62	반호	BhC	B	112	청산	CaD2	B
13	안계	AkD	D	63	반호	BhD	B	113	청룡	CAE2	B
14	안미	Am	D	64	방기	BiB	D	114	청산	CaE2	B
15	안미	AmB	D	65	방기	BiC	D	115	청산	CaE3	B
16	안미	AmC	D	66	백산	BjB	A	116	청산	CaF2	B
17	안룡	AnB	A	67	백산	BjC	A	117	청산	CaF3	B
18	안룡	AnC	A	68	부여	BkC2	C	118	천부	CBC	D
19	안룡	AnD	A	69	부여	BkD2	C	119	천곡	CbE2	C
20	안룡	AnE	A	70	반호	BLB	B	120	청심	CcC	A
21	아곡	AoB	D	71	반호	BlB	B	121	청심	CcD	A
22	안룡	ArB	A	72	반호	BLC	B	122	청심	CcE2	A
23	안룡	ArC	A	73	반호	BlC	B	123	청심	CcF2	A
24	안룡	ArD	A	74	반호	BLD	B	124	춘도	CdB	D
25	아산	ARD2	B	75	반호	BlD	B	125	춘도	CdC	D
26	아산	ARE2	B	76	반호	BlE	B	126	청원	Ce	D
27	아산	AsC2	B	77	봉림	Bm	D	127	창곡	CfB	A
28	아산	AsC3	B	78	복내	BMB	D	128	칠곡	CGB	D
29	아산	AsD2	B	79	복내	BMC	D	129	칠곡	CGC	D
30	아산	AsD3	B	80	봉남	Bn	D	130	칠곡	CGD	D
31	아산	AsE2	B	81	본양	Bo	A	131	천곡	CgD2	C
32	아산	AsE3	B	82	부용	Bp	D	132	차항	ChC	A
33	애월	AwB	A	83	부곡	BqB	D	133	차항	ChD	A
34	악양	AyB	D	84	부곡	BqC	D	134	차항	ChE	A
35	악양	AyC	D	85	하해범람지	BRB	D	135	춘천	CiB	D
36	백구	BaB	D	86	하해범람지	BRC	D	136	춘천	CiC	D
37	봉계	BbC2	D	87	백령	BRD2	C	137	청계	CjB	D
38	반천-방기	BBD2	D	88	백령	BRE2	C	138	초정	CJB	D
39	봉계	BbD2	D	89	봉계	BrE3	D	139	청계	CjC	D
40	봉계	BbE2	D	90	하해범람지	BRS	D	140	초정	CJC	D
41	반천	BcB	D	91	반산	BsC	D	141	조계	CkB	D
42	반천	BcC2	D	92	봉남	Bt	D	142	조계	CkC	D
43	반천	BcD2	D	93	부여	BuC	C	143	조계	CkD	D
44	반산	BdB	D	94	부여	BuD2	C	144	철원	Cl	D
45	반천-대구	BDC2	D	95	백수	Bv	D	145	철원	ClB	D
46	반천-대구	BDD2	D	96	병악	BwD	A	146	청산	CmE2	B
47	반천-대구	BDE2	D	97	병악	BwE	A	147	청산	CmE3	B
48	반산-백산	BEB	D	98	봉산	BxC2	B	148	청산	CmF2	B
49	백산	BeB	D	99	봉산	BxD2	B	149	청산	CmF3	B
50	반산-백산	BEC	D	100	봉산	BxE2	B	150	춘포	Cn	D

토양번호	토양통명	토양부호	NRCS	토양번호	토양통명	토양부호	NRCS	토양번호	토양통명	토양부호	NRCS
151	칠원	Co	D	201	도계	DEC	B	251	동홍	DoC	C
152	창평	CpB2	D	202	도계	DED	B	252	대평	DPB	D
153	창평	CpC2	D	203	도계	DEE	B	253	대평	DPC	D
154	추계	Cq	A	204	덕천	DF	A	254	대평	DPD	D
155	추계	CqB	A	205	대구	DfC2	D	255	덕산	DpE2	D
156	청심	CrE	A	206	대구	DfD2	D	256	덕산	DpE3	D
157	청심	CrE2	A	207	대구	DfE2	D	257	덕산	DpE4	D
158	청심	CrF	A	208	대구	DfF2	D	258	덕산	DpF2	D
159	청심	CrF2	A	209	대구	DgC	D	259	덕산	DpF3	D
160	청심	CsE	A	210	달천-삼각	DGC2	C	260	덕천	Dq	A
161	청심	CsE2	A	211	대구	DgC2	C	261	대흥	DQD	D
162	청심	CsF	A	212	대구	DgD	D	262	덕계	DrB	A
163	청심	CsF2	A	213	달천-삼각	DGD2	C	263	달천-삼각	DRD2	C
164	추산	CtC2	C	214	대구	DgD2	C	264	달천-삼각	DRD3	C
165	추산	CtD2	C	215	대구	DgD4	D	265	달천-삼각	DRE2	C
166	추산	CtE2	C	216	대구	DgE	D	266	달천-삼각	DRE3	C
167	추산	CTE2	C	217	대구	DgE2	D	267	대구-시례	DSC2	D
168	천평	CuB	D	218	대구	DgE4	D	268	도산	DsD	A
169	청산	CvE2	C	219	대구	DgF2	D	269	대구-시례	DSD2	D
170	청산	CvF2	C	220	덕하	Dh	D	270	도산	DsD2	D
171	청산	CvF3	C	221	동호	DH	D	271	도산	DsD3	A
172	청원	Cw	D	222	단성	DIC2	D	272	도산	DsD4	A
173	청풍	CXC	D	223	단성	DID2	A	273	도산	DsE	A
174	청풍	CXD	D	224	단성	DID3	D	274	도산	DsE2	A
175	청풍	CXE	D	225	단성	DIE2	D	275	도산	DsE3	A
176	초봉	CxE	D	226	도산	DiF3	A	276	도산	DsE4	A
177	초봉	CxF	D	227	달천-송정	DJC2	D	277	다평	Dt	D
178	동송	DA	D	228	달천-송정	DJD2	D	278	다인	DTB	A
179	도산	DaD2	A	229	도산	DjE2	A	279	다인	DTC	A
180	도산	DaD3	A	230	도산	DjE3	A	280	다인	DTD	A
181	도산	DaE2	A	231	도산	DjF2	A	281	등귀	Du	D
182	도산	DaE3	A	232	도산	DjF3	A	282	도전	DUC	D
183	도산	DaE4	A	233	대곡	DkB	A	283	도전	DUD	D
184	도산	DaF2	A	234	도곡	DKB	A	284	대산	DvC2	C
185	도산	DaF3	A	235	대곡	DkC	A	285	대산	DvD2	C
186	도산	DaF4	A	236	도곡	DKC	A	286	대구-무등	DVE2	D
187	단북	DBB	A	237	대곡	DLB	A	287	대산	DvE2	D
188	단북	DBC	A	238	대흘	DIB	A	288	대산	DvF2	C
189	덕산	DbE2	A	239	대곡	DLC	A	289	대원	DWB	D
190	덕산	DbE3	A	240	대흘	DIC	A	290	동귀	DwB	D
191	덕산	DbF2	A	241	대본	DmB	A	291	대원	DWC	D
192	덕산	DbF3	A	242	대구-무등	DMD2	D	292	동귀	DwC	D
193	대곡	DCB	A	243	대구-무등	DMD3	D	293	대원	DWD	D
194	대곡	DCC	A	244	대구-무등	DME2	D	294	동귀	DwD	D
195	달천	DcC2	D	245	대구-무등	DME3	D	295	덕곡	DxB	D
196	달천	DcD2	D	246	도천	DN	D	296	덕곡	DxC	D
197	다평	DD	D	247	대정	DnB	D	297	덕곡	DxD	D
198	달동	Dd	D	248	대정	DnC	D	298	대산	DXF2	C
199	등귀	De	D	249	동홍	Do	C	299	덕평	Dy	D
200	도계	DEB	B	250	동홍	DoB	C	300	덕평	DyB	D

토양번호	토양통명	토양부호	NRCS	토양번호	토양통명	토양부호	NRCS	토양번호	토양통명	토양부호	NRCS
301	도동	DYC	A	351	갈전	GDB	D	401	강릉	GRC	D
302	도동	DYD	A	352	강동	GdB	D	402	공성	GsB	D
303	동암	DZB	C	353	갈전	GDC	D	403	금서	GSB	D
304	대흥	DzC	D	354	강동	GdC	D	404	공성	GsC	D
305	동암	DZC	D	355	관악	GeE2	D	405	강서	Gt	D
306	대흥	DzD	D	356	관악	GeE3	D	406	광주-반천	GUB	D
307	동암	DZD	D	357	관악	GeF2	D	407	광주-반천	GUC	D
308	음성	EaD2	D	358	관악	GeF3	D	408	각화	GuC2	C
309	음성	EaE2	D	359	공산	GfC2	C	409	광주-반천	GUC2	C
310	음성	EaF2	D	360	공산	GfD2	C	410	각화	GuD2	C
311	의귀	EfB	B	361	공산	GfE2	C	411	가파	GvB	A
312	의귀	EfC	B	362	공산	GfE3	C	412	가파	GvC	A
313	은곡	EgB	D	363	공덕	Gg	D	413	광활	Gw	D
314	은곡	EgC	D	364	광산-진곡	GGC2	D	414	고산	GxD	B
315	은곡	EgD	D	365	광산-진곡	GGC3	D	415	고산	GxD2	B
316	의귀	EkB	B	366	광산-진곡	GGD2	D	416	고산	GxE	B
317	의귀	EkC	B	367	광산-진곡	GGD3	D	417	고산	GxE2	B
318	은곡	EoB	D	368	김해	Gh	D	418	고산	GxE3	B
319	은곡	EoC	D	369	김제	Gi	D	419	고산	GxF2	B
320	은곡	EoD	D	370	김제	Gj	D	420	규암	Gy	D
321	의성	ErD3	A	371	각화-장원	GJC	D	421	광산	GYB2	D
322	의성	ErE2	A	372	각화-장원	GJC2	D	422	고천	Gz	D
323	의성	ErF2	A	373	각화-장원	GJD	D	423	함창	Ha	D
324	의성	EsC2	A	374	각화-장원	GJD2	D	424	흑악	HAC	C
325	의성	ESC2	A	375	경산	GkB	D	425	흑악	HAD	C
326	의성	EsC3	A	376	경산	GkC	D	426	흑악	HAE	C
327	의성	EsD2	A	377	경산	GkD	D	427	화동-반천	HBC	D
328	의성	ESD2	A	378	각화	GIB	D	428	하빈	HbC2	D
329	의성	EsD3	A	379	각화	GIB2	D	429	하빈	HbD2	D
330	의성	ESD3	A	380	각화	GIC	D	430	하빈	HbE2	D
331	의성	ESE2	A	381	각화	GIC2	D	431	하빈	HbE3	D
332	의성	ESE3	A	382	각화	GID	D	432	하빈	HbF2	D
333	의성	ESF2	A	383	각화	GID2	D	433	해척	Hc	D
334	각화	GaB2	D	384	금천	GM	C	434	화동	Hd	D
335	각화	GaC2	D	385	금곡	GmB	D	435	홍천	HDB	A
336	각화	GaD2	D	386	금곡	GmC	D	436	화동	HdB	A
337	광주-반천	GBB	D	387	금곡	GmD	D	437	화동	HdC	D
338	각화	GbB2	D	388	관악	GnE	D	438	효천	He	D
339	각화	GbC	D	389	관악	GnE2	D	439	회곡	HEB	D
340	광주-반천	GBC	D	390	관악	GnF	D	440	회곡	HEC	D
341	각화	GbC2	D	391	관악	GnF2	D	441	하사	HF	A
342	광주-반천	GBC2	D	392	관악	GnF3	D	442	화봉	Hf	A
343	각화	GbD	D	393	공덕	Go	D	443	호계	Hg	B
344	각화	GbD2	D	394	고평	GpB	D	444	호남-극락	HG	B
345	각화	GbE	C	395	고평	GpC	D	445	호계	HgB	B
346	각화	GbE2	C	396	가천	Gq	D	446	호남-극락	HGB	B
347	감천	Gc	D	397	금지	GQ	D	447	호계	HgC	B
348	감천	GcB	D	398	극락	Gr	D	448	함창	Hh	D
349	감천	GcC	D	399	강릉	GRB	D	449	화동-반천	HHB	D
350	강동	Gd	D	400	극락	GrB	D	450	화동-반천	HHC	D

토양번호	토양통명	토양부호	NRCS	토양번호	토양통명	토양부호	NRCS	토양번호	토양통명	토양부호	NRCS
451	함평	Hl	D	501	흑석	HXC	C	551	이원	IwB	A
452	한림	HiB	B	502	행원	HxD	C	552	이원	IwC	A
453	함평	HlB	B	503	흑석	HXD	C	553	이원	IwD	A
454	한림	HiC	B	504	황룡	Hy	A	554	점곡	JAB	D
455	한림	HiD	B	505	학곡	HYB	D	555	적악	JaC	A
456	화동	Hj	D	506	학곡	HYC	D	556	점곡	JAC	A
457	화동	HjB	D	507	하정	HZC2	D	557	적악	JaD	A
458	향목	HJD	A	508	행산	HzE2	D	558	적악	JaE	A
459	향목	HJE	A	509	행산	HzE3	D	559	적악	JaF	A
460	황룡	Hk	A	510	행산	HzF2	D	560	전북	Jb	D
461	하빈	HKC2	D	511	행산	HzF3	D	561	진목	JBB	D
462	하빈	HKD2	D	512	이도	IaB	A	562	진목	JBC	D
463	하빈	HKE2	D	513	이도	IaC	A	563	장천	Jc	C
464	황룡	Hl	A	514	입석	IbB	A	564	중동	Jd	A
465	화순	HLB	B	515	입석	IbC	A	565	중동	JdB	A
466	화순	HLC	B	516	이천	Ic	D	566	저동	JDE	D
467	화순	HLD	B	517	임동	IdB	A	567	제주	Je	C
468	하모	Hm	C	518	임동	IdC	A	568	제주	JeB	C
469	행곡	HM	C	519	임동	IdD	A	569	제천	JEB	C
470	하모	HmB	C	520	일평	IfB	A	570	제주	JeC	C
471	행곡	HMB	C	521	임곡	IgB	D	571	제천	JEC	C
472	호남	Hn	D	522	임곡	IgC	D	572	제주	JeD	C
473	황룡	HN	D	523	이현	Ih	B	573	제천	JED	C
474	학성	Ho	D	524	임자	IJ	A	574	제주	JfB	C
475	학포	HP	D	525	임자	IJB	A	575	종곡	JFB	C
476	행산	HpE2	D	526	인제	IjC	D	576	제주	JfC	C
477	행산	HpF2	D	527	임산	IlC2	A	577	종곡	JFC	C
478	향호	Hq	D	528	임산	IlD2	A	578	제주	JfD	C
479	홍문	HQC	A	529	임산	IlE2	A	579	중동	Jg	A
480	황룡	Hr	A	530	임산	IlF2	A	580	정방	JGB	B
481	한경	HRB	C	531	이목	Im	B	581	정방	JGC	B
482	한경	HRC	C	532	이목	ImB	B	582	장호	JHB	D
483	한경	HRD	C	533	이목	ImC	B	583	중엄	JhB	D
484	학산	Hs	D	534	인성	InB	C	584	지산	Ji	D
485	학산	HsB	D	535	이호	Io	D	585	지산	JiB	D
486	화산	HSD2	D	536	이산	IrD2	A	586	지산	JiC	D
487	해안	Ht	D	537	이산	IrE2	A	587	지산	JiD	D
488	화수	HT	D	538	이산	IrE3	A	588	정자	JjE	D
489	해안	HtB	D	539	이산	IrF2	A	589	정자	JjE2	D
490	함창	HU	D	540	이산	IsC2	A	590	정자	JjF2	D
491	해리	Hu	D	541	이산	IsD2	A	591	중문	JkB	C
492	해리	HuB	A	542	이산	IsD3	A	592	중문	JkC	C
493	해리	HuC	A	543	이산	IsD4	A	593	중문	JkD	C
494	흥평	HV	D	544	이산	IsE2	A	594	중문	JlB	C
495	하원	HvB	D	545	이산	IsE3	A	595	중문	JlC	C
496	하원	HvC	D	546	이산	IsE4	A	596	중문	JlD	C
497	화봉	Hw	A	547	이산	IsF2	A	597	중문	JlE	C
498	행원	HxB	C	548	이산	IsF3	A	598	정동	JLE2	D
499	흑석	HXB	C	549	이산	IvE2	A	599	정동	JLF2	D
500	행원	HxC	C	550	이산	IvF2	A	600	중엄	JmB	D

토양 번호	토양통명	토양 부호	NRCS	토양 번호	토양통명	토양 부호	NRCS	토양 번호	토양통명	토양 부호	NRCS
601	중엄	JmC	D	651	장산	JZE2	B	701	괴산	KQC2	A
602	중엄	JmD	D	652	장산	JZF2	B	702	괴산	KQD2	A
603	장원	JME	B	653	갈곡	KAB	A	703	괴산	KQE2	A
604	진천	JNB	A	654	금악	KaC	C	704	괴산	KQF2	A
605	전남	JnB2	D	655	금악	KaD	C	705	금녕	KrB	D
606	진천	JNC	A	656	금악	KaE	C	706	금녕	KrC	D
607	전남	JnC2	D	657	고흥	KBB	D	707	귀산	KRC2	C
608	진천	JND	A	658	고흥	KBC	D	708	금녕	KrD	D
609	전남	JnD2	D	659	금악	KbC	D	709	귀산	KRD2	C
610	지곡	JoB	A	660	금악	KbD	C	710	금녕	KrE	D
611	지곡	JoC	A	661	금악	KbE	C	711	군산	KsD	D
612	지곡	JoD	A	662	금악	KbF	C	712	군산	KsE	D
613	지곡	JoE	A	663	과천	Kc	A	713	군산	KsF	D
614	주천	Jp	A	664	과천	KcB	A	714	귀산	KtC2	C
615	조천	JqB	D	665	근산	KdD2	C	715	귀산	KtD2	C
616	조천	JqC	D	666	괴산	KDE2	A	716	귀산	KtE2	C
617	제주	JrB	C	667	근산	KdE2	A	717	구포	Ku	D
618	제주	JrC	C	668	괴산	KDF2	A	718	고령	Kv	D
619	제주	JrD	C	669	근산	KdF2	A	719	고령	KvB	D
620	장산	JRF2	B	670	고천	Ke	D	720	광포	Kw	D
621	장성	JsE	C	671	강진	KfB	D	721	감곡	KxB	D
622	장성	JSE	C	672	강진	KfC	D	722	감곡	KxC	D
623	장성	JsE2	C	673	강진	KfD	D	723	괴산	KXF2	B
624	장성	JsF	C	674	금녕	KgB	D	724	금녕	KyB	D
625	장성	JSF	C	675	금녕	KgC	D	725	금녕	KyC	D
626	장성	JsF2	C	676	금녕	KgD	D	726	금녕	KyD	D
627	장계	JtB	D	677	강정	KhB	A	727	과림	KzD2	A
628	진도	JTB	D	678	금진	Ki	D	728	과림	KzD3	A
629	진도	JTC	D	679	금진	Kl	D	729	과림	KzE2	A
630	장유	JuB	D	680	구곡	KJB	D	730	과림	KzE3	A
631	장파	Jv	D	681	구좌	KjB	D	731	과림	KzF2	A
632	장파	JvB	D	682	구곡	KJC	D	732	용암지	LF	A
633	장파	JvC	D	683	구좌	KjC	D	733	만경	Ma	D
634	장원	JwB	B	684	구좌	KjD	D	734	민악	MbB	C
635	장원	JwC	B	685	가곡	Kk	D	735	민악	MbC	C
636	장원	JwD	B	686	가곡	KkB	D	736	민악	MbD	C
637	장원	JwD2	B	687	가곡	KkC	D	737	민악	MbE	C
638	장원	JwE	B	688	과림	KlE2	A	738	미산	McC2	C
639	죽곡	JxB	D	689	과림	KlF2	A	739	미산	McD2	C
640	죽곡	JxC	D	690	구엄	KmB	A	740	미산	McD3	C
641	죽암	JXD	B	691	구엄	KmC	A	741	미산	McE2	C
642	죽암	JXE	B	692	구엄	KmD	A	742	광석지	MD	D
643	정읍	JyB	D	693	감산	KnC	C	743	무등	MdD	D
644	지산-용지	JYB	D	694	감산	KnD	C	744	무등	MdD2	D
645	정읍	JyC	D	695	감산	KnE	C	745	무등	MdD3	D
646	지산-용지	JYC	D	696	교래	KoB	D	746	무등	MdD4	D
647	주곡	JzB	A	697	교래	KoC	D	747	무등	MdE	D
648	주곡	JzC	A	698	교래	KoD	D	748	무등	MdE2	D
649	장산	JZC2	B	699	가포	Kp	D	749	무등	MdE3	D
650	장산	JZD2	B	700	구좌	KqB	D	750	무등	MdE4	D

토양번호	토양통명	토양부호	NRCS	토양번호	토양통명	토양부호	NRCS	토양번호	토양통명	토양부호	NRCS
751	무등	MdF	D	801	무이	MuD	A	851	낙산	NrE3	A
752	무등	MdF2	D	802	무이	MuE	A	852	낙산	NrF2	A
753	마령	MeB	D	803	무등	MvE	D	853	낙서	NsD2	D
754	미악	MfB	A	804	매봉	MVE2	D	854	낙서	NsE2	D
755	미악	MfC	A	805	무등	MvE2	D	855	낙서	NsE4	D
756	미악	MfD	A	806	무등	MvF	D	856	낙서	NsF2	D
757	미악	MfE	A	807	매봉	MVF2	D	857	낙서	NsF3	D
758	미악	MfF	A	808	무등	MvF2	D	858	나산	NtC2	B
759	만경	Mg	D	809	무등	MvF3	D	859	나산	NtD2	B
760	망실	MhC	B	810	미원	Mw	D	860	남원	Nw	D
761	망실	MhD	B	811	미원	MwB	D	861	남원	NwB	D
762	망실	MhE	B	812	매산	MxC2	D	862	남원	NwC	D
763	미악	MiB	A	813	매산	MxC3	D	863	남계	Ny	D
764	미악	MiC	A	814	매산	MxD2	D	864	외산	OaE	A
765	미악	MiD	A	815	매산	MxD3	D	865	외산	OaE2	A
766	미악	MiE	A	816	매산	MxE2	D	866	외산	OaF	A
767	마지	Mj	A	817	매산	MxF2	D	867	외산	OaF2	A
768	마지	MjB	A	818	명지	My	A	868	옥천	Oc	D
769	마지	MjC	A	819	마산	MzC2	B	869	옥천	OcB	D
770	마지	MjD	A	820	마산	MzD2	B	870	옥천	OcC	D
771	마곡	MkB	D	821	마산	MzD3	B	871	오대	OdD	D
772	마곡	MkC	D	822	마산	MzE2	B	872	오대	OdE	D
773	문경	MlB	D	823	마산	MzE3	B	873	오대	OdF	D
774	물금	Mm	D	824	마산	MzF2	B	874	오대	OdF2	D
775	망실-무등	MMC	B	825	마산	MZF2	B	875	옥계	OeB	D
776	무등-망실	MMD	D	826	낙산	NaC2	A	876	옥계	OeC	D
777	무등-망실	MME	D	827	낙산	NaD2	A	877	온평	OgB	A
778	무등-망실	MMF	D	828	낙산	NaD3	A	878	온평	OgC	A
779	무릉	Mn	A	829	낙산	NaE2	A	879	오산	OnC2	B
780	무릉	MnB	A	830	낙산	NaE3	A	880	오산	OnC3	B
781	무릉	MnC	A	831	낙산	NaF2	A	881	오산	OnD2	B
782	매곡	MoB	D	832	남원	NbB	D	882	오산	OnD3	B
783	매곡	MoC	D	833	낙천	Nc	D	883	오산	OnD4	B
784	매곡	MoD	D	834	낙동	Nd	A	884	오산	OnE2	B
785	문포	Mp	D	835	남산	NfD2	D	885	오산	OnE3	B
786	모산	MqD2	C	836	남산	NfE2	D	886	오산	OnE4	B
787	모산	MqE2	C	837	남계	Ng	D	887	오산	OnF2	B
788	모산	MQE2	C	838	남곡	NGB	B	888	오산	OnF3	B
789	모산	MqF2	C	839	남곡	NGC	B	889	오천	Oo	D
790	모산	MQF2	C	840	녹전	NjC	C	890	오평	Op	D
791	마령	Mr	D	841	녹전	NjD	C	891	오라	OrB	A
792	만성	Ms	D	842	뇌곡	NkB	A	892	오라	OrC	A
793	미탄	MtB	A	843	뇌곡	NkC	A	893	오라	OrD	A
794	미탄	MtC	A	844	남양	NmE	B	894	외산	OsD2	A
795	미탄	MtD	A	845	낙동	Nn	A	895	외산	OsE	A
796	무등-태화-대구	MTD2	D	846	논산	NoC2	D	896	외산	OsE2	A
797	미탄	MtE	A	847	논산	NoD2	D	897	외산	OsE3	A
798	무등-태화-대구	MTE2	D	848	논산	NoE2	D	898	외산	OsF	A
799	무이	MuB	A	849	남평	Np	D	899	외산	OsF2	A
800	무이	MuC	A	850	낙산	NrE2	A	900	옥동	OtC	D

토양번호	토양통명	토양부호	NRCS	토양번호	토양통명	토양부호	NRCS	토양번호	토양통명	토양부호	NRCS
901	옥동	OtD	D	951	풍천	PxB	A	1001	삼각	SgD2	A
902	평안	PaC	D	952	풍천	Pz	A	1002	삼각	SgD3	A
903	평안	PaD	D	953	풍천	PzB	A	1003	삼각	SgD4	A
904	평안	PaE	D	954	풍천	PzC	A	1004	삼각	SgE2	A
905	평창	PbC	C	955	하천범람지	RB	D	1005	삼각	SgE3	A
906	평창	PbC2	C	956	하천범람지	RC	D	1006	삼각	SgE4	A
907	평창	PbD	C	957	하천범람지	RCS	D	1007	삼각	SgF2	A
908	평창	PbD2	C	958	논고	RgB	A	1008	삼각	SgF3	A
909	평창	PbE	C	959	논고	RgC	A	1009	신흥	Sh	D
910	평창	PcD	C	960	논고	RgD	A	1010	소택지	SH	D
911	평창	PcE	C	961	논고	RgE	A	1011	신불	SiC	C
912	평대	PdB	D	962	나리	RiC	A	1012	신불	SIC	C
913	평대	PdC	D	963	암석지	RL	D	1013	신불	SiD	D
914	포승	Pe	D	964	유천	Rn	B	1014	신불	SID	D
915	포승	PE	D	965	암석노출지	RO	D	1015	신불	SiE	D
916	표선	PfB	A	966	노로	RrC	A	1016	신불	SIE	D
917	표선	PfC	A	967	노로	RrD	A	1017	석토-장원	SJC	D
918	표선	PfD	A	968	노로	RrE	A	1018	신정	SjC2	B
919	포곡	PgB	D	969	하천범람지	RS	D	1019	석토-장원	SJD	D
920	포곡	PgC	D	970	녹산	RsC	B	1020	신정	SjD2	B
921	포곡	PgD	D	971	녹산	RsD	B	1021	신정	SjD4	B
922	평해	PH	D	972	녹산	RsE	B	1022	신정	SjE2	B
923	판곡	PhB	D	973	삼암	SaB	D	1023	신정	SjE4	B
924	판곡	PhC	D	974	상주	SAB	D	1024	수계	Sk	D
925	판곡	PhD	D	975	상주	SAC	A	1025	수암	SKC	A
926	파주	Pi	D	976	신답-백구	SB	D	1026	수암	SKD	A
927	파주	PiB	D	977	석토	SbC	B	1027	수암	SKE	A
928	파주	PiC	D	978	석토	SbD	B	1028	산계	SIB	D
929	평전	PjB	D	979	석토	SbE	B	1029	신엄	SLB	D
930	평전	PJB	D	980	사촌	ScB	D	1030	산계	SIC	D
931	평전	PjC	D	981	사촌	ScC	D	1031	신엄	SLC	D
932	평전	PJC	D	982	사촌	ScD	D	1032	산방	SMC	D
933	평전	PJD	D	983	산청	SCD2	C	1033	산방	SMD	D
934	포곡	PkB	D	984	산청	SCE2	C	1034	삼각	SmD2	A
935	포곡	PkC	D	985	사두	Sd	C	1035	삼각	SmD3	A
936	포승	PL	D	986	송당	SD	C	1036	삼각	SmD4	A
937	평대	PoB	D	987	송당	SDB	C	1037	산방	SME	D
938	평대	PoC	D	988	송당	SDC	C	1038	삼각	SmE2	A
939	평대	PoD	D	989	송당	SDD	C	1039	삼각	SmE3	A
940	포두	Pp	D	990	석계	Se	D	1040	삼각	SmE4	A
941	포리	Pr	D	991	석천	SE	D	1041	산방	SMF	D
942	표선	Ps	A	992	사촌	SfB	D	1042	삼각	SmF2	A
943	표선	PsB	A	993	송당	SFB	D	1043	삼각	SmF3	A
944	표선	PsC	A	994	사촌	SfC	D	1044	신답	Sn	D
945	표선	PsD	A	995	송당	SFC	D	1045	신답	SnB	D
946	평택	Pt	D	996	심천	SG	D	1046	송산	SNC2	A
947	풍천	Pu	A	997	삼각	SgC	A	1047	송산	SNC3	A
948	풍천	PuB	A	998	삼각	SgC2	A	1048	송산	SND2	A
949	풍천	PuC	A	999	삼각	SgC3	A	1049	송산	SND3	A
950	풍천	Px	A	1000	삼각	SgD	A	1050	송산	SND4	A

토양 번호	토양통명	토양 부호	NRCS	토양 번호	토양통명	토양 부호	NRCS	토양 번호	토양통명	토양 부호	NRCS
1051	송산	SNE2	A	1101	삼각	SvD4	B	1151	토산	TnB	C
1052	송산	SNE3	A	1102	삼각	SvE2	B	1152	토산	TnC	C
1053	송산	SNE4	A	1103	삼각	SvE3	B	1153	토산	TnD	C
1054	송산	SNF2	A	1104	삼각	SvE4	B	1154	토산	TnE	C
1055	송산	SNF3	A	1105	삼각	SvF2	B	1155	토계	ToB	A
1056	송정	SoB2	C	1106	삼각	SvF3	B	1156	토계	ToC	A
1057	송정	SoC	C	1107	승주	SW	D	1157	토계	ToD	A
1058	송정	SoC2	C	1108	송악	SwB	D	1158	토평	Tp	D
1059	송정	SoC3	C	1109	송악	SwC	D	1159	토평	TpB	D
1060	송정	SoC4	C	1110	송악	SwD	D	1160	토평	TpC	D
1061	송정	SoD	C	1111	송악	SwE	D	1161	태화	TrD2	A
1062	송정	SoD2	C	1112	송악	SwF	D	1162	태화	TrE2	A
1063	송정	SoD3	C	1113	신정	SxC2	B	1163	태화	TrE3	A
1064	송정	SoD4	C	1114	신정	SxC3	B	1164	간석소택지	TS	D
1065	송정	SoE	C	1115	신기	SXD2	A	1165	통천	Tt	D
1066	송정	SoE2	C	1116	신정	SxD2	A	1166	운봉	UBC	A
1067	송정	SoE3	C	1117	신정	SxD3	B	1167	운봉	UbC	A
1068	송정	SoE4	C	1118	신기	SXE2	A	1168	운봉	UBD	A
1069	신평	SP	D	1119	신정	SxE2	A	1169	운봉	UbD	A
1070	수북	SpB	D	1120	신정	SxE3	B	1170	우도	UdB	B
1071	수북	SpC	D	1121	신정	SxF2	B	1171	우도	UdC	B
1072	수북	SpD	D	1122	성산-용지	SYB	A	1172	운교	UgC	D
1073	수암	SqB	A	1123	신현	SyD2	C	1173	운교	UgD	D
1074	수암	SqC	A	1124	신현	SyE2	C	1174	운교	UgE	D
1075	수암	SqD	A	1125	신현	SyE4	C	1175	유현	UhB	D
1076	성인	SQE	A	1126	사라	SZB	A	1176	유현	UhC	D
1077	수암	SqE	A	1127	성산	SzB	A	1177	우지	UjB	D
1078	시례	SrB2	C	1128	사라	SZC	A	1178	우지	UjC	D
1079	시례	SrC2	C	1129	성산	SzC	A	1179	운곡	UmC	A
1080	송산	SRE2	A	1130	태화	TaC2	A	1180	운곡	UmD	A
1081	송산	SRE3	A	1131	태화	TaD2	A	1181	운곡	UmE	A
1082	송산	SRF2	A	1132	태화	TaE2	A	1182	운곡	UnC	B
1083	송산	SRF3	A	1133	태화	TaE3	A	1183	운곡	UnD	B
1084	석토	SsC	D	1134	태화	TaF2	A	1184	운곡	UnE	B
1085	송정-삼각	SSC2	C	1135	태화-봉계	TBD2	A	1185	우곡	UoB	A
1086	송정-삼각	SSC3	C	1136	통천	Tc	D	1186	우곡	UoC	A
1087	석토	SsD	D	1137	태안	Td	D	1187	우평	UpB	D
1088	송정-삼각	SSD2	C	1138	태안	TD	D	1188	우평	UpC	D
1089	송정-삼각	SSD3	C	1139	태산	TeC2	D	1189	울릉	UrE2	A
1090	석토	SsE	D	1140	태산	TeD2	D	1190	울릉	UrF2	A
1091	서탄	ST	D	1141	태산	TeE2	D	1191	울산	UsD2	A
1092	석토	StC	D	1142	간석지	TF	D	1192	울산	UsE2	A
1093	석토	StD	D	1143	토계	TgB	A	1193	울산	UsE3	A
1094	석토	StE	D	1144	토계	TgC	A	1194	울산	UsF2	A
1095	상주	SuB	A	1145	태화-봉계	TGD2	A	1195	방곡	VaB	D
1096	상주	SuC	A	1146	특곡	TkC	D	1196	방곡	VaC	D
1097	상주	SuD	A	1147	특곡	TkD	D	1197	비천	Vc	A
1098	사동	SUE2	D	1148	태화-봉계-무등	TMD4	A	1198	비천	VcB	A
1099	사동	SUF2	D	1149	태화-봉계-무등	TME2	A	1199	비곡	VgB	D
1100	석천	SV	D	1150	태화-봉계-무등	TME4	A	1200	비곡	VgC	D

토양번호	토양통명	토양부호	NRCS	토양번호	토양통명	토양부호	NRCS	토양번호	토양통명	토양부호	NRCS
1201	비곡	VgD	D	1249	예산	YaE2	A	1297	용흥	YnC	D
1202	반곡	VmB	D	1250	예산	YaE3	A	1298	연곡	YND	D
1203	반곡	VmC	D	1251	예산	YbC2	A	1299	용당	YoB	B
1204	반곡	VnB	D	1252	예산	YbC3	A	1300	염포	Yp	D
1205	반곡	VnC	D	1253	예산	YbC4	A	1301	용강	YqB	D
1206	봉곡	Vo	D	1254	예산	YbD2	A	1302	영락	YrB	A
1207	봉곡	VoB	D	1255	예산	YbD3	A	1303	영락	YrC	A
1208	범평	Vp	D	1256	예산	YbD4	A	1304	영산	Ys	D
1209	저수지	W	D	1257	예산	YbE2	A	1305	용곡	YTB	D
1210	원곡	WaB	A	1258	예산	YbE3	A	1306	유계	YtB	D
1211	원곡	WaC	A	1259	연곡	YcB	D	1307	용곡	YTC	D
1212	광산-반천	WBB	D	1260	연곡	YcC	D	1308	유계	YtC	D
1213	광산-반천	WBC	D	1261	연곡	YcD	D	1309	용곡	YTD	D
1214	광산-반천	WBC2	D	1262	예천	YdB	D	1310	유가	Yu	D
1215	월곡	WcB	D	1263	예천	YdC	D	1311	유가	YuB	D
1216	원곡	WdB	A	1264	예천	YdD	D	1312	유가	YuC	D
1217	원곡	WdC	A	1265	예천	YeB	D	1313	연천	Yv	D
1218	왕산	WgB	D	1266	예천	YeC	D	1314	연천	YvB	D
1219	원지	WiC	A	1267	영동	YEE2	D	1315	양곡	Yw	D
1220	원지	WiD	A	1268	영동	YEF2	D	1316	양곡	YwB	D
1221	월정	WjE	A	1269	여수	YF	D	1317	양곡	YwC	D
1222	월정	WjF	A	1270	용호	Yf	D	1318	용계	Yx	B
1223	위미	WmB	D	1271	연곡	YgB	D	1319	용계	YxB	B
1224	위미	WmC	D	1272	예곡	YGB	D	1320	연대	YyC	A
1225	월산	WnC2	A	1273	연곡	YgC	D	1321	용곡	YZB	D
1226	월산	WnD2	A	1274	예곡	YGC	D	1322	유곡	YzB	D
1227	월산	WnE2	A	1275	연곡	YgD	D	1323	용곡	YZC	D
1228	월곡	Wo	D	1276	율포	YH	D	1324	유곡	YzC	D
1229	월곡	WoB	D	1277	유하	YhC2	B	1325	진곡	ZZC	C
1230	월곡	WoC	D	1278	유하	YhD2	B				
1231	월곡	WoD	D	1279	유하	YhE2	B				
1232	월령	WrB	A	1280	영일	YiC2	A				
1233	월정	WRE	A	1281	영일	YiD2	A				
1234	월정	WRF	A	1282	영일	YiD3	A				
1235	완산	WsC2	C	1283	용지	YjB	D				
1236	완산	WsD2	C	1284	용지	YjC	D				
1237	완산	WsD3	C	1285	용지	YjD	D				
1238	완산	WsE2	C	1286	영월	YKB	D				
1239	월평	WxB	D	1287	용수	YkB	D				
1240	–	X	D	1288	영월	YKC	D				
1241	예산	YaB2	A	1289	용수	YkC	D				
1242	예산	YaC	A	1290	유원	Yl	B				
1243	예산	YaC2	A	1291	율곡	YLB	D				
1244	예산	YaC3	A	1292	율곡	YLC	D				
1245	예산	YaD	A	1293	용호	Ym	D				
1246	예산	YaD2	A	1294	연곡	YNB	D				
1247	예산	YaD3	A	1295	용흥	YnB	D				
1248	예산	YaD4	A	1296	연곡	YNC	D				

· 자료 : 투수속도 실측자료를 이용한 수문학적 토양 유형의 분류(농업과학기술원, 2007년)

F. 면적우량 환산곡선

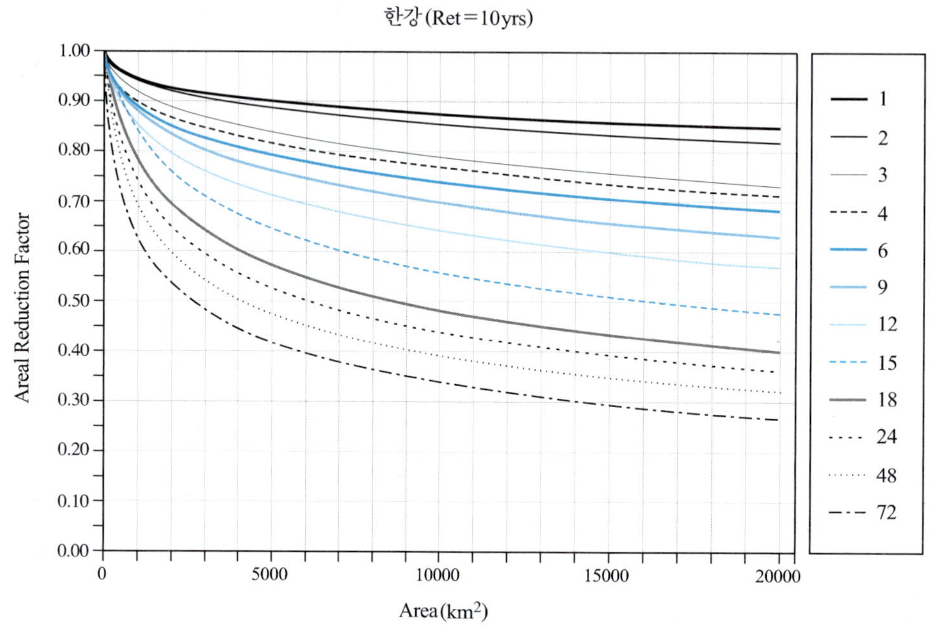
한강(Ret=10yrs)
Areal Reduction Factor
1.00
0.90
0.80
0.70
0.60
0.50
0.40
0.30
0.20
0.10
0.00
0
5000
10000
15000
20000
Area(km2)
1
2
3
4
6
9
12
15
18
24
48
72

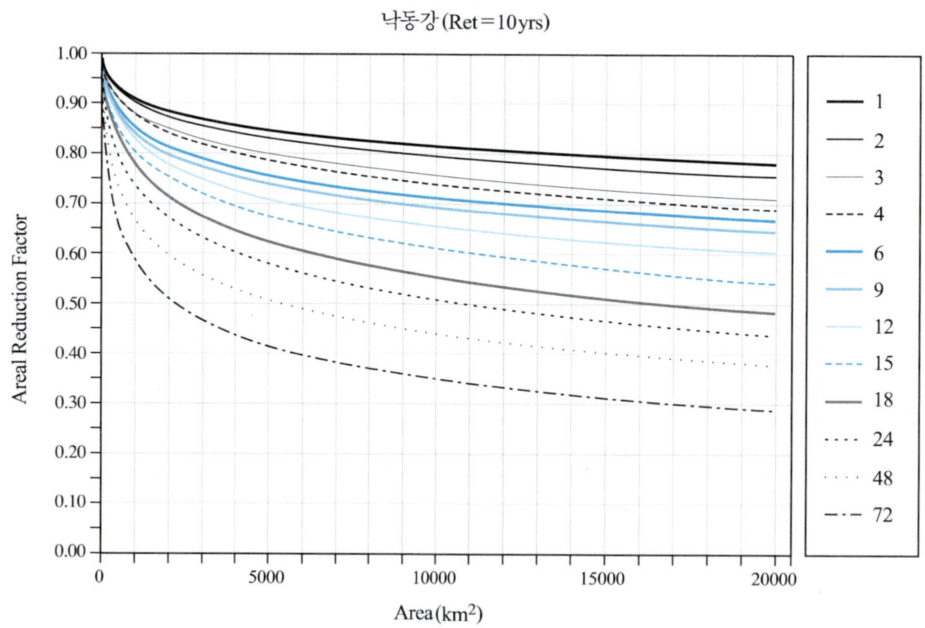
낙동강(Ret=10yrs)
Areal Reduction Factor
1.00
0.90
0.80
0.70
0.60
0.50
0.40
0.30
0.20
0.10
0.00
0
5000
10000
15000
20000
Area(km2)
1
2
3
4
6
9
12
15
18
24
48
72

금강 (Ret=10yrs)

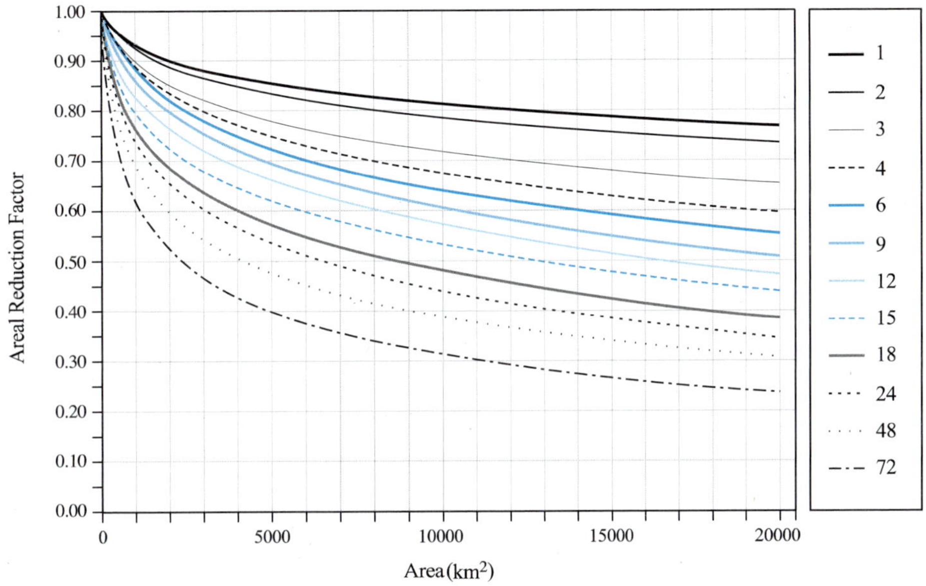

영산강 (Ret=10yrs)

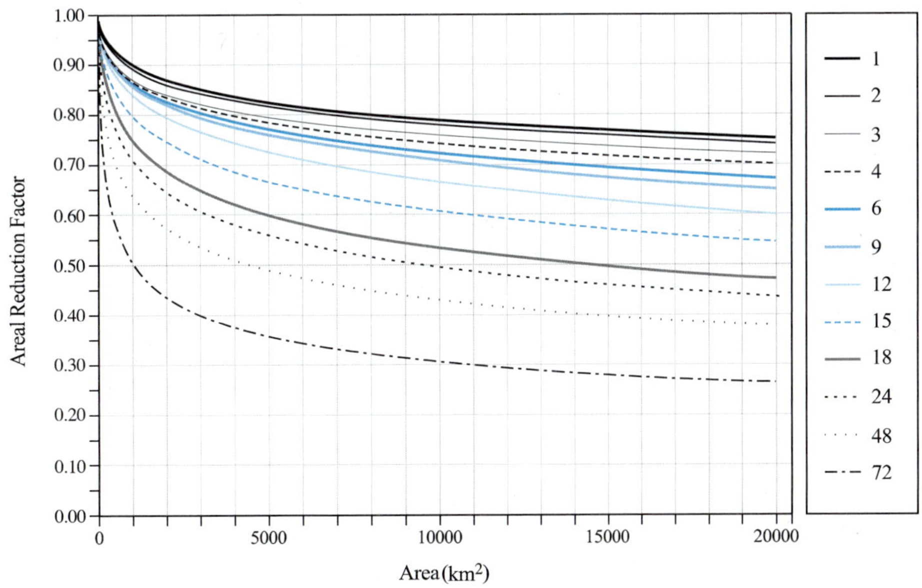

G. 우리나라 주요지점의 재현기간별 확률강우강도식 계수값

서울

재현기간(년)	계수						
	a	b	c	d	e	f	g
2	3.793	−0.457	−0.03515	−0.01057	0.00106	0.00022	−0.00001
3	3.965	−0.435	−0.04505	−0.01300	0.00221	0.00038	−0.00006
5	4.127	−0.418	−0.05279	−0.01456	0.00308	0.00046	−0.00009
10	4.299	−0.403	−0.05984	−0.01566	0.00377	0.00053	−0.00012
20	4.440	−0.392	−0.06532	−0.01647	0.00437	0.00056	−0.00013
30	4.513	−0.387	−0.06768	−0.01673	0.00458	0.00058	−0.00014
50	4.598	−0.382	−0.07027	−0.01721	0.00485	0.00061	−0.00015
70	4.649	−0.378	−0.07189	−0.01751	0.00506	0.00060	−0.00016
80	4.669	−0.377	−0.07260	−0.01746	0.00511	0.00060	−0.00016
100	4.701	−0.375	−0.07365	−0.01748	0.00519	0.00060	−0.00016
200	4.795	−0.371	−0.07659	−0.01748	0.00549	0.00056	−0.00016
300	4.845	−0.368	−0.07747	−0.01782	0.00558	0.00059	−0.00017
500	4.906	−0.365	−0.07902	−0.01791	0.00570	0.00060	−0.00017

인천

재현기간(년)	계수						
	a	b	c	d	e	f	g
2	3.793	−0.457	−0.03515	−0.01057	0.00106	0.00022	−0.00001
3	3.965	−0.435	−0.04505	−0.01300	0.00221	0.00038	−0.00006
5	4.127	−0.418	−0.05279	−0.01456	0.00308	0.00046	−0.00009
10	4.299	−0.403	−0.05984	−0.01566	0.00377	0.00053	−0.00012
20	4.440	−0.392	−0.06532	−0.01647	0.00437	0.00056	−0.00013
30	4.513	−0.387	−0.06768	−0.01673	0.00458	0.00058	−0.00014
50	4.598	−0.382	−0.07027	−0.01721	0.00485	0.00061	−0.00015
70	4.649	−0.378	−0.07189	−0.01751	0.00506	0.00060	−0.00016
80	4.669	−0.377	−0.07260	−0.01746	0.00511	0.00060	−0.00016
100	4.701	−0.375	−0.07365	−0.01748	0.00519	0.00060	−0.00016
200	4.795	−0.371	−0.07659	−0.01748	0.00549	0.00056	−0.00016
300	4.845	−0.368	−0.07747	−0.01782	0.00558	0.00059	−0.00017
500	4.906	−0.365	−0.07902	−0.01791	0.00570	0.00060	−0.00017

수원

재현기간(년)	계수						
	a	b	c	d	e	f	g
2	3.767	−0.522	−0.01628	0.00978	−0.00240	−0.00121	0.00027
3	3.907	−0.490	−0.01650−0.	0.00436	−0.00172	−0.00073	0.00017
5	4.041	−0.466	01568	0.00190	−0.00178	−0.00060	0.00016
10	4.188	−0.441	−0.01727	−0.00235	−0.00111	−0.00023	0.00008
20	4.311	−0.426	−0.01631	−0.00275	−0.00142	−0.00029	0.00011
30	4.375	−0.417	−0.01670	−0.00445	−0.00120	−0.00014	0.00007
50	4.451	−0.407	−0.01787	−0.00627	−0.00081	0.00003	0.00004
70	4.497	−0.403	−0.01754	−0.00637	−0.00094	0.00000	0.00005
80	4.515	−0.402	−0.01728	−0.00606	−0.00105	−0.00005	0.00006
100	4.543	−0.400	−0.01695	−0.00599	−0.00114	−0.00007	0.00007
200	4.629	−0.390	−0.01775	−0.00764	−0.00090	0.00007	0.00004
300	4.675	−0.385	−0.01786	−0.00840	−0.00082	0.00013	0.00003
500	4.730	−0.381	−0.01808	−0.00861	−0.00081	0.00013	0.00003

철원

재현기간(년)	계수						
	a	b	c	d	e	f	g
2	3.713	−0.481	−0.00184	0.00209	−0.00327	−0.00017	0.00012
3	3.841	−0.462	−0.00126	−0.00156	−0.00249	0.00023	0.00003
5	3.966	−0.446	0.00076	−0.00454	−0.00218	0.00054	−0.00002
10	4.104	−0.432	0.00224	−0.00659	−0.00182	0.00075	−0.00007
20	4.221	−0.421	0.00238	−0.00904	−0.00135	0.00101	−0.00013
30	4.282	−0.416	0.00323	−0.00973	−0.00133	0.00108	−0.00013
50	4.354	−0.410	0.00348	−0.01097	−0.00109	0.00121	−0.00016
70	4.399	−0.407	0.00376	−0.01144	−0.00101	0.00126	−0.00017
80	4.416	−0.405	0.00335	−0.01221	−0.00083	0.00135	−0.00019
100	4.444	−0.404	0.00358	−0.01183	−0.00088	0.00129	−0.00018
200	4.526	−0.398	0.00420	−0.01306	−0.00074	0.00142	−0.00021
300	4.571	−0.395	0.00398	−0.01392	−0.00051	0.00152	−0.00023
500	4.624	−0.392	0.00487	−0.01414	−0.00061	0.00153	−0.00023

춘천

재현기간(년)	계수						
	a	b	c	d	e	f	g
2	3.606	−0.538	−0.00459	0.01360	−0.00240	−0.00143	0.00027
3	3.729	−0.531	−0.00715−0	0.01299	−0.00168	−0.00139	0.00024
5	3.851	−0.524	.00906	0.01258	−0.00107	−0.00138	0.00022
10	3.984	−0.519	−0.01044	0.01331	−0.00068	−0.00149	0.00022
20	4.097	−0.517	−0.01116	0.01453	−0.00057	−0.00166	0.00025
30	4.157	−0.516	−0.01182	0.01507	−0.00046	−0.00173	0.00026
50	4.227	−0.513	−0.01250	0.01493	−0.00024	−0.00173	0.00025
70	4.271	−0.512	−0.01269	0.01513	−0.00020	−0.00176	0.00025
80	4.288	−0.511	−0.01327	0.01463	−0.00003	−0.00171	0.00024
100	4.315	−0.511	−0.01304	0.01506	−0.00014	−0.00177	0.00025
200	4.395	−0.509	−0.01390	0.01539	0.00014	−0.00181	0.00025
300	4.439	−0.508	−0.01443	0.01544	0.00019	−0.00183	0.00025
500	4.492	−0.507	−0.01485	0.01545	0.00034	−0.00183	0.00025

대관령

재현기간(년)	계수						
	a	b	c	d	e	f	g
2	3.427	−0.438	0.02699	0.01141	−0.00498	−0.00096	0.00023
3	3.548	−0.414	0.03390	0.01157	−0.00551	−0.00135	0.00032
5	3.668	−0.386	0.03692	0.00765	−0.00488	−0.00121	0.00028
10	3.800	−0.363	0.04051	0.00609	−0.00474	−0.00134	0.00031
20	3.913	−0.345	0.04279	0.00462	−0.00456	−0.00141	0.00032
30	3.972	−0.335	0.04408	0.00339	−0.00447	−0.00139	0.00032
50	4.042	−0.327	0.04506	0.00317	−0.00446	−0.00150	0.00034
70	4.084	−0.322	0.04615	0.00248	−0.00440	−0.00149	0.00034
80	4.101	−0.319	0.04547	0.00153	−0.00409	−0.00140	0.00031
100	4.128	−0.317	0.04633	0.00211	−0.00429	−0.00152	0.00034
200	4.208	−0.307	0.04710	0.00095	−0.00410	−0.00151	0.00034
300	4.252	−0.302	0.04771	0.00051	−0.00408	−0.00153	0.00034
500	4.304	−0.297	0.04828	−0.00012	−0.00398	−0.00153	0.00034

강릉

재현기간(년)	계수						
	a	b	c	d	e	f	g
2	3.482	−0.463	0.00618	0.00624	−0.00184	−0.00110	0.00019
3	3.647	−0.433	0.00816	0.00326	−0.00178	−0.00106	0.00020
5	3.803	−0.406	0.00934	−0.00046	−0.00153	−0.00088	0.00017
10	3.971	−0.384	0.00939	−0.00310	−0.00115	−0.00079	0.00015
20	4.108	−0.369	0.01039	−0.00444	−0.00120	−0.00080	0.00016
30	4.180	−0.360	0.00906	−0.00660	−0.00065	−0.00062	0.00012
50	4.262	−0.352	0.00933	−0.00725	−0.00066	−0.00063	0.00013
70	4.312	−0.348	0.00965	−0.00768	−0.00063	−0.00063	0.00012
80	4.332	−0.347	0.00991	−0.00718	−0.00077	−0.00071	0.00014
100	4.363	−0.344	0.00942	−0.00830	−0.00051	−0.00060	0.00012
200	4.455	−0.337	0.00937	−0.00867	−0.00046	−0.00064	0.00012
300	4.505	−0.334	0.00938	−0.00888	−0.00045	−0.00065	0.00013
500	4.564	−0.330	0.00954	−0.00919	−0.00045	−0.00066	0.00013

울릉도

재현기간(년)	계수						
	a	b	c	d	e	f	g
2	3.327	−0.484	−0.00321	−0.01089	−0.00152	0.00043	0.00000
3	3.511	−0.495	−0.00890−0	−0.00087	−0.00277	−0.00064	0.00022
5	3.685	−0.496	.01829	0.00164	−0.00201	−0.00082	0.00022
10	3.867	−0.502	−0.02361	0.00772	−0.00248	−0.00144	0.00033
20	4.014	−0.507	−0.02683	0.01197	−0.00291	−0.00186	0.00042
30	4.091	−0.505	−0.03131	0.01085	−0.00205	−0.00167	0.00035
50	4.179	−0.506	−0.03311	0.01247	−0.00219	−0.00184	0.00038
70	4.232	−0.509	−0.03325	0.01431	−0.00257	−0.00203	0.00043
80	4.253	−0.507	−0.03492	0.01345	−0.00217	−0.00192	0.00039
100	4.286	−0.508	−0.03486	0.01449	−0.00242	−0.00204	0.00042
200	4.382	−0.512	−0.03651	0.01725	−0.00267	−0.00232	0.00047
300	4.435	−0.510	−0.03747	0.01670	−0.00259	−0.00224	0.00046
500	4.497	−0.512	−0.03839	0.01793	−0.00270	−0.00237	0.00048

대전

재현기간(년)	계수						
	a	b	c	d	e	f	g
2	3.783	−0.536	−0.02074	0.00193	−0.00254	0.00001	0.00009
3	3.904	−0.505	−0.02322−0	−0.00450	−0.00125	0.00066	−0.00007
5	4.022	−0.482	.02026	−0.00514	−0.00193	0.00060	−0.00002
10	4.154	−0.460	−0.02111	−0.00749	−0.00156	0.00079	−0.00006
20	4.266	−0.442	−0.02197	−0.01013	−0.00117	0.00103	−0.00011
30	4.324	−0.434	−0.02141	−0.01032	−0.00135	0.00101	−0.00010
50	4.394	−0.425	−0.02214	−0.01107	−0.00116	0.00106	−0.00012
70	4.437	−0.419	−0.02240	−0.01202	−0.00109	0.00114	−0.00013
80	4.453	−0.417	−0.02272	−0.01264	−0.00096	0.00121	−0.00014
100	4.480	−0.413	−0.02322	−0.01312	−0.00082	0.00125	−0.00016
200	4.559	−0.406	−0.02284	−0.01295	−0.00099	0.00120	−0.00014
300	4.603	−0.401	−0.02319	−0.01355	−0.00093	0.00124	−0.00015
500	4.655	−0.396	−0.02333	−0.01400	−0.00090	0.00127	−0.00015

전주

재현기간(년)	계수						
	a	b	c	d	e	f	g
2	3.731	−0.571	−0.03719	0.00699	0.00061	−0.00109	0.00017
3	3.894	−0.557	−0.05124−0	0.01128	0.00241	−0.00198	0.00026
5	4.047	−0.550	.05889	0.01780	0.00260	−0.00311	0.00045
10	4.213	−0.538	−0.07084	0.02023	0.00428	−0.00371	0.00049
20	4.349	−0.531	−0.07820	0.02328	0.00498	−0.00431	0.00058
30	4.420	−0.529	−0.08129	0.02576	0.00515	−0.00472	0.00064
50	4.502	−0.525	−0.08586	0.02690	0.00576	−0.00497	0.00066
70	4.553	−0.522	−0.08821	0.02779	0.00601	−0.00515	0.00068
80	4.572	−0.523	−0.08861	0.02887	0.00593	−0.00530	0.00071
100	4.603	−0.520	−0.09040	0.02858	0.00622	−0.00531	0.00070
200	4.695	−0.516	−0.09474	0.02953	0.00682	−0.00554	0.00072
300	4.745	−0.516	−0.09592	0.03160	0.00664	−0.00585	0.00078
500	4.804	−0.514	−0.09836	0.03215	0.00700	−0.00598	0.00079

광주

재현기간(년)	계수						
	a	b	c	d	e	f	g
2	3.679	−0.546	−0.03023	0.00801	−0.00026	−0.00122	0.00021
3	3.827	−0.538	−0.04124−0	0.01179	0.00091	−0.00191	0.00028
5	3.969	−0.532	.05068	0.01610	0.00173	−0.00259	0.00037
10	4.124	−0.525	−0.06070	0.01999	0.00274	−0.00327	0.00045
20	4.253	−0.521	−0.06827	0.02313	0.00346	−0.00379	0.00052
30	4.320	−0.519	−0.07123	0.02428	0.00372	−0.00398	0.00054
50	4.398	−0.517	−0.07518	0.02592	0.00409	−0.00425	0.00057
70	4.446	−0.516	−0.07699	0.02676	0.00428	−0.00440	0.00059
80	4.465	−0.514	−0.07786	0.02690	0.00436	−0.00442	0.00059
100	4.495	−0.514	−0.07895	0.02741	0.00444	−0.00450	0.00060
200	4.583	−0.512	−0.08327	0.02924	0.00488	−0.00482	0.00064
300	4.630	−0.510	−0.08488	0.02979	0.00504	−0.00492	0.00065
500	4.688	−0.509	−0.08698	0.03065	0.00523	−0.00506	0.00067

목포

재현기간(년)	계수						
	a	b	c	d	e	f	g
2	3.549	−0.531	−0.02913	0.00834	−0.00081	−0.00110	0.00019
3	3.672	−0.533	−0.02663−0	0.01197	−0.00170	−0.00137	0.00026
5	3.795	−0.533	.02708	0.01353	−0.00168	−0.00140	0.00025
10	3.929	−0.539	−0.02458	0.01866	−0.00278	−0.00186	0.00036
20	4.044	−0.538	−0.02389	0.01976	−0.00300	−0.00188	0.00036
30	4.105	−0.536	−0.02526	0.01867	−0.00257	−0.00169	0.00031
50	4.176	−0.536	−0.02474	0.01940	−0.00282	−0.00174	0.00033
70	4.219	−0.538	−0.02454	0.02094	−0.00296	−0.00187	0.00035
80	4.235	−0.538	−0.02343	0.02130	−0.00322	−0.00190	0.00036
100	4.263	−0.540	−0.02320	0.02255	−0.00347	−0.00204	0.00039
200	4.343	−0.540	−0.02315	0.02314	−0.00350	−0.00204	0.00039
300	4.388	−0.540	−0.02290	0.02363	−0.00362	−0.00207	0.00040
500	4.441	−0.539	−0.02267	0.02353	−0.00363	−0.00203	0.00039

여수

재현기간(년)	계수						
	a	b	c	d	e	f	g
2	3.622	−0.508	−0.01344	0.01124	−0.00243	−0.00170	0.00033
3	3.766	−0.491	−0.02461−0	0.01068	−0.00066	−0.00196	0.00033
5	3.903	−0.479	.03134	0.01221	−0.00002	−0.00244	0.00040
10	4.055	−0.463	−0.04150	0.01000	0.00178	−0.00246	0.00036
20	4.180	−0.455	−0.04757	0.01136	0.00255	−0.00282	0.00040
30	4.246	−0.449	−0.05135	0.01014	0.00332	−0.00277	0.00036
50	4.323	−0.443	−0.05432	0.00972	0.00377	−0.00284	0.00037
70	4.370	−0.443	−0.05551	0.01205	0.00364	−0.00317	0.00043
80	4.388	−0.440	−0.05703	0.01078	0.00402	−0.00305	0.00040
100	4.418	−0.438	−0.05818	0.01049	0.00422	−0.00306	0.00039
200	4.504	−0.433	−0.06127	0.01074	0.00464	−0.00320	0.00041
300	4.551	−0.432	−0.06282	0.01148	0.00478	−0.00333	0.00042
500	4.608	−0.428	−0.06535	0.01067	0.00527	−0.00330	0.00041

포항

재현기간(년)	계수						
	a	b	c	d	e	f	g
2	3.374	−0.506	0.01484	−0.00316	−0.00271	0.00009	0.00005
3	3.549	−0.514	0.01195	0.00284	−0.00284	−0.00050	0.00013
5	3.713	−0.520	0.01113	0.00660	−0.00303	−0.00084	0.00018
10	3.888	−0.526	0.00973	0.01058	−0.00321	−0.00121	0.00023
20	4.031	−0.529	0.00876	0.01302	−0.00331	−0.00142	0.00026
30	4.105	−0.532	0.00823	0.01461	−0.00336	−0.00159	0.00029
50	4.190	−0.534	0.00765	0.01631	−0.00348	−0.00173	0.00031
70	4.242	−0.535	0.00726	0.01682	−0.00344	−0.00180	0.00032
80	4.263	−0.536	0.00706	0.01746	−0.00352	−0.00184	0.00033
100	4.295	−0.536	0.00677	0.01754	−0.00344	−0.00186	0.00033
200	4.389	−0.538	0.00621	0.01912	−0.00354	−0.00201	0.00035
300	4.441	−0.539	0.00603	0.01965	−0.00355	−0.00207	0.00036
500	4.501	−0.540	0.00602	0.02029	−0.00362	−0.00211	0.00037

대구

재현기간(년)	계수						
	a	b	c	d	e	f	g
2	3.508	−0.553	−0.05206	0.00317	0.00315	−0.00044	−0.00003
3	3.667	−0.546	−0.06008−0	0.00400	0.00431	−0.00063	−0.00004
5	3.818	−0.545	.06631	0.00691	0.00470	−0.00106	0.00002
10	3.979	−0.543	−0.07009	0.01014	0.00457	−0.00152	0.00011
20	4.114	−0.540	−0.07476	0.01084	0.00520	−0.00165	0.00011
30	4.183	−0.541	−0.07634	0.01289	0.00521	−0.00191	0.00015
50	4.264	−0.539	−0.07835	0.01336	0.00535	−0.00200	0.00016
70	4.314	−0.538	−0.07961	0.01348	0.00550	−0.00204	0.00016
80	4.332	−0.538	−0.08005	0.01381	0.00551	−0.00208	0.00017
100	4.363	−0.538	−0.08013	0.01465	0.00532	−0.00220	0.00020
200	4.454	−0.535	−0.08316	0.01368	0.00599	−0.00210	0.00016
300	4.503	−0.537	−0.08342	0.01549	0.00573	−0.00233	0.00020
500	4.561	−0.535	−0.08434	0.01563	0.00578	−0.00237	0.00021

부산

재현기간(년)	계수						
	a	b	c	d	e	f	g
2	3.762	−0.467	−0.04236	0.00115	0.00137	−0.00113	0.00017
3	3.937	−0.459	−0.05408−0	0.00391	0.00259	−0.00165	0.00022
5	4.102	−0.454	.06383	0.00701	0.00355	−0.00216	0.00027
10	4.277	−0.444	−0.07483	0.00625	0.00523	−0.00222	0.00023
20	4.420	−0.442	−0.08021	0.00917	0.00548	−0.00268	0.00030
30	4.494	−0.441	−0.08366	0.00998	0.00589	−0.00282	0.00031
50	4.579	−0.439	−0.08674	0.01079	0.00617	−0.00297	0.00033
70	4.632	−0.437	−0.08935	0.01044	0.00664	−0.00295	0.00031
80	4.651	−0.437	−0.08924	0.01121	0.00648	−0.00306	0.00033
100	4.684	−0.437	−0.09036	0.01187	0.00657	−0.00315	0.00034
200	4.779	−0.433	−0.09394	0.01180	0.00704	−0.00320	0.00034
300	4.830	−0.433	−0.09520	0.01280	0.00708	−0.00334	0.00036
500	4.891	−0.432	−0.09707	0.01304	0.00727	−0.00340	0.00037

제주

재현기간(년)	계수						
	a	b	c	d	e	f	g
2	3.657	−0.460	−0.00327	−0.00192	−0.00247	−0.00047	0.00016
3	3.813	−0.445	−0.00596−0	−0.00545	−0.00121	−0.00023	0.00009
5	3.963	−0.434	.00745	−0.00692	−0.00054	−0.00021	0.00006
10	4.123	−0.426	−0.00797	−0.00701	−0.00023	−0.00036	0.00008
20	4.256	−0.421	−0.00905	−0.00729	0.00015	−0.00042	0.00008
30	4.325	−0.417	−0.00983	−0.00811	0.00044	−0.00038	0.00006
50	4.405	−0.414	−0.01003	−0.00847	0.00055	−0.00040	0.00006
70	4.454	−0.414	−0.00940	−0.00731	0.00036	−0.00056	0.00010
80	4.473	−0.412	−0.01017	−0.00810	0.00063	−0.00048	0.00007
100	4.504	−0.411	−0.01001	−0.00818	0.00063	−0.00049	0.00007
200	4.594	−0.408	−0.01091	−0.00842	0.00088	−0.00051	0.00007
300	4.642	−0.407	−0.01124	−0.00862	0.00102	−0.00051	0.00006
500	4.700	−0.405	−0.01107	−0.00841	0.00099	−0.00057	0.00008

H. 우리나라 주요지점의 확률강우강도

서울

(단위 : mm/hr)

재현기간	지속기간(분)																			
(년)	5	10	15	20	30	40	50	60	90	120	180	240	360	540	720	900	1080	1440	2880	4320
2	133.3	96.2	80.7	71.4	60.2	53.2	48.2	44.4	36.7	31.7	25.4	21.5	16.7	12.7	10.4	8.8	7.7	6.2	3.7	2.7
3	148.8	108.7	92.0	82.1	70.1	62.5	57.0	52.7	43.9	38.0	30.6	25.8	20.0	15.2	12.4	10.5	9.2	7.4	4.4	3.3
5	166.7	122.8	104.8	94.2	81.2	72.9	66.8	62.0	51.8	45.1	36.2	30.6	23.6	17.9	14.6	12.4	10.8	8.8	5.3	4.0
10	188.1	140.3	120.9	109.4	95.2	85.9	79.1	73.6	61.9	53.9	43.4	36.6	28.2	21.3	17.4	14.8	12.9	10.5	6.4	4.8
20	209.6	157.1	136.1	123.8	108.5	98.4	90.9	84.8	71.5	62.3	50.2	42.3	32.6	24.6	20.1	17.1	14.9	12.1	7.5	5.6
30	221.5	166.9	145.1	132.2	116.2	105.6	97.7	91.2	77.0	67.2	54.1	45.6	35.1	26.5	21.6	18.4	16.1	13.1	8.1	6.1
50	237.1	179.2	156.2	142.7	125.9	114.7	106.2	99.2	84.0	73.3	59.0	49.8	38.3	28.9	23.5	20.0	17.5	14.3	8.6	6.7
70	247.8	187.2	163.4	149.5	132.1	120.5	111.7	104.5	88.5	77.3	62.3	52.5	40.4	30.5	24.8	21.1	18.5	15.0	9.3	7.1
80	251.4	190.3	166.2	152.1	134.6	122.9	113.9	106.6	90.3	78.9	63.5	53.6	41.2	31.1	25.3	21.5	18.9	15.4	9.5	7.2
100	257.4	195.3	170.9	156.6	138.7	126.7	117.5	110.0	93.3	81.5	65.7	55.3	42.5	32.1	26.1	22.2	19.5	15.9	9.8	7.5
200	278.8	211.5	185.7	170.6	151.7	138.9	129.0	120.9	102.6	89.7	72.3	60.9	46.8	35.3	28.7	24.4	21.4	17.5	10.8	8.2
300	290.7	221.3	194.5	178.9	159.2	145.9	135.6	127.1	108.0	94.5	76.1	64.1	49.3	37.2	30.2	25.7	22.6	18.4	11.4	8.7
500	305.1	233.0	205.3	189.1	168.6	154.8	144.0	135.0	114.8	100.5	81.0	68.2	52.4	39.5	32.1	27.3	24.0	19.6	12.2	9.3

인천

재현기간	지속기간(분)																			
(년)	5	10	15	20	30	40	50	60	90	120	180	240	360	540	720	900	1080	1440	2880	4320
2	120.3	90.9	76.7	67.9	56.8	49.8	44.9	41.2	33.7	29.0	23.3	19.7	15.4	11.8	9.7	8.3	7.3	5.9	3.5	2.6
3	134.5	101.7	87.1	77.8	65.9	58.2	52.6	48.3	39.6	34.2	27.5	23.3	18.3	14.2	11.7	10.0	8.8	7.1	4.2	3.1
5	150.1	113.8	98.6	88.8	75.9	67.4	61.1	56.2	46.2	39.9	32.2	27.4	21.6	16.8	13.9	12.0	10.5	8.5	5.0	3.6
10	169.8	128.9	113.1	102.7	88.6	79.0	71.7	66.1	54.4	47.1	38.0	32.5	25.7	20.1	16.7	14.4	12.7	10.3	6.0	4.4
20	188.6	143.3	127.0	116.1	100.9	90.1	82.0	75.6	62.3	54.0	43.7	37.3	29.7	23.3	19.4	16.7	14.7	11.9	6.9	5.1
30	199.5	151.8	135.0	123.7	107.8	96.5	87.9	81.1	67.0	58.0	46.9	40.1	31.9	25.1	20.9	18.0	15.9	12.9	7.5	5.5
50	213.0	162.3	144.9	133.3	116.6	104.5	95.3	88.0	72.7	63.0	51.0	43.7	34.8	27.4	22.8	19.7	17.4	14.1	8.2	6.0
70	221.9	169.1	151.5	139.6	122.3	109.8	100.1	92.4	76.4	66.2	53.6	46.0	36.7	28.9	24.1	20.8	18.3	14.9	8.6	6.3
80	225.4	171.9	154.1	142.0	124.6	111.8	102.0	94.2	77.9	67.5	54.7	46.9	37.4	29.4	24.6	21.2	18.7	15.2	8.8	6.4
100	231.3	176.5	158.4	146.2	128.3	115.3	105.2	97.2	80.4	69.7	56.4	48.4	38.6	30.4	25.4	22.0	19.4	15.7	9.1	6.6
200	249.5	190.5	171.8	159.1	140.1	126.1	115.1	106.4	88.0	76.3	61.8	53.0	42.4	33.5	28.0	24.2	21.4	17.3	10.0	7.3
300	260.3	198.7	179.6	166.6	147.0	132.4	120.8	111.8	92.5	80.2	65.1	55.8	44.7	35.3	29.5	25.5	22.5	18.2	10.5	7.7
500	273.7	209.1	189.5	176.0	155.7	140.3	128.2	118.5	98.1	85.1	69.1	59.3	47.5	37.5	31.4	27.2	24.0	19.4	11.2	8.2

수원

재현기간	지속기간(분)																			
(년)	5	10	15	20	30	40	50	60	90	120	180	240	360	540	720	900	1080	1440	2880	4320
2	134.0	99.4	84.1	74.2	61.4	53.3	47.6	43.3	34.9	30.0	24.1	20.6	16.4	12.9	10.8	9.3	8.2	6.7	4.0	3.0
3	148.1	110.7	93.8	82.9	69.2	60.5	54.3	49.7	40.7	35.2	28.5	24.5	19.6	15.5	12.9	11.2	9.9	8.0	4.8	3.5
5	163.8	123.0	104.5	92.7	77.9	68.5	61.9	56.9	47.0	40.9	33.4	28.8	23.2	18.3	15.3	13.2	11.6	9.5	5.6	4.1
10	183.4	138.7	118.0	105.0	88.8	78.6	71.4	65.9	54.9	48.1	39.6	34.2	27.5	21.8	18.2	15.8	13.9	11.3	6.7	4.8
20	202.4	153.3	131.0	117.0	99.4	88.3	80.5	74.5	62.5	54.9	45.5	39.5	31.9	25.3	21.1	18.3	16.1	13.1	7.7	5.6
30	213.2	162.0	138.4	123.7	105.4	93.9	85.7	79.5	66.9	58.9	48.9	42.5	34.3	27.2	22.8	19.7	17.4	14.1	8.3	6.0
50	226.9	172.8	147.7	132.2	112.9	100.8	92.3	85.7	72.4	63.9	53.1	46.2	37.4	29.6	24.8	21.5	19.0	15.4	9.0	6.5
70	235.8	179.7	153.8	137.8	117.9	105.4	96.5	89.7	75.9	67.1	55.9	48.6	39.4	31.2	26.2	22.6	19.9	16.2	9.5	6.8
80	239.3	182.4	156.3	140.0	119.9	107.2	98.2	91.3	77.3	68.4	57.0	49.6	40.2	31.9	26.7	23.1	20.4	16.6	9.7	7.0
100	245.3	187.0	160.3	143.8	123.2	110.3	101.1	94.0	79.7	70.5	58.8	51.3	41.6	33.0	27.6	23.9	21.0	17.1	10.0	7.2
200	263.5	201.4	172.8	155.2	133.3	119.6	109.9	102.4	87.1	77.2	64.5	56.3	45.7	36.3	30.4	26.2	23.1	18.8	11.0	7.9
300	274.2	209.8	180.1	161.8	139.2	125.0	114.9	107.2	91.4	81.1	67.9	59.2	48.1	38.2	32.0	27.6	24.4	19.8	11.6	8.3
500	287.6	220.3	189.4	170.3	146.7	132.0	121.4	113.3	96.8	86.0	72.0	62.9	51.1	40.6	34.0	29.4	25.9	21.1	12.3	8.8

철원

재현기간 (년)	지속기간(분)																			
	5	10	15	20	30	40	50	60	90	120	180	240	360	540	720	900	1080	1440	2880	4320
2	119.4	92.7	78.2	68.8	57.0	49.8	44.7	41.0	33.7	29.3	24.1	20.8	16.9	13.4	11.3	9.8	8.7	7.1	4.3	3.2
3	133.8	104.1	87.7	77.1	64.1	56.2	50.7	46.6	38.6	33.8	27.8	24.2	19.7	15.8	13.4	11.7	10.5	8.7	5.4	4.0
5	149.9	116.9	98.2	86.4	72.0	63.3	57.3	52.8	44.0	38.7	32.1	28.0	22.9	18.5	15.7	13.8	12.4	10.4	6.6	5.1
10	170.1	132.8	111.5	98.2	82.0	72.3	65.6	60.6	50.9	44.8	37.4	32.7	26.9	21.8	18.7	16.5	14.9	12.5	8.1	6.2
20	189.4	148.2	124.3	109.4	91.5	80.9	73.6	68.1	57.4	50.8	42.5	37.2	30.7	25.0	21.4	19.0	17.2	14.6	9.5	7.3
30	200.6	157.0	131.6	115.9	97.0	85.8	78.1	72.4	61.2	54.2	45.4	39.9	32.9	26.8	23.1	20.5	18.5	15.7	10.4	8.0
50	214.5	168.1	140.8	123.9	103.9	92.0	83.9	77.8	65.9	58.4	49.1	43.1	35.6	29.1	25.1	22.3	20.2	17.2	11.5	8.8
70	223.6	175.3	146.8	129.3	108.4	96.1	87.6	81.4	69.0	61.2	51.5	45.3	37.4	30.7	26.4	23.5	21.3	18.2	12.2	9.3
80	227.2	178.2	149.2	131.3	110.2	97.7	89.1	82.8	70.2	62.3	52.4	46.1	38.1	31.2	26.9	23.9	21.7	18.6	12.4	9.5
100	233.3	182.8	153.1	134.9	113.2	100.4	91.6	85.1	72.2	64.2	54.0	47.5	39.3	32.2	27.8	24.8	22.5	19.2	12.8	9.8
200	252.0	197.7	165.5	145.7	122.4	108.7	99.3	92.3	78.6	69.9	58.9	51.9	43.0	35.3	30.5	27.2	24.7	21.2	14.3	10.9
300	262.9	206.5	172.7	152.0	127.8	113.6	103.8	96.6	82.3	73.3	61.8	54.5	45.2	37.1	32.1	28.7	26.1	22.4	15.1	11.5
500	276.7	217.3	181.8	160.0	134.6	119.6	109.5	101.9	86.9	77.5	65.5	57.7	47.9	39.4	34.1	30.5	27.7	23.8	16.1	12.3

춘천

재현기간 (년)	지속기간(분)																			
	5	10	15	20	30	40	50	60	90	120	180	240	360	540	720	900	1080	1440	2880	4320
2	123.0	88.9	74.2	64.9	53.1	45.7	40.6	36.8	29.6	25.4	20.5	17.7	14.3	11.6	9.8	8.6	7.7	6.4	3.9	2.9
3	138.2	99.4	83.0	72.7	59.7	51.5	45.9	41.7	33.6	28.8	23.4	20.1	16.4	13.2	11.3	10.0	8.9	7.5	4.7	3.5
5	155.2	111.0	92.8	81.4	67.0	58.0	51.7	47.0	38.0	32.7	26.5	22.9	18.6	15.2	13.0	11.5	10.4	8.7	5.6	4.2
10	176.5	125.5	105.1	92.4	76.3	66.2	59.1	53.8	43.5	37.5	30.4	26.3	21.5	17.6	15.2	13.5	12.2	10.3	6.6	5.0
20	196.9	139.3	116.9	103.0	85.2	74.0	66.1	60.2	48.8	42.0	34.2	29.6	24.3	19.9	17.2	15.3	13.9	11.8	7.6	5.8
30	208.7	147.3	123.8	109.1	90.4	78.5	70.2	63.9	51.8	44.6	36.3	31.5	25.9	21.2	18.4	16.4	14.9	12.6	8.2	6.3
50	223.4	157.3	132.2	116.6	96.8	84.1	75.2	68.5	55.6	48.0	39.1	33.9	27.9	22.9	19.9	17.7	16.1	13.7	9.0	6.9
70	233.1	163.9	137.8	121.6	101.0	87.8	78.5	71.6	58.1	50.1	40.9	35.5	29.2	24.0	20.8	18.6	16.9	14.4	9.5	7.3
80	236.9	166.6	140.0	123.6	102.6	89.3	79.9	72.8	59.1	51.0	41.6	36.1	29.7	24.4	21.2	18.9	17.2	14.7	9.7	7.4
100	243.3	170.9	143.7	126.9	105.4	91.7	82.0	74.8	60.7	52.4	42.7	37.1	30.5	25.1	21.8	19.5	17.7	15.1	10.0	7.7
200	263.1	184.3	155.1	137.0	114.0	99.3	88.8	81.0	65.8	56.8	46.4	40.3	33.2	27.4	23.8	21.3	19.4	16.6	11.0	8.4
300	274.6	192.1	161.8	143.0	119.0	103.7	92.8	84.7	68.8	59.4	48.5	42.1	34.7	28.7	25.0	22.3	20.4	17.4	11.6	8.9
500	289.2	202.1	170.2	150.5	125.3	109.3	97.8	89.3	72.6	62.7	51.2	44.5	36.7	30.3	26.4	23.7	21.6	18.6	12.3	9.5

대관령

재현기간 (년)	지속기간(분)																			
	5	10	15	20	30	40	50	60	90	120	180	240	360	540	720	900	1080	1440	2880	4320
2	86.7	67.2	57.1	50.4	42.1	36.9	33.4	30.8	25.9	23.1	19.8	17.8	15.4	13.1	11.6	10.4	9.5	8.1	5.0	3.6
3	99.4	74.4	63.1	55.8	46.8	41.3	37.5	34.7	29.6	26.6	23.1	21.0	18.4	15.9	14.1	12.7	11.5	9.7	6.0	4.4
5	113.5	82.7	69.7	61.7	51.9	46.1	42.1	39.2	33.7	30.5	26.8	24.6	21.7	18.8	16.8	15.1	13.8	11.7	7.2	5.2
10	131.3	92.9	78.0	69.1	58.4	52.1	47.8	44.7	38.8	35.5	31.5	29.0	25.8	22.6	20.2	18.3	16.7	14.1	8.7	6.3
20	148.2	102.7	86.0	76.2	64.7	57.9	53.4	50.0	43.8	40.2	36.0	33.3	29.8	26.2	23.5	21.3	19.4	16.5	10.1	7.3
30	158.0	108.4	90.6	80.3	68.3	61.3	56.5	53.1	46.7	43.0	38.6	35.9	32.2	28.3	25.4	23.0	21.0	17.8	10.9	7.9
50	170.3	115.3	96.3	85.5	72.9	65.5	60.5	56.9	50.2	46.4	41.8	38.9	35.0	30.9	27.8	25.2	23.0	19.5	11.9	8.7
70	178.3	120.1	100.1	88.8	75.8	68.2	63.1	59.4	52.5	48.6	43.9	40.9	36.9	32.7	29.3	26.6	24.3	20.6	12.6	9.2
80	181.5	122.0	101.6	90.1	76.9	69.3	64.1	60.4	53.5	49.5	44.7	41.7	37.6	33.3	29.9	27.2	24.8	21.1	12.8	9.3
100	186.8	124.9	104.1	92.4	79.0	71.1	65.9	62.1	55.0	50.9	46.1	43.1	38.9	34.4	31.0	28.1	25.7	21.8	13.3	9.7
200	203.2	134.4	111.8	99.3	85.0	76.7	71.2	67.2	59.8	55.5	50.5	47.2	42.8	37.9	34.1	31.0	28.3	24.0	14.7	10.7
300	212.8	139.9	116.3	103.3	88.5	80.0	74.3	70.2	62.6	58.2	53.0	49.7	45.0	40.0	36.0	32.7	29.9	25.3	15.5	11.3
500	224.8	146.9	122.0	108.4	92.9	84.1	78.2	74.0	66.1	61.6	56.2	52.7	47.9	42.6	38.3	34.8	31.8	27.0	16.5	12.0

강릉

재현기간 (년)	지속기간(분)																	
	5	10	15	20	30	40	50	60	90	120	180	240	360	540	720	900	1080	1440	2880	4320
2	105.0	73.9	61.5	54.0	44.9	39.3	35.4	32.5	27.0	23.7	19.8	17.4	14.5	12.0	10.3	9.1	8.2	6.8	4.1	2.9
3	121.8	84.6	70.4	62.0	51.9	45.8	41.5	38.4	32.2	28.5	24.1	21.3	17.9	14.8	12.8	11.3	10.2	8.4	5.0	3.6
5	140.3	96.6	80.3	70.9	59.7	53.0	48.3	44.8	38.1	34.0	28.9	25.7	21.7	18.0	15.5	13.7	12.3	10.2	6.1	4.4
10	163.7	111.6	92.8	82.1	69.6	62.1	56.9	53.0	45.4	40.8	34.9	31.2	26.4	21.9	19.0	16.8	15.1	12.5	7.4	5.3
20	186.0	125.9	104.8	92.9	79.0	70.8	65.1	60.8	52.4	47.2	40.7	36.5	30.9	25.8	22.3	19.7	17.6	14.6	8.7	6.2
30	198.9	134.4	111.7	99.0	84.4	75.8	69.8	65.3	56.5	51.0	44.0	39.5	33.5	27.9	24.1	21.3	19.2	15.9	9.5	6.7
50	215.1	144.6	120.2	106.7	91.2	82.0	75.7	71.0	61.6	55.7	48.2	43.3	36.8	30.6	26.5	23.4	21.0	17.5	10.4	7.4
70	225.6	151.4	125.9	111.8	95.6	86.1	79.5	74.6	64.9	58.7	50.9	45.7	38.9	32.5	28.1	24.8	22.3	18.5	11.0	7.8
80	229.9	154.0	128.1	113.8	97.5	87.8	81.1	76.1	66.2	59.9	52.0	46.7	39.8	33.2	28.7	25.4	22.8	18.9	11.2	8.0
100	236.8	158.6	131.9	117.2	100.4	90.4	83.6	78.5	68.4	62.0	53.8	48.4	41.2	34.3	29.7	26.3	23.6	19.6	11.6	8.2
200	258.4	172.3	143.4	127.5	109.5	98.9	91.5	86.1	75.2	68.2	59.4	53.5	45.6	38.1	32.9	29.1	26.1	21.7	12.8	9.1
300	271.1	180.5	150.2	133.6	114.9	103.8	96.2	90.5	79.1	71.9	62.6	56.4	48.1	40.2	34.8	30.7	27.6	22.9	13.5	9.6
500	287.1	190.6	158.6	141.3	121.6	110.0	102.0	96.0	84.1	76.5	66.7	60.2	51.4	42.9	37.1	32.8	29.4	24.4	14.5	10.3

울릉도

재현기간 (년)	지속기간(분)																			
	5	10	15	20	30	40	50	60	90	120	180	240	360	540	720	900	1080	1440	2880	4320
2	97.4	68.2	55.3	47.8	39.0	33.9	30.4	27.8	22.9	19.8	16.0	13.7	10.8	8.3	6.8	5.8	5.1	4.0	2.3	1.6
3	110.8	78.7	65.2	57.0	47.0	40.9	36.6	33.5	27.3	23.6	19.1	16.3	12.9	10.0	8.2	6.9	6.0	4.8	2.7	2.0
5	125.5	90.7	76.1	67.0	55.6	48.6	43.6	39.8	32.5	28.0	22.5	19.2	15.1	11.7	9.6	8.1	7.1	5.6	3.2	2.3
10	144.3	106.5	89.8	79.8	66.7	58.3	52.3	47.8	38.8	33.4	26.9	22.9	18.1	14.0	11.4	9.7	8.4	6.7	3.8	2.8
20	162.1	119.8	103.0	92.0	77.3	67.6	60.7	55.4	44.9	38.6	31.0	26.4	20.8	16.1	13.2	11.2	9.7	7.7	4.4	3.3
30	172.3	128.3	110.6	98.9	83.3	73.0	65.5	59.8	48.5	41.6	33.4	28.4	22.4	17.3	14.2	12.1	10.5	8.4	4.7	3.5
50	185.1	138.6	120.0	107.6	90.9	79.6	71.5	65.3	52.9	45.4	36.4	30.9	24.4	18.8	15.5	13.2	11.4	9.1	5.1	3.8
70	193.6	145.3	126.3	113.5	95.9	84.1	75.4	68.8	55.7	47.8	38.3	32.6	25.7	19.9	16.3	13.9	12.1	9.6	5.4	4.1
80	196.8	148.1	128.7	115.6	97.8	85.8	77.0	70.3	57.0	48.8	39.1	33.2	26.2	20.3	16.6	14.1	12.3	9.8	5.5	4.1
100	202.5	152.5	132.8	119.5	101.1	88.7	79.6	72.7	58.8	50.4	40.4	34.3	27.1	20.9	17.2	14.6	12.7	10.1	5.7	4.3
200	219.7	166.2	145.6	131.4	111.4	97.7	87.7	80.0	64.7	55.4	44.3	37.7	29.7	23.0	18.9	16.1	14.0	11.1	6.2	4.7
300	229.7	174.5	153.0	138.1	117.3	102.9	92.4	84.3	68.2	58.4	46.7	39.7	31.3	24.2	19.9	16.9	14.7	11.6	6.6	5.0
500	242.4	184.7	162.4	146.8	124.8	109.6	98.4	89.7	72.5	62.1	49.7	42.2	33.3	25.7	21.1	17.9	15.6	12.4	7.0	5.3

대전

재현기간 (년)	지속기간(분)																			
	5	10	15	20	30	40	50	60	90	120	180	240	360	540	720	900	1080	1440	2880	4320
2	131.6	103.8	87.6	76.8	63.0	54.4	48.4	44.0	35.3	30.0	23.8	20.0	15.6	11.9	9.8	8.3	7.3	5.8	3.4	2.6
3	142.3	113.6	95.9	84.2	69.7	60.7	54.4	49.6	40.3	34.5	27.5	23.3	18.1	13.9	11.4	9.8	8.6	7.0	4.1	3.0
5	154.3	123.9	105.2	92.8	77.3	67.7	60.9	55.8	45.7	39.5	31.8	27.0	21.2	16.3	13.4	11.5	10.1	8.1	4.8	3.6
10	169.4	137.2	116.9	103.6	86.9	76.5	69.2	63.7	52.6	45.7	37.0	31.6	24.9	19.3	15.9	13.6	11.9	9.7	5.7	4.2
20	183.9	149.9	128.0	113.8	96.0	84.9	77.1	71.2	59.3	51.7	42.1	36.0	26.5	22.1	18.2	15.6	13.7	11.2	6.6	4.8
30	192.3	157.2	134.5	119.8	101.3	89.8	81.7	75.5	63.1	55.1	45.0	38.6	30.6	23.7	19.6	16.8	14.8	12.0	7.1	5.2
50	202.7	166.2	142.6	127.2	107.9	95.9	87.4	80.9	67.8	59.4	48.7	41.8	33.1	25.8	21.3	18.3	16.1	13.0	7.7	5.6
70	209.6	172.2	147.8	132.0	112.2	99.9	91.1	84.5	71.0	62.3	51.1	43.9	34.8	27.1	22.4	19.2	16.9	13.7	8.1	5.9
80	212.2	174.7	149.9	133.9	113.8	101.4	92.6	85.9	72.2	63.4	52.0	44.7	35.4	27.6	22.8	19.6	17.2	14.0	8.3	6.0
100	216.7	178.6	153.4	137.0	116.7	104.1	95.1	88.3	74.3	65.3	53.6	46.1	36.6	28.5	23.6	20.2	17.8	14.5	8.6	6.2
200	230.8	190.7	164.3	147.1	125.6	112.2	102.8	95.5	80.6	71.0	58.5	50.4	40.1	31.2	25.9	22.2	19.5	15.9	9.4	6.8
300	239.0	197.8	170.6	152.9	130.8	117.0	107.2	99.7	84.4	74.4	61.3	52.9	42.1	32.8	27.2	23.3	20.5	16.7	9.9	7.2
500	249.3	206.8	178.6	160.2	137.3	123.0	112.9	105.1	89.1	78.6	64.9	56.0	44.7	34.8	28.9	24.8	21.8	17.7	10.5	7.6

전주

재현기간 (년)	지속기간(분)																			
	5	10	15	20	30	40	50	60	90	120	180	240	360	540	720	900	1080	1440	2880	4320
2	145.3	102.1	84.9	74.2	60.8	52.3	46.3	41.7	32.9	27.7	21.5	17.9	13.8	10.5	8.6	7.3	6.4	5.2	3.1	2.3
3	169.0	113.7	95.5	84.5	70.3	61.0	54.3	49.1	38.9	32.7	25.4	21.2	16.3	12.5	10.3	8.8	7.7	6.3	3.7	2.7
5	195.5	126.4	107.5	96.1	81.0	70.7	63.1	57.2	45.4	38.2	29.8	24.9	19.3	14.8	12.2	10.4	9.1	7.3	4.3	3.2
10	228.6	142.8	122.3	110.4	94.3	82.9	74.3	67.6	53.8	45.3	35.3	29.5	22.9	17.6	14.6	12.5	11.0	8.8	5.1	3.8
20	260.3	158.4	136.6	124.2	107.1	94.7	85.1	77.4	61.8	52.1	40.6	34.0	26.4	20.4	16.8	14.4	12.7	10.2	5.9	4.4
30	278.6	167.3	144.9	132.3	114.5	101.4	91.2	83.1	66.3	55.9	43.6	36.5	28.4	22.0	18.1	15.6	13.6	11.0	6.3	4.7
50	301.4	178.5	155.1	142.1	123.7	109.9	99.0	90.2	72.0	60.7	47.4	39.7	30.9	23.9	19.8	17.0	14.9	12.0	6.9	5.1
70	316.4	185.9	161.8	148.6	129.7	115.4	104.0	94.9	75.8	63.9	49.9	41.8	32.5	25.2	20.9	17.9	15.7	12.7	7.3	5.4
80	322.3	188.7	164.6	151.3	132.2	117.6	106.1	96.7	77.3	65.2	50.9	42.7	33.2	25.7	21.3	18.3	16.0	12.9	7.4	5.5
100	332.1	193.7	169.0	155.5	136.1	121.2	109.4	99.8	79.8	67.3	52.6	44.0	34.3	26.5	22.0	18.9	16.6	13.3	7.7	5.7
200	362.7	209.0	182.8	168.8	148.4	132.5	119.8	109.4	87.5	73.8	57.7	48.3	37.6	29.2	24.2	20.8	18.2	14.7	8.4	6.3
300	380.7	217.5	190.9	176.7	155.7	139.2	125.9	115.0	92.0	77.6	60.7	50.9	39.6	30.7	25.5	21.9	19.2	15.4	8.9	6.7
500	403.3	228.6	201.0	186.4	164.7	147.5	133.5	122.0	97.7	82.4	64.4	54.0	42.1	32.7	27.1	23.3	20.4	16.5	9.4	7.1

광주

재현기간 (년)	지속기간(분)																			
	5	10	15	20	30	40	50	60	90	120	180	240	360	540	720	900	1080	1440	2880	4320
2	131.8	93.8	78.5	69.0	56.8	49.1	43.7	39.6	31.6	26.8	21.1	17.8	13.9	10.7	8.8	7.6	6.7	5.4	3.2	2.3
3	149.8	103.9	87.9	78.0	65.1	56.7	50.6	45.9	36.7	31.1	24.5	20.7	16.2	12.5	10.4	8.9	7.8	6.3	3.7	2.7
5	168.9	114.9	98.3	88.1	74.3	65.1	58.2	52.9	42.4	35.9	28.3	23.9	18.7	14.5	12.1	10.4	9.1	7.4	4.3	3.2
10	194.1	128.8	111.3	100.6	85.9	75.6	67.9	61.8	49.5	42.0	33.1	27.9	21.9	17.0	14.2	12.2	10.8	8.7	5.1	3.8
20	218.0	142.2	123.8	112.7	97.1	85.8	77.2	70.3	56.4	47.8	37.7	31.8	24.9	19.5	16.2	14.0	12.3	10.0	5.9	4.4
30	231.1	150.1	131.1	119.7	103.4	91.6	82.5	75.2	60.3	51.1	40.3	34.0	26.7	20.9	17.4	15.0	13.2	10.8	6.3	4.7
50	247.9	159.7	140.0	128.3	111.4	98.9	89.1	81.3	65.3	55.3	43.6	36.8	28.9	22.6	18.8	16.3	14.4	11.7	6.8	5.1
70	259.9	166.4	146.1	134.1	116.7	103.7	93.5	85.3	68.5	58.0	45.7	38.6	30.3	23.7	19.8	17.1	15.1	12.3	7.2	5.3
80	263.5	168.6	148.3	136.3	118.7	105.5	95.2	86.9	69.8	59.1	46.6	39.3	30.9	24.2	20.2	17.4	15.4	12.5	7.3	5.4
100	270.6	172.9	152.3	140.1	122.2	108.7	98.1	89.5	71.9	61.0	48.0	40.5	31.8	24.9	20.8	18.0	15.9	12.9	7.6	5.6
200	294.5	185.8	164.3	151.7	132.9	118.5	107.0	97.8	78.6	66.6	52.4	44.2	34.8	27.3	22.8	19.7	17.4	14.1	8.3	6.2
300	307.7	193.5	171.4	158.5	139.1	124.2	112.2	102.6	82.4	69.8	55.0	46.4	36.5	28.6	23.9	20.7	18.3	14.9	8.7	6.5
500	324.5	203.2	180.3	167.1	147.1	131.4	118.8	108.6	87.3	74.0	58.3	49.1	38.7	30.3	25.4	21.9	19.4	15.8	9.2	6.9

목포

재현기간 (년)	지속기간(분)																			
	5	10	15	20	30	40	50	60	90	120	180	240	360	540	720	900	1080	1440	2880	4320
2	107.5	79.6	67.4	59.5	49.4	42.9	38.3	34.8	27.9	23.8	18.9	16.0	12.6	9.7	8.1	6.9	6.1	4.9	2.8	2.0
3	118.4	89.1	76.0	67.4	56.0	48.6	43.3	39.3	31.6	26.9	21.5	18.2	14.4	11.2	9.3	8.0	7.0	5.7	3.3	2.4
5	130.7	99.7	85.5	76.0	63.2	54.9	49.0	44.5	35.7	30.5	24.3	20.7	16.4	12.8	10.7	9.2	8.2	6.6	3.9	2.8
10	146.1	112.8	97.6	87.0	72.5	62.9	56.1	50.9	40.8	34.8	27.8	23.8	18.9	15.0	12.5	10.8	9.5	7.8	4.6	3.4
20	160.7	125.6	109.1	97.4	81.3	70.6	62.9	57.0	45.7	39.0	31.3	26.7	21.4	16.9	14.2	12.3	10.9	8.9	5.2	3.9
30	169.1	133.2	115.7	103.3	86.3	74.9	66.8	60.6	48.6	41.5	33.2	28.4	22.7	18.0	15.2	13.2	11.7	9.5	5.7	4.2
50	179.7	142.4	124.0	110.8	92.6	80.4	71.7	65.1	52.2	44.6	35.8	30.6	24.5	19.4	16.4	14.2	12.6	10.3	6.2	4.6
70	186.7	148.3	129.4	115.8	96.8	84.1	74.9	68.0	54.5	46.5	37.3	31.9	25.6	20.4	17.2	14.9	13.3	10.9	6.5	4.8
80	189.4	150.7	131.6	117.8	98.4	85.5	76.1	69.1	55.4	47.3	38.0	32.5	26.1	20.8	17.5	15.2	13.5	11.0	6.6	4.9
100	194.0	154.5	135.2	121.1	101.3	87.9	78.3	71.0	56.9	48.6	39.0	33.4	26.9	21.4	18.0	15.7	13.9	11.4	6.8	5.1
200	208.2	166.9	146.3	131.2	109.7	95.3	84.8	77.0	61.7	52.7	42.3	36.3	29.2	23.3	19.7	17.1	15.2	12.5	7.5	5.6
300	216.5	174.2	152.8	137.1	114.7	99.6	88.7	80.4	64.5	55.1	44.3	38.0	30.6	24.4	20.6	18.0	15.9	13.1	7.8	5.9
500	226.9	183.3	161.0	144.4	120.9	105.0	93.5	84.8	68.0	58.2	46.7	40.1	32.3	25.9	21.8	19.0	16.9	13.9	8.3	6.3

여수

재현기간(년)	지속기간(분)																		
	5	10	15	20	30	40	50	60	90	120	180	240	360	540	720	900	1080	1440	2880	4320
2	118.5	84.9	71.7	63.3	52.6	45.8	41.0	37.4	30.4	26.2	21.3	18.3	14.7	11.6	9.7	8.4	7.4	5.9	3.3	2.4
3	135.4	94.2	79.9	71.1	59.8	52.5	47.2	43.2	35.3	30.5	24.7	21.2	17.1	13.5	11.3	9.7	8.6	6.9	3.9	2.8
5	154.3	104.5	89.2	79.9	67.8	59.8	54.0	49.6	40.6	35.2	28.6	24.6	19.7	15.6	13.0	11.2	9.9	8.0	4.5	3.3
10	177.9	117.8	100.7	90.7	77.7	69.1	62.7	57.7	47.5	41.1	33.4	28.7	23.0	18.2	15.2	13.1	11.6	9.4	5.4	3.9
20	200.6	130.2	111.8	101.2	87.4	78.0	70.9	65.4	54.0	46.8	38.0	32.6	26.2	20.7	17.3	15.0	13.2	10.7	6.1	4.4
30	213.6	137.6	118.1	107.1	92.8	83.0	75.7	69.8	57.8	50.1	40.7	34.9	28.0	22.1	18.5	16.0	14.1	11.5	6.6	4.7
50	229.9	146.8	126.1	114.6	99.7	89.4	81.6	75.4	62.5	54.3	44.1	37.8	30.3	23.9	20.0	17.3	15.3	12.4	7.2	5.1
70	240.7	152.4	131.4	119.7	104.3	93.6	85.5	79.0	65.5	56.8	46.2	39.7	31.8	25.2	21.1	18.2	16.1	13.1	7.5	5.4
80	244.8	154.9	133.4	121.6	106.1	95.3	87.1	80.5	66.8	58.0	47.1	40.4	32.3	25.6	21.4	18.5	16.4	13.3	7.7	5.5
100	251.9	158.9	136.9	124.8	109.0	98.0	89.6	82.9	68.8	59.7	48.5	41.6	33.3	26.3	22.1	19.1	16.9	13.7	7.9	5.6
200	273.8	171.0	147.6	134.9	118.2	106.6	97.6	90.4	75.1	65.3	53.0	45.5	36.4	28.8	24.1	20.9	18.4	15.0	8.7	6.2
300	286.7	178.1	153.9	140.8	123.7	111.6	102.3	94.7	78.7	68.4	55.6	47.7	38.2	30.2	25.3	21.9	19.4	15.7	9.1	6.5
500	302.8	187.1	161.7	148.2	130.5	117.9	108.1	100.3	83.5	72.5	58.9	50.6	40.4	32.0	26.8	23.2	20.5	16.7	9.7	6.9

포항

재현기간(년)	지속기간(분)																		
	5	10	15	20	30	40	50	60	90	120	180	240	360	540	720	900	1080	1440	2880	4320
2	106.8	75.1	60.5	51.8	41.8	35.9	32.0	29.2	23.8	20.7	16.9	14.6	11.8	9.5	8.0	6.9	6.1	5.0	3.0	2.1
3	124.9	88.0	71.6	61.7	49.9	42.9	38.2	34.8	28.3	24.5	20.0	17.4	14.1	11.4	9.6	8.4	7.5	6.1	3.6	2.5
5	145.3	102.8	84.1	72.7	58.9	50.7	45.1	41.0	33.3	28.8	23.5	20.4	16.7	13.5	11.5	10.0	8.9	7.3	4.2	3.0
10	170.6	121.2	99.8	86.6	70.3	60.5	53.7	48.8	39.5	34.1	27.9	24.3	19.9	16.1	13.8	12.1	10.7	8.8	5.1	3.6
20	194.6	138.8	114.9	99.9	81.2	69.8	62.0	56.3	45.5	39.3	32.2	28.0	23.0	18.7	16.0	14.0	12.5	10.3	5.9	4.2
30	209.0	149.0	123.5	107.5	87.5	75.2	66.8	60.6	49.0	42.3	34.6	30.1	24.7	20.2	17.3	15.1	13.5	11.1	6.4	4.5
50	225.8	161.5	134.3	117.1	95.4	82.0	72.8	66.0	53.3	46.0	37.6	32.7	26.9	22.0	18.9	16.6	14.8	12.2	7.0	4.9
70	237.9	169.9	141.4	123.3	100.5	86.4	76.7	69.6	56.1	48.4	39.6	34.5	28.4	23.2	19.9	17.5	15.6	12.8	7.4	5.1
80	241.4	173.0	144.2	125.8	102.6	88.2	78.3	71.0	57.3	49.4	40.4	35.2	29.0	23.7	20.3	17.9	15.9	13.1	7.5	5.3
100	249.9	178.6	148.8	129.9	106.0	91.1	80.9	73.3	59.1	51.0	41.7	36.3	29.9	24.5	21.0	18.5	16.5	13.6	7.8	5.4
200	272.7	195.4	163.3	142.7	116.5	100.2	88.9	80.6	64.9	56.0	45.8	39.9	32.9	27.0	23.1	20.4	18.2	15.0	8.6	6.0
300	287.1	206.5	171.8	150.2	122.7	105.5	93.6	84.8	68.3	58.9	48.1	42.0	34.6	28.4	24.4	21.5	19.2	15.8	9.0	6.3
500	303.9	218.1	182.5	159.7	130.5	112.1	99.5	90.1	72.6	62.5	51.1	44.6	36.8	30.2	26.0	22.9	20.4	16.8	9.6	6.7

대구

재현기간(년)	지속기간(분)																		
	5	10	15	20	30	40	50	60	90	120	180	240	360	540	720	900	1080	1440	2880	4320
2	106.5	77.8	65.4	57.6	47.8	41.4	36.9	33.4	26.5	22.2	17.2	14.3	10.9	8.4	6.9	6.0	5.3	4.4	2.7	2.0
3	122.1	88.6	74.9	66.4	55.5	48.3	43.1	39.1	31.1	26.1	20.2	16.7	12.8	9.8	8.1	7.0	6.2	5.2	3.2	2.3
5	139.6	100.4	85.6	76.4	64.2	56.1	50.1	45.5	36.1	30.3	23.4	19.4	14.9	11.4	9.4	8.2	7.3	6.0	3.7	2.7
10	161.6	115.3	99.1	88.9	75.2	65.8	58.9	53.5	42.4	35.6	27.5	22.8	17.5	13.4	11.1	9.6	8.5	7.1	4.4	3.3
20	182.5	129.8	111.9	100.7	85.6	75.2	67.3	61.2	48.6	40.8	31.5	26.1	20.0	15.3	12.7	11.0	9.8	8.2	5.1	3.8
30	194.8	137.9	119.3	107.6	91.7	80.6	72.2	65.6	52.1	43.7	33.7	28.0	21.5	16.5	13.7	11.9	10.6	8.8	5.4	4.0
50	209.9	148.3	128.5	116.2	99.2	87.3	78.2	71.1	56.4	47.4	36.6	30.3	23.3	17.9	14.8	12.9	11.4	9.5	5.9	4.4
70	219.7	156.1	134.6	121.8	104.1	91.6	82.2	74.7	59.4	49.8	38.5	31.9	24.4	18.8	15.6	13.5	12.0	10.0	6.2	4.6
80	223.7	157.7	137.0	124.0	106.0	93.4	83.7	76.1	60.5	50.7	39.2	32.5	24.9	19.1	15.9	13.8	12.2	10.2	6.3	4.7
100	230.3	162.1	141.0	127.8	109.4	96.3	86.4	78.5	62.4	52.3	40.4	33.5	25.7	19.7	16.4	14.2	12.6	10.5	6.5	4.9
200	250.5	176.3	153.4	139.1	119.3	105.2	94.5	86.0	68.3	57.3	44.2	36.6	28.1	21.6	17.9	15.6	13.9	11.5	7.2	5.3
300	262.5	184.2	160.7	145.9	125.3	110.6	99.2	90.3	71.7	60.1	46.4	38.5	29.5	22.7	18.9	16.4	14.5	12.1	7.5	5.6
500	277.4	194.5	169.8	154.4	132.7	117.2	105.2	95.7	76.1	63.8	49.3	40.8	31.3	24.1	20.0	17.3	15.4	12.8	8.0	6.0

부산

재현기간(년)	지속기간(분)																			
	5	10	15	20	30	40	50	60	90	120	180	240	360	540	720	900	1080	1440	2880	4320
2	126.7	89.7	76.5	68.5	58.3	51.6	46.8	43.0	35.4	30.5	24.5	20.8	16.3	12.6	10.4	8.9	7.8	6.3	3.6	2.6
3	147.1	102.3	88.1	79.7	68.6	61.2	55.6	51.3	42.2	36.4	29.2	24.8	19.4	15.0	12.4	10.6	9.3	7.5	4.3	3.1
5	169.6	116.3	101.1	92.2	80.2	71.9	65.5	60.4	49.8	42.9	34.4	29.1	22.8	17.7	14.6	12.5	11.0	8.9	5.1	3.7
10	198.0	134.3	117.4	107.6	94.5	85.2	77.9	72.1	59.5	51.2	40.9	34.6	27.0	20.9	17.3	14.9	13.1	10.6	6.2	4.4
20	225.2	151.1	133.0	122.7	108.5	98.1	89.8	83.1	68.6	59.1	47.2	39.9	31.2	24.1	19.9	17.1	15.0	12.2	7.1	5.1
30	240.9	160.9	142.1	131.3	116.5	105.5	96.7	89.5	73.9	63.6	50.7	42.9	33.5	25.9	21.5	18.4	16.2	13.2	7.7	5.5
50	260.5	173.1	153.3	142.1	126.5	114.7	105.2	97.4	80.5	69.3	55.2	46.7	36.5	28.2	23.3	20.1	17.7	14.3	8.3	6.0
70	273.2	181.3	160.6	149.1	132.9	120.7	110.9	102.7	84.8	73.0	58.2	49.1	38.4	29.7	24.6	21.1	18.6	15.1	8.8	6.3
80	278.4	184.4	163.6	151.9	135.6	123.1	113.1	104.7	86.5	74.5	59.4	50.1	39.2	30.3	25.1	21.6	19.0	15.4	8.9	6.4
100	286.9	189.6	168.4	156.6	139.9	127.2	116.8	108.2	89.4	76.9	61.3	51.8	40.5	31.3	25.9	22.3	19.6	15.9	9.2	6.6
200	313.2	206.2	183.5	171.0	153.3	139.5	128.3	118.9	98.3	84.6	67.4	56.9	44.4	34.3	28.4	24.5	21.5	17.5	10.2	7.3
300	328.6	215.7	192.4	179.5	161.2	146.8	135.0	125.2	103.5	89.0	70.9	59.8	46.7	36.2	30.0	25.8	22.7	18.4	10.7	7.7
500	347.9	227.8	203.4	190.1	171.0	155.9	143.5	133.0	110.0	94.6	75.3	63.6	49.6	38.4	31.8	27.3	24.1	19.6	11.4	8.2

제주

재현기간(년)	지속기간(분)																			
	5	10	15	20	30	40	50	60	90	120	180	240	360	540	720	900	1080	1440	2880	4320
2	121.1	87.3	72.8	63.9	53.2	46.6	42.1	38.7	32.1	28.1	23.1	20.0	16.2	12.8	10.6	9.2	8.0	6.5	3.7	2.7
3	142.7	101.1	83.9	73.7	61.6	54.2	49.1	45.3	37.8	33.1	27.3	23.7	19.2	15.2	12.7	10.9	9.6	7.8	4.5	3.2
5	166.7	116.4	96.4	84.7	71.0	62.7	56.9	52.6	44.0	38.7	32.0	27.8	22.5	17.8	14.9	12.9	11.4	9.2	5.3	3.7
10	197.1	135.4	112.0	98.6	82.8	73.3	66.7	61.7	51.8	45.6	37.9	33.0	26.7	21.3	17.8	15.4	13.6	11.0	6.3	4.4
20	226.1	153.6	127.0	111.9	94.2	83.5	76.1	70.5	59.3	52.3	43.5	37.9	30.8	24.5	20.6	17.8	15.7	12.8	7.3	5.1
30	242.8	164.2	135.6	119.5	100.7	89.4	81.5	75.6	63.7	56.2	46.7	40.7	33.1	26.4	22.2	19.2	17.0	13.8	7.9	5.5
50	263.7	177.3	146.4	129.1	108.9	96.7	88.2	81.9	69.1	61.0	50.8	44.3	36.0	28.7	24.1	20.9	18.5	15.0	8.6	6.0
70	277.5	185.7	153.5	135.4	114.3	101.5	92.7	86.0	72.5	64.1	53.4	46.6	38.0	30.3	25.5	22.1	19.5	15.8	9.0	6.3
80	282.8	189.3	156.3	137.8	116.4	103.4	94.4	87.6	73.9	65.3	54.4	47.5	38.7	30.9	26.0	22.5	19.9	16.2	9.2	6.4
100	291.9	195.0	161.0	142.0	119.9	106.6	97.3	90.3	76.3	67.4	56.2	49.1	40.0	31.9	26.8	23.3	20.6	16.7	9.5	6.6
200	320.0	212.6	175.5	154.8	130.9	116.5	106.4	98.8	83.6	73.9	61.6	53.8	43.8	35.1	29.5	25.6	22.6	18.4	10.5	7.3
300	336.4	222.9	183.9	162.3	137.3	122.3	111.7	103.8	87.8	77.7	64.8	56.6	46.1	36.9	31.1	26.9	23.8	19.4	11.0	7.6
500	357.1	235.8	194.6	171.8	145.4	129.5	118.4	110.0	93.1	82.4	68.8	60.1	49.0	39.2	33.0	28.6	25.3	20.6	11.7	8.1

I. 면적우량환산계수 회귀식의 매개변수

재현기간(년)	권역	매개변수	지속기간(시간) 1	2	3	4	6	9	12	15	18	24	48	72
2	한강	M	1.2085	1.4664	1.7830	1.9837	2.7809	1.6750	2.6040	1.5264	1.6216	1.7500	1.9251	0.8000
		a	0.0995	0.1013	0.1047	0.1001	0.1005	0.1001	0.0983	0.1001	0.1000	0.1001	0.1006	0.1000
		b	0.2890	0.2424	0.2100	0.1999	0.1693	0.1870	0.1576	0.1758	0.1677	0.1606	0.1401	0.1686
	낙동강	M	1.2563	1.5770	2.0323	2.4575	2.5303	1.8593	1.0509	1.0436	0.9000	1.6908	1.6519	1.6949
		a	0.1356	0.1364	0.1405	0.1278	0.1194	0.1197	0.1103	0.1045	0.1063	0.1090	0.1065	0.1002
		b	0.2483	0.2000	0.1639	0.1542	0.1509	0.1606	0.1998	0.1996	0.1999	0.1510	0.1455	0.1479
	금강	M	1.1000	1.3359	1.5680	1.4400	2.9403	1.7378	1.1730	1.4900	2.6000	2.5342	1.1196	1.0385
		a	0.1010	0.1195	0.1148	0.1158	0.1257	0.1226	0.1028	0.1052	0.1030	0.1000	0.1000	0.1004
		b	0.3100	0.2397	0.2150	0.2119	0.1447	0.1666	0.2050	0.1820	0.1500	0.1493	0.1740	0.1673
	영산강	M	1.0016	1.0407	1.1347	1.2380	1.2274	1.3031	1.2490	1.4100	1.3450	1.1750	0.8500	0.3320
		a	0.1282	0.1235	0.1188	0.1258	0.1319	0.1361	0.1354	0.1330	0.1330	0.1330	0.1104	0.1050
		b	0.2991	0.2635	0.2383	0.2099	0.1905	0.1672	0.1614	0.1500	0.1500	0.1500	0.1800	0.2590
5	한강	M	1.1350	1.2400	1.1910	1.3330	1.9990	1.6083	1.4901	1.2195	1.1000	1.5750	1.2858	0.7350
		a	0.1033	0.1100	0.1000	0.1000	0.1003	0.1018	0.1002	0.1000	0.1001	0.1009	0.1038	0.1038
		b	0.3088	0.2700	0.2747	0.2500	0.1998	0.2000	0.1951	0.2000	0.2000	0.1714	0.1599	0.1800
	낙동강	M	1.1538	1.5340	1.4367	1.3740	1.5796	1.6508	0.9835	0.9084	0.9000	1.6271	1.5107	1.2900
		a	0.1492	0.1500	0.1500	0.1430	0.1500	0.1496	0.1482	0.1393	0.1420	0.1432	0.1313	0.1370
		b	0.2644	0.2000	0.1948	0.1960	0.1630	0.1526	0.1880	0.1950	0.1850	0.1374	0.1425	0.1400
	금강	M	1.1830	1.3680	1.7480	1.6350	2.5000	2.7800	2.4526	1.7300	2.2390	2.1172	1.2460	1.2122
		a	0.1033	0.1146	0.1140	0.1158	0.1257	0.1226	0.1001	0.1002	0.1002	0.1019	0.1001	0.1037
		b	0.3088	0.2550	0.2180	0.2150	0.1650	0.1550	0.1804	0.1960	0.1747	0.1679	0.1837	0.1736
	영산강	M	0.9491	0.9555	1.0500	1.0930	1.5600	1.7800	1.6100	0.9000	0.6670	0.5900	0.6305	0.5138
		a	0.1492	0.1238	0.1379	0.1392	0.1450	0.1387	0.1420	0.1310	0.1210	0.1210	0.1104	0.0966
		b	0.3237	0.2947	0.2460	0.2250	0.1711	0.1550	0.1500	0.1960	0.2300	0.2350	0.2253	0.2575
10	한강	M	1.1210	1.1030	1.2380	1.3900	1.9648	1.6118	1.5000	1.2400	1.1350	1.5730	1.2396	0.6650
		a	0.1033	0.1000	0.1000	0.1000	0.1045	0.1045	0.1005	0.1005	0.1005	0.1000	0.1038	0.1038
		b	0.3150	0.3060	0.2747	0.2500	0.1999	0.2000	0.1980	0.2010	0.1990	0.1750	0.1626	0.1900
	낙동강	M	1.0694	1.0939	1.4363	1.3699	1.4900	1.5800	0.9298	0.9084	0.9000	1.4981	1.1109	1.2900
		a	0.1500	0.1500	0.1482	0.1430	0.1460	0.1494	0.1480	0.1393	0.1420	0.1440	0.1385	0.1415
		b	0.2822	0.2497	0.1997	0.1992	0.1768	0.1600	0.1971	0.1992	0.1896	0.1450	0.1581	0.1400
	금강	M	1.1840	1.3100	1.7600	1.7200	2.4600	4.1000	2.3502	2.3277	1.9867	1.7650	1.2400	1.1300
		a	0.1009	0.1100	0.1150	0.1158	0.1257	0.1210	0.1009	0.1010	0.1006	0.1010	0.1010	0.1040
		b	0.3150	0.2700	0.2200	0.2150	0.1700	0.1400	0.1855	0.1804	0.1850	0.1828	0.1883	0.1820
	영산강	M	0.9194	0.9414	1.0050	1.1340	1.4240	1.8600	1.4590	0.9100	0.7010	0.5710	0.6459	0.5550
		a	0.1493	0.1497	0.1497	0.1460	0.1414	0.1349	0.1381	0.1240	0.1210	0.1210	0.1173	0.0966
		b	0.3433	0.2803	0.2460	0.2210	0.1843	0.1586	0.1629	0.2070	0.2300	0.2450	0.2245	0.2575
20	한강	M	1.1000	1.1200	1.2630	1.4126	2.0379	1.6095	1.4678	1.1880	1.3768	1.5900	1.1720	0.8400
		a	0.1003	0.1000	0.1000	0.1000	0.1054	0.1073	0.1027	0.1070	0.1104	0.1000	0.1070	0.1110
		b	0.3250	0.3060	0.2747	0.2503	0.1982	0.1992	0.1992	0.1992	0.1785	0.1750	0.1630	0.1690
	낙동강	M	1.0422	1.0262	1.4450	1.3699	1.5037	1.6400	0.9620	0.9069	0.8400	1.5295	1.0836	1.2900
		a	0.1500	0.1492	0.1482	0.1448	0.1470	0.1494	0.1500	0.1482	0.1470	0.1481	0.1442	0.1440
		b	0.2910	0.2644	0.2000	0.1992	0.1768	0.1610	0.1966	0.1961	0.1960	0.1437	0.1570	0.1410
	금강	M	1.2040	1.3300	1.7480	1.7650	3.2100	4.2460	2.3502	2.1998	1.6420	1.7600	1.8820	1.0392
		a	0.1000	0.1100	0.1160	0.1158	0.1257	0.1210	0.1004	0.1006	0.1000	0.1010	0.1050	0.1074
		b	0.3157	0.2700	0.2220	0.2150	0.1560	0.1400	0.1886	0.1865	0.2006	0.1850	0.1630	0.1868
	영산강	M	0.9118	0.9600	1.0236	1.1700	1.4639	1.8320	1.2900	0.8650	0.6620	0.5880	0.6700	0.5800
		a	0.1496	0.1497	0.1497	0.1460	0.1414	0.1332	0.1340	0.1240	0.1210	0.1210	0.1173	0.0966
		b	0.3526	0.2790	0.2454	0.2210	0.1843	0.1624	0.1778	0.2140	0.2400	0.2450	0.2245	0.2590

재현기간 (년)	권역	매개변수	지속기간(시간)											
			1	2	3	4	6	9	12	15	18	24	48	72
200	한강	M	1.0917	1.1253	1.1935	1.4127	2.0597	1.6221	1.4318	1.2233	1.3250	1.6400	1.1870	0.8840
		a	0.1000	0.1000	0.1000	0.1001	0.1069	0.1098	0.1076	0.1077	0.1110	0.1000	0.1091	0.1146
		b	0.3325	0.3108	0.2892	0.2551	0.1991	0.1996	0.1994	0.1992	0.1830	0.1750	0.1619	0.1649
	낙동강	M	1.0469	1.0300	1.2097	1.3686	1.3100	1.5550	0.9880	0.9604	0.8630	1.4250	1.0623	1.2984
		a	0.1500	0.1500	0.1500	0.1500	0.1499	0.1490	0.1500	0.1498	0.1450	0.1487	0.1500	0.1500
		b	0.2974	0.2670	0.2241	0.2000	0.1911	0.1700	0.2000	0.1960	0.2010	0.1515	0.1568	0.1394
	금강	M	1.2090	1.2570	1.4700	1.6430	3.4000	2.8190	2.2400	1.9885	1.6300	1.5900	1.9150	1.0400
		a	0.1004	0.1150	0.1090	0.1150	0.1250	0.1210	0.1010	0.1004	0.1000	0.1010	0.1050	0.1080
		b	0.3180	0.2800	0.2530	0.2270	0.1560	0.1660	0.1950	0.1971	0.2060	0.1960	0.1650	0.1905
	영산강	M	0.8900	0.9880	1.0260	1.2190	1.7800	1.9050	1.1650	0.8300	0.6860	0.6540	0.7430	0.6030
		a	0.1492	0.1592	0.1600	0.1490	0.1500	0.1350	0.1350	0.1240	0.1200	0.1210	0.1162	0.0966
		b	0.3770	0.2790	0.2470	0.2170	0.1650	0.1610	0.1881	0.2220	0.2430	0.2420	0.2230	0.2650
500	한강	M	1.0918	1.1255	1.1936	1.4128	2.0607	1.6221	1.4340	1.2238	1.3360	1.7100	1.1960	0.8940
		a	0.1004	0.1006	0.1006	0.1007	0.1077	0.1110	0.1083	0.1084	0.1110	0.1000	0.1091	0.1146
		b	0.3330	0.3115	0.2899	0.2555	0.1990	0.1992	0.1992	0.1994	0.1830	0.1732	0.1619	0.1649
	낙동강	M	1.0533	1.0300	1.1670	1.3840	1.2320	1.5450	1.0020	0.9825	0.8730	1.4400	0.9334	1.3110
		a	0.1500	0.1500	0.1500	0.1500	0.1500	0.1490	0.1500	0.1496	0.1450	0.1487	0.1500	0.1500
		b	0.2973	0.2680	0.2300	0.2000	0.1980	0.1710	0.2000	0.1954	0.2010	0.1515	0.1670	0.1394
	금강	M	1.1880	1.2620	1.4820	1.6610	3.1200	2.8580	2.2550	2.0170	1.6070	1.5500	1.9350	1.0550
		a	0.1004	0.1150	0.1090	0.1150	0.1250	0.1210	0.1010	0.1004	0.1000	0.1010	0.1050	0.1080
		b	0.3230	0.2800	0.2530	0.2270	0.1620	0.1660	0.1950	0.1971	0.2080	0.1987	0.1650	0.1905
	영산강	M	0.8830	0.9850	1.0200	1.1670	1.7700	1.8800	1.1400	0.8500	0.7900	0.6450	0.7280	0.6060
		a	0.1500	0.1592	0.1600	0.1510	0.1500	0.1370	0.1350	0.1350	0.1350	0.1210	0.1162	0.0980
		b	0.3832	0.2810	0.2490	0.2220	0.1660	0.1610	0.1910	0.2110	0.2150	0.2450	0.2260	0.2650

참고문헌

- 건설교통부, 수문관측매뉴얼, 수자원국, 2004.
- 건설교통부, 1999년도 수자원관리기법개발연구조사보고서, 제1권 한국확률강우량도 작성, 2000.
- 건설교통부, 1999년도 수자원관리기법개발연구조사보고서, 제1권 별책부록, 한국확률강우량도, 2000.
- 건설교통부, 1999년도 수자원관리기법개발연구조사보고서, 제2권 한국 가능최대강수량추정, 2000.
- 건설교통부, 1999년도 수자원관리기법개발연구조사보고서, 제2권 한국 가능최대강수량추정 별책 제1권, 한국의 주요호우, 2000.
- 건설교통부, 1999년도 수자원관리기법개발연구조사보고서, 제2권 한국 가능최대강수량추정 별책 제2권, 지역적 설계강우의 시간적 분포, 2000.
- 건설교통부, 1999년도 수자원관리기법개발연구조사보고서, 제2권 별책부록, 한국 가능최대강수량도, 2000.
- 건설교통부, 한국수자원공사, 물과미래, 2003.
- 국토해양부, 설계홍수량 산정요령(안), 2012.
- 국토해양부, 수자원장기종합계획(2011~2020), 2011.
- 국토해양부, 한국하천일람, 2012.
- 국토해양부, 확률강우량도 개선 및 보완 연구, 2011.
- 권오헌, 수자원공학, 제2판, 새론, 1995.
- 기상청, 기상연보, 2013.
- 기상청, 한국기후도, 2012.
- 서애숙, 인공강우, 국립방재연구소, 방재연구, 제3권, 제3호, pp48-63, 2001.
- 선우중호, 수문학, 동명사, 1983.
- 소방방재청, 2013 재해연보, 2014.
- 수문조사실무편람, 농어촌진흥공사, 1994.
- 안상진, 수문학, 제2판, 구미서관, 2001.
- 유지성, 통계학, 희중당, 1983.
- 윤용남, 공업수문학, 청문각, 1998.
- 윤용남, 기초수문학, 청문각, 2008.
- 윤태훈, 응용수문학, 청문각, 1997.
- 이재수, 자연재해의 이해, 제2판, 구미서관, 2004.
- 이종석, 하천공학, 새론, 2001.
- 정종호, 윤용남, 수자원설계실무, 구미서관, 2002.
- 한국수자원학회, 하천설계기준, 2002.
- 한국수자원학회, 하천설계기준·해설, 2009.
- 행정자치부, 국립방재연구소, 홍수보험제도 도입방안 연구, 1998.

- Ang, A.H.-S, and Tang, W.H., Probability Concepts in Engineering Planning and Design, Wiley, New York, 1975.
- Aguado, E., and Burt, J.E., Understanding Weather and Climate, Prentice Hall, Upper Saddler River, NJ, 1999.
- Battan, L.J., Radar Observation of the Atmosphere, The Univ. of Chicago Press, Chidago & London, 1973.
- Bedient, P.B., and Huber, W.C., Hydrology and Floodplain Analysis, 3dr Ed., Prentice Hall, Upper Saddler River, NJ, 2002.
- Benjamin, J.R., and Cornell, C.A., Probability, Statistics, and Decision for Civil Engineers, McGraw-Hill, New York, N.Y., 1970.
- Blaney, H.F.., Monthly Consumptive Use Requirement for Irrigated Crops, Proceedings of the American Society of Civil Engineers, J. of Irrigation and Drainage Division, ASCE, Vol. 84, No. 1, pp. 1-12, 1959.
- Bras, R.L., Hydrology : An Inttroduction to Hydrologic Science, Addison Wesley, Pub;ishing Company, New York, 1990.
- Chow, V.T., Handbook of Applied Hydrology, McGraw-Hill, New York, N.Y., 1964.
- Chow, V.T., Maidment, D.R., and Mays, L.W., Applied Hydrology, McGraw-Hill, New York, N.Y., 1988.
- Clark, C.O., Storage and the Unit Hydrograph, ASCE Trans. 110, pp. 1419-1446, 1945.
- Committee on Opportunities in the Hydrologic Sciences, Opportunities in the Hydrologic Sciences, National Academy Press, Washington, D.C., 1991.
- Criddle, W.D., Methods of Computing Consumptive Use of Water, J. of Irrigation and Drainage Division., ASCE, Vol. 84, No. 1, pp.. 1-27, 1958.
- Curry, J.A., and Webster, P.J., Thermodynamics of Atmospheres & Oceans, Academic Press, New York, 1999.
- Darcy, H., Les fontaines publiques de la ville de Dijon, Paris, V. Dalmont, 1856.
- Downing, R.A., and Wilkinson, W.B., Applied Groundwater Hydrology, Clarendon Press, New York, 1991.
- Dupuit, J., Etudes theoriques et pratiques sur de mouvement des eau dans les canaux de couverts et a travers les terrains permeables, 2nd ed., Paris, Dunod, 1863.
- Eagleson, P.S., Dynamic Hydrology, McGraw-Hill, New York, N.Y., 1970.
- FEMA, Flood Insurance Manual, 2003.
- Fiering, M.B., and Jackson, B.B., Synthetic Streamflows, Water Resources Monograph No. 1. American Geophysical Union, New York, 1971.
- Gumbel, E.J., The Return Period of Flood Flows, The Annals of Mathematical Statistics, Vol. 12, No. 2, pp. 163-190, 1941.
- Haan, C.T., Statistical Method in Hydrology, Iowa State Univ. Press, Ames, Iowa, 1979.
- Haek, V., and Svec, J., Groundwater Hydraulics, Elsevier Scientific Publishing Com., New

York, 1979.

- Hershfield, D.M., Rainfall Frequency Atlas of the United States for Duration from 30minutes to 24hours and Return Period from 1 to 100years, Tech. Paper 40, U.S. Dept. of Comm., Weather Bureau, Washington, D.C., 1961.
- Hogg, R.V., and Craig, A.T., Introduction to Mathematical Statistics, 4th Ed., Macmillan Publishing Co., Inc., 1978.
- Horton, R.E., Drainage Basin Characteristics, Trans. American Geophysical Union, Vol. 13, pp. 350-361, 1932.
- Horton, R.E., Erosional Development of Streams and Their Drainage Basins : Geophysical Approach to Quantitative Morphology, Bull. Geol. Soc. Am., Vol. 56, pp. 275-370, 1945.
- Hosking, J.R.M., Fortran Routines for Use with the Method of L-Moment Version 2, Research Report RC17097, IBM T. J. Watson Research Center, Yorktown Height, New York, 1991.
- Hosking, J.R.M., L-Moments Analysis and Estimation of Distribution Using Linear Combinations of Order Statistics, Journal of Royal Statistical Society, Vol. 52, No. 1, pp 105-124, 1990.
- Hosking, J.R.M., The Theory of Probability Weighted Moments, Research Report RC12210, IBM T. J. Watson Research Center, Yorktown Height, New York, 1986.
- Hoyt, W.G., An outline of the runoff cycle, Penn. State Coll. Sch. Eng. Tech. Bull. 27, pp. 57-69, 1942.
- Huff, F.A., Time Distribution of Rainfall in Heavy Storms, Water Resour. Res., Vol. 3, No. 4, pp. 1007-1019, 1967.
- Jenkins, A.F., Statistics of Extremes : In Estimation of Maximum Floods, WMO Tech. Note 98, pp. 183-228, 1969.
- Keifer, C.J., and Chu, H.H., Synthetic Storm Pattern for Drainage Design, J. Hyd. Div., Am. Soc. Civ. Eng., Vol. 83, No. HY4, pp. 1-25, 1957.
- Kirpich, Z.P., Time of Concentration of Small Agricultural Watersheds, Civ. Eng., Vol.10, No. 6, pp. 362, 1940.
- Linsley, R.K., and Franzini, J.B., Water Resources Engineering, 3rd Ed., International Ed., McGraw-Hill, Tokyo, 1979.
- Linsley, R.K., Kohler, M.A., and Paulhus, J.L.H., Hydrology for Engineers, SI Metric Ed., McGraw-Hill, New York, N.Y., 1988.
- Marsily, G.D., Quantitative Hydrogeology : Groundwater Hydrology for Engineers, Academic Press, New York, 1986.
- Mendenhall, W., and Sincich, R., Statistics for the Engineering and Computer Science, 2nd Ed., Dellen Pulishing Company, California, 1989.
- Monteith, J.L., The Development and Extension of Penman's Evaporation Formula, in Application of Soil Physics, Ed. by Hillel, D., Academic Press, Orlando, Fla., pp.

247–253, 1980.

- Nash, J.E., The Form of the Instantaneous Unit Hydrograph, IASH Publ. No. 45, Vol. 3, 1957.
- Overton, D.E., and Meadows, M.E., Stormwater Modeling, Academic Press, New York, 1976.
- Palmer, W.C., Meteorological Drought, U.S. Department of Commerce, Research Paper No. 45, Washington D.C., 1965.
- Penman, H.L., Natural Ecaporation from Open Water, Bare Soil and Grass, Proc. Royal Soc. London A., Vol. 193, pp. 120–146. 1948.
- Rao, A.R., and Hamed, K.H., Flood Frequency Analysis, CRC Press, New York, 2000.
- Raudkivi, A.J., Hydrology : An Introduction to Hydrological Processes and Modeling, Pergamon Press, New York, 1979.
- Rice, J.A., Mathematical Statistics and Data Analysis, Wadsworth & Brooks, California, 1988.
- Sanders, D.H., Statistics, 4th Ed., McGraw–Hill, New York, N.Y., 1990.
- Sauvageot, H., Radar Meteorology, Artech House, Boston & London, 1992.
- Sherman, L.K., Streamflow from Rainfall by the Unit–Graph Method, Eng. News–Rec. 108, pp. 501–505. 1932.
- Singh, V.P., Elementary Hydrology, Prentice Hall, Englewood Cliffes, N.J., 1992.
- Smedema, L.K., and, Rycroft, D.W., Land Drainage : Planing Design of Agricultural Drainage System, Batsford Academic and Educational Ltd, London, 1983.
- Snyder, F.F., Synthetic Unit Graphs, Trans. Am. Geophys,. Union 19, pp. 447–454. 1938.
- Tarbuck, E.J., and Lutgens, F.K., Earth Science, 9th Ed., Prentice Hall, Upper Saddler River, NJ, 2000.
- Thompson, S.A., Hydrology for Water Management, A.A. Balkema, Rotterdam, Netherlands, 1999.
- Thornthwaite, C.W., and Holzman, B., The Determination of Evaporation from Land and Water Surfaces, Monthly Weather Rev., Vol. 67, pp. 4–11, 1939.
- Todd, D.K., Groundwater Hydrology, 2nd Ed., John Wiley & Sons, Inc., New York, 1980.
- U.S. Army Corps of Engineers, HEC–1, Flood Hydragraph Package, User's Manual, Hydrologic Engineering Center, 1990.
- U.S. Army Corps of Engineers, Flood Runoff Analysis, Engineer Manual, EM 1110–2–1417, 1993.
- U.S. Army Corps of Engineers, Hydrologic Frequency Analysis, Engineer Manual, EM 1110–2–1415, 1994.
- U.S. Army Corps of Engineers, Remote Sensing, Engineer Manual, EM 1110–2–2907, 2003.
- U.S. Army Corps of Engineers, The National Study of Water Management During Drought : A Research Assessment, IWR Report 91–NDS–3, 1991.
- Viessman, W., and Lewis, G.L., Introduction to Hydrology, 5th Ed., Prentice Hall, Upper Saddler River, NJ, 2003.
- Viessman, W., and Welth, C., Water Management : Technology and Institutions, Happer & Row Publishers, New York, 1985.
- Wallace, J.M., and Hobbs, P.V., Atmospheric Science : An Introductory Survey, Academic

Press, New York, 1977.

- Wanielista, M., Kersten, R., and Eaglin, R., Hydrology : Water Quantity and Quality Control, John Wiley & Sons, Inc., New York, 1997.
- Ward, A.D., and Elliot, W.J., Environmental Hydrology, Lewis Publishers, New York, 1997.
- Wilby, R.L., Contemporary Hydrology : Towards Holistic Environmental Science, John Wiley & Sons, Inc., New York, 1997.
- Yen, B.C., and Chow, V.T., Design Hyetographs for Small Drainage Structures, Proceedings, ASCE, JHD, Vol. 106, HY6, pp. 1055–1076, 1980.

찾아보기

ㅈ

저자 약력

이 재 수

고려대학교 공과대학 토목공학과 졸업(공학사)
고려대학교 대학원 토목공학과 졸업(공학석사)
미국 University of Iowa 대학원 토목환경공학과 졸업(공학박사)
미국 University of Washington 연구교환교수
전주대학교 공과대학장 역임

현재 전주대학교 토목환경공학과 교수
소방방재청 지역자율방재단 중앙지원단 위원
전라북도 지방하천관리위원회 위원
전라북도 지방건설기술심의위원회 위원
전라북도 재해영향평가심의위원회 위원
전라북도 사전재해영향성검토원원회 위원
전라북도 재해복구사업 사전심의위원회 위원
전라북도 녹색성장위원회 위원
전주시 설계자문위원회 위원
전주시 계약심의위원회 위원

저서 수리학(구미서관, 2007년)
수자원공학(구미서관, 2008년)
자연재해의 이해(제3판, 구미서관, 2010년)
토목유체역학(구미서관, 2011년)

수문학 정가 32,000원

저자 : 이재수

발행인 : 임해진
발행처 : 도서출판 구미서관

발행 : 2006년 1월 15일 제1판 1쇄
2012년 2월 20일 제1판 6쇄
2015년 3월 6일 제2판 1쇄
2023년 2월 15일 제2판 4쇄

등록 : 1979년 6월 29일 No.9–6호
주소 : 서울시 마포구 신촌로 2길 5-15 구미빌딩
전화 : 02–333–1101
팩스 : 02–335–2201
http://www.goomibook.com

ISBN : 978–89–8225–291–4 (93530)